DIN-Taschenbuch 1

Für das Fachgebiet Maschinenbau bestehen folgende DIN-Taschenbücher mit Grundnormen:

DIN-Taschenbuch 1*)
Mechanische Technik. Grundnormen

DIN-Taschenbuch 3*)
Maschinenbau. Normen für Studium und Praxis

---

*) Dieses DIN-Taschenbuch ist auch in einer gebundenen englischen Fassung erhältlich.

DIN-Taschenbücher sind auch im Abonnement vollständig erhältlich.
Für Auskünfte und Bestellungen wählen Sie bitte im Beuth Verlag Tel.: 030 2601-2260.

DIN-Taschenbuch 1

Mechanische Technik

Grundnormen

24. Auflage
Stand der abgedruckten Normen: Mai 2004

Herausgeber: DIN Deutsches Institut für Normung e. V.

© 2004 Beuth Verlag GmbH
Berlin · Wien · Zürich
Burggrafenstraße 6
10787 Berlin

Telefon: +49 30 2601-0
Telefax: +49 30 2601-1260
Internet: www.beuth.de
Email: info@beuth.de

Das Werk einschließlich aller seiner Teile ist urheberrechtlich geschützt. Jede Verwertung außerhalb der Grenzen des Urheberrechts ist ohne schriftliche Zustimmung des Verlages unzulässig und strafbar. Das gilt insbesondere für Vervielfältigungen, Übersetzungen, Mikroverfilmungen und die Einspeicherung in elektronischen Systemen.

© für DIN-Normen   DIN Deutsches Institut für Normung e.V., Berlin.

Die im Werk enthaltenen Inhalte wurden vom Verfasser und Verlag sorgfältig erarbeitet und geprüft. Eine Gewährleistung für die Richtigkeit des Inhalts wird gleichwohl nicht übernommen. Der Verlag haftet nur für Schäden, die auf Vorsatz oder grobe Fahrlässigkeit seitens des Verlages zurückzuführen sind. Im Übrigen ist die Haftung ausgeschlossen.

Druck: MercedesDruck GmbH
Gedruckt auf säurefreiem, alterungsbeständigem Papier nach DIN 6738

ISBN 3-410-15842-1 (24. Auflage)
ISSN 0342-801X

Inhalt

	Seite
DIN-Nummernverzeichnis	VII
Verzeichnis abgedruckter Normen (nach Sachgebieten geordnet)	IX
Normung ist Ordnung. DIN – der Verlag heißt Beuth	XIII
Hinweise für das Anwenden des DIN-Taschenbuches	XV
Hinweise für den Anwender von DIN-Normen	XV
Vorwort	XVII
Abgedruckte Normen (nach steigenden DIN-Nummern)	1
Verzeichnis der im DIN-Taschenbuch 3 (12. Aufl., 2003) abgedruckten Normen (nach Sachgebieten geordnet)	611
Verzeichnis der DIN-Taschenbücher mit Grundnormen und Fachnormen der mechanischen Technik	615
Schweißtechnik	616
Wälzlager	617
Druckfehlerberichtigung	618
Stichwortverzeichnis	619

Die in den Verzeichnissen verwendeten Abkürzungen bedeuten:

EN	Europäische Norm (EN), deren Deutsche Fassung den Status einer Deutschen Norm erhalten hat
EN ISO	Europäische Norm (EN), in die eine Internationale Norm (ISO-Norm) unverändert übernommen wurde und deren Deutsche Fassung den Status einer Deutschen Norm hat
ISO	Deutsche Norm, in die eine Internationale Norm der ISO unverändert übernommen wurde

Maßgebend für das Anwenden jeder in diesem DIN-Taschenbuch abgedruckten Norm ist deren Fassung mit dem neuesten Ausgabedatum.
Sie können sich auch über den aktuellen Stand im DIN-Katalog – unter der Telefon-Nr.: 030 2601-2260 oder im Internet unter www.beuth.de informieren.

Der Download-Effekt:
Technische Dokumente klicken

DIN-Normen, ISO-Normen, VDI-Richtlinien,
DVS-Merkblätter, das VdS-Regelwerk, AD 2000-Merkblätter,
ASTM-Standards, IEEE, SN, JIS ...

Think global, act Beuth

Unter www.myBeuth.de
haben Sie alles direkt im Zugriff.

 Beuth Verlag GmbH
Berlin · Wien · Zürich
Burggrafenstraße 6
10787 Berlin

Fragen und Recherchetipps:
Telefax: 030 2601-42313
onlinesupport@beuth.de

DIN-Nummernverzeichnis

- ● Neu aufgenommen gegenüber der 23. Auflage des DIN-Taschenbuches 1
- □ Geändert gegenüber der 23. Auflage des DIN-Taschenbuches 1
- ○ Zur abgedruckten Norm besteht ein Norm-Entwurf
- (en) Von dieser Norm gibt es auch eine vom DIN herausgegebene englische Übersetzung

Dokument	Seite	Dokument	Seite
DIN 13-1 (en)	1	DIN 1319-3 (en)	206
DIN 13-19 (en)	5	DIN 3998-1 (en)	230
DIN 74 ● (en)	8	DIN 4760 (en)	247
DIN 103-1 (en)	13	DIN EN 22553 (en)	249
DIN 103-2 (en)	17	DIN EN ISO 1 ● (en)	283
DIN 103-4 (en)	20	DIN EN ISO 216 ● (en)	290
DIN 202 (en)	24	DIN EN ISO 1119 ● (en)	298
DIN 254 □ (en)	32	DIN EN ISO 1302 ● (en)	309
DIN 323-1 (en)	41	DIN EN ISO 4288 (en)	360
DIN 332-1 (en)	44	DIN EN ISO 11562 (en)	371
DIN 405-1 (en)	49	DIN ISO 68-1 (en)	378
DIN 405-2 (en)	55	DIN ISO 128-30 ● (en)	382
DIN 406-10 (en)	61	DIN ISO 128-34 ● (en)	395
DIN 406-11 (en)	67	DIN ISO 128-40 ● (en)	413
DIN 406-12 (en)	97	DIN ISO 128-44 ● (en)	424
DIN 475-1 (en)	103	DIN ISO 128-50 ● (en)	435
DIN 476-2 (en)	106	DIN ISO 261 (en)	446
DIN 623-1 (en)	108	DIN ISO 286-1	453
DIN 780-1 (en)	126	DIN ISO 286-2	487
DIN 780-2 (en)	128	DIN ISO 965-1 *) (en)	531
DIN 867 (en)	129	DIN ISO 1101 ○	551
DIN 868 (en)	132	DIN ISO 2768-1	576
DIN 1301-1 □ (en)	149	DIN ISO 2768-2	581
DIN 1305 (en)	159	DIN ISO 5456-2 ● (en)	590
DIN 1314 (en)	161	DIN ISO 5456-3 (en)	598
DIN 1319-1 (en)	165	DIN ISO 8015	606
DIN 1319-2 ○ (en)	200		

*) Druckfehlerberichtigung siehe Seite 618

Gegenüber der letzten Ausgabe nicht mehr abgedruckte Normen:

DIN 6-1	Ersetzt durch DIN ISO 128-30, DIN ISO 128-34 und DIN ISO 5456-2
DIN 6-2	Ersetzt durch DIN ISO 128-40, DIN ISO 128-44 und DIN ISO 128-50
DIN 74-1	Ersetzt durch DIN 74
DIN 102	Ersetzt durch DIN EN ISO 1
DIN 467-1	Ersetzt durch DIN EN ISO 216
DIN ISO 1302	Ersetzt durch DIN EN ISO 1302

ALLES DRAUF!

Das Verlagsprogramm auf CD-ROM
▶ **komplett und kostenlos**

Beuth-Verlagskatalog

DIN-Taschenbuchverzeichnis

Ausführliche Informationen
zu unseren elektronischen Medien

Demo-Versionen zu ausgewählten
elektronischen Produkten

DIN-Tagungen & Seminare

Bestell-Nr. 97861

Telefon: 030 2601-2240
Telefax: 030 2601-1724
werbung@beuth.de
www.beuth.de

Verzeichnis abgedruckter Normen

(nach Sachgebieten geordnet)

Dokument	Ausgabe	Titel	Seite
		Allgemeines	
DIN 1301-1	2002-10	Einheiten – Teil 1: Einheitennamen, Einheitenzeichen	149
DIN 1305	1988-01	Masse, Wägewert, Kraft, Gewichtskraft, Gewicht, Last; Begriffe	159
DIN 1314	1977-02	Druck; Grundbegriffe, Einheiten	161
DIN 1319-1	1995-01	Grundlagen der Messtechnik – Teil 1: Grundbegriffe	165
DIN 1319-2	1980-01	Grundbegriffe der Messtechnik; Begriffe für die Anwendung von Messgeräten	200
DIN 1319-3	1996-05	Grundlagen der Messtechnik – Teil 3: Auswertung von Messungen einer einzelnen Messgröße, Messunsicherheit	206
		Technische Grundlagen, allgemein	
DIN 254	2003-04	Geometrische Produktspezifikation (GPS) – Reihen von Kegeln und Kegelwinkeln; Werte für Einstellwinkel und Einstellhöhen	32
DIN 323-1	1974-08	Normzahlen und Normzahlreihen; Hauptwerte, Genauwerte, Rundwerte	41
DIN 332-1	1986-04	Zentrierbohrungen 60°; Form R, A, B und C	44
DIN EN ISO 1	2002-10	Geometrische Produktspezifikation (GPS) – Bezugstemperatur für geometrische Produktspezifikationen (ISO 1:2002); Deutsche Fassung EN ISO 1:2002	283
DIN EN ISO 1119	2003-04	Geometrische Produktspezifikation (GPS) – Reihen von Kegeln und Kegelwinkeln (ISO 1119:1998); Deutsche Fassung EN ISO 1119:2002	298
		Gewinde	
DIN 13-1	1999-11	Metrisches ISO-Gewinde allgemeiner Anwendung – Teil 1: Nennmaße für Regelgewinde; Gewinde-Nenndurchmesser von 1 mm bis 68 mm	1
DIN 13-19	1999-11	Metrisches ISO-Gewinde allgemeiner Anwendung – Teil 19: Nennprofile	5
DIN 103-1	1977-04	Metrisches ISO-Trapezgewinde; Gewindeprofile	13
DIN 103-2	1977-04	Metrisches ISO-Trapezgewinde; Gewindereihen	17
DIN 103-4	1977-04	Metrisches ISO-Trapezgewinde; Nennmaße	20
DIN 202	1999-11	Gewinde – Übersicht	24
DIN 405-1	1997-11	Rundgewinde allgemeiner Anwendung – Teil 1: Gewindeprofile, Nennmaße	49
DIN 405-2	1997-11	Rundgewinde allgemeiner Anwendung – Teil 2: Abmaße und Toleranzen	55
DIN ISO 68-1	1999-11	Metrisches ISO-Gewinde allgemeiner Anwendung – Grundprofil – Teil 1: Metrisches Gewinde (ISO 68-1:1998)	378

Dokument	Ausgabe	Titel	Seite
DIN ISO 261	1999-11	Metrisches ISO-Gewinde allgemeiner Anwendung – Übersicht (ISO 261:1998)	446
DIN ISO 965-1	1999-11	Metrisches ISO-Gewinde allgemeiner Anwendung – Toleranzen – Teil 1: Prinzipien und Grundlagen (ISO 965-1:1998)	531

Zeichnungswesen

Dokument	Ausgabe	Titel	Seite
DIN 406-10	1992-12	Technische Zeichnungen; Maßeintragung; Begriffe, allgemeine Grundlagen	61
DIN 406-11	1992-12	Technische Zeichnungen; Maßeintragung; Grundlagen der Anwendung	67
DIN 406-12	1992-12	Technische Zeichnungen; Maßeintragung; Eintragung von Toleranzen für Längen- und Winkelmaße; ISO 406:1987, modifiziert	97
DIN EN 22553	1997-03	Schweiß- und Lötnähte – Symbolische Darstellung in Zeichnungen (ISO 2553:1992); Deutsche Fassung EN 22553:1994	249
DIN EN ISO 1302	2002-06	Geometrische Produktspezifikation (GPS) – Angabe der Oberflächenbeschaffenheit in der technischen Produktdokumentation (ISO 1302:2002); Deutsche Fassung EN ISO 1302:2002	309
DIN ISO 128-30	2002-05	Technische Zeichnungen – Allgemeine Grundlagen der Darstellung – Teil 30: Grundregeln für Ansichten (ISO 128-30:2001)	382
DIN ISO 128-34	2002-05	Technische Zeichnungen – Allgemeine Grundlagen der Darstellung – Teil 34: Ansichten in Zeichnungen der mechanischen Technik (ISO 128-34:2001)	395
DIN ISO 128-40	2002-05	Technische Zeichnungen – Allgemeine Grundlagen der Darstellung – Teil 40: Grundregeln für Schnittansichten und Schnitte (ISO 128-40:2001)	413
DIN ISO 128-44	2002-05	Technische Zeichnungen – Allgemeine Grundlagen der Darstellung – Teil 44: Schnitte in Zeichnungen der mechanischen Technik (ISO 128-44:2001)	424
DIN ISO 128-50	2002-05	Technische Zeichnungen – Allgemeine Grundlagen der Darstellung – Teil 50: Grundregeln für Flächen in Schnitten und Schnittansichten (ISO 128-50:2001)	435
DIN ISO 5456-2	1998-04	Technische Zeichnungen – Projektionsmethoden – Teil 2: Orthogonale Darstellungen (ISO 5456-2:1996)	590
DIN ISO 5456-3	1998-04	Technische Zeichnungen – Projektionsmethoden – Teil 3: Axonometrische Darstellungen (ISO 5456-3:1996)	598

Toleranzen und Passungen

Dokument	Ausgabe	Titel	Seite
DIN ISO 286-1	1990-11	ISO-System für Grenzmaße und Passungen; Grundlagen für Toleranzen, Abmaße und Passungen; Identisch mit ISO 286-1:1988	453

Dokument	Ausgabe	Titel	Seite
DIN ISO 286-2	1990-11	ISO-System für Grenzmaße und Passungen; Tabellen der Grundtoleranzgrade und Grenzabmaße für Bohrungen und Wellen; Identisch mit ISO 286-2:1988	487
DIN ISO 1101	1985-03	Technische Zeichnungen; Form- und Lagetolerierung; Form-, Richtungs-, Orts- und Lauftoleranzen; Allgemeines, Definitionen, Symbole, Zeichnungseintragungen; Identisch mit ISO 1101	551
DIN ISO 2768-1	1991-06	Allgemeintoleranzen; Toleranzen für Längen- und Winkelmaße ohne einzelne Toleranzeintragung; Identisch mit ISO 2768-1:1989	576
DIN ISO 2768-2	1991-04	Allgemeintoleranzen; Toleranzen für Form und Lage ohne einzelne Toleranzeintragung; Identisch mit ISO 2768-2:1989	581
DIN ISO 8015	1986-06	Technische Zeichnungen; Tolerierungsgrundsatz; Identisch mit ISO 8015, Ausgabe 1985	606

Oberflächen

Dokument	Ausgabe	Titel	Seite
DIN 4760	1982-06	Gestaltabweichungen; Begriffe, Ordnungssystem	247
DIN EN ISO 4288	1998-04	Geometrische Produktspezifikation (GPS) – Oberflächenbeschaffenheit: Tastschnittverfahren – Regeln und Verfahren für die Beurteilung der Oberflächenbeschaffenheit (ISO 4288:1996); Deutsche Fassung EN ISO 4288:1997	360
DIN EN ISO 11562	1998-09	Geometrische Produktspezifikationen (GPS) – Oberflächenbeschaffenheit: Tastschnittverfahren – Messtechnische Eigenschaften von phasenkorrekten Filtern (ISO 11562:1996); Deutsche Fassung EN ISO 11562:1997	371

Mechanische Verbindungselemente, Werkzeuge

Dokument	Ausgabe	Titel	Seite
DIN 74	2003-04	Senkungen für Senkschrauben, ausgenommen Senkschrauben mit Köpfen nach DIN EN 27721	8
DIN 475-1	1984-01	Schlüsselweiten für Schrauben, Armaturen, Fittings	103

Antriebstechnik

Dokument	Ausgabe	Titel	Seite
DIN 780-1	1977-05	Modulreihe für Zahnräder; Moduln für Stirnräder	126
DIN 780-2	1977-05	Modulreihe für Zahnräder; Moduln für Zylinderschneckengetriebe	128
DIN 867	1986-02	Bezugsprofile für Evolventenverzahnungen an Stirnrädern (Zylinderrädern) für den allgemeinen Maschinenbau und den Schwermaschinenbau	129
DIN 868	1976-12	Allgemeine Begriffe und Bestimmungsgrößen für Zahnräder, Zahnradpaare und Zahnradgetriebe	132
DIN 3998-1	1976-09	Benennungen an Zahnrädern und Zahnradpaaren; Allgemeine Begriffe	230

Dokument	Ausgabe	Titel	Seite

Wälzlager

DIN 623-1   1993-05 Wälzlager; Grundlagen; Bezeichnung, Kennzeichnung 108

Verschiedenes

DIN 476-2   1991-02 Papier-Endformate; C-Reihe 106

DIN EN ISO 216   2002-03 Schreibpapier und bestimmte Gruppen von Drucksachen – Endformate – A- und B-Reihen (ISO 216:1975); Deutsche Fassung EN ISO 216:2001   290

Normung ist Ordnung

DIN – der Verlag heißt Beuth

Das DIN Deutsches Institut für Normung e.V. ist der runde Tisch, an dem Hersteller, Handel, Verbraucher, Handwerk, Dienstleistungsunternehmen, Wissenschaft, technische Überwachung, Staat, also alle, die ein Interesse an der Normung haben, zusammenwirken. DIN-Normen sind ein wichtiger Beitrag zur technischen Infrastruktur unseres Landes, zur Verbesserung der Exportchancen und zur Zusammenarbeit in einer arbeitsteiligen Gesellschaft.

Das DIN orientiert seine Arbeiten an folgenden Grundsätzen:
- Freiwilligkeit
- Öffentlichkeit
- Beteiligung aller interessierten Kreise
- Einheitlichkeit und Widerspruchsfreiheit
- Sachbezogenheit
- Konsens
- Orientierung am Stand der Technik
- Orientierung an den wirtschaftlichen Gegebenheiten
- Orientierung am allgemeinen Nutzen
- Internationalität

Diese Grundsätze haben den DIN-Normen die allgemeine Anerkennung gebracht. DIN-Normen bilden einen Maßstab für ein einwandfreies technisches Verhalten.

Das DIN stellt über den Beuth Verlag Normen und technische Regeln aus der ganzen Welt bereit. Besonderes Augenmerk liegt dabei auf den in Deutschland unmittelbar relevanten technischen Regeln. Hierfür hat der Beuth Verlag Dienstleistungen entwickelt, die dem Kunden die Beschaffung und die praktische Anwendung der Normen erleichtern. Er macht das in fast einer halben Million von Dokumenten niedergelegte und ständig fortgeschriebene technische Wissen schnell und effektiv nutzbar.

Die Recherche- und Informationskompetenz der DIN-Datenbank erstreckt sich über Europa hinaus auf internationale und weltweit genutzte nationale, darunter auch wichtige amerikanische Normenwerke. Für die Recherche stehen der DIN-Katalog für technische Regeln (Online, als CD-ROM und in Papierform) und die komfortable internationale Normendatenbank PERINORM (Online und als CD-ROM) zur Verfügung. Über das Internet können DIN-Normen recherchiert werden (www.beuth.de). Aus dem Rechercheergebnis kann direkt bestellt werden. Außerdem steht unter www.myBeuth.de die Erweiterte Suche und ein weiterer kostenpflichtiger Download von DIN-Normen zur Verfügung.

DIN und Beuth stellen auch Informationsdienste zur Verfügung, die sowohl auf besondere Nutzergruppen als auch auf individuelle Kundenbedürfnisse zugeschnitten werden können, und berücksichtigen dabei nationale, regionale und internationale Regelwerke aus aller Welt. Sowohl das DIN als auch der Beuth Verlag verstehen sich als Partner der Anwender, die alle notwendigen Informationen aus Normung und technischem Recht recherchieren und beschaffen. Ihre Serviceleistungen stellen sicher, dass dieses Wissen rechtzeitig und regelmäßig verfügbar ist.

DIN-Taschenbücher

DIN-Taschenbücher sind kleine Normensammlungen im Format A5. Sie sind nach Fach- und Anwendungsgebiet geordnet. Die DIN-Taschenbücher haben in der Regel eine Laufzeit von drei Jahren, bevor eine Neuauflage erscheint. In der Zwischenzeit kann ein Teil der abgedruckten DIN-Normen überholt sein. Maßgebend für das Anwenden jeder Norm ist jeweils deren Originalfassung mit dem neuesten Ausgabedatum.

Kontaktadressen

Auskünfte zum Normenwerk

Deutsches Informationszentrum für technische Regeln im DIN (DITR)
Postanschrift: 10772 Berlin
Hausanschrift: Burggrafenstraße 6, 10787 Berlin
Kostenpflichtige Telefonauskunft: 0190 002600

Bestellmöglichkeiten für Normen und Normenliteratur

Beuth Verlag GmbH
Postanschrift: 10772 Berlin
Hausanschrift: Burggrafenstraße 6, 10787 Berlin
E-Mail: postmaster@beuth.de

Deutsche Normen und technische Regeln

Tel.:   030 2601-2260
Fax: 030 2601-1260

Auslandsnormen

Tel.:   030 2601-2361
Fax: 030 2601-1801

Normen-Abonnement

Tel.:   030 2601-2221
Fax: 030 2601-1259

Elektronische Produkte

Tel.:   030 2601-2668
Fax: 030 2601-1268

Loseblattsammlungen/Zeitschriften

Tel.:   030 2601-2121
Fax: 030 2601-1721

Interessenten aus dem Ausland erreichen uns unter:

Tel.:   +49 30 2601-2260
Fax: +49 30 2601-1260

Prospektanforderung

Tel.:   030 2601-2240
Fax: 030 2601-1724

www.beuth.de

Hinweise für das Anwenden des DIN-Taschenbuches

Eine **Norm** ist das herausgegebene Ergebnis der Normungsarbeit.

Deutsche Normen (DIN-Normen) sind vom DIN Deutsches Institut für Normung e.V. unter dem Zeichen D̲I̲N̲ herausgegebene Normen.

Sie bilden das Deutsche Normenwerk.

Eine **Vornorm** war bis etwa März 1985 eine Norm, zu der noch Vorbehalte hinsichtlich der Anwendung bestanden und nach der versuchsweise gearbeitet werden konnte. Ab April 1985 hat das Präsidium des DIN die Vornorm neu definiert. Wichtigste Ergänzung in der Definition ist die Tatsache, dass Vornormen auch ohne vorherige Entwurfsveröffentlichung herausgegeben werden dürfen. Da hierdurch von einem wichtigen Grundsatz für die Veröffentlichung von Normen abgewichen wird, entfällt auf der Titelseite die Angabe „Deutsche Norm". (Weitere Einzelheiten siehe DIN 820-4.)

Eine **Auswahlnorm** ist eine Norm, die für ein bestimmtes Fachgebiet einen Auszug aus einer anderen Norm enthält, jedoch ohne sachliche Veränderungen oder Zusätze.

Eine **Übersichtsnorm** ist eine Norm, die eine Zusammenstellung aus Festlegungen mehrerer Normen enthält, jedoch ohne sachliche Veränderungen oder Zusätze.

Teil (früher Blatt) kennzeichnete bis Juni 1994 eine Norm, die den Zusammenhang zu anderen Teilen mit gleicher Hauptnummer dadurch zum Ausdruck brachte, dass sich die DIN-Nummern nur in den Zählnummern hinter dem Zusatz „Teil" voneinander unterschieden haben. Das DIN hat sich bei der Art der Nummernvergabe der internationalen Praxis angeschlossen. Es entfällt deshalb bei der DIN-Nummer die Angabe „Teil"; diese Angabe wird in der DIN-Nummer durch „-" ersetzt. Das Wort „Teil" wird dafür mit in den Titel übernommen. In den Verzeichnissen dieses DIN-Taschenbuches wird deshalb für alle ab Juli 1994 erschienenen Normen die neue Schreibweise verwendet.

Ein **Beiblatt** enthält Informationen zu einer Norm, jedoch keine zusätzlich genormten Festlegungen.

Ein **Norm-Entwurf** ist das vorläufig abgeschlossene Ergebnis einer Normungsarbeit, das in der Fassung der vorgesehenen Norm der Öffentlichkeit zur Stellungnahme vorgelegt wird.

Die Gültigkeit von Normen beginnt mit dem Zeitpunkt des Erscheinens (Einzelheiten siehe DIN 820-4). Das Erscheinen wird im DIN-Anzeiger angezeigt.

Hinweise für den Anwender von DIN-Normen

Die Normen des Deutschen Normenwerkes stehen jedermann zur Anwendung frei.

Festlegungen in Normen sind aufgrund ihres Zustandekommens nach hierfür geltenden Grundsätzen und Regeln fachgerecht. Sie sollen sich als „anerkannte Regeln der Technik" einführen. Bei sicherheitstechnischen Festlegungen in DIN-Normen besteht überdies eine tatsächliche Vermutung dafür, dass sie „anerkannte Regeln der Technik" sind. Die Normen bilden einen Maßstab für einwandfreies technisches Verhalten; dieser Maßstab ist auch im Rahmen der Rechtsordnung von Bedeutung. Eine Anwendungspflicht kann sich aufgrund von Rechts- oder Verwaltungsvorschriften, Verträgen oder sonstigen Rechtsgründen ergeben. DIN-Normen sind nicht die einzige, sondern eine Erkenntnisquelle für technisch ordnungsgemäßes Verhalten im Regelfall. Es ist auch zu berücksichtigen, dass DIN-Normen nur den zum Zeitpunkt der jeweiligen Ausgabe herrschenden Stand der Technik berücksichtigen können. Durch das Anwenden von Normen entzieht sich niemand der Verantwortung für eigenes Handeln. Jeder handelt insoweit auf eigene Gefahr.

Jeder, der beim Anwenden einer DIN-Norm auf eine Unrichtigkeit oder eine Möglichkeit einer unrichtigen Auslegung stößt, wird gebeten, dies dem DIN unverzüglich mitzuteilen, damit etwaige Mängel beseitigt werden können.

Willkommen!
DIN-Tagungen & Seminare live

Dicht am Wirtschaftsgeschehen.

Direkt im Normungsgeschehen.

Voll aus dem Leben.

DIN-Tagungen & Seminare kombinieren Tradition mit Innovation.
Für Ihren Erfolg.

Das Angebot der DIN-Veranstaltungen deckt 50 Themenfelder aus Wirtschaft, Normung und Technik ab – z. B.:

- Normung und Produktion
- Bauwesen/VOB
- Dampfkessel/Druckbehälter
- Finanzwesen
- Heiz- und Raumlufttechnik
- Medizintechnik
- Messtechnik
- Wasserwesen/Sanitärtechnik

Infos unter:
Beuth Verlag GmbH
DIN-Tagungen & Seminare
Burggrafenstraße 6
10787 Berlin
Telefon: 030 2601-2518
www.beuth.de/sc/din-seminare

Prospekte:
Telefon: 030 2601-2240
Telefax: 030 2601-1724
werbung@beuth.de

Vorwort

In der vorliegenden 24. Auflage des DIN-Taschenbuches 1 sind 53 Grundnormen verschiedener Fachgebiete abgedruckt. Davon sind gegenüber der 23. Auflage zwei Normen in geänderter Form enthalten. Eine Norm wurde neu aufgenommen. Sechs Normen sind durch Normen mit anderer Norm-Nummer ersetzt worden. Gegenüber der letzten Ausgabe dieses DIN-Taschenbuches steigt die Anzahl der DIN-EN-, der DIN-EN-ISO und der DIN-ISO-Normen, die ins nationale Normenwerk übernommen wurden, weiter an. Zum Beispiel wurden ersetzt: DIN 6-1 durch DIN ISO 5456-2 und DIN ISO 128 Teile 30 und 34; DIN 6-2 durch DIN-ISO 128 Teile 40, 44 und 50; DIN 102 durch DIN EN ISO 1 und DIN 467-1 durch DIN EN ISO 216.

Da das DIN-Taschenbuch 1 mit dem DIN-Taschenbuch 3 „Maschinenbau. Normen für Studium und Beruf" in engem Zusammenhang steht, folgt auch die 24. Auflage des DIN-Taschenbuches 1 dem bewährten Konzept, dass sich beide Taschenbuchinhalte möglichst gut ergänzen und dass sich keine Wiederholungen von Normen ergeben. Ein Verzeichnis der in DIN-Taschenbuch 3 abgedruckten Normen befindet sich auf den Seiten 611 bis 614.

Zielsetzung dieses DIN-Taschenbuches 1 ist es, häufig benötigte Grundnormen der mechanischen Technik abzubilden. Durch die Beschränkung der Anzahl der Seiten eines Taschenbuches ist die Auswahl aus der Vielzahl der Normen des allgemeinen Maschinenbaus zwangsläufig schwierig. Dem Anwender werden bei einem weitergehenden Informationsbedürfnis in speziellen Fachgebieten die DIN-Taschenbücher der entsprechenden Fachgebiete empfohlen. Ein Verzeichnis befindet sich am Ende des Buches.

Berlin, im Mai 2004   Manfred Kaufmann

November 1999

Metrisches ISO-Gewinde allgemeiner Anwendung
Teil 1: Nennmaße für Regelgewinde
Gewinde-Nenndurchmesser von 1 mm bis 68 mm

DIN 13-1

ICS 21.040.10

Ersatz für Ausgabe 1986-12

ISO general purpose metric screw threads – Part 1: Nominal sizes for coarse pitch threads; Nominal diameter from 1 mm to 68 mm

Filetages métriques ISO pour usages généraux – Partie 1: Dimensions nominales pour filetages à pas gros; Diamètre nominal des filetages de 1 mm à 68 mm

Vorwort

Diese Norm wurde im Fachbereich B "Gewinde" des Normenausschusses Technische Grundlagen (NATG) erarbeitet.

Der Beschluß des Fachbereiches, die Normen des ISO/TC 1 "Gewinde" für das Metrische ISO-Gewinde allgemeiner Anwendung als DIN-ISO-Normen in das Deutsche Normenwerk zu übernehmen, führte zu einer redaktionell geänderten Fassung dieser Norm. Die Nennmaße leiten sich aus den Gleichungen für die Grundmaße nach DIN ISO 724 und den Gleichungen für die Nennprofile nach DIN 13-19 ab und berechnen sich für den Kerndurchmesser des Außengewindes d_3 mit der empfohlenen Kernausrundung $R = \dfrac{H}{6}$ nach DIN ISO 965-1.

Die Bezeichnung der Gewinde wurde ergänzt, aber nicht geändert und ist jetzt in DIN ISO 965-1 festgelegt. Das Normenwerk für das Metrische ISO-Gewinde, bestehend aus Normen der Reihe DIN 13 und den DIN-ISO-Normen, ist im Anhang A dargestellt.

Der Anhang A dient nur zur Information.

Änderungen

Gegenüber der Ausgabe Dezember 1986 wurden folgende Änderungen vorgenommen:

a) Die Gleichungen zur Berechnung der Werte für die Nennmaße in der Tabelle 1 wurden nicht mehr aufgenommen; sie sind in DIN 13-19 enthalten.

b) Die Normbezeichnung wurde durch den Bezug auf DIN ISO 965-1 ersetzt.

c) Die Fußnote zur Erläuterung der "Toleranzklasse mittel" ist entfallen; diese normative Festlegung ist in DIN ISO 965-1 enthalten.

d) Der Gewinde-Nenndurchmesser 7 mm wurde der Reihe 2 zugeordnet.

e) Der Titel der Norm wurde geändert.

Frühere Ausgaben

DIN 13-34: 1960-11, 1962-10, 1964-06
DIN 13-44: 1966-03
DIN 13-1: 1949x-02, 1969-11, 1973-03, 1986-12

1 Anwendungsbereich

Diese Norm gilt für Metrisches ISO-Gewinde allgemeiner Anwendung mit dem Grundprofil nach DIN ISO 68-1 und den Nennprofilen nach DIN 13-19. Sie legt die Nennmaße der Regelgewinde für Gewinde-Nenndurchmesser von 1 mm bis 68 mm fest.

Fortsetzung Seite 2 bis 4

Normenausschuß Technische Grundlagen (NATG) – Gewinde – im DIN Deutsches Institut für Normung e. V.

2 Normative Verweisungen

Diese Norm enthält durch datierte oder undatierte Verweisungen Festlegungen aus anderen Publikationen. Diese normativen Verweisungen sind an den jeweiligen Stellen im Text zitiert, und die Publikationen sind nachstehend aufgeführt. Bei datierten Verweisungen gehören spätere Änderungen oder Überarbeitungen dieser Publikationen nur zu dieser Norm, falls sie durch Änderung oder Überarbeitung eingearbeitet sind. Bei undatierten Verweisungen gilt die letzte Ausgabe der in Bezug genommenen Publikation.

DIN 13-19
    Metrisches ISO-Gewinde allgemeiner Anwendung – Teil 19: Nennprofile

DIN 13-20
    Metrisches ISO-Gewinde allgemeiner Anwendung – Teil 20: Grenzmaße für Regelgewinde mit gebräuchlichen Toleranzklassen; Gewinde-Nenndurchmesser von 1 mm bis 68 mm

DIN 2244
    Gewinde – Begriffe

DIN ISO 68-1
    Metrisches ISO-Gewinde allgemeiner Anwendung – Grundprofil – Teil 1: Metrisches Gewinde (ISO 68-1 : 1998)

DIN ISO 724
    Metrisches ISO-Gewinde allgemeiner Anwendung – Grundmaße (ISO 724 : 1993)

DIN ISO 965-1
    Metrisches ISO-Gewinde allgemeiner Anwendung – Toleranzen – Teil 1: Prinzipien und Grundlagen (ISO 965-1 : 1998)

3 Begriffe

Für die Anwendung dieser Norm gelten die Begriffe nach DIN 2244.

4 Maße, Bezeichnung

Nennmaße nach Tabelle 1 auf der Grundlage der Gleichungen für die Nennprofile nach DIN 13-19. Aus der Tabelle 1 sind vorzugsweise die Gewinde mit Nenndurchmessern der Reihe 1 anzuwenden; erst dann, wenn erforderlich, die der Reihe 2 und dann die der Reihe 3.

Grundmaße nach DIN ISO 724; Grundabmaße und Toleranzen nach DIN ISO 965-1; Grenzmaße nach DIN 13-20.

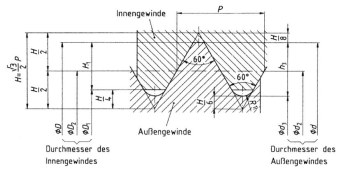

Bild 1: Gewinde-Nennprofile

Bezeichnung eines Metrischen ISO-Gewindes nach DIN ISO 965-1.

---

[1] $R = \dfrac{H}{6}$; empfohlene Kernausrundung nach DIN ISO 965-1; die Ausführung mit Korbbogen ist zulässig.

Tabelle 1: Nennmaße

Maße in Millimeter

Gewinde-Nenndurchmesser $d = D$			Steigung	Flankendurchmesser	Kerndurchmesser		Gewindetiefe		Rundung
Reihe 1	Reihe 2	Reihe 3	P	$d_2 = D_2$	d_3	D_1	h_3	H_1	$R = \frac{H}{6}$
1			0,25	0,838	0,693	0,729	0,153	0,135	0,036
	1,1		0,25	0,938	0,793	0,829	0,153	0,135	0,036
1,2			0,25	1,038	0,893	0,929	0,153	0,135	0,036
	1,4		0,3	1,205	1,032	1,075	0,184	0,162	0,043
1,6			0,35	1,373	1,171	1,221	0,215	0,189	0,051
	1,8		0,35	1,573	1,371	1,421	0,215	0,189	0,051
2			0,4	1,740	1,509	1,567	0,245	0,217	0,058
	2,2		0,45	1,908	1,648	1,713	0,276	0,244	0,065
2,5			0,45	2,208	1,948	2,013	0,276	0,244	0,065
3			0,5	2,675	2,387	2,459	0,307	0,271	0,072
	3,5		0,6	3,110	2,764	2,850	0,368	0,325	0,087
4			0,7	3,545	3,141	3,242	0,429	0,379	0,101
	4,5		0,75	4,013	3,580	3,688	0,460	0,406	0,108
5			0,8	4,480	4,019	4,134	0,491	0,433	0,115
6			1	5,350	4,773	4,917	0,613	0,541	0,144
	7		1	6,350	5,773	5,917	0,613	0,541	0,144
8			1,25	7,188	6,466	6,647	0,767	0,677	0,180
		9	1,25	8,188	7,466	7,647	0,767	0,677	0,180
10			1,5	9,026	8,160	8,376	0,920	0,812	0,217
		11	1,5	10,026	9,160	9,376	0,920	0,812	0,217
12			1,75	10,863	9,853	10,106	1,074	0,947	0,253
	14		2	12,701	11,546	11,835	1,227	1,083	0,289
16			2	14,701	13,546	13,835	1,227	1,083	0,289
	18		2,5	16,376	14,933	15,294	1,534	1,353	0,361
20			2,5	18,376	16,933	17,294	1,534	1,353	0,361
	22		2,5	20,376	18,933	19,294	1,534	1,353	0,361
24			3	22,051	20,319	20,752	1,840	1,624	0,433
	27		3	25,051	23,319	23,752	1,840	1,624	0,433
30			3,5	27,727	25,706	26,211	2,147	1,894	0,505
	33		3,5	30,727	28,706	29,211	2,147	1,894	0,505
36			4	33,402	31,093	31,670	2,454	2,165	0,577
	39		4	36,402	34,093	34,670	2,454	2,165	0,577
42			4,5	39,077	36,479	37,129	2,760	2,436	0,650
	45		4,5	42,077	39,479	40,129	2,760	2,436	0,650
48			5	44,752	41,866	42,587	3,067	2,706	0,722
	52		5	48,752	45,866	46,587	3,067	2,706	0,722
56			5,5	52,428	49,252	50,046	3,374	2,977	0,794
	60		5,5	56,428	53,252	54,046	3,374	2,977	0,794
64			6	60,103	56,639	57,505	3,681	3,248	0,866
	68		6	64,103	60,639	61,505	3,681	3,248	0,866

Anhang A (informativ)
Erläuterungen

Mit der Übernahme der Normen des ISO/TC 1 "Gewinde" für das Metrische ISO-Gewinde allgemeiner Anwendung in das Deutsche Normenwerk wird die bisherige Praxis aufgegeben, Teile oder vollständige ISO-Normen des ISO/TC 1 in die Normen der Reihe DIN 13 zu integrieren. Die übernommenen ISO-Normen ergänzen oder ersetzen Normen der Reihe DIN 13, wobei die DIN-ISO-Normnummer dokumentiert, daß die Norm mit der ISO-Norm übereinstimmt. Die nationalen Erweiterungen gegenüber den Festlegungen des ISO-Systems bleiben in den Normen der Reihe DIN 13 erhalten.

Bei einer eventuellen Übernahme der ISO-Normen des ISO/TC 1 als EN-Normen des Europäischen Komitees für Normung (CEN) stellen dann die entsprechenden DIN-ISO-Normen deren Deutsche Fassung dar.

Die Tabelle A.1 enthält die Normen für das Metrische ISO-Gewinde allgemeiner Anwendung und gibt an, welche bisherigen DIN-Normen durch die DIN-ISO-Normen ersetzt worden sind.

Tabelle A.1

Norm	Inhalt	Umfang/Bemerkungen
DIN 13-1	Nennmaße für Regelgewinde	Nenndurchmesser von 1 mm bis 68 mm
DIN 13-2 bis DIN 13-11	Nennmaße für Feingewinde mit Steigungen von 0,2 mm bis 8 mm	Nenndurchmesser von 1 mm bis 1 000 mm
DIN 13-19	Nennprofile	Grundprofil ist in DIN ISO 68-1 festgelegt
DIN 13-20	Grenzmaße für Regelgewinde	Nenndurchmesser von 1 mm bis 68 mm
DIN 13-21 bis DIN 13-26	Grenzmaße für Feingewinde mit Steigungen von 0,2 mm bis 8 mm	Nenndurchmesser von 1 mm bis 1 000 mm
DIN 13-28	Kernquerschnitte, Spannungsquerschnitte Steigungswinkel	Regel- und Feingewinde, Nenndurchmesser von 1 mm bis 250 mm
DIN 13-50	Kombination von Toleranzklassen für gefurchte Gewinde	Regelgewinde M3 bis M16, Feingewinde M8 x 1 bis M30 x 2 nach DIN ISO 965-2
DIN 13-51	Toleranzen, Grenzmaße, Grenzabmaße für Außengewinde mit Übergangstoleranzfeld	Regel- und Feingewinde, Nenndurchmesser von 1 mm bis 150 mm
DIN 13-52	Toleranzsystem für mehrgängiges Metrisches ISO-Gewinde	Regel- und Feingewinde der Normen der Reihe DIN 13
DIN ISO 68-1	Grundprofil für das Metrische ISO-Gewinde	Ersatz für das Grundprofil nach DIN 13-19 : 1986-12
DIN ISO 261	Übersicht, Auswahl, Durchmesser und Steigung für Regel- und Feingewinde	Nenndurchmesser von 1 mm bis 300 mm; Ersatz für DIN 13-12 : 1988-10 und DIN 13-12 Bbl. 1 : 1975-11
DIN ISO 262	Auswahlreihen für Schrauben, Bolzen und Muttern	Nenndurchmesser von 1 mm bis 64 mm; mit DIN ISO 965-2 Ersatz für DIN 13-13 : 1983-10
DIN ISO 724	Grundmaße	Nenndurchmesser von 1 mm bis 300 mm
DIN ISO 965-1	Toleranzen: Grundlagen des Toleranzsystems für das Metrische ISO-Gewinde	Nenndurchmesser von 1 mm bis 355 mm Ersatz für DIN 13-14 : 1982-08 und DIN 13-15 : 1982-08
DIN ISO 965-2	Toleranzen: Grenzmaße für die Toleranzklasse "mittel"	Regelgewinde von M1 bis M64, Feingewinde von M8 x 1 bis M64 x 4; mit DIN ISO 262 Ersatz für DIN 13-13 : 1983-10
DIN ISO 965-3	Toleranzen: Grenzabmaße für Konstruktionsgewinde	Nenndurchmesser von 1 mm bis 355 mm Ersatz für DIN 13-27 : 1983-12
DIN ISO 1502	Lehrung und Lehren	Ersatz für DIN 13-16 bis DIN 13-18 Ausgaben Januar 1987

November 1999

Metrisches ISO-Gewinde allgemeiner Anwendung
Teil 19: Nennprofile

DIN 13-19

ICS 21.040.10

Mit DIN ISO 68-1 : 1999-11
Ersatz für Ausgabe 1986-12

ISO general purpose metric screw threads – Part 19: Nominal profiles

Filetages métriques ISO pour usages généraux – Partie 19: Profiles nominales

Vorwort

Diese Norm wurde im Fachbereich B "Gewinde" des Normenausschusses Technische Grundlagen (NATG) erarbeitet.

Der Beschluß des Fachbereiches, die Normen des ISO/TC 1 "Gewinde" für das Metrische ISO-Gewinde allgemeiner Anwendung als DIN-ISO-Normen in das Deutsche Normenwerk zu übernehmen, führte zu einer geänderten Fassung dieser Norm, in der nur noch die Nennprofile (Fertigungsprofile) festgelegt sind.

Eine Übersicht über das Normenwerk für das Metrische ISO-Gewinde, bestehend aus Normen der Reihe DIN 13 und den DIN-ISO-Normen, ist im Anhang A von DIN 13-1 dargestellt.

Änderungen

Gegenüber der Ausgabe Dezember 1986 wurden folgende Änderungen vorgenommen:

   a) Das Grundprofil wurde in DIN ISO 68-1 übernommen.

   b) Die Zahlenangaben in den Gleichungen sind, bezogen auf die Angaben in DIN ISO 68-1, auf 6 Stellen nach dem Komma angegeben.

   c) Der Titel der Norm wurde geändert.

Frühere Ausgaben

DIN 13-30: 1960-08, 1964-06
DIN 13-19: 1972-05, 1986-12

1 Anwendungsbereich

Diese Norm gilt für Metrisches ISO-Gewinde allgemeiner Anwendung mit einem Grundprofil nach DIN ISO 68-1. Sie legt die Nennprofile (Fertigungsprofile) des Außengewindes und des Innengewindes für Gewindepaarungen mit und ohne Flankenspiel fest, nach denen die Maße der Gewindewerkzeuge festgelegt werden.

2 Normative Verweisungen

Diese Norm enthält durch datierte oder undatierte Verweisungen Festlegungen aus anderen Publikationen. Diese normativen Verweisungen sind an den jeweiligen Stellen im Text zitiert, und die Publikationen sind nachstehend aufgeführt. Bei datierten Verweisungen gehören spätere Änderungen oder Überarbeitungen dieser Publikationen nur zu dieser Norm, falls sie durch Änderung oder Überarbeitung eingearbeitet sind. Bei undatierten Verweisungen gilt die letzte Ausgabe der in Bezug genommenen Publikation.

DIN 2244
   Gewinde – Begriffe

DIN ISO 68-1
   Metrisches ISO-Gewinde allgemeiner Anwendung – Grundprofil – Teil 1: Metrisches Gewinde
   (ISO 68-1 : 1998)

Fortsetzung Seite 2 und 3

Normenausschuß Technische Grundlagen (NATG) – Gewinde – im DIN Deutsches Institut für Normung e. V.

Seite 2
DIN 13-19 : 1999-11

DIN ISO 724
  Metrisches ISO-Gewinde allgemeiner Anwendung – Grundmaße (ISO 724 : 1993)

DIN ISO 965-1
  Metrisches ISO-Gewinde allgemeiner Anwendung – Toleranzen – Teil 1: Prinzipien und Grundlagen
  (ISO 965-1 : 1998)

3 Begriffe

Für die Anwendung dieser Norm gelten die Begriffe nach DIN 2244.

4 Nennprofile (Fertigungsprofile)

Die Form des Gewindegrundes am Außendurchmesser des Innengewindes ist freigestellt, jedoch muß die Flanke bis zum Durchmesser D bzw. $D + EI$ gerade sein.

Die Nennmaße für Metrisches ISO-Gewinde allgemeiner Anwendung nach Normen der Reihe DIN 13 sind auf das Profil ohne Flankenspiel nach Bild 1 bezogen. Für Profile mit Flankenspiel siehe Grundabmaße es und EI nach DIN ISO 965-1.

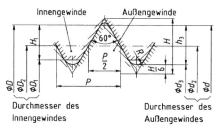

Bild 1: Profile bei Gewindepaarung
ohne Flankenspiel (Nullprofil)

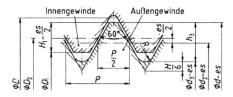

übrige Angaben wie Bild 1

Bild 2: Profile bei Gewindepaarung mit Flankenspiel durch Grundabmaß
im Außengewinde

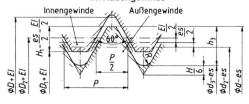

übrige Angaben wie Bild 1

Bild 3: Profile bei Gewindepaarung mit Flankenspiel durch Grundabmaße
im Außen- und im Innengewinde

Legende zu den Bildern 1 bis 3:

$D = d$ = Gewinde-Nenndurchmesser

$D_1 = d_2 - 2(\dfrac{H}{2} - \dfrac{H}{4}) = d - 2H_1 = d - 1{,}082\,532\,P$

$D_2 = d_2 = d - \dfrac{3}{4}H = d - 0{,}649\,519\,P$

$d_3 = d_2 - 2(\dfrac{H}{2} - \dfrac{H}{6}) = d - 1{,}226\,869\,P$

$d_3 = d_1 - \dfrac{H}{6}$ (für die Durchmesser nach DIN ISO 724 errechnet sich d_3 auf Grundlage von d_1)

$H = \dfrac{\sqrt{3}}{2}P = 0{,}866\,025\,P$

$H_1 = \dfrac{D - D_1}{2} = \dfrac{5}{8}H = 0{,}541\,266\,P$

$h_3 = \dfrac{d - d_3}{2} = \dfrac{17}{24}H = 0{,}613\,435\,P$

$R = \dfrac{H}{6} = 0{,}144\,338\,P$

> ANMERKUNG: Für die praktische Anwendung wurde die Anzahl der Stellen nach dem Komma gegenüber DIN ISO 68-1 auf sechs Stellen gerundet.

	Senkungen für Senkschrauben ausgenommen Senkschrauben mit Köpfen nach DIN EN 27721	DIN 74

April 2003

ICS 21.060.01

Ersatz für
DIN 74-1:2000-11

Countersinks for countersunk head screws —
except countersunk head screws with heads according to
DIN EN 27721

Noyures pour vis à tête fraisée —
à l'exception des vis à tête fraisée avec des têtes conformément
à la DIN EN 27721

Vorwort

Diese Norm wurde vom FMV-1.2/3 „Fachgrundnormen" erarbeitet.

Änderungen

Gegenüber DIN 74-1:2000-11 wurden folgende Änderung vorgenommen:

a) Normnummer geändert (DIN 74 anstelle von DIN 74-1);

b) Maße von d_2 und t_1 in Tabelle 3 überarbeitet.

Frühere Ausgaben

DIN 74-1: 1971-07, 1980-12, 2000-11

Fortsetzung Seite 2 bis 5

Normenausschuss Mechanische Verbindungselemente (FMV) im DIN Deutsches Institut für Normung e.V.

DIN 74:2003-04

1 Anwendungsbereich

Diese Norm legt Maße und Bezeichnungen für Senkungen für Senkschrauben fest, deren Köpfe nicht mit den Hüllmaßen der Einheitsköpfe nach DIN EN 27721 übereinstimmen.

ANMERKUNG Senkungen für Senkschrauben mit Einheitsköpfen nach DIN EN 27721 (früher DIN ISO 7721) sind in DIN 66 festgelegt.

2 Normative Verweisungen

Diese Norm enthält durch datierte oder undatierte Verweisungen Festlegungen aus anderen Publikationen. Diese normativen Verweisungen sind an den jeweiligen Stellen im Text zitiert, und die Publikationen sind nachstehend aufgeführt. Bei datierten Verweisungen gehören spätere Änderungen oder Überarbeitungen dieser Publikationen nur zu dieser Norm, falls sie durch Änderung oder Überarbeitung eingearbeitet sind. Bei undatierten Verweisungen gilt die letzte Ausgabe der in Bezug genommenen Publikation (einschließlich Änderungen).

DIN 95, *Linsensenk-Holzschrauben mit Schlitz*.

DIN 97, *Senk-Holzschrauben mit Schlitz*.

DIN 7969, *Senkschrauben mit Schlitz ohne Mutter oder mit Sechskantmutter für Stahlkonstruktionen*.

DIN 7995, *Linsensenk-Holzschrauben mit Kreuzschlitz*.

DIN 7997, *Senk-Holzschrauben mit Kreuzschlitz*.

DIN EN 20273, *Mechanische Verbindungselemente — Durchgangslöcher für Schrauben (ISO 273:1979); Deutsche Fassung EN 20273:1991*.

DIN EN ISO 10642, *Senkschrauben mit Innensechskant (ISO 10642:1997); Deutsche Fassung EN ISO 10642:1997*.

3 Maße und Bezeichnung

3.1 Senkung, Form A

Geeignet für:

— Senk-Holzschrauben nach DIN 97 und DIN 7997

— Linsensenk-Holzschrauben nach DIN 95 und DIN 7995

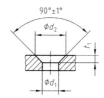

Bild 1 — Senkung, Form A

BEISPIEL Eine Senkung, Form A, für Gewindedurchmesser 4 mm wird wie folgt bezeichnet:

Senkung DIN 74 — A4

DIN 74:2003-04

Tabelle 1 — Maße für Senkung Form A

Maße in Millimeter

Für Gewinde-durchmesser		1,6	2	2,5	3	3,5	4	4,5	5	5,5	6	7	8
d_1[a]	H13	1,8	2,4	2,9	3,4	3,9	4,5	5	5,5	6	6,6	7,6	9
d_2	H13	3,7	4,6	5,7	6,5	7,6	8,6	9,5	10,4	11,4	12,4	14,4	16,4
t_1	≈	0,9	1,1	1,4	1,6	1,9	2,1	2,3	2,5	2,7	2,9	3,3	3,7

[a] Durchgangsloch mittel nach DIN EN 20273

3.2 Senkung, Form E

Geeignet für Senkschrauben für Stahlkonstruktionen nach DIN 7969.

Bild 2 — Senkung, Form E

BEISPIEL   Eine Senkung, Form E, für Gewindedurchmesser 12 mm wird wie folgt bezeichnet:

Senkung DIN 74 — E12

Tabelle 2 — Maße für Senkung Form E

Maße in Millimeter

Für Gewinde-durchmesser		10	12	16	20	22	24
d_1[a]	H13	10,5	13	17	21	23	25
d_2	H13	19	24	31	34	37	40
t_1	≈	5,5	7	9	11,5	12	13
α	± 1°		75°			60°	

[a] Durchgangsloch mittel nach DIN EN 20273

3.3 Senkung, Form F

Geeignet für Senkschrauben mit Innensechskant nach DIN EN ISO 10642.

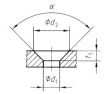

Bild 3 — Senkung, Form F

BEISPIEL   Eine Senkung, Form F, für Gewindedurchmesser 12 mm wird wie folgt bezeichnet:

Senkung DIN 74 — F12

Tabelle 3 — Maße für Senkung Form F

Maße in Millimeter

Für Gewinde-durchmesser		3	4	5	6	8	10	12	14	16	20
d_1 [a]	H13	3,4	4,5	5,5	6,6	9	11	13,5	15,5	17,5	22
d_2	H13	6,94	9,18	11,47	13,71	18,25	22,73	27,21	31,19	33,99	40,71
t_1	≈	1,8	2,3	3,0	3,6	4,6	5,9	6,9	7,8	8,2	9,4
α	± 1°	90°									
[a] Durchgangsloch mittel nach DIN EN 20273											

3.4 Andere Senktiefen

Sind bei einzelnen Senkungen nach dieser Norm in Sonderfällen andere Senktiefen t_1 erforderlich, so ist die Senktiefe (z. B. 3 mm für eine Senkung A4) in der Bezeichnung anzugeben.

BEISPIEL   Eine Senkung, Form A, für Gewindedurchmesser 4 mm mit der abweichenden Senktiefe t_1 = 3 mm wird wie folgt bezeichnet:

Senkung DIN 74 — A4 × 3

4 Zeichnungseintragungen

BEISPIEL 1 Bei Anwendung von Kurzbezeichnungen

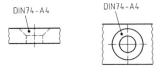

Bild 4a — Zeichnungseintragung

BEISPIEL 2 Bei Anwendung von Maßeintragungen

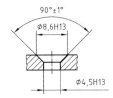

Bild 4b — Zeichnungseintragung bei Angabe des Senkdurchmessers

Bild 4c — Zeichnungseintragung bei Angabe der Senktiefe

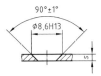

Bild 4d — Zeichnungseintragung bei Teilen mit $s \leq t_1$

Literaturhinweise

DIN 66, *Senkungen für Senkschrauben mit Einheitsköpfen nach DIN ISO 7721.*

DIN EN 27721, *Senkschrauben — Gestaltung und Prüfung von Senkköpfen (ISO 7721:1983); Deutsche Fassung EN 27721:1991.*

DK 621.882.082.4 April 1977

Metrisches ISO-Trapezgewinde
Gewindeprofile

DIN 103 Teil 1

ISO-metric trapezoidal screw threads; Profiles

Zusammenhang mit der von der International Organization for Standardization (ISO) herausgegebenen Internationalen Norm ISO 2901-1977, siehe Erläuterungen.

Maße in mm

1 Grundprofil

Das Grundprofil ist das theoretische Profil, dem die Grundmaße des Außen-, Flanken- und Kerndurchmessers zugeordnet sind.

Die Spiele im Außen- und Kerndurchmesser (siehe Abschnitt 2) und die Grundabmaße für den Flankendurchmesser (siehe Abschnitt 3) sind auf diese Grundmaße bezogen.

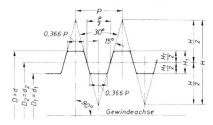

$D = d$ Außendurchmesser des Gewindes
$D_2 = d_2$ Flankendurchmesser des Gewindes
$D_1 = d_1$ Kerndurchmesser des Gewindes
P Steigung des eingängigen Gewindes und Teilung des mehrgängigen Gewindes
H Höhe des Grunddreiecks
H_1 Gewindetiefe des Grundprofils

Bild 1. Grundprofil

Tabelle 1. **Maße für das Grundprofil**

Steigung P	H 1,866 P	$H/2$ 0,933 P	H_1 0,5 P	0,366 P
1,5	2,799	1,400	0,75	0,549
2	3,732	1,866	1	0,732
3	5,598	2,799	1,5	1,098
4	7,464	3,732	2	1,464
5	9,330	4,665	2,5	1,830
6	11,196	5,598	3	2,196
7	13,062	6,531	3,5	2,562
8	14,928	7,464	4	2,928
9	16,794	8,397	4,5	3,294
10	18,660	9,330	5	3,660
12	22,392	11,196	6	4,392
14	26,124	13,062	7	5,124
16	29,856	14,928	8	5,856
18	33,588	16,794	9	6,588
20	37,320	18,660	10	7,320
22	41,052	20,526	11	8,052
24	44,784	22,392	12	8,784
28	52,248	26,124	14	10,248
32	59,712	29,856	16	11,712
36	67,176	33,588	18	13,176
40	74,640	37,320	20	14,640
44	82,104	41,052	22	16,104

Fortsetzung Seite 2 bis 4
Erläuterungen Seite 4 und 5

Ausschuß Gewinde (AGew) im DIN Deutsches Institut für Normung e. V.

2 Nennprofile

Diese Profile, auf die die Abmaße und Toleranzen bezogen sind, haben zum Grundprofil (siehe Bild 1) vorgeschriebene Spiele im Außen- und Kerndurchmesser.

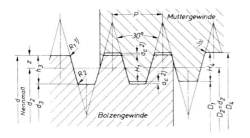

$D_1 = d - 2H_1 = d - P$
$H_1 = 0,5 P$
$H_4 = H_1 + a_c = 0,5 P + a_c$
$h_3 = H_1 + a_c = 0,5 P + a_c$
$z = 0,25 P = \dfrac{H_1}{2}$
$D_4 = d + 2 a_c$
$d_3 = d - 2 h_3$
$d_2 = D_2 = d - 2z = d - 0,5 P$
a_c Spiel [2])
$R_1 = $ max. $0,5 a_c$
$R_2 = $ max. a_c

Bild 2. Profile für Bolzen- und Muttergewinde mit Spiel im Außen- und Kerndurchmesser und ohne Flankenspiel (Nennmaße)

Tabelle 2. **Maße für die Nennprofile**

P	a_c	$H_4 = h_3$	R_1 max.	R_2 max.
1,5	0,15	0,9	0,075	0,15
2	0,25	1,25	0,125	0,25
3	0,25	1,75	0,125	0,25
4	0,25	2,25	0,125	0,25
5	0,25	2,75	0,125	0,25
6	0,5	3,5	0,25	0,5
7	0,5	4	0,25	0,5
8	0,5	4,5	0,25	0,5
9	0,5	5	0,25	0,5
10	0,5	5,5	0,25	0,5
12	0,5	6,5	0,25	0,5
14	1	8	0,5	1
16	1	9	0,5	1
18	1	10	0,5	1
20	1	11	0,5	1
22	1	12	0,5	1
24	1	13	0,5	1
28	1	15	0,5	1
32	1	17	0,5	1
36	1	19	0,5	1
40	1	21	0,5	1
44	1	23	0,5	1

[1]) Es wird empfohlen, eine Rundung R_1 oder eine Fase am Außendurchmesser des Bolzengewindes vorzusehen.
[2]) Der Index c bedeutet crest = Spitze.
[3]) Die größtzulässige Kantenrundung am Außendurchmesser des Muttergewindes infolge Abnutzung des neuen, scharfkantigen Werkzeuges an dieser Stelle darf nicht größer als das Maß a_c sein.

3 Profile für Gewinde mit Flankenspiel

Diese Profile ergeben sich aus den Nennprofilen und dem Grundabmaß für den Flankendurchmesser.

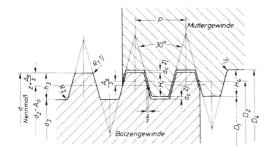

$s = 0{,}26795\, A_o$

A_o = Grundabmaß (= oberes Abmaß) für Bolzengewinde im Flankendurchmesser.

Übrige Maßbuchstaben (siehe Bild 2)

Bild 3. Profile für Bolzen- und Muttergewinde mit Spiel im Außen- und Kerndurchmesser und mit Flankenspiel (System Einheitsmutter)

4 Profile für mehrgängige Gewinde

(Dargestellt ist das Profil eines zweigängigen Bolzengewindes)

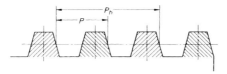

Bild 4. Profile für mehrgängige Gewinde

P_h Steigung   Abstand entlang der Flankendurchmesserlinie zwischen benachbarten Flanken gleicher Richtung desselben Gewindeganges.

P Teilung   Abstand entlang der Flankendurchmesserlinie zwischen benachbarten Flanken der gleichen Richtung.

Mehrgängige (n-gängige) Gewinde haben das gleiche Profil wie eingängige Gewinde mit der Steigung P_h = Teilung P.

Für die Teilung P der mehrgängigen Gewinde dürfen nur die für die Steigung P (gleich Teilung P) der eingängigen Gewinde zugelassenen Werte gewählt werden. Das Vielfache der Teilung P der mehrgängigen Gewinde braucht jedoch nicht einem für eingängige Gewinde zugelassenen Steigungswert zu entsprechen.

5 Abweichungen vom Profil

Bei gerollten Bolzengewinden kann das Profil im Kerndurchmesser geändert werden, um eine hier notwendige größere Rundung im Kern des Gewindes zu erhalten. Der Kerndurchmesser des Bolzengewindes kann in diesem Fall um $0{,}15 \cdot P$ kleiner werden als Nennmaß d_3.

Bei der Herstellung von Trapezgewinden mit geradflankigen Werkzeugen können Abweichungen von der im Nennprofil gegebenen Flankenform entstehen. Diese Abweichungen sind im allgemeinen zulässig. In besonderen Fällen (großer Steigungswinkel; erhöhte Genauigkeit) wird empfohlen, das Herstellverfahren (die Lage der erzeugenden Geraden am Werkzeug) zu vereinbaren und somit die Flankenform von Bolzen- und Muttergewinden und den entsprechenden Lehren einheitlich festzulegen. In diesen Fällen gelten die Regeln der Schneckengeometrie nach DIN 3975 (Ausgabe Oktober 1976, Abschnitt 3.6), d. h. Werkzeuge und Lehren müssen nach dem gleichen Verfahren hergestellt werden.

Es ist nicht möglich, den Wert des Steigungswinkels für diese besonderen Fälle anzugeben, da er von verschiedenen Faktoren abhängt. Als Anhalt für die untere Grenze kann 8° bei gefrästen und 6° bei geschliffenen Trapezgewinden dienen.

---

[1]), [2]) und [3])   Siehe Seite 2

Weitere Normen

DIN 103 Teil 2	Metrisches ISO-Trapezgewinde; Gewindereihen	
DIN 103 Teil 3	Metrisches ISO-Trapezgewinde; Abmaße und Toleranzen für Trapezgewinde allgemeiner Anwendung	
DIN 103 Teil 4	Metrisches ISO-Trapezgewinde; Nennmaße	
DIN 103 Teil 5	Metrisches ISO-Trapezgewinde; Grenzmaße für Muttergewinde von 8 bis 100 mm Nenndurchmesser	
DIN 103 Teil 6	Metrisches ISO-Trapezgewinde; Grenzmaße für Muttergewinde von 105 bis 300 mm Nenndurchmesser	
DIN 103 Teil 7	Metrisches ISO-Trapezgewinde; Grenzmaße für Bolzengewinde von 8 bis 100 mm Nenndurchmesser	
DIN 103 Teil 8	Metrisches ISO-Trapezgewinde; Grenzmaße für Bolzengewinde von 105 bis 300 mm Nenndurchmesser	
DIN 103 Teil 9	(Vornorm)	Metrisches ISO-Trapezgewinde; Lehren für Bolzen- und Muttergewinde, Lehrenmaße und Baumerkmale

Erläuterungen

Diese Norm stimmt sachlich in den Abschnitten 1 und 2 vollständig überein mit der von der International Organization for Standardization (ISO) herausgegebenen Norm ISO 2901-1977.

E: ISO metric trapezoidal screw threads; Basic profile and maximum-material-profile.

D: Metrisches ISO-Trapezgewinde; Grundprofil und Maximum-Material-Profile.

Die Abschnitte 3 und 4 dieser Norm über Profile über Gewinde mit Flankenspiel und Profile für mehrgängige Gewinde sind in der ISO-Norm nicht enthalten. Für Profile für Gewinde mit Flankenspiel wurde das System der Einheitsmutter gewählt. Damit die Flankenüberdeckung bei allen Passungen gleich ist, wurde der Außendurchmesser des Bolzengewindes für alle Toleranzlagen gleich dem Nennmaß d ausgeführt. Dadurch sind für alle Toleranzlagen gleiche Lehren für den Außendurchmesser des Bolzengewindes anzuwenden. Ebenso wurde das Nennmaß für den Kerndurchmesser des Bolzengewindes für alle Toleranzlagen einheitlich mit d_3 festgelegt. Das Grundabmaß A_0 wurde in die Toleranz für den Kerndurchmesser einbezogen.

Für die Herstellung des Trapezgewindes durch Rollen wurde ein besonderer Hinweis aufgenommen. Gegen die hierin zugelassene Verringerung des Kerndurchmessers des Bolzengewindes bestehen keine Bedenken, da die Festigkeit des Bolzens durch das Rollen eine bessere Oberfläche im Kern ergibt und die Gefügebildung des Bolzens nicht beeinträchtigt wird.

Der Abschnitt 5 dieser Norm wurde gegenüber der ISO-Norm erweitert, weil bei der Herstellung steilgängiger Trapezgewinde die gleichen Verhältnisse vorliegen wie bei der Schneckenfertigung (siehe DIN 3975, Ausgabe Oktober 1976, Abschnitt 3.6).

DK 621.882.082.4   April 1977

Metrisches ISO-Trapezgewinde
Gewindereihen

DIN 103 Teil 2

ISO-metric trapezoidal screw threads; General plan

Diese Norm stimmt sachlich vollständig überein mit der von der International Organization for Standardization (ISO) herausgegebenen internationalen Norm ISO 2902-1977.

E: ISO-metric trapezoidal screw threads; General plan
D: Metrisches ISO-Trapezgewinde; Übersicht

1 Einführung

Diese Norm enthält Metrisches ISO-Trapezgewinde mit Profilen nach DIN 103 Teil 1.

Es bleibt jedem Industriezweig und jedem Werk überlassen, aus den Trapezgewinden dieser Norm eine Auswahl zu treffen, deren Durchmesser/Steigungs-Kombinationen den eigenen Bedürfnissen entspricht.

2 Wahl des Durchmessers und der Steigung (siehe Tabelle in Abschnitt 4)

Die Durchmesser sind vorzugsweise aus der Reihe 1 und wenn notwendig aus der Reihe 2 zu wählen. Die Durchmesser der Reihe 3 sollen für Neukonstruktionen vermieden werden.

Die Steigungen für einen gegebenen Durchmesser sind in der entsprechenden Zeile aufgeführt. Es sollen vorzugsweise die eingerahmten Steigungen gewählt werden.

Wenn Trapezgewinde mit anderen Durchmessern als die in der Tabelle angegeben für notwendig gehalten werden, dann ist eine der Steigungen zu wählen, die in der Tabelle in Abschnitt 4 dem nächstliegenden Gewinde-Nenndurchmesser zugeordnet ist.

3 Bezeichnung

Eingängige Metrische Trapezgewinde dieser Norm werden mit den Buchstaben Tr bezeichnet, denen der Gewinde-Nenndurchmesser und die Steigung P des eingängigen Gewindes (hier Steigung P = Teilung P) in mm folgen, die durch das Zeichen × getrennt sind.

Beispiel: Tr 40 × 7

Mehrgängige Metrische Trapezgewinde dieser Norm werden mit den Buchstaben Tr bezeichnet, denen der Gewinde-Nenndurchmesser und die Steigung P_h des mehrgängigen Gewindes in mm, der Buchstabe P (Teilung) und die Teilung in mm folgen.

Beispiel: Tr 40 × 14 P7

$$\text{Gangzahl} = \frac{\text{Steigung } P_h}{\text{Teilung } P} = \frac{14}{7} \text{ für das Beispiel. Es handelt sich also um ein zweigängiges Gewinde.}$$

Für Gewinde ohne Toleranzangabe gilt Toleranzklasse mittel und zwar Toleranzfeld 7e beim Bolzengewinde und Toleranzfeld 7H beim Muttergewinde. Wird ein anderes Toleranzfeld gewünscht, dann ist dies anzugeben; die Bezeichnung lautet dann z. B. für ein Bolzengewinde mit dem Toleranzfeld 8e: Tr 40 × 7-8e. Die Bezeichnung für ein entsprechendes zweigängiges Gewinde lautet: Tr 40 × 14 P7-8e.

Fortsetzung Seite 2 und 3
Erläuterungen Seite 3

Ausschuß Gewinde (AGew) im DIN Deutsches Institut für Normung e. V.

4 Gewindedurchmesser und Steigungen

Maße in mm

Gewinde-Nenndurchmesser d			Steigungen P der eingängigen Trapezgewinde																					
Reihe 1	Reihe 2	Reihe 3	44	40	36	32	28	24	22	20	18	16	14	12	10	9	8	7	6	5	4	3	2	1,5
8																								1,5
	9																						2	1,5
10																							2	1,5
	11																					3	2	
12																						3	2	
	14																					3	2	
16																					4		2	
	18																				4		2	
20																					4		2	
	22															8					5		3		
24																8					5		3		
	26															8					5		3		
28																8					5		3		
	30														10					6			3		
32															10					6			3		
	34														10					6			3		
36															10					6			3		
	38														10				7				3		
40															10				7				3		
	42														10				7				3		
44														12					7				3		
	46														12			8					3		
48															12			8					3		
	50														12			8					3		
52															12			8					3		
	55													14			9						3		
60														14			9						3		
	65												16			10						4			
70													16			10						4			
	75												16			10						4			
80													16			10						4			
	85											18			12							4			
90												18			12							4			
	95											18			12							4			
100										20				12							4				
		105								20				12							4				
	110									20				12							4				
		115							22				14						6						
120									22				14						6						
		125							22				14						6						
	130								22				14						6						
		135						24					14						6						
140								24					14						6						
		145						24					14						6						
	150							24				16							6						
		155						24				16							6						
160							28					16							6						
		165					28					16							6						
	170						28					16							6						
		175					28					16							6						
180											18						8								
		185				32					18						8								
	190					32					18						8								
		195				32					18						8								
200						32					18						8								
	210				36					20							8								
220					36					20							8								
	230				36					20							8								
240					36				22								8								
	250			40					22					12											
260				40					22					12											
	270			40				24						12											
280				40				24						12											
	290		44					24						12											
300			44					24						12											

Weitere Normen

DIN 103 Teil 1   Metrisches ISO-Trapezgewinde; Grundprofile
DIN 103 Teil 3   Metrisches ISO-Trapezgewinde; Abmaße und Toleranzen für Trapezgewinde allgemeiner Anwendung
DIN 103 Teil 4   Metrisches ISO-Trapezgewinde; Nennmaße
DIN 103 Teil 5   Metrisches ISO-Trapezgewinde; Grenzmaße für Muttergewinde von 8 bis 100 mm Nenndurchmesser
DIN 103 Teil 6   Metrisches ISO-Trapezgewinde; Grenzmaße für Muttergewinde von 105 bis 300 mm Nenndurchmesser
DIN 103 Teil 7   Metrisches ISO-Trapezgewinde; Grenzmaße für Bolzengewinde von 8 bis 100 mm Nenndurchmesser
DIN 103 Teil 8   Metrisches ISO-Trapezgewinde; Grenzmaße für Bolzengewinde von 105 bis 300 mm Nenndurchmesser
DIN 103 Teil 9   (Vornorm) Metrisches ISO-Trapezgewinde; Lehren für Bolzen- und Muttergewinde, Lehrenmaße und Baumerkmale

Erläuterungen

Die Durchmesserreihen sind in drei Anwendungsreihen aufgeteilt. Die bisher vorkommenden Durchmesser der Reihe 3 wurden vorerst noch beibehalten, sie sollen aber in Zukunft bei Neukonstruktionen vermieden werden.

Für jeden Gewindedurchmesser sind höchstens nur drei Steigungen zur Anwendung empfohlen. Eine davon ist als Vorzugssteigung gekennzeichnet, um die Anzahl der anzuwendenden Trapezgewinde noch weiter einzuschränken. Wenn in besonderen Fällen andere Durchmesser an Stelle der aufgeführten benötigt werden, soll eine Steigung gewählt werden, die dem nächstliegenden Durchmesser zugeordnet ist.

Das ISO/TC 1 war der Meinung, daß Trapezgewinde über 300 mm Durchmesser so wenig vorkommen und eine Empfehlung für Durchmesser über diesen Bereich hinaus nicht angebracht erscheint. Die in dieser Norm festgelegten Durchmesser der Reihe 1 mit den zugeordneten Steigungen sind im folgenden Diagramm bildlich dargestellt.

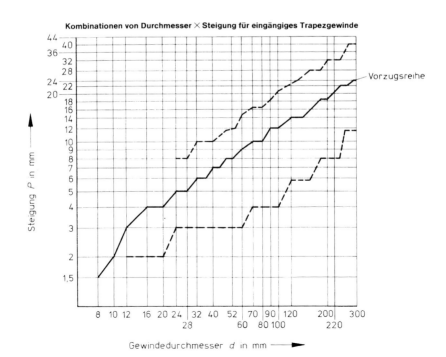

Kombinationen von Durchmesser × Steigung für eingängiges Trapezgewinde

Metrisches ISO-Trapezgewinde
Nennmaße

DIN 103 Teil 4

April 1977

DK 621.882.082.4

ISO-metric trapezoidal screw threads; Basic sizes

Diese Norm stimmt sachlich vollständig überein mit der von der International Organization for Standardization (ISO) herausgegebenen internationalen Norm ISO 2904-1977:

E: ISO-metric trapezoidal screw threads; Nominal sizes
D: Metrisches ISO-Trapezgewinde; Nennmaße

Maße in mm

Nennprofile

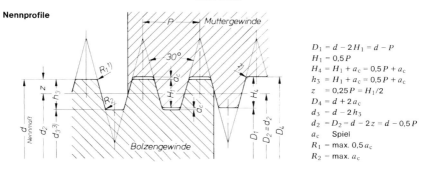

$D_1 = d - 2H_1 = d - P$
$H_1 = 0,5 P$
$H_4 = H_1 + a_c = 0,5 P + a_c$
$h_3 = H_1 + a_c = 0,5 P + a_c$
$z = 0,25 P = H_1/2$
$D_4 = d + 2 a_c$
$d_3 = d - 2 h_3$
$d_2 = D_2 = d - 2z = d - 0,5 P$
a_c Spiel
$R_1 = $ max. $0,5 a_c$
$R_2 = $ max. a_c

Bezeichnung eines eingängigen Metrischen Trapezgewindes von $d = 40$ mm Nenndurchmesser mit $P = 7$ mm Steigung [4]:

Tr 40 × 7

Tabelle 1. **Maße für die Gewindeprofile**

P	1,5	2	3	4	5	6	7	8	9	10	12	14	16	18	20	22	24	28	32	36	40	44
a_c	0,15	0,25	0,25	0,25	0,25	0,5	0,5	0,5	0,5	0,5	0,5	1	1	1	1	1	1	1	1	1	1	1
$h_3 - H_4$	0,9	1,25	1,75	2,25	2,75	3,5	4	4,5	5	5,5	6,5	8	9	10	11	12	13	15	17	19	21	23
H_1	0,75	1	1,5	2	2,5	3	3,5	4	4,5	5	6	7	8	9	10	11	12	14	16	18	20	22
R_1 max.	0,075	0,125	0,125	0,125	0,125	0,25	0,25	0,25	0,25	0,25	0,25	0,5	0,5	0,5	0,5	0,5	0,5	0,5	0,5	0,5	0,5	0,5
R_2 max.	0,15	0,25	0,25	0,25	0,25	0,5	0,5	0,5	0,5	0,5	0,5	1	1	1	1	1	1	1	1	1	1	1

[1]) Es wird empfohlen, eine Rundung R_1 oder eine Fase am Außendurchmesser des Bolzengewindes vorzusehen.
[2]) Die größtzulässige Kantenrundung am Außendurchmesser des Muttergewindes infolge Abnutzung des neuen, scharfkantigen Werkzeuges an dieser Stelle darf nicht größer als das Maß a_c sein.
[3]) Bei gerollten Bolzengewinden kann das Profil im Kerndurchmesser geändert werden, um eine hier notwendige größere Rundung im Kern des Gewindes zu erhalten. Der Kerndurchmesser des Bolzengewindes kann in diesem Fall um $0,15 \cdot P$ kleiner werden als Nennmaß d_3.
[4]) Für Gewinde ohne Toleranzangabe gilt Toleranzklasse mittel, und zwar Toleranzfeld 7e beim Bolzengewinde und Toleranzfeld 7H beim Muttergewinde. Wird ein anderes Toleranzfeld gewünscht, dann ist dies anzugeben; die Bezeichnung lautet dann z. B. für ein Bolzengewinde mit dem Toleranzfeld 8e:

Tr 40 × 7 – 8 e

Bezeichnung eines mehrgängigen Trapezgewindes siehe DIN 103 Teil 2.

Weitere Normen

DIN 103 Teil 1   Metrisches ISO-Trapezgewinde; Grundprofile
DIN 103 Teil 2   Metrisches ISO-Trapezgewinde; Gewindereihen
DIN 103 Teil 3   Metrisches ISO-Trapezgewinde; Abmaße und Toleranzen für Trapezgewinde allgemeiner Anwendung

Fortsetzung Seite 2 bis 4

Ausschuß Gewinde (AGew) im DIN Deutsches Institut für Normung e. V.

Tabelle 2. **Gewinde-Nennmaße**

Gewinde-Nenndurchmesser d			Steigung P	Flanken-durchmesser $d_2 = D_2$	Außen-durchmesser D_4	Kerndurchmesser	
Reihe 1	Reihe 2	Reihe 3				d_3	D_1
8			1,5	7,250	8,300	6,200	6,500
	9		1,5	8,250	9,300	7,200	7,500
			2	8,000	9,500	6,500	7,000
10			1,5	9,250	10,300	8,200	8,500
			2	9,000	10,500	7,500	8,000
	11		2	10,000	11,500	8,500	9,000
			3	9,500	11,500	7,500	8,000
12			2	11,000	12,500	9,500	10,000
			3	10,500	12,500	8,500	9,000
	14		2	13,000	14,500	11,500	12,000
			3	12,500	14,500	10,500	11,000
16			2	15,000	16,500	13,500	14,000
			4	14,000	16,500	11,500	12,000
	18		2	17,000	18,500	15,500	16,000
			4	16,000	18,500	13,500	14,000
20			2	19,000	20,500	17,500	18,000
			4	18,000	20,500	15,500	16,000
	22		3	20,500	22,500	18,500	19,000
			5	19,500	22,500	16,500	17,000
			8	18,000	23,000	13,000	14,000
24			3	22,500	24,500	20,500	21,000
			5	21,500	24,500	18,500	19,000
			8	20,000	25,000	15,000	16,000
	26		3	24,500	26,500	22,500	23,000
			5	23,500	26,500	20,500	21,000
			8	22,000	27,000	17,000	18,000
28			3	26,500	28,500	24,500	25,000
			5	25,500	28,500	22,500	23,000
			8	24,000	29,000	19,000	20,000
	30		3	28,500	30,500	26,500	27,000
			6	27,000	31,000	23,000	24,000
			10	25,000	31,000	19,000	20,000
32			3	30,500	32,500	28,500	29,000
			6	29,000	33,000	25,000	26,000
			10	27,000	33,000	21,000	22,000
	34		3	32,500	34,500	30,500	31,000
			6	31,000	35,000	27,000	28,000
			10	29,000	35,000	23,000	24,000
36			3	34,500	36,500	32,500	33,000
			6	33,000	37,000	29,000	30,000
			10	31,000	37,000	25,000	26,000
	38		3	36,500	38,500	34,500	35,000
			7	34,500	39,000	30,000	31,000
			10	33,000	39,000	27,000	28,000
40			3	38,500	40,500	36,500	37,000
			7	36,500	41,000	32,000	33,000
			10	35,000	41,000	29,000	30,000
	42		3	40,500	42,500	38,500	39,000
			7	38,500	43,000	34,000	35,000
			10	37,000	43,000	31,000	32,000
44			3	42,500	44,500	40,500	41,000
			7	40,500	45,000	36,000	37,000
			12	38,000	45,000	31,000	32,000
	46		3	44,500	46,500	42,500	43,000
			8	42,000	47,000	37,000	38,000
			12	40,000	47,000	33,000	34,000
48			3	46,500	48,500	44,500	45,000
			8	44,000	49,000	39,000	40,000
			12	42,000	49,000	35,000	36,000

Die Gewinde-Nenndurchmesser sind vorzugsweise aus der Reihe 1 und wenn notwendig aus der Reihe 2 zu wählen. Die Durchmesser der Reihe 3 sollen für Neukonstruktionen vermieden werden.

Tabelle 2. (Fortsetzung)

Gewinde-Nenndurchmesser d			Steigung	Flanken-durchmesser	Außen-durchmesser	Kerndurchmesser	
Reihe 1	Reihe 2	Reihe 3	P	$d_2 = D_2$	D_4	d_3	D_1
	50		3	48,500	50,500	46,500	47,000
			8	46,000	51,000	41,000	42,000
			12	44,000	51,000	37,000	38,000
52			3	50,500	52,500	48,500	49,000
			8	48,000	53,000	43,000	44,000
			12	46,000	53,000	39,000	40,000
	55		3	53,500	55,500	51,500	52,000
			9	50,500	56,000	45,000	46,000
			14	48,000	57,000	39,000	41,000
60			3	58,500	60,500	56,500	57,000
			9	55,500	61,000	50,000	51,000
			14	53,000	62,000	44,000	46,000
	65		4	63,000	65,500	60,500	61,000
			10	60,000	66,000	54,000	55,000
			16	57,000	67,000	47,000	49,000
70			4	68,000	70,500	65,500	66,000
			10	65,000	71,000	59,000	60,000
			16	62,000	72,000	52,000	54,000
	75		4	73,000	75,500	70,500	71,000
			10	70,000	76,000	64,000	65,000
			16	67,000	77,000	57,000	59,000
80			4	78,000	80,500	75,500	76,000
			10	75,000	81,000	69,000	70,000
			16	72,000	82,000	62,000	64,000
	85		4	83,000	85,500	80,500	81,000
			12	79,000	86,000	72,000	73,000
			18	76,000	87,000	65,000	67,000
90			4	88,000	90,500	85,500	86,000
			12	84,000	91,000	77,000	78,000
			18	81,000	92,000	70,000	72,000
	95		4	93,000	95,500	90,500	91,000
			12	89,000	96,000	82,000	83,000
			18	86,000	97,000	75,000	77,000
100			4	98,000	100,500	95,500	96,000
			12	94,000	101,000	87,000	88,000
			20	90,000	102,000	78,000	80,000
		105	4	103,000	105,500	100,500	101,000
			12	99,000	106,000	92,000	93,000
			20	95,000	107,000	83,000	85,000
	110		4	108,000	110,500	105,500	106,000
			12	104,000	111,000	97,000	98,000
			20	100,000	112,000	88,000	90,000
		115	6	112,000	116,000	108,000	109,000
			14	108,000	117,000	99,000	101,000
			22	104,000	117,000	91,000	93,000
120			6	117,000	121,000	113,000	114,000
			14	113,000	122,000	104,000	106,000
			22	109,000	122,000	96,000	98,000
		125	6	122,000	126,000	118,000	119,000
			14	118,000	127,000	109,000	111,000
			22	114,000	127,000	101,000	103,000
	130		6	127,000	131,000	123,000	124,000
			14	123,000	132,000	114,000	116,000
			22	119,000	132,000	106,000	108,000
		135	6	132,000	136,000	128,000	129,000
			14	128,000	137,000	119,000	121,000
			24	123,000	137,000	109,000	111,000
140			6	137,000	141,000	133,000	134,000
			14	133,000	142,000	124,000	126,000
			24	128,000	142,000	114,000	116,000
		145	6	142,000	146,000	138,000	139,000
			14	138,000	147,000	129,000	131,000
			24	133,000	147,000	119,000	121,000

Tabelle 2. (Fortsetzung)

Gewinde-Nenndurchmesser d			Steigung P	Flanken-durchmesser $d_2 = D_2$	Außen-durchmesser D_4	Kerndurchmesser	
Reihe 1	Reihe 2	Reihe 3				d_3	D_1
	150		6 16 24	147,000 142,000 138,000	151,000 152,000 152,000	143,000 132,000 124,000	144,000 134,000 126,000
		155	6 16 24	152,000 147,000 143,000	156,000 157,000 157,000	148,000 137,000 129,000	149,000 139,000 131,000
160			6 16 28	157,000 152,000 146,000	161,000 162,000 162,000	153,000 142,000 130,000	154,000 144,000 132,000
		165	6 16 28	162,000 157,000 151,000	166,000 167,000 167,000	158,000 147,000 135,000	159,000 149,000 137,000
	170		6 16 28	167,000 162,000 156,000	171,000 172,000 172,000	163,000 152,000 140,000	164,000 154,000 142,000
		175	8 16 28	171,000 167,000 161,000	176,000 177,000 177,000	166,000 157,000 145,000	167,000 159,000 147,000
180			8 18 28	176,000 171,000 166,000	181,000 182,000 182,000	171,000 160,000 150,000	172,000 162,000 152,000
		185	8 18 32	181,000 176,000 169,000	186,000 187,000 187,000	176,000 165,000 151,000	177,000 167,000 153,000
	190		8 18 32	186,000 181,000 174,000	191,000 192,000 192,000	181,000 170,000 156,000	182,000 172,000 158,000
		195	8 18 32	191,000 186,000 179,000	196,000 197,000 197,000	186,000 175,000 161,000	187,000 177,000 163,000
200			8 18 32	196,000 191,000 184,000	201,000 202,000 202,000	191,000 180,000 166,000	192,000 182,000 168,000
	210		8 20 36	206,000 200,000 192,000	211,000 212,000 212,000	201,000 188,000 172,000	202,000 190,000 174,000
220			8 20 36	216,000 210,000 202,000	221,000 222,000 222,000	211,000 198,000 182,000	212,000 200,000 184,000
	230		8 20 36	226,000 220,000 212,000	231,000 232,000 232,000	221,000 208,000 192,000	222,000 210,000 194,000
240			8 22 36	236,000 229,000 222,000	241,000 242,000 242,000	231,000 216,000 202,000	232,000 218,000 204,000
	250		12 22 40	244,000 239,000 230,000	251,000 252,000 252,000	237,000 226,000 208,000	238,000 228,000 210,000
260			12 22 40	254,000 249,000 240,000	261,000 262,000 262,000	247,000 236,000 218,000	248,000 238,000 220,000
	270		12 24 40	264,000 258,000 250,000	271,000 272,000 272,000	257,000 244,000 228,000	258,000 246,000 230,000
280			12 24 40	274,000 268,000 260,000	281,000 282,000 282,000	267,000 254,000 238,000	268,000 256,000 240,000
	290		12 24 44	284,000 278,000 268,000	291,000 292,000 292,000	277,000 264,000 244,000	278,000 266,000 246,000
300			12 24 44	294,000 288,000 278,000	301,000 302,000 302,000	287,000 274,000 254,000	288,000 276,000 256,000

November 1999

| | Gewinde | **DIN** |
| | Übersicht | **202** |

ICS 21.040.01

Screw threads — General plan

Filetages — Vue d'ensemble

Ersatz für
Ausgabe 1988-01

Vorwort

Diese Norm wurde im Fachbereich B „Gewinde" des Normenausschusses Technische Grundlagen (NATG) erarbeitet.

Sie stellt eine redaktionell überarbeitete Fassung von DIN 202 : 1988-01 dar, mit einer Ausnahme, daß die Tabelle 3: „Gewinde nach ausländischen Normen" nicht mehr aufgenommen wurde. Eine Gewindeübersicht über die ausländischen Normen ist im Beuth-Kommentar „Internationale Gewindeübersicht — Kennbuchstaben, Profile und Bezeichnungen von Gewinden in Normen verschiedener Länder" zusammengefaßt.

Änderungen

Gegenüber der Ausgabe 1988-01 wurden folgende Änderungen vorgenommen:

a) Die Tabelle 3 wurde nicht mehr aufgenommen, da Gewinde nach ausländischen Normen im Beuth-Kommentar „Internationale Gewindeübersicht — Kennbuchstaben, Profile und Bezeichnungen von Gewinden in Normen verschiedener Länder" zusammengefaßt sind.

b) Die Fußnote 1 in der Tabelle 1 wurde gestrichen, da die Bezeichnung für Linksgewinde in DIN ISO 965-1 festgelegt ist.

c) Die Tabelle 1 wurde um DIN 13-52, DIN 8141-1, DIN EN 144-1 und DIN ISO 6698, die Tabelle 2 um ISO 965-4 und ISO 965-5 ergänzt.

d) Sägengewinde nach DIN 55525 wurde in die Tabelle 1 aufgenommen.

e) Kegeliges Rundgewinde nach DIN 4930 und kegeliges Gestängerohrgewinde nach DIN 4941 wurden aus der Tabelle 1 gestrichen.

Frühere Ausgaben

DIN 202: 1923-02, 1924, 1926-04, 1938x-07, 1974-08, 1981-12, 1988-01

1 Anwendungsbereich

Diese Norm enthält zur schnellen Unterrichtung die allgemein oder für ein größeres Sondergebiet angewendeten Gewinde.
Tabelle 1 enthält Gewinde nach DIN-Normen. In Tabelle 2 sind Gewinde nach ISO-Normen zusammengestellt.

2 Normative Verweisungen

Diese Norm enthält durch datierte oder undatierte Verweisungen Festlegungen aus anderen Publikationen. Diese normativen Verweisungen sind an den jeweiligen Stellen im Text zitiert, und die Publikationen sind nachstehend aufgeführt. Bei datierten Verweisungen gehören spätere Änderungen oder Überarbeitungen dieser Publikationen nur zu dieser Norm, falls sie durch Änderung oder Überarbeitung eingearbeitet sind. Bei undatierten Verweisungen gilt die letzte Ausgabe der in Bezug genommenen Publikation.

Siehe Tabellen 1 und 2.

3 Bezeichnung

Im allgemeinen enthält die Gewinde-Kurzbezeichnung den Gewinde-Kennbuchstaben und den Gewinde-Nenndurchmesser oder die Gewinde-Nenngröße. Zusatzangaben für Steigung oder Gangzahl je 25,4 mm, Toleranz, Mehrgängigkeit, Kegeligkeit und Linksgängigkeit sind gegebenenfalls anzufügen. Bei vielen Gewinden nach DIN-Normen wird zur Unterscheidung von Metrischen ISO-Gewinden die DIN-Hauptnummer in der Kurzbezeichnung angegeben.

Für die in den Tabellen 1 und 2 angegebenen Normen gilt jeweils nur die neueste Ausgabe der betreffenden Norm.

Fortsetzung Seite 2 bis 8

Normenausschuß Technische Grundlagen (NATG) — Gewinde — im DIN Deutsches Institut für Normung e.V.

Tabelle 1: Gewinde nach DIN-Normen

Benennung	Profil (Skizze)	Kennbuchstaben	Kurzbezeichnung[1)] Beispiel	Nenngröße	nach Norm	Anwendung
Metrisches ISO-Gewinde (ein- und mehrgängig)		M	M 0,8	0,3 mm bis 0,9 mm	DIN 14-1 bis DIN 14-4	für Uhren und Feinwerktechnik
			M 8[2)] M 24 × 4 P 2	1 mm bis 68 mm	DIN 13-1 DIN 13-52	allgemein (Regelgewinde)
			M 6 × 0,75[2)] M 8 × 1 − LH[2)] M 24 × 4 P 2	1 mm bis 1 000 mm	DIN 13-2 bis DIN 13-11 DIN 13-52	allgemein, wenn die Steigung des Regelgewindes zu groß ist (Feingewinde)
			M 64 × 4	64 mm und 76 mm	DIN 6630	Außengewinde für Faßverschraubungen
			M 30 × 2 − 4H5H	1,4 mm bis 355 mm	LN 9163-1 bis LN 9163-7 LN 9163-10 und LN 9163-11	für Luft- und Raumfahrt
Metrisches ISO-Gewinde mit Übergangstoleranzfeld (früher Gewinde für Festsitz)			M 10 Sn 4 M 10 Sk 6	3 mm bis 150 mm	DIN 13-51	für Einschraubende an Stiftschrauben — nicht dichtend / dichtend
			M 10 Sn 4 dicht	3 mm bis 150 mm		
Metrisches Gewinde mit großem Spiel			M 36	12 mm bis 180 mm	DIN 2510-2	für Schraubenverbindungen mit Dehnschaft
Metrisches ISO-Gewinde, Aufnahmegewinde für Gewindeeinsätze		EG M	EG M 20	2 mm bis 52 mm	DIN 8140-2	Aufnahmegewinde (Regel- und Feingewinde) für Gewindeeinsätze aus Draht
Metrisches ISO-Gewinde für Festsitz		MFS	MFS 12 × 1,5	5 mm bis 16 mm	DIN 8141-1	für Festsitz in Aluminium-Gußlegierungen (Regel- und Feingewinde)
Metrisches kegeliges Außengewinde		M	M 30 × 2 keg M 30 × 2 keg kurz	6 mm bis 60 mm	DIN 158-1	für Verschlußschrauben und Schmiernippel
selbstformendes kegeliges Außengewinde		S	S 8 × 1	6 mm bis 10 mm	DIN 71412	für Kegelschmiernippel; Gewinde ähnlich DIN 158-1, Flankenwinkel jedoch 105°

[1)] Vollständige Bezeichnungen sind in den entsprechenden in der Tabelle aufgeführten Normen enthalten.
[2)] Bezeichnung nach DIN ISO 965-1.

(fortgesetzt)

Tabelle 1 (fortgesetzt)

Benennung	Profil (Skizze)	Kenn-buch-staben	Kurzbezeichnung[1] Beispiel	Nenngröße	nach Norm	Anwendung
MJ-Gewinde	60°	MJ	MJ 6 × 1 − 4h6h	1,6 mm bis 39 mm	DIN ISO 5855-1 und DIN ISO 5855-2	Luft- und Raumfahrt
			MJ 6 × 1 − 4H5H			
zylindrisches Rohrgewinde für nicht im Gewinde dichtende Verbindungen	55°	G	G 1 1/2 A G 1 1/2 B	1/16 bis 6	DIN ISO 228-1	Außengewinde für Rohre, Rohrverbindungen und Armaturen
			G 1 1/2			Innengewinde für Rohre, Rohrverbindungen und Armaturen
			G 3/4	3/4, 1, 2	DIN 6630	Außengewinde für Faßverschraubungen
			5 1/2	5 1/2	DIN 6602	Außengewinde für Kesselwagen
zylindrisches Rohrgewinde für im Gewinde dichtende Verbindungen		Rp	Rp 1/2	1/16 bis 6	DIN 2999-1	Innengewinde für Gewinderohre und Fittings
			Rp 1/8	1/8 bis 1 1/2	DIN 3858	Innengewinde für Rohrverschraubungen
kegeliges Rohrgewinde für im Gewinde dichtende Verbindungen	55° 1:16	R	R 1/2	1/16 bis 6	DIN 2999-1	Außengewinde für Gewinderohre und Fittings
			R 1/8-1	1/8 bis 1 1/2	DIN 3858	Außengewinde für Rohrverschraubungen
Metrisches ISO-Trapezgewinde (ein- und mehrgängig)	30°	Tr	Tr 40 × 7	8 mm bis 300 mm	DIN 103-1 bis DIN 103-8	allgemein
			Tr 40 × 14 P 7			
flaches Metrisches ISO-Trapezgewinde (ein- und mehrgängig)			Tr 40 × 7		DIN 380-1 und DIN 380-2	
			Tr 40 × 14 P 7			
Trapezgewinde (ein- und zweigängig) mit Spiel	30°		Tr 48 × 12	48 mm	DIN 263-1 und DIN 263-2	für Schienenfahrzeuge
			Tr 40 × 16 P 8	40 mm		
			Tr 32 × 1,5	10 mm bis 56 mm	DIN 6341-2	für Zug-Spannzangen
gerundetes Trapezgewinde	30°		Tr 40 × 5	26 mm bis 80 mm	DIN 30295-1 und DIN 30295-2	für Schienenfahrzeuge

[1] Vollständige Bezeichnungen sind in den entsprechenden in der Tabelle aufgeführten Normen enthalten.

(fortgesetzt)

Tabelle 1 (fortgesetzt)

Benennung	Profil (Skizze)	Kenn-buch-staben	Kurzbezeichnung[1] Beispiel	Nenngröße	nach Norm	Anwendung
Trapezgewinde		KT	KT 22	10 mm bis 50 mm	DIN 6063-2	für Kunststoff-behältnisse
Metrisches Sägengewinde (ein- und mehr-gängig)		S	S 48 × 8 S 40 × 14 P 7	10 mm bis 640 mm	DIN 513-1 bis DIN 513-3	bei Aufnahme von einseitig wirkenden Kräften
Sägengewinde 45°			S 630 × 20	100 mm bis 1250 mm	DIN 2781	für hydraulische Pressen
Sägengewinde			S 25 × 1,5	6 mm bis 40 mm	DIN 20401-1 und DIN 20401-2	im Bergbau
			S 22	10 mm bis 50 mm	DIN 55525	für Kunststoff- und Glasbehältnisse im Verpackungswesen
		GS	GS 22			
		KS	KS 22			
			KS 22	10 mm bis 50 mm	DIN 6063-1	für Kunststoffbehält-nisse im Verpackungs-wesen
zylindrisches Rundgewinde (ein- und mehr-gängig)		Rd	Rd 40 × 1/6 Rd 40 × 1/3 P 1/6	8 mm bis 200 mm	DIN 405-1 und DIN 405-2	allgemein
zylindrisches Rundgewinde			Rd 40 × 5	10 mm bis 300 mm	DIN 20400	mit großer Tragtiefe im Bergbau
			Rd 80 × 10	50 mm bis 320 mm	DIN 15403	für Lasthaken
			Rd 70	20 mm bis 100 mm	DIN 7273-1	für Teile aus Blech und zugehörige Verschrau-bungen

[1] Vollständige Bezeichnungen sind in den entsprechenden in der Tabelle aufgeführten Normen enthalten.

(fortgesetzt)

Seite 5
DIN 202 : 1999-11

Tabelle 1 (fortgesetzt)

Benennung	Profil (Skizze)	Kenn-buch-staben	Kurzbezeichnung[1) Beispiel	Nenngröße	nach Norm	Anwendung
zylindrisches Rundgewinde mit Spiel	15°56'	Rd	Rd 59 × 7 Rd 59 × 7 links	34 mm bis 79 mm	DIN 262-1 und DIN 262-2	für Schienenfahrzeuge
zylindrisches Rundgewinde mit Spiel	30°		Rd 50 × 7 Rd 50 × 7 links	50 mm	DIN 264-1 und DIN 264-2	für Schienenfahrzeuge
zylindrisches Rundgewinde			Rd 40 × 1/7	40 mm 80 mm und 110 mm	DIN 3182-1	für Atemschutzgeräte
	30° 60°	GL	GL 25 × 3	8 mm bis 45 mm	DIN 168-1	für Glasbehältnisse
Elektrogewinde		E	E 27	14 mm 16 mm 18 mm 27 mm 33 mm	DIN 40400	für D-Sicherungen; E 14 und E 27 auch für Lampensockel und -fassungen
			E 5	5 mm	DIN EN 60061-1	für Lampensockel
			E 10	10 mm		
			E 40	40 mm		
		—	28 × 2	28 mm und 40 mm	DIN EN 60399	Außengewinde für Lampenfassungen und Innengewinde für Schirmträgerringe
zylindrisches Whitworth-Gewinde	55°	W	W 3/16	3/16	DIN 49301	für D-Schraub-Paßeinsätze D II und D III in der Elektrotechnik
Glasgewinde	35° 50°	Glasg	Glasg 74,5	74,5 mm 84,5 mm 99 mm 123,5 mm 158 mm 188 mm	DIN 40450	in der Elektrotechnik für Schutzgläser und Kappen

[1) Vollständige Bezeichnungen sind in den entsprechenden in der Tabelle aufgeführten Normen enthalten.

(fortgesetzt)

Seite 6
DIN 202 : 1999-11

Tabelle 1 (abgeschlossen)

Benennung	Profil (Skizze)	Kenn-buchstaben	Kurzbezeichnung[1) Beispiel	Nenngröße	nach Norm	Anwendung
Stahlpanzer-rohrgewinde	80°	Pg	Pg 21	7 mm bis 48 mm	DIN 40430	in der Elektrotechnik
Blechschrauben-gewinde	60°	ST	ST 3,5	1,5 mm bis 9,5 mm	DIN EN ISO 1478	für Blechschrauben
Holzschrauben-gewinde	60°	—	4	1,6 mm bis 20 mm	DIN 7998	für Holzschrauben
Fahrradgewinde	60°	FG	FG 9,5	2 mm bis 34,8 mm	DIN 79012	für Fahrräder und Mopeds
		—	1,375 − 24 6H/6g	1,375	DIN ISO 6698	für Zusammenarbeit von Freilaufzahnkränzen und Naben
Ventilgewinde	60°	Vg	Vg 12	5 mm bis 12 mm	DIN 7756	Ventile für Fahrzeugbereifungen
kegeliges Whitworth-Gewinde	55° ▷ 3:25	E	E 17 con	19,8 mm	DIN EN 144-1	Einschraubstutzen von Gasflaschen-ventilen
		W	W 28,8 × 1/14 keg	19,8 mm 28,8 mm 31,3 mm	DIN 477-1	
zylindrisches Whitworth-Gewinde	55°		W 21,8 × 1/14	21,8 mm 24,32 mm 25,4 mm		Seitenstutzen von Gasflaschenventilen
			W 80	80 mm	DIN EN 962	für Schutzkappen von Gasflaschen
RMS-Gewinde		RMS	RMS	20,32 mm	DIN 58888	für Mikroskop-objektive
kegeliges Gestängerohr-gewinde	30° 30° ▷ 1:4	Gy	Gg 4 1/2	3 1/2 4 1/2 5 1/2	DIN 20314	für Tiefbohrtechnik und Bergbau
Gewinde für Knochenschrauben und Muttern		HA	HA 4,5	1,5 mm 2 mm 2,7 mm 3,5 mm und 4,5 mm	DIN 58810	Knochenschrauben und Muttern für chirurgische Implantate
		HB	HB 6,5	4 mm und 6,5 mm		

[1) Vollständige Bezeichnungen sind in den entsprechenden in der Tabelle aufgeführten Normen enthalten.

Tabelle 2: Gewinde nach ISO-Normen [1)]

Internationale Norm	Titel	entsprechende DIN-Norm
ISO 7-1:1994	Pipe threads where pressure-tight joints are made on the threads — Part 1: Dimensions, tolerances and designation Rohrgewinde für im Gewinde dichtende Verbindungen — Teil 1: Maße, Toleranzen und Bezeichnung	DIN 2999-1
ISO 68-1:1998	ISO general purpose screw threads — Basic profile — Part 1: Metric screw threads ISO-Gewinde allgemeiner Anwendung — Grundprofil — Teil 1: Metrisches Gewinde	DIN ISO 68-1
ISO 68-2:1998	ISO general purpose screw threads — Basic profile — Part 2: Inch screw threads ISO-Gewinde allgemeiner Anwendung — Grundprofil — Teil 2: Inch-Gewinde	—
ISO 228-1:1994	Pipe threads where pressure-tight joints are not made on the threads — Part 1: Dimensions, tolerances and designation Rohrgewinde für nicht im Gewinde dichtende Verbindungen — Teil 1: Maße, Toleranzen und Bezeichnung	DIN ISO 228-1
ISO 261:1998	ISO general purpose metric screw threads — General plan Metrisches ISO-Gewinde allgemeiner Anwendung — Übersicht	DIN ISO 261
ISO 262:1998	ISO general purpose metric screw threads — Selected sizes for screws, bolts and nuts Metrisches ISO-Gewinde allgemeiner Anwendung — Auswahlreihen für Schrauben, Bolzen und Muttern	DIN ISO 262
ISO 263:1973	ISO inch screw threads — General plan and selection for screws, bolts and nuts — Diameter range 0,06 to 6 inch ISO-Inch-Gewinde — Übersicht und Auswahl für Schrauben, Bolzen und Muttern — Durchmesserbereich 0,06 bis 6 inch	—
ISO 724:1993	ISO general purpose metric screw threads — Basic dimensions Metrisches ISO-Gewinde allgemeiner Anwendung — Grundmaße	DIN ISO 724
ISO 725:1978	ISO inch screw threads — Basic dimensions ISO-Inch-Gewinde — Grundmaße	—
ISO 965-1:1998	ISO general purpose metric screw threads — Tolerances — Part 1: Principles and basic data Metrisches ISO-Gewinde allgemeiner Anwendung — Toleranzen — Teil 1: Prinzipien und Grundlagen	DIN ISO 965-1
ISO 965-2:1998	ISO general purpose metric screw threads — Tolerances — Part 2: Limits of sizes for general purpose external and internal screw threads — Medium quality Metrisches ISO-Gewinde allgemeiner Anwendung — Toleranzen — Teil 2: Grenzmaße für Außen- und Innengewinde allgemeiner Anwendung — Toleranzklasse mittel	DIN 13-20 bis DIN 13-22 und DIN ISO 965-2
ISO 965-3:1998	ISO general purpose metric screw threads — Tolerances — Part 3: Deviations for constructional screw threads Metrisches ISO-Gewinde allgemeiner Anwendung — Toleranzen — Teil 3: Grenzabmaße für Konstruktionsgewinde	DIN ISO 965-3
ISO 965-4:1998	ISO general purpose metric screw threads — Tolerances — Part 4: Limits of sizes for hot-dip galvanized external screw threads to mate with internal screw threads tapped with tolerance position H or G after galvanizing Metrisches ISO-Gewinde allgemeiner Anwendung — Toleranzen — Teil 4: Grenzmaße für feuerverzinkte Außengewinde, passend für Innengewinde der Toleranzfeldlagen H oder G nach Aufbringung des Überzuges	—
ISO 965-5:1998	ISO general purpose metric screw threads — Tolerances — Part 5: Limits of sizes for internal screw threads to mate with hot-dip galvanized external screw threads with maximum size of tolerance position h before galvanizing Metrisches ISO-Gewinde allgemeiner Anwendung — Toleranzen — Teil 5: Grenzmaße für Innengewinde, passend für feuerverzinkte Außengewinde mit Höchstmaßen der Toleranzfeldlage h vor Aufbringung des Überzuges	—
(fortgesetzt)		

[1)] Gewinde nach ausländischen Normen siehe Beuth-Kommentar „Internationale Gewindeübersicht — Kennbuchstaben, Profile und Bezeichnungen von Gewinden in Normen verschiedener Länder", zu beziehen durch Beuth Verlag GmbH, Bestell-Nr ISBN 3-410-12 201-X

Tabelle 2 (abgeschlossen)

Internationale Norm	Titel	entsprechende DIN-Norm
ISO 1478:1983	Tapping screw threads Blechschraubengewinde	DIN EN ISO 1478
ISO 2901:1993	ISO metric trapezoidal screw threads — Basic profile and maximum material profiles Metrisches ISO-Trapezgewinde — Grundprofil und Maximum-Material-Profile	DIN 103-1
ISO 2902:1977	ISO metric trapezoidal screw threads — General plan Metrisches ISO-Trapezgewinde — Allgemeines	DIN 103-2
ISO 2903:1993	ISO metric trapezoidal screw threads — Tolerances Metrisches ISO-Trapezgewinde — Toleranzen	DIN 103-3
ISO 2904:1977	ISO metric trapezoidal screw threads — Basic dimensions Metrisches ISO-Trapezgewinde — Grundmaße	DIN 103-4
ISO 3161:1996	Aerospace — UNJ threads, with controlled root radius, for aerospace — Inch series UNJ-Gewinde mit definiertem Radius am Gewindegrund zur Verwendung in der Luft- und Raumfahrt — Inch-Reihe	—
ISO 4570-1:1977	Tyre valve threads — Part 1: Threads 5V1, 5V2, 6V1, and 8V1 Reifenventilgewinde — Teil 1: Gewinde 5V1, 5V2, 6V1 und 8V1	—
ISO 4570-2:1979	Tyre valve threads — Part 2: Threads 9V1, 10V2, 12V1, 13V1 Reifenventilgewinde — Teil 2: Gewinde 9V1, 10V2, 12V1, 13V1	—
ISO 4570-3:1980	Tyre valve threads — Part 3: Threads 8V2, 10V1, 11V1, 13V2, 15V1, 16V1, 17V1, 17V2, 17V3, 19V1, 20V1 Reifenventilgewinde — Teil 3: Gewinde 8V2, 10V1, 11V1, 13V2, 15V1, 16V1, 17V1, 17V2, 17V3, 19V1, 20V1	—
ISO 5835:1991	Implants for surgery — Metal bone screw with hexagonal drive connection, spherical undersurface of head, asymmetrical thread — Dimensions Chirurgische Implantate — Knochenschrauben aus Metall mit hexagonaler Antriebsverbindung, sphärischer Kopfunterseite, asymmetrischem Gewinde — Abmessungen	DIN 58810
ISO 5855-1:1989	Aerospace — MJ threads — Part 1: General requirements Luft- und Raumfahrt — MJ-Gewinde — Teil 1: Allgemeine Anforderungen	DIN ISO 5855-1
ISO 5864:1993	ISO inch screw threads — Allowances and tolerances ISO-Inch-Gewinde — Grenzabweichungen und Toleranzen	—
ISO 6698:1989	Cycles — Screw threads used to assemble freewheels on bicycle hubs Fahrräder — Gewinde für Zusammenbau von Freilaufzahnkränzen und Naben	DIN ISO 6698
ISO 8038:1985	Optics and optical instruments — Microscopes — Screw thread for objectives Optik und optische Instrumente — Mikroskope — Gewinde für Objektive	DIN 58888

Anhang A (normativ)

Literaturhinweise

DIN 30281
  Gewinde für Schienenfahrzeuge — Übersicht
DIN 79011
  Gewinde für Fahrräder und Mopeds — Auswahl, Verwendung
Beuth-Kommentar „Internationale Gewindeübersicht — Kennbuchstaben, Profile und Bezeichnungen von Gewinden in Normen verschiedener Länder", zu beziehen durch Beuth Verlag GmbH, 10772 Berlin.

	Geometrische Produktspezifikation (GPS) **Reihen von Kegeln und Kegelwinkeln;** **Werte für Einstellwinkel und Einstellhöhen**	**April 2003** **DIN** **254**
ICS 17.040.20		Mit DIN EN ISO 1119:2002-04 Ersatz für DIN 254:2000-10

Geometrical Product Specifications (GPS) — Series of conical tapers and taper angles; values for setting taper angels and setting heights

Spécification géométrique des produits (GPS) — Série d'angles de cônes et de conicités; valeurs pour de conicités de réglage et de hauteurs de réglage

Vorwort

Diese Norm wurde vom Unterausschuss NATG-C.2.7 „Eindimensionale Längenprüftechnik" unter aktiver Mitarbeit des Arbeitsausschusses FWS-S 1.3/S 1.4 „Spannzeuge und Fräs- und Bohrmaschinen und automatischer Werkzeugwechsel" erstellt.

Die Empfehlung ISO/R 1119:1969 ist im ISO/TC 213 „Geometrische Produktspezifikation und -prüfung" überarbeitet und als Neuausgabe ISO 1119:1998 herausgegeben worden. Bisher bestand aus der Sicht des NATG und des FWS keine Notwendigkeit, diese ISO-Norm in das Deutsche Normenwerk zu übernehmen. Das CEN/TC 290 „Geometrische Produktspezifikation und -prüfung" hat jedoch beschlossen, die ISO 1119:1998 in das Europäische Normenwerk zu übernehmen. Die Europäische Norm wurde in das Deutsche Normenwerk als DIN EN ISO 1119 übernommen und hat die DIN 254:2000-10 teilweise ersetzt. Damit eine Reihe in Deutschland gebräuchlichen Kegel und die Werte für Einstellhöhen und Einstellwinkel nicht wegfallen, wird in diesem Zusammenhang diese Folgeausgabe DIN 254 herausgegeben, die die in DIN 254:2000-10 enthaltenen und über ISO 1119:1998 hinausgehenden Festlegungen und erläuternden Angaben enthält.

Anhang A ist informativ.

Änderungen

Gegenüber DIN 254:2000-10 wurden folgende Änderungen vorgenommen:

a) diese Folgeausgabe enthält nur die über DIN EN ISO 1119 hinausgehenden Festlegungen;

b) der Titel wurde angepasst;

c) die Norm wurde redaktionell überarbeitet.

Frühere Ausgaben

DIN 254: 1922-01, 1939-12, 1957-10, 1962-07, 1974-06, 2000-10

Fortsetzung Seite 2 bis 9

Normenausschuss Technische Grundlagen (NATG) — Geometrische Produktspezifikation und -prüfung — im DIN Deutsches Institut für Normung e.V.
Normenausschuss Werkzeuge und Spannzeuge (FWS) im DIN

Einleitung

Durch die Einführung der Benennung „Kegelverhältnis" in DIN EN ISO 1119 ist zwischen dem Kegel als Körper und dem mathematischen Ausdruck $C = \dfrac{D-d}{L}$ klar unterschieden und die Benennung beider Begriffe mit demselben Wort „Kegel" beseitigt.

In der Tabelle 2 sind über die DIN-EN-ISO-Norm hinaus die in der früheren Ausgabe enthaltenen Kegel 105°, 135°, 150° und 165° beibehalten worden, um die Vollständigkeit der Reihe zu bewahren. Außerdem wurde der Kegel 1 : 9,98 aufgenommen, da dieser Kegel ein wichtiger Bestandteil für die Werkzeuge für die industrielle Hochgeschwindigkeitsbearbeitung ist.

Tabelle A.1 enthält Kegel, die nur für bestimmte Anwendungsfälle in Frage kommen und in anderen Normen festgelegt sind.

1 Anwendungsbereich

Diese Norm gilt für Kegel für allgemeine Anwendung in der mechanischen Technik. Sie legt zusätzlich zu DIN EN ISO 1119 die Begriffe Kegel, Einstellwinkel und Einstellhöhe, einige zusätzliche Kegel und Werte für Einstellwinkel und Einstellhöhen für diese Kegel fest. Darüber hinaus legt diese Norm die Werte für Einstellwinkel und Einstellhöhen für die Kegel nach DIN EN ISO 1119 fest.

Im Anhang A sind Kegel für besondere Anwendungsgebiete angegeben.

2 Normative Verweisungen

Diese Norm enthält durch datierte oder undatierte Verweisungen Festlegungen aus anderen Publikationen. Diese normativen Verweisungen sind an den jeweiligen Stellen im Text zitiert, und die Publikationen sind nachstehend aufgeführt. Bei datierten Verweisungen gehören spätere Änderungen oder Überarbeitungen dieser Publikationen nur zu dieser Norm, falls sie durch Änderung oder Überarbeitung eingearbeitet sind. Bei undatierten Verweisungen gilt die letzte Ausgabe der in Bezug genommenen Publikation (einschließlich Änderungen).

DIN EN ISO 1119, *Geometrische Produktspezifikation (GPS) — Reihen von Kegeln und Kegelwinkeln (ISO 1119:1998); Deutsche Fassung EN ISO 1119:2002.*

3 Begriffe und Symbole

3.1 Begriffe

Für die Anwendung dieser Norm gelten die folgenden Begriffe:

3.1.1
Kegel
kegeliges Werkstück mit kreisförmigem Querschnitt

ANMERKUNG   Der Begriff „Kegel" umfasst dabei sowohl die spitzen Kegel als auch die Kegelstümpfe.

3.1.2
Einstellwinkel $\dfrac{\alpha}{2}$

halber Kegelwinkel, der beim Bearbeiten und Prüfen zum Einstellen des Werkstückes und/oder des Werkzeuges bzw. des Prüfgerätes dient

Siehe Bild 1.

3.1.3
Einstellhöhe h

bei Verwendung eines Sinuslineals von 100 mm Länge die dem Einstellwinkel $\frac{\alpha}{2}$ gegenüberliegende Kathete

Es gilt die Beziehung $h = 100 \cdot \sin \frac{\alpha}{2}$

Siehe Bild 2.

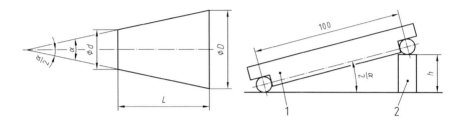

Legende
1 Sinuslineal
2 Endmaßkombination

Bild 1 — Maße am Kegel

Bild 2 — Darstellung des Einstellwinkels mit Sinuslineal und Einstellhöhe Symbole

3.2 Symbole

Tabelle 1 — Symbole

Symbole	Bedeutung
C	Kegelverhältnis
D	großer Durchmesser des Kegels
d	kleiner Durchmesser des Kegels
h	Einstellhöhe
L	Länge (Höhe) des Kegels (zwischen D und d)
α	Kegelwinkel
$\frac{\alpha}{2}$	Einstellwinkel

4 Zusätzliche Kegel, Werte für Einstellwinkel und Einstellhöhen

Die in der Tabelle 2 aufgeführten Kegel sind für die allgemeine Anwendung bestimmt, wobei die Kegel der Reihe 1 denen der Reihe 2 vorzuziehen sind.

Die im Anhang A, Tabelle A.1 aufgeführten Kegel sind für besondere Anwendungsgebiete bestimmt.

DIN 254:2003-04

Tabelle 2 — Kegel für allgemeine Anwendung

Kegel		Kegelwinkel α^b	Kegelverhältnis C	Einstellwinkel $\dfrac{\alpha}{2}$ [c]	Einstellhöhe h
Reihe 1	Reihe 2				mm
	○ 165°	165°	1 : 0,065 826 2	82° 30'	99,144
	○ 150°	150°	1 : 0,133 974 6	75°	96,593
	○ 135°	135°	1 : 0,207 106 8	67° 30'	92,388
*120°		a	—	60°	86,603
	○ 105°	105°	1 : 0,383 663 5	52° 30'	79,335
*90°		—	a	45°	70,711
	*75°	—	a	37° 30'	60,876
*60°		—	a	30°	50,000
*45°		—	a	22° 30'	38,268
*30°		—	a	15°	25,882
*1 : 3		a	—	9° 27' 44"	16,440
	*1 : 4	a	—	7° 7' 30"	12,403
*1 : 5		a	—	5° 42' 38"	9,950
	*1 : 6	a	—	4° 45' 49"	8,305
	*1 : 7	a	—	4° 5' 8"	7,125
	*1 : 8	a	—	3° 34' 35"	6,238
○ 1 : 9,98		5° 44' 10,550 0" 5,736 263 88°	1 : 9,98	2° 52' 5"	5,004
*1 : 10		a	—	2° 51' 45"	4,994
	*1 : 12	a	—	2° 23' 9"	4,163
	*1 : 15	a	—	1° 54' 33"	3,331
*1 : 20		a	—	1° 25' 56"	2,499
	*1 : 30	a	—	57' 17"	1,666
*1 : 50		a	—	34' 23"	1,000
*1 : 100		a	—	17' 11"	0,500
*1 : 200		a	—	8' 36"	0,250
*1 : 500		a	—	3' 26"	0,100

* Diese Kegel sind nach DIN EN ISO 1119 festgelegt. Sie sind nur wegen der Zuordnung der Werte für Einstellwinkel sowie Einstellhöhen in die Tabelle aufgenommen worden.
○ Zusätzliche Kegel
[a] Die Werte sind nach DIN EN ISO 1119 festgelegt.
[b] Die Werte für α in Grad, Minuten und Sekunden sind auf zehntausendstel Sekunden gerundet. Die Dezimalwerte für α in Grad sind auf acht Stellen hinter dem Komma gerundet.
[c] Die Werte für $\dfrac{\alpha}{2}$ in Grad, Minuten und Sekunden sind auf Sekunden gerundet.

Anhang A
(informativ)

Kegel für besondere Anwendungsgebiete

Tabelle A.1 — Kegel für besondere Anwendungsgebiete (Beispiele)

Kegel	Kegelwinkel α[b]	Kegelverhältnis C	Einstellwinkel $\frac{\alpha}{2}$[c]	Einstellhöhe h mm	siehe	Anwendung
○ 80°	80°	1 : 0,595 876 8	40°	64,279	DIN ISO 1482 DIN ISO 1483	Senk-Blechschrauben Linsen-Senkblechschrauben
○ 40°	40°	1 : 1,373 738 7	20°	34,202	DIN 6341-1 DIN 6341-2	Zug-Spannzangen
○ 24°	24°	1 : 2,352 315 1	12°	20,791	DIN 2353, DIN 3861 DIN 3867, DIN 3901 DIN 3903, DIN 3904 DIN 3906, DIN 3907 DIN 3913, DIN 3914 DIN EN ISO 8434-1	lötlose Rohrverschraubungen mit Schneidring
○ 18° 30'	18° 30'	1 : 3,070 115 1	9° 15'	16,074	DIN 64420-6	kegelige Kreuzspulhülsen für Spulmaschinen
* 7 : 24 (3,5 : 12)	a	a	8° 17' 50"	14,431	DIN 2079 DIN 2080-1, DIN 2080-2 DIN 6355, DIN 6360, DIN 69871-1, DIN 6364 ISO 297:1988 ISO 839-1:1976 ISO 839-2:1977	Steilkegel für Frässpindelköpfe, Fräserdorne, Werkzeugschäfte und Reduzierhülsen, Werkzeugmaschinenspindel
* 11° 54'	—	a	5° 57'	10,366	DIN ISO 8489-5	kegelige Hülsen für Textilmaschinen

DIN 254:2003-04

Tabelle A.1 (fortgesetzt)

Kegel	Kegelwinkel α^b	Kegelverhältnis C	Einstellwinkel $\frac{\alpha}{2}^c$	Einstellhöhe h mm	siehe	Anwendung	
∗ 8° 40'	—	a	4° 20'	7,556	DIN ISO 8489-4	kegelige Farbhülsen	für Textilmaschinen
					ISO 575:1978	kegelige Einsteckhülsen	
					DIN ISO 8489-3	kegelige Hülsen für Webgarne	
∗ 7°	—	a	3° 30'	6,105	DIN ISO 8489-2	kegelige Kreuzspulhülsen für Textilmaschinen	
∗ 1 : 38	a	—	—	—	DIN ISO 368	Ringspinn- und Ringzwirnspindelhülsen für Textilmaschinen	
∗ 1 : 64	a	—	—	—	DIN ISO 368	Ringspinn- und Ringzwirnspindelhülsen für Textilmaschinen	
○ 3 : 25	6° 52' 2,138 6" 6,867 260 71°	1 : 8,333 333 3	3° 26' 1"	5,989	DIN EN 629-1	kegelige Gewinde für Gasflaschengewinde	
○ 1 : 9	6° 21' 34,776 8" 6,359 660 23°	1 : 9	3° 10' 47"	5,547	DIN 72311-4 DIN EN 60095-2	Endpole der Starterbatterien	
○ 1 : 9, 98	5° 44' 10,550 0" 5,736263 88°	1 : 9,98	2° 52' 5"	5,004	DIN 69893-1, DIN 69893-2 ISO/FDIS 12164-1:2001	Kegel-Hohlschäfte mit Plananlage	
○ 1 : 10	5° 43' 29,317 6" 5,724 810 45°	1 : 10	2° 51' 45"	4,994	DIN 69063-1 DIN 6388	Kegel-Hohlschäfte mit Plananlage für Werkzeugmaschinen, Spannzangen	
∗ 1 : 12,262	a	—	2° 20' 6"	4,074	DIN 238-2	Jacobs-Bohrfutterkegel Nr 2	
∗ 1 : 12,972	a	—	2° 12' 26"	3,852	ISO 239:1999	Jacobs-Bohrfutterkegel Nr 1	
∗ 1 : 15,748	a	—	1° 49' 7"	3,173		Jacobs-Bohrfutterkegel Nr 33	

Tabelle A.1 (fortgesetzt)

Kegel	Kegelwinkel α[b]	Kegelverhältnis C	Einstellwinkel $\frac{\alpha}{2}$[c]	Einstellhöhe h mm	siehe	Anwendung
○ 1 : 16	3° 34' 47,356 4" 3,579 821 22	1 : 16	1° 47' 24"	3,123	DIN 158-1 DIN 2999-1	Metrisches kegeliges Gewinde, kegeliges Whitworth-Außengewinde für Gewinderohre und Fittings, Gestängerohrgewinde für Wasser- und Gesteinsbohrungen
✽ 6 : 100	a	a	1° 43' 6"	2,999	DIN EN 1707 DIN EN 20594-1 DIN EN ISO 595-2 ISO 594-2:1998 ISO 595-1:1986	Kegel für Spritzen, Kanülen und andere medizinische Geräte
✽ 1 : 18,779	a	—	1° 31' 31"	2,662	DIN 238-2 ISO 239:1999	Jacobs-Bohrfutterkegel Nr 3
✽ 1 : 19,002	a	—	1° 30' 26"	2,630	DIN 228-1, DIN 228-2 DIN 204, DIN 1895	Werkzeugkegel, Morsekegel 5
✽ 1 : 19,180	a	—	1° 29' 36"	2,606	DIN 229-1, DIN 229-2	Werkzeugschäfte, Morsekegel 6
✽ 1 : 19,212	a	—	1° 29' 27"	2,602	DIN 230-1, DIN 230-2 DIN 2221 ISO 296:1991	Aufnahmekegel der Werkzeugmaschinenspindel Morsekegel 0
✽ 1 : 19,254	a	—	1° 29' 15"	2,596		Morsekegel 4
✽ 1 : 19,264	a	—	1° 29' 12"	2,595	DIN 238-2 ISO 239:1999	Jacobs-Bohrfutterkegel Nr 6

DIN 254:2003-04

Tabelle A.1 (fortgesetzt)

Kegel	Kegelwinkel α^b	Kegelverhältnis C	Einstellwinkel $\frac{\alpha}{2}^c$	Einstellhöhe h mm	siehe	Anwendung
* 1 : 19,922	a	—	1° 26' 16"	2,509	DIN 228-1, DIN 228-2 DIN 204, DIN 1895 DIN 229-1, DIN 229-2 DIN 230-1, DIN 230-2 DIN 2221, ISO 296:1991	Werkzeugkegel, Werkzeugschäfte, Aufnahmekegel der Werkzeugmaschinenspindel
* 1 : 20,020	a	—	1° 25' 50"	2,497		Morsekegel 3
* 1 : 20,047	a	—	1° 25' 43"	2,493		Morsekegel 2
* 1 : 20,228	a	—	1° 24' 42"	2,464	DIN 238-2 ISO 239:1999	Morsekegel 1
* 1 : 23,904	a	—	1° 11' 54"	2,091	ISO 296:1991	Jacobs-Bohrfutterkegel Nr 10
* 1 : 28	a	—	—	—	DIN EN 794-3 DIN EN ISO 10651-4 ISO 8382:1988	Brown & Sharpe-Werkzeugkegel Nr 1 bis Nr 3
* 1 : 36	a	—	—	—		Wiederbelebungsgeräte
* 1 : 40	a	—	42' 58"	1,250	ISO 5356-1:1996	Anästhesiegeräte

* Diese Kegel sind nach DIN EN ISO 1119 festgelegt. Sie sind nur wegen der Zuordnung der Werte für Einstellwinkel sowie Einstellhöhen in die Tabelle aufgenommen worden.
○ Zusätzliche Kegel.
a Die Werte sind nach DIN EN ISO 1119 festgelegt.
b Die Werte für α in Grad, Minuten und Sekunden sind auf zehntausendstel Sekunden gerundet. Die Dezimalwerte für α in Grad sind auf acht Stellen hinter dem Komma gerundet.
c Die Werte für $\frac{\alpha}{2}$ in Grad, Minuten und Sekunden sind auf Sekunden gerundet.

Literaturhinweise

[1] DIN 406-10, *Technische Zeichnungen — Maßeintragung — Teil 10: Begriffe, allgemeine Grundlagen.*

[2] DIN 406-11, *Technische Zeichnungen — Maßeintragung — Teil 11: Grundlagen der Anwendung.*

[3] DIN 406-12, *Technische Zeichnungen — Maßeintragung — Teil 12: Eintragung von Toleranzen für Längen- und Winkelmaße; ISO 406:1987, modifiziert.*

[4] DIN 7178-1, *Kegeltoleranz- und Kegelpasssystem für Kegel von Verjüngung C = 1 : 3 bis 1 : 500 und Längen von 6 bis 630 mm; Kegeltoleranzsystem.*

[5] DIN 7178-1 Beiblatt 1, *Kegeltoleranz- und Kegelpasssystem für Kegel von Verjüngung C = 1 : 3 bis 1 : 500 und Längen von 6 bis 630 mm; Verfahren zum Prüfen von Innen- und Außenkegeln.*

DK 389.171   August 1974

Normzahlen und Normzahlreihen
Hauptwerte Genauwerte Rundwerte

DIN 323 Blatt 1

Preferred numbers and series of preferred numbers;
basic values, calculated values, rounded values
Nombres normaux et séries de nombres normaux;
nombres de base, valeurs calculées, valeurs arrondies

Zugleich Ersatz für DIN 3

Zusammenhang mit den von der International Organization for Standardization (ISO) herausgegebenen Normen ISO 3 — 1973, ISO 17 — 1973 und ISO 497 — 1973 siehe Erläuterungen.

Tabelle 1. Grundreihen

Hauptwerte Grundreihen				Ordnungsnummern N	Mantissen	Genauwerte	Abweichung der Hauptwerte von den Genauwerten %
R 5	R 10	R 20	R 40				
1,00	1,00	1,00	1,00	0	000	1,0000	0
			1,06	1	025	1,0593	+ 0,07
		1,12	1,12	2	050	1,1220	− 0,18
			1,18	3	075	1,1885	− 0,71
	1,25	1,25	1,25	4	100	1,2589	− 0,71
			1,32	5	125	1,3353	− 1,01
		1,40	1,40	6	150	1,4125	− 0,88
			1,50	7	175	1,4962	+ 0,25
1,60	1,60	1,60	1,60	8	200	1,5849	+ 0,95
			1,70	9	225	1,6788	+ 1,26
		1,80	1,80	10	250	1,7783	+ 1,22
			1,90	11	275	1,8836	+ 0,87
	2,00	2,00	2,00	12	300	1,9953	+ 0,24
			2,12	13	325	2,1135	+ 0,31
		2,24	2,24	14	350	2,2387	+ 0,06
			2,36	15	375	2,3714	− 0,48
2,50	2,50	2,50	2,50	16	400	2,5119	− 0,47
			2,65	17	425	2,6607	− 0,40
		2,80	2,80	18	450	2,8184	− 0,65
			3,00	19	475	2,9854	+ 0,49
	3,15	3,15	3,15	20	500	3,1623	− 0,39
			3,35	21	525	3,3497	+ 0,01
		3,55	3,55	22	550	3,5481	+ 0,05
			3,75	23	575	3,7584	− 0,22
4,00	4,00	4,00	4,00	24	600	3,9811	+ 0,47
			4,25	25	625	4,2170	+ 0,78
		4,50	4,50	26	650	4,4668	+ 0,74
			4,75	27	675	4,7315	+ 0,39
	5,00	5,00	5,00	28	700	5,0119	− 0,24
			5,30	29	725	5,3088	− 0,17
		5,60	5,60	30	750	5,6234	− 0,42
			6,00	31	775	5,9566	+ 0,73
6,30	6,30	6,30	6,30	32	800	6,3096	− 0,15
			6,70	33	825	6,6834	+ 0,25
		7,10	7,10	34	850	7,0795	+ 0,29
			7,50	35	875	7,4989	+ 0,01
	8,00	8,00	8,00	36	900	7,9433	+ 0,71
			8,50	37	925	8,4140	+ 1,02
		9,00	9,00	38	950	8,9125	+ 0,98
			9,50	39	975	9,4406	+ 0,63
10,00	10,00	10,00	10,00	40	000	10,0000	0

Die Schreibweise der Normzahlen ohne Endnullen ist international ebenfalls gebräuchlich.

Fortsetzung Seite 2 bis 4
Erläuterungen Seite 4

Ausschuß Normzahlen im Deutschen Normenausschuß (DNA)

1. Grundreihen

Normzahlen (abgekürzt NZ) sind Vorzugszahlen für die Wahl beliebiger Größen, auch außerhalb der Normung. Sie sind durch die internationalen Normen ISO 3 — 1973, ISO 17 — 1973 und ISO 497 — 1973 festgelegt, siehe auch Erläuterungen.

NZ sind gerundete Glieder geometrischer Reihen, die die ganzzahligen Potenzen von 10 enthalten, also die Zahlen 1, 10, 100; 0,1 usw. Die Reihen werden mit dem Buchstaben R (nach dem Erfinder der NZ Renard) und nachfolgenden Ziffern bezeichnet, die die Anzahl der Stufen je Dezimalbereich angeben. Das Verhältnis eines Gliedes zum vorhergehenden heißt Stufensprung. Stufensprünge sind bei

R 5: $q_5 = \sqrt[5]{10} \approx 1,6$ R 10: $q_{10} = \sqrt[10]{10} \approx 1,25$ R 20: $q_{20} = \sqrt[20]{10} \approx 1,12$ R 40: $q_{40} = \sqrt[40]{10} \approx 1,06$

In der Regel werden nur die so definierten Hauptwerte (die eigentlichen NZ) nach Tabelle 1 und die aus ihnen bestehenden Grundreihen verwendet. Größere Reihen haben Vorrang vor feineren Reihen, also R 5 vor R 10, R 10 vor R 20, R 20 vor R 40.

Die NZ-Reihen sind als unendliche Reihen in beiden Richtungen unbegrenzt. Praktisch werden jedoch nur begrenzte Abschnitte, also endliche Reihen, verwendet. Tabelle 1 enthält die NZ nur für den Dezimalbereich von 1 bis 10. Kleinere und größere Werte ergeben sich durch Verschieben des Kommas und gegebenenfalls durch Anhängen von Nullen.

Einzelheiten über Wesen und Anwendung der NZ und NZ-Reihen sowie über Geschichte, Terminologie und Schrifttum siehe DIN 323 Blatt 2 (Folgeausgabe z. Z. noch Entwurf).

2. Ausnahmereihe R 80

Die besonders fein gestufte Ausnahmereihe R 80, bei der die Anzahl der Glieder gegenüber R 40 verdoppelt ist, sollte nur in Sonderfällen verwendet werden.. Der Stufensprung ist

$q_{80} = \sqrt[80]{10} \approx 1,03$

Tabelle 2. Ausnahmereihe R 80

R 40	R 80	R 40	R 80	R 40	R 80	R 40	R 80	R 40	R 80
1,00	1,00	1,60	1,60	2,50	2,50	4,00	4,00	6,30	6,30
	1,03		1,65		2,58		4,12		6,50
1,06	1,06	1,70	1,70	2,65	2,65	4,25	4,25	6,70	6,70
	1,09		1,75		2,72		4,37		6,90
1,12	1,12	1,80	1,80	2,80	2,80	4,50	4,50	7,10	7,10
	1,15		1,85		2,90		4,62		7,30
1,18	1,18	1,90	1,90	3,00	3,00	4,75	4,75	7,50	7,50
	1,22		1,95		3,07		4,87		7,75
1,25	1,25	2,00	2,00	3,15	3,15	5,00	5,00	8,00	8,00
	1,28		2,06		3,25		5,15		8,25
1,32	1,32	2,12	2,12	3,35	3,35	5,30	5,30	8,50	8,50
	1,36		2,18		3,45		5,45		8,75
1,40	1,40	2,24	2,24	3,55	3,55	5,60	5,60	9,00	9,00
	1,45		2,30		3,65		5,80		9,25
1,50	1,50	2,36	2,36	3,75	3,75	6,00	6,00	9,50	9,50
	1,55		2,43		3,87		6,15		9,75

3. Rundwertreihen

Rundwertreihen, siehe Tabelle 3, enthalten neben Hauptwerten auch Rundwerte. Man unterscheidet Reihen mit schwächer gerundeten Werten (R' 10, R' 20 und R' 40) und Reihen mit stärker gerundeten Werten (R'' 5, R'' 10 und R'' 20).

Rundwerte sind ungenau, Rundwertreihen deshalb unregelmäßig gestuft. Wegen dieser Nachteile sind Rundwerte und Rundwertreihen nur in zwingenden Fällen anzuwenden, siehe DIN 323 Blatt 2 (Folgeausgabe z. Z. noch Entwurf).

Ist ein Ausweichen darauf unvermeidlich, dann sind die schwächer gerundeten Werte zu bevorzugen. Die Rangfolge für die Benutzung der Werte und der Reihen wird in der Tabelle 3 durch Strichart und -breite für die „Gleise" und „Weichen" und durch verschieden fetten Druck zum Ausdruck gebracht.

DIN 323 Blatt 1 Seite 3

Tabelle 3. Rundwertreihen

Hauptwerte und Rundwerte / Grundreihen und Rundwertreihen								Genauwerte	Abweichung der Rundwerte (und der Hauptwerte) von den Genauwerten in %		
R 5	R″ 5	R 10	R′ 10	R″ 10	R 20	R′ 20	R″ 20	R 40	R′ 40		R 5 bis R 40	R′ 10 bis R′ 40	R″ 5 bis R″ 20

R 5	R″ 5	R 10	R′ 10	R″ 10	R 20	R′ 20	R″ 20	R 40	R′ 40	Genauwerte	R 5 bis R 40	R′ 10 bis R′ 40	R″ 5 bis R″ 20
1	1				1,0			1,0		1,0000	0		
								1,06	1,05	1,0593	+ 0,07	− 0,88	
					1,12	1,1		1,12	1,1	1,1220	− 0,18	− 1,96	− 1,96
								1,18	1,2	1,1885	− 0,71	+ 0,97	
		1,25	(1,2)		1,25		(1,2)	1,25		1,2589	− 0,71		− 4,68
								1,32	1,3	1,3335	− 1,01	−2,51	
					1,4			1,4		1,4125	− 0,88		
								1,5		1,4962	+ 0,25		
1,6	(1,5)	1,6		(1,5)	1,6			1,6		1,5849	+ 0,95		−5,36
								1,7		1,6788	+1,26		
					1,8			1,8		1,7783	+ 1,22		
								1,9		1,8836	+ 0,87		
		2			2,0			2,0		1,9953	+ 0,24		
								2,12	2,1	2,1135	+ 0,31	− 0,64	
					2,24	2,2		2,24	2,2	2,2387	+ 0,06	− 1,73	− 1,73
								2,36	2,4	2,3714	− 0,48	+ 1,21	
2,5		2,5			2,5			2,5		2,5119	− 0,47		
								2,65	2,6	2,6607	− 0,40	− 2,28	
					2,8			2,8		2,8184	− 0,65		
								3,0		2,9854	+ 0,49		
		3,15	3,2	(3)	3,15	3,2	(3,0)	3,15	3,2	3,1623	− 0,39	+ 1,19	−5,13
								3,35	3,4	3,3497	+ 0,01	+ 1,50	
					3,55	3,6	(3,5)	3,55	3,6	3,5481	+ 0,05	+ 1,46	− 1,38
								3,75	3,8	3,7584	− 0,22	+ 1,11	
4		4			4,0			4,0		3,9811	+ 0,47		
								4,25	4,2	4,2170	+ 0,78	− 0,40	
					4,5			4,5		4,4668	+ 0,74		
								4,75	4,8	4,7315	+ 0,39	+ 1,45	
		5			5,0			5,0		5,0119	÷ 0,24		
								5,3		5,3088	− 0,17		
					5,6		(5,5)	5,6		5,6234	− 0,42		− 2,19
								6,0		5,9566	+ 0,73		
6,3	(6)	6,3		(6)	6,3		(6,0)	6,3		6,3096	− 0,15		− 4,90
								6,7		6,6834	+ 0,25		
					7,1		(7,0)	7,1		7,0795	+ 0,29		− 1,11
								7,5		7,4989	+ 0,01		
		8			8,0			8,0		7,9433	+ 0,71		
								8,5		8,4140	+ 1,02		
					9,0			9,0		8,9125	+ 0,98		
								9,5		9,4405	+ 0,63		
10		10			10,0			10,0		10,0000	0		

Größte Abweichung des Stufensprunges vom theoretischen Wert in %

R 5	R″ 5	R 10	R′ 10	R″ 10	R 20	R′ 20	R″ 20	R 40	R′ 40
+ 1,42	− 5,37	+ 1,66	+ 1,66	− 5,61	− 1,83	− 1,97	− 4,48	+ 1,15	+ 2,94

Die in Klammern ( ) gesetzten Werte der Rundwertreihen R″ 5, R″ 10 und R″ 20, insbesondere der Wert 1,5, sollten möglichst vermieden werden. Es bedeuten:

+1,26	Größte Abweichung der Hauptwerte vom Genauwert (R 5 bis R 40)
−2,51	Größte Abweichung der schwächer gerundeten Werte vom Genauwert (R′ 10, R′ 20 und R′ 40)
−5,36	Größte Abweichung der stärker gerundeten Werte vom Genauwert in den Reihen R″ 5 und R″ 10
−5,13	Größte Abweichung der stärker gerundeten Werte vom Genauwert in der Reihe R″ 20

43

DK 621.9-229.3 | April 1986

Zentrierbohrungen
60° Form R, A, B und C

DIN 332 Teil 1

Centre holes; 60°, type R, A, B and C
Centres; 60°, types R, A, B et C

Ersatz für Ausgabe 11.73

Zusammenhang mit den von der International Organization for Standardization (ISO) herausgegebenen Internationalen Normen ISO 866 – 1975, ISO 2540 – 1973 und ISO 2541 – 1972, siehe Erläuterungen.

Maße in mm

1 Anwendungsbereich

Diese Norm gilt für Zentrierbohrungen 60° ohne Gewinde, die im allgemeinen Maschinenbau angewandt werden.

Zentrierbohrungen Form R, sowie Form A bis 12,5 mm × 26,5 mm und Form B bis 10 mm × 21,2 mm werden mit Zentrierbohrern Form R, A bzw. B nach DIN 333 hergestellt.

Zentrierbohrungen Form A über 12,5 mm × 26,5 mm und Form B über 10 mm × 21,2 mm, sowie Zentrierbohrungen Form C, werden in der Regel mit mehreren Werkzeugen in verschiedenen, aufeinanderfolgenden Arbeitsvorgängen hergestellt. Für den zentrierenden Teil der Zentrierbohrungen Form C bis 12,5 mm × 26,5 mm bzw. 10 mm × 21,2 mm wird jedoch der Zentrierbohrer Form A oder Form B nach DIN 333 verwendet, da der zentrierende Teil bei Form A, B und C gleich ist.

Nicht angegebene Einzelheiten der mit Zentrierbohrern hergestellten Zentrierbohrungen ergeben sich durch die Form des Zentrierbohrers (siehe Erläuterungen).

Bestimmung der erforderlichen Größe d_1 bis zu einem maximalen Werkstückgewicht von 28 000 kg siehe DIN 332 Teil 7.

2 Maße, Bezeichnung

2.1 Form R mit gewölbten Laufflächen, ohne Schutzsenkung

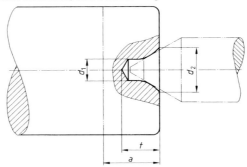

Bezeichnung einer Zentrierbohrung 60°, mit gewölbten Laufflächen, ohne Schutzsenkung (R), mit Durchmesser $d_1 = 4$ mm und Durchmesser $d_2 = 8,5$ mm:

Zentrierbohrung DIN 332 – R 4 × 8,5

Tabelle 1.

d_1	d_2	t [1] min.	a [2]	d_1	d_2	t [1] min.	a [2]
0,5	1,06	1,4	2	● 3,15	6,7	5,8	9
0,8	1,7	1,5	2,5	● 4	8,5	7,4	11
● 1	2,12	1,9	3	● 5	10,6	9,2	14
● 1,25	2,65	2,3	4	● 6,3	13,2	11,4	18
● 1,6	3,35	2,9	5	● 8	17	14,7	22
● 2	4,25	3,7	6	● 10	21,2	18,3	28
● 2,5	5,3	4,6	7	12,5	26,5	23,6	36

● Diese Größen sind in ISO 2541 – 1972 enthalten
[1]) und [2]) siehe Tabelle 2.

Fortsetzung Seite 2 bis 5

Normenausschuß Werkzeuge und Spannzeuge (FWS) im DIN Deutsches Institut für Normung e. V.

2.2 Form A mit geraden Laufflächen, ohne Schutzsenkung

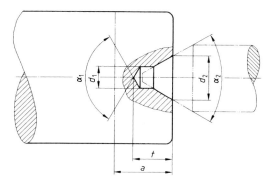

Bezeichnung einer Zentrierbohrung 60°, mit geraden Laufflächen, ohne Schutzsenkung (A), mit Durchmesser $d_1 = 4$ mm und Durchmesser $d_2 = 8,5$ mm:

Zentrierbohrung DIN 332 – A 4 × 8,5

Tabelle 2.

d_1	d_2	t [1]	a [2]	d_1	d_2	t [1]		α_1	α_2 $\begin{smallmatrix}0\\-1°\end{smallmatrix}$	a [2]
		min.		H12	JS12	max.	min.			
● 0,5	1,06	1	2	16	33,5	37,5	30			45
● 0,8	1,7	1,5	2,5	20	42,5	47,5	37,5			56
● 1	2,12	1,9	3	25	53	60	47,5	120°	60°	71
● 1,25	2,65	2,3	4	31,5	67	75	60			90
● 1,6	3,35	2,9	5	40	85	95	75			112
● 2	4,25	3,7	6	50	106	118	95			140
● 2,5	5,3	4,6	7							
● 3,15	6,7	5,9	9							
● 4	8,5	7,4	11							
● 5	10,6	9,2	14							
● 6,3	13,2	11,5	18							
● 8	17	14,8	22							
● 10	21,2	18,4	28							
12,5	26,5	23,6	36							

● Diese Größen sind in ISO 866 – 1975 enthalten

[1] Das Maß t ist bei mit Zentrierbohrern hergestellten Zentrierbohrungen abhängig von der Länge l_2 des – auch nachgeschliffenen – Zentrierbohrers nach DIN 333. t_{min} ist das kleinste Maß t bei dem eine voll ausgeschliffene 60°- Zentrierspitze den Bohrungsgrund nicht berührt, wenn der vorgeschriebene Durchmesser d_2 eingehalten wird.
Das Maß t_{min} gibt damit die Grenze an, bis zu der Zentrierbohrer nachgeschliffen werden können.

[2] Das Abstechmaß a gilt für Zentrierbohrungen, die nicht am Werkstück verbleiben (in ISO 866 – 1975, ISO 2540 – 1973 und ISO 2541 – 1972 nicht enthalten).

DIN 332 Teil 1 Seite 3

2.3 Form B mit geraden Laufflächen, mit kegelförmiger Schutzsenkung

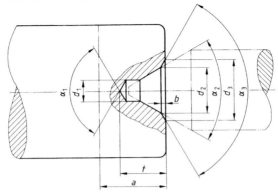

Bezeichnung einer Zentrierbohrung 60°, mit geraden Laufflächen, mit kegelförmiger Schutzsenkung (B), Durchmesser $d_1 = 4$ mm und Durchmesser $d_2 = 8,5$ mm:

Zentrierbohrung DIN 332 – B 4 × 8,5

Tabelle 3.

d_1	d_2	b	d_3	t [1] min.	a [2]	d_1 H12	d_2 JS12	b	d_3	t [1] max.	min.	a [2]	α_1	α_2 $_{-1°}^{0}$	α_3
● 1	2,12	0,3	3,15	2,2	3,5	12,5	26,5	2	33,5	32,1	25,6	38			
● 1,25	2,65	0,4	4	2,7	4,5	16	33,5	2,6	42,5	40,1	32,6	48			
● 1,6	3,35	0,5	5	3,4	5,5	20	42,5	3	53	50,5	40,5	60			
● 2	4,25	0,6	6,3	4,3	6,6	25	53	2,9	63	62,9	50,4	75	120°	60°	120°
● 2,5	5,3	0,8	8	5,4	8,3	31,5	67	3,8	80	73,8	63,8	95			
● 3,15	6,7	0,9	10	6,8	10	40	85	4,3	100	99,3	79,3	118			
● 4	8,5	1,2	12,5	8,6	12,7	50	106	5,5	125	123,5	100,5	150			
● 5	10,6	1,6	16	10,8	15,6										
● 6,3	13,2	1,4	18	12,9	20										
● 8	17	1,6	22,4	16,4	25										
● 10	21,2	2	28	20,4	31										

● Diese Größen sind in ISO 2540 – 1973 enthalten.

[1]) und [2]) siehe Tabelle 2

2.4 Form C mit geraden Laufflächen, mit kegelstumpfförmiger Schutzsenkung (in ISO nicht genormt)

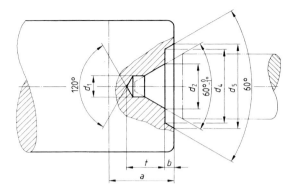

Bezeichnung einer Zentrierbohrung 60°, mit geraden Laufflächen, mit kegelstumpfförmiger Schutzsenkung (C), Durchmesser $d_1 = 4$ mm und Durchmesser $d_2 = 8,5$ mm:

Zentrierbohrung DIN 332 – C 4 × 8,5

Tabelle 4

d_1	d_2	b	d_4	d_5	t [1] min.	a [2]
1	2,12	0,4	4,5	5	1,9	3,5
1,25	2,65	0,6	5,3	6	2,3	4,5
1,6	3,35	0,7	6,3	7,1	2,9	5,5
2	4,25	0,9	7,5	8,5	3,7	6,6
2,5	5,3	0,9	9	10	4,6	8,3
3,15	6,7	1,1	11,2	12,5	5,9	10
4	8,5	1,7	14	16	7,4	12,7
5	10,6	1,7	18	20	9,2	15,6
6,3	13,2	2,3	22,4	25	11,5	20
8	17	3	28	31,5	14,8	25
10	21,2	3,9	35,5	40	18,4	31
12,5	26,5	4,3	45	50	23,6	42,5

d_1 H12	d_2 JS12	b	d_4	d_5	t [1] max.	t [1] min.	a [2]
16	33,5	6,1	56	63	37,5	30	53
20	42,5	7,8	71	80	47,5	37,5	67
25	53	8,7	90	100	60	47,5	85
31,5	67	11,3	112	125	75	60	106
40	85	17,3	140	160	95	75	132
50	106	17,3	180	200	118	95	170

[1]) und [2]) siehe Tabelle 2.

3 Angabe in technischen Zeichnungen

Angabe der Zentrierbohrung in technischen Zeichnungen nach DIN 332 Teil 10.

DIN 332 Teil 1 Seite 5

Zitierte Normen

DIN 332 Teil 7	Werkzeugmaschinen; Zentrierbohrungen 60°; Bestimmungsverfahren
DIN 332 Teil 10	Zentrierbohrungen; Angaben in technischen Zeichnungen
DIN 333	Zentrierbohrer 60°; Form R, A und B
ISO 866 – 1975 *)	E: Centre drills for centre holes without protecting chamfers. Type A
	F: Forets à centrer pour centres sans chanfrein de protection. Type A
	D: Zentrierbohrer für Zentrierbohrungen ohne Schutzsenkung. Typ A
ISO 2540 – 1973 *)	E: Centre drills for centre holes with protecting chamfers. Type B
	F: Forets à centrer pour centres avec chanfrein de protection. Type B
	D: Zentrierbohrer für Zentrierbohrungen mit Schutzsenkung. Typ B
ISO 2541 – 1972 *)	E: Centre drills for centre holes with radius form. Type R
	F: Forets à centrer pour centres à profil curviligne. Type R
	D: Zentrierbohrer für Zentrierbohrungen mit gewölbter Form. Typ R

Weitere Normen

DIN 332 Teil 2	Zentrierbohrungen; 60°, mit Gewinde, für Wellenenden elektrischer Maschinen
DIN 332 Teil 4	Zentrierbohrungen; für Radsatzwellen von Schienenfahrzeugen
DIN 332 Teil 8	Zentrierbohrungen; 90°, Form S; Maße, Bestimmungsverfahren

Frühere Ausgaben

DIN 332 Teil 3: 02.43, 09.50x
DIN 332 Teil 1: 09.22, 02.43, 09.60x, 11.73

Änderungen

Gegenüber der Ausgabe November 1973 wurden folgende Änderungen vorgenommen:
a) Abschnitt „Anwendungsbereich" neu aufgenommen
b) Reihenfolge der Bezeichnung entsprechend DIN 820 Teil 27 umgestellt
c) Tabelle mit Zeichnungsangabe durch Verweis auf DIN 332 Teil 10 ersetzt
d) Norm redaktionell überarbeitet

Erläuterungen

Für Zentrierbohrer und Zentrierbohrungen bestehen folgende ISO-Normen: ISO 866 – 1975, ISO 2540 – 1973 und ISO 2541 – 1972.
Die Zentrierbohrungen sind jeweils im Anhang dieser Internationalen Normen enthalten.
Die in DIN 332 Teil 1 aufgeführten Zentrierbohrungen Form R 1 mm × 2,12 mm bis 10 mm × 21,2 mm; Form A bis 10 mm × 21,2 mm und Form B bis 10 mm × 21,2 mm stimmen mit den in den Anhängen der ISO-Normen aufgeführten Maßen überein.
Bei der Bemaßung der Zentrierbohrungen, die mit Zentrierbohrern nach DIN 333 hergestellt werden (bis zur Größe 10 mm × 21,2 mm bzw. 12,5 mm × 26,5 mm) sind, um eine Überbestimmung zu vermeiden, nur die funktionsmäßig wichtigen und zum Herstellen erforderlichen Maße eingetragen. Alle anderen Maße ergeben sich durch die Form des Zentrierbohrers. Die größeren Zentrierbohrungen sind nach den üblichen Zeichnungsregeln bemaßt.
Für die Tiefe t der Bohrung ist ein Mindestmaß angegeben, bei dem die voll ausgeschliffene 60°-Zentrierspitze nicht auf den Bohrungsgrund stößt. Wenn dieses Mindestmaß bei gleichzeitigem Einhalten des Durchmesssers d_2 erreicht ist, kann der Zentrierbohrer nicht weiter nachgeschliffen werden, es sei denn, daß dem Abbruch der Zentrierspitze (siehe DIN 806 und DIN 807) Rechnung getragen wird. Um die Anpassung an die Zentrierspitze hervorzuheben, ist die Tiefe t der Zentrierbohrung nicht, wie bei Grundlöchern üblich, bis zum vollen Durchmesser, sondern bis zur Spitze der Bohrung bemaßt.
Die Maße des zentrierenden Teiles der Bohrungen Form B und Form C – letztere ist für stirnseitig zu bearbeitende Werkstücke vorgesehen – sind denen der Form A gleich.

Internationale Patentklassifikation

B 23 B 49/04
B 27 C 3/00

---

*) ISO-Normen sind in englischer und französischer Fassung beziehbar durch:
Beuth Verlag GmbH, Burggrafenstraße 6, 1000 Berlin 30

November 1997

Rundgewinde allgemeiner Anwendung
Teil 1: Gewindeprofile, Nennmaße

DIN 405-1

ICS 21.040.30

Deskriptoren: Gewinde, Rundgewinde, Gewindeprofil, Nennmaß

Mit DIN 405-2 : 1997-11
Ersatz für
Ausgabe 1975-11

General purpose knuckle threads –
Part 1: Profiles, nominal sizes

Filetages ronds pour usages généraux –
Partie 1: Profiles des filetages et dimensions de base

Vorwort

Diese Norm wurde im Normenausschuß Technische Grundlagen (NATG), Fachbereich B: Gewinde, Arbeitsausschuß NATG-B.1 "Grundlagen" ausgearbeitet.

DIN 405 "Rundgewinde allgemeiner Anwendung" besteht aus:

Teil 1: "Gewindeprofile, Nennmaße"

Teil 2: "Abmaße und Toleranzen"

Teil 3: "Lehren für Außen- und Innengewinde, Lehrenarten, Profile, Toleranzen"

Änderungen

Gegenüber der Ausgabe November 1975 wurden folgende Änderungen vorgenommen:

a) Der Titel der Norm wurde geändert.
b) Die Einheit "inch" wurde durch das "Kurzzeichen" ersetzt.
c) Auf das Grundprofil wurde verzichtet, da die Grundprofile für Außen- und Innengewinde unterschiedlich sind.
d) Die Bezeichnngen des Gewindes wurden nicht mehr aufgenommen, weil diese in DIN 405-2 übernommen wurden.
e) Die Angaben "$h/2$" und "h" im Bild 1 wurden gestrichen.
f) Die Angabe "$s/2$" im Bild 2 wurde gestrichen.
g) Das Symbol "z" wurde durch "$h_3/2$" ersetzt.
h) Die Zahlenangaben in den Gleichungen und in der Tabelle 2 sind auf 6 Stellen nach dem Komma angegeben.
i) Das Symbol für das Grundabmaß "A_0" wurde in "es" geändert.
j) Das Bild 3 wurde neu aufgenommen.
k) Die Benennung "Gangzahl auf 1 inch" wurde in "Anzahl der Teilungen auf 25,4 mm" geändert.
l) Das Symbol für die Flankenüberdeckung "H_5" wurde in "H_1" geändert.
m) Die Werte für a_c wurden in die Tabelle 2 neu aufgenommen.
n) Das Symbol für die Steigung des mehrgängigen Gewindes "P_h" wurde in "Ph" geändert.
o) Die Norm wurde redaktionell überarbeitet.

Frühere Ausgaben

DIN 405: 1922-04, 1928-04, 1953x-1
DIN 405-1: 1975-11

Fortsetzung Seite 2 bis 6

Normenausschuß Technische Grundlagen (NATG) – Gewinde – im DIN Deutsches Institut für Normung e.V.

Seite 2
DIN 405-1 : 1997-11

1 Anwendungsbereich

Diese Norm gilt für Rundgewinde allgemeiner Anwendung. Sie legt die Nennprofile und Nennmaße für Außen- und Innengewinde fest.
Grundabmaße und Toleranzen nach DIN 405-2.
Lehren für Außen- und Innengewinde nach DIN 405-3.

2 Normative Verweisungen

Diese Norm enthält durch datierte oder undatierte Verweisungen Festlegungen aus anderen Publikationen. Diese normativen Verweisungen sind an den jeweiligen Stellen im Text zitiert, und die Publikationen sind nachstehend aufgeführt. Bei datierten Verweisungen gehören spätere Änderungen oder Überarbeitungen dieser Publikationen nur zu dieser Norm, falls sie durch Änderung oder Überarbeitung eingearbeitet sind. Bei undatierten Verweisungen gilt die letzte Ausgabe der in Bezug genommenen Publikation.

DIN 405-2
   Rundgewinde allgemeiner Anwendung – Teil 2: Abmaße und Toleranzen
DIN 405-3
   Rundgewinde allgemeiner Anwendung – Teil 3: Lehren für Außen- und Innengewinde; Lehrenarten, Profile, Toleranzen
DIN 2244
   Gewinde – Begriffe

3 Definitionen und Symbole

3.1 Definitionen

Für die Anwendung dieser Norm gelten die Definitionen nach DIN 2244.

3.2 Symbole

Es werden die Symbole nach Tabelle 1 verwendet:

Tabelle 1: Symbole

Symbole	Bedeutung
a_c	Spiel an den Gewindespitzen
d	Außendurchmesser des Außengewindes
d_2	Flankendurchmesser des Außengewindes
d_3	Kerndurchmesser des Außengewindes
D_1	Kerndurchmesser des Innengewindes
D_2	Flankendurchmesser des Innengewindes
D_4	Außendurchmesser des Innengewindes
es	Grundabmaß des Außengewindes (oberes Abmaß)
P	Steigung des eingängigen Gewindes und Teilung des mehrgängigen Gewindes
Ph	Steigung des mehrgängigen Gewindes
H	Höhe des scharf ausgeschnittenen gedachten Profildreiecks
$h_3 = H_4$	Gewindetiefe
H_1	Flankenüberdeckung (der geraden Flanken)
R_1	Radius an den Gewindespitzen und am Gewindegrund des Außengewindes
R_2	Radius an den Gewindespitzen des Innengewindes
R_3	Radius am Gewindegrund des Innengewindes
n	Anzahl der Gewindeanfänge

4 Nennprofile

Das Rundgewinde nach dieser Norm hat unterschiedliche Nennprofile für Außen- und Innengewinde. Beim Außengewinde sind die Rundungsradien an den Gewindespitzen und im Gewindegrund gleich, beim Innengewinde verschieden. Von den Nennprofilen leiten sich die Maße für Außen-, Flanken- und Kerndurchmesser ab.

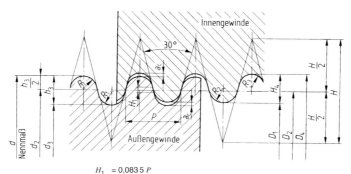

$a_c = 0,05\ P$
$D_1 = D_4 - 2H_4 = D_4 - P = d - 0,9\ P$
$D_4 = d + 2a_c = d + 0,1\ P$
$d_2 = D_2 = d - 0,5\ P$
$d_3 = d - P$
$H = 1,866\ 025\ P$
$H/2 = 0,933\ P$

$H_1 = 0,083\ 5\ P$
$h_3 = H_4 = 0,5\ P$
$R_1 = 0,238\ 507\ P$
$R_2 = 0,255\ 967\ P$
$R_3 = 0,221\ 047\ P$

Bild 1: Nennprofile für Außen- und Innengewinde mit Spiel a_c im Außen- und Kerndurchmesser und ohne Grundabmaß es im Flankendurchmesser (Nennmaße)

Tabelle 2: Maße für Nennprofile — Maße in Millimeter

P Kurzzeichen		Anzahl der Teilungen auf 25,4 mm	a_c	H	$h_3 = H_4$	H_1	R_1	R_2	R_3
1/10	2,54	10	0,127	4,739 704	1,27	0,212 103	0,605 808	0,650 156	0,561 459
1/8	3,175	8	0,158 75	5,924 629	1,587 5	0,265 128	0,757 26	0,812 695	0,701 824
1/6	4,233	6	0,211 667	7,898 884	2,116 5	0,353 477	1,009 6	1,083 508	0,935 692
1/4	6,35	4	0,317 5	11,849 259	3,175	0,530 257	1,514 519	1,625 39	1,403 648

51

5 Nennprofile für Gewinde mit Grundabmaß es

Diese Profile ergeben sich aus den Nennprofilen und dem Grundabmaß es für den Flankendurchmesser.

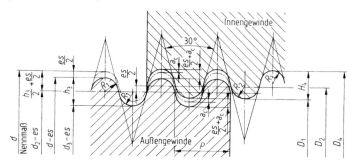

Bild 2: Profile für Außen- und Innengewinde mit Grundabmaß es und Spiel a_c im Außen- und Kerndurchmesser

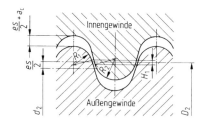

Bild 3: Darstellung der Flankenüberdeckung H_1 der Profile für Außen- und Innengewinde mit Grundabmaß es und Spiel a_c im Außen- und Kerndurchmesser

6 Profile für mehrgängige Rundgewinde

Mehrgängige Rundgewinde (mit n Gewindeanfängen) haben das gleiche Profil wie eingängige Rundgewinde, wenn die Teilung des mehrgängigen Gewindes der Steigung des eingängigen Gewindes entspricht. Für die Teilung P eines mehrgängigen Rundgewindes dürfen nur Werte gewählt werden, die für die Steigung P eines eingängigen Gewindes zugelassen sind. Steigung und Teilung sind bei mehrgängigen Gewinden durch die Beziehung $Ph = P \cdot n$ verbunden. Die Steigung eines mehrgängigen Gewindes muß jedoch nicht der Steigung eines eingängigen Gewindes entsprechen.

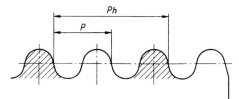

Ph Steigung (Achsparalleler Abstand)

P Teilung (achsparalleler Abstand zweier benachbarter gleichgerichteter Flanken)

Bild 4: Profile für zweigängige Rundgewinde

7 Bezeichnung

Ein Rundgewinde nach dieser Norm muß nach DIN 405-2 bezeichnet werden.

8 Nennmaße

Die Durchmesser der Reihe 1 sollten möglichst denen der Reihe 2 vorgezogen werden.

Tabelle 3: **Nennmaße**   Maße in Millimeter

Gewinde-Nenndurchmesser d		Anzahl der Teilungen auf 25,4 mm	Steigung P	Flanken-durchmesser $d_2 = D_2$	Außen-durchmesser D_4	Kerndurchmesser	
Reihe 1	Reihe 2					d_3	D_1
8		10	2,54	6,73	8,254	5,46	5,714
9		10	2,54	7,73	9,254	6,46	6,714
10		10	2,54	8,73	10,254	7,46	7,714
11		10	2,54	9,73	11,254	8,46	8,714
12		10	2,54	10,73	12,254	9,46	9,714
14		8	3,175	12,412	14,318	10,825	11,142
16		8	3,175	14,412	16,318	12,825	13,142
18		8	3,175	16,412	18,318	14,825	15,142
20		8	3,175	18,412	20,318	16,825	17,142
22		8	3,175	20,412	22,318	18,825	19,142
24		8	3,175	22,412	24,318	20,825	21,142
26		8	3,175	24,412	26,318	22,825	23,142
28		8	3,175	26,412	28,318	24,825	25,142
30		8	3,175	28,412	30,318	26,825	27,142
32		8	3,175	30,412	32,318	28,825	29,142
	34	8	3,175	32,412	34,318	30,825	31,142
36		8	3,175	34,412	36,318	32,825	33,142
	38	8	3,175	36,412	38,318	34,825	35,142
40		6	4,233	37,883	40,423	35,767	36,19
	42	6	4,233	39,883	42,423	37,767	38,19
44		6	4,233	41,883	44,423	39,767	40,19
	46	6	4,233	43,883	46,423	41,767	42,19
48		6	4,233	45,883	48,423	43,767	44,19
	50	6	4,233	47,883	50,423	45,767	46,19
52		6	4,233	49,883	52,423	47,767	48,19
55		6	4,233	52,883	55,423	50,767	51,19
	58	6	4,233	55,883	58,423	53,767	54,19
60		6	4,233	57,883	60,423	55,767	56,19
	62	6	4,233	59,883	62,423	57,767	58,19
65		6	4,233	62,883	65,423	60,767	61,19
	68	6	4,233	65,883	68,423	63,767	64,19
70		6	4,233	67,883	70,423	65,767	66,19
	72	6	4,233	69,883	72,423	67,767	68,19
75		6	4,233	72,883	75,423	70,767	71,19
	78	6	4,233	75,883	78,423	73,767	74,19
80		6	4,233	77,883	80,423	75,767	76,19
	82	6	4,233	79,883	82,423	77,767	78,19
85		6	4,233	82,883	85,423	80,767	81,19
	88	6	4,233	85,883	88,423	83,767	84,19
90		6	4,233	87,883	90,423	85,767	86,19
	92	6	4,233	89,883	92,423	87,767	88,19
95		6	4,233	92,883	95,423	90,767	91,19

(fortgesetzt)

Tabelle 3 (abgeschlossen) Maße in Millimeter

Gewinde-Nenndurchmesser d		Anzahl der Teilungen auf 25,4 mm	Steigung P	Flankendurchmesser $d_2 = D_2$	Außendurchmesser D_4	Kerndurchmesser	
Reihe 1	Reihe 2					d_3	D_1
100	98	6	4,233	95,883	98,423	93,767	94,19
		6	4,233	97,883	100,423	95,767	96,19
	105	4	6,35	101,825	105,635	98,65	99,285
110		4	6,35	106,825	110,635	103,65	104,285
	115	4	6,35	111,825	115,635	108,65	109,285
120		4	6,35	116,825	120,635	113,65	114,285
	125	4	6,35	121,825	125,635	118,65	119,285
130		4	6,35	126,825	130,635	123,65	124,285
	135	4	6,35	131,825	135,635	128,65	129,285
140		4	6,35	136,825	140,635	133,65	134,285
	145	4	6,35	141,825	145,635	138,65	139,285
150		4	6,35	146,825	150,635	143,65	144,285
	155	4	6,35	151,825	155,635	148,65	149,285
160		4	6,35	156,825	160,635	153,65	154,285
	165	4	6,35	161,825	165,635	158,65	159,285
170		4	6,35	166,825	170,635	163,65	164,285
	175	4	6,35	171,825	175,635	168,65	169,285
180		4	6,35	176,825	180,635	173,65	174,285
	185	4	6,35	181,825	185,635	178,65	179,285
190		4	6,35	186,825	190,635	183,65	184,285
	195	4	6,35	191,825	195,635	188,65	189,285
200		4	6,35	196,825	200,635	193,65	194,285

November 1997

Rundgewinde allgemeiner Anwendung
Teil 2: Abmaße und Toleranzen

DIN
405-2

ICS 21.040.30

Ersatz für Ausgabe 1981-10;
mit DIN 405-1 : 1997-11
Ersatz für DIN 405-1 : 1975-11

Deskriptoren: Gewinde, Rundgewinde, Abmaß, Toleranz

General purpose knuckle threads –
Part 2: Deviations and tolerances

Filetages ronds pour usages généraux –
Partie 2: Écarts et tolérances

Vorwort

Diese Norm wurde im Normenausschuß Technische Grundlagen (NATG), Fachbereich B: Gewinde, Arbeitsausschuß NATG-B.2 "Toleranzen" ausgearbeitet.

DIN 405 "Rundgewinde allgemeiner Anwendung" besteht aus:

Teil 1: "Gewindeprofile, Nennmaße"

Teil 2: "Abmaße und Toleranzen"

Teil 3: "Lehren für Außen- und Innengewinde, Lehrenarten, Profile, Toleranzen"

Änderungen

Gegenüber der Ausgabe Oktober 1981 und DIN 405-1 : 1975-11 wurden folgende Änderungen vorgenommen:

a) Der Titel der Norm wurde geändert.

b) Der Abschnitt "Bezeichnung" wurde um die in DIN 405-1 : 1975-11 angegebenen Bezeichnungen erweitert. Zusätzlich wurden Angaben für die Bezeichnung von Gewinden der Einschraubgruppen N "normal" und L "lang" sowie von linksgängigen Gewinden aufgenommen.

c) Für den Außendurchmesser des Außengewindes wurden die Toleranzklasse 6e für Einschraubgruppe N "normal" und die Toleranzklasse 7e für Einschraubgruppe L "lang" neu aufgenommen.

d) Für den Kerndurchmesser des Außengewindes wurden die Toleranzklassen 7h und 7e für Einschraubgruppe N "normal" und die Toleranzklassen 8h und 8e für Einschraubgruppe L "lang" in Tabelle 13 aufgenommen.

e) Tabelle 2 "Grundabmaße" wurde um die Angaben von Grundabmaßen EI für Innengewinde erweitert.

f) Das Symbol für das Grundabmaß "A_0" wurde in "es" geändert.

g) Die Benennung "Gangzahl" für den Quotient aus Steigung Ph und Teilung P wurde in "Anzahl der Gewindeanfänge n" geändert.

h) Die Einheit "inch" wurde durch das "Kurzzeichen" ersetzt.

i) Das Symbol für die Steigung des mehrgängigen Gewindes "P_h" wurde in "Ph" geändert.

j) Die Norm wurde redaktionell überarbeitet.

Frühere Ausgaben

DIN 405: 1922-04, 1928-04, 1953x-01

DIN 405-1: 1975-11

DIN 405-2: 1981-10

Fortsetzung Seite 2 bis 6

Normenausschuß Technische Grundlagen (NATG) – Gewinde – im DIN Deutsches Institut für Normung e. V.

1 Anwendungsbereich

Diese Norm gilt für Rundgewinde allgemeiner Anwendung. Sie legt das Toleranzsystem für Rundgewinde mit Gewindeprofilen nach DIN 405-1 fest.
Gewindeprofile und Nennmaße nach DIN 405-1.
Lehren für Außen- und Innengewinde nach DIN 405-3.

2 Normative Verweisungen

Diese Norm enthält durch datierte oder undatierte Verweisungen Festlegungen aus anderen Publikationen. Diese normativen Verweisungen sind an den jeweiligen Stellen im Text zitiert, und die Publikationen sind nachstehend aufgeführt. Bei datierten Verweisungen gehören spätere Änderungen oder Überarbeitungen dieser Publikationen nur zu dieser Norm, falls sie durch Änderung oder Überarbeitung eingearbeitet sind. Bei undatierten Verweisungen gilt die letzte Ausgabe der in Bezug genommenen Publikation.

DIN 323-1
Normzahlen und Normzahlreihen – Hauptwerte, Genauwerte, Rundwerte

DIN 405-1
Rundgewinde allgemeiner Anwendung – Teil 1: Gewindeprofile, Nennmaße

DIN 405-3
Rundgewinde allgemeiner Anwendung – Teil 3: Lehren für Außen- und Innengewinde; Lehrenarten, Profile, Toleranzen

DIN 2244
Gewinde – Begriffe

3 Definitionen und Symbole

Für die Anwendung dieser Norm gelten die Definitionen nach DIN 2244.
Symbole nach DIN 405-1 und nach DIN 405-3.

4 Bezeichnung

4.1 Allgemeines

Die vollständige Bezeichnung für ein Gewinde enthält die Kennbuchstaben für das Gewindesystem, den Gewinde-Nenndurchmesser, die Steigung sowie eine Bezeichnung der Toleranzklasse des Gewindes, gefolgt von weiteren notwendigen Einzelheiten. Das Fehlen der Bezeichnung für die Toleranzklassen bedeutet, daß die Toleranzklasse 7H 6H für Innengewinde und die Toleranzklasse 7h 6h für Außengewinde festgelegt ist.

4.2 Bezeichnung von Rundgewinden

Ein Rundgewinde allgemeiner Anwendung mit einem Nennprofil nach DIN 405-1 muß wie folgt bezeichnet werden:
Eingängige Rundgewinde müssen mit dem Kennbuchstaben Rd, gefolgt von dem Wert des Gewinde-Nenndurchmessers in Millimeter und dem Kurzzeichen für die Steigung P getrennt durch das Zeichen "×" bezeichnet werden.

BEISPIEL 1:

$$Rd\ 40 \times 1/6$$

Die Bezeichnung für die Toleranzklasse des Rundgewindes enthält eine Angabe für die Toleranzklasse des Flankendurchmessers, gefolgt von einer Toleranzklasse für den Kerndurchmesser des Innengewindes oder für den Außendurchmesser des Außengewindes.

Jede Angabe einer Toleranzklasse besteht aus
- einer Ziffer für den Toleranzgrad,
- einem Buchstaben für die Toleranzfeldlage, und zwar große Buchstaben für Innengewinde und kleine Buchstaben für Außengewinde.

Sind die beiden Bezeichnungen der Toleranzklassen für den Flankendurchmesser und den Kerndurchmesser des Innengewindes oder für den Flankendurchmesser und den Außendurchmesser des Außengewindes gleich, so werden die Kurzzeichen nicht wiederholt.

ANMERKUNG: Die im Abschnitt 10 empfohlenen Toleranzklassen ergeben grundsätzlich eine Bezeichnung mit zwei Toleranzklassen.

BEISPIEL 2:

Außengewinde

$$Rd\ 40 \times 1/6 - 7h\quad 6h$$

Eingängiges Rundgewinde mit einem Gewinde-Nenndurchmesser von 40 mm und dem Kurzzeichen für die Steigung von 1/6
Toleranzklasse für den Flankendurchmesser
Toleranzklasse für den Außendurchmesser

$$Rd\ 40 \times 1/6 - 7h$$

Eingängiges Rundgewinde mit einem Gewinde-Nenndurchmesser von 40 mm und dem Kurzzeichen für die Steigung von 1/6
Toleranzklasse für den Flanken- und Außendurchmesser, wenn beide Toleranzklassen gleich sind

Innengewinde

$$Rd\ 40 \times 1/6 - 7H\quad 6H$$

Eingängiges Rundgewinde mit einem Gewinde-Nenndurchmesser von 40 mm und dem Kurzzeichen für die Steigung von 1/6
Toleranzklasse für den Flankendurchmesser
Toleranzklasse für den Kerndurchmesser

$$Rd\ 40 \times 1/6 - 7H$$

Eingängiges Rundgewinde mit einem Gewinde-Nenndurchmesser von 40 mm und dem Kurzzeichen für die Steigung von 1/6
Toleranzklasse für den Flanken- und Kerndurchmesser, wenn beide Toleranzklassen gleich sind

Eine Passung zwischen Gewindeteilen wird durch die Toleranzklasse des Innengewindes, mit anschließender Toleranzklasse des Außengewindes bezeichnet, wobei beide Angaben durch einen Schrägstrich getrennt werden.

BEISPIEL 3:

$$Rd\ 40 \times 1/6 - 7H\ 6H/7h\ 6h$$
$$Rd\ 40 \times 1/6 - 7H/7h$$

Die Bezeichnung für die Einschraubgruppe L "lang" muß der Bezeichnung der Toleranzklasse, getrennt durch einen Bindestrich, hinzugefügt werden.

BEISPIEL 4:

$$Rd\ 40 \times 1/6 - 7h\ 6h - L$$

Das Fehlen der Bezeichnung für die Einschraubgruppe bedeutet, daß die Einschraubgruppe N "normal" festgelegt ist.

4.3 Bezeichnung von mehrgängigen Rundgewinden

Mehrgängige Rundgewinde müssen mit den Kennbuchstaben Rd, gefolgt von dem Wert des Gewinde-Nenndurchmessers in Millimeter, dem Zeichen "×", dem Kurzzeichen für die Steigung des mehrgängigen Rundgewindes, dem Buchstaben P (Teilung) und dem Kurzzeichen für die Teilung, bezeichnet werden.

BEISPIEL für ein zweigängiges Rundgewinde:

Rd 40 × 1/3 P 1/6

Anzahl der Gewindeanfänge $n = \dfrac{\text{Steigung } Ph}{\text{Teilung } P} = \dfrac{1/3}{1/6}$

4.4 Bezeichnung von linksgängigen Rundgewinden

Wenn linksgängige Rundgewinde festgelegt werden, müssen die Buchstaben LH, getrennt durch einen Bindestrich, der Gewindebezeichnung hinzugefügt werden.

BEISPIEL:

Rd 40 × 1/6 – LH
Rd 40 × 1/6 – 7H 6H – L – LH
Rd 40 × 1/3 P 1/6 – 7h 6h – L – LH

5 Toleranzgrade

Tabelle 1: Toleranzgrade für Außen-, Flanken- und Kerndurchmesser

Gewindedurchmesser	Toleranzgrade
D_1	6, 7
d	6, 7
d_3	7, 8
D_2	7, 8
d_2	6[1]), 7, 8

[1]) Der Toleranzgrad 6 wird nur für die Berechnung der Toleranzen der Toleranzgrade 7 und 8 benötigt.

6 Toleranzfeldlagen

Toleranzfeldlagen sind wie folgt genormt:
- für das Innengewinde: H mit Grundabmaß $EI = 0$
- für das Außengewinde: h mit Grundabmaß $es = 0$
- e mit negativem Grundabmaß

Tabelle 2: Grundabmaße es und EI

Steigung P	Innengewinde D_2, D_1	Außengewinde d_1, d_2, d_3	
	H	e	h
	EI	es	es
mm	μm	μm	μm
2,54	0	– 78	0
3,175	0	– 85	0
4,233	0	– 97	0
6,35	0	– 120	0

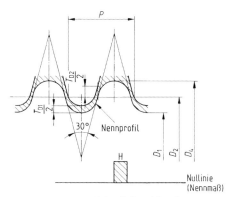

Bild 1: Innengewinde mit Grundabmaß $EI = 0$
(Toleranzfeldlage H)

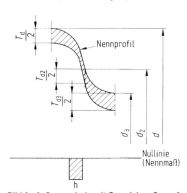

Bild 2: Außengewinde mit Grundabmaß $es = 0$
(Toleranzfeldlage h)

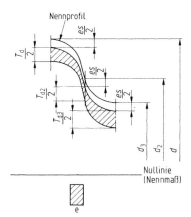

Bild 3: Außengewinde mit negativem Grundabmaß es
(Toleranzfeldlage e)

7 Einschraublängen

Die Einschraublängen sind in die Gruppen N "normal" und L "lang" eingeteilt.

Tabelle 3: Einschraublängen

Maße in Millimeter

Gewinde-Nenn-durchmesser		Steigung	Einschraublängen der Einschraubgruppen		
d		P	N		L
über	bis		von	bis	über
7	12	2,54	9	25	25
12	20	3,175	12	35	35
20	38	3,175	13	39	39
38	72	4,233	20	59	59
72	100	4,233	22	67	67
100	150	6,35	36	107	107
150	200	6,35	39	116	116

8 Toleranzen für Kern- und Außendurchmesser

8.1 Toleranzen für den Kerndurchmesser des Innengewindes (T_{D1})

Tabelle 4: Toleranzen T_{D1}

Steigung	T_{D1} für Toleranzgrad	
P	6	7
mm	µm	µm
2,54	450	560
3,175	530	670
4,233	630	800
6,35	850	1060

8.2 Toleranzen für den Außendurchmesser des Innengewindes

Für diesen Durchmesser ist keine Toleranz festgelegt.

8.3 Toleranzen für den Außendurchmesser des Außengewindes (T_d)

Tabelle 5: Toleranzen T_d

Steigung	T_d für Toleranzgrad	
P	6	7
mm	µm	µm
2,54	335	425
3,175	375	475
4,233	475	600
6,35	630	800

8.4 Toleranzen für den Kerndurchmesser des Außengewindes (T_{d3})

Tabelle 6: Toleranzen T_{d3}

Gewinde-Nenn-durchmesser		Steigung	T_{d3} für Toleranzgrad	
d mm		P mm	7 µm	8 µm
über	bis			
7	12	2,54	250	315
12	38	3,175	300	375
38	100	4,233	375	475
100	200	6,35	500	630

9 Toleranzen der Flankendurchmesser

9.1 Toleranzen für den Flankendurchmesser des Innengewindes (T_{D2})

Tabelle 7: Toleranzen T_{D2}

Gewinde-Nenn-durchmesser		Steigung	T_{D2} für Toleranzgrad	
d mm		P mm	7 µm	8 µm
über	bis			
7	12	2,54	265	335
12	38	3,175	315	400
38	100	4,233	400	500
100	200	6,35	530	670

9.2 Toleranzen für den Flankendurchmesser des Außengewindes (T_{d2})

Tabelle 8: Toleranzen T_{d2}

Gewinde-Nenn-durchmesser		Steigung	T_{d2} für Toleranzgrad		
d mm		P mm	6 µm	7 µm	8 µm
über	bis				
7	12	2,54	160	200	250
12	38	3,175	190	236	300
38	100	4,233	236	300	375
100	200	6,35	315	400	500

10 Empfohlene Toleranzklassen

Um die Anzahl der Lehren und Werkzeuge zu begrenzen, sollten nur die in den Tabellen 9 bis 12 angegebenen Toleranzklassen gewählt werden.
Wenn die Einschraublänge nicht festgelegt ist, wird Einschraubgruppe N empfohlen.
Die Gewindewerkzeuge und Lehren sind stets mit der vollständigen Gewindebezeichnung einschließlich Toleranzklasse zu beschriften, um Verwechslungen zu vermeiden.

10.1 Empfohlene Toleranzklassen für den Flankendurchmesser D_2 des Innengewindes

Tabelle 9: Empfohlene Toleranzklassen für D_2

Toleranzklassen für Flankendurchmesser	
Einschraubgruppe	
N	L
7H	8H

10.2 Empfohlene Toleranzklassen für den Kerndurchmesser D_1 des Innengewindes

Tabelle 10: Empfohlene Toleranzklassen für D_1

Toleranzklassen für Kerndurchmesser	
Einschraubgruppe	
N	L
6H	7H

10.3 Toleranzklassen für den Flankendurchmesser d_2 des Außengewindes

Tabelle 11: Toleranzklassen für d_2

Toleranzklassen für Flankendurchmesser Einschraubgruppe	
N	L
7h	8h
7e	8e

10.4 Toleranzklassen für den Außendurchmesser d des Außengewindes

Tabelle 12: Toleranzklassen für d

Toleranzklassen für Außendurchmesser Einschraubgruppe	
N	L
6h	7h
6e	7e

10.5 Toleranzklassen für den Kerndurchmesser d_3 des Außengewindes

Tabelle 13: Toleranzklassen für d_3

Toleranzklassen für Kerndurchmesser Einschraubgruppe	
N	L
7h	8h
7e	8e

11 Gleichungen

11.1 Einschraublängen

Die Einschraublängen sind nach Tabelle 14 berechnet.

Tabelle 14: Gleichungen für Einschraublängen

Einschraubgruppe	Einschraublänge
N	$2,24\ P \cdot d^{0,2}$ bis $6,7\ P \cdot d^{0,2}$
L	über $6,7\ P \cdot d^{0,2}$
d ist der kleinste Gewinde-Nenndurchmesser eines Gewinde-Nenndurchmesserbereiches nach Tabelle 3.	

11.2 Toleranzen für den Kerndurchmesser

11.2.1 Toleranzen für den Kerndurchmesser des Innengewindes (T_{D1}) des Toleranzgrades 6

Die Toleranzen sind nach Gleichung (1) berechnet:

$$T_{D1}(6) = 230\ P^{0,7} \qquad (1)$$

mit T_{D1} in µm, P in mm.

Die Toleranzen T_{D1} für den Toleranzgrad 7 ergeben sich durch Multiplikation der Toleranzen für den Kerndurchmesser des Innengewindes des Toleranzgrades 6 mit dem Faktor 1,25.

11.2.2 Toleranzen für den Kerndurchmesser des Außengewindes (T_{d3})

Die Toleranzen für den Kerndurchmesser T_{d3} sind nach Gleichung (2) berechnet:

$$T_{d3} = 1,25 \cdot T_{d2} \qquad (2)$$

mit T_{d2} und T_{d3} in µm (Werte für T_{d2} aus Tabelle 8).

11.3 Toleranzen für den Außendurchmesser des Außengewindes (T_d) des Toleranzgrades 6

Diese Toleranzen sind nach Gleichung (3) berechnet:

$$T_d(6) = 180\ \sqrt[3]{P^2} - \frac{3,15}{\sqrt{P}} \qquad (3)$$

mit T_d in µm und P in mm.

Die Toleranzen T_d für den Toleranzgrad 7 ergeben sich durch Multiplikation der Toleranzen für den Außendurchmesser des Außengewindes des Toleranzgrades 6 mit dem Faktor 1,25.

11.4 Toleranzen für den Flankendurchmesser

11.4.1 Toleranzen für den Flankendurchmesser des Außengewindes (T_{d2}) des Toleranzgrades 6

Die Toleranzen sind nach Gleichung (4) berechnet, wobei d gleich dem geometrischen Mittel aus dem kleinsten und größten Nenndurchmesser eines Nenndurchmesserbereiches nach Tabelle 8 ist:

$$T_{d2}(6) = 90\ P^{0,4} \cdot d^{0,1} \qquad (4)$$

mit T_{d2} in µm, P und d in mm.

Die Toleranzen für den Flankendurchmesser T_{d2} für Toleranzgrade 7 und 8 ergeben sich durch Multiplikation der Toleranzen für den Flankendurchmesser des Außengewindes des Toleranzgrades 6 mit den in Tabelle 15 enthaltenen Faktoren:

Tabelle 15: Faktoren für T_{d2} des Außengewindes

Toleranzgrad	7	8
Faktor	1,25	1,6

11.4.2 Toleranzen für den Flankendurchmesser des Innengewindes (T_{D2})

Die Toleranzen für den Flankendurchmesser T_{D2} ergeben sich durch Multiplikation der Toleranzen für den Flankendurchmesser des Außengewindes T_{d2} des Toleranzgrades 6 mit den in Tabelle 16 enthaltenen Faktoren.

Tabelle 16: Faktoren für T_{D2} des Innengewindes

Toleranzgrad	7	8
Faktor	1,7	2,12

11.5 Grundabmaß es

Das Grundabmaß es für die Toleranzfeldlage e wird nach Gleichung (5) berechnet:

$$es(e) \approx -(50 + 11\ P)\ \mu m \qquad (5)$$

mit P in mm

11.6 Rundungsregeln

Die nach den Gleichungen (1) bis (4) berechneten Toleranzwerte für die Außen-, Flanken- und Kerndurchmesser sind auf den nächstgelegenen Wert der Normzahlenreihe R 40 nach DIN 323-1 zu runden.

12 Mehrgängiges Rundgewinde

Bei mehrgängigen Rundgewinden ist bei der Berechnung der Einschraublänge anstelle der Teilung P die Steigung Ph in die Gleichungen nach Tabelle 14 einzusetzen. Bei der Berechnung

— der Toleranzen für den Kerndurchmesser des Innengewindes T_{D1} (6)

— der Toleranzen für den Außendurchmesser des Außengewindes T_d (6)

- der Toleranzen für den Flankendurchmesser des Außengewindes T_{d2} (6) und des Innengewindes T_{D2} (6)
- des Grundabmaßes es (e)

werden die gleichen Gleichungen wie für eingängige Rundgewinde angewendet. Für P sind genormte Steigungen eingängiger Rundgewinde nach DIN 405-1, Tabelle 2 in die Gleichungen einzusetzen.

Die Toleranzen für den Flankendurchmesser der mehrgängigen Innengewinde T_{D2} und Außengewinde T_{d2} mit n Gewindeanfängen sind gegenüber den Toleranzen für den Flankendurchmesser eingängiger Rundgewinde vergrößert und werden aus diesen durch Multiplikation mit den in Tabelle 17 angegebenen Faktoren aus der Normzahlenreihe R 20 nach DIN 323-1 berechnet.

Tabelle 17: Faktoren für mehrgängige Rundgewinde

Anzahl der Gewindeanfänge n	1	2	3	4	5 und mehr
Faktor	1	1,12	1,25	1,4	1,6

Beispiel für die Berechnung der Toleranzen für den Flankendurchmesser eines dreigängigen Innengewindes mit dem Toleranzgrad 7

$$T_{D2} = T_{d2} (6) \cdot 1{,}7 \cdot 1{,}25$$

DK 774.43 : 001.4

Dezember 1992

Technische Zeichnungen
Maßeintragung
Begriffe, allgemeine Grundlagen

DIN
406
Teil 10

Technical drawings; Dimensioning; Definitions, general principles
Dessins techniques; Cotations; Définitions, principes généraux

Ersatz für DIN 406 T 1/04.77
und mit DIN 406 T 11/12.92
und DIN 406 T 12/12.92
Ersatz für DIN 406 T 2/08.81

Zusammenhang mit der von der „International Organization for Standardization" (ISO) herausgegebenen Norm ISO 129 : 1985 siehe Erläuterungen.

Inhalt

	Seite
1 Anwendungsbereich und Zweck	1
2 Begriffe	1
3 Allgemeine Grundlagen	2
3.1 Elemente der Maßeintragung	2
3.2 Kennzeichen	2
3.3 Systeme der Maßeintragung	4
3.4 Leselage der Zeichnung und Leserichtung der Beschriftung	4
3.5 Anwendungsregeln	4

	Seite
Zitierte Normen	5
Weitere Normen	5
Frühere Ausgaben	5
Änderungen	5
Erläuterungen	6
Stichwortverzeichnis	6

1 Anwendungsbereich und Zweck

Diese Norm legt die Begriffe und allgemeinen Grundlagen für die Maßeintragung in technischen Zeichnungen fest. In anderen technischen Unterlagen dürfen die Angaben im gleichen Sinne verwendet werden. Weitere Einzelheiten und Anwendungsbeispiele sind in weiteren Teilen dieser Normenreihe enthalten.

2 Begriffe

In den nachfolgenden Definitionen wurden die Begriffe, die an anderer Stelle in diesem Abschnitt definiert sind, mit einem Verweispfeil (→) gekennzeichnet.

2.1 Bezugsbemaßung

Die Bezugsbemaßung ist eine Bemaßung, bei der die Formelemente von einem bestimmten Bezugselement ausgehend bemaßt werden.

Für die Maße wird die theoretisch genaue Form der Bezugselemente zugrundegelegt.

2.2 Bezugsmaß

Ein Bezugsmaß ist ein Maß eines Formelementes, das sich auf ein anderes, gegebenes Formelement des gleichen Gegenstandes (Bezugselement) bezieht.

2.3 Einzelbemaßung

Die Einzelbemaßung ist eine Bemaßung, bei der die Elemente ohne Festlegung eines gemeinsamen Bezugselementes einzeln bemaßt werden.

2.4 Fertigmaß

Ein Fertigmaß ist ein → Maß, das sich auf den Endzustand eines Gegenstandes bezieht.

Anmerkung: Der dargestellte Endzustand kann sowohl ein Roh-, ein Zwischen- als auch der Fertigzustand des Gegenstandes sein und sich gegebenenfalls auch auf eine Oberflächenbehandlung beziehen.

2.5 Funktionsmaß

Ein Funktionsmaß ist ein → Maß zur Bestimmung von Form, Größe oder Lage von Formelementen oder Zwischenräumen für die Funktion von Einzelteilen und Gruppen.

2.6 Gestreckte Länge

Die gestreckte Länge ist die Länge eines Teiles vor dem Biegen.

2.7 Hilfsmaß

Ein Hilfsmaß ist ein für die geometrische Bestimmung eines Teiles nicht erforderliches → Maß. Es gilt nicht als Vertragsbestandteil.

2.8 Hinweislinie

Eine Hinweislinie zur Eintragung von → Maßen ist eine Verbindungslinie zwischen der Darstellung eines Gegenstandes und einer Maßzahl, die im Regelfall schräg aus der Darstellung herausgezogen wird.

Fortsetzung Seite 2 bis 6

Normenausschuß Zeichnungswesen (NZ) im DIN Deutsches Institut für Normung e.V.

2.9 Informationsmaß

Ein Informationsmaß ist ein → Maß, das in Angebots-, Vertriebs- und Werbeunterlagen sowie andere technische Unterlagen eingetragen wird. Es wird im Regelfall nicht besonders gekennzeichnet, nicht mit Toleranzangaben versehen und ist nur dann Bestandteil von Verträgen, wenn das zwischen den Vertragspartnern ausdrücklich vereinbart wurde.

Anmerkung: Wenn in einer Unterlage Informationsmaße und andere Maße unterschieden werden müssen, dürfen Informationsmaße besonders gekennzeichnet werden, z. B. mit dem Kleinbuchstaben i in einem Kreis.

2.10 Kettenbemaßung

Die Kettenbemaßung[1]) ist eine Bemaßung, bei der einzelne → Maße aneinandergereiht angegeben werden.

2.11 Koordinatenbemaßung

Die Koordinatenbemaßung ist eine → Bezugsbemaßung in einem Koordinatensystem (kartesisch oder polar).

2.12 Maß

Ein Maß ist eine physikalische Größe, die sich aus einer Maßzahl und einer Maßeinheit zusammensetzt. Die Maße in dieser Norm sind Längenmaße, angegeben in Längeneinheiten und Winkelmaße, angegeben in Winkeleinheiten.

2.13 Maßeintragung mit Hilfe von Tabellen

Die Maßeintragung mit Hilfe von Tabellen ist eine Bemaßung, bei der die Teile und/oder Formelemente und/oder → Maße durch Ziffern oder Buchstaben gekennzeichnet, in Tabellen zugeordnet und eingetragen werden.

2.14 Maßhilfslinie

Eine Maßhilfslinie ist eine Verbindungslinie zwischen dem zu bemaßenden Element und der zugehörenden → Maßlinie.

2.15 Maßlinie

Eine Maßlinie ist eine gerade oder gekrümmte Linie, die zwischen zwei Körperkanten, einer Körperkante und einer → Maßhilfslinie oder zwischen zwei → Maßhilfslinien liegt. Bei vereinfachter Darstellung und/oder Bemaßung darf die Maßlinie auch nur an einem der obengenannten Elemente enden.

2.16 Maßlinienbegrenzung

Eine Maßlinienbegrenzung ist ein Kennzeichen an → Maßlinien, um deren Enden hervorzuheben.

2.17 Mittellinie

Eine Mittellinie ist eine Linie zur Festlegung der geometrischen Mitte dargestellter Formelemente.

2.18 Parallelbemaßung

Die Parallelbemaßung ist eine → Bezugsbemaßung, bei der die Formelemente mit parallel oder konzentrisch zueinander angeordneten Maßlinien einzeln bemaßt werden.

2.19 Prüfmaß

Ein Prüfmaß ist ein → Maß, das bei Festlegung des Prüfumfangs bzw. der Prüfschärfe besonders beachtet werden muß.

2.20 Rohmaß

Ein Rohmaß ist ein → Maß, das sich auf den Ausgangszustand eines Gegenstandes bezieht.

2.21 Symmetrielinie

Eine Symmetrielinie kennzeichnet die Symmetrieebene, die einen Gegenstand in zwei gedachte, spiegelbildlich gleiche Hälften teilt.

2.22 Steigende Bemaßung

Die steigende Bemaßung ist eine → Bezugsbemaßung, bei der jedes Formelement von einem → Bezugselement aus steigend bemaßt wird. Die → Maßlinien sind vom Ursprung ausgehend in einer Reihe überlagert angeordnet.

2.23 Teilung

Eine Teilung ist eine regelmäßige Wiederkehr von mehreren Formelementen mit gleichen Abständen oder Winkeln, die einem oder mehreren gemeinsamen Bezugselementen zugeordnet sind.

2.24 Theoretisch genaues Maß

Ein theoretisch genaues Maß ist ein → Maß zur Angabe der geometrischen idealen (theoretisch genauen) Lage oder Form des bemaßten Formelementes.

2.25 Vorbearbeitungsmaß

Ein Vorbearbeitungsmaß ist ein → Maß, das einen Bearbeitungs-Zwischenzustand eines Formelementes festlegt, z. B. das → Maß vor dem Schleifen oder vor dem Beschichten.

2.26 Weitere Begriffe

Istmaß, Nennmaß, Toleranzen und Passungen siehe DIN ISO 286 Teil 1.
Bezug, Bezugselement und Bezugssystem siehe DIN ISO 5459.
Zeichnungen siehe DIN 199 Teil 1, Teile, Gruppen usw. siehe DIN 199 Teil 2.
Ursprung siehe DIN ISO 10 209 Teil 2 (z. Z. noch Entwurf)

3 Allgemeine Grundlagen

3.1 Elemente der Maßeintragung

Die Elemente der Maßeintragung sind:
- Maßlinie,
- Maßhilfslinie,
- Maßlinienbegrenzung,
- Maßzahl,
- Maßzahl mit Kurzzeichen der Toleranzklasse,
- Maßzahl mit Abmaßen,
- Maßeinheit,
- Kennzeichen nach Abschnitt 3.2 und
- Hinweislinien.

Alle Linienbreiten nach DIN 15 Teil 1 und Teil 2.

3.2 Kennzeichen
3.2.1 Pfeil

Der Pfeil ist eine Maßlinienbegrenzung in Form eines gleichschenkligen Dreiecks.
- mit einem Schenkelwinkel von 15° und einer Länge von 10 × Maßlinienbreite oder
- mit einem Schenkelwinkel von 90° und einer Länge von 4 × Maßlinienbreite

---
[1]) Auch Zuwachsbemaßung genannt

Er wird an den Enden der Maßlinien oder Hinweislinien angebracht, wobei seine Spitze an der zugeordneten Maßhilfslinie oder Körperkante endet.

3.2.2 Schrägstrich
Der Schrägstrich ist eine Maßlinienbegrenzung, die von links unten nach rechts oben unter 45° zur Leselage der Zeichnung verläuft und eine Länge von 12 × Maßlinienbreite hat. Die Mitte des Schrägstrichs durchläuft den Schnittpunkt von Maßlinie, Maßhilfslinie oder Körperkante [2]).

3.2.3 Punkt
Der Punkt ist eine Maßlinienbegrenzung, die einen Durchmesser von 5 × Breite der zugeordneten breiteren Linie hat. Die Mitte des Punktes wird auf den Schnittpunkt von Maßlinie und Maßhilfslinie oder Körperkante gesetzt.

3.2.4 Kreis
3.2.4.1 Der Punkt als Maßlinienbegrenzung darf als Kreis gezeichnet werden.

3.2.4.2 Der Kreis für die Ursprungsangabe ist eine Maßlinienbegrenzung, die einen Durchmesser von 8 × Breite der breiteren Linie hat. Die Mitte des Kreises wird auf den Schnittpunkt von Maßlinie und Linie des Bezugselementes gesetzt.

3.2.4.3 Der Kreis mit einem unten tangential angesetzten waagerechten Pfeil ist ein graphisches Symbol, das anstelle der Angabe „gestreckte Länge" angewendet und immer vor die Maßzahl der gestreckten Länge gesetzt wird. Der Kreis hat einen Durchmesser von 10 × Linienbreite der Schrift. Die Länge der Pfeillinie entspricht dem 1,5fachen Durchmesser des Kreises (Pfeil: Schenkelwinkel 15°, Länge 10 × Linienbreite der Schrift).

3.2.4.4 Der Kreis für die Ursprungsangabe kombiniert mit einer Bezugsangabe (siehe DIN ISO 5459) bedeutet, daß der festgelegte Bezug den Ausgangspunkt (Ursprung) für ein Maßsystem bildet.

3.2.5 Dreieck
3.2.5.1 Das rechtwinklige Dreieck ist ein graphisches Symbol, das anstelle der Angabe „Neigung" angewendet wird. Die Lage des Dreiecks wird durch die Form des Teiles an der Stelle der Neigung bestimmt (siehe DIN 406 Teil 11/12.92, Bild 88).

Das Dreieck wird immer vor den Zahlenwert der Neigung gesetzt und hat ein Seitenverhältnis der Katheten von 1 : 2 (Länge 16 × Linienbreite der Schrift).

3.2.5.2 Graphisches Symbol für die Angabe der Formelemente „Kegel" und „Verjüngung" (Höhe des Dreiecks 16 × Linienbreite der Schrift, Verhältnis Grundlinie zu Höhe 1 : 2).
Siehe Bild 2 in DIN ISO 3040/09.91.

3.2.5.3 Graphische Symbole für die Angabe von Bezügen. Siehe Bild 17 in DIN ISO 7083/06.84.

3.2.6 Rahmen
3.2.6.1 Ein Rahmen, der aus zwei parallelen Linien im Abstand 2 × Schrifthöhe h besteht, die an beiden Enden durch Halbkreise miteinander verbunden sind, wird als Kennzeichen für Prüfmaße angewendet. Der Rahmen wird im Bedarfsfall durch senkrechte Linien in Felder unterteilt.

3.2.6.2 Rahmen für theoretisch genaues Maß.
Siehe Bild 19 in DIN ISO 7083/06.84.

3.2.6.3 Rahmen (Toleranzrahmen) für Form- und Lagetoleranzen.
Siehe Bilder 22 und 23 in DIN ISO 7083/06.84.

3.2.7 Unterstreichung
Eine Unterstreichung ist eine gerade schmale Vollinie unter der Maßzahl. Hiermit werden solche Maßzahlen gekennzeichnet, deren Größenwert vom Maßstab der zugehörigen Darstellung abweicht. Dieses Kennzeichen ist bei rechnerunterstützt angefertigten Zeichnungen nicht zulässig.

3.2.8 Runde Klammer [3])
Runde Klammern werden als Kennzeichen für Hilfsmaße oder Zusatzangaben, z. B. Zusatzangaben in der Nähe des Schriftfeldes, benutzt.

3.2.9 Eckige Klammer [3])
Eckige Klammern werden als Kennzeichen für Roh- oder Vorbearbeitungsmaße in Fertigteilzeichnungen angewendet. Dies gilt auch für Maße an Teilen, die als Fertigmaße in einer nächsthöheren Strukturstufe erhalten bleiben müssen; z. B. fertigbearbeitete Buchse in Schweißgruppe.

3.2.10 Geschweifte Klammer
Geschweifte Klammern werden für die Zusammenfassung zusammengehörender Angaben benutzt.

---

[2]) Die Angaben 2.14 und 2.15 sind Verweise auf Abschnitt 2.
[3]) Proportionen siehe DIN 6776 Teil 1

3.2.11 Quadrat [3]
Ein Quadrat ist ein graphisches Symbol, das bei Maßen als Kennzeichen einer quadratischen Form angewendet wird.

3.2.12 Kreis mit Schrägstrich [3]
Ein Kreis mit einem Schrägstrich ist ein graphisches Symbol, das als Kennzeichen eines Durchmessers angewendet wird.

3.2.13 Buchstabe R [3]
Maßzahlen von Radien werden mit dem vorangesetzten Großbuchstaben R gekennzeichnet.

3.2.14 Buchstabe S [3]
Maßzahlen von kugelförmigen Elementen werden zusätzlich mit einem vor das Durchmesserzeichen oder den Großbuchstaben R gesetzten Großbuchstaben S gekennzeichnet.

3.2.15 Buchstabe SW [3]
Maßzahlen von Schlüsselweiten werden mit den vorangesetzten Großbuchstaben SW gekennzeichnet.

3.2.16 Halbkreis/Bogenzeichen
Maßzahlen von Bogenlängen werden mit einem vor die Maßzahl gesetzten Halbkreis (Durchmesser 14 × Linienbreite der Schrift) gekennzeichnet.

Bei manueller Anfertigung der Zeichnung darf ein Bogenzeichen in abgewandelter Form über die Maßzahl der Bogenlänge gesetzt werden.

3.2.17 Symmetriezeichen
Ein Symmetriezeichen besteht aus zwei parallelen schmalen Vollinien, die rechtwinklig und mittig an den Enden einer Symmetrielinie angeordnet und mindestens 5 mm lang sind.

3.2.18 Weitere Kennzeichen
Es dürfen weitere Kennzeichen, z. B. nach DIN 1302 oder DIN 5473, angewendet werden. Diese Kennzeichen müssen nach den genormten Schreib- und Zeichenregeln ausgeführt sein.

3.3 Systeme der Maßeintragung
Dargestellte Gegenstände können
- funktionsbezogen,
- fertigungsbezogen oder
- prüfbezogen

bemaßt und toleriert werden.
In einer Zeichnung dürfen mehrere Systeme der Maßeintragung angewendet werden.

3.3.1 Funktionsbezogene Maßeintragung
Die funktionsbezogene Maßeintragung liegt vor, wenn die Auswahl, Eintragung und Tolerierung der Maße ausschließlich nach konstruktiven, auf das reibungslose Zusammenwirken der Bestandteile eines Erzeugnisses entsprechend seiner Zweckbestimmung gerichteten Erfordernissen vorgenommen wird. Die jeweiligen Fertigungs- und Prüfbedingungen bleiben dabei unberücksichtigt.

3.3.2 Fertigungsbezogene Maßeintragung
Die fertigungsbezogene Maßeintragung liegt vor, wenn die für die Fertigung unmittelbar benötigten Maße aus den Maßen der funktionsbezogenen Maßeintragung berechnet, in die Zeichnung eingetragen und in Abhängigkeit von der funktionsbezogenen Maßeintragung fertigungsgerecht toleriert werden.
Die fertigungsbezogene Maßeintragung hängt von den jeweiligen Fertigungsverfahren ab.

3.3.3 Prüfbezogene Maßeintragung
Die prüfbezogene Maßeintragung liegt vor, wenn die Maße und Maßtoleranzen entsprechend der vorgesehenen Prüfung in die Zeichnung eingetragen werden.
Die prüfbezogene Maßeintragung hängt von den jeweiligen Prüfverfahren ab.

3.4 Leselage der Zeichnung und Leserichtung der Beschriftung
3.4.1 Die Leselage der Zeichnung entspricht der Leselage des Schriftfeldes.

3.4.2 Alle Maße, graphischen Symbole und Wortangaben sind vorzugsweise so einzutragen, daß sie in Leselage der Zeichnung von unten und von rechts (Hauptleserichtungen) gelesen werden können.

3.5 Anwendungsregeln
3.5.1 Zeichnungen enthalten im Regelfall Maße, die sich auf den Gegenstand im dargestellten Zustand beziehen.

3.5.2 Alle Maßangaben, die für eine klare und vollständige Beschreibung eines Gegenstandes notwendig sind, sind in die Zeichnung einzutragen.
Die Darstellung darf sich sowohl auf den Roh-, einen Zwischen- als auch den Fertigzustand des Gegenstandes beziehen und gegebenenfalls eine Oberflächenbehandlung einschließen.
Formelemente eines Gegenstandes dürfen in einer Zeichnung bzw. einem Zeichnungssatz nur einmal bemaßt werden. Maße, die in zugehörigen Unterlagen, z. B. Normen, Ergänzungszeichnungen, aufgeführt sind, werden nicht wiederholt; sie dürfen gegebenenfalls als Hilfsmaße eingetragen werden.

3.5.3 Maße sollen in der Darstellung eingetragen werden, in der das betreffende Formelement am deutlichsten erkennbar ist.
An den Darstellungen werden Längenmaße im Regelfall ohne Einheitenzeichen eingetragen. Das ausschließlich oder überwiegend vorkommende Einheitenzeichen ist im Schriftfeld anzugeben [4]. Andere Einheitenzeichen sind im Schriftfeld in Klammern anzugeben; sie sind außerdem hinter den betreffenden Maßzahlen einzutragen.

3.5.4 Bei Maßzahlen in Dezimalschreibweise ist als Dezimalzeichen das Komma anzuwenden [5].

---

[3] siehe Seite 3
[4] siehe DIN 6771 Teil 1 (z. Z. in Überarbeitung)
[5] siehe DIN V 820 Teil 2

3.5.5 Toleranzeintragung siehe DIN 406 Teil 12.

3.5.6 Maßlinien werden im Regelfall von Maßlinienbegrenzung zu Maßlinienbegrenzung durchgezogen.
Bei Eintragung aller Maße in einer Leserichtung dürfen die nicht nichthorizontalen Maßlinien zur Eintragung der Maßzahlen unterbrochen werden.
Wird die Maßlinienbegrenzung „Pfeil" von außen angetragen, ist die Maßlinie zu verlängern, so daß sie über den Maßpfeil in der erforderlichen Länge hinausragt.
In einer Zeichnung ist nur eine der nachstehend aufgeführten Kombinationen von Maßlinienbegrenzungen zugelassen:

— 15°-Pfeil, Punkt/Kreis, Ursprungskreis oder
— 90°-Pfeil, Schrägstrich, Ursprungskreis (nur fachbezogen, z. B. in Zeichnungen für das Bauwesen anzuwenden).

Maßlinien von Radien müssen auf den geometrischen Mittelpunkt des Radius gerichtet sein.

3.5.7 Maßhilfslinien verbinden die Darstellung der Formelemente mit den zugehörigen Maßlinien.
Maßlinien und nicht dazugehörige Maßhilfslinien sollen sich nicht schneiden.

Zitierte Normen

DIN 15 Teil 1	Technische Zeichnungen; Linien; Grundlagen
DIN 15 Teil 2	Technische Zeichnungen; Linien; Allgemeine Anwendung
DIN 199 Teil 1	Begriffe im Zeichnungs- und Stücklistenwesen; Zeichnungen
DIN 199 Teil 2	Begriffe im Zeichnungs- und Stücklistenwesen; Stücklisten
DIN 406 Teil 12	Technische Zeichnungen; Maßeintragung; Eintragung von Toleranzen für Längen- und Winkelmaße
DIN V 820 Teil 2	Normungsarbeit; Gestaltung von Normen
DIN 1302	Allgemeine mathematische Zeichen und Begriffe
DIN 5473	Zeichen und Begriffe der Mengenlehre; Mengen, Relationen, Funktionen
DIN 6771 Teil 1	Schriftfelder für Zeichnungen, Pläne und Listen
DIN 6776 Teil 1	Technische Zeichnungen; Beschriftung, Schriftzeichen
DIN ISO 286 Teil 1	ISO-System für Grenzmaße und Passungen; Grundlagen für Toleranzen, Abmaße und Passungen
DIN ISO 3040	Technische Zeichnungen; Eintragung der Maße und Toleranzen für Kegel
DIN ISO 5459	Technische Zeichnungen; Form- und Lagetolerierung; Bezüge und Bezugssysteme für geometrische Toleranzen
DIN ISO 7083	Technische Zeichnungen; Symbole für Form- und Lagetolerierung; Verhältnisse und Maße
DIN ISO 10 209 Teil 2	(z. Z. Entwurf) Technische Produktdokumentation; Begriffe; Begriffe für Projektionsmethoden

Weitere Normen

DIN 30	Zeichnungen; Vereinfachte Darstellungen
DIN 406 Teil 4	Maßeintragung in Zeichnungen; Bemaßung für die maschinelle Programmierung
DIN 4895 Teil 1	Orthogonale Koordinatensysteme; Allgemeine Begriffe
DIN 6771 Teil 6	Vordrucke für technische Unterlagen; Zeichnungen
DIN 6774 Teil 1	Technische Zeichnungen; Ausführungsregeln; vervielfältigungsgerechte Ausführung
DIN 6774 Teil 10	Technische Zeichnungen; Ausführungsregeln; rechnerunterstützt erstellte Zeichnungen
DIN ISO 1101	Technische Zeichnungen; Form- und Lagetolerierung; Form-, Richtungs-, Orts- und Lauftoleranzen; Allgemeines, Definitionen, Symbole, Zeichnungseintragungen
DIN ISO 1302	Technische Zeichnungen; Angaben der Oberflächenbeschaffenheit in Zeichnungen
DIN ISO 5455	Technische Zeichnungen; Maßstäbe
DIN ISO 10 135 Teil 1	(z. Z. Entwurf) Technische Zeichnungen; Angaben für formgefertigte Teile; Formteile

Frühere Ausgaben

DIN 406 Teil 1 bis Teil 3: 12.22
DIN 406 Teil 4: 12.22, 05.37
DIN 406 Teil 5: 11.24, 10.41
DIN 406 Teil 6: 12.24, 01.26, 10.41
DIN 406: 09.49, 09.55
DIN 406 Teil 3: 07.75
DIN 406 Teil 2: 06.68, 04.80, 08.81
DIN V 406 Teil 1: 10.70
DIN 406 Teil 1: 04.77

Änderungen

Gegenüber DIN 406 Teil 1/04.77 und DIN 406 Teil 2/08.81 wurden folgende Änderungen vorgenommen:
a) Norm neu gegliedert.
b) Begriffe, Elemente und System für die Maßeintragung festgelegt.
c) Definition für Hilfsmaß geändert (siehe „Erläuterungen").

Erläuterungen

Nach dem Erscheinen von ISO 129 : 1985 „Technical drawings; Dimensioning; General principles, definitions, methods of execution and special indications" war vom NZ/AA 5 „Eintragen von Maßen und Toleranzen" anhand einer Rohübersetzung zu entscheiden, in welcher Form die hierin enthaltenen Regeln ins deutsche Normenwerk zu überführen sind.

Aufgrund einer Vielzahl von Text- und Bildstellen, die einer weiteren Erläuterung bedürfen (Klarstellung bzw. Einschränkung), wurde beschlossen, DIN 406 Teile 1 bis 3 auf der Basis von ISO 129 so zu überarbeiten, daß die vorgesehene Neufassung als Vorschlag für eine künftige Überarbeitung von ISO 129 dienen kann. Hierbei war auch die Übertragung von Daten (graphische und nichtgraphische) in numerisch gesteuerten Systemen (CAx) zu beachten.

Ausgehend davon, daß die Normen der Reihe DIN 406 allgemeingültig sein sollen, d. h. es soll in der Norm kein Unterschied zwischen manuell erstellter und maschinell erstellter Zeichnung gemacht werden, wird das Gesamtthema „Eintragen von Maßen und Toleranzen in technische Unterlagen" künftig wie folgt gegliedert:

DIN 406 Teil 10   Technische Zeichnungen; Maßeintragung; Begriffe, allgemeine Grundlagen
DIN 406 Teil 11   Technische Zeichnungen; Maßeintragung; Grundlagen der Anwendung
DIN 406 Teil 12   Technische Zeichnungen; Maßeintragung; Eintragung von Toleranzen für Längen- und Winkelmaße

Zur Problematik „Hilfsmaße" wurden gegenüber DIN 406 Teil 1/04.77 durch den Wegfall der Begriffe „Hilfsmaße für die Konstruktion/die Fertigung" klarere Regelungen geschaffen. Hilfsmaße sind unabhängig von ihrer Zweckbestimmung für die geometrische Gestalt eines Teiles oder einer Gruppe ohne Bedeutung und werden demzufolge auch nicht mit Toleranzen versehen. Sie dienen nur der (zusätzlichen) Information und gelten nicht für die Fertigung oder Prüfung.

Stichwortverzeichnis

Verzeichnis der in dieser Norm definierten Begriffe in deutscher und englischer Sprache:

Bezugsbemaßung	dimensioning from a common feature
Bezugsmaß	absolute dimension
Einzelbemaßung	single dimensioning
Fertigmaß	finished dimension
Funktionsmaß	functional dimension
Gestreckte Länge	initial length
Hilfsmaß	auxiliary dimension
Hinweislinie	leader line
Informationsmaß	auxiliary dimension, dimension of information
Kettenbemaßung	chain dimensioning
Koordinatenbemaßung	dimensioning by coordinates
Maß	dimension
Maßeintragung mit Hilfe von Tabellen	dimensioning by tables
Maßhilfslinie	extension line
Maßlinie	dimension line
Maßlinienbegrenzung	(dimension line) termination
Mittellinie	centre line
Parallelbemaßung	parallel dimensioning
Prüfmaß	check dimension
Rohmaß	raw dimension (dimension as formed)
Symmetrielinie	line of symmetry
Steigende Bemaßung	superimposed running dimensioning
Teilung	dimensioning of repetitive features (spacing)
Theoretisch genaues Maß	theoretically exact dimension
Vorbearbeitungsmaß	pre-work dimension

Internationale Patentklassifikation

G 01 B

DK 774.43

Dezember 1992

Technische Zeichnungen
Maßeintragung
Grundlagen der Anwendung

DIN 406
Teil 11

Technical drawings; Dimensioning; Rules for the application
Dessins techniques; Cotation; Règles pour l'application

Ersatz für DIN 406 T 3/07.75
und mit DIN 406 T 10/12.92
und DIN 406 T 12/12.92
Ersatz für DIN 406 T 2/08.81

Zusammenhang mit der von der „International Organization for Standardization" (ISO) herausgegebenen Norm ISO 129 : 1985 siehe Erläuterungen.

Inhalt

	Seite
1 Anwendungsbereich und Zweck	1
2 Begriffe	1
3 Elemente der Maßeintragung	2
3.1 Maßlinien	2
3.2 Maßhilfslinien	2
3.3 Hinweislinien zur Eintragung von Maßen	3
3.4 Maßlinienbegrenzungen	4
3.5 Maßzahlen	4
3.6 Maßeinheiten	7
4 Eintragen von Maßen	7
4.1 Anordnung der Maße	7
4.2 Durchmesser	8
4.3 Radien	9
4.4 Kugeln	10
4.5 Bögen	10
4.6 Quadrate	11
4.7 Schlüsselweiten	11
4.8 Rechtecke	11
4.9 Neigungen	12
4.10 Verjüngungen	12
4.11 Fasen, Kanten und Senkungen	12
4.12 Teilungen	13
4.13 Gewinde	15
4.14 Nuten	16
4.15 Abwicklungen	17
4.16 Begrenzte Bereiche	18

	Seite
4.17 Beschichtete Gegenstände	18
4.18 Symmetrische Teile	18
4.19 Meßstellen	19
5 Spezielle Maße	19
5.1 Hilfsmaße	19
5.2 Informationsmaße	19
5.3 Theoretisch genaue Maße	19
5.4 Rohmaße	21
5.5 Maße für die erste Bearbeitung mit Bezugsangabe	21
5.6 Prüfmaße	21
5.7 Unmaßstäblich dargestellte Formelemente	22
6 Arten der Maßeintragung	22
6.1 Parallelbemaßung	22
6.2 Steigende Bemaßung	22
6.3 Koordinatenbemaßung	24
6.4 Kombinierte Bemaßung	27
Anhang A Anwendungsbeispiele für Maß- und Toleranzangaben	28
Zitierte Normen	29
Weitere Normen	30
Frühere Ausgaben	30
Änderungen	30
Erläuterungen	30

1 Anwendungsbereich und Zweck

Diese Norm gilt für das Eintragen von Maßen in technische Zeichnungen. Die eingetragenen Maße gelten für den in der jeweiligen Zeichnung dargestellten Endzustand eines Gegenstandes.

Anmerkung: Der dargestellte Endzustand kann sowohl ein Roh-, ein Zwischen- als auch der Fertigzustand des Gegenstandes sein.

Welche Maße im Einzelfall einzutragen sind, hängt vom Bestimmungszweck der Zeichnung ab, z. B. Konstruktionszeichnung, Fertigungszeichnung, Prüfzeichnung, Zusammenbau-Zeichnung (siehe DIN 199 Teil 1).

Für die Anordnung der Maße in Zeichnungen oder die Wahl der Maßlinienbegrenzung kann die Art der Zeichnungsanfertigung (manuell oder rechnerunterstützt) ausschlaggebend sein.

Bei den Bildern dieser Norm handelt es sich um Beispiele zur Veranschaulichung der jeweiligen Regel. Sie sind nur insoweit vollständig, als sie den beschriebenen Sachverhalt darstellen.

2 Begriffe

Siehe DIN 406 Teil 10

Fortsetzung Seite 2 bis 30

Normenausschuß Zeichnungswesen (NZ) im DIN Deutsches Institut für Normung e.V.

3 Elemente der Maßeintragung

3.1 Maßlinien

Maßlinien werden bei

- Längenmaßen parallel zu der zu bemaßenden Länge (siehe Bilder 1 und 2),
- Winkel- und Bogenmaßen als Kreisbogen um den Scheitelpunkt des Winkels bzw. Mittelpunkt des Bogens (siehe Bilder 3 und 4)

eingetragen.

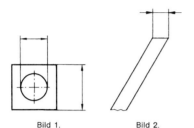

Bild 1.
(Bild 8 aus ISO 129 : 1985)

Bild 2.

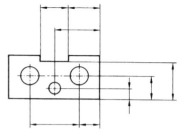

Bild 7.
(Bild 10 aus ISO 129 : 1985, modifiziert dargestellt)

Maßlinien dürfen abgebrochen werden, wenn

- Durchmessermaße eingetragen werden (siehe Bilder 35 und 56),
- nur eine Hälfte eines symmetrischen Gegenstandes in der Ansicht oder im Schnitt dargestellt ist (siehe Bild 27),
- ein Gegenstand zur Hälfte als Ansicht und zur Hälfte als Schnitt dargestellt ist (siehe Bild 8),
- sich die Bezugspunkte von Maßen nicht in der Zeichenfläche befinden und nicht dargestellt werden müssen (siehe Bild 9).

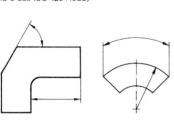

Bild 3.   Bild 4.

Winkelmaße bis 30° dürfen mit geraden Maßlinien annähernd senkrecht zur Winkelhalbierenden eingetragen werden (siehe Bild 5).

Bild 5.

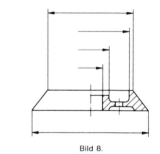

Bild 8.

Bei unterbrochen dargestellten Formelementen wird die Maßlinie nicht unterbrochen (siehe Bild 6).

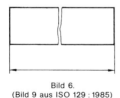

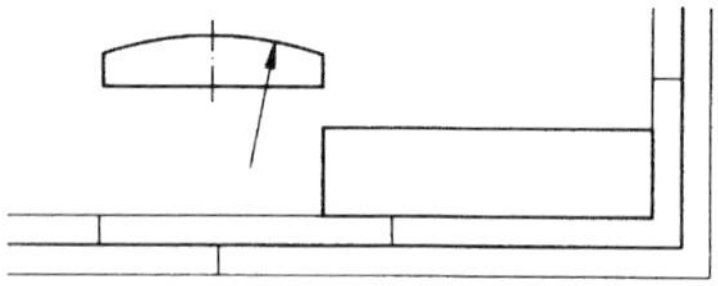

Bild 9.

3.2 Maßhilfslinien

Bei Längenmaßen sind die Maßhilfslinien rechtwinklig zur zugehörigen Meßstrecke einzutragen (siehe Bilder 1 bis 3, 6 bis 8 und 10).

Bild 6.
(Bild 9 aus ISO 129 : 1985)

Maßlinien sollen sich untereinander und mit anderen Linien nicht schneiden. Wenn das unvermeidbar ist, werden sie ohne Unterbrechung gezeichnet (siehe Bilder 1, 4, 7 und 11).

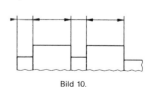

Bild 10.

Bei Unübersichtlichkeit dürfen die Maßhilfslinien schräg (vorzugsweise unter 60°), jedoch parallel zueinander, eingetragen werden (siehe Bild 11).

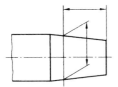

Bild 11.
(Bild 6 aus ISO 129 : 1985)

Einander schneidende Projektionslinien von Umrißlinien werden etwas über den Schnittpunkt hinausgehend gezeichnet (siehe Bild 12).

Bild 12.
(Bild 7 aus ISO 129 : 1985)

Bei projizierten Umrissen an Übergängen u. ä. werden die Maßhilfslinien am Schnittpunkt der Projektionslinien angesetzt (siehe Bild 13).

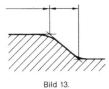

Bild 13.

Maßhilfslinien dürfen unterbrochen werden, wenn ihre Fortsetzung eindeutig erkennbar ist (siehe Bilder 14 und 15).
Bei Winkelmaßen bilden die Maßhilfslinien die Verlängerung der Schenkel des Winkels (siehe Bild 15).

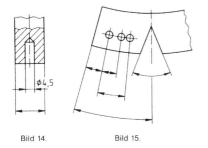

Bild 14.   Bild 15.

Es darf auch der Scheitelwinkel eingetragen werden (siehe Bild 16).

Bild 16.

Auseinanderliegende gleiche Formelemente mit gleichen Maßen und Toleranzen dürfen zur Verdeutlichung durch eine gemeinsame Maßhilfslinie miteinander verbunden werden (siehe Bild 17).

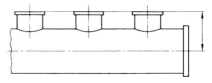

Bild 17.

In Zeichnungen, in denen für besondere Zwecke große Linienbreiten anzuwenden sind, z. B. in Druckstockzeichnungen, sind die Maßhilfslinien für Außenmaße am äußeren Rand der Umrißlinie und für Innenmaße am inneren Rand einzutragen (siehe Bilder 18 und 19).

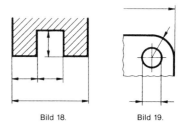

Bild 18.   Bild 19.

Maßhilfslinien dürfen nicht von einer Ansicht zu einer anderen durchgezogen werden und nicht parallel zu Schraffurlinien eingetragen werden.

3.3 Hinweislinien zur Eintragung von Maßen

Diese Hinweislinien sind schräg aus der Darstellung herauszuziehen.

Sie sollen enden (Begrenzung):

— mit einem Pfeil an einer Körperkante (siehe Bilder 20, 86 und 87),
— mit einem Punkt bzw. einem Kreis in einer Fläche (siehe Bilder 21, 84 und 85),
— ohne Begrenzungszeichen an allen anderen Linien, z. B. Maßlinien, Mittellinien (siehe Bilder 22, 24 25 und 36),
— mit Begrenzungszeichen bei der Herstellung von Bezügen (siehe Bild 79).

Anmerkung: Diese Regelungen zu Hinweislinien entsprechen ISO 128 : 1982. Sie sollen bei der Überarbeitung dieser ISO-Norm erweitert und präzisiert sowie als eigenständige Norm herausgegeben werden.

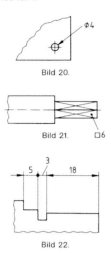

Bild 20.

Bild 21. □6

Bild 22.

3.4 Maßlinienbegrenzung

Maßlinienbegrenzung:
- durch einen geschwärzten Pfeil nach Bild 23a (Regelfall, Beispiel siehe Bild 24);
- bei rechnerunterstützt angefertigten Zeichnungen vorzugsweise durch einen offenen Pfeil nach Bild 23b;
- fachbezogen, z. B. in Zeichnungen für das Bauwesen durch einen offenen Pfeil nach Bild 23c (Beispiel siehe Bilder 25 und 26);
- fachbezogen, z. B. in Zeichnungen für das Bauwesen durch einen Schrägstrich nach Bild 23d (Beispiel siehe Bild 25);
- bei Platzmangel vorzugsweise durch einen Punkt oder Kreis nach Bild 23e (Beispiel siehe Bild 24);
- durch einen Kreis nach Bild 23f für die Ursprungsangabe einer Bezugsbemaßung (Beispiel siehe Bild 26).

Anmerkung: Maße der Pfeile, Schrägstriche, Punkte und Kreise siehe DIN 406 Teil 10.

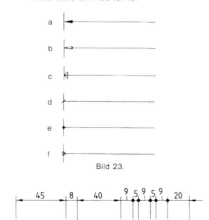

Bild 23.

Bild 24.

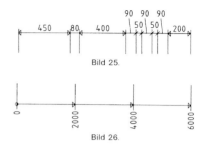

Bild 25.

Bild 26.

Liegen Umrißlinien und/oder andere Linien eng beieinander, so werden diese Linien unterbrochen, um eine eindeutige Zuordnung der Maßlinienbegrenzung sicherzustellen (Beispiel siehe Bild 27).

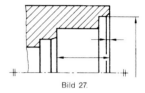

Bild 27.

In einer Zeichnung dürfen nur eine Art von Pfeilen oder Schrägstriche, bei Erfordernis in Kombination mit Punkten, angewendet werden.

3.5 Maßzahlen

3.5.1 Schriftgröße und -form

Schriftgröße nach DIN 6774 Teil 1 und Schriftform nach DIN 6776 Teil 1, Schriftform B, vertikal

3.5.2 Eintragung in zwei Hauptleserichtungen (Methode 1)

Diese Methode ist bevorzugt anzuwenden. Die Maßzahlen sind im Regelfall so einzutragen, daß sie in Leselage der Zeichnung (siehe DIN 406 Teil 10) in den Hauptleserichtungen von unten und von rechts gelesen werden können (siehe Bilder 28 bis 41).

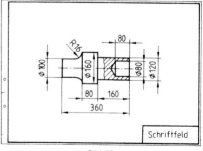

Bild 28.

Bei Parallelbemaßung werden die Maßzahlen im Regelfall parallel bzw. tangential zur Maßlinie in deren Mitte und deutlich darüber eingetragen (siehe Bilder 28 bis 37).

Ausnahmen siehe z. B. Bilder 29, 35 bis 37 und 59.

Anmerkung: Vordrucke für Zeichnungen siehe DIN 6771 Teil 6.

DIN 406 Teil 11 Seite 5

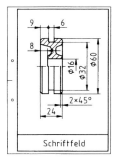

Bild 29.

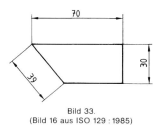

Bild 33.
(Bild 16 aus ISO 129 : 1985)

Bei parallelen oder konzentrischen Maßlinien sollen die Maßzahlen versetzt eingetragen werden (siehe Bilder 29 und 35).

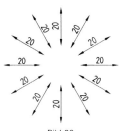

Bild 30.
(Bild 17 aus ISO 129 : 1985)

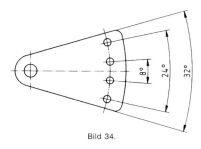

Bild 34.

Bild 31.
(Bild 19 aus ISO 129 : 1985)

Die Maßzahlen sind auch dann in den Hauptleserichtungen von unten und von rechts einzutragen, wenn die Gebrauchslage des Gegenstandes nicht der Leselage der Zeichnung entspricht (siehe Bild 32).

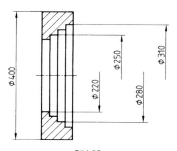

Bild 35.
(Bild 23 aus ISO 129 : 1985)

Reicht der Platz über der Maßlinie nicht aus, ist die Maßzahl an einer Hinweislinie (siehe Bild 36) oder über der Verlängerung der Maßlinie einzutragen (siehe Bild 37).

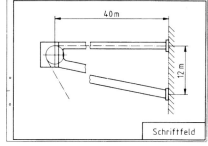

Bild 32.

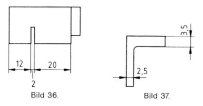

Bild 36. Bild 37.

Bei steigender Bemaßung werden die Maßzahlen entweder
— in der Nähe der Maßlinienbegrenzung nach Bild 23a, b, c oder f parallel zur zugehörigen Maßhilfslinie (siehe Bilder 38 und 39) oder

- in der Nähe der Maßlinienbegrenzung nach Bild 23a, b, c oder f parallel bzw. tangential zur Maßlinie und deutlich darüber (siehe Bilder 40 und 41) eingetragen.

Nichthorizontale Maßlinien werden zum Eintragen der Maßzahlen (vorzugsweise nahe der Mitte) unterbrochen (siehe Bilder 42 bis 44, 47 und 48).

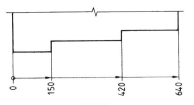

Bild 38.
(Bild 34 aus ISO 129 : 1985)

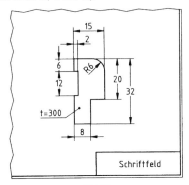

Bild 42.

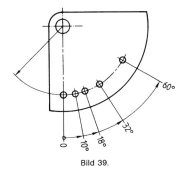

Bild 39.

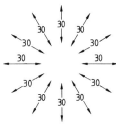

Bild 43.

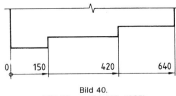

Bild 40.
(Bild 35 aus ISO 129 : 1985)

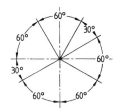

Bild 44.
(Bild 22 aus ISO 129 : 1985)

Winkelmaße dürfen auch ohne Unterbrechung der Maßlinie in Leselage des Schriftfeldes eingetragen werden (siehe Bild 45).

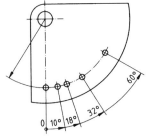

Bild 41.

3.5.3 Eintragung in einer Leserichtung (Methode 2)

Es ist zugelassen, alle Maße in Leselage des Schriftfeldes einzutragen (siehe DIN 406 Teil 10).

Bild 45.
(Bild 18 aus ISO 129 : 1985)

Die Maße dürfen auch auf einer verlängerten und abgewinkelten Maßlinie eingetragen werden (siehe Bild 46).

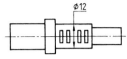

Bild 46.
(Bild 25 aus ISO 129 : 1985, modifiziert dargestellt)

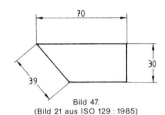

Bild 47.
(Bild 21 aus ISO 129 : 1985)

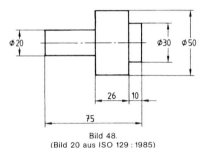

Bild 48.
(Bild 20 aus ISO 129 : 1985)

3.6 Maßeinheiten
Siehe DIN 406 Teil 10/12.92, Abschnitt 3.5.3

4 Eintragen von Maßen
4.1 Anordnung der Maße

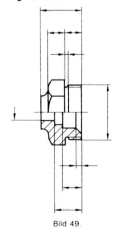

Bild 49.

Maße für die Innen- und Außenform sowie für einzelne Formelemente, z. B. Nut, Ansatz, Bohrung, werden nach Möglichkeit in einer Ansicht/einem Schnitt eingetragen und nach ihrer Zusammengehörigkeit gruppiert (siehe Bilder 49 und 50).

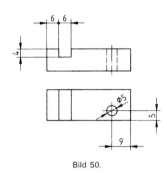

Bild 50.

Sind mehrere Teile als Gruppe gezeichnet und bemaßt, sollen die Maße, z. B. die Längen- und die Durchmessermaße, für jedes Teil zusammengefaßt und voneinander getrennt angeordnet werden (siehe Bild 51).

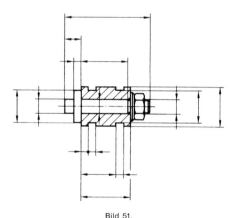

Bild 51.
(Bild 58 aus ISO 129 : 1985, modifiziert dargestellt)

In Sammelzeichnungen werden für die variablen Maße an der Darstellung Maßbuchstaben anstelle von Maßzahlen eingetragen, deren Zahlenwerte (Maße) in einer Tabelle zusammengefaßt werden (siehe Bild 52). Jede Zeile der Tabelle gilt für eine Ausführung des Teiles und erhält eine Identnummer.

Graphische Symbole und Kennzeichen, z. B. ⌀ für Durchmesser, ⌒ für Bogenlänge, ( ) für Hilfsmaße oder M für metrisches Gewinde, werden den Maßzahlen und nicht den Maßbuchstaben zugeordnet (siehe Bild 52).

Anmerkung: Maßbuchstaben sind in ISO 3898 festgelegt.

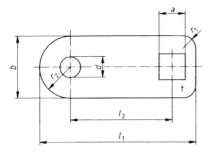

Die Eintragung aller Maße einer Maßkette ist zugelassen, wenn
- ein Maß der Maßkette als Hilfsmaß eingetragen wird (siehe Bilder 148 und 149) oder
- die Maße als theoretisch genaue Maße eingetragen werden (siehe Bilder 151 bis 154).

4.2 Durchmesser

Das graphische Symbol ⌀ wird in jedem Falle vor die Maßzahl gesetzt (siehe Bilder 55 bis 59).

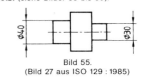

Bild 55.
(Bild 27 aus ISO 129 : 1985)

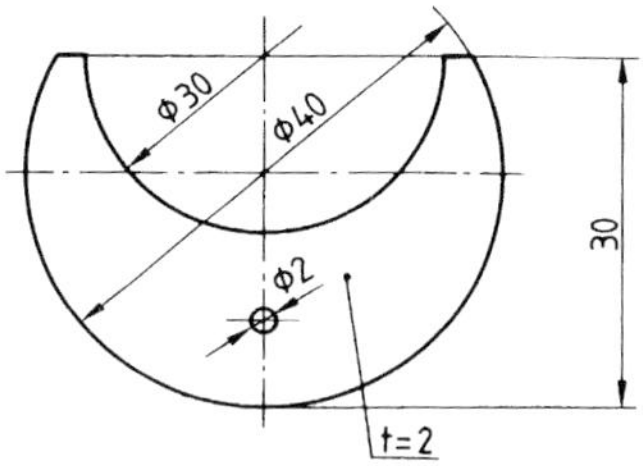

Nr	l_1 +2	b ±0,2	d	a +0,1	l_2 ±0,2	r_1	r_2	t
1	80	32	⌀10	□12	50	R 6	(R16)	2
2	100	40	M12	□16	64	R 8	(R20)	16
3	120	48	⌀16	□20	78	R10	(R24)	6

Bild 52.

Die vereinfachte Angabe von Maßen in Verbindung mit dem Buchstaben t kann erfolgen:
- innerhalb der Umrißlinie (siehe Bild 54);
- auf einer abgeknickten Hinweislinie (siehe Bilder 42 und 56);
- in einer Sammelzeichnung in der Tabelle (siehe Bild 52).

Zur Vermeidung von Doppeltolerierungen und der Summierung der Einzeltoleranzen beim Gesamtmaß dürfen nicht alle Maße einer Maßkette eingetragen werden (siehe Bilder 53 und 54).

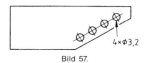

Bild 56.

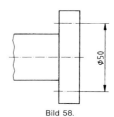

Bild 57.

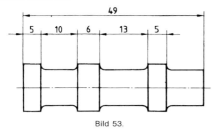

Bild 53.

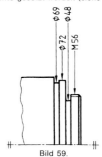

Bild 58.

Bei Platzmangel dürfen Durchmessermaße von außen an die Formelemente gesetzt werden (siehe Bild 59).

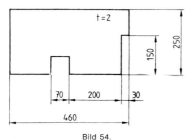

Bild 54.
(Bild 32 aus ISO 129 : 1985, modifiziert dargestellt)

Bild 59.

4.3 Radien

Der Großbuchstabe R wird in jedem Falle vor die Maßzahl gesetzt. Die Maßlinien sind vom Radienmittelpunkt oder aus dessen Richtung zu zeichnen und nur am Kreisbogen mit einem Maßpfeil innerhalb oder außerhalb der Darstellung zu begrenzen (siehe Bilder 60 bis 66 und 68 bis 72).

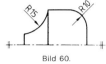

Bild 60.
(Bild 28 aus ISO 129 : 1985)

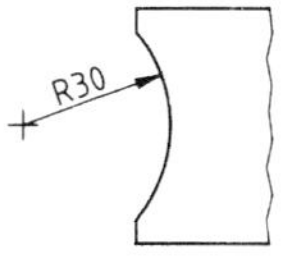

Bild 61.

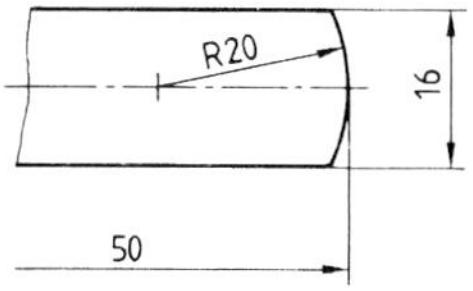

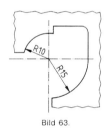

Bild 62.

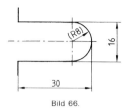

Bild 66.

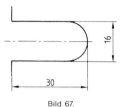

Bild 67.

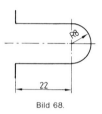

Bild 68.

Wenn sich der Mittelpunkt eines Radius nicht aus den geometrischen Beziehungen der angrenzenden Formelemente ergibt, muß er bemaßt werden (siehe Bild 69).

Bild 63.

Die Maßlinien für mehrere Radien gleicher Größe dürfen zusammengefaßt werden (siehe Bilder 64 und 65).

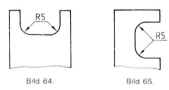

Bild 64.   Bild 65.

Der Radius eines Halbkreises, der parallele Linien miteinander verbindet,
— muß angegeben werden (siehe Bild 68),
— darf als Hilfsmaß angegeben werden (siehe Bild 66) oder
— darf bei Eindeutigkeit weggelassen werden (siehe Bild 67).

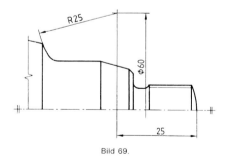

Bild 69.

Maßlinien großer Radien, bei denen der Mittelpunkt außerhalb der Zeichenfläche liegt und angegeben werden muß, werden in zwei parallelen Abschnitten mit einem rechtwinkligen Knick gezeichnet. Die Maßzahl soll an dem Abschnitt, der den Kreisbogen berührt und auf den geometrischen Mittelpunkt des Radius gerichtet ist, eingetragen werden (siehe Bilder 70 und 71). Bei rechnerunterstützter Anfertigung von Zeichnungen dürfen nur gerade Maßlinien (ohne Knick) angewendet werden.

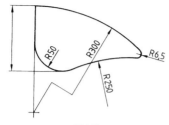

Bild 70.
(Bild 15 aus ISO 129 : 1985)

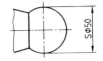

Bild 73.
(Bild 31 aus ISO 129 : 1985)

Bild 74.

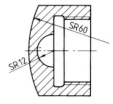

Bild 75.
(Bild 30 aus ISO 129 : 1985)

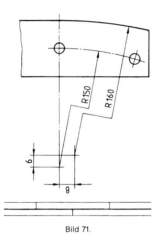

Bild 71.

Bei mehreren Radien mit einem gemeinsamen Mittelpunkt enden die Maßlinien an einem kleinen Hilfskreisbogen, oder sie werden abgebrochen (siehe Bild 72).

4.5 Bögen

Das graphische Symbol ⌒ wird vor die Maßzahl gesetzt (siehe Bild 76). Bei manueller Anfertigung der Zeichnung darf das Symbol in abgewandelter Form über die Maßzahl gesetzt werden (siehe Bild 77).

Bei Zentriwinkeln bis 90° werden die Maßhilfslinien parallel zur Winkelhalbierenden gezeichnet. Jedes Bogenmaß wird mit eigenen Maßhilfslinien eingetragen. Aneinander anschließende Bogenmaße und an Bogenmaße anschließende Längen- oder Winkelmaße dürfen nicht an derselben Maßhilfslinie eingetragen werden (siehe Bild 78).

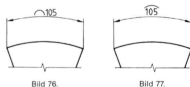

Bild 76.
(Bild 43 aus ISO 129 : 1985)

Bild 77.

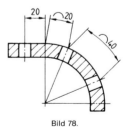

Bild 78.

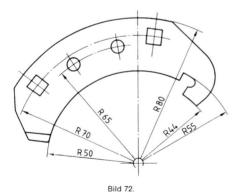

Bild 72.

4.4 Kugeln

Der Großbuchstabe S wird in jedem Falle vor die Durchmesser- oder Radiusangabe gesetzt (siehe Bilder 73 bis 75).

Bei Zentriwinkeln über 90° werden die Maßhilfslinien in Richtung zum Bogenmittelpunkt gezeichnet. Bei nicht eindeutigem Bezug ist die Verbindung zwischen der Bogenlänge und der Maßzahl durch eine Linie mit Pfeil und Punkt bzw. Kreis auf der Maßlinie zu kennzeichnen (siehe Bild 79). Aneinander anschließende Bogenmaße oder an Bogenmaße anschließende Längen- oder Winkelmaße werden an einer Maßhilfslinie eingetragen (siehe Bild 79).

4.7 Schlüsselweiten

Die Großbuchstaben SW werden in jedem Falle vor die Maßzahl gesetzt, wenn der Abstand der Schlüsselflächen in der Darstellung nicht bemaßt werden kann (siehe Bilder 84 und 85).

Anmerkung: Schlüsselweitenauswahl nach DIN 475 Teil 1.

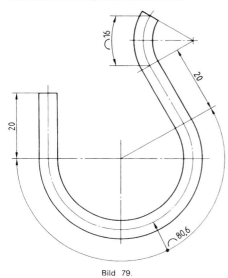

Bild 79.

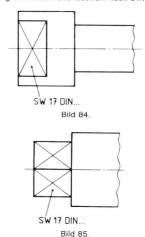

Bild 84.

Bild 85.

4.6 Quadrate

Das graphische Symbol □ wird in jedem Falle vor die Maßzahl gesetzt. Es wird nur eine Seitenlänge des Quadrates angegeben (siehe Bilder 80 bis 83).

Anmerkung: Quadratische Formen werden vorzugsweise in der Ansicht bemaßt, in der die Form erkennbar ist (siehe Bilder 81 und 82). Nach DIN 6 Teil 1 kennzeichnet das Diagonalkreuz (Linien DIN 15-B) eine ebene Fläche (siehe Bilder 80 und 83).

In einigen Fachbereichen kann dieses Diagonalkreuz eine andere Bedeutung haben, z. B. die einer Öffnung (siehe DIN 1356).

4.8 Rechtecke

Die Seitenlängen eines dargestellten Rechtecks dürfen auf einer abgewinkelten Hinweislinie angegeben werden. Das Maß der Seitenlänge, an der die Hinweislinie eingetragen ist, steht an erster Stelle (siehe Bilder 86 und 87).

Die Kombination mit dem Maß der dritten Seite (Seitenlänge × Seitenlänge × Dicke oder Tiefe) ist zulässig (siehe Bild 87). Dabei muß eine zweite Ansicht oder ein Schnitt gezeichnet werden.

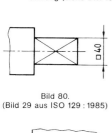

Bild 80.
(Bild 29 aus ISO 129 : 1985)

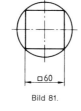

Bild 81.

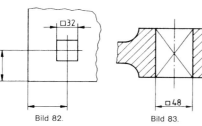

Bild 82.

Bild 83.

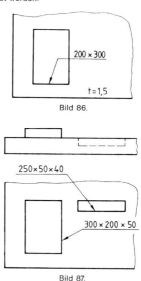

Bild 86.

Bild 87.

4.9 Neigungen

Das graphische Symbol ▷ wird in jedem Falle vor der Maßzahl der Neigung (als Verhältnis oder in Prozent) angegeben. Diese Angabe ist vorzugsweise auf einer abgeknickten Hinweislinie einzutragen (siehe Bild 88). Die Eintragung an der Linie der geneigten Fläche (siehe Bild 90) oder in waagerechter Richtung (siehe Bild 89) ist zulässig. Das graphische Symbol ▷ symbolisiert die Form des Teiles an der Stelle der Neigung (siehe Bild 88).

Der Neigungswinkel darf aus fertigungstechnischen Gründen zusätzlich als Hilfsmaß angegeben werden (siehe Bild 90).

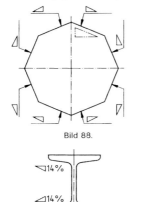

Bild 88.

Bild 89.

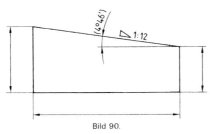

Bild 90.

4.10 Verjüngungen

Das graphische Symbol ▷ wird in jedem Falle vor der Maßzahl der Verjüngung (als Verhältnis oder in Prozent) in einer abgeknickten Hinweislinie angegeben (siehe Bilder 91 und 92).

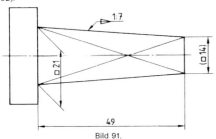

Bild 91.

Die Richtung des graphischen Symbols muß mit der Richtung der Verjüngung übereinstimmen (siehe Bilder 91 und 92).

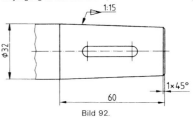

Bild 92.

Anmerkung: Eintragung der Maße und Toleranzen für Kegel siehe DIN ISO 3040.

4.11 Fasen, Kanten und Senkungen

Maße von Fasen mit einem von 45° abweichenden Winkel werden mit Maßlinien und Maßhilfslinien eingetragen (siehe Bilder 93 bis 95).

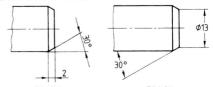

Bild 93.
(Bild 52 aus ISO 129:1985, modifiziert dargestellt)

Bild 94.
(Bild 52 aus ISO 129:1985, modifiziert dargestellt)

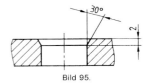

Bild 95.

Maße von Fasen mit einem Winkel von 45° werden vereinfacht durch Fasenbreite × 45° angegeben (siehe Bilder 96 bis 102).

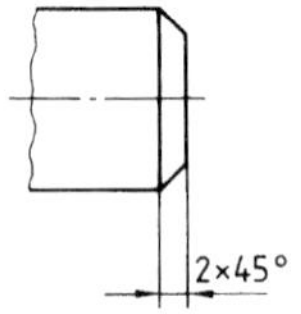

Bild 96.
(Bild 53 aus ISO 129 : 1985)

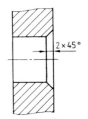

Bild 97.
(Bild 54 aus ISO 129 : 1985)

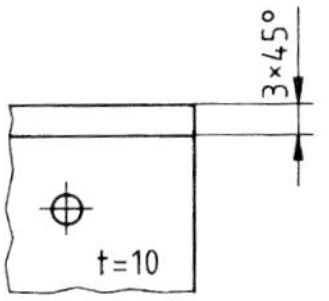

DIN 406 Teil 11 Seite 13

Bild 98.

Die Maße der Fase dürfen bei dargestellten und nicht dargestellten Fasen mittels einer Hinweislinie eingetragen werden (siehe Bilder 99 bis 102).

Anmerkung 1: In den Bildern 99 bis 102 sind zylindrische Teile bzw. Bohrungen dargestellt.

Anmerkung 2: Eintragung der Angaben zu Werkstückkanten siehe DIN 6784.

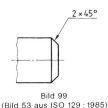

Bild 99.
(Bild 53 aus ISO 129 : 1985)

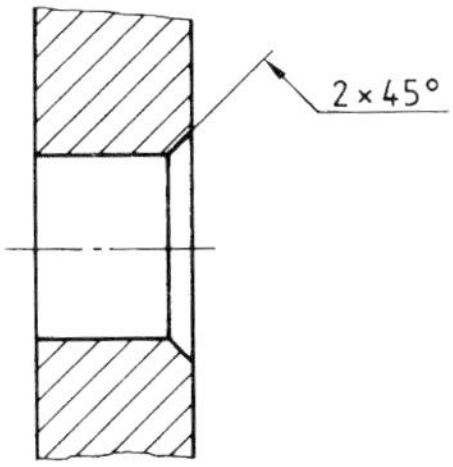

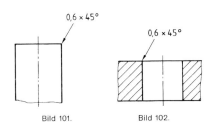

Bild 100.
(Bild 54 aus ISO 129 : 1985)

Bild 101.   Bild 102.

Kegelige Senkungen werden mit Senkdurchmesser und Senkwinkel (siehe Bild 103) oder Senktiefe und Senkwinkel (siehe Bild 104) bemaßt.

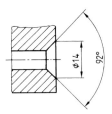

Bild 103.
(Bild 55 aus ISO 129 : 1985, modifiziert dargestellt)

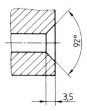

Bild 104.
(Bild 55 aus ISO 129 : 1985, modifiziert dargestellt)

4.12 Teilungen

Längenmaße oder Winkelmaße für gleiche Formelemente mit gleichen Abständen werden nach Bild 105 bis 108 sowie 113 und 114 angegeben.

Das Gesamtmaß der Teilungen wird als Hilfsmaß ohne weitere Kennzeichnungen oder Angaben eingetragen.

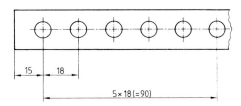

Bild 105.
(Bild 45 aus ISO 129 : 1985, modifiziert dargestellt)

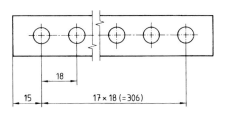

Bild 106.
(Bild 47 aus ISO 129 : 1985)

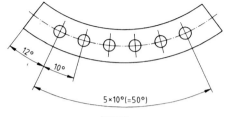

Bild 107.

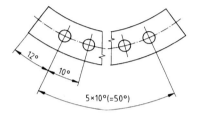

Bild 108.

Gleiche, sich wiederholende und zusammengehörende Formelemente dürfen dargestellt werden:
- in Anzahl und Form vollständig (siehe Bilder 112 und 115)
- nur einmal vollständig (siehe Bild 113)
- verkürzt (siehe Bild 114)
- in Halb- oder Vierteldarstellungen (siehe Bild 109)
- nur als Mittellinien oder Achsenkreuze (siehe Bilder 110 und 111)

Die Anzahl der Formelemente wird angegeben:
- durch die vollständige Darstellung (Anzahl und Form) (siehe Bilder 112 und 115)
- durch die Anzahl der Teilungen bzw. die Abstandsmaße (siehe Bilder 113 bis 115 und 152)
- durch die direkte Angabe (siehe Bilder 109 bis 111).

Zusätzlich zur Anzahl der Teilungen bzw. den Abstandsmaßen darf die Anzahl der Formelemente angegeben werden (siehe Bild 113). Das gilt nicht bei vollständiger Darstellung der Formelemente (Anzahl und Form).

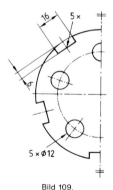

Bild 109.
(Bild 49 aus ISO 129 : 1985, modifiziert dargestellt)

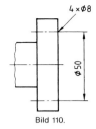

Bild 110.

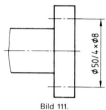

Bild 111.

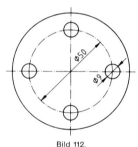

Bild 112.
(Bild 48 aus ISO 129 : 1985, modifiziert dargestellt)

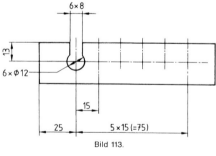

Bild 113.

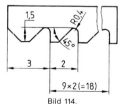

Bild 114.

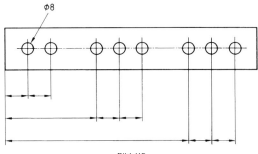

Bild 115.
(Bild 50 aus ISO 129 : 1985)

Unterschiedliche, sich wiederholende Formelemente werden mit Großbuchstaben gekennzeichnet. Die Bedeutung der Buchstaben ist in der Nähe der Darstellung erklärt (siehe Bild 116).

4.13 Gewinde

Für genormte Gewinde werden Kurzbezeichnungen nach DIN 202 angewendet. Im allgemeinen setzt sich die Kurzbezeichnung zusammen aus:

— dem Kurzzeichen für die Gewindeart, z. B. M, R, Tr,
— dem Nenndurchmesser (Gewindegröße),
— der Steigung, gegebenenfalls der Teilung,
— der Gangzahl und
— gegebenenfalls aus zusätzlichen Angaben, z. B. Gangrichtung, Toleranz.

Beispiel siehe Bild 118.

Fasen für Außen- und Innengewinde werden nur dann bemaßt, wenn sie nicht dem Gewindeaußen- bzw. Gewindekerndurchmesser entsprechen (siehe Bild 119).
Weitere Angaben siehe DIN ISO 6410 Teil 1 (z. Z. Entwurf).

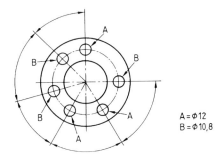

Bild 116.
(Bild 51 aus ISO 129 : 1985, modifiziert dargestellt)

Bei einer überwiegenden Anzahl gleicher und einigen abweichenden Formelementen dürfen die direkte Eintragung der Maße und die Eintragung mit Hilfe von Großbuchstaben kombiniert werden (siehe Bild 117).

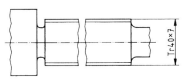

Bild 118.

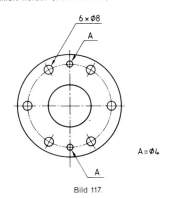

Bild 117.

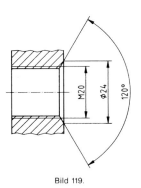

Bild 119.

81

4.14 Nuten

Nuten werden nach den Bildern 120 bis 134 bemaßt. Die Nuttiefe wird bei mindestens an einer Seite offenen Nuten von der Gegenseite (siehe Bild 120) und bei allen anderen Nuten von der Nutseite bemaßt (siehe Bilder 121 bis 126). Die Tiefe der Nut ist der größte Abstand vom Außendurchmesser des Körpers zum Nutgrund.

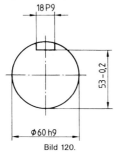

Bild 120.

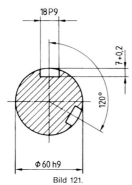

Bild 121.

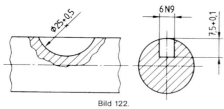

Bild 122.

Bemaßung der Nuttiefe bei parallel zur Mantellinie eines Kegels verlaufendem Nutgrund siehe Bild 123.

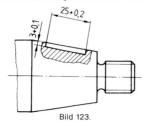

Bild 123.

Bemaßung der Nuttiefe bei parallel zur Kegelachse verlaufendem Nutgrund: die Tiefe ist von der Mantellinie des größeren Zylinders aus bemaßt (siehe Bild 124).

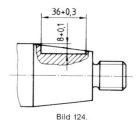

Bild 124.

Vereinfachte Bemaßung der Tiefe von Nuten in der Ansicht von oben mit dem Buchstaben h (siehe Bild 125) bzw. in Kombination mit der Nutbreite (siehe Bild 126).

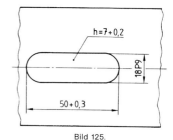

Bild 125.

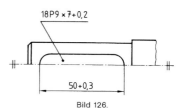

Bild 126.

Bemaßung von Nuten für Paßfedern in zylindrischen Bohrungen siehe Bild 127.

Anmerkung: Zur funktionsgerechten Bemaßung von Paßfedernuten kann bei entsprechenden Genauigkeitsforderungen die Angabe von Form- und Lagetoleranzen nach DIN ISO 1101, z. B. für die Parallelität oder Symmetrie, zusätzlich erforderlich sein.

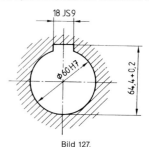

Bild 127.

Bemaßung von Nuten für Paßfedern in kegeligen Nabenbohrungen (Nutgrund verläuft parallel zur Kegel-Mantellinie) siehe Bild 128.

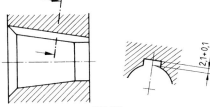

Bild 128.

Bemaßung von Nuten für Paßfedern in kegeligen Nabenbohrungen (Nutgrund verläuft parallel zur Kegelachse) siehe Bild 129.

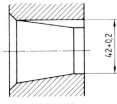

Bild 129.

Angabe der Richtung der Neigung bei Naben mit Keilnuten durch das graphische Symbol „Neigung" siehe Bild 130.

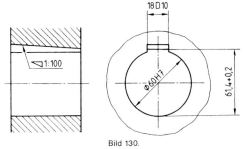

Bild 130.

Vollständige Bemaßung von Nuten (Einstichen) z. B. für Halteringe siehe Bilder 131 und 132.

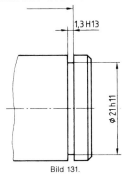

Bild 131.

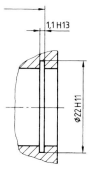

Bild 132.

Vereinfachte Bemaßung von Nuten (Einstichen) z. B. für Halteringe siehe Bilder 133 und 134.

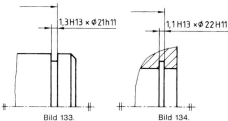

Bild 133. Bild 134.

4.15 Abwicklungen

Bemaßung der dargestellten Abwicklung als Hilfsmaß siehe Bild 135.

Anmerkung: Darstellung der Abwicklung mit Linie DIN 15-K.

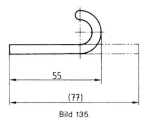

Bild 135.

Bemaßung der nicht dargestellten Abwicklung mit dem graphischen Symbol „gestreckte Länge" siehe Bild 136.

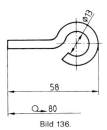

Bild 136.

4.16 Begrenzte Bereiche

Ein begrenzter Bereich, für den besondere Bedingungen gelten, wird durch eine Linie DIN 15-J angegeben (siehe Bilder 137 bis 141). Bei Eindeutigkeit erfolgt die Kennzeichnung von rotationssymmetrischen Teilen nur auf einer Seite (siehe Bild 137). Die Kennzeichnung beider Seiten ist zugelassen (siehe Bilder 140 und 141).

Wenn der begrenzte Bereich durch die Kontur des Formelementes bestimmt ist, werden keine Maße eingetragen (siehe Bild 139).

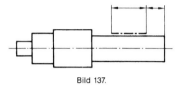

Bild 137.

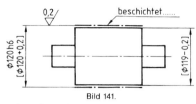

Bild 141.

Anmerkung: Beschichtungsangaben siehe auch DIN 50 960 Teil 2.

4.18 Symmetrische Teile

Die Maße symmetrisch angeordneter Formelemente werden unabhängig von der Art der Darstellung (vollständige, Halb- oder Vierteldarstellung) nur einmal eingetragen. Die Maße der einzelnen Formelemente sind dabei nach Möglichkeit an einer Stelle einzutragen (siehe Bild 143).

Die Symmetrie der Formelemente wird im Regelfall nicht bemaßt (siehe Bilder 142 bis 144).

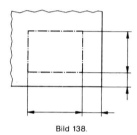

Bild 138.

Bild 139.
(Bild 60 aus ISO 129 : 1985)

4.17 Beschichtete Gegenstände

Für Gegenstände mit beschichteten Oberflächen dürfen die Maße vor und nach der Beschichtung angegeben werden (siehe Bild 140).

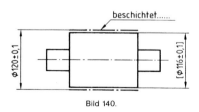

Bild 140.

Bei einer nach der Beschichtung erforderlichen Bearbeitung darf das Beschichtungsmaß zusätzlich in eckigen Klammern angegeben werden (siehe Bild 141).

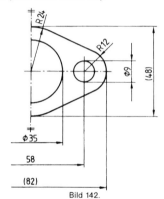

Bild 142.

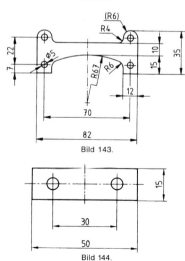

Bild 143.

Bild 144.

4.19 Meßstellen

Die Lage von Meßstellen wird mit dem Symbol ▽ und den entsprechenden Maßen angegeben (siehe Bilder 145 und 146).

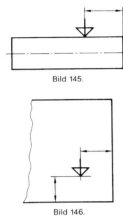

Bild 145.

Bild 146.

Weitere Beispiele siehe DIN 6773 Teil 2 bis 5 und DIN 50 960 Teil 2.

5 Spezielle Maße
5.1 Hilfsmaße

Hilfsmaße nach DIN 406 Teil 10 werden in runde Klammern gesetzt. Hilfsmaße als zusätzliche Maße zur Kennzeichnung funktioneller Zusammenhänge siehe Bild 147.

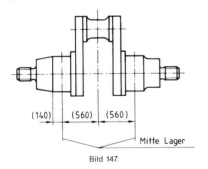

Bild 147.

Hilfsmaße zur Vermeidung geschlossener Maßketten siehe Bilder 148 und 149.

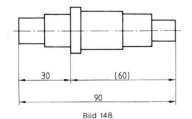

Bild 148.

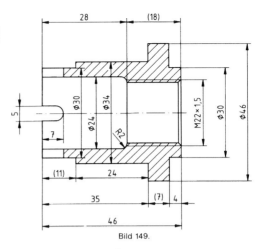

Bild 149.

5.2 Informationsmaße

Informationsmaße nach DIN 406 Teil 10 werden ohne besondere Kennzeichnung, z.B. als Gesamtmaße, in die entsprechenden Unterlagen eingetragen (siehe Bild 150).

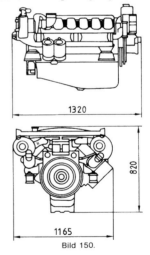

Bild 150.

5.3 Theoretisch genaue Maße

Theoretisch genaue Maße nach DIN 406 Teil 10 werden in einen rechteckigen Rahmen gesetzt und ohne Toleranzen eingetragen (siehe Bilder 151 und 152). Das gilt auch für theoretisch genaue Maße in Tabellen (siehe Bilder 153 und 154).

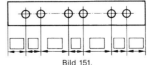

Bild 151.

Die Lage der Formelemente wird durch andere Angaben, z. B. eine Positionstoleranz, festgelegt (siehe Bild 152).

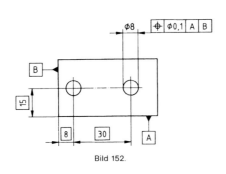

Bild 152.

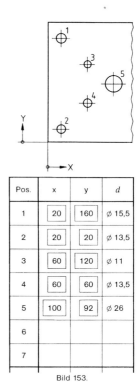

Pos.	x	y	d
1	20	160	⌀ 15,5
2	20	20	⌀ 13,5
3	60	120	⌀ 11
4	60	60	⌀ 13,5
5	100	92	⌀ 26
6			
7			

Bild 153.

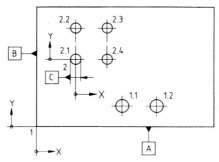

Koordinatenursprung	Pos.	x	y	d	Positionstoleranz
1	1	0	0	—	—
1	1.1	50	20	⌀ 18	⌖ ⌀ 0,1 A B
1	1.2	70	20	⌀ 18	⌖ 0,1 B ⌖ 0,2 A
1	2	30±0,3	70±0,3	—	—
2	2.1	0	0	⌀ 11 H13	—

Bild 154.

5.4 Rohmaße

Rohmaße nach DIN 406 Teil 10 werden in der Fertigungszeichnung, wenn keine Rohteilzeichnung angefertigt wird, in eckige Klammern gesetzt (siehe Bild 155). Die Bedeutung der Klammern ist über dem Schriftfeld erklärt.

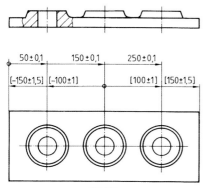

Bild 155.

5.5 Maße für die erste Bearbeitung mit Bezugsangabe

Die Maße für erste materialabtrennende Bearbeitung von Rohteilen (Begriff siehe DIN 199 Teil 2) dürfen mit einem Bezugsmaß nach DIN 406 Teil 10 eingetragen werden (siehe Bilder 156 und 157). Wenn die Mitte eines Formelementes der Ursprung der Bearbeitung ist, wird an der Maßlinie dieses Formelementes ein Bezugsdreieck gesetzt und mit der Symmetrielinie, von der das Bezugsmaß ausgeht, verbunden (siehe Bild 156).

Ist die Verbindung zwischen dem Bezug und dem Maß der ersten Bearbeitung nicht möglich oder nicht zweckmäßig, werden Bezugsbuchstaben in einem Bezugsrahmen nach DIN ISO 5459 eingetragen (siehe Bild 157).

Bei unbearbeiteten und anderen Flächen, die beträchtlich von ihrer theoretisch genauen Form abweichen können, werden Bezugsstellen nach DIN ISO 5459 angegeben (siehe Bild 157).

Die Bezugsangabe ist nur dann erforderlich, wenn das Bezugsmaß allein das Bezugselement oder die Bezugsstellen nicht eindeutig erkennen läßt.

Andere Möglichkeiten zur Angabe der Maße für die erste Bearbeitung sind
— die Kennzeichnung von Anlage- bzw. Bezugsflächen, z. B. nach DIN 7523 Teil 1, oder
— die Kennzeichnung der Flächen mit graphischen Symbolen der Oberflächenbeschaffenheit nach DIN ISO 1302, erforderlichenfalls mit Form- oder Lagetoleranzen nach DIN ISO 1101.

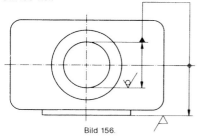

Bild 156.

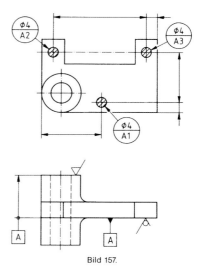

Bild 157.

5.6 Prüfmaße

Prüfmaße nach DIN 406 Teil 10 werden in einen Rahmen mit zwei Halbkreisen gesetzt (siehe Bilder 158 und 159).

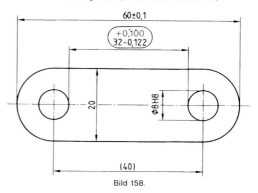

Bild 158.

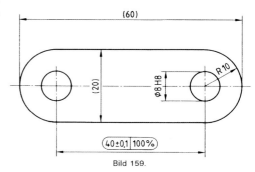

Bild 159.

Gegebenenfalls ist in der Nähe des Schriftfeldes die Bedeutung und der Prüfumfang zu erklären, z. B.

Maße werden vom Besteller (Empfänger) bei der Abnahme besonders geprüft

oder

Maße werden vom Besteller (Empfänger) bei der Abnahme 100%ig geprüft

5.7 Unmaßstäblich dargestellte Formelemente

In Ausnahmefällen, z. B. bei Änderungen, sind nicht maßstäblich dargestellte Formelemente durch Unterstreichen der Maßzahl zu kennzeichnen (siehe Bild 160).
Die Kennzeichnung ist bei rechnerunterstützt angefertigten Zeichnungen nicht zulässig.

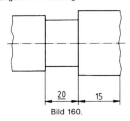

Bild 160.

6 Arten der Maßeintragung
6.1 Parallelbemaßung

Die Maßlinien werden parallel in einer Richtung bzw. in zwei oder drei senkrecht zueinander stehenden Richtungen oder konzentrisch zueinander eingetragen (siehe Bilder 161 bis 164).

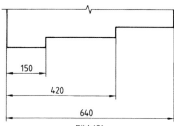

Bild 161.
(Bild 33 aus ISO 129 : 1985)

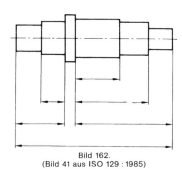

Bild 162.
(Bild 41 aus ISO 129 : 1985)

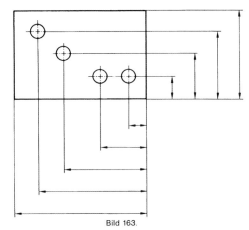

Bild 163.

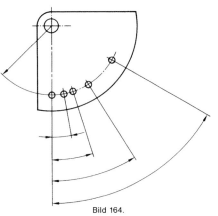

Bild 164.

6.2 Steigende Bemaßung

Ausgehend vom Ursprung wird in jeder der drei möglichen und senkrecht zueinander stehenden Richtungen im Regelfall nur eine Maßlinie eingetragen (Ausnahmen siehe Bilder 165 und 170) und an den Maßhilfslinien mit einer Maßlinienbegrenzung nach Bild 23a, b, c oder f abgeschlossen (siehe Bilder 165 bis 171).

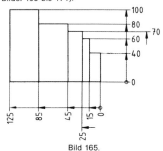

Bild 165.

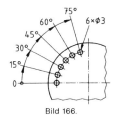

Bild 166.

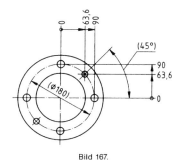

Bild 167.

Werden, ausgehend vom Ursprung, auch Maße in der Gegenrichtung eingetragen (Beispiel siehe Bild 169), so sind die Maßzahlen in einer der beiden Richtungen mit Minuszeichen einzutragen (siehe Bild 174).

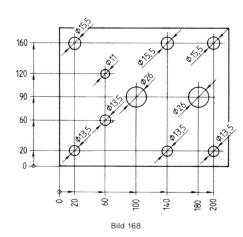

Bild 168.

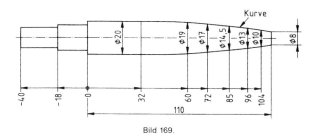

Bild 169.

Steigende Bemaßung in zwei Richtungen mit abgebrochenen Maßlinien siehe Bild 170.

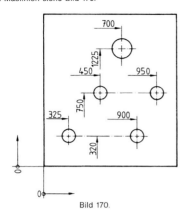

Bild 170.

Steigende Bemaßung in drei Richtungen mit vier Ursprüngen siehe Bild 171.

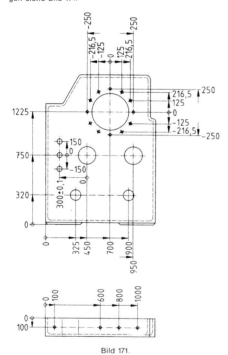

Bild 171.

6.3 Koordinatenbemaßung

6.3.1 Polarkoordinaten

Die Polarkoordinaten werden, ausgehend vom Ursprung, durch einen Radius und einen Winkel festgelegt. Sie sind immer positiv und, ausgehend von der Polarachse, entgegen dem Uhrzeigersinn angegeben (siehe Bild 172). Die Koordinatenwerte werden in Tabellen eingetragen, Beispiel siehe Bild 179.

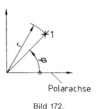

Bild 172.

6.3.2 Kartesische Koordinaten

Die kartesischen Koordinaten werden ausgehend vom Ursprung durch Längenmaße in zwei, im Winkel von 90° verlaufenden Richtungen festgelegt (siehe Bilder 173 bis 179). Die Koordinatenwerte werden in Tabellen eingetragen oder direkt an den Koordinatenpunkten angegeben. Maßlinien und Maßhilfslinien werden nicht gezeichnet.

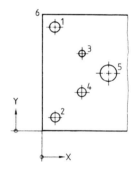

Pos.	x	y	d
1	20	160	⌀ 19
2	20	20	⌀ 15
3	60	120	⌀ 11
4	60	60	⌀ 13
5	100	90	⌀ 26
6	0	180	--
7			
8			

Bild 173.

Die positive und negative Richtung der Koordinatenachsen sind nach Bild 174 festzulegen. Die Maßzahlen von Maßen in den negativen Richtungen der Koordinatenachsen sind mit Minuszeichen anzugeben (siehe auch DIN 5 Teil 1 und DIN ISO 6412 Teil 2).

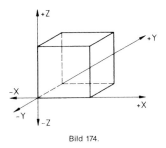

Bild 174.

Die Koordinatenwerte dürfen auch direkt an den Koordinatenpunkten angegeben werden (siehe Bilder 176 und 177).

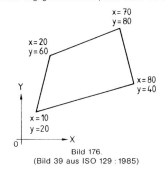

Bild 176.
(Bild 39 aus ISO 129 : 1985)

Der Koordinatenursprung darf auch außerhalb der Darstellung liegen (siehe Bilder 175 und 176).

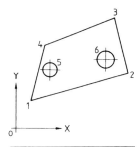

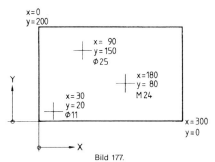

Bild 177.

Die Kombination mit den Maßen der Formelemente an den jeweiligen Koordinatenpunkten ist zulässig (siehe Bilder 173, 175, 177 und 178). Bei hoher Darstellungsdichte ist die Eintragung einer Hinweislinie zwischen dem Koordinatenpunkt und den Maßen zugelassen (siehe Bild 178).

Pos.	x	y	d
1	10	20	—
2	80	40	—
3	70	80	—
4	20	60	—
5	24	42	⌀ 10
6	64	50	⌀ 12

Bild 175.
(Bild 40 aus ISO 129 : 1985, modifiziert dargestellt)

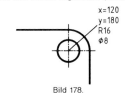

Bild 178.

Einem Koordinaten-Hauptsystem dürfen Nebensysteme zugeordnet werden. Dabei werden die Ursprünge der Koordinatensysteme und die einzelnen Positionen innerhalb der Koordinatensysteme fortlaufend mit arabischen Ziffern benummert. Als Trennzeichen wird ein Punkt angewendet.
Beispiel für eine Koordinatenbemaßung mit einem Koordinaten-Hauptsystem und zwei Nebensystemen siehe Bild 179.

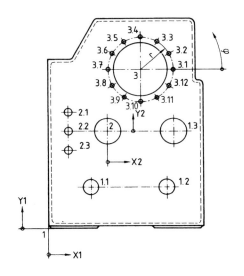

Koordinaten-ursprung	Pos.	Maße in mm					
		Koordinaten					
		X1	X2	Y1	Y2	r	φ	d
1	1	0		0				—
1	1.1	325		320				⌀ 120 H7
1	1.2	900		320				⌀ 120 H7
1	1.3	950		750				⌀ 200 H7
1	2	450		750				⌀ 200 H7
1	3	700		1225				⌀ 400 H8
2	2.1		−300		150			⌀ 50 H11
2	2.2		−300		0			⌀ 50 H11
2	2.3		−300		−150			⌀ 50 H11
3	3.1					250	0°	⌀ 26
3	3.2					250	30°	⌀ 26
3	3.3					250	60°	⌀ 26
3	3.4					250	90°	⌀ 26
3	3.5					250	120°	⌀ 26
3	3.6					250	150°	⌀ 26
3	3.7					250	180°	⌀ 26
3	3.8					250	210°	⌀ 26
3	3.9					250	240°	⌀ 26
3	3.10					250	270°	⌀ 26
3	3.11					250	300°	⌀ 26
3	3.12					250	330°	⌀ 26

Bild 179.

6.4 Kombinierte Bemaßung (Beispiele)

Steigende Bemaßung, kombiniert mit Einzelbemaßung, siehe Bild 180

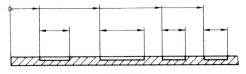

Bild 180.
(Bild 42 aus ISO 129 : 1985, modifiziert dargestellt)

Parallelbemaßung, kombiniert mit steigender Bemaßung und Kettenbemaßung, siehe Bild 181

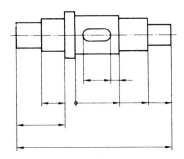

Bild 181.
(Bild 41 aus ISO 129 : 1985, modifiziert dargestellt)

Anhang A

Anwendungsbeispiele für Maß- und Toleranzangaben

Tabelle A.1

Beispiel	Bedeutung	Festlegungen über Form und Größe der Angaben
⌀50	Durchmesser, z. B. 50	
□50	Quadrat, z. B. 50	
R50	Radius, z. B. 50	
S⌀50	Kugel-Durchmesser (Spherical diameter), z. B. 50	DIN 6776 Teil 1
SR50	Kugel-Radius (Spherical radius), z. B. 50	
SW 13	Schlüsselweite, z. B. 13	
$t = 2$	Dicke (thickness), z. B. 2	
$h = 5$	Tiefe oder Höhe, z. B. 5	
$\boxed{50}$	Theoretisch genaues Maß, z. B. 50	DIN ISO 7083
(50)	Hilfsmaß, z. B. 50	DIN 6776 Teil 1
(50 ± 0,02)	Prüfmaß, z. B. 50 ± 0,02	DIN 406 Teil 10
[50]	Rohmaß oder Vorbearbeitungsmaß, z. B. 50	DIN 6776 Teil 1
⌒50 / 123,456	Bogenmaß z. B. 50 / z. B. 123, 456	DIN 406 Teil 10 und DIN ISO 7083/08.91, Bild 5 / –
50 [1])	Nicht maßstäbliches Maß, z. B. 50	–
▷ 1:10	Kegelverjüngung, z. B. 1 : 10	DIN ISO 3040 und DIN 406 Teil 10
⌧ 14%	Neigung, z. B. 14 %	DIN 406 Teil 10
⌒ 98	Gestreckte Länge (Abwicklung), z. B. 98	DIN 406 Teil 10

[1]) Möglichst vermeiden

Tabelle A.1 (Fortsetzung)

Beispiel	Bedeutung	Festlegungen über Form und Größe der Angaben
②↓	Meßstelle, z. B. Meßstelle Nr 2	DIN 406 Teil 10
Ⓜ Ⓔ	Rahmen für zusätzliche Anforderungen, z. B. M für Maximum-Material-Bedingung oder E für Hüllbedingung	
⌀4 / A1	Rahmen für die Angabe von Bezugsstellen, z. B. Bezugsstelle A1 mit einem Durchmesser von 4 mm	DIN ISO 7083
▽	Angabe eines Bezuges Anmerkung: Das Dreieck darf geschwärzt werden.	

Zitierte Normen

DIN 6 Teil 1	Technische Zeichnungen; Darstellungen in Normalprojektion; Ansichten und besondere Darstellungen
DIN 15 Teil 1	Technische Zeichnungen; Linien; Grundlagen
DIN 199 Teil 1	Begriffe im Zeichnungs- und Stücklistenwesen; Zeichnungen
DIN 202	Gewinde; Übersicht
DIN 406 Teil 10	Technische Zeichnungen; Maßeintragung; Begriffe, allgemeine Grundlagen
DIN 475 Teil 1	Schlüsselweiten für Schrauben, Armaturen und Fittings
DIN 6771 Teil 6	Vordrucke für technische Unterlagen; Zeichnungen
DIN 6773 Teil 2	Wärmebehandlung von Eisenwerkstoffen; Wärmebehandelte Teile; Darstellung und Angaben in Zeichnungen; Härten, Härten und Anlassen, Vergüten
DIN 6773 Teil 3	Wärmebehandlung von Eisenwerkstoffen; Wärmebehandelte Teile; Darstellung und Angaben in Zeichnungen; Randschichthärten
DIN 6773 Teil 4	Wärmebehandlung von Eisenwerkstoffen; Wärmebehandelte Teile; Darstellung und Angaben in Zeichnungen; Einsatzhärten
DIN 6773 Teil 5	Wärmebehandlung von Eisenwerkstoffen; Wärmebehandelte Teile; Darstellung und Angaben in Zeichnungen; Nitrieren
DIN 6774 Teil 1	Technische Zeichnungen; Ausführungsregeln; Vervielfältigungsgerechte Ausführung
DIN 6776 Teil 1	Technische Zeichnungen; Beschriftung; Schriftzeichen
DIN 6784	Werkstückkanten; Begriffe, Zeichnungsangaben
DIN 50 960 Teil 2	Galvanische und chemische Überzüge; Zeichnungsangaben
DIN ISO 1101	Technische Zeichnungen; Form- und Lagetolerierung; Form-, Richtungs-, Orts- und Lauftoleranzen; Allgemeines, Definitionen, Symbole, Zeichnungseintragungen
DIN ISO 3040	Technische Zeichnungen; Eintragung von Maßen und Toleranzen für Kegel
DIN ISO 5459	Technische Zeichnungen; Bezugssysteme für geometrische Toleranzen
DIN ISO 6410 Teil 1	(z. Z. Entwurf) Technische Zeichnungen; Darstellung und Bemaßung von Gewinden
DIN ISO 7083	Technische Zeichnungen; Graphische Symbole für geometrische Toleranzen; Proportionen und Maße
ISO 129	Technical drawings; Dimensioning; General principles, definitions, methods of execution and special indications
ISO 3898	Bases for design and structures; Notations; General symbols

Seite 30   DIN 406 Teil 11

Weitere Normen

DIN 199 Teil 2	Begriffe im Zeichnungs- und Stücklistenwesen; Stücklisten
DIN 406 Teil 12	Technische Zeichnungen; Maßeintragung; Eintragung von Toleranzen für Längen- und Winkelmaße
DIN 6774 Teil 10	Technische Zeichnungen; Ausführungsregeln, rechnerunterstützt erstellte Zeichnungen
DIN 6790 Teil 1	Wortangaben in technischen Zeichnungen; Einzelangaben
DIN ISO 2768 Teil 1	Allgemeintoleranzen; Toleranzen für Längen- und Winkelmaße ohne einzelne Toleranzeintragung
DIN ISO 2768 Teil 2	Allgemeintoleranzen; Toleranzen für Form und Lage ohne einzelne Toleranzeintragung

Frühere Ausgaben

DIN 406 Teil 1 bis Teil 3: 12.22
DIN 406 Teil 4: 12.22, 05.37
DIN 406 Teil 5: 11.24, 10.41
DIN 406 Teil 6: 12.24, 01.26, 10.41
DIN 406: 09.49, 09.55
DIN 406 Teil 3: 07.75
DIN 406 Teil 2: 06.68, 04.80, 08.81
DIN 406 Teil 1: 04.77

Änderungen

Gegenüber DIN 406 T 2/08.81 und DIN 406 T 3/07.75 wurden folgende Änderungen vorgenommen:

a) Internationale Norm ISO 129 : 1985 weitgehend übernommen und durch Beispiele ergänzt.
b) DIN 406 Teil 3 überarbeitet und übernommen.
c) Abschnitt „Toleranzangaben" in DIN 406 Teil 12 übernommen.
d) Regeln für die rechnerunterstützte Anfertigung von Zeichnungen z.T. vereinfacht.
e) Anwendungsbeispiele für Maß- und Toleranzangaben aufgenommen.
f) Vereinfachte Maßeintragung von Entwurf DIN 30 Teil 1 teilweise übernommen.

Erläuterungen

Die Festlegungen aus ISO 129 : 1985 wurden weitgehend in diese Norm übernommen.
Siehe auch „Erläuterungen" in DIN 406 Teil 10/12.92

DK 744.43 : 621.713.1   Dezember 1992

Technische Zeichnungen
Maßeintragung
Eintragung von Toleranzen für Längen- und Winkelmaße
ISO 406 : 1987 modifiziert

DIN 406
Teil 12

Technical Drawings; Dimensioning; Inscription of tolerances for linear and angular dimensions; ISO 406 : 1987 modified

Dessins techniques; Cotation; Inscription des tolérances de dimensions linéares et angulaires; ISO 406 : 1987 modifiée

Mit DIN 406 T 10/12.92
und DIN 406 T 11/12.92
Ersatz für DIN 406 T 2/08.81

Die Internationale Norm ISO 406, 2. Ausgabe, 1987-10-01, „Technical drawings; Tolerancing of linear and angular dimensions", ist mit nationalen Modifizierungen in diese Deutsche Norm übernommen worden, siehe auch Erläuterungen.

Diese Norm enthält die Festlegungen aus ISO 406 und ergänzende Festlegungen die unter Berücksichtigung von z. B. neuen Zeichentechniken (rechnerunterstütztes Zeichnen) hinzugefügt werden müssen und später im ISO/TC 10 bei einer Überarbeitung von ISO 129 bzw. ISO 406 berücksichtigt werden sollten.
Die Ergänzungen sind durch Raster gekennzeichnet. Die Bildnummern folgen der Reihenfolge in ISO 406. In die modifizierte Fassung zusätzlich aufgenommene Bilder sind in den Text eingeordnet worden, haben aber Bildnummern erhalten, die an die Reihenfolge in ISO 406 anschließen.
Zusammenhang der in Abschnitt 2 genannten ISO-Normen mit DIN-Normen:

ISO-Normen	DIN-Normen
ISO 129	DIN 406 Teil 10 DIN 406 Teil 11
ISO 3098-1	DIN 6776 Teil 1

Fortsetzung Seite 2 bis 6

Normenausschuß Zeichnungswesen (NZ) im DIN Deutsches Institut für Normung e.V.

Deutsche Übersetzung mit Modifizierungen

Technische Zeichnungen
Eintragung von Toleranzen für Längen- und Winkelmaße

Vorwort

Die ISO (Internationale Organisation für Normung) ist die weltweite Vereinigung nationaler Normungsinstitute (ISO-Mitgliedskörperschaften). Die Erarbeitung Internationaler Normen obliegt den Technischen Komitees der ISO. Jede Mitgliedskörperschaft, die sich für ein Thema interessiert, für das ein Technisches Komitee eingesetzt wurde, ist berechtigt, in diesem Komitee mitzuarbeiten. Internationale (staatliche und nichtstaatliche) Organisationen, die mit der ISO in Verbindung stehen, sind an den Arbeiten ebenfalls beteiligt.

Die von den Technischen Komitees verabschiedeten Entwürfe zu Internationalen Normen werden den Mitgliedskörperschaften zunächst zur Annahme vorgelegt, bevor sie vom Rat der ISO als Internationale Normen bestätigt werden. Sie werden nach den Verfahrensregeln der ISO angenommen, wenn mindestens 75 % der abstimmenden Mitgliedskörperschaften zugestimmt haben.

Die Internationale Norm ISO 406 wurde vom Technischen Komitee ISO/TC 10 „Technische Zeichnungen" erarbeitet.

Die Anwender werden darauf hingewiesen, daß alle Internationalen Normen von Zeit zu Zeit überarbeitet werden. Ein in dieser Norm enthaltener Hinweis auf eine andere Internationale Norm bezieht sich, sofern nichts anderes angegeben ist, auf die neueste Ausgabe der zitierten Norm.

0 Einführung

In dieser Internationalen Norm sind alle Maße und Toleranzen in die Bilder in vertikaler Schrift eingetragen. Diese Eintragungen dürfen jedoch ohne Sinnänderung auch handschriftlich oder kursiv vorgenommen werden.

Proportionen und Maße der Schriftzeichen siehe ISO 3098-1.

1 Anwendungsbereich und Zweck

Diese Norm legt die Eintragung von Toleranzen für Längen- und Winkelmaße in technischen Zeichnungen fest. Die Eintragung solcher Toleranzen bedeutet nicht, daß damit die Anwendung besonderer Methoden der Herstellung, des Messens und Prüfens verbunden ist.

2 Verweisungen auf andere Normen

Die folgenden Normen enthalten Festlegungen, die, dadurch daß in diesem Text auf sie verwiesen wird, auch Festlegungen dieser Norm darstellen. Zum Zeitpunkt der Veröffentlichung dieser Norm waren die genannten Ausgaben gültig. Alle Normen unterliegen einer Überarbeitung und Vertragspartner, die eine Übereinkunft auf der Grundlage dieser Norm treffen, werden angeregt, nach Möglichkeit die letzten Ausgaben der hier angeführten Normen anzuwenden. Mitglieder der IEC und ISO führen Verzeichnisse über die z. Z. gültigen Internationalen Normen.

ISO 129   Technische Zeichnungen; Maßeintragung, Grundlagen, Definitionen, Ausführungsregeln und besondere Angaben

ISO 3098-1   Technische Zeichnungen; Beschriftung; Teil 1: Laufend gebrauchte Schriftzeichen

Weitere Verweise auf andere Normen siehe Verzeichnis „Zitierte Normen".

3 Einheiten

Abmaße werden in derselben Einheit angegeben wie Nennmaße.

Wenn zwei Abmaße für dasselbe Maß angegeben werden, so müssen beide Abmaße dieselbe Anzahl von Dezimalstellen haben (siehe Bild 2); hiervon ausgenommen ist das Abmaß 0 (siehe Bild 5).

Wenn für einzelne Maße ausnahmsweise andere Einheiten, z. B. m für Meter, gelten sollen als für die übrigen Maße, ist die Einheit sowohl beim Nennmaß als auch bei der Toleranzangabe anzugeben (siehe Bild 18).

6m + 0,01m

Bild 18.

4 Eintragung von Toleranzen für Längenmaße

Die Schriftgröße der Kurzzeichen für die Toleranzklasse und der Abmaße wird vorzugsweise gleich der Schriftgröße der Nennmaße ausgeführt. Sie darf auch eine Stufe kleiner als die der Nennmaße gewählt werden, jedoch nicht kleiner als 2,5 mm.

Die Einzelangaben für ein Maß können angegeben werden:
- durch Allgemeintoleranzen (siehe Verzeichnis „Weitere Normen");
- durch Kurzzeichen der Toleranzklasse (siehe Abschnitt 4.1);
- durch Abmaße (siehe Abschnitt 4.2);
- durch Form- und Lagetoleranzen (siehe Verzeichnis „Weitere Normen");
- mit Hilfe der statistischen Tolerierung, siehe DIN 7186 Teil 1.

Alle Toleranzen gelten im Endzustand, einschließlich Oberflächenüberzügen, sofern nichts anderes (siehe DIN 50 960 Teil 2) vorgeschrieben ist.

Bei Farb- oder Lackschichten, die als Schutz- oder Kennfarbe dienen, gilt dieser Grundsatz nicht.

4.1 Toleranzklassen nach DIN ISO 286 Teil 1

Die Einzelangaben für ein toleriertes Maß werden in folgender Reihenfolge eingetragen:

a) Nennmaß
b) Kurzzeichen der Toleranzklasse

Wenn es zusätzlich zu dem Kurzzeichen der Toleranzklasse (siehe Bild 1) erforderlich ist, die Werte der Abmaße (siehe Bild 2) oder die Grenzmaße (siehe Bild 3) anzugeben, so werden diese in Klammern angegeben. Das Kurzzeichen der Toleranzklasse darf auch mit den zutreffenden Abmaßen in Form einer Tabelle (siehe Bild 19) in der Zeichnung angegeben werden (die Tabellenform empfiehlt sich bei mehreren Angaben).

Bild 1. Bild 2. Bild 3.

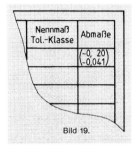

Bild 19.

4.2 Abmaße

Die Einzelangaben für das tolerierte Maß werden in folgender Reihenfolge eingetragen (siehe Bilder 4 bis 6):
a) Nennmaß
b) Werte der Abmaße

|— 32 +0,1 / −0,2 —|

Bild 4.

Wenn eines der beiden Abmaße Null ist, darf dies durch die Ziffer 0 angegeben werden (siehe Bild 5).

|— 32 − 0,2 / 0 —|

Bild 5.

Wenn oberes und unteres Abmaß in bezug auf das Nennmaß gleich sind, so ist deren Wert nur einmal mit dem Zeichen ± anzugeben (siehe Bild 6).

|— 32 ± 0,1 —|

Bild 6.

Es ist zulässig, Nennmaß und Abmaße in derselben Zeile einzutragen. Dabei sind oberes und unteres Abmaß durch Schrägstriche zu trennen (siehe Bilder 20 und 21).

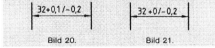

Bild 20. Bild 21.

4.3 Grenzmaße

Die Grenzmaße dürfen als Höchstmaß und Mindestmaß angegeben werden (siehe Bild 7).

Anmerkung: Die Angabe von Höchst- und Mindestmaßen ist zwischen Zeichnungshersteller und -anwender zu vereinbaren.

|— 32,198 / 32,195 —|

Bild 7.

4.4 Grenzmaße in einer Richtung

Wenn ein Maß nur in einer Richtung begrenzt werden soll, so darf dies durch den Zusatz zur Maßzahl „min." oder „max." angegeben werden (siehe Bild 8). Solche Angaben sind in Fertigungszeichnungen zu vermeiden, sie eignen sich insbesondere für Angebots- und Genehmigungszeichnungen.

|— 30,5 min. —|

Bild 8.

5 Reihenfolge der Eintragung von Abmaßen und Grenzmaßen

Das obere Abmaß oder das obere Grenzmaß werden unabhängig davon, ob es sich um ein Innenmaß oder um ein Außenmaß handelt, über oder vor dem unteren Abmaß oder dem unteren Grenzmaß eingetragen.

6 Eintragung von Toleranzen für zwei gefügt dargestellte Teile

6.1 Kurzzeichen der Toleranzklasse

Das Kurzzeichen der Toleranzklasse für das Innenmaß wird vor dem für das Außenmaß eingetragen (siehe Bild 9) oder auch darüber (siehe Bild 10); die Kurzzeichen der Toleranzklasse sind dem nur einmal einzutragenden Nennmaß zugeordnet.

Vergleiche hierzu Abschnitt 4.2, Bilder 20 und 21.

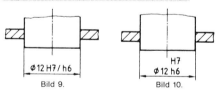

Bild 9. Bild 10.

Wenn es darüber notwendig ist, die Werte der Abmaße anzugeben, so werden diese in Klammern (siehe Bild 11) oder in einer Tabelle (siehe Bild 19) angegeben.

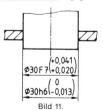

Bild 11.

Aus Gründen der Vereinfachung darf auch mit Hilfe nur einer Maßlinie (siehe Bild 22) bemaßt werden (diese Regel steht noch nicht in ISO 129).

6.2 Abmaße

Das Maß für jedes der gefügt dargestellten Teile ist durch eine vorangestellte Wortangabe (siehe Bild 12) oder die Positionsnummer [1]) (siehe Bild 13) zuzuordnen; das Maß für das Innenmaß ist über dem für das Außenmaß einzutragen.

Die Anwendung der Methode nach Bild 12 wird nicht empfohlen. Anstelle der in Bild 13 dargestellten Anordnung der Angaben ist nach Bild 22 zu verfahren.

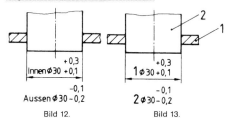

Bild 12.   Bild 13.

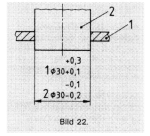

Bild 22.

7 Eintragung von Toleranzen für Winkelmaße

Die Regeln für das Eintragen von Toleranzen für Längenmaße sind auch für Winkelmaße anzuwenden (siehe Bilder 14 und 15). Ausgenommen hiervon sind die Einheiten des Winkel-Nennmaßes und der Abmaße, die immer angegeben werden müssen (siehe Bilder 14 bis 17). Wenn das Winkel-Nennmaß oder das Winkelabmaß entweder Winkelminuten oder -sekunden beträgt, sind entsprechende Angaben wie 0° oder 0° 0′ zuzuordnen. Die Nullen vor dem Zahlenwert dürfen weggelassen werden (siehe Bild 23).

8 Einschränkende Festlegungen

Wenn eine Toleranz nur für einen bestimmten Bereich gelten soll, so darf dies nach den Bildern 24 und 25 eingetragen werden.

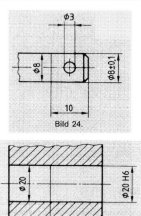

Bild 24.

Bild 25.

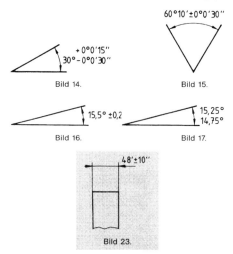

Bild 14.   Bild 15.

Bild 16.   Bild 17.

Bild 23.

9 Teilungen

Teilungen für eckige Löcher, Schlitze, Nuten oder ähnliches werden im Regelfall von Kante zu Kante, z. B. von Innenkante zu Innenkante, bemaßt (siehe Bilder 26 und 27).

Zu beachten ist, daß sich die Toleranzen je nach Art der Maßeintragung verschieden auswirken. Bei Eintragung der Maße von Abstand zu Abstand (Maßkette) summieren sich die Toleranzen der Einzelmaße. Dies wird vermieden, wenn die Maßeintragung von einem gemeinsamen Bezugselement aus vorgenommen wird (siehe Bild 26).

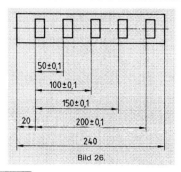

Bild 26.

---

[1]) Nationale Fußnote: Siehe DIN ISO 6433

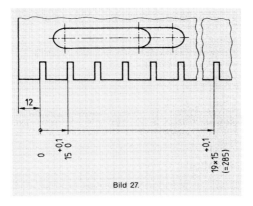

Bild 27.

Ende der deutschen Übersetzung mit Modifizierungen

Zitierte Normen

— in der deutschen Übersetzung:
Siehe Abschnitt 2

— in nationalen Zusätzen:

DIN 406 Teil 10	Technische Zeichnungen; Maßeintragung; Begriffe, allgemeine Grundlagen
DIN 406 Teil 11	Technische Zeichnungen; Maßeintragung; Grundlagen der Anwendung
DIN 6776 Teil 1	Technische Zeichnungen; Beschriftung, Schriftzeichen
DIN 7186 Teil 1	Statistische Tolerierung; Begriffe, Anwendungsrichtlinien und Zeichnungsangaben
DIN 50 960 Teil 2	Galvanische und chemische Überzüge; Zeichnungsangaben
DIN ISO 286 Teil 1	ISO-System für Grenzabmaße und Passungen
DIN ISO 6433	Technische Zeichnungen; Positionsnummern
ISO 406	Technical Drawings; Tolerancing of linear and angular dimensions

Weitere Normen

DIN 199 Teil 1	Begriffe im Zeichnungs- und Stücklistenwesen; Zeichnungen
DIN 7182 Teil 1	Maße, Abmaße, Toleranzen und Passungen; Grundbegriffe
DIN ISO 1101	Technische Zeichnungen; Form- und Lagetolerierung, Form-, Richtungs-, Orts- und Lauftoleranzen, Allgemeines, Definition, Symbole, Zeichnungseintragung
DIN ISO 1660	Technische Zeichnungen; Bemaßung und Tolerierung von Profilen
DIN ISO 2768 Teil 1	Allgemeintoleranzen; Toleranzen für Längen- und Winkelmaße ohne einzelne Toleranzeintragung
DIN ISO 3040	Technische Zeichnungen; Eintragung von Maßen und Toleranzen für Kegel
DIN ISO 5458	Technische Zeichnungen; Form- und Lagetolerierung, Positionstolerierung
DIN ISO 5459	Technische Zeichnungen; Form- und Lagetolerierung, Bezüge und Bezugssysteme für geometrische Toleranzen
DIN ISO 8015	Technische Zeichnungen; Tolerierungsgrundsatz

Frühere Ausgaben

DIN 406 Teil 1 bis Teil 3: 12.22,
DIN 406 Teil 4: 12.22, 05.37,
DIN 406 Teil 5: 11.24, 10.41,
DIN 406 Teil 6: 12.24, 01.26, 10.41,
DIN 406: 09.49, 09.55,
DIN 406 Teil 2: 06.68, 04.80, 08.81

Änderungen

Gegenüber DIN 406 Teil 2/08.81 wurden folgende Änderungen vorgenommen:
a) ISO 406 modifiziert übernommen.
b) Eintragung von Abmaßen in derselben Schriftgröße wie die Nennmaße festgelegt.
c) DIN 406 Teil 2/08.81, Abschnitte 16 und 17, teilweise übernommen.
d) Norm neu gegliedert.

Erläuterungen

Die Norm ISO 406 wurde im ISO/TC 10/SC 5 „Technical Drawings; Dimensioning and Tolerancing" unter wesentlicher Beteiligung deutscher Fachleute ausgearbeitet. Anläßlich der Entscheidung über das nationale Vorgehen im Anschluß an die Veröffentlichung des Entwurfes DIN ISO 406, Ausgabe Dezember 1986, wurden hierzu gehörende Festlegungen, die Inhalt von DIN 406 Teil 2 waren, übernommen.

Internationale Patentklassifikation

G 01 B

DK 621.882.17:621.882.2:621.643.414:621.646   Januar 1984

Schlüsselweiten
für
Schrauben   Armaturen   Fittings

DIN 475
Teil 1

Widths across flats for bolts, screws, nuts, armatures and fittings   Ersatz für Ausgabe 03.80

Maße in mm

1 Anwendungsbereich

Die Schlüsselweiten nach dieser Norm gelten für alle Zwei-, Vier-, Sechs- und Achtkante, auch wenn sie nicht durch Schlüssel bedient werden.

Für die Schlüsselweiten von Sechskantschrauben und -muttern ist in DIN ISO 272 eine Auswahl festgelegt.

Die Vierkante und Vierkantlöcher für Spindeln, Handräder und Kurbeln sind nach DIN 79, die Vierkante für Werkzeuge nach DIN 10 Teil 1 zu wählen.

2 Maße, Bezeichnung

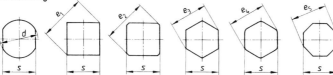

Bezeichnung einer Schlüsselweite mit Nennmaß s = 16 mm (SW 16), Reihe 1:

DIN 475 − SW 16 − 1

Tabelle.

Schlüsselweite (SW)				Eckenmaß				
Nennmaß	s			d	e_1	e_2	e_3 [2)]	e_4	e_5
	max.	min. [1)]			min.		min.		min.
		Reihe 1	Reihe 2				Reihe 1	Reihe 2	
2	2	1,9		2,5	—	—	—		
2,5	2,5	2,4		3	—	—	—		
3	3	2,9		3,5	4,2	4,1	3,28		
3,2 *	3,2	3,08		3,7	4,5	4,3	3,48		
3,5	3,5	3,38		4	4,9	4,6	3,82		
4 *	4	3,88	—	4,5	5,7	5,3	4,38	—	
4,5	4,5	4,32		5	6,4	5,9	4,88		
5 *	5	4,82		6	7,1	6,5	5,45		
5,5 *	5,5	5,32		7	7,8	7,1	6,01	—	—
6	6	5,82		7	8,5	8	6,58		
7 *	7	6,78		8	9,9	9	7,66		
8 *	8	7,78	7,64	9	11,3	10	8,79	8,63	
9	9	8,78	8,64	10	12,7	12	9,92	9,76	
10 *	10	9,78	9,64	12	14,1	13	11,05	10,89	
11 *	11	10,73	10,57	13	15,6	14	12,12	11,94	
12	12	11,73	11,57	14	17,0	16	13,25	13,07	
13 *	13	12,73	12,57	15	18,4	17	14,38	14,20	

* Siehe Seite 3
[1)] und [2)] siehe Seite 3

Forsetzung Seite 2 bis 4

Normenausschuß Mechanische Verbindungselemente (FMV) im DIN Deutsches Institut für Normung e. V.

Tabelle. (Fortsetzung)

Schlüsselweite (SW)				Eckenmaß						
Nennmaß	max.	\\ min. [1])		d	e_1	e_2 min.	e_3 [2]) min.		e_4	e_5 min.
		Reihe 1	Reihe 2				Reihe 1	Reihe 2		
14	14	13,73	13,57	16	19,8	18	15,51	15,33		
15	15	14,73	14,57	17	21,2	20	16,64	16,46		
16 *	16	15,73	15,57	18	22,6	21	17,77	17,59		
17	17	16,73	16,57	19	24	22	18,90	18,72		—
18 *	18	17,73	17,57	21	25,4	23,5	20,03	19,85		
19	19	18,67	18,48	22	26,9	25	21,10	20,88		
20	20	19,67	19,16	23	28,3	26	22,23	21,65		
21 *	21	20,67	20,16	24	29,7	27	23,36	22,78		22,7
22	22	21,67	21,16	25	31,1	28	24,49	23,91		23,8
23	23	22,67	22,16	26	32,5	30,5	25,62	25,04		24,9
24 *	24	23,67	23,16	28	33,9	32	26,75	26,17		26
25	25	24,67	24,16	29	35,5	33,5	27,88	27,30		27
26	26	25,67	25,16	31	36,8	34,5	29,01	28,43		28,1
27 *	27	26,67	26,16	32	38,2	36	30,14	29,56		29,1
28	28	27,67	27,16	33	39,6	37,5	31,27	30,69		30,2
30 *	30	29,67	29,16	35	42,4	40	33,53	32,95		32,5
32	32	31,61	31,00	38	45,3	42	35,72	35,03		34,6
34 *	34	33,38	33,00	40	48	46	37,72	37,29		36,7
36 *	36	35,38	35,00	42	50,9	48	39,98	39,55		39
41 *	41	40,38	40,00	48	58	54	45,63	45,20	—	44,4
46 *	46	45,38	45,00	52	65,1	60	51,28	50,85		49,8
50 *	50	49,38	49,00	58	70,7	65	55,80	55,37		54,1
55 *	55	54,26	53,80	65	77,8	72	61,31	60,79		59,5
60 *	60	59,26	58,80	70	84,8	80	66,96	66,44		64,9
65 *	65	64,26	63,10	75	91,9	85	72,61	71,30		70,3
70 *	70	69,26	68,10	82	99	92	78,26	76,95		75,7
75 *	75	74,26	73,10	88	106	98	83,91	82,60		81,2
80 *	80	79,26	78,10	92	113	105	89,56	88,25		86,6
85 *	85	84,13	82,80	98	120	112	95,07	93,56		92,0
90 *	90	89,13	87,80	105	127	118	100,72	99,21		97,4
95 *	95	94,13	92,80	110	134	125	106,37	104,86		103
100 *	100	99,13	97,80	115	141	132	112,02	110,51		108
105 *	105	104,13	102,80	122	148	138	117,67	116,16		114
110 *	110	109,13	107,80	128	156	145	123,32	121,81		119
115 *	115	114,13	112,80	132	163	152	128,97	127,46		124
120 *	120	119,13	117,80	140	170	160	134,62	133,11		130
130 *	130	129,00	127,50	150	184	170	145,77	144,08		141
135 *	135	134,00	132,50	158	191	178	151,42	149,72		146
145 *	145	144,00	142,50	168	205	190	162,72	161,02		157
150 *	150	149,00	147,50	—	—	—	168,37	166,78	165	162
155 *	155	154,00	152,50	—	—	—	174,02	172,32	170	168

* Siehe Seite 3
[1]) und [2]) siehe Seite 3

Tabelle. (Fortsetzung)

Schlüsselweite (SW)						Eckenmaß				
Nennmaß	s max.	s min. 1) Reihe 1	s min. 1) Reihe 2	d	e_1 min.	e_2 min.	e_3 2) min. Reihe 1	e_3 2) min. Reihe 2	e_4	e_5 min.
165 *	165	164,00	162,50				185,32	183,62	180	179
170 *	170	169,00	167,50				190,97	189,28	186	184
175	175	174,00	172,50				196,62	194,92	192	189
180 *	180	179,00	177,50				202,27	200,58	198	195
185 *	185	183,85	180,40				207,75	203,85	205	200
190	190	188,85	185,40				213,40	209,50	210	206
200 *	200	198,85	195,40				224,70	220,80	220	216
210 *	210	208,85	205,40				236,00	227,58	232	227
220	220	218,85					247,30		242	238
230	230	228,85					258,60		255	249
235	235	233,85					264,25		260	254
245	245	243,85					275,55		270	265
255	255	253,70					286,68		280	276
265	265	263,70					297,98		290	287
270	270	268,70					303,63		298	292
280	280	278,70					314,93		308	303
290	290	288,70					326,23		320	314
300	300	298,70		–	–	–	337,53		330	325
310	310	308,70					348,83		340	335
320	320	318,60					360,02		352	346
330	330	328,60					371,32		362	357
340	340	338,60	–				382,62	–	375	368
350	350	348,60					393,92		385	379
365	365	363,60					410,87		400	395
380	380	378,60					427,82		420	411
395	395	393,60					444,77		435	427
410	410	408,45					461,55		452	444
425	425	423,45					478,50		470	460
440	440	438,45					495,45		485	476
455	455	453,45					512,40		500	492
470	470	468,45					529,35		518	509
480	480	478,45					540,65		528	519
495	495	493,45					557,60		545	536
510	510	–					–		560	552
525	525	–					–		580	568

* Auswahlreihe für Sechskantschrauben und -muttern nach DIN ISO 272
1) Es gelten folgende Toleranzfelder:
    Reihe 1   Reihe 2
    s bis 4: h12   s bis 19: h14
    s über 4 bis 32: h13   s über 19 bis 60: h15
    s über 32: h14   s über 60 bis 180: h16
                                  s über 180: h17
    Diese Toleranzfelder entsprechen DIN ISO 4759 Teil 1; ausgenommen das Toleranzfeld h12 für Schlüsselweiten bis 4 mm in der Reihe 1. Hier ist in DIN ISO 4759 Teil 1 das Toleranzfeld h13 angegeben (siehe Erläuterungen).
2) e_3 min. = 1,13 s min.; für Sechskantschrauben und -muttern mit Flansch und für fertiggepreßte Sechskante
   e_3 min. = 1,12 s min.

DK 651.71'11 : 676.8 Februar 1991

Papier-Endformate
C-Reihe

DIN 476
Teil 2

Trimmed sizes of paper; C serie
Formats finis des papiers; Serié C

Maße in mm

Mit DIN 476 Teil 1/02.91
Ersatz für DIN 476/12.76

1 Anwendungsbereich und Zweck

Die in dieser Norm festgelegten Formate der C-Reihe gelten für Papiererzeugnisse, die zur Unterbringung von Papiererzeugnissen in Formaten der A-Reihe bestimmt sind, z.B. Briefhüllen, Mappen, Aktendeckel.

2 Aufbau der Formatanordnung

Siehe DIN 476 Teil 1

3 C-Reihe

3.1 Formatentwicklung

Durch Errechnen der geometrischen Mittelwerte jeweils zweier aufeinanderfolgender Formate der A-Reihe und der B-Reihe erhält man die C-Reihe (siehe Tabelle)

3.2 Formate der C-Reihe

Tabelle.

Kurzzeichen	C-Reihe
C0	917 × 1297
C1	648 × 917
C2	458 × 648
C3	324 × 458
C4	229 × 324
C5	162 × 229
C6	114 × 162
C7	81 × 114
C8	57 × 81
C9	40 × 57
C10	28 × 40

3.3 Grenzabweichungen

Falls nicht bei Bestellungen andere Abweichungen vereinbart werden, gelten für die Formate nach 3.2 die folgenden Grenzabweichungen:

Für Abmessungen bis 150 mm: ± 1 mm
Für Abmessungen über 1500 mm bis 600 mm: ± 1,5 mm
Für Abmessungen über 600 mm: ± 2 mm

Fortsetzung Seite 2

Normenausschuß Bürowesen (NBü) im DIN Deutsches Institut für Normung e.V.
Normenausschuß Druck- und Reproduktionstechnik (NDR)
Normenausschuß Papier und Pappe (NPa)

Zitierte Normen

DIN 476 Teil 1 Schreibpapier und bestimmte Gruppen von Drucksachen; Endformate A- und B-Reihen (ISO 216 : 1975), Deutsche Fassung EN 20 216 : 1990

Weitere Normen

DIN 678 Teil 1 Briefhüllen; Formate
DIN 680 Fensterbriefhüllen; Formate und Fensterstellung

Frühere Ausgaben

DIN 476: 08.22, 07.25, 04.30, 04.39, 12.76

Änderungen

Gegenüber DIN 476/12.76 wurden folgende Änderungen vorgenommen.
a) Norm aufgeteilt in DIN 476 Teil 1 und Teil 2.
b) C-Reihe übernommen, siehe Erläuterungen.

Erläuterungen

Zu den Endformat-Reihen A und B nach der Internationalen Norm ISO 216 wurde vom CEN ein Erstfragebogenverfahren (PQ-Verfahren) durchgeführt. Damit wurde die Bereitschaft der CEN-Mitglieder festgestellt, ISO 216 ohne Änderungen als Europäische Norm EN 20 216 anzunehmen. Nach den Regularien des CEN muß die Europäische Norm EN 20 216 in das Deutsche Normenwerk übernommen werden (als DIN 476 Teil 1).
Die national noch benötigte C-Reihe ist unverändert in dieser Norm enthalten.

Internationale Patentklassifikation

B 65 D 27/04
B 42 F

DK 621.822.6/.8 : 001.4 : 003.62 Mai 1993

| | Wälzlager
Grundlagen
Bezeichnung, Kennzeichnung | **DIN**
623
Teil 1 |

Rolling bearings; Fundamental principles; Designation, marking Ersatz für Ausgabe 03.84

Inhalt

	Seite
1 Anwendungsbereich und Zweck	1
2 **Aufbau der Bezeichnung**	1
2.1 Benennung	2
2.2 Normnummer	2
2.3 Merkmale-Gruppen der Kurzzeichen	3
2.4 Reihenfolge der Kurzzeichen und Ergänzungen	3
2.5 Gliederung	3
3 **Kurzzeichen**	3
3.1 Vorsetzzeichen	3
3.1.1 Einzelteile	3
3.1.2 Werkstoff	3
3.2 Basiszeichen	3
3.2.1 Lagerreihe	3
3.2.2 Lagerbohrung	4
3.3 Nachsetzzeichen	4

	Seite
3.3.1 Innere Konstruktion	4
3.3.2 Äußere Form	4
3.3.3 Käfig	5
3.3.3.1 Käfigwerkstoff	5
3.3.3.2 Käfigbauart	6
3.3.3.3 Lager ohne Käfig	6
3.3.4 Genauigkeit	6
3.3.5 Lagerluft	6
3.3.6 Wärmebehandlung	6
3.3.7 Schmierfettfüllung	7
3.4 Ergänzungszeichen	7
4 **Sprechweise**	7
5 **Bezeichnungsbeispiele**	8
6 **Übersicht**	9
7 **Kennzeichnung**	16

1 Anwendungsbereich und Zweck

Die Festlegungen nach dieser Norm gelten für das Bilden von vollständigen Normbezeichnungen für Wälzlager. Durch die Anwendung dieser Norm wird eine einheitliche Bezeichnung für die systematische Benennung und Identifizierung von Wälzlagern erreicht. Für Lager gleicher DIN-Bezeichnung ist die Austauschbarkeit gegeben.

2 Aufbau der Bezeichnung

Hierfür gelten die Festlegungen nach DIN 820 Teil 27. In Tabelle 1 sind alle zur vollständigen Bezeichnung gehörenden Angaben für Wälzlager enthalten.

Fortsetzung Seite 2 bis 18

Arbeitsausschuß Wälzlager (AWI) im DIN Deutsches Institut für Normung e.V.

Tabelle 1: Aufbau der Bezeichnung, Anzahl der Schreibstellen und Angabe der Abschnitt-Nr

Benennung	Norm-nummer	Identifizierung					
		Merkmale-Gruppen der Kurzzeichen (max. 18 Schreibstellen)[1]					
2.1 (max. 18 Schreib-stellen)	2.2 (max. 10 Schreib-stellen)	3.1 Vorsetz-zeichen	3.2 Basiszeichen				3.3 Nachsetz-zeichen	3.4 Ergänzungs-zeichen
		3.1.1 Einzelteile 3.1.2 Werkstoff	3.2.1 Lagerreihe			3.2.2 Lager-bohrung	3.3.1 Innere Konstruktion 3.3.2 Äußere Form 3.3.3 Käfig 3.3.4 Genauigkeit 3.3.5 Lagerluft 3.3.6 Wärmebehandlung 3.3.7 Schmierfettfüllung	Ergänzungs-zeichen nach Angaben des Herstellers
				Maßreihe nach DIN 616				
z. B. Rillen-kugel-lager	DIN 625	—	Lagerart	Breiten- oder Höhenreihe	Durch-messer-reihe			
Pendel-rollen-lager	DIN 636	—						

[1]) Kann bei Bedarf überschritten werden, wobei die Gesamtsumme nicht größer als 56 Schreibstellen sein darf.

Basiszeichen müssen in jedem Fall vollständig angegeben werden. Vorsetzzeichen, Nachsetzzeichen und Ergänzungszeichen nach den Abschnitten 3.1, 3.3 und 3.4 können im Kurzzeichen dann fehlen,
— wenn nach Abschnitt 3.1.2 nur Werkstoffe für den Normalfall verwendet werden,
— wenn die durch sie bezeichneten Merkmale nicht vorhanden sind,
— wenn für den Normalfall nach Abschnitt 3.3 keine Nachsetzzeichen für Käfig, PN, CN und SN angegeben werden,
— wenn über diese Merkmale keine Festlegungen vereinbart werden. Die Ausführung wird dann nach Wahl des Herstellers entsprechend den Normnummern festgelegt.

Vor- und Nachsetzzeichen können über die genormten Zeichenfolgen hinaus ergänzt werden. Die Aussage der genormten Zeichenfolge muß dabei erhalten bleiben, sie darf nur ergänzt werden.
BEISPIELE:
TN9: Käfig aus Kunststoff, Herstellervariante 9
JP3: Fensterkäfig aus Stahlblech, Herstellervariante 3

2.1 Benennung

Zum Bilden normgerechter Benennungen dienen die eingeführten Namen von Wälzlagerbauarten, die die Art des Wälzkörpers und die Laufbahngeometrie erkennen lassen, z. B. Rillenkugellager, Pendelrollenlager.

Mit Rücksicht auf die begrenzte Anzahl von Schreibstellen des Benennungs-Blockes wird der in handelsüblichen Benennungen enthaltene Vorsatz „Radial" grundsätzlich unterdrückt.

Aus dem gleichen Grunde werden folgende Abkürzungen festgelegt:
— Zyl. Rollenlager
— Ax. Pen. Rollenlager
— Ax. Zyl. Rollenlager
— Ax. Rill. Kugellager
— Ax. Nadellager
— Ax. Nadelkranz
— komb. Nadellager

Die genormten Benennungen für Wälzlager sind in Tabelle 3 aufgeführt.

2.2 Normnummer

In Tabelle 3 sind die Normnummern enthalten.

2.3 Merkmale-Gruppen der Kurzzeichen

Hierzu gehören nach Tabelle 1:
- Vorsetzzeichen
- Basiszeichen
- Nachsetzzeichen
- Ergänzungszeichen

2.4 Reihenfolge der Kurzzeichen und Ergänzungen

Die in Abschnitt 2.3 genannten vier Merkmale-Gruppen der Kurzzeichen sind in der gleichen Reihenfolge anzuwenden.
Die Reihenfolge der Basiszeichen ist im Abschnitt 3.2 festgelegt.
Innerhalb der Vorsetzzeichen, Nachsetzzeichen und Ergänzungszeichen stehen diese bei gleichzeitiger Anwendung mehrerer Zeichen in derjenigen Reihenfolge, in der sie in Abschnitt 3.1, Abschnitt 3.3 und Abschnitt 3.4 aufgeführt sind.

2.5 Gliederung

Zusammengehörige Zeichenblöcke können gegeneinander durch Leerstellen oder die grafischen Zeichen Mittelstrich (-), Schrägstrich (/), liegendes Kreuz (×) oder Punkt (●) gegliedert werden.

3 Kurzzeichen

3.1 Vorsetzzeichen

3.1.1 Einzelteile

Durch Vorsetzzeichen werden Teile von vollständigen Wälzlagern bezeichnet:

    K   Käfig mit Wälzkörpern

Bei einigen nicht selbsthaltenden Wälzlagerarten (z.B. Zylinderrollenlager, Kegelrollenlager) werden oft nur die freien Ringe oder die Rollenkränze mit den nicht abziehbaren Ringen geliefert. Diese Teile werden durch folgende, vor das Basiszeichen gesetzte Vorsetzzeichen bezeichnet:

    L   freier Ring (z.B. LNU 419 für den Innenring des Lagers NU 419),

    R   Ring (Innen- oder Außenring) mit Wälzkörpersatz (z.B. RNU 419 für den Rollenkranz mit dem Außenring des Lagers NU 419)

Die mit L und R bezeichneten Teile eines bestimmten Lagertyps ergeben ein vollständiges Lager. Dessen volle Funktionstüchtigkeit ist jedoch nur dann sichergestellt, wenn die Teile vom selben Hersteller geliefert wurden.

Falls der freie Ring aus mehreren Teilen besteht, z.B. aus Innenring und Bordscheibe beim Zylinderrollenlager NUP, gilt dementsprechend das Vorsetzzeichen L für den Innenring mit zugehöriger Bordscheibe.

3.1.2 Werkstoff

Ringe, z.B. Innen- und Außenringe, und Wälzkörper werden im Normalfall aus Wälzlagerstahl nach DIN 17 230 hergestellt. Wälzlager aus nichtrostendem Stahl erhalten das Vorsetzzeichen

    S

3.2 Basiszeichen

Das Basiszeichen bezeichnet Art und Größe des Lagers. Es besteht in der Regel (Ausnahmen siehe unten) aus je einem Zeichen oder einer Zeichengruppe für
- Lagerreihe (siehe Abschnitt 3.2.1)
- Lagerbohrung (siehe Abschnitt 3.2.2)

Der Aufbau des Basiszeichens ist in Tabelle 1 dargestellt.
Obenstehende Systematik gilt nicht für Nadel-Axialzylinderrollenlager, Nadel-Axialkugellager, Nadelhülsen, Nadelbüchsen, Radial-Nadelkränze, Axial-Nadelkränze und Axialscheiben.
Hier setzt sich das Basiszeichen zusammen aus Zeichen/Zeichengruppe und Zeichengruppe(n) für:
- Bauart
- charakteristische Abmessung(en)

Die entsprechende Aufbausystematik ist in Tabelle 5 dargestellt.
Das Bezeichnungssystem nach DIN ISO 355 für Kegelrollenlager besteht parallel und wird bei Neuauslegung bevorzugt angewandt.

3.2.1 Lagerreihe

Die Lagerreihe setzt sich zusammen aus der Lagerart und der Maßreihe. Jede Lagerreihe ist durch eine Gruppe von Ziffern oder Buchstaben oder durch eine Kombination von Ziffern und Buchstaben gekennzeichnet, siehe Tabelle 3.
Diese Zeichengruppe ist aus Zeichen für
- Lagerart und
- Maßreihe

zusammengesetzt.

3.2.2 Lagerbohrung

Das Zeichen für die Lagerbohrung besteht aus Ziffern und wird im allgemeinen direkt, in definierten Fällen jedoch auch mit einem Schrägstrich an das Zeichen für die Lagerreihe angehängt, siehe Tabelle 4.

3.3 Nachsetzzeichen

Nachsetzzeichen werden im Anschluß an das Basiszeichen geschrieben und dienen zur Bezeichnung von
- innerer Konstruktion, siehe Abschnitt 3.3.1
- äußerer Form, siehe Abschnitt 3.3.2
- Deck- und Dichtscheibe, siehe Abschnitt 3.3.2
- Käfig, siehe Abschnitt 3.3.3
- Genauigkeit, siehe Abschnitt 3.3.4
- Lagerluft, siehe Abschnitt 3.3.5
- Wärmebehandlung, siehe Abschnitt 3.3.6
- Schmierfettfüllung, siehe Abschnitt 3.3.7

3.3.1 Innere Konstruktion

A Die Bedeutung dieser Zeichen ist im einzelnen nicht festgelegt; sie werden je nach Bedarf zur Bezeichnung bestimm-
B ter Konstruktionsmerkmale verwendet. Diese Merkmale dürfen nicht Festlegungen definierter Vor- oder Nachsetzzei-
C chen sowie Festlegungen der betreffenden Produktnorm widersprechen. Im allgemeinen ist ihre Anwendung zeitlich
D begrenzt, um während einer Übergangszeit Verwechslungen zu vermeiden.
E In bestimmten Fällen dienen sie jedoch auch zur dauernden Bezeichnung von Lagern gleicher Art und Außenmaße, jedoch voneinander abweichenden Innenkonstruktionen.

3.3.2 Äußere Form

K Ausführung K
   Lager mit kegeliger Bohrung, Kegel 1 : 12
   BEISPIEL:
   1207 K = Pendelrollenlager wie 1207, aber mit kegeliger Bohrung

K30 Ausführung K30
     Lager mit kegeliger Bohrung, Kegel 1 : 30
     BEISPIEL:
     24138 K30 = Pendelrollenlager wie 24138, aber mit kegeliger Bohrung, Kegel 1 : 30

S Ausführung S
   Zweireihiges Lager mit Umfangsnut und mindestens 3 Schmierbohrungen im Außenring
   BEISPIEL:
   22328 S

Z Ausführung Z
   Lager mit Deckscheibe auf einer Seite
   BEISPIEL:
   6207-Z

2Z Ausführung 2Z
    Lager mit Deckscheibe auf beiden Seiten
    BEISPIEL:
    6207-2Z

RS Ausführung RS
    Lager mit Dichtscheibe auf einer Seite (mit Dichtteil aus Elastomer, z. B. NBR, nach DIN ISO 1629)
    BEISPIEL:
    6207-RS

2RS Ausführung 2RS
     Lager mit Dichtscheibe auf beiden Seiten (mit Dichtteil aus Elastomer, z. B. NBR, nach DIN ISO 1629)
     BEISPIEL:
     6207-2RS

N   Ausführung N
Lager mit Ringnut im Mantel des Außenringes, Abmessungen nach DIN 616
BEISPIEL:
6207 N

NR   Ausführung NR
Lager mit Ringnut im Mantel des Außenringes nach DIN 616 und zugehörigem Sprengring nach DIN 5417
BEISPIEL:
6008 NR

ZN bzw. RSN   Ausführung ZN
Lager mit Deckscheibe auf einer Seite und mit Ringnut im Mantel des Außenringes nach DIN 616 auf der entgegengesetzten Seite liegend. Für Lager mit Dichtscheibe lautet die Ausführung RSN.
BEISPIEL:
6206-ZN
Bei zwei Deck-, Dichtscheiben: 6206-2ZN bzw. 6206-2RSN

ZNB bzw. RSNB   Ausführung ZNB
Lager mit Deckscheibe bzw. Dichtscheibe und Ringnut im Mantel des Außenringes nach DIN 616 auf derselben Seite
BEISPIEL:
6207-ZNB
Für Lager mit Dichtscheibe lautet das Beispiel: 6207-RSNB

ZNBR bzw. RSNBR   Ausführung ZNBR
Lager mit Deckscheibe bzw. Dichtscheibe, Ringnut nach DIN 616 im Außenring auf derselben Seite liegend mit zugehörigem Sprengring nach DIN 5417
BEISPIEL:
6207-ZNBR
Bei zwei Deck-, Dichtscheiben: 6207-2ZNR bzw. 6207-2RSNR

N2   Ausführung N2
Zwei Haltenuten auf einer Seite des Außenringes oder in der Gehäusescheibe
BEISPIEL:
QJ 228 N2

R   Ausführung R
Lager mit Flansch am Außenring
BEISPIEL:
33217 R

3.3.3 Käfig

Nachsetzzeichen für den Käfig müssen nicht angegeben werden, sofern die allgemeinen Leistungszusagen der Produktnorm und übergeordneter Normen eingehalten werden. Das bedeutet, der Käfig wird in diesem Fall nach Wahl des Herstellers geliefert. Läßt der spezielle Anwendungsfall nur einen bestimmten Käfig zu, so ist dieser entsprechend unten stehender Bezeichnungssystematik zu vereinbaren. Gegenstand der Vereinbarung ist dann ebenfalls, ob die Käfigbauart (Abschnitt 3.3.3.2) in der Lagerbezeichnung angegeben wird.

3.3.3.1 Käfigwerkstoff

  J   Käfig aus Stahlblech
  Y   Käfig aus Kupfer-Zink-Blech
  M   Massivkäfig aus Kupfer-Zink-Legierung
  F   Massivkäfig aus Stahl oder Sondergußteilen
  L   Massivkäfig aus Leichtmetall
  T   Käfig aus Kunststoff mit Gewebeeinlage
  TN Käfig aus Kunststoff, weitere Festlegungen nach Vereinbarung

3.3.3.2 Käfigbauart
Diese Zeichen sind nur in Verbindung mit den Zeichen nach Abschnitt 3.3.3.1 anzuwenden.

- P Fensterkäfig
- H Schnappkäfig
- A Führung im Außenring
- B Führung auf dem Innenring
- S mit Schmiernuten in den Führungsflächen

Beispiele für Nachsetzzeichen eines Massivkäfigs aus Kupfer-Zink-Legierung mit Führung auf dem Außenring: MA, mit Fensterkäfig und Führung auf dem Innenring: MPB

3.3.3.3 Lager ohne Käfig
- V vollkugeliges oder vollrolliges Lager
- VH vollrolliges Zylinderrollenlager mit selbsthaltendem Rollensatz

3.3.4 Genauigkeit
Die Toleranzen für Radiallager sind für die meisten Bauarten nach DIN 620 Teil 2 und für Axiallager nach DIN 620 Teil 3 festgelegt. Für Bauarten, die von DIN 620 Teil 2 und Teil 3 nicht betroffen sind, sind die Toleranzen z. T. in den Produktnormen festgelegt (siehe z. B. DIN 618 Teil 1 und DIN 5405).

Für die festgelegten Toleranzklassen sind folgende Nachsetzzeichen anzuwenden:

- P2 Lager mit höchster Maß-, Form- und Laufgenauigkeit (höher als P4) entsprechend der ISO-Toleranzklasse 2,
- P4 Lager mit ganz besonders hoher Maß-, Form- und Laufgenauigkeit (höher als P5) entsprechend der ISO-Toleranzklasse 4,
- P5 Lager mit besonders hoher Maß-, Form- und Laufgenauigkeit (höher als P6) entsprechend der ISO-Toleranzklasse 5,
- P6 Lager mit erhöhter Maß-, Form- und Laufgenauigkeit entsprechend der ISO-Toleranzklasse 6,
- PN Lager mit Normaltoleranz. Dies entspricht dem Normalfall, hierfür braucht das Nachsetzzeichen PN bei der Bezeichnung nicht angegeben zu werden (während einer Übergangszeit ist auch „P0" zulässig).

3.3.5 Lagerluft
Die radiale Lagerluft ist für die meisten Bauarten in DIN 620 Teil 4 festgelegt. Für Bauarten, die von DIN 620 Teil 4 nicht betroffen sind, liegen Festlegungen teilweise in den Produktnormen vor. Hiernach sind folgende Nachsetzzeichen anzuwenden:

- C2 Lagerluft kleiner als CN
- CN Lagerluft größer als C2 und kleiner als C3, entspricht dem Normalfall, hierfür braucht das Nachsetzzeichen CN bei der Bezeichnung nicht angegeben zu werden (während einer Übergangszeit ist auch „C0" zulässig).
- C3 Lagerluft größer als CN
- C4 Lagerluft größer als C3
- C5 Lagerluft größer als C4

Für Lager, deren Ausführung sowohl dem Abschnitt 3.3.4 als auch diesem Abschnitt entspricht, können die Ziffern der Nachsetzzeichen für die Genauigkeit und Lagerluft zusammengefaßt werden; hierbei entfällt der Buchstabe C für die Lagerluft.

BEISPIEL:
Toleranzklasse P5 und Lagerluft C3, Nachsetzzeichen: P53

3.3.6 Wärmebehandlung
Die Wärmebehandlung der Wälzlager ist von der maximalen Betriebstemperatur abhängig. Werden keine besonderen Anforderungen gestellt, so sind die Lager im Normalfall bis 120°C stabilisiert. Betriebstemperaturen über 120°C erfordern u. a. eine besondere Wärmebehandlung der Innen- und Außenringe oder Wellen- und Gehäusescheiben.

Wird kein Nachsetzzeichen für die Wärmebehandlung angegeben, so beträgt die maximal zulässige Betriebstemperatur, bezogen auf die Beharrungstemperatur, in der Lauffläche des Außenringes nicht mehr als 120°C. Für die Festlegung der Wärmebehandlung sind folgende Nachsetzzeichen anzugeben:

- SN   Lager, deren Ringe oder Scheiben für Betriebstemperaturen bis 120°C stabilisiert sind. Dies entspricht dem Normalfall, hierfür braucht das Nachsetzzeichen SN bei der Bezeichnung nicht angegeben zu werden.
- S0   Lager, deren Ringe oder Scheiben für Betriebstemperaturen bis 150°C stabilisiert sind.
- S1   Lager, deren Ringe oder Scheiben für Betriebstemperaturen bis 200°C stabilisiert sind.
- S2   Lager, deren Ringe oder Scheiben für Betriebstemperaturen bis 250°C stabilisiert sind.
- S3   Lager, deren Ringe oder Scheiben für Betriebstemperaturen bis 300°C stabilisiert sind.
- S4   Lager, deren Ringe oder Scheiben für Betriebstemperaturen bis 350°C stabilisiert sind.
- S0B Lager, deren Innenringe oder Wellenscheiben für Betriebstemperaturen bis 150°C stabilisiert sind.

DIN 623 Teil 1 Seite 7

3.3.7 Schmierfettfüllung

Nur bei beidseitig abgedichteten Lagern der Ausführung -2Z und -2RS muß die erste Schmierfettfüllung für den Anwender durch den Wälzlagerhersteller erfolgen.

Die Schmierfette sind hinsichtlich Anforderungen und Bezeichnung in DIN 51825 und DIN 51502 festgelegt. Diese Normen sind Basis für die Vereinbarungen bezüglich der Wälzlagerbefettung.

Ohne Angabe eines Nachsetzzeichens innerhalb des Kurzzeichens liegt bei beidseitig abgedichteten Wälzlagern folgende Standardbefettung vor:

K2K-30 oder K3K-30 nach DIN 51825

Davon abweichende Sonderfette sind zu vereinbaren. Dabei sollen für folgende Sonderfettgruppen nach DIN 51825 die unten angegebenen G-Kurzzeichen verwendet werden:

Tabelle 2: Nachsetzzeichen für Schmierfette für Wälzlager

Nachsetzzeichen nach dieser Norm (DIN 623 Teil 1)	Kurzzeichen nach DIN 51825	Temperatureinsatzbereich °C
GL	K2E-50	− 50 bis + 80
GN[1]	K2K-30 oder K3K-30	− 30 bis + 120
GH	K2N-30	− 30 bis + 140

[1]) GN entspricht dem Normalfall für abgedichtete Lager, hierfür muß das Nachsetzzeichen GN innerhalb des Wälzlagerkurzzeichens nicht angegeben werden.

Nicht in diese drei Gruppen fallende Sonderfette sollen auf der Basis DIN 51825 bzw. DIN 51502 vereinbart werden. Es sind hierfür jedoch auch herstellerspezifische Nachsetzzeichen zugelassen. Nichtgenormte Sonderfette erhalten grundsätzlich herstellerspezifische Nachsetzzeichen.

Die hier festgelegten Nachsetzzeichen gelten für gedichtete und ungedichtete Lager (ungedichtete Lager sind in der Regel standardmäßig nicht gefettet).

Die Wahl des Schmierfettes beim Einbau oder beim Nachschmieren für nicht vom Hersteller gefettete Lager kann entsprechend Tabelle 2 erfolgen.

3.4 Ergänzungszeichen

Für Festlegungen, die über die Kurzzeichen von Abschnitt 3.1 bis Abschnitt 3.3 hinausgehen, können herstellerinterne Ergänzungszeichen festgelegt werden. Die Zusagen der betreffenden Produktnormen müssen dabei eingehalten werden, d. h., mit Ergänzungszeichen werden Festlegungen über die Produktnorm hinaus getroffen oder Toleranzen eingeengt.

4 Sprechweise

Die Basiszeichen nach Abschnitt 3.2 sind zwischen der Lagerreihe nach Abschnitt 3.2.1 und der Lagerbohrung nach Abschnitt 3.2.2 zu trennen. Das Trennen des Zeichenblocks für die Maßreihe und das Verbinden des abgetrennten Zeichens mit dem Zeichen für die Lagerart sind beim Sprechen nicht zulässig.

Beispiele für richtige Sprechweise:

618/3 = sechshundertachtzehn Schrägstrich drei
62 5 = zweiundsechzig fünf
62 05 = zweiundsechzig nullfünf
302 05 = dreihundertzwei nullfünf
223 10 = zweihundertdreiundzwanzig zehn
NJ 2 10 = enjot zwei zehn

5 Bezeichnungsbeispiele

Das Prinzip der Bildung von Basiszeichen aus Zeichen für Lagerarten, Breiten- oder Höhenreihe, Durchmesserreihe und Bohrungsdurchmesserangabe zeigen Tabelle 1 und Tabelle 4. Ausnahmen hierzu sind in Tabelle 3 und Tabelle 5 (siehe Fußnoten) enthalten.

BEISPIELE:
Für die Bezeichnung eines Rillenkugellagers gilt:

                                      Rillenkugellager DIN 625 — 6024 — 2Z C3 S0 GH

Benennung ┘
Norm-Hauptnummer ┘
Basiszeichen ┘
Nachsetzzeichen:
2 Deckscheiben ┘
Lagerluft ┘
Wärmebehandlung ┘
Schmierfettfüllung ┘
Käfigausführung nach Wahl des Herstellers, siehe Abschnitt 3.3.3

Für die Bezeichnung eines Pendelrollenlagers gilt:

                                        Pendelrollenlager DIN 635 — 24024 — K30 S MA P63 S2

Benennung ┘
Norm-Hauptnummer ┘
Basiszeichen ┘
Nachsetzzeichen:
Kegelige Bohrung Kegel 1 : 30 ┘
Schmiernut am Außenring mit mindestens drei Schmierbohrungen ┘
Käfigausführung:
CuZn-Massivkäfig ┘
Führung im Außenring ┘
Genauigkeit ┘
Lagerluft ┘
Wärmebehandlung ┘

Für die Bezeichnung eines Zylinderrollenlagers gilt:

                                        Zyl. Rollenlager DIN 5412 — RNU 2340 MPA P5

Benennung ┘
Norm-Hauptnummer ┘
Basiszeichen:
Bauform NU ohne Innenring, Maßreihe, Lagerbohrung 200 mm ┘
Käfigausführung:
CuZn-Massivkäfig ┘
Fensterkäfig ┘
Führung im Außenring ┘
Genauigkeit ┘

DIN 623 Teil 1 Seite 9

6 Übersicht

Tabelle 3 enthält eine Zusammenstellung der vom Arbeitsausschuß Wälzlager genormten Lager mit Benennung, Normnummer und Systematik zur Bildung des Basiszeichens. Die Übersicht ist alphanumerisch nach der Spalte „Lagerart" geordnet (Ausnahme: laufende Nummer 41).

Tabelle 3

	Siehe Abschnitt		2.1	2.2	3.2.1		
Lfd. Nr	Ausführung	Bildliche Darstellung	Benennung	Normnummer	Lagerart	Maßreihe	Lagerreihe
1	Radial-Schrägkugellager, zweireihig, mit oder ohne Füllnut		Schrägkugellager	DIN 628 Teil 3 (z. Z. Entwurf)	0[1] 0[1]	32 33	32 33
2	Radial-Pendelkugellager, zweireihig		Pendelkugellager	DIN 630	1 1 1 1	02 22 03 23	12[2] 22[3] 13[2] 23[3]
3	Radial-Pendelrollenlager, einreihig, Tonnenlager		Tonnenlager	DIN 635 Teil 1	2 2 2	02 03 04	202 203 204
4	Radial-Pendelrollenlager, zweireihig		Pendelrollenlager	DIN 635 Teil 2	2 2 2 2 2 2 2 2 2	39 30 40 31 41 22 32 03 23	239 230 240 231 241 222 232 213[5] 223
5	Axial-Pendelrollenlager, asymmetrische Rollen		Ax. Pen. Rollenlager	DIN 728	2 2 2	92 93 94	292 293 294
6	Kegelrollenlager, einreihig		Kegelrollenlager	DIN 720 DIN ISO 355[6]	3 3 3 3 3 3 3 3 3	29 20 30 31 02 22 32 03 13 23	329 320 330 331 302 322 332 303 313 323
7	Radial-Rillenkugellager, zweireihig, ohne oder mit Füllnut		Rillenkugellager	DIN 625 Teil 3 (z. Z. Entwurf)	4	22	42[2]

[1]) bis [6]) siehe Seite 14

(fortgesetzt)

Tabelle 3 (fortgesetzt)

Siehe Abschnitt			2.1	2.2		3.2.1	
Lfd. Nr	Ausführung	Bildliche Darstellung	Benennung	Normnummer	Lagerart	Maß-reihe	Lagerreihe
8	Axial-Rillenkugellager, einseitig wirkend, mit ebener Gehäusescheibe		Ax. Rill. Kugellager	DIN 711	5 5 5 5	11 12 13 14	511 512 513 514
9	Axial-Rillenkugellager, einseitig wirkend, mit kugeliger Gehäusescheibe[7]		Ax. Rill. Kugellager	DIN 711	5 5 5	$2^{4)}$ $3^{4)}$ $4^{4)}$	532 533 534
10	Axial-Rillenkugellager, zweiseitig wirkend, mit ebener Gehäusescheibe		Ax. Rill. Kugellager	DIN 715	5 5 5	22 23 24	522 523 524
11	Axial-Rillenkugellager, zweiseitig wirkend, mit kugeliger Gehäusescheibe[7]		Ax. Rill. Kugellager	DIN 715	5 5 5	$2^{4)}$ $3^{4)}$ $4^{4)}$	542 543 544
12	Radial-Rillenkugellager, einreihig, ohne Füllnut		Rillenkugellager	DIN 625 Teil 1	6 6 6 6 6 6 6 6 6 6	18 28 38 19 39 00 10 02 03 04	618 628 638 619 639 $160^{2), 12)}$ $60^{2)}$ $62^{2)}$ $63^{2)}$ $64^{2)}$
13	Radial-Schrägkugellager, einreihig, ohne Füllnut, nicht zerlegbar		Schräg-kugellager	DIN 628 Teil 1	7 7	02 03	$72^{2)}$ $73^{2)}$
14	Axial-Zylinderrollenlager, einseitig wirkend		Ax. Zyl. Rollenlager	DIN 722	8 8	11 12	811 812
15	Axialscheibe		Axialscheibe	DIN 5405 Teil 3	AS	[11]	—

[2], [4], [7], [11] und [12] siehe Seite 14

(fortgesetzt)

DIN 623 Teil 1 Seite 11

Tabelle 3 (fortgesetzt)

	Siehe Abschnitt		2.1	2.2		3.2.1	
Lfd. Nr	Ausführung	Bildliche Darstellung	Benennung	Normnummer	Lagerart	Maß-reihe	Lagerreihe
16	Axial-Nadelkranz, einreihig		Ax. Nadelkranz	DIN 5405 Teil 2	AXK	[11]	—
17	Nadelbüchse, einreihig		Nadelbüchse	DIN 618 Teil 1	BK	[11]	—
18	Winkelring für Zylinder-rollenlager		Winkelring	DIN 5412 Teil 1	HJ 02 HJ passend 22 HJ zur 03 HJ Maßreihe 23 HJ 04		HJ2[2]) HJ22 HJ3[2]) HJ23 HJ4[2])
19	Winkelring für Zylinder-rollenlager in verstärkter Ausführung (E)		Winkelring	DIN 5412 Teil 1	HJ 20 HJ passend 02 HJ zur 22 HJ Maßreihe 03 HJ 23		HJ20..E[8] HJ2..E[8] HJ22..E[8] HJ3..E[8] HJ23..E[8]
20	Nadelhülse, einreihig		Nadelhülse	DIN 618 Teil 1	HK	[11]	—
21	Radial-Nadelkranz, einreihig		Nadelkranz	DIN 5405 Teil 1	K	[11]	—
22	Radial-Zylinderrollenlager, einreihig, zwei feste Borde am Innenring, bordfreier Außenring		Zyl. Rollenlager	DIN 5412 Teil 1	N N N	02 03 04	N 2[2]) N 3[2]) N 4[2])
23	Radial-Nadellager, einreihig, zwei feste Borde am Außenring, bordfreier Innenring		Nadellager	DIN 617	NA	48 49	NA 48 NA 49
24	Kombiniertes Radial-Nadel-lager/Axialkugellager		Komb. Nadellager	DIN 5429 Teil 1	NAXK	[11]	—

[2]), [8]) und [11]) siehe Seite 14

(fortgesetzt)

Seite 12 DIN 623 Teil 1

Tabelle 3 (fortgesetzt)

Siehe Abschnitt		2.1	2.2		3.2.1	
Lfd. Nr	Ausführung	Bildliche Darstellung	Benennung	Normnummer	Lagerart	Maß-reihe	Lagerreihe
25	Kombiniertes Radial-Nadellager/Axial-Zylinderrollenlager		Komb. Nadellager	DIN 5429 Teil 1	NAXR	[11])	—
26	Radial-Zylinderrollenlager, einreihig, zwei feste Borde am Außenring, ein fester Bord am Innenring		Zyl. Rollenlager	DIN 5412 Teil 1	NJ NJ NJ NJ NJ	02 22 03 23 04	NJ2[2]) NJ22 NJ3[2]) NJ23 NJ4[2])
27	Radial-Zylinderrollenlager, einreihig, zwei feste Borde am Außenring, ein fester Bord am Innenring, verstärkte Ausführung (E)		Zyl. Rollenlager	DIN 5412 Teil 1	NJ NJ NJ NJ NJ	02 03 20 22 23	NJ2..E[2], [8]) NJ3..E[2], [8]) NJ20..E[8]) NJ22..E[8]) NJ23..E[8])
28	Radial-Zylinderrollenlager, einreihig, zwei feste Borde am Außenring, eine lose Bordscheibe am Innenring		Zyl. Rollenlager	DIN 5412 Teil 1	NJP NJP	10 02	NJP 10 NJP 2[2])
29	Kombiniertes Radial-Nadellager/Schrägkugellager		Komb. Rollenlager	DIN 5429 Teil 2	NKIA	59	—
30	Radial-Zylinderrollenlager, zweireihig, drei feste Borde am Innenring, bordfreier Außenring		Zyl. Rollenlager	DIN 5412 Teil 4	NN	30	NN 30
31	Radial-Zylinderrollenlager, zweireihig, vollrollig, nicht zerlegbar, Bordanordnung erlaubt, Übernahme axialer Kräfte in beiden Richtungen (Festlager)		Zyl. Rollenlager	DIN 5412 Teil 9	NNC NNC	48 49	NNC 48..V NNC 49..V
32	Radial-Zylinderrollenlager, zweireihig, vollrollig, nicht zerlegbar, Bordanordnung erlaubt, Übernahme von axialen Kräften in einer Richtung (Stützlager)		Zyl. Rollenlager	DIN 5412 Teil 9	NNCF NNCF	48 49	NNCF 48..V NNCF 49..V

[2]), [8]) und [11]) siehe Seite 14

(fortgesetzt)

DIN 623 Teil 1 Seite 13

Tabelle 3 (fortgesetzt)

Siehe Abschnitt			2.1	2.2		3.2.1	
Lfd. Nr	Ausführung	Bildliche Darstellung	Benennung	Normnummer	Lagerart	Maß-reihe	Lagerreihe
33	Radial-Zylinderrollenlager, zweireihig, vollrollig, nicht zerlegbar, erlaubt Loslagerverschiebung um eine begrenzte Strecke (Loslager)		Zyl. Rollenlager	DIN 5412 Teil 9	NNCL NNCL	48 49	NNCL 48..V NNCL 49..V
34	Radial-Zylinderrollenlager, zweireihig, drei feste Borde am Außenring, bordfreier Innenring		Zyl. Rollenlager	DIN 5412 Teil 4	NNU	49	NNU 49
35	Radial-Zylinderrollenlager, einreihig, zwei feste Borde am Außenring, bordfreier Innenring		Zyl. Rollenlager	DIN 5412 Teil 1	NU NU NU NU NU NU NU	10 20 02 22 03 23 04	NU10 NU20 NU2[2]) NU22 NU3[2]) NU23 NU4[2])
	Radial-Zylinderrollenlager, einreihig, zwei feste Borde am Außenring, bordfreier Innenring, verstärkte Ausführung (E)		Zyl. Rollenlager	DIN 5412 Teil 1	NU NU NU NU NU	20 02 22 03 23	NU20..E[8]) NU2..E[2]),[8]) NU22..E[8]) NU3..E[2]),[8]) NU23..E[8])
36	Radial-Zylinderrollenlager, einreihig, zwei feste Borde am Außenring, ein fester Bord und eine lose Bordscheibe am Innenring		Zyl. Rollenlager	DIN 5412 Teil 1	NUP NUP NUP NUP NUP	02 22 03 23 04	NUP2[2]) NUP22 NUP3[2]) NUP23 NUP4[2])
37	Schrägkugellager, Vierpunktlager mit geteiltem Innenring		Schrägkugellager	DIN 628 Teil 4 (z. Z. Entwurf)	QJ QJ	02 03	QJ 2[2]) QJ 3[2])
38	Unterlagscheibe für Axial-Rillenkugellager		Unterlagscheibe	DIN 711	U passend U zur U Maßreihe	2[4]) 3[4]) 4[4])	U 2 U 3 U 4
39	Spannlager mit einseitig verbreitertem Innenring, kugelförmiger Außenringmantelfläche und exzentrischem Spannring		Spannlager	DIN 626 Teil 1	YEN	2	YEN 2[4])

[2]), [4]) und [8]) siehe Seite 14

(fortgesetzt)

Seite 14   DIN 623 Teil 1

Tabelle 3 (abgeschlossen)

Lfd. Nr	Ausführung	Bildliche Darstellung	Siehe Abschnitt 2.1 Benennung	2.2 Normnummer	Lagerart	3.2.1 Maß- reihe	Lagerreihe
40	Spannlager mit beidseitig verbreitertem Innenring, kugelförmiger Außenring- mantelfläche und exzen- trischem Spannring		Spannlager	DIN 626 Teil 1	YEL	2	YEL 2[4])
41	Radial-Schulterkugellager		Schulter- kugellager	DIN 615		nicht nach ISO 15	E[10]) L M B0 (ohne System)

[1]) Das Zeichen für die Lagerart „0" wird bei der Bildung der Zeichengruppe für die Lagerreihe unterdrückt.
[2]) Das Zeichen für die Breitenreihe wird bei der Bildung der Zeichengruppe für die Lagerreihe unterdrückt.
[3]) Das Zeichen für die Lagerart „1" wird bei der Bildung der Zeichengruppe für die Lagerreihe unterdrückt.
[4]) Entspricht dem Maßplan nur hinsichtlich der Durchmesserreihe.
[5]) Die Lagerreihenbezeichnung wäre theoretisch 203; sie ist in 213 geändert, um eine Unterscheidung mit Tonnen- lagern gleicher Maßreihe zu ermöglichen.
[6]) Das Bezeichnungssystem nach DIN ISO 355 besteht parallel und wird bei Neuauslegungen bevorzugt angewandt.
[7]) Sollen die Lager dieser Ausführung einschließlich zugehöriger Unterlagscheiben bezeichnet werden, so wird dem Basiszeichen ein „U" angehängt. Beispiel 533 20 U.
[8]) E wird zur Hervorhebung einer verstärkten Ausführung benutzt, die sich durch abweichende Maße der Hüllkreis- durchmesser unterscheiden kann.
Die Punkte (. .) stehen für die Bohrungskennzahl.
[9]) Die Zeichen für die Maßreihe werden bei der Bildung der Zeichengruppe für die Lagerreihe unterdrückt.
[10]) Die Kurzzeichen für die Grundausführung sind historisch erklärbar und folgen keinem System. Vor- und Nachsetz- zeichen nach dieser Norm können sinngemäß angewandt werden (siehe auch Tabelle 4).
[11]) Abmessungen werden entsprechend Tabelle 5 angegeben. Die Maßreihe ist nicht definiert.
[12]) „1" vor üblichen Zeichen für Lagerart gesetzt.

DIN 623 Teil 1   Seite 15

Tabelle 4: Basiszeichen für Kugellager, Zylinderrollenlager, Kegelrollenlager, Pendelrollenlager, Nadellager, Schrägkugellager und die entsprechenden axialen Bauformen

Bohrungsdurchmesser mm		Zeichen für die Lagerbohrung	Beispiele (Systematik siehe auch Abschnitt 3.2)	
über	bis			
		Das Bohrungsmaß in mm wird unverschlüsselt mit Schrägstrich an das Kurzzeichen für die Lagerreihe angehängt, auch bei Dezimalbruchmaßen	Rillenkugellager der Lagerreihe 618 mit 3 mm Bohrungsdurchmesser des Innenringes	618/ 3 ⊤ ⌐ └─ Bohrungsdurchmesser └──── Lagerreihe
—	10	In folgenden Ausnahmen wurde der Schrägstrich weggenommen: Rillenkugellager (604)[1]), 607, 608, 609, 623, 624, 625, 626, 627, 628, 629, 634, 635 Pendelkugellager (108)[1]), 126, 127, 129, 135 Schrägkugellager (705, 706, 707, 708, 709)[1]	Rillenkugellager der Lagerreihe 62 mit 5 mm Bohrungsdurchmesser des Innenringes	62 5 ⊤ ⌐ └─ Bohrungsdurchmesser └──── Lagerreihe
			Pendelkugellager der Lagerreihe 12 mit 6 mm Bohrungsdurchmesser des Innenringes	12 6 ⊤ ⌐ └─ Bohrungsdurchmesser └──── Lagerreihe
			Schrägkugellager der Lagerreihe 70 mit 6 mm Bohrungsdurchmesser des Innenringes	70 6 ⊤ ⌐ └─ Bohrungsdurchmesser └──── Lagerreihe
10	17	Bohrungskennzahl 00 ≙ 10 mm Bohrung 01 ≙ 12 mm Bohrung 02 ≙ 15 mm Bohrung 03 ≙ 17 mm Bohrung an Lagerreihe Für alle Lagerreihen mit Ausnahme der Reihen E, B0, L, M, (UK, UL, UM)[1]	Rillenkugellager der Lagerreihe 62 mit 12 mm Bohrung des Innenringes:	62 01 ⊤ ⌐ └─ Bohrungskennzahl └──── Lagerreihe

			Nadellager der Lagerreihe NA 49 mit 15 mm Bohrung des Innenringes:	NA 4902
				     ⌐
				     └ Bohrungskennzahl
				└──── Lagerreihe

17	480	Bohrungskennzahl = 1/5 des Bohrungsdurchmessers in mm an Lagerreihe Für alle Lagerreihen mit Ausnahme der Reihen E, B0, L, M, (UK, UL, UM)[1] und der Bohrungen 22, 28 und 32 mm Für Durchmesser bis 45 mm wird vor die Bohrungskennzahl eine Null gesetzt	Pendelrollenlager der Lagerreihe 232 mit 120 mm Bohrung des Innenringes:	232 24 ⊤ ⌐ └─ Bohrungskennzahl └──── Lagerreihe
			Schrägkugellager der Lagerreihe 73 mit 30 mm Bohrung des Innenringes:	73 06 ⊤ ⌐ └─ Bohrungskennzahl └──── Lagerreihe
Zwischengrößen		Bohrungsdurchmesser in mm für Zwischengrößen mit 22, 28 und 32 mm Lagerbohrung; Bohrungsdurchmesser durch Schrägstrich getrennt an Lagerreihe	Rillenkugellager der Lagerreihe 62 mit 22 mm Bohrung des Innenringes:	62 / 22 ⊤ ⌐ └─ Bohrungsdurchmesser └──── Lagerreihe
480	alle Größen	Bohrungsdurchmesser in mm durch Schrägstrich getrennt an Lagerreihe, bei Neukonstruktionen Maßplan DIN 616 beachten	Pendelrollenlager der Lagerreihe 230 mit 500 mm Bohrung des Innenringes:	230 / 500 ⊤ ⌐ └─ Bohrungsdurchmesser └──── Lagerreihe
alle Größen		Bohrungsdurchmesser in mm an die Lagerreihen E, B0, L, M, (UK, UL und UM)[1]	Schulterkugellager der Lagerreihe B0 mit 17 mm Bohrung des Innenringes:	B0 17 ⊤ ⌐ └─ Bohrungsdurchmesser └──── Lagerreihe

[1]) Nicht in Produktnormen enthalten, früher gängige Typen.

Tabelle 5: Basiszeichen für Nadel-Axialzylinderrollenlager, Nadel-Axialkugellager, Nadelhülsen, Nadelbüchsen, Radial-Nadelkränze, Axial-Nadelkränze und Axialscheiben

Zeichen für Abmessungen	Beispiele	
Nadel-Axialzylinderrollenlager NAXR, Nadel-Axialkugellager NAXK Innenhüllkreisdurchmesser in mm ohne Schrägstrich	Nadel-Axialzylinderrollenlager der Bauart NAXR mit 35 mm Durchmesser des Innenhüllkreises	NAXR 35 — Innenhüllkreisdurchmesser — Bauart
	Nadel-Axialkugellager der Bauart NAXK mit 50 mm Durchmesser des Innenhüllkreises	NAXK 50 — Innenhüllkreisdurchmesser — Bauart
Nadelhülse HK und Nadelbüchse BK Hüllkreisdurchmesser ohne Schrägstrich direkt hinter Bauart, danach Breite ohne Trennungszeichen jeweils in mm	Nadelhülse der Bauart HK mit Hüllkreisdurchmesser 4 mm und 8 mm Breite	HK 04 08 — Breite — Hüllkreisdurchmesser — Bauart
	Nadelbüchse BK mit Hüllkreisdurchmesser 22 mm und 16 mm Breite	BK 22 16 — Breite — Hüllkreisdurchmesser — Bauart
Radial-Nadelkranz K Angabe hintereinander innerer Hüllkreis x äußerer Hüllkreis x Baubreite jeweils in mm	Radial-Nadelkranz der Bauart K mit 10 mm Durchmesser des inneren Hüllkreises, 13 mm des äußeren Hüllkreises und 14 mm Baubreite	K 10 x 13 x 14 — Breite — äußerer Hüllkreisdurchmesser — innerer Hüllkreisdurchmesser — Bauart
Axial-Nadelkranz AXK Angabe hintereinander in mm innerer Käfigdurchmesser äußerer Käfigdurchmesser ohne Trennungszeichen	Axial-Nadelkranz der Bauart AXK mit 100 mm innerem Käfigdurchmesser und 135 mm äußerem Käfigdurchmesser	AXK 100 135 — äußerer Käfigdurchmesser — innerer Käfigdurchmesser — Bauart
Axialscheibe Angabe hintereinander in mm Bohrungsdurchmesser Außendurchmesser ohne Trennungszeichen	Axialscheibe der Bauart AS mit 25 mm Bohrungsdurchmesser und 42 mm Außendurchmesser	AS 25 42 — äußerer Käfigdurchmesser — innerer Käfigdurchmesser — Bauart

7 Kennzeichnung

Jedes Wälzlager nach den zitierten Normen ist deutlich und dauerhaft mit folgenden Angaben zu kennzeichnen:
  Hersteller-Zeichen
  Kurzzeichen nach DIN 623 (Merkmale-Gruppen der Kurzzeichen nach Abschnitt 3.1 bis Abschnitt 3.4, Vor- und Nachsetzzeichen, die nicht angegeben werden müssen, siehe Abschnitt 3)
Die Kennzeichnung darf entfallen, wenn sie technisch nicht möglich ist (z. B. aus Platzgründen). Die obengenannten Angaben erfolgen jedoch auf der Verpackung.

Zitierte Normen

DIN 615	Wälzlager; Schulterkugellager
DIN 616	Wälzlager; Maßpläne für äußere Abmessungen
DIN 617	Wälzlager; Nadellager mit Käfig; Maßreihen 48 und 49
DIN 618 Teil 1	Wälzlager; Nadellager; Nadelhülsen, Nadelbüchsen mit Käfig
DIN 620 Teil 2	Wälzlager; Wälzlagertoleranzen; Toleranzen für Radiallager
DIN 620 Teil 3	Wälzlager; Toleranzen für Axiallager
DIN 620 Teil 4	Wälzlager; Wälzlagertoleranzen; Radiale Lagerluft
DIN 625 Teil 1	Wälzlager; Rillenkugellager, einreihig
DIN 625 Teil 3	Wälzlager; Rillenkugellager, zweireihig
DIN 626 Teil 1	Wälzlager; Rillenkugellager mit kugelförmiger Außenringmantelfläche und verbreitertem Innenring; Spannlager
DIN 628 Teil 1	(Radial-)Schrägkugellager; einreihig
DIN 628 Teil 3	(z. Z. Entwurf) Wälzlager; Radial-Schrägkugellager; zweireihig
DIN 628 Teil 4	(z. Z. Entwurf) Wälzlager; Radial-Schrägkugellager; Vierpunktlager mit geteiltem Innenring
DIN 630	(Radial-)Pendelkugellager; zylindrische und kegelige Bohrung
DIN 635 Teil 1	Wälzlager; Pendelrollenlager; Tonnenlager, einreihig
DIN 635 Teil 2	Wälzlager; Pendelrollenlager; zweireihig
DIN 711	Wälzlager; Axial-Rillenkugellager, einseitig wirkend
DIN 715	Wälzlager; Axial-Rillenkugellager, zweiseitig wirkend
DIN 720	Wälzlager; Kegelrollenlager
DIN 722	Wälzlager; Axial-Zylinderrollenlager, einseitig wirkend
DIN 728 Teil 1	Axial-Pendelrollenlager; einseitig wirkend, mit unsymmetrischen Rollen
DIN 820 Teil 27	Normungsarbeit; Gestaltung von Normen; Bezeichnung genormter Gegenstände
DIN 5401 Teil 1	Wälzlagerteile; Kugeln aus durchhärtendem Wälzlagerstahl
DIN 5401 Teil 2	(z. Z. Entwurf) Wälzlager; Kugeln aus Sonderwerkstoffen
DIN 5405 Teil 1	Wälzlager; Nadellager, Radial-Nadelkränze
DIN 5405 Teil 2	Wälzlager; Nadellager, Axial-Nadelkränze
DIN 5405 Teil 3	(z. Z. Entwurf) Wälzlager; Nadellager, Axialscheiben
DIN 5412 Teil 1	Wälzlager; Zylinderrollenlager, einreihig, mit Käfig, Winkelringe
DIN 5412 Teil 4	Wälzlager; Zylinderrollenlager, zweireihig mit Käfig
DIN 5412 Teil 9	Wälzlager; Zylinderrollenlager, zweireihig, vollrollig, nicht zerlegbar; Maßreihen 48 und 49
DIN 5417	Befestigungsteile für Wälzlager; Sprengringe für Lager mit Ringnut
DIN 5429 Teil 1	Wälzlager; kombinierte Nadellager, Nadel-Axial-Zylinderrollenlager, Nadel-Axial-Kugellager
DIN 5429 Teil 2	Wälzlager; kombinierte Nadellager, Nadel-Schrägkugellager
DIN 17 230	Wälzlagerstähle; Technische Lieferbedingungen
DIN 51 502	Schmierstoffe und verwandte Stoffe; Bezeichnung der Schmierstoffe und Kennzeichnung der Schmierstoffbehälter, Schmiergeräte und Schmierstellen
DIN 51 825	Schmierstoffe; Schmierfette K, Einteilung und Anforderungen
DIN ISO 355	Wälzlager; Metrische Kegelrollenlager, Maße und Reihenbezeichnungen
DIN ISO 1629	Kautschuke, Latices; Einteilung, Kurzzeichen
ISO 15	Rolling bearings; Radialbearings; Boundary dimensions; General plan

Frühere Ausgaben

DIN 623 Teil 1: 08.42, 03.84
DIN 623: 06.62, 03.73

Änderungen

Gegenüber der Ausgabe März 1984 wurden folgende Änderungen vorgenommen:
- a) Erstausgaben und Folgeausgaben von den Produktnormen wurden berücksichtigt.
- b) Nachsetzzeichen aufgenommen für:
  — Umfangsnut mit Schmierbohrungen,
  — Nachsetzzeichen für Haltenuten am Außenring bzw. an der Gehäusescheibe,
  — Genauigkeit, Lagerluft und Wärmebehandlung für den nicht im Nachsetzzeichen anzugebenden Normalfall,
  — Bezeichnung der Schmierfettfüllung für Lager mit beidseitigen Deck- oder Dichtscheiben.
- c) Abschnitt 7 über Kennzeichnung aufgenommen.
- d) Inhalt redaktionell überarbeitet.

Internationale Patentklassifikation

F 16 C 019/00

DK 621.833.1 Mai 1977

Modulreihe für Zahnräder
Moduln für Stirnräder

DIN 780
Teil 1

Series of modules for cylindrical gears
Série de modules pour les engrenages cylindriques

Mit DIN 780 Teil 2
Ersatz für DIN 780

Zusammenhang mit der von der International Organization for Standardization (ISO) herausgegebenen internationalen Norm **ISO 54 – 1977** siehe Erläuterungen.

Diese Norm ist für Stirnrad- und Schraubradgetriebe aller Art anzuwenden, z. B. für Getriebe der Feinwerktechnik und des allgemeinen Maschinenbaus sowie für Fahrzeug-Getriebe und für Getriebe des Schwermaschinenbaus.

Die in der Tabelle aufgeführten Moduln sind für die Normalschnitte von Stirnrädern nach DIN 3960 und von entsprechenden Schraubrädern (siehe DIN 868) maßgebend.

Tabelle 1.

Moduln m in mm		Moduln m in mm		Moduln m in mm		Moduln m in mm	
Reihe I	Reihe II	Reihe I	Reihe II	Reihe I	Reihe II	Reihe I	Reihe II
0,05		0,5		3			14
	0,055		0,55		(3,25)	16	
0,06		0,6			3,5		18
	0,07		0,65		(3,75)	20	
0,08		0,7		4			22
	0,09		0,75		(4,25)	25	
0,1		0,8			4,5		(27)
	0,11		0,85		(4,75)		28
0,12		0,9		5			(30)
	0,14		0,95		(5,25)	32	
0,16		1			5,5		36
	0,18		1,125		(5,75)		(39)
0,2		1,25		6		40	
	0,22		1,375		(6,5)		(42)
0,25		1,5			7		45
	0,28		1,75	8		50	
0,3		2			9		55
	0,35		2,25	10		60	
0,4		2,5			11		70
	0,45		2,75	12			

Hinweis: Die Moduln der Reihe I sollen gegenüber den Moduln der Reihe II bevorzugt angewendet werden. Die in der Reihe II eingeklammerten Moduln sind für Sonderzwecke vorgesehen.

Weitere Normen

DIN 780 Teil 2 Modulreihe für Zahnräder; Moduln für Zylinderschneckengetriebe
DIN 3960 Begriffe und Bestimmungsgrößen für Stirnräder (Zylinderräder) und Stirnradpaare (Zylinderradpaare) mit Evolventenverzahnung
DIN 58 405 Teil 1 Stirnradgetriebe der Feinwerktechnik; Geltungsbereich, Begriffe, Bestimmungsgrößen, Einteilung

Erläuterungen Seite 2

Ausschuß Verzahnungen (AV) im DIN Deutsches Institut für Normung e. V.
Normenausschuß Feinmechanik und Optik (NA FuO) im DIN

Erläuterungen

Die in dieser Norm festgelegten Moduln der Reihen I und II für Stirnräder nach DIN 3960 und für entsprechende Schraubräder (siehe DIN 868) stimmen im Bereich von $m = 1$ mm bis $m = 50$ mm mit den metrischen Moduln der internationalen Norm ISO 54 — 1977 „Moduln und Diametral Pitches für Stirnräder für den allgemeinen Maschinenbau und den Schwermaschinenbau" mit Ausnahme der Werte 3,25; 3,75; 4,25; 4,75; 5,25; 5,75; 27; 30; 39 und 42 überein. Moduln über 50 mm und unter 1 mm sind in der internationalen Norm ISO 54 — 1977 nicht enthalten.

Die Moduln sind in die Vorzugsreihe I und in die Nebenreihe II aufgeteilt. Durch diese Rangordnung soll in den Betrieben eine Beschränkung der Anzahl der für die Herstellung von Stirnrädern erforderlichen Werkzeuge und Prüfmittel erreicht werden.

In der Ausgabe Februar 1967 von DIN 780 war für den Bereich der Moduln über 3 mm eine Zusatzreihe für eine noch feinere Stufung der Modulwerte vorgesehen mit dem Hinweis, die Zusatzreihe zu einem späteren Zeitpunkt aus der Norm zu streichen. In der vorliegenden Norm sind aus dieser Zusatzreihe für bestimmte Anwendungen, z. B. im Fahrzeugbau, nur die eingeklammerten Werte, 3,25; 3,75; 4,25; 4,75; 5,25; 5,75; 6,5; sowie für den Schwermaschinenbau die Werte 27; 30; 39 und 42 übernommen worden. Bis auf den Wert 6,5 mm sind diese eingeklammerten Moduln in der internationalen Norm ISO 54 — 1977 nicht enthalten.

In angelsächsischen Ländern verwendet man heute noch an Stelle des Moduls den Diametral Pitch. Die internationale Norm ISO 54 — 1977 enthält daher neben den Modulreihen auch eine Diametral Pitch-Reihe mit dem Hinweis, daß die Diametral Pitches nur vorläufig aufgenommen sind und später, nach der für den Übergang auf das metrische System erforderlichen Zeitspanne, gestrichen werden.

Zwischen Modul m in mm und Diametral Pitch P in 1/inch besteht die Beziehung

$$m = \frac{24,5}{P}; \quad P = \frac{25,4}{m}$$

Die Diametral Pitch-Werte ergeben bei Umrechnung in Modulwerte keine glatten Zahlenwerte. In der folgenden Tabelle sind die Moduln nach dieser Norm von 0,12 bis 50 mm den in der internationalen Norm ISO 54 — 1977 bzw. British Standard 978 enthaltenen Diametral-Pitch-Werten gegenübergestellt.

Vergleich der Moduln mit den in mm umgerechneten Diametral Pitch-Werten

Modul m mm	Diametral Pitch P $\frac{1}{\text{inch}}$	$\frac{25,4}{P}$ mm	Modul m mm	Diametral Pitch P $\frac{1}{\text{inch}}$	$\frac{25,4}{P}$ mm	Modul m mm	Diametral Pitch P $\frac{1}{\text{inch}}$	$\frac{25,4}{P}$ mm
0,12			1,125			(6,5)		
	200	0,12700	1,25			7		
0,14				20	1,27000		3,5	7,25714
	180	0,14111	1,375			8		
	160	0,15875		18	1,41111		3	8,46667
0,16			1,5			9		
0,18				16	1,58750		2,75	9,23636
	140	0,18143	1,75			10		
0,2				14	1,81429		2,5	10,16000
	120	0,21167	2			11		
0,22				12	2,11667		2,25	11,28889
0,25			2,25			12		
	100	0,25400		11	2,30909		2	12,70000
0,28			2,5			14		
0,3				10	2,54000		1,75	14,51429
	80	0,31750	2,75			16		
0,35				9	2,82222		1,5	16,93333
	64	0,39688	3			18		
0,4				8	3,17500	20		
0,45			(3,25)				1,25	20,32000
0,5			3,5			22		
	48	0,52917		7	3,62857	25		
0,55			(3,75)				1	25,40000
0,6			4			(27)		
	40	0,63500		6	4,23333	28		
0,65			(4,25)				0,875	29,02857
0,7			4,5			(30)		
	36	0,70556		5,5	4,61818	32		
0,75			(4,75)				0,75	33,86667
	32	0,79375	5			36		
0,8				5	5,08000	(39)		
0,85			(5,25)			40		
0,9			5,5				0,625	40,64000
	28	0,90714		4,5	5,64444	(42)		
0,95			(5,75)			45		
1			6			50		
	24	1,05833		4	6,35000		0,5	50,80000

DK 621.833.38   Mai 1977

Modulreihe für Zahnräder
Moduln für Zylinderschneckengetriebe

DIN 780
Teil 2

Series of modules for worm gear pairs
Série de modules pour les engrenages à vis

Mit DIN 780 Teil 1
Ersatz für DIN 780

Diese Norm ist für Zylinderschneckengetriebe aller Art anzuwenden, z. B. für Getriebe der Feinwerktechnik, des allgemeinen Maschinenbaus und des Schwermaschinenbaus.

Die in der Tabelle aufgeführten Moduln sind für die Axialschnitte der Zylinderschnecken nach DIN 3975 und für die Teilkreise der zugehörigen Schneckenräder maßgebend.

Moduln m in mm	Moduln m in mm	moduln m in mm
0,1	0,7	4
0,12	0,8	5
0,16	0,9	6,3
0,2	1	8
0,25	1,25	10
0,3	1,6	12,5
0,4	2	16
0,5	2,5	20
0,6	3,15	–

Weitere Normen

DIN 780 Teil 1 Modulreihe für Zahnräder; Moduln für Stirnräder
DIN 3975 Begriffe und Bestimmungsgrößen für Zylinderschneckengetriebe mit Achsenwinkel 90°
DIN 3976 Zylinderschnecken; Abmessungen, Zuordnung von Achsabständen und Übersetzungen in Schneckengetrieben

Erläuterungen

Die in dieser Norm aufgeführten Moduln entsprechen den Moduln der Reihe I von DIN 780 Teil 1 mit der Ausnahme, daß anstelle der gerundeten Normzahlwerte 1,5; 3; 6 und 12 in der vorliegenden DIN 780 Teil 2 die Normzahl-Hauptwerte 1,6; 3,15; 6,3 und 12,5 festgelegt wurden. Hierdurch ist eine gleichmäßigere Stufung der Schneckengetriebe möglich (siehe DIN 3976).

Beim Vergleich der Werte von DIN 780 Teil 1 mit denen von DIN 780 Teil 2 ist zu beachten, daß für Stirnräder (Zylinderräder) nach DIN 3960 die Normalmoduln m_n genormt sind, dagegen für Zylinderschnecken nach DIN 3975 die Axialmoduln m_x. Ihr Zusammenhang ist durch die Gleichung

$$m_x = \frac{m_n}{\sin |\beta|} = \frac{m_n}{\cos \gamma}$$

gegeben.

Gegenüberstellung der Moduln mit den noch in angelsächsischen Ländern verwendeten Diametral Pitch-Werten siehe DIN 780 Teil 1, Erläuterungen.

Die Norm DIN 780 von Februar 1967 wurde aufgeteilt in Teil 1 (Moduln für Stirnräder) und Teil 2 (Moduln für Zylinderschneckengetriebe). Neu aufgenommen wurden in der vorliegenden DIN 780 Teil 2 die Moduln von m = 0,1 mm bis m = 0,9 mm, die in der Feinwerktechnik benötigt werden.

Ausschuß Verzahnungen (AV) im DIN Deutsches Institut für Normung e. V.
Normenausschuß Feinmechanik und Optik (NA FuO) im DIN

DK 621.833.1

Februar 1986

Bezugsprofile
für Evolventenverzahnungen an Stirnrädern (Zylinderrädern)
für den allgemeinen Maschinenbau und den Schwermaschinenbau

DIN 867

Basic rack for involute teeth of cylindrical gears for general engineering and heavy engineering
Crémaillère de référence des engrenages cylindriques à développante de mécanique générale et de grosse mécanique

Ersatz für Ausgabe 09.74

Zusammenhang mit der von der International Organization for Standardization (ISO) herausgegebenen Internationalen Norm ISO 53 – 1974 siehe Erläuterungen.

1 Anwendungsbereich und Zweck

Diese Norm gibt Regeln für die vorzugsweise anzuwendenden Bezugsprofile für Evolventenverzahnungen von Stirnrädern (Zylinderrädern) für den allgemeinen Maschinenbau und den Schwermaschinenbau. Sie wird vorwiegend angewendet für Stirnräder nach DIN 3960 mit Modul m_n = 1 mm bis 70 mm.
Für Verzahnungen der Feinwerktechnik (Modulon 0,1 mm bis 1 mm) wird vorzugsweise das Bezugsprofil nach DIN 58 400 angewendet.

2 Zeichen, Benennungen, Einheiten

Entsprechend den Festlegungen in DIN 3960 (Entwurf Juni 1984) gelten in dieser Norm folgende Kurzzeichen bzw. Formelzeichen und Benennungen:

Zeichen	Benennung	Einheit
c_P	Kopfspiel zwischen Bezugsprofil und Gegenprofil	mm
c_P^*	Kopfspiel-Faktor	–
e_P	Lückenweite des Bezugsprofils	mm
h_{aP}	Kopfhöhe des Bezugsprofils	mm
h_{aP}^*	Kopfhöhen-Faktor	–
h_{fP}	Fußhöhe des Bezugsprofils	mm
h_{fP}^*	Fußhöhen-Faktor	–
h_{wP}	Gemeinsame Zahnhöhe von Bezugsprofil und Gegenprofil	mm
h_{wP}^*	Faktor der gemeinsamen Zahnhöhe	–
h_{FfP}	Fuß-Formhöhe des Bezugsprofils	mm
h_P	Zahnhöhe des Bezugsprofils	mm
h_P^*	Zahnhöhen-Faktor	–
m	Modul	mm
p	Teilung	mm
s_P	Zahndicke des Bezugsprofils	mm
α_P	Profilwinkel	°
	Winkelangaben in Gleichungen:	rad
ϱ_{aP0}	Kopfkantenrundungsradius des Werkzeug-Bezugsprofils	mm
ϱ_{fP}	Fußrundungsradius des Bezugsprofils	mm
ϱ_{fP}^*	Faktor des Fußrundungsradius	–

3 Bezugsprofile

3.1 Bezugsprofil eines Stirnrades

Das Bezugsprofil für die Evolventenverzahnung eines Stirnrades hat gerade Flanken, die an der Kopflinie enden und am Zahnfuß mit der Fußrundung in den Zahnlückengrund übergehen, siehe Bild 1.

3.2 Profilbezugslinie PP, Kopflinie, Fußlinie

Die Profilbezugslinie ist diejenige Gerade, auf der die Zahndicke gleich der Lückenweite gleich der halben Teilung ist:

$$s_P = e_P = p/2 \qquad (1)$$

Das Bezugsprofil wird von der zur Profilbezugslinie parallelen Kopflinie und der dazu parallelen Fußlinie eingeschlossen.
Die Werkzeug-Bezugsprofile sind aus dem Verzahnungs-Bezugsprofil abgeleitet, siehe DIN 3972.

3.3 Bezugsprofil des Gegenrades (Gegenprofil)

Das Bezugsprofil des Gegenrades (Gegenprofil) ist gleich dem um die Profilbezugslinie um 180° geklappten und längs dieser Linie um eine halbe Teilung verschobenen Stirnrad-Bezugsprofil. Das Gegenprofil greift mit seinen Zähnen in die Zahnlücken des Stirnrad-Bezugsprofils ein.
Die Verzahnungen von Rad und Gegenrad nach dieser Norm haben somit gleiches Bezugsprofil.

4 Merkmale des Bezugsprofils

Die Maße des Bezugsprofils sind Nennmaße.

4.1 Modul m, Teilung p

Der Modul m ist eine Länge, die die Größe des Bezugsprofils und damit der zugehörigen Stirnradverzahnungen bestimmt. Alle Längenmaße des Bezugsprofils können auch als Vielfache des Moduls m angegeben werden; die entsprechenden Faktoren erhalten dann das zusätzliche Zeichen *.
Das Bezugsprofil mit dem Modul m hat die Teilung

$$p = \pi \cdot m \qquad (2)$$

4.2 Profilwinkel α_P

Die geraden Flanken schließen mit den Normalen zur Profilbezugslinie den Profilwinkel α_P ein.
Die beiden Flanken eines Zahnes sind spiegelbildlich zur Zahnmittellinie.
Für ein Bezugsprofil nach dieser Norm ist $\alpha_P = 20°$.

Fortsetzung Seite 2 und 3

Normenausschuß Antriebstechnik (NAN) im DIN Deutsches Institut für Normung e.V.

4.3 Zahnhöhe h_P, Kopfhöhe h_{aP}, Fußhöhe h_{fP}; Kopfspiel c_P, gemeinsame Zahnhöhe h_{wP}

Die Zahnhöhe h_P des Bezugsprofils wird durch die Profilbezugslinie unterteilt in die Kopfhöhe h_{aP} und die Fußhöhe h_{fP}.
Das Kopfspiel c_P ist die Differenz zwischen der Fußhöhe h_{fP} des Bezugsprofils und der Kopfhöhe h_{aP} des Gegenprofils.
Die gemeinsame Zahnhöhe h_{wP} von Bezugsprofil und Gegenprofil ist die Summe der beiden Zahnkopfhöhen.
Für ein Bezugsprofil nach dieser Norm ist

$$h_P = h_P^* \cdot m = 2 \cdot m + c_P \quad (3)$$

$$h_{aP} = h_{aP}^* \cdot m = 1 \cdot m \quad (4)$$

$$h_{fP} = h_{fP}^* \cdot m = 1 \cdot m + c_P \quad (5)$$

$$h_{wP} = h_{wP}^* \cdot m = 2 \cdot h_{aP} = 2 \cdot m \quad (6)$$

4.4 Kopfspiel c_P, Kopfspiel-Faktor c_P^*

Das Kopfspiel beträgt im allgemeinen $c_P = c_P^* \cdot m = 0{,}1 \cdot m$ bis $0{,}4 \cdot m$. Das anzuwendende Kopfspiel hängt von den speziellen Anforderungen an das Getriebe und von den Fertigungsmöglichkeiten der Zahnräder ab. Es begrenzt den Fußrundungsradius ϱ_{fP} des Stirnrad-Bezugsprofils und damit den Kopfkantenrundungsradius ϱ_{aP0} des Werkzeug-Bezugsprofils.

4.5 Fußrundungsradius ϱ_{fP}

Die Fußrundung muß an oder unterhalb der gemeinsamen Zahnhöhe h_{wP} ansetzen. Der Fußrundungsradius ϱ_{fP} ist dann:

$$\varrho_{fP} \leq \frac{c_P}{1 - \sin \alpha_P} \quad (7)$$

Der Fußrundungsradius darf außerdem den Wert nicht überschreiten, der sich ergibt, wenn die Links- und die Rechtsflanke einer Bezugsprofil-Zahnlücke mit einem durchgehenden Fußrundungsradius ineinander übergehen. Bei h_{fP} nach Gleichung (5) gilt dann:

$$\varrho_{fP} \leq \frac{1 + \sin \alpha_P}{\cos \alpha_P} \cdot \left[m \cdot \left(\frac{\pi}{4} - \tan \alpha_P \right) - c_P \cdot \tan \alpha_P \right] \quad (8)$$

Für ein Bezugsprofil nach dieser Norm ($\alpha_P = 20°$, $h_{fP} = 1 \cdot m + c_P$) gilt: Für $c_P \leq 0{,}295 \cdot m$ ist Gleichung (7), für $c_P > 0{,}295 \cdot m$ bzw. $h_{fP} > 1{,}295 \cdot m$ ist Gleichung (8) anzuwenden. Die Zusammenhänge nach den Gleichungen (7) und (8) sind im Bild 2 dargestellt. In ISO 53 – 1974 ist nur das Wertepaar $c_P = 0{,}25 \cdot m$ und $\varrho_{fP} = 0{,}38 \cdot m$ angegeben.

Anmerkung: Der Fußrundungsradius ϱ_{fP} des Stirnrad-Bezugsprofils bestimmt den Kopfkantenrundungsradius ϱ_{aP0} des Werkzeug-Bezugsprofils. Die Krümmungsradien der am Stirnrad erzeugten Fußrundung sind in Abhängigkeit von Zähnezahlen und Profilverschiebungen des Erzeugungsgetriebes gleich oder größer als der Kopfkantenrundungsradius des Werkzeuges.

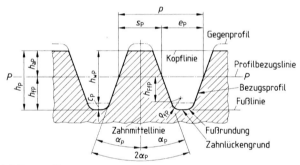

Bild 1. Bezugsprofil (mit Gegenprofil)

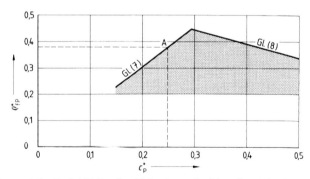

Bild 2. Zusammenhang zwischen Kopfspiel-Faktor c_P^* und Fußrundungsradius-Faktor ϱ_{fP}^* nach den Gleichungen (7) und (8) für $\alpha_P = 20°$ und $h_{fP} = 1 \cdot m + c_P$.
Gerastert: Bereich der möglichen Wertepaare bei stetigem Übergang von den geraden Flanken in die Fußrundung. Bei Wertepaaren oberhalb der Rasterung werden die Zahnflanken unterschnitten.
Punkt A: Wertepaar nach ISO 53 – 1974.

4.6 Nutzbare Flanken, Fuß-Formhöhe h_{FfP}

Die geraden Teile der Zahnflanken bilden die nutzbaren Flanken. Bei stetigem Übergang der Geraden in die Fußrundung ist die Fuß-Formhöhe des Bezugsprofils

$$h_{FfP} = h_{fP} - \varrho_{fP} \cdot (1 - \sin \alpha_P) \tag{9}$$

4.7 Fußfreischnitt

Bezugsprofile für Stirnräder mit Fußfreischnitt sind von dieser Norm nicht erfaßt. Hinweise bzw. Erläuterungen siehe DIN 3960 (z. Z. Entwurf) Anhang A.

5 Flankenformkorrekturen

Flankenformkorrekturen sind nicht genormt. Sie werden nicht am Stirnrad-Bezugsprofil, sondern an der Stirnradverzahnung festgelegt. Siehe DIN 3960 (Entwurf Juni 1984) und DIN 3972.

Zitierte Normen

DIN 3960	(z. Z. Entwurf) Begriffe und Bestimmungsgrößen für Stirnräder (Zylinderräder) und Stirnradpaare (Zylinderradpaare) mit Evolventenverzahnung
DIN 3972	Bezugsprofile von Verzahnwerkzeugen für Evolventenverzahnungen nach DIN 867
DIN 58 400	Bezugsprofil für Evolventenverzahnungen an Stirnrädern für die Feinwerktechnik
ISO 53 – 1974	Cylindrical gears for general and heavy engineering – Basic rack (Bezugsprofil für Stirnräder für den allgemeinen Maschinenbau und den Schwermaschinenbau)

Frühere Ausgaben

DIN 867: 07.27, 09.63, 09.74

Änderungen

Gegenüber der Ausgabe September 1974 wurden folgende Änderungen vorgenommen:

a) Formeln für den Fußrundungsradius ϱ_{fP} wurden aufgenommen.
b) Der Begriff Fuß-Formhöhe h_{FfP} wurde neu eingeführt.
c) Der Inhalt der Norm wurde neu gegliedert und redaktionell überarbeitet. Bei h_P wurde in Abstimmung mit DIN 3960 und ISO 53 die Benennung „Profilhöhe" geändert in „Zahnhöhe des Bezugsprofils".
d) Die Faktoren c_P^*, h_{aP}^*, h_{fP}^*, h_{wP}^*, h_P^* und ϱ_{fP}^* wurden eingeführt.
e) Hinweise auf Fußfreischnitt und Flankenformkorrekturen wurden hinzugefügt.

Erläuterungen

Diese Norm entspricht sachlich der Internationalen Norm ISO 53 – 1974, sie unterscheidet sich aber von dieser in folgendem:

1. In der bildlichen Darstellung des Bezugsprofils sind für die Längenmaße (Teilung, Zahnhöhe, Kopfhöhe, Fußhöhe, Kopfspiel und Fußrundungsradius) die Formelzeichen eingetragen, während ISO 53 – 1974 die Faktoren angibt, mit denen das Modul zu multiplizieren ist. Zusätzlich ist in dieser DIN-Norm das Gegenprofil eingezeichnet.
2. ISO 53 – 1974 gibt eine Kopfrücknahme und deren Maximalwert an. Diese Angabe ist in DIN 867 nicht übernommen worden, weil die Anforderungen, die in bestimmten Fällen zu einer Profilrücknahme Anlaß geben, so unterschiedlich sind, daß sie nicht in einer Norm festgelegt werden können.
3. ISO 53 – 1974 gibt nur ein Bezugsprofil mit der Fußhöhe $h_{fP} = 1{,}25 \cdot m$ und dem Fußrundungsradius $\varrho_{fP} = 0{,}38 \cdot m$ an. Andere Wertepaare sind möglich und gebräuchlich, siehe Bild 2. Entsprechend Bild 2 ergeben sich die größtmöglichen Fußrundungsradius-Faktoren $\varrho_{fP\,max}^*$ für einige Kopfspiel-Faktoren c_P^* nach folgender Tabelle:

c_P^*	0,17	0,25	0,3	0,4
$\varrho_{fP\,max}^*$	0,25	0,38	0,45	0,39

4. Abweichend von dieser Norm werden auch Bezugsprofile mit einem anderen Profilwinkel angewendet.
5. Abweichend von dieser Norm werden auch Bezugsprofile mit größeren Kopf- und Fußhöhen (Hochverzahnung) oder mit kleineren Kopf- und Fußhöhen (Kurzverzahnung) angewendet.

Internationale Patentklassifikation

F 16 H 55/08

DK 621.833 : 001.4   Dezember 1976

| | Allgemeine Begriffe und Bestimmungsgrößen für Zahnräder, Zahnradpaare und Zahnradgetriebe | DIN 868 |

General definitions on gears and gear pairs
Définitions générales pour engrenages

Diese Norm enthält die allgemeinen Begriffe und Zeichen für Zahnräder, Zahnradpaare und Zahnradgetriebe sowie die Definitionen für deren Bestimmungsgrößen. Der Inhalt dieser Norm wurde mit der von der International Organization for Standardization (ISO) herausgegebenen Empfehlung **ISO/R 1122** — 1969 abgestimmt; hierfür wurde auch die Schweizer Norm **VSM 15 522** — 1974 herangezogen, so daß eine weitgehende Übereinstimmung mit internationalen Normen erreicht wurde. Die in ISO/R 1122 — 1969 enthaltenen Größen sind in dieser Norm durch weitere, für die Verzahnungsgeometrie wichtig erscheinende Begriffe und Bestimmungsgrößen ergänzt worden. Die benutzten Zeichen stimmen überein mit **DIN 3999**.

Spezielle Begriffe für bestimmte Verzahnungen sind in besonderen Normen behandelt.

Inhalt

		Seite			Seite
1	**Zeichen und Benennungen**	3	3.2.4	Umlauf- oder Planetengetriebe (-Getriebezug)	5
2	**Allgemeine Begriffe für ein Zahnrad**	3	3.3	Außenradpaar	6
2.1	Zahn	3	3.4	Innenradpaar	6
2.2	Zahnrad	3	3.5	Radachsen eines Radpaares	6
2.3	Verzahnung	3	3.5.1	Achsenebene	6
2.3.1	Zahn 1, Zahn 2 usw., Zahn k	3	3.5.2	Kreuzungslinie, Kreuzungspunkte	6
2.3.2	Zahnlücken	3	3.5.3	Kreuzungsebenen	6
2.3.3	Teilung p; Rechtsteilung, Linksteilung; Bezeichnung	4	3.5.4	Achsabstand a (Achsversetzung)	6
2.3.4	Teilungswinkel τ	4	3.5.5	Achsenwinkel Σ	7
2.3.5	Modul m	4	3.6	Zähnezahlverhältnis u	7
2.4	Zähnezahl z	4	3.7	Übersetzung i	7
2.5	Radachse	4	3.7.1	Winkelgetreue Übersetzung	7
2.6	Bezugsfläche, Teilfläche	4	3.7.2	Momentengetreue Übersetzung	7
2.7	Planverzahnung	4	3.7.3	Übersetzung ins Langsame	7
2.8	Axiale Begrenzung	4	3.7.4	Übersetzung ins Schnelle	7
2.8.1	Stirnflächen der Verzahnung	4	3.8	Eingriff	7
2.8.2	Zahnbreite b	4	3.8.1	Eingriffspunkt	7
2.9	Lage der Verzahnung zum Radkörper	5	3.8.2	Berührlinie	7
2.9.1	Außenverzahnung, Außenrad	5	3.8.3	Eingriffsfläche	7
2.9.2	Innenverzahnung, Hohlrad	5	3.8.4	Eingriffsfeld	7
			3.8.5	Eingriffslinie	7
3	**Allgemeine Begriffe für eine Radpaarung**	5	3.8.6	Eingriffsstrecke	7
3.1	Zahnradpaar (Radpaar)	5	3.8.7	Eingriffsstörung	7
3.1.1	Rad und Gegenrad	5	3.9	Verzahnungsarten	8
3.1.2	Ritzel (Kleinrad oder Trieb) und Rad (Großrad)	5	3.9.1	Einzelverzahnung	8
3.1.3	Treibendes und getriebenes Rad	5	3.9.2	Paarverzahnung; Satzräder-Verzahnung	8
3.1.4	Mehrfache Radpaarung, Getriebezug	5	4	**Kinematische Begriffe**	8
3.2	Getriebe	5	4.1	Momentanachse	8
3.2.1	Einstufige Getriebe	5	4.2	Funktionsflächen	8
3.2.2	Mehrstufige Getriebe	5	4.3	Wälzgetriebe	8
3.2.3	Standgetriebe	5	4.3.1	Wälzachse	8

Fortsetzung Seite 2 bis 20

Ausschuß Verzahnungen (AV) im DIN Deutsches Institut für Normung e. V.

		Seite
4.3.2	Ebene Getriebe, sphärische Getriebe	8
4.3.3	Wälzpunkt C	8
4.3.4	Wälzfläche; Wälzzylinder, Wälzkegel	8
4.4	Schraubwälzgetriebe	8
4.4.1	Schraubachse	8
4.4.2	Schraubpunkt S	9
4.4.3	Schraubwälzflächen	9
4.4.4	Größen am Schraubpunkt S	9
4.4.4.1	Relative Winkelgeschwindigkeit ω_{rel}	9
4.4.4.2	Gleitgeschwindigkeit v_{gs}	9
4.4.4.3	Reduzierte Steigungshöhe (Parameter) $p_{zs\,red}$ der Schraubbewegung	9
4.4.5	Betriebspunkt W	10
4.4.6	Größen am Betriebspunkt W	10
4.4.6.1	Relative Winkelgeschwindigkeit ω_{rel}	10
4.4.6.2	Gleitgeschwindigkeit v_{gw}	10
4.5	Reine Schraubgetriebe	11
5	**Arten der Zahnräder und Zahnradpaare**	11
5.1	Zahnräder und Radpaare für Wälzgetriebe	11
5.1.1	Stirnrad (Zylinderrad); Stirnradpaar (Zylinderradpaar)	11
5.1.2	Zahnstange; Zahnstangenradpaar	11
5.1.3	Kegelrad; Kegelradpaar	11
5.1.4	Kegelplanrad; Kegelplanradpaar	11
5.1.5	Stirnplanradpaar; Kronenrad	11
5.2	Zahnräder und Radpaare für Schraubwälzgetriebe	11
5.2.1	Zylinderschnecken-Radsatz (Schneckenradsatz); Zylinderschnecke (Schnecke), Schneckenrad	11
5.2.2	Hyperboloidradpaar	12
5.2.3	Schraubradpaar (Stirnschraubradpaar); Schraubräder (Stirnschraubräder), Schneckenschraubrad	12
5.2.4	Hypoidradpaar (Kegelschraubradpaar); Hypoidräder (Kegelschraubräder)	12
5.3	Globoidschnecken-Radsatz; Globoidschnecke, Globoidschneckenrad	12
6	**Kopf- und Fußflächen**	13
6.1	Kopffläche	13
6.2	Kopfmantelfläche	13
6.3	Zahnlückengrund	13
6.4	Fußmantelfläche	13
7	**Zahnflanken und Zahnprofile**	13
7.1	Zahnflanken	13
7.2	Bezugsflankenlinie, Flankenlinie, Teilflankenlinie	13

		Seite
7.3	Verzahnungsprofil, Zahnprofil, Flankenprofil	13
7.3.1	Stirnprofil; Stirnschnitt	13
7.3.2	Normalprofil; Normalschnitt	13
7.3.3	Axialprofil; Axialschnitt	13
7.4	Bezugsprofil	13
7.5	Zahnflankenarten	13
7.5.1	Gegenflanken	13
7.5.2	Rechtsflanke, Linksflanke	13
7.5.3	Gleichnamige Zahnflanken	13
7.5.4	Ungleichnamige Zahnflanken	13
7.5.5	Arbeitsflanken	13
7.5.6	Rückflanken	13
7.6	Zahnflankenteile	13
7.6.1	Kopfflanke, Fußflanke	13
7.6.2	Nutzbare Flanke; Kopfnutzkreis, Fußnutzkreis	14
7.6.3	Aktive Flanke	14
7.6.4	Fußrundungsfläche, Fußrundung	14
7.6.5	Kopfkante	14
7.7	Zahnflanken-Veränderungen (Flankenkorrekturen)	14
7.7.1	Kopfrücknahme C_a, Fußrücknahme C_f; Höhenballigkeit C_h	14
7.7.2	Breitenballigkeit C_b (Flankenlinienrücknahme)	14
7.7.3	Endrücknahme	14
7.7.4	Kopfkantenbruch	14
7.7.5	Fußfreischnitt	15
7.7.6	Unterschnitt	15
7.8	Flankenprofile bei Stirnrädern (Zylinderrädern)	15
7.8.1	Evolventenverzahnung	15
7.8.2	Zykloidenverzahnungen	15
7.8.3	Punktverzahnung, Triebstockverzahnung	15
7.8.4	Kreisbogenverzahnungen	17
8	**Spiele zwischen Verzahnung und Gegenverzahnung**	17
8.1	Kopfspiel c	17
8.2	Flankenspiel j	17
8.2.1	Drehflankenspiel j_t	17
8.2.2	Normalflankenspiel j_n	17
8.2.3	Radialspiel j_r	17
8.2.4	Axialspiel j_x	17
8.3	Eintrittsspiel j_e	17
	Stichwortverzeichnis	19

1 Zeichen und Benennungen

In dieser Norm werden die folgenden Zeichen und Benennungen benutzt:

a	Achsabstand
b	Zahnbreite
b_C	Breite der Breitenballigkeit
c	Kopfspiel
d	Bezugsflächen-Durchmesser
d_N	Nutzkreisdurchmesser
i	Übersetzung
j	Flankenspiel
j_e	Eintrittsspiel
j_n	Normalflankenspiel
j_r	Radialspiel
j_t	Drehflankenspiel
j_x	Axialspiel
k	Zahnnummer oder Teilungsnummer
m	Modul
n	Drehzahl (Drehfrequenz)
p	Teilung
p_z	Steigungshöhe
r	Bezugsflächen-Halbmesser
u	Zähnezahlverhältnis
v_g	Gleitgeschwindigkeit
z	Zähnezahl
C	Wälzpunkt
C	Flankenrücknahme
C_a	Kopfrücknahme
C_b	Flankenlinienrücknahme
C_f	Fußrücknahme
C_h	Höhenballigkeit
S	Schraubpunkt
W	Betriebspunkt
β	Schrägungswinkel
δ	halber Teilkegelwinkel
τ	Teilungswinkel
ω	Winkelgeschwindigkeit
Σ	Achsenwinkel

Zu den genannten Zeichen können die folgenden Indizes bzw. Zusatzzeichen treten:

a	für das treibende Rad oder für Größen an der Kopfmantelfläche
b	für das getriebene Rad
f	für Größen an der Fußmantelfläche
m	für einen Mittelwert
n	für Größen im Normalschnitt
s	für Größen am Schraubpunkt
t	für Größen im Stirnschnitt
w	für Größen am Betriebspunkt
x	für Größen im Axialschnitt
C	für Größen in bezug auf eine Flankenrücknahme
red	für reduzierte Größen
rel	für relative Größen
1	für Größen am kleineren Rad einer Radpaarung
2	für Größen am größeren Rad einer Radpaarung
—	für skalare Größen
→	für Vektorgrößen

Weitere Kurzzeichen für Verzahnungen siehe DIN 3999.

Außerdem bestehen folgende Normen über Zeichen:
DIN 1302 Mathematische Zeichen,
DIN 1304 Allgemeine Formelzeichen,
DIN 1313 Schreibweise physikalischer Gleichungen in Naturwissenschaft und Technik.

2 Allgemeine Begriffe für ein Zahnrad

2.1 Zahn

Ein Zahn ist ein aus einem Radkörper vorstehendes Teil, dessen Form die Übertragung von Kraft und Bewegung auf die Zähne eines Gegenrades (siehe Abschnitt 3.1.1) ermöglicht.

Bild 1. Zahn

2.2 Zahnrad

Ein Zahnrad (in folgendem auch Rad genannt) ist ein um eine Achse drehbares Maschinenelement, das aus dem Radkörper mit seinen Lagerflächen und den aus dem Radkörper vorstehenden Zähnen besteht.

Bild 2. Zahnrad

2.3 Verzahnung

Die Verzahnung eines Rades ist die Gesamtheit seiner Zähne.

2.3.1 Zahn 1, Zahn 2 usw., Zahn k

Zur Bezeichnung einzelner Zähne sind auf einer Stirnfläche der Verzahnung (siehe Abschnitt 2.8.1) Zahn 1, Zahn 2 usw. so zu kennzeichnen, daß die Zähne in Zählrichtung aufsteigend beziffert sind. Allgemein wird ein Zahn mit dem Buchstaben k bezeichnet. Der in Zählrichtung aufsteigende Zahn trägt dann die Bezeichnung $k + 1$, der in Zählrichtung zurückliegende Zahn wird mit $k - 1$ bezeichnung, siehe Bild 3.

Bei Radpaaren mit parallelen Achsen (siehe Abschnitt 3.5) sollen die zur Bezeichnung der Zähne benutzten Stirnflächen von derselben Blickrichtung aus sichtbar sein; im allgemeinen ist dies die Richtung des Kraftflusses auf das treibende Rad oder eine bestimmte angenommene Richtung.

Bei Radpaaren mit sich schneidenden Radachsen (siehe Abschnitt 3.5) geht die Blickrichtung für beide Räder im allgemeinen zum Achsenschnittpunkt.

Bei Radpaaren mit sich kreuzenden Radachsen (siehe Abschnitt 3.5) werden im allgemeinen diejenigen Stirnflächen zur Bezeichnung der Zähne benutzt, die am treibenden Rad von der Antriebsseite, am getriebenen Rad von der Abtriebsseite her sichtbar sind.

2.3.2 Zahnlücken

Die Zahnlücken sind die Zwischenräume zwischen den Zähnen, in die die Zähne des Gegenrades (siehe Abschnitt 3.1.1) bei der Drehbewegung eintauchen.

Bild 3. Bezeichnung der Zähne

2.3.3 Teilung p; Rechtsteilung, Linksteilung; Bezeichnung

Eine Teilung p (Einzelteilung) ist in einem bestimmten Schnitt der Verzahnung (siehe Abschnitt 7.3) der Bogen auf der Bezugsfläche (siehe Abschnitt 2.6) zwischen den gleichnamigen Flanken (siehe Abschnitt 7.5.3) zweier benachbarter Zähne.

Die Teilung zwischen zwei Rechtsflanken (siehe Abschnitt 7.5.2) wird als Rechtsteilung, diejenige zwischen zwei Linksflanken (siehe Abschnitt 7.5.2) als Linksteilung bezeichnet.

Die Teilungen p_k sind die Teilungen (Rechtsteilung und Linksteilung) zwischen dem Zahn k und dem Zahn $k-1$, siehe Bild 4.

2.3.4 Teilungswinkel τ

Teilungswinkel τ ist der zu einer Teilung p gehörende Zentriwinkel.

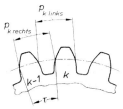

Bild 4. Teilung p_k, Teilungswinkel τ

2.3.5 Modul m

Der Modul m ist die Basisgröße für Längenmaße von Verzahnungen. Er ergibt sich als Quotient aus der Teilung p und der Zahl π. Er wird in mm angegeben und ist durch die Maße der Bezugsfläche (siehe Abschnitt 2.6) und die Zähnezahl (siehe Abschnitt 2.4) bestimmt.

Im allgemeinen unterscheidet man den Normalmodul m_n (in einem Normalschnitt der Verzahnung, siehe Abschnitt 7.3.2), den Stirnmodul m_t (in einem Stirnschnitt, siehe Abschnitt 7.3.1) und den Axialmodul m_x (in einem Axialschnitt, siehe Abschnitt 7.3.3).

2.4 Zähnezahl z

Die Zähnezahl z eines Rades ist die Anzahl der auf dem vollen Radumfang vorhandenen oder bei gewählter Teilung möglichen Zähne. Vorzeichen der Zähnezahl siehe Abschnitt 2.9.

2.5 Radachse

Als Achse eines Zahnrades (Radachse) wird die Achse seiner Bohrung oder die gemeinsame Achse seiner Führungszapfen angesehen.

2.6 Bezugsfläche, Teilfläche

Die Bezugsfläche einer Verzahnung ist eine nur gedachte Fläche, auf die die geometrischen Bestimmungsgrößen der Verzahnung bezogen werden. Sie ist, von den Grenz- fällen nach den Abschnitten 5.1.2 und 5.1.4 sowie von unrunden Rädern abgesehen, eine Rotationsfläche um die Radachse.

Bei Wälzgetrieben (siehe Abschnitt 4.3) werden die Bezugsflächen als Teilflächen (Teilzylinder bzw. Teilkegel) bezeichnet. Sie haben Geraden als Erzeugende, siehe Bild 5.

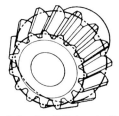

Bild 5. Teilzylinder eines Zylinderrades, Teilkegel eines Kegelrades

2.7 Planverzahnung

Eine Verzahnung mit ebener Bezugsfläche (siehe z. B. Zahnstange, Abschnitt 5.1.2, oder Kegelplanrad, Abschnitt 5.1.4) wird als Planverzahnung bezeichnet.

2.8 Axiale Begrenzung

2.8.1 Stirnflächen der Verzahnung

Die Stirnflächen einer Verzahnung sind ihre Endflächen, die im allgemeinen rechtwinklig zu den Mantellinien ihrer Bezugsfläche stehen.

Anmerkung: Zylindrische Zahnräder haben im allgemeinen ebene Stirnflächen, die die Radachse senkrecht schneiden (in Sonderfällen sind die Stirnflächen Kegel um die Radachse). Kegelräder haben meist kegelige Stirnflächen; bei Planrädern sind die Stirnflächen normalerweise Zylinder um die Radachse.

2.8.2 Zahnbreite b

Die Zahnbreite b ist der Abstand der beiden Stirnflächen auf der Bezugsfläche einer Verzahnung, siehe Bild 6.

Bild 6. Zahnbreite b

2.9 Lage der Verzahnung zum Radkörper

2.9.1 Außenverzahnung, Außenrad

Bei einer Außenverzahnung stehen die Zähne aus dem Radkörper nach außen (von der Radachse weg) vor.

Ein Zahnrad mit Außenverzahnung heißt Außenrad oder außenverzahntes Rad.

Bei Berechnungen wird die Zähnezahl eines Außenrades in die Gleichungen als positive Größe eingesetzt.

Bild 7. Außenrad

2.9.2 Innenverzahnung, Hohlrad

Bei einer Innenverzahnung stehen die Zähne aus dem Radkörper nach innen (zur Radachse hin) vor.

Ein Zahnrad mit Innenverzahnung heißt Hohlrad oder innenverzahntes Rad.

Bei Berechnungen wird die Zähnezahl eines Hohlrades in die Gleichungen als negative Größe eingesetzt. Damit erhalten auch alle aus ihr abgeleiteten Größen — z. B. alle Durchmesser und Halbmesser, Teilungswinkel, Zähnezahlverhältnis und Achsabstand — negatives Vorzeichen.

Bild 8. Hohlrad

3 Allgemeine Begriffe für eine Radpaarung

3.1 Zahnradpaar (Radpaar)

Ein Zahnradpaar (Radpaar) ist ein aus zwei Zahnrädern bestehender einfacher Mechanismus, bei dem die beiden Radachsen sich in gegenseitiger definierter Lage befinden und das eine Rad seine Drehbewegung auf das andere Rad mittels der nacheinander zum Eingriff (siehe Abschnitt 3.8) kommenden Zähne überträgt.

Zahnräder mit runden (rotationssymmetrischen) und zur Radachse zentrischen Bezugsflächen bewirken eine gleichförmige Drehbewegungsübertragung; Zahnräder mit unrunden oder exzentrischen Bezugsflächen bewirken eine periodisch sich ändernde Drehbewegungsübertragung.

Bild 9. Zahnradpaar
 a) Stirnradpaar b) Kegelradpaar

3.1.1 Rad und Gegenrad

Ein beliebiges der beiden Räder eines Radpaares wird als Rad bezeichnet, das mit ihm gepaarte Rad als Gegenrad.

3.1.2 Ritzel (Kleinrad oder Trieb) und Rad (Großrad)

Das kleinere der beiden Räder eines Radpaares wird als Ritzel oder Kleinrad bzw. Trieb, das größere als Rad oder Großrad bezeichnet. Das kleinere Rad wird mit dem Index 1, das größere mit dem Index 2 bezeichnet.

Bei einigen Radpaar-Arten führen Kleinrad und Großrad besondere Namen (z. B. Schnecke und Schneckenrad, siehe Abschnitte 5.2.1 und 5.3).

3.1.3 Treibendes und getriebenes Rad

Dasjenige Rad eines Radpaares, das das andere treibt, ist das treibende Rad. Dasjenige Rad, das vom anderen getrieben wird, ist das getriebene Rad. Das treibende Rad wird mit dem Index a, das getriebene mit dem Index b bezeichnet.

3.1.4 Mehrfache Radpaarung, Getriebebezug

Ein Getriebebezug ist die Kombination von zwei oder mehr Radpaaren, die miteinander in Wirkverbindung stehen.

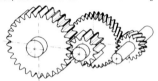

Bild 10. Mehrfache Radpaarung

3.2 Getriebe

Ein Getriebe ist eine Baugruppe aus einem oder mehreren Radpaaren und dem (die Radpaare meist umschließenden) Gehäuse oder Gestell, das die Lagerungen für die ortsfesten Radachsen trägt. In einem Getriebe können Größe und/oder Richtung von Drehbewegung und Drehmoment in einer oder mehreren Getriebestufen umgeformt werden.

3.2.1 Einstufige Getriebe

Ein einstufiges Getriebe enthält ein aus Rad und Gegenrad bestehendes Radpaar in einem Gehäuse (Gestell, Rahmen) mit den Lagern für beide Radachsen.

3.2.2 Mehrstufige Getriebe

Ein mehrstufiges (zweistufiges, dreistufiges usw.) Getriebe enthält mehrere (zwei, drei usw.) in Richtung der Drehbewegungsübertragung hintereinander angeordnete Radpaare (mehrfache Radpaarung) in einem gemeinsamen Gehäuse.

3.2.3 Standgetriebe

Ein Standgetriebe ist ein ein- oder mehrstufiges Getriebe, bei dem alle Radachsen lagenunveränderlich drehbar gelagert sind.

3.2.4 Umlauf- oder Planetengetriebe (-Getriebebezug)

Ein Umlauf- oder Planetengetriebe ist ein Getriebe mit mindestens drei in Wirkrichtung hintereinander angeordneten Zahnrädern, bei dem die Radachsen zweier Räder koaxial angeordnet sind und das dritte Rad als Zwischenrad (Umlaufrad, Planetenrad) in einem um die koaxialen Radachsen drehbaren Steg (Planetenradträger) gelagert ist und mit dem Steg umläuft.

Ein Umlauf- oder Planeten-Getriebezug besteht somit im allgemeinen aus dem außenverzahnten Zentralrad (Sonnenrad, zentralen Ritzel), einem (oder mehreren parallel angeordneten) außenverzahnten Umlaufrad (Planetenrad) und dem zum Sonnenrad koaxialen (meist nichtdrehbaren) Hohlrad.

In Sonderfällen kann anstelle des Hohlrades ein Außenrad verwendet werden. Dann trägt die umlaufende Achse des Steges zwei fest miteinander verbundene außenverzahnte Zwischenräder. Der Umlauf-Getriebezug besteht dann aus zwei in Wirkrichtung hintereinander angeordneten Außenradpaaren, von denen die beiden nicht miteinander verbundenen Außenräder koaxial sind.

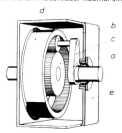

Bild 11. Umlauf- oder Planetengetriebe
    a Sonnenrad
    b Planetenrad
    c umlaufender Steg
    d Hohlrad
    e Gehäuse

3.3 Außenradpaar

Ein Außenradpaar ist ein Radpaar, bei dem beide Räder außenverzahnt (Außenräder) sind.

Bild 12. Außenradpaar

3.4 Innenradpaar

Ein Innenradpaar ist ein Radpaar, bei dem eines der beiden Räder innenverzahnt (ein Hohlrad) ist.

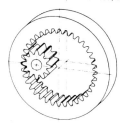

Bild 13. Innenradpaar

3.5 Radachsen eines Radpaares

Die Ausführungsformen der Räder eines Radpaares und die Formen der Bezugsflächen ihrer Verzahnungen hängen ab von der gegenseitigen Lage der Radachsen. Die beiden Radachsen können in einer Ebene liegen und dann parallel sein oder sich schneiden, oder sie können nicht in einer Ebene liegen und sich kreuzen.

Die gegenseitige Lage der Radachsen bestimmt die nachfolgenden Größen:

3.5.1 Achsenebene

Bei einem Radpaar mit parallelen oder sich schneidenden Radachsen bestimmen diese die Achsenebene.

3.5.2 Kreuzungslinie, Kreuzungspunkte

Bei einem Radpaar mit sich kreuzenden Radachsen ist die gemeinsame Senkrechte auf beiden Achsen die Kreuzungslinie. Der Schnittpunkt der Kreuzungslinie mit einer Radachse ist ein Kreuzungspunkt.

3.5.3 Kreuzungsebenen

Bei einem Radpaar mit sich kreuzenden Radachsen bestimmen jeweils eine der Achsen und die Kreuzungslinie eine Kreuzungsebene. Ein Radpaar mit sich kreuzenden Radachsen hat somit zwei Kreuzungsebenen, die sich in der Kreuzungslinie schneiden.

3.5.4 Achsabstand a (Achsversetzung)

Der Achsabstand a eines Radpaares mit parallelen oder sich kreuzenden Radachsen ist der kürzeste Abstand zwischen den beiden Achsen. Bei einem Radpaar mit sich kreuzenden Radachsen liegt er in der Kreuzungslinie.

Bei einem Hypoidradpaar (siehe Abschnitt 5.2.2) wird der Achsabstand auch Achsversetzung genannt.

Anmerkung: Bei einem Innenradpaar mit parallelen Radachsen ist in Berechnungen der Achsabstand eine negative Größe, siehe Abschnitt 2.9.2.

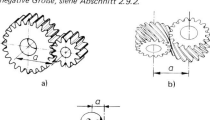

a)   b)

c)

Bild 14. Achsabstand
    a) bei parallelen Radachsen
    b) und c) bei gekreuzten Radachsen

3.5.5 Achsenwinkel Σ

Der Achsenwinkel Σ eines Radpaares mit sich schneidenden Radachsen ist der Winkel, um den eine der beiden Radachsen über die Wälzachse hinweg geschwenkt werden muß, bis die Achsen zusammenfallen.

Anmerkung: Bei außenverzahnten Kegelrädern ist der Achsenwinkel positiv. Innenverzahnte Kegelräder kommen praktisch nicht vor; bei Berechnungen wäre dann der Achsenwinkel negativ.

Der Achsenwinkel Σ eines Radpaares mit sich kreuzenden Radachsen ist der kleinere der beiden Winkel zwischen den Kreuzungsebenen. Er ist positiv, wenn bei Blickrichtung von Radachse 1 zur Radachse 2 die Achse des Rades 2 enthaltende Kreuzungsebene im Drehsinne des Uhrzeigers um die Kreuzungslinie geschwenkt werden muß, damit die beiden Radachsen in parallele Lage kommen und die Zahnräder entgegengesetzte Drehrichtungen haben. Muß sie dazu entgegen dem Drehsinne des Uhrzeigers geschwenkt werden, dann ist der Achsenwinkel negativ; siehe Bilder 16, 17 und 24.

3.6 Zähnezahlverhältnis u

Das Zähnezahlverhältnis u eines Radpaares ist das Verhältnis der Zähnezahl z_2 des größeren Rades zur Zähnezahl z_1 des kleineren Rades:

$$u = \frac{z_2}{z_1}, \qquad (1)$$

wobei $|z_2| \geq z_1$ und damit $|u| \geq 1$ ist.

Anmerkung: Das Zähnezahlverhältnis eines Außenradpaares ist positiv, das eines Innenradpaares ist negativ, siehe Abschnitt 2.9.

3.7 Übersetzung i

Die Übersetzung i eines Zahnradpaares oder einer mehrfachen Radpaarung ist das Verhältnis der Winkelgeschwindigkeit ω_a (bzw. der Drehzahl n_a) des ersten treibenden Rades zu derjenigen des letzten getriebenen Rades ω_b (bzw. n_b):

$$i = \frac{\omega_a}{\omega_b} = \frac{n_a}{n_b} \qquad (2)$$

Wenn nötig, bezeichnet man die Übersetzung als positiv, wenn die Winkelgeschwindigkeiten den gleichen Drehsinn haben; als negativ, wenn sie ungleichen Drehsinn haben.

Anmerkung: Ein Wälzgetriebe-Radpaar (siehe Abschnitt 4.3) aus zwei Außenrädern kehrt den Drehsinn um; eines der Räder hat negativen Drehsinn, und die Übersetzung ist negativ. Bei einem Wälzgetriebe-Radpaar aus einem Außen- und einem Hohlrad haben beide Räder gleichen Drehsinn, und ihre Übersetzung ist positiv.

Bei ungleichförmigen Winkelgeschwindigkeiten (z. B. bei unrunden oder exzentrischen Rädern, bei Abweichungen der Verzahnungen von ihren Nennmaßen oder bei speziellen Flankenformen) ist nötigenfalls zu unterscheiden zwischen momentaner Übersetzung $i = \frac{\omega_a}{\omega_b}$ und mittlerer Übersetzung $i_m = \frac{n_a}{n_b}$.

3.7.1 Winkelgetreue Übersetzung

Sind die Winkelgeschwindigkeiten des treibenden und des getriebenen Rades gleichförmig (d. h. stimmen momentane Übersetzung und mittlere Übersetzung ständig überein), dann spricht man von gleichförmiger oder winkelgetreuer Übersetzung.

3.7.2 Momentengetreue Übersetzung

Sind die Drehmomente des treibenden und des getriebenen Rades gleichförmig, dann spricht man von momentengetreuer Übersetzung.

3.7.3 Übersetzung ins Langsame

Bei $|i_m| > 1$ spricht man von einer Übersetzung ins Langsame.

3.7.4 Übersetzung ins Schnelle

Bei $|i_m| < 1$ spricht man von einer Übersetzung ins Schnelle.

3.8 Eingriff

Mit Eingriff wird das Zusammenarbeiten eines Rades mit seinem Gegenrad bezeichnet.

3.8.1 Eingriffspunkt

Bei einer bestimmten Stellung der Zahnräder berühren sich die Profile von Flanke und Gegenflanke (siehe Abschnitt 7.5.1) im Eingriffspunkt. Bei Drehung der Räder wandert der Eingriffspunkt auf dem Profil.

3.8.2 Berührlinie

Die Berührlinie ist die Gesamtheit derjenigen Punkte einer Zahnflanke, in denen jeweils gleichzeitig Berührung mit der Gegenflanke stattfindet. Bei Drehung der Räder wandert die Berührlinie über den aktiven Bereich der Zahnflanken, siehe Abschnitt 7.6.3.

3.8.3 Eingriffsfläche

Die Eingriffsfläche ist der geometrische Ort für alle Eingriffspunkte der unbegrenzt gedachten Zahnflanken.

Ein Radpaar hat zwei Eingriffsflächen, eine für die Rechtsflanken und eine für die Linksflanken, siehe Abschnitt 7.5.2.

3.8.4 Eingriffsfeld

Das Eingriffsfeld ist der geometrische Ort für alle Eingriffspunkte, die zum Bereich der aktiven Zahnflanken (siehe Abschnitt 7.6.3) gehören. Es ist derjenige Teil der Eingriffsfläche, innerhalb dessen sich beim Arbeiten des Zahnradgetriebes der Eingriff vollzieht.

3.8.5 Eingriffslinie

Bei einem Wälzgetriebe (siehe Abschnitt 4.3) ist eine Eingriffslinie die Schnittlinie der Eingriffsfläche mit einer Ebene senkrecht zur Wälzachse (bei parallelen Achsen) bzw. mit einer Kugel um den Achsenschnittpunkt (bei sich schneidenden Achsen).

3.8.6 Eingriffsstrecke

Die Eingriffsstrecke ist derjenige Teil der Eingriffslinie, der zum Bereich der aktiven Zahnflanken (siehe Abschnitt 7.6.3) gehört.

3.8.7 Eingriffsstörung

Eine Eingriffsstörung ist eine ungewollte, den theoretischen Eingriff störende Berührung zwischen einem Zahn und dem Gegenzahn.

3.9 Verzahnungsarten

3.9.1 Einzelverzahnung
Bei einer Einzelverzahnung bestimmt die Verzahnung eines gegebenen Zahnrades die Verzahnung seines Gegenrades oder seiner Gegenräder.

Anmerkung:
Eine Zylinderschnecke (siehe Abschnitt 5.2.1) oder eine Globoidschnecke (siehe Abschnitt 5.3) oder ein Triebstockrad (siehe Abschnitt 7.8.3) bestimmen z. B. die Verzahnungen ihrer Gegenräder.

3.9.2 Paarverzahnung; Satzräder-Verzahnung
Bei einer Paarverzahnung werden die Verzahnungen von Rad und Gegenrad durch eine angenommene Planverzahnung und ihre Gegen-Planverzahnung, die sich wie Patrize und Matrize decken, oder durch angenommene Eingriffslinien bestimmt.

Sind die beiden sich deckenden Planverzahnungen identisch bzw. sind die Eingriffslinien symmetrisch zur Kreuzungslinie (Achsabstandslinie) des Radpaares, dann können Zahnräder unterschiedlicher Zähnezahl mit einem einzigen Wälzwerkzeug hergestellt und beliebig miteinander gepaart werden. Solche Verzahnungen werden als Satzräder-Verzahnungen bezeichnet.

4 Kinematische Begriffe

4.1 Momentanachse
Die Momentanachse ist diejenige Gerade eines Radpaares, die als Achse für die augenblickliche (momentane) Bewegung des einen Rades in bezug auf das andere, feststehend gedachte Rad anzusehen ist.

4.2 Funktionsflächen
Die Funktionsflächen eines Radpaares sind gedachte Flächen (meist Rotationsflächen) um die Radachsen, die als unverzahnte Flächen die gleichen Relativbewegungen wie die Zahnräder ausführen. Bei Wälzgetrieben nach Abschnitt 5.1 sind die Wälzflächen (siehe Abschnitt 4.3.4), bei Schraubwälzgetrieben nach den Abschnitten 5.2.2 bis 5.2.4 die Schraubwälzflächen (siehe Abschnitt 4.4.3) die Funktionsflächen der Radpaare.

4.3 Wälzgetriebe
Wälzgetriebe sind Getriebe, in deren Funktionsflächen reines Wälzen (ohne Gleiten) auftritt.

Anmerkung: Zu den Wälzgetrieben gehören diejenigen Radpaare, deren Radachsen in einer Ebene liegen (parallel sind oder sich schneiden).

4.3.1 Wälzachse
Die Momentanachse eines Wälzgetriebes heißt Wälzachse, siehe Bild 15. Um diese Achse findet die relative Momentandrehung des einen Rades um das andere Rad (ohne Verschiebung längs der Achse) statt. Die Wälzachse liegt in der Achsenebene des Radpaares.

4.3.2 Ebene Getriebe, sphärische Getriebe
Wälzgetriebe mit parallelen Radachsen werden als ebene Getriebe bezeichnet. Bei diesen liegen die miteinander zum Eingriff kommenden Teile der Verzahnungen in Ebenen senkrecht zu den Radachsen. Die Wälzachse liegt parallel zu den Radachsen.

Wälzgetriebe mit sich schneidenden Radachsen werden als sphärische Getriebe bezeichnet. Bei diesen liegen die miteinander zum Eingriff kommenden Teile der Verzahnungen auf Kugelflächen um den Achsenschnittpunkt. Die Wälzachse geht durch den Achsenschnittpunkt.

Rückt der Achsenschnittpunkt ins Unendliche, dann geht das sphärische Getriebe in ein ebenes Getriebe über.

4.3.3 Wälzpunkt C
Jeder Punkt der Wälzachse im Bereich der nutzbaren Zahnflanken ist ein Wälzpunkt C. Das Verhältnis der Abstände eines Wälzpunktes zu den Achsen von Ritzel und Rad ist gleich dem Kehrwert des Zähnezahlverhältnisses u. Die Lage der Wälzachse in der Achsenebene ist somit bestimmt durch die gegenseitige Lage der Radachsen (Achsabstand a bzw. Achsenwinkel Σ) und durch das Zähnezahlverhältnis u.

4.3.4 Wälzfläche; Wälzzylinder, Wälzkegel
Die Wälzachse beschreibt bei ihrer Relativdrehung um die Radachsen die Wälzflächen des Rades und seines Gegenrades. Die beiden Wälzflächen (Funktionsflächen) berühren sich in der jeweiligen Wälzachse.

Die Wälzflächen eines Radpaares mit parallelen Radachsen sind Zylinder: die Wälzzylinder.

Die Wälzflächen eines Radpaares mit sich schneidenden Radachsen sind Kegel, deren Spitzen im Achsenschnittpunkt liegen: die Wälzkegel.

Ein Zahnrad kann bei Paarung mit mehreren Gegenrädern mehrere Wälzflächen haben.

Ein Zahnrad kann bei seiner Erzeugung (Paarung mit dem Werkzeug) eine andere Wälzfläche als im Getriebe (Paarung mit dem Gegenrad) haben. Man unterscheidet dann zwischen Erzeugungs-Wälzfläche und Betriebs-Wälzfläche.

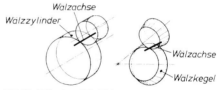

Bild 15. Wälzachse, Wälzflächen

4.4 Schraubwälzgetriebe
Schraubwälzgetriebe enthalten ein Radpaar mit gekreuzten Radachsen, deren Räder sich gegeneinander verschrauben und außerdem wegen der besonderen Form ihrer Radkörper und Zahnflanken eine oder zwei Wälzmöglichkeiten gegeneinander besitzen.

Eine Wälzmöglichkeit besitzt ein Radpaar aus Zylinderschnecke und globoidischem Schneckenrad nach Abschnitt 5.2.1: bei in feststehenden Lagern drehbar gehaltenem Schneckenrad und axialer Verschiebung (ohne Drehung) der Zylinderschnecke wälzen die beiden Zahnräder gegeneinander ab, ohne daß ein tangentiales Gleiten der Zähne aneinander stattfindet.

Zwei Wälzmöglichkeiten besitzen die Schraubradpaare nach den Abschnitten 5.2.3 und 5.2.4: die ideellen Planverzahnungen der beiden Zahnräder können in der gemeinsamen Ebene durch den Schraubpunkt (siehe Abschnitt 4.4.2) senkrecht zur Kreuzungslinie liegend gedacht werden, und jedes der beiden Räder besitzt eine Wälzmöglichkeit auf der zugehörigen Planverzahnung.

4.4.1 Schraubachse
Die Momentanachse eines Schraubwälzgetriebes heißt Schraubachse. Um diese Achse findet momentan eine Schraubung des einen Rades um das feststehend gedachte

andere Rad statt, d. h. eine Drehbewegung mit der relativen Winkelgeschwindigkeit ω_{rel} (siehe Abschnitt 4.4.4.1) und gleichzeitig eine Verschiebebewegung längs der Schraubachse mit der Gleitgeschwindigkeit v_{gs} (siehe Abschnitt 4.4.4.2). Die Schraubachse schneidet die Kreuzungslinie rechtwinklig.
Größen an der Schraubachse werden mit dem Index s gekennzeichnet.

4.4.2 Schraubpunkt S

Der Schnittpunkt der Schraubachse mit der Kreuzungslinie ist der Schraubpunkt S. Er teilt den Achsabstand a in die beiden Abschnitte r_{s1} und r_{s2} in Abhängigkeit vom Zähnezahlverhältnis u und dem Achsenwinkel Σ nach der Gleichung

$$r_{s1} : r_{s2} = (1 + u \cdot \cos \Sigma) : (u^2 + u \cdot \cos \Sigma) \qquad (3)$$

Daraus folgt

$$r_{s1} = a \cdot (1 + u \cdot \cos \Sigma) : (1 + 2 \cdot u \cdot \cos \Sigma + u^2) \qquad (4)$$

$$r_{s2} = a \cdot (u^2 + u \cdot \cos \Sigma) : (1 + 2 \cdot u \cdot \cos \Sigma + u^2) \qquad (5)$$

4.4.3 Schraubwälzflächen

Die Schraubachse beschreibt bei ihrer Relativdrehung um die beiden Radachsen die Schraubwälzflächen des Rades und seines Gegenrades. Diese Funktionsflächen sind einschalige Hyperboloide mit den Kehlhalbmessern r_{s1} und r_{s2} und berühren sich in der jeweiligen Schraubachse.

4.4.4 Größen am Schraubpunkt S

4.4.4.1 Relative Winkelgeschwindigkeit ω_{rel}

Die relative Winkelgeschwindigkeit ω_{rel}, mit der sich ein Rad eines Schraubwälzgetriebes momentan um das feststehend gedachte Gegenrad dreht, folgt aus dem Parallelogramm der Vektoren der Winkelgeschwindigkeiten der beiden Räder, siehe Bild 16.

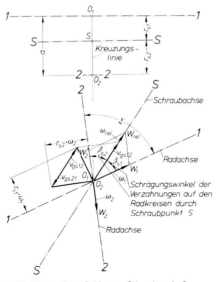

Bild 16. Kinematische Größen am Schraubpunkt S

Anmerkung:

Bild 16 zeigt im Grundriß die Projektionen der beiden Radachsen 1—1 und 2—2 auf eine ihnen parallele Ebene. Von der Projektion des Kreuzungspunktes O_1 (auf der Achse des Rades 1) ist der Vektor der Winkelgeschwindigkeit $\vec{\omega_1} = \overrightarrow{O_1 W_1}$. Von der Projektion des Kreuzungspunktes O_2 aus (auf der Achse des Rades 2; seine Projektion fällt mit O_1 zusammen) sind der Vektor der Winkelgeschwindigkeit $\vec{\omega_2} = \overrightarrow{O_2 W_2'}$ und der Vektor der Winkelgeschwindigkeit $-\vec{\omega_2} = \overrightarrow{O_1 W_2}$ aufgetragen. Der Winkel $W_1 O_2 W_2'$ ist gleich dem Achsenwinkel Σ, der in diesem Beispiel positives Vorzeichen hat.

Im Vektorenparallelogramm $O_1 W_1 W_{rel} W_2'$ hat die Diagonale $\overrightarrow{O_1 W_{rel}}$ die Richtung der Schraubachse. Der von den Vektoren $\vec{\omega_1} = \overrightarrow{O_1 W_1}$ und $\vec{\omega}_{rel} = \overrightarrow{O_1 W_{rel}}$ eingeschlossene Winkel ist der Kreuzungswinkel β_{s1} zwischen der Achse des Rades 1 und der Schraubachse. Der von den Vektoren $-\vec{\omega_2} = \overrightarrow{O_1 W_2'}$ und $\vec{\omega}_{rel} = \overrightarrow{O_1 W_{rel}}$ eingeschlossene Winkel ist der Kreuzungswinkel β_{s2} zwischen der Achse des Rades 2 und der Schraubachse.

Es ist: $\beta_{s1} + \beta_{s2} = \Sigma$ $\qquad (6)$

$$\sin \beta_{s2} = u \cdot \sin \beta_{s1} = \frac{u \cdot \sin \Sigma}{\sqrt{1 + 2 u \cos \Sigma + u^2}} \qquad (7)$$

Diese Schrägungswinkel sind positiv, wenn sie rechtssteigend, und negativ, wenn sie linkssteigend sind. Sind diese Schrägungswinkel beide positiv, dann ist auch der Achsenwinkel positiv; sind beide negativ, dann ist auch der Achsenwinkel negativ.

Die Diagonale $\overrightarrow{O_1 W_{rel}}$ stellt den Vektor der relativen Winkelgeschwindigkeit ω_{rel} im Maßstab der Vektoren der Winkelgeschwindigkeit ω_1 und ω_2 dar.

Es ist:

$$\omega_{rel} = \omega_1 \cdot \frac{\sin |\Sigma|}{\sin |\beta_{s2}|} = \omega_2 \cdot \frac{\sin |\Sigma|}{\sin |\beta_{s1}|} \qquad (8)$$

Die relative Winkelgeschwindigkeit ω_{rel} des Rades 1 in Bezug auf das Rad 2 wird mit ω_{12}, die des Rades 2 in Bezug auf das Rad 1 wird mit ω_{21} bezeichnet. Ihre Beträge und ihre Vektoren sind gleich groß, aber entgegengesetzt gerichtet:

$$\vec{\omega}_{21} = - \vec{\omega}_{12} \qquad (9)$$

4.4.4.2 Gleitgeschwindigkeit v_{gs}

Die Gleitgeschwindigkeit v_{gs} längs der Schraubachse hat die Größe

$$v_{gs} = a \cdot \omega_1 \cdot \sin |\beta_{s1}| = a \cdot \omega_2 \cdot \sin |\beta_{s2}| \qquad (10)$$

Die relative Gleitgeschwindigkeit v_{gs} des Rades 1 gegenüber dem Rad 2 wird mit v_{gs12} bezeichnet, die des Rades 2 gegenüber dem Rad 1 mit v_{gs21}. Beide sind gleich groß, aber entgegengesetzt gerichtet, siehe Bild 16.

$$\vec{v}_{gs12} = - \vec{v}_{gs21} \qquad (11)$$

4.4.4.3 Reduzierte Steigungshöhe (Parameter) $p_{zs\,red}$ der Schraubbewegung

Die reduzierte Steigungshöhe (Parameter) $p_{zs\,red}$ der Schraubbewegung beträgt

$$p_{zs\,red} = \frac{v_{gs}}{\omega_{rel}} = a \cdot \frac{\sin |\beta_{s1}| \cdot \sin |\beta_{s2}|}{\sin |\Sigma|} \qquad (12)$$

4.4.5 Betriebspunkt W

Bei Zylinderschnecken-Radsätzen (siehe Abschnitt 5.2.1 und DIN 3975) mit großem Zähnezahlverhältnis u wird der Abstand r_{s1} nach Gleichung (4) sehr klein, der Abstand r_{s2} nach Gleichung (5) sehr groß. Der Schraubpunkt S liegt daher sehr nahe an der Schneckenradachse und innerhalb des Radkörpers. Die Winkel β_{s1} und β_{s2} werden dadurch für die Verzahnungen des Radpaares bedeutungslos. Dann kann an Stelle des Schraubpunktes S ein Betriebspunkt W auf der Kreuzungslinie und an Stelle der Schraubachse die zur Schraubachse parallele Momentanachse durch W treten.

Größen am Betriebspunkt werden durch den Index w gekennzeichnet.

Die Lage des Betriebspunktes kann frei gewählt werden. Danach ergeben sich dann die Abmessungen von Schnecke und Schneckenrad.

Sind hingegen die Abmessungen der Schnecke $p_{z1\,red}$ und β_{w1} bekannt oder vorgeschrieben, dann läßt sich daraus für eine bestimmte Lage der Radachsen (a und Σ) und ein vorgeschriebenes Zähnezahlverhältnis u die Lage des Betriebspunktes auf der Kreuzungslinie berechnen.

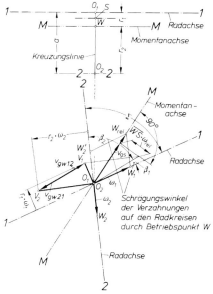

Bild 17. Kinematische Größen am Betriebspunkt W

Abstand WO_2:

$$\overline{WO_2} = r_2 = p_{z1\,red} \cdot \frac{z_2}{z_1} \cdot \frac{\sin|\beta_{w1}|}{\cos(\Sigma - |\beta_{w1}|)} \quad (13)$$

Abstand WO_1:

$$\overline{WO_1} = r_{w1} = a - r_2. \quad (14)$$

Dabei bedeuten:

r_2 Wälzkreishalbmesser = Teilkreishalbmesser des Schneckenrades (siehe DIN 3975, Ausgabe Oktober 1976, Abschnitt 4.4.1),

$p_{z1\,red}$ Reduzierte Steigungshöhe der Schnecke (siehe DIN 3975, Ausgabe Oktober 1976, Abschnitt 3.4.2),

β_{w1} Schrägungswinkel der Schnecke am Halbmesser $r_{w1} = r_{m1} + x \cdot m$ (siehe DIN 3975, Ausgabe Oktober 1976, Abschnitte 3.5.1 und 4.4.3).

Arbeitet die Schnecke wie eine Zahnstange in einem Wälzgetriebe, (siehe DIN 3975, Ausgabe Oktober 1976, Abschnitt 2.6.3) so verläuft die Wälzachse (siehe DIN 3975, Abschnitt 2.7), parallel zur Schneckenradachse durch den Betriebspunkt (Wälzpunkt) W.

4.4.6 Größen am Betriebspunkt W

4.4.6.1 Relative Winkelgeschwindigkeit ω_{rel}

Die relative Winkelgeschwindigkeit ω_{rel} ergibt sich in gleicher Weise wie nach Abschnitt 4.4.4.1.

4.4.6.2 Gleitgeschwindigkeit v_{gw}

Größe und Richtung der Gleitgeschwindigkeit v_{gw} hängen von der Lage des Betriebspunktes W auf der Kreuzungslinie ab.

Die Gleitgeschwindigkeit v_{gw} hat die Größe

$$v_{gw} = v_{w1} \cdot \sin|\beta_{w1}| + v_{w2} \cdot \sin|\beta_{w2}| =$$
$$= v_{w1} \cdot \frac{\sin|\Sigma|}{\cos\beta_{w2}} = v_{w2} \cdot \frac{\sin|\Sigma|}{\cos\beta_{w1}} \quad (15)$$

Dabei bedeuten:

v_{w1} und v_{w2} die Umfangsgeschwindigkeiten der beiden Räder im Betriebspunkt W,

β_{w1} und β_{w2} die Schrägungswinkel der Verzahnungen an den Halbmessern r_{w1} und r_2.

Die relative Gleitgeschwindigkeit v_{gw} des Rades 1 in bezug auf das Rad 2 wird mit v_{gw12}, die des Rades 2 in Bezug auf das Rad 1 mit v_{gw21} bezeichnet. Beide sind gleich groß, aber entgegengesetzt gerichtet:

$$\overrightarrow{v_{gw12}} = -\overrightarrow{v_{gw21}} \quad (16)$$

Anmerkung: Die Richtung der Gleitgeschwindigkeit fällt nicht mit der Richtung der Momentanachse durch W zusammen. Die Gleitgeschwindigkeit v_{gw} hat eine Komponente von der Größe v_{gs} in Richtung der Momentanachse und eine Komponente von der Größe $\overline{WS} \cdot \omega_{rel}$ senkrecht zur Momentanachse und zur Kreuzungslinie.

Es ist:

$$v_{gw} = \sqrt{v_{gs}^2 + (\overline{WS} \cdot \omega_{rel})^2} \quad (17)$$

Fällt W in S, so ist $v_{gw} = v_{gs}$. Der Schraubachse ist die kleinstmögliche Gleitgeschwindigkeit in einem Wälzschraubgetriebe zugeordnet.

In Bild 17 sind von der Projektion der Kreuzungspunkte O_1 und O_2 aus die Projektionen der Vektoren der Umfangsgeschwindigkeiten der Räder 1 und 2 im Punkte W $\overrightarrow{v_{w1}} = r_1 \cdot \omega_1 = \overrightarrow{O_1 V_1}$ und $\overrightarrow{v_{w2}} = r_2 \cdot \omega_2 = \overrightarrow{O_1 V_2}$ aufgetragen. Der zwischen den Endpunkten dieser Vektoren liegende Vektor $V_1 V_2$ stellt die Richtung und die Größe der relativen Gleitgeschwindigkeit $\overrightarrow{v_{gw}}$ im Maßstab der Umfangsgeschwindigkeitsvektoren $\overrightarrow{v_{w1}}$ und $\overrightarrow{v_{w2}}$ dar.

Der Kreuzungswinkel β_{w1} des Vektors $\overrightarrow{v_{gw}}$ mit der Achse von Rad 1 und der Kreuzungswinkel β_{w2} des Vektors $\overrightarrow{v_{gw}}$ mit der Achse des Rades 2 sind die Schrägungswinkel der beiden Radverzahnungen auf ihren koaxialen Zylindern mit den Halbmessern O_1 W bzw. O_2 W.

4.5 Reine Schraubgetriebe

Bei reinen Schraubgetrieben tritt nur ein Verschrauben der beiden Zahnräder gegeneinander auf, sie besitzen keine Wälzmöglichkeit der beiden Räder gegeneinander.

Reine Schraubgetriebe haben — wie Schraubwälzgetriebe — gekreuzte Radachsen. Zu diesen Getrieben gehören die Globoidschnecken-Radsätze nach Abschnitt 5.3.

5 Arten der Zahnräder und Zahnradpaare

5.1 Zahnräder und Radpaare für Wälzgetriebe

5.1.1 Stirnrad (Zylinderrad); Stirnradpaar (Zylinderradpaar)

Ein Stirnrad (Zylinderrad) ist ein Zahnrad, dessen Bezugsfläche (Teilfläche) ein Kreiszylinder mit dem Durchmesser d (Halbmesser r) ist und Teilzylinder heißt.

Die Paarung zweier Stirnräder ergibt ein Stirnradpaar (Zylinderradpaar). Ihre Radachsen sind parallel, sie haben den Achsabstand a. Die Teilzylinder der Verzahnungen können mit den Wälzflächen des Radpaares zusammenfallen.

Bild 18. Stirnrad mit Teilkreisdurchmesser d

5.1.2 Zahnstange; Zahnstangenradpaar

Eine Zahnstange ist der Grenzfall eines außenverzahnten Stirnrades mit unendlich großem Durchmesser. Ihre Bezugsfläche ist eine Ebene, ihre Verzahnung eine Planverzahnung. Jede zur Bezugsebene parallele Ebene ist eine Teilebene.

Die Paarung einer Zahnstange mit einem Stirnrad ist ein Zahnstangenradpaar. Hierbei ist der Teilzylinder des Stirnrades zugleich Wälzzylinder; die den Stirnrad-Teilzylinder berührende Teilebene der Zahnstange ist Wälzebene.

Bild 19. Zahnstange mit Teilebene

5.1.3 Kegelrad; Kegelradpaar

Ein Kegelrad ist ein Zahnrad, dessen Bezugsfläche (Teilfläche) ein Kreiskegel mit dem halben Kegelwinkel δ ist und Teilkegel heißt.

Die Paarung zweier Kegelräder ergibt ein Kegelradpaar. Ihre Radachsen schneiden sich im Achsenschnittpunkt und schließen miteinander den Achsenwinkel Σ ein. Die Teilkegel der Verzahnungen fallen im allgemeinen mit den Wälzkegeln des Radpaares zusammen.

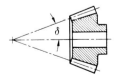

Bild 20. Kegelrad mit Teilkegelwinkel δ

5.1.4 Kegelplanrad; Kegelplanradpaar

Ein Kegelplanrad ist der Grenzfall eines außenverzahnten Kegelrades, dessen halber Kegelwinkel $\delta_2 = 90°$ ist. Seine Bezugsfläche ist eine Ebene senkrecht zur Radachse. Seine Verzahnung ist eine Planverzahnung und befindet sich auf einer Stirnfläche des Rades.

Die Paarung eines Kegelplanrades mit einem Kegelrad ergibt ein Kegelplanradpaar. Der Achsenwinkel beträgt im allgemeinen $\Sigma = 90° + \delta_1$.

Bild 21. Kegelplanrad

5.1.5 Stirnplanradpaar; Kronenrad

Ein Stirnplanradpaar ergibt sich durch die Paarung eines Zylinderrades mit einem Planrad bei einem Achsenwinkel $\Sigma = 90°$. Die Wälzflächen sind Kegel. Die Zylinderradverzahnung und das Zähnezahlverhältnis bestimmen die Planradverzahnung. Vorzugsweise in der Feinwerktechnik wird dieses Planrad auch als Kronenrad bezeichnet.

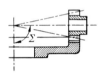

Bild 22. Stirnplanradpaar

5.2 Zahnräder und Radpaare für Schraubwälzgetriebe

5.2.1 Zylinderschnecken-Radsatz (Schneckenradsatz); Zylinderschnecke (Schnecke), Schneckenrad

Ein Zylinderschnecken-Radsatz (Schneckenradsatz) besteht aus einem Zahnrad mit zylindrischer Bezugsfläche, der Zylinderschnecke (Schnecke) und dem dazu passenden globoidischen Gegenrad, dem Schneckenrad (siehe DIN 3975). Der Achsenwinkel beträgt meist $\Sigma = 90°$; andere Achsenwinkel sind möglich. Die Verzahnungen von Schnecke und Schneckenrad haben Linienberührung in einem Eingriffsfeld.

Ein Schneckenradsatz mit sich rechtwinklig kreuzenden Radachsen kann auch als Wälzgetriebe (wie Zahnstange und Stirnrad, siehe DIN 3975, Ausgabe Oktober 1976, Abschnitt 2.7) arbeiten.

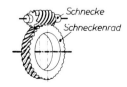

Bild 23. Zylinderschnecken-Radsatz (Schneckenradsatz)

5.2.2 Hyperboloidradpaar

Ein Hyperboloidradpaar hat zwei Zahnräder, deren Verzahnungen in den hyperboloidischen Funktionsflächen liegen. Sie können als Kehlräder (hyperbolische Stirnräder mit Verzahnungen um den Schraubpunkt) oder als hyperbolische Kegelräder, deren Verzahnungen außerhalb des Schraubpunktes liegen, ausgeführt werden.

Im allgemeinen werden diese Verzahnungen durch ihnen angenäherte Verzahnungen ersetzt: Schraubradpaar (Stirnschraubradpaar) nach Abschnitt 5.2.3 oder Hypoidradpaar (Kegelschraubradpaar) nach Abschnitt 5.2.4.

Bild 25. Schraubradpaar (Stirnschraubradpaar)

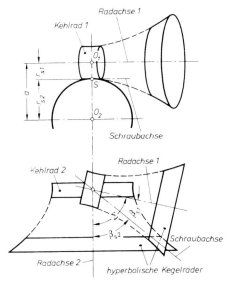

Bild 24. Hyperboloidräder

5.2.4 Hypoidradpaar (Kegelschraubradpaar); Hypoidräder (Kegelschraubräder)

Bei kleinem Achsabstand a (meist Achsversetzung genannt) können solche Teile der Schraubwälzflächen für den Zahneingriff herangezogen werden, die vom Schraubpunkt genügend weit entfernt sind, so daß diese Teile der Schraubwälzflächen durch Kegelflächen angenähert werden können. Die Teilkegel der Kegelräder unterscheiden sich von den entsprechenden Teilen der Schraubwälzflächen; sie werden so gewählt, daß der Zahneingriff sich über nahezu die gesamte Zahnbreite erstreckt. Diese Kegelräder werden Hypoidräder (Kegelschraubräder) genannt; ihre Paarung ergibt ein Hypoidradpaar (Kegelschraubradpaar). Der Achsenwinkel ist meist $\Sigma = 90°$.

Bild 26. Hypoidradpaar (Kegelschraubradpaar)

5.3 Globoidschnecken-Radsatz; Globoidschnecke, Globoidschneckenrad

Ein Globoidschnecken-Radsatz ist ein Radpaar mit sich rechtwinklig kreuzenden Radachsen, das aus zwei verzahnten Globoiden, der Globoidschnecke und dem Globoidschneckenrad, besteht. Die Bezugsflächen der beiden Verzahnungen sind Globoide, die derart zusammenhängen, daß der Bahnkreis des einen der Erzeugungskreis des anderen ist. Zahneingriff findet nur in der Mittenebene des Globoidschneckenrades statt.

5.2.3 Schraubradpaar (Stirnschraubradpaar); Schraubräder (Stirnschraubräder), Schneckenschraubrad

Bei genügend großem Achsabstand a und kleinem Zähnezahlverhältnis u (im allgemeinen $u < 4$) sind die Kehlhalbmesser r_{s1} und r_{s2} der Schraubwälzflächen hinreichend groß, so daß in einem schmalen Bereich um den Schraubpunkt die Hyperboloide durch Zylinderflächen angenähert werden können. Man kann also anstelle der hyperbolischen Stirnräder entsprechend verzahnte Zylinderräder miteinander paaren. Sie werden dann Schraubräder genannt und ergeben ein Schraubradpaar. Ihre Verzahnungen haben nur Punktberührung; unter den Betriebsbedingungen erweitert sich der Berührpunkt zu einer Berührfläche.

In der Feinwerktechnik werden Schraubradpaare auch mit größerem Zähnezahlverhältnis ($u > 4$) und mit sehr kleiner Zähnezahl z_1 benutzt. Das kleinere Schraubrad hat dann einen kleinen Durchmesser bei verhältnismäßig großer Zahnbreite. Es ähnelt in seiner Gestalt einer Zylinderschnecke und wird auch Schneckenschraubrad genannt.

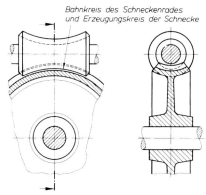

Bild 27. Globoidschnecken-Radsatz

6 Kopf- und Fußflächen

6.1 Kopffläche
Die Kopffläche eines Zahnes ist die äußerste, zur Bezugsfläche der Verzahnung koaxiale Begrenzungsfläche des Zahnes.

6.2 Kopfmantelfläche
Die Kopfmantelfläche eines Zahnrades ist die zur Bezugsfläche der Verzahnung koaxiale Fläche, die alle Kopfflächen der Zähne enthält.

6.3 Zahnlückengrund
Der Zahnlückengrund ist die zur Bezugsfläche der Verzahnung koaxiale innere Begrenzungsfläche einer Zahnlücke.

6.4 Fußmantelfläche
Die Fußmantelfläche eines Zahnrades ist die zur Bezugsfläche der Verzahnung koaxiale Fläche, die alle Zahnlückengrundflächen enthält.

7 Zahnflanken und Zahnprofile

7.1 Zahnflanken
Zahnflanken sind diejenigen Teile der Oberfläche eines Zahnes, die sich zwischen der Kopfmantel- und der Fußmantelfläche befinden.

Bild 28. Zahnflanke

7.2 Bezugsflankenlinie, Flankenlinie, Teilflankenlinie
Die Bezugsflankenlinie (bzw. Flankenlinie, Teilflankenlinie) ist der Schnitt einer Zahnflanke mit der Bezugsfläche (bzw. einer zur Bezugsfläche koaxialen Fläche oder der Teilfläche).

7.3 Verzahnungsprofil, Zahnprofil, Flankenprofil
Das Verzahnungsprofil (bzw. Zahnprofil oder Flankenprofil) ist der Schnitt der Verzahnung (bzw. eines Zahnes oder einer Zahnflanke) mit einer angenommenen, nichtkoaxialen Schnittfläche.

7.3.1 Stirnprofil; Stirnschnitt
Das Stirnprofil ist das Profil der Verzahnung (bzw. eines Zahnes oder einer Zahnflanke) im Stirnschnitt.

Ein Stirnschnitt ist eine zu den Erzeugenden der Bezugsfläche senkrechte Fläche. Größen in einem Stirnschnitt werden mit dem Index t bezeichnet.

Anmerkung: Bei einem Zylinderrad (Stirnrad, Schraubrad, Schnecke) steht der Stirnschnitt senkrecht zur Radachse.

7.3.2 Normalprofil; Normalschnitt
Das Normalprofil ist das Profil der Verzahnung (bzw. eines Zahnes oder einer Zahnflanke) im Normalschnitt.

Ein Normalschnitt ist eine zu den Flankenlinien senkrechte Fläche. Sie ist im allgemeinen eine räumlich gekrümmte Fläche. Größen in einem Normalschnitt werden mit dem Index n bezeichnet.

7.3.3 Axialprofil; Axialschnitt
Das Axialprofil ist das Profil der Verzahnung (bzw. eines Zahnes oder einer Zahnflanke) im Axialschnitt.

Ein Axialschnitt ist eine die Radachse enthaltende Ebene. Größen in einem Axialschnitt werden mit dem Index x bezeichnet.

7.4 Bezugsprofil
Das Bezugsprofil ist ein durch Vereinbarung festgelegtes Profil einer Planverzahnung, das in Verbindung mit anderen Bestimmungsgrößen die Verzahnungen der zugehörigen Zahnräder bestimmt.

7.5 Zahnflankenarten

7.5.1 Gegenflanken
Gegenflanken der Verzahnungen eines Radpaares sind diejenigen Flanken der beiden Räder, die miteinander in Eingriff kommen oder kommen können.

7.5.2 Rechtsflanke, Linksflanke
Rechtsflanke (bzw. Linksflanke) ist diejenige Flanke, die ein Beobachter in einer vereinbarten Blickrichtung an einem nach oben gerichteten Zahn an dessen rechter (bzw. linker) Seite sieht.

Anmerkung: Diese Definition gilt sowohl für ein Zahnrad mit Außenverzahnung als auch für ein Zahnrad mit Innenverzahnung.

Bei einem Stirn- oder Kegelradpaar arbeiten – unter Annahme einer gemeinsamen Blickrichtung, z. B. zum Achsenschnittpunkt hin – Rechtsflanken mit Rechtsflanken oder Linksflanken mit Linksflanken zusammen.

7.5.3 Gleichnamige Zahnflanken
Gleichnamige Zahnflanken sind einerseits alle Rechtsflanken eines Rades, andererseits alle Linksflanken.

7.5.4 Ungleichnamige Zahnflanken
Ungleichnamige Zahnflanken eines Rades sind eine oder mehrere Rechtsflanken in bezug auf eine oder mehrere Linksflanken oder umgekehrt.

7.5.5 Arbeitsflanken
Arbeitsflanken sind diejenigen Zahnflanken, durch welche die Bewegung eines Rades auf das Gegenrad übertragen wird oder von ihm empfangen wird.

7.5.6 Rückflanken
Rückflanken sind die den Arbeitsflanken gegengerichteten Flanken eines Rades.

7.6 Zahnflankenteile

7.6.1 Kopfflanke, Fußflanke
Kopfflanke (bzw. Fußflanke) ist derjenige Teil einer Zahnflanke, der zwischen der Bezugsfläche und der Kopfmantelfläche (bzw. Fußmantelfläche) liegt.

Bild 29. Kopfflanke

Seite 14 DIN 868

Bild 30. Fußflanke

7.6.2 Nutzbare Flanke; Kopfnutzkreis, Fußnutzkreis

Nutzbare Flanke ist derjenige Teil einer Zahnflanke, der zum Eingriff mit einer Gegenflanke benutzt werden kann.

Die nutzbare Flanke wird in radialer Richtung begrenzt durch den Kopfnutzkreis mit dem Durchmesser d_{Na} und den Fußnutzkreis mit dem Durchmesser d_{Nf}.

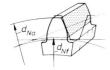

Bild 31. Nutzbare Flanke

7.6.3 Akive Flanke

Aktive Flanke ist derjenige Teil einer Zahnflanke, der mit den Gegenflanken in Eingriff kommt.

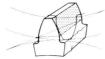

Bild 32. Aktive Flanke

7.6.4 Fußrundungsfläche, Fußrundung

Fußrundungsfläche ist derjenige Teil einer Zahnflanke, mit dem die nutzbare Flanke in den Zahnlückengrund übergeht.

Die Fußrundung ist der der Fußrundungsfläche entsprechende Teil des Flankenprofils.

Bild 33. Fußrundungsfläche

7.6.5 Kopfkante

Die Kopfkante ist der Schnitt der Zahnflanke mit der Kopffläche, siehe Bild 28.

7.7 Zahnflanken-Veränderungen (Flankenkorrekturen)

Die Zahnflanken-Veränderungen nach den Abschnitten 7.7.1 bis 7.7.5 sind Flankenkorrekturen, d. h. gewollte, zum Zahninneren hin gerichtete Abweichungen von der theoretischen Flankenform. Sie sollen fertigungsbedingte störende Abweichungen an den Verzahnungen oder Ungenauigkeiten der Lagerung der Zahnräder ausgleichen, die Laufeigenschaften unter Last verbessern oder die Herstellung erleichtern. Die Flankenkorrekturen nach den Abschnitten 7.7.1 bis 7.7.3 sind funktionsbedingt und liegen innerhalb der nutzbaren Flanken, diejenigen nach den Abschnitten 7.7.4 und 7.7.5 sind herstellungsbedingt und liegen außerhalb der nutzbaren Flanken.

7.7.1 Kopfrücknahme C_a, Fußrücknahme C_f; Höhenballigkeit C_h

Kopfrücknahme C_a (bzw. Fußrücknahme C_f) ist die gewollte, durch zusätzliche Werkstoffabtragung erreichte Veränderung des Flankenprofils am Zahnkopf (bzw. am Zahnfuß). Das erzeugte veränderte Flankenprofil geht möglichst stetig in das theoretische Flankenprofil über.

Kopfrücknahme und Fußrücknahme (einzeln oder gemeinsam angewandt) ergeben die Höhenballigkeit C_h.

Bild 34. Kopfrücknahme C_a, Fußrücknahme C_f

7.7.2 Breitenballigkeit C_b (Flankenlinienrücknahme)

Breitenballigkeit C_b (Flankenlinienrücknahme) ist die gewollte Abweichung der Zahnflanke von ihrer theoretischen Form in Richtung der Zahnbreite, so daß die Ist-Flankenlinien von den theoretischen Flankenlinien weg zum Zahninneren hin gekrümmt sind und an beiden Zahnenden um den Betrag C_b auf die Breite b_C zurückstehen. Die veränderten Teile der Flankenlinien gehen möglichst stetig in die theoretische Flankenlinienform über.

Bild 35. Breitenballigkeit

7.7.3 Endrücknahme

Endrücknahme ist die Zahndickenverminderung an einem Zahnende (einseitige Breitenballigkeit).

7.7.4 Kopfkantenbruch

Kopfkantenbruch ist eine zu gleichen Teilen auf Kopffläche und Kopfflanke verteilte Schutzfase entlang den Kopfkanten. Durch Kopfkantenbruch endet das nutzbare Flankenprofil an einem Kopfnutzkreis, dessen Halbmesser um die Fasenhöhe des Kopfkantenbruches kleiner ist als der Kopfkreishalbmesser.

145

DIN 868 Seite 15

7.7.5 Fußfreischnitt
Fußfreischnitt ist eine am Fußnutzkreis beginnende und in die Fußrundungsfläche auslaufende Zurücklegung der Fußflanke (gewollter Unterschnitt), um die Nachbearbeitung der Zahnflanken nach dem Schneiden der Zahnlücken zu erleichtern. Fußfreischnitt wird im allgemeinen durch eine Protuberanz am Werkzeugzahnkopf erzeugt.

Bild 36. Fußfreischnitt

7.7.6 Unterschnitt
Unterschnitt ist eine am Zahnfuß auftretende Abweichung eines Flankenprofils von seiner theoretischen Form, die durch störenden Eingriff des Werkzeugs beim Erzeugen der Verzahnung verursacht sein kann. Ein Unterschnitt hat meist eine Kürzung des nutzbaren Flankenprofils und damit unter Umständen eine Verkürzung des Eingriffsfeldes sowie eine Schwächung des Zahnfußes zur Folge.

Bild 37. Unterschnitt

7.8 Flankenprofile bei Stirnrädern (Zylinderrädern)
Bei Stirnrädern (Zylinderrädern) sind (bzw. waren) folgende Flankenprofile gebräuchlich, die nach ihren Profilformen benannt werden.

7.8.1 Evolventenverzahnung
Bei der Evolventenverzahnung (siehe DIN 3960) sind die Stirnprofile Teile von Evolventen (Kreisevolventen), die durch Abrollen einer Geraden auf einem Kreis, dem Grundkreis, erzeugt gedacht werden können, siehe Bild 38. Die beiden Geraden, die die beiden Grundkreise eines Radpaares berühren, sind die Eingriffslinien für die Rechts- und Linksflanken; sie schneiden sich im Wälzpunkt.

Die Flankenprofile der entsprechenden Zahnstangen sind Geraden, die senkrecht auf den Eingriffslinien stehen.

Weil zwei Grundkreise stets zwei berührende Geraden haben und die Form der Stirnprofile von Lagenänderungen der Grundkreise nicht beeinflußt wird, sind Evolventenverzahnungen unempfindlich gegen Achsabstandsänderungen eines Radpaares.

7.8.2 Zykloidenverzahnungen
Zykloiden sind Kurven, die von den Punkten eines „Rollkreises", der auf oder in einem „Wälzkreis" abrollt, beschrieben werden.

Bei der doppelseitigen Zykloidenverzahnung liegen die beiden Rollkreise innerhalb der Wälzkreise eines Rad-

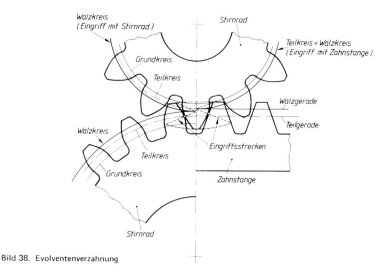

Bild 38. Evolventenverzahnung

paares, siehe Bild 39. Sie berühren sich im Wälzpunkt und bilden die Eingriffslinien für die Rechts- und Linksflanken. Bei Außenradpaaren wird das Profil der Kopfflanken von Epizykloiden (Rollkreis rollt außen auf dem entgegengesetzt gekrümmten Wälzkreis ab), das der Fußflanken von Hypozykloiden (Rollkreis rollt innen in einem nach der gleichen Richtung gekrümmten Rollkreis ab) gebildet.

Bei einer Zahnstange sind die Profile von Kopf- und Fußflanken Orthozykloiden (Rollkreise rollen auf einer Geraden ab).

Bei der einseitigen Zykloidenverzahnung ist nur ein Rollkreis vorhanden. Die Verzahnung besteht bei einem der Räder nur aus Kopfflanken, bei dem Gegenrad nur aus Fußflanken.

Wegen der Bedingung, daß die Rollkreise durch den Wälzpunkt gehen müssen, sind Zykloidenverzahnungen empfindlich gegen Achsabstandsänderungen des Radpaares.

7.8.3 Punktverzahnung, Triebstockverzahnung

Die Punktverzahnung ist eine einseitige Zykloidenverzahnung, bei der der Rollkreis mit einem Wälzkreis zusammenfällt. Die Kopfflanken des einen Rades sind Epizykloiden, die Fußflanken des Gegenrades schrumpfen zu Punkten zusammen.

Zur Realisierung dieser Verzahnungen werden die Punkte zu Kreisen erweitert, die durch Triebstöcke (zylindrische Bolzen, Zapfen, Zapfenrollen oder Nadeln) verwirklicht werden. Die Triebstöcke sind auf dem Wälzkreis = Teilkreis des Triebstockrades (bzw. auf der Wälzgeraden = Teilgeraden der Triebstock-Zahnstange) angeordnet, siehe Bild 40. Die Profile der Gegenflanken entstehen als Äquidistanten zu den Epizykloiden. Diese Verzahnungen heißen Triebstockverzahnungen.

Geht das die Zapfen tragende Triebstockrad in eine Triebstock-Zahnstange über, dann gehen die Epizykloiden des Gegenrades und ihre Äquidistanten in Evolventen über.

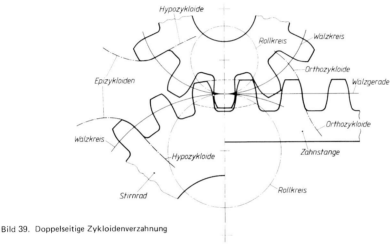

Bild 39. Doppelseitige Zykloidenverzahnung

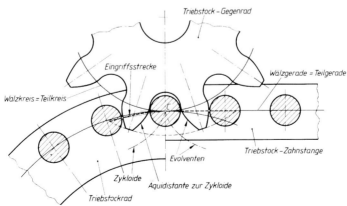

Bild 40. Triebstockverzahnung

7.8.4 Kreisbogenverzahnungen

Für Sonderfälle (z. B. in der Uhrentechnik für annähernd momentengetreue Übersetzung) werden auch Kreisbogenverzahnungen benutzt, bei denen die Flankenprofile aus einem oder zwei ineinander übergehenden Kreisbögen bestehen.

8 Spiele zwischen Verzahnung und Gegenverzahnung

8.1 Kopfspiel c

Das Kopfspiel c ist der an einem Normalprofil festzustellende kleinste Abstand zwischen Kopfmantelfläche und Fußmantelfläche von Rad und Gegenrad.

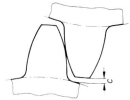

Bild 41. Kopfspiel c

8.2 Flankenspiel j

Das Flankenspiel j ist das zwischen den Rückflanken eines Radpaares vorhandene Spiel, wenn die Arbeitsflanken sich berühren.

Das Flankenspiel dient zur Berücksichtigung der Teilungs-, Profil- und Rundlaufabweichungen beider Verzahnungen sowie der Schmierung, der Erwärmung und gegebenenfalls der Feuchtigkeit (bei Kunststoffrädern) und erstreckt sich über die gesamten Zahnflanken.

8.2.1 Drehflankenspiel j_t

Das Drehflankenspiel j_t ist der auf der Bezugsfläche anzugebende Bogen, um den sich jedes der beiden Zahnräder bei festgehaltenem Gegenrad von der Anlage der Rechtsflanken bis zur Anlage der Linksflanken drehen kann.

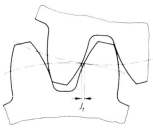

Bild 42. Drehflankenspiel j_t

8.2.2 Normalflankenspiel j_n

Das Normalflankenspiel j_n ist der kürzeste Abstand zwischen den Rückflanken eines Radpaares, wenn die Arbeitsflanken sich berühren.

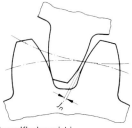

Bild 43. Normalflankenspiel j_n

8.2.3 Radialspiel j_r

Das Radialspiel j_r ist die Differenz des Achsabstandes bzw. die Differenz des Achsenwinkels (bei einem Kegelradpaar) zwischen dem Betriebszustand und dem Zustand des spielfreien Eingriffs.

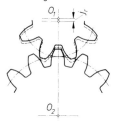

Bild 44. Radialspiel j_r

8.2.4 Axialspiel j_x

Das Axialspiel j_x ist der Betrag, um den ein schrägverzahntes Zahnrad bei festgehaltenem Gegenrad von der Anlage der Rechtsflanken bis zur Anlage der Linksflanken längs seiner Achse verschoben werden kann.

8.3 Eintrittsspiel j_e

Das Eintrittsspiel j_e ist das durch Kopfrücknahme oder Fußrücknahme bei unbelastetem Getriebe im Stirnschnitt vorhandene Spiel zwischen treibender und getriebener Zahnflanke bei deren Eintritt in den Eingriff.

Bild 45. Eintrittsspiel j_e

Oktober 2002

	Einheiten	**DIN**
	Teil 1: Einheitennamen, Einheitenzeichen	**1301-1**

ICS 01.060; 01.075

Ersatz für
DIN 1301-1:1993-12

Units — Part 1: Unit names, unit symbols

Unités — Partie 1: Noms des unités, symbols des unités

Vorwort

Die Festlegungen dieser Norm stimmen sachlich überein mit der Internationalen Norm ISO 1000:1992. Die in ISO 1000:1992 enthaltenen Beispiele für dezimale Vielfache und Teile von Einheiten werden in DIN 1301-2 behandelt. Diese Norm berücksichtigt darüber hinaus die Beschlüsse der 19. Generalkonferenz für Maß und Gewicht (CGPM), 1991. Anhang A ist normativ.

Änderungen

Gegenüber DIN 1301-1:1993-12 wurden folgende Änderungen vorgenommen:

a) die Schreibweise des Vorsatzes für den Faktor 10^{-24} wurde in „Yokto" mit „k" statt „c" korrigiert;
b) die Werte für die atomare Masseneinheit und das Elektronvolt wurden entsprechend den CODATA-Werten von 1998 geändert.

Frühere Ausgaben

DIN 1301: 1925-07, 1928-04, 1933-03, 1955-06, 1961-11, 1962X-02, 1966X-01, 1971-11
DIN 1301-1: 1978-02, 1978-10, 1985-12, 1993-12
DIN 1339: 1946-07, 1958-04, 1968-09, 1971-11
DIN 1357: 1958X-04, 1966-08, 1967-12, 1971-11

Fortsetzung Seite 2 bis 10

Normenausschuss Technische Grundlagen (NATG) – Einheiten und Formelgrößen – im DIN
Deutsches Institut für Normung e. V.

1 Anwendungsbereich

In der vorliegenden Norm sind die Einheiten des Internationalen Einheitensystems (SI) sowie einige weitere empfohlene Einheiten und die Vorsätze für dezimale Teile und Vielfache der Einheiten aufgeführt.

Allgemein angewendete Teile und Vielfache von SI-Einheiten und weiteren empfohlenen Einheiten sind in DIN 1301-2 zusammengestellt.

Umrechnungsbeziehungen für nicht mehr zu verwendende Einheiten siehe DIN 1301-3.

Einheitenähnlich verwendete Namen und Zeichen siehe Beiblatt 1 zu DIN 1301-1.

2 Normative Verweisungen

Diese Norm enthält durch datierte oder undatierte Verweisungen Festlegungen aus anderen Publikationen. Diese normativen Verweisungen sind an den jeweiligen Stellen im Text zitiert, und die Publikationen sind nachstehend aufgeführt. Bei datierten Verweisungen gehören spätere Änderungen oder Überarbeitungen nur zu dieser Norm, falls sie durch Änderung oder Überarbeitung eingearbeitet sind. Bei undatierten Verweisungen gilt die letzte Ausgabe der in Bezug genommenen Publikation (einschließlich Änderungen).

DIN 1301-2, *Einheiten — Allgemein angewendete Teile und Vielfache.*

DIN 1301-3, *Einheiten — Umrechnungen für nicht mehr anzuwendende Einheiten.*

Beiblatt 1 zu DIN 1301-1, *Einheiten — Einheitenähnliche Namen und Zeichen.*

DIN 1313, *Größen.*

DIN 1338, *Formelschreibweise und Formelsatz.*

DIN 1345, *Thermodynamik — Grundbegriffe.*

DIN 40110-1, *Wechselstromgrößen — Zweileiter-Stromkreise.*

DIN 66030, *Informationstechnik — Darstellung von Einheitenzeichen in Systemen mit beschränktem Schriftzeichenvorrat.*

ISO 1000:1992, *SI units and recommendations for the use of their multiples and of certain other units.*

ISO 1000:1992/Amd.1:1998, *SI units and recommendations for the use of their multiples and certain other units; Amendment 1*

Le Système International d'Unités (SI), Bureau International des Poids et Mesures, Pavillon de Breteuil, F-92312 Sèvres CEDEX

P. J. Mohr, B. N. Taylor: *CODATA recommended values of the fundamental physical constants: 1998*; Rev. Mod. Phys. 72, Nr. 2, April 2000, 351– 495

3 Begriffe

Für die Anwendung dieser Norm gelten die folgenden Begriffe.

3.1
Einheiten und Einheitensysteme
Siehe DIN 1313

3.2
SI-Einheiten
SI-Basiseinheiten und abgeleitete SI-Einheiten

ANMERKUNG   Der Name „Système International d'Unités" (Internationales Einheitensystem) und das Kurzzeichen SI wurden durch die 11. Generalkonferenz für Maß und Gewicht (CGPM), 1960, festgelegt. Eine ausführliche Information über das Internationale Einheitensystem gibt die in englischer und französischer Sprache vom Internationalen Büro für Maß und Gewicht erhältliche Schrift: „Le Système International d'Unités (SI)".

3.3
SI-Basiseinheiten
die in Tabelle 1 aufgeführten Einheiten, aus denen sich alle übrigen Einheiten des Systems ableiten lassen

ANMERKUNG   Definitionen der SI-Basiseinheiten siehe Anhang A.

3.4
Abgeleitete SI-Einheiten
kohärente, d. h. mit dem Zahlenfaktor Eins gebildete Produkte, Quotienten oder Potenzprodukte von SI-Basiseinheiten

BEISPIEL 1

$\dfrac{kg}{s}$ für den Massenstrom

BEISPIEL 2

$A \cdot s$ für die elektrische Ladung

BEISPIEL 3

$\dfrac{kg \cdot m}{s^2}$ für die Kraft

Abgeleitete SI-Einheiten mit besonderen Namen und besonderen Einheitenzeichen siehe Tabelle 2.

Tabelle 1 — SI-Basiseinheiten

Nr	Größe	SI-Basiseinheit Name	Zeichen
1.1	Länge	Meter	m
1.2	Masse	Kilogramm	kg
1.3	Zeit	Sekunde	s
1.4	elektrische Stromstärke	Ampere	A
1.5	thermodynamische Temperatur	Kelvin	K
1.6	Stoffmenge	Mol	mol
1.7	Lichtstärke	Candela	cd

4   Darstellung der abgeleiteten SI-Einheiten

Eine abgeleitete SI-Einheit kann mit den Namen der SI-Basiseinheiten oder auf mehrere Arten mit den besonderen Namen von abgeleiteten SI-Einheiten ausgedrückt werden.

Zur besseren Unterscheidung zwischen Größen gleicher Dimension dürfen bestimmte Namen oder bestimmte Kombinationen bevorzugt werden.

Zum Beispiel:

— für das Kraftmoment das Newtonmeter ($N \cdot m$) anstelle des Joule;

— für die Frequenz eines periodischen Vorganges das Hertz (Hz) und für die Aktivität einer radioaktiven Substanz das Becquerel (Bq) anstelle der reziproken Sekunde $\left(\dfrac{1}{s}\right)$.

Tabelle 2 — Abgeleitete SI-Einheiten mit besonderem Namen und mit besonderem Einheitenzeichen

Nr	Größe	SI-Einheit Name	SI-Einheit Zeichen	Beziehung
2.1	ebener Winkel	Radiant	rad	$1\ \text{rad} = 1\ \dfrac{\text{m}}{\text{m}} = 1$
2.2	Raumwinkel	Steradiant	sr	$1\ \text{sr} = 1\ \dfrac{\text{m}^2}{\text{m}^2} = 1$
2.3	Frequenz eines periodischen Vorganges	Hertz	Hz	$1\ \text{Hz} = \dfrac{1}{\text{s}}$
2.4	Aktivität einer radioaktiven Substanz	Becquerel	Bq	$1\ \text{Bq} = \dfrac{1}{\text{s}}$
2.5	Kraft	Newton	N	$1\ \text{N} = 1\ \dfrac{\text{J}}{\text{m}} = 1\ \dfrac{\text{m} \cdot \text{kg}}{\text{s}^2}$
2.6	Druck, mechanische Spannung	Pascal	Pa	$1\ \text{Pa} = 1\ \dfrac{\text{N}}{\text{m}^2} = 1\ \dfrac{\text{kg}}{\text{m} \cdot \text{s}^2}$
2.7	Energie, Arbeit, Wärme	Joule	J	$1\ \text{J} = 1\ \text{N} \cdot \text{m} = 1\ \text{W} \cdot \text{s} = 1\ \dfrac{\text{m}^2 \cdot \text{kg}}{\text{s}^2}$
2.8	Leistung, Wärmestrom	Watt	W	$1\ \text{W} = 1\ \dfrac{\text{J}}{\text{s}} = 1\ \text{V} \cdot \text{A} = 1\ \dfrac{\text{m}^2 \cdot \text{kg}}{\text{s}^3}$
2.9	Energiedosis	Gray	Gy	$1\ \text{Gy} = 1\ \dfrac{\text{J}}{\text{kg}} = 1\ \dfrac{\text{m}^2}{\text{s}^2}$
2.10	Äquivalentdosis	Sievert	Sv	$1\ \text{Sv} = 1\ \dfrac{\text{J}}{\text{kg}} = 1\ \dfrac{\text{m}^2}{\text{s}^2}$
2.11	elektrische Ladung	Coulomb	C	$1\ \text{C} = 1\ \text{A} \cdot \text{s}$
2.12	elektrisches Potential, elektrische Spannung	Volt	V	$1\ \text{V} = 1\ \dfrac{\text{J}}{\text{C}} = 1\ \dfrac{\text{m}^2 \cdot \text{kg}}{\text{s}^3 \cdot \text{A}}$
2.13	elektrische Kapazität	Farad	F	$1\ \text{F} = 1\ \dfrac{\text{C}}{\text{V}} = 1\ \dfrac{\text{s}^4 \cdot \text{A}^2}{\text{m}^2 \cdot \text{kg}}$
2.14	elektrischer Widerstand	Ohm	Ω	$1\ \Omega = 1\ \dfrac{\text{V}}{\text{A}} = 1\ \dfrac{\text{m}^2 \cdot \text{kg}}{\text{s}^3 \cdot \text{A}^2}$
2.15	elektrischer Leitwert	Siemens	S	$1\ \text{S} = 1\ \dfrac{1}{\Omega} = 1\ \dfrac{\text{s}^3 \cdot \text{A}^2}{\text{m}^2 \cdot \text{kg}}$
2.16	magnetischer Fluss	Weber	Wb	$1\ \text{Wb} = 1\ \text{V} \cdot \text{s} = 1\ \dfrac{\text{m}^2 \cdot \text{kg}}{\text{s}^2 \cdot \text{A}}$
2.17	magnetische Flussdichte	Tesla	T	$1\ \text{T} = 1\ \dfrac{\text{Wb}}{\text{m}^2} = 1\ \dfrac{\text{kg}}{\text{s}^2 \cdot \text{A}}$
2.18	Induktivität	Henry	H	$1\ \text{H} = 1\ \dfrac{\text{Wb}}{\text{A}} = 1\ \dfrac{\text{m}^2 \cdot \text{kg}}{\text{s}^2 \cdot \text{A}^2}$
2.19	Celsius-Temperatur [a]	Grad Celsius	°C	$1\ °\text{C} = 1\ \text{K}$
2.20	Lichtstrom	Lumen	lm	$1\ \text{lm} = 1\ \text{cd} \cdot \text{sr}$
2.21	Beleuchtungsstärke	Lux	lx	$1\ \text{lx} = 1\ \dfrac{\text{lm}}{\text{m}^2} = 1\ \dfrac{\text{cd} \cdot \text{sr}}{\text{m}^2}$

[a] Siehe Anhang A, Abschnitt A.5, Anmerkung 2

5 Einheiten außerhalb des SI

Tabelle 3 — Allgemein anwendbare Einheiten außerhalb des SI

Nr	Größe	Einheitenname	Einheitenzeichen	Definition
3.1	ebener Winkel	Vollwinkel	a	1 Vollwinkel = 2π rad
		Gon	gon	1 gon = $(\pi/200)$ rad
		Grad	° [b]	1° = $(\pi/180)$ rad
		Minute	′ [b]	1′ = $(1/60)°$
		Sekunde	″ [b]	1″ = $(1/60)′$
3.2	Volumen	Liter	l, L [c]	1 l = 1 dm^3 = 1 L
3.3	Zeit	Minute	min [b]	1 min = 60 s
		Stunde	h [b]	1 h = 60 min
		Tag	d [b]	1 d = 24 h
3.4	Masse	Tonne	t	1 t = 10^3 kg = 1 Mg
		Gramm	g [d]	1 g = 10^{-3} kg
3.5	Druck	Bar	bar	1 bar = 10^5 Pa

[a] Für diese Einheit ist international noch kein Zeichen genormt.

[b] Nicht mit Vorsätzen verwenden.

[c] Die beiden Einheitenzeichen für Liter sind gleichberechtigt.

[d] Das Gramm ist eine Basiseinheit des CGS-Systems, aber zugleich auch eine Einheit im SI.

Tabelle 4 — Einheiten außerhalb des SI mit eingeschränktem Anwendungsbereich

Nr	Größe und Anwendungsbereich	Einheitenname	Einheitenzeichen	Definition, Beziehung
4.1	Brechwert von optischen Systemen	Dioptrie	dpt [a]	1 Dioptrie ist gleich dem Brechwert eines optischen Systems mit der Brennweite 1 m in einem Medium der Brechzahl 1. $$1\ \text{dpt} = \frac{1}{m}$$
4.2	Fläche von Grundstücken und Flurstücken	Ar Hektar	a ha [b]	$1\ a = 10^2\ m^2$ $1\ ha = 10^4\ m^2$
4.3	Wirkungsquerschnitt in der Atomphysik	Barn	b	$1\ b = 10^{-28}\ m^2$
4.4	Masse in der Atomphysik	atomare Masseneinheit	u	1 atomare Masseneinheit ist der 12te Teil der Masse eines Atoms des Nuklids ^{12}C: $1\ u = 1{,}660\ 538\ 73 \cdot 10^{-27}\ kg$ Die Standardabweichung beträgt: $s = 1{,}3 \cdot 10^{-34}\ kg$ <P. J. Mohr, B. N. Taylor: CODATA recommended values of the fundamental physical constants: 1998; Rev. Mod. Phys. 72, Nr. 2, April 2000, 351– 495>
4.5	Masse von Edelsteinen	metrisches Karat	c	1 metrisches Karat = 0,2 g
4.6	längenbezogene Masse von textilen Fasern und Garnen	Tex	tex	$$1\ \text{tex} = 1\ \frac{g}{km}$$
4.7	Blutdruck und Druck anderer Körperflüssigkeiten in der Medizin	Millimeter-Quecksilbersäule	mmHg [b]	1 mmHg = 133,322 Pa
4.8	Energie in der Atomphysik	Elektronvolt	eV	1 Elektronvolt ist die Energie, die ein Elektron beim Durchlaufen einer Potentialdifferenz von 1 Volt im leeren Raum gewinnt: $1\ eV = 1{,}602\ 176\ 462 \cdot 10^{-19}\ J$ Die Standardabweichung beträgt: $s = 6{,}3 \cdot 10^{-27}\ J$ <P. J. Mohr, B. N. Taylor: CODATA recommended values of the fundamental physical constants: 1998; Rev. Mod. Phys. 72, Nr. 2, April 2000, 351– 495>
4.9	Blindleistung in der elektrischen Energietechnik	Var	var	1 var = 1 W Siehe DIN 40110 Teil 1

[a] Dieses Zeichen ist nicht international genormt.
[b] Nicht mit Vorsätzen verwenden.
[c] Es gibt kein international genormtes Einheitenzeichen. Bisher wurde Kt verwendet.

6 Dezimale Teile und Vielfache von Einheiten

6.1 Dezimale Teile und Vielfache von Einheiten werden mit den Vorsätzen und Vorsatzzeichen nach Tabelle 5 dargestellt. Die Vorsätze und Vorsatzzeichen werden nur zusammen mit Einheitennamen und -zeichen benutzt.

Tabelle 5 — Vorsätze und Vorsatzzeichen für dezimale Teile und Vielfache von Einheiten („SI-Vorsätze")

Nr	Vorsatz	Vorsatzzeichen	Faktor, mit dem die Einheit multipliziert wird
5.1	Yokto	y	10^{-24}
5.2	Zepto	z	10^{-21}
5.3	Atto	a	10^{-18}
5.4	Femto	f	10^{-15}
5.5	Piko	p	10^{-12}
5.6	Nano	n	10^{-9}
5.7	Mikro	µ	10^{-6}
5.8	Milli	m	10^{-3}
5.9	Zenti	c	10^{-2}
5.10	Dezi	d	10^{-1}
5.11	Deka	da	10^{1}
5.12	Hekto	h	10^{2}
5.13	Kilo	k	10^{3}
5.14	Mega	M	10^{6}
5.15	Giga	G	10^{9}
5.16	Tera	T	10^{12}
5.17	Peta	P	10^{15}
5.18	Exa	E	10^{18}
5.19	Zetta	Z	10^{21}
5.20	Yotta	Y	10^{24}

6.2 Ein Vorsatzzeichen wird ohne Zwischenraum vor das Einheitenzeichen geschrieben. Das Vorsatzzeichen bildet mit dem Einheitenzeichen das Zeichen einer neuen Einheit. Ein Exponent am Einheitenzeichen gilt auch für das Vorsatzzeichen.

BEISPIEL 1

$$1 \text{ cm}^3 = 1 \cdot (10^{-2} \text{m})^3 = 1 \cdot 10^{-6} \text{ m}^3$$

BEISPIEL 2

$$1 \text{ µs}^{-1} = \frac{1}{\text{µs}} = \frac{1}{10^{-6} \text{ s}} = 10^6 \text{ s}^{-1} = 10^6 \text{ Hz} = 1 \text{ MHz}$$

6.3 Mehrere Vorsätze dürfen nicht zusammengesetzt werden.

BEISPIEL   Für $1 \cdot 10^{-9}$ m darf geschrieben werden 1 nm (Nanometer), aber nicht 1 mµm (Millimikrometer).

6.4 Vorsätze werden nicht auf die SI-Basiseinheit Kilogramm (kg), sondern auf die Einheit Gramm (g) angewendet.

BEISPIEL   Milligramm (mg), aber nicht Mikrokilogramm (µkg)

7 Anwendung von Einheiten mit Vorsätzen

7.1 Bei der Angabe von Größen kann es zweckmäßig sein, die Vorsätze so zu wählen, dass die Zahlenwerte zwischen 0,1 und 1 000 liegen.

BEISPIELE

Es kann geschrieben werden:

12 kN	anstelle von	$1,2 \cdot 10^4$ N
3,94 mm	anstelle von	0,003 94 m
1,401 kPa	anstelle von	1 401 Pa
31 ns	anstelle von	$3,1 \cdot 10^{-8}$ s
6 al^{-1}	anstelle von	$6 \cdot 10^{18}$/l

7.2 Innerhalb einer Wertetabelle sollte jeweils nur ein Vorsatz bei einer Einheit verwendet werden, auch wenn dadurch einige Zahlenwerte außerhalb des Bereiches zwischen 0,1 und 1 000 liegen. In besonderen Anwendungsbereichen wird eine Einheit mit nur einem bestimmten Vorsatz verwendet, zum Beispiel das Millimeter in technischen Zeichnungen des Maschinenbaues.

8 Artikel der Einheitennamen und Schreibweise von Einheitenzeichen

8.1 Die Namen der Einheiten in den Tabellen 1, 2, 3 und 4 sind sächlich (z. B. das Meter) mit folgenden Ausnahmen:

die Sekunde, die Minute, die Stunde, die Candela (Betonung auf der zweiten Silbe), die Tonne, die atomare Masseneinheit, die Dioptrie, die Millimeter-Quecksilbersäule, der Radiant, der Steradiant, der Vollwinkel, der Grad, der Tag, der Grad Celsius.

8.2 Einheitenzeichen werden mit Großbuchstaben geschrieben, wenn der Einheitenname von einem Eigennamen abgeleitet ist, sonst mit Kleinbuchstaben (Ausnahme: L).

8.3 Einheitenzeichen werden ohne Rücksicht auf die im übrigen Text verwendete Schriftart senkrecht (gerade) wiedergegeben, siehe DIN 1338. Sie stehen in Größenangaben nach dem Zahlenwert, wobei ein Abstand zwischen Zahlenwert und Einheitenzeichen einzuhalten ist (Ausnahmen: °, ′, ″).

8.4 Produkte von Einheiten werden auf eine der folgenden Arten dargestellt:

N · m, N m

8.5 Beim Gebrauch eines Einheitenzeichens, das einem Vorsatzzeichen gleich ist, sind Faktoren so zu schreiben, dass keine Verwechslung möglich ist.

BEISPIEL Die Einheit Newtonmeter für das Kraftmoment sollte N m oder m · N geschrieben werden, aber nicht m N, um eine Verwechslung mit Millinewton (mN) auszuschließen.

8.6 Quotienten von Einheiten werden auf eine der folgenden Arten dargestellt:

$\frac{m}{s}$ oder m/s oder durch Schreiben des Potenzproduktes m · s^{-1}

Wenn ein schräger Bruchstrich verwendet wird und im Nenner mehrere Einheitenzeichen vorkommen, sollen Mehrdeutigkeiten durch Verwendung von Klammern vermieden werden.

BEISPIEL Die SI-Einheit der Wärmeleitfähigkeit soll nicht W/K/m, sondern

W · K^{-1} · m^{-1} oder $\frac{W}{K \cdot m}$ oder W/(K · m) geschrieben werden.

Wenn eine Einheit eine Potenz mit negativem Exponenten ist, kann sie als Bruch mit einer 1 im Zähler geschrieben werden.

BEISPIEL $\quad s^{-1} = \dfrac{1}{s}$

Die 1 sollte entfallen, wenn die Einheit mit einer Zahl multipliziert wird.

BEISPIEL $\quad 3\,000\ s^{-1} = \dfrac{3\,000}{s}$

8.7 Über maschinelle Wiedergabe von Einheitenzeichen und Vorsätzen auf Datenverarbeitungsanlagen mit beschränktem Schriftzeichenvorrat siehe DIN 66030.

Anhang A
(normativ)

Die von der Generalkonferenz für Maß und Gewicht (Conférence Générale des Poids et Mesures – CGPM) festgelegten Definitionen der Basiseinheiten des Internationalen Einheitensystems

A.1 Meter

Das Meter ist die Länge der Strecke, die Licht im Vakuum während der Dauer von (1/299 792 458) Sekunden durchläuft.
(17. CGPM, 1983)

A.2 Kilogramm

Das Kilogramm ist die Einheit der Masse; es ist gleich der Masse des Internationalen Kilogrammprototyps.
(1. CGPM, 1889, und 3. CGPM, 1901)

A.3 Sekunde

Die Sekunde ist das 9 192 631 770fache der Periodendauer der dem Übergang zwischen den beiden Hyperfeinstrukturniveaus des Grundzustandes von Atomen des Nuklids ^{133}Cs entsprechenden Strahlung.
(13. CGPM, 1967)

A.4 Ampere

Das Ampere ist die Stärke eines konstanten elektrischen Stromes, der, durch zwei parallele, geradlinige, unendlich lange und im Vakuum im Abstand von 1 Meter voneinander angeordnete Leiter von vernachlässigbar kleinem, kreisförmigem Querschnitt fließend, zwischen diesen Leitern je 1 Meter Leiterlänge die Kraft $2 \cdot 10^{-7}$ Newton hervorrufen würde.
(CIPM, 1946, angenommen durch die 9. CGPM, 1948)

A.5 Kelvin

Das Kelvin, die Einheit der thermodynamischen Temperatur, ist der 273,16. Teil der thermodynamischen Temperatur des Tripelpunktes des Wassers.
(13. CGPM, 1967)

ANMERKUNG 1 Die 13. CGPM (1967) entschied, dass die Einheit Kelvin und das Einheitenzeichen K benutzt werden können, um eine Temperaturdifferenz anzugeben.

ANMERKUNG 2 Bei Angabe der Celsius-Temperatur

$$t = T - T_0$$

mit

$$T_0 = 273,15 \text{ K}$$

wird der Einheitenname Grad Celsius (Einheitenzeichen: °C) als besonderer Name für das Kelvin benutzt. Eine Differenz zweier Celsius-Temperaturen darf auch in Grad Celsius angegeben werden. Siehe auch DIN 1345.

A.6 Mol

Das Mol ist die Stoffmenge eines Systems, das aus ebensovielen Einzelteilchen besteht, wie Atome in 0,012 Kilogramm des Kohlenstoffnuklids ^{12}C enthalten sind. Bei Benutzung des Mol müssen die Einzelteilchen spezifiziert sein und können Atome, Moleküle, Ionen, Elektronen sowie andere Teilchen oder Gruppen solcher Teilchen genau angegebener Zusammensetzung sein.
(14. CGPM, 1971)

A.7 Candela

Die Candela ist die Lichtstärke in einer bestimmten Richtung einer Strahlungsquelle, die monochromatische Strahlung der Frequenz $540 \cdot 10^{12}$ Hertz aussendet und deren Strahlstärke in dieser Richtung (1/683) Watt durch Steradiant beträgt.

Literaturhinweise

DIN 1305, *Masse, Wägewert, Kraft, Gewichtskraft, Gewicht, Last — Begriffe.*

DK 389:531.2/.5:001.4　　　　　　　　　　　　　　　　　　　　Januar 1988

Masse, Wägewert, Kraft, Gewichtskraft, Gewicht, Last
Begriffe

DIN 1305

Mass, weight value, force, weight-force, weight, load; concepts

Ersatz für Ausgabe 05.77

1 Anwendungsbereich

Diese Norm gilt für den Bereich der klassischen Physik und ihrer Anwendung in Technik und Wirtschaft.

2 Masse

Die Masse m beschreibt die Eigenschaft eines Körpers, die sich sowohl in Trägheitswirkungen gegenüber einer Änderung seines Bewegungszustandes als auch in der Anziehung auf andere Körper äußert.

3 Wägewert

Bei einer Wägung in einem Fluid (Flüssigkeit oder Gas) der Dichte ϱ_fl ist der Wägewert W durch folgende Beziehung festgelegt:

$$W = m \, \frac{1 - \dfrac{\varrho_\text{fl}}{\varrho}}{1 - \dfrac{\varrho_\text{fl}}{\varrho_\text{G}}} \, . \tag{1}$$

Dabei ist ϱ die Dichte des Wägegutes und ϱ_G die Dichte der Gewichtstücke.

Anmerkung: Der Wägewert eines Wägegutes (einer Ware) ist gleich der Masse der Gewichtstücke, die die Waage im Gleichgewicht halten bzw. die gleiche Anzeige an der Waage wie das Wägegut liefern.

4 Konventioneller Wägewert

Der konventionelle Wägewert W_std wird aus Gleichung (1) mit den Standardbedingungen $\varrho_\text{fl} = 1{,}2$ kg/m³ und $\varrho_\text{G} = 8000$ kg/m³ errechnet. Dabei ist für ϱ die Dichte des Wägegutes bei 20 °C einzusetzen.

5 Kraft

Die Kraft F ist das Produkt aus der Masse m eines Körpers und der Beschleunigung a, die er durch die Kraft F erfährt oder erfahren würde:

$$F = m \, a \, . \tag{2}$$

6 Gewichtskraft

Die Gewichtskraft F_G eines Körpers der Masse m ist das Produkt aus Masse m und Fallbeschleunigung g.

$$F_\text{G} = m \, g \, . \tag{3}$$

7 Gewicht

Das Wort Gewicht wird vorwiegend in drei verschiedenen Bedeutungen gebraucht:

a) anstelle von Wägewert;

b) als Kurzform für Gewichtskraft;

c) als Kurzform für Gewichtstück (siehe DIN 8120 Teil 2).

Wenn Mißverständnisse zu befürchten sind, soll anstelle des Wortes Gewicht die jeweils zutreffende Benennung Wägewert, Gewichtskraft oder Gewichtstück verwendet werden.

8 Last

Das Wort Last wird in der Technik mit unterschiedlichen Bedeutungen verwendet (z. B. für die Leistung, die Kraft oder für einen Gegenstand).

Wenn Mißverständnisse zu befürchten sind, soll das Wort Last vermieden werden.

Fortsetzung Seite 2

Normenausschuß Einheiten und Formelgrößen (AEF) im DIN Deutsches Institut für Normung e.V.

Zitierte Normen

DIN 8120 Teil 2   Begriffe im Waagenbau; Benennung und Definitionen von Bauteilen und Einrichtungen für Waagen

Weitere Normen und andere Unterlagen

DIN 8120 Teil 1   Begriffe im Waagenbau; Gruppeneinteilung, Benennungen und Definitionen von Waagen
DIN 8120 Teil 3   Begriffe im Waagenbau; Meß- und eichtechnische Benennungen und Definitionen

Recommendation Internationale No. 33, Valeur Conventionelle du Résultat des Pesées dans l'Air, Organisation Internationale de Métrologie Légale, 11 rue Turgot, F-75009 Paris.

Änderungen

Gegenüber Ausgabe 05.77 wurden folgende Änderungen vorgenommen:
a) Der Wägewert und der konventionelle Wägewert wurden eingeführt.
b) Die Anwendungsregeln für die Benennungen Gewicht und Last wurden neu gefaßt.

Erläuterungen

Wir leben und wägen auf dem Boden eines Luftozeans. Bei kaum einer Wägung wird – wie es eigentlich erforderlich wäre – der Luftauftrieb korrigiert. Man begnügt sich fast immer mit dem unkorrigierten Meßwert, der auch die Grundlage für Abrechnungen im Handel ist, wenn Waren nach Gewicht verkauft werden. Es ist aber erforderlich, zwischen der Masse und dem Ergebnis einer Wägung in Luft – dem Wägewert – zu unterscheiden. Bei Wägegütern geringer Dichte, wie zum Beispiel Mineralölen, beträgt der relative Unterschied zwischen Masse und Wägewert etwa 1 Promille. Bei Wägegütern hoher Dichte ist er kleiner. Luft hat den Wägewert Null. Körper mit gleicher Masse, aber unterschiedlicher Dichte haben verschiedene Wägewerte. Außerdem ändert sich der Wägewert eines Körpers, wenn sich die Dichte der umgebenden Luft ändert. Der Wägewert ist vom Wetter abhängig.

Bei der Ableitung von Gleichung (1) geht man davon aus, daß auf beiden Seiten der Waage die Summen aus Gewichtskräften und Auftriebskräften gleich sind.

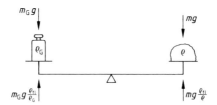

$$m_G\, g \left(1 - \frac{\varrho_{fl}}{\varrho_G}\right) = m\, g \left(1 - \frac{\varrho_{fl}}{\varrho}\right) \quad (4)$$

Die Masse des Gewichtstückes m_G wird dem Wägegut als Wägewert zugeordnet:

$$m_G = W \quad (5)$$

Das Wägegut kann auch ein Gewichtstück sein. Um einem Gewichtstück einen unveränderlichen Wägewert – den konventionellen Wägewert – zuordnen zu können, werden Sollwerte für die Dichte der Gewichtstücke und die Dichte der umgebenden Luft eingeführt.

Wenn bei der Herstellung von Gewichtstücken der Sollwert der Dichte von 8000 kg/m³ nicht genau erreicht wird, werden die Massen der Gewichtstücke so lange verändert, bis die konventionellen Wägewerte die gewünschten Nennwerte erreicht haben. Beträgt die Dichte der Gewichtstücke genau 8000 kg/m³, so sind ihre konventionellen Wägewerte gleich ihren Massen. Die Aufschriften auf Gewichtstücken geben die Nennwerte ihrer konventionellen Wägewerte an.

Mit Hilfe von Gleichung (1) wird die Masse des Wägegutes aus dem Wägewert errechnet. Werden genormte oder den Eichvorschriften entsprechende Gewichtstücke oder mit ihnen justierte Waagen verwendet, ist für $\varrho_G = 8000$ kg/m³ und anstelle von W der konventionelle Wägewert W_{std} der Gewichtstücke einzusetzen. Die Abweichung, die dadurch bei der Bestimmung der Masse auftritt, ist klein gegen die Fehlergrenzen der Gewichtstücke.

Internationale Patentklassifikation

G 01 G 1/00

DK 532.11 : 001.4 : 531.787.081.1 Februar 1977

Druck
Grundbegriffe, Einheiten

DIN 1314

Pressure; basic concepts, units

1 Geltungsbereich

Die Festlegungen dieser Norm betreffen den Druck in Flüssigkeiten, Gasen und Dämpfen.

2 Grundbegriffe

2.1 Die physikalische Größe D r u c k p ist der Quotient aus der Normalkraft F_N, die auf eine Fläche wirkt, und dieser Fläche A:

$$p = \frac{F_N}{A}.$$

2.2 In der Technik werden verschiedene Druckgrößen benutzt, überwiegend Differenzen zweier Drücke, die im Sprachgebrauch der Technik ebenfalls Druck genannt werden. Weil dies zu Mißverständnissen führen kann, wird empfohlen, die Benennungen nach den Abschnitten 2.2.1 bis 2.2.3 zu gebrauchen.

2.2.1 Absoluter Druck, Absolutdruck

Der a b s o l u t e D r u c k oder A b s o l u t d r u c k p_{abs} ist der Druck gegenüber dem Druck Null im leeren Raum.

2.2.2 Druckdifferenz, Differenzdruck

Die Differenz zweier Drücke p_1 und p_2 wird D r u c k d i f f e r e n z $\Delta p = p_1 - p_2$ oder auch, wenn sie selbst Meßgröße ist, D i f f e r e n z d r u c k $p_{1,2}$ genannt.

2.2.3 Atmosphärische Druckdifferenz, Überdruck

Die Differenz zwischen einem absoluten Druck p_{abs} und dem jeweiligen (absoluten) Atmosphärendruck p_{amb} ist die atmosphärische Druckdifferenz p_e; sie wird Ü b e r d r u c k genannt:

$$p_e = p_{abs} - p_{amb}.$$

Der Überdruck p_e nimmt positive Werte an, wenn der absolute Druck größer als der Atmosphärendruck ist; er nimmt negative Werte an, wenn der absolute Druck kleiner als der Atmosphärendruck ist.

A n m e r k u n g 1 : Bisher wurde von Überdruck nur gesprochen, wenn der absolute Druck größer als der Atmosphärendruck war; war er kleiner, wurde die durch die Differenz $p_{amb} - p_{abs}$ definierte Größe Unterdruck verwendet. Den Unterdruckbereich kennzeichnen nunmehr negative Werte des Überdruckes.

Das Wort ,,Unterdruck'' darf nicht mehr als Benennung einer Größe, sondern nur noch für die qualitative Bezeichnung eines Zustandes verwendet werden. Beispiele: ,,Unterdruckkammer''; ,,Im Saugrohr herrscht Unterdruck''.

In Wortzusammensetzungen mit Überdruck darf der Wortteil ,,-über-'' entfallen, wenn die zugehörige Größe eindeutig als Überdruck definiert ist. Beispiele: Berstdruck, Blutdruck, Schalldruck, Reifendruck.

A n m e r k u n g 2 : Der Bereich der Drücke unterhalb des Atmosphärendruckes wird auch Vakuumbereich genannt (siehe DIN 28 400 Teil 1). In der Vakuumtechnik wird stets der absolute Druck angegeben.

A n m e r k u n g 3 : Eine graphische Darstellung erläutert die Beziehung der verschiedenen Druckgrößen zueinander.

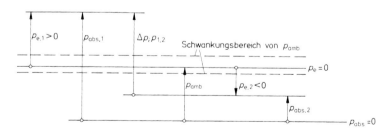

Fortsetzung Seite 2
Erläuterungen Seite 3 und 4

Ausschuß für Einheiten und Formelgrößen (AEF) im DIN Deutsches Institut für Normung e. V.

Anmerkung 4: Die Indizes der Formelzeichen leiten sich von lateinischen Wörtern ab:
- abs   *absolutus*   *losgelöst, unabhängig*
- amb   *ambiens*   *umgebend*
- e   *excedens*   *überschreitend*

3 Einheiten
(Siehe DIN 1301)

3.1 Die SI-Einheit des Druckes ist das Pascal (Einheitenzeichen: Pa):
$$1\ \text{Pa} = 1\ \text{N/m}^2$$

3.2 Der zehnte Teil des Megapascal (Einheitenzeichen: MPa) heißt Bar (Einheitenzeichen: bar):
$$1\ \text{bar} = 0{,}1\ \text{MPa} = 0{,}1\ \text{N/mm}^2 = 10^5\ \text{Pa}.$$

Anmerkung: Es hat sich als zweckmäßig erwiesen, in dem Bar eine Druckeinheit in der Größenordnung des Atmosphärendruckes zur Verfügung zu haben.

3.3 Zur Unterscheidung zwischen einem absoluten Druck und einem Überdruck darf keine zusätzliche Kennzeichnung an den Einheitenzeichen angebracht werden. Der Unterschied muß durch die Benennung der Größe und/oder das benutzte Formelzeichen zum Ausdruck gebracht werden.

Anhang A
Umrechnung nicht mehr anzuwendender Druckeinheiten in Pascal und Bar.

Die bisher gebrauchten Druckeinheiten Kilopond durch Quadratzentimeter (kp/cm²), technische Atmosphäre (at), physikalische Atmosphäre (atm), Torr (Torr), konventionelle Meter Wassersäule (mWS) und konventionelle Millimeter Quecksilbersäule (mmHg) werden nach folgenden Beziehungen in die SI-Einheit Pascal und die Einheit Bar umgerechnet:

$1\ \text{kp/cm}^2 = 1\ \text{at} = 98\,066{,}5\ \text{Pa} = 0{,}980\,665\ \text{bar}$

$1\ \text{atm} = 101\,325\ \text{Pa} = 1{,}013\,25\ \text{bar}$

$1\ \text{Torr} = \dfrac{1\ \text{atm}}{760} = 133{,}322\ \text{Pa} = 1{,}333\,22\ \text{mbar}$

$1\ \text{mmHg} = 133{,}322\ \text{Pa} = 1{,}333\,22\ \text{mbar}$

$1\ \text{mWS} = 9\,806{,}65\ \text{Pa} = 98{,}0665\ \text{mbar}$

Weitere Normen

DIN 1332	Akustik; Formelzeichen
DIN 1343	Normzustand, Normvolumen
DIN 2401 Teil 1	Rohrleitungen; Druckstufen, Begriffe, Nenndrücke
DIN 2401 Teil 2	Innen- oder außendruckbeanspruchte Bauteile; Druck- und Temperaturbegriffe; Definitionen, Nenndruckstufen (z. Z. noch Entwurf)
DIN 5492	Formelzeichen der Strömungsmechanik
DIN 16 109 Teil 1	Zifferblätter für Betriebs-Druckmeßgeräte, einskalig; 50 bis 250 mm Gehäusedurchmesser; Skalen und Aufschriften
DIN 19 201	Durchflußmeßtechnik; Begriffe, Gerätemerkmale für Durchflußmessungen nach dem Wirkdruckverfahren
DIN 24 312	Fluidtechnik; Druck; Druckstufen, Begriffe (z. Z. noch Entwurf)
DIN 28 002	Drücke und Temperaturen für Behälter und Apparate; Begriffe, Stufung
DIN 28 400 Teil 1	Vakuumtechnik, Benennungen und Definitionen; Grundbegriffe, Einheiten, Vakuumbereiche, -kenngrößen, Grundlagen
DIN 43 615	Elektrische Schaltanlagen; Nenndrücke und Druckbereiche für Druckgasanlagen
DIN 43 691	Elektrische Schaltanlagen; Drucklufttechnik, Druck-Begriffe
DIN 66 037	Kilopond je Quadratzentimeter — Bar; Bar — Kilopond je Quadratzentimeter; Umrechnungstabellen
DIN 66 038	Torr — Millibar; Millibar — Torr; Umrechnungstabellen

Eine Norm über Mechanik ideal elastischer Körper, Begriffe, Größen, Formelzeichen, in welcher der Zusammenhang zwischen der mechanischen Spannung in Festkörpern und dem allseitigen Druck in Flüssigkeiten behandelt wird, ist in Vorbereitung.

Erläuterungen

In der Norm DIN 1314 ,,Druck; Begriffe, Einheiten" vom Dezember 1971 wurden Überdruck und Unterdruck als Differenzen gegen einen Bezugsdruck (meist den Atmosphärendruck) so definiert, daß beide Größen positive Werte aufwiesen. Infolgedessen konnte man aus den Zahlenwerten auf den Zifferblättern der Druckmeßgeräte nicht erkennen, ob Über- oder Unterdruck gemessen wurde. Um ohne zusätzliche Beobachtungen hierüber Sicherheit zu gewinnen, wurde von den meisten an der Norm DIN 1314 interessierten Kreisen gewünscht, den Unterdruck durch negative Werte zu kennzeichnen. Dies ließ sich nur verwirklichen, indem für das Gebiet des Überdruckes (also für Drücke oberhalb des Atmosphärendruckes) und für das Gebiet des Unterdruckes (also für Drücke zwischen Atmosphärendruck und Druck Null) gemeinsam eine einzige Größe (mit entsprechenden Bereichen positiver und negativer Werte) eingeführt wurde. Um einen geeigneten Namen für diese Größe zu finden, waren mehrere Forderungen zu erfüllen: die Benennung sollte eindeutig und nicht mit einer schon benutzten zu verwechseln sein; sie sollte sinnvoll und dadurch leicht eingängig sein; sie sollte kurz sein und schließlich keine große Mühe bei der Umstellung machen. Zahlreiche Vorschläge wurden im Laufe der Zeit diskutiert; sie werden in alphabetischer Reihenfolge vorgestellt:

Aktivdruck
Differenzdruck
Effektivdruck
Excedenzdruck
Excessivdruck
Relativdruck
Überdruck, positiv und negativ

In dem Norm-Entwurf DIN 1314 vom August 1974 wurde die Benennung Überdruck für den gesamten Bereich der atmosphärischen Druckdifferenzen vorgeschlagen. Dies fand, insbesondere wegen des Ersatzes des Unterdruckes durch den Überdruck mit negativem Wert, zunächst keine allgemeine Zustimmung. Auf der Sitzung des zuständigen AEF-Arbeitsausschusses ,,Druck" gemeinsam mit den Einsprechern zum Norm-Entwurf am 10. April 1975 wurde die Benennung ,,Effektivdruck" vorgeschlagen. Bei der weiteren Diskussion wurde jedoch eingewendet, diese Benennung sei leicht mit dem effektiven Wert einer Wechselgröße zu verwechseln, die zum Beispiel in der Akustik kurz Effektivdruck — ausführlicher: Effektivwert des Schalldruckes — genannt wird. In einer zweiten Sitzung des zuständigen AEF-Arbeitsausschusses gemeinsam mit den Einsprechern zum Norm-Entwurf am 26. November 1975 zeigte sich deutlicher als in den vorangegangenen Besprechungen, daß ein neues Wort von der Industrie nur ungern übernommen werden würde. So wurde auf die Lösung, die der Norm-Entwurf DIN 1314 vom August 1974 bereits zur Diskussion vorgelegt hatte, zurückgegriffen und ,,Überdruck" als die einzige Benennung aller atmosphärischen Druckdifferenzen festgelegt.

Der Benennung ,,Überdruck" werden mehrere Vorteile zugeschrieben. Zum ersten befaßt sich die überwiegende Mehrheit der Druckmessungen mit einem Druck, der größer ist als der Atmosphärendruck; in diesem Fall ändert sich nichts. Im Apparatebau und bei der Konzessionierung ist das Wort ,,Überdruck" eingeführt, z. B. beim TÜV in der Form des ,,Betriebsüberdruckes". Die Gerätenormen benutzen bereits das negative Vorzeichen, um den Unterdruckbereich zu kennzeichnen. Nachteilig wird beurteilt, daß der Geltungsbereich eines seit langem eingeführten Begriffes geändert wird, daß das Wort ,,Überdruck" eine Richtung enthält (nämlich einen Druck bezeichnet, der über einer Grenze liegt), schließlich daß die — schon immer bestehende — Doppeldeutigkeit gegen den Druckdifferenzen und gegen den zulässigen Betriebsdruck stört. Für letzteren Begriff eine geeignete Benennung festzulegen, sollte Angelegenheit der Gremien sein, die sich mit Sicherheitsfragen befassen. Als Behelf könnte ,,gefährlicher Druck" dienen.

In Parallele zu ,,Überdruck" wird international in der englischen Sprache ,,gauge pressure", in der französischen Sprache ,,pression effective", mit demselben Geltungsbereich wie der deutsche Ausdruck vorgeschlagen. Der Unterdruck als Benennung einer Größe scheidet durch die gewählte Lösung aus. Das Wort darf nur noch für die qualitative Bezeichnung eines Zustandes benutzt werden, wie die Beispiele zu Abschnitt 2.2.3 zeigen. Es bleibt abzuwarten, ob der Überdruck mit negativem Wert sich einbürgern wird.

Der Beschluß, den Überdruck mit geändertem Geltungsbereich zu benutzen, fand nicht vollständige Zustimmung, jedoch war die für ihn eintretende Mehrheit unter den Sitzungsteilnehmern und Einsprechenden sehr groß. Bei der Vielfalt der Verfahren, wie Druck angewendet und gemessen wird, ist nicht zu erwarten, daß es eine Lösung gibt, die alle Beteiligten zufriedenstellt; die Schwierigkeiten des Weges zur Neufassung der Norm DIN 1314 beweisen es.

Auf einen Unterschied der Neufassung dieser Norm gegenüber der Fassung vom Dezember 1971 sei aufmerksam gemacht. Bisher konnte für Überdruck und Unterdruck von einem beliebigen Bezugsdruck ausgegangen werden. In der Neufassung ist jedoch der Überdruck nur noch als Differenz gegenüber dem Atmosphärendruck definiert. Werden zwei beliebige Drücke verglichen, kann man nur von Druckdifferenzen sprechen.

Das Problem der atmosphärischen Druckdifferenzen stellte das Kernproblem der Neufassung von DIN 1314 dar. Als nicht so schwerwiegend wurde das andere Problem angesehen, das sich aus der mehrfachen Bedeutung des Wortes ,,Druck" ergibt. Einmal, besonders im Arbeitsbereich des Physikers, wird es gleichbedeutend mit dem in Abschnitt 2.2.1 der Norm definierten absoluten Druck gebraucht. Zum anderen, und zwar hauptsächlich im Sprachgebrauch der Technik, wird Druck als Oberbegriff benutzt, der alle Druckgrößen umfaßt, unabhängig von der Definition im Einzelfall. Die Ursache der verschiedenen Betrachtungsweisen liegt darin, daß Druck für den Physiker eine Zustandsgröße ist, die viele Eigenschaften der Materie bestimmt, für den Techniker eine Kontrollgröße, die überwacht werden muß; daß mit dieser Gegenüberstellung die Extreme gebracht sind, braucht kaum vermerkt zu werden. Wegen der verschiedenen Einstellungen wurde nicht versucht, den Abschnitten 2.1

und 2.2 Überschriften zu geben, wie es naheliegend wäre. Dem Physiker bleibt die Möglichkeit, weiterhin von Druck schlechthin zu sprechen, wenn er den absoluten Druck meint, andererseits werden die Meßgrößen im industriellen Bereich besser als bisher unterschieden. Die Industrie hat im wesentlichen mit Druckdifferenzen zu tun; sogar der absolute Druck läßt sich als die Differenz zweier Drücke auffassen, von denen einer Null ist. Diese Darstellung entspricht der Meßtechnik; daß der absolute Druck in der Norm nicht auf diese Weise definiert wurde, liegt an der späteren Einführung der Druckdifferenz. Bei dieser Auffassung erscheint die Benennung ,,absolut" wenigstens dem Physiker nach der Bedeutung des Wortes nicht zutreffend. Doch bringt die Festlegung der Norm klar zum Ausdruck, was gemeint ist.

Eine Druckdifferenz ist naturgemäß wieder ein Druck. Die Unterscheidung zwischen Druck und Druckdifferenz ist aber notwendig, damit der Bezugspunkt der letztgenannten Größe und somit der Nullpunkt der angewendeten Druckskale klargestellt wird. Einigen Wünschen zu diesem Punkt wurde Rechnung getragen und der Differenzdruck in die Norm aufgenommen. Man erinnere sich daran, daß er unmittelbar als Meßergebnis mit dem Wirkdruckmeßgerät mit vorgeschalteter Düse oder Blende gewonnen wird. Durch die Fassung des Abschnittes 2.2.2 wird deutlich gemacht, daß die Benennung Druckdifferenz vorgezogen wird.

Daß in Wortzusammenhängen mit Überdruck der Wortteil ,,-über-" wegfallen darf, wird durch die Forderung nach einer sprachlich einfachen Verständigung diktiert. Die Fassung des letzten Absatzes in Abschnitt 2.2.3 mag nicht sehr präzise klingen, dürfte aber ausreichen, Mißdeutungen zu vermeiden.

Der Bereich des Überdruckes mit negativen Werten deckt sich nach dem Wortlaut mit dem Vakuumbereich, wie er in der Norm DIN 28 400 Teil 1 festgelegt ist: ,,Vakuum im Sinne der Vakuumtechnik ist der Zustand eines Gases, dessen Druck geringer ist als der Atmosphärendruck." Im allgemeinen Sprachgebrauch der Technik trifft dies nicht zu, von Vakuum spricht man nur bei kleinen und sehr kleinen Drücken, kaum jemand wird einen absoluten Druck von z. B. 0,7 bar mit Vakuum bezeichnen. Der einschränkende Zusatz ,,im Sinne der Vakuumtechnik" trennt die Anwendungsbereiche beider Wörter ausreichend.

Die graphische Darstellung von Überdruck, absolutem Druck und Druckdifferenz bzw. Differenzdruck wurde von so vielen Einsprechern gewünscht, daß sie trotz der Einfachheit der Beziehungen der verschiedenen Druckgrößen zueinander aufgenommen wurde.

Die geltenden Druckeinheiten und die Umrechnungen nicht mehr anzuwendender Einheiten sollten nach mehrheitlicher Meinung auch in der vorliegenden Norm zu finden sein, obwohl sie bereits in DIN 1301 ,,Einheiten; Einheitennamen, Einheitenzeichen" enthalten sind.

Eine Begründung des Bar erschien angebracht, weil die Diskussionen über seine Weiterverwendung in der ISO bei den Anwendern der Norm Unsicherheit hervorgerufen haben. Der Weiterverwendung des Bar dürfte nichts im Wege stehen.

Januar 1995

Grundlagen der Meßtechnik
Teil 1: Grundbegriffe

DIN 1319-1

ICS 17.020; 01.040.17

Deskriptoren: Meßtechnik, Metrologie, Grundbegriff, Begriffe, Terminologie

Fundamentals of metrology – Part 1: basic terminology

Ersatz für Ausgabe 1985-06,
teilweise Ersatz für
DIN 1319-2 : 1980-01
und teilweise Ersatz für
DIN 1319-3 : 1983-08

Diese Norm wurde in Zusammenarbeit mit der VDI/VDE-Gesellschaft Meß- und Automatisierungstechnik (GMA) erstellt.

Inhalt

	Seite
1 Anwendungsbereich	1
2 Begriffe	2
Meßgröße	2
Meßobjekt	3
Wahrer Wert (einer Meßgröße)	3
Richtiger Wert (einer Meßgröße)	4
Messung (Messen einer Meßgröße)	4
Dynamische Messung	4
Statische Messung	5
Zählen	5
Prüfung	6
Klassierung	6
Meßprinzip	7
Meßmethode	7
Meßverfahren	7
Einflußgröße	7
Meßsignal	8
Wiederholbedingungen	8
Erweiterte Vergleichbedingungen	8
Ausgabe	9
Meßwert	9
Erwartungswert	10
Meßergebnis	10
Unberichtigtes Meßergebnis	11
Berichtigen	11
Korrektion	11
Meßabweichung	12
Zufällige Meßabweichung	12
Systematische Meßabweichung	13
Meßunsicherheit	14
Relative Meßunsicherheit	15
Wiederholstandardabweichung	15
Vergleichstandardabweichung	15

	Seite
Vollständiges Meßergebnis	16
Meßgerät	18
Meßeinrichtung	18
Meßkette	18
(Meßgrößen-)Aufnehmer	19
Maßverkörperung	19
Referenzmaterial	20
Normal	20
Eingangsgröße eines Meßgerätes	21
Ausgangsgröße eines Meßgerätes	22
Kalibrierung	22
Justierung	22
Meßbereich	23
Übertragungsverhalten eines Meßgerätes	23
Ansprechschwelle	24
Empfindlichkeit	24
Auflösung	25
Hysterese eines Meßgerätes	25
Rückwirkung eines Meßgerätes	25
Meßgerätedrift	25
Einstelldauer	26
Meßabweichung eines Meßgerätes	26
Festgestellte systematische Meßabweichung (eines Meßgerätes)	27
Fehlergrenzen	27
Prüfung eines Meßgerätes	29
Anhang A	30
Zitierte Normen	31
Weitere Normen und andere Unterlagen	31
Frühere Ausgaben	32
Änderungen	32
Erläuterungen	32
Stichwortverzeichnis	33

1 Anwendungsbereich

In dieser Norm sind allgemeine Grundbegriffe der Metrologie (Wissensbereich, der sich auf Messungen bezieht) definiert und beschrieben. Die in der Norm enthaltenen Begriffe gelten unabhängig von der zu messenden Größe für alle Bereiche der Meßtechnik. Spezielle und weitergehende Festlegungen bleiben den besonderen Normen oder Richtlinien für die unterschiedlichen Anwendungsbereiche vorbehalten.

Fortsetzung Seite 2 bis 35

Normenausschuß Einheiten und Formelgrößen (AEF) im DIN Deutsches Institut für Normung e.V.
Deutsche Elektrotechnische Kommission im DIN und VDE (DKE)
Normenausschuß Qualitätsmanagement, Statistik und Zertifizierungsgrundlagen (NQSZ) im DIN

2 Begriffe

Eine Klammer hinter einer Benennung verweist auf diejenige Nummer, unter welcher der Begriff in dieser Norm festgelegt ist.
Zu den aufgeführten englischen und französischen Benennungen siehe Erläuterungen.

Nr	Benennung	Definition und Anmerkungen	Bemerkungen
1.1	**Meßgröße** en: *Measurand* fr: *Mesurande*	Physikalische Größe, der die Messung (2.1) gilt. ANMERKUNG 1: Zum Begriff der physikalischen Größe, auch Größe genannt, siehe DIN 1313. ANMERKUNG 2: Spezielle Größe ist eine zu speziellen physikalischen Sachbezügen gehörende Größe. Spezielle Meßgröße ist eine spezielle Größe, der die Messung gilt. (Siehe dazu auch Bemerkung 1.) Sofern keine Mißverständnisse zu erwarten sind, dürfen die Benennungen "Größe" und "Meßgröße" sowohl kurz für "spezielle Größe" bzw. "spezielle Meßgröße", als auch im allgemeinen Sinne verwendet werden. Hiervon wird in dieser Norm Gebrauch gemacht. ANMERKUNG 3: Meßgröße kann sowohl die "gemessene Größe" als auch die "zu messende Größe" sein. ANMERKUNG 4: Der (Größen-) Wert einer speziellen Meßgröße wird durch das Produkt aus Zahlenwert und Einheit ausgedrückt. (Diese Begriffe siehe DIN 1313.) Einheiten, Einheitennamen, Einheitenzeichen siehe DIN 1301-1.	1 Zu ANMERKUNG 2 Spezielle Meßgrößen sind z. B. das Volumen eines vorliegenden Körpers, der elektrische Widerstand eines vorliegenden Kupferdrahtes bei einer gegebenen Temperatur, die mittlere Anzahl von Zerfällen in einer gegebenen Zeitspanne in einer vorliegenden radioaktiven Probe. Bei Verwendung der Benennung "Meßgröße" im allgemeinen Sinne wird unabhängig von Sachbezügen von einer bei der Messung vorliegenden Wert diejenige physikalische Größe genannt (z. B. Masse, Energie, thermodynamische Temperatur, Lichtstärke), die Ziel einer Messung war oder sein wird. 2 Die Meßgröße muß nicht unmittelbarer Gegenstand der Messung sein. Sie kann auch indirekt über bekannte physikalische oder festgelegte mathematische Beziehungen mit denjenigen Größen zusammenhängen, denen unmittelbare Messungen gelten. BEISPIELE: a) Die Meßgröße "elektrischer Widerstand" ist durch den Quotienten der beiden an demselben physikalischen Meßobjekt (1.2) unmittelbar zu messenden Meßgrößen "elektrische Spannung" und "elektrische Stromstärke" gegeben. b) Die Meßgröße ist eine Größe, die sich aus dem mathematischen Ausdruck zur Bildung eines Mittels vieler Meßgrößen ergibt, denen an demselben Meßobjekt (1.2) nach demselben Meßverfahren (2.4) Messungen gelten. Z. B.: Mittlerer Durchmesser eines vorliegenden zylinderförmigen Werkstücks oder mittlere Anzahl der Zerfälle in einer radioaktiven Probe während einer gegebenen Zeitspanne. Auch alle Meßgrößen in der Quantenphysik sind als mittlere Größen definiert. 3 Eine Meßgröße hängt im allgemeinen von mehreren physikalischen Größen ab; insbesondere kann sie zeit- oder ortsabhängig sein. 4 Die Komponenten von vektoriellen und tensoriellen (speziellen) Meßgrößen sind selbst spezielle (skalare) Meßgrößen.

(fortgesetzt)

fortgesetzt

Nr	Benennung	Definition und Anmerkungen	Bemerkungen
1.2	**Meßobjekt** en: *Measuring object* fr: *Objet de mesurage*	Träger der Meßgröße (1.1).	Meßobjekte können Körper, Vorgänge oder Zustände sein. BEISPIELE: a) Für die Meßgröße "Volumen eines vorliegenden Körpers" ist der Körper das Meßobjekt. b) Für die Meßgröße "Strahlungsleistung einer vorliegenden elektromagnetischen Strahlung" ist der Vorgang "Strahlung" das Meßobjekt. c) Für die Meßgröße "Flußdichte eines vorliegenden magnetischen Feldes" ist der Zustand "magnetisches Feld" das Meßobjekt.
1.3	**Wahrer Wert** **(einer Meßgröße)** en: *True value* fr: *Valeur vraie*	Wert der Meßgröße (1.1) als Ziel der Auswertung von Messungen (2.1) der Meßgröße.	1 Die Benennung "wahrer Wert" für "Wert" der Meßgröße hat ihren Ursprung in der Anwendung statistischer Schätzmethoden bei der Auswertung von Messungen der Meßgröße. Solche Methoden ergeben einen Schätzwert, das Meßergebnis (3.4), für den Wert der Meßgröße. Der Schätzwert darf zwar als möglicher Wert der Meßgröße betrachtet werden, er kann aber vom gesuchten "wahren Wert" abweichen. 2 Nach Auswertung der Messungen ist der wahre Wert der Meßgröße in aller Regel nicht genau bekannt. Er ist ein idealler Wert, der aus den vorliegenden Messungen geschätzt wird. Ausnahmen bilden definierte Werte von Meßgrößen (z. B. Winkel des Vollkreises, Lichtgeschwindigkeit im Vakuum) oder die ermittelbare endliche Anzahl von Elementen einer festgelegten Menge von Objekten. 3 Die Existenz eines eindeutigen Wertes und damit des wahren Wertes ist für diejenige Meßgröße sichergestellt, die unter den bei der Messung herrschenden Bedingungen tatsächlich vorliegt. Wird die Meßgröße in einer Meßaufgabe festgelegt, so kommt ihr ein eindeutiger Wert und damit ein wahrer Wert zu, sofern die Beschreibung der Meßgröße vollständig ist. Ist die Beschreibung unvollständig (z. B. elektrischer Widerstand eines vorliegenden Kupferdrahtes bei einer Temperatur zwischen 20 °C und 30 °C), so kann nicht vom Wert oder wahren Wert dieser Meßgröße gesprochen werden. In diesem Fall werden bei der Messung die in der Meßaufgabe unvollständig festgelegten Bedingungen erfüllt, und der wahre Wert bei der Messung vorliegenden Meßgröße zum zu ermittelnden Wert der unvollständig definierten Meßgröße erklärt. 4 Sind systematische Meßabweichungen (3.5.2) ausgeschlossen und werden Meßwerte (3.2) unter Wiederholbedingungen (2.7) ermittelt, so ist der Erwartungswert (3.3) gleich dem wahren Wert der Meßgröße.

(fortgesetzt)

fortgesetzt

Nr	Benennung	Definition und Anmerkungen	Bemerkungen
1.4	**Richtiger Wert (einer Meßgröße)** en: *Conventional true value* fr: *Valeur conventionellement vraie*	Bekannter Wert für Vergleichszwecke, dessen Abweichung vom wahren Wert (1.3) für den Vergleichszweck als vernachlässigbar betrachtet wird. ANMERKUNG 1: Auch (konventionell) richtiger Wert. ANMERKUNG 2: Bei einer Maßverkörperung (4.5) wird der richtige Wert durch Kalibrierung (4.10) ermittelt. Er kann von dem durch vereinbarte Zeichen dargestellten Wert (aufgedruckter Wert) abweichen.	1 BEISPIEL: Für den Zweck des Kalibrierens (4.10) wird ein ermittelter Wert einer Meßgröße durch Vereinbarung als richtiger – den wahren Wert ersetzender – Wert festgelegt. 2 Ersetzt der richtige Wert den wahren Wert, so wird für den vorgesehenen Zweck die Differenz zwischen beiden Werten vernachlässigt. Daher wird der richtige Wert mit Meßgeräten (4.1) und Normalen (4.7) ermittelt, deren Meßabweichungen (5.10) nach Möglichkeit nach dem Betrage nach mindestens um eine Zehnerpotenz kleiner sein sollen als die für den vorgesehenen Zweck zugelassenen Meßabweichungsbeträge.
2	**Messungen**		
2.1	**Messung (Messen einer Meßgröße)** en: *Measurement* fr: *Mesurage*	Ausführen von geplanten Tätigkeiten zum quantitativen Vergleich der Meßgröße (1.1) mit einer Einheit. ANMERKUNG 1: Die Auswertung von Meßwerten (3.2) der Meßgröße bis zum angestrebten Ergebnis (siehe 3.4 und 3.10) ist Teil der Meßaufgabe und wird zur Messung der Meßgröße gerechnet. Dagegen gehört eine weitere Verwertung der Meßwerte und Meßergebnisse in einer anderen Meßaufgabe nicht zur Messung der Meßgröße. ANMERKUNG 2: Von der Benutzung des Wortes "Bestimmung" für "Messung" wird abgeraten, da es sowohl die Festlegung vorzugebender Werte als auch die Ermittlung festzustellender Werte bedeuten kann.	1 Die Tätigkeiten beim Messen sind überwiegend praktischer (experimenteller) Art, schließen jedoch theoretische Überlegungen und Berechnungen ein. 2 Eine Messung soll für einen vorgegebenen Zweck die Kenntnis über das quantitative Verhältnis der Meßgröße zur Einheit erweitern. Das Ziel der Messung muß nicht unbedingt ein Meßergebnis zugeordneter Wert sein. Je nach Planung kann die Messung beispielsweise auch die Feststellung darüber zum Ziel haben, ob der Wert der Meßgröße größer oder kleiner als ein Vielfaches der Einheit ist. Erst dann, wenn diese Feststellung dem Zweck dient, das Ergebnis mit einer Forderung zu vergleichen, handelt es sich um eine Prüfung (2.1.4). 3 Es ist für eine Messung nicht wesentlich, ob das Ergebnis unmittelbar nach der Messung zur Kenntnis genommen wird oder nicht. Die Ausführung kann so geplant sein, daß sie von einer technischen Einrichtung vorgenommen wird, die das Ergebnis entweder speichert oder anderweitig verwertet.
2.1.1	**Dynamische Messung** en: *Dynamic measurement* fr: *Mesurage dynamique*	Messung (2.1), wobei die Meßgröße (1.1) entweder zeitlich veränderlich ist, oder ihr Wert sich abhängig vom gewählten Meßprinzip (2.2) wesentlich aus zeitlichen Änderungen anderer Größen ergibt.	BEISPIELE: a) Messung des Momentanwertes einer zeitlich veränderlichen elektrischen Stromstärke. b) Bei einem Rauschprozeß die Ermittlung der Produkte aus den Momentanwerten von elektrischer Stromstärke und elektrischer Spannung als zeitlich veränderliche elektrische Leistung.

(fortgesetzt)

fortgesetzt

Nr	Benennung	Definition und Anmerkungen	Bemerkungen
2.1.1	**Dynamische Messung**		c) Ermittlung der (zeitlich konstanten) Masse eines Körpers durch Messen der Änderung seiner Geschwindigkeit bei Einwirkung einer bekannten Stoßkraft.
2.1.2	**Statische Messung** en: *Static measurement* fr: *Mesurage statique*	Messung (2.1), wobei eine zeitlich unveränderliche Meßgröße (1.1) nach einem Meßprinzip (2.2) gemessen wird, das nicht auf der zeitlichen Änderung anderer Größen beruht.	1 BEISPIEL: Siehe Beispiel e) in 2.2. 2 Bei einer statischen Messung müssen Einschwingvorgänge so weit abgeklungen sein, daß das dynamische Verhalten der verwendeten Meßeinrichtung (4.2) vernachlässigbar ist.
2.1.3	**Zählen** en: *Counting* fr: *Comptage*	Ermitteln des Wertes der Meßgröße (1.1) "Anzahl der Elemente einer Menge". ANMERKUNG: Eine als "Anzahl" festgelegte Meßgröße wird auch **Zählgröße** genannt (siehe dazu auch Bemerkung 5). Sie hat die Dimension 1 (siehe dazu DIN 1313). Jede andere Meßgröße gilt auch dann nicht als Zählgröße, wenn das zur Ermittlung eines Meßwertes (3.2) verwendete Meßverfahren (2.4) Zählen erfordert (siehe dazu auch Bemerkung 4).	1 BEISPIELE: Räumlich oder zeitlich voneinander unterscheidbare Körper wie Kugeln oder α-Teilchen; die Zähne eines Zahnrades; Ereignisse wie Umläufe, Schwingungen oder Kernzerfälle, Interferenzstreifen. 2 Unter einer Menge wird eine Zusammenfassung von in festgelegter Hinsicht gleichartigen und unterscheidbaren Elementen verstanden. In welcher Hinsicht zwei an einem zu untersuchenden Meßobjekt (1.2) unterscheidbare Elemente oder Ereignisse als gleichartig zu betrachten sind, wird vor dem Zählen festgelegt. 3 Gezählt werden kann durch Sinneswahrnehmung oder mittels Zähleinrichtungen (Zählwerken, Zählern). Dabei wird die Anzahl gleichartiger Elemente in einem vorgegebenen Raumbereich, während eines betrachteten Vorganges oder in einer vorgegebenen Zeitspanne ermittelt. 4 Zählen kann Teil eines Meßverfahrens (2.4) für eine andere Meßgröße sein (z. B. Zählen von Radumdrehungen für die zurückgelegte Wegstrecke eines Fahrzeugs), oder aber Zählen kann durch Messen einer anderen Größe ersetzt werden (z. B. durch Wägen einer Anzahl von Schrauben). 5 Zur ANMERKUNG: Zählgrößen sind z. B. die Anzahl der Bohrungen in einer Flanschverbindung, die Windungsanzahl einer Spule oder die Anzahl von Kernzerfällen in einer betrachteten Zeitspanne. 6 Durch Digitalisierung von Meßsignalen (Anmerkung 2 zu 2.6) und Verwendung zählender Meßgeräte wird in der Meßtechnik zunehmend Zählen als besondere Art des Messens verwendet.

(fortgesetzt)

fortgesetzt

Nr	Benennung	Definition und Anmerkungen	Bemerkungen
2.1.4	**Prüfung** en: *Inspection* fr: *Contrôle*	Feststellen, inwieweit ein Prüfobjekt eine Forderung erfüllt. ANMERKUNG 1: Mit dem Prüfen ist immer der Vergleich mit einer Forderung verbunden, die festgelegt oder vereinbart sein kann. Wird durch eine Messung (2.1) ein Meßwert (3.2) ermittelt, so ist dies nur dann eine Prüfung, wenn dabei auch festgestellt wird, inwieweit (oder ob) der Meßwert eine Forderung erfüllt. Die z. B. in der Werkstofftechnik verbreitete Verwendung des Wortes "Prüfung" anstelle von "Messung" wird nicht empfohlen. ANMERKUNG 2: Prüfobjekt kann ein Probekörper, eine Probe oder auch ein Meßgerät (siehe 5.13) sein. ANMERKUNG 3: In der Europäischen Norm DIN EN 45001:1990-05 und anderen Normen der Reihe DIN EN 45000 wird "Prüfung" im Sinne lediglich einer Untersuchung verwendet, während in dieser Norm, übereinstimmend mit internationalen Normen neuester Ausgaben (z. B. E DIN ISO 8402) und dem allgemeinen Sprachgebrauch, der Begriff Prüfung Untersuchung und Vergleich mit einer Forderung umfaßt. (Siehe dazu auch "Erläuterungen".)	1 Eine Prüfung erfolgt häufig mit einem Meßgerät (4.1), einer Meßeinrichtung (4.2) oder einem Normal (4.7), um festzustellen, inwieweit die gemessene Größe (das geprüfte Merkmal des Prüfobjektes) eine Forderung erfüllt. 2 Vielfach wird für Entscheidungszwecke das quantitative Prüfergebnis "inwieweit" in ein qualitatives Prüfergebnis "ob" oder "ob nicht" umgewandelt (auch: "Umwandlung in ein alternatives Prüfergebnis"; siehe DIN 55350-12).
2.1.5	**Klassierung** en: *Grouping* fr: *Classement*	Zuordnen der Elemente einer Menge zu festgelegten Klassen von Merkmalswerten. ANMERKUNG 1: Zur Menge siehe Bemerkung 2 zu 2.1.3. ANMERKUNG 2: Die Klassen bestehen aus vorgegebenen oder vereinbarten Wertebereichen für die an den Elementen zu messenden Meßgrößen (1.1). Auch die Ermittlung von Häufigkeiten in den Klassen kann zur Klassierung gerechnet werden. ANMERKUNG 3: Von der Klassierung ist die Klassenbildung (en.: *classification*) zu unterscheiden, unter der man die Aufteilung des Wertebereiches eines Merkmals in Teilbereiche versteht, die einander ausschließen und den Wertebereich vollständig ausfüllen.	BEISPIELE: a) Zuordnen der Teilchen eines Teilchenstrahls zu festgelegten Klassen für die Werte der Energie oder des Spins der Teilchen oder zu Klassen für die Werte beider Merkmale gemeinsam. b) Zuordnen von Signalwerten eines zufällig veränderlichen Meßsignals (2.6) innerhalb einer Zeitspanne zu einer Klasse oberhalb eines festgelegten Signalwertes und zu einer Klasse unterhalb dieses Wertes. Ermitteln der Häufigkeit des Überschreitens in einer gegebenen Zeitspanne.

(fortgesetzt)

fortgesetzt

Nr	Benennung	Definition und Anmerkungen	Bemerkungen
2.2	**Meßprinzip** en: *Principle of measurement* fr: *Principe de mesurage*	Physikalische Grundlage der Messung (2.1).	1 BEISPIELE: a) Die Interferenz des Lichts als Grundlage einer Längenmessung. b) Die Erwärmung eines Leiters durch den elektrischen Strom als Grundlage einer Messung der elektrischen Stromstärke. c) Der thermoelektrische Effekt als Grundlage einer Temperaturmessung. d) Der Dopplereffekt als Grundlage einer Geschwindigkeitsmessung. e) Die Proportionalität von Masse und Gewichtskraft als Grundlage einer Massemessung. 2 Das Meßprinzip erlaubt es, anstelle der Meßgröße eine andere Größe zu messen, um aus ihrem Wert eindeutig den der Meßgröße zu ermitteln. Es beruht auf einer immer wieder herstellbaren physikalischen Erscheinung (Phänomen, Effekt) mit bekannter Gesetzmäßigkeit zwischen der Meßgröße und der anderen Größe.
2.3	**Meßmethode** en: *Method of measurement* fr: *Méthode de mesure*	Spezielle, vom Meßprinzip (2.2) unabhängige Art des Vorgehens bei der Messung (2.1).	BEISPIELE: Vergleichs-Meßmethode; Substitutions-Meßmethode; Vertauschungs-Meßmethode; Differenz-Meßmethode; Kompensations-Meßmethode; Nullabgleich-Meßmethode; Ausschlag-Meßmethode; integrierende Meßmethode; analoge Meßmethode; digitale Meßmethode; direkte Meßmethode; indirekte Meßmethode.
2.4	**Meßverfahren** en: *Measurement procedure* fr: *Mode opératoire (de mesure)*	Praktische Anwendung eines Meßprinzips (2.2) und einer Meßmethode (2.3). ANMERKUNG: Meßverfahren werden mitunter nach dem Meßprinzip eingeteilt und benannt, auf dem sie beruhen (z. B. interferenzielle Längenmessung).	BEISPIELE: a) Thermoelektrische Temperaturmessung mit Drehspulmeßgerät nach der Ausschlag-Meßmethode. b) Massemermittlung mit einer Waage und Gewichtsstücken nach der Substitutions-Meßmethode.
2.5	**Einflußgröße** en: *Influence quantity* fr: *Grandeur d'influence*	Größe, die nicht Gegenstand der Messung (2.1) ist, jedoch die Meßgröße (1.1) oder die Ausgabe (3.1) beeinflußt. ANMERKUNG: Bei der Messung vorkommende Abweichungen der Werte der Einflußgrößen von ihren vorgesehenen oder vorgegebenen Werten (siehe auch Anmerkung 2 zu 5.13) sollen bei oder nach der Messung im Ergebnis geeignet berücksichtigt werden (siehe dazu auch Bemerkung 3 zu 3.5.2).	BEISPIEL: Umgebungstemperatur, Feuchte, Luftdruck, mechanischer Kraftstoß, elektromagnetische Feldstärke bei der Messung einer Masse.

(fortgesetzt)

Nr	Benennung	Definition und Anmerkungen	Bemerkungen
		fortgesetzt	
2.6	**Meßsignal** en: *Measurement signal* fr: *Signal de mesure*	Größe in einem Meßgerät (4.1) oder einer Meßeinrichtung (4.2), die der Meßgröße (1.1) eindeutig zugeordnet ist. ANMERKUNG 1: Die Parameter des Meßsignals werden Signalparameter und ihre Werte Signalwerte genannt. ANMERKUNG 2: Bei einem digitalen Meßsignal kann im allgemeinen nur auf diskrete Werte der Meßgröße geschlossen werden.	1 BEISPIEL: Meßgröße: Frequenz einer akustischen Schwingung. Meßsignal: Elektrische Wechselspannung. 2 Das Meßsignal ist in der Regel zeitlich veränderlich und wird häufig durch einen physikalischen Vorgang übertragen (z. B. elektromagnetische Welle; elektrischer Strom in Leitern). 3 Siehe auch Bild A.2 und Bild A.3.
2.7	**Wiederholbedingungen** en: *Repeatability conditions*	Bedingungen, unter denen wiederholt einzelne Meßwerte (3.2) für dieselbe spezielle Meßgröße (1.1) unabhängig voneinander so gewonnen werden, daß die systematische Meßabweichung (3.5.2) für jeden Meßwert die gleiche bleibt. ANMERKUNG 1: Es müssen wenigstens die folgenden Bedingungen erfüllt sein: – Derselbe Beobachter, – dasselbe Meßverfahren (2.4), – dieselbe Meßeinrichtung (4.2), – dieselben speziellen Einflußgrößen (2.5). ANMERKUNG 2: Mitunter wird durch die Messung (2.1) das Meßobjekt (1.2) nachhaltig verändert oder zerstört. In diesem Fall werden mehrere möglichst gleichartige Meßobjekte in der Weise nacheinander gemessen, daß Wiederholbedingungen näherungsweise erfüllt sind.	1 Bei wiederholter Messung derselben Meßgröße bleiben beherrschbare Bedingungen ungeändert. Wiederholbedingungen stellen einen Idealfall dar: Es bleiben alle diejenigen Bedingungen ungeändert, die für jeden Meßwert gleiche systematische Meßabweichungen in Frage kommen, deren Änderung als Ursache für die Änderung systematischer Meßabweichungen in Frage kommen. Die systematische Meßabweichung von unter Wiederholbedingungen ermittelten Meßwerten ist nicht erkennbar. 2 Unter Wiederholbedingungen ermittelte Meßwerte streuen zufällig um ihren (unbekannten) Erwartungswert (3.3), der sich um die bei Wiederholbedingungen für jeden Meßwert gleiche systematische Meßabweichung vom wahren Wert (1.3) der Meßgröße unterscheidet. (Siehe dazu auch Bemerkung 4 zu 1.3 und Bild A.1.) Lassen sich Wiederholbedingungen aufrechterhalten, sind statistische Aussagen über eine ausreichende Anzahl zufälliger Meßabweichungen (3.5.1) möglich. 3 Siehe auch DIN 55350-13.
2.8	**Erweiterte Vergleichbedingungen** en: *Reproducibility conditions*	Bedingungen, unter denen eine Gesamtheit unabhängiger Meßergebnisse (3.4) für dieselbe spezielle Meßgröße (1.1) so gewonnen wird, daß durch Vergleich Unterschiede der systematischen Meßabweichungen (3.5.2) erkennbar werden. ANMERKUNG 1: Ein spezieller Fall der erweiterten Vergleichbedingungen sind Vergleichsbedingungen nach DIN 55350-13: Bei der Gewinnung voneinander unabhängiger Meßergebnisse geltende Bedingungen, bestehend in der Anwendung des festgelegten Meßverfahrens am identischen Objekt durch verschiedene Beobachter mit verschiedenen Meßeinrichtungen an verschiedenen Orten.	1 In der Praxis sind erweiterte Vergleichbedingungen Gegenstand von Vereinbarungen. 2 Einzelne der zu vergleichenden Meßergebnisse werden in der Regel unter Wiederholbedingungen (2.7) gewonnen. Bei einer Vergleichmessung (Anmerkung 3) ist die Anzahl der Messungen unter Wiederholbedingungen in einem teilnehmenden Laboratorium meist festgelegt.

(fortgesetzt)

fortgesetzt

Nr	Benennung	Definition und Anmerkungen	Bemerkungen
2.8	**Erweiterte Vergleichsbedingungen**	ANMERKUNG 2: Mitunter kann an unterschiedlichen Meßorten nicht dasselbe Meßobjekt (1.2) zur Verfügung gestellt werden. In diesem Fall ist zur Erzielung mehrerer Meßergebnisse unter erweiterten Vergleichbedingungen eine Menge möglichst gleichartiger Meßobjekte bereitzustellen. ANMERKUNG 3: Als Vergleichsmessung wird die unter vereinbarten erweiterten Vergleichbedingungen in mehreren Laboratorien ausgeführte Ermittlung und der anschließende Vergleich von Meßergebnissen für dieselbe Meßgröße bezeichnet. Ringvergleich – auch Ringversuch – und Sternvergleich sind besondere Fälle einer Vergleichsmessung.	
3	**Ergebnisse von Messungen**		
3.1	**Ausgabe** en: *Output*	Durch ein Meßgerät (4.1) oder eine Meßeinrichtung (4.2) bereitgestellte und in einer vorgesehenen Form ausgegebene Information über den Wert einer Meßgröße (1.1). ANMERKUNG: Direkte Ausgabe, Anzeige: Unmittelbar optisch oder akustisch erfaßbare Ausgabe. Indirekte Ausgabe: Ausgabe ohne Anzeige. (Siehe auch Bemerkung 2.)	1 Im Sinne dieser Definition ist die Ausgabe kein Vorgang. 2 Zur ANMERKUNG Direkte Ausgabe ist z. B. die Skalenanzeige, als ablesbarer Skalenteil bei Skalenanzeige, als Lichtsignal, als Zeitzeichen im Rundfunk oder als Meßwert (3.2) über Schreiber oder Drucker vermittelt. Indirekte Ausgabe ist z. B. die Ausgabe als unmittelbar innerhalb einer Meßeinrichtung (4.2) weiterzuverarbeitendes Meßsignal (2.6) oder als Darstellung des Meßwertes auf Datenträgern. 3 Der Definitionsbestandteil "Information über den Wert der Meßgröße" drückt aus, daß zwischen der Ausgabe und dem Wert der Meßgröße ein Zusammenhang besteht. Die Ausgabe enthält jedoch nicht ausschließlich die Information über den Wert der Meßgröße. Dies gilt in gleicher Weise auch für den Meßwert (3.2), der der vorliegenden Ausgabe entspricht oder gleich der Ausgabe ist (siehe Bemerkung 1 zu 3.2).
3.2	**Meßwert** en: *Measured value* fr: *Valeur de mesurage*	Wert, der zur Meßgröße (1.1) gehört und der Ausgabe (3.1) eines Meßgerätes (4.1) oder einer Meßeinrichtung (4.2) eindeutig zugeordnet ist. ANMERKUNG 1: Der Meßwert x setzt sich zusammen aus: x_w: Wahrer Wert. e_r: Zufällige Meßabweichung (3.5.1) (hier: des Einzelmeßwertes). Sie ist nicht genau bekannt. e_s: Systematische Meßabweichung (3.5.2) (hier: des Einzelmeßwertes). Sie ist im allgemeinen nicht vollständig bekannt. Fortsetzung	1 Der Meßwert kann gleich der Ausgabe sein. Anderenfalls muß der Meßwert der interessierenden Meßgröße aus der Ausgabe ermittelt werden (z. B. durch Multiplizieren mit einer Gerätekonstanten, durch Zuordnen des Meßwertes zu Skalenteilen oder durch Berechnen nach bekannten Beziehungen, falls die Ausgabe zu einer anderen Meßgröße als der interessierenden gehört). 2 Der Meßwert kann gespeichert vorliegen. Er muß nicht unmittelbar zur Kenntnis genommen werden.

(fortgesetzt)

fortgesetzt

Nr	Benennung	Definition und Anmerkungen	Bemerkungen
3.2	**Meßwert**	$x = x_w + e_r + e_s$ $e_s = e_{s,b} + e_{s,u}$ wobei: $e_{s,b}$: Bekannte (auch: erfaßbare) systematische Meßabweichung (als bekannt betrachteter – geschätzter – Anteil in e_s). $e_{s,u}$: Unbekannte (auch: nicht erfaßbare) systematische Meßabweichung (unbekannt bleibender Anteil in e_s). ANMERKUNG 2: Die Differenz $x - e_{s,b}$ wird auch berichtigter Meßwert x_E genannt (siehe auch 3.4.2). ANMERKUNG 3: Bei einer Maßverkörperung (4.5) entspricht der Meßwert dem durch Kalibrierung (4.10) festgelegten richtigen Wert (1.4). Dieser kann vom aufgedruckten Wert abweichen (siehe Anmerkung 2 zu 1.4).	
3.3	**Erwartungswert** en: *Expectation (value)* fr: *Espérance*	Wert, der zur Meßgröße (1.1) gehört und dem sich das arithmetische Mittel (siehe Anmerkung 2 zu 3.4) der Meßwerte (3.2) der Meßgröße mit steigender Anzahl der Meßwerte nähert, die aus Einzelmessungen (2.1) unter denselben Bedingungen gewonnen werden können. ANMERKUNG: Siehe auch DIN 55350-21 und DIN 13303-1.	1 Die Wahrscheinlichkeit des Abweichens des arithmetischen Mittels der Meßwerte vom Erwartungswert wird Null, wenn die Anzahl der Einzelmessungen über alle Grenzen wächst. Der Erwartungswert (üblicherweise mit dem Formelzeichen μ) ist – wie auch der wahre Wert (1.3) – ein ideeller Wert, da nur endlich viele Meßwerte ermittelt werden. 2 Das arithmetische Mittel endlich vieler Meßwerte ist ein Schätzwert für den Erwartungswert (siehe 3.4.1). 3 Die Bedingungen bei der Ermittlung des arithmetischen Mittels endlich vieler Meßwerte können insbesondere Wiederholbedingungen (2.7) sein (siehe DIN 55350-13). 4 Der Erwartungswert μ stimmt mit dem wahren Wert (1.3) der Meßgröße nicht überein, wenn systematische Meßabweichungen (3.5.2) vorliegen. Es gilt: $\mu = x_w + e_s$ (siehe Anmerkung 1 zu 3.2 und Bild A.1).
3.4	**Meßergebnis** en: *Result of measurement* fr: *Résultat d'un mesurage*	Aus Messungen (2.1) gewonnener Schätzwert für den wahren Wert einer Meßgröße (1.3). ANMERKUNG 1: Das Schätzen des wahren Wertes erfolgt meist durch die Anwendung statistischer Schätzmethoden.	1 Grundlage für das Schätzen des wahren Wertes sind Meßwerte (3.2) und bekannte systematische Meßabweichungen (Anmerkung 1 zu 3.2), auch bekannte physikalische Beziehungen und sonstige Kenntnisse und Erfahrungen. 2 Bereits ein einzelner berichtigter Meßwert (Anmerkung 2 zu 3.2) kann das Meßergebnis sein.

(fortgesetzt)

fortgesetzt

Nr	Benennung	Definition und Anmerkungen	Bemerkungen
3.4	**Meßergebnis**	ANMERKUNG 2: Liegen n unter Wiederholbedingungen (2.7) gewonnene Meßwerte x_i ($i = 1, \ldots, n$) vor und wird mit diesen Meßwerten das arithmetische Mittel (auch: der arithmetische Mittelwert) $$\bar{x} = \frac{1}{n} \sum_{i=1}^{n} x_i$$ gebildet (siehe z. B. DIN 55350-23), so ist dieses Mittel das unberichtigte Meßergebnis (3.4.1). Das Meßergebnis ist $$\bar{x}_E = \bar{x} - e_{s,b}$$ ($e_{s,b}$: Siehe Anmerkung 1 zu 3.2). ANMERKUNG 3: Wird der wahre Wert nicht durch das arithmetische Mittel berichtigter Meßwerte (Anmerkung 2 zu 3.2) geschätzt, sondern z. B. durch deren Median, so ist dies anzugeben. Ebenso sind zur Erzielung des Meßergebnisses verwendete spezielle Auswerteverfahren anzugeben (z. B.: Ausgleichsrechnung nach der Methode der kleinsten Quadrate). ANMERKUNG 4: Vollständiges Meßergebnis siehe 3.10.	
3.4.1	**Unberichtigtes Meßergebnis** en: *Uncorrected result* fr: *Résultat brut*	Aus Messungen (2.1) gewonnener Schätzwert für den Erwartungswert (3.3).	1 Bereits ein einzelner Meßwert (3.2) kann das unberichtigte Meßergebnis sein. 2 Siehe Bemerkung 2 zu 3.3.
3.4.2	**Berichtigen** en: *Correcting* fr: *Corriger*	Beseitigen der im unberichtigten Meßergebnis (3.4.1) enthaltenen bekannten systematischen Meßabweichung (siehe Anmerkung 1 zu 3.2). ANMERKUNG: Berichtigen erfolgt meist durch Addieren der Korrektion (3.4.3) oder auch durch Multiplizieren mit dem Korrektionsfaktor.	Berichtigen des unberichtigten Meßergebnisses ergibt das Meßergebnis (3.4). Berichtigen des unberichtigten Meßwertes ergibt den berichtigten Meßwert (Anmerkung 2 zu 3.2). Siehe auch Bild A.1.
3.4.3	**Korrektion** en: *Correction* fr: *Correction*	Wert, der nach algebraischer Addition zum unberichtigten Meßergebnis (3.4.1) oder zum Meßwert (3.2) die bekannte systematische Meßabweichung (siehe Anmerkung 1 zu 3.2) ausgleicht. ANMERKUNG: Die Korrektion hat den gleichen Betrag wie die bekannte systematische Meßabweichung, jedoch das entgegengesetzte Vorzeichen. Nach Anmerkung 1 zu 3.2 ist die Korrektion also $-e_{s,b}$.	1 Abhängig von den Bedingungen bei der Messung (2.1) können zu unterschiedlichen Meßwerten derselben oder einer sich ändernden Meßgröße (1.1) unterschiedliche Korrektionen gehören (z. B. beim Kalibrieren (4.10)). 2 Siehe auch Bild A.1.

(fortgesetzt)

175

fortgesetzt

Nr	Benennung	Definition und Anmerkungen	Bemerkungen
3.5	**Meßabweichung** en: *(Absolute) Error of measurement* fr: *Erreur (absolue) de mesure*	Abweichung eines aus Messungen gewonnenen und der Meßgröße (1.1) zugeordneten Wertes vom wahren Wert (1.3). ANMERKUNG 1: Ist m der der Meßgröße zugeordnete Wert und x_W ihr wahrer Wert, so ist die Meßabweichung des zugeordneten Wertes $m - x_W$. ANMERKUNG 2: Der der Meßgröße zugeordnete Wert kann ein Meßwert (3.2), das unberichtigte Meßergebnis (3.4.1) oder das Meßergebnis (3.4) sein. Der Wert, dessen Meßabweichung betrachtet wird, ist anzugeben, z. B.: Meßabweichung des Meßergebnisses. ANMERKUNG 3: Zwischen der Meßabweichung und der in ihr enthaltenen Meßabweichung eines Meßgerätes (5.10) ist zu unterscheiden.	1 Die Meßabweichung des unberichtigten Meßergebnisses (3.4.1) setzt sich additiv aus der zufälligen Meßabweichung (3.5.1) und der systematischen Meßabweichung (3.5.2) zusammen. 2 Die Meßabweichung ist nicht genau bekannt, da der wahre Wert der Meßgröße nicht genau bekannt ist (siehe dazu auch 3.6). 3 Siehe auch Bild A.1.
3.5.1	**Zufällige Meßabweichung** en: *Random error* fr: *Erreur aléatoire*	Abweichung des unberichtigten Meßergebnisses (3.4.1) vom Erwartungswert (3.3).	1 Die zufällige Meßabweichung ist nicht genau bekannt, da der Erwartungswert nicht genau bekannt ist (siehe Bemerkung 1 zu 3.3). Das Ausgleichen der zufälligen Meßabweichung ist daher nicht möglich. 2 Der zufälligen Meßabweichung liegt die zufällige, nicht einseitig gerichtete Streuung der ermittelten Meßwerte (3.2) um den Erwartungswert zugrunde. 3 Als Ursache zufälliger Meßabweichungen kommen in der Regel vor: – nicht beherrschbare Einflüsse der Meßgeräte (4.1), – nicht beherrschbare Änderungen der Werte der Einflußgrößen (2.5), – nicht beherrschbare Änderungen des Wertes der Meßgröße (1.1), – nicht einseitig gerichtete Einflüsse des Beobachters (z. B. bei der Ablesung). Meist bestehen mehrere dieser Ursachen zufälliger Meßabweichungen. Bei konstanter Meßgröße und unter Wiederholbedingungen (2.7) wird die zufällige Meßabweichung – abgesehen von Beobachtereinflüssen – durch die nicht beherrschbaren Einflüsse der Meßgeräte hervorgerufen. 4 In Anmerkung 2 zu 3.4 ist das arithmetische Mittel der zufälligen Meßabweichungen der Meßwerte $\bar{e}_r = \bar{x}_E - x_W = \bar{x} - \mu$. Die zufällige Meßabweichung des einzelnen Meßwertes ist $e_{r,u} = e_{s,u} = x - \mu$. (Bedeutung der Formelzeichen siehe Anmerkung 1 zu 3.2 und Bemerkung 4 zu 3.3). 5 Siehe auch Bild A.1.

(fortgesetzt)

fortgesetzt

Nr	Benennung	Definition und Anmerkungen	Bemerkungen
3.5.2	**Systematische Meßabweichung** en: *Systematic error* fr: *Erreur systématique*	Abweichung des Erwartungswertes (3.3) vom wahren Wert (1.3). ANMERKUNG: Werden einzelne Meßergebnisse (3.4) unter (vereinbarten) erweiterten Vergleichbedingungen (2.8) ermittelt, so sind Unterschiede zwischen ihren systematischen Meßabweichungen erkennbar. (Siehe dazu auch Bemerkung 1 zu 3.9). Die systematische Meßabweichung von unter Wiederholbedingungen (2.7) ermittelten Meßwerten ist nicht erkennbar. (Siehe dazu auch Bemerkung 2.)	1 Die systematische Meßabweichung e_s eines Meßwertes (3.2) setzt sich additiv aus der bekannten systematischen Meßabweichung $e_{s,b}$ und der unbekannten systematischen Meßabweichung $e_{s,u}$ zusammen. Es gilt $e_s = \mu - x_W$ (siehe Anmerkung 1 zu 3.2 und Bemerkung 4 zu 3.3). 2 Für jeden Meßwert (3.2) einer unter Wiederholbedingungen (2.7) gewonnenen Meßreihe liegt dasselbe e_s, dasselbe $e_{s,b}$ und dasselbe (nicht erkennbare) $e_{s,u}$ vor (siehe Anmerkung 1 zu 3.2). 3 Als Ursache systematischer Meßabweichungen kommen in der Regel vor: – Unvollkommenheit der Meßgeräte (4.1), – Einflüsse wie Eigenerwärmung, Abnutzung oder Alterung des Meßgerätes oder des verwendeten Normals (4.7), – Abweichungen der tatsächlichen Werte der Einflußgrößen (2.5) von den vorausgesetzten, – Abweichungen des tatsächlich vorliegenden Meßobjekts (1.2) vom vorausgesetzten, – Rückwirkung (5.7) bei Erfassung der Meßgröße (1.1) durch das Meßgerät, – durch den Beobachter verursachte Abweichungen (z. B. unkorrektes Ablesen der Anzeige (Anmerkung zu 3.1)), – Verwendung einer zum Meßergebnis (3.4) führenden Beziehung zwischen mehreren Größen (1.1), die der tatsächlichen Verknüpfung dieser Größen nicht entspricht (z. B. bei Nichtberücksichtigung tatsächlich vorhandener Einflußgrößen). Meist bestehen mehrere Ursachen dieser systematischen Meßabweichungen. 4 Eine Unterscheidung zwischen unbekannten systematischen Meßabweichungen (Anmerkung 1 in 3.2) und zufälligen Meßabweichungen (3.5.1) ist nicht immer möglich. So werden z. B. bei der Auswertung von Vergleichsmessungen (Anmerkung 3 zu 2.8) mit genügender Anzahl von Teilnehmern unbekannte systematische Meßabweichungen auch wie zufällige Meßabweichungen behandelt. 5 Siehe auch Bild A.1.

(fortgesetzt)

fortgesetzt

Nr	Benennung	Definition und Anmerkungen	Bemerkungen
3.6	**Meßunsicherheit** en: Uncertainty of measurement fr: Incertitude de mesurage	Kennwert, der aus Messungen (2.1) gewonnen wird und zusammen mit dem Meßergebnis (3.4) zur Kennzeichnung eines Wertebereiches für den wahren Wert der Meßgröße (1.3) dient. ANMERKUNG 1: Sofern Mißverständnisse nicht zu erwarten sind, darf die Meßunsicherheit auch kurz "Unsicherheit" genannt werden. ANMERKUNG 2: Die Meßunsicherheit ist positiv und wird ohne Vorzeichen angegeben. ANMERKUNG 3: Ist u die quantitativ ermittelte Meßunsicherheit und M das Meßergebnis, so hat der zu diesen Angaben gehörige Wertebereich für den wahren Wert die Untergrenze $M - u$ und die Obergrenze $M + u$. Es wird erwartet, daß Messungen derselben Meßgröße den wahren Wert enthält. (Siehe dazu auch Bemerkung 2.) ANMERKUNG 4: Die Meßunsicherheit ist ein quantitatives Maß für den nur qualitativ zu verwendenden Begriff der Genauigkeit (siehe auch DIN 55350-13), der allgemein die Annäherung des Meßergebnisses an den wahren Wert der Meßgröße bezeichnet. (Siehe dazu auch Bemerkung 2.) (Von zwei Messungen derselben Meßgröße ist diejenige genauer, der die kleinere Meßunsicherheit zukommt.) ANMERKUNG 5: Weder darf die Meßunsicherheit mit der Benennung "Genauigkeit" versehen werden, noch soll die Benennung "Präzision" anstelle von "Genauigkeit" verwendet werden. (Siehe dazu auch 3.8 und 3.9.) ANMERKUNG 6: Zur quantitativen Ermittlung der Meßunsicherheit siehe DIN 1319-4.	1 Die Meßunsicherheit wird auf der Grundlage von Meßwerten (3.2) und Kenntnissen über vorliegende systematische Meßabweichungen (3.5.2), aber auch von bekannten physikalischen Beziehungen gewonnen (siehe dazu auch DIN 1319-4). Die Meßunsicherheit ist von der halben Weite eines Vertrauensbereiches (symmetrischer Fall) zu unterscheiden (siehe dazu auch Bemerkung 5). 2 Zu ANMERKUNG 3 Die Angabe des aus Messungen gewonnenen Bereiches $[M - u; M + u]$ drückt aus, daß nach vorliegender Kenntnis jeder Wert dieses Bereiches als wahrer Wert in Betracht kommt. Daher kennzeichnet die Meßunsicherheit u quantitativ die Unsicherheit in der Kenntnis des wahren Wertes, wenn – wie meist in der Praxis – vermutet werden darf, daß der gesuchte wahre Wert x_w im angegebenen Bereich liegt, also angenommen werden kann, daß für den Betrag der Meßabweichung des Meßergebnisses $|M - x_w| \leq u$ gilt. 3 Oft enthält die Meßunsicherheit zwei Komponenten: Eine, die aufgrund statistischer Kenntnisse ermittelt wird, und eine weitere, die aus anderen Informationen und Annahmen abgeschätzt wird. Zu ihrer Ermittlung und Zusammenfassung siehe DIN 1319-4. 4 Zur Ermittlung der Meßunsicherheit im Falle mehrerer gemeinsam gemessener Meßgrößen siehe DIN 1319-4. 5 Sind bei n unabhängigen Messungen unter Wiederholbedingungen (2.7) die Meßwerte (3.2) normalverteilt (siehe z. B. DIN 13303-1) und ihre unbekannten systematischen Meßabweichungen (Anmerkung 1 zu 3.2) vernachlässigbar gegen die zufälligen (3.5.1), so wird nicht selten zu gewähltem Vertrauensniveau $(1 - \alpha)$ (meist 95 %) ein Vertrauensbereich (Bemerkung 1) für den wahren Wert mit der unteren Vertrauensgrenze $M - u^*$ und der oberen Vertrauensgrenze $M + u^*$ angegeben. (Diese Begriffe siehe DIN 55350-24, auch DIN 13303-2.) M: Meßergebnis. Der Wert $u^* = t \cdot s_M = t \cdot s / \sqrt{n}$ (der Student-Faktor t hängt von $(1 - \alpha)$ und n ab; s siehe Anmerkung 2 zu 3.8), der zusammen mit dem Meßergebnis M die Vertrauensgrenzen festlegt, ist zu unterscheiden von der Meßunsicherheit u, da dieselben Meßwerte bei unterschiedlichen Vertrauensniveaus zu unterschiedlichen Werten u^* führen, während u als Meßunsicherheit ungeändert bleibt. u^* (mit dem zugehörigen Vertrauensniveau) kann – wie die Meßunsicherheit u – als quantitatives Maß für die Genauigkeit (siehe Anmerkung 4) der Messung verwendet werden. (Siehe dazu auch 3.10.)

(fortgesetzt)

fortgesetzt

Nr	Benennung	Definition und Anmerkungen	Bemerkungen
3.7	**Relative Meßunsicherheit** en: *Relative uncertainty of measurement* fr: *Incertitude relative de mesurage*	Meßunsicherheit (3.6), bezogen auf den Betrag des Meßergebnisses (3.4). ANMERKUNG: Ist u die Meßunsicherheit und M ($\neq 0$) das Meßergebnis, so ist die relative Meßunsicherheit gleich $$\frac{u}{|M|}.$$	Durch die aus Meßunsicherheit u und Meßergebnis M (u und M in derselben Einheit) als Zahl berechnete relative Meßunsicherheit wird die Genauigkeit (Anmerkung 4 zu 3.6) der ausgeführten Messung meist deutlicher gekennzeichnet als durch die Angabe von u.
3.8	**Wiederhol-standardabweichung** en: *Repeatability standard deviation*	Standardabweichung von Meßwerten (3.2) unter Wiederholbedingungen (2.7). ANMERKUNG 1: Formelzeichen σ_r; Standardabweichung siehe z. B. DIN 55350-21. ANMERKUNG 2: Bei genügender Anzahl von Meßwerten x_i ($i = 1, \ldots, n$) kann die (empirische) Standardabweichung s (siehe z. B. DIN 55350-23) $$s = \sqrt{\frac{1}{n-1} \sum_{i=1}^{n} (x_i - \bar{x})^2}$$ die Wiederholstandardabweichung σ_r ersetzen. Weitere Einzelheiten siehe DIN 55350-13. ANMERKUNG 3: Bei bekannter Wiederholstandardabweichung σ_r ist die Wiederholgrenze r (DIN 55350-13) (früher auch: Wiederholbarkeit) für zwei einzelne Meßwerte $$r = 1{,}96 \cdot \sqrt{2} \cdot \sigma_r \approx 2{,}8 \cdot \sigma_r.$$ (Siehe dazu auch Bemerkung 2.) ANMERKUNG 4: Die Wiederholstandardabweichung ist ein Maß für die Wiederholpräzision (siehe DIN 55350-13, auch DIN ISO 5725). (Siehe dazu auch Bemerkung 3.)	1 Die Wiederholstandardabweichung ist unabhängig vom Auftreten systematischer Meßabweichungen (3.5.2). 2 Zu ANMERKUNG 3 und 4 Werden zwei Meßwerte unabhängig voneinander durch Messungen unter Wiederholbedingungen gewonnen, so wird erwartet, daß der Betrag ihrer Differenz in 95 % aller Fälle nicht größer als r ist, wenn beide Meßwerte einer zumindest angenäherten Normalverteilung entnommen sind. 3 Zu ANMERKUNG 4 Wiederholpräzision ist eine qualitative Bezeichnung für das Ausmaß der gegenseitigen Annäherung voneinander unabhängiger Meßwerte, die unter Wiederholbedingungen ermittelt werden. Je kleiner die Wiederholstandardabweichung, um so besser ist die gegenseitige Annäherung der Meßwerte, und um so "präziser" arbeitet das verwendete Meßverfahren (2.4) unter Wiederholbedingungen. Damit ist aber noch nichts über die Genauigkeit (Anmerkung 4 zu 3.6) gesagt, die zusätzlich von vorliegenden systematischen Meßabweichungen (3.5.2) abhängt.
3.9	**Vergleich-standardabweichung** en: *Reproducibility standard deviation*	Standardabweichung von Meßergebnissen (3.4) unter erweiterten Vergleichbedingungen (2.8). ANMERKUNG 1: Formelzeichen σ_R; Standardabweichung siehe z. B. DIN 55350-21. ANMERKUNG 2: Bei genügender Anzahl von Meßergebnissen kann die aus ihnen gebildete (empirische) Standardabweichung s (siehe Anmerkung 2 zu 3.8) die Vergleichstandardabweichung σ_R ersetzen. Weitere Einzelheiten siehe DIN 55350-13. Fortsetzung	1 Die Vergleichstandardabweichungen (3.5) der systematischen Meßabweichungen (3.5.2) der einzelnen Meßergebnisse beeinflußt. Fortsetzung

(fortgesetzt)

fortgestzt

Nr	Benennung	Definition und Anmerkungen	Bemerkungen
3.9	Vergleich-standardabweichung	ANMERKUNG 3: Bei bekannter Vergleichstandardabweichung σ_R ist die Vergleichgrenze R (DIN 55350-13) (früher auch: Vergleichbarkeit) für zwei einzelne Meßergebnisse $$R = 1,96 \cdot \sqrt{2} \cdot \sigma_R \approx 2,8 \; \sigma_R$$ (Siehe dazu auch Bemerkung 2.) ANMERKUNG 4: Die Vergleichstandardabweichung ist ein Maß für die Vergleichpräzision (siehe DIN 55350-13, auch DIN ISO 5725). (Siehe dazu auch Bemerkung 3.)	2 Zu ANMERKUNG 3 Es gilt Entsprechendes wie in Bemerkung 2 zu 3.8. 3 Zu ANMERKUNG 4 Vergleichpräzision ist eine qualitative Bezeichnung für das Ausmaß der gegenseitigen Annäherung voneinander unabhängiger Meßergebnisse, die unter erweiterten Vergleichbedingungen ermittelt werden.
3.10	Vollständiges Meßergebnis	Meßergebnis (3.4) mit quantitativen Angaben zur Genauigkeit (Anmerkung 4 zu 3.6) der Messung (2.1). ANMERKUNG 1: Das vollständige Meßergebnis für eine Meßgröße (1.1) x kann wie folgt – hier eingerahmt – angegeben werden (M: Meßergebnis; u: Meßunsicherheit (3.6); beides anzugeben als Produkt von Zahlenwert und Einheit): A) $\boxed{x = M \pm u}$ (Siehe Bemerkungen 1 und 3.) BEISPIEL: $l = 1,13 \text{ cm} \pm 1,8 \text{ mm}$; oder: $l = (1,13 \pm 0,18) \text{ cm}$. B) $\boxed{x = M \cdot \left(1 \pm \dfrac{u}{|M|}\right)}$ (Siehe Bemerkungen 1, 2 und 3.) BEISPIEL: $l = 1,13 \cdot (1 \pm 0,16) \text{ cm}$ C) Vollständiges Meßergebnis für die Meßgröße x: $$M \pm u$$ oder: Vollständiges Meßergebnis für die Meßgröße x: $$M \cdot \left(1 \pm \dfrac{u}{|M|}\right)$$ (Siehe Bemerkungen 1, 2 und 4.)	1 Zu ANMERKUNG 1 Die anzugebenden Grenzen bedeuten, daß der wahre Wert (1.3) der Meßgröße zwischen ihnen erwartet wird oder jeder der von ihnen eingeschlossenen Werte als wahrer Wert in Frage kommt. 2 Zu ANMERKUNG 1, Schreibweisen B, C und D Die relative Meßunsicherheit (3.7) ist eine Zahl und wird aus den ermittelten Werten u und M (beide zur gleichen Einheit) berechnet. 3 Zu ANMERKUNG 1, Schreibweisen A und B Bei diesen Schreibweisen steht links des Gleichheitszeichens eine Meßgröße, rechts jedoch werden Grenzen für Werte der Meßgröße angegeben. Schreibweisen C in Anmerkung 1 vermeiden dies. 4 Zu ANMERKUNG 1, Schreibweisen C, E und F Der Textteil "für die Meßgröße x" ist Platzhalter für Benennung und Formelzeichen der Meßgröße (z. B.: Vollständiges Meßergebnis für den Druck p). Sofern keine Mißverständnisse zu erwarten sind, können Benennung oder Formelzeichen oder beide entfallen.

(fortgesetzt)

fortgesetzt

Nr	Benennung	Definition und Anmerkungen	Bemerkungen
3.10	Vollständiges Meßergebnis	D) Getrennte Angabe: $\boxed{M; u}$ oder: $\boxed{M; \dfrac{u}{|M|}}$ oder: $\boxed{M\,(u)}$ oder: $\boxed{M\left(\dfrac{u}{|M|}\right)}$ (Siehe Bemerkung 2.) Bei getrennter Angabe ist klarzustellen, ob neben M die Meßunsicherheit oder die relative Meßunsicherheit angegeben wird. Vollständiges Meßergebnis für die Meßgröße x: E) Vertrauensbereich für den wahren Wert von x zum Vertrauensniveau $(1-\alpha)$ ist $$(M - u^*;\ M + u^*)$$ (Siehe Bemerkungen 1 und 5.) BEISPIEL: Der 95%-Vertrauensbereich für l ist (1,198 m ; 1,202 m) bei Normalverteilung. Vollständiges Meßergebnis für die Meßgröße x: F) Vertrauensgrenzen für den wahren Wert von x zum Vertrauensniveau $(1-\alpha)$ sind $$M \pm u^*$$ oder: $$M \cdot \left(1 \pm \dfrac{u^*}{|M|}\right)$$ (Siehe Bemerkungen 1 und 5.) BEISPIEL: Die 68%-Vertrauensgrenzen für l sind 1,2 m $\pm$ 0,2 mm bei Normalverteilung.	5 Zu ANMERKUNG 1, Schreibweisen E und F Bei diesen Schreibweisen kann "Vollständiges Meßergebnis für die Meßgröße x" entfallen. Anderenfalls siehe Bemerkung 4. Der Textteil "für den wahren Wert von x" kann entfallen, sofern keine Mißverständnisse zu erwarten sind. Bei Schreibweisen E und F werden Vertrauensbereich und Vertrauensgrenzen (siehe Bemerkung 5 zu 3.6) aus den ermittelten Werten M und u^* berechnet. u^* kennzeichnet die halbe Weite des Vertrauensbereiches zu festgelegtem Vertrauensniveau (siehe Bemerkung 5 zu 3.6). u^* ist von der Meßunsicherheit u zu unterscheiden (siehe Bemerkungen 1 und 5 zu 3.6). Es ist üblich, das Vertrauensniveau $(1-\alpha)$ in Prozent anzugeben, wobei meist $\alpha = 0{,}05$ (Vertrauensniveau: 95%) benutzt wird. Zur Ermittlung von u^* wird neben dem festgelegten Vertrauensniveau eine vorausgesetzte Wahrscheinlichkeitsverteilung (siehe z.B. DIN 55350-21, auch DIN 13303-1) der Meßwerte verwendet (in der Meßtechnik häufig die Normalverteilung; siehe dazu auch Bemerkung 5 zu 3.6). Sie ist zusätzlich anzugeben. Vertrauensgrenzen können unsymmetrisch zu M liegen. In diesem Fall wird bei Schreibweise E der entsprechende Vertrauensbereich angegeben. Bei Schreibweise F werden obere und untere Vertrauensgrenze getrennt angegeben. Systematische Meßabweichungen (3.5.2) verhindern im allgemeinen die Angabe von Vertrauensgrenzen. Nach DIN 1319-4 können die Angaben in E und F nicht innerhalb anderer Auswertungsaufgaben verwendet werden. 6 In speziellen Fällen werden zusätzlich angegeben: – Anzahl der Meßwerte, – Ursachen und quantitative Abschätzungen von Beiträgen systematischer Meßabweichungen (3.5.2) zur Meßunsicherheit, – geschätzte Kovarianzen oder Korrelationskoeffizienten (siehe DIN 13303-1, DIN 55350-23, DIN 1319-4) im Falle mehrerer gemeinsam gemessener Meßgrößen.

(fortgesetzt)

fortgesetzt

Nr	Benennung	Definition und Anmerkungen	Bemerkungen
3.10	**Vollständiges Meßergebnis**	ANMERKUNG 2: Für die Zahlenwerte von M und u bzw. u^* sind die Runderegeln nach DIN 1333 anzuwenden. ANMERKUNG 3: Für ein vollständiges Meßergebnis werden nicht selten mehrere einzelne Meßergebnisse und die zugehörigen Meßunsicherheiten benötigt. Es ist klarzustellen, auf welche Weise sich das vollständige Meßergebnis aus ihnen ergibt (siehe dazu DIN 1319-4).	
4	**Meßgeräte**		
4.1	**Meßgerät** en: *Measuring instrument* fr: *Instrument de mesure; appareil de mesure (appareil mesureur)*	Gerät, das allein oder in Verbindung mit anderen Einrichtungen für die Messung (2.1) einer Meßgröße (1.1) vorgesehen ist. ANMERKUNG: Auch Maßverkörperungen (4.5) sind Meßgeräte.	1 Ein Gerät ist auch dann ein Meßgerät, wenn seine Ausgabe (3.1) übertragen, umgeformt, bearbeitet oder gespeichert wird und nicht zur direkten Aufnahme durch den Beobachter geeignet ist. BEISPIELE: Meßumformer, Strom- und Spannungswandler, Meßumsetzer, Meßverstärker. 2 Ein Meßgerät kann auch Meßobjekt (1.2) sein (z. B. bei seiner Kalibrierung (4.10)).
4.2	**Meßeinrichtung** en: *Measuring system* fr: *Système de mesure*	Gesamtheit aller Meßgeräte (4.1) und zusätzlicher Einrichtungen zur Erzielung eines Meßergebnisses (3.4). ANMERKUNG 1: Zusätzliche Einrichtungen sind Hilfsgeräte, die nicht unmittelbar zur Aufnahme, Umformung und Ausgabe (3.1) dienen (z. B. Einrichtung für Hilfsenergie, Ableselupe, Thermostat). ANMERKUNG 2: Die Benennung **Meßanlage** wird üblicherweise für fest installierte und umfangreiche Meßeinrichtungen verwendet (z. B. Kesselhausmeßanlage zur Erfassung aller hier anfallenden Meßgrößen).	1 BEISPIELE: a) Einrichtung zur Kalibrierung (4.10) von Meßgeräten. b) Einrichtung zur Messung der Resistivität von elektrotechnischen Werkstoffen. 2 Wesentliche Aufgaben der Meßeinrichtung sind die Aufnahme der Meßgröße (1.1), die Weiterleitung und Umformung eines Meßsignals (2.6) und die Bereitstellung des Meßwertes (3.2). Es gibt Meßeinrichtungen, die mehrere unterschiedliche Meßgrößen aufnehmen. 3 Im einfachsten Fall besteht eine Meßeinrichtung aus einem einzigen Meßgerät (4.1). 4 Siehe auch Bild A.2.
4.3	**Meßkette** en: *Measuring chain* fr: *Chaîne de mesure*	Folge von Elementen eines Meßgerätes (4.1) oder einer Meßeinrichtung (4.2), die den Weg des Meßsignals (2.6) von der Aufnahme der Meßgröße (1.1) bis zur Bereitstellung der Ausgabe (3.1) bildet.	1 BEISPIEL: Elektroakustische Meßkette, die aus Mikrofon, Pegelsteller, Filter, Verstärker und Spannungsmeßgerät besteht. 2 Die Meßkette dient der wirkungsmäßigen Darstellung eines Meßgerätes oder einer Meßeinrichtung. 3 Siehe auch Bild A.3.

(fortgesetzt)

fortgesetzt

Nr	Benennung	Definition und Anmerkungen	Bemerkungen
4.4	**(Meßgrößen-)Aufnehmer** en: *Sensor* fr: *Capteur*	Teil eines Meßgerätes (4.1) oder einer Meßeinrichtung (4.2), der auf eine Meßgröße (1.1) unmittelbar anspricht. ANMERKUNG 1: Der Aufnehmer ist das erste Element einer Meßkette (4.3). ANMERKUNG 2: Soll zwischen dem Aufnehmer als ganzem und demjenigen Teil des Aufnehmers, der unmittelbar auf die Meßgröße empfindlich ist, unterschieden werden, so wird dieser Teil als **meßgrößenempfindliches Element** des Aufnehmers bezeichnet. (Siehe dazu auch Bemerkung 2.) ANMERKUNG 3: Die Benennung "Fühler" wird nicht einheitlich verwendet und kann den Aufnehmer oder dessen meßgrößenempfindliches Element bezeichnen. Bei Verwendung der Benennung muß der Bezug klargestellt sein. ANMERKUNG 4: Bei Verwendung der Benennung "Sensor" für den Aufnehmer oder dessen meßgrößenempfindliches Element muß dieser Bezug klargestellt sein, da diese Benennung nicht einheitlich gebraucht wird. Die Verwendung von "Sensor" für die gesamte Meßkette (4.3), deren erstes Element der Aufnehmer ist, oder sogar für das Meßgerät, welches diese Meßkette enthält, ist nicht zu empfehlen.	1 BEISPIELE: a) Thermoelement eines thermoelektrischen Thermometers (Temperaturaufnehmer). b) Differenzdruckaufnehmer eines Durchflußmessers. c) Bourdonrohr eines Manometers (Druckaufnehmer). d) Schwimmer (meßgrößenempfindliches Element) eines Flüssigkeitsstand-Anzeigers. 2 Zu ANMERKUNG 2 BEISPIEL: Das Thermoelement als Aufnehmer besteht aus dem Thermopaar als meßgrößenempfindlichem Element des Aufnehmers und den Armaturen (Schutzrohr, Anschlußkopf usw.).
4.5	**Maßverkörperung** en: *Material measure* fr: *Mesure matérialisée*	Gerät, das einen oder mehrere feste Werte einer Größe darstellt oder liefert.	1 BEISPIELE: Gewichtstück, Volumenmaß (für einen oder mehrere Werte), Normal (4.7) für den elektrischen Widerstand, Parallelendmaß, Meterstab, Signalgenerator für Frequenz. 2 Die festen Werte werden in gleichbleibender Weise nur während einer begrenzten Zeitspanne und unter festgelegten Bedingungen geliefert. 3 Maßverkörperungen sind Meßgeräte (4.1), die z. B. weder eine Eingangsgröße (4.8) erfassen noch einen Beitrag zur zufälligen Meßabweichung (3.5.1) verursachen noch eine Ausgangsgröße (4.9) bereitstellen. 4 Siehe auch Anmerkung 2 zu 1.4.

(fortgesetzt)

fortgesetzt

Nr	Benennung	Definition und Anmerkungen	Bemerkungen
4.6	**Referenzmaterial** en: *Reference material* fr: *Matériau de référence*	Material oder Substanz mit Merkmalen, deren Werte für den Zweck der Kalibrierung (4.10), der Beurteilung eines Meßverfahrens (2.4) oder der quantitativen Ermittlung von Materialeigenschaften ausreichend festliegen. ANMERKUNG 1: Siehe auch DIN 32811. ANMERKUNG 2: Referenzmaterialien können Maßverkörperungen (4.5) sein (siehe Beispiel b). ANMERKUNG 3: Zwischen unterschiedlichen Proben eines Referenzmaterials (z. B. Kalibrierproben), die für die bestimmungsgemäße Verwendung hergestellt oder einem Vorrat entnommen werden, dürfen keine signifikanten Unterschiede in den verkörperten Merkmalswerten auftreten.	BEISPIELE: a) Wasser zur Realisierung der Temperatur 273,16 K (in einer Tripelpunktzelle). b) Opalglasscheibe, mattiert, zur Realisierung der Reflexionscharakteristik einer weißen Oberfläche. c) Gereinigter Quarzsand zur Realisierung des reinen Stoffes Siliciumdioxid. d) Milchpulver-Präparat zur Realisierung festgelegter Gehalte von Schwermetallen in Milch.
4.7	**Normal** en: *(Measurement) Standard; etalon* fr: *Étalon*	Meßgerät (4.1), Meßeinrichtung (4.2) oder Referenzmaterial (4.6), die den Zweck haben, eine Einheit oder einen oder mehrere bekannte Werte einer Größe darzustellen, zu bewahren oder zu reproduzieren, um diese an andere Meßgeräte durch Vergleich weiterzugeben. ANMERKUNG 1: Als Primärnormal wird allgemein ein Normal bezeichnet, das die höchsten metrologischen Forderungen auf einem speziellen Anwendungsgebiet erfüllt. Sekundärnormal ist ein Normal, das mit einem Primärnormal verglichen wird. (Siehe dazu auch Bemerkung 2.) ANMERKUNG 2: Bezugsnormal ist ein Normal von der höchsten örtlich verfügbaren Genauigkeit (Anmerkung 4 zu 3.6), von dem an diesem Ort vorgenommene Messungen (2.1) abgeleitet werden. (Siehe dazu auch Bemerkung 3.) Die früher vielfach übliche Benennung "Kontrollnormal" soll nicht verwendet werden. Gebrauchsnormal ist ein Normal, das unmittelbar oder über einen oder mehrere Schritte mit einem Bezugsnormal kalibriert (4.10) und routinemäßig benutzt wird, um Maßverkörperungen oder Meßgeräte zu kalibrieren oder zu prüfen (5.13). Die bei den Zwischenschritten verwendeten Normale können auch als Normale zweiter, dritter usw. Ordnung bezeichnet werden. ANMERKUNG 3: Internationales Normal ist ein Normal, das durch ein internationales Abkommen als Basis zur Festlegung des Wertes aller anderen Normale der betreffenden Größe anerkannt ist.	1 BEISPIELE: a) Massennormal 1 kg. b) Kalibriertes Parallelendmaß. d) Widerstandsnormal 100 Ω. d) Gesättigte Weston-Normalzelle. e) Cäsium-Atom-Frequenznormal. f) Zertifiziertes Kohlenstoffmonoxid-Prüfgas. 2 Zu ANMERKUNG 1 Das Primärnormal wird außer bei Vergleich mit Sekundär- oder Bezugsnormalen (Anmerkung 2) nicht unmittelbar für Messungen (2.1) benutzt. 3 Zu ANMERKUNG 2 Das Bezugsnormal wird außer bei Vergleichsmessungen mit anderen Normalen, in der Regel mit Gebrauchsnormalen, nicht unmittelbar für Messungen (2.1) benutzt.

(fortgesetzt)

fortgesetzt

Nr	Benennung	Definition und Anmerkungen	Bemerkungen
4.7	**Normal**	Nationales Normal ist ein Normal, das in einem Land als Basis zur Festlegung des Wertes aller anderen Normale der betreffenden Größe anerkannt ist. ANMERKUNG 4: Normalsatz ist ein Satz von Normalen mit speziell ausgesuchten Werten, die einzeln oder entsprechend kombiniert eine Folge von Werten einer Größe in einem festliegenden Bereich darstellen. (Siehe dazu auch Bemerkung 4.) ANMERKUNG 5: Die Kalibrierung (4.10) eines Meßgerätes durch Vergleich mit Normalen höherer Genauigkeit (Anmerkung 4 zu 3.6) oder mit entsprechend festgelegten physikalischen Fixpunkten wird vielfach auch Anschließen genannt. ANMERKUNG 6: Als Rückverfolgbarkeit (en: *traceability*) bezeichnet man die Eigenschaft eines Meßergebnisses (3.4), durch eine ununterbrochene Kette von dokumentierten Vergleichen auf geeignete Normale — im allgemeinen internationale oder nationale Normale (Anmerkung 3) — bezogen zu sein. Zur Erfüllung der Forderung an die Rückverfolgbarkeit auf dem Gebiet des Qualitätsmanagements von Meßgeräten und Normalen siehe DIN ISO 10012-1.	4 Zu ANMERKUNG 4 BEISPIELE: a) Ein Satz von Gewichtsstücken. b) Ein Satz von Aräometern, die aneinandergrenzende Dichtebereiche abdecken. c) Ein Satz von Farbnormalen auf Farbkarten.
4.8	**Eingangsgröße eines Meßgerätes** en: *Input quantity* fr: *Grandeur d'entrée*	Größe, die von einem Meßgerät (4.1), einer Meßeinrichtung (4.2) oder einer Meßkette (4.3) am Eingang wirkungsmäßig erfaßt werden soll. ANMERKUNG 1: Kurz auch "Eingangsgröße", wenn der Bezug auf ein Meßgerät klargestellt ist. (Siehe dazu auch Bemerkung 4.) ANMERKUNG 2: Als Eingangsgröße kann je nach Zweckmäßigkeit festgelegt sein: A: Die am Eingang des Meßgerätes vorliegende Größe. B: Die vor der Erfassung durch das Meßsignal vorliegende Größe. Sind Mißverständnisse möglich, so ist anzugeben, in welchem Sinne — A oder B — die Eingangsgröße des betrachteten Meßgerätes festgelegt ist. (Siehe dazu auch Bemerkung 2.) ANMERKUNG 3: Ist die Eingangsgröße ein Meßsignal (2.6), so wird sie Eingangssignal genannt.	1 Häufig ist die Meßgröße (1.1) als Eingangsgröße eines Meßgerätes festgelegt. In einer aus mehreren Meßgeräten bestehenden Meßeinrichtung zur Messung (2.1) der Meßgröße ist jedoch die Meßgröße nicht für jedes Meßgerät die Eingangsgröße. 2 Zu ANMERKUNG 2 Bei der Messung einer elektrischen Spannung U gilt aufgrund von Rückwirkung des Spannungsmeßgerätes (5.7) $U_E < U$, wobei U_E die elektrische Spannung am Eingang des Meßgerätes ist. Es kann U_E (Fall A) oder U (Fall B) als Eingangsgröße des Meßgerätes festgelegt werden. In aller Regel werden Bedingungen für das Meßgerät und seine Anwendung so angegeben, daß Rückwirkung des Meßgerätes für den Zweck der Messung von U unberücksichtigt bleiben kann. Dann ist eine Unterscheidung zwischen Fall A und Fall B praktisch unerheblich, da U_E und U für den Zweck der Messung ausreichend übereinstimmen. 3 Eingangs- und Ausgangsgröße (4.9) müssen nicht von gleicher Dimension sein. 4 Zur Eingangsgröße (eines Systems) siehe DIN 19226-1.

(fortgesetzt)

fortgesetzt

Nr	Benennung	Definition und Anmerkungen	Bemerkungen
4.9	**Ausgangsgröße eines Meßgerätes** en: *Output quantity* fr: *Grandeur de sortie*	Größe, die am Ausgang eines Meßgerätes (4.1), einer Meßeinrichtung (4.2) oder einer Meßkette (4.3) als Antwort auf die erfaßte Eingangsgröße (4.8) vorliegt. ANMERKUNG 1: Wenn keine Mißverständnisse möglich sind, kurz auch "Ausgangsgröße". (Siehe dazu auch Bemerkung 2.) ANMERKUNG 2: Ist die Ausgangsgröße ein Meßsignal (2.6), so wird sie Ausgangssignal genannt.	1 Ausgangs- und Eingangsgröße (4.8) müssen nicht von gleicher Dimension sein. 2 Zur Ausgangsgröße (eines Systems) siehe DIN 19226-1.
4.10	**Kalibrierung** en: *Calibration* fr: *Étalonnage*	Ermitteln des Zusammenhangs zwischen Meßwert (3.2) oder Erwartungswert (3.3) oder dem Ausgangssignal (4.9) und dem zugehörigen wahren (1.3) oder richtigen Wert (1.4) der als Eingangsgröße (4.8) vorliegenden Meßgröße (1.1) für eine betrachtete Meßeinrichtung (4.2) bei vorgegebenen Bedingungen. ANMERKUNG 1: Bei der Kalibrierung einer Maßverkörperung (4.5) wird der Zusammenhang zwischen dem aufgedruckten Wert (siehe dazu auch Anmerkung 2 zu 1.4) und dem entsprechenden wahren oder richtigen Wert der Meßgröße ermittelt. ANMERKUNG 2: Bei der Kalibrierung im engeren Sinne wird der Zusammenhang zwischen den Meßwerten (oder auch einem arithmetischen Mittel (Anmerkung 2 zu 3.4) mehrerer unter Wiederholbedingungen (2.7) gewonnener Meßwerte) und dem vereinbarten richtigen Wert der Meßgröße ermittelt. Dieser Zusammenhang dient als Grundlage für die Erstellung einer Korrektionstabelle (3.4.3), die Ermittlung von Kalibrierfaktoren oder einer (empirischen) Kalibrierfunktion. Die Kalibrierfunktion kann als Schätzung der theoretischen Kalibrierfunktion betrachtet werden, die den funktionalen Zusammenhang zwischen dem zur Ausgangsgröße gehörenden Erwartungswert und dem wahren Wert der Meßgröße darstellt (siehe dazu auch DIN 55350-34.)	1 Bei der Kalibrierung erfolgt kein Eingriff, der das Meßgerät verändert. 2 Das Ergebnis einer Kalibrierung erlaubt auch das Ermitteln oder Schätzen von Meßabweichungen des Meßgerätes (5.10), der Meßeinrichtung oder der Maßverkörperung oder die Zuordnung von Werten zu Teilstrichen auf beliebigen Skalen.
4.11	**Justierung** en: *Adjustment* fr: *Ajustage*	Einstellen oder Abgleichen eines Meßgerätes (4.1), um systematische Meßabweichungen (3.5.2) so weit zu beseitigen, wie es für die vorgesehene Anwendung erforderlich ist.	Justierung erfordert einen Eingriff, der das Meßgerät bleibend verändert.

(fortgesetzt)

Seite 23
DIN 1319-1 : 1995-01

fortgesetzt

5 Merkmale von Meßgeräten

Aus Gründen der Zweckmäßigkeit wird in diesem Kapitel *Meßgerät* als Sammelbegriff verwendet. Die so zu verstehende Benennung ist kursiv gedruckt. *Meßgerät* umfaßt das Meßgerät (4.1) (somit auch die Maßverkörperung (4.5)), die Meßeinrichtung (4.2), Elemente der Meßkette (4.3) und das Normal (4.7). Die Verwendung von *Meßgerät* in Benennung oder Definition eines Begriffes ist sinngemäß zu verstehen. Es ist der jeweiligen Definition zu entnehmen, welche der von *Meßgerät* umfaßten Begriffe er betrifft. (Zum Beispiel betrifft das "Übertragungsverhalten eines *Meßgerätes*" nach Definition 5.2 nicht die Maßverkörperung).

Nr	Benennung	Definition und Anmerkungen	Bemerkungen
5.1	**Meßbereich** en: Specified measuring (working) range fr: Étendue de mesure spécifiée	Bereich derjenigen Werte der Meßgröße (1.1), für den gefordert ist, daß die Meßabweichungen eines *Meßgerätes* (5.10) innerhalb festgelegter Grenzen bleiben. ANMERKUNG 1: Der Meßbereich wird durch Anfangswert und Endwert angegeben. Die Differenz zwischen End- und Anfangswert heißt Meßspanne. ANMERKUNG 2: Ausgabebereich ist der Bereich aller derjenigen Werte, die durch das Ausgabesignal als Ausgabe (3.1) bereitgestellt werden können. Anzeigebereich ist der Ausgabebereich bei anzeigenden Meßgeräten. Die Benennung Nennbereich für den Ausgabebereich soll vermieden werden. (Diese Benennung wird nicht einheitlich benutzt und kann auch "Meßbereich" oder "Bereich von Nennwerten" bedeuten).	Häufig sind die Grenzen für die Meßabweichungen des *Meßgerätes* durch Fehlergrenzen (5.12) festgelegt. Bei *Meßgeräten* mit mehreren Meßbereichen können für die einzelnen Meßbereiche unterschiedliche Fehlergrenzen festgelegt sein.
5.2	**Übertragungsverhalten eines *Meßgerätes*** en: Response characteristic fr: Caractéristique de transfert	Beziehung zwischen den Werten der Eingangsgröße (4.8) und den zugehörigen Werten der Ausgangsgröße (4.9) eines *Meßgerätes* unter Bedingungen, die Rückwirkung des *Meßgerätes* (5.7) ausschließen. ANMERKUNG 1: Kurz auch "Übertragungsverhalten", wenn der Bezug auf ein *Meßgerät* klargestellt ist. (Siehe dazu auch Bemerkung 4.) ANMERKUNG 2: Der Begriff des Übertragungsverhaltens eines *Meßgerätes* bezieht sich auf ein *Meßgerät* ohne Belastung am Ausgang. ANMERKUNG 3: Wird die Beziehung zwischen unterschiedlichen festen Werten der Eingangsgröße und den zugehörigen festen einstellenden Werten der Ausgangsgröße eines *Meßgerätes* betrachtet, so kennzeichnet dieses Übertragungsverhalten die Eigenschaften eines *Meßgerätes* im Beharrungszustand (auch eingeschwungener oder stationärer Zustand genannt). Zur Angabe eignen sich Wertetabelle oder Kennlinie. (Diese Begriffe siehe DIN 19226-2.) Fortsetzung	1 Die Beziehung kann auf theoretischen Überlegungen oder auf experimentellen Untersuchungen beruhen; sie kann als Wertetabelle, als Diagramm oder z. B. als mathematischer Term dargestellt sein. 2 Bei der experimentellen Ermittlung des Übertragungsverhaltens eines *Meßgerätes* (z. B. Kalibrierung (4.10)) können Rückwirkung des *Meßgerätes* und Einfluß einer Belastung im allgemeinen nicht vollständig vermieden werden. Daher stimmt die experimentell erhaltene Beziehung in aller Regel nicht genau mit dem Übertragungsverhalten des *Meßgerätes* überein. Für sehr genaue Messungen müssen Rückwirkung und Einfluß einer Belastung geeignet erfaßt und in der experimentell ermittelten Beziehung berücksichtigt werden. Wird jedoch unter festzulegenden Bedingungen eine für praktische Zwecke ausreichende Beseitigung der Rückwirkung und des Einflusses einer Belastung erzielt, so ersetzt bei Anwendung des *Meßgerätes* unter diesen Bedingungen die experimentell ermittelte Beziehung das Übertragungsverhalten des *Meßgerätes*. Fortsetzung

(fortgesetzt)

fortgesetzt

Nr	Benennung	Definition und Anmerkungen	Bemerkungen
5.2	**Übertragungsverhalten eines Meßgerätes**	Wird die Beziehung zwischen der in vorgegebener Weise zeitlich veränderlichen Eingangsgröße und der Ausgangsgröße eines *Meßgerätes* betrachtet, so kennzeichnet dieses Übertragungsverhalten dynamische Merkmale eines *Meßgerätes*. Ändert sich die Eingangsgröße sprunghaft, wird der zeitliche Verlauf der Ausgangsgröße S p r u n g a n t w o r t genannt. Wird die Sprungantwort auf die Sprunghöhe der Eingangsgröße bezogen, wird sie Ü b e r g a n g s f u n k t i o n genannt. Auch das Übertragungsverhalten bei sinusförmiger Änderung der Eingangsgröße wird zur Kennzeichnung der dynamischen Eigenschaften eines *Meßgerätes* verwendet. (Diese Begriffe siehe DIN 19226-2.)	3 Die Empfindlichkeit (5.4) ist eine spezielle Angabe zum Übertragungsverhalten eines *Meßgerätes* im Beharrungszustand. 4 Zum Übertragungsverhalten (eines Systems) siehe DIN 19226-2.
5.3	**Ansprechschwelle** en: *Discrimination (threshold)* fr: *(Seuil de) Mobilité*	Kleinste Änderung des Wertes der Eingangsgröße (4.8), die zu einer erkennbaren Änderung des Wertes der Ausgangsgröße (4.9) eines *Meßgerätes* führt. ANMERKUNG 1: Bei integrierenden *Meßgeräten* ist der A n l a u f w e r t derjenige Wert der zeitlich zu integrierenden Meßgröße (1.1), bei welchem die erste eindeutige Anzeige (Anmerkung zu 3.1) erkennbar wird. ANMERKUNG 2: Derjenige Wertebereich, innerhalb dessen die Werte einer Eingangsgröße geändert werden können, ohne daß dadurch eine erkennbare Änderung des Wertes der Ausgangsgröße eines *Meßgerätes* hervorgerufen wird, heißt auch T o t z o n e .	1 BEISPIEL: Wenn die kleinste Änderung der Belastung, die eine wahrnehmbare Änderung der Anzeige einer Waage hervorruft, 90 mg beträgt, dann ist die Ansprechschwelle der Waage 90 mg. 2 Die Ansprechschwelle kann von unterschiedlichen Einflüssen oder Eigenschaften abhängen, wie vom Rauschen, von Reibung, Dämpfung, Trägheit oder Quantisierung.
5.4	**Empfindlichkeit** en: *Sensitivity (coefficient)* fr: *(Coefficient de) Sensibilité*	Änderung des Wertes der Ausgangsgröße (4.9) eines *Meßgerätes*, bezogen auf die sie verursachende Änderung des Wertes der Eingangsgröße (4.8). ANMERKUNG: Hängt die Empfindlichkeit vom Wert der Eingangsgröße ab, so ist sie für jeden Wert getrennt anzugeben. Insbesondere kann bei einem betrachteten Wertebereich (z. B. Meßbereich (5.1)) zwischen Anfangsempfindlichkeit und Endempfindlichkeit unterschieden werden. Auch die Angabe einer mittleren Empfindlichkeit, der m i t t l e r e n Empfindlichkeit, über den Wertebereich gemittelten ist möglich.	1 BEISPIELE: a) Bei einem Temperaturaufnehmer (Thermoelement) bedeutet die Empfindlichkeitsangabe 5 mV/100 K, daß eine Temperaturänderung von 100 K die Thermospannung um 5 mV ändert. b) Bei einer Waage mit Ziffernanzeige (siehe Anmerkung zu 3.1) bedeutet die Empfindlichkeitsangabe 1 Ziffernschritt/mg, daß sich die Ausgabe bei einer Belastungsänderung von 1 mg um einen Ziffernschritt ändert. 2 Bei der experimentellen Ermittlung der Empfindlichkeit muß die Änderung der Anzeige so groß sein, daß sie nicht durch die Ansprechschwelle (5.3) verfälscht wird.

(fortgesetzt)

Seite 25
DIN 1319-1 : 1995-01

fortgesetzt

Nr	Benennung	Definition und Anmerkungen	Bemerkungen
5.5	**Auflösung** en: *Resolution* fr: *Résolution*	Angabe zur quantitativen Erfassung des Merkmals eines *Meßgerätes*, zwischen nahe beieinanderliegenden Meßwerten (3.2) eindeutig zu unterscheiden.	Die Auflösung kann quantitativ z. B. durch die kleinste Differenz zweier Meßwerte, die das *Meßgerät* eindeutig unterscheidet, gekennzeichnet werden.
5.6	**Hysterese eines Meßgerätes** en: *Hysteresis* fr: *Hystérésis*	Merkmal eines *Meßgerätes*, das darin besteht, daß der zu ein und demselben Wert der Eingangsgröße (4.8) sich ergebende Wert der Ausgangsgröße (4.9) von der vorausgegangenen Aufeinanderfolge der Werte der Eingangsgröße abhängt. ANMERKUNG: Die Umkehrspanne ist ein quantitatives Maß für die Hysterese eines *Meßgerätes*. Sie ist die Differenz der Werte der Ausgangsgröße, die sich daraus ergibt, daß der Wert der Eingangsgröße einmal von größeren und anschließend von kleineren Werten her stetig oder langsam schrittweise eingestellt wird. Zur Ermittlung der Umkehrspanne bedarf es einer detaillierten Meßanweisung.	Die Hysterese eines *Meßgerätes* wird üblicherweise in bezug auf die Meßgröße (1.1) betrachtet, kann jedoch auch in bezug auf Einflußgrößen (2.5) betrachtet werden.
5.7	**Rückwirkung eines Meßgerätes**	Einfluß eines *Meßgerätes* bei seiner Anwendung, der bewirkt, daß sich die vom *Meßgerät* zu erfassende Größe von derjenigen Größe unterscheidet, die am *Meßgerät* tatsächlich vorliegt. ANMERKUNG: Kurz auch "Rückwirkung", wenn der Bezug auf ein *Meßgerät* klargestellt ist.	1 Da beide Größen einander eindeutig zugeordnet sind, kann aus den Eigenschaften des *Meßgerätes* auf die ursprünglich zu erfassende Größe geschlossen werden. Nicht selten ist es dabei nötig, auch den Einfluß von Zuleitungen oder anderen mit dem Eingang des *Meßgerätes* verbundenen Elementen außerhalb des *Meßgerätes* geeignet zu berücksichtigen. 2 Ist die am Eingang eines *Meßgerätes* vorliegende Größe als Eingangsgröße des *Meßgerätes* festgelegt (siehe Fall A in Anmerkung 2 zu 4.8), so besteht keine Rückwirkung bezüglich der so festgelegten Eingangsgröße. Anderenfalls (siehe Fall B in Anmerkung 2 zu 4.8) muß mit Rückwirkung bezüglich der Eingangsgröße gerechnet werden. 3 Eine Folge der Rückwirkung ist die Rückwirkungsabweichung (Anmerkung 4 zu 5.10).
5.8	**Meßgerätedrift** en: *Drift* fr: *Dérive*	Langsame zeitliche Änderung des Wertes eines meßtechnischen Merkmals eines *Meßgerätes*. ANMERKUNG: Wenn keine Verwechslung möglich, kurz auch Drift.	

(fortgesetzt)

Seite 26
DIN 1319-1 : 1995-01

fortgesetzt

Nr	Benennung	Definition und Anmerkungen	Bemerkungen
5.9	**Einstelldauer** en: *Response time, settling time* fr: *Temps de réponse*	Zeitspanne zwischen dem Zeitpunkt einer sprunghaften Änderung des Wertes der Eingangsgröße (4.8) eines *Meßgerätes* und dem Zeitpunkt, ab dem der Wert der Ausgangsgröße (4.9) dauernd innerhalb vorgegebener Grenzen bleibt. ANMERKUNG: Auch Einschwingzeit genannt (siehe auch DIN 19226-2).	
5.10	**Meßabweichung eines Meßgerätes** en: *Error (of indication) of a measuring instrument* fr: *Erreur (d'indication) d'un instrument de mesure*	Derjenige Beitrag zur Meßabweichung (3.5), der durch ein *Meßgerät* verursacht wird. ANMERKUNG 1: Die Meßabweichung (3.5) und die in ihr enthaltene Meßabweichung eines *Meßgerätes* sind sorgfältig zu unterscheiden. ANMERKUNG 2: Die Meßabweichung eines *Meßgerätes* hat einen zufälligen Anteil, auch zufällige Meßabweichung eines *Meßgerätes* genannt, und einen systematischen Anteil, auch systematische Meßabweichung eines *Meßgerätes* genannt. (Siehe dazu auch Bemerkung 1). ANMERKUNG 3: Die bezogene Meßabweichung (eines *Meßgerätes*) ist der Quotient aus der Meßabweichung eines *Meßgerätes* und einem für das *Meßgerät* festgelegten Bezugswert. Der Bezugswert kann beispielsweise der Endwert des Meßbereiches (Anmerkung 1 zu 5.1) sein. ANMERKUNG 4: Eigenabweichung ist die Meßabweichung eines *Meßgerätes* bei Referenzbedingungen (Anmerkung 2 zu 5.13). Nachlaufabweichung ist der Beitrag zur Meßabweichung eines *Meßgerätes* infolge einer Nacheilung der Ausgangsgröße (4.9) gegenüber einer sich ändernden Eingangsgröße (4.8). Rückwirkungsabweichung ist der Beitrag zur Meßabweichung eines *Meßgerätes* infolge von Rückwirkung des *Meßgerätes* (5.7).	1 Zu ANMERKUNG 2 Wird zur Messung nur ein *Meßgerät* verwendet, so stimmt bei konstanter Meßgröße (1.1) und unter Wiederholbedingungen (2.7) die zufällige Meßabweichung eines *Meßgerätes* mit der zufälligen Meßabweichung (3.5.1) überein. Meist kann die systematische Meßabweichung eines *Meßgerätes* aus Messungen geschätzt werden (siehe. 5.11). 2 Die Wiederholpräzision (Anmerkung 4 zu 3.8) eines *Meßgerätes* kann durch Ermittlung der Wiederholstandardabweichung (3.8) beurteilt werden. Zu beachten ist, daß sich die Wiederholstandardabweichung mit den bei der Messung vorliegenden Bedingungen ändern kann (z. B. Messung in einem anderen Meßbereich (5.1) oder andere Meßgröße (1.1)).

(fortgesetzt)

Seite 27
DIN 1319-1 : 1995-01

fortgesetzt

Nr	Benennung	Definition und Anmerkungen	Bemerkungen
5.11	**Festgestellte systematische Meßabweichung (eines Meßgerätes)** en: Bias error (of a measuring instrument) fr: Erreur de justesse (d'un instrument de mesure)	Geschätzter Beitrag eines *Meßgerätes* zur systematischen Meßabweichung (3.5.2). ANMERKUNG 1: Die festgestellte systematische Meßabweichung A_s eines Meßgerätes ist $$A_s = \bar{x}_a - x_r$$ oder auch $$A_s = x_a - x_r$$ wobei: x_r: richtiger Wert (1.4); $\bar{x}$: arithmetisches Mittel (Anmerkung 2 zu 3.4). Der Index a deutet auf die abgelesenen "angezeigten" Werte der Meßgröße (oft "Anzeigen" genannt) hin. Es muß im Einzelfall entschieden werden, ob eine einzige Anzeige (Ausgabe, 3.1) x_a zur Angabe von A_s genügt. (Siehe dazu auch Bemerkung 1.) ANMERKUNG 2: Bei einer Maßverkörperung (4.5) entspricht die Aufschrift x_A der Anzeige. Daher ist die festgestellte systematische Meßabweichung einer Maßverkörperung $$A_s = x_A - x_r.$$ x_r wird durch Messung der Maßverkörperung ermittelt, z.B. durch Vergleich mit einem Normal (4.7). (Siehe dazu auch Bemerkung 2.)	1 Zu ANMERKUNG 1 Der Beitrag eines *Meßgerätes* zur systematischen Meßabweichung wird durch A_s dann in guter Näherung geschätzt, wenn a) der Betrag der zufälligen Meßabweichung eines *Meßgerätes* (siehe 5.10) wesentlich kleiner als der Betrag seiner systematischen Meßabweichung ist, und wenn b) der Betrag der Abweichung des richtigen Wertes der Meßgröße von ihrem wahren Wert (1.3) wesentlich kleiner als der Betrag von A_s ist. 2 Zu ANMERKUNG 2 Bei einer Maßverkörperung als Maßobjekt (1.2) ist es üblich, die Abweichung $x_r - x_A = -A_s$ des richtigen Wertes vom aufgedruckten Wert (siehe dazu auch Anmerkung 2 zu 1.4) zu betrachten.
5.12	**Fehlergrenzen** en: Limits of permissible error (of a measuring instrument); maximum permissible errors (of a measuring instrument) fr: Limites d'erreurs tolérées (d'un instrument de mesure); erreurs maximales tolérées (d'un instrument de mesure)	Abweichungsgrenzbeträge für Meßabweichungen eines *Meßgerätes* (5.10). ANMERKUNG 1: Abweichungsgrenzbetrag ist der Betrag für die untere oder obere Grenzabweichung (DIN 55350-12). ANMERKUNG 2: Fehlergrenzen sind Beträge und werden daher ohne Vorzeichen angegeben. ANMERKUNG 3: Fehlergrenzen werden vereinbart oder sind in Spezifikationen, Vorschriften usw. vorgegeben. ANMERKUNG 4: Für die positiven und die negativen Meßabweichungen eines *Meßgerätes* können unterschiedliche Fehlergrenzen (unsymmetrische Fehlergrenzen) vorgegeben sein. Sie werden als obere Fehlergrenze G_o bzw. untere Fehlergrenze G_u bezeichnet. Fortsetzung	1 Zu ANMERKUNG 4 Ist die Meßabweichung eines *Meßgerätes* positiv und ist sie kleiner als die obere Fehlergrenze G_o oder ist sie gleich G_o, so erfüllt das *Meßgerät* die Forderung. Anderenfalls entspricht es nicht der Forderung und arbeitet fehlerhaft. Ist die Meßabweichung eines *Meßgerätes* negativ und ist ihr Betrag kleiner als die untere Fehlergrenze G_u oder gleich G_u, so erfüllt das *Meßgerät* die Forderung. Anderenfalls entspricht es nicht der Forderung und arbeitet fehlerhaft. Überwiegend werden gleiche obere und untere Fehlergrenzen vorgegeben. Für sie gilt: Ist der Betrag der Meßabweichung eines *Meßgerätes* kleiner als oder gleich G, so erfüllt das *Meßgerät* die Forderung. Anderenfalls entspricht es nicht der Forderung und arbeitet Fortsetzung

(fortgesetzt)

fortgesetzt

Nr	Benennung	Definition und Anmerkungen	Bemerkungen
5.12	**Fehlergrenzen**	Ist nur eine Fehlergrenze G vorgegeben (symmetrische Fehlergrenzen), dann gilt: $$G = G_o = G_u.$$ (Siehe dazu auch Bemerkung 1.) ANMERKUNG 5: Ist bei einem *Meßgerät* der Betrag der zufälligen Meßabweichung (Anmerkung 2 zu 5.10) wesentlich kleiner als der der systematischen Meßabweichung (Anmerkung 2 zu 5.10), werden die Fehlergrenzen im allgemeinen im Hinblick auf die festgestellte systematische Meßabweichung (5.11) festgelegt. Ist hingegen die zufällige Meßabweichung eines *Meßgerätes* nicht vernachlässigbar, so werden Fehlergrenzen so festgelegt, daß sie vom Betrag der Meßabweichungen des *Meßgerätes* (5.10) nicht mit einer höheren als einer vorgegebenen Wahrscheinlichkeit (z. B. 5%) überschritten werden. (Siehe dazu auch Bemerkung 2.) ANMERKUNG 6: Fehlergrenzen können in der Einheit der Meßgröße oder bezogen auf den Endwert des Meßbereiches (Anmerkung 1 zu 5.1) oder bezogen auf einen anderen Wert angegeben sein (siehe dazu auch Anmerkung 3 zu 5.10). Die relative Angabe erfolgt meist in Prozent, beispielsweise in Prozent vom Endwert des Meßbereiches eines *Meßgerätes*. (Siehe dazu auch Bemerkung 3.) ANMERKUNG 7: Eichfehlergrenzen sind durch die Eichordnung vorgeschriebene Fehlergrenzen. Sie gelten bei der Eichung (Anmerkung 3 zu 5.13) eines *Meßgerätes*. (Siehe dazu auch Bemerkung 5.) Verkehrsfehlergrenzen sind ebenfalls durch die Eichordnung vorgeschriebene Fehlergrenzen. Sie gelten beim Gebrauch eines geeichten *Meßgerätes*. ANMERKUNG 8: Genauigkeitsklasse ist eine Klasse von *Meßgeräten*, die vorgegebene meßtechnische Forderungen erfüllen, so daß Meßabweichungen dieser *Meßgeräte* innerhalb festgelegter Grenzen bleiben. (Siehe dazu auch Bemerkung 6.) Eine Genauigkeitsklasse wird üblicherweise durch eine Zahl oder durch ein Symbol bezeichnet. Diese werden durch Vereinbarung festgelegt und Klassenzeichen genannt.	2 Zu ANMERKUNG 5 Bei der Festlegung von Fehlergrenzen werden die charakteristische und unvermeidliche, bei der Fertigung von *Meßgeräten* der betrachteten Bauart (von *Meßgerät* zu *Meßgerät*) auftretende Streuung der meßtechnischen Gerätemerkmale und der Einfluß von Alterungserscheinungen berücksichtigt. Bei der Festlegung von Fehlergrenzen werden zufällige Meßabweichungen z. B. dann berücksichtigt, wenn das *Meßgerät* bei einem Meßverfahren (2.4) verwendet wird, bei dem Mehrfachmessungen unter Wiederholbedingungen (2.7) nicht möglich sind. 3 Zu ANMERKUNG 6 BEISPIEL: Relative Angabe a einer symmetrischen Fehlergrenze G: $$\frac{G}{x_e} = a,$$ wobei x_e ein anzugebender Bezugswert ist. Dann gilt für die folgende Bedingung, wenn das *Meßgerät* der durch a bzw. G gestellten Forderung entsprechen soll (x_r: richtiger Wert (1.4) der *Meßgröße*): $$|x - x_r| \leq a \cdot x_e,$$ oder auch $$x_r - a \cdot x_e \leq x \leq x_r + a \cdot x_e.$$ 4 Mitunter erfolgt die Angabe der Fehlergrenzen mittelbar durch Vorgabe von Grenzwerten für den Meßwert. Anstelle der Fehlergrenzen werden dann zum richtigen Wert (1.4) der Meßgröße ein unterer und ein oberer Grenzwert (Mindestwert und Höchstwert) für den Meßwert des *Meßgerätes* angegeben. 5 Zu ANMERKUNG 7 Ein *Meßgerät* wird nur dann als geeicht gekennzeichnet, wenn keine Abweichungen der *Meßwerte* (3.2) vom richtigen Wert (1.4) festgestellt werden, deren Beträge größer als die Eichfehlergrenzen sind. 6 Zu ANMERKUNG 8 Die Genauigkeitsklassen von *Meßgeräten* kennzeichnet deren Merkmale hinsichtlich der Meßabweichungen eines *Meßgerätes* (5.10). Meßabweichungen (3.5) von Messungen, die mit ihnen ausgeführt werden, enthalten zwar die Meßabweichungen des *Meßgerätes*, werden aber durch die Genauigkeitsklasse nicht gekennzeichnet.

(fortgesetzt)

abgeschlossen

Nr	Benennung	Definition und Anmerkungen	Bemerkungen
5.13	**Prüfung eines Meßgerätes**	Feststellen, inwieweit ein *Meßgerät* eine Forderung erfüllt. ANMERKUNG 1: Siehe auch 2.1.4. ANMERKUNG 2: Um Verfälschungen von Prüfergebnissen durch Einflußgrößen (2.5) zu vermeiden, können zugelassene Werte der Einflußgrößen als R e f e r e n z b e d i n g u n g e n vorgegeben sein. Die Referenzbedingungen können auch als R e f e r e n z w e r t e (Sollwerte mit Grenzabweichungen) oder als R e f e r e n z b e r e i c h e (Toleranzbereiche) festgelegt sein. ANMERKUNG 3: Die Eichung eines *Meßgerätes* umfaßt die nach den Eichvorschriften (z. B. Eichgesetz, Eichordnung) vorzunehmenden Qualitätsprüfungen und Kennzeichnungen. (Siehe dazu auch Bemerkung 2.) Das Wort "Eichung" soll nur in diesem Sinne verwendet werden und nicht – wie vielfach üblich – für Kalibrierung (4.10) oder Justierung (4.11). Welche *Meßgeräte* der Eichpflicht unterliegen, ist gesetzlich geregelt.	1 Bei der Prüfung von *Meßgeräten* betreffen die festgelegten oder vereinbarten Forderungen insbesondere die Meßabweichungen des *Meßgerätes* (5.10). Ihre Beträge dürfen die Fehlergrenzen (5.12) nicht überschreiten. 2 Zu ANMERKUNG 3 Durch die Qualitätsprüfung wird festgestellt, ob das *Meßgerät* die Eichvorschrift erfüllt, d. h. ob es an seine Beschaffenheit und seine meßtechnischen Merkmale zu stellenden Forderungen erfüllt, insbesondere, ob die Beträge der Meßabweichungen die Eichfehlergrenzen (Anmerkung 7 zu 5.12) nicht überschreiten. Durch die Kennzeichnung wird beurkundet, daß das *Meßgerät* zum Zeitpunkt der Prüfung die Forderungen erfüllt hat. Für viele *Meßgeräte* ist die Gültigkeit der Eichung befristet (siehe Eichordnung).

Anhang A
Erläuternde Skizzen zu "Ergebnisse von Messungen" und "Meßgeräte" in Abschnitt 2 "Begriffe"

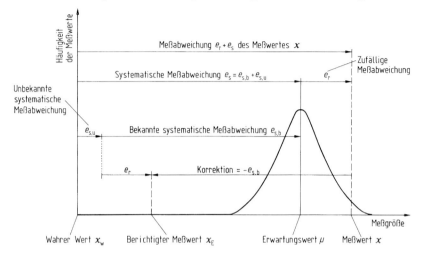

Unter Wiederholbedingungen (2.7) aufgenommene Meßwerte (3.2) einer Meßgröße (1.1) gruppieren sich in Form einer Häufigkeitsverteilung um den Erwartungswert (3.3) μ, der zu dieser Verteilung gehört. Im Bild ist sie als etwa normale Häufigkeitsdichtefunktion skizziert. Wird der (nicht eingezeichnete) arithmetische Mittelwert (Anmerkung 2 zu 3.4) von Meßwerten gebildet, so ist dessen Abweichung vom Erwartungswert um so weniger wahrscheinlich, je größer die Anzahl der Meßwerte ist. Der Erwartungswert weicht vom unbekannten wahren Wert (1.3) x_w um die systematische Meßabweichung (3.5.2) e_s ab. Im Bild eingezeichnet ist ein einzelner Meßwert x. Er verfehlt den wahren Wert um die Meßabweichung (3.5), die sich additiv aus systematischer Meßabweichung e_s und zufälliger Meßabweichung (3.5.1) e_r zusammensetzt.

Die systematische Meßabweichung e_s setzt sich aus einem bekannten ($e_{s,b}$) und einem unbekannt bleibenden Anteil ($e_{s,u}$) zusammen (Anmerkung 1 zu 3.2). Zur bekannten systematischen Meßabweichung $e_{s,b}$ trägt z. B. auch die bei einer früheren Kalibrierung (4.10) des benutzten Meßgerätes (4.1) festgestellte systematische Meßabweichung des Meßgerätes (5.11) bei. Der bekannte Anteil der systematischen Meßabweichung kann mit umgekehrtem Vorzeichen als Korrektion (3.4.3) zum Meßwert x addiert werden. Damit findet man den berichtigten Meßwert (Anmerkung 2 zu 3.2) x_E. Er weicht vom wahren Wert nur noch um die Summe aus dem unbekannt bleibenden Anteil $e_{s,u}$ der systematischen Meßabweichung und der nicht genau feststellbaren zufälligen Meßabweichung e_r ab.

Die Darstellung bleibt gültig, wenn der Meßwert x durch das unberichtigte Meßergebnis (3.4.1), der berichtigte Meßwert durch das Meßergebnis (3.4) und die Häufigkeitsdichtefunktion der Meßwerte durch die der unberichtigten Meßergebnisse ersetzt wird.

Bild A.1: Schematische Darstellung des Zusammenhangs der unter "Ergebnisse von Messungen" definierten Werte

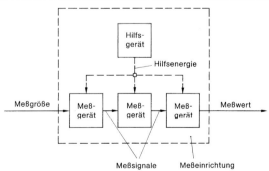

Bild A.2: Beispiel für eine Meßeinrichtung (4.2), bestehend aus drei Meßgeräten (4.1) und einem Hilfsgerät (Anmerkung 1 zu 4.2)

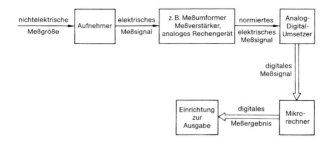

Bild A.3: Beispiel für eine Meßkette (4.3)

Zitierte Normen

DIN 1301-1	Einheiten — Einheitennamen, Einheitenzeichen
DIN 1313	Physikalische Größen und Gleichungen — Begriffe, Schreibweisen
DIN 1319-4	Grundbegriffe der Meßtechnik — Behandlung von Unsicherheiten bei der Auswertung von Messungen
DIN 1333	Zahlenangaben
DIN 13303-1	Stochastik — Wahrscheinlichkeitstheorie, Gemeinsame Grundbegriffe der mathematischen und der beschreibenden Statistik — Begriffe und Zeichen
DIN 13303-2	Stochastik — Mathematische Statistik — Begriffe und Zeichen
DIN 19226-1	Leittechnik — Regelungstechnik und Steuerungstechnik — Allgemeine Grundbegriffe
DIN 19226-2	Leittechnik — Regelungstechnik und Steuerungstechnik — Begriffe zum Verhalten dynamischer Systeme
DIN 32811	Grundsätze für die Bezugnahme auf Referenzmaterialien in Normen
DIN 55350-12	Begriffe der Qualitätssicherung und Statistik — Merkmalsbezogene Begriffe
DIN 55350-13	Begriffe der Qualitätssicherung und Statistik — Begriffe zur Genauigkeit von Ermittlungsverfahren und Ermittlungsergebnissen
DIN 55350-21	Begriffe der Qualitätssicherung und Statistik — Begriffe der Statistik — Zufallsgrößen und Wahrscheinlichkeitsverteilungen
DIN 55350-23	Begriffe der Qualitätssicherung und Statistik — Begriffe der Statistik — Beschreibende Statistik
DIN 55350-24	Begriffe der Qualitätssicherung und Statistik — Begriffe der Statistik — Schließende Statistik
DIN 55350-34	Begriffe der Qualitätssicherung und Statistik — Erkennungsgrenze, Erfassungsgrenze und Erfassungsvermögen
DIN EN 45001	Allgemeine Kriterien zum Betreiben von Prüflaboratorien
DIN ISO 5725	Genauigkeit (Richtigkeit und Präzision) von Meßverfahren und Meßergebnissen. Teil 1: Begriffe und allgemeine Grundlagen
E DIN ISO 8402	Qualitätsmanagement und Qualitätssicherung — Begriffe
DIN ISO 10012-1	Forderungen an die Qualitätssicherung für Meßmittel — Bestätigungssystem für Meßmittel

Weitere Normen und andere Unterlagen

DIN 55350-11	Begriffe zu Qualitätsmanagement und Statistik — Begriffe des Qualitätsmanagements
VDI/VDE 2600 Blatt 1 bis 6	Metrologie (Meßtechnik)

Internationales Wörterbuch der Metrologie = International Vocabulary of Basic and General Terms in Metrology (VIM). DIN Deutsches Institut für Normung e.V. (Herausgeber); 2. Auflage; Beuth Verlag GmbH (Berlin, Köln) 1994 (englischer und deutscher Text). ISO International Organization for Standardization (Genf) 1993 (englischer und französischer Text)

Guide to the Expression of Uncertainty in Measurement. ISO International Organization for Standardization (Genf) 1993

Frühere Ausgaben

DIN 1319: 1942-07, 1962-01, 1963-12
DIN 1319-1: 1971-01, 1985-06
DIN 1319-2: 1968-12, 1980-01
DIN 1319-3: 1968-12, 1972-01, 1983-08

Änderungen

Gegenüber den Ausgaben 06.85, 01.80, 08.83 der Teile 1, 2 und 3 der DIN 1319 "Grundbegriffe der Meßtechnik" vollständig überarbeitete Fassung: Die vorliegende Begriffsnorm erscheint in Tabellenform und umfaßt Begriffe aus allen Teilen der vorausgegangenen Ausgaben mit neuer Sacheinteilung.

Neu aufgenommen: Dynamische und Statische Messung; Erweiterte Vergleichbedingungen; Erwartungswert; Vollständiges Meßergebnis; Berichtigen; Referenzmaterial; Eingangsgröße eines Meßgerätes; Ausgangsgröße eines Meßgerätes; Übertragungsverhalten eines Meßgerätes; Hysterese eines Meßgerätes; Rückwirkung eines Meßgerätes; Meßabweichung eines Meßgerätes; Meßgerätedrift.

Neu gefaßt: Meßmethode; Meßverfahren; Meßergebnis; Meßunsicherheit; Kalibrierung.

Entfallen: Arten von Meßgeräten; Skalen und damit zusammenhängende Begriffe.

Erläuterungen

Die Norm unterscheidet sich in äußerer Form – Tabellenform – wie auch teilweise im Inhalt von der Normenreihe DIN 1319 "Grundbegriffe der Meßtechnik", die in den Jahren von 1980 bis 1985 in vier Teilen erschien. Nicht in Übereinstimmung mit dem Haupttitel enthielt diese Normenreihe auch Verfahren zur Auswertung von Meßdaten.

Die vorliegende Begriffsnorm wird Teil 1 der Normenreihe DIN 1319, die den neuen Haupttitel "Grundlagen der Meßtechnik" erhält. Diejenigen Teile der Normenreihe DIN 1319, die sich auf verfahrenstechnische Fragen bei der Auswertung von Meßdaten beziehen, sind als DIN 1319 Teile 3 und 4 "Grundlagen der Meßtechnik" vorgesehen. In DIN 1319-2 ist beabsichtigt, ergänzende Begriffe zur Meßtechnik zusammenzustellen.

Die vorliegende Norm ersetzt DIN 1319-1:1985-06 sowie teilweise DIN 1319-3:1983-08. Während einige der in DIN 1319-3:1983-08 enthaltenen Begriffe inhaltsgleich in die vorliegende Norm übernommen wurden, wurden andere neu gefaßt. Davon betroffen sind insbesondere Begriffe aus DIN 1319-3:1983-08 Abschnitte 4, 6 und 7. DIN 1319-2:1980-01 bleibt vorläufig weiterhin gültig, wenn auch eine Anzahl der darin enthaltenen Begriffe inhaltsgleich in die vorliegende Norm eingearbeitet sind.

Die Begriffe der Norm wurden überwiegend den folgenden Dokumenten entnommen: DIN 1319 Teile 1 bis 3 in den Ausgaben 1980 bis 1985; VDI/VDE-Richtlinie 2600; Internationales Wörterbuch der Metrologie (VIM).

Soweit vorhanden, wurden in der Spalte "Benennung" des Abschnitts 2 "Begriffe" zusätzlich englische und französische Benennungen (in dieser Reihenfolge) aufgeführt, die weitgehend dem Internationalen Wörterbuch der Metrologie (VIM) entnommen sind. Sie sind nicht Bestandteil dieser Norm und dienen lediglich als Orientierungshilfe beim Übersetzen. Es ist nicht sichergestellt, daß sich der deutsche Begriffsinhalt zu einer fremdsprachigen Benennung in allen Einzelheiten mit dem entsprechenden englischen oder französischen Begriffsinhalt deckt.

Beim Begriff Prüfung (2.1.4 in Abschnitt 2) wird in Anmerkung 3 darauf hingewiesen, daß in der Europäischen Normenreihe DIN EN 45000 der Begriffsinhalt zur Benennung "Prüfung" zur Zeit nicht mit dem in 2.1.4 genormten übereinstimmt, welcher seit langem in der deutschsprachigen Normung eingeführt ist. Diese Diskrepanz ist darauf zurückzuführen, daß bei der Erarbeitung der deutschen Fassung der Europäischen Normenreihe die angloamerikanische Benennung "test" mit "Prüfung" übersetzt wurde, wobei sich aber "test" auf einen Begriffsinhalt bezieht, der in Anmerkung 3 zu 2.1.4 kurz durch "Untersuchung" beschrieben ist. Die Übersetzung kann darin begründet sein, daß im Angloamerikanischen unterschiedliche Benennungen wie "inspection and testing" oder "verification" für den Begriffsinhalt Prüfung verwendet werden.

Diese Norm über Grundbegriffe der Meßtechnik ist von einem Gemeinschaftsausschuß erarbeitet, der vom AEF im DIN, der VDI/VDE-Gesellschaft Meß- und Automatisierungstechnik (GMA) und der Deutschen Elektrotechnischen Kommission im DIN und VDE (DKE) gebildet wurde. Der Normenausschuß Qualitätsmanagement, Statistik und Zertifizierungsgrundlagen (NQSZ) ist Mitträger dieser Norm.

Seite 33
DIN 1319-1 : 1995-01

Stichwortverzeichnis (Benennungen in deutscher Sprache)

Angegeben sind die Nummern im Abschnitt 2 "Begriffe". Das Verzeichnis enthält auch Benennungen, die in Anmerkungen vorkommen.

A

Abweichung
  siehe auch Meßabweichung
  siehe auch Standardabweichung
— Eigen-   5.10 Anmerkung 4
— Nachlauf-   5.10 Anmerkung 4
— Rückwirkungs-   5.10 Anmerkung 4
Abweichungsgrenzbetrag   5.12 Anmerkung 1
Anfangswert (des Meßbereiches)   5.1 Anmerkung 1
Anlaufwert   5.3 Anmerkung 1
Anschließen   4.7 Anmerkung 5
Ansprechschwelle   5.3
Anzeige   3.1 Anmerkung
Anzeigebereich   5.1 Anmerkung 2
Arithmetisches Mittel   3.4 Anmerkung 2
Arithmetischer Mittelwert   3.4 Anmerkung 2
Auflösung   5.5
Aufnehmer (Meßgrößen-)   4.4
Ausgabe   3.1
— direkte   3.1 Anmerkung
— indirekte   3.1 Anmerkung
Ausgabebereich   5.1 Anmerkung 2
Ausgangsgröße eines Meßgerätes   4.9
Ausgangssignal   4.9 Anmerkung 2

B

Beharrungszustand   5.2 Anmerkung 3
Berichtigen   3.4.2
Bezugsnormal   4.7 Anmerkung 2

D

Drift   5.8 Anmerkung
Dynamische Messung   2.1.1

E

Eichung   5.13 Anmerkung 3
Eichfehlergrenzen   5.12 Anmerkung 7
Eigenabweichung   5.10 Anmerkung 4
Einflußgröße   2.5
Eingangsgröße eines Meßgerätes   4.8
Eingangssignal   4.8 Anmerkung 3
Einheit   1.1 Anmerkung 4
Einschwingzeit   5.9 Anmerkung
Einstelldauer   5.9
Element, meßgrößenempfindliches   4.4 Anmerkung 2
Empfindlichkeit   5.4
— Anfangs-   5.4 Anmerkung
— End-   5.4 Anmerkung
— mittlere   5.4 Anmerkung
Endwert (des Meßbereiches)   5.1 Anmerkung 1

E

Ergebnis siehe Meßergebnis
Erwartungswert   3.3
Erweiterte Vergleichbedingungen   2.8

F

Fehlergrenze(n)   5.12
— Eich-   5.12 Anmerkung 7
— obere   5.12 Anmerkung 4
— symmetrische   5.12 Anmerkung 4
— unsymmetrische   5.12 Anmerkung 4
— untere   5.12 Anmerkung 4
— Verkehrs-   5.12 Anmerkung 7
Festgestellte systematische Meßabweichung (eines Meßgerätes)   5.11
Fühler   4.4 Anmerkung 3

G

Gebrauchsnormal   4.7 Anmerkung 2
Genauigkeit   3.6 Anmerkung 4
Genauigkeitsklasse   5.12 Anmerkung 8
Größe   1.1 Anmerkung 1
  siehe auch Meßgröße
— Ausgangs-   eines Meßgerätes   4.9
— Einfluß-   2.5
— Eingangs-   eines Meßgerätes   4.8
— spezielle   1.1 Anmerkung 2
— Zähl-   2.1.3 Anmerkung
Größenwert   1.1 Anmerkung 4

H

Hysterese eines Meßgerätes   5.6

J

Justierung   4.11

K

Kalibrierung   4.10
Kalibrierfaktor   4.10 Anmerkung 2
Kalibrierfunktion   4.10 Anmerkung 2
— theoretische   4.10 Anmerkung 2
Kennlinie   5.2 Anmerkung 3
Klassenbildung   2.1.5 Anmerkung 3
Klassenzeichen   5.12 Anmerkung 8
Klassierung   2.1.5
Kontrollnormal   4.7 Anmerkung 2
Korrektion   3.4.3
Korrektionsfaktor   3.4.2 Anmerkung

197

M

Maßverkörperung 4.5
Meßabweichung 3.5
— bekannte systematische 3.2 Anmerkung 1
— eines Meßgerätes 5.10
— erfaßbare systematische 3.2 Anmerkung 1
— nicht erfaßbare systematische 3.2 Anmerkung 1
— systematische 3.5.2
— unbekannte systematische 3.2 Anmerkung 1
— zufällige 3.5.1
Meßabweichung eines Meßgerätes 5.10
— bezogene 5.10 Anmerkung 3
— festgestellte systematische 5.11
— systematische 5.10 Anmerkung 2
— zufällige 5.10 Anmerkung 2
Meßanlage 4.2 Anmerkung 2
Meßbereich 5.1
— Anfangswert 5.1 Anmerkung 1
— Endwert 5.1 Anmerkung 1
Meßeinrichtung 4.2
Messen einer Meßgröße 2.1
Meßergebnis 3.4
— unberichtigtes 3.4.1
— vollständiges 3.10
Meßgerät 4.1
— Prüfung eines -es 5.13
Meßgerätedrift 5.8
Meßgröße 1.1
— spezielle 1.1 Anmerkung 2
Meßgrößenaufnehmer 4.4
Meßgrößenempfindliches Element 4.4 Anmerkung 2
Meßkette 4.3
Meßmethode 2.3
Meßobjekt 1.2
Meßprinzip 2.2
Meßsignal 2.6
Meßspanne 5.1 Anmerkung 1
Messung 2.1
— dynamische 2.1.1
— statische 2.1.2
Meßunsicherheit 3.6
— relative 3.7
Meßverfahren 2.4
Meßwert 3.2
— berichtigter 3.2 Anmerkung 2

N

Nachlaufabweichung 5.10 Anmerkung 4
Nennbereich 5.1 Anmerkung 2
Normal 4.7
— Bezugs- 4.7 Anmerkung 2
— Gebrauchs- 4.7 Anmerkung 2
— Internationales 4.7 Anmerkung 3
— Kontroll- 4.7 Anmerkung 2
— Nationales 4.7 Anmerkung 3

N

— Primär- 4.7 Anmerkung 1
— Sekundär- 4.7 Anmerkung 1
Normalsatz 4.7 Anmerkung 4

P

Primärnormal 4.7 Anmerkung 1
Prüfung 2.1.4
— eines Meßgerätes 5.13

R

Referenzbedingungen 5.13 Anmerkung 2
Referenzbereich 5.13 Anmerkung 2
Referenzmaterial 4.6
Referenzwert 5.13 Anmerkung 2
Relative Meßunsicherheit 3.7
Richtiger Wert (einer Meßgröße) 1.4
— (konventionell) 1.4 Anmerkung 1
Ringvergleich 2.8 Anmerkung 3
Ringversuch 2.8 Anmerkung 3
Rückverfolgbarkeit 4.7 Anmerkung 6
Rückwirkung eines Meßgerätes 5.7
Rückwirkungsabweichung 5.10 Anmerkung 4

S

Sekundärnormal 4.7 Anmerkung 1
Sensor 4.4 Anmerkung 4
Signal
— Ausgangs- 4.9 Anmerkung 2
— Eingangs- 4.8 Anmerkung 3
— Meß- 2.6
Signalparameter 2.6 Anmerkung 1
Signalwert 2.6 Anmerkung 1
Sprungantwort 5.2 Anmerkung 3
Standardabweichung 3.8 Anmerkung 1
   3.9 Anmerkung 1
— (empirische) 3.8 Anmerkung 2
   3.9 Anmerkung 2
— Vergleich- 3.9
— Wiederhol- 3.8
Statische Messung 2.1.2
Sternvergleich 2.8 Anmerkung 3
Systematische Meßabweichung 3.5.2
— bekannte (erfaßbare) 3.2 Anmerkung 1
— eines Meßgerätes 5.10 Anmerkung 2
— festgestellte (eines Meßgerätes) 5.11
— unbekannte (nicht erfaßbare) 3.2 Anmerkung 1

T

Totzone 5.3 Anmerkung 2

U

Übergangsfunktion 5.2 Anmerkung 3
Übertragungsverhalten eines Meßgerätes 5.2
Umkehrspanne 5.6 Anmerkung
Unberichtigtes Meßergebnis 3.4.1
Unsicherheit siehe Meßunsicherheit

V

Vergleichbarkeit 3.9 Anmerkung 3
Vergleichbedingungen 2.8 Anmerkung 1
— erweiterte 2.8
Vergleichgrenze 3.9 Anmerkung 3
Vergleichmessung 2.8 Anmerkung 3
Vergleichpräzision 3.9 Anmerkung 4
Vergleichstandardabweichung 3.9
Verkehrsfehlergrenzen 5.12 Anmerkung 7
Vertrauensbereich 3.6 Bemerkung 1
Vertrauensgrenze(n) 3.6 Bemerkung 5
— obere 3.6 Bemerkung 5
— untere 3.6 Bemerkung 5
Vertrauensniveau 3.6 Bemerkung 5
Vollständiges Meßergebnis 3.10

W

Wahrer Wert (einer Meßgröße) 1.3
Wert 1.1 Anmerkung 4
  siehe auch Meßwert
— Anfangs- (des Meßbereiches) 5.1 Anmerkung 1
— Anlauf- 5.3 Anmerkung 1

W

— arithmetischer Mittel- 3.4 Anmerkung 2
— einer Größe 1.1 Anmerkung 4
— End- (des Meßbereiches) 5.1 Anmerkung 1
— Erwartungs- 3.3
— Referenz- 5.13 Anmerkung 2
— richtiger 1.4
— Signal- 2.6 Anmerkung 1
— wahrer 1.3
— Zahlen- 1.1 Anmerkung 4
Wiederholbarkeit 3.8 Anmerkung 3
Wiederholbedingungen 2.7
Wiederholgrenze 3.8 Anmerkung 3
Wiederholpräzision 3.8 Anmerkung 4
Wiederholstandardabweichung 3.8

Z

Zahlenwert 1.1 Anmerkung 4
Zählen 2.1.3
Zählgröße 2.1.3 Anmerkung
Zufällige Meßabweichung 3.5.1
— eines Meßgerätes 5.10 Anmerkung 2
Zustand
— Beharrungs- 5.2 Anmerkung 3
— eingeschwungener 5.2 Anmerkung 3
— stationärer 5.2 Anmerkung 3

Internationale Patentklassifikation

G 01 D 001/00
G 01 N 037/00
G 01 R 019/00
G 01 R 033/00

DK 53.084/.087 : 681.2.004 : 001.4   Januar 1980

Grundbegriffe der Meßtechnik
Begriffe für die Anwendung von Meßgeräten

DIN
1319
Teil 2

Basic concepts of measurement; concepts for the use of measuring equipment

Inhalt

Seite
1 Geltungsbereich 1
2 Meßgerät, Meßeinrichtung, Meßkette, Meßanlage ... 1
3 Arten von Meßgeräten 2
4 Ausgabe 2
5 Ausgabebereich, Anzeigebereich, Meßbereich 2
6 Skalen und damit zusammenhängende Begriffe 3
7 Empfindlichkeit 4
8 Umkehrspanne 5
9 Ansprechschwelle, Ansprechwert, Anlaufwert 5
Stichwortverzeichnis 6

1 Geltungsbereich

DIN 1319 Teil 1 bis Teil 3 beschreibt und definiert allgemeine Grundbegriffe, die für alle Bereiche der Meßtechnik von Bedeutung sind. Der vorliegende Teil 2 legt die für die Anwendung von Meßgeräten und Meßeinrichtungen gültigen Begriffe fest. Spezielle und weitergehende Einzelfragen bleiben den besonderen Normen oder Richtlinien für die verschiedenen Anwendungsbereiche vorbehalten [1]).

2 Meßgerät, Meßeinrichtung, Meßkette, Meßanlage

Ein **Meßgerät** liefert oder verkörpert Meßwerte (siehe DIN 1319 Teil 1), auch die Verknüpfung mehrerer voneinander unabhängiger Meßwerte (z. B. das Verhältnis von Meßwerten).

Eine **Meßeinrichtung** besteht aus einem Meßgerät oder mehreren zusammenhängenden Meßgeräten mit zusätzlichen Einrichtungen, die ein Ganzes bilden. Zusätzliche Einrichtungen sind vor allem Hilfsgeräte, die nicht unmittelbar zur Aufnahme, Umformung oder Ausgabe dienen (z. B. Einrichtung für Hilfsenergie, Ableselupe, Thermostat), sowie Signal- und Meßleitungen.

Die wesentliche Aufgabe einer Meßeinrichtung ist die Aufnahme des Meßwertes einer physikalischen Größe (Meßgröße) oder eines Meßsignales, das den gesuchten Meßwert repräsentiert, die Weiterleitung und Umformung des Meßsignales und die Ausgabe des Meßwertes.

Das erste Glied in einer Meßeinrichtung wird oft **Aufnehmer** genannt; es nimmt den Meßwert der Meßgröße auf und gibt ein diesem entsprechendes Meßsignal ab. Das letzte Glied in einer Meßeinrichtung heißt **Ausgeber** (Ausgabegerät) und kann ein direkter Ausgeber (Sichtausgeber, z. B. ein Anzeigegerät oder ein Schreiber) oder ein indirekter Ausgeber (z. B. Lochkartenausgeber, Magnetbandausgeber, Magnetspeicher) sein.

Die Übertragungsglieder jeder Art zwischen Aufnehmer und Ausgeber bilden die **Übertragungsstrecke** [2]); dazu gehören Meßverstärker, Meßumformer und Meßumsetzer (siehe Abschnitt 3.2). Aufnehmer und Ausgeber sollen nicht Meßumformer genannt werden; jedoch fallen Aufnehmer, Meßumformer und Ausgeber unter den gemeinsamen Begriff „Meßgerät".

Eine **Meßeinrichtung** wird als ein System, das vor allem aus Aufnehmer, in „Kette" geschalteten Übertragungsgliedern (Meßumformern) und Ausgeber zusammengesetzt ist, auch **Meßkette** genannt.

Eine **Meßanlage** umfaßt mehrere voneinander unabhängige Meßeinrichtungen, die in räumlichem oder funktionalem Zusammenhang stehen.

---
[1]) Siehe z. B.:
DIN 2257 Teil 1 und Teil 2 Begriffe der Längenprüftechnik;
DIN 43 745 Elektronische Meßeinrichtungen; DIN 43 780 Direkt wirkende anzeigende Meßgeräte und ihr Zubehör; Richtlinie VDI/VDE 2600 Metrologie (Meßtechnik).
Bei der Bearbeitung der Norm wurde auch das Vocabulaire de Métrologie Légale, Termes fondamentaux (1969), Organisation Internationale de Métrologie Légale (OIML) beachtet (deutsch-französische Fassung des Internationalen Vokabulariums für Gesetzliches Messen, Sammlung von Sonderdrucken aus PTB-Mitteilungen 1967 bis 1970).

[2]) Unter Übertragungsstrecke ist hier das gesamte Übertragungssystem zwischen Aufnehmer und Ausgeber zu verstehen, nicht die Meßleitung und sonstige Leitungsstrecken allein.

Fortsetzung Seite 2 bis 6

Normenausschuß Einheiten und Formelgrößen (AEF) im DIN Deutsches Institut für Normung e. V.

3 Arten von Meßgeräten

3.1 Meßgeräte mit direkter Ausgabe (Sichtausgeber)

3.1.1 Ein anzeigendes Meßgerät ist dadurch gekennzeichnet, daß die von ihm angebotene oder ausgegebene Information, der Meßwert (siehe DIN 1319 Teil 1), unmittelbar abgelesen oder abgenommen werden kann.

Anmerkung: Als anzeigendes Meßgerät gilt auch ein Meßgerät mit Nullanzeige (Skalen- oder Ziffernanzeige) in einer Meßeinrichtung, wobei der der Nullage zugeordnete Meßwert durch ein Vergleichsnormal gegeben ist.

3.1.2 Ein registrierendes Meßgerät zeichnet einzelne Meßwerte oder den Verlauf — und zwar meist den zeitlichen Verlauf — von Meßwerten auf (Schreiber, Drucker).

3.1.3 Ein zählendes Meßgerät gibt als Meßwert eine Anzahl aus (z. B. Stückzähler, Meßeinrichtung zum Zählen von α-Teilchen) oder die Summe von Quantisierungseinheiten (z. B. Wasserzähler mit Meßkammern, Kolbengaszähler mit zählendem Meßwerk), oder es gehört zu den meist ebenfalls „Zähler" genannten, eine Meßgröße über die Zeit integrierenden Meßgeräten (z. B. Elektrizitätszähler, Gasdurchfluß-Integratoren).

3.1.4 Bei den Meßgeräten mit Skalenanzeige stellt sich eine Marke (z. B. eine bestimmte Stelle eines körperlichen Zeigers oder eines Lichtzeigers, ein Noniusstrich, eine Kante, der Meniskus einer Flüssigkeitssäule, die bezeichnete Stelle eines Schaulochs) meist kontinuierlich auf eine Stelle der Skale (Teilung) des Gerätes ein oder die Skale wird darauf eingestellt. Es ist unwesentlich, ob sich die Marke oder die Skale bewegt.

Anmerkung 1: Es gibt anzeigende Meßgeräte mit mehreren Skalen, die in bezug auf die Marke nebeneinander oder hintereinander liegen können.

Anmerkung 2: Siehe Abschnitt 3.1.5, Anmerkung 2.

3.1.5 Bei den Meßgeräten mit Ziffernanzeige ist die Ausgangsgröße eine mit fest gegebenem kleinsten Schritt quantisierte zahlenmäßige Darstellung der Meßgröße. Der Meßwert erscheint diskontinuierlich als Summe von Quantisierungseinheiten oder als Summe (Anzahl) von Impulsen, z. B. in einer Ziffernfolge. Solche Meßgeräte haben keine stetig ablesbare Skale (siehe DIN 1319 Teil 1, Ausgabe November 1971, Abschnitt 2).

Anmerkung 1: Bei Meßgeräten mit Ziffernanzeige kann die Ziffernfolge durch einen automatischen Vorgang dekadisch bewertet sein (Anzeige von Zehnerpotenzen, automatische Kommaverschiebung).

Anmerkung 2: Die Benennungen „analog" und „digital" sollen für die Kennzeichnung von Meßverfahren vorbehalten bleiben (siehe DIN 1319 Teil 1) und deshalb nicht für die Kennzeichnung von Anzeigen verwendet werden. Eine Skalenanzeige soll nicht analoge Anzeige, eine Ziffernanzeige soll nicht digitale Anzeige genannt werden.

3.1.6 Maßverkörperungen sind Meßgeräte, die bestimmte, im allgemeinen unveränderliche einzelne Werte oder eine Folge von Werten einer Meßgröße, z. B. eine Einheit, Vielfache oder Teile einer Einheit verkörpern (z. B. Endmaße, Meßkolben, Gewichtstücke, Widerstandsnormale; auch ein Meterstab und ein Meßzylinder sind spezielle Maßverkörperungen).

3.2 Übertragende Meßgeräte (Meßgeräte mit indirekter Ausgabe)

Übertragende, nichtanzeigende Meßgeräte (Meßverstärker, Meßumformer, Meßumsetzer) innerhalb einer Meßeinrichtung oder Meßkette bilden die wesentlichen Teile der Übertragungsstrecke (bei Fernmessung auch „Übertragungskanal" genannt, siehe DIN 40146 Teil 1); sie haben die Aufgabe, die Information über den Meßwert aus vorhandenen Meßsignalen in andere geeignete Meßsignale umzuformen und bis zum ausgebenden (oder weiterverarbeitenden) Gerät weiterzuleiten (zu übertragen).

Die Information über den Meßwert muß dabei eindeutig und unverfälscht erhalten bleiben.

Beispiele: Meßumformer (hier im engeren Sinne als Meßgeräte zur Umformung von analogen Eingangssignalen in eindeutig damit zusammenhängende analoge Ausgangssignale, Stromwandler und Spannungswandler, Meßumsetzer (z. B. Analog-Digital-Umsetzer), Meßverstärker.

4 Ausgabe

Die Ausgabe ist die durch die Meßeinrichtung oder das Meßgerät in irgendeiner Form ausgegebene Information über den gesuchten Meßwert, siehe DIN 1319 Teil 1. Die Information kann direkt als Anzeige oder indirekt ohne Anzeige ausgegeben werden.

Anmerkung: Die weitere Verarbeitung von Ausgaben (z. B. Informationsverarbeitung) fällt nicht in den Bereich dieser Norm.

4.1 Direkte Ausgabe, Anzeige

Die direkte Ausgabe, Anzeige genannt, ist die unmittelbar mit den menschlichen Sinnen erfaßbare (lesbare) Ausgabe. Sie wird bei Meßgeräten mit Ziffernanzeige in Einheiten der Meßgröße oder als Zahlenwert angegeben, bei Meßgeräten mit Skalenanzeige auch in Skalenteilen (siehe Abschnitt 6.4 und Beispiele in Abschnitt 6.7).

Die Anzeige kann auch akustisch (z. B. Zeitzeichen im Rundfunk), als Lichtsignal oder über Schreiber oder Drucker vermittelt werden.

Bei Maßverkörperungen (siehe Abschnitt 3.1.6) entspricht der Anzeige die Aufschrift (der Nennwert der Meßgröße).

4.2 Indirekte Ausgabe

Bei der indirekten Ausgabe wird die gesuchte Information über den Meßwert oder den Verlauf des Meßwertes ohne Anzeige weitergegeben oder in einer ohne besondere Vorrichtungen nicht ausdeutbaren Form an nachgeschaltete Einrichtungen übertragen. Indirekte Ausgabe ist also entweder die Weitergabe des Meßwertes am Ausgang eines Meßumformers durch Meßsignale (z. B. elektrische Spannungen, elektrische Stromstärken, pneumatischen Druck, siehe DIN 40146 Teil 1) oder die Darstellung des Meßwertes z. B. auf Lochkarten, Magnetbändern oder anderen Datenträgern.

5 Ausgabebereich, Anzeigebereich, Meßbereich

5.1 Ausgabebereich (Ausgangsbereich)

Der Ausgabebereich ist der Bereich aller Meßwerte, die durch ein Meßgerät direkt oder indirekt geliefert werden können.

5.2 Anzeigebereich

Der Ausgabebereich bei anzeigenden Meßgeräten heißt Anzeigebereich. Er ist der Bereich aller Werte der betrachteten Meßgröße, die an einem Meßgerät abgelesen werden können. Bestimmte Meßgeräte, z. B. Thermometer mit Erweiterungen, können mehrere Teilanzeigebereiche haben.

Anmerkung 1: Beim Umschalten eines Meßgerätes mit mehreren Anzeigebereichen ändern sich mit dem Anzeigebereich der Skalenteilungswert, die Skalenkonstante und im allgemeinen auch die Empfindlichkeit.

Anmerkung 2: Der Unterdrückungsbereich ist derjenige Bereich von Meßwerten, oberhalb dessen das Meßgerät auf Grund einer speziellen Konstruktion erst anzuzeigen beginnt.

Der Unterbrechungsbereich ist ein Teilbereich aller möglichen Meßwerte, innerhalb dessen das Meßgerät nicht anzeigt (z. B. verknüpft mit Unterbrechung der Skale).

Beispiel:
Bei Flüssigkeitsthermometern (auch mit Nullpunkt) mit einer Kapillarerweiterung wird die Anzeige in einem bestimmten Temperaturbereich unterdrückt oder unterbrochen.

5.3 Meßbereich

Der Meßbereich ist derjenige Bereich von Meßwerten der Meßgröße, in welchem vorgegebene, vereinbarte oder garantierte Fehlergrenzen nicht überschritten werden (siehe DIN 1319 Teil 3).

Bei Meßgeräten mit mehreren Meßbereichen können für die einzelnen Bereiche unterschiedliche Fehlergrenzen gelten (Beispiel: Mehrbereich-Meßgerät).

Der Meßbereich wird durch seine Grenzen, Anfangswert und Endwert, angegeben. Die Differenz zwischen Endwert und Anfangswert heißt Meßspanne.

Bei anzeigenden Meßgeräten ist der Meßbereich ein Teil des Anzeigebereiches. Er kann den ganzen Anzeigebereich umfassen, wird aber oft nur aus einem oder mehreren Teilen des Anzeigebereiches bestehen.

Anmerkung: Die Begriffe Ausgabebereich (Anzeigebereich) und Meßbereich sollten auseinandergehalten und die Bereiche präzise angegeben werden.

6 Skalen und damit zusammenhängende Begriffe

6.1 Skalenarten

6.1.1 Eine Strichskale ist die Aufeinanderfolge einer größeren Anzahl von Teilungszeichen (Teilungsmarken), z. B. Teilstrichen, auf einem Skalenträger. Strichskalen sind bevorzugt in regelmäßigen Abständen beziffert und meist für eine kontinuierliche (schleichende) Anzeige von Meßwerten bestimmt.

Anmerkung: Es gibt ebene Skalen (mit gerader oder kreisbogenförmiger Teilungsgrundlinie) und gekrümmte Skalen.

Nach Anordnung und Lage des Zeigers zur Skale unterscheidet man Querskale, Hochskale, Quadrantskale, Sektorskale und Kreisskale (siehe DIN 43 802, Skalen und Zeiger für elektrische Meßinstrumente).

6.1.2 Eine Ziffernskale (z. B. bei einem Zähler) ist eine Folge von Ziffern (meist 0 bis 9) auf einem Skalen- oder Ziffernträger, wobei meist nur die abzulesende Ziffer sichtbar ist. Die mehrstellige Ziffernskale besteht aus mehreren, nebeneinander angeordneten einstelligen Ziffernskalen mit z. B. hinter Schauöffnungen ablesbaren Ziffern; meist sind hier die einzelnen Ziffernskalen dezimal aufeinander abgestuft.

Eine Ziffernskale ist vorwiegend für eine diskontinuierliche, springende Anzeige bestimmt. Der Unterschied zwischen Ziffernskale und Strichskale wird (hinsichtlich Ablesbarkeit oder Meßunsicherheit) belanglos, wenn der Ziffernschritt (siehe Abschnitt 6.5) kleiner ist als die Unsicherheit der Anzeige.

Anmerkung: Die abzulesende Zahl kann z. B. durch Beleuchtung (durch Leuchtziffern) markiert werden (dekadische Zählröhren). Gelegentlich wird eine (nur diskontinuierliche Anzeigen ermöglichende) Ziffernskale mit einer (kontinuierlich ablesbaren) Strichskale kombiniert, z. B. beim Rollenzählwerk mancher integrierender Meßgeräte. Dabei gibt die Strichskale die letzte(n) Stelle(n) der Anzeige an.

6.2 Skalenlänge

Die Skalenlänge (Gesamtlänge) einer Strichskale ist der längs des Weges der Marke in Längeneinheiten gemessene Abstand zwischen dem ersten und letzten Teilstrich der Skale, die beide oft besonders hervorgehoben sind.

Bei anzeigenden Meßgeräten mit ebener gebogener Skale (Kreisskale) ist die Skalenlänge auf dem Bogen, der durch die Mitte der kürzesten Teilstriche verläuft, zu messen; es kann auch der Skalenwinkel angegeben werden.

6.3 Teilstrichabstand

Der Teilstrichabstand einer Strichskale ist der in Längen- oder Winkeleinheiten gemessene Abstand zweier benachbarter Teilstriche.

Anmerkung: Zu kleine Teilstrichabstände (etwa unter 0,7 mm) sollten vermieden werden, da bei solchen das Ablesen ermüdend, insbesondere eine Zehntelschätzung nicht möglich und dadurch die Beobachtung unsicherer ist. Die Ablesemarke soll über die Mitte der kleinsten Teilstriche laufen. Bei Geräten mit fest eingebauter optischer Vergrößerung ist maßgebend der scheinbare Teilstrichabstand, d. h. das Produkt aus dem vorher definierten Teilstrichabstand und der optischen Vergrößerung oder dem Abbildungsmaßstab.

6.4 Skalenteil

Der Skalenteil einer Strichskale ist eine der Teilungseinheiten, in der die Anzeige angegeben werden kann; man faßt dabei den Teilstrichabstand als Zähleinheit „Skalenteil" für die Anzeige auf.

Anmerkung 1: Als Teilungseinheiten werden benutzt: Skalenteil und Ziffernschritt (ohne Angabe der Einheit der Meßgröße), Skalenteilungswert (meist in Einheiten der Meßgröße).

Anmerkung 2: Die Skalenteilungen werden (in bezug auf die Beschriftung mit Zahlenwerten) als Einerteilung, Zweierteilung oder Fünferteilung ausgeführt (Beispiel in Anmerkung zu Abschnitt 6.7: Einerteilung Skalenbild A und B, Zweierteilung Skalenbild C). Es gibt lineare Skalen (mit gleichen Teilstrichabständen) und nichtlineare Skalen (Beispiel in Anmerkung zu Abschnitt 6.7: Skalenbild D). Der Skalenteil einer Strichskale sollte als Teilungseinheit nur bei linearer Skalenteilung benutzt werden.

6.5 Ziffernschritt

Der Ziffernschritt einer Ziffernskale ist gleich dem Sprung zwischen zwei aufeinanderfolgenden Zahlen der letzten Stelle.

6.6 Skalenteilungswert

Der Skalenteilungswert, früher Skalenwert oder Teilungswert genannt, ist bei einem Meßgerät mit Skalenanzeige gleich der Änderung des Wertes der Meßgröße, die auf einer Strichskale einer Verschiebung der Marke um einen Skalenteil entspricht. Bei einem Meßgerät mit Ziffernanzeige ist der Skalenteilungswert gleich der Änderung des Wertes der Meßgröße, die auf der Ziffernskale dem Ziffernschritt entspricht. Der Skalenteilungswert ist stets in der Einheit der Meßgröße gewählt worden ist. Der Skalenteilungswert wird als kennzeichnende Größe z. B. bei folgenden anzeigenden Meßgeräten benutzt: Flüssigkeitsthermometer, Aräometer, Längenmeßgeräte, Volumenmeßgeräte mit Skale.

Anmerkung: Wird bei einer mehrstelligen Ziffernskale die letzte Stelle auf einer Strichskale abgelesen, so ist der Skalenteilungswert auf einen Skalenteil der Strichskale zu beziehen.

6.7 Skalenkonstante, Gerätekonstante

Die Skalenkonstante bei Meßgeräten mit Skalenanzeige ohne unmittelbare Angabe einer Einheit (z. b. bei Mehrbereich-Meßgeräten) ist derjenige Größenwert k, mit welchem der Zahlenwert der Anzeige z_A (entsprechend dem Stand der Marke gemäß der Bezifferung der Skale) multipliziert werden muß, um den gesuchten Meßwert x zu erhalten, also

$$x = k\, z_A \text{ und } k = x/z_A$$

Die Skalenkonstante, gekürzt auch Konstante genannt, wird vorwiegend bei elektrischen Meßgeräten benutzt. Die Skalenkonstante k heißt vielfach, besonders bei Geräten ohne Skale (z. B. Kapillarviskosimeter) „Gerätekonstante", sie wird in manchen Bereichen auch „Kalibrierkonstante" genannt.

Anmerkung: Der Unterschied zwischen den Begriffen „Skalenteilungswert" und „Skalenkonstante" sei an 4 Skalenbildern mit jeweils an der Stelle z_A eingezeichneter Anzeige erläutert.

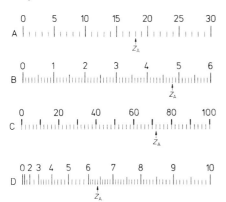

Beim Skalenbild A sind die Skalenteile fortlaufend gezählt; die Bezifferung gibt die Anzahl der Skalenteile an. In diesem Fall stimmen bei einer gleichmäßig geteilten Skale Skalenteilungswert und Skalenkonstante überein.
Beim Skalenbild B sind Gruppen von je 10 Skalenteilen fortlaufend gezählt und beziffert. Deshalb ist hier der Skalenteilungswert verschieden von der Skalenkonstante. Der Meßwert x ergibt sich aus $x = 4{,}8 \cdot 1{,}0\,\text{mA} = 48 \cdot 0{,}1\,\text{mA} = 4{,}8\,\text{mA}$.
Bei Skalenbild C mit Zweierteilung sind Gruppen von je 10 Skalenteilen fortlaufend gezählt und entsprechend der Zweierteilung beziffert. Daher ist der Skalenteilungswert 0,4 mA doppelt so groß wie die Skalenkonstante 0,2 mA. Der Meßwert x folgt aus $x = 72 \cdot 0{,}2\,\text{mA} = 36 \cdot 0{,}4\,\text{mA} = 14{,}4\,\text{mA}$.

Bei Skalenbild D mit nichtlinearer (hier quadratischer) Teilung muß die Unterteilung der Skale zwischen den langen, bezifferten Teilstrichen am Anfang gröber als am Ende sein. Die Skalenteilungswerte wären hier 0,1 A; 0,05 A; 0,02 A; 0,01 A, in den Anzeigebereichen: 0 bis 1; 1 bis 3; 3 bis 6; 6 bis 10. Deshalb kann in solchen Fällen nur die Skalenkonstante benutzt werden, die immer unabhängig von der Skalenteilung ist.

6.8 Mehrbereich-Meßgeräte

Bei Mehrbereich-Meßgeräten ist zu jedem Bereich der zugehörige Skalenwert oder die zugehörige Skalenkonstante anzugeben.
Oft begnügt man sich aber auch mit der Angabe des Meßwertes für den Skalenendwert, der bei elektrischen Meßgeräten meist mit dem Meßbereichendwert übereinstimmt.

7 Empfindlichkeit

7.1 Definition

Die Empfindlichkeit eines Meßgerätes (unter Umständen an einer bestimmten Stelle) ist der Quotient einer beobachteten Änderung des Ausgangssignals (oder der Anzeige) durch die sie verursachende (hinreichend kleine) Änderung des Eingangssignals (oder der Meßgröße). Der Begriff der Empfindlichkeit wird vorwiegend bei anzeigenden Meßgeräten verwendet.

7.2 Angabe bei veränderlicher Empfindlichkeit

Ist die Empfindlichkeit längs der Skale nicht konstant, so muß jeweils die Anzeige, für die sie gelten soll, oder der zugehörige Wert der Meßgröße angegeben werden. Insbesondere kann zwischen Anfangsempfindlichkeit und Endempfindlichkeit unterschieden werden.

Anmerkung 1: Immer sollte beachtet werden, daß im Zähler jeder Empfindlichkeit die Änderung der Wirkung stehen muß, im Nenner dagegen die Änderung der Ursache. Es hat nur dann Sinn, von Empfindlichkeit zu sprechen, wenn kein Zweifel darüber bestehen kann, welche Größe als Ursache und welche als Wirkung aufzufassen ist.

Anmerkung 2: Es ist definitionswidrig, als Empfindlichkeit den Kehrwert des hierfür definierten Quotienten zu benennen. Beispielsweise ist die Stromempfindlichkeit eines Galvanometers mit einer Skale in Längeneinheiten nicht 10^{-8} A/mm, sondern 100 mm/µA (anschaulicher als 10^8 mm/A).

Anmerkung 3: Man beachte, daß die Empfindlichkeit auf die Änderung der Meßgröße und nicht auf den Ausschlagwinkel bezogen wird.

Anmerkung 4: In der optischen Strahlungsphysik und Lichttechnik (siehe DIN 5031 Teil 2) verwendet man außer der differentiell definierten Empfindlichkeit nach Abschnitt 7.1 vorzugsweise die „Gesamtempfindlichkeit s" als Quotient Ausgangsgröße Y (Wirkung) durch Eingangsgröße X (Ursache), also $s = \dfrac{Y}{X}$.

Anmerkung 5: Ein analoger Begriff wie die Gesamtempfindlichkeit s in der Optik ist im Bereich der Strahlungs-

Skale	Anzeige z_A		Meßbereich z. B.	Skalen- konstante k	Skalen- teilungswert	Meßwert x bei Anzeige z_A
	Zahlenwert	Skalenteile				
A	18,0	18	0 bis 6 mA	0,2 mA	0,2 mA	3,6 mA
B	4,8	48	0 bis 6 mA	1,0 mA	0,1 mA	4,8 mA
C	72	36	0 bis 20 mA	0,2 mA	0,4 mA	14,4 mA
D	6,4	—	0,3 bis 1 A	0,1 A	—	0,64 A

technik das Ansprechvermögen. In der Strahlungstechnik, insbesondere der Dosimetrie, wird zur Kennzeichnung von Meßgeräten, speziell von Strahlungsdetektoren, das „Ansprechvermögen" (oder die „Nachweiswahrscheinlichkeit") definiert, als das Verhältnis der am Meßgerät beobachteten Anzeige zu dem Wert der sie verursachenden Meßgröße.

7.3 Angabe bei Skalenanzeige

Bei Meßgrößen mit Skalenanzeige ist die Empfindlichkeit E gleich dem Quotienten Änderung ΔL der Anzeige durch die sie verursachende Änderung ΔM der Meßgröße, also

$$\text{Empfindlichkeit } E = \frac{\Delta L}{\Delta M}.$$

Anmerkung: Bezeichnet man den Teilstrichabstand einer linearen Strichskale mit A, den Skalenteilungswert mit S und die Empfindlichkeit mit E, so ist $E = \Delta L/\Delta M \approx A/S$. Die Empfindlichkeit ist also auch angenähert gleich dem Quotienten Teilstrichabstand durch Skalenteilungswert und somit von der Beschaffenheit der Teilung unabhängig.

7.4 Angabe bei Ziffernanzeige

Bei Meßgeräten mit Ziffernanzeige ist die Empfindlichkeit E gleich dem Quotienten Anzahl ΔZ der Ziffernschritte, um die sich die Anzeige infolge einer Änderung ΔM der Meßgröße ändert, durch die verursachende Änderung ΔM, also $E = \Delta Z/\Delta M$.

7.5 Empfindlichkeit bei Längenmeßgeräten

Bei Längenmeßgeräten ist die Empfindlichkeit gleich dem Verhältnis des Weges des anzeigenden Elementes, z. B. des Zeigers, zum Weg des messenden Elementes, z. B. des Meßbolzens (Endweg zum Anfangsweg).

Beispiel:
Ein Feinzeiger mit der Übersetzung 1000 : 1 (Übertragungsfaktor 1000) hat die Empfindlichkeit 1 mm/0,001 mm, weil sich bei einer Änderung der Meßgröße um 0,001 mm die Anzeige um 1 mm ändert.

8 Umkehrspanne

Die Umkehrspanne eines Meßgerätes bei einem bestimmten Wert x_e der Meßgröße (Eingangsgröße) ist gleich der Differenz der Anzeigen $(x'_a - x_a)$ (Ausgangswerte), die man erhält, wenn der festgelegte Meßwert x_e einmal von kleineren Werten her — zunehmend, Anzeige x_a — und einmal von größeren Werten her — abnehmend, Anzeige x'_a — stetig oder schrittweise langsam eingestellt wird. Die relative Umkehrspanne ist dann $(x'_a - x_a)/x_a$. Für den festen Meßwert x_e werden entweder Werte in der Nähe der Grenzen des Meßbereiches (etwa 0,1 und 0,9 der Meßspanne), der maximale Wert oder der mittlere Wert innerhalb des Meßbereiches gewählt.

Bei quantitativen Angaben über die Umkehrspanne ist das Meßverfahren anzugeben. Im allgemeinen muß die Umkehrspanne in einem geschlossenen Zyklus zwischen Null und dem Endwert des Meßbereiches ermittelt werden; sie wird dabei im allgemeinen an mehreren Stellen des Meßbereiches in abgestuften Schritten gemessen.

Anmerkung 1: Ursachen einer Umkehrspanne sind z. B. Reibung, toter Gang, elastische Nachwirkungen, Remanenz, Hysterese.

Anmerkung 2: Die Umkehrspanne ist nicht immer konstant (z. B. wegen der Veränderlichkeit der Reibung). Oft gibt man nur an, daß sie unter einer bestimmten Grenze liegt.

9 Ansprechschwelle, Ansprechwert, Anlaufwert

Die Ansprechschwelle ist derjenige Wert einer erforderlichen geringen Änderung der Meßgröße, welche eine erste eindeutig erkennbare Änderung der Anzeige hervorruft (z. B. erste sichtbare Änderung eines Zeigerausschlages).

Die Ansprechschwelle am Nullpunkt heißt auch Ansprechwert.

Bei integrierenden Meßgeräten heißt der Ansprechwert Anlaufwert. Er ist derjenige Wert der Meßgröße, über die zeitlich integriert wird (z. B. Stromstärke bzw. Leistung beim Elektrizitätszähler oder Volumendurchfluß bei einem Gasdurchflußintegrator), bei welchem die erste eindeutige Anzeige erkennbar wird, d. h. bei der der Zähler sicher anläuft.

Beispiel:
Ein Elektrizitätszähler der Klasse 1,0 muß bei 0,4 % des Nennstroms unter Nennbedingungen anlaufen und weiterdrehen. Es ist zu überprüfen, daß der Läufer mit Sicherheit eine ganze Umdrehung ausführt (siehe IEC-Publikation 521).

Anmerkung 1: Ansprechschwelle, Ansprechwert und Anlaufwert sind nicht immer konstant (z. B. wegen der Veränderlichkeit der Reibung). Oft gibt man nur an, daß sie unter einer bestimmten Grenze liegen.

Anmerkung 2: In manchen Bereichen der Meßtechnik wird der Begriff Auflösung benutzt. Man versteht dabei unter Auflösung diejenige erforderliche geringe Änderung des Wertes der Meßgröße, die eine noch erkennbare (oft festgelegte) geringe Änderung der Anzeige bewirkt (bei Meßgeräten mit Skalenanzeige z. B. 1/5 des Skalenteilungswertes). Bei Meßgeräten mit Ziffernanzeige ist die Auflösung gleich dem Ziffernschritt.

In der Optik versteht man unter Auflösung (Auflösungsvermögen) bei einer Meßeinrichtung den kleinsten Abstand zweier Punkte eines Objektes oder zweier benachbarter Größenwerte, welche von der Meßeinrichtung mit Sicherheit getrennt (deutlich unterscheidbar) registriert werden können. Beispiel: Bei einem Mikroskop ist die Auflösung der kleinste Abstand zweier Punkte, welche in der Abbildung noch getrennt erscheinen.

Stichwortverzeichnis

analoge Anzeige   Anmerkung 2 zu 3.1.5
Anfangsempfindlichkeit   7.2
Anfangswert   5.3
Anlaufwert   9
Ansprechschwelle   9
Ansprechvermögen   Anmerkung 5 zu 7.2
Ansprechwert   9
Anzeige   4, 4.1
Anzeige, analoge   Anmerkung 2 zu 3.1.5
Anzeige, digitale   Anmerkung 2 zu 3.1.5
Anzeigebereich   5.2
anzeigendes Meßgerät   3.1.1
Auflösung   Anmerkung 2 zu 9
Aufnahme   2
Aufnehmer   2
Aufschrift   4.1
Ausgabe   2, 4
Ausgabe, direkte   3.1, 4.1
Ausgabe, indirekte   3.2, 4.2
Ausgabebereich   5.1
Ausgabegerät   2
Ausgangsbereich   5.1
Ausgeber   2
Ausgeber, direkter   2
Ausgeber, indirekter   2

digitale Anzeige   Anmerkung 2 zu 3.1.5
direkte Ausgabe   3.1, 4.1
direkter Ausgeber   2
Drucker   3.1.2

Empfindlichkeit   7
Endempfindlichkeit   7.2
Endwert   5.3

Gerätekonstante   6.7
Gesamtempfindlichkeit   Anmerkung 4 zu 7.2

Hilfsgerät   2

indirekte Ausgabe   3.2, 4.2
indirekter Ausgeber   2
integrierendes Meßgerät   3.1.3

Kalibrierkonstante   6.7
Konstante   6.7

Längenmeßgerät   7.5

Marke   3.1.4, 6.6
Maßverkörperung   3.1.6
Mehrbereich-Meßgerät   6.8
Meßanlage   2
Meßbereich   5.3

Meßeinrichtung   2
Meßgerät   2
Meßgerät, anzeigendes   3.1.1
Meßgerät, integrierendes   3.1.3
Meßgerät, mit direkter Ausgabe   3.1
Meßgerät, mit indirekter Ausgabe   3.2
Meßgerät, mit Nullanzeige   Anmerkung zu 3.1.1
Meßgerät, mit Skalenanzeige   3.1.4, 4.1, 7.3
Meßgerät, mit Ziffernanzeige   3.1.5, 7.4
Meßgerät, nichtanzeigendes   3.2
Meßgerät, registrierendes   3.1.2
Meßgerät, übertragendes   3.2
Meßgerät, zählendes   3.1.3
Meßkette   2
Meßsignal   2, 3.2
Meßspanne   5.3
Meßumformer   2, 3.2
Meßumsetzer   2, 3.2
Meßverstärker   2, 3.2
Meßwert   2, 3

nichtanzeigendes Meßgerät   3.2

registrierendes Meßgerät   3.1.2

Schreiber   3.1.2
Sichtausgeber   3.1
Skale   6
Skalenanzeige   3.1.4, Anmerkung 2 zu 3.1.5, 4.1, 7.3
Skalenart   6.1, Anmerkung zu 6.1.1
Skalenbilder   Anmerkung zu 6.7
Skalenkonstante   6.7
Skalenlänge   6.2
Skalenteil   6.4, Anmerkung 1 zu 6.4
Skalenteilungswert   6.6, Anmerkung 1 zu 6.4
Skalenwert   6.6
Strichskale   6.1.1

Teilstrichabstand   6.3
Teilungswert   6.6

übertragendes Meßgerät   3.2
Übertragungsstrecke   2
Umformung   2
Umkehrspanne   8
Unterbrechungsbereich   Anmerkung 2 zu 5.2
Unterdrückungsbereich   Anmerkung 2 zu 5.2

Weiterleitung   2

zählendes Meßgerät   3.1.3
Zähler   3.1.3, 9
Zahlenwert   4.1, 6.7
Zehntelschätzung   Anmerkung zu 6.3
Ziffernanzeige   3.1.5, 7.4
Ziffernschritt   6.5, Anmerkung 1 zu 6.4
Ziffernskale   6.1.2

Mai 1996

Grundlagen der Meßtechnik Teil 3: Auswertung von Messungen einer einzelnen Meßgröße Meßunsicherheit	DIN 1319-3

ICS 17.020

Mit DIN 1319-1:1995-01
Ersatz für Ausgabe 1983-08

Deskriptoren: Meßtechnik, Meßunsicherheit, Meßdaten, Auswertung, Metrologie

Fundamentals of metrology — Part 3: Evaluation of measurements of a single measurand, measurement uncertainty

Fondements de la métrologie — Partie 3: Exploitation des mesurages d'un mesurande seul, incertitude de mesure

Inhalt

Seite

Vorwort 2

1 Anwendungsbereich 2

2 Normative Verweisungen 2

3 Begriffe 3
3.1 Meßgröße 3
3.2 Ergebnisgröße (der Auswertung) 3
3.3 Eingangsgröße (der Auswertung) 3
3.4 Modell (der Auswertung) 3
3.5 Meßunsicherheit 3
3.6 Gemeinsame Komponente der Meßunsicherheit 3

4 Allgemeine Grundlagen der Auswertung von Messungen 4
4.1 Ziel der Messung 4
4.2 Vier Schritte der Auswertung von Messungen 4

5 Auswertungsverfahren für den einfachen Fall der mehrmaligen direkten Messung 4
5.1 Aufstellung des Modells 4
5.2 Vorbereitung der Eingangsdaten 5
5.3 Berechnung des vollständigen Meßergebnisses 6
5.4 Angabe des vollständigen Meßergebnisses 6

6 Auswertungsverfahren für den allgemeinen Fall 8
6.1 Aufstellung des Modells 8
6.2 Vorbereitung der Eingangsdaten 10
6.3 Berechnung des vollständigen Meßergebnisses 13
6.4 Angabe des vollständigen Meßergebnisses 15

Anhang A (informativ) Beispiele 16
Anhang B (informativ) Rechnerunterstützte Auswertung 20
Anhang C (informativ) Grenzen der Anwendung des Auswertungsverfahrens ... 22
Anhang D (informativ) Kennwert für den maximal möglichen Betrag der Meßabweichung 22
Anhang E (informativ) Verwendete genormte Begriffe und ihre Quellen .. 23
Anhang F (informativ) Erläuterungen 23
Anhang G (informativ) Stichwortverzeichnis 24

Fortsetzung Seite 2 bis 24

Normenausschuß Einheiten und Formelgrößen (AEF) im DIN Deutsches Institut für Normung e.V.
Deutsche Elektrotechnische Kommission im DIN und VDE (DKE)
Normenausschuß Qualitätsmanagement, Statistik und Zertifizierungsgrundlagen (NQSZ) im DIN

Vorwort

Diese Norm wurde vom Normenausschuß Einheiten und Formelgrößen (AEF, Aufgabe 73) neu erarbeitet, um insbesondere die Behandlung und Angabe der Meßunsicherheit zu einem Meßergebnis den internationalen Empfehlungen [1] anzupassen.

Anhänge A bis G sind informativ.

DIN 1319 "Grundlagen der Meßtechnik" besteht aus:

Teil 1: Grundbegriffe
Teil 2: Begriffe für die Anwendung von Meßgeräten
Teil 3: Auswertung von Messungen einer einzelnen Meßgröße, Meßunsicherheit
Teil 4: Behandlung von Unsicherheiten bei der Auswertung von Messungen

Änderungen

Gegenüber der Ausgabe August 1983 wurden folgende Änderungen vorgenommen:

- Die Norm wurde vollständig neu erarbeitet, um sie in Einklang mit DIN 1319-4 und den internationalen Empfehlungen [1] zu bringen.
- Die Grundbegriffe der Meßtechnik sind nunmehr in DIN 1319-1 definiert.

Frühere Ausgaben

DIN 1319: 1942-07, 1962-01, 1963-12; DIN 1319-3: 1968-12, 1972-01, 1983-08

1 Anwendungsbereich

Diese Norm gilt im Bereich der Meßtechnik für die Ermittlung des Werts einer e i n z e l n e n Meßgröße und deren Meßunsicherheit durch Auswertung von Messungen. Sie gilt sinngemäß auch bei rechnersimulierten Messungen.

Zweck der Norm ist die Festlegung eines Verfahrens für die Auswertung im Fall, daß die Meßgröße direkt gemessen oder mittels einer gegebenen Funktion aus anderen Größen berechnet wird. In allgemeineren Fällen, z.B. wenn eine Ausgleichsrechnung durchzuführen ist wie bei Ringversuchen oder wenn mehrere Meßgrößen gemeinsam als Funktionen anderer Größen auszuwerten sind, ist das Verfahren in DIN 1319-4 anzuwenden.

2 Normative Verweisungen

Diese Norm enthält durch datierte und undatierte Verweisungen Festlegungen aus anderen Publikationen. Diese normativen Verweisungen sind an den jeweiligen Stellen im Text zitiert, und die Publikationen sind nachstehend aufgeführt. Bei datierten Verweisungen gehören spätere Änderungen oder Überarbeitungen dieser Publikationen nur zu dieser Norm, falls sie durch Änderung oder Überarbeitung eingearbeitet sind. Bei undatierten Verweisungen gilt die letzte Ausgabe der in Bezug genommenen Publikation.

DIN 1313	Physikalische Größen und Gleichungen – Begriffe, Schreibweisen
DIN 1319-1	Grundlagen der Meßtechnik – Teil 1: Grundbegriffe
DIN 1319-4	Grundbegriffe der Meßtechnik – Behandlung von Unsicherheiten bei der Auswertung von Messungen
DIN 1333	Zahlenangaben
DIN 13303-1	Stochastik – Wahrscheinlichkeitstheorie, Gemeinsame Grundbegriffe der mathematischen und der beschreibenden Statistik, Begriffe und Zeichen
DIN 13303-2	Stochastik – Mathematische Statistik, Begriffe und Zeichen
DIN 53804-1	Statistische Auswertungen – Meßbare (kontinuierliche) Merkmale
DIN 55350-21	Begriffe der Qualitätssicherung und Statistik – Begriffe der Statistik, Zufallsgrößen und Wahrscheinlichkeitsverteilungen
DIN 55350-22	Begriffe der Qualitätssicherung und Statistik – Begriffe der Statistik, Spezielle Wahrscheinlichkeitsverteilungen
DIN 55350-23	Begriffe der Qualitätssicherung und Statistik – Begriffe der Statistik, Beschreibende Statistik
DIN 55350-24	Begriffe der Qualitätssicherung und Statistik – Begriffe der Statistik, Schließende Statistik
ISO 3534-1: 1993	Statistics – Vocabulary and symbols – Part 1: Probability and general statistical terms

[1] Leitfaden zur Angabe der Unsicherheit beim Messen. Beuth Verlag, Berlin, Köln 1995; Guide to the Expression of Uncertainty in Measurement. ISO International Organization for Standardization, Genf 1993

[2] Internationales Wörterbuch der Metrologie – International Vocabulary of Basic and General Terms in Metrology. DIN Deutsches Institut für Normung (Herausgeber), Beuth Verlag, Berlin, Köln 1994; International Vocabulary of Basic and General Terms in Metrology. ISO International Organization for Standardization, Genf 1993

[3] K. Weise, W. Wöger: Eine Bayessche Theorie der Meßunsicherheit. PTB-Bericht N–11, Physikalisch-Technische Bundesanstalt (Braunschweig) 1992; A Bayesian Theory of Measurement Uncertainty. Meas. Sci. Technol. 4; 1–11; 1993

3 Begriffe

Die Benennungen wichtiger Begriffe sind im folgenden bei deren ersten Auftreten oder an besonderen Stellen kursiv gesetzt. Gesperrt gesetzte Wörter sind betont.

Die mit einem Stern (*) versehenen Begriffe sind in den Normen in Anhang E definiert; siehe aber auch ISO 3534-1: 1993 und [1], [2].

Einige herausragende Begriffe sind im folgenden definiert und kommentiert. Die bei ihren Benennungen in runden Klammern stehenden Zusätze dürfen fortgelassen werden, wenn keine Gefahr der Verwechslung mit anderen Begriffen besteht.

Für die Anwendung dieser Norm gelten die folgenden Begriffe:

3.1 Meßgröße: *Physikalische Größe**, der die *Messung** gilt. (Aus: DIN 1319-1: 1995-01)

ANMERKUNG: Einer Meßgröße gleichgestellt werden in dieser Norm auch alle anderen Größen, die bei der *Auswertung* von Messungen b e t e i l i g t sind. Das betrifft vor allem *Einflußgrößen** und Größen, die der Berichtigung oder *Kalibrierung** dienen.

3.2 Ergebnisgröße (der Auswertung): *Meßgröße** als Ziel der Auswertung von *Messungen**.

3.3 Eingangsgröße (der Auswertung): *Meßgröße** oder andere Größe, von der Daten in die Auswertung von *Messungen** eingehen.

3.4 Modell (der Auswertung): Mathematische Beziehungen zwischen allen bei der Auswertung von *Messungen** beteiligten *Meßgrößen** und anderen Größen.

3.5 Meßunsicherheit: Kennwert, der aus *Messungen** gewonnen wird und zusammen mit dem *Meßergebnis** zur Kennzeichnung eines Wertebereiches für den *wahren Wert** der *Meßgröße** dient. (Aus: DIN 1319-1: 1995-01)

ANMERKUNG 1: Die Meßunsicherheit ist ein Maß für die Genauigkeit der Messung und kennzeichnet die Streuung oder den Bereich derjenigen Werte, die der Meßgröße vernünftigerweise als *Schätzwerte** für den wahren Wert z u g e w i e s e n werden können [1]. Sie kann auch als ein Maß für die Unkenntnis der Meßgröße aufgefaßt werden [3].

ANMERKUNG 2: Die Meßunsicherheit ist von der *Meßabweichung** deutlich zu unterscheiden. Letztere ist nur die Differenz zwischen einem der Meßgröße zuzuordnenden Wert, z.B. einem *Meßwert** oder dem Meßergebnis, und dem wahren Wert. Die Meßabweichung kann gleich Null sein, ohne daß dies bekannt ist. Diese Unkenntnis drückt sich in einer Meßunsicherheit größer als Null aus.

ANMERKUNG 3: Die Meßunsicherheit kann auch ganz allgemein eine bei der Auswertung von Messungen beteiligte Größe betreffen, ohne daß diese eine Meßgröße zu sein braucht. Sie wird im folgenden oft kurz auch *Unsicherheit* genannt. Die Benennung *Standardmeßunsicherheit*, kurz *Standardunsicherheit* [1], wird verwendet, wenn herausgestellt werden soll, daß die Meßunsicherheit durch eine *Standardabweichung** ausgedrückt wird (siehe 5.3 und 6.2.1). Die Standardunsicherheit besitzt dieselbe *Dimension** wie die Meßgröße. Die Meßunsicherheit wird auch *individuelle Komponente der Meßunsicherheit* genannt, wenn sie mit denen anderer Meßgrößen kombiniert wird oder zusammen mit der *gemeinsamen Komponente der Meßunsicherheit* (siehe 3.6) erwähnt wird.

ANMERKUNG 4: Zu anderen Kennwerten für die Genauigkeit einer Messung siehe 5.4.2 und Anhang D.

3.6 Gemeinsame Komponente der Meßunsicherheit: Kennwert für ein Paar von *Meßgrößen**, der aus *Messungen** gewonnen wird und zur Kennzeichnung eines Wertebereichs für das Paar der *wahren Werte** der beiden Meßgrößen beiträgt.

ANMERKUNG: Der genannte Wertebereich ist zweidimensional. Die gemeinsame Komponente der Meßunsicherheit kennzeichnet die gegenseitige Abhängigkeit, mit der den beiden Meßgrößen gemeinsam Werte zugewiesen werden können. Auch die gemeinsame Komponente der Meßunsicherheit kann andere Größen als Meßgrößen betreffen. Im Gegensatz zur Meßunsicherheit kann sie auch negativ sein. Ist sie ungleich Null, so sind die beiden Meßgrößen — genauer die ihnen zugeordneten *Schätzer** (siehe 6.1.2 und 6.2.1) — *korreliert**.

4 Allgemeine Grundlagen der Auswertung von Messungen

4.1 Ziel der Messung

Ziel jeder *Messung** einer *Meßgröße** (siehe 3.1) ist es, deren *wahren Wert** zu ermitteln. Dabei wird eine *Meßeinrichtung** und ein *Meßverfahren** auf ein *Meßobjekt**, den Träger der Meßgröße, angewendet. Die Messung kann mit Hilfe eines Rechners simuliert sein. Die Messung umfaßt auch die Auswertung der gewonnenen *Meßwerte** und anderer zu berücksichtigender Daten. Ein einheitliches Verfahren für die Auswertung ermöglicht den kritischen Vergleich und die Kombination von Meßergebnissen.

Wegen der bei der Messung wirkenden Einflüsse treten unvermeidlich *Meßabweichungen** (siehe 3.5 Anmerkung 2) auf. Diese sind der Grund, warum es nicht möglich ist, den wahren Wert genau zu finden. Lediglich das *Meßergebnis** y als ein *Schätzwert** für den wahren Wert einer Meßgröße Y sowie die *Meßunsicherheit** $u(y)$ (siehe 3.5) lassen sich aus den Meßwerten und anderen Daten gewinnen und angeben. In dieser Norm bilden das Meßergebnis und die Meßunsicherheit zusammen das *vollständige Meßergebnis** für die Meßgröße Y, die *Ergebnisgröße* der Auswertung (siehe 3.2).

Bei vielen Messungen ergeben sich die zu einer Meßgröße gehörenden Meßwerte direkt aus der *Ausgabe** der Meßeinrichtung. Eine solche Messung wird kurz *direkte Messung* genannt. Die Auswertung in dem einfachen, aber grundlegenden Fall der mehrmaligen direkten Messung bei Vorliegen einer *systematischen Meßabweichung** wird in Abschnitt 5 beschrieben. Im allgemeinen muß eine Meßgröße jedoch indirekt ermittelt werden. Dabei werden zunächst andere Meßgrößen entweder direkt gemessen oder ebenfalls indirekt ermittelt. Aus diesen und weiteren Größen, insbesondere *Einflußgrößen**, die Ursache für systematische Meßabweichungen sind, wird dann mit Hilfe eines bestehenden mathematischen Zusammenhangs, des *Modells* der Auswertung (siehe 3.4), das vollständige Meßergebnis für die Ergebnisgröße errechnet. Jene Größen sind die *Eingangsgrößen* der Auswertung (siehe 3.3). Das Auswertungsverfahren für den allgemeinen Fall wird in Abschnitt 6 beschrieben.

4.2 Vier Schritte der Auswertung von Messungen

Jede Auswertung wird zweckmäßig in vier voneinander deutlich zu trennenden Schritten ausgeführt:

a) Aufstellung eines Modells, das die Beziehung der interessierenden Meßgröße, der Ergebnisgröße, zu allen anderen beteiligten Größen, den Eingangsgrößen, mathematisch beschreibt (siehe 5.1 und 6.1),
b) Vorbereitung der gegebenen Meßwerte und anderer verfügbarer Daten (siehe 5.2 und 6.2),
c) Berechnung des Meßergebnisses und der Meßunsicherheit der Ergebnisgröße aus den vorbereiteten Daten mittels des Modells (siehe 5.3 und 6.3 und Anhang B),
d) Angabe des vollständigen Meßergebnisses der Ergebnisgröße (siehe 5.4 und 6.4).

5 Auswertungsverfahren für den einfachen Fall der mehrmaligen direkten Messung

Das in diesem Abschnitt beschriebene Verfahren der Auswertung für den einfachen Fall der mehrmaligen direkten Messung bei Vorliegen einer systematischen Meßabweichung ist ein Sonderfall des allgemeinen Verfahrens nach Abschnitt 6, der wegen seiner Bedeutung herausgestellt wird.

5.1 Aufstellung des Modells

Oft wird eine Meßgröße Y in unabhängigen Versuchen mehrmals d i r e k t gemessen, wobei dieselben genau festgelegten Versuchsbedingungen so weit wie möglich eingehalten werden und eine von einer Einflußgröße verursachte systematische Meßabweichung bei der Auswertung zu berücksichtigen ist. Auch in diesem einfachen, typischen Fall ist im ersten Schritt der Auswertung zuerst ein ebenfalls einfaches Modell der Auswertung aufzustellen. Im Hinblick auf eine spätere Verallgemeinerung ist es zweckmäßig, der unberichtigten *Ausgabe** der verwendeten Meßeinrichtung eine Eingangsgröße X_1 und davon getrennt der systematischen Meßabweichung eine weitere Eingangsgröße X_2 zuzuordnen. Die Meßgröße Y ist die Ergebnisgröße und zwar die um die Eingangsgröße X_2 berichtigte Ausgabe X_1 und ergibt sich somit aus der Gleichung

$$Y = X_1 - X_2 \;, \tag{1}$$

die das Modell darstellt.

5.2 Vorbereitung der Eingangsdaten

5.2.1 Mittelwert und Standardabweichung der Meßwerte

Bei der mehrmaligen direkten Messung der Meßgröße Y streuen die bei den n einzelnen Messungen erhaltenen Meßwerte v_j ($j = 1, \ldots, n$) wegen zufälliger Einflüsse. Die Meßwerte werden deshalb als Realisierungen einer *Zufallsgröße** V aufgefaßt, die der Eingangsgröße X_1 zugeordnet ist. Die Zufallsgröße V folgt einer *Wahrscheinlichkeitsverteilung**, im folgenden kurz auch *Verteilung* genannt, die insbesondere durch die beiden *Parameter* *Erwartungswert** μ und *Standardabweichung** σ (oder alternativ durch die *Varianz** σ^2) gekennzeichnet ist. Die Eingangsgröße X_1 ist keine Zufallsgröße, deshalb ist sie auch nicht identisch mit V. Der Erwartungswert μ stimmt mit dem wahren Wert der Größe X_1 überein, bei Abwesenheit der durch Einflußgrößen verursachten systematischen Meßabweichung ($X_2 = 0$) auch mit dem wahren Wert der Meßgröße Y selbst. Die Standardabweichung ist ein Maß für die Streuung der einzelnen Meßwerte um den Erwartungswert oder der *zufälligen Meßabweichungen** um Null.

Die Parameter μ und σ der Verteilung sind im allgemeinen nicht bekannt. Es besteht im zweiten Schritt der Auswertung zunächst die Aufgabe, aus den Meßwerten v_j Schätzwerte für sie zu ermitteln. Üblicherweise wird der *(arithmetische) Mittelwert** $\bar{v}$ der Meßwerte (auch *arithmetisches Mittel* genannt)

$$x_1 = \bar{v} = \frac{1}{n}\sum_{j=1}^{n} v_j \tag{2}$$

als Schätzwert für μ und daher auch für X_1 benutzt. x_1 ist das *unberichtigte Meßergebnis**. Die *(empirische) Standardabweichung**

$$s = \sqrt{\frac{1}{n-1}\sum_{j=1}^{n}(v_j - \bar{v})^2} \tag{3}$$

der Meßwerte dient als Schätzwert für σ. Zu anderen Ausdrücken, die mit denen nach den Gleichungen (2) und (3) äquivalent sind, aber bei numerischen Rechnungen zweckmäßiger sein können, siehe DIN 53804-1.

Weil die Meßwerte Realisierungen der Zufallsgröße V sind, können $\bar{v}$ von μ und s von σ zufällig abweichen. $\bar{v}$ und s sind also auch selbst Realisierungen von Zufallsgrößen, die *Schätzer** genannt werden und der Ermittlung der Parameter dienen.

Als Unsicherheit $u(x_1)$ von X_1, die mit dem Mittelwert $\bar{v}$ als Schätzwert x_1 für X_1 verbunden ist, wird die *(empirische) Standardabweichung des Mittelwerts* verwendet:

$$u(x_1) = s(\bar{v}) = s/\sqrt{n} = \sqrt{\frac{1}{n(n-1)}\sum_{j=1}^{n}(v_j - \bar{v})^2} \ . \tag{4}$$

Die Unsicherheit des mit X_1 übereinstimmenden Erwartungswerts μ wird daher kleiner mit zunehmender Anzahl n der Messungen. Wenn eine systematische Meßabweichung nicht vernachlässigt werden darf, ist diese Unsicherheit $u(x_1)$ nur ein Teil der Meßunsicherheit der Meßgröße Y.

Ist aus früheren, unter vergleichbaren Versuchsbedingungen oftmals ausgeführten Messungen derselben oder einer ähnlichen Meßgröße bereits eine empirische Standardabweichung s_0 der Verteilung der Meßwerte bekannt, so sollte der bei kleiner Anzahl n günstigere Ansatz

$$u(x_1) = s_0/\sqrt{n} \tag{5}$$

verwendet werden.

5.2.2 Systematische Meßabweichung

Die *systematische Meßabweichung** setzt sich aus der *bekannten systematischen Meßabweichung* und der *unbekannten systematischen Meßabweichung* zusammen (siehe DIN 1319-1). Eine bekannte systematische Meßabweichung dient als Schätzwert x_2 für die Eingangsgröße X_2. Sie wird durch ihren negativen Wert, die *Korrektion** K des unberichtigten Meßergebnisses x_1, hier des Mittelwerts $\bar{v}$, ausgeglichen. $x_2 = -K$ ist im allgemeinen nicht gleich der gesamten systematischen Meßabweichung. Daher rührt die Unsicherheit $u(x_2)$ der Eingangsgröße X_2, die der systematische Meßabweichung zugeordnet ist. Auch dann, wenn die Korrektion K selbst gleich Null ist und daher im Meßergebnis nicht in Erscheinung tritt, bleibt diese Unsicherheit bestehen (siehe 3.5 Anmerkung 2). Ob diese

Unsicherheit vernachlässigt werden darf, muß im Einzelfall geprüft und entschieden werden. Als Unsicherheit von X_2 wird die Standardabweichung einer Verteilung derjenigen Werte der systematischen Meßabweichung benutzt, die nach Maßgabe der vorliegenden oder aus der Erfahrung ableitbaren Informationen über die Eingangsgröße X_2 vernünftigerweise m ö g l i c h sind. Welche systematische Meßabweichung sich bei der Messung tatsächlich realisiert, bleibt dabei unbekannt. Im Gegensatz zu der Verteilung der Zufallsgröße V der bei den einzelnen Messungen festgestellten Meßwerte ist die Verteilung einer Zufallsgröße W, die hier der Eingangsgröße X_2 als Schätzer zugeordnet wird, eine solche der möglichen, aber nicht festgestellten Werte der systematischen Meßabweichung.

Der Schätzwert x_2 und die Unsicherheit $u(x_2)$ errechnen sich nach mathematischen Ausdrücken in 6.2.5. Ist z.B. bekannt oder anzunehmen, daß die systematische Meßabweichung, d.h. der wahre Wert der Eingangsgröße X_2, fest oder sich während der Messung ändernd zwischen den Grenzen a und b liegt ($a < b$), und ist sonst nichts über diese Größe bekannt, so ist anzusetzen:

$$x_2 = -K = (a+b)/2 \; ; \quad u(x_2) = (b-a)/\sqrt{12} \; . \tag{6}$$

5.3 Berechnung des vollständiges Meßergebnisses

Im dritten Schritt der Auswertung führt das Einsetzen des Mittelwerts $x_1 = \bar{v}$ sowie $x_2 = -K$ oder z.B. x_2 nach Gleichung (6) in die das Modell darstellende Gleichung (1) auf das Meßergebnis y für die Meßgröße Y:

$$y = x_1 - x_2 = \bar{v} + K \; . \tag{7}$$

y ist der beste Schätzwert für den wahren Wert der Ergebnisgröße.

Die Meßunsicherheit $u(y)$ der Meßgröße Y folgt aus der quadratischen Kombination der Unsicherheiten $u(x_1)$ und $u(x_2)$ der Eingangsgrößen X_1 bzw. X_2, ungeachtet der unterschiedlichen begrifflichen Auffassung der Verteilung der beiden zugeordneten Schätzer (siehe auch Gleichung (43) und Anhang F):

$$u(y) = \sqrt{u^2(x_1) + u^2(x_2)} \; . \tag{8}$$

$u(y)$ ist die *Standardunsicherheit* (siehe 3.5 Anmerkung 3) von Y. Zweckmäßig wird auch die *relative Meßunsicherheit** $u_{\text{rel}}(y) = u(y)/|y|$ gebildet, wenn $y \neq 0$.

5.4 Angabe des vollständigen Meßergebnisses

5.4.1 Schreibweisen der Angabe mit Meßunsicherheit

Das *vollständige Meßergebnis** für die Meßgröße Y wird im vierten Schritt der Auswertung nach DIN 1319-1 in einer der folgenden Schreibweisen angegeben:

a) y , $u(y)$;   d) $Y = y \pm u(y)$;
b) y , $u_{\text{rel}}(y)$;   e) $Y = y \cdot (1 \pm u_{\text{rel}}(y))$. (9)
c) $Y = y \; (u(y))$;

Der durch die Meßunsicherheit gekennzeichnete Bereich der Werte, die der Meßgröße zugewiesen werden können (siehe 3.5), lautet

$$y - u(y) \leq Y \leq y + u(y) \; . \tag{10}$$

Es wird n i c h t behauptet, der Bereich enthalte tatsächlich den wahren Wert.

Gerundete numerische Unsicherheitswerte sind mit zwei (oder bei Bedarf mit drei) signifikanten Ziffern anzugeben. Sie sind aufzurunden. Das Meßergebnis ist an derselben Stelle wie die zugehörige Unsicherheit zu runden, z.B. $y = 245{,}5716$ mm auf $y = 245{,}57$ mm, wenn $u(y) = 0{,}4528$ mm auf $u(y) = 0{,}46$ mm aufgerundet wird. Die Angabe des Meßergebnisses und der Standardunsicherheit $u(y)$ in derselben Einheit sowie der relativen Meßunsicherheit in Prozent kann zweckmäßig sein. Zur zahlenmäßigen Angabe des vollständigen Meßergebnisses und zu Runderegeln siehe auch DIN 1319-1 und DIN 1333.

BEISPIEL:
Der gemessene elektrische Widerstand R beträgt 100,035 Ω mit einer Meßunsicherheit von 0,023 Ω (oder einer relativen Meßunsicherheit von $2{,}3 \cdot 10^{-4}$ oder 0,023 %). Auch $R = 100{,}035\ \Omega\ (0{,}023\ \Omega)$ oder $R = (100{,}035 \pm 0{,}023)\ \Omega$ oder $R = 100{,}035\ \Omega \pm 0{,}023\ \Omega$ oder $R = 100{,}035 \cdot (1 \pm 2{,}3 \cdot 10^{-4})\ \Omega$. Vor allem in Tabellen findet sich mitunter auch die Kurzschreibweise $R = 100{,}035(23)\ \Omega$. In Klammern steht hier die Meßunsicherheit mit dem Stellenwert der

letzten angegebenen Ziffer des Meßergebnisses, hier 10^{-3}. Der durch die Meßunsicherheit gekennzeichnete Bereich ist $100{,}012\ \Omega \leq R \leq 100{,}058\ \Omega$.

5.4.2 Angabe mit erweiterter Meßunsicherheit

Ein anderer Kennwert für die Genauigkeit einer Messung ist die *erweiterte Meßunsicherheit* [1]. Dieser Kennwert kennzeichnet einen Wertebereich, der den wahren Wert der Meßgröße mit hoher Wahrscheinlichkeit enthält. Die erweiterte Meßunsicherheit ist

$$U(y) = k \cdot u(y) \tag{11}$$

mit dem *Erweiterungsfaktor* k, dessen Wert zwischen 2 und 3 festzulegen ist [1]. Vorzugsweise sollte $k = 2$ verwendet werden. Der durch die erweiterte Meßunsicherheit gekennzeichnete Wertebereich für den wahren Wert der Meßgröße Y ist

$$y - U(y) \leq Y \leq y + U(y)\ . \tag{12}$$

Wird die erweiterte Meßunsicherheit $U(y)$ angegeben, z.B. in einer Schreibweise nach Gleichung (9) anstelle der Standardunsicherheit $u(y)$, so ist klarzustellen, daß es sich um die erweiterte Meßunsicherheit handelt, und auch der benutzte Erweiterungsfaktor k mitzuteilen. Nur dann läßt sich die Standardunsicherheit $u(y) = U(y)/k$ für eine Weiterverarbeitung nach dem in Abschnitt 6 festgelegten Verfahren oder für einen kritischen Vergleich zweier oder mehrerer vollständiger Meßergebnisse derselben Meßgröße wiedergewinnen.

5.4.3 Angabe als Vertrauensbereich

Nach DIN 1319-1 läßt sich bei Bedarf z u s ä t z l i c h zum vollständigen Meßergebnis nach Gleichung (9) unter einer Annahme über die Form der Wahrscheinlichkeitsverteilung der Meßwerte mit Hilfe von n, $\bar{v}$ und s ein *Vertrauensbereich** (auch *Vertrauensintervall** oder *Konfidenzintervall** genannt) angeben. Dieser enthält mit einer vorgegebenen Wahrscheinlichkeit, dem *Vertrauensniveau** $(1 - \alpha)$, den Erwartungswert μ der Verteilung (nicht den wahren Wert der Meßgröße Y). In dieser Norm wird als Verteilung der Meßwerte eine *Normalverteilung** vorausgesetzt. Der Vertrauensbereich (für den Erwartungswert) wird von den *Vertrauensgrenzen** eingeschlossen:

$$\bar{v} - t \cdot s(\bar{v}) \leq \mu \leq \bar{v} + t \cdot s(\bar{v}) \tag{13}$$

(Zum Faktor t, auch *Student-Faktor* genannt, siehe Anmerkung 1). Durch den Vertrauensbereich nach Gleichung (13) wird nur der Einfluß der zufälligen Meßabweichungen erfaßt. Wenn $u(x_1)$ vernachlässigbar ist — und nur dann —, kann durch Verschiebung des Vertrauensbereichs um die Korrektion K auch der Einfluß der systematischen Meßabweichung berücksichtigt werden. Auf diese Weise wird wie folgt ein Vertrauensbereich für Y festgelegt:

$$y - t \cdot u(y) \leq Y \leq y + t \cdot u(y)\ . \tag{14}$$

Bei der Angabe der Vertrauensgrenzen sind in jedem Fall auch der Faktor t oder das gewählte Vertrauensniveau $(1 - \alpha)$ und die Anzahl n der Messungen mitzuteilen. Der Faktor t und damit der Vertrauensbereich hängen von der Anzahl n und vom gewählten Vertrauensniveau ab. Im Gegensatz dazu ist die Meßunsicherheit $u(x_1)$ unabhängig von einer angenommenen Verteilung der Meßwerte und vom gewählten Vertrauensniveau. Werte für t sind in Tabelle 1 angegeben. Sie gelten nur für die vorausgesetzte Normalverteilung der Meßwerte. Sie zeigen auch, daß bei nur wenigen Messungen ein weiter Vertrauensbereich in Kauf genommen werden muß. Oft genügt die Wahl $t = t_\infty = 2$ für $1 - \alpha \approx 95\ \%$. Dieses Vertrauensniveau von 95 % sollte verwendet werden, aber kein höheres. Denn nur dann ist der Vertrauensbereich einigermaßen unabhängig von der zugrundeliegenden Wahrscheinlichkeitsverteilung, die nicht immer als Normalverteilung vorausgesetzt werden darf (siehe Anmerkung 2). Das zeigt das untenstehende Gegenbeispiel.

Mitunter wird ein e i n s e i t i g e r Vertrauensbereich zu einem gewählten Vertrauensniveau $(1 - \alpha)$ benötigt, d.h.

$$\mu \leq \bar{v} + t \cdot s(\bar{v}) \quad \text{oder} \quad \mu \geq \bar{v} - t \cdot s(\bar{v})\ . \tag{15}$$

ANMERKUNG 1: t in Tabelle 1 ist das *Quantil** der *Student- oder t-Verteilung** zum *Freiheitsgrad** $(n - 1)$ für die Wahrscheinlichkeit $(1 - \alpha/2)$. In anderen Tabellen wird t oft in Abhängigkeit von diesem Freiheitsgrad angegeben. t_∞ ist identisch mit dem Quantil der *standardisierten Normalverteilung** für die gleiche Wahrscheinlichkeit.

ANMERKUNG 2: Um zu entscheiden, ob eine Normalverteilung der Meßwerte vorliegt oder ob ein Meßwert v_k, der anscheinend aus der Menge der übrigen Meßwerte herausfällt, aus einer durch Störung verfälschten Messung stammt und dann als *Ausreißer* außer acht bleiben darf, siehe DIN 53804-1.

Tabelle 1: Werte für t und t_∞ für verschiedene Vertrauensniveaus $(1-\alpha)$ bei normalverteilten Meßwerten

Anzahl n der Meßwerte	68,26 %	t für zweiseitigen Vertrauensbereich: $1-\alpha =$				99,73 %
		90 %	95 %	99 %	99,5 %	
		t für einseitigen Vertrauensbereich: $1-\alpha =$				
		95 %	97,5 %	99,5 %	99,75 %	
2	1,84	6,31	12,71	63,66	127,32	235,8
3	1,32	2,92	4,30	9,92	14,09	19,21
4	1,20	2,35	3,18	5,82	7,45	9,22
5	1,14	2,13	2,78	4,60	5,60	6,62
6	1,11	2,02	2,57	4,03	4,77	5,51
7	1,09	1,94	2,45	3,71	4,32	4,90
8	1,08	1,89	2,36	3,50	4,03	4,53
9	1,07	1,86	2,31	3,36	3,83	4,28
10	1,06	1,83	2,26	3,25	3,69	4,09
11	1,05	1,81	2,23	3,17	3,58	3,96
12	1,05	1,80	2,20	3,11	3,50	3,85
13	1,04	1,78	2,18	3,05	3,43	3,76
20	1,03	1,73	2,09	2,86	3,17	3,45
30	1,02	1,70	2,05	2,76	3,04	3,28
50	1,01	1,68	2,01	2,68	2,94	3,16
80	1,01	1,66	1,99	2,64	2,89	3,10
100	1,01	1,66	1,98	2,63	2,87	3,08
125	1,00	1,66	1,98	2,62	2,86	3,06
200	1,00	1,65	1,97	2,60	2,84	3,04
>200	1,00	1,65	1,96	2,58	2,81	3,00

Die Werte für t in der letzten Zeile werden auch mit t_∞ bezeichnet.

BEISPIEL:
Bei Simulationen physikalischer Vorgänge unter Anwendung der Monte-Carlo-Methode ist häufig eine Größe Y in der Form

$$Y = \int_a^b g(z)\,\mathrm{d}z \qquad (16)$$

zu "messen". Werden sehr viele Werte z_j mit Hilfe eines Zufallszahlengenerators aus einer *Rechteckverteilung** im Intervall von a bis b gezogen, so ist mit den "Meßwerten" $v_j = g(z_j)$ so zu verfahren, wie es in diesem Abschnitt 5 beschrieben ist. Eine Normalverteilung der Meßwerte v_j darf jedoch nicht vorausgesetzt werden. Daher ist Tabelle 1 in diesem Fall nicht anwendbar. Trotzdem ist ein Vertrauensbereich nach Gleichung (13) mit $t = t_\infty$ eine gute Näherung, wenn das Integral $\int_a^b g^2(z)\,\mathrm{d}z$ existiert.

6 Auswertungsverfahren für den allgemeinen Fall

Die vier Schritte der Auswertung nach 4.2 werden wie in Abschnitt 5 auch in dem folgenden Verfahren für den allgemeinen Fall der indirekten Ermittlung einer Meßgröße ausgeführt.

6.1 Aufstellung des Modells

6.1.1 Allgemeines

Der erste Schritt eines allgemeinen Verfahrens für die Auswertung von Messungen besteht auch bei einer einzelnen i n d i r e k t zu ermittelnden Meßgröße Y in jedem Anwendungsfall darin, das mathematische Modell für die Auswertung heranzuziehen oder zu entwickeln. Das Modell muß der gestellten Auswertungsaufgabe individuell angepaßt sein, diese beschreiben und es erlauben, das vollständige Meßergebnis für die interessierende Meßgröße aus Meßwerten und anderen verfügbaren Daten zu berechnen. Die Gleichungen des Modells müssen alle mathematischen Beziehungen umfassen, die zwischen den bei den auszuwertenden Messungen beteiligten physikalischen und anderen Größen, einschließlich der Einflußgrößen, bestehen. Oft ist das Modell zwar schon beispielsweise durch das Meßverfahren, eine Definitionsgleichung oder ein Naturgesetz als eine einfache Gleichung gegeben, nicht selten jedoch erfordert die Aufstellung des Modells eine gründliche Analyse aller Größen, Zusammenhänge, Abläufe und Einflüsse in dem betrachteten Experiment. Das Modell muß immer gebildet werden, möglichst schon bei der Planung der Messungen, nicht nur, um Unsicherheiten zu berechnen, sondern auch, um überhaupt ein Meßergebnis für die interessierende Meßgröße zu erhalten.

6.1.2 Eingangsgrößen und Ergebnisgröße

Als erstes ist es nötig, Klarheit darüber zu gewinnen, welche Größen neben der interessierenden Meßgröße Y, der *Ergebnisgröße* (siehe 3.2), bei den betrachteten Messungen und damit bei der gestellten Auswertungsaufgabe zu berücksichtigen sind. Zu diesen *Eingangsgrößen* X_i (siehe 3.3; $i = 1, \ldots, m$ mit der Anzahl m der Eingangsgrößen) gehören

a) Meßgrößen, die direkt gemessen werden und den u n b e r i c h t i g t e n Ausgaben der verwendeten Meßeinrichtungen zugeordnet werden;
b) Einflußgrößen und Größen, die der Berichtigung oder *Kalibrierung** dienen;
c) Ergebnisgrößen vorangegangener Auswertungen oder Teilauswertungen und
d) andere bei der Auswertung benutzte Größen, für die Daten z.B. aus der Literatur oder aus Tabellen herangezogen werden.

Es wird besonders darauf hingewiesen, daß die unter Aufzählung b) genannten Größen, insbesondere die Einflußgrößen, die die Ursache für systematische Abweichungen sind, zweckmäßig als eigene, zusätzliche Eingangsgrößen betrachtet werden.

Jeder beteiligten physikalischen oder anderen Größe X_i und Y wird eine Zufallsgröße, ein *Schätzer**, zugeordnet. Ein ermittelter Wert x_i bzw. y dieses Schätzers wird als Schätzwert für den wahren Wert der zugehörigen Größe aufgefaßt. y ist das interessierende Meßergebnis. Die Schätzer sind zu unterscheiden von den Größen und treten bei der Auswertung selbst kaum in Erscheinung, aber ihre Werte. Ihre *gemeinsame Wahrscheinlichkeitsverteilung* dient dazu, den vorliegenden Kenntnisstand über die Größen auszudrücken.

6.1.3 Modellfunktion

Oft hängt die Ergebnisgröße Y in Form einer gegebenen *Modellfunktion* f explizit von den Eingangsgrößen X_i ab:

$$Y = f(X_1, \ldots, X_m) \ . \tag{17}$$

Nur Modelle dieser Art werden in dieser Norm behandelt. In allgemeineren Fällen siehe DIN 1319-4. Die Modellfunktion kann als mathematischer Ausdruck, darf aber auch als komplizierter Algorithmus in Form eines Rechenprogramms vorliegen.

Ist die Modellfunktion nur näherungsweise als f_0 bekannt, so kann eine zusätzlich eingeführte Eingangsgröße X_{m+1} helfen, die damit verbundene Abweichung zu beschreiben. Anstelle der Modellfunktion f_0 ist dann also beispielsweise die Modellgleichung

$$Y = f(X_1, \ldots, X_{m+1}) = f_0(X_1, \ldots, X_m) + X_{m+1} \tag{18}$$

zu benutzen. X_{m+1} ist als Einflußgröße anzusehen und kann z.B. das Restglied einer abgebrochenen Taylor-Reihe sein, die durch f_0 dargestellt wird (siehe Beispiel 3).

BEISPIEL 1:
Muß im Fall der mehrmaligen direkten Messung einer Meßgröße Y (siehe 5.1) der ausgegebene Wert der Meßeinrichtung noch mit einem Kalibrierfaktor multipliziert werden, so ist dieser Kalibrierfaktor als eine weitere Eingangsgröße X_3 aufzufassen. Die Modellgleichung lautet dann

$$Y = X_1 X_3 - X_2 \ . \tag{19}$$

BEISPIEL 2:
Die Aktivität $Y = A$ einer radioaktiven Probe soll gemessen werden. Sie hängt ab von der Anzahl $X_1 = N$ der im Zähler während der Meßdauer $X_2 = T$ nachgewiesenen Zerfallsereignisse, der Nachweiswahrscheinlichkeit $X_3 = \varepsilon$ für ein solches Ereignis und der Totzeit $X_4 = \tau$ des Zählers. Das Modell der Auswertung lautet in diesem Fall

$$Y = \frac{X_1}{X_3 \cdot (X_2 - X_1 X_4)} \ . \tag{20}$$

Fortsetzung siehe Beispiel 2 in 6.3.1.

BEISPIEL 3:
Die Meßgröße Y sei aus der nicht geschlossen nach Y auflösbaren Gleichung $Y = X_1 \exp(-Y)$ zu ermitteln. Dies kann für $-1/e < X_1 < e$ iterativ geschehen, beginnend mit der Näherung $Y = X_1$. Zweimalige Iteration führt auf die Modellgleichung

$$Y = X_1 \cdot \exp(-X_1 \cdot e^{-X_1}) + X_2 \; . \tag{21}$$

Die Größe X_2 berichtigt nach Gleichung (18) die durch das erste Glied dargestellte Näherung.

6.2 Vorbereitung der Eingangsdaten

6.2.1 Individuelle und gemeinsame Komponenten der Meßunsicherheit

Zur Berechnung des Meßergebnisses y und der Meßunsicherheit $u(y)$ für die interessierende Meßgröße Y mit Hilfe des Modells werden Schätzwerte x_i für die wahren Werte der beteiligten Eingangsgrößen X_i, die entweder direkt gemessen wurden oder über die andere Informationen für die Auswertung, z.B. vollständige Meßergebnisse aus vorangegangenen Auswertungen, herangezogen werden, sowie auch die zugehörigen Unsicherheiten benötigt. Und zwar nicht nur die *Meßunsicherheiten* $u(x_i)$ *(individuelle Komponenten der Meßunsicherheit,* siehe 3.5) der einzelnen Eingangsgrößen, sondern auch deren *gemeinsame Komponenten* $u(x_i, x_k)$ der Meßunsicherheit (siehe 3.6), wenn die Eingangsgrößen — genauer die ihnen zugeordneten Schätzer (siehe 6.1.2) — *korreliert* sind.

Entsprechend DIN 1319-4 und [1] werden als Maß für die Unsicherheiten $u(x_i)$ der Eingangsgrößen X_i *(empirische) Varianzen** (der zugeordneten Schätzer) herangezogen:

$$u^2(x_i) = s^2(x_i) \; , \tag{22}$$

alternativ und anschaulicher auch *Standardabweichungen**, d.h. die (positiven) Quadratwurzeln der Varianzen,

$$u(x_i) = s(x_i) \tag{23}$$

oder *relative Standardabweichungen (Variationskoeffizienten*)*

$$u_{\text{rel}}(x_i) = u(x_i)/|x_i| = s(x_i)/|x_i| \; ; \quad (x_i \neq 0) \; . \tag{24}$$

$u(x_i)$ nach Gleichung (23) heißt auch *Standardunsicherheit* (siehe 3.5 Anmerkung 3). Für die gemeinsamen Komponenten der Unsicherheit werden *(empirische) Kovarianzen**

$$u(x_i, x_k) = s(x_i, x_k) \; ; \quad (i \neq k) \tag{25}$$

oder alternativ *(empirische) Korrelationskoeffizienten** benutzt:

$$r(x_i, x_k) = \frac{u(x_i, x_k)}{u(x_i) u(x_k)} = \frac{s(x_i, x_k)}{s(x_i) s(x_k)} \; . \tag{26}$$

Sie werden nur für $i < k$ benötigt. Es gelten die Beziehungen

$$\begin{aligned} u(x_i, x_i) &= u^2(x_i) \; ; \quad u(x_k, x_i) = u(x_i, x_k) \; ; \\ r(x_i, x_i) &= 1 \; ; \quad r(x_k, x_i) = r(x_i, x_k) \; ; \quad |r(x_i, x_k)| \leq 1 \; . \end{aligned} \tag{27}$$

Die Meßunsicherheit der Ergebnisgröße Y wird entsprechend als Varianz mit $u^2(y)$, als Standardunsicherheit mit $u(y)$ und relativ mit $u_{\text{rel}}(y)$ bezeichnet.

Die Schätzwerte x_i für die Eingangsgrößen X_i und die zugehörigen Unsicherheiten sind im zweiten Schritt der Meßdatenauswertung empirisch nach mathematischen Ausdrücken anzusetzen, die in 6.2.2 bis 6.2.6 angegeben werden. Bei diesen Ausdrücken handelt es sich um Beispiele. Sie dürfen je nach den vorliegenden Informationen sinngemäß verändert werden. Bei allem Bemühen sind sinnvolle empirische Ansätze jedoch mitunter nicht frei von subjektiver Erfahrung. Das ist unvermeidlich, vernünftig und tragbar, solange zusätzliche Informationen nicht vorliegen oder nur mit unverhältnismäßig hohem Aufwand gewonnen werden können.

Vollständige Meßergebnisse früherer Auswertungen lassen sich unmittelbar benutzen, wenn sie in der oben beschriebenen Form ausgedrückt sind.

6.2.2 Mehrmals gemessene Größen

Werden einige Eingangsgrößen X_i in unabhängigen Versuchen n_i-mal direkt gemessen, wobei dieselben genau festgelegten Versuchsbedingungen so weit wie möglich eingehalten werden, und ergibt sich für X_i dabei im j-ten Versuch der Meßwert v_{ij} ($j = 1, \ldots, n_i$; $n_i > 1$), so werden als Schätzwerte x_i für diese Meßgrößen X_i die Mittelwerte $\bar{v}_i$ der Meßwerte sowie als Unsicherheiten $u^2(x_i)$ der Meßgrößen die Varianzen dieser Mittelwerte angesetzt:

$$x_i = \bar{v}_i = \frac{1}{n_i} \sum_{j=1}^{n_i} v_{ij} \; ; \tag{28}$$

$$u^2(x_i) = s^2(\bar{v}_i) = s_i^2/n_i \; ; \quad s_i^2 = \frac{1}{(n_i - 1)} \sum_{j=1}^{n_i} (v_{ij} - \bar{v}_i)^2 \; . \tag{29}$$

Die s_i sind die empirischen Standardabweichungen der Verteilungen der Meßwerte der Eingangsgrößen. Bei nur wenigen Messungen siehe auch 6.2.3.

Werden einige Eingangsgrößen X_i in jedem einzelnen von n unabhängigen Versuchen desselben Experiments **gemeinsam** gemessen (siehe auch Beispiel in A.6), so ist in den Gleichungen (28) und (29) $n_i = n$ zu setzen ($n > 1$). Außerdem sind die gemeinsamen Komponenten der Unsicherheit als Kovarianzen der Mittelwerte sowie — wenn in 6.3 erforderlich — als Korrelationskoeffizienten wie folgt zu berechnen ($i < k$):

$$u(x_i, x_k) = s(\bar{v}_i, \bar{v}_k) = \frac{1}{n(n-1)} \sum_{j=1}^{n} (v_{ij} - \bar{v}_i)(v_{kj} - \bar{v}_k) \; ; \tag{30}$$

$$r(x_i, x_k) = \frac{u(x_i, x_k)}{u(x_i)u(x_k)} \; . \tag{31}$$

6.2.3 Einzelwerte oder wenige Werte

Liegt für manche Eingangsgrößen X_i nur je ein einzelner Wert vor ($n_i = 1$), z.B. ein Meßwert, ein Wert aus der Literatur, eine bekannte systematische Meßabweichung oder eine Korrektion, so ist dieser als Schätzwert x_i zu verwenden. Die Unsicherheit ist dann aus den verfügbaren Informationen oder nach der Erfahrung z.B. wie folgt anzusetzen:

Sind die individuellen Komponenten $u^2(x_{i0})$ und gemeinsamen Komponenten $u(x_{i0}, x_{k0})$ der Unsicherheit aus n_{i0} früheren, unter vergleichbaren Versuchsbedingungen mehrmals ausgeführten Messungen derselben oder ähnlicher Größen nach 6.2.2 bekannt, so sind im Fall weniger Messungen ($1 \leq n_i < n_{i0}$) der Eingangsgrößen X_i

$$u^2(x_i) = u^2(x_{i0})n_{i0}/n_i \; ; \quad u(x_i, x_k) = u(x_{i0}, x_{k0})n_{i0}/n_i \tag{32}$$

zu benutzen.

Sind stattdessen die relativen Unsicherheiten $u_{\text{rel}}(x_{i0})$ und Korrelationskoeffizienten $r(x_{i0}, x_{k0})$ aus jenen früheren Messungen bekannt und wird angenommen, daß sie auch für die gegenwärtigen Messungen bei von x_{i0} abweichenden Werten x_i noch gelten, so sind sie wie folgt zu verwenden:

$$u(x_i) = |x_i| u_{\text{rel}}(x_{i0}) \sqrt{n_{i0}/n_i} \; ; \quad r(x_i, x_k) = r(x_{i0}, x_{k0}) \; . \tag{33}$$

Sind empirische Standardabweichungen s_{i0} der Verteilungen der Meßwerte der Eingangsgrößen bekannt, so darf wie bei Gleichung (5) auch

$$u(x_i) = s_{i0}/\sqrt{n_i} \tag{34}$$

verwendet werden.

6.2.4 Anzahlen

Werden mehrere Anzahlen X_i, wie bei Kernstrahlungsmessungen üblich, durch *Zählen** eingetretener gleichartiger Ereignisse einmal gemessen und werden dabei jeweils N_i dieser Ereignisse (z.B. durch Alphateilchen ausgelöste Impulse) registriert, so sind anzusetzen:

$$x_i = N_i \; ; \quad u^2(x_i) = N_i \; . \tag{35}$$

Hier ist angenommen, daß die Ereignisse unabhängig voneinander eintreten und die Anzahlen der Ereignisse daher *Poisson-Verteilungen** gehorchen. In den meisten Fällen einer einmaligen, aber gemeinsamen zählenden Messung mehrerer Anzahlen (z.B. bei der Vielkanalanalyse) dürfen deshalb auch gemeinsame Komponenten $u(x_i, x_k) = 0$ der Unsicherheit angesetzt werden (siehe auch 6.2.6).

6.2.5 Einflußgrößen

Meist können lediglich eine untere Grenze a_i und eine obere Grenze b_i für die m ö g l i c h e n Werte einer Eingangsgröße X_i, z.B. einer Einflußgröße, gemessen oder abgeschätzt werden. Dann lautet der Ansatz:

$$x_i = (a_i + b_i)/2 \; ; \quad u^2(x_i) = (b_i - a_i)^2/12 \tag{36}$$

(Zu gemeinsamen Komponenten der Unsicherheit siehe 6.2.6). Diese Ausdrücke sind ebenso zu verwenden, wenn keinerlei Information über eine während der Messung mögliche oder tatsächliche Änderung einer Einflußgröße in ihren Grenzen vorliegt. Die Ansätze nach Gleichung (36) entsprechen einer *Rechteckverteilung** des Schätzers für die Einflußgröße zwischen den Grenzen.

Andere Ansätze:

a) Schwingt die Einflußgröße bekanntermaßen zwischen den Grenzen sinusförmig in der Zeit mit einer Schwingungsdauer, die klein ist gegen die Meßdauer, so ist in Gleichung (36) der Nenner 12 durch den Nenner 8 zu ersetzen.

b) Können bei einer sich zeitlich zufällig ändernden Einflußgröße X der zeitliche Mittelwert $\bar{v} = \overline{v(t)}$ und Effektivwert v_{eff} gemessen werden, so gelten die Ansätze

$$x = \bar{v} \; ; \quad u^2(x) = v_{\text{eff}}^2 - \bar{v}^2 \; ; \quad v_{\text{eff}} = \sqrt{\overline{v^2(t)}} \; . \tag{37}$$

c) Liegt für eine aus physikalischen Gründen nicht negative Einflußgröße X lediglich ein Schätzwert $x > 0$ vor, so ist $u(x) = x$ anzunehmen.

d) Wird eine systematische Abweichung über eine Größe $X = a(1 - \cos Z) \approx aZ^2/2$ durch eine Einflußgröße Z, beispielsweise einen Winkel, mit $|Z| \leq b \ll 1$ bewirkt, so sind

$$x = ab^2/6 \; ; \quad u^2(x) = a^2 b^4/45 \tag{38}$$

zu benutzen.

BEISPIEL 1:
Beispiele unterer und oberer Grenzen sind:

a) gemessene Grenzen, z.B. einer Einflußtemperatur, die mittels eines Maximum-Minimum-Thermometers gemessen werden,
b) bekannte Grenzen einer durch Rundung verursachten Abweichung (siehe Beispiel 2),
c) geschätzte Grenzen für ein vernachlässigtes Restglied einer Reihenentwicklung, z.B. einer Taylor-Reihe für eine Modellfunktion,
d) Grenzen für die Meßabweichung einer anzeigenden Meßeinrichtung, die sich z.B. aus den Angaben des Herstellers oder eines Zertifikats ergeben können.

BEISPIEL 2:
Ist der Wert v einer Größe X gegeben und bekannt, daß er aufgerundet worden ist, und ist 10^p der Stellenwert der letzten signifikanten Ziffer von v (p ist eine ganze Zahl), so sind die Grenzen der durch die Rundung verursachten Abweichung $a = v - 10^p$ und $b = v$. Für X und für die Unsicherheit ergeben sich damit nach Gleichung (36) als Schätzwert $x = v - 0{,}5 \cdot 10^p$ bzw. $u(x) = 0{,}289 \cdot 10^p$.

6.2.6 Korrelationen

Gemeinsame Komponenten der Unsicherheit in Form von Kovarianzen $u(x_i, x_k)$ und Korrelationskoeffizienten $r(x_i, x_k)$ ($i \neq k$) dürfen für Eingangsgrößen X_i und X_k gleich Null gesetzt werden, wenn

a) die Größen X_i und X_k unkorreliert sind — wenn sie also z.B. zwar mehrmals, aber nicht gemeinsam in v e r s c h i e d e n e n unabhängigen Versuchen gemessen wurden — oder Ergebnisgrößen u n t e r s c h i e d l i c h e r früherer Auswertungen sind, die unabhängig voneinander durchgeführt wurden oder
b) die Größen X_i und X_k näherungsweise als unkorreliert angesehen werden können oder
c) die Unsicherheit einer der Größen X_i und X_k vernachlässigt wird oder
d) keinerlei Information über eine Korrelation der Größen X_i und X_k vorliegt.

Wenn einige der Eingangsgrößen von anderen abhängen, so daß $X_i = g_i(X_k, \ldots)$, sind jene Eingangsgrößen korreliert. In diesem Fall ist es zweckmäßig, die X_i durch Einsetzen der Funktionen g_i in das Modell nach Gleichung (17) zu eliminieren. Dann brauchen Korrelationen oft nicht berücksichtigt zu werden. Manchmal sind Eingangsgrößen X_i in gleicher Weise beeinflußt und müssen deshalb wegen einer systematischen Meßabweichung berichtigt werden mittels derselben Größe X_q, die eine gemeinsame additive Korrektion oder einen Korrektionsfaktor darstellt (siehe Beispiel 1 in 6.1.3 und Gleichung (45)). Die X_i sind dann zweckmäßigerweise aufzuspalten und zu substituieren durch $X_i = X_i' + c_i X_q$ oder $X_i = X_q X_i'$, so daß alle neuen Größen X_i' und X_q nunmehr möglicherweise als unkorreliert angesehen werden können. Die c_i sind Konstanten. Es darf dann auch im ersteren Fall

$$u(x_i, x_k) = c_i c_k u^2(x_q) \tag{39}$$

und im zweiten Fall

$$u(x_i, x_k) = x_i' x_k' u^2(x_q) = x_i x_k u_{\text{rel}}^2(x_q) \tag{40}$$

gesetzt werden. Siehe hierzu auch Beispiel in A.7.

ANMERKUNG: Wenn von Null verschiedene Kovarianzen oder Korrelationskoeffizienten als gemeinsame Komponenten der Unsicherheit der Eingangsgrößen X_i auf andere Weise gewonnen oder angesetzt werden als nach den vorstehenden Regeln und Gleichungen (39) und (40), so müssen sie zusätzlichen Bedingungen genügen. Das ist nötig, um sicherzustellen, daß die Unsicherheit jeder beliebigen Ergebnisgröße Y, die von den Eingangsgrößen X_i abhängt (siehe 6.3), nicht negativ werden kann. Siehe hierzu DIN 1319-4.

6.2.7 Größen mit geringer Auswirkung

Wirken sich die Unsicherheiten einiger Eingangsgrößen X_i nur sehr geringfügig auf die Unsicherheit der Ergebnisgröße Y aus (siehe 6.3), z.B. weil jene Größen wesentlich genauer als andere Eingangsgrößen gemessen werden können oder weil die Meßgröße Y nicht empfindlich von ihnen abhängt — das gilt besonders für Größen X_i, die der Berichtigung dienen —, so dürfen jene Größen als Konstanten behandelt und ihre Unsicherheiten vernachlässigt werden.

6.3 Berechnung des vollständigen Meßergebnisses

6.3.1 Allgemeines Verfahren

Sind die Schätzwerte x_i der Eingangsgrößen X_i und deren individuelle Komponenten $u^2(x_i)$ und gemeinsame Komponenten $u(x_i, x_k)$ der Unsicherheit nach 6.2 aufgestellt worden, so können nach dieser Vorbereitung der Eingangsdaten nunmehr im dritten Schritt der Auswertung das Meßergebnis y für die Ergebnisgröße Y und deren Unsicherheit, ausgedrückt durch $u(y)$ oder $u^2(y)$, berechnet werden.

Das Meßergebnis y wird durch Einsetzen der Schätzwerte x_i in die Modellfunktion f nach Gleichung (17) gewonnen:

$$y = f(x_1, \ldots, x_m) . \tag{41}$$

Die Standardunsicherheit $u(y)$ der Ergebnisgröße Y ergibt sich als Quadratwurzel aus

$$\begin{aligned} u^2(y) &= \sum_{i,k=1}^{m} \frac{\partial f}{\partial x_i} \frac{\partial f}{\partial x_k} u(x_i, x_k) \\ &= \sum_{i=1}^{m} \left(\frac{\partial f}{\partial x_i} \right)^2 u^2(x_i) + 2 \sum_{i=1}^{m-1} \sum_{k=i+1}^{m} \frac{\partial f}{\partial x_i} \frac{\partial f}{\partial x_k} u(x_i, x_k) . \end{aligned} \tag{42}$$

Hierbei ist $\partial f/\partial x_i$ die partielle Ableitung der Modellfunktion f nach der Größe X_i mit eingesetzten Schätzwerten x_1 bis x_m aller Größen. Gleichung (27) ist zu beachten. Gleichung (42) beschreibt die *Fortpflanzung von Unsicherheiten*.
Bei unkorrelierten Eingangsgrößen X_i reduziert sich Gleichung (42) auf

$$u(y) = \sqrt{\sum_{i=1}^{m} \left(\frac{\partial f}{\partial x_i}\right)^2 u^2(x_i)} \, . \tag{43}$$

Speziell für $m = 1$ gilt

$$u(y) = \left|\frac{df}{dx_1}\right| u(x_1) \, . \tag{44}$$

Hängt eine Eingangsgröße X_i von einer anderen Größe X_k in der Form $X_i = g_i(X_k, \ldots)$ ab oder hängen beide von einer dritten Größe X_q in der Form $X_i = h_i(X_q, \ldots)$ und $X_k = h_k(X_q, \ldots)$ ab, so ist in Gleichung (42)

$$u(x_i, x_k) = \frac{\partial g_i}{\partial x_k} u^2(x_k) \quad \text{bzw.} \quad u(x_i, x_k) = \frac{\partial h_i}{\partial x_q}\frac{\partial h_k}{\partial x_q} u^2(x_q) \tag{45}$$

einzusetzen. In anderen Fällen siehe DIN 1319-4. Siehe hierzu auch Beispiel in A.7.

Wird die Unsicherheit $u_0^2(y)$ von Y vorläufig dadurch ermittelt, daß in der Modellfunktion f eine Eingangsgröße X_q als Konstante angesehen wird, später aber als eine zu den übrigen Eingangsgrößen unkorrelierte Größe, so gilt

$$u^2(y) = u_0^2(y) + \left(\frac{\partial f}{\partial x_q}\right)^2 u^2(x_q) \, . \tag{46}$$

Siehe hierzu auch Beispiel in A.4.

Wird statt y nach Gleichung (41) ein anderer Schätzwert y' für die Ergebnisgröße Y weiterverwendet, so vergrößert sich dadurch die Unsicherheit. Es ist dann

$$u^2(y') = u^2(y) + (y' - y)^2 \, . \tag{47}$$

Wenn zwei (oder entsprechend mehrere) Ergebnisgrößen Y_1 und Y_2 mit den Modellfunktionen f_1 bzw. f_2 aus d e n s e l b e n Eingangsgrößen und Daten zu ermitteln sind — daneben können noch andere Eingangsgrößen beteiligt sein —, so ist zunächst bei beiden Ergebnisgrößen wie beschrieben zu verfahren. Zusätzlich muß dann auch noch die gemeinsame Komponente $u(y_1, y_2)$ der Unsicherheit dieser Größen berechnet werden (siehe auch DIN 1319-4):

$$u(y_1, y_2) = \sum_{i,k=1}^{m} \frac{\partial f_1}{\partial x_i}\frac{\partial f_2}{\partial x_k} u(x_i, u_k) \, . \tag{48}$$

ANMERKUNG 1: Das Auswertungsverfahren ist nicht in allen Fällen anwendbar. Siehe hierzu Anhang C.

ANMERKUNG 2: Bei mehrmaligen Messungen von Eingangsgrößen X_i (siehe 6.2.2) liegt es nahe, jeweils die zusammengehörigen Meßwerte v_{ij} dieser Größen direkt in die Modellfunktion f einzusetzen, aus den so gewonnenen "Meßwerten" f_j der Ergebnisgröße Y den Mittelwert $\bar{f}$ zu bilden und diesen als Schätzwert y für Y zu nehmen. Dieses Vorgehen entspricht nicht der Berechnung des Meßergebnisses y nach Gleichung (41) und ist unzweckmäßig, weil der Mittelwert einer immer größer werdenden Anzahl solcher "Meßwerte" im allgemeinen nicht gegen den wahren Wert von Y strebt, die Schätzung $y = \bar{f}$ also nicht *erwartungstreu* ist (siehe DIN 13303-2 und DIN 55350-24).

ANMERKUNG 3: Gleichung (43) wurde früher "Fehlerfortpflanzungsgesetz" genannt. Sie betrifft jedoch nicht die Fortpflanzung von Meßabweichungen (früher "Fehler"), sondern die von Unsicherheiten.

BEISPIEL 1:
Ist in 5.1 die Größe X_2 ein Korrekturfaktor, so daß das Modell $Y = X_1 X_2$ lautet, so gilt

$$y = x_1 \cdot x_2 \, ; \quad u_{\text{rel}}(y) = \sqrt{u_{\text{rel}}^2(x_1) + u_{\text{rel}}^2(x_2)} \, . \tag{49}$$

BEISPIEL 2:
In Beispiel 2 in 6.1.3 seien N Zerfallsereignisse gezählt worden, so daß sich $x_1 = N$ und $u^2(x_1) = N$ nach 6.2.4

ergeben. Für die Nachweiswahrscheinlichkeit liege der Wert $x_3 = \varepsilon$ und die relative Unsicherheit $u_{\text{rel}}(\varepsilon)$ vor, ermittelt aus anderen Messungen, so daß $u(\varepsilon) = \varepsilon u_{\text{rel}}(\varepsilon)$ (siehe 6.2.3). Die Unsicherheiten der Meßdauer T und der Totzeit τ werden vernachlässigt (siehe 6.2.7), ebenso die gemeinsamen Komponenten der Unsicherheit (siehe 6.2.6 a) und c)). Dann ergibt sich für die Aktivität A und ihre Meßunsicherheit mit dem Modell nach Gleichung (20) sowie unter Anwendung der Gleichungen (41) und (43)

$$A = \frac{N}{\varepsilon \cdot (T - N\tau)} \; ; \quad u_{\text{rel}}(A) = \sqrt{u_{\text{rel}}^2(\varepsilon) + \frac{1}{N \cdot (1 - N\tau/T)^2}} \; . \tag{50}$$

BEISPIEL 3:
Beim Vorliegen der Beziehung $Y = X_1 \exp(-Y)$ ist die Modellfunktion f nicht explizit, sondern nur als Iterationsalgorithmus gegeben (siehe Beispiel 3 in 6.1.3). Das Meßergebnis y läßt sich also durch Iteration aus x_1 berechnen. Es gilt $x_1 = y \exp(y) = g(y)$. g ist die Umkehrfunktion von f, also ist $df/dx_1 = 1/(dg/dy) = y/(x_1 \cdot (y+1))$ und nach Gleichung (44)

$$u(y) = \left| \frac{y}{x_1 \cdot (y+1)} \right| u(x_1) \; . \tag{51}$$

Für $x_1 = 0$ ist $y/x_1 = 1$ zu setzen. Beim Rechnen mit beschränkter Stellenanzahl springt bei der Iteration mitunter auch innerhalb des Konvergenzbereichs der Wert für y dauernd zwischen zwei nahe beieinanderliegenden Werten a und b hin und her (Bifurkation). Dieser Einfluß erzeugt eine zusätzliche Unsicherheit $u(x_2) = |a - b|/\sqrt{12}$ (siehe 6.2.5). Es ist dann zu setzen:

$$y = (a+b)/2 \; ; \quad u(y) = \sqrt{\left(\frac{y}{x_1 \cdot (y+1)} \right)^2 u^2(x_1) + \frac{(a-b)^2}{12}} \; . \tag{52}$$

6.3.2 Numerische Berechnung

Die Ableitungen brauchen n i c h t explizit gebildet zu werden, insbesondere dann nicht, wenn dies nur schwer möglich ist oder wenn die Modellfunktion f nur als Rechenprogramm vorliegt. Es genügt, zunächst die Differenzen

$$\Delta_i f = f(x_1, \ldots, x_i + u(x_i)/2, \ldots, x_m) - f(x_1, \ldots, x_i - u(x_i)/2, \ldots, x_m) \; ; \quad (i = 1, \ldots, m) \tag{53}$$

und anschließend

$$u^2(y) = \sum_{i=1}^{m} (\Delta_i f)^2 + 2 \sum_{i=1}^{m-1} \sum_{k=i+1}^{m} (\Delta_i f)(\Delta_k f) \, r(x_i, x_k) \tag{54}$$

zu berechnen. Dieses Vorgehen ist besonders dann zweckmäßig, wenn die Auswertung mittels eines Rechners erfolgen soll. Rechenprogrammbausteine für diesen Zweck sind in Anhang B angegeben.

6.4 Angabe des vollständigen Meßergebnisses

Nach Abschluß der Berechnungen nach 6.2 und 6.3 ist im vierten Schritt der Auswertung im Interesse einer späteren konsistenten Verwendung der Ergebnisse mittels des angegebenen Verfahrens nach folgendem Schema darüber zu berichten:

Anzugeben sind in jedem Fall für die Meßgröße Y das Meßergebnis y und die Meßunsicherheit $u(y)$ oder, wenn $y \neq 0$, die relative Meßunsicherheit $u_{\text{rel}}(y) = u(y)/|y|$ in einer Schreibweise nach Gleichung (9).

Darüber hinaus ist es sinnvoll, die Schätzwerte x_i aller Eingangsgrößen X_i, deren Unsicherheiten $u(x_i)$ oder, wenn $x_i \neq 0$, relativ als $u_{\text{rel}}(x_i) = u(x_i)/|x_i|$ und deren gemeinsame Komponenten der Unsicherheit als Kovarianzen $u(x_i, x_k)$ oder mit Korrelationskoeffizienten $r(x_i, x_k)$ mitzuteilen. Bei den mehrfach gemessenen Größen X_i sind dann auch die Anzahlen n_i der Messungen zu nennen. Die Modellfunktion f sowie Erläuterungen zu den Ansätzen der Unsicherheiten der Einflußgrößen gehören ebenfalls in den Bericht.

Gerundete numerische Unsicherheitswerte sind mit zwei (oder bei Bedarf mit drei) signifikanten Ziffern anzugeben. (Relative) Unsicherheiten sind aufzurunden, nicht jedoch gemeinsame Komponenten der Unsicherheit. Außerdem gelten 5.4.1 und 5.4.2. Auch die Angabe eines Korrelationskoeffizienten in Prozent kann zweckmäßig sein.

Anhang A (informativ)
Beispiele

A.1 Mehrmalige direkte Messung einer Länge

Die Länge $Y = L$ eines Maßstabs vom Wert 150 mm (Aufschrift) wird mit einem Längenmeßgerät direkt gemessen. Die Prüfung des Längenmeßgeräts hatte ergeben, daß dessen Anzeige im benutzten Meßbereich um die bekannte systematische Meßabweichung $x_2 = -0,06$ mm zu berichtigen ist und daß die Unsicherheit der Eingangsgröße X_2, die der systematischen Meßabweichung zugeordnet ist, vernachlässigt werden darf. Die Meßwerte v_j aus $n = 20$ Messungen des Maßstabs sind in Tabelle A.1 aufgeführt. Aus ihnen werden nach Abschnitt 5 der Mittelwert $\bar{v}$, die Standardabweichung s, das Meßergebnis y, die Meßunsicherheit $u(y)$ und unter der Annahme normalverteilter Meßwerte die Vertrauensgrenzen $y \pm t \cdot u(y)$ für das Vertrauensniveau $1 - \alpha = 95\,\%$ berechnet.

Tabelle A.1: Meßwerte v_j einer Längenmessung

Messung Nr j	Länge v_j mm	$10^2 \cdot (v_j - \bar{v})$ mm	$10^4 \cdot (v_j - \bar{v})^2$ mm^2
1	150,14	12	144
2	150,04	2	4
3	149,97	−5	25
4	150,08	6	36
5	149,93	−9	81
6	149,99	−3	9
7	150,13	11	121
8	150,09	7	49
9	149,89	−13	169
10	150,01	−1	1
11	149,99	−3	9
12	150,04	2	4
13	150,02	0	0
14	149,94	−8	64
15	150,19	17	289
16	149,93	−9	81
17	150,09	7	49
18	149,83	−19	361
19	150,03	1	1
20	150,07	5	25
Summen	3000,40	0	1522
$\bar{v}$	150,02		

Addition des Mittelwerts der Meßwerte

$$x_1 = \bar{v} = \frac{1}{20} \sum_{j=1}^{20} v_j = \frac{1}{20} \cdot 3000,40 \text{ mm} = 150,02 \text{ mm} \tag{A.1}$$

und der Korrektion $K = -x_2$ ergibt das Meßergebnis

$$y = \bar{v} + K = 150,02 \text{ mm} + 0,06 \text{ mm} = 150,08 \text{ mm} \;. \tag{A.2}$$

Aus der Standardabweichung der Meßwerte

$$s = \sqrt{\frac{1}{19} \sum_{j=1}^{20} (v_j - 150,02 \text{ mm})^2} = \sqrt{0,1522 \text{ mm}^2/19} = 0,09 \text{ mm} \tag{A.3}$$

folgen die Meßunsicherheit (Standardunsicherheit)

$$u(y) = u(x_1) = s/\sqrt{n} = \sqrt{0,1522 \text{ mm}^2/(19 \cdot 20)} = 0,02 \text{ mm} \tag{A.4}$$

und die relative Meßunsicherheit

$$u_{\text{rel}}(y) = u(y)/y = 0{,}02 \text{ mm}/150{,}08 \text{ mm} = 1{,}4 \cdot 10^{-4} \ . \tag{A.5}$$

Das vollständige Meßergebnis für die gesuchte Länge L des Maßstabs lautet nun

$$L = y \pm u(y) = 150{,}08 \text{ mm} \pm 0{,}02 \text{ mm} \tag{A.6}$$

oder mittels der relativen Meßunsicherheit

$$L = y \cdot (1 \pm u_{\text{rel}}(y)) = 150{,}08 \cdot (1 \pm 1{,}4 \cdot 10^{-4}) \text{ mm} \ . \tag{A.7}$$

Da die Unsicherheit der Einflußgröße vernachlässigbar ist, kann ein Vertrauensbereich für den wahren Wert einfach durch Verschieben des Vertrauensbereichs für den Erwartungswert um die Korrektion erhalten werden. Aus Tabelle 1 wird für das Vertrauensniveau $1-\alpha = 95$ % und $n = 20$ Messungen der Student-Faktor $t = 2{,}09$ entnommen. Damit errechnen sich die Vertrauensgrenzen nach Gleichung (14) zu

$$\begin{aligned} y - t \cdot u(y) &= 150{,}08 \text{ mm} - 0{,}04 \text{ mm} = 150{,}04 \text{ mm} \ ; \\ y + t \cdot u(y) &= 150{,}08 \text{ mm} + 0{,}04 \text{ mm} = 150{,}12 \text{ mm} \ . \end{aligned} \tag{A.8}$$

A.2 Messung einer Wärmeleitfähigkeit

Es wird die Wärmeleitfähigkeit $Y = \lambda$ einer Probe eines Baustahls gemessen. Ein geeignetes Meßverfahren dafür besteht in der Messung des Temperaturgefälles in einem Zylinder in Richtung eines axial fließenden Wärmestroms. Der aus $n = 5$ Messungen gewonnene Mittelwert $x_1 = \bar{v} = 54{,}30 \text{ WK}^{-1}\text{m}^{-1}$ der Meßwerte ist um die bekannte systematische Meßabweichung $x_2 = -0{,}41 \text{ WK}^{-1}\text{m}^{-1}$, die im wesentlichen durch unvermeidliche, aber berechenbare Wärmeverluste und durch gemessene Verstimmungen des Temperaturfeldes bedingt ist, zu berichtigen. Das Meßergebnis ist somit

$$y = x_1 - x_2 = 54{,}71 \text{ WK}^{-1}\text{m}^{-1} \ . \tag{A.9}$$

Aus zahlreichen früheren Messungen ist die empirische Standardabweichung $s_0 = 0{,}34 \text{ WK}^{-1}\text{m}^{-1}$ als Schätzwert für die Standardabweichung σ der Verteilung der Meßwerte genügend gut bekannt. Damit ergibt sich nach Gleichung (5) die Unsicherheit

$$u(x_1) = s(\bar{v}) = s_0/\sqrt{n} = 0{,}34 \text{ WK}^{-1}\text{m}^{-1} /\sqrt{5} = 0{,}15 \text{ WK}^{-1}\text{m}^{-1} \ . \tag{A.10}$$

Die Korrektion kann eine unbekannte systematische Meßabweichung, die durch unberücksichtigte Wärmeverluste, Einbaustörungen und nicht meß- oder berechenbare Verstimmungen des Temperaturfeldes hervorgerufen sein kann, nicht ausgleichen. Aus langer Erfahrung wird aber abgeschätzt, daß sich die zu berichtigende systematische Meßabweichung betragsmäßig um höchstens $0{,}90 \text{ WK}^{-1}\text{m}^{-1}$ von x_2 unterscheidet. In Gleichung (6) wird damit $b - a = 2 \cdot 0{,}90 \text{ WK}^{-1}\text{m}^{-1}$ und

$$u(x_2) = (b - a)/\sqrt{12} = 0{,}52 \text{ WK}^{-1}\text{m}^{-1} \ . \tag{A.11}$$

Die quadratische Addition von $u(x_1)$ und $u(x_2)$ nach Gleichung (8) erbringt die Meßunsicherheit

$$u(y) = \sqrt{u^2(x_1) + u^2(x_2)} = 0{,}54 \text{ WK}^{-1}\text{m}^{-1} \ . \tag{A.12}$$

Damit lautet das vollständige Meßergebnis für die Wärmeleitfähigkeit schließlich

$$\lambda = (54{,}71 \pm 0{,}54) \text{ WK}^{-1}\text{m}^{-1} = 54{,}71 \cdot (1 \pm 1{,}0 \ \%) \text{ WK}^{-1}\text{m}^{-1} \ . \tag{A.13}$$

A.3 Messung einer Rechteckfläche

Die Länge X_1' und Breite X_2' einer rechteckigen Fläche wird mit demselben Maßstab gemessen. Den am Maßstab abgelesenen Werten werden die Größen X_1 bzw. X_2 zugeordnet. Mit dem Kalibrierfaktor X_3 gelten dann die Beziehungen $X_1' = X_1 X_3$ und $X_2' = X_2 X_3$. Außerdem ist die Abweichung des Eckenwinkels vom rechten Winkel als

Einflußgröße X_4' zu berücksichtigen. Es sei $X_4 = \cos X_4'$. Unter Vernachlässigung weiterer Einflußgrößen folgt für den Flächeninhalt Y des Rechtecks die Modellgleichung

$$Y = f(X_1, X_2, X_3, X_4) = X_1' \cdot X_2' \cdot \cos X_4' = X_1 X_3 \cdot X_2 X_3 \cdot X_4 \ . \tag{A.14}$$

Die Ablesungen, der Kalibrierfaktor und der Winkel dürfen als unabhängig voneinander angesehen werden. Deshalb ergibt sich als relative Unsicherheit von Y mittels Gleichung (43) und mit den Ableitungen $\partial f/\partial x_i = y/x_i$ $(i \neq 3)$ und $\partial f/\partial x_3 = 2y/x_3$

$$u_{\text{rel}}(y) = \sqrt{u_{\text{rel}}^2(x_1) + u_{\text{rel}}^2(x_2) + 4u_{\text{rel}}^2(x_3) + u_{\text{rel}}^2(x_4)} \ . \tag{A.15}$$

Hierbei ist mit $|X_4'| \leq b \ll 1$ und nach Ansatz d) in 6.2.5

$$x_4 = 1 - b^2/6 \ ; \quad u_{\text{rel}}^2(x_4) = b^4/(45 x_4^2) \ . \tag{A.16}$$

Wird $b^2/6$ bei x_4 vernachlässigt, also als Näherung $x_4 = 1$ gesetzt, so vergrößert sich die Unsicherheit von X_4 nach Gleichung (47). Es ist dann $u_{\text{rel}}^2(x_4) = u^2(x_4) = b^4/45 + (b^2/6)^2 = b^4/20$.

A.4 Zeitlich korrelierte mehrmalige Messungen

Eine Meßgröße Y wird mehrmals direkt gemessen. Die in gleichen Zeitabständen aufeinanderfolgenden Messungen erbringen die Meßwerte v_j' $(j = 1, \ldots, n)$. Wegen nur langsam veränderlicher unbeeinflußbarer Störungen oder einer sehr schnellen Folge der Messungen, zwischen denen z.B. die Meßeinrichtung nicht ganz in die Anfangsstellung zurückkehrt, dürfen die Messungen nicht als voneinander unabhängig angesehen werden. Drückt sich die Anzeige einer Messung noch mit einem Faktor c bei der folgenden Messung aus, so ist cv_{j-1}' die Meßabweichung bei der j-ten Messung $(j > 1)$. Die berichtigten Werte $v_j = v_j' - cv_{j-1}'$ werden nun als die Meßwerte der Meßgröße Y, also als unabhängige Realisierungen einer zugeordneten Zufallsgröße V aufgefaßt und nach 5.2.1 ausgewertet, was zunächst

$$y = \bar{v} = \overline{v'} - c \cdot \left(\overline{v'} - v_n'/n \right) \tag{A.17}$$

und bei konstantem Faktor c die Standardunsicherheit $u(y) = s(\bar{v})$ erbringt.

Der Faktor c wird in einer gesonderten Messung des zeitlichen Abfalls einer Anzeige mit der Unsicherheit $u(c)$ ermittelt. Um auch diese Unsicherheit zu berücksichtigen, wird Gleichung (A.17) als Modellgleichung $y = f(\ldots, x_q)$ mit $x_q = c$ aufgefaßt (siehe Gleichung (46)), so daß $\partial f/\partial c = -\left(\overline{v'} - v_n'/n \right)$. Damit ergibt sich für die Unsicherheit von Y nach Gleichung (46) mit $u_0^2(y) = s^2(\bar{v})$ schließlich

$$u(y) = \sqrt{s^2(\bar{v}) + \left(\overline{v'} - v_n'/n \right)^2 u^2(c)} \ . \tag{A.18}$$

A.5 Kombination von Meßergebnissen bei Vergleichsmessungen

In m Laboratorien werden unabhängig voneinander mit unterschiedlichen Meßeinrichtungen und Meßverfahren die vollständigen Meßergebnisse $X_i = x_i \pm u(x_i)$ $(i = 1, \ldots, m)$ für dieselbe interessierende physikalische Größe Y erzielt, z.B. für eine Fundamentalkonstante. Unter der Annahme, daß diese Meßgrößen X_i mit Y übereinstimmen, sind die vollständigen Meßergebnisse gewichtet zu mitteln. Eine lineare Modellfunktion f beschreibt diese Mittelung (siehe DIN 1319-4, auch zum Prüfen der Annahme) und liefert mit den schon eingesetzten Schätzwerten x_i das kombinierte Meßergebnis

$$y = f(x_1, \ldots, x_m) = \sum_{i=1}^{m} p_i x_i \ ; \tag{A.19}$$

$$p_i = \frac{\partial f}{\partial x_i} = C/u^2(x_i) \ ; \quad C^{-1} = \sum_{i=1}^{m} 1/u^2(x_i) \ . \tag{A.20}$$

Die Eingangsgrößen bekommen so das Gewicht p_i, diejenigen mit kleinerer Unsicherheit ein größeres. Gleichung (43) erbringt die Meßunsicherheit

$$u(y) = \sqrt{C} \ . \tag{A.21}$$

Nach 6.2.6 a) brauchen Korrelationen nicht berücksichtigt zu werden.

Seite 19
DIN 1319-3:1996-05

In den l ersten Laboratorien wird dasselbe Kalibriernormal benutzt ($1 < l \leq m$). Mit der dem Normal zuzuordnenden Kalibriergröße X_q gilt dann nach 6.2.6 der Ansatz $X_i = X_q X_i'$ ($i = 1, \ldots, l$), und die Meßgrößen X_i besitzen die gemeinsamen Komponenten $u(x_i, x_k) = x_i x_k u_{\text{rel}}^2(x_q)$. der Unsicherheit. Die Meßunsicherheit lautet nun

$$u(y) = \sqrt{C} \cdot \sqrt{1 + 2C u_{\text{rel}}^2(x_q) \sum_{i=1}^{l-1} \sum_{k=i+1}^{l} \frac{x_i x_k}{u^2(x_i) u^2(x_k)}} \quad . \tag{A.22}$$

A.6 Indirekte Ermittlung eines Widerstands aus mehrmaligen Messungen

Der Widerstand $Y = R$ eines elektrischen Leiters wird unter Vernachlässigung von Einflußgrößen durch gemeinsame Messung der Scheitelspannung $X_1 = U$ einer an den Leiter gelegten sinusförmigen Wechselspannung, der Scheitelstromstärke $X_2 = I$ des hindurchfließenden Wechselstroms sowie des Phasenverschiebungswinkels $X_3 = \varphi$ der Wechselspannung gegen die Wechselstromstärke ermittelt. Das Modell der Auswertung ist die Definitionsgleichung für den elektrischen Widerstand:

$$R = f(U, I, \varphi) = (U/I) \cos \varphi \quad \text{oder} \quad Y = f(X_1, X_2, X_3) = (X_1/X_2) \cos X_3 \quad . \tag{A.23}$$

Tabelle A.2 zeigt die auszuwertenden Meßwerte v_{ij} der in $n = 5$ Versuchen desselben Experiments jeweils gemeinsam gemessenen Eingangsgrößen X_i, die zu den drei Meßgrößen gehörenden Mittelwerte der Meßwerte und die Standardabweichungen der Mittelwerte nach den Gleichungen (28) und (29) und außerdem die nach Gleichung (30) gewonnenen Korrelationskoeffizienten der Eingangsgrößen. Diese Größen sind wegen ihrer gemeinsamen Messung im selben Versuch korreliert. Da keine Einflußgrößen zu berücksichtigen sind, bilden die Mittelwerte und Standardabweichungen der Mittelwerte bereits die vollständigen Meßergebnisse für die Eingangsgrößen. In Tabelle A.2 ist auch das vollständige Meßergebnis für den elektrischen Widerstand R angegeben. Das Meßergebnis errechnet sich durch Einsetzen der Mittelwerte der Meßwerte der Eingangsgrößen in das Modell nach Gleichung (41) (siehe auch das Programm in Anhang B), die Unsicherheit entsprechend nach Gleichung (42) unter Benutzung der Korrelationskoeffizienten und der Ableitungen

$$\frac{\partial f}{\partial U} = (1/I) \cos \varphi \; ; \quad \frac{\partial f}{\partial I} = -(U/I^2) \cos \varphi \; ; \quad \frac{\partial f}{\partial \varphi} = -(U/I) \sin \varphi \quad . \tag{A.24}$$

Tabelle A.2: Daten der Messung eines Widerstands

Messung Nr j	Eingangsgrößen		
	Scheitelspannung U V	Scheitelstromstärke I mA	Phasenverschiebungswinkel φ rad
1	5,007	19,663	1,0456
2	4,994	19,639	1,0438
3	5,005	19,640	1,0468
4	4,990	19,685	1,0428
5	4,999	19,678	1,0433
$\bar{v}$	4,9990	19,6610	1,04446
$s(\bar{v})$	0,0032	0,0095	0,00075
Korrelationskoeffizienten $r(U, I) = -0,36$ $r(U, \varphi) = 0,86$ $r(I, \varphi) = -0,65$			
Ergebnisgröße: Widerstand $R = (127{,}732 \pm 0{,}071) \, \Omega$			

A.7 Messung einer Masse mittels Normalen

Die Masse $Y = M$ ist aus zwei Normalen der Masse $X_1 = M_1$ und $X_2 = M_2$ zu $M = M_1 + M_2$ zusammengesetzt. Die Massen M_i ($i = 1, 2$) wurden zuvor mit demselben Referenznormal der Masse $X_q = M_0$ kalibriert, so daß $M_i = h_i(M_0) = a_i M_0$ mit bekannten Kalibrierkonstanten $a_i > 0$. Die Kalibrierung bewirkt eine Korrelation der Massen M_i. Nach Gleichung (45) ergeben sich zunächst mit den Schätzwerten m_i für die Massen M_i die Unsicherheiten $u^2(m_i) = a_i^2 u^2(m_0)$ und $u(m_1, m_2) = a_1 a_2 u^2(m_0)$, also $r(m_1, m_2) = u(m_1, m_2)/(u(m_1)u(m_2)) = 1$. Daraus folgt nach Gleichung (42) zum Schätzwert m für die Masse M die Unsicherheit $u^2(m) = u^2(m_1) + u^2(m_2) + 2u(m_1, m_2)$, also $u(m) = (a_1 + a_2)u(m_0)$. Dasselbe Ergebnis läßt sich nach 6.2.6 einfacher gewinnen, indem die Massen $M_i = a_i M_0$ durch Einsetzen in die Modellgleichung $M = M_1 + M_2$ eliminiert werden, was auf $M = (a_1 + a_2)M_0$ führt. Wenn die Unsicherheiten der Kalibrierkonstanten a_i nicht vernachlässigt werden dürfen, sind diese Konstanten als eigene Eingangsgrößen X_3 und X_4 aufzufassen.

Liegen für die Ermittlung von $u(m)$ lediglich die Unsicherheiten $u(m_1)$ und $u(m_2)$ vor, nicht aber der Korrelationskoeffizient $r(m_1, m_2)$, so hängt ein Ansatz für diesen davon ab, welche Information über die Kalibrierung der Massen M_i gegeben ist. Falls keinerlei Information darüber vorliegt, ist $r(m_1, m_2) = 0$ nach 6.2.6 d) anzusetzen. Damit ist $u^2(m) = u^2(m_1) + u^2(m_2)$. Falls nur keine Information über M_0 und a_i vorliegt, aber doch bekannt ist, daß dasselbe Referenznormal benutzt wurde, ist nach obiger Folgerung $r(m_1, m_2) = 1$ anzusetzen, was $u(m_1, m_2) = u(m_1)u(m_2)$ bedeutet und $u(m) = u(m_1) + u(m_2)$ erbringt. Falls hierbei jedoch fraglich ist, ob die Massen mit demselben Referenznormal kalibriert wurden oder nicht, ist bei gleichwahrscheinlicher Einschätzung dieser beiden Fälle $r(m_1, m_2) = 0,5$ zu setzen. Dann ist $u^2(m) = u^2(m_1) + u^2(m_2) + u(m_1)u(m_2)$.

Anhang B (informativ)
Rechnerunterstützte Auswertung

Bei der Auswertung von Messungen ist es zweckmäßig, so weit wie möglich einen Rechner zu benutzen, insbesondere im zweiten Schritt der Auswertung bei der Meßdatenvorbereitung (siehe 6.2.2) und im dritten Schritt bei der Berechnung des vollständigen Meßergebnisses (siehe 6.3.2). Die Fortpflanzung der Unsicherheiten läßt sich dann elegant nach den Gleichungen (53) und (54) berechnen.

Das Programmbeispiel in Bild B.1, geschrieben in der Programmiersprache *Pascal*, zeigt die Auswertung von n gemeinsamen Messungen von m Eingangsgrößen X_i zum Beispiel in A.6 bis hin zur Berechnung des vollständigen Meßergebnisses. Das Programm enthält vier allgemein verwendbare Bausteine. Im ersten dieser Programmbausteine werden aus den Meßwerten v_{ij}, die in den Elementen v[i,j] des zweidimensionalen Feldes v vorliegen, nach Gleichung (28) die Mittelwerte $\bar{v}_i$ als Schätzwerte x_i der Eingangsgrößen berechnet und in den Elementen x[i] des Feldes x abgelegt. Im zweiten Baustein erfolgt nach den Gleichungen (29) bis (31) die Ermittlung der Standardabweichungen $s(\bar{v}_i)$ der Mittelwerte als Standardunsicherheiten $u(x_i)$ der Eingangsgrößen in den Elementen ux[i] des Feldes ux, sowie der Korrelationskoeffizienten $r(x_i, x_k)$ in den Elementen rx[i,k] des zweidimensionalen Feldes rx. Der Berechnung der Differenzen $\Delta_i f$ in den Elementen df[i] des Feldes df nach Gleichung (53) dient der dritte Baustein des Programms. Die Modellfunktion f muß als function-Unterprogramm f(x) gegeben sein. Der vierte Baustein schließlich stellt Gleichung (54) dar, womit sich die Standardunsicherheit $u(y)$ in uy ergibt. Auch das Meßergebnis y für die interessierende Meßgröße wird hier durch den Aufruf y = f(x) gebildet. h und u sind Hilfsgrößen.

```
program widerstand ( werte, output );
const n = 3; n = 5;
type  vektor   = array[1..m] of real;        { Deklarationen }
var   i,j,k    : integer;
      h,u,y,uy : real;
      x,ux,df  : vektor;
      rx       : array[1..m,1..m] of real;
      v        : array[1..m,1..n] of real;
      werte    : text;

function f(x : vektor) : real;               { Modellfunktion }
begin
  f := (x[1] / x[2]) * cos( x[3] )
end;

begin
reset( werte );
for j := 1 to n do
for i := 1 to m do read( werte, v[i,j] );

{ 1) Mittelwerte x[i] bei n-maliger gemeinsamer Messung
     von m Eingangsgrößen mit Meßwerten v[i,j] }

for i := 1 to m do
  begin
    h := 0.0;
    for j := 1 to n do  h := h + v[i,j];
    x[i] := h / n
  end;

{ 2) Standardabweichungen ux[i] der Mittelwerte und
     Korrelationskoeffizienten rx[i,k] ( i <= k, n > 1 ) }

for i := m downto 1 do
for k := i to m do
  begin
    h := 0.0;
    for j := 1 to n do
      h := h + (v[i,j] - x[i]) * (v[k,j] - x[k]);
    u := h / n / (n-1);
    if i = k then ux[i]    := sqrt(u)
             else rx[i,k]  := u / ux[i] / ux[k]
  end;

{ 3) Differenzen df[i] }

for i := 1 to m do
  begin
    u     := ux[i] / 2.0;  x[i] := x[i] - u;
    h     := f(x);         x[i] := x[i] + u + u;
    df[i] := f(x) - h;     x[i] := x[i] - u
  end;

{ 4) Fortpflanzung der Unsicherheiten und
     vollständiges Meßergebnis y, uy }

u := 0.0;
for i := 1 to m do
  begin
    h := 0.0;
    for k := i+1 to m do h := h + df[k] * rx[i,k];
    u := u + df[i] * (df[i] + h + h)
  end;
y := f(x);  uy := sqrt(u);
write( y, uy )
end.
```

Bild B.1: Programm für die rechnerunterstützte Auswertung

Anhang C (informativ)
Grenzen der Anwendung des Auswertungsverfahrens

Das in 6.3 beschriebene Verfahren ist nur dann anwendbar, wenn sich die Modellfunktion bei Veränderung der Schätzwerte x_i der Eingangsgrößen im Rahmen der Unsicherheiten $u(x_i)$ genügend linear verhält. Anderenfalls ist die Auswertung wesentlich aufwendiger (siehe hierzu [1], [3]). Das Verfahren kann sinnvoll nur dann angewendet werden, wenn die Bedingung

$$|q| \ll u(y) \tag{C.1}$$

erfüllt ist, wobei

$$q = \frac{1}{2} \sum_{i=1}^{m} \frac{\partial^2 f}{\partial x_i^2} u^2(x_i) + \sum_{i=1}^{m-1} \sum_{k=i+1}^{m} \frac{\partial^2 f}{\partial x_i \partial x_k} u(x_i, x_k) \;. \tag{C.2}$$

Beiträge höherer Ableitungen sind dann vernachlässigbar. An Maxima, Minima und Sattelpunkten der Funktion f sind alle Ableitungen $\partial f / \partial x_i = 0$. Nahe dieser Extrema ist daher die Bedingung nach Gleichung (C.1) verletzt. In diesem Fall ist q als Korrektur zu verwenden und anzusetzen:

$$y = f(x_1, \ldots, x_m) + q \;; \quad u^2(y) = \frac{1}{2} \sum_{i,j,k,l=1}^{m} \frac{\partial^2 f}{\partial x_i \partial x_j} \frac{\partial^2 f}{\partial x_k \partial x_l} u(x_i, x_k) u(x_j, x_l) \;. \tag{C.3}$$

Speziell für $m = 1$ und $\mathrm{d}f/\mathrm{d}x_1 = 0$ gilt

$$u(y) = \sqrt{2}\,|q| = \frac{1}{\sqrt{2}} \left|\frac{\mathrm{d}^2 f}{\mathrm{d}x_1^2}\right| u^2(x_1) \;. \tag{C.4}$$

Numerisch einfacher errechnen sich

$$q = 2 \sum_{i=1}^{m} \Delta_{ii}^2 f + 4 \sum_{i=1}^{m-1} \sum_{k=i+1}^{m} (\Delta_{ik}^2 f)\, r(x_i, x_k) \;; \tag{C.5}$$

$$u^2(y) = 2 \sum_{i,j,k,l=1}^{m} (\Delta_{ij}^2 f)(\Delta_{kl}^2 f)\, r(x_i, x_k) r(x_j, x_l) \tag{C.6}$$

mit Gleichung (27) und

$$\begin{aligned}
\Delta_{ii}^2 f &= f(x_1, \ldots, x_i + u(x_i)/2, \ldots, x_m) + f(x_1, \ldots, x_i - u(x_i)/2, \ldots, x_m) - 2f(x_1, \ldots, x_m) \;;\\
\Delta_{ik}^2 f &= f(x_1, \ldots, x_i + u(x_i)/2, \ldots, x_k + u(x_k)/2, \ldots, x_m) - f(x_1, \ldots, x_i + u(x_i)/2, \ldots, x_m)\\
&\quad - f(x_1, \ldots, x_k + u(x_k)/2, \ldots, x_m) + f(x_1, \ldots, x_m) \;; \quad (i \neq k) \;.
\end{aligned} \tag{C.7}$$

Anhang D (informativ)
Kennwert für den maximal möglichen Betrag der Meßabweichung

Für Fälle, in denen sicherzustellen ist, daß der wahre Wert einer Meßgröße einen Höchstwert nicht überschreitet oder einen Mindestwert nicht unterschreitet, ist für die Angabe der Genauigkeit einer Messung auch ein anderer Kennwert in Gebrauch. Dieser Kennwert ist ein Schätzwert für den maximal möglichen Betrag der Meßabweichung und kennzeichnet einen Wertebereich, der den wahren Wert der Meßgröße möglichst s i c h e r enthält. Er ist nicht mit der Standardunsicherheit verträglich und ist deshalb ungeeignet für eine Weiterverarbeitung nach dem in Abschnitt 6 festgelegten Verfahren. Er eignet sich auch nicht für einen kritischen Vergleich zweier oder mehrerer vollständiger Meßergebnisse derselben Meßgröße, weil die angestrebte Sicherheit, den wahren Wert wirklich zu umfassen, einen für diesen Zweck oft unrealistisch weiten Wertebereich mit sich bringt.

Mitunter ist bekannt oder kann angenommen werden, daß eine oder mehrere Einflußgrößen $\widehat{X}_i$ in jedem Experiment jeweils immer denselben festen, aber unbekannten Wert zwischen den jeweiligen Grenzen a_i und b_i haben ($a_i < b_i$), zum Beispiel, wenn immer dasselbe Meßverfahren angewendet wird. Dann ist der Kennwert

$$\widehat{U}(y) = k \cdot u(y) + \sum_i \left|\frac{\partial f}{\partial \widehat{x}_i}\right| \frac{b_i - a_i}{2} \tag{D.1}$$

ein Schätzwert für den maximal möglichen Betrag der Meßabweichung der Meßgröße Y. In Gleichung (D.1) ist die Standardunsicherheit $u(y)$ ohne die Beiträge der Einflußgrößen $\widehat{X}_i$ zu ermitteln. k ist der Erweiterungsfaktor nach 5.4.2. $(b_i - a_i)/2$ ist der maximal mögliche Betrag der Abweichung der Einflußgröße $\widehat{X}_i$ von ihrem Schätzwert $\widehat{x}_i = (a_i + b_i)/2$. Der durch den Kennwert $\widehat{U}(y)$ gekennzeichnete Wertebereich für den wahren Wert der Meßgröße Y ist

$$y - \widehat{U}(y) \leq Y \leq y + \widehat{U}(y) \ . \tag{D.2}$$

Der Kennwert darf nur für Meßergebnisse, die keinesfalls weiterverarbeitet werden, Verwendung finden. Wird er angegeben, so ist klarzustellen, daß es sich um den Kennwert für den maximal möglichen Betrag der Meßabweichung handelt.

Anhang E (informativ)
Verwendete genormte Begriffe und ihre Quellen

Ausgabe	DIN 1319-1	Meßwert	DIN 1319-1
Dimension	DIN 1313	Mittelwert,	
Einflußgröße	DIN 1319-1	(arithmetischer)	DIN 13303-1, DIN 55350-23
Erwartungswert	DIN 1319-1, DIN 13303-1,	Normalverteilung	DIN 13303-1, DIN 55350-22
	DIN 55350-21	—, standardisierte	DIN 55350-22
Freiheitsgrad	DIN 13303-1	Parameter	DIN 55350-21
Größe, physikalische	DIN 1313	Poisson-Verteilung	DIN 13303-1, DIN 55350-22
Kalibrierung	DIN 1319-1	Quantil	DIN 13303-1, DIN 55350-21
Konfidenzintervall	DIN 13303-2	Rechteckverteilung	DIN 13303-1
Korrektion	DIN 1319-1	Schätzer	DIN 13303-2
Korrelation (korreliert)	DIN 55350-21	Schätzwert	DIN 13303-2, DIN 55350-23, DIN 55350-24
Korrelationskoeffizient,		Standardabweichung	DIN 13303-1, DIN 55350-22
(empirischer)	DIN 13303-1, DIN 55350-21	—, (empirische)	DIN 13303-1, DIN 55350-23
Kovarianz, (empirische)	DIN 13303-1, DIN 55350-21	Student-Verteilung	DIN 55350-22
Meßabweichung	DIN 1319-1	t-Verteilung	DIN 55350-22
—, systematische	DIN 1319-1	Varianz, (empirische)	DIN 13303-1, DIN 55350-21
—, zufällige	DIN 1319-1	Variationskoeffizient	DIN 13303-1, DIN 55350-21
Meßeinrichtung	DIN 1319-1	Vertrauensbereich	DIN 13303-2, DIN 55350-24
Meßergebnis	DIN 1319-1	Vertrauensintervall	DIN 13303-2
—, unberichtigtes	DIN 1319-1	Vertrauensgrenze	DIN 13303-2, DIN 55350-24
—, vollständiges	DIN 1319-1	Vertrauensniveau	DIN 13303-2, DIN 55350-24
Meßgröße	DIN 1319-1	Wahrscheinlichkeits-	
Meßobjekt	DIN 1319-1	verteilung	DIN 13303-1, DIN 55350-21
Messung	DIN 1319-1	Wert, wahrer	DIN 1319-1
Meßunsicherheit	DIN 1319-1	Zählen	DIN 1319-1
—, relative	DIN 1319-1	Zufallsgröße	DIN 13303-1, DIN 55350-21
Meßverfahren	DIN 1319-1		

Anhang F (informativ)
Erläuterungen

In den internationalen Empfehlungen [1] wird unterschieden zwischen Meßunsicherheiten, die mit "statistischen Verfahren" (Typ A) errechnet werden, die auf vorliegenden oder angenommenen Häufigkeitsverteilungen vorkommender Werte fußen, und solchen, bei denen das mit "anderen Mitteln" (Typ B) geschieht, d.h. mittels vernünftig angenommener Verteilungen möglicher Werte, die keineswegs immer als Häufigkeitsverteilungen aufgefaßt werden können, sondern den Stand der unvollständigen Kenntnis der jeweiligen Größen wiedergeben. Das Zusammenfassen der Unsicherheiten, ungeachtet der beiden begrifflich verschiedenen Verfahren ihrer Ermittlung, zu einer resultierenden Unsicherheit hat in der Vergangenheit zu heftigen Kontroversen geführt und ist auch unbefriedigend. Die Verfahren lassen sich jedoch vereinheitlichen und mit den Verfahren der *Bayesschen Statistik* identifizieren, sowie alle Verteilungen mittels des *Prinzips der maximalen Entropie* aus den vorliegenden Daten und anderen Informationen aufstellen [3]. Danach braucht zwischen den Verfahren vom Typ A oder Typ B nicht mehr unterschieden zu werden.

Anhang G (informativ)
Stichwortverzeichnis

Die hinter den Stichwörtern stehenden Zahlen sind die Nummern der Abschnitte, in denen die Stichwörter erscheinen. Es sind nur die wichtigsten Fundstellen aufgeführt.

Ausgabe 4.1, 5.1
Ausreißer 5.4.3 Anmerkung 2
Auswertung 3.1 Anmerkung, 4.1, 4.2

Dimension 3.5 Anmerkung 3

Einflußgröße 3.1 Anmerkung, 4.1, 6.1.2, 6.2.5
Eingangsdaten 5.2, 6.2
Eingangsgröße 3.3, 4.1, 5.1, 6.1.2
Ergebnisgröße 3.2, 4.1, 5.1, 6.1.2
Erwartungstreu 6.3.1 Anmerkung 2
Erwartungswert 5.2.1
Erweiterungsfaktor 5.4.2, Anhang D

Fortpflanzung der Unsicherheiten 6.3.1
Freiheitsgrad 5.4.3 Anmerkung 1

Größe, physikalische 3.1

Kalibrierung 3.1 Anmerkung, 6.1.2
Korrektion 5.2.2
Korrelation siehe Korreliert
Korrelationskoeffizient, empirischer 6.2.1
Korreliert 3.6 Anmerkung, 6.2.1, 6.2.6
Konfidenzintervall siehe Vertrauensbereich
Kovarianz, empirische 6.2.1

Meßabweichung 3.5 Anmerkung 2, 4.1
— mit maximal möglichem Betrag Anhang D
—, systematische 4.1, 5.2.2
—, (un)bekannte systematische 5.2.2
—, zufällige 5.2.1
Meßeinrichtung 4.1
Meßergebnis 3.5, 4.1
—, unberichtigtes 5.2.1
—, vollständiges 4.1, 5.3, 5.4, 6.3, 6.4
Meßgröße 3.1, 3.2, 3.3, 3.6, 4.1
Meßobjekt 4.1
Messung 3.1, 3.5, 3.6, 4.1
—, direkte 4.1
Meßunsicherheit 3.5, 4.1, 5.4.1, 6.2.1
—, erweiterte 5.4.2
—, relative 5.3
—, gemeinsame Komponente der 3.5 Anmerkung 3, 3.6, 6.2.1, 6.2.3, 6.2.6
—, individuelle Komponente der 3.5 Anmerkung 3, 6.2.1, 6.2.3
Meßverfahren 4.1
Meßwert 3.5 Anmerkung 2, 4.1

Mittel, arithmetisches siehe Mittelwert
Mittelwert, (arithmetischer) 5.2.1
Modell 3.4, 4.1, 5.1, 6.1
Modellfunktion 6.1.3

Normalverteilung 5.4.3
—, standardisierte 5.4.3 Anmerkung 1

Parameter 5.2.1
Poisson-Verteilung 6.2.4

Quantil 5.4.3 Anmerkung 1

Rechteckverteilung 5.4.3 Beispiel, 6.2.5

Schätzer 5.2.1, 6.1.2
Schätzwert 3.5 Anmerkung 1, 4.1
— (Erwartungswert) siehe Mittelwert
— (Standardabweichung) siehe Standardabweichung, empirische
— (wahrer Wert) siehe Meßergebnis
Standardabweichung 3.5 Anmerkung 3, 5.2.1, 6.2.1
— des Mittelwerts 5.2.1
—, empirische 5.2.1
—, relative 6.2.1
Standardmeßunsicherheit siehe Standardunsicherheit
Standardunsicherheit 3.5 Anmerkung 3, 5.3, 6.2.1
Student-Verteilung 5.4.3 Anmerkung 1
Student-Faktor 5.4.3

Unsicherheit siehe Meßunsicherheit

Varianz 5.2.1
—, empirische 6.2.1
Variationskoeffizient 6.2.1
Versuchsbedingung 5.1
Verteilung siehe Wahrscheinlichkeitsverteilung
Vertrauensbereich 5.4.3
—, einseitiger 5.4.3
Vertrauensgrenze 5.4.3
Vertrauensintervall siehe Vertrauensbereich
Vertrauensniveau 5.4.3

Wahrscheinlichkeitsverteilung 5.2.1
—, gemeinsame 6.1.2
Wert 3.5 Anmerkung 1
—, wahrer 3.5, 3.6, 4.1

Zählen 6.2.4
Zufallsgröße 5.2.1, 6.1.2

DK 621.833 : 001.4　　　　　　　　　　　　　　　　　　　　　　September 1976

Benennungen an Zahnrädern und Zahnradpaaren
Allgemeine Begriffe

DIN 3998
Teil 1

Denominations on gears and gear pairs; general definitions
Dénominations pour engrenages; définitions générales

Diese Norm enthält die Benennungen des internationalen Wörterbuches über Definitionen für die Verzahnungsgeometrie, und zwar in Teil 1 für allgemeine Begriffe, in Teil 2 für Stirnräder und Stirnradpaare, in Teil 3 für Kegelräder und Kegelradpaare sowie Hypoidräder und Hypoidradpaare, in Teil 4 für Schneckenradsätze. In Beiblatt 1 zu DIN 3998 sind die Stichwörter der Benennungen in Deutsch, Englisch und Französisch in alphabetischer Reihenfolge zusammengestellt. Zusammenhang mit der von der International Organization for Standardization (ISO) herausgegebenen Empfehlung **ISO/R 1122** – 1969 siehe Erläuterungen.

Die Reihenfolge der Benennungen und die in DIN 3998 Teil 1 bis Teil 4 durchlaufende Numerierung stimmen mit **ISO/R 1122** überein.

Die Benennungen sind nacheinander in Deutsch, Englisch, Französisch angegeben.

Inhalt

Lfd. Nr		Seite
1	**Allgemeine Begriffe**	2
1.1	**Kinematische Begriffe**	2
1.1.1	Gegenseitige Lage der Achsen	2
1.1.2	Radpaarung	4
1.1.3	Übersetzungen	5
1.1.4	Wälzflächen und Teilflächen	6
1.2	**Charakteristiken der Verzahnung**	6
1.2.1	Abmessungen und Faktoren	6
1.2.2	Kopf- und Fußflächen	7
1.2.3	Flanken und Profile	8
1.2.4	Flankenarten	9
1.2.5	Flankenteile	10
1.2.6	Definitionen nach Flankenlinien	10
1.3	**Erzeugung der Verzahnung**	12
1.3.1	Erzeugendes Rad, Unterschnitt und Flankenkorrektur	12
1.3.2	Definitionen nach der Erzeugung der Verzahnung	13
1.4	**Geometrische und kinematische Festlegungen**	14
1.4.1	Geometrische Linien	14
1.4.2	Geometrische Flächen	16
1.4.3	Momentanachse (Wälzachse bzw. Schraubachse)	16

Fortsetzung Seite 2 bis 17
Erläuterungen Seite 17

Ausschuß Verzahnungen (AV) im DIN Deutsches Institut für Normung e. V.

Seite 2 DIN 3998 Teil 1

Lfd. Nr [1]	Benennung	Ausführungsbeispiele
1	**Allgemeine Begriffe** *General definitions* *Définitions générales*	
1.1	**Kinematische Begriffe** *Kinematic definitions* *Définitions cinématiques*	
1.1.1	**Gegenseitige Lage der Achsen** *Relative position of axes* *Position relative des axes*	
1.1.1.1	Zahnrad *Toothed gear* *Roue d'engrenage*	
1.1.1.2	Zahnradpaar (Radpaar) *Gear pair* *Engrenage*	
1.1.1.3	Getriebezug, mehrfache Radpaarung *Train of gears* *Train d'engrenages*	
1.1.1.4	Radpaar mit parallelen Achsen (Stirnradpaar) *Gear pair with parallel axes* *Engrenage parallèle*	
1.1.1.5	Radpaar mit sich schneidenden Achsen (Kegelradpaar) *Gear pair with intersecting axes* *Engrenage concourant*	

[1] Nummer nach ISO/R 1122

DIN 3998 Teil 1 Seite 3

Lfd. Nr [1]	Benennung	Ausführungsbeispiele
1.1.1.6	Radpaar mit sich kreuzenden Achsen (Hypoidradpaar, Schraubradpaar, Schneckenradsatz) *Gear pair with non-parallel non-intersecting axes* *Engrenage gauche*	
1.1.1.7	Achsabstand *Centre distance* *Entraxe*	
1.1.1.8	Achsenwinkel *Shaft angle* *Angle des axes*	
1.1.1.9	Planeten- oder Umlauf-Getriebezug *Epicycloidal or planetary gear train* *Train planétaire ou épicycloidal*	

[1]) Siehe Seite 2

Lfd. Nr [1]	Benennung	Ausführungsbeispiele
1.1.2	**Radpaarung** *Mating gears* *Roues conjuguées*	
1.1.2.1	Gegenrad *Mating gear* *Roue conjuguée*	
1.1.2.2	Ritzel, Kleinrad *Pinion* *Pignon*	
1.1.2.3	Rad, Großrad *Wheel or gear* *Roue*	
1.1.2.4	Treibendes Rad *Driving gear* *Roue menante*	
1.1.2.5	Getriebenes Rad *Driven gear* *Roue menée*	
1.1.2.6	Sonnenrad, zentrales Ritzel *Sun gear* *Roue solaire*	
1.1.2.7	Hohlrad (eines Planetengetriebes) *Ring gear* *Couronne de train planétaire*	

[1] Siehe Seite 2

DIN 3998 Teil 1 Seite 5

Lfd. Nr [1]	Benennung	Ausführungsbeispiele
1.1.2.8	Planetenrad, Umlaufrad *Planet gear* *Roue planétaire*	

1.1.3	Übersetzungen *Relative speeds* *Vitesses relatives*	
1.1.3.1	Zähnezahlverhältnis *Gear ratio* *Rapport d'engrenage*	
1.1.3.2	Übersetzung (Übersetzungsverhältnis) *Transmission ratio* *Rapport de transmission*	
1.1.3.3	Radpaar (oder Getriebezug) mit Übersetzung ins Langsame *Speed reducing gear pair (or train)* *Engrenage (ou train) réducteur*	
1.1.3.4	Radpaar (oder Getriebezug) mit Übersetzung ins Schnelle *Speed increasing gear pair (or train)* *Engrenage (ou train) multiplicateur*	
1.1.3.5	Übersetzung ins Langsame *Speed reducing ratio* *Rapport de réduction*	
1.1.3.6	Übersetzung ins Schnelle *Speed increasing ratio* *Rapport de multiplication*	

[1] Siehe Seite 2

Lfd. Nr [1]	Benennung	Ausführungsbeispiele
1.1.4	**Wälzflächen und Teilflächen** *Pitch and reference surfaces* *Surfaces primitives*	
1.1.4.1	Wälzfläche *Pitch surface* *Surface primitive de fonctionnement*	
1.1.4.2	Teilfläche, Bezugsfläche *Reference surface* *Surface primitive de référence*	
1.1.4.3	Teil-..., Bezugs-... *Reference...* *... de référence*	
1.1.4.4	Wälz-... *Working...* *... de fonctionnement*	
1.2	**Charakteristiken der Verzahnung** *Teeth characteristics* *Caractéristiques de denture*	
1.2.1	**Abmessungen und Faktoren** *Dimensions and coefficients* *Dimensions et coefficients*	
1.2.1.1	Zahn *Gear tooth* *Dent*	
1.2.1.2	Zahnlücke *Tooth space* *Entredent*	
1.2.1.3	Abmessungen, Maße *Dimensions* *Dimensions*	
1.2.1.4	Modul *Module* *Module* Diametral Pitch *Diametral pitch* *Diametral pitch*	
1.2.1.5	Faktor einer Abmessung *Reduced value of a dimension* *Valeur réduite d'une dimension*	

[1] Siehe Seite 2

DIN 3998 Teil 1 Seite 7

Lfd. Nr [1]	Benennung	Ausführungsbeispiele
1.2.2	**Kopf- und Fußflächen** *Tip and root surfaces* *Surfaces de tête et de pied*	
1.2.2.1	Kopfmantelfläche *Tip surface* *Surface de tête*	
	Kopffläche *Crest* *Sommet*	
1.2.2.2	Fußmantelfläche *Root surface* *Surface de pied*	
	Zahnlückengrund *Bottom of the tooth spaces* *Fond des entredents*	
1.2.2.3	Außenverzahntes Rad, Außenrad *External gear* *Roue extérieure*	
1.2.2.4	Innenverzahntes Rad, Hohlrad *Internal gear* *Roue intérieure*	
1.2.2.5	Außenradpaar *External gear pair* *Engrenage extérieur*	

[1] Siehe Seite 2

Lfd. Nr [1]	Benennung	Ausführungsbeispiele
1.2.2.6	Innenradpaar *Internal gear pair* *Engrenage intérieur*	

1.2.3	Flanken und Profile *Flanks and profiles* *Flancs et profils*	
1.2.3.1	Zahnflanke *Tooth flank* *Flanc*	
1.2.3.2	Flankenlinie *Tooth trace* *Ligne de flanc*	
1.2.3.3	Flankenprofil *Tooth profile* *Profil*	
1.2.3.4	Stirnprofil *Transverse profile* *Profil apparent*	
1.2.3.5	Normalprofil *Normal profile* *Profil réel*	

[1] Siehe Seite 2

Lfd. Nr [1]	Benennung	Ausführungsbeispiele
1.2.3.6	Axialprofil *Axial profile* *Profil axial*	

1.2.4	**Flankenarten** *Flanks-qualifications* *Qualificatifs de flancs*	
1.2.4.1	Gegenflanke *Mating flank* *Flanc conjugué*	
1.2.4.2	Rechts- (oder Links-)Flanke *Right (or left) flank* *Flanc de droite (ou de gauche)*	
1.2.4.3	Gleichnamige Flanken *Corresponding flanks* *Flancs homologues*	
1.2.4.4	Ungleichnamige Flanken *Opposite flanks* *Flancs anti-homologues*	
1.2.4.5	Arbeitsflanke *Working flank* *Flanc avant*	
1.2.4.6	Rückflanke *Non-working flank* *Flanc arrière*	

[1]) Siehe Seite 2

Lfd. Nr [1]	Benennung	Ausführungsbeispiele
1.2.5	**Flankenteile** Parts of flanks Parties des flancs	
1.2.5.1	Kopfflanke Addendum flank Flanc de saillie	
	Fußflanke Dedendum flank Flanc de creux	
1.2.5.2	Aktive Flanke Active flank Flanc actif	
1.2.5.3	Nutzbare Flanke Usable flank Flanc utilisable	
1.2.5.4	Fußrundungsfläche Fillet Flanc de raccord	
1.2.6	**Definitionen nach Flankenlinien** Definitions in terms of tooth traces Définitions en fonction des lignes des flanc	
1.2.6.1	Geradstirnrad (oder Geradstirnradpaar), Geradzylinderrad (oder Geradzylinderradpaar) Spur gear (or gear pair) Roue droite (ou engrenage droit) cylindrique	
1.2.6.2	Geradzahn-Kegelrad (oder Geradzahn-Kegelradpaar) Straight bevel gear (or gear pair) Roue droite (ou engrenage droit) conique	

[1]) Siehe Seite 2

DIN 3998 Teil 1 Seite 11

Lfd. Nr [1]	Benennung	Ausführungsbeispiele
1.2.6.3	Schrägstirnrad (oder Schrägstirnradpaar) Schrägzylinderrad (oder Schrägzylinderradpaar) *Helical gear (or gear pair)* *Roue hélicoïdale (ou engrenage hélicoïdal)*	
	Schrägzahn-Kegelrad (oder Schrägzahn-Kegelradpaar) *Helical bevel gear (or gear pair)* *Roue hélicoïdale (ou engrenage hélicoïdal) conique*	
1.2.6.4	Rechtssteigende Verzahnung *Right-hand teeth* *Denture à droite*	
1.2.6.5	Linkssteigende Verzahnung *Left-hand teeth* *Denture à gauche*	
1.2.6.6	Stirnrad (oder Stirnradpaar) bzw. Zylinderrad (oder Zylinderradpaar) mit Doppelschrägverzahnung *Double helical gear (or gear pair)* *Roue (ou engrenage) en chevron*	
1.2.6.7	Zahnrad (oder Zahnradpaar) mit Bogenverzahnung *Spiral gear (or gear pair)* *Roue (ou engrenage) spirale*	

[1]) Siehe Seite 2

Lfd. Nr [1]	Benennung	Ausführungsbeispiele
1.3	**Erzeugung der Verzahnung** *Tooth generation* *Génération de la denture*	
1.3.1	**Erzeugendes Rad, Unterschnitt und Flankenkorrektur** *Generating gear, interference and modification of the flank shape* *Roue génératrice, interférence et modification de la forme du flanc*	
1.3.1.1	Erzeugendes Rad *Generating gear of a gear* *Roue génératrice d'une roue*	
1.3.1.2	Eingriffsstörung *Meshing interference* *Interférence d'engrènement*	
1.3.1.3	Unterschnitt *Cutter interference* *Interférence de taillage*	
1.3.1.4	Kopfrücknahme *Tip relief* *Dépouille de tête* Fußrücknahme *Root relief* *Dépouille de pied*	
1.3.1.5	Fußfreischnitt (gewollter Unterschnitt) *Undercut* *Dégagement de pied*	

[1] Siehe Seite 2

DIN 3998 Teil 1 Seite 13

Lfd. Nr [1])	Benennung	Ausführungsbeispiele
1.3.1.6	Breitenballigkeit (Längsballigkeit) *Crowning* *Bombé*	
1.3.1.7	Endrücknahme *End relief* *Dépouille d'extrémité*	

1.3.2	Definitionen nach der Erzeugung der Verzahnung *Definitions in terms of tooth generation* *Définitions en fonction de la génération de la denture*	
1.3.2.1	Stirnrad, Zylinderrad *Cylindrical gear* *Roue cylindrique*	
1.3.2.2	Kegelrad *Bevel gear* *Roue conique*	
1.3.2.3	Stirnradpaar, Zylinderradpaar *Cylindrical gear pair* *Engrenage cylindrique*	
1.3.2.4	Kegelradpaar *Bevel gear pair* *Engrenage conique*	

[1]) Siehe Seite 2

Lfd. Nr [1]	Benennung	Ausführungsbeispiele
1.3.2.5	Schnecke *Worm* *Vis*	
1.3.2.6	Schneckenrad *Worm wheel* *Roue à vis*	
1.3.2.7	Schneckenradsatz *Worm gear pair* *Engrenage à vis*	
1.3.2.8	Hypoidradpaar, Kegelschraubradpaar *Hypoid gear pair* *Engrenage hypoïde*	
1.3.2.9	Hypoidrad, Kegelschraubrad *Hypoid gear* *Roue hypoïde*	

1.4	**Geometrische und kinematische Festlegungen** *Geometrical and kinematical notions used in gears* *Notions géométriques et cinématiques utilisées dans les engrenages*	
1.4.1	**Geometrische Linien** *Geometrical lines* *Lignes géométriques*	
1.4.1.1	Schraubenlinie *Helix* *Hélice*	

[1] Siehe Seite 2

Lfd. Nr [1]	Benennung	Ausführungsbeispiele
1.4.1.2	Schrägungswinkel *Helix angle* *Angle d'hélice*	
1.4.1.3	Steigungswinkel *Lead angle* *Inclinaison*	
1.4.1.4	Steigungshöhe *Lead* *Pas hélicoïdal*	
1.4.1.5	Zykloide (Orthozykloide) *Cycloid* *Cycloïde*	
1.4.1.6	Epizykloide *Epicycloid* *Epicycloïde*	
1.4.1.7	Hypozykloide *Hypocycloid* *Hypocycloïde*	
1.4.1.8	Kreisevolvente (Evolvente) *Involute to a circle* *Développante de cercle*	

[1]) Siehe Seite 2

Lfd. Nr [1]	Benennung	Ausführungsbeispiele
1.4.1.9	Sphärische Evolvente *Spherical involute* *Développante sphérique*	
1.4.2	**Geometrische Flächen** *Geometrical surfaces* *Surfaces géométriques*	
1.4.2.1	Evolventenschraubenfläche *Involute helicoid* *Hélicoïde développable*	
1.4.2.2	Sphärische Evolventenschraubenfläche *Spherical involute helicoid* *Hélicoïde en développante sphérique*	
1.4.3	**Momentanachse** (Wälzachse bzw. Schraubachse) *Instantaneous axis* *Axe instantané*	

[1] Siehe Seite 2

Weitere Normen

DIN 868	Allgemeine Begriffe und Bestimmungsgrößen für Zahnräder, Zahnradpaare und Zahnradgetriebe
DIN 3998	Teil 2 Benennungen an Zahnrädern und Zahnradpaaren; Stirnräder und Stirnradpaare (Zylinderräder und Zylinderradpaare)
DIN 3998	Teil 3 Benennungen an Zahnrädern und Zahnradpaaren; Kegelräder und Kegelradpaare, Hypoidräder und Hypoidradpaare
DIN 3998	Teil 4 Benennungen an Zahnrädern und Zahnradpaaren; Schneckenradsätze
DIN 3998	Beiblatt 1 Benennungen an Zahnrädern und Zahnradpaaren; Stichwortverzeichnis
DIN 3999	Kurzzeichen für Verzahnungen

Erläuterungen

In der vorliegenden Norm sind die deutschen Fachwörter aus dem Gebiet Verzahnungen festgelegt, um die Verständigung und Begriffsordnung zu erleichtern. Die Reihenfolge der Fachwörter und ihre in Teil 1 bis Teil 4 durchlaufende Numerierung sowie die hinzugefügten englischen und französischen Benennungen stimmen überein mit der von der International Organization for Standardization (ISO) herausgegebenen Empfehlung

ISO/R 1122 − 1969 *)

Glossary of gears; geometrical definitions

Vocabulaire des engrenages; définitions géométriques

In der vorliegenden Norm wurden zusätzlich zu den in ISO/R 1122 − 1969 angegebenen Benennungen einige Fachwörter hinzugefügt, soweit dies zwecks vollständiger Erfassung notwendig erschien. In einigen Fällen sind zusätzlich bestehende Ausdrücke in Klammern hinzugefügt. Verbindlich sind stets die nicht eingeklammerten Benennungen.

DIN 3998 ist aufgeteilt in Teil 1 für allgemeine Begriffe, Teil 2 für Stirnräder und Stirnradpaare, Teil 3 für Kegelräder und Kegelradpaare sowie Hypoidräder und Hypoidradpaare, Teil 4 für Schneckenradsätze. Zusätzlich sind in Beiblatt 1 zu DIN 3998 die Stichwörter der Benennungen in Deutsch, Englisch und Französisch jeweils in alphabetischer Reihenfolge aufgeführt und mit der laufenden Nummer versehen, unter der die Benennungen in Teil 1 bis Teil 4 in mehreren Sprachen gegenübergestellt sind.

Die Empfehlung ISO/R 1122 − 1969 enthält − wie z. B. auch die Schweizer Norm VSM 15 522 − neben den Benennungen die Definitionen für geometrische Bestimmungsgrößen an Zahnrädern und Zahnradpaaren. Die Definitionen wurden in DIN 3998 nicht aufgenommen, weil die Begriffe und Bestimmungsgrößen in DIN 868, DIN 3960, DIN 3971 und DIN 3975 festgelegt sind.

Es ist vorgesehen, die Benennungen in allen DIN-Normen des Fachgebietes Verzahnungen anhand der vorliegenden Übersicht DIN 3998 zu vereinheitlichen.

Ein Teil der Bilder ist mit Genehmigung der Schweizerischen Normen-Vereinigung bzw. des Nederlands Normalisatie-Instituut der Norm VSM 15 522 bzw. der Norm NEN 5276 entnommen.

---

*) Zu beziehen vom DIN Deutsches Institut für Normung e. V., Berlin

Gestaltabweichungen
Begriffe Ordnungssystem

DIN 4760

Formdeviation, waviness, surface roughness; system of order, terms and definitions

Teilweise Ersatz für Ausgabe 07.60

1 Zweck
Diese Norm legt Begriffe und ein Ordnungssystem zur Unterscheidung der verschiedenen Gestaltabweichungen einer Oberfläche fest.

2 Begriffe
2.1 Wirkliche Oberfläche
Die wirkliche Oberfläche ist die Oberfläche, die den Gegenstand von dem ihn umgebenden Medium trennt.

Anmerkung: Die innere Oberfläche von porigen Stoffen (z. B. Schaumstoff, Sinterwerkstoff) ist in diese Definition nicht eingeschlossen.

2.2 Istoberfläche
Die Istoberfläche ist das meßtechnische erfaßte, angenäherte Abbild der wirklichen Oberfläche eines Formelementes.

Anmerkung: Verschiedene Meßverfahren oder Meßbedingungen (z. B. Tastspitzenradius) können verschiedene Istoberflächen ergeben.

2.3 Geometrische Oberfläche
Die geometrische Oberfläche ist eine ideale Oberfläche, deren Nennform durch die Zeichnung und/oder andere technische Unterlagen definiert wird.

2.4 Gestaltabweichungen
Gestaltabweichungen sind die Gesamtheit aller Abweichungen der Istoberfläche von der geometrischen Oberfläche.

Es ist zu unterscheiden zwischen Gestaltabweichungen, die nur beim Betrachten der gesamten Oberfläche erkannt werden können und solchen, die schon an einem Flächenausschnitt erkennbar sind (siehe Bild 1).

Die Gestaltabweichungen werden in sechs Ordnungen unterteilt (siehe Tabelle 1).

2.4.1 Gestaltabweichungen 1. Ordnung
(Formabweichungen)

Gestaltabweichungen 1. Ordnung sind solche Gestaltabweichungen, die bei der Betrachtung der gesamten Istoberfläche eines Formelementes feststellbar sind.

2.4.2 Gestaltabweichungen 2. bis 5. Ordnung
Gestaltabweichungen 2. bis 5. Ordnung sind solche Gestaltabweichungen der Istoberfläche, die an einem Flächenausschnitt der Istoberfläche eines Formelementes feststellbar sind (siehe Bild 1).

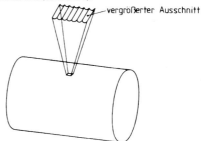

Bild 1. Ausschnitt aus der Istoberfläche für die Beurteilung der Gestaltabweichungen 2. bis 5. Ordnung

2.4.2.1 Gestaltabweichungen 2. Ordnung
(Welligkeit)

Gestaltabweichungen 2. Ordnung sind überwiegend periodisch auftretende Abweichungen der Istoberfläche eines Formelementes bei denen das Verhältnis der Wellenabstände zur Wellentiefe im allgemeinen zwischen 1000 : 1 und 100 : 1 liegt. Meistens sind mehrere Wellenperioden erkennbar (siehe Tabelle 1).

2.4.2.2 Gestaltabweichungen 3. bis 5. Ordnung
(Rauheit)

Gestaltabweichungen 3. bis 5. Ordnung sind solche regelmäßig oder unregelmäßig wiederkehrende Abweichungen der Istoberfläche eines Formelementes, bei denen das Verhältnis der Abstände zur Tiefe im allgemeinen zwischen 100 : 1 und 5 : 1 liegt (siehe Tabelle 1).

2.4.3 Gestaltabweichungen 6. Ordnung
Gestaltabweichungen 6. Ordnung sind die durch den Aufbau der Materie bedingten Abweichungen (siehe Tabelle 1).

Anmerkung: Diese Gestaltabweichungen können mit den z. Z. gebräuchlichen Oberflächenmeßverfahren nicht erfaßt werden.

Fortsetzung Seite 2

Normenausschuß Länge und Gestalt (NLG) im DIN Deutsches Institut für Normung e.V.

Seite 2 DIN 4760

3 Ordnungssystem für Gestaltabweichungen
Tabelle 1.

Gestaltabweichung (als Profilschnitt überhöht dargestellt)	Beispiele für die Art der Abweichung	Beispiele für die Entstehungsursache
1. Ordnung: Formabweichungen	Geradheits-, Ebenheits-, Rundheits-Abweichung, u.a.	Fehler in den Führungen der Werkzeugmaschine, Durchbiegung der Maschine oder des Werkstückes, falsche Einspannung des Werkstückes, Härteverzug, Verschleiß
2. Ordnung: Welligkeit	Wellen (siehe DIN 4761)	außermittige Einspannung, Form- oder Laufabweichungen eines Fräsers, Schwingungen der Werkzeugmaschine oder des Werkzeuges.
3. Ordnung: Rauheit	Rillen (siehe DIN 4761)	Form der Werkzeugschneide, Vorschub oder Zustellung des Werkzeuges
4. Ordnung: Rauheit	Riefen Schuppen Kuppen (siehe DIN 4761)	Vorgang der Spanbildung (Reißspan, Scherspan, Aufbauschneide), Werkstoffverformung beim Strahlen, Knospenbildung bei galvanischer Behandlung
5. Ordnung: Rauheit Anmerkung: nicht mehr in einfacher Weise bildlich darstellbar	Gefügestruktur	Kristallisationsvorgänge, Veränderung der Oberfläche durch chemische Einwirkung (z. B. Beizen), Korrosionsvorgänge
6. Ordnung: Anmerkung: nicht mehr in einfacher Weise bildlich darstellbar	Gitteraufbau des Werkstoffes	

Die dargestellten Gestaltabweichungen 1. bis 4. Ordnung überlagern sich in der Regel zu der Istoberfläche.
Beispiel:

Zitierte Normen
DIN 4761 Oberflächencharakter; Geometrische Oberflächentextur-Merkmale, Begriffe, Kurzzeichen

Weitere Normen
DIN 4762 Teil 1 (z. Z. Entwurf) Oberflächenrauheit; Begriffe
DIN 4768 Teil 1 Ermittlung der Rauheitsmeßgrößen R_a, R_z, R_{max} mit elektrischen Tastschnittgeräten; Grundlagen
DIN 4771 Messung der Profiltiefe P_t von Oberflächen
DIN 4774 Messung der Wellentiefe mit elektrischen Tastschnittgeräten
DIN 7184 Teil 1 Form- und Lagetoleranzen; Begriffe, Zeichnungseintragungen
DIN ISO 1101 Teil 1 (z. Z. Entwurf) Technische Zeichnungen; Geometrische Tolerierung; Form-, Richtungs-, Orts- und Lauftoleranzen; Allgemeines, Definitionen, Symbole, Zeichnungseintragungen

Frühere Ausgaben
DIN 7183 Teil 1: 06.44
DIN 4760: 02.52, 07.60

Änderungen
Gegenüber der Ausgabe Juli 1960 wurden folgende Änderungen vorgenommen:
a) Diese Norm wurde normungstechnisch und redaktionell unter Berücksichtigung der geplanten Folgeausgabe von DIN 4762 Teil 1 überarbeitet.
b) Abschnitt 3 „Erfassung von Gestaltabweichungen" der Ausgabe Juli 1960 wurde nicht in die geplante Folgeausgabe aufgenommen. Die darin definierten Begriffe „Senkrechtschnitt", „Schrägschnitt", „Tangentialschnitt", „Äquidistantialschnitt" sind in DIN 4762 Teil 1 (z. Z. Entwurf) übernommen worden, der mit ISO DIS 4287 Teil 1 weitgehend übereinstimmt. Die übrigen Angaben des Abschnittes 3 der Ausgabe Juli 1960 wurden ersatzlos gestrichen.

Internationale Patentklassifikation
G 01 B 5/28

März 1997

Schweiß- und Lötnähte
Symbolische Darstellung in Zeichnungen
(ISO 2553 : 1992)
Deutsche Fassung EN 22553 : 1994

DIN

EN 22553

Diese Norm enthält die deutsche Übersetzung der Internationalen Norm **ISO 2553**

ICS 01.100.20; 25.160.40

Ersatz für
Ausgabe 1994-08

Deskriptoren: Schweißnaht, Lötnaht, Zeichnung, Darstellung, Symbol

Welded, brazed and soldered joints – Symbolic representation on drawings
(ISO 2553 : 1992)
German version EN 22553 : 1994

Joints soudés et brasés – Représentations symboliques sur les dessins
(ISO 2553 : 1992)
Version allemande EN 22553 : 1994

Diese Europäische Norm EN 22553 : 1994 hat den Status einer Deutschen Norm.

Nationales Vorwort

Nachdem mit DIN 1912-5 : 1987-12 der sachliche Inhalt von ISO 2553 : 1984 vollständig übernommen worden war und die wichtigen, in DIN 1912-5 markierten Ergänzungen in die Neufassung von ISO 2553 eingebracht werden konnten, enthält die vorliegende Norm keine wesentlichen inhaltlichen Abweichungen zu DIN 1912-5.

Bewährt hat sich die Trennung von Nahtart und Verfahren. Das Symbol für die Nahtart kennzeichnet nur die Nahtvorbereitung. Damit gibt es kein spezielles Symbol für eine widerstandsgeschweißte oder eine schmelzgeschweißte Punktnaht ebensowenig wie für eine geschweißte oder gelötete Naht. Diese Vereinfachungen führen zu einem logisch-systematischen Aufbau und zu einer Verringerung der Symbole.

Es ist jedoch auf die wesentliche Änderung zur Darstellung hinzuweisen. Während bisher geregelt war, daß die Symbole immer an der Bezugs-Vollinie anzuordnen sind, d. h., für auf der Gegenseite dargestellte Nähte wurde die Bezugs-Strichlinie im Bereich des Nahtsymbols unterbrochen, ist jetzt festgelegt, daß für diese Fälle das Nahtsymbol an der Bezugs-Strichlinie angeordnet wird.

Gegenüber ISO 2553 ist auf eine Korrektur hinzuweisen. Im Anhang B ist in Bild B.2 das Symbol für die Kehlnaht auf der Bezugs-Vollinie angeordnet und nicht auf der Bezugs-Strichlinie, weil für nachträglich zu ändernde Zeichnungen nur die Strichlinie nachgetragen werden soll.

Die vorliegende Norm enthält keine Einzelheiten über die bildliche Darstellung von Schweißnähten und über vereinfachte Schweißangaben in Zeichnungen, läßt solche Festlegungen jedoch gemäß Abschnitt 3.4, 7.4 und 4.3, Anmerkung 2, zu. Da für die Zeichnungserstellung Einzelheiten hierzu wichtig sein können, sind nachfolgend Vorschläge zur einheitlichen Handhabung enthalten, die bei einer Überarbeitung der zugrundeliegenden ISO-Norm eingebracht werden sollen. Nachfolgend wird ein Überblick über die möglichen Ergänzungen gegeben.

Fortsetzung Seite 2 bis 4
und 30 Seiten EN

Normenausschuß Schweißtechnik (NAS) im DIN Deutsches Institut für Normung e. V.
Normenausschuß Technische Produktdokumentation (NATPD) im DIN

- **Zur bildlichen Darstellung von Schweißnähten**
Die Darstellung des Nahtquerschnittes wird
  - geschwärzt, z. B. durch eine Schraffur oder
  - mit Punktmuster versehen.

Beispiele siehe Bilder 1 und 2

Bild 1   Bild 2

In der Ansicht wird die Naht durch kurze, gerade, der Nahtform angepaßte Querstriche dargestellt. Beispiele siehe Bilder 3 und 4.

Bild 3   Bild 4

- **Zu Sammelangaben**

Schweißangaben, die für alle oder die Mehrzahl der Nähte gelten, können in einer Tabelle in der Nähe des Schriftfeldes angegeben werden. Die Tabelle enthält z. B. folgende Angaben: Nahtform und Nahtdicke, Schweißverfahren, Bewertungsgruppe, Schweißposition, Zusatzwerkstoff, Vorwärmung, Nachbehandlung, Prüfung, Allgemeintoleranzen. Ausnahmen werden in diesem Fall am Bezugszeichen angegeben.

Bei gleichen Angaben für alle Nähte in der Zeichnung können die Nähte vereinfacht dargestellt und mit erläuternden Angaben zu den Nähten nur einmal in der Nähe des Schriftfeldes oder einer Tabelle eingetragen werden (Bild 5).

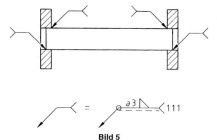

Bild 5

Bei Gruppen gleicher Nähte kann zu deren Kennzeichnung die Bezugsangabe in einer geschlossenen Gabel nach Bild 12 der Norm mit einem Großbuchstaben oder einer Großbuchstaben-Ziffern-Kombination angewendet werden, deren Bedeutung in der Nähe des Schriftfeldes oder in einer Tabelle erläutert wird (Bild 6).

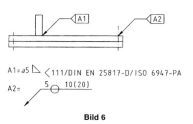

Bild 6

- **Zur Lage des Grundsymbols zur Bezugslinie**
Nach den Festlegungen der Norm für symbolische Darstellung sind 4 Varianten für dieselbe Naht möglich (siehe Bild 7).

a) Naht dargestellt mit Pfeillinie auf die Naht weisend

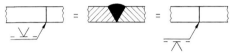

b) Naht dargestellt mit Pfeillinie auf die Naht-Gegenseite weisend

Bild 7

Um hier zu einer möglichst verständlichen Nahtdarstellung zu gelangen und diesbezügliche Interpretationsschwierigkeiten zu vermeiden, ist zu empfehlen, auf einer Zeichnung, oder bei Bearbeitung eines gesamten Auftrages, nur eine der möglichen Darstellungsarten zu verwenden.

Dabei sollte beachtet werden, daß
- die Pfeillinie auf die Naht und nicht auf die Naht-Gegenseite weist, so daß das Grundsymbol auf der Bezugs-Vollinie steht;
- für im Schnitt oder in der Ansicht von vorn dargestellte Nähte das Symbol so angeordnet wird, daß der Nahtquerschnitt mit der Stellung des Symbols übereinstimmt (Bild 8).

Bild 8

Für die im Abschnitt 2 zitierten Internationalen Normen wird im folgenden auf die entsprechenden Deutschen Normen hingewiesen:

ISO 128	siehe DIN ISO 10209-2, DIN 6-1 und DIN 6-2, DIN 15-1 und DIN 15-2
ISO 544	siehe DIN EN 20544
ISO 1302	siehe DIN ISO 1302
ISO 2560	siehe teilweise DIN EN 499
ISO 3098-1	siehe DIN 6776-1
ISO 3581	siehe teilweise DIN 8556-1
ISO 4063	siehe DIN EN 24063
ISO 5817	siehe DIN EN 25817
ISO 6947	siehe E DIN ISO 6947
ISO 8167	siehe DIN EN 28167
ISO 10042	siehe DIN EN 30042

Änderungen

Gegenüber der Ausgabe August 1994 wurden folgende Änderungen vorgenommen:
- Bei unverändertem Inhalt Fehlerberichtigungen zur Anpassung an ISO 2553 und redaktionelle Verbesserungen vorgenommen, siehe Nationales Vorwort.

Frühere Ausgaben

DIN 1911: 1927-04, 1959-10
DIN 1912-1: 1927-04, 1932-05, 1937-05, 1956-05, 1960-07
DIN 1912-2: 1927-04, 1932-05, 1937-05
DIN 1912-3: 1961-03, 1982-08
DIN 1912-5: 1976-06, 1979-02, 1987-12
Beiblatt 1 zu DIN 1912-5: 1987-12
DIN 1912-6: 1976-06, 1979-02
DIN EN 22553: 1994-08

Nationaler Anhang NA (informativ)

Literaturhinweise

DIN 6-1
 Technische Zeichnungen – Darstellungen in Normalprojektion – Ansichten und besondere Darstellungen

DIN 6-2
 Technische Zeichnungen – Darstellung in Normalprojektion – Schnitte

DIN 15-1
 Technische Zeichnungen – Linien – Grundlagen

DIN 15-2
 Technische Zeichnungen – Linien – Allgemeine Anwendung

DIN 8556-1
 Schweißzusätze für das Schweißen nichtrostender und hitzebeständiger Stähle – Bezeichnung, Technische Lieferbedingungen

DIN 6776-1
 Technische Zeichnungen – Beschriftung – Schriftzeichen

DIN EN 499
 Schweißzusätze – Umhüllte Stabelektroden zum Lichtbogenhandschweißen von unlegierten Stählen und Feinkernstählen – Einteilung – Deutsche Fassung EN 499 : 1994

DIN EN 20544
 Zusätze zum Handschweißen – Maße – (ISO 544 : 1989) – Deutsche Fassung EN 20544 : 1991

DIN EN 24063
 Schweißen, Hartlöten, Weichlöten und Fugenlöten von Metallen – Liste der Verfahren und Ordnungsnummern für zeichnerische Darstellung – (ISO 4063 : 1990) – Deutsche Fassung EN 24063 : 1992

DIN EN 25817
 Lichtbogenschweißverbindungen an Stahl – Richtlinie für die Bewertungsgruppen von Unregelmäßigkeiten –
 (ISO 5817 : 1992) – Deutsche Fassung EN 25817 : 1992

DIN EN 28167
 Buckel zum Widerstandsschweißen – (ISO 8167 : 1989) – Deutsche Fassung EN 28167 : 1992

DIN EN 30042
 Lichtbogenschweißverbindungen an Aluminium und seinen schweißgeeigneten Legierungen – Richtlinie für die Bewertungsgruppen von Unregelmäßigkeiten – (ISO 10042 : 1992) – Deutsche Fassung EN 30042 : 1994

DIN ISO 1302
 Technische Zeichnungen – Angabe der Oberflächenbeschaffenheit in Zeichnungen

E DIN ISO 6947
 Schweißen – Arbeitspositionen – Definitionen der Winkel von Neigung und Drehung – Identisch mit ISO 6947 : 1990

DIN ISO 10209-2
 Technische Produktdokumentation – Begriffe – Teil 2: Begriffe für Projektionsmethoden – Identisch mit ISO 10209-2 : 1993

EUROPÄISCHE NORM
EUROPEAN STANDARD
NORME EUROPÉENNE

EN 22553

Mai 1994

DK 621.791 : 744.44.003.62

Deskriptoren: Zeichnungen, technische Zeichnungen, Schweißnähte, Lötnähte, Symbole, graphische Symbole

Deutsche Fassung

Schweiß- und Lötnähte
Symbolische Darstellung in Zeichnungen
(ISO 2553 : 1992)

Welded, brazed and soldered joints – Symbolic representation on drawings (ISO 2553 : 1992)

Joints soudés et brasés – Représentations symboliques sur les dessins (ISO 2553 : 1992)

Diese Europäische Norm wurde von CEN am 1994-05-12 angenommen.

Die CEN-Mitglieder sind gehalten, die CEN/CENELEC-Geschäftsordnung zu erfüllen, in der die Bedingungen festgelegt sind, unter denen dieser Europäischen Norm ohne jede Änderung der Status einer nationalen Norm zu geben ist.

Auf dem letzten Stand befindliche Listen dieser nationalen Normen mit ihren bibliographischen Angaben sind beim Zentralsekretariat oder bei jedem CEN-Mitglied auf Anfrage erhältlich.

Diese Europäische Norm besteht in drei offiziellen Fassungen (Deutsch, Englisch, Französisch). Eine Fassung in einer anderen Sprache, die von einem CEN-Mitglied in eigener Verantwortung durch Übersetzung in seine Landessprache gemacht und dem Zentralsekretariat mitgeteilt worden ist, hat den gleichen Status wie die offiziellen Fassungen.

CEN-Mitglieder sind die nationalen Normungsinstitute von Belgien, Dänemark, Deutschland, Finnland, Frankreich, Griechenland, Irland, Island, Italien, Luxemburg, Niederlande, Norwegen, Österreich, Portugal, Schweden, Schweiz, Spanien und dem Vereinigten Königreich.

CEN

EUROPÄISCHES KOMITEE FÜR NORMUNG
European Committee for Standardization
Comité Européen de Normalisation

Zentralsekretariat: rue de Stassart 36, B-1050 Brüssel

© 1994. Das Copyright ist den CEN-Mitgliedern vorbehalten.

Ref. Nr. EN 22553 : 1994 D

Seite 2
EN 22553 : 1994

Inhalt

		Seite
1	**Anwendungsbereich**	3
2	**Normative Verweisungen**	3
3	**Allgemeines**	3
4	**Symbole**	3
4.1	Grundsymbole	3
4.2	Kombinationen von Grundsymbolen	4
4.3	Zusatzsymbole	5
5	**Lage der Symbole in Zeichnungen**	5
5.1	Allgemeines	5
5.2	Beziehung zwischen der Pfeillinie und dem Stoß	6
5.3	Lage der Pfeillinie	7
5.4	Lage der Bezugslinie	7
5.5	Lage des Symbols zur Bezugslinie	7
6	**Bemaßung der Nähte**	8
6.1	Allgemeine Regeln	8
6.2	Einzutragende Hauptmaße	8
7	**Ergänzende Angaben**	11
7.1	Ringsum-Naht	11
7.2	Baustellennaht	11
7.3	Angabe des Schweißprozesses	11
7.4	Reihenfolge der Angaben in der Gabel des Bezugszeichens	11
8	**Anwendungsbeispiele für Punkt- und Liniennaht**	12
Anhang A	Anwendungsbeispiele für Symbole	14
Anhang B	Regeln für die Umstellung von Zeichnungen nach ISO 2553-1974 auf das neue System nach ISO 2553 : 1992	30
Anhang ZA	Normative Verweisungen auf internationale Publikationen mit ihren entsprechenden europäischen Publikationen	30

Vorwort

Der vom ISO/TC 44 "Welding and allied processes" erarbeitete Text der Internationalen Norm ISO 2553 : 1992 wurde zur Formellen Abstimmung vorgelegt. Er wurde als EN 22553 am 1994-05-12 ohne jegliche Änderung angenommen.

Diese Europäische Norm muß den Status einer nationalen Norm erhalten; entweder durch Veröffentlichung eines identischen Textes oder durch Anerkennung bis November 1994, und etwaige entgegenstehende nationale Normen müssen bis November 1994 zurückgezogen werden.

Diese Europäische Norm wurde unter einem Mandat erarbeitet, das die Kommission der Europäischen Gemeinschaften und das Sekretariat der Europäischen Freihandelszone dem CEN erteilt haben, und unterstützt grundlegende Anforderungen der EG-Richtlinien.

Entsprechend der CEN/CENELEC-Geschäftsordnung sind folgende Länder gehalten, diese Europäische Norm zu übernehmen: Belgien, Dänemark, Deutschland, Finnland, Frankreich, Griechenland, Irland, Island, Italien, Luxemburg, Niederlande, Norwegen, Österreich, Portugal, Schweden, Schweiz, Spanien und das Vereinigte Königreich.

Anerkennungsnotiz

Der Text der Internationalen Norm ISO 2553 : 1992 wurde vom CEN als Europäische Norm mit der Korrektur der Zeichnung B 2 im Anhang B angenommen.

    ANMERKUNG: Die normativen Verweisungen auf internationale Publikationen sind im Anhang ZA (normativ) aufgeführt.

1 Anwendungsbereich

Diese Internationale Norm enthält die Regeln, die bei der symbolischen Darstellung von Schweiß- und Lötnähten auf Zeichnungen anzuwenden sind.

2 Normative Verweisungen

Die folgenden Normen enthalten Festlegungen, die durch Bezugnahme zum Bestandteil dieser Internationalen Norm werden. Die angegebenen Ausgaben sind die beim Erscheinen dieser Norm gültigen. Da Normen von Zeit zu Zeit überarbeitet werden, wird dem Anwender dieser Norm empfohlen, immer auf die jeweils neueste Fassung der zitierten Normen zurückzugreifen. IEC- und ISO-Mitglieder haben Verzeichnisse der jeweils gültigen Ausgaben der Internationalen Normen.

ISO 128 : 1982
  Technische Zeichnungen — Allgemeine Grundregeln für die Darstellung
ISO 544 : 1989
  Zusätze zum Handschweißen — Maße
ISO 1302 : 1978
  Angabe der Oberflächenbeschaffenheit in Zeichnungen
ISO 2560 : 1973
  Symbolisierung für umhüllte Stabelektroden zum Lichtbogenhandschweißen von unlegierten und niedriglegierten Stählen
ISO 3098-1 : 1974
  Technische Zeichnungen — Schrift — Teil 1: Laufend verwendete Schriftzeichen
ISO 3581 : 1976
  Umhüllte Stabelektroden zum Lichtbogenhandschweißen von nichtrostenden und anderen ähnlich hochlegierten Stählen — Schema zur Symbolisierung
ISO 4063 : 1990
  Schweißen, Hartlöten, Weichlöten und Fugenlöten von Metallen — Liste der Verfahren und Ordnungsnummern für zeichnerische Darstellung
ISO 5817 : 1992
  Lichtbogenschweißverbindungen an Stahl — Richtlinie für Bewertungsgruppen von Unregelmäßigkeiten
ISO 6947 : 1990
  Schweißnähte — Arbeitspositionen, Begriffe der Winkel von Neigung und Drehung
ISO 8167 : 1989
  Buckel zum Widerstandsschweißen
ISO 10 042 : 1992
  Lichtbogenschweißverbindungen an Aluminium und seinen schweißgeeigneten Legierungen — Richtlinie für Bewertungsgruppen von Unregelmäßigkeiten

3 Allgemeines

3.1 Nähte sollen entsprechend den allgemeinen Regeln für technische Zeichnungen angegeben werden. Der Einfachheit halber ist es jedoch ratsam, für gebräuchliche Nähte die in dieser Internationalen Norm beschriebene symbolische Darstellung anzuwenden.

3.2 Die symbolische Darstellung soll alle notwendigen Angaben über die jeweilige Naht klar zum Ausdruck bringen, ohne die Zeichnung mit Anmerkungen oder einer zusätzlichen Ansicht zu überlasten.

3.3 Die symbolische Darstellung besteht aus einem Grundsymbol, das ergänzt werden kann durch
— ein Zusatzsymbol;
— Angabe der Maße;
— einige ergänzende Angaben (besonders bei Werkstattzeichnungen).

3.4 Um die Zeichnungen weitgehend zu vereinfachen, wird empfohlen, auf spezielle Anweisungen oder besondere Festlegungen hinzuweisen, in denen alle Einzelheiten der Nahtvorbereitung und/oder Verfahren angegeben sind, anstatt diese Angaben in die Zeichnungen der zu schweißenden Teile einzutragen.
Falls es solche Anweisungen nicht gibt, sind die Fugenmaße und/oder die Verfahren nahe dem Symbol einzutragen.

4 Symbole

4.1 Grundsymbole

Die verschiedenen Nahtarten werden durch jeweils ein Symbol gekennzeichnet, das im allgemeinen der jeweiligen Naht ähnlich ist.
Das Symbol soll nichts über das anzuwendende Verfahren aussagen.
Die Grundsymbole enthält Tabelle 1.
Sofern die Gestalt der Nahtart angegeben, sondern nur dargestellt werden soll, daß die Naht geschweißt oder gelötet wird, ist folgendes Symbol anzuwenden:

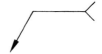

Tabelle 1: Grundsymbole

Nr	Benennung	Darstellung	Symbol
1	Bördelnaht[1]) (die Bördel werden ganz niedergeschmolzen)		八
2	I-Naht		||
3	V-Naht		V
4	HV-Naht		V

[1]) Bördelnähte (Symbol 1), die nicht durchgeschweißt sind, werden als I-Nähte (Symbol 2) mit der Nahtdicke s dargestellt (siehe Tabelle 5).

(fortgesetzt)

Tabelle 1 (fortgesetzt)

Nr	Benennung	Darstellung	Symbol
5	Y-Naht		Y
6	HY-Naht		↑
7	U-Naht		⋎
8	HU-Naht (Jot-Naht)		↑
9	Gegenlage		⌣
10	Kehlnaht		◺
11	Lochnaht		⊓
12	Punktnaht		○
13	Liniennaht		⊕
14	Steilflankennaht		\/

(fortgesetzt)

Tabelle 1 (abgeschlossen)

Nr	Benennung	Darstellung	Symbol
15	Halb-Steilflankennaht		l/
16	Stirnflachnaht		|||
17	Auftragung		⌒⌒
18	Flächennaht		=
19	Schrägnaht		//
20	Falznaht		⊋

4.2 Kombinationen von Grundsymbolen

Falls erforderlich, dürfen Kombinationen von Grundsymbolen angewendet werden. Bei von beiden Seiten geschweißten Nähten werden die Grundsymbole so zusammengesetzt, daß sie symmetrisch zur Bezugslinie stehen. Typische Beispiele sind in Tabelle 2 angegeben, Anwendung für symbolische Darstellung siehe Tabelle A.2.

ANMERKUNG 1: Tabelle 2 enthält ausgewählte Kombinationen von Grundsymbolen für symmetrische Nähte. Zur symbolischen Darstellung werden die Grundsymbole symmetrisch an der Bezugslinie angeordnet (siehe Tabelle A.2). Bei der Anwendung von Symbolen außerhalb der symbolischen Darstellung ist keine Bezugslinie erforderlich.

Tabelle 2: Zusammengesetzte Symbole für symmetrische Nähte (Beispiele)

Benennung	Darstellung	Symbol
D(oppel)-V-Naht (X-Naht)		X
D(oppel)-HV-Naht (K-Naht)		K
D(oppel)-Y-Naht		X
D(oppel)-HY-Naht (K-Stegnaht)		K
D(oppel)-U-Naht		X

4.3 Zusatzsymbole

Grundsymbole dürfen durch ein Symbol, das die Form der Oberfläche oder der Naht kennzeichnet, ergänzt werden.
Die empfohlenen Zusatzsymbole enthält Tabelle 3.
Ist kein Zusatzsymbol vorhanden, so bedeutet dies, daß die Oberflächenform der Naht freigestellt ist.
Beispiele für Kombinationen von Grund- und Zusatzsymbolen enthalten die Tabellen 4 und A.3.

ANMERKUNG 2: Obwohl die Kombination mehrerer Symbole nicht verboten ist, ist es besser, die Naht gesondert zu zeichnen, wenn die symbolische Darstellung zu schwierig wird.

Tabelle 3: Zusatzsymbole

Form der Oberflächen oder der Naht	Symbol
a) flach (üblicherweise flach nachbearbeitet)	—
b) konvex (gewölbt)	⌒
c) konkav (hohl)	⌣
d) Nahtübergänge kerbfrei	⌣
e) verbleibende Beilage benutzt	M
f) Unterlage benutzt	MR

Tabelle 4 enthält Anwendungsbeispiele der Zusatzsymbole.

Tabelle 4: Anwendungsbeispiele für Zusatzsymbole

Benennung	Darstellung	Symbol
Flache V-Naht		∇
Gewölbte Doppel-V-Naht		X
Hohlkehlnaht		
Flache V-Naht mit flacher Gegenlage		
Y-Naht mit Gegenlage		
Flach nachbearbeitete V-Naht		∇¹⁾
Kehlnaht mit kerbfreiem Nahtübergang		

¹) Symbol nach ISO 1302; es kann auch das Hauptsymbol √ benutzt werden.

5 Lage der Symbole in Zeichnungen

5.1 Allgemeines

Die Symbole bilden nur einen Teil der vollständigen Darstellungsart (siehe Bild 1), die zusätzlich zum Symbol (3) noch folgendes umfaßt:
— eine Pfeillinie (1) je Stoß (siehe Bild 2 und Bild 3);
— eine Bezugslinie, bestehend aus zwei Parallellinien, und zwar einer Vollinie (Bezugs-Vollinie) und einer Strichlinie (Bezugs-Strichlinie) (2) (Ausnahme siehe Anmerkung 3);
— eine bestimmte Anzahl von Maßen und üblichen Angaben.

ANMERKUNG 3: Die Strichlinie kann entweder über oder unter der Vollinie angegeben werden (siehe auch 5.5 und Anhang B).

Bei symmetrischen Nähten darf die Strichlinie entfallen.

ANMERKUNG 4: Die Breite der Linien für die Pfeillinie, die Bezugslinie, das Symbol und die Beschriftung soll derjenigen für die Maßeintragung nach ISO 128 bzw. ISO 3098-1 entsprechen.

Seite 6
EN 22553 : 1994

Zweck der folgenden Regeln ist es, die Anordnung der Naht zu beschreiben durch Festlegung
- der Lage der Pfeillinie;
- der Lage der Bezugslinie;
- der Lage des Symbols.

Pfeillinie und Bezugslinie bilden das Bezugszeichen. Die Bezugslinie wird an ihrem Ende durch eine Gabel ergänzt, wenn Einzelheiten, z. B. über Prozesse, Bewertungsgruppe, Arbeitsposition, Zusatzwerkstoffe und Hilfsstoffe, eingetragen werden (siehe Abschnitt 7).

5.2 Beziehung zwischen der Pfeillinie und dem Stoß

Die Beispiele in Bild 2 und Bild 3 erläutern die Begriffe
- "Pfeilseite" des Stoßes;
- "Gegenseite" des Stoßes.

ANMERKUNG 5: Die Lage des Pfeiles in diesen Bildern wurde der Deutlichkeit halber gewählt. Üblicherweise würde die Pfeilspitze unmittelbar an den Stoß angrenzen.

ANMERKUNG 6: Siehe Bild 2

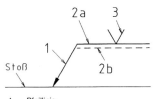

1   Pfeillinie
2a Bezugslinie (Vollinie)
2b Bezugslinie (Strichlinie)
3   Symbol

Bild 1: Darstellungsart

a) Naht auf der Pfeilseite   b) Naht auf der Gegenseite

Bild 2: T-Stoß mit einer Kehlnaht

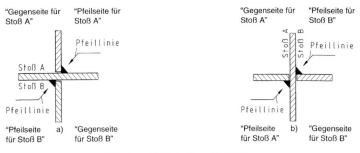

Bild 3: Doppel-T-Stoß mit zwei Kehlnähten

5.3 Lage der Pfeillinie

Die Lage der Pfeillinie zur Naht hat im allgemeinen keine besondere Bedeutung (siehe Bild 4a und Bild 4b). Bei den Nähten der Ausführung 4, 6 und 8 (siehe Tabelle 1) jedoch muß die Pfeillinie auf das Teil zeigen, an dem die Nahtvorbereitung vorgenommen wird (siehe Bild 4c und Bild 4d).
- schließt an die Bezugs-Vollinie an und bildet mit ihr einen Winkel;
- wird durch eine Pfeilspitze vervollständigt.

5.4 Lage der Bezugslinie

Die Bezugslinie ist vorzugsweise parallel zur Unterkante der Zeichnung zu zeichnen, oder, falls dies nicht möglich ist, senkrecht dazu.

5.5 Lage des Symbols zur Bezugslinie

Das Symbol darf – entsprechend folgender Regel – entweder über oder unter der Bezugslinie angeordnet werden:
- Wenn das Symbol auf der Seite der Bezugs-Vollinie angeordnet wird, befindet sich die Naht (die Nahtoberseite) auf der Pfeilseite des Stoßes (siehe Bild 5a).
- Wenn das Symbol auf der Seite der Bezugs-Strichlinie angeordnet wird, befindet sich die Naht (die Nahtoberseite) auf der Gegenseite des Stoßes (siehe Bild 5b).

ANMERKUNG 7: Bei Punktschweißungen, die durch Buckelschweißen hergestellt werden, gilt die Buckelseite als Nahtoberseite.

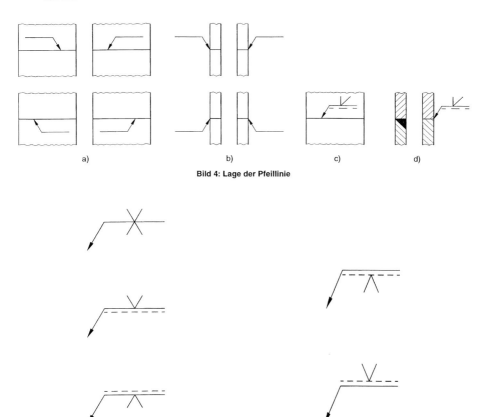

a)   b)   c)   d)

Bild 4: Lage der Pfeillinie

a) Naht, ausgeführt von der Pfeilseite   b) Naht, ausgeführt von der Gegenseite

Bild 5: Lage des Symbols zur Bezugslinie

6 Bemaßung der Nähte

6.1 Allgemeine Regeln

Jedem Nahtsymbol darf eine bestimmte Anzahl von Maßen zugeordnet werden. Diese Maße werden nach Bild 6 wie folgt eingetragen:
1. Die Hauptquerschnittsmaße werden auf der linken Seite des Symbols (d. h. vor dem Symbol) eingetragen.
2. Die Längenmaße werden auf der rechten Seite des Symbols (d. h. hinter dem Symbol) eingetragen.

Die Eintragungsart für die Hauptmaße ist in Tabelle 5 festgelegt. Außerdem enthält diese Tabelle die Regeln für das Festlegen dieser Maße. Weitere Maße von geringerer Bedeutung dürfen ebenfalls angegeben werden, sofern dies notwendig ist.

Bild 6: Eintragungsbeispiel

6.2 Einzutragende Hauptmaße

Das Maß, das den Abstand der Naht zum Werkstückrand festlegt, erscheint nicht in der Symbolisierung, sondern in der Zeichnung.

6.2.1 Das Fehlen einer Angabe nach dem Symbol bedeutet, daß die Naht durchgehend über die gesamte Länge des Werkstückes verläuft.

6.2.2 Wenn nicht anders angegeben, gelten Stumpfnähte als voll angeschlossen.

6.2.3 Bei Kehlnähten gibt es für die Angabe von Maßen zwei Methoden (siehe Bild 7). Deshalb ist der Buchstabe a oder z stets vor das entsprechende Maß zu setzen.

Für Kehlnähte mit tiefem Einbrand wird die Nahtdicke mit s angegeben (siehe Bild 8).

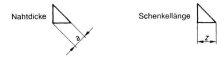

6.2.4 Bei einer Loch- oder Schlitznaht mit schrägen Flanken gilt das Maß am Grund des Loches.

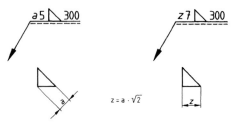

Bild 7: Eintragungsart für Kehlnähte

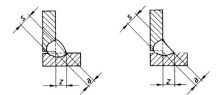

ANMERKUNG: Für Kehlnähte mit tiefem Einbrand werden die Maße z. B. angegeben mit $s8a6\triangleright$.

Bild 8: Eintragungsart für Kehlnähte mit tiefem Einbrand

Seite 9
EN 22553 : 1994

Tabelle 5: Hauptmaße

Nr	Benennung	Darstellung	Definition	Eintragung
1	Stumpfnaht		s: Mindestmaß von der Werkstückoberfläche bis zur Unterseite des Einbrandes; es kann nicht größer sein als die Dicke des dünneren Werkstückes.	(Siehe 6.2.1 und 6.2.2)
				(Siehe 6.2.1)
				(Siehe 6.2.1)
2	Bördelnaht		s: Mindestmaß von der Nahtoberfläche bis zur Unterseite des Einbrandes.	(Siehe 6.2.1 und Tabelle 1, Fußnote 1)
3	Durchgehende Kehlnaht		a: Höhe des größten gleichschenkligen Dreiecks, das sich in die Schnittdarstellung eintragen läßt. z: Schenkel des größten gleichschenkligen Dreiecks, das sich in die Schnittdarstellung eintragen läßt.	(Siehe 6.2.1 und 6.2.3)
4	Unterbrochene Kehlnaht		l: Einzelnahtlänge (ohne Krater) (e): Nahtabstand n: Anzahl der Einzelnähte a z } (Siehe Nr 3)	$a \underset{}{\triangle} n \times l(e)$ $z \underset{}{\triangle} n \times l(e)$ (Siehe 6.2.3)

(fortgesetzt)

Tabelle 5 (abgeschlossen)

Nr	Benennung	Darstellung	Definition	Eintragung
5	Versetzte, unterbrochene Kehlnaht		l (e) n a z (Siehe Nr 4) (Siehe Nr 3)	$a \triangleright \begin{array}{l}n\times l \\ n\times l\end{array} \begin{array}{l}(e) \\ (e)\end{array}$ $z \triangleright \begin{array}{l}n\times l \\ n\times l\end{array} \begin{array}{l}(e) \\ (e)\end{array}$ (Siehe 6.2.3)
6	Langlochnaht		l (e) n c: (Siehe Nr 4) Lochbreite	$c \sqsubset n\times l\,(e)$ (Siehe 6.2.4)
7	Liniennaht		l (e) n c: (Siehe Nr 4) Breite der Naht	$c \sqsubset n\times l\,(e)$
8	Lochnaht		n: (Siehe Nr 4) (e): Abstand d: Lochdurchmesser	$d \sqsubset n\,(e)$
9	Punktnaht		n: (Siehe Nr 4) (e): Abstand d: Punktdurchmesser	$d \bigcirc n\,(e)$

7 Ergänzende Angaben

Ergänzende Angaben können erforderlich sein, um weitere charakteristische Merkmale der Naht festzulegen, z. B.:

7.1 Ringsum-Naht

Wenn eine Naht um ein Teil ganz herumgeführt wird, ist das Ergänzungssymbol ein Kreis (siehe Bild 9).

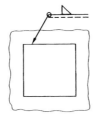

Bild 9: Angabe für Ringsum-Naht

7.2 Baustellennaht

Zur Kennzeichnung der Baustellennaht dient eine Fahne (siehe Bild 10).

Bild 10: Angabe für Baustellennaht

7.3 Angabe des Schweißprozesses

Falls erforderlich, ist der Schweißprozeß durch eine Nummer zu kennzeichnen, die zwischen den Schenkeln einer Gabel am Ende der Bezugs-Vollinie eingetragen wird (siehe Bild 11).
ISO 4063 enthält die Zuordnung der Kennzahlen zu den Prozessen.

Bild 11: Angabe des Schweißprozesses

7.4 Reihenfolge der Angaben in der Gabel des Bezugszeichens

Die Angaben für Nahtarten und Maße können durch weitere Angaben in der Gabel ergänzt werden, und zwar in folgender Reihenfolge:
— Prozeß (z. B. nach ISO 4063);
— Bewertungsgruppe (z. B. nach ISO 5817 und ISO 10 042);
— Arbeitsposition (z. B. nach ISO 6947);
— Zusatzwerkstoffe (z. B. nach ISO 544, ISO 2560 und ISO 3581).

Die einzelnen Angaben sind durch Schrägstriche (/) voneinander abzugrenzen.
Zusätzlich ist eine geschlossene Gabel möglich, die eine spezielle Anweisung (z. B. Fertigungsunterlage) durch ein Bezugszeichen enthält (siehe Bild 12).

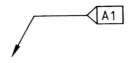

Bild 12: Bezugsangabe

BEISPIEL:
V-Naht mit Gegenlage (siehe Bild 13), hergestellt durch Lichtbogenhandschweißen (Kennzahl 111 nach ISO 4063), geforderte Bewertungsgruppe nach ISO 5817, Wannenposition PA nach ISO 6947, umhüllte Stabelektrode ISO 2560-E 51 2 RR 22.

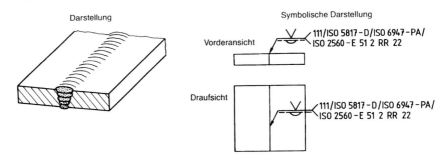

Bild 13: V-Naht mit Gegenlage

8 Anwendungsbeispiele für Punkt- und Liniennaht

Bei Punkt- und Liniennähten (geschweißt oder gelötet) entsteht die Verbindung entweder an der Grenzfläche zwischen den beiden überlappt angeordneten Teilen oder durch Durchschmelzen eines der beiden Teile (siehe Bilder 14 und 15).

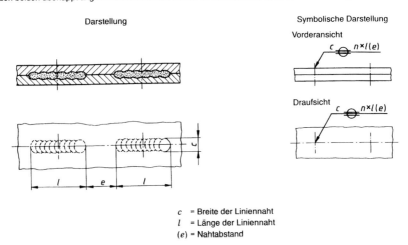

c = Breite der Liniennaht
l = Länge der Liniennaht
(e) = Nahtabstand

Bild 14: Widerstandsgeschweißte unterbrochene Liniennaht

Darstellung   Symbolische Darstellung
                           Vorderansicht

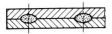

                           Draufsicht

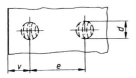

a) Widerstandsgeschweißte Punktnähte

Darstellung   Symbolische Darstellung
                           Vorderansicht

                           Draufsicht

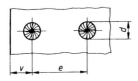

b) Schmelzgeschweißte Punktnähte

Darstellung   Symbolische Darstellung
                           Vorderansicht

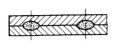

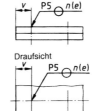

Der Pfeil zeigt auf
das Blech mit dem Buckel

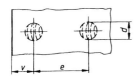

d = Punktdurchmesser
v = Vormaß
(e) = Punktabstand

ANMERKUNG: Beispiel für die Darstellung eines Buckels (P) nach ISO 8167 mit Buckeldurchmesser d = 5 mm, n = Schweißelementen mit Punktabstand (e) dazwischen.

c) Punktnähte mit vorgeformten Buckeln

Bild 15: Punktnähte

Seite 14
EN 22553 : 1994

Anhang A (informativ)

Anwendungsbeispiele für Symbole

Die Tabellen A.1 bis A.4 zeigen einige Beispiele für die Anwendung der Symbole. Die Darstellungen dienen nur der Erläuterung.

Tabelle A.1: Anwendungsbeispiele für Grundsymbole

Nr	Benennung Symbol (Nr nach Tabelle 1)	Darstellung räumlich	Darstellung erläuternd	Symbolische Darstellung wahlweise
1	Bördelnaht)(1			
2				
3	I-Naht ‖ 2			
4				

(fortgesetzt)

266

Seite 15
EN 22553 : 1994

Tabelle A.1 (fortgesetzt)

Nr	Benennung Symbol (Nr nach Tabelle 1)	Darstellung räumlich	Darstellung erläuternd	Symbolische Darstellung wahlweise
5	V-Naht ∨ 3			
6				
7	HV-Naht ⌵ 4			
8				

(fortgesetzt)

Seite 16
EN 22553 : 1994

Tabelle A.1 (fortgesetzt)

Nr	Benennung Symbol (Nr nach Tabelle 1)	Darstellung räumlich	Darstellung erläuternd	Symbolische Darstellung wahlweise	
9	HV-Naht ⋁ 4				
10					
11	Y-Naht Y 5				
12	HY-Naht ⋎ 6				

(fortgesetzt)

Seite 17
EN 22553 : 1994

Tabelle A.1 (fortgesetzt)

Nr	Benennung Symbol (Nr nach Tabelle 1)	Darstellung räumlich	Darstellung erläuternd	Symbolische Darstellung wahlweise
13	HY-Naht 6			
14	U-Naht 7			
15	HU-Naht (Jot-Naht) 8			
16				

(fortgesetzt)

Seite 18
EN 22553 : 1994

Tabelle A.1 (fortgesetzt)

Nr	Benennung Symbol (Nr nach Tabelle 1)	Darstellung räumlich	Darstellung erläuternd 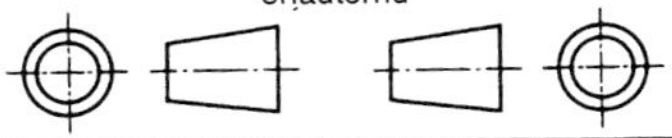	Symbolische Darstellung wahlweise
17	Kehlnaht △ 10	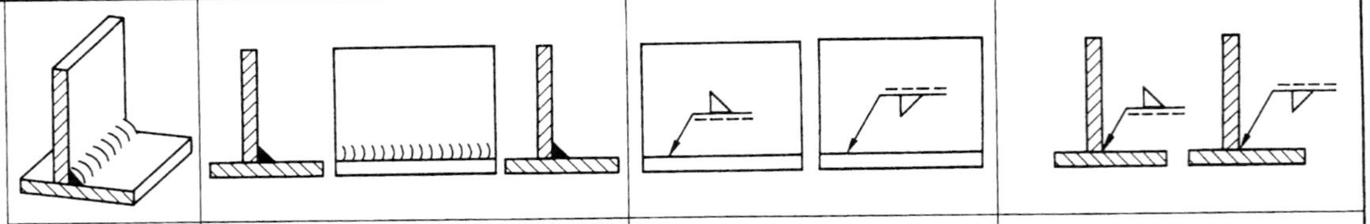		
18		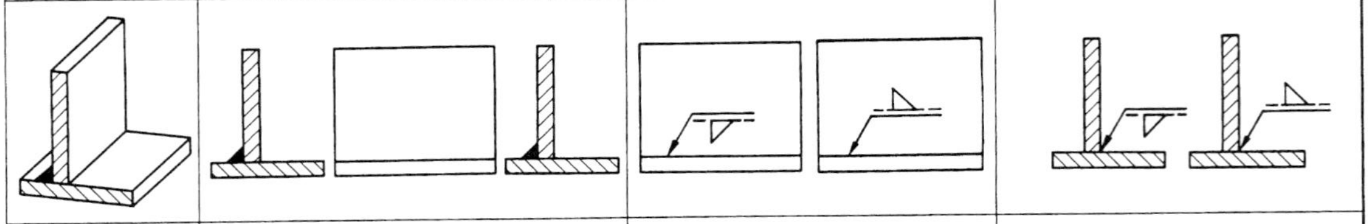		
19		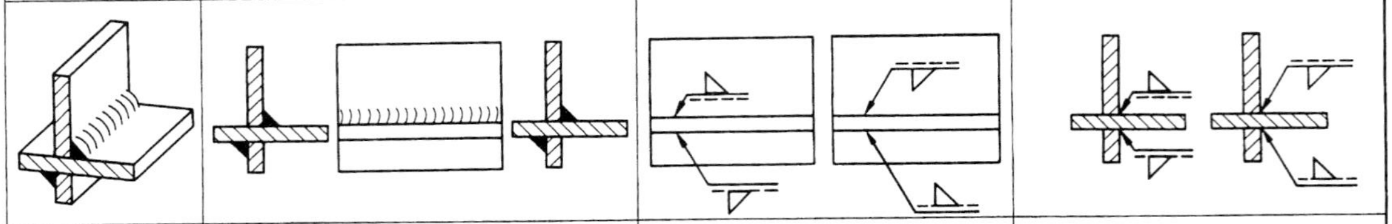		
20		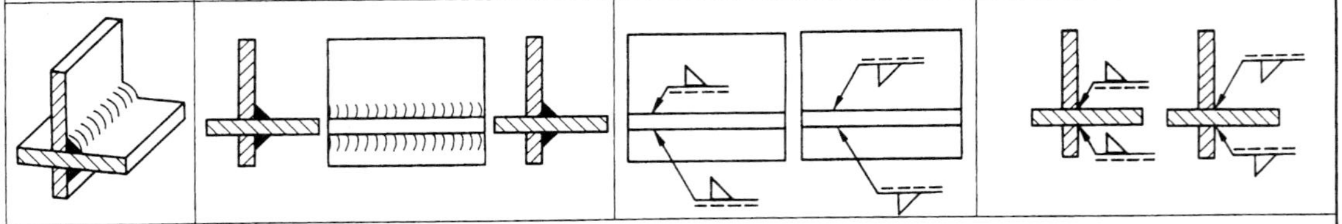		

(fortgesetzt)

Seite 19
EN 22553 : 1994

Tabelle A.1 (fortgesetzt)

Nr	Benennung Symbol (Nr nach Tabelle 1)	Darstellung räumlich	Darstellung erläuternd	Symbolische Darstellung wahlweise	
21	Kehlnaht △ 10				
22	Lochnaht ▢ 11				
23	Lochnaht ▢ 11				

(fortgesetzt)

Seite 20
EN 22553 : 1994

Tabelle A.1 (fortgesetzt)

Nr	Benennung Symbol (Nr nach Tabelle 1)	Darstellung räumlich	Darstellung erläuternd	Symbolische Darstellung wahlweise
24				
25	Punktnaht ◯ 12			
26	Liniennaht ⌀ 13			

(fortgesetzt)

Seite 21
EN 22553 : 1994

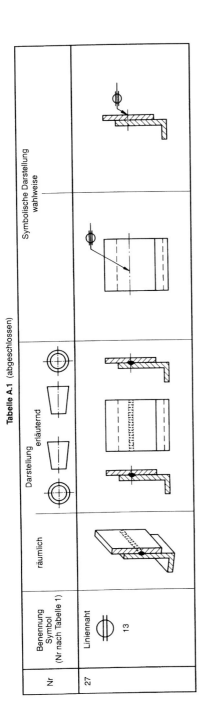

Seite 22
EN 22553 : 1994

Tabelle A.2: Beispiele für Kombinationen von Grundsymbolen

Nr	Benennung Symbol (Nr nach Tabelle 1)	räumlich	Darstellung erläuternd	Symbolische Darstellung wahlweise	
1	Bördelnaht ⌒ 1 mit Gegenlage ⌓ 9 1-9				
2	I-Naht ‖ 2 geschweißt von beiden Seiten 2-2				
3	V-Naht ∨ 3				
4	mit Gegenlage ⌓ 9 3-9				

(fortgesetzt)

Tabelle A.2 (fortgesetzt)

Nr	Benennung Symbol (Nr nach Tabelle 1)	Darstellung räumlich	Darstellung erläuternd	Symbolische Darstellung wahlweise	
5	Doppel-V-Naht $\vee$ 3 (X-Naht) 3-3				
6	Doppel-HV-Naht $\vee$ 4 (K-Naht) 4-4				
7					
8	Doppel-Y-Naht Y 5 5-5				

(fortgesetzt)

Seite 24
EN 22553 : 1994

Tabelle A.2 (fortgesetzt)

Nr	Benennung Symbol (Nr nach Tabelle 1)	räumlich	Darstellung erläuternd			Symbolische Darstellung wahlweise	
9	Doppel-HY-Naht ⊬ 6 (K-Stegnaht) 6-6						
10	Doppel-U-Naht ⟩⟨ 7 7-7						
11	Doppel-HU-Naht ⊬ 8 (Doppel-Jot-Naht) 8-8						
12	V-U-Naht V 3 ⟩ 7 3-7						

(fortgesetzt)

Tabelle A.2 (abgeschlossen)

Nr	Benennung Symbol (Nr nach Tabelle 1)	räumlich	Darstellung erläuternd		Symbolische Darstellung wahlweise	
13	Doppel-Kehlnaht $\triangle$ 10 $\triangle$ 10 10-10					
14						

Seite 26
EN 22553 : 1994

Tabelle A.3: Beispiele für die Kombination von Grund- und Zusatzsymbolen

(fortgesetzt)

Seite 27
EN 22553 : 1994

Tabelle A.3 (abgeschlossen)

Nr	Symbol	Darstellung räumlich	Darstellung erläuternd	Symbolische Darstellung wahlweise
5	⌐≽⊳⊲			
6	(⋈)			
7	⌐↗			
8	⌐≽ |MR|			

279

Seite 28
EN 22553 : 1994

Tabelle A.4: Beispiele für Ausnahmefälle

(fortgesetzt)

Seite 29
EN 22553 : 1994

Tabelle A.4: (abgeschlossen)

Nr	räumlich	Darstellung erläuternd	Symbolische Darstellung wahlweise	Symbolische Darstellung	falsch
5			nicht empfohlen		
6			nicht empfohlen		
7			nicht empfohlen		
8					

ANMERKUNG 1: Wenn der Pfeil nicht auf eine Verbindung zeigen kann, kann die symbolische Darstellung nicht angewendet werden.

Anhang B (informativ)

Regeln für die Umstellung von Zeichnungen nach ISO 2553 : 1974 auf das neue System nach ISO 2553 : 1992

Als Zwischenlösung für die Umstellung alter Zeichnungen nach ISO 2553 : 1974 zeigen folgende Beispiele die zulässigen Methoden. Dies ist jedoch als eine provisorische Lösung nur während der Übergangszeit zu betrachten.

Für neue Zeichnungen ist für einseitig zu schweißende Nähte stets die doppelte Bezugslinie zu verwenden.

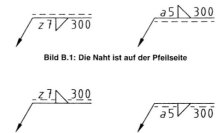

Bild B.1: Die Naht ist auf der Pfeilseite

Bild B.2: Die Naht ist auf der Gegenseite

ANMERKUNG: Bei der Umstellung von Zeichnungen entsprechend Methode E oder A nach ISO 2553 : 1974 auf dieses neue System ist bei Kehlnähten besonders wichtig, den Buchstaben a oder z vor das jeweilige Maß zu setzen, da die Bemaßung des Nahtschenkels (z) oder der Nahtdicke (a) mit der Lage des Schweißsymbols auf der Bezugslinie verbunden wurde.

Anhang ZA (normativ)

Normative Verweisungen auf internationale Publikationen mit ihren entsprechenden europäischen Publikationen

Diese Europäische Norm enthält datierte und undatierte Verweisungen, Festlegungen aus anderen Publikationen. Diese normativen Verweisungen sind an den jeweiligen Stellen im Text zitiert, und die Publikationen sind nachstehend aufgeführt. Bei datierten Verweisungen gehören spätere Änderungen oder Überarbeitungen dieser Publikationen nur zu dieser Europäischen Norm, falls sie durch Änderung oder Überarbeitung eingearbeitet sind. Bei undatierten Verweisungen gilt die letzte Ausgabe der in Bezug genommenen Publikation.

Publikation	Jahr	Titel	EN/HD	Jahr
ISO 544	1989	Zusätze zum Handschweißen – Maße	20544	1991
ISO 4063	1990	Schweißen, Hartlöten, Weichlöten und Fugenlöten von Metallen – Liste der Verfahren und Ordnungsnummern für zeichnerische Darstellung	24063	1991
ISO 5817	1992	Lichtbogenschweißverbindungen an Stahl – Richtlinie für die Bewertungsgruppen von Unregelmäßigkeiten	25817	1992
ISO 8167	1989	Buckel zum Widerstandsschweißen	28167	1992

Oktober 2002

	Geometrische Produktspezifikation (GPS) **Referenztemperatur für geometrische Produktspezifikation und -prüfung** (ISO 1:2002) Deutsche Fassung EN ISO 1:2002	**DIN EN ISO 1**

ICS 17.040.20

Ersatz für
DIN 102:1956-10

Geometrical product specification (GPS) — Standard reference
temperature for geometrical product specification and verification
(ISO 1:2002); German version EN ISO 1:2002

Spécification géométrique des produits (GPS) — Température normale
de référence pour la spécification géométrique des produits et vérification
(ISO 1:2002); Version allemande EN ISO 1:2002

Die Europäische Norm EN ISO 1:2002 hat den Status einer Deutschen Norm.

Nationales Vorwort

Diese Norm wurde vom ISO/TC 213/WG 3 „Referenztemperatur" unter wesentlicher Beteiligung deutscher Fachleute ausgearbeitet. Auf nationaler Ebene ist der Arbeitsausschuss NATG-C.CEN/ISO „Geometrische Produktspezifikation und -prüfung" verantwortlich.

Zusammenhang der in den Literaturhinweisen genannten ISO-Normen und anderen Veröffentlichungen mit DIN-Normen und anderen Veröffentlichungen:

ISO/TR 14638   siehe DIN V 32950:1997
ISO/TR 16015   —
VIM:1993   Internationales Wörterbuch der Metrologie, Beuth-Bestell-Nr 13086

Änderungen

Gegenüber DIN 102:1956-10 wurden folgende Änderungen vorgenommen:

a) Titel und Konzept der Referenztemperatur geändert (siehe Einleitung),

b) Norm redaktionell überarbeitet,

c) EN ISO 1 vollständig übernommen.

Frühere Ausgaben

DIN 102: 1921-07, 1956-10

Fortsetzung Seite 2
und 5 Seiten EN

Normenausschuss Technische Grundlagen (NATG) — Geometrische Produktspezifikation und -prüfung —
im DIN Deutsches Institut für Normung e. V.

Nationaler Anhang NA
(informativ)

Literaturhinweise

DIN V 32950, *Geometrische Produktspezifikation (GPS) — Übersicht (ISO/TR 14638:1995)*.

EUROPÄISCHE NORM
EUROPEAN STANDARD
NORME EUROPÉENNE

EN ISO 1

Juli 2002

ICS 17.040.01

Deutsche Fassung

Geometrische Produktspezifikation (GPS) — Referenztemperatur für die geometrische Produktspezifikation und -prüfung
(ISO 1:2002)

Geometrical Product Specifications (GPS) —
Standard reference temperature for geometrical product
specification and verification
(ISO 1:2002)

Spécification géométrique des produits (GPS) —
Température normale de référence pour la spécification
géométrique des produits et vérification
(ISO 1:2002)

Diese Europäische Norm wurde vom CEN am 24. Juni 2002 angenommen.

Die CEN-Mitglieder sind gehalten, die CEN/CENELEC-Geschäftsordnung zu erfüllen, in der die Bedingungen festgelegt sind, unter denen dieser Europäischen Norm ohne jede Änderung der Status einer nationalen Norm zu geben ist. Auf dem letzten Stand befindliche Listen dieser nationalen Normen mit ihren bibliographischen Angaben sind beim Management-Zentrum oder bei jedem CEN-Mitglied auf Anfrage erhältlich.

Diese Europäische Norm besteht in drei offiziellen Fassungen (Deutsch, Englisch, Französisch). Eine Fassung in einer anderen Sprache, die von einem CEN-Mitglied in eigener Verantwortung durch Übersetzung in seine Landessprache gemacht und dem Management-Zentrum mitgeteilt worden ist, hat den gleichen Status wie die offiziellen Fassungen.

CEN-Mitglieder sind die nationalen Normungsinstitute von Belgien, Dänemark, Deutschland, Finnland, Frankreich, Griechenland, Irland, Island, Italien, Luxemburg, Malta, Niederlande, Norwegen, Österreich, Portugal, Schweden, Schweiz, Spanien, der Tschechischen Republik und dem Vereinigten Königreich.

EUROPÄISCHES KOMITEE FÜR NORMUNG
EUROPEAN COMMITTEE FOR STANDARDIZATION
COMITÉ EUROPÉEN DE NORMALISATION

Management-Zentrum: rue de Stassart, 36   B-1050 Brüssel

© 2002 CEN   Alle Rechte der Verwertung, gleich in welcher Form und in welchem Verfahren, sind weltweit den nationalen Mitgliedern von CEN vorbehalten.

Ref. Nr. EN ISO 1:2002 D

Vorwort

Dieses Dokument (ISO 1:2002) wurde vom ISO/TC 213 „Dimensional and geometrical product specification and verification (GPS)" in Zusammenarbeit mit dem CEN/TC 290 „Dimensional and geometrical product specification and verification (GPS)" erarbeitet, dessen Sekretariat von AFNOR gehalten wird.

Diese Europäische Norm muss den Status einer nationalen Norm erhalten, entweder durch Veröffentlichung eines identischen Textes oder durch Anerkennung bis Januar 2003, und etwaige entgegenstehende nationale Normen müssen bis Januar 2003 zurückgezogen werden.

Entsprechend der CEN/CENELEC-Geschäftsordnung sind die nationalen Normungsinstitute der folgenden Länder gehalten, diese Europäische Norm zu übernehmen: Belgien, Dänemark, Deutschland, Finnland, Frankreich, Griechenland, Irland, Island, Italien, Luxemburg, Malta, Niederlande, Norwegen, Österreich, Portugal, Schweden, Schweiz, Spanien, die Tschechische Republik und das Vereinigte Königreich.

Anerkennungsnotiz

Der Text der Internationalen Norm ISO 1:2002 wurde von CEN als Europäische Norm ohne irgendeine Abänderung genehmigt.

Einleitung

Diese Internationale Norm gehört zum Bereich der Geometrischen Produktspezifikation (GPS) und ist eine globale GPS-Norm (siehe ISO/TR 14638). Sie beeinflusst alle Kettenglieder aller Normketten.

Für weitere Informationen über den Zusammenhang dieser Internationalen Norm zu anderen Normen und dem GPS-Matrix-Modell siehe Anhang A.

Die Referenztemperatur ist jetzt für GPS-Spezifikationen angewendet, d. h., alle GPS-Merkmale sind bei der Referenztemperatur definiert. Folglich werden bei Messungen von Geometrieelementen von Werkstücken und/oder messtechnischer Merkmale von Messeinrichtungen durch eine Abweichung von der Referenztemperatur Abweichungen und Messunsicherheiten im Messergebnis erzeugt.

Die Definitionen der Einheiten von Länge und Temperatur wurden vom Internationalen Komitee für Gewichte und Maße (CIPM) unter Verantwortung der Meterkonvention bestimmt und angenommen. Diese Definitionen sind in den *Procès-verbaux* des CIPM veröffentlicht [4], [5], [6].

Diese Internationale Norm erfordert nicht, dass alle Kalibrierungen, Annahmeprüfungen von Werkstücken oder Fertigungen bei Referenztemperatur durchgeführt werden müssen. Unsicherheiten bei Temperaturmessungen und Messungen bei anderen als der Referenztemperatur sind Beiträge zum Unsicherheitsbudget des Messergebnisses oder führen zu systematischen Abweichungen in den Messergebnissen. Ein ISO Technical Report [2], der sich mit diesen Punkten befasst, ist in Vorbereitung.

1 Anwendungsbereich

Diese Internationale Norm legt die Referenztemperatur für geometrische Produktspezifikation und -prüfung fest.

2 Referenztemperatur

Die Referenztemperatur für die geometrische Produktspezifikation und -prüfung ist auf 20° C festgelegt.

Anhang A
(informativ)

Beziehung zum GPS-Matrix-Modell

A.1 Allgemeines

Alle Einzelheiten des GPS-Matrixmodells siehe ISO/TR 14638.

A.2 Information über diese Internationale Norm und ihre Anwendung

Diese Internationale Norm wird für alle GPS-Spezifikationen für Werkstücke und Messeinrichtungen angewendet. Sie bildet die Grundlage für die Beurteilung der Messunsicherheit.

A.3 Position im GPS-Matrixmodell

Diese Internationale Norm ist eine globale GPS-Norm. Sie beeinflusst alle Kettenglieder aller Normketten in der allgemeinen GPS-Matrix, wie in Bild A.1 graphisch dargestellt.

	Globale GPS-Normen						
	Matrix allgemeiner GPS-Normen						
	Kettengliednummer	1	2	3	4	5	6
	Maß						
	Abstand						
	Radius						
	Winkel						
	Form einer bezugsunabhängigen Linie						
	Form einer bezugsabhängigen Linie						
GPS-Grundnormen	Form einer bezugsunabhängigen Oberfläche						
	Form einer bezugsabhängigen Oberfläche						
	Richtung						
	Lage						
	Lauf						
	Gesamtlauf						
	Bezüge						
	Rauheitsprofil						
	Welligkeitsprofil						
	Primärprofil						
	Oberflächenunvollkommenheit						
	Kanten						

Bild A.1

A.4 Verwandte Internationale Normen

Verwandte Normen gehen aus den in Bild A.1 angegebenen Normenketten hervor.

Literaturhinweise

[1] ISO/TR 14638:1995, *Geometrical Product Specifications (GPS) — Masterplan.*

[2] ISO/TR 16015:— [1), *Geometrical Product Specifications (GPS) — Systematic errors and contributions to measurement uncertainty of length measurement due to thermal influences.*

[3] VIM:1993, *International vocabulary of basic and general terms in metrology.* BIPM, IEC, IFCC, ISO, IUPAC, IUPAP, OIML, 2nd edition, 1993.

[4] Procès-verbaux du Comité international des poids et mesures, 1931 session.

[5] Procès-verbaux du Comité international des poids et mesures, 72nd session, 1983.

[6] Procès-verbaux du Comité international des poids et mesures, 78nd session, 1989.

---

1) in Vorbereitung

| | Schreibpapier und bestimmte Gruppen
von Drucksachen
Endformate — A- und B-Reihen
(ISO 216:1975) Deutsche Fassung EN ISO 216:2001 | März 2002
DIN
EN ISO 216 |

ICS 85.080

Ersatz für
DIN 476-1:1991-02

Writing paper and certain classes of printed matter —
Trimmed sizes — A and B series (ISO 216:1975);
German version EN ISO 216:2001

Papiers d'écriture et certaines catégories d'imprimés —
Formats finis — Séries A et B (ISO 216:1975);
Version allemande EN ISO 216:2001

Die Europäische Norm EN ISO 216:2001 hat den Status einer Deutschen Norm.

Nationales Vorwort

Diese Europäische Norm ist durch die Übernahme von ISO 216:1975 entstanden.

Eine Überarbeitung wurde notwendig, da die vorherige Ausgabe unter der Norm-Nummer DIN 476-1 katalogisiert, während die englische und französische Fassung unter EN 20216 auffindbar waren. Dies hat im nationalen und europäischen Anwenderkreis zu Verwirrungen geführt, insbesondere bei „Normative Verweisungen".

Die im Abschnitt 2 zitierte ISO/R 187 liegt als ISO 187:1990 vor, welche auch als DIN EN 20187 übernommen wurde.

Änderungen

Gegenüber DIN 476-1:1991-02 wurden folgende Änderungen vorgenommen:

a) Änderung der Norm-Nummer, so dass nunmehr die englische, französische und deutsche Fassung einheitlich zitierbar sind;

b) redaktionelle Überarbeitung entsprechend den modifizierten Regularien.

Frühere Ausgaben

DIN 476: 1922-08, 1925-07, 1930-04, 1939-04, 1976-12

DIN 476-1: 1991-02

Fortsetzung Seite 2
und 6 Seiten EN

Normenausschuss Bürowesen (NBü) im DIN Deutsches Institut für Normung e. V.
Normenausschuss Papier und Pappe (NPa) im DIN
Normenausschuss Materialprüfung (NMP) im DIN

DIN EN ISO 216:2002-03

Nationaler Anhang NA
(informativ)
Literaturhinweise

DIN EN 20187, *Papier, Pappe und Zellstoff — Normalklima für die Vorbehandlung und Prüfung und Verfahren zur Überwachung des Klimas und der Probenvorbehandlung (ISO 187:1990); Deutsche Fassung EN 20187:1993.*

EUROPÄISCHE NORM
EUROPEAN STANDARD
NORME EUROPÉENNE

EN ISO 216

Oktober 2001

ICS 85.080

Ersatz für
EN 20216:1990

Deutsche Fassung

Schreibpapier und bestimmte Gruppen von Drucksachen
Endformate — A- und B-Reihen
(ISO 216:1975)

Writing paper and certain classes of printed matter —
Trimmed sizes — A and B series (ISO 216:1975)

Papiers d'écriture et certaines catégories d'imprimés —
Formats finis — Séries A et B (ISO 216:1975)

Diese Europäische Norm wurde vom CEN am 4. Oktober 2001 angenommen.

Die CEN-Mitglieder sind gehalten, die CEN/CENELEC-Geschäftsordnung zu erfüllen, in der die Bedingungen festgelegt sind, unter denen dieser Europäischen Norm ohne jede Änderung der Status einer nationalen Norm zu geben ist. Auf dem letzten Stand befindliche Listen dieser nationalen Normen mit ihren bibliographischen Angaben sind beim Management-Zentrum oder bei jedem CEN-Mitglied auf Anfrage erhältlich.

Diese Europäische Norm besteht in drei offiziellen Fassungen (Deutsch, Englisch, Französisch). Eine Fassung in einer anderen Sprache, die von einem CEN-Mitglied in eigener Verantwortung durch Übersetzung in seine Landessprache gemacht und dem Management-Zentrum mitgeteilt worden ist, hat den gleichen Status wie die offiziellen Fassungen.

CEN-Mitglieder sind die nationalen Normungsinstitute von Belgien, Dänemark, Deutschland, Finnland, Frankreich, Griechenland, Irland, Island, Italien, Luxemburg, Niederlande, Norwegen, Österreich, Portugal, Schweden, Schweiz, Spanien, der Tschechischen Republik und dem Vereinigten Königreich.

EUROPÄISCHES KOMITEE FÜR NORMUNG
EUROPEAN COMMITTEE FOR STANDARDIZATION
COMITÉ EUROPÉEN DE NORMALISATION

Management-Zentrum: rue de Stassart, 36 B-1050 Brüssel

© 2001 CEN — Alle Rechte der Verwertung, gleich in welcher Form und in welchem Verfahren, sind weltweit den nationalen Mitgliedern von CEN vorbehalten.

Ref.-Nr. EN ISO 216:2001 (D)

EN ISO 216:2001 (D)

Vorwort

Der Text der Internationalen Norm ISO 216 wurde vom Technischen Komitee ISO/TC 6 „Paper, board and pulps" der International Organization for Standardization (ISO) erarbeitet und als Europäische Norm durch das Technische Komitee CEN/TC 172 „Halbstoff, Papier und Pappe", dessen Sekretariat vom DIN gehalten wird, übernommen.

Diese Europäische Norm ersetzt EN 20216:1990.

Diese Europäische Norm muss den Status einer nationalen Norm erhalten, entweder durch Veröffentlichung eines identischen Textes oder durch Anerkennung bis 2002-04, und etwaige entgegenstehende nationale Normen müssen bis 2002-04 zurückgezogen werden.

Entsprechend der CEN/CENELEC-Geschäftsordnung sind die nationalen Normungsinstitute der folgenden Länder gehalten, diese Europäische Norm zu übernehmen: Belgien, Dänemark, Deutschland, Finnland, Frankreich, Griechenland, Irland, Island, Italien, Luxemburg, Niederlande, Norwegen, Österreich, Portugal, Schweden, Schweiz, Spanien, die Tschechische Republik und das Vereinigte Königreich.

Anerkennungsnotiz

Der Text der Internationalen Norm ISO 216:1975 wurde vom CEN als Europäische Norm ohne irgendeine Abänderung genehmigt.

ANMERKUNG Die normativen Verweisungen auf internationale Publikationen mit ihren entsprechenden europäischen Publikationen sind in Anhang ZA (normativ) aufgeführt.

1 Anwendungsbereich

Diese Internationale Norm legt die Endformate für Schreibpapier und bestimmte Gruppen von Drucksachen fest.

Sie gilt für Papierendformate für administrative, kaufmännische und technische Zwecke sowie auch für bestimmte Gruppen von Drucksachen wie Vordrucke, Kataloge usw.

Sie gilt nicht notwendigerweise für Zeitungen, Bücher, Plakate oder andere spezielle Artikel, die möglicherweise in anderen Internationalen Normen behandelt werden.

2 Normative Verweisungen

Die folgenden normativen Dokumente enthalten Festlegungen, die durch Verweisung in diesem Text Bestandteil dieser Internationalen Norm sind. Bei datierten Verweisungen gelten spätere Änderungen oder Überarbeitungen dieser Publikationen nicht. Anwender dieser Internationalen Norm werden jedoch gebeten, die Möglichkeit zu prüfen, die jeweils neuesten Ausgaben der nachfolgend angegebenen normativen Dokumente anzuwenden. Bei undatierten Verweisungen gilt die letzte Ausgabe des in Bezug genommenen normativen Dokuments. Mitglieder von ISO und IEC führen Verzeichnisse der gültigen Internationalen Normen.

ISO/R 187, *Papier und Pappe — Probenvorbereitung.*

3 Aufbau und Formatordnung

3.1 Grundsätze (regulär abgeleitete Formate)

Das Formatsystem ist auf folgender Grundlage aufgebaut: Die Normal-Reihe (regulär abgeleitete Formate) wird aus einer Folge von Formaten gebildet, die man dadurch erhält, dass man das nächstgrößere Format parallel zur kleinen Seite in zwei gleiche Teile unterteilt (Hälftungsgesetz). Die Flächen zweier aufeinander folgender Formate verhalten sich demnach wie 2 : 1 (Bild 1).

Alle Formate einer Reihe sind einander geometrisch ähnlich (Ähnlichkeitssatz) (Bild 2). Daraus ergibt sich, in Verbindung mit der im vorigen Satz erwähnten Bedingung, folgende Gleichung für die beiden Seiten x und y eines Formates (Bild 3):

$$y : x = \sqrt{2} : 1 = 1{,}414 \qquad (1)$$

Mit anderen Worten: Das Verhältnis zwischen den beiden Seiten x und y ist gleich dem Verhältnis zwischen der Seite eines Quadrates und dessen Diagonale.

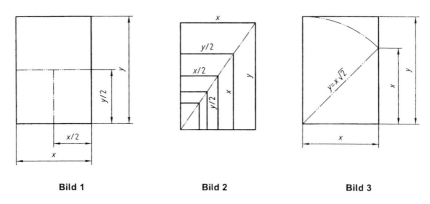

Bild 1 Bild 2 Bild 3

3.2 Maßsystem

Diese Formate basieren auf dem metrischen Maßsystem.

3.3 Hauptreihe (ISO-A-Reihe)

Das Ausgangsformat (A0) der A-Reihe hat eine Fläche von $1\,\mathrm{m}^2$; daraus ergibt sich die folgende Gleichung:

$$x \cdot y = 1\,\mathrm{m}^2 \qquad (2)$$

Die Gleichungen (1) und (2) ergeben folgende Abmessungen für die Seiten des Ausgangsformats der A-Reihe:

$x = 0{,}841\,\mathrm{m}$

$y = 1{,}189\,\mathrm{m}$

Die Hauptreihe der Formate erhält man, indem man mit dem zuvor definierten Ausgangsformat gemäß 3.1 verfährt.

Diese Reihe nennt man: ISO-A-Reihe.

3.4 Zusatz-Reihe (ISO-B-Reihe)

Eine zusätzliche Formatreihe erhält man, wenn man die geometrischen Mittelwerte von jeweils zwei aufeinander folgenden Formaten der A-Reihe ermittelt.

Diese Reihe heißt: ISO-B-Reihe.

3.5 Streifen-Formate (abgeleitete Spezialformate)

Streifen-Formate erhält man, indem man die regulär abgeleiteten Formate der beiden genannten Reihen in 3, 4 oder 8 gleiche Teile teilt, und zwar parallel zur kürzeren Seite, so dass das Verhältnis der längeren zur kürzeren Seite größer ist als $\sqrt{2}$.

EN ISO 216:2001 (D)

4 Bezeichnung der Endformate

4.1 Jedes Endformat der Haupt- bzw. Zusatzreihe wird durch einen Buchstaben, gefolgt von einer Zahl, gekennzeichnet.

Der Buchstabe (A oder B) gibt die Formatreihe an und die Zahl die Anzahl der vorgenommenen Teilungen (siehe 3.1), wobei von dem mit 0 gekennzeichneten Ausgangsformat ausgegangen wird.

Zum Beispiel entspricht A4 dem viermal geteilten Format A0.

4.2 Streifenformate werden durch das ursprüngliche Format und den vorangestellten Bruch gekennzeichnet, durch den es geteilt wurde.

Zum Beispiel entspricht 1/4 A4 dem Format A4 (210 mm × 297 mm), geteilt in vier gleiche Teile, parallel zur 210-mm-Seite.

5 Endformate

5.1 Hauptreihe der Endformate (ISO-A-Reihe)

Die Endformate der A-Reihe sind gemäß Abschnitt 1 für alle Arten von Schreibpapier und Drucksachen bestimmt.

Diese Formate lauten wie folgt:

Benennung	mm
A0	841 × 1 189
A1	594 × 841
A2	420 × 594
A3	297 × 420
A4	210 × 297
A5	148 × 210
A6	105 × 148
A7	74 × 105
A8	52 × 74
A9	37 × 52
A10	26 × 37

Folgende selten verwendete Formate gehören ebenfalls dieser Reihe an:

4A0: 1 682 mm × 2 378 mm

2A0: 1 189 mm × 1 682 mm

5.2 Zusatzreihe der Endformate (ISO-B-Reihe)

Die Endformate der B-Reihe sollten nur in Ausnahmefällen, in denen Zwischenformate zwischen zwei Formaten der A-Reihe benötigt werden, benutzt werden.

Diese Formate lauten wie folgt:

Benennung	mm
B0	1 000 × 1 414
B1	707 × 1 000
B2	500 × 707
B3	353 × 500
B4	250 × 353
B5	176 × 250
B6	125 × 176
B7	88 × 125
B8	62 × 88
B9	44 × 62
B10	31 × 44

5.3 ISO-Streifen-Formate

Die Streifen-Endformate sollen nach Möglichkeit aus den regulär abgeleiteten Formaten der A-Reihe gebildet werden.

Sie werden für Aufkleber, Anhänger, Tickets und bestimmte andere Zwecke benutzt.

Beispiele:

Benennung	mm
1/3 A4	99 × 210
1/4 A4	74 × 210
1/8 A7	13 × 74

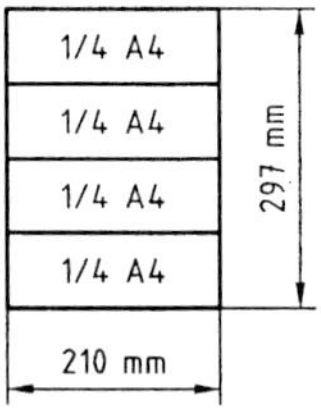

Bild 4

6 Toleranzen

6.1 Falls bei Bestellungen keine geringeren Toleranzen vereinbart werden, gelten folgende zulässige Abweichungen hinsichtlich der oben genannten Maße:

a) Für Maße bis zu einschließlich 150 mm:

  Oberes Grenzabmaß +1,5 mm

  Unteres Grenzabmaß −1,5 mm

b) Für Maße größer als 150 mm und bis zu und einschließlich 600 mm:

  Oberes Grenzabmaß +2 mm

  Unteres Grenzabmaß −2 mm

c) Für Maße größer als 600 mm:

  Oberes Grenzabmaß +3 mm

  Unteres Grenzabmaß −3 mm

6.2 Die Maße sollen unter genormten Prüfbedingungen ermittelt werden, wie in ISO/R 187 angegeben.

Anhang
Beispiel für die Anwendung der ISO-Formate

Format A3
Dieses Format, flach oder in A4 gefaltet, wird für große Tabellen, graphische Darstellungen, Diagramme im amtlichen oder geschäftlichen Verkehr verwendet, wenn das Format A4 zu klein ist.

Format A4
Dieses Format wird bevorzugt als Standardformat für Briefpapier und Drucksachen im amtlichen und geschäftlichen Verkehr verwendet.

Es wird weiterhin als Standardformat für Vordrucke, Kataloge usw. verwendet.

Format A5
Dieses Format wird für die gleichen Zwecke wie das Format A4 verwendet, wenn dieses als zu groß erachtet wird.

Format A6
Dieses Format wird für Ansichtskarten und Postkarten verwendet.

Es kann außerdem für die gleichen Zwecke, wie bei A4 und A5 beschrieben, verwendet werden, wenn diese Formate als zu groß erachtet werden.

Anhang ZA
(normativ)
Normative Verweisungen auf internationale Publikationen mit ihren entsprechenden europäischen Publikationen

Diese Europäische Norm enthält durch datierte oder undatierte Verweisungen Festlegungen aus anderen Publikationen. Diese normativen Verweisungen sind an den jeweiligen Stellen im Text zitiert, und die Publikationen sind nachstehend aufgeführt. Bei datierten Verweisungen gehören spätere Änderungen oder Überarbeitungen dieser Publikationen nur zu dieser Europäischen Norm, falls sie durch Änderung oder Überarbeitung eingearbeitet sind. Bei undatierten Verweisungen gilt die letzte Ausgabe der in Bezug genommenen Publikation (einschließlich Änderungen).

Publikation	Jahr	Titel	EN/HD	Jahr
ISO 187	1990	Paper, board and pulps — Standard atmosphere for conditioning and testing and procedure monitoring the atmosphere and conditionally quality	EN 20187	1993

April 2003

| | Geometrische Produktspezifikation (GPS)
Reihen von Kegeln und Kegelwinkeln
(ISO 1119:1998)
Deutsche Fassung EN ISO 1119:2002 | **DIN**
EN ISO 1119 |

ICS 17.040.20

Mit DIN 254-2003-04
Ersatz für
DIN 254-2000-10

Geometrical product specifications (GPS) —
Series of conical tapers and taper angles (ISO 1119:1998);
German version EN ISO 1119:2002

Spécification géométrique de produits (GPS) —
Série d'angles de cônes et de conicités (ISO 1119:1998);
Version allemande EN ISO 1119:2002

Fortsetzung Seite 2 und 3
und 8 Seiten EN ISO

Normenausschuss Technische Grundlagen (NATG) — Geometrische Produktspezifikation und -prüfung —
im DIN Deutsches Institut für Normung e. V.
Normenausschuss Werkzeuge und Spannzeuge (FWS) im DIN

Nationales Vorwort

Diese Norm wurde vom ISO/TC 213 „Geometrische Produktdokumentation und -prüfung" erarbeitet. Auf nationaler Ebene ist der Unterausschuss NATG-C.2.7 „Eindimensionale Längenprüftechnik" verantwortlich.

Das CEN/TC 290 „Geometrische Produktspezifikation und -prüfung" hatte bereits 1992 grundsätzlich beschlossen, keine „eigenen" Europäischen Normen zu entwickeln, sondern seinen Mitgliedsorganisationen dringend empfohlen, sich an der Erarbeitung der GPS-Normen in der ISO engagiert zu beteiligen, um die ISO-Normen dann unverändert in das Europäische Normenwerk übernehmen zu können.

Die über ISO 1119:1998 hinausgehenden und in Deutschland gebräuchlichen Kegel für allgemeine Anwendung und für besondere Anwendungsgebiete werden in einer Restnorm DIN 254 aufgenommen.

Für die im Inhalt zitierten Internationalen Normen wird im Folgenden auf die entsprechenden Deutschen Normen hingewiesen:

ISO 3	siehe	DIN 323-1
ISO 239	siehe	—
ISO 297	siehe	DIN 2079, DIN 2080-1, DIN EN 10241
ISO 324	siehe	DIN ISO 8489-4
ISO 368	siehe	DIN ISO 368
ISO 575	siehe	—
ISO 594-1	siehe	DIN EN 20594-1
ISO 595-1	siehe	DIN ISO 592-2
ISO 595-2	siehe	DIN EN ISO 595-2
ISO 3040	siehe	DIN ISO 3040
ISO 5237	siehe	DIN ISO 8489-5
ISO 5256-1	siehe	—
ISO 8382	siehe	DIN EN 794-3, E DIN EN ISO 10651-4
ISO 8489-2	siehe	DIN ISO 8489-2
ISO 8489-3	siehe	DIN ISO 8489-3
ISO 8489-4	siehe	DIN ISO 8489-4
ISO 8489-5	siehe	DIN ISO 8489-5
ISO/TR 14638	siehe	DIN V 32950

Änderungen

Gegenüber DIN 254:2000-10 wurden folgende Änderungen vorgenommen:

— Die Begriffe „Kegel", „Einstellwinkel" und „Einstellhöhe" sowie der Abschnitt „Kurzbezeichnung" wurden gestrichen.

— Die Werte für die Einstellwinkel und Einstellhöhen wurden weggelassen.

— Die Kegel 105°, 135°, 150°, 165° und 1:9,98 für allgemeine Anwendung und die Kegel 80°, 40°, 24°, 18° 30', 3:25, 1:9, 1:9,98 und 1:16 für besondere Anwendungsgebiete wurden gestrichen.

— Die Norm wurde redaktionell überarbeitet.

Frühere Ausgaben

DIN 254: 1922-01, 1939-12, 1957-10, 1962-07, 1974-06, 2000-10

Nationaler Anhang NA
(informativ)

Literaturhinweise

DIN 323:1974-08, *Normzahlen und Normzahlreihen — Teil 1: Hauptwerte, Genauwerte, Rundwerte.*

DIN 2079:1987-08, *Werkzeugmaschinen — Spindelköpfe mit Steilkegel 7:24.*

DIN 2080-1:1978-12, *Steilkegelschäfte für Werkzeuge und Spannzeuge, Form A.*

DIN V 32950:1997-04, *Geometrische Produktspezifikation (GPS) — Übersicht (ISO/TR 14638:1995).*

DIN EN 794-3:1998-10, *Lungenbeatmungsgeräte — Teil 3: Besondere Anforderungen an Notfall- und Transportbeatmungsgeräte; Deutsche Fassung EN 794-3:1998.*

DIN EN 10241:2000-08, *Stahlfittings mit Gewinde; Deutsche Fassung EN 10241:2000.*

DIN EN 20594-1:1995-01, *Kegelverbindungen mit einem 6 %-(Luer)-Kegel für Spritzen, Kanülen und bestimmte andere medizinische Geräte — Teil 1: Allgemeine Anforderungen (ISO 594-1:1986); Deutsche Fassung EN 20594-1:1993.*

DIN EN ISO 595-2:1994-10, *Wiederverwendbare medizinische Glasspritzen oder Spritzen aus Glas und Metall — Teil 2: Konstruktion, Anforderungen an die Funktion und Prüfungen (ISO 595-2:1987); Deutsche Fassung EN ISO 595-2:1994.*

E DIN EN ISO 10651-4: 1998-12, *Lungenbeatmungsgeräte — Teil 4: Besondere Anforderungen an anwenderbetriebene Wiederbelebungsgeräte (ISO/DIS 10651-4:1998); Deutsche Fassung prEN ISO 10651-4:1998.*

DIN ISO 368:1995-09, *Spinnereivorbereitungs-, Spinn- und Zwirnmaschinen — Hülsen für Ringspinn- und Ringzwirnspindeln, Kegel 1:38 und 1:64; Identisch mit ISO 368:1991.*

DIN ISO 575:1991-09, *Technische Zeichnungen; Eintragung der Maße und Toleranzen für Kegel; Identisch mit ISO 3040:1990.*

DIN ISO 3040:1991-09, *Technische Zeichnungen; Eintragung der Maße und Toleranzen für Kegel; Identisch mit ISO 3040:1990.*

DIN ISO 8489-2:1997-05, *Textilmaschinen und Zubehör — Kegelige Hülsen — Teil 2: Maße, Toleranzen und Bezeichnung von Hülsen mit halbem Kegelwinkel 3° 30' (ISO 8489-2:1995).*

DIN ISO 8489-3:1997-05, *Textilmaschinen und Zubehör — Kegelige Hülsen — Teil 3: Maße, Toleranzen und Bezeichnung von Hülsen mit halbem Kegelwinkel 4° 20' (ISO 8489-3:1995).*

DIN ISO 8489-4:1997-05, *Textilmaschinen und Zubehör — Kegelige Hülsen — Teil 4: Maße, Toleranzen und Bezeichnung von Hülsen mit halbem Kegelwinkel 4° 20' für die Färberei (ISO 8489-4:1995).*

DIN ISO 8489-5:1997-05, *Textilmaschinen und Zubehör — Kegelige Hülsen — Teil 5: Maße, Toleranzen und Bezeichnung von Hülsen mit halbem Kegelwinkel 5° 57' (ISO 8489-5:1995).*

EUROPÄISCHE NORM
EUROPEAN STANDARD
NORME EUROPÉENNE

EN ISO 1119

November 2002

ICS 17.040.20

Deutsche Fassung

Geometrische Produktspezifikationen (GPS) - Reihen von Kegeln und Kegelwinkeln (ISO 1119:1998)

Geometrical product specifications (GPS) - Series of conical tapers and taper angles (ISO 1119:1998)

Spécification géométrique de produits (GPS) - Série d'angles de cônes et de conicités (ISO 1119:1998)

Diese Europäische Norm wurde vom CEN am 23. September 2002 angenommen.

Die CEN-Mitglieder sind gehalten, die CEN/CENELEC-Geschäftsordnung zu erfüllen, in der die Bedingungen festgelegt sind, unter denen dieser Europäischen Norm ohne jede Änderung der Status einer nationalen Norm zu geben ist. Auf dem letzten Stand befindliche Listen dieser nationalen Normen mit ihren bibliographischen Angaben sind beim Management-Zentrum oder bei jedem CEN-Mitglied auf Anfrage erhältlich.

Diese Europäische Norm besteht in drei offiziellen Fassungen (Deutsch, Englisch, Französisch). Eine Fassung in einer anderen Sprache, die von einem CEN-Mitglied in eigener Verantwortung durch Übersetzung in seine Landessprache gemacht und dem Management-Zentrum mitgeteilt worden ist, hat den gleichen Status wie die offiziellen Fassungen.

CEN-Mitglieder sind die nationalen Normungsinstitute von Belgien, Dänemark, Deutschland, Finnland, Frankreich, Griechenland, Irland, Island, Italien, Luxemburg, Malta, Niederlande, Norwegen, Österreich, Portugal, Schweden, Schweiz, Spanien, der Tschechischen Republik und dem Vereinigten Königreich.

EUROPÄISCHES KOMITEE FÜR NORMUNG
EUROPEAN COMMITTEE FOR STANDARDIZATION
COMITÉ EUROPÉEN DE NORMALISATION

Management-Zentrum: rue de Stassart, 36   B-1050 Brüssel

© 2002 CEN   Alle Rechte der Verwertung, gleich in welcher Form und in welchem Verfahren, sind weltweit den nationalen Mitgliedern von CEN vorbehalten.

Ref. Nr. EN ISO 1119:2002 D

Vorwort

Der Text der Internationalen Norm ISO 1119:1998 des Technischen Komitees ISO/TC 213 „Dimensional and geometrical product specification and verification" der International Organization for Standardization (ISO) wurde als Europäische Norm durch das Technische Komitee CEN/TC 290 „Geometrische Produktspezifikation und -prüfung" übernommen, dessen Sekretariat von AFNOR gehalten wird.

Diese Europäische Norm muss den Status einer nationalen Norm erhalten, entweder durch Veröffentlichung eines identischen Textes oder durch Anerkennung bis Mai 2003, und etwaige entgegenstehende nationale Normen müssen bis Mai 2003 zurückgezogen werden.

Entsprechend der CEN/CENELEC-Geschäftsordnung sind die nationalen Normungsinstitute der folgenden Länder gehalten, diese Europäische Norm zu übernehmen : Belgien, Dänemark, Deutschland, Finnland, Frankreich, Griechenland, Irland, Island, Italien, Luxemburg, Malta, Niederlande, Norwegen, Österreich, Portugal, Schweden, Schweiz, Spanien, die Tschechische Republik und das Vereinigte Königreich.

Anerkennungsnotiz

Der Text der Internationalen Norm ISO 1119:1998 wurde von CEN als Europäische Norm EN ISO 1119:2002 ohne irgendeine Abänderung genehmigt.

EN ISO 1119:2002 (D)

Einleitung

Diese Internationale Norm gehört zum Bereich der Geometrischen Produktspezifikation (GPS) und ist eine allgemeine GPS-Norm (siehe ISO/TR 14638). Sie beeinflusst Kettenglieder 1 und 2 der Normenkette für Winkel.

Weitere detaillierte Informationen über den Zusammenhang dieser Internationalen Norm zu anderen Normen und zu dem GPS-Matrixmodell siehe Anhang A.

1 Anwendungsbereich

Diese Internationale Norm legt Reihen für Kegel oder Kegelstümpfe mit einem Kegelwinkel von 120° bis kleiner als 1° oder mit einem Kegelverhältnis von 1:0,289 bis 1:500 für allgemeine Anwendung in der mechanischen Technik fest.

Sie gilt nur für glatte Kegeloberflächen; prismatische Werkstücke, kegelige Gewinde, Kegelradverzahnungen usw. sind ausgenommen.

Die Methoden der Bemaßung und Tolerierung von Kegeloberflächen in technischen Zeichnungen sind in ISO 3040 festgelegt.

2 Normative Verweisungen

Die folgenden normativen Dokumente enthalten Festlegungen, die durch Verweisung in diesem Text Bestandteil der vorliegenden Internationalen Norm sind. Zum Zeitpunkt der Veröffentlichung dieser Internationalen Norm waren die angegebenen Ausgaben gültig. Alle Normen unterliegen der Überarbeitung. Vertragspartner, deren Vereinbarungen auf dieser Internationalen Norm basieren, werden gebeten, die Möglichkeit zu prüfen, ob die jeweils neuesten Ausgaben der im folgenden genannten Normen angewendet werden können. Die Mitglieder von IEC und ISO führen Verzeichnisse der gegenwärtig gültigen Internationalen Norm.

ISO 3:1973, *Preferred numbers — Series of preferred numbers.*

ISO 3040:1990, *Technical drawings — Dimensioning and tolerancing — Cones.*

3 Begriffe

Für die Anwendung dieser Internationalen Norm gelten die folgenden Begriffe.

3.1
Kegelwinkel
α
Im Achsschnitt zwischen den Mantellinien des Kegels gemessener Winkel

3.2
Kegelverhältnis
C

Verhältnis der Durchmesserdifferenz von zwei Querschnitten des Kegels zu dem Abstand zwischen diesen Querschnitten

$$C = \frac{D-d}{L} = 2\tan\frac{\alpha}{2} = \frac{1}{\frac{1}{2}\cot\frac{\alpha}{2}}$$

Siehe Bild 1.

ANMERKUNG 1 Das Kegelverhältnis ist eine dimensionslose Größe.

ANMERKUNG 2 Die Angabe C = 1:20 bedeutet, dass bei einer Länge von 20 mm zwischen den Querschnitten mit dem Durchmesser D und dem Durchmesser d die Durchmesserdifferenz $(D-d)$ 1 mm beträgt und dass

$\frac{1}{2}\cot\frac{\alpha}{2} = 20$ ist.

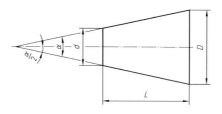

Bild 1

4 Werte

Um die Anzahl der für die Herstellung von kegeligen Werkstücken benötigten Werkzeuge, Lehren und Messeinrichtungen einzuschränken, müssen die Reihen 1 und 2 in dieser bevorzugten Reihenfolge angewendet werden, wie in Tabelle 1 festgelegt.

Die Tabelle 2 darf nur für bestimmte in der letzten Spalte angegebene Anwendungsgebiete angewendet werden.

Diese Tabellen enthalten Genauwerte für Kegelwinkel und Kegelverhältnisse, die das Konstruieren, Herstellen und Prüfen von kegeligen Werkstücken erleichtern.

Tabelle 1 — Kegel für allgemeine Anwendung

Vorzugswerte		Genauwerte Kegelwinkel			Kegelverhältnis
Reihe 1	Reihe 2	α		rad	C
120°		—	—	2,094 395 10	1:0,288 675 1
90°		—	—	1,570 796 33	1:0,500 000 0
	75°	—	—	1,308 996 94	1:0,651 612 7
60°		—	—	1,047 197 55	1:0,866 025 4
45°		—	—	0,785 398 16	1:1,207 106 8
30°		—	—	0,523 598 78	1:1,866 025 4
1:3		18° 55' 28,7199"	18,924 644 42°	0,330 297 35	—
	1:4	14° 15' 0,1177"	14,250 032 70°	0,248 709 99	—
1:5		11° 25' 16,2706"	11,421 186 27°	0,199 337 30	—
	1:6	9° 31' 38,2202"	9,527 283 38°	0,166 282 46	—
	1:7	8° 10' 16,4408"	8,171 233 56°	0,142 614 93	—
	1:8	7° 9' 9,6075"	7,152 668 75°	0,124 837 62	—
1:10		5° 43' 29,3176"	5,724 810 45°	0,099 916 79	—
	1:12	4° 46' 18,7970"	4,771 888 06°	0,083 285 16	—
	1:15	3° 49' 5,8975"	3,818 304 87°	0,066 641 99	—
1:20		2° 51' 51,0925"	2,864 192 37°	0,049 989 59	—
	1:30	1° 54' 34,8570"	1,909 682 51°	0,033 330 25	—
1:50		1° 8' 45,1586"	1,145 877 40°	0,019 999 33	—
1:100		34' 22,6309"	0,572 953 02°	0,009 999 92	—
1:200		17' 11,3219"	0,286 478 30°	0,004 999 99	—
1:500		6' 52,5295"	0,114 591 52°	0,002 000 00	—

ANMERKUNG Die Werte von 120° bis 1:3 der Reihe 1 entsprechen denen der Normzahlreihe R 10/2 und die Werte von 1:5 bis 1:500 entsprechen denen der Normenzahlreihe R 10/3 (siehe ISO 3).

EN ISO 1119:2002 (D)

Tabelle 2 — Auswahl von Kegeln für besondere Anwendungsgebiete

Vorzugswerte	Genauwerte Kegelwinkel α		Genauwerte rad	Kegelverhältnis C	Internationale Norm	Anwendung
11°54'	—	—	0,207 694 18	1:4,797 451 1	5237 8489-5	Kegelige Hülsen für Textilmaschinen
8°40'	—	—	0,151 261 87	1:6,598 441 5	8489-3 8489-4 324, 575	
7°	—	—	0,122 173 05	1:8,174 927 7	8489-2	
1:38	1° 30' 27,7080"	1,507 696 67°	0,026 314 27	—	368	
1:64	0° 53' 42,8220"	0,895 228 34°	0,015 624 68	—	368	
7:24	16° 35' 39,4443"	16,594 290 08°	0,289 625 00	1:3,428 571 4	297	Werkzeugmaschinenspindel, Werkzeugschäfte
1:12,262	4° 40' 12,1514"	4,670 042 05°	0,081 507 61	—	239	Jacobs-Bohrfutterkegel Nr 2
1:12,972	4° 24' 52,9039"	4,414 695 52°	0,077 050 97	—	239	Jacobs-Bohrfutterkegel Nr 1
1:15,748	3° 38' 13,4429"	3,637 067 47°	0,063 478 80	—	239	Jacobs-Bohrfutterkegel Nr 33
6:100	3° 26' 12,1776"	3,436 716 00°	0,059 982 01	1:16,666 666 7	594-1 595-1 595-2	Medizinische Geräte
1:18,779	3° 3' 1,2070"	3,050 335 27°	0,053 238 39	—	239	Jacobs-Bohrfutterkegel Nr 3
1:19,002	3° 0' 52,3956"	3,014 554 34°	0,052 613 90	—	296	Morsekegel Nr 5
1:19,180	2° 59' 11,7258"	2,986 590 50°	0,052 125 84	—	296	Morsekegel Nr 6
1:19,212	2° 58' 53,8255"	2,981 618 20°	0,052 039 05	—	296	Morsekegel Nr 0
1:19,254	2° 58' 30,4217"	2,975 117 13°	0,051 925 59	—	296	Morsekegel Nr 4
1:19,264	2° 58' 24,8644"	2,973 573 43°	0,051 898 65	—	239	Jacobs-Bohrfutterkegel Nr 6
1:19,922	2° 52' 31,4463"	2,875 401 76°	0,050 185 23	—	296	Morsekegel Nr 3
1:20,020	2° 51' 40,7960"	2,861 332 23°	0,049 939 67	—	296	Morsekegel Nr 2
1:20,047	2° 51' 26,9283"	2,857 480 08°	0,049 872 44	—	296	Morsekegel Nr 1
1:20,288	2° 49' 24,7802"	2,823 550 06°	0,049 280 25	—	239	Jacobs-Bohrfutterkegel Nr 0
1:23,904	2° 23' 47,6244"	2,396 562 32°	0,041 827 90	—	296	Brown & Sharpe-Werkzeugkegel Nr 1 bis 3
1:28	2° 2' 45,8174"	2,046 060 38°	0,035 710 49	—	8382	Wiederbelebungsgeräte
1:36	1° 35' 29,2096"	1,591 447 11°	0,027 775 99	—	5356-1	Anästhesiegeräte
1:40	1° 25' 56,3516"	1,432 319 89°	0,024 998 70	—		

ANMERKUNG Die Werte dieser Tabelle sollten nur für bestimmte in der rechten Spalte erwähnte Anwendungsfälle angewendet werden.

Anhang A
(informativ)

Beziehung zum GPX-Matrixmodell

Weitere detaillierte Einzelheiten zum GPS-Matrixmodell siehe ISO/TR 14638.

A.1 Information über die Norm und ihre Anwendung

Diese Internationale Norm über Kegelwinkel enthält die Definitionen der Eigenschaften und die dazugehörenden Maße für einige Anwendungsgebiete. Um die eindeutige Verständigung der Norm zu ermöglichen, sollte sie durch die Normen der Kettenglieder 3 bis 6 vervollständigt werden.

A.2 Position im GPS-Matrixmodell

Diese Internationale Norm ist eine allgemeine GPS-Norm, die Kettenglieder 1 und 2 der Normenkette für Winkel in der allgemeinen GPS-Matrix beeinflusst, wie in Bild A.1 dargestellt.

	Globale GPS-Normen						
	Matrix allgemeiner GPS-Normen						
	Kettenglieder	1	2	3	4	5	6
	Maß						
	Abstand						
	Radius						
GPS-Grundnormen	Winkel	■	■				
	Form einer bezugsunabhängigen Linie						
	Form einer bezugsabhängigen Linie						
	Form einer bezugsunabhängigen Oberfläche						
	Form einer bezugsabhängigen Oberfläche						
	Richtung						
	Lage						
	Lauf						
	Gesamtlauf						
	Bezüge						
	Rauheitsprofil						
	Welligkeitsprofil						
	Primärprofil						
	Oberflächenunvollkommenheit						
	Kanten						

Bild A.1

A.3 Verwandte Normen

Verwandte Internationale Normen gehen aus den in Bild A.1 angegebenen Normenketten hervor.

Literaturhinweise

[1] ISO 239:1974, *Drill chuck tapers.*

[2] ISO 296:1991, *Maschine tools — Self-holding tapers for tool shanks.*

[3] ISO 297:1988, *7/24 tapers for tool shanks for manual changing.*

[4] ISO 324:1978, *Textile machinery and accessories — Cones for cross winding for dyeing purposes — Half angle of the cone 4° 20'.*

[5] ISO 368:1991, *Spinning preparatory, spinning and doubling (twisting) machinery — Tubes for ring-spinning, doubling and twisting spindles, taper 1:38 and 1:64.*

[6] ISO 575:1978, *Textil machinery and accessories — Transper cones — Half angle of the cone 4° 20'.*

[7] ISO 594-1:1986, *Conical fittings with a 6 % (Luer) taper for syringes, needles and certain other medical equipment — Part 1: General requirements.*

[8] ISO 595-1:1986, *Reusable all-glass or metal-and-glass syringes for medical use — Part 1: Dimensions.*

[9] ISO 595-2:1987, *Reusable all-glass or metal-and-glass syringes for medical use — Part 2: Design, performance requirements and tests.*

[10] ISO 5237:1978, *Textile machinery and accessories — Cones for yarn winding (cross wound) — Half angle of the cone 5° 57'.*

[11] ISO 5356-1:1996, *Anaesthetic and respiratory equipment — Conical connectors — Part 1: Cones and sockets.*

[12] ISO 8382:1988, *Resuscitators intended for use with humans.*

[13] ISO 8489-2:1995, *Textile machinery and accessories — Cones for cross winding — Part 2: Dimensions, tolerances and designation of cones with half angle 3° 30'.*

[14] ISO 8489-3:1995, *Textile machinery and accessories — Cones for cross winding — Part 3: Dimensions, tolerances and designation of cones with half angle 4° 20'.*

[15] ISO 8489-4:1995, *Textile machinery and accessories — Cones for cross winding — Part 4: Dimensions, tolerances and designation of cones with half angle 4° 20' for winding or dyeing purposes.*

[16] ISO 8489-5:1995, *Textile machinery and accessories — Cones for cross winding — Part 5: : Dimensions, tolerances and designation of cones with half angle 5° 57'.*

[17] ISO/TR 14638:1995, *Geometrical product specifications (GPS) — Masterplan.*

	Geometrische Produktspezifikation (GPS)	**Juni 2002**
	Angabe der Oberflächenbeschaffenheit in der technischen Produktdokumentation (ISO 1302:2002) Deutsche Fassung EN ISO 1302:2002	**DIN EN ISO 1302**

ICS 01.100.01; 17.040.20

Ersatz für
DIN ISO 1302:1993-12

Geometrical Product Specifications (GPS) —
Indication of surface texture in technical product documentation
(ISO 1302:2002);
German version EN ISO 1302:2002

Spécification géométriques des produits (GPS) —
Indication des états de surface dans la documentation technique de produits
(ISO 1302:2002);
Version allemande EN ISO 1302:2002

Die Europäische Norm EN ISO 1302:2002 hat den Status einer Deutschen Norm.

Nationales Vorwort

Die Internationale Norm ISO 1302 ist von der Arbeitsgruppe WG 8 „Zeichnungseintragung der Oberflächenbeschaffenheit" im ISO/TC 213 „Geometrische Produktspezifikation und -prüfung" unter Beteiligung deutscher Experten ausgearbeitet worden. Auf nationaler Ebene ist der Arbeitsausschuss NATG-C.CEN/ISO „Geometrische Produktspezifikation und -prüfung" verantwortlich.

Das CEN/TC 290 „Geometrische Produktspezifikation und -prüfung" hatte bereits 1992 grundsätzlich beschlossen, keine „eigenen" Europäischen Normen zu entwickeln, sondern seinen Mitgliedsorganisationen dringend empfohlen, sich an der Erarbeitung der GPS-Normen in der ISO engagiert zu beteiligen, um die ISO-Normen dann unverändert in das Europäische Normenwerk übernehmen zu können.

Für die im Inhalt zitierten Internationalen Normen wird im Folgenden auf die entsprechenden Deutschen Normen hingewiesen:

ISO/DIS 129-1, ISO 129	siehe	DIN 406-10, DIN 406-11, DIN 406-12
ISO 1101	siehe	DIN ISO 1101
ISO 1456	siehe	—
ISO 3098-2	siehe	DIN EN ISO 3098-2
ISO 3274	siehe	DIN EN ISO 3274
ISO 4287	siehe	DIN EN ISO 4287
ISO 4288	siehe	DIN EN ISO 4288
ISO 5436-1	siehe	DIN EN ISO 5436-1
ISO 5436-2	siehe	DIN EN ISO 5436-2
ISO 8785	siehe	DIN EN ISO 8785
ISO 10135	siehe	—
ISO 10209-1	siehe	DIN 199-1
ISO 11562	siehe	DIN EN ISO 11562
ISO 12085	siehe	DIN EN ISO 12085
ISO 12179	siehe	DIN EN ISO 12179
ISO 13565-1	siehe	DIN EN ISO 13565-1

Fortsetzung Seite 2 bis 4
und 47 Seiten EN

Normenausschuss Technische Grundlagen (NATG) — Geometrische Produktspezifikation und -prüfung —
im DIN Deutsches Institut für Normung e. V.

ISO 13565-2	siehe	DIN EN ISO 13565-2
ISO 13565-3	siehe	DIN EN ISO 13565-3
ISO 14253-1	siehe	DIN EN ISO 14253-1
ISO/TR 14638	siehe	DIN V 32950
ISO 14660-1	siehe	DIN EN ISO 14660-1
ISO 81714-1	siehe	DIN EN ISO 81714-1

Änderungen

Gegenüber DIN ISO 1302:1993-12 wurden folgende Änderungen vorgenommen:

a) Festlegung von Angaben aus den Normen für die Oberflächenbeschaffenheit (ISO 3274, ISO 4287, ISO 4288, ISO 11562, ISO 12085, ISO 13565-1, ISO 13565-2 und ISO 13565-3) erweitert,

b) Textäquivalente für graphische Symbole ergänzt,

c) Informative Anhänge mit Mindestangaben zur eindeutigen Bestimmung von Oberflächenfunktionen, Bezeichnungen der Oberflächenkenngrößen, Informationen zur Messstrecke, Übertragungscharakteristik, einer ausführlichen Erläuterung der Auswirkungen der neuen ISO-Normen über die Oberflächenbeschaffenheit und zur früheren Praxis aufgenommen.

Frühere Ausgaben

DIN 140-1: 1921-02, 1931-10
DIN 140-2: 1922-12, 1931x-10
DIN 140-3: 1931-10
DIN 140-4: 1931x-10
DIN 140-5: 1931-10
DIN 140-6: 1931-10
DIN 140-7: 1952-11, 1960-12, 1961-09, 1966-05
DIN 200-1: 1924-03
DIN 200-2: 1924-04
DIN 3142: 1960-03
DIN ISO 1302: 1977-07, 1980-06, 1993-12
Beiblatt 1 zu DIN ISO 1302: 1980-06

DIN EN ISO 1302:2002-06

Anhang A
(informativ)

Literaturhinweise

DIN 199-1, *Technische Produktdokumentation — CAD — Modelle, Zeichnungen und Stücklisten — Teil 1: Begriffe.*

DIN 406-10, *Technische Zeichnungen — Maßeintragung — Begriffe, allgemeine Grundlagen.*

DIN 406-11, *Technische Zeichnungen — Maßeintragung — Grundlagen der Anwendung.*

DIN 406-12, *Technische Zeichnungen — Maßeintragung — Eintragung von Toleranzen für Längen- und Winkelmaße; ISO 406:1987, modifiziert.*

DIN V 32950, *Geometrische Produktspezifikation (GPS) — Übersicht (ISO/TR 14638:1995).*

DIN ISO 1101, *Technische Zeichnungen — Form- und Lagetolerierung — Form-, Richtungs-, Orts- und Lauftoleranzen; Allgemeines, Definitionen, Symbole, Zeichnungseintragungen (ISO 1101:1983).*

DIN EN ISO 3098-2, *Technische Produktdokumentation — Schriften — Lateinisches Alphabet, Zahlen und Zeichen (ISO 3098-2:2000); Deutsche Fassung EN ISO 3098-2:2000.*

DIN EN ISO 3274, *Geometrische Produktspezifikationen (GPS) — Oberflächenbeschaffenheit: Tastschnittverfahren — Nenneigenschaften von Tastschnittgeräten (ISO 3274:1996); Deutsche Fassung EN ISO 3274:1997.*

DIN EN ISO 4287, *Geometrische Produktspezifikationen (GPS) — Oberflächenbeschaffenheit: Tastschnittverfahren — Benennungen, Definitionen und Kenngrößen der Oberflächenbeschaffenheit (ISO 4287:1997); Deutsche Fassung EN ISO 4287:1998.*

DIN EN ISO 4288, *Geometrische Produktspezifikation (GPS) — Oberflächenbeschaffenheit: Tastschnittverfahren — Regeln und Verfahren für die Beurteilung der Oberflächenbeschaffenheit (ISO 4288:1996); Deutsche Fassung EN ISO 4288:1997.*

DIN EN ISO 5436-1, *Geometrische Produktspezifikation (GPS) — Oberflächenbeschaffenheit: Tastschnittverfahren — Normale — Teil 1: Maßverkörperungen (ISO 5436-1:2000); Deutsche Fassung EN ISO 5436-1:2000.*

DIN EN ISO 5436-2, *Geometrische Produktspezifikation (GPS) — Oberflächenbeschaffenheit: Tastschnittverfahren — Normale — Teil 2: Software-Normale (ISO 5436-2:2001); Deutsche Fassung EN ISO 5436-2:2001*

DIN EN ISO 8785, *Geometrische Produktspezifikation (GPS) — Oberflächenunvollkommenheiten — Begriffe, Definitionen und Kenngrößen (ISO 8785:1998); Deutsche Fassung EN ISO 8785:1999.*

DIN EN ISO 11562, *Geometrische Produktspezifikation (GPS) — Oberflächenbeschaffenheit: Tastschnittverfahren — Meßtechnische Eigenschaften von phasenkorrekten Filtern (ISO 11562:1996); Deutsche Fassung EN ISO 11562:1997.*

DIN EN ISO 12085, *Geometrische Produktspezifikation (GPS) — Oberflächenbeschaffenheit: Tastschnittverfahren — Motifkenngrößen (ISO 12085:1996); Deutsche Fassung EN ISO 12085:1997.*

DIN EN ISO 12179, *Geometrische Produktspezifikation (GPS) — Oberflächenbeschaffenheit: Tastschnittverfahren — Kalibrierung von Tastschnittgeräten (ISO 12179:2000); Deutsche Fassung EN ISO 12179:2000.*

DIN EN ISO 13565-1, *Geometrische Produktspezifikation (GPS) — Oberflächenbeschaffenheit: Tastschnittverfahren — Oberflächen mit plateauartigen funktionsrelevanten Eigenschaften — Teil 1: Filterung und allgemeine Meßbedingungen (ISO 13565-1:1996); Deutsche Fassung EN ISO 13565-1:1997.*

DIN EN ISO 13565-2, *Geometrische Produktspezifikation (GPS) — Oberflächenbeschaffenheit: Tastschnittverfahren — Oberflächen mit plateauartigen funktionsrelevanten Eigenschaften — Teil 2: Beschreibung der Höhe mittels linearer Darstellung der Materialanteilkurve (ISO 13565-2:1996); Deutsche Fassung EN ISO 13565-2:1997.*

DIN EN ISO 13565-3, *Geometrische Produktspezifikation (GPS) — Oberflächenbeschaffenheit: Tastschnittverfahren — Oberflächen mit plateauartigen funktionsrelevanten Eigenschaften — Teil 3: Beschreibung der Höhe von Oberflächen mit der Wahrscheinlichkeitsdichtekurve (ISO 13565-3:1998); Deutsche Fassung EN ISO 13565-3:2000.*

DIN EN ISO 14253-1, *Geometrische Produktspezifikationen (GPS) — Prüfung von Werkstücken und Meßgeräten durch Messen — Teil 1: Entscheidungsregeln für die Feststellung von Übereinstimmung oder Nichtübereinstimmung mit Spezifikationen (ISO 14253-1:1998); Deutsche Fassung EN ISO 14253-1:1998.*

DIN EN ISO 14660-1, *Geometrische Produktspezifikation (GPS) — Geometrieelemente — Teil 1: Grundbegriffe und Definitionen (ISO 14660-1:1999); Deutsche Fassung EN ISO 14660-1:1999.*

DIN EN ISO 81714-1, *Gestaltung von graphischen Symbolen für die Anwendung in der technischen Produktdokumentation — Teil 1: Grundregeln (ISO 81714-1:1999); Deutsche Fassung EN ISO 81714-1:1999.*

EUROPÄISCHE NORM
EUROPEAN STANDARD
NORME EUROPÉENNE

EN ISO 1302

Februar 2002

ICS 01.100.20; 17.040.20

Deutsche Fassung

Geometrische Produktspezifikationen (GPS)
Angabe der Oberflächenbeschaffenheit in technischen Produktdokumentationen
(ISO 1302:2002)

Geometrical Product Specifications (GPS) —
Indication of surface texture in technical product
documentation
(ISO 1302:2002)

Spécification géométrique des produits (GPS) —
Indication des états de surface dans la documentation
technique de produits
(ISO 1302:2002)

Diese Europäische Norm wurde vom CEN am 17. Januar 2002 angenommen.

Die CEN-Mitglieder sind gehalten, die CEN/CENELEC-Geschäftsordnung zu erfüllen, in der die Bedingungen festgelegt sind, unter denen dieser Europäischen Norm ohne jede Änderung der Status einer nationalen Norm zu geben ist. Auf dem letzten Stand befindliche Listen dieser nationalen Normen mit ihren bibliographischen Angaben sind beim Management-Zentrum oder bei jedem CEN-Mitglied auf Anfrage erhältlich.

Diese Europäische Norm besteht in drei offiziellen Fassungen (Deutsch, Englisch, Französisch). Eine Fassung in einer anderen Sprache, die von einem CEN-Mitglied in eigener Verantwortung durch Übersetzung in seine Landessprache gemacht und dem Management-Zentrum mitgeteilt worden ist, hat den gleichen Status wie die offiziellen Fassungen.

CEN-Mitglieder sind die nationalen Normungsinstitute von Belgien, Dänemark, Deutschland, Finnland, Frankreich, Griechenland, Irland, Island, Italien, Luxemburg, Malta, Niederlande, Norwegen, Österreich, Portugal, Schweden, Schweiz, Spanien, der Tschechischen Republik und dem Vereinigten Königreich.

EUROPÄISCHES KOMITEE FÜR NORMUNG
EUROPEAN COMMITTEE FOR STANDARDIZATION
COMITÉ EUROPÉEN DE NORMALISATION

Management-Zentrum: rue de Stassart, 36   B-1050 Brüssel

© 2002 CEN   Alle Rechte der Verwertung, gleich in welcher Form und in welchem Verfahren, sind weltweit den nationalen Mitgliedern von CEN vorbehalten.

Ref. Nr. EN ISO 1302:2002 D

Inhalt

	Seite
Vorwort	3
Einleitung	3
1 Anwendungsbereich	4
2 Normative Verweisungen	4
3 Begriffe	5
4 Graphische Symbole für die Angabe der Oberflächenbeschaffenheit	6
5 Bildung vollständiger graphischer Symbole für die Oberflächenbeschaffenheit	8
6 Angabe der Oberflächenkenngrößen	9
7 Angabe zum Bearbeitungsverfahren oder damit zusammenhängende Informationen	14
8 Angabe der Oberflächenrillen	15
9 Angabe der Bearbeitungszugabe	16
10 Zusammenfassende Bemerkungen zur Angabe von Oberflächenanforderungen und ihrer Werte	17
11 Anordnung in Zeichnungen und anderer technischer Produktdokumentation	17
Anhang A (normativ) Verhältnisse und Größen der graphischen Symbole	23
Anhang B (informativ) Übersichtstabellen	25
Anhang C (informativ) Beispiele für Anforderungen an die Oberflächenrauheit	28
Anhang D (informativ) Mindestangaben zur eindeutigen Bestimmung von Oberflächenfunktionen	31
Anhang E (informativ) Bezeichnungen der Oberflächenkenngrößen	34
Anhang F (informativ) Messstrecke, ln	37
Anhang G (informativ) Übertragungscharakteristik und Messstrecke	38
Anhang H (informativ) Ausführliche Erläuterung der Auswirkungen der neuen ISO-Normen über die Oberflächenbeschaffenheit	40
Anhang I (informativ) Frühere Praxis	42
Anhang J (informativ) Beziehung zum GPS Matrix-Modell	45
Literaturhinweise	47

Vorwort

Der Text der Internationalen Norm ISO 1302:2001 wurde vom Technischen Komitee ISO/TC 213 „Dimensional and geometrical product specification and verification" in Zusammenarbeit mit dem Technischen Komitee CEN/TC 290 „Dimensional and geometrical product specification and verification", dessen Sekretariat von AFNOR gehalten wird, erarbeitet.

Anhang A ist normativer Bestandteil dieser Internationalen Norm. Die Anhänge B, C, D, E, F, G, H, I und J sind nur informativ.

Diese Europäische Norm muss den Status einer nationalen Norm erhalten, entweder durch Veröffentlichung eines identischen Textes oder durch Anerkennung bis August 2002, und etwaige entgegenstehende nationale Normen müssen bis August 2002 zurückgezogen werden.

Entsprechend der CEN/CENELEC-Geschäftsordnung sind die nationalen Normungsinstitute der folgenden Länder gehalten, diese Europäische Norm zu übernehmen: Belgien, Dänemark, Deutschland, Finnland, Frankreich, Griechenland, Irland, Island, Italien, Luxemburg, Niederlande, Norwegen, Österreich, Portugal, Schweden, Schweiz, Spanien, die Tschechische Republik und das Vereinigte Königreich.

Anerkennungsnotiz

Der Text der Internationalen Norm ISO 1302:2002 wurde von CEN als Europäische Norm ohne irgendeine Abänderung genehmigt

Einleitung

Diese Internationale Norm gehört zum Bereich der Geometrischen Produktspezifikationen (GPS) und ist eine allgemeine GPS-Norm (siehe ISO/TR 14638). Sie beeinflusst das Kettenglied 1 der Normenkette für das Rauheitsprofil, Welligkeitsprofil und das Primärprofil.

Für weitere Informationen im Zusammenhang mit dieser Norm zu anderen Normen und dem GPS-Matrixmodell siehe Anhang J.

Diese Ausgabe der ISO 1302 wurde für die Anwendung mit den Neuausgaben der 1996 und 1997 veröffentlichten Normen über Oberflächenbeschaffenheit entwickelt. Diese Normen enthalten signifikante Änderungen verglichen mit dem Inhalt der früheren Normen über Oberflächenbeschaffenheit aus den 1980er Jahren. Die Änderungen sind so radikal, dass die Zeichnungsangaben in einigen Fällen eine völlig neue Interpretation erfahren. Anhang H gibt detaillierte Informationen über diese Änderungen.

Zeichnungsangaben in Zeichnungen nach früheren Ausgaben dieser Internationalen Norm verweisen auf die Regeln aus den Normen über Oberflächenbeschaffenheit, die zur Zeit der Veröffentlichung früherer Ausgaben dieser Internationalen Norm veröffentlicht waren und können nur nach diesen Normen interpretiert werden. Anhang I enthält Informationen über die frühere Praxis.

Die Zeichnungsangaben, die in dieser Ausgabe der ISO 1302 bestimmt werden, sind für den eindeutigen Bezug auf die neuen Normen über Oberflächenbeschaffenheit von 1996 und 1997 anzuwenden.

Textangaben in dieser Ausgabe der ISO 1302 sind in ISO/TC 213 unter fortschreitender Entwicklung und eine eigene, detaillierte Norm über dieses Thema wird entwickelt. Daher können sich die gegebenen Textangaben in zukünftigen Ausgaben der ISO 1302 ändern.

EN ISO 1302:2002 (D)

1 Anwendungsbereich

Diese Internationale Norm legt Regeln für die Angabe der Oberflächenbeschaffenheit in der technischen Produktdokumentation (z. B. Zeichnungen, Spezifikationen, Verträge, Berichte) mittels graphischer Symbole und Textangaben fest.

Sie ist anwendbar für die Angabe von Anforderungen an Oberflächen mittels

a) Profilkenngrößen nach ISO 4287 bezogen auf:

— das R-Profil (Rauheits-Kenngrößen) und
— das W-Profil (Welligkeits-Kenngrößen) und
— das P-Profil (Struktur-Kenngrößen)

b) Motivkenngrößen nach ISO 12085 bezogen auf:

— Rauheitsmotiv und
— Welligkeitsmotiv

c) Kenngrößen bezogen auf die Materialanteil-Kurve nach ISO 13565-2 und ISO 13565-3.

ANMERKUNG   Für die Angabe von Anforderungen an Oberflächenunregelmäßigkeiten (Poren, Kratzer u.dgl.) die nicht durch Oberflächenbeschaffenheits-Kenngrößen angegeben werden können, wird auf ISO 8785 verwiesen, die Oberflächenunregelmäßigkeiten behandelt.

2 Normative Verweisungen

Die folgenden normativen Dokumente enthalten Festlegungen, die durch Verweisung in diesem Text Bestandteil dieser Internationalen Norm sind. Bei datierten Verweisungen gelten spätere Änderungen oder Überarbeitungen dieser Publikationen nicht. Anwender dieser Internationalen Norm werden jedoch gebeten, die Möglichkeit zu prüfen, die jeweils neuesten Ausgaben der nachstehend angegebenen normativen Dokumente anzuwenden. Bei undatierten Verweisungen gilt die letzte Ausgabe des in Bezug genommenen normativen Dokuments. Mitglieder von ISO und IEC führen Verzeichnisse der gültigen Internationalen Normen.

ISO 129-1:—[1)], *Technical Drawings — Indication of dimensions and tolerances — Part 1: General principles*.

ISO 1101:—[2)], *Geometrical Product Specifications (GPS) — Geometrical tolerancing — Tolerancing of form, orientation, location and run-out*.

ISO 3098-2:2000, *Technical product documentation — Lettering — Latin alphabet, numerals and marks*.

ISO 3274:1996, *Geometrical Product Specifications (GPS) — Surface texture: Profile method — Nominal characteristics of contact stylus instruments*.

ISO 4287:1997, *Geometrical product specifications (GPS) — Surface texture: Profile method — Terms, definitions and surface texture parameters*.

ISO 4288:1996, *Geometrical product specifications (GPS) — Surface texture: Profile method — Rules and the procedures for the assessment of surface texture*.

ISO 8785:1998, *Geometrical product specifications (GPS) — Surface imperfections — Terms, definitions and parameters*.

ISO 10135:—[3)], *Technical drawings — Simplified representation of moulded, cast and forged parts*.

---

1) Zu veröffentlichen. (Überarbeitung von ISO 129:1985)
2) Zu veröffentlichen. (Überarbeitung ISO 1101:1983)
3) Zu veröffentlichen. (Überarbeitung ISO 10135:1994)

ISO 10209-1:1992, *Technical product documentation — Vocabulary — Part 1: Terms relating to technical drawings: general and types of drawings.*

ISO 11562:1996, *Geometrical Product Specifications (GPS) — Surface texture: Profile method — Metrological characteristics of phase correct filters.*

ISO 12085:1996, *Geometrical product specifications (GPS) — Surface texture: Profile method — Motiv parameters.*

ISO 13565-1:1996, *Geometrical Product Specifications (GPS) — Surface texture: Profile method; Surfaces having stratified functional properties — Part 1: Filtering and general measurement conditions.*

ISO 13565-2:1996, *Geometrical Product Specifications (GPS) — Surface texture: Profile method; Surfaces having stratified functional properties — Part 2: Height Characterization using the linear material ratio curve.*

ISO 13565-3:1998, *Geometrical Product Specifications (GPS)— Surface texture: Profile method; Surfaces having stratified functional properties — Part 3: Height Characterization using the material probability curve.*

ISO 14253-1:1998, *Geometrical Product Specifications (GPS) — Inspection by measurement of workpieces and measuring equipment — Part 1: Decision rules for proving conformance or non-conformance with specification.*

ISO 14660-1:1999, *Geometrical Product Specifications (GPS) — Geometric features — Part 1: General terms and definitions.*

ISO 81714-1:1999, *Design of graphical symbols for use in the technical documentation of products — Part 1: Basic rules.*

3 Begriffe

Für die Anwendung dieser Norm gelten die in ISO 3274; ISO 4287; ISO 4288, ISO 10209-1, ISO 11562, ISO 12085, ISO 13565-2, ISO 13565-3 und ISO 14660-1 angegebenen und die folgenden Begriffe.

3.1
Grundsymbol
<Oberflächenbeschaffenheit> graphisches Symbol, durch das angegeben wird, dass Anforderungen an die Oberflächenbeschaffenheit bestehen

Siehe Bild 1.

3.2
erweitertes Symbol
<Oberflächenbeschaffenheit> erweitertes Grundsymbol, durch das angegeben wird, dass eine geforderte Oberflächenbeschaffenheit mit oder ohne Materialabtrag zu erreichen ist

Siehe Bilder 2 und 3.

3.3
vollständiges Symbol
<Oberflächenbeschaffenheit> Grundsymbol oder erweitertes Grundsymbol, das zur Erleichterung der Angabe zusätzlicher Anforderungen an die Oberflächenbeschaffenheit erweitert ist

Siehe Bild 4.

3.4
Oberflächen(beschaffenheits)-Kenngröße
Kenngröße, die mikrogeometrische Eigenschaften einer Oberfläche ausdrückt

ANMERKUNG   Siehe Anhang E für Beispiele der Angabe von Oberflächen(beschaffenheits)-Kenngrößen.

3.5
(Oberflächen-)Kenngrößensymbol
Symbol, das die Art der Oberflächenbeschaffenheits-Kenngrößen angibt

ANMERKUNG   Kenngrößensymbole bestehen aus Buchstaben und Zahlenwerten, z. B.: *Ra*, *Ramax*, *Wz*, *Wz1max*, *AR*, *Rpk*, *Rpq* usw.

4 Graphische Symbole für die Angabe der Oberflächenbeschaffenheit

4.1 Allgemeines

Anforderungen an die Oberflächenbeschaffenheit werden in der technischen Produktdokumentation durch unterschiedliche graphische Symbole mit jeweils spezifischer Bedeutung dargestellt. Diese graphischen Symbole nach 4.2 uns 4.3 müssen ergänzt werden durch zusätzliche Anforderungen an die Oberflächenbeschaffenheit in Form von Zahlenwerten, graphischen Symbolen und Text (siehe auch Abschnitte 5, 6, 7 und 8), wobei aber beachtet werden muss, dass in einigen Fällen die graphischen Symbole, wenn sie allein angewendet werden, eine spezielle Bedeutung in der technischen Zeichnung (siehe Abschnitt 11) haben können.

4.2 Grundsymbol

Das Grundsymbol besteht aus zwei geraden Linien unterschiedlicher Länge, die um etwa 60° zu jener Linie geneigt sind, welche die betreffende Oberfläche darstellt, siehe Bild 1. Das Grundsymbol nach Bild 1 sollte nicht allein (ohne zusätzliche Information) angewendet werden. Seine Anwendung sind Sammelangaben wie in den Bildern 23 und 26 gezeigt.

Wird das Grundsymbol mit zusätzlichen, ergänzenden Information angewendet (siehe Abschnitt 5), so ist noch keine Entscheidung darüber getroffen, ob zum Erzielen der vorgegebenen Oberfläche Materialabtrag gefordert ist (siehe 4.3.1) oder Materialabtrag unzulässig ist (siehe 4.3.2).

Bild 1 — Grundsymbol für die Angabe der Oberflächenbeschaffenheit

4.3 Erweitertes graphisches Symbol

4.3.1 Materialabtrag gefordert

Wenn Materialabtrag z. B. durch mechanische Bearbeitung, gefordert wird, um die vorgeschriebene Oberfläche zu erhalten, muss dem Grundsymbol eine wie in Bild 2 dargestellte Querlinie hinzugefügt werden. Das erweiterte graphische Symbol nach Bild 2 sollte nicht allein (ohne zusätzliche Informationen) angewendet werden.

Bild 2 — Erweitertes graphisches Symbol, bei welchem Materialabtrag verlangt wird

4.3.2 Materialabtrag unzulässig

Wenn Materialabtrag zum Erreichen der festgelegten Oberfläche unzulässig ist, muss dem Grundsymbol ein wie in Bild 3 dargestellter Kreis hinzugefügt werden. Spezielle Hinweise für die Anwendung dieses erweiterten graphischen Symbols siehe Abschnitt 10.

Bild 3 — Erweitertes graphisches Symbol, wenn Materialabtrag unzulässig ist

4.4 Vollständiges graphisches Symbol

Sind zusätzliche Anforderungen an Merkmale der Oberflächenbeschaffenheit angegeben (siehe Abschnitt 6), ist der längeren Linie der in den Bildern 1 bis 3 dargestellten graphischen Symbole eine Linie nach Bild 4 anzufügen.

Für Textangaben z. B. in Berichten oder Verträgen ist die Angabe für Bild 4a) APA[4], für 4b) MRR[5] und für 4c) NMR[6].

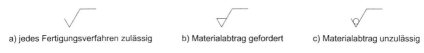

a) jedes Fertigungsverfahren zulässig   b) Materialabtrag gefordert   c) Materialabtrag unzulässig

Bild 4 — Vollständiges graphisches Symbol

4.5 Graphisches Symbol für „alle Oberflächen rundum die Kontur eines Werkstückes"

Wenn die gleiche Oberflächenbeschaffenheit für alle Flächen rundum die Kontur eines Werkstückes (vollständige Geometrieelemente) gefordert wird, in der Zeichnung dargestellt durch einen geschlossenen Außenumriss des Werkstückes, so ist dem vollständigen Symbol nach Bild 4 ein Kreis hinzuzufügen, wie in Bild 5 dargestellt. Wenn die Rundum-Kennzeichnung nicht eindeutig ist, müssen die Oberflächen unabhängig voneinander gekennzeichnet werden.

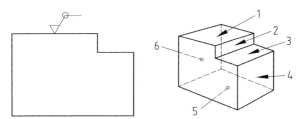

ANMERKUNG   Der Außenumriss auf der Zeichnung umfasst 6 Flächen, ersichtlich aus der 3D-Darstellung des Werkstückes (nicht die vordere und hintere Fläche).

Bild 5 — Anforderung an die Oberflächenbeschaffenheit aller sechs Flächen des Außenumrisses

---

4) Alle Verfahren zulässig (Any process allowed).
5) Materialabtrag gefordert (Material removal required).
6) Materialabtrag unzulässig (No material removed).

5 Bildung vollständiger graphischer Symbole für die Oberflächenbeschaffenheit

5.1 Allgemeines

Um die Eindeutigkeit einer Anforderung an die Oberflächenbeschaffenheit sicherzustellen, kann es erforderlich sein, zusätzlich zur Angabe einer Oberflächenkenngröße und deren Zahlenwert auch andere Anforderungen anzugeben (z. B. Übertragungscharakteristik oder Einzelmessstrecke, Fertigungsverfahren, Oberflächenrillen und ihre Orien-tierung und mögliche Bearbeitungszugaben). Es kann nötig sein, mehrere unterschiedliche Oberflächenkenn-größen festzulegen, damit durch die Oberflächenanforderungen die funktionellen Eigenschaften der Oberfläche eindeutig sichergestellt sind. Mehr Einzelheiten siehe Anhang D.

5.2 Anordnung der zusätzlichen Anforderungen für die Oberflächenbeschaffenheit

Die vorgeschriebene Anordnung der verschiedenen Anforderungen an die Oberflächenbeschaffenheit am vollständigen Symbol sind in Bild 6 dargestellt.

Bild 6 — Positionen (a bis e) für die Angabe zusätzlicher Anforderungen

Die zusätzlichen Anforderungen an die Oberflächenbeschaffenheit in der Form von:

— Oberflächenkenngrößen,

— Zahlenwerten und

— Übertragungscharakteristik/Einzelmessstrecken

müssen an bestimmten Stellen des vollständigen Symbols folgendermaßen angeordnet werden.

a) **Position a — Eine einzelne Anforderung an die Oberflächenbeschaffenheit**

Angabe der Oberflächen-Kenngröße, dem Zahlenwert und Übertragungscharakteristik/Einzelmessstrecke, nach Abschnitt 6. Um Missverständnisse zu vermeiden, sind zwei Leerzeichen zwischen der angegebenen Kenngröße und dem Grenzwert einzufügen.

Allgemein wird die Übertragungscharakteristik oder Einzelmessstrecke, gefolgt durch einen Schrägstrich (/), gefolgt von der Bezeichnung für die Oberflächenkenngröße, gefolgt von ihrem Zahlenwert in einer Textfolge angeordnet.

BEISPIEL 1   0,0025-0,8/Rz 6,8 (Beispiel mit angegebener Übertragungscharakteristik)

BEISPIEL 2   -0,8/Rz 6,8 (Beispiel nur mit angegebener Einzelmessstrecke)

Insbesondere für die Motivmethode wird die Übertragungscharakteristik, gefolgt durch einen Schrägstrich (/), gefolgt durch den Wert der Einzelmessstrecke, gefolgt durch einen weiteren Schrägstrich, gefolgt durch die Bezeichnung der Oberflächenkenngröße, gefolgt durch den Zahlenwert, angegeben.

BEISPIEL 3   0,008-0,5/16/R 10

ANMERKUNG   Allgemein ist die Übertragungscharakteristik der Wellenlängenbereich zwischen 2 definierten Filtern (siehe ISO 3274 und ISO 11562) und bei der Motivmethode der Wellenlängenbereich zwischen 2 definierten Grenzen (siehe ISO 12085).

b) **Position a und b — Zwei oder mehr Anforderungen an die Oberflächenbeschaffenheit**

Die erste Anforderung an die Oberflächenbeschaffenheit ist in Position „a" wie in a) beschrieben anzugeben. Die zweite Anforderung ist in Position „b" anzuordnen. Wenn eine dritte oder weitere Anforderungen anzugeben sind, so ist das Symbol in vertikaler Richtung entsprechend zu vergrößern, um Platz für mehr Zeilen zu haben. Die Positionen „a" und „b" bewegen sich aufwärts, wenn das Symbol vergrößert wird (siehe Abschnitt 6).

c) **Position c — Fertigungsverfahren**

Angabe des Fertigungsverfahrens, der Behandlung, Beschichtung oder andere Anforderungen an den Fertigungsprozess usw. zur Herstellung der Oberfläche, z. B. gedreht, geschliffen, gewalzt (siehe Abschnitt 7).

d) **Position d — Oberflächenrillen und -ausrichtung**

Angabe des Symbols für die erforderlichen Oberflächenrillen und ihre Ausrichtung, z. B. „=", „X", „M" (siehe Abschnitt 8).

e) **Position e — Bearbeitungszugabe**

Angabe der erforderlichen Bearbeitungszugabe als Zahlenwert in der Einheit mm, siehe auch Abschnitt 9.

6 Angabe der Oberflächenkenngrößen

6.1 Allgemeines

Die Bezeichnung der Kenngrößen und die zugeordneten Zahlenwerte, die angegeben werden müssen, enthalten vier Teilinformationen, die wesentlich sind für die Interpretation der Anforderung. Diese sind

— welches der drei Oberflächenprofile (R, W oder P) ist angegeben,

— welches Merkmal des Profils ist angegeben,

— wie viele Einzelmessstrecken bilden die Messstrecke,

— wie sind die angegebenen Grenzen der Vorgaben auszulegen.

Drei Hauptgruppen von Oberflächenkenngrößen sind zur Anwendung in Verbindung mit dem vollständigen graphischen Symbol genormt. Die Definitionen der Kenngrößen befinden sich in ISO 4287, ISO 12085, ISO 13565-2 und ISO 13565-3, in Übereinstimmung mit Tabelle 1.

Tabelle 1 — Übersicht der Parameterarten

	Parameter							
	Profil			Motiv		Materialanteilkurve		
						linear	Wahrscheinlichkeit	
	R	W	P	R	W	R	R	P
Bezeichnung	Siehe E.2	Siehe E.2	Siehe E.2	Siehe E.3	Siehe E.3	Siehe E.4.2	Siehe E.4.3	Siehe E.4.3
Messstrecke	Siehe F.2	Siehe F.2	Siehe F.2	Siehe F.3	Siehe F.3	Siehe F.4	Siehe F.4	Siehe F.4
Toleranzgrenze	Siehe 6.4							
Übertragungsband	Siehe G.2	Siehe G.2	Siehe G.2	Siehe G.3	Siehe G.3	Siehe G.4	Siehe G.4	Siehe G.4

6.2 Angabe von Kenngrößen-Bezeichnungen

Siehe Anhang E. Wenn die Kenngrößenbezeichnungen entsprechend Anhang E ohne zusätzliche Angaben angewendet werden, gelten die Regeldefinition oder Regelinterpretation der Spezifikationsgrenze („16%-Regel", siehe ISO 4288:1996, 4.2 und 4.3). Siehe 6.4 über die Angabe der „max-Regel" für die Interpretation der spezifizierten Grenze.

6.3 Angabe der Messstrecke, ln

6.3.1 Allgemeines

Wenn die Kenngrößenbezeichnung entsprechend Anhang E ohne zusätzliche Angaben angegeben ist, gilt die Anforderung aus der Regel-Messstrecke, wenn diese in den zugehörigen Normen definiert ist.

In jenen Fällen, in denen es keine Regeldefinition für die Anzahl der Einzelmessstrecken innerhalb der Messstrecke gibt, ist es erforderlich, diese in die Kenngrößenbezeichnung aufzunehmen, um eine eindeutige Anforderung an die Oberflächenbeschaffenheit zu erhalten.

6.3.2 Profilkenngrößen (ISO 4287)

— R-Profil

   Siehe F.2. Wenn die Anzahl der Einzelmessstrecken innerhalb der Messstrecke von der Regelanzahl fünf (siehe ISO 4288:1996, 4.4) abweichen soll, muss dies an der zugehörigen Kenngrößenbezeichnung angegeben werden.

   BEISPIEL   Rp3, Rv3, Rz3, Rc3, Rt3, Ra3 oder ..., RSm3, ... (wenn eine Messstrecke aus drei Einzelmessstrecken gewünscht ist)

— W-Profil

   Siehe F.2. Die Anzahl der Einzelmessstrecken muss immer in der Kenngrößenbezeichnung für Welligkeit enthalten sein.

   BEISPIEL   Wz5 oder Wa3

— P-Profil

   Siehe F.2. Die Einzelmessstrecke für P-Kenngrößen ist gleich der Messstrecke (siehe ISO 4287:1997, 3.1.9) und die Messstrecke ist gleich der Länge des zu messenden Geometrieelementes (siehe ISO 4287:1997, 4.4). Folglich ist auch die Angabe der Anzahl der Einzelmessstrecken in den Bezeichnungen für die Strukturkenngrößen nicht relevant.

6.3.3 Motiv-Kenngrößen (ISO 12085)

Siehe F.3. Wenn eine andere Regel-Messstrecke als 16 mm erforderlich ist, ist sie zwischen zwei Schrägstrichen anzugeben.

BEISPIEL   0,008-0,5/12/R10

ANMERKUNG   Es ist zu beachten, dass der Begriff Messstrecke im Fall der Motivkenngrößen eine andere Bedeutung hat als bei anderen Oberflächenkenngrößen, da das Konzept der Einzelmessstrecken hier nicht besteht. Folglich ist auch die Angabe der Anzahl der Einzelmessstrecken in den Bezeichnungen der Kenngrößen von Motivkenngrößen bedeutungslos.

6.3.4 Kenngrößen, abgeleitet von der Materialanteil-Kurve (ISO 13565-2, ISO 13565-3)

— R-Profil

   Siehe F.4. Wenn die Anzahl der Einzelmessstrecken innerhalb der Messstrecke von der Regelanzahl fünf (siehe ISO 13565-1:1996, Abschnitt 7) abweicht, muss dies an der zugehörigen Kenngrößenbezeichnung angegeben werden.

BEISPIEL   Rk8, Rpk8, Rvk8, Rpq8, Rvq8, Rmq8 (sofern eine Messstrecke von acht Einzelmessstrecken gewünscht ist)

Für die R-Profil-Kenngrößen, abgeleitet von der Materialanteil-Kurve nach ISO 13565-2 und 12085 z. B. der Kenngrößen Rke, $Rpke$, $Rvke$ usw., erfolgt die Angabe der Messstrecke nach 6.3.3.

— P-**Profil**

Siehe F.4. Die Einzelmessstrecke für P-Kenngrößen ist gleich der Messstrecke (siehe ISO 4287:1997, 3.1.9) und die Messstrecke ist gleich der Länge des zu messenden Geometrieelementes (siehe ISO 4287:1997, 4.4). Folglich ist auch die Angabe der Anzahl der Einzelmessstrecken in der Bezeichnung von Strukturkenngrößen nicht relevant.

6.4 Angabe der Toleranzgrenzen

6.4.1 Allgemeines

Es gibt zwei Möglichkeiten für die Angabe und Interpretation der Spezifikationsgrenzen der Oberflächenbeschaffenheit:

a) Die „16%-Regel" und

b) die „max.-Regel".

Siehe ISO 4288:1996, 5.2 und 5.3.

Die „16%-Regel" ist definiert als Regelanforderung für alle Angaben von Anforderungen an die Oberflächenbeschaffenheit. Das bedeutet, dass die „16%-Regel" dann für eine Anforderung an die Oberflächenbeschaffenheit gilt, wenn die Kenngrößenbezeichnung, wie im Anhang E gezeigt, angewendet wird (siehe Bild 7). Wenn die „max-Regel" auf eine Anforderung an die Oberflächenbeschaffenheit anzuwenden ist, muss „max" zur Kenngröße hinzugefügt werden (siehe Bild 8). Die „max.-Regel" wird nicht für Motivkenngrößen angewendet.

MRR Ra 0,7; Rz1 3,3   √‾ Ra 0,7 / Rz1 3,3

a) im Text   b) in Zeichnungen

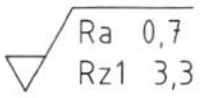

Bild 7 — Kenngrößenbezeichnung, für die die „16%-Regel" gilt (Regel-Übertragungscharakteristik)

MRR Ramax 0,7; Rz1max 3,3   √‾ Ramax 0,7 / Rz1max 3,3

a) im Text   b) in Zeichnungen

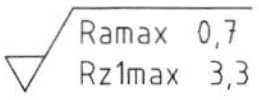

Bild 8 — Kenngrößenbezeichnung, für die die „max"-Regel gilt (Regelübertragungscharakteristik)

6.4.2 Profilkenngrößen (ISO 4287)

Sowohl die „16%-Regel" als auch die „max"-Regel sind auf die Profilkenngrößen, wie in ISO 4287 definiert, anwendbar.

6.4.3 Motivkenngrößen (ISO 12085)

Motivkenngrößen sind nur für die Anwendung der „16%- Regel" definiert (siehe ISO 12085:1996, 5.4)

6.4.4 Kenngrößen, die auf der Materialanteilkurve beruhen (ISO 13565-2, ISO 13565-3)

Sowohl die „16%-Regel" als auch die „max-Regel" gelten für alle Kenngrößen, die von der Materialanteilkurve abgeleitet sind, wie in ISO 13565-2 und ISO 13565-3 definiert.

6.5 Angabe von Übertragungscharakteristik und Einzelmessstrecke

6.5.1 Allgemeines

Wenn keine Übertragungscharakteristik gemeinsam mit der Kenngrößenbezeichnung angegeben ist, gilt die Regel-Übertragungscharakteristik für die Anforderung an die Oberflächenbeschaffenheit (siehe Anhang G für die Definition der Regel-Übertragungscharakteristiken; siehe die Anforderungen an die Oberflächenbeschaffenheit in den Bildern 7 und 8, für die keine Übertragungscharakteristik angegeben ist).

Bestimmte Kenngrößen der Oberflächenbeschaffenheit haben weder eine definierte Übertragungscharakteristik noch ein Regel-Kurzwellenfilter oder eine Regel-Einzelmessstrecke (Langwellenfilter). In diesen Fällen muss in der Oberflächenangabe eine Übertragungscharakteristik, ein Kurzwellenfilter oder ein Langwellenfilter festgelegt werden, um eine eindeutige Anforderung an die Oberflächenbeschaffenheit sicherzustellen.

Um sicherzustellen, dass die Oberfläche zweifelsfrei entsprechend den Anforderungen an die Oberflächenbeschaffenheit geprüft wird, muss die Übertragungscharakteristik vor der Kenngrößenbezeichnung, getrennt durch einen Schrägstrich (/), angegeben werden.

Die Übertragungscharakteristik wird angegeben durch die Werte der Grenzwellenlängen der Filter (in mm), getrennt durch ein Trennungszeichen („-"). Zuerst wird das Kurzwellenfilter angegeben, dann das Lang-wellenfilter. Siehe Bild 9.

MRR 0,0025-0,8 / Rz 3,0   0,0025-0,8 / Rz 3,0

a) im Text   b) in Zeichnungen

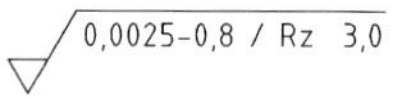

Bild 9 — Angabe einer Übertragungscharakteristik gemeinsam mit einer Anforderung an die Oberflächenbeschaffenheit

In manchen Fällen kann es zweckmäßig sein, nur eines der zwei Filter in der Übertragungscharakteristik anzugeben. Das zweite Filter hat dann seinen Regelwert, sofern dieser vorhanden ist. Wenn nur ein Filter eingetragen ist, wird der Trennungsstrich beibehalten, um zu unterscheiden, ob die Angabe einen Kurzwellen- oder einen Langwellenfilter betrifft.

BEISPIEL 1   0,008- (Kurzwellenfilter-Angabe)

BEISPIEL 2   -0,25 (Langwellenfilter-Angabe)

6.5.2 Profil-Kenngrößen (ISO 4287)

— R-Profil

Siehe G.2. Für die Angabe der Übertragungscharakteristik ist es nur notwendig, das Langwellenfilter λc anzuführen, z. B. -0,8. Für das Kurzwellenfilter gilt dann ISO 3274:1996, 4.4.

Wenn sowohl die Angabe des Kurzwellenfilters als auch des Langwellenfilters in der Übertragungscharakteristik für die Rauheitskenngrößen erforderlich ist, sind beide gemeinsam mit dem Kenngrößen-Symbol anzugeben.

BEISPIEL   0,008-0,8

— *W*-Profil

Siehe G.2. Die Übertragungscharakteristik muss immer durch beide Grenzwellenlängenwerte angegeben werden, um eine eindeutige Anforderung sicherzustellen. Die Übertragungscharakteristik für Welligkeit kann, abgeleitet von der Regel-Grenzwellenlänge λc für die Oberflächenrauheit nach ISO 4288 für die gleiche Oberfläche (siehe Bild 10) durch den Ausdruck $\lambda c - n \times \lambda c$ angegeben werden, wobei die Anzahl n vom Konstrukteur gewählt wird.

MRR λc - 12 × λc/Wz 125 $\sqrt{\lambda c - 12 \times \lambda c / Wz\ 125}$

a) im Text   b) in Zeichnungen

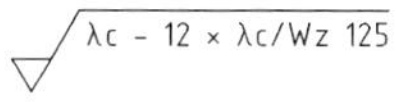

Bild 10 — Übertragungscharakteristik für Welligkeit, abgeleitet von der Regel-Grenzwellenlänge λc für Oberflächenrauheit

— *P*-Profil

Siehe G.2. Der Grenzwellenlängenwert des Kurzwellenfilters λs muss immer angegeben werden, um eine eindeutige Anforderung sicherzustellen.

Im Regelfall haben *P*-Kenngrößen kein Langwellenfilter (Einzelmessstrecken). Ein Langwellenfilter (Einzelmessstrecke) kann für *P*-Kenngrößen angegeben werden, wenn dies für die Funktion des Werkstückes erforderlich ist.

BEISPIEL   -25/Pz 225

6.5.3 Motivkenngrößen (ISO 12085)

— **Rauheits-Profil**

Siehe G.3. Es ist nicht erforderlich die Messstrecke anzugeben, wenn ihr Wert für das entsprechende Paar ($\lambda s, A$) aus ISO 12085:1996 (Tabelle 1) stammt. Trotzdem sind die 2 Schrägstriche anzugeben.

Wenn keine Grenze für den kurzwelligen Profilanteil angegeben ist, ist der Regelwert λs = 0,008 mm.

— **Welligkeits-Profil**

Siehe G.3. Beide Grenzwerte A und B für die kurze und die lange Wellenlänge sind zusammen anzugeben.

Es ist nicht erforderlich die Einzelmessstrecke anzugeben, wen ihr Wert für die zugehörige Verbindung (A, B) aus ISO 12085:1996 (Tabelle 1) stammt. Trotzdem sind die 2 Schrägstriche anzugeben.

Wenn kein Grenzwert angegeben ist, sind die Regelwerte A = 0,5 mm und B = 2,5 mm.

6.5.4 Kenngrößen, die auf der Materialanteil-Kurve basieren (ISO 13565-2, ISO 13565-3)

— *R*-Profil

Siehe G.4. Nur die Regel und eine Nicht-Regel sind genormt.

— *P*-Profil

Siehe G.4. Wenn *P*-Kenngrößen nach ISO 13565-3 angegeben werden, ist das Kurzwellenfilter λs zusammen mit der Kenngrößenbezeichnung anzugeben, um eine eindeutige Anforderung sicherzustellen.

Im Regelfall haben *P*-Kenngrößen kein Langwellenfilter (Einzelmessstrecken). Ein Langwellenfilter (Einzelmessstrecken) kann für *P*-Kenngrößen angegeben werden, wenn dies für die Funktion des Werkstückes erforderlich ist.

6.6 Toleranzarten — einseitig oder beidseitig

6.6.1 Allgemeines

Die Anforderung an die Oberflächenbeschaffenheit muss als einseitige oder beidseitige Toleranz angegeben werden. Die Toleranzgrenze ist durch die Angabe von Kenngrößenbezeichnung, Kenngrößenwert und Übertragungscharakteristik dargestellt, wie in 6.2, 6.3, 6.4 und 6.5 beschrieben.

6.6.2 Einseitige Toleranz einer Oberflächenkenngröße

Wenn die Kenngrößenbezeichnung, der Kenngrößenwert und die Übertragungscharakteristik angegeben sind, so ist dies als einseitig vorgegebene obere Grenze zu verstehen („16%-Regel"- oder „max-Regel"-Grenze).

Wenn die Kenngrößenbezeichnung, der Kenngrößenwert und die Übertragungscharakteristik als eine einseitige untere Toleranzgrenze zu verstehen sind (16%- oder max-Grenze), dann ist der Kenngrößenbezeichnung der Buchstabe L voranzusetzen.

BEISPIEL   L Ra 0,32.

6.6.3 Beidseitige Toleranz einer Oberflächenkenngröße

Eine beidseitige Toleranz ist im vollständigen Symbol so anzugeben, dass die Anforderung für die zwei Toleranzgrenzen übereinandergeschrieben werden. Die obere vorgegebene Grenze („16%-Regel"- oder „max-Regel"-Grenze), der ein U vorangestellt ist, über der unteren vorgegebenen Grenze, der ein L vorangestellt ist (siehe Bild 11). Wenn die obere und untere Grenze durch die gleichen Kenngrößen mit unterschiedlichen Werten angegeben ist, darf das U und L weggelassen werden, vorausgesetzt die Angabe bleibt eindeutig.

Die obere und untere Regelgrenze muss nicht unbedingt durch gleiche Kenngrößenbezeichnung und Übertragungscharakteristik ausgedrückt werden.

MRR U Rz 0,9; L Ra 0,3   √ U Rz 0,9
                                                L Ra 0,3

a) im Text   b) in Zeichnungen

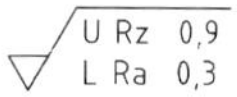

Bild 11 — Beidseitige Oberflächenvorgabe

7 Angabe zum Bearbeitungsverfahren oder damit zusammenhängende Informationen

Der Kenngrößenwert einer wirklichen Oberfläche wird von der genauen Gestalt der Profil-Kurve stark beeinflusst. Eine bloße Angabe von Kenngrößenbezeichnung, Kenngrößenwert und Übertragungscharakteristik als Anforderung an die Oberflächenbeschaffenheit, ergibt daher nicht notwendigerweise eine eindeutige Funktion der Oberfläche. Es ist daher in fast allen Fällen notwendig, das Bearbeitungsverfahren anzuführen, da dieses Verfahren in gewissem Grade eine besondere Form der Profil-Kurve zur Folge hat.

Es kann auch aus anderen Gründen notwendig sein, das Verfahren anzugeben.

Das Bearbeitungsverfahren der vorgegebenen Oberfläche kann als Text dem vollständigen Grundsymbol hinzugefügt werden (siehe Bilder 12 und 13). Für die Angabe von Beschichtungen in Bild 13 werden, als Beispiel, die Symbole aus ISO 1456 angewendet.

MRR gedreht Rz 3,1

a) im Text   b) in Zeichnungen

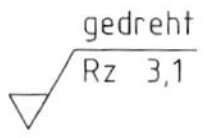

Bild 12 — Angabe des Bearbeitungsverfahrens und der Anforderung für die Rauheit der resultierenden Oberfläche

NMR Fe/Ni15p Cr r; Rz 0,6

a) im Text   b) in Zeichnungen

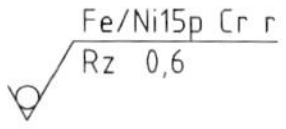

Bild 13 — Angabe einer Beschichtung und der Rauheitsanforderung

8 Angabe der Oberflächenrillen

Die Oberflächenrillen und ihre vom Bearbeitungsverfahren erzeugte Rillenrichtung (z. B. Spuren, die von Werkzeugen hinterlassen werden) können im vollständigen graphischen Symbol unter Anwendung der Symbole aus Tabelle 2 und des in Bild 14 veranschaulichten Beispieles angegeben werden. Die Angabe von Oberflächenrillen durch die definierten Symbole (z. B. das Rechtwinkligkeits-Symbol in Bild 14) ist nicht anwendbar für Angaben im Text.

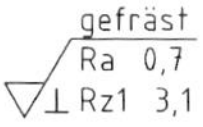

Bild 14 — Angabe der vertikale Rillenrichtung des Oberflächenmusters rechtwinklig zur Zeichnungsebene

ANMERKUNG Die Rillenrichtung ist die Richtung des überwiegenden Oberflächenmusters, welche im Allgemeinen durch das verwendete Bearbeitungsverfahren bestimmt wird.

Die Symbole in Tabelle 2 geben die Rillen und Rillenrichtungen in Zuordnung zur Zeichnungsebene, die die Anforderung an die Oberflächenbeschaffenheit enthält.

Tabelle 2 — Angabe der Oberflächenrillen

Graphisches Symbol	Auslegung und Beispiel	
=	Parallel zur Projektionsebene der Ansicht, in der das Symbol angewendet wird	Rillenrichtung
⊥	Rechtwinklig zur Projektionsebene der Ansicht, in der das Symbol angewendet wird	Rillenrichtung
X	Gekreuzt in zwei schrägen Richtungen zur Projektionseben der Ansicht, in der das Symbol angewendet wird.	Rillenrichtung
M	Mehrfache Richtungen	
C	Annähernd zentrisch zur Mitte der Oberfläche, auf die sich das Symbol bezieht	
R	Annähernd radial zur Mitte der Oberfläche, auf die sich das Symbol bezieht	
P	Nichtrillige Oberfläche, ungerichtet oder muldig	

ANMERKUNG Wenn es notwendig ist, eine Oberflächenstruktur festzulegen, die durch die angegebenen Symbole nicht eindeutig definierbar ist, so kann dies durch eine geeignete Anmerkung auf der Zeichnung erfolgen.

9 Angabe der Bearbeitungszugabe

Die Bearbeitungszugabe wird im Allgemeinen nur in jenen Fällen angegeben, wo mehrere Verfahrensstufen in derselben Zeichnung gezeigt werden. Zu finden sind Bearbeitungszugaben daher z. B. in Rohteilzeichnungen von gegossenen und geschmiedeten Werkstücken, in denen das fertige Werkstück in der Rohteilzeichnung enthalten ist. Die Definition und Anwendung von Bearbeitungszugaben ist in ISO 10135 enthalten. Die Angabe von Bearbeitungszugaben durch ein definiertes Symbol ist nicht anwendbar für Angaben im Text.

Wenn die Bearbeitungszugabe angegeben ist, kann es vorkommen, dass diese Forderung die einzige Forderung ist, die zum vollständigen Symbol hinzugefügt wird. Die Bearbeitungszugabe kann auch zusammen mit einer normalen Anforderung der Oberflächenbeschaffenheit angegeben werden (siehe Bild 15).

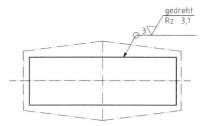

Bild 15 — Angabe von Anforderungen an die Oberflächenbeschaffenheit des „fertigen" Werkstückes (einschließlich der Forderung nach einer Bearbeitungszugabe von 3 mm für alle Oberflächen)

10 Zusammenfassende Bemerkungen zur Angabe von Oberflächenanforderungen und ihrer Werte

Anforderungen an die Oberflächenbeschaffenheit in technischen Zeichnungen haben mindestens aus einem der in den Bildern 1 bis 5 gezeigten Symbole und den in Abschnitt 5 bis 9 beschriebenen ergänzenden Eintragungen zu bestehen.

Graphische Symbole, die alleine angewendet werden, haben nur eine Bedeutung als Oberflächenangabe, wenn

— sie entsprechend 11.3 angewendet werden, oder

— das Grundsymbol (siehe Bild 3) in einer Zeichnung angewendet wird, die ein Fertigungsverfahren betrifft.

Im zweiten Fall lautet die Auslegung:

> Die vorgegebene Oberfläche muss in jenem Zustand bleiben, den sie als Folge des vorhergehenden Fertigungsverfahrens erreichte, ungeachtet dessen, ob der Zustand durch Materialabtrag oder mit anderen Mitteln erreicht wurde.

Ob eine bestimmte Oberfläche mit einer vorgeschriebenen Oberflächenbeschaffenheit übereinstimmt oder nicht, hat nach den Regeln und Prinzipien von ISO 14253-1 zu erfolgen. Weiter sind die Auslegungsregeln dieser Norm und die Angaben der betreffenden Normen über Oberflächenbeschaffenheit zu berücksichtigen.

11 Anordnung in Zeichnungen und anderer technischer Produktdokumentation

11.1 Allgemeines

Anforderungen an die Oberflächenbeschaffenheit sind für eine bestimmte Oberfläche nur einmal anzugeben und wenn möglich in der selben Ansicht wie die Angaben, welche das Maß und/oder Lage festlegen und tolerieren.

Wenn nicht anders festgelegt, so gelten die angegebenen Anforderungen an die Oberflächenbeschaffenheit nach dem Materialabtrag, Beschichten usw. (siehe Anhang C).

11.2 Lage und Ausrichtung des Symbols und seine Beschriftung

11.2.1 Allgemeines

Die allgemeine Regel in Übereinstimmung mit ISO 129-1 ist, dass das Symbol zusammen mit den entsprechenden Informationen so einzutragen ist, dass diese in der Zeichnung von unten oder von rechts gelesen werden können (siehe Bild 16).

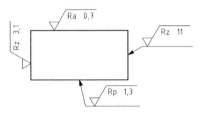

Bild 16 — Leserichtung der Anforderungen an die Oberflächenbeschaffenheit

11.2.2 Auf einer Körperkante oder auf einer Bezugs- und Hinweislinie

Die Anforderung an die Oberflächenbeschaffenheit (graphisches Symbol) muss entweder direkt mit der Oberfläche oder mittels einer Bezugs-/Hinweislinie, die in einem Maßpfeil endet, verbunden sein.

Als allgemeine Regel muss das graphische Symbol oder eine mit einem Pfeil versehene Hinweislinie, von außerhalb des Materials des Werkstückes auf die Oberfläche zeigen, entweder zur Körperkante (welche die Oberfläche darstellt) oder deren Verlängerung (siehe Bilder 17 und 18).

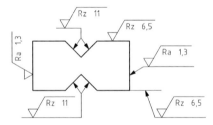

Bild 17 — Oberflächenanforderungen an die Umrisslinie, welche die Oberfläche darstellt

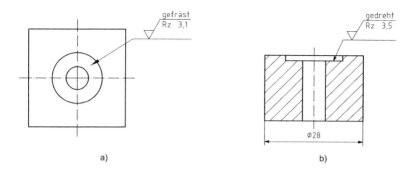

Bild 18 — Alternative Möglichkeiten der Anwendung von Bezugs- und Hinweislinien

11.2.3 Auf der Maßlinie verbunden mit einer Maßangabe

Wenn kein Risiko einer Fehlinterpretation besteht, darf die Oberflächenangabe zusammen mit der Maßangabe erfolgen (siehe Bild 19).

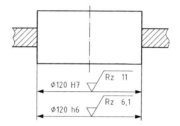

Bild 19 — Anforderung an die Oberflächenbeschaffenheit — Angabe an Maßen

11.2.4 Auf dem Toleranzrahmen für geometrische Toleranzen

Die Oberflächenangabe darf über dem Toleranzrahmen für geometrische Toleranzen (nach ISO 1101) angebracht werden, siehe Bild 20, a) und b).

Bild 20 — Anforderung an die Oberflächenbeschaffenheit — Angabe an geometrischen Toleranzen

11.2.5 Auf Maßhilfslinien

Die Anforderung an die Oberflächenbeschaffenheit darf direkt auf der Maßhilfslinie angebracht werden oder mit dieser durch eine Hinweislinie, die in einem Pfeil endet, verbunden sein (siehe Bilder 17 und 21).

11.2.6 Zylindrische und prismatische Oberflächen

Sowohl zylindrische als auch prismatische Oberflächen brauchen nur einmal angegeben werden, wenn eine Mittellinie angegeben ist und dieselbe Anforderung an die Oberflächenbeschaffenheit für jede prismatische Fläche bzw. für den ganzen Zylinder gilt (siehe Bild 21). Jede prismatische Oberfläche muss jedoch einzeln angegeben werden, wenn unterschiedliche Anforderungen an die Oberflächenbeschaffenheit für die einzelnen prismatischen Oberflächen verlangt werden (siehe Bild 22).

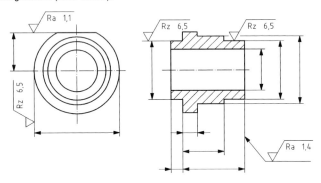

Bild 21 — Anforderung an die Oberflächenbeschaffenheit — Maßhilfslinien zylindrischer Elemente

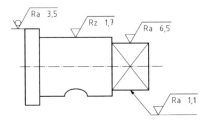

Bild 22 — Anforderungen an die Oberflächenbeschaffenheit — zylindrische und prismatische Oberflächen

11.3 Vereinfachte Zeichnungseintragungen

11.3.1 Gleiche Anforderung an die Mehrzahl der Oberflächen

Wenn die gleiche Anforderung an die Mehrzahl der Oberflächen eines Werkstückes gestellt wird, so ist sie in der Nähe des Zeichnungs-Schriftfeldes zu setzen. Nach diesem allgemeinen Symbol, das der Oberflächenbeschaffenheit entspricht, hat zu stehen:

— in Klammern ein Grundsymbol ohne weitere Angabe (siehe Bild 23), oder

— in Klammern die abweichende(n) Anforderung(en) (siehe Bild 24), um anzuzeigen, dass andere Anforderungen vorhanden sind, die von der allgemeinen Anforderung an die Oberflächenbeschaffenheit abweichen.

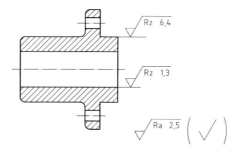

Bild 23 — Vereinfachte Angabe — Mehrzahl der Oberflächen mit der gleichen Anforderung

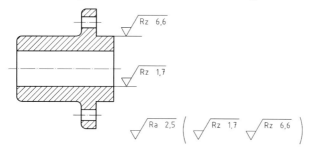

Bild 24 — Vereinfachte Angabe — Mehrzahl der Oberflächen mit der gleichen Anforderung

Anforderungen an die Oberflächenbeschaffenheit, die von der allgemeinen Anforderung abweichen, sind direkt in der Zeichnung in der gleichen Ansicht wie die betreffenden Einzelflächen anzugeben (siehe Bilder 23 und 24).

11.3.2 Gleiche Anforderungen an mehrere Oberflächen

11.3.2.1 Allgemeines

Um die mehrmalige Wiederholung komplizierter Angaben zu vermeiden, wenn der Platz begrenzt ist, oder wenn die gleiche Oberflächenbeschaffenheit an mehreren Einzelflächen desselben Teiles erforderlich ist, darf eine vereinfachte Bezugsangabe wie folgt an die Oberfläche gesetzt werden:

11.3.2.2 Angabe durch ein graphisches Symbol mit Buchstaben

Eine vereinfachte Darstellung darf angewendet werden, vorausgesetzt, dass deren Bedeutung in der Nähe der Darstellung des Teiles, in der Nähe des Zeichnungs-Schriftfeldes oder in dem Bereich für allgemeine Angaben näher erläutert ist (Bild 25).

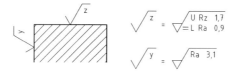

Bild 25 — Bezugsangabe, wenn der Platz begrenzt ist

11.3.2.3 Angabe durch das graphische Symbol alleine

Das entsprechende Symbol nach den Bildern 1, 2, oder 3 darf an der entsprechenden Oberfläche und seine Bedeutung an einer anderen Stelle in der Zeichnung wie in den Bildern 26 bis 28 eingetragen werden.

$$\sqrt{} = \sqrt{Ra\ 3{,}1}$$

Bild 26 — Vereinfachte Angabe von Anforderungen an die Oberflächenbeschaffenheit — Fertigungsverfahren nicht festgelegt

$$\sqrt{} = \sqrt{Ra\ 3{,}1}$$

Bild 27 — Vereinfachte Angabe einer Anforderung an die Oberflächenbeschaffenheit — Materialabtrag gefordert

$$\sqrt{} = \sqrt{Ra\ 3{,}1}$$

Bild 28 — Vereinfachte Angabe einer Anforderung an die Oberflächenbeschaffenheit — Materialabtrag nicht erlaubt

11.4 Angabe von zwei oder mehreren Bearbeitungsverfahren

Wenn es notwendig ist, die Oberflächenbeschaffenheit sowohl vor als auch nach der Behandlung anzugeben, so ist dies in einer Anmerkung oder in Übereinstimmung mit Bild 29 zu erklären (siehe auch Beispiel C.8).

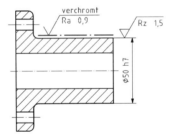

Bild 29 — Angabe der Oberflächenbeschaffenheit vor und nach der Behandlung (in diesem Fall dem Aufbringen des Überzuges)

Anhang A
(normativ)

Verhältnisse und Größen der graphischen Symbole

A.1 Allgemeine Anforderungen

Um die Größe der Symbole zu vereinheitlichen, die in der Internationalen Norm mit diesen oder anderen Beschriftungen in technischen Zeichnungen (Abmessungen, geometrische Toleranzen, usw.) spezifiziert sind, sind die Regeln von ISO 81714-1 anzuwenden.

A.2 Verhältnisse

Das Grundsymbol und seine Ergänzungen (siehe Abschnitt 4) ist nach den Bildern A.1 bis A.3 darzustellen. Die Form der Symbole in den Bildern A.2 c) bis A.2 g) ist dieselbe wie die des entsprechenden Großbuchstaben in ISO 3098-2:2000 (Beschriftung B, vertikal). Für Maße siehe A.3. Die Länge der horizontalen Linie des Symbols in Bild A.1 b) ist abhängig von den Angaben, die oberhalb und unterhalb angeordnet werden.

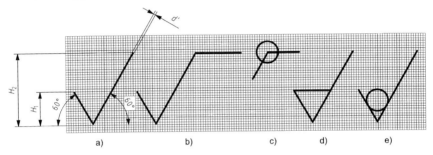

ANMERKUNG   Die graphischen Symbole besitzen folgende Registrierungsnummern:

a) Reg.-Nr. 20002
b) Reg.-Nr. 20003
c) Reg.-Nr. 20004
d) Reg.-Nr. 20005
e) Reg.-Nr. 20006

Bild A.1

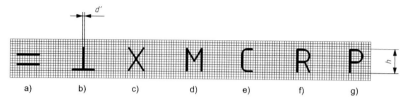

a)	b) c) d) e) f) g)

ANMERKUNG Die graphischen Symbole besitzen folgende Registrierungsnummern:

a) Reg.-Nr. 20007
b) Reg.-Nr. 20008
c) Reg.-Nr. 20009
d) Reg.-Nr. 20010
e) Reg.-Nr. 20011
f) Reg.-Nr. 20012
g) Reg.-Nr. 20013

Bild A.2

Die Größe aller Buchstaben in den Feldern „a", „b", „d" und „e" von Bild A.3 muss h entsprechen.

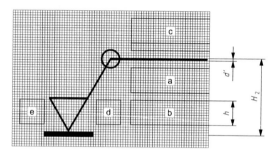

ANMERKUNG Für die Anordnung der Oberflächenangaben in den Feldern a bis e, siehe Bilder 7 bis 15.

Bild A.3

Die Beschriftung in Feld c, Bild A.3, kann Groß- und/oder Kleinbuchstaben enthalten, die Höhe dieses Feldes kann größer sein als h, um eine Reihe von Zusatzangaben zu ermöglichen.

A.3 Maße

Die Maße der Symbole und zusätzlichen Angaben sind nach Tabelle A.1 auszuführen.

Tabelle A.2 — Maße

Maße in Millimetern

Größe von Zahlen und Buchstaben, h (siehe ISO 3098-2)	2,5	3,5	5	7	10	14	20
Linienbreite für Symbole, d'	0,25	0,35	0,5	0,7	1	1,4	2
Linienbreite für Buchstaben, d							
Größe, H_1	3,5	5	7	10	14	20	28
Größe, H_2 (Minimum)[a]	8	11	15	21	30	42	60
[a] H2 hängt von der Anzahl der Zeilen der Angabe ab.							

Anhang B
(informativ)

Übersichtstabellen

B.1 Graphische Symbole ohne zusätzliche Angaben

Nr.	Symbol	Bedeutung
B.1.1	√	Grundsymbol: Es darf nur dann allein benutzt werden, wenn es „betrachtete Oberfläche" bedeutet oder wenn seine Bedeutung durch eine zusätzliche Angabe erklärt wird (siehe 4.2).
B.1.2	∀	Erweitertes Symbol: Kennzeichnung für eine materialabtragend bearbeitete Oberfläche ohne nähere Angaben. Dieses Symbol darf nur dann allein verwendet werden, wenn seine Bedeutung ist: „Oberfläche, die materialabtragend bearbeitet werden muss".
B.1.3	⌀	Erweitertes graphisches Symbol: Eine Oberfläche, bei der eine materialabtragende Bearbeitung unzulässig ist. Dieses Symbol kann auch in Zeichnungen angewendet werden, die für einen bestimmten Arbeitsvorgang angefertigt sind, um deutlich zu machen, dass eine Oberfläche in dem Zustand des vorhergehenden Arbeitsganges zu belassen ist, unabhängig davon, ob dieser Zustand durch materialabtragende Bearbeitung oder auf andere Weise erreicht wurde.

B.2 Symbole mit Angabe der Oberflächenbeschaffenheit

lfd. Nr.	Symbol	Bedeutung/Erläuterung
B.2.1	⌀ Rz 0,5	Eine materialabtragende Bearbeitung ist unzulässig, einseitig vorgegebene obere Grenze, Regel-Übertragungscharakteristik, R-Profil, größte gemittelte Rautiefe 0,5 µm, Messstrecke aus 5 Einzelmessstrecken (Regelwert), „16%-Regel" (Regelwert).
B.2.2	√ Rzmax 0,3	Die Bearbeitung muss materialabtragend sein, einseitig vorgegebene obere Grenze, Regel-Übertragungscharakteristik, R-Profil, größte gemittelte Rautiefe 0,3 µm, Messstrecke aus 5 Einzelmessstrecken (Regelwert), „max-Regel".
B.2.3	√ 0,008-0,8 / Ra 3,1	Die Bearbeitung muss materialabtragend sein, einseitig vorgegebene obere Grenze, Übertragungscharakteristik 0,008-0,8 mm, R-Profil, mittlere arithmetische Abweichung 3,1 µm, Messstrecke aus 5 Einzelmessstrecken (Regelwert), „16%-Regel" (Regelwert).

EN ISO 1302:2002 (D)

(fortgesetzt)

lfd. Nr.	Symbol	Bedeutung/Erläuterung
B.2.4	∇ −0,8 / Ra3 3,1	Die Bearbeitung muss materialabtragend sein, einseitig vorgegebene obere Grenze, Übertragungscharakteristik: Einzelmessstrecke 0,8 mm (λs Regel-wert 0,002 5 mm), R-Profil, Mittenrauwert 3,1 µm, Messstrecke aus 3 Einzelmessstrecken (Regelwert), „16%-Regel" (Regelwert).
B.2.5	∇ U Ramax 3,1 / L Ra 0,9	Materialabtragende Bearbeitung ist nicht erlaubt, beidseitig vorgegebene obere und untere Grenze, Regel-Übertragungscharakteristik für beide Grenzen, R-Profil, obere Grenze: gemittelte Rautiefe 3,1 µm, Messstrecke aus 5 Einzelmessstrecken (Regelwert), „max-Regel", untere Grenze: 0,9 µm, Messstrecke aus 5 Einzelmessstrecken (Regelwert), „16%-Regel" (Regelwert).
B.2.6	∇ = Ra 3,1	Die Bearbeitung muss materialabtragend sein, einseitig vorgegebene obere Grenze, Übertragungscharakteristik 0,8-25 mm, W-Profil, größte Welligkeitstiefe 10 µm, Messstrecke aus 3 Einzelmessstrecken, „16%-Regel" (Regelwert)
B.2.7	∇ 0,008- / Ptmax 25	Die Bearbeitung muss materialabtragend sein, einseitig vorgegebene obere Grenze, Übertragungscharakteristik λs = 0,008 mm, kein Langwellenfilter, P-Profil, Profil-Gesamthöhe 25 µm, Messstrecke gleich der Werkstücklänge (Regelwert), „max-Regel".
B.2.8	∇ 0,0025-0,1 / / Rx 0,2	Bearbeitungsverfahren beliebig, einseitig vorgegebene obere Grenze, Übertragungscharakteristik λs = 0,0025 mm, A = 0,1 mm, Messstrecke 3,2 mm (Regelwert), Rauheitsmotiv-Kenngröße, max. Tiefe des Rauheitsmotivs 0,2 µm, „16%-Regel" (Regelwert).
B.2.9	∇ /10/ R 10	Materialabtragende Bearbeitung ist unzulässig, einseitig vorgegebene obere Grenze, Übertragungscharakteristik λs = 0,008 mm (Regelwert), A = 0,5 mm (Regelwert), Messstrecke 10 mm, Rauheitsmotiv-Kenngröße, mittlere Tiefe des Rauheitsmotivs 10 µm, „16%-Regel" (Regelwert).
B.2.10	∇ W 1	Die Bearbeitung muss materialabtragend sein, einseitig vorgegebene obere Grenze, Übertragungscharakteristik A = 0,5 mm (Regelwert), B = 2,5 mm (Regelwert), Messstrecke 16 mm (Regelwert), Welligkeitsmotiv-Kenngröße, mittlere Tiefe des Welligkeitsmotivs 1 mm, „16%-Regel" (Regelwert).
B.2.11	∇ −0,3 /6/ AR 0,09	Bearbeitungsverfahren beliebig, einseitig vorgegebene obere Grenze, Übertragungscharakteristik λs = 0,008 mm (Regelwert), A = 0,3 mm, Messstrecke 6 mm, Rauheitsmotiv-Kenngröße, mittlere Teilung des Rauheitsmotivs 0,09 mm, „16%-Regel" (Regelwert).
ANMERKUNG Kenngrößen der Oberflächenbeschaffenheit, Übertragungscharakteristik/Einzelmessstrecken und Werte der Kenngrößen und die Auswahl der Symbole sind nur als Beispiele angegeben.		

B.3 Symbole mit ergänzenden Angaben

Diese Angaben können zusammen mit den passenden Symbolen von B.2 verwendet werden.

Nr.	Symbol	Bedeutung
B.3.1	gefräst	Fertigungsverfahren: gefräst (siehe 5.2).
B.3.2	√M	Oberflächenrillen: mehrfache Richtungen der Rillen (siehe Abschnitt 8).
B.3.3		Die Oberflächenangabe gilt für den Außenumriss der Ansicht (siehe 4.5).
B.3.4	3√	Bearbeitungszugabe 3 mm (siehe 5.2).

ANMERKUNG das Herstellungsverfahren, das Oberflächenmuster und die Bearbeitungszugabe sind nur als Beispiele angegeben.

Tabelle B.4 — Symbole für vereinfachte Zeichnungseintragungen

Nr.	Symbol	Bedeutung
B.4.1	√	Die Bedeutung des Symbols wird durch eine zusätzliche Erklärung angegeben (siehe 11.3.1 und 11.3.2.2).
B.4.2	√y √z	

Anhang C
(informativ)

Beispiele für Anforderungen an die Oberflächenrauheit

Nr.	Angabe	Beispiel
C.1	Oberflächenrauheit: — beidseitige Vorgabe; — obere Grenze der Vorgabe Ra = 55 µm; — untere Grenze der Vorgabe Ra = 6,2 µm; — beide: „16%-Regel", Regelwert (ISO 4288); — beide: Übertragungscharakteristik 0,008 bis 4 mm; — Regel-Messstrecke (5 × 4 mm = 20 mm) (ISO 4288); — Oberflächenrillen ungefähr kreisförmig um den Mittelpunkt; — Fertigungsverfahren: Fräsen. ANMERKUNG U und L sind nicht angegeben, da keine Missverständnisse möglich sind.	gefräst 0,008-4 / Ra 55 C 0,008-4 / Ra 6,2
C.2	Oberflächenrauheit auf allen Einzelflächen außer einer: — eine einzige, einseitig vorgegebene obere Grenze; — Rz = 6,1 µm; — „16%-Regel", Regelwert (ISO 4288); — Regel-Übertragungscharakteristik (ISO 4288 und ISO 3274); — Regel-Messstrecke (5 × λc) (ISO 4288); — Oberflächenrillen, keine Anforderung; — Fertigungsverfahren, materialabtragend. Die Einzelfläche mit einer unterschiedlichen Anforderung hat folgende Oberflächenrauheit: — eine einzelne einseitig vorgegebene obere Grenze; — Ra = 0,7 µm; — „16%-Regel", Regelwert; — Regel-Übertragungscharakteristik (ISO 4288 und ISO 3274); — Regel-Messstrecke (5 × λc) (ISO 4288); — Oberflächenrillen, keine Anforderung; — Fertigungsverfahren: materialabtragend.	Ra 0,7 Rz 6,1 (√)
C.3	Oberflächenrauheit: — zwei einseitig vorgegebene obere Grenzen 1) Ra = 1,5 µm; 2) „16%-Regel" (ISO 4288); 3) Regel-Übertragungscharakteristik (ISO 4288 und 3274); 4) Regel-Messstrecke (5 × λc) (ISO 4288); 5) Rz_{max} = 6,7 µm; 6) max-Regel; 7) Übertragungscharakteristik – 2,5 mm (ISO 3274); 8) Regel-Messstrecke (5 × 2,5 mm); — Oberflächenrillen ungefähr rechtwinkelig zur Projektionsebene der Ansicht; — Fertigungsverfahren: Schleifen.	geschliffen Ra 1,5 ⊥ -2,5 / Rzmax 6,7

(fortgesetzt)

Nr.	Angabe	Beispiel
C.4	Oberflächenrauheit: — eine einzelne, einseitig vorgegebene obere Grenze; — $Rz = 1$ µm; — „16%-Regel", Regelwert (ISO 4288); — Regel-Übertragungscharakteristik (ISO 4288 und ISO 3274); — Regel-Messstrecke (5 × λc) (ISO 4288); — Oberflächenrillen, keine Anforderung; — Oberflächenbehandlung: Nickel/Chrom-Überzug; — Die Oberflächenangaben sind gültig für alle durch die geschlossene Kontur dargestellte Oberflächen.	Fe/Ni20p Cr r Rz 1
C.5	Oberflächenrauheit: — eine einseitige obere und eine beidseitige Vorgabe; 1) einseitig, $Ra = 3,1$ µm; 2) „16%-Regel" (ISO 4288); 3) Übertragungscharakteristik – 0,8 mm (λs nach ISO 3274); 4) Messstrecke 5 × 0,8 = 4 mm; 1) beidseitig Rz: 2) vorgegebene obere Grenze $Rz = 18$ µm; 3) vorgegebene untere Grenze $Rz = 6,5$ µm; 4) beide: Übertragungscharakteristik - 2,5 mm (λs nach ISO 3274); 5) beide: Messstrecke 5 × 2,5 = 12,5 mm (ISO 4288); (Die Symbole U und L können angegeben werden, obwohl keine Missverständnisse möglich sind) — Oberflächenbehandlung: Nickel/Chrom-Überzug.	Fe/Ni10b Cr r -0,8 / Ra 3,1 U -2,5 / Rz 18 L -2,5 / Rz 6,5
C.6	Die Angabe der Oberflächenbeschaffenheit und die Bemaßung können kombiniert werden, indem dieselbe Maßhilfslinie verwendet wird. Oberflächenrauheit an den Seitenflächen einer Passfedernut: — eine einzelne, einseitig vorgegebene obere Grenze; — $Ra = 6,5$ µm; — „16%-Regel", Regelwert (ISO 4288); — Regel-Messstrecke (5 × λc) (ISO 3274); — Regel-Übertragungscharakteristik (ISO 4288 und ISO 3274); — Oberflächenrillen, keine Angabe; — Fertigungsverfahren: materialabtragend; Oberflächenrauheit der Fase: — eine einzelne, einseitig vorgegebene obere Grenze; — $Ra = 2,5$ µm; — „16%-Regel", Regelwert (ISO 4288); — Regel-Messstrecke (5 × λc) (ISO 3274); — Regel-Übertragungscharakteristik (ISO 4288 und ISO 3274); — Oberflächenrillen, keine Anforderung; — Fertigungsverfahren: materialabtragend.	2 × 45° Ra 6,5 Ra 2,5

(fortgesetzt)

Nr.	Angabe	Beispiel
C.7	Oberflächenbeschaffenheit und Bemaßung können angegeben werden: — zusammen auf einer verlängerten Maßhilfslinie oder — getrennt auf der jeweiligen Projektionslinie und Maßlinie. Allen drei Rauheitsanforderungen im Beispiel gemeinsam sind: — eine einzelne, einseitig vorgegebene obere Grenze; — jeweils: Ra = 1,5 µm, Ra = 6,2 µm, Rz = 50 µm; — „16%-Regel", Regelwert (ISO 4288); — Regel-Messstrecke (5 × λc) (ISO 3274); — Regel-Übertragungscharakteristik (ISO 4288 und ISO 3274); — Oberflächenrillen, keine Anforderung; — Fertigungsverfahren: materialabtragend.	
C.8	Angabe von Oberflächenbeschaffenheit, Bemaßung und Bearbeitungsverfahren. Das Beispiel veranschaulicht drei aufeinander folgende Fertigungsverfahren oder Schritte **Schritt 1:** — eine einzelne, einseitig vorgegebene obere Grenze; — Rz = 1,7 µm; — „16%-Regel", Regelwert (ISO 4288); — Regel-Messstrecke (5 × λc) (ISO 3274); — Regel-Übertragungscharakteristik (ISO 4288 und ISO 3274); — Oberflächenrillen, keine Anforderung; — Fertigungsverfahren: materialabtragend. **Schritt 2:** Keine Oberflächenanforderungen, außer: — Chromüberzug. **Schritt 3:** — eine einzelne, einseitig vorgegebene obere Grenze, nur gültig für die ersten 50 mm der Zylinderoberfläche; — Rz = 6,5 µm; — „16%-Regel", Regelwert (ISO 4288); — Regel-Messstrecke (5 × λc) (ISO 3274); — Regel-Übertragungscharakteristik (ISO 4288 und ISO 3274); — Oberflächenrillen; keine Anforderung; — Fertigungsverfahren: Schleifen.	

Anhang D
(informativ)

Mindestangaben zur eindeutigen Bestimmung von Oberflächenfunktionen

Eine Anforderung an die Oberflächenbeschaffenheit setzt sich aus einigen unterschiedlichen Bestimmungselementen zusammen, welche Teil der Angabe auf der Zeichnung oder der in anderen Dokumenten enthaltenen Festlegungen sein können. Diese Elemente sind im Bild D.1 angegeben.

Erfahrungsgemäß sind alle angegebenen Bestimmungselemente erforderlich, um eine eindeutige Beziehung zwischen der Anforderung an die Oberflächenbeschaffenheit und der Funktion der Oberfläche herzustellen. Nur in sehr wenigen Fällen können einige Bestimmungs-Elemente in einer eindeutigen Anforderung weggelassen werden. Die Mehrzahl der Elemente ist auch nötig, um das Messgerät einzustellen (b, c, d, e, f). Die restlichen Elemente sind nötig, um das Ergebnis der Messung eindeutig auszuwerten und mit den geforderten Grenzen zu vergleichen.

In einigen Fällen ist es nötig, Anforderungen für mehr als eine Oberflächenkenngröße (Profil und/oder Kenngröße) anzugeben, um eine eindeutige Beziehung zwischen der Anforderung auf der Zeichnung und der Funktion der Oberfläche zu erreichen.

Nicht alle Oberflächenkenngrößen haben eine starke und allumfassende Wechselbeziehung mit der Funktion der Oberfläche. Einige Kenngrößen sind speziell geeignet, die Art der Oberfläche und/oder die Art der Funktion der Oberfläche eindeutig zuzuordnen. Es gibt zwei Hauptgruppen von Oberflächenkenngrößen zur Verwendung für zwei Hauptarten von Oberflächen:

— **Mit einem Fertigungsverfahren bearbeitete Oberflächen**

Diese sind Oberflächen, die das Ergebnis von nur einem Fertigungsverfahren (z. B. Drehen, Schleifen, Walzen, Galvanisieren, Beschichten, usw.) sind. Kenngrößen, die für diese Oberflächen verwendet werden, wurden in ISO 4287 und ISO 12085 festgelegt. In einigen Fällen können die Kenngrößen in ISO 13565-2 nützlich sein für einfach bearbeitete Oberflächen. Hierfür speziell entwickelte Kenngrößen ergeben normalerweise keine sinnvollen Ergebnisse bei mit zwei Fertigungsverfahren bearbeiteten Oberflächen.

— **Mit zwei Fertigungsverfahren bearbeitete Oberflächen**

Diese sind Oberflächen, die das Ergebnis von zwei Fertigungsverfahren sind, wobei Teile der zwei Oberflächenbeschaffenheiten vorhanden sind und die Funktion der resultierenden Oberfläche beeinflussen (z. B. geschliffene Oberflächen, die teilweise geläppt, superfiniert oder gehont sind). Die Kenngrößen für diese Oberflächen sind in ISO 13565-2 und ISO 13565-3 festgelegt.

Wie stark die Wechselbeziehung zwischen der Oberflächenkenngröße und der Funktion der Oberfläche ist, und welche Kenngrößen geeignet sind für die Bestimmung einer besonderen Funktion einer Oberfläche, ist der Literatur zu entnehmen oder beruht auf Erfahrung.

Um die Angabe der Oberflächenanforderungen zu vereinfachen und gleichzeitig die Eindeutigkeit der Beziehung zwischen der Angabe auf der Zeichnung und der Funktion der Oberfläche sicherzustellen, wurde eine Anzahl von Regel-Bedingungen festgesetzt, z. B. Auslegung der vorgegebenen Grenzen, Übertragungscharakteristik und Messstrecke. Die Regel-Definitionen bewirken, dass auch vereinfachte Oberflächenangaben, z. B. Ra 1,6 und Rz 6,8 zum Teil eine eindeutige Bedeutung haben. Dieses Prinzip der Regel-Definitionen ist noch nicht für alle Kenngrößen vollständig.

Die einzelnen Normen enthalten Informationen über Regel-Definitionen — sofern es solche gibt. In Fällen, für die es keine Regel-Definitionen gibt, sind alle Informationen über z. B. Auslegung von vorgegebenen Grenzen, Übertragungscharakteristik und Messstrecken in der Angabe der Anforderungen an die Oberfläche in der Zeichnung anzugeben, um die Anforderung eindeutig und aussagekräftig zu machen.

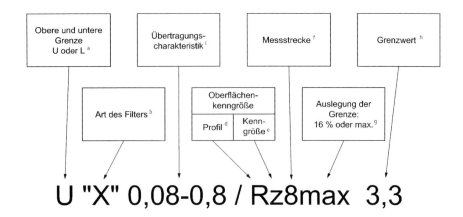

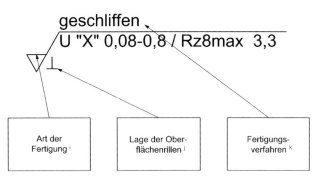

a   Angabe der oberen (U) oder der unteren (L) vorgegebenen Grenze — Einzelheiten, siehe unter 6.6.
b   Filter Type „X". Das genormte Filter ist das Gaußsche-Filter (ISO 11562). Das frühere genormte Filter war das 2 RC-Filter. In Zukunft können andere Filterarten genormt werden. In der Übergangszeit kann es für einige Unternehmen zweckentsprechend sein, die Filterart in der Zeichnung anzugeben. Die Filterart kann als „Gauss" oder „2RC" angegeben werden. Dies ist nicht genormt, aber eine Angabe der Filterbezeichnung, wie hier vorgeschlagen, ist eindeutig.
c   Die Übertragungscharakteristik wird als Kurzwellen-, Langwellen-Filter angegeben — Einzelheiten, siehe 6.5.
d   Profile (R, W oder P) — Einzelheiten, siehe 6.2.
e   Profil/Kenngröße — Einzelheiten, siehe 6.2.
f   Messstrecke als die Anzahl von Einzelmessstrecken — Einzelheiten, siehe 6.3. Werden Motiv-Kenngrößen verwendet, so ist bekannterweise die Messstrecke vor der Oberflächengröße zwischen zwei Schrägstrichen anzugeben (siehe auch 6.3.3).
g   Auslegung der vorgegebenen Grenze („16%-Regel" oder „max-Regel") — Einzelheiten siehe 6.4.
h   Grenzwert in Mikrometern.
i   Art der Fertigung — Einzelheiten, siehe 4.3 und 4.4.
j   Orientierung der Oberflächenrillen — Einzelheiten, siehe Abschnitt 8.
k   Fertigungsverfahren — Einzelheiten, siehe Abschnitt 7.

Bild D.1 — Bestimmungselemente für die Angabe der Anforderungen an die Oberflächenbeschaffenheit in technischen Zeichnungen

Wenn es für eine Oberflächenkenngröße eine Regel-Definition gibt, so bestehen zwei Möglichkeiten für deren Angabe:

a) Anwendung der (bestehenden) vollständigen Regel-Definitionen (wie in den Normen beschrieben), auf der Zeichnung erfolgt nur die vereinfachte Angabe;

b) Angabe aller möglichen Anforderungen und Einzelheiten auf der Zeichnung. Die genaue Anforderung wird auf Grund objektiv bekannter Verhältnisse zwischen der Oberflächenangabe und der Funktion der Oberfläche gewählt.

Einerseits hat a) den Vorteil, die Anzahl der notwendigen Anmerkungen auf der Zeichnung zu senken, und ist Platz sparend. Andererseits ist aber nicht sichergestellt, dass durch die Wahl der genormten Regel-Definitionen die Erfüllung der speziellen Funktionen der Oberfläche wirklich gesichert ist.

Allgemein sollte bei Oberflächen, die für die Funktion eines Werkstücks wichtig sind, wo z. B. die Oberflächenbeschaffenheit für deren Funktion kritisch ist, immer Möglichkeit b) angewendet werden.

Besondere Aufmerksamkeit ist bei der Wahl der Regel-Übertragungscharakteristik, wie in ISO 4288 beschrieben, gegeben. Die Festlegungen für die Wahl der Regel-Übertragungscharakteristik können einen großen Einfluss auf den gemessenen Kenngrößenwert einer Oberfläche haben. Kleine — und fast unbedeutende — Änderungen in der Oberfläche können — auf Grund der in ISO 4288 enthaltenen Angaben — zu Unterschieden im gemessenen Kenngrößenwert bis zu 50% führen. Diese Tatsache weist darauf hin, dass die Übertragungscharakteristik — oder zumindest die Messstrecke — immer im Symbol auf der Zeichnung anzugeben ist, wenn bei Oberflächen deren Beschaffenheit für die Funktion des Werkstückes von Bedeutung ist. In solchen Fällen sollte die Regel-Übertragungscharakteristik niemals verwendet werden.

Das Fertigungsverfahren und in manchen Fällen auch die Oberflächenrillen sind von großer Bedeutung für eine eindeutige Beziehung zwischen der Oberflächenanforderung auf der Zeichnung und der Funktion der Oberfläche. Zwei unterschiedliche Fertigungsverfahren haben üblicherweise eigene „Oberflächenbeschaffenheits-Maßstäbe" in Bezug auf die gleiche Funktion der Oberfläche. Bei Erreichen der gleichen Funktion der Oberfläche kann es zu einem Unterschied von mehr als 100% in den gemessenen Kenngrößenwerten für zwei nach unterschiedlichen Verfahren bearbeiteten Oberflächen kommen.

Eine Folge aus den oben aufgezeigten Tatsachen ist, dass der Vergleich von zwei oder mehr Werten von Oberflächenkenngrößen nur dann Sinn hat, wenn die einzelnen Werte dieselbe Grundlage haben, z. B. Übertragungscharakteristik, Messstrecke und das Fertigungsverfahren.

Anhang E
(informativ)

Bezeichnungen der Oberflächenkenngrößen

E.1 Allgemeines

Drei Hauptgruppen von Oberflächenkenngrößen wurden für die Anwendung in Verbindung mit dem vollständigen Symbol genormt. Die Definitionen der Kenngrößen können in ISO 4287, ISO 12085, ISO 13565-2 bzw. ISO 13565-3 gefunden werden. Ihre Bezeichnungen sind in den Tabellen E.1 bis E.9 dargestellt.

E.2 Profil-Kenngrößen nach ISO 4287

Die Tabellen E.1, E.2 und E.3 zeigen die Kenngrößen-Bezeichnungen, wie in ISO 4287 definiert. Die Profil-Kenngrößen sind in ISO 4287 für drei Arten von Oberflächen-Profilen (R-, W- und P-Profile) definiert. Profil-Kenngrößen sind nur mit Gauss-Filterung nach ISO 11562 definiert.

Tabelle E.1 — Bezeichnungen der R-Profil-Kenngrößen entsprechend ISO 4287

	Amplituden-Kenngrößen		Abstands-kenngrößen	Hybrid-Kenngrößen	Kurven und damit zusammenhängende Kenngrößen		
	Spitze-Tal	Mittelwert					
R-Profil-Kenngrößen (Rauheitskenngrößen)	Rp Rv Rz Rc Rt	Ra Rq Rsk Rku	RSm	$R\Delta q$	$Rmr(c)$	$R\delta c$	Rmr

Tabelle E.2 — Bezeichnungen der W-Profil-Kenngrößen entsprechend ISO 4287

	Amplituden-Kenngrößen		Abstands-kenngrößen	Hybrid-Kenngrößen	Kurven und damit zusammenhängende Kenngrößen		
	Spitze-Tal	Mittelwert					
W-Profil-Kenngrößen (Welligkeits-Kenngrößen)	Wp Wv Wz Wc Wt	Wa Wq Wsk Wku	WSm	$W\Delta q$	$Wmr(c)$	$W\delta c$	Wmr

Tabelle E.3 — Bezeichnungen der P-Profil-Kenngrößen entsprechend ISO 4287

	Amplituden-Kenngrößen		Abstands-kenngrößen	Hybrid-Kenngrößen	Kurven und damit zusammenhängende Kenngrößen		
	Spitze-Tal	Mittelwert					
P-Profil-Kenngrößen (Struktur-Kenngrößen)	Pp Pv Pz Pc Pt	Pa Pq Psk Pku	PSm	$P\Delta q$	$Pmr(c)$	$P\delta c$	Pmr

E.3 Motiv-Kenngrößen nach ISO 12085

Die Tabellen E.4 und E.5 zeigen die Kenngrößen-Bezeichnungen, wie in ISO 12085 definiert. Die Kenngrößen in ISO 12085 sind nur für Rauheits- und Welligkeits-Profile definiert.

ANMERKUNG Es ist besonders zu beachten, dass R- und W-Profile in ISO 12085 auf der Grundlage eines anderen Filterverfahrens (Motiv) definiert sind als diejenigen für andere Kenngrößen-Systeme, die in ISO 4287, ISO 13565-2 und ISO 13565-3 definiert sind.

Tabelle E.4 — Bezeichnungen für Rauheits-Motiv-Kenngrößen nach ISO 12085

	Kenngrößen		
Rauheits-Profil (Rauheits-Motiv-Kenngrößen)	R	Rx	AR	—

Tabelle E.5 — Bezeichnungen für Welligkeits-Motiv-Kenngrößen nach ISO 12085

	Kenngrößen			
Welligkeits-Profil (Welligkeits-Motiv-Kenngrößen)	W	Wx	AW	Wte

E.4 Kenngrößen auf der Basis der Materialanteil-Kurve entsprechend ISO 13565-2, ISO 13565-3 und ISO 12085

E.4.1 Allgemeines

Zwei verschiedene Kenngrößen-Systeme stehen in Verbindung mit der Materialanteil-Kurve:

a) Kenngrößen auf der Basis der linearen Materialanteil-Kurve;

b) Kenngrößen auf der Basis der Material-Wahrscheinlichkeitsdichtekurve.

E.4.2 Kenngrößen auf der Basis der linearen Materialanteil-Kurve nach ISO 13565-2, und ISO 13565-3 oder ISO 12085

Die Tabellen E.6 und E.7 zeigen die Kenngrößen-Bezeichnungen, die von der linearen Materialanteil-Kurve abgeleitet sind. Diese Kenngrößen sind nur für das R-Profil definiert, aber auf der Basis zweier unterschiedlicher Filterungsverfahren, ISO 13565-1 bzw. ISO 12085.

Tabelle E.6 — Bezeichnungen für R-Profil-Kenngrößen auf der Basis der linearen Materialanteil-Kurve nach ISO 13565-1 und ISO 13565-2

	Kenngrößen				
Rauheits-Profil-Kenngrößen nach ISO 13565-2 (Filterung nach ISO 13565-1)	Rk	Rpk	Rvk	$Mr1$	$Mr2$

Tabelle E.7 — Bezeichnungen für R-Profil-Kenngrößen auf der Basis der linearen Materialanteil-Kurve nach ISO 13565-2 und ISO 12085

	Kenngrößen				
Rauheits-Profil-Kenngrößen nach ISO 13565-2 Filterung nach ISO 12085	Rke	$Rpke$	$Rvke$	$Mr1e$	$Mr2e$
ANMERKUNG Das zum Kenngrößen-Symbol hinzugefügte „e" gibt an, dass eine Filterung der Profile nach ISO 12085 erfolgte.					

E.4.3 Kenngrößen auf der Basis der Material-Wahrscheinlichkeitsdichtekurve

Die Tabellen E.8 und E.9 zeigen die Kenngrößen-Bezeichnungen, die von der Amplitudendichte-Kurve nach ISO 13565-3 abgeleitet sind. Diese Kenngrößen sind sowohl für das R-Profil als auch für das P-Profil definiert.

Tabelle E.8 — Bezeichnungen für R-Profil-Kenngrößen auf der Basis der Material-Wahrscheinlichkeitsdichtekurve nach ISO 13565-3

	Kenngrößen		
Rauheitsprofile Filterung nach ISO 13565-1	Rpq	Rvq	Rmq

Tabelle E.9 — Bezeichnungen für P-Profil-Kenngrößen auf der Basis der Material-Wahrscheinlichkeitsdichtekurve nach ISO 13565-3

	Kenngrößen		
Strukturprofile Filterung λs	Ppq	Pvq	Pmq

Anhang F
(informativ)

Messstrecke, ln

F.1 Allgemeines

Die Oberflächenanforderungen in der Zeichnung erfordern die Festlegung der Messstrecke. Manche Kenngrößen sind auf der Basis der Einzelmessstrecke definiert, andere auf der Basis der Messstrecke (siehe ISO 4287, ISO 12085, ISO 13565-2 und ISO 13565-3). Wenn die Kenngröße auf der Basis der Einzelmessstrecke definiert ist, so sind die Nummern der Einzelmessstrecken, welche die Messstrecke festlegen, von entscheidender Bedeutung. Bezüglich Einzelmessstrecken siehe Anhang G.

F.2 Profil-Kenngrößen nach ISO 4287

Die Regel-Messstrecke für nach ISO 4287 definierte Profil-Kenngrößen ist in ISO 4288 festgelegt:

— R-**Profile:** Die Regel-Messstrecken für Rauheits-Kenngrößen sind in ISO 4288:1996, Abschnitte 4.4 und 7 definiert. Die Regel-Messstrecke ln, besteht aus fünf Einzelmessstrecken lr: $ln = 5 \times lr$.

   Das bedeutet, dass die Kenngrößen-Bezeichnungen wie in Tabelle E.1 gezeigt, eine Messstrecke gleich fünf Einzelmessstrecken voraussetzen.

— W-**Profile**: Welligkeits-Kenngrößen. Gegenwärtig gibt es keine genormten Regel-Messstrecken für Welligkeits-Kenngrößen[7].

— P-**Profile**: Primärprofil-Kenngrößen. Die Regel-Messstrecke hierfür ist in ISO 4288:1996, 4.4 mit der Gesamtlänge des Formelementes definiert.

F.3 Motiv-Kenngrößen (ISO 12085)

Die Regel-Messstrecke für Motiv-Kenngrößen ist nach ISO 12085:1996, 5.2 ($A = 0,5$ mm und $B = 2,5$ mm) 16 mm. Die Messstrecke ist abhängig von den Grenzwerten der Übertragungscharakteristik (siehe G.3).

F.4 Kenngrößen, die auf der Materialanteil-Kurve nach ISO 13565-2 and ISO 13565-3 beruhen

— R-**Profile:** Die Regel-Messstrecken für auf der Materialanteilkurve beruhende R-Profil-Kenngrößen sind in ISO 13565-1:1996, Abschnitt 7 mit fünf Einzelmessstrecken definiert: $ln = 5 \times lr$

   Dies bedeutet, dass die Kenngrößen-Bezeichnungen in den Tabellen E.6 und E.8 anzeigen, dass die Messstrecke gleich fünf Einzelmessstrecken ist.

— P-**Profile:** Die Regel-Messstrecke für P-Profil-Kenngrößen ist in ISO 4288:1996, 4.4 mit der Gesamtlänge des Formelementes festgelegt.

---

[7] Regel-Messstrecken für Welligkeits-Kenngrößen werden zur Zeit der Veröffentlichung in ISO/TC 213 untersucht.

Anhang G
(informativ)

Übertragungscharakteristik und Messstrecke

G.1 Allgemeines

Im Allgemeinen ist die Oberflächenrauheit innerhalb des Bereiches einer Übertragungscharakteristik definiert — dies ist der Wellenlängenbereich zwischen zwei definierten Filtern (siehe ISO 3274) und zwischen zwei Begrenzungen bei der Motivmethode (ISO 12085). Dies bedeutet, dass die Übertragungscharakteristik jener Wellenlängenbereich ist, in welchem die Auswertung erfolgt. Die Übertragungscharakteristik wird durch ein Filter begrenzt, das die kurzen Wellenlängen wegschneidet (Kurzwellenfilter) und durch ein anderes, das die langen Wellen der Oberfläche wegschneidet (Langwellenfilter). Die Filter sind durch den cut-off-Wert charakterisiert. Die Filter und ihre Übertragungscharakteristik sind in ISO 11562 definiert. Für die Motivmethode sind die Grenzen und zugehörige Algorithmen in ISO 12085:1996 definiert (siehe G.3).

ANMERKUNG Der Wert der Grenzwellenlänge des Langwellenfilters wird auch als Einzelmessstrecke bezeichnet.

G.2 Profil-Kenngrößen nach ISO 4287

— **R-Profile:** Die Bezeichnungen der Werte der Grenzwellenlänge für die Übertragungscharakteristik des R-Profils sind λs (Kurzwellenfilter) und λc, die Einzelmessstrecke (Langwellenfilter).

Die Regel-Übertragungscharakteristik der Rauheitskenngrößen ist in ISO 4288:1996, Abschnitt 7 und in ISO 3274:1996, 4.4 definiert. ISO 4288 definiert das Regel-Langwellenfilter λ_c, ISO 3274 definiert das Regel-Kurzwellenfilter λ_s in Beziehung zu λ_c.

— **W-Profile:** Die Bezeichnungen der Werte der Grenzwellenlänge für die Übertragungscharakteristik des W-Profils sind λc (Kurzwellenfilter) und λf, die Einzelmessstrecke (Langwellenfilter).

Für die Übertragungscharakteristik des W-Profiles sind keine Regelwerte definiert, ebenso nicht das Verhältnis zwischen λf und λc.

— **P-Profile:** Die Bezeichnungen der Werte der Grenzwellenlänge für die Übertragungscharakteristik des P-Profiles ist λs (Kurzwellenfilter), es wurde aber keine Bezeichnung für das Langwellenfilter genormt.

Für die Grenzwellenlänge des P-Profil-Kurzwellenfilters λs wurde kein Regelwert definiert.

G.3 Motiv-Kenngrößen nach ISO 12085

Bei Motiv-Kenngrößen wurde der Regelwert der Grenzwellenlänge für das Kurzwellenfilter λs als Funktion der anwendbaren Messstrecke definiert (siehe ISO 12085:1996, 5.2).

— **Rauheits-Profil**

Die Grenzwerte für die Übertragungscharakteristik bei der Ermittlung von Rauheits-Kenngrößen sind:

— λs für die kurzen Wellenlängen (siehe ISO 3274 und ISO 12085);

— Grenze A für die langen Wellenlängen (siehe ISO 12085).

— **Welligkeits-Profil**

Die Grenzwerte der Übertragungscharakteristik für die Ermittlung von Welligkeits-Kenngrößen sind:

— Grenze A für kurze Wellenlängen (siehe ISO 12085);

— Grenze B für lange Wellenlängen (siehe ISO 12085).

G.4 Kenngrößen, die auf der Materialanteilkurve nach ISO 13565-2 und ISO 13565-3 beruhen

— R-**Profile**: Die Bezeichnungen der Werte der Grenzwellenlänge der Übertragungscharakteristik des R-Profiles sind λs (Kurzwellenfilter) und λc (Langwellenfilter) nach ISO 13565-1.

Da ISO 13565-1 von der Verwendung von nur zwei verschiedenen Einzelmessstrecken (Langwellenfilter) für das R-Profil ausgeht, legt die Übertragungscharakteristik die cut-off Werte λc = 0,8 mm (Langwellenfilter) und λs = 0,0025 mm (Kurzwellenfilter) fest. Wo keine Übertragungscharakteristik angegeben ist, erfolgt sie nach den R-Kenngrößen die auf der Materialanteil-Kurve beruhen.

Die zweite Übertragungscharakteristik (spezielle Definition), welche in ISO 13565-1 mit 0,008-2,5 mm gegeben wird, ist eine in ISO 3274 festgelegte Übertragungscharakteristik.

— P-**Profile**: Die Bezeichnung des Wertes der Grenzwellenlänge der Übertragungscharakteristik des P-Profiles ist λs (Kurzwellenfilter) entsprechend ISO 13565-1. P-Kenngrößen haben im Regelfall kein Langwellenfilter.

Für die Grenzwellenlänge λs des Kurzwellenfilters des P-Profiles wurde kein Regelwert definiert.

Anhang H
(informativ)

Ausführliche Erläuterung der Auswirkungen der neuen ISO-Normen über die Oberflächenbeschaffenheit

Diese Ausgabe von ISO 1302 wurde für die gemeinsame Anwendung mit den neuen Ausgaben der Normen über Oberflächenbeschaffenheit, die 1996 und 1997 herausgegeben wurden, erarbeitet.

Die neuen Ausgaben der Normen über Oberflächenbeschaffenheit sind ISO 3274, ISO 4287, ISO 4288, ISO 5436-1, ISO 11562, ISO 12085, ISO 12179, ISO 13565-1, ISO 13565-2 und ISO 13565-3 (siehe Abschnitt 2). Eine weitere neue Norm, die noch nicht veröffentlicht ist, wird im Literaturverzeichnis angeführt (ISO 5436-2).

Eine spezielle Norm für Oberflächenunvollkommenheiten ist ISO 8785.

Eine Reihe von Oberflächennormen wurde zurückgezogen: ISO 468, ISO 1878, ISO 1879, ISO 1880, ISO 2632-1, ISO 2632-2, ISO 2632-3, ISO 4287-1 und ISO 4287-2.

Die neuen Ausgaben der Normen über die Oberflächenbeschaffenheit von 1996 und 1997 brachten zahlreiche und umfangreiche Änderungen, verglichen mit dem Inhalt der früheren Normen, die in den achtziger Jahren herausgegeben wurden. Die wichtigsten Änderungen und Auswirkungen sind:

— Die Messgeräte für die Oberflächenbeschaffenheit wurden neu definiert (ISO 3274); Kufen-Messgeräte sind nicht mehr genormt. Der „wahre" Wert einer Oberflächenkenngröße wird durch ein absolutes Messgerät definiert.

— Neue Filter mit unterschiedlicher Filtercharakteristik (ISO 11562, digitales phasenkorrektes Gauß-Filter) werden definiert. Das frühere analoge 2RC-Filter ist nicht mehr genormt.

— Zwei neue Oberflächenprofile [W-(Welligkeits-) und P-Profil] sind zusätzlich zum bereits bestehenden R-Profil oder Rauheitsprofil definiert. Jedes der jetzt drei Oberflächenprofile kann die Grundlage für fast alle Oberflächenkenngrößen sein, z. B. Ra, Wa und Pa. Siehe vor allem Anhang E, ISO 4287 und ISO 13565-3.

— Die Oberflächenbeschaffenheit (aller drei Profile) wird jetzt durch eine Übertragungscharakteristik definiert (Kurzwellen- und Langwellenfilter) und nicht nur durch ein einziges "Grenzwellenfilter" (Langwellenfilter) — siehe Anhang G und ISO 3274, ISO 4287 und ISO 11562.

— Die Schreibweise von Oberflächenkenngrößen ist geändert. Das Kenngrößensymbol wird jetzt in einer Zeile geschrieben, z. B. Ra und Rz. Tiefstellung, z. B. R_a und R_z wird nicht mehr verwendet.

— Fast alle Oberflächenbezeichnungen und Namen von bestehenden Kenngrößen wurden geändert (ISO 4287). Die frühere Oberflächen-Rauheitskenngröße R_z (Zehn-Punkt-Größe) ist in ISO nicht mehr genormt. Rz ist jetzt das Symbol für das frühere R_y.

— Drei neue Gruppen/Arten von Oberflächenkenngrößen wurden definiert und genormt (ISO 12085, ISO 13565-2 und ISO 13565-3). Diese neuen Oberflächenkenngrößen haben teilweise ihr eigenes Filtersystem (ISO 12085 und ISO 13565-1).

— Die Anzahl der Kenngrößen, die eine Regel-Definition für die Auslegung von vorgegebenen Grenzen, Übertragungscharakteristiken und Messstrecken besitzen, wurde gegenüber den bestehenden drei (R_a, R_y und R_z) stark erhöht. Siehe ISO 4288, ISO 12085 und ISO 13565-1. Fast alle W- und P-Kenngrößen haben keine Regel-Definition.

Die Änderungen von den früheren Normen zu den neuen Ausgaben von 1996 und 1997 sind so zahlreich und wichtig, dass es problematisch ist „alte" Oberflächenanforderungen nach den neuen Normen auszuwerten. Die Unternehmen haben selbst zu entscheiden, wie sie von den alten zu den neuen Normen übergehen.

Falls entschieden wird alte Zeichnungen nicht zu überarbeiten, müssen nach den früheren Ausgaben der Normen über Oberflächenbeschaffenheit und den früheren Ausgaben von ISO 1302, die auf den alten Zeichnungen angewendet wurden, interpretiert werden.

Eine der wichtigsten Änderungen ist das Gauß-Filter anstelle des 2RC-Filters. Das Gauß-Filter ist bereits eine Reihe von Jahren für Messgeräte verfügbar. Das neue Filter soll zukünftig in seiner Wirkung dem des früheren 2RC-Filter ähnlich sein. Das ist jedoch nicht vollständig möglich. Es gibt Fälle, in denen das Gauß-Filter den gemessenen Wert um mehr als 37 % im Vergleich zum Wert einer Messung derselben Oberfläche durch ein 2RC-Filter verringert. In den meisten Fällen verursacht der Wechsel der Filter jedoch weit kleinere Veränderungen der Messergebnisse (Unterschiede von weniger als 5 % bis 10 %).

In den meisten Fällen führt die Anwendung einer Übertragungscharakteristik (statt nur eines Grenzwellenfilters) zu einer kleinen Verminderung des gemessenen Wertes, besonders bei glatten Oberflächen. Der Vorteil einer Übertragungscharakteristik ist, dass die Messunsicherheit, die Abhängigkeit vom Tastspitzenradius und der Unterschied zwischen Geräten unterschiedlicher Herstellung stark verringert sind.

> EN ISO 1302:2002 (D)

Anhang I
(informativ)

Frühere Praxis

I.1 Entwicklung der Zeichnungseintragungen von Anforderungen an die Oberflächenstruktur

Tabelle I.1 stellt die Entwicklung der Zeichnungseintragungen von Anforderungen an die Oberflächenstruktur von früheren Ausgaben von ISO 1302 bis zu dieser vierten Ausgabe dar.

Es ist wichtig zu beachten, dass die detaillierte Interpretation der graphischen Symbole in ISO 1302 durch andere Oberflächenrauheitsnormen als ISO 1302 vorzunehmen ist. Die verschiedenen Ausgaben von ISO 1302 nehmen Bezug auf spezielle Normen:

— ISO 1302:2001, 4. Ausgabe, nimmt Bezug auf die Oberflächenrauheitsnormen, erschienen 1996 und 1997.

— ISO 1302:1992, 3. Ausgabe, nimmt Bezug auf die Oberflächenrauheitsnormen, erschienen Mitte 1980.

— ISO 1302:1978 und frühere Ausgaben hatten ISO/R 486:1966 als einzige maßgebliche Bezugsnorm und sie enthielten keine Einzelheiten über die Bedeutung der Interpretation der Symbole (siehe auch Fussnoten c und d zu Tabelle I.1).

Wenn die Zeichnungsregeln der verschiedenen Ausgaben von ISO 1302 richtig angewendet werden, so sind die detaillierten Regeln und die Bedeutung der Anforderungen kein Anlass zur Fehlinterpretation.

Eine Zeichnungseintragung, bei welcher die Bezeichnungen von 1978 Anwendung finden, kann nicht für eine Anforderung herangezogen werden, die auf den Oberflächenrauheitsnormen beruht, die Mitte 1980 oder 1996 und 1997 erschienen sind.

Eine Zeichnungseintragung, bei welcher die Bezeichnungen von 1992 Anwendung finden, kann nicht für eine Anforderung herangezogen werden, die auf den Oberflächenrauheitsnormen beruht, die 1996 und 1997 erschienen sind.

I.2 Positionen „x" und „a"

Angaben von Anforderungen an die Oberflächenbeschaffenheit an der Position „x" (siehe Bild I.1) und die damit zusammenhängende Messstrecke an der Position „a" (wie in früheren Ausgaben von ISO 1302) sind in neuen Zeichnungen zu vermeiden und eine Anforderung an die Oberflächenbeschaffenheit soll immer sowohl die Kenngrößen-Bezeichnung als auch den damit zusammenhängenden Zahlenwert für die Begrenzung enthalten.

ANMERKUNG   Früher war es allgemein Praxis und auch ausreichend an der Position „x" entweder

— den Zahlenwert für die Begrenzung allein anzugeben, wodurch gleichzeitig auch so zu interpretieren war, dass es sich bei der Begrenzung um die Kenngröße Ra handelt (entsprechend zu den Ausgaben 1971, 1974 und 1978 von ISO 1302) oder

— die Kenngrößen-Bezeichnungen einer beliebigen Oberflächen-Kenngröße gemeinsam mit dem zugehörigen numerischen Wert für die Begrenzung (entsprechend ISO 1302:1992) anzugeben.

Tabelle I.1 — Entwicklung der Zeichnungseintragungen von Anforderungen an die Oberflächenstruktur

	Ausgaben von ISO 1302			Hauptaussage, die durch das Beispiel dargestellt wird
	1971 (Empfehlung)[a] 1974 (1. Ausgabe)[a] 1978 (2. Ausgabe)[a]	1992 (3. Ausgabe)[b]	2001 (4. Ausgabe)[c]	
a)	1,6 / N7 / N7	Ra1,6 / Ra1,6	Ra 1,6	nur Ra — „16%-Regel"
b)	(Ry = 4,2)	Ry4,2 / Ry4,2 / Ry4,2	Rz 4,2	andere Kenngrößen als nur Ra — „16%-Regel"
c)	—[d]	Ramax1,6 / Ramax1,6 [e]	Ramax 1,6	„max-Regel"
d)	1,6 / 0,8	Ra1,6 / 0,8	-0,8 / Ra 1,6	Ra und Einzelmessstrecke
e)	—[d]	—[d]	0,025-0,8 / Ra 1,6	Übertragungscharakteristik
f)	0,8(Ry = 4,2)	Ry4,2 / 0,8 / 0,8/Ry4,2	-0,8 / Rz 4,2	andere Kenngrößen als nur Ra und Einzelmessstrecke
g)	1,6 / (Ry = 4,2)	Ra1,6 / Ry4,2	Ra 1,6 Rz 4,2	Ra und andere Kenngrößen neben Ra
h)	—[d]	Ry3i4,2 [f]	Rz3 4,2	von 5 abweichende Anzahl der Einzelmessstrecken in der Messstrecke
j)	—[d]	—[d]	L Ra 1,6	untere Grenze
k)	3,2 / N8 / 3,2 1,6 / N7 / 1,6	Ra3,2 / Ra3,2 Ra1,6 / Ra1,6	U Ra 3,2 L Ra 1,6	obere und untere Grenze

[a] Es sind weder Regelwerte noch andere Einzelheiten definiert, insbesondere:
— kein Regelwert für die Messstrecke,
— kein Regelwert für die Einzelmessstrecke,
— keine „16%-" oder „max-Regel".

[b] Regelwerte und Einzelheiten sind nur für R_a, R_y und R_z (10-Punkt-Höhe) in ISO 4287-1:1984 und ISO 4288:1985 definiert. Des weiteren bestand in ISO 1302:1992 insofern ein Problem, als im Text des Hauptteiles der Norm festgelegt war, dass der zweite Buchstabe des Kenngrößen-Symbols tiefgestellt zu schreiben war. In allen Bildern ist aber der zweite Buchstabe in normaler Schreibweise dargestellt! In allen anderen Rauheits-Normen dieser Zeit findet aber die Index-Schreibweise Anwendung.

[c] Regelwerte und Einzelheiten für die Kenngröße R_y sind in R_z umbenannt. Der alte R_z-Wert ist nicht mehr genormt.

[d] Nicht erfasst.

[e] In ISO 1302:1992 bestand insofern ein Problem, als Abschnitt D.3 eine Fehlinterpretation von Ra 1,6 max enthielt. Die Kenngrößen-Bezeichnung stimmte nicht mit der Definition der Kenngrößen-Bezeichnung in ISO 4288:1985, Abschnitt 4 überein, welche lautete: Ra_{max} 1,6.

[f] siehe ISO 4287-1:1984, 5.9.

Bild I.1 - Positionen „x" und „a"

I.3 Inhalt des Anhanges C von ISO 1302:1992

Tabelle I.2 ist eine Wiedergabe der Tabelle C.1 des informativen Anhangs C von ISO 1302:1992 — der selber aus Abschnitt 4.1.5 von ISO 1302:1978 genommen wurde — zur Information wiedergegeben „... um Fehlinterpretationen von numerischen Werten und Rauheitskennzahlen in Zeichnungen, die noch nicht mit dieser Ausgabe von ISO 1302... übereinstimmen, zu vermeiden".

Tabelle I.2 — Vergleich des arithmetischen Mittenrauhwertes Ra und Rauheitskennzahlen (ISO 1302:1992, Tabelle C.1)

Rauheitswert Ra		Rauheitskennzahlen
µm	µin	(enthalten in der vorigen Ausgabe von ISO 1302)
50	2 000	N 12
25	1 000	N 11
12,5	500	N 10
6,3	250	N 9
3,2	125	N 8
1,6	63	N 7
0,8	32	N 6
0,4	16	N 5
0,2	8	N 4
0,1	4	N 3
0,05	2	N 2
0,025	1	N 1

Anhang J
(informativ)

Beziehung zum GPS Matrix-Modell

Alle Einzelheiten über das GPS Matrix-Modell siehe ISO/TR 14638.

J.1 Informationen über diese Internationale Norm und ihre Anwendung

Diese Internationale Norm enthält Werkzeuge zur Vorgabe der Oberflächenbeschaffenheit durch eindeutige Festlegungen auf technischen Zeichnungen oder geschriebenem Text.

Sie enthält eine Übersicht und Hinweise zu den Vorgaben und Regeln der Angabe von Oberflächen in anderen Normen in der Normenkette Oberflächenbeschaffenheit. Dieser Überblick ermöglicht es dem Konstrukteur, eindeutig die geforderte Oberflächenbeschaffenheit mit dem kleinstmöglichen Aufwand anzugeben. Der Überblick ermöglicht es auch dem Leser einer gegebenen Oberflächenbeschaffenheit die Anforderungen ohne Fehler zu verstehen, umzusetzen oder zu prüfen.

Diese Internationale Norm enthält auch eine Anleitung für Konstrukteure, wie die verbesserten Möglichkeiten anderer, seit der vorigen Ausgabe von ISO 1302 erschienenen GPS-Normen über Oberflächenbeschaffenheit zu nutzen sind.

Außerdem werden in einer ausführlichen Aufzählung die Änderungen der ISO-Normung über Oberflächenbeschaffenheit und die Konsequenzen dieser Änderungen für die Bedeutung der Anforderungen erläutert. Diese Informationen sind sehr wichtig, da alle anderen Normen über Oberflächenbeschaffenheit seit der vorigen Ausgabe von ISO 1302 überarbeitet wurden. Diese Serie von neuen Normen enthält bedeutende Änderungen und führt ein vollständig neues Konzept ein, das in mehreren Fällen die Bedeutung von Festlegungen der Oberflächenbeschaffenheit ändert.

J.2 Lage in dem GPS Matrix-Modell

Diese Internationale Norm ist eine allgemeine GPS Norm, die das Kettenglied 1 der Normenkette zu Rauheitsprofil, Welligkeitsprofil und Primärprofil in der allgemeinen GPS Matrix beeinflusst, wie in Bild J.1 dargestellt.

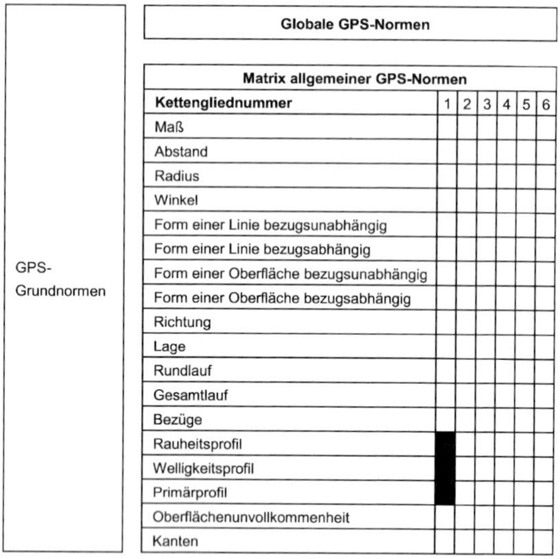

	Globale GPS-Normen						
	Matrix allgemeiner GPS-Normen						
	Kettengliednummer	1	2	3	4	5	6
	Maß						
	Abstand						
	Radius						
	Winkel						
	Form einer Linie bezugsunabhängig						
	Form einer Linie bezugsabhängig						
GPS-Grundnormen	Form einer Oberfläche bezugsunabhängig						
	Form einer Oberfläche bezugsabhängig						
	Richtung						
	Lage						
	Rundlauf						
	Gesamtlauf						
	Bezüge						
	Rauheitsprofil	■					
	Welligkeitsprofil	■					
	Primärprofil	■					
	Oberflächenunvollkommenheit						
	Kanten						

Bild J.1

J.3 Verwandte Internationale Normen

Verwandte Internationale Normen gehen aus den in Bild J.1 angegebenen Normenketten hervor.

Literaturhinweise

[1] ISO 1456:—[8], Metallic coatings — Electrodeposited coatings of nickel plus chromium and of copper plus nickel plus chromium

[2] ISO 5436-1:2000, Geometrical Product Specifications (GPS) — Surface texture: Profile method; Measurement standards — Part 1: Material measures

[3] ISO 5436-2:-2001, Geometrical Product Specifications (GPS) — Surface texture — Profile method; Measurement standards — Part 2: Software measurement standards

[4] ISO 12179:2000, Geometrical Product Specifications (GPS) — Surface texture: Profile method — Calibration of contact (stylus) instruments

[5] ISO/TR 14638:1995; Geometrical Product Specifications (GPS) — Masterplan

---

[8] Zu veröffentlichen. (Überarbeitung von ISO 1456:1988)

April 1998

	Geometrische Produktspezifikationen (GPS) Oberflächenbeschaffenheit: Tastschnittverfahren Regeln und Verfahren für die Beurteilung der Oberflächenbeschaffenheit (ISO 4288 : 1996) Deutsche Fassung EN ISO 4288 : 1997	**DIN** **EN ISO 4288**

ICS 17.040.20

Ersatz für
DIN 4775 : 1982-06

Deskriptoren: Oberflächenbeschaffenheit, Tastschnittverfahren,
Auswertung, Kenngröße, Produktspezifikation

Geometrical Product Specifications (GPS) – Surface texture:
Profile method – Rules and procedures for the assessment
of surface texture (ISO 4288 : 1996);
German version EN ISO 4288 : 1997)

Spécification géométrique des produits (GPS) – État de surface:
Méthode du profil – Règles et procédures pour l'évaluation
de l'état de surface (ISO 4288 : 1996);
Version allemande EN ISO 4288 : 1997)

Diese Europäische Norm EN ISO 4288 : 1997 hat den Status einer Deutschen Norm.

Nationales Vorwort

Bereits die erste Ausgabe von ISO 4288 : 1985 basierte auf DIN 4775 und den in Deutschland und der Schweiz gesammelten Erfahrungen bei der Ermittlung von Meßwerten der Oberflächenrauheit und deren Beurteilung. Bei der Anwendung der ISO-Norm stellte sich jedoch heraus, daß einige Formulierungen zu Fehlinterpretationen geführt haben. Deshalb wurde die ISO-Norm überarbeitet und mit den im Zusammenhang stehenden ISO-Normen, die ebenfalls überarbeitet worden sind bzw. als Erstausgabe erschienen sind (siehe unten), abgestimmt. Die bereits in DIN 4775 beschriebenen Regeln für den Vergleich der gemessenen Werte mit den Toleranzgrenzen (siehe Abschnitt 5) wurden im wesentlichen beibehalten.

Das CEN/TC 290 "Geometrische Produktspezifikation und -prüfung" hatte bereits 1992 grundsätzlich beschlossen, keine "eigenen" Europäischen Normen zu entwickeln, sondern seinen Mitgliedsorganisationen dringend empfohlen, sich an der Erarbeitung der GPS-Normen in der ISO engagiert zu beteiligen, um die ISO-Normen dann unverändert ins Europäische Normenwerk übernehmen zu können.

Zusammenhang der im Abschnitt 2 genannten ISO-Normen mit DIN-Normen:

ISO 1302 : 1992	siehe DIN ISO 1302 : 1993
ISO 3274 : 1996	siehe DIN EN ISO 3274 : 1998
ISO 12085 : 1996	siehe DIN EN ISO 12085 : 1998
ISO 13565-1 : 1996	siehe DIN EN ISO 13565-1 : 1998
ISO 13565-2 : 1996	siehe DIN EN ISO 13565-2 : 1998

Änderungen

Gegenüber DIN 4775 : 1982-06 wurden folgende Änderungen vorgenommen:

– Inhalt fachlich und redaktionell überarbeitet und an ISO 4288 : 1996 angepaßt.

Frühere Ausgaben

DIN 4775: 1982-06

Fortsetzung 10 Seiten EN

Normenausschuß Technische Grundlagen (NATG) – Geometrische Produktspezifikation und -prüfung –
im DIN Deutsches Institut für Normung e.V.

EUROPÄISCHE NORM
EUROPEAN STANDARD
NORME EUROPÉENNE

EN ISO 4288

November 1997

ICS 17.040.20

Deskriptoren:

Deutsche Fassung

Geometrische Produktspezifikationen (GPS)
Oberflächenbeschaffenheit: Tastschnittverfahren
Regeln und Verfahren für die Beurteilung der Oberflächenbeschaffenheit
(ISO 4288 : 1996)

Geometrical Product Specifications (GPS) – Surface texture: Profile method – Rules and procedures for the assessment of surface texture (ISO 4288 : 1996)

Spécification géométrique des produits (GPS) – État de surface: Méthode du profil – Règles et procédures pour l'évaluation de l'état de surface (ISO 4288 : 1996)

Diese Europäische Norm wurde von CEN am 1997-11-02 angenommen.

Die CEN-Mitglieder sind gehalten, die CEN/CENELEC-Geschäftsordnung zu erfüllen, in der die Bedingungen festgelegt sind, unter denen dieser Europäischen Norm ohne jede Änderung der Status einer nationalen Norm zu geben ist.

Auf dem letzten Stand befindliche Listen dieser nationalen Normen mit ihren bibliographischen Angaben sind beim Zentralsekretariat oder bei jedem CEN-Mitglied auf Anfrage erhältlich.

Diese Europäische Norm besteht in drei offiziellen Fassungen (Deutsch, Englisch, Französisch). Eine Fassung in einer anderen Sprache, die von einem CEN-Mitglied in eigener Verantwortung durch Übersetzung in seine Landessprache gemacht und dem Zentralsekretariat mitgeteilt worden ist, hat den gleichen Status wie die offiziellen Fassungen.

CEN-Mitglieder sind die nationalen Normungsinstitute von Belgien, Dänemark, Deutschland, Finnland, Frankreich, Griechenland, Irland, Island, Italien, Luxemburg, Niederlande, Norwegen, Österreich, Portugal, Schweden, Schweiz, Spanien, der Tschechischen Republik und dem Vereinigten Königreich.

CEN

EUROPÄISCHES KOMITEE FÜR NORMUNG
European Committee for Standardization
Comité Européen de Normalisation

Zentralsekretariat: rue de Stassart 36, B-1050 Brüssel

© 1997 CEN – Alle Rechte der Verwertung, gleich in welcher Form und in welchem Verfahren, sind weltweit den nationalen Mitgliedern von CEN vorbehalten.

Ref. Nr. EN ISO 4288 : 1997 D

Seite 2
EN ISO 4288 : 1997

Inhalt

Seite

Vorwort 2
1   Anwendungsbereich 3
2   Normative Verweisungen 3
3   Definitionen 3

4   Kenngrößenermittlung 4
4.1 Kenngrößen, die über eine Einzelmeßstrecke definiert sind 4
4.2 Kenngrößen, die über die Meßstrecke definiert sind 4
4.3 Kurven und zugehörige Kenngrößen 4
4.4 Regelmeßstrecke 4

5   Regeln für den Vergleich der gemessenen Werte mit den Toleranzgrenzen 4
5.1 Auf einem Geometrieelement zu prüfende Bereiche 4
5.2 Die 16 %-Regel 4
5.3 Die Höchstwert-Regel 5
5.4 Meßunsicherheit 5

6   Beurteilung der Kenngröße 5
6.1 Allgemeines 5
6.2 Rauheitskenngrößen 6

7   Regeln und Verfahren für die Prüfung mit Hilfe von Tastschnittgeräten 6
7.1 Grundregeln für die Bestimmung der Grenzwellenlänge zur Messung der Kenngrößen
     des Rauheitsprofils 6
7.2 Messung der Kenngrößen des Rauheitsprofils 6

Anhang A (informativ) EinfachesVerfahren zur Prüfung der Oberflächenrauheit 8
Anhang B (informativ) Beziehung zum GPS-Matrixmodell 9
Anhang C (informativ) Literaturhinweise 10
Anhang ZA (normativ) Normative Verweisungen auf internationale Publikationen mit ihren entsprechenden
           europäischen Publikationen 10

Vorwort

Der Text der Internationalen Norm vom Technischen Komitee ISO/TC 57 "Metrology and properties of surfaces" der International Organization for Standardization (ISO) wurde als Europäische Norm durch das Technische Komitee CEN/TC 290 "Maß-, Form- und Lage-Produktspezifikation und -prüfung" übernommen, dessen Sekretariat vom DIN gehalten wird.

Diese Europäische Norm muß den Status einer nationalen Norm erhalten, entweder durch Veröffentlichung eines identischen Textes oder durch Anerkennung bis Mai 1998, und etwaige entgegenstehende nationale Normen müssen bis Mai 1998 zurückgezogen werden.

Entsprechend der CEN/CENELEC-Geschäftsordnung sind die nationalen Normungsinstitute der folgenden Länder gehalten, diese Europäische Norm zu übernehmen: Belgien, Dänemark, Deutschland, Finnland, Frankreich, Griechenland, Irland, Island, Italien, Luxemburg, Niederlande, Norwegen, Österreich, Portugal, Schweden, Schweiz, Spanien, die Tschechische Republik und das Vereinigte Königreich.

Anerkennungsnotiz

Der Text der Internationalen Norm ISO 4288 : 1996 wurde von CEN als Europäische Norm ohne irgendeine Abänderung genehmigt.

      ANMERKUNG: Die normativen Verweisungen auf Internationale Normen sind im Anhang ZA (normativ)
      aufgeführt

Einleitung

Diese Internationale Norm gehört zum Bereich der Geometrischen Produktspezifikationen (GPS) und ist eine GPS-Norm (siehe ISO/TR 14638). Sie beeinflußt Kettenglieder 3 und 4 der Normenkette für das Rauheitsprofil und für das Primärprofil.

Weitere Informationen im Zusammenhang mit dieser Norm zu anderen Normen und dem GPS-Matrixmodell, siehe Anhang B.

Die Unterscheidung zwischen periodischen und aperiodischen Profilen unterliegt einer subjektiven Beurteilung und bleibt deshalb dem Anwender überlassen.

1 Anwendungsbereich

Diese Internationale Norm beschreibt Regeln für den Vergleich zwischen den gemessenen Werten und den Toleranzgrenzen für Oberflächenkenngrößen, die in ISO 4287, ISO 12085, ISO 13565-2 und ISO 13565-3 definiert sind.

Sie legt außerdem die Auswahl der Grenzwellenlängen λc für den Regelfall für die Messung von Kenngrößen am Rauheitsprofil nach ISO 4287 bei der Anwendung von Tastschnittgeräten nach ISO 3274 fest.

2 Normative Verweisungen

Die folgenden normativen Dokumente enthalten Festlegungen, die durch Verweisung in diesem Text Bestandteil der vorliegenden Internationalen Norm sind. Zum Zeitpunkt der Veröffentlichung dieser Internationalen Norm waren die angegebenen Ausgaben gültig. Alle normativen Dokumente unterliegen der Überarbeitung. Vertragspartner, deren Vereinbarungen auf dieser Internationalen Norm basieren, werden gebeten, die Möglichkeit zu prüfen, ob die jeweils neuesten Ausgaben der im folgenden genannten Normen angewendet werden können. Die Mitglieder von IEC und ISO führen Verzeichnisse der gegenwärtig gültigen Internationalen Normen.

ISO 1302 : 1992
    Technical drawings – Method of indicating surface texture

ISO 3274 : 1996
    Geometrical Product Specifications (GPS) – Surface texture: Profile method – Nominal characteristics of contact (stylus) instruments

ISO 4287 : 1996
    Geometrical Product Specifications (GPS) – Surface texture: Profile method – Terms, definitions and surface texture parameters

ISO 12085 : 1996
    Geometrical Product Specifications (GPS) – Surface texture: Profile method – Motif parameters

ISO 13565-1 : 1996
    Geometrical Product Specifications (GPS) – Surface texture: Profile method; surfaces having stratified functional properties – Part 1: Filtering and general measurement conditions

ISO 13565-2 : 1996
    Geometrical Product Specifications (GPS) – Surface texture: Profile method; surfaces having stratified functional properties – Part 2: Height characterization using the linear material ratio curve

ISO 13565-3 : 199x [1])
    Geometrical Product Specifications (GPS) – Surface texture: Profile method; surfaces having stratified functional properties – Part 3: Height characterization using the material probability curve

ISO 14253-1 : 199x [1])
    Geometrical Product Specifications (GPS) – Inspection by measurement of workpieces and measuring instruments – Part 1: Decision rules for proving conformance or non-conformance with specifications

3 Definitionen

Für die Anwendung dieser Internationalen Normen gelten die Definitionen nach ISO 3274, ISO 4287, ISO 12085, ISO 13565-2 und ISO 13565-3.

---

[1]) In Vorbereitung

4 Kenngrößenermittlung

4.1 Kenngrößen, die über eine Einzelmeßstrecke definiert sind

4.1.1 Ermittlung des Wertes einer Kenngröße

Der Wert einer Kenngröße wird aus den Meßdaten einer einzelnen Einzelmeßstrecke ermittelt.

4.1.2 Mittelwert der ermittelten Werte der Kenngröße

Ein Mittelwert der ermittelten Werte der Kenngröße wird berechnet als das arithmetische Mittel aus den einzelnen Werten der Kenngröße von allen Einzelmeßstrecken.

Im Regelfall werden fünf Einzelmeßstrecken für die Berechnung der Werte der Kenngrößen am Rauheitsprofil zugrunde gelegt. In diesem Fall wird dem Rauheitskurzzeichen kein Index angefügt. Wird für die Berechnung eines Meßwertes einer Kenngröße am Rauheitsprofil eine andere Anzahl von Einzelmeßstrecken zugrunde gelegt, dann muß diese Anzahl als Index dem Rauheitskurzzeichen angefügt werden (z. B. R_z1, R_z3).

4.2 Kenngrößen, die über die Meßstrecke definiert sind

Für die Kenngrößen, die über die Meßstrecke definiert sind (P_t, R_t, W_t) wird der Wert der Kenngröße aus den Meßdaten über eine Meßstrecke ermittelt, die gleich der Länge der genormten Anzahl Einzelmeßstrecken ist.

4.3 Kurven und zugehörige Kenngrößen

Für Kurven und zugehörige Kenngrößen wird der Wert der Kenngröße aus den Meßdaten einer Kurve ermittelt, die unter Zugrundelegung der Länge der Meßstrecke berechnet wurde.

NATIONALE ANMERKUNG: Kurven sind z. B. Materialanteilkurve, Amplitudendichtekurve.

4.4 Regelmeßstrecke

Wenn in der Zeichnung oder in der technischen Produktdokumentation nicht anders angegeben, gelten für die Meßstrecke folgende Festlegungen:

- R-Kenngrößen: Die Meßstrecke ist im Abschnitt 7 dieser Norm definiert.
- P-Kenngrößen: Die Meßstrecke ist gleich der Länge des zu messenden Geometrieelementes.
- Motivkenngrößen: Die Meßstrecke ist in ISO 12085, Abschnitt 5, angegeben.
- Kenngrößen, definiert in ISO 13565-2 und ISO 13565-3: Die Meßstrecken sind in ISO 13565-1, Abschnitt 7, festgelegt.

5 Regeln für den Vergleich der gemessenen Werte mit den Toleranzgrenzen

5.1 Auf einem Geometrieelement zu prüfende Bereiche

Die Oberflächenbeschaffenheit des zu prüfenden Werkstückes kann gleichförmig erscheinen oder über verschiedene Bereiche sehr unterschiedlich sein. Dies kann bei einer Sichtprüfung der Oberfläche festgestellt werden. In Fällen, wo die Oberflächenbeschaffenheit gleichförmig erscheint, sind die über die gesamte Oberfläche verteilten Werte der Rauheitskenngrößen zum Vergleich mit den auf den Zeichnungen oder in den technischen Dokumenten festgelegten Anforderungen zu verwenden.

Wenn es getrennte Flächenbereiche mit offensichtlich unterschiedlicher Oberflächenbeschaffenheit gibt, sind die Kennwerte der Kenngrößen der Oberflächenbeschaffenheit, die über jeden Bereich getrennt bestimmt wurden, mit den auf den Zeichnungen oder in den technischen Dokumenten festgelegten Anforderungen getrennt zu vergleichen.

Bei Anforderungen, die durch die obere Grenze der Kenngrößen der Oberflächenbeschaffenheit festgelegt werden, sind diejenigen Bereiche zu verwenden, die die größte Rauheit zu haben scheinen.

5.2 Die 16 %-Regel

Bei Anforderungen, die durch den oberen Grenzwert (siehe ISO 1302 : 1992, 6.2.3) einer Kenngröße festgelegt werden, wird die Oberfläche als annehmbar betrachtet, wenn nicht mehr als 16 % aller gemessenen Werte (siehe Anmerkungen 1 und 2) der gewählten Kenngröße, den auf den Zeichnungen oder in der technischen Produktdokumentation festgelegten Wert überschreiten.

Bei Anforderungen, die durch den unteren Grenzwert der Oberflächenkenngrößen festgelegt werden, wird die Oberfläche als annehmbar betrachtet, wenn nicht mehr als 16 % aller gemessenen Werte (siehe Anmerkungen 1 und 2) der gewählten Rauheitskenngröße kleiner sind als der auf den Zeichnungen oder in der technischen Produktdokumentation festgelegte Wert.

Um die oberen und die unteren Grenzwerte der Kenngröße zu kennzeichnen, ist das Kurzzeichen ohne den Index "max" zu verwenden.

ANMERKUNG 1: Anhang A liefert einen einfachen praktischen Leitfaden für den Vergleich von Meßwerten mit den oberen und unteren Grenzwerten.

ANMERKUNG 2: Sind die Rauheitsmeßwerte der zu prüfenden Oberfläche normalverteilt, dann entsprechen die 16 % der gemessenen Einzelwerte, die den oberen Grenzwert überschreiten dürfen, dem Wert von $\mu + \sigma$, wobei μ der arithmetische Mittelwert der Grundgesamtheit aller Rauheitsmeßwerte und σ die Standardabweichung dieser Werte sind. Je größer der Wert von σ ist, desto weiter muß der Mittelwert der Rauheitsmeßwerte vom festgelegten oberen Grenzwert entfernt sein (siehe Bild 1).

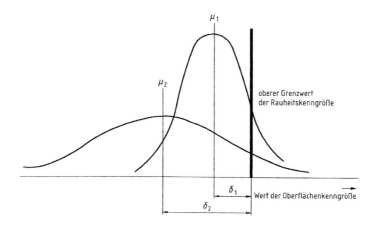

Bild 1

5.3 Die Höchstwert-Regel

Bei Anforderungen, für die der Höchstwert (ISO 1302 : 1992, 6.2.2) der Kenngröße festgelegt wurde, darf keiner der gemessenen Werte der Kenngröße der gesamten zu prüfenden Oberfläche den auf der Zeichnung oder in der technischen Produktdokumentation festgelegten Wert überschreiten.

Um den höchsten zulässigen Wert der Kenngröße zu kennzeichnen, ist das Kurzzeichen um den Index "max" zu erweitern (z. B. $Rz1_{max}$).

5.4 Meßunsicherheit

Um festzustellen, ob die gemessenen Werte mit den Vorgaben übereinstimmen, sind sie unter Berücksichtigung der Meßunsicherheit nach den Angaben in ISO 14253-1 mit den vorgegebenen Grenzwerten zu vergleichen. Werden die Meßergebnisse mit den oberen und unteren Grenzwerten verglichen, dann ist die Meßunsicherheit zu bestimmen, ohne die Inhomogenität der Oberfläche zu berücksichtigen, die bereits in der 16 %igen Toleranzüberschreitungsfreigabe enthalten ist.

6 Beurteilung der Kenngröße

6.1 Allgemeines

Oberflächenkenngrößen eignen sich nicht zur Beschreibung von Unvollkommenheiten der Oberflächen. Deshalb dürfen Unvollkommenheiten der Oberflächen, wie z. B. Kratzer und Poren, nicht in die Prüfung der Oberflächenbeschaffenheit einbezogen werden.

Um zu entscheiden, ob eine Werkstückoberfläche den Anforderungen entspricht, müssen mehrere Werte der Kenngröße ermittelt werden. Jeder Meßwert wird innerhalb der Meßstrecke bestimmt.

Die Zuverlässigkeit der Entscheidung, ob die geprüfte Oberfläche die Anforderungen erfüllt oder nicht, und die Präzision des Mittelwertes der Meßwerte derselben Oberfläche sind abhängig von der Anzahl der Einzelmeßstrecken innerhalb der Meßstrecke, mit der jeder einzelne Meßwert erzielt wurde, und auch von der Anzahl der Meßstrecken, d. h. der Anzahl von Messungen auf ein und derselben Oberfläche.

6.2 Rauheitskenngrößen

Wenn für R-Kenngrößen nach ISO 4287 die Meßstrecke aus fünf Einzelmeßstrecken besteht, dann müssen die oberen und unteren Grenzwerte neu berechnet und auf eine Meßstrecke bestehend aus fünf Einzelmeßstrecken bezogen werden. In Bild 1 ist jedes σ gleich σ_5.

Das Verhältnis von $\sigma_n : \sigma_5$ wird wie folgt ausgedrückt:

$$\sigma_5 = \sigma_n \sqrt{n/5}$$

dabei ist n die Anzahl (kleiner als fünf) der Einzelmeßstrecken.

Je größer die Anzahl der Messungen entlang der Oberfläche und je länger die Meßstrecke ist, desto größer ist die Zuverlässigkeit der Entscheidung, ob die zu prüfende Oberfläche den Anforderungen entspricht, und desto höher ist die Präzision des Mittelwertes der Rauheitsmeßwerte.

Eine Erhöhung der Anzahl der Messungen führt jedoch zu einer Erhöhung sowohl der Zeit als auch der Kosten der Messung. Deshalb muß das Prüfverfahren notwendigerweise einen Kompromiß zwischen Zuverlässigkeit und Kosten darstellen (siehe Anhang A).

7 Regeln und Verfahren für die Prüfung mit Hilfe von Tastschnittgeräten

7.1 Grundregeln für die Bestimmung der Grenzwellenlänge zur Messung der Kenngrößen des Rauheitsprofils

Wenn die Einzelmeßstrecke auf der Zeichnung oder in der technischen Produktspezifikation angegeben ist, muß die Grenzwellenlänge λc gleich dieser Einzelmeßstrecke gewählt werden. Wenn in der Zeichnung oder in der technischen Produktdokumentation keine Rauheitsangabe vorliegt oder die Einzelmeßstrecke nicht in der Rauheitsangabe festgelegt ist, so wird die Grenzwellenlänge nach der in 7.2 genannten Vorgehensweise ausgewählt.

7.2 Messung der Kenngrößen des Rauheitsprofils

Wenn die Meßrichtung nicht festgelegt ist, muß das Werkstück so ausgerichtet sein, daß die Tastrichtung den größten Meßwert einer Senkrechtkenngröße (Ra, Rz) erwarten läßt. Diese Richtung wird rechtwinklig zur Rillenrichtung der zu messenden Oberfläche sein. Bei ungeordnetem Verlauf der Rillenrichtung der Oberflächen darf die Tastrichtung beliebig gewählt werden.

Messungen müssen an der Stelle der Oberfläche durchgeführt werden, an der kritische Meßwerte zu erwarten sind; dies ist durch Augenscheinprüfung feststellbar. Messungen müssen gleichmäßig über diesen Teil der Oberfläche verteilt werden, um voneinander unabhängige Meßergebnisse zu erhalten.

Um die Werte der Rauheitskenngrößen zu bestimmen, ist zunächst die Oberfläche zu betrachten und dann zu entscheiden, ob das Profil der Rauheitsprofile periodisch oder aperiodisch ist. Danach sind die Verfahren nach 7.2.1 und 7.2.2 anzuwenden, wenn keine anderen Festlegungen getroffen sind. Falls besondere Verfahren angewendet werden, müssen diese in den Spezifikationen und im Meßprotokoll angegeben werden.

7.2.1 Verfahren für aperiodische Rauheitsprofile

Bei Oberflächen mit einem aperiodischen Rauheitsprofil ist folgende Vorgehensweise anzuwenden:

a) Der unbekannte Wert von Ra, Rz, $Rz1_{max}$ oder RSm ist mit geeigneten Mitteln zu schätzen, z. B. durch Sichtprüfung, mit Oberflächen-Vergleichsmustern, graphischer Auswertung eines (ungefilterten) Gesamtprofils usw.

b) Die Einzelmeßstrecke ist aus der Tabelle 1, 2 oder 3 unter Verwendung der Schätzwerte für Ra, Rz, $Rz1_{max}$ und RSm nach Schritt a) zu wählen.

c) Mit Hilfe eines Rauheitsmeßgerätes und unter Zugrundelegung der nach Schritt b) gewählten Einzelmeßstrecke ist ein repräsentatives Meßergebnis von Ra, Rz, $Rz1_{max}$ oder RSm zu ermitteln.

d) Die Meßwerte von Ra, Rz, $Rz1_{max}$ oder RSm sind mit dem Wertebereich von Ra, Rz, $Rz1_{max}$ oder RSm in Tabelle 1, 2 oder 3 entsprechend der bestimmten Einzelmeßstrecke zu vergleichen. Wenn der Meßwert außerhalb des Wertebereiches für die bestimmte Einzelmeßstrecke liegt, muß am Gerät die längere bzw. kürzere Einzelmeßstrecke eingestellt werden, die dem gemessenen Wert zugeordnet ist. Dann muß ein repräsentativer

Seite 7
EN ISO 4288 : 1997

Wert unter Verwendung dieser angepaßten Einzelmeßstrecke gemessen werden und erneut mit Tabelle 1, 2 oder 3 verglichen werden. An diesem Punkt sollten die in Tabelle 1, 2 oder 3 enthaltenen Kombinationen der gemessenen Werte und der Einzelmeßstrecke erreicht sein.

e) Es ist ein repräsentativer Wert für Ra, Rz, $Rz1_{max}$ oder RSm für eine kürzere Einzelmeßstrecke zu ermitteln, wenn diese kürzere Einzelmeßstrecke nicht schon früher in Schritt d) ermittelt wurde. Es ist zu prüfen, ob die daraus resultierende Kombination von Ra, Rz, $Rz1_{max}$ oder RSm mit der Einzelmeßstrecke ebenfalls in Tabelle 1, 2 oder 3 angegeben ist.

f) Wenn nur die Endeinstellung von Schritt d) der Tabelle 1, 2 oder 3 entspricht, sind sowohl die Einstellung der Einzelmeßstrecke als auch der Ra-, Rz-, $Rz1_{max}$- oder RSm-Wert richtig. Wenn Schritt e) ebenfalls eine in Tabelle 1, 2 oder 3 angegebene Kombination ergibt, sind die kürzere Einzelmeßstrecke und der entsprechende Ra-, Rz-, $Rz1_{max}$ oder RSm-Wert richtig.

g) Unter Verwendung der in den vorangegangenen Schritten ermittelte Grenzwellenlänge (Einzelmeßstrecke) ist eine repräsentative Messung der Kenngröße durchzuführen.

Tabelle 1: Einzelmeßstrecken für die Rauheit zur Messung von Ra, Rq, Rsk, Rku, $R\Delta q$ und Kennkurven und mit zugehörigen Kenngrößen für aperiodische Profile (z. B. geschliffene Profile)

Ra µm	Einzelmeßstrecke lr mm	Meßstrecke ln mm
$(0,006) < Ra \leq 0,02$	0,08	0,4
$0,02 < Ra \leq 0,1$	0,25	1,25
$0,1 < Ra \leq 2$	0,8	4
$2 < Ra \leq 10$	2,5	12,5
$10 < Ra \leq 80$	8	40

Tabelle 2: Einzelmeßstrecken für die Rauheit zur Messung von Rz, Rv, Rp, Rc und Rt für aperiodische Profile (z. B. geschliffene Profile)

Rz [1]) $Rz1_{max}$ [2]) µm	Einzelmeßstrecke lr mm	Meßstrecke ln mm
$(0,025) < Rz, Rz1_{max} \leq 0,1$	0,08	0,4
$0,1 < Rz, Rz1_{max} \leq 0,5$	0,25	1,25
$0,5 < Rz, Rz1_{max} \leq 10$	0,8	4
$10 < Rz, Rz1_{max} \leq 50$	2,5	12,5
$50 < Rz, Rz1_{max} \leq 200$	8	40

[1]) Rz wird zugrunde gelegt beim Messen von Rz, Rv, Rp, Rc und Rt.
[2]) $Rz1_{max}$ wird zugrunde gelegt beim Messen von $Rz1_{max}$, $Rv1_{max}$, $Rp1_{max}$ und $Rc1_{max}$.

Tabelle 3: Einzelmeßstrecken für die Messung von R-Kenngrößen für periodische Profile und von RSm für alle Profile

RSm mm	Einzelmeßstrecke lr mm	Meßstrecke ln mm
$0,013 < RSm \leq 0,04$	0,08	0,4
$0,04 < RSm \leq 0,13$	0,25	1,25
$0,13 < RSm \leq 0,4$	0,8	4
$0,4 < RSm \leq 1,3$	2,5	12,5
$1,3 < RSm \leq 4$	8	40

7.2.2 Verfahren für periodische Rauheitsprofile

Bei Oberflächen mit einem periodischen Rauheitsprofil ist folgende Vorgehensweise anzuwenden:

a) Der Wert der Kenngröße RSm der Oberfläche unbekannter Rauheit ist graphisch zu schätzen.

b) Unter Verwendung von Tabelle 3 ist die empfohlene Grenzwellenlänge für die geschätzte Kenngröße RSm zu bestimmen.

c) Wenn notwendig, z. B. in Streitfällen, ist der RSm-Wert unter Verwendung der nach Schritt b) bestimmten Einzelmeßstrecke zu messen.

d) Wenn dieser RSm-Wert aus Schritt c) nach Tabelle 3 einer kleineren oder größeren Grenzwellenlänge als in Schritt b) zugeordnet ist, ist die kleinere oder größere Grenzwellenlänge zu benutzen.

e) Unter Verwendung der in den vorangegangenen Schritten ermittelten Grenzwellenlänge (Einzelmeßstrecke) ist eine repräsentative Messung der Kenngröße durchzuführen.

Anhang A (informativ)
Einfaches Verfahren zur Prüfung der Oberflächenrauheit

A.1 Allgemeines

Das folgende Beispiel stellt eines von vielen Verfahren zur Prüfung der Rauheitsprofile eines Werkstückes dar.

Es ist zu beachten, daß dieses Verfahren nur ein Näherungsverfahren an das im Hauptteil dieser Internationalen Norm beschriebene Verfahren darstellt.

A.2 Sichtprüfung

Werkstückoberflächen sind optisch zu prüfen, um diejenigen auszuwählen, bei denen eine Prüfung mit genaueren Verfahren offensichtlich unnötig ist, z. B. weil die Rauheit offensichtlich besser oder schlechter als die festgelegte ist oder weil ein Fehler vorhanden ist, der die Funktion der Oberfläche erheblich beeinträchtigt.

Wenn die Sichtprüfung keine Entscheidung zuläßt, können Tast- und Sichtvergleiche mit Oberflächen-Vergleichsmustern durchgeführt werden.

A.3 Prüfung durch Messen

Wenn der Vergleichstest keine Entscheidung zuläßt, sollten auf dem Teil der Oberfläche, auf dem nach der Sichtprüfung kritische Werte erwartet werden können, Messungen durchgeführt werden.

A.3.1 Wenn das angegebene Kenngrößenkurzzeichen nicht den Zusatz "max" enthält, wird die Oberfläche angenommen und das Prüfverfahren eingestellt, wenn

– der erste Meßwert 70 % des festgelegten Wertes (auf der Zeichnung angegeben) nicht überschreitet;

– die ersten drei Meßwerte den festgelegten Wert nicht überschreiten;

– nicht mehr als einer der ersten sechs Meßwerte den festgelegten Wert überschreitet;

– nicht mehr als zwei der ersten zwölf Meßwerte den festgelegten Wert überschreiten.

Andernfalls ist das Werkstück zurückzuweisen.

Manchmal, z. B. bevor man ein hochwertiges Werkstück ablehnt, dürfen auch mehr als 12 Messungen durchgeführt werden, z. B. 25 Messungen mit bis zu vier, den festgelegten Wert überschreitenden Werten.

A.3.2 Wenn das angegebene Kenngrößenkurzzeichen den Zusatz "max" enthält, werden normalerweise mindestens drei Messungen durchgeführt, entweder auf dem Teil der Oberfläche, von dem der höchste Wert erwartet wird (z. B. wenn eine besonders tiefe Rille sichtbar ist), oder gleichmäßig verteilt, wenn die Oberfläche einen homogenen Eindruck macht.

A.3.3 Die zuverlässigsten Ergebnisse bei der Prüfung der Oberflächenrauheit werden mit Hilfe von Meßgeräten erreicht. Deshalb sollten zur Prüfung der wichtigsten Einzelheiten von Anfang an Meßgeräte verwendet werden.

Anhang B (informativ)
Beziehung zum GPS-Matrixmodell

Alle Einzelheiten des GPS-Matrixmodells siehe ISO/TR 14638.

B.1 Information über diese Internationale Norm und ihre Anwendung

Diese Internationale Norm enthält Regeln für

– den Vergleich zwischen den Meßwerten und den Toleranzgrenzen für die Oberflächenkenngrößen;

– Auswahl von λc für den Regelfall für die Messung von Kenngrößen am Rauheitsprofil mit Tastschnittgeräten;

– Kenngrößen des Rauheitsprofils und des Primärprofils sowie für den Vergleich von gemessenen Motivkenngrößen mit vorgegebenen Spezifikationen.

Diese Internationale Norm enthält

– eine Auswahl von Grenzwellenlängen auf der Grundlage der Werkstück-Oberflächenbeschaffenheit, nicht aber auf der Grundlage von Zeichnungseintragungen, sowie

– Regeln für die Ermittlung von anderen Kenngrößen als Ra und Rz.

B.2 Position im GPS-Matrixmodell

Diese Internationale Norm ist eine GPS-Norm, die Kettenglieder 3 und 4 der Normenkette für das Rauheitsprofil und Primärprofil in der GPS-Matrix beeinflußt, wie in Bild B.1 graphisch dargestellt.

	Globale GPS-Normen						
	Matrix allgemeiner GPS-Normen						
	Kettengliednummer	1	2	3	4	5	6
	Maß						
	Abstand						
	Radius						
	Winkel						
	Form einer Linie bezugsunabhängig						
	Form einer Linie bezugsabhängig						
GPS-Grundnormen	Form einer Oberfläche bezugsunabhängig						
	Form einer Oberfläche bezugsabhängig						
	Richtung						
	Lage						
	Rundlauf						
	Gesamtlauf						
	Bezüge						
	Rauheitsprofil			■	■		
	Welligkeitsprofil						
	Primärprofil			■	■		
	Oberflächenunvollkommenheit						
	Kanten						

Bild B.1

B.3 Verwandte Internationale Normen

Verwandte Internationale Normen gehen aus den in Bild B.1 angegebenen Normenketten hervor.

Anhang C (informativ)

Literaturhinweise

[1] ISO/TR 14638 : 1995
Geometrical Product Specifications (GPS) – Masterplan

[2] VIM – International vocabulary of basic and general terms in metrology; BIPM, IEC, IFCC, ISO, IUPAC, IUPAP, OIML 2. Ausgabe 1993

Anhang ZA (normativ)

Normative Verweisungen auf internationale Publikationen mit ihren entsprechenden europäischen Publikationen

Diese Europäische Norm enthält durch datierte oder undatierte Verweisungen Festlegungen aus anderen Publikationen. Diese normativen Verweisungen sind an den jeweiligen Stellen im Text zitiert, und die Publikationen sind nachstehend aufgeführt. Bei datierten Verweisungen gehören spätere Änderungen oder Überarbeitungen dieser Publikationen nur zu dieser Europäischen Norm, falls sie durch Änderung oder Überarbeitung eingearbeitet sind. Bei undatierten Verweisungen gilt die letzte Ausgabe der in Bezug genommenen Publikation.

Publikation	Jahr	Titel	EN	Jahr
ISO 3274	1996	Geometrical product specifications (GPS) – Surface texture: Profile method – Nominal characteristics of contact (stylus) instruments	EN ISO 3274	1997

September 1998

	Geometrische Produktspezifikationen (GPS) **Oberflächenbeschaffenheit: Tastschnittverfahren** **Meßtechnische Eigenschaften von phasenkorrekten Filtern** (ISO 11562 : 1996) Deutsche Fassung EN ISO 11562 : 1997	**DIN** **EN ISO 11562**

ICS 17.040.20   Ersatz für Ausgabe 1998-04

Deskriptoren: Oberflächenbeschaffenheit, Tastschnittverfahren, Profilfilter,
Phasencharakteristik, Produktspezifikation

Geometrical Product Specifications (GPS) –
Surface texture: Profile method –
Metrological characteristics of phase correct filters (ISO 11562 : 1996);
German version EN ISO 11562 : 1997

Spécification géométrique des produits (GPS) –
État de surface: Méthode du profil –
Caractéristiques métrologiques des filtres à phase correcte (ISO 11562 : 1996);
Version allemande EN ISO 11562 : 1997

Diese Europäische Norm EN ISO 11562 : 1997 hat den Status einer Deutschen Norm.

Nationales Vorwort

Bereits DIN 4777 basierte auf dem seinerzeit vorliegenden Beratungsergebnis in der zuständigen ISO-Arbeitsgruppe. Die Herausgabe des ISO-Norm-Entwurfes verzögerte sich jedoch aus organisatorischen Gründen so lange, daß die zwischenzeitliche Veröffentlichung der DIN-Norm notwendig wurde, um den gerätetechnisch längst vollzogenen Wechsel von 2 RC-Filter zum phasenkorrekten Filter auch in der Normung festzulegen. Näheres hierzu siehe Erläuterungen und geschichtliche Entwicklung in DIN 4777.

Das CEN/TC 290 "Geometrische Produktspezifikation und -prüfung" hatte bereits 1992 grundsätzlich beschlossen, keine "eigenen" Europäischen Normen zu entwickeln, sondern seinen Mitgliedsorganisationen dringend empfohlen, sich an der Erarbeitung der GPS-Normen in der ISO engagiert zu beteiligen, um die ISO-Normen dann unverändert ins Europäische Normenwerk übernehmen zu können.

Änderungen

Gegenüber DIN 4777 : 1990-05 wurden folgende Änderungen vorgenommen:

    a) Die Anhänge wurden neu aufgenommen.

    b) Die Abschnitte 1 bis 4 wurden dem neuesten Stand der ISO-Norm angepaßt und redaktionell überarbeitet; die technischen Festlegungen des phasenkorrekten Filters wurden dabei nicht geändert.

Gegenüber der Ausgabe April 1998 wurde folgende Berichtigung vorgenommen:

    – Formel 2 berichtigt.

Frühere Ausgaben
DIN 4777: 1990-05
DIN EN ISO 11562: 1998-04

Fortsetzung 6 Seiten EN

Normenausschuß Technische Grundlagen (NATG) – Geometrische Produktspezifikation und -prüfung –
im DIN Deutsches Institut für Normung e. V.

EUROPÄISCHE NORM
EUROPEAN STANDARD
NORME EUROPÉENNE

EN ISO 11562

Dezember 1997

ICS 17.040.20

Deskriptoren:

Deutsche Fassung

Geometrische Produktspezifikationen (GPS)
Oberflächenbeschaffenheit: Tastschnittverfahren
Meßtechnische Eigenschaften von phasenkorrekten Filtern
(ISO 11562 : 1996)

Geometrical Product Specifications (GPS) − Surface texture: Profile method − Metrological characteristics of phase correct filters (ISO 11562 : 1996)

Spécification géométrique des produits (GPS) − État de surface: Méthode du profil − Caractéristiques métrologiques des filtres à phase correcte (ISO 11562 : 1996)

Diese Europäische Norm wurde von CEN am 1997-11-02 angenommen.

Die CEN-Mitglieder sind gehalten, die CEN/CENELEC-Geschäftsordnung zu erfüllen, in der die Bedingungen festgelegt sind, unter denen dieser Europäischen Norm ohne jede Änderung der Status einer nationalen Norm zu geben ist.

Auf dem letzten Stand befindliche Listen dieser nationalen Normen mit ihren bibliographischen Angaben sind beim Zentralsekretariat oder bei jedem CEN-Mitglied auf Anfrage erhältlich.

Diese Europäische Norm besteht in drei offiziellen Fassungen (Deutsch, Englisch, Französisch). Eine Fassung in einer anderen Sprache, die von einem CEN-Mitglied in eigener Verantwortung durch Übersetzung in seine Landessprache gemacht und dem Zentralsekretariat mitgeteilt worden ist, hat den gleichen Status wie die offiziellen Fassungen.

CEN-Mitglieder sind die nationalen Normungsinstitute von Belgien, Dänemark, Deutschland, Finnland, Frankreich, Griechenland, Irland, Island, Italien, Luxemburg, Niederlande, Norwegen, Österreich, Portugal, Schweden, Schweiz, Spanien, der Tschechischen Republik und dem Vereinigten Königreich.

CEN

EUROPÄISCHES KOMITEE FÜR NORMUNG
European Committee for Standardization
Comité Européen de Normalisation

Zentralsekretariat: rue de Stassart 36, B-1050 Brüssel

© 1997 CEN − Alle Rechte der Verwertung, gleich in welcher Form und in welchem Verfahren, sind weltweit den nationalen Mitgliedern von CEN vorbehalten.

Ref. Nr. EN ISO 11562 : 1997 D

Seite 2
EN ISO 11562 : 1997

Vorwort

Der Text der Internationalen Norm vom Technischen Komitee ISO/TC 57 "Metrology and properties of surface" der International Organization for Standardization (ISO) wurde als Europäische Norm durch das Technische Komitee CEN/TC 290 "Geometrische Produktspezifikation und -prüfung" übernommen, dessen Sekretariat vom DIN gehalten wird.

Diese Europäische Norm muß den Status einer nationalen Norm erhalten, entweder durch Veröffentlichung eines identischen Textes oder durch Anerkennung bis Juni 1998, und etwaige entgegenstehende nationale Normen müssen bis Juni 1998 zurückgezogen werden.

Die Anhänge A, B und C dieser Internationalen Norm dienen nur der Information.

Entsprechend der CEN/CENELEC-Geschäftsordnung sind die nationalen Normungsinstitute der folgenden Länder gehalten, diese Europäische Norm zu übernehmen:

Belgien, Dänemark, Deutschland, Finnland, Frankreich, Griechenland, Irland, Island, Italien, Luxemburg, Niederlande, Norwegen, Österreich, Portugal, Schweden, Schweiz, Spanien, die Tschechische Republik und das Vereinigte Königreich.

Anerkennungsnotiz

Der Text der Internationalen Norm ISO 11562 : 1996 wurde von CEN als Europäische Norm ohne irgendeine Abänderung genehmigt.

Einleitung

Diese Internationale Norm gehört zum Bereich der Geometrischen Produktspezifikationen (GPS) (siehe ISO/TR 14638). Sie beeinflußt Kettenglieder 2 und 3 der Normenkette für das Rauheitsprofil und Welligkeitsprofil und Kettenglied 2 der Normenkette für das Primärprofil und ist zur Ermittlung des Rundheitsprofils und anderer Formelemente vorgesehen.

Weitere Informationen im Zusammenhang mit dieser Norm zu anderen Normen und dem GPS-Matrixmodell, siehe Anhang B.

Für digitale Meßgeräte ist ein phasenkorrektes Filter das geeignete Filter für das Rauheitsprofil. Die ausgewählte Gewichtsfunktion für das phasenkorrekte Filter ist die einer Gaußkurve mit 50 % Übertragung bei der Grenzwellenlänge. Das ermöglicht eine Übertragungscharakteristik mit einer relativ scharfen Grenzwellenlänge.

Es ist wichtig, daß die Übertragung für die Grenzwellenlänge 50 % beträgt, damit der kurzwellige Anteil und der langwellige Anteil des Oberflächenprofils voneinander getrennt werden und sie ohne Änderung des Oberflächenprofils wieder zusammengesetzt werden können.

1 Anwendungsbereich

Diese Internationale Norm legt die meßtechnischen Merkmale von phasenkorrekten Filtern für die Messung von Oberflächenprofilen fest.

Insbesondere wird festgelegt, wie der langwellige Anteil und der kurzwellige Anteil des Oberflächenprofils voneinander getrennt werden.

2 Definitionen

Für die Anwendung in dieser Internationalen Norm gelten die folgenden Definitionen.

2.1 Profilfilter: Filter, die Profile in langwellige und kurzwellige Anteile trennen.

2.1.1 Phasenkorrekte Profilfilter: Profilfilter, die keine Phasenverschiebungen verursachen, die zu asymmetrischen Profilverzerrungen führen.

2.2 Mittellinie des phasenkorrekten Filters (Mittellinie)**:** Langwellige Profilkomponente, die für jeden Punkt des Profils durch einen gewichteten Mittelwert bestimmt wird, der von den benachbarten Punkten abgeleitet wird.

2.3 Übertragungscharakteristik eines Filters: Charakteristik gibt an, um welchen Betrag die Amplitude eines sinusförmigen Profils in Abhängigkeit von seiner Wellenlänge gedämpft wird.

2.4 Gewichtsfunktion: Funktion zur Bestimmung der Mittellinie, die für jeden zu berechnenden Punkt der Mittellinie das Gewicht, mit dem die benachbarten Profilpunkte in die Berechnung eingehen, angibt.

ANMERKUNG: Die Übertragungscharakteristik für die Mittellinie ist die Fouriertransformation der Gewichtsfunktion.

2.5 Grenzwellenlänge des phasenkorrekten Filters: Wellenlänge eines sinusförmigen Profils, dessen Amplitude mit 50 % durch das Profilfilter übertragen wird.

ANMERKUNG: Profilfilter werden mit dem Wert ihrer Grenzwellenlänge gekennzeichnet.

2.6 Übertragungsband für Profile: Wellenlängenband für sinusförmige Profile, deren Amplituden mit mehr als 50 % übertragen werden, wenn zwei phasenkorrekte Filter mit unterschiedlichen Grenzwellenlänge auf das Profil angewendet werden.

ANMERKUNG: Das Profilfilter mit der kürzeren Grenzwellenlänge (low pass filter) läßt die langwellige Profilkomponente durch, und das Profilfilter mit der längeren Grenzwellenlänge (high pass filter) läßt die kurzwellige Profilkomponente durch.

2.7 Grenzwellenlängenverhältnis: Verhältnis der langwelligen Grenzwellenlänge zur kurzwelligen Grenzwellenlänge eines vorgegebenen Übertragungsbandes.

3 Charakteristiken phasenkorrekter Profilfilter

3.1 Gewichtsfunktion des phasenkorrekten Profilfilters

Die Gewichtsfunktion für das phasenkorrekter Filter (siehe Bild 1) hat die Gleichung der Gaußschen Dichtefunktion. Mit der Grenzwellenlänge λ_{co} (wobei co = cut-off) lautet die Gleichung wie folgt:

$$s(x) = \frac{1}{\alpha \cdot \lambda_{co}} \cdot e^{-\pi \left(\frac{x}{\alpha \cdot \lambda_{co}}\right)^2} \tag{1}$$

Dabei bedeuten:
- x der Abstand zur Mitte der Gewichtsfunktion;
- λ_{co} die Grenzwellenlänge des Profilfilters.

$$\alpha = \sqrt{\frac{\ln 2}{\pi}} = 0{,}4697 \tag{2}$$

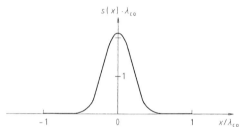

Bild 1: Gewichtsfunktion des Profilfilters

3.2 Übertragungscharakteristik

3.2.1 Übertragungscharakteristik der langwelligen Profilkomponente (Mittellinie)

Die Filtercharakteristik (siehe Bild 2) wird aus der Gewichtsfunktion mittels Fouriertransformation bestimmt. Die Filtercharakteristik für die Mittellinie entspricht der folgenden Gleichung:

$$\frac{a_1}{a_0} = e^{-\pi \left(\frac{\alpha \cdot \lambda_{co}}{\lambda}\right)^2} \tag{3}$$

Dabei bedeuten:
- a_0 die Amplitude des sinusförmigen Rauheitsprofils vor der Filterung,
- a_1 die übertragene, gedämpfte Amplitude des Sinusprofils,
- λ_{co} die Grenzwellenlänge des Profilfilters,
- λ die Wellenlänge des Sinusprofils.

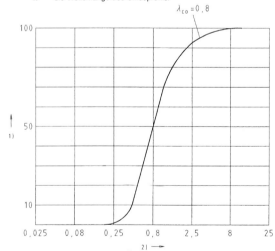

Legende:
1) Amplitudenübertragung a_1/a_0 in Prozent
2) Profil für Sinuswelle in Millimeter

Bild 2: Übertragungscharakteristik der langwelligen Profilkomponente

3.2.2 Übertragungscharakteristik der kurzwelligen Profilkomponente

Die Übertragungscharakteristik der kurzwelligen Profilkomponente ist das Komplement der Übertragungscharakteristik der langwelligen Profilkomponente.

Die kurzwellige Profilkomponente ist die Differenz zwischen dem Oberflächenprofil und der langwelligen Profilkomponente. Die Gleichung als Funktion der Grenzwellenlänge λ_{co} ist:

$$\frac{a_2}{a_0} = 1 - e^{-\pi \left(\frac{\alpha \cdot \lambda_{co}}{\lambda}\right)^2} \quad ; \quad \frac{a_2}{a_0} = 1 - \frac{a_1}{a_0} \tag{4}$$

a_2 ist die übertragene Amplitude des sinusförmigen Rauheitsprofils.

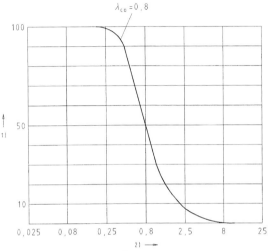

Legende:
1) Amplitudenübertragung a_2/a_0 in Prozent
2) Profil für Sinuswellenlänge in Millimeter

Bild 3: Übertragungscharakteristik der kurzwelligen Profilkomponente

4 Fehlergrenzen phasenkorrekter Filter

Für phasenkorrekte Filter werden keine Toleranzen vorgegeben.

Anstelle von Toleranzen muß eine graphische Darstellung der Abweichung des realisierten phasenkorrekten Filters vom Gaußfilter in Prozent über den Wellenlängenbereich 0,01 λ_{co} bis 100 λ_{co} angegeben werden. Ein Beispiel für eine solche Abweichungskurve wird in Bild 4 gezeigt.

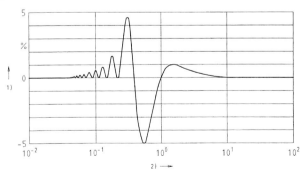

Legende:
1) relative Abweichung vom Gaußfilter in Prozent
2) relative Länge zur Grenzwellenlänge in Millimeter

Bild 4: Beispiel für die Kurve der Abweichung eines realisierten phasenkorrekten Filters vom Gaußfilter

Anhang A (informativ)
Kriterien zur Auswahl von phasenkorrekten Filtern

Die folgenden Kriterien sind bei der Vorbereitung dieser Internationalen Norm in Betracht gezogen worden:

    a) Orts- und Frequenzcharakteristik haben gleichwertige Bedeutung. Frühere Diskussionen tendierten dahin, oszillierende Effekte in der Gewichtsfunktion zu vernachlässigen. Diese Effekte bekommen jedoch mit dem Aufkommen von Multiprozeß-Oberflächen mehr und mehr Einfluß und müssen daher für neue Meßgeräte berücksichtigt werden.

    b) Das gefilterte Profil ist selbst in unmittelbarer Nähe zur Grenzwellenlänge nicht mehr durch Phasenverschiebungen verzerrt, so daß die von dem Filter ausgehende kurzwellige Komponente wie die kurzwellige Komponente auf dem Originalprofil aussehen kann.

    c) Kenngrößen, wie z. B. der Profiltraganteil und die Spitzenhöhe, werden im Bereich der Grenzwellenlänge realistischer meßbar.

    d) Es gibt eine ergänzende (komplementäre) Beziehung zwischen den Übertragungscharakteristiken der kurzwelligen und der langwelligen Komponenten. Daher müssen beide Charakteristiken

- phasenkorrekte Eigenschaften,
- 50 % Übertragung an der Grenzwellenlänge

haben.

    e) In der Praxis wird bei digitalen Systemen das phasenkorrekte Filter durch Näherung mit der Gaußfunktion realisiert.

    f) Wenn Toleranzen angegeben sind, müssen diese vom Standpunkt der Kalibrierung und vom Standpunkt der Anwendung her sinnvoll sein. Dies war durch Angabe von reinen Toleranzwerten nicht möglich. Daher müssen Gerätehersteller eine graphische Darstellung der realisierten Filter liefern, wie in Abschnitt 4 angegeben.

    g) Neue Filter müssen mit den vorhandenen, in nationalen und Internationalen Normen definierten 2 RC-Filtern kompatibel sein, um vergleichbare Ergebnisse zu erhalten.

Anhang B (informativ)
Beziehung zum GPS-Matrixmodell

Alle Einzelheiten des GPS-Matrixmodells siehe ISO/TR 14638.

B.1 Information über diese Internationale Norm und ihre Anwendung

Diese Internationale Norm legt die meßtechnischen Eigenschaften von phasenkorrekten Filtern zum Messen der Rauheitsprofile fest. Insbesondere wird festgelegt, wie der langwellige Anteil von dem kurzwelligen Anteil der Rauheitsprofile getrennt wird.

B.2 Position im GPS-Matrixmodell

Diese Internationale Norm ist eine GPS-Norm, die Kettenglieder 2 und 3 der Normenkette für das Rauheitsprofil und Welligkeitsprofil und Kettenglied 2 der Normenkette für das Primärprofil beeinflußt und ist zur Ermittlung des Rundheitsprofils und anderer Formelemente in der GPS-Matrix vorgesehen, wie in Bild B.1 graphisch dargestellt.

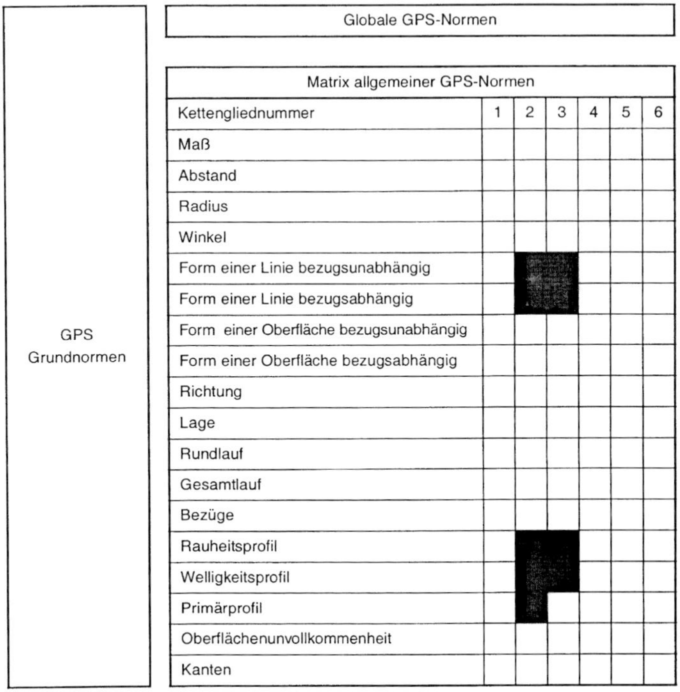

	Globale GPS-Normen						
	Matrix allgemeiner GPS-Normen						
	Kettengliednummer	1	2	3	4	5	6
	Maß						
	Abstand						
	Radius						
	Winkel						
	Form einer Linie bezugsunabhängig			■			
	Form einer Linie bezugsabhängig			■			
GPS Grundnormen	Form einer Oberfläche bezugsunabhängig						
	Form einer Oberfläche bezugsabhängig						
	Richtung						
	Lage						
	Rundlauf						
	Gesamtlauf						
	Bezüge						
	Rauheitsprofil		■	■			
	Welligkeitsprofil		■	■			
	Primärprofil		■				
	Oberflächenunvollkommenheit						
	Kanten						

Bild B.1

B.3 Verwandte Internationale Normen

Verwandte Internationale Normen gehen aus den in Bild B.1 angegebenen Normenketten hervor.

Anhang C (informativ)
Literaturhinweise

[1] ISO/TR 14638 : 1995
Geometrical Product Specifications (GPS) – Masterplan
[2] VIM – International vocabulary of basic and general terms in metrology; BIPM, IEC, IFCC, ISO, IUPAC, IUPAP, OIML, 2. Ausgabe 1993

November 1999

	Metrisches ISO-Gewinde allgemeiner Anwendung **Grundprofil** Teil 1: Metrisches Gewinde (ISO 68-1 : 1998)	**DIN** **ISO 68-1**

ICS 21.040.10

ISO general purpose metric screw threads — Basic profil —
Part 1: Metric screw threads (ISO 68-1 : 1998)
Filetages métriques ISO pour usages généraux — Profile de base —
Partie 1: Filetages métriques (ISO 68-1 : 1998)

Mit
DIN 13-19 : 1999-11
Ersatz für
DIN 13-19 : 1986-12

Die Internationale Norm ISO 68-1 : 1998, „ISO general purpose screw threads — Basic profile — Part 1: Metric screw threads", ist unverändert in diese Deutsche Norm übernommen worden.

Nationales Vorwort

Diese Norm wurde vom Fachbereich B „Gewinde" des Normenausschusses Technische Grundlagen (NATG) erarbeitet und folgt dem Beschluß des Fachbereiches, die Normen des ISO/TC 1 „Gewinde" für das Metrische ISO-Gewinde allgemeiner Anwendung in das Deutsche Normenwerk zu übernehmen.

Während diese Norm das Grundprofil für das Metrische ISO-Gewinde allgemeiner Anwendung festlegt, sind die Nennprofile für die Berechnung der Nennmaße in DIN 13-1 bis DIN 13-11 weiterhin in DIN 13-19 enthalten.

Damit wird rechtzeitig die Möglichkeit berücksichtigt, daß dem Europäischen Komitee für Normung (CEN) erneut ein Antrag zugeleitet wird, der die unveränderte Übernahme der ISO-Normen für Metrisches ISO-Gewinde als Europäische Normen (EN) zum Ziel hat.

Für die im Inhalt zitierten Internationalen Normen wird im folgenden auf die entsprechenden Deutschen Normen hingewiesen:

ISO 965-1 : 1998   siehe E DIN ISO 965-1
ISO 5408 : 1983   siehe DIN 2244

Änderungen

Gegenüber DIN 13-19 : 1986-12 wurden folgende Änderungen vorgenommen:

— Das Grundprofil wurde in diese Norm übernommen.

Frühere Ausgaben

DIN 13-30: 1960-08, 1964-06
DIN 13-19: 1972-05, 1986-12

Nationaler Anhang NA   (informativ)

Literaturhinweise

DIN ISO 965-1
    Metrisches ISO-Gewinde allgemeiner Anwendung — Toleranzen — Teil 1: Prinzipien und Grundlagen (ISO 965-1 : 1998)
DIN 2244
    Gewinde — Begriffe

Fortsetzung Seite 2 bis 4

Normenausschuß Technische Grundlagen (NATG) — Gewinde — im DIN Deutsches Institut für Normung e.V.

Vorwort

Die ISO (Internationale Organisation für Normung) ist eine weltweite Vereinigung nationaler Normungsinstitute (ISO-Mitgliedskörperschaften). Die Erarbeitung Internationaler Normen obliegt den Technischen Komitees der ISO. Jede Mitgliedskörperschaft, die sich für ein Thema interessiert, für das ein Technisches Komitee eingesetzt wurde, ist berechtigt, in diesem Komitee mitzuarbeiten. Internationale (staatliche und nichtstaatliche) Organisationen, die mit der ISO in Verbindung stehen, sind an den Arbeiten ebenfalls beteiligt. Die ISO arbeitet bei allen Angelegenheiten der elektrotechnischen Normung eng mit der Internationalen Elektrotechnischen Kommission (IEC) zusammen.

Die von den Technischen Komitees verabschiedeten Norm-Entwürfe zu Internationalen Normen werden den Mitgliedskörperschaften zur Abstimmung vorgelegt. Die Veröffentlichung als Internationale Norm erfordert Zustimmung von mindestens 75 % der abstimmenden Mitgliedskörperschaften.

Die Internationale Norm ISO 68-1 wurde vom Technischen Komitee ISO/TC 1 „Gewinde", Unterkomitee SC 1 „Grundlagen", erstellt.

Gemeinsam mit ISO 68-2 annulliert und ersetzt diese erste Ausgabe ISO 68 : 1973, die bei Trennung in metrische Maße und Inch-Maße technisch überarbeitet wurde.

ISO 68 umfaßt unter dem Haupttitel „ISO-Gewinde allgemeiner Anwendung — Grundprofil" die folgenden Teile:
— Teil 1: Metrisches Gewinde
— Teil 2: Inch-Gewinde

1 Anwendungsbereich

Dieser Teil von ISO 68 legt das Grundprofil für das Metrische ISO-Gewinde allgemeiner Anwendung (M) fest.

2 Normative Verweisungen

Die folgenden Normen enthalten Festlegungen, die durch die Verweisung in diesem Text auch für diesen Teil der ISO 68 gelten. Zum Zeitpunkt der Veröffentlichung waren die angegebenen Ausgaben gültig. Alle Normen unterliegen der Überarbeitung. Vertragspartner, deren Vereinbarungen auf diesem Teil der ISO 68 basieren, sind gehalten, nach Möglichkeit die neuesten Ausgaben der nachfolgend aufgeführten Normen anzuwenden. IEC- und ISO-Mitglieder verfügen über Verzeichnisse der gegenwärtig gültigen Internationalen Normen.

ISO 965-1 : 1998
    ISO general purpose metric screw threads — Tolerances — Part 1: Principles and basic data
ISO 5408 : 1983
    Cylindrical screw threads — Vocabulary

3 Begriffe

Für die Anwendung dieses Teiles von ISO 68 gelten die Begriffe nach ISO 5408. Nur die Benennung „Grundprofil", deren Wiedergabe sinnvoll sein könnte, ist nachstehend definiert.

3.1 Grundprofil: Das für das Innen- und Außengewinde gleiche theoretische Profil im Achsschnitt, das durch theoretische Maße und Winkel bestimmt wird.

ANMERKUNG: Das Grundprofil ist im Bild 1 durch eine breite Linie kenntlich gemacht.

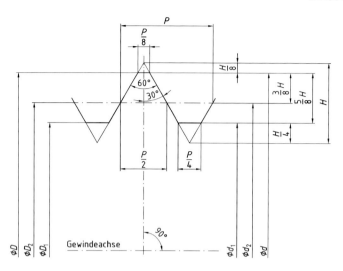

D   Außendurchmesser des Innengewindes am Grundprofil (Nenndurchmesser)
d   Außendurchmesser des Außengewindes am Grundprofil (Nenndurchmesser)
D_1 Kerndurchmesser des Innengewindes am Grundprofil
d_1 Kerndurchmesser des Außengewindes am Grundprofil
D_2 Flankendurchmesser des Innengewindes am Grundprofil
d_2 Flankendurchmesser des Außengewindes am Grundprofil
H   Höhe des scharf ausgeschnittenen gedachten Profildreiecks
P   Steigung

Bild 1

4 Maße

Die Grundabmaße und Toleranzen nach ISO 965-1 sind auf die aus der Tabelle 1 abgeleiteten Maße des Grundprofils nach Bild 1 bezogen.

$$H = \frac{\sqrt{3}}{2} P = 0,866\,025\,404\ P$$

$$\frac{5}{8} H = 0,541\,265\,877\ P$$

$$\frac{3}{8} H = 0,324\,759\,526\ P$$

$$\frac{H}{4} = 0,216\,506\,351\ P$$

$$\frac{H}{8} = 0,108\,253\,175\ P$$

Tabelle 1

Maße in Millimeter

Steigung P	H	$\frac{5}{8}H$	$\frac{3}{8}H$	$\frac{H}{4}$	$\frac{H}{8}$
0,2	0,173 205	0,108 253	0,064 952	0,043 301	0,021 651
0,25	0,216 506	0,135 316	0,081 190	0,054 127	0,027 063
0,3	0,259 808	0,162 380	0,097 428	0,064 952	0,032 476
0,35	0,303 109	0,189 443	0,113 666	0,075 777	0,037 889
0,4	0,346 410	0,216 506	0,129 904	0,086 603	0,043 301
0,45	0,389 711	0,243 570	0,146 142	0,097 428	0,048 714
0,5	0,433 013	0,270 633	0,162 380	0,108 253	0,054 127
0,6	0,519 615	0,324 760	0,194 856	0,129 904	0,064 952
0,7	0,606 218	0,378 886	0,227 332	0,151 554	0,075 777
0,75	0,649 519	0,405 949	0,243 570	0,162 380	0,081 190
0,8	0,692 820	0,433 013	0,259 808	0,173 205	0,086 603
1	0,866 025	0,541 266	0,324 760	0,216 506	0,108 253
1,25	1,082 532	0,676 582	0,405 949	0,270 633	0,135 316
1,5	1,299 038	0,811 899	0,487 139	0,324 760	0,162 380
1,75	1,515 544	0,947 215	0,568 329	0,378 886	0,189 443
2	1,732 051	1,082 532	0,649 519	0,433 013	0,216 506
2,5	2,165 063	1,353 165	0,811 899	0,541 266	0,270 633
3	2,598 076	1,623 798	0,974 279	0,649 519	0,324 760
3,5	3,031 089	1,894 431	1,136 658	0,757 772	0,378 886
4	3,464 102	2,165 063	1,299 038	0,866 025	0,433 013
4,5	3,897 114	2,435 696	1,461 418	0,974 279	0,487 139
5	4,330 127	2,706 329	1,623 798	1,082 532	0,541 266
5,5	4,763 140	2,976 962	1,786 177	1,190 785	0,595 392
6	5,196 152	3,247 595	1,948 557	1,299 038	0,649 519
8	6,928 203	4,330 127	2,598 076	1,732 051	0,866 025

Mai 2002

Technische Zeichnungen
Allgemeine Grundlagen der Darstellung
Teil 30: Grundregeln für Ansichten (ISO 128-30:2001)

DIN ISO 128-30

ICS 01.100.01

Technical drawings — General principles of presentation —
Part 30: Basic conventions for views (ISO 128-30:2001)

Dessins techniques — Principes généraux de représentation —
Partie 30: Conventions de base pour les vues (ISO 128-30:2001)

Mit
DIN ISO 128-34:2002-05
und
DIN ISO 5456-2:1998-04
Ersatz für
DIN 6-1:1986-12

Die Internationale Norm ISO 128-30:2001 „Technical drawings – General principles of presentation – Part 30: Basic conventions for views" ist unverändert in diese Deutsche Norm übernommen worden.

Nationales Vorwort

Diese Norm wurde im ISO/TC 10 „Technische Zeichnungen, Erzeugnisbeschreibung und dazugehörende Dokumentation", Unterkomitee SC 1 „Allgemeine Grundlagen", unter wesentlicher Beteiligung deutscher Fachleute ausgearbeitet. Auf nationaler Ebene ist der NATG-F.5 „Technisches Zeichnen" für die Bearbeitung verantwortlich.

In dieser Normausgabe ist die Pfeilmethode als bevorzugte Methode definiert, ein graphisches Symbol dazu gibt es nicht und ist auch nicht erforderlich.

Die Anwendung der weiterhin gültigen Projektionsmethode 1 (Anhang A) oder der Projektionsmethode 3 (Anhang B) ist nur mit der Darstellung des jeweiligen graphischen Symbols der Projektionsmethode eindeutig. Die Ansichten werden dann, entgegen der Pfeilmethode, nicht mit Großbuchstaben und Bezugspfeilen gekennzeichnet.

Im Abschnitt 6.1 ist festgelegt, dass eine Teilansicht durch eine schmale Volllinie als Zickzacklinie begrenzt wird. Nach ISO 128-24 ist auch eine schmale Freihandlinie (Linienart 01.1.18) zulässig.

Für die im Inhalt zitierten Internationalen Normen wird im Folgenden auf die entsprechenden Deutschen Normen hingewiesen:

ISO 128-24	siehe DIN ISO 128-24
ISO 3098-0	siehe DIN EN ISO 3098-0
ISO 5456-2	siehe DIN ISO 5456-2
ISO 6428	siehe DIN ISO 6428
ISO 10209-1	siehe DIN 199-1
ISO 10209-2	siehe DIN ISO 10209-2
ISO 81714-1	siehe DIN EN ISO 81714-1

Änderungen

Gegenüber DIN 6-1:1986-12 wurden folgende Änderungen vorgenommen:

ISO 128-30 wurde unverändert in diese Norm übernommen.

Mit der Übernahme der Internationalen Norm ISO 128-30 wurde:

— die Pfeilmethode als bevorzugte Methode gewählt;
— ein graphisches Symbol für Symmetrie aufgenommen;
— ein graphisches Symbol für die Projektionsmethode 3 aufgenommen;
— das graphische Symbol für Angaben von Faser- und Walzrichtungen in DIN ISO 128-34 überführt.

Frühere Ausgaben

DIN 36: 1922-10
DIN 6: 1922x-11, 1956-10, 1968-03
DIN 6-1: 1986-12

Fortsetzung Seite 2 bis 13

Normenausschuss Technische Grundlagen (NATG) — Technische Produktdokumentation —
im DIN Deutsches Institut für Normung e.V.

Nationaler Anhang NA
(informativ)

Literaturhinweise

DIN 199-1, *Technische Produktdokumentation — CAD-Modelle, Zeichnungen und Stücklisten — Teil 1: Begriffe.*

DIN EN ISO 3098-0, *Technische Produktdokumentation – Schriften – Teil 0: Grundregeln (ISO 3098-0:1997); Deutsche Fassung EN ISO 3098-0:1997.*

DIN EN ISO 81714-1, *Gestaltung von graphischen Symbolen für die Anwendung in der technischen Produktdokumentation – Teil 1: Grundregeln (ISO 81714-1:1999); Deutsche Fassung EN ISO 81714-1:1999.*

DIN ISO 128-24, *Technische Zeichnungen – Allgemeine Grundlagen der Darstellung – Teil 24: Linien in Zeichnungen der mechanischen Technik (ISO 128-24:1999).*

DIN ISO 5456-2, *Technische Zeichnungen – Projektionsmethoden – Teil 2: Orthogonale Darstellungen (ISO 5456-2:1996).*

DIN ISO 6428, *Technische Zeichnungen – Anforderungen für die Mikroverfilmung (ISO 6428:1982).*

DIN ISO 10209-2, *Technische Produktdokumentation – Begriffe – Teil 2: Begriffe für Projektionsmethoden; Identisch mit ISO 10209-2:1993.*

DIN ISO 128-30:2002-05

Deutsche Übersetzung

Technische Zeichnungen
Allgemeine Grundlagen der Darstellung
Teil 30: Grundregeln für Ansichten

Vorwort

Die ISO (Internationale Organisation für Normung) ist die weltweite Vereinigung nationaler Normungsinstitute (ISO-Mitgliedskörperschaften). Die Erarbeitung Internationaler Normen obliegt den Technischen Komitees der ISO. Jede Mitgliedskörperschaft, die sich für ein Thema interessiert, für das ein Technisches Komitee eingesetzt wurde, ist berechtigt, in diesem Komitee mitzuarbeiten. Internationale (staatliche und nichtstaatliche) Organisationen, die mit der ISO in Verbindung stehen, sind an den Arbeiten ebenfalls beteiligt. Die ISO arbeitet bei allen Angelegenheiten der elektrotechnischen Normung eng mit der Internationalen Elektrotechnischen Kommission (IEC) zusammen.

Die Internationalen Normen werden nach den Regeln der ISO/IEC-Direktiven, Teil 3, ausgearbeitet.

Die von den Technischen Komitees verabschiedeten internationalen Norm-Entwürfe werden den Mitgliedskörperschaften zur Abstimmung vorgelegt. Die Veröffentlichung als Internationale Norm erfordert Zustimmung von mindestens 75 % der abstimmenden Mitgliedskörperschaften.

Es wird darauf hingewiesen, dass die Möglichkeit besteht, dass einige Elemente dieses Teils von ISO 128 Patentrechte berühren können. ISO ist nicht dafür verantwortlich, einige oder alle diesbezüglichen Patentrechte zu identifizieren.

Die Internationale Norm ISO 128-30 wurde vom Technischen Komitee ISO/TC 10 „Technische Zeichnungen, Erzeugnisbeschreibung und dazugehörende Dokumentation", Unterkomitee SC 1 „Allgemeine Grundlagen", erarbeitet.

Diese erste Ausgabe wurde auf der Grundlage von ISO 128:1982, Abschnitt 2, ausgearbeitet und ersetzt die in diesem Abschnitt enthaltenen Regeln.

ISO 128 besteht aus den folgenden Teilen unter dem Haupttitel „Technische Zeichnungen – Allgemeine Grundlagen der Darstellung":

— Teil 1: Einleitung und Stichwortverzeichnis

— Teil 20: Linien, Grundregeln

— Teil 21: Ausführung von Linien mit CAD-Systemen

— Teil 22: Grund- und Anwendungsregeln für Hinweis- und Bezugslinien

— Teil 23: Linien in Zeichnungen des Bauwesens

— Teil 24: Linien in Zeichnungen der mechanischen Technik

— Teil 25: Linien in Schiffbauzeichnungen

— Teil 30: Grundregeln für Ansichten

— Teil 34: Ansichten in Zeichnungen der mechanischen Technik

— Teil 40: Grundregeln für Schnittansichten und Schnitte

— Teil 44: Schnitte in Zeichnungen der mechanischen Technik

— Teil 50: Grundregeln für Flächen in Schnitten und Schnittansichten

Anhänge A, B und C zu diesem Teil von ISO 128 sind normative Bestandteile dieser Internationalen Norm.

Einleitung

Nach dem Abschnitt 2 der zurückgezogenen Norm ISO 128:1982 waren drei verschiedene Methoden zur Darstellung von Ansichten zulässig. In diesem Teil der ISO 128 wurde die Pfeilmethode als eine bevorzugte Methode ausgewählt. Die Projektionsmethode 1 (früher Methode E) und die Projektionsmethode 3 (früher Methode A) sind nach wie vor als Bestandteil dieser Internationalen Norm zu betrachten. Anhänge A und B dieses Teils von ISO 128 enthalten die Grundinformation über die Projektionsmethode 1 und die Projektionsmethode 3; ISO 5456-2 legt die detaillierten Regeln fest.

1 Anwendungsbereich

Dieser Teil von ISO 128 legt die allgemeinen Grundsätze für die Darstellung von Ansichten in allen Arten von technischen Zeichnungen (mechanische Technik, Elektrotechnik, Architektur, Tiefbau usw.) in Orthogonalprojektion nach ISO 5456-2 fest.

Die Anforderungen an die Reproduktion, einschließlich Mikroverfilmung nach ISO 6428, wurden auch in diesem Teil von ISO 128 berücksichtigt.

2 Normative Verweisungen

Die folgenden normativen Dokumente enthalten Festlegungen, die durch Verweisung in diesem Text Bestandteil der vorliegenden Internationalen Norm sind. Zum Zeitpunkt der Veröffentlichung dieser Internationalen Norm waren die angegebenen Ausgaben gültig. Alle normativen Dokumente unterliegen der Überarbeitung. Vertragspartner, deren Vereinbarungen auf dieser Internationalen Norm basieren, werden gebeten, die Möglichkeit zu prüfen, ob die jeweils neuesten Ausgaben der im Folgenden genannten Normen angewendet werden können. Die Mitglieder von IEC und ISO führen Verzeichnisse der gegenwärtig gültigen Internationalen Normen.

ISO 128-24:1999, *Technical drawings – General principles of presentation – Part 24: Lines on mechanical engineering drawings.*

ISO 3098-0, *Technical product documentation – Lettering – Teil 0: General requirements.*

ISO 5456-2, *Technical drawings – Projection methods – Part 2: Orthographic representations.*

ISO 6428, *Technical drawings – Requirements for microcopying.*

ISO 10209-1, *Technical product documentation – Vocabulary – Part 1: Terms relating to technical drawings: general and types of drawings.*

ISO 10209-2, *Technical product documentation – Vocabulary – Part 2: Terms relating to projection methods.*

ISO 81714-1, *Design of graphical symbols for use in the technical documentation of products – Part 1: Basic rules.*

3 Begriffe

Für die Anwendung dieses Teils von ISO 128 gelten die Begriffe nach ISO 10209-1 und ISO 10209-2.

4 Allgemeines

Die aussagefähigste Ansicht eines Gegenstandes muss unter Berücksichtigung z. B. seiner Gebrauchslage, Fertigungs- oder Einbaulage als Vorder- oder Hauptansicht benutzt werden.

Jede Ansicht, mit Ausnahme der Vorder- oder Hauptansicht (Ansicht, Grundriss, Prinzipzeichnung), muss deutlich mit einem Großbuchstaben gekennzeichnet sein, der in der Nähe des Bezugspfeils, der die Betrachtungsrichtung der entsprechenden Ansicht angibt, wiederholt wird. Unabhängig von der Betrachtungsrichtung ist der Großbuchstabe immer senkrecht, bezogen auf die Leserichtung der Zeichnung, anzuordnen und entweder oberhalb oder rechts von der Pfeillinie einzutragen.

Der Bezugspfeil sowie die Schrifthöhe der Kennzeichnung sind in Anhang C definiert (gebogener Pfeil, siehe Abschnitt 7).

Die gekennzeichneten Ansichten dürfen beliebig zur Hauptansicht angeordnet werden. Die Großbuchstaben, die die zugehörigen Ansichten kennzeichnen, müssen unmittelbar oberhalb der entsprechenden Ansichten angeordnet sein (siehe Bild 1).

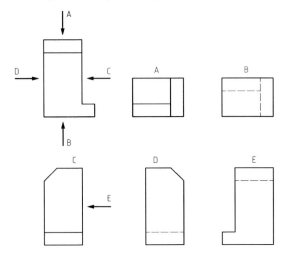

Bild 1 — Kennzeichnung der zugehörigen Ansichten

5 Auswahl der Ansichten

Wenn weitere Ansichten (einschließlich Schnittansichten und Schnitte) benötigt werden, sind diese nach den folgenden Grundsätzen auszuwählen:

— die Anzahl der Ansichten (Schnittansichten und Schnitte) ist auf das notwendige Maß zur eindeutigen und vollständigen Bestimmung des Gegenstandes zu beschränken;

— die Notwendigkeit von verdeckt darzustellenden Umrissen und Kanten ist zu vermeiden;

— die unnötige Wiederholung eines Details ist zu vermeiden.

6 Teilansichten

6.1 Allgemeines

Merkmale, die eine andere Darstellung als eine Gesamtansicht benötigen, dürfen unter Anwendung einer Teilansicht dargestellt werden, begrenzt durch eine schmale Volllinie als Zickzacklinie, Linienart 01.1.19 nach ISO 128-24:1999 (siehe Bild 2).

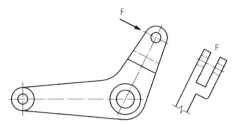

Bild 2 — Teilansicht

6.2 Teilansicht symmetrischer Teile

Um Zeit und Platz zu sparen, darf von symmetrischen Gegenständen ein Bruchteil gezeichnet werden [siehe Bild 3a), Bild 3b) und Bild 3c)].

Die Symmetrielinie wird an jedem Ende durch zwei schmale, kurze, parallele Linien im rechten Winkel zu ihr gekennzeichnet [siehe Bild 3a), Bild 3b) und Bild 3c)]. Das graphische Symbol für Symmetrie muss nach C.4 dargestellt werden.

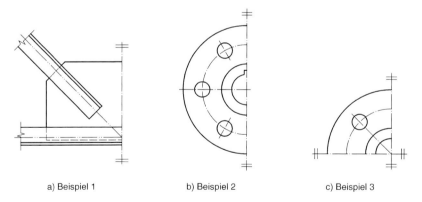

a) Beispiel 1   b) Beispiel 2   c) Beispiel 3

Bild 3 — Teilansicht symmetrischer Teile

7 Besondere Lage von Ansichten

Wenn nötig, ist es zulässig, die Ansicht in einer anderen Lage, als die durch den Bezugspfeil angegeben, darzustellen.

Wird die Ansicht in einer anderen Lage dargestellt, muss dies durch einen gebogenen Pfeil, der die Drehrichtung angibt, wie in den Bildern 4a) und 4b) gekennzeichnet werden. Der Drehwinkel der Ansicht darf hinter dem Großbuchstaben angegeben werden. Beim Bedarf sind die Eintragungen in der folgenden Reihenfolge anzugeben:

„Kennzeichnung der Ansicht – gebogener Pfeil – Drehwinkel"

Der gebogene Pfeil muss nach C.3 dargestellt werden.

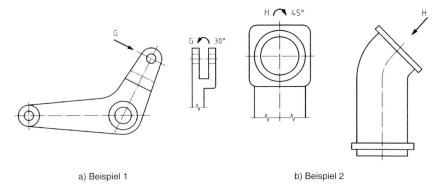

a) Beispiel 1   b) Beispiel 2

Bild 4 — Besondere Lage von Ansichten

Anhang A
(normativ)

Projektionsmethode 1

A.1 Allgemeines

Die Projektionsmethode 1 ist als Bestandteil dieses Teils von ISO 128 zu betrachten. Weitere detaillierte Information über die Projektionsmethode 1 ist in ISO 5456-2 zu finden.

A.2 Projektionsmethode 1

Bezogen auf die Vorderansicht (a), sind die anderen Ansichten wie folgt anzuordnen (siehe Bild A.1):

— die Draufsicht (b) liegt unterhalb;

— die Unteransicht (e) liegt oberhalb;

— die Seitenansicht von links (c) liegt rechts;

— die Seitenansicht von rechts (d) liegt links;

— die Rückansicht (f) darf beliebig links oder rechts liegen.

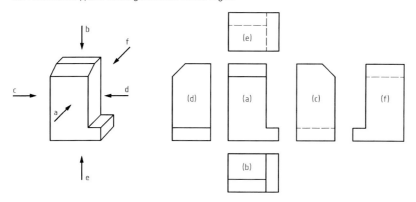

Bild A.1 — Projektionsmethode 1

A.3 Graphisches Symbol

Das graphische Symbol für die Projektionsmethode 1 ist in Bild A.2 dargestellt. Das Verhältnis und die Maße für dieses graphische Symbol sind in ISO 5456-2 festgelegt.

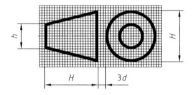

Bild A.2 — Graphisches Symbol

Anhang B
(normativ)

Projektionsmethode 3

B.1 Allgemeines

Die Projektionsmethode 3 ist als Bestandteil dieses Teils von ISO 128 zu betrachten. Weitere detaillierte Information über die Projektionsmethode 3 ist in ISO 5456-2 zu finden.

B.2 Projektionsmethode 3

Bezogen auf die Vorderansicht (a), sind die anderen Ansichten wie folgt anzuordnen (siehe Bild B.1):

— die Draufsicht (b) liegt oberhalb;

— die Unteransicht (e) liegt unterhalb;

— die Seitenansicht von links (c) liegt links;

— die Seitenansicht von rechts (d) liegt rechts;

— die Rückansicht (f) darf beliebig links oder rechts liegen.

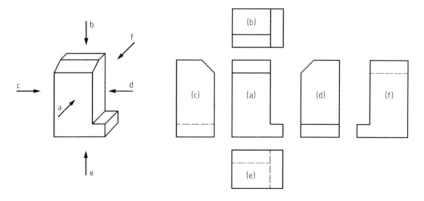

Bild B.1 — Projektionsmethode 3

B.3 Graphisches Symbol

Das graphische Symbol für die Projektionsmethode 3 ist in Bild B.2 dargestellt. Das Verhältnis und die Maße für dieses graphische Symbol sind in ISO 5456-2 festgelegt.

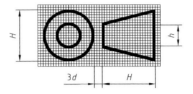

Bild B.2 — Graphisches Symbol

Anhang C
(normativ)

Graphische Symbole

C.1 Allgemeines

Um die Größe der in diesem Teil von ISO 128 festgelegten graphischen Symbole mit den Größen anderer Zeichnungsangaben (Maße, Toleranzen für Form und Lage usw.) in Übereinstimmung zu bringen, sind die in ISO 81714-1 festgelegten Regeln zu beachten.

Die Schrifthöhe h der Kennzeichnung der Ansicht muss um den Faktor $\sqrt{2}$ größer sein als die normale Schrift in der technischen Zeichnung.

In den Bildern C.1, C.2 und C.3 ist die Schriftform B, vertikal, nach ISO 3098-0 angewendet. Auch andere Schriftformen sind zugelassen.

C.2 Bezugspfeil

Siehe Bild C.1.

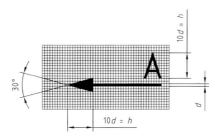

Bild C.1 — Graphisches Symbol für Bezugspfeile

C.3 Gebogener Pfeil

Siehe Bild C.2.

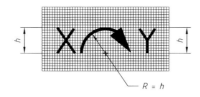

Bild C.2 — Graphisches Symbol für gebogene Pfeile

C.4 Symmetrie

Siehe Bild C.3.

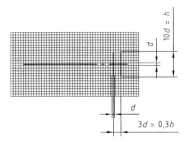

Bild C.3 — Graphisches Symbol für Symmetrie

Literaturhinweise

[1] ISO 128-20, *Technical drawings – General principles of presentation – Part 20: Basic conventions for lines.*

	Technische Zeichnungen **Allgemeine Grundlagen der Darstellung** Teil 34: Ansichten in Zeichnungen der mechanischen Technik (ISO 128-34:2001)	Mai 2002 **DIN** **ISO 128-34**

ICS 01.100.01

Technical drawings — General principles of presentation —
Part 34: Views on mechanical engineering drawings (ISO 128-34:2001)

Mit
DIN ISO 128-30:2002-05
und
DIN ISO 5456-2:1998-04
Ersatz für
DIN 6-1:1986-12

Dessins techniques — Principes généraux de représentation —
Partie 34: Vues applicables aux dessins industriels (ISO 128-34:2001)

Die Internationale Norm ISO 128-34:2001 „Technical drawings – General principles of presentation – Part 34: Views on mechanical engineering drawings" ist unverändert in diese Deutsche Norm übernommen worden.

Nationales Vorwort

Diese Norm wurde vom ISO/TC 10 „Technische Zeichnungen, Erzeugnisbeschreibung und dazugehörende Dokumentation", SC 6 „Dokumentation für die mechanische Technik", unter wesentlicher Beteiligung deutscher Fachleute ausgearbeitet. Auf nationaler Ebene ist der NATG-F.5 „Technisches Zeichnen" für die Bearbeitung verantwortlich.

Für die im Inhalt zitierten Internationalen Normen wird im Folgenden auf die entsprechenden Deutschen Normen hingewiesen:

ISO 128-20	siehe DIN ISO 128-20
ISO 128-24	siehe DIN ISO 128-24
ISO 128-30	siehe DIN ISO 128-30
ISO 5456-2	siehe DIN ISO 5456-2
ISO 6428	siehe DIN ISO 6428
ISO 10209-1	siehe DIN 199-1
ISO 129-1	siehe DIN 406-10, 406-11

Änderungen

Gegenüber DIN 6-1:1986-12 wurden folgende Änderungen vorgenommen:

ISO 128-34 wurde unverändert in diese Norm übernommen.

Mit der Übernahme der Internationalen Norm ISO 128-34 wurden:

— die Abschnitte über Projektionsmethoden in DIN ISO 128-30 überführt;

— die Abschnitte über bewegliche Teile, Teile mit mehreren gleichen Ansichten oder Schnitten aufgenommen;

— Teilansichten in Projektionsmethode 3 dargestellt (früher Projektionsmethode 1).

Frühere Ausgaben

DIN 36: 1922-10
DIN 6: 1922x-11, 1956-10, 1968-03
DIN 6-1: 1986-12

Fortsetzung Seite 2 bis 18

Normenausschuss Technische Grundlagen (NATG) — Technische Produktdokumentation —
im DIN Deutsches Institut für Normung e.V.

Nationaler Anhang NA
(informativ)
Literaturhinweise

DIN 199-1, *Technische Produktdokumentation — CAD-Modelle, Zeichnungen und Stücklisten — Teil 1: Begriffe.*

DIN 406-10, *Technische Zeichnungen – Maßeintragung – Begriffe, allgemeine Grundlagen.*

DIN 406-11, *Technische Zeichnungen – Maßeintragung – Grundlagen der Anwendung.*

DIN ISO 128-20, *Technische Zeichnungen – Allgemeine Grundlagen der Darstellung – Teil 20: Linien, Grundregeln (ISO 128-20:1996).*

DIN ISO 128-24, *Technische Zeichnungen – Allgemeine Grundlagen der Darstellung – Teil 24: Linien in Zeichnungen der mechanischen Technik (ISO 128-24:1999).*

DIN ISO 128-30, *Technische Zeichnungen – Allgemeine Grundlagen der Darstellung – Teil 30: Grundregeln für Ansichten (ISO 128-30:2001).*

DIN ISO 5456-2, *Technische Zeichnungen – Projektionsmethoden – Teil 2: Orthogonale Darstellungen (ISO 5456-2:1996).*

DIN ISO 6428, *Technische Zeichnungen – Anforderungen für die Mikroverfilmung (ISO 6428:1982).*

DIN ISO 128-34:2002-05

Deutsche Übersetzung

Technische Zeichnungen
Allgemeine Grundlagen der Darstellung
Teil 34: Ansichten in Zeichnungen der mechanischen Technik

Inhalt

Seite

Vorwort 4
1 Anwendungsbereich 5
2 Normative Verweisungen 5
3 Begriffe 5
4 Linienarten und deren Anwendung 5
5 Teilansichten 5
6 Angrenzende Teile und Umrisse 7
7 Durchdringungen 9
8 Quadratische Enden an Wellen 10
9 Unterbrochene Ansichten 10
10 Wiederkehrende Geometrieelemente 11
11 Bauteile in einem größeren Maßstab 12
12 Ursprüngliche Umrisse 12
13 Biegelinien 13
14 Geringe Neigungen oder Kurven 13
15 Durchsichtige Gegenstände 14
16 Bewegliche Teile 15
17 Fertige Formen und Rohteile 15
18 Teile aus einzelnen gleichen Elementen 16
19 Oberflächenstrukturen 16
20 Faser- und Walzrichtungen 16
21 Teile mit zwei oder mehreren gleichen Ansichten 17
22 Spiegelbildlich gleiche Teile 18

Vorwort

Die ISO (Internationale Organisation für Normung) ist die weltweite Vereinigung nationaler Normungsinstitute (ISO-Mitgliedskörperschaften). Die Erarbeitung Internationaler Normen obliegt den Technischen Komitees der ISO. Jede Mitgliedskörperschaft, die sich für ein Thema interessiert, für das ein Technisches Komitee eingesetzt wurde, ist berechtigt, in diesem Komitee mitzuarbeiten. Internationale (staatliche und nichtstaatliche) Organisationen, die mit der ISO in Verbindung stehen, sind an den Arbeiten ebenfalls beteiligt. Die ISO arbeitet bei allen Angelegenheiten der elektrotechnischen Normung eng mit der Internationalen Elektrotechnischen Kommission (IEC) zusammen.

Die Internationalen Normen werden nach den Regeln der ISO/IEC-Direktiven, Teil 3, ausgearbeitet.

Die von den Technischen Komitees verabschiedeten internationalen Norm-Entwürfe werden den Mitglieds-Körperschaften zur Abstimmung vorgelegt. Die Veröffentlichung als Internationale Norm erfordert Zustimmung von mindestens 75 % der abstimmenden Mitgliedskörperschaften.

Es wird darauf hingewiesen, dass die Möglichkeit besteht, dass einige Elemente dieses Teils von ISO 128 Patentrechte berühren können. ISO ist nicht dafür verantwortlich, einige oder alle diesbezüglichen Patentrechte zu identifizieren.

Die Internationale Norm ISO 128-34 wurde vom Technischen Komitee ISO/TC 10 „Technische Zeichnungen, Erzeugnisbeschreibung und dazugehörende Dokumentation", Unterkomitee SC 6 „Dokumentation für die mechanische Technik", erarbeitet.

ISO 128 besteht aus den folgenden Teilen unter dem Haupttitel „Technische Zeichnungen – Allgemeine Grundlagen der Darstellung":

— Teil 1: Einleitung und Stichwortverzeichnis

— Teil 20: Linien, Grundregeln

— Teil 21: Ausführung von Linien mit CAD-Systemen

— Teil 22: Grund- und Anwendungsregeln für Hinweis- und Bezugslinien

— Teil 23: Linien in Zeichnungen des Bauwesens

— Teil 24: Linien in Zeichnungen der mechanischen Technik

— Teil 25: Linien in Schiffbauzeichnungen

— Teil 30: Grundregeln für Ansichten

— Teil 34: Ansichten in Zeichnungen der mechanischen Technik

— Teil 40: Grundregeln für Schnittansichten und Schnitte

— Teil 44: Schnitte in Zeichnungen der mechanischen Technik

— Teil 50: Grundregeln für Flächen in Schnitten und Schnittansichten

1 Anwendungsbereich

Dieser Teil von ISO 128 legt zusätzlich zu ISO 128-30 spezielle Regeln zur Darstellung von Ansichten fest und gilt für die technischen Zeichnungen der mechanischen Technik und folgt den orthogonalen Projektionsmethoden nach ISO 5456-2.

Die Anforderungen an die Reproduktion, einschließlich Mikroverfilmung nach ISO 6428, wurden auch in diesem Teil von ISO 128 berücksichtigt.

2 Normative Verweisungen

Die folgenden normativen Dokumente enthalten Festlegungen, die durch Verweisung in diesem Text Bestandteil der vorliegenden Internationalen Norm sind. Zum Zeitpunkt der Veröffentlichung dieser Internationalen Norm waren die angegebenen Ausgaben gültig. Alle normativen Dokumente unterliegen der Überarbeitung. Vertragspartner, deren Vereinbarungen auf dieser Internationalen Norm basieren, werden gebeten, die Möglichkeit zu prüfen, ob die jeweils neuesten Ausgaben der im Folgenden genannten Normen angewendet werden können. Die Mitglieder von IEC und ISO führen Verzeichnisse der gegenwärtig gültigen Internationalen Normen.

ISO 128-20:1996, *Technical drawings – General principles of presentation – Part 20: Basic conventions for lines.*

ISO/DIS 128-24:1999, *Technical drawings – General principles of presentation – Part 24: Lines on mechanical engineering drawings.*

ISO 128-30[1], *Technical drawings – General principles of presentation – Part 30: Basic conventions for views.*

ISO 129-1[2], *Technical drawings – Indications of dimensions and tolerances – Part 1: General principles.*

ISO 5456-2:1996, *Technical drawings – Projection methods – Part 2: Orthographic representation.*

ISO 6428:1982, *Technical drawings – Requirements for microcopying.*

ISO 10209-1:1992, *Technical product documentation – Vocabulary – Part 1: Terms relating to technical drawings: general and types of drawings.*

3 Begriffe

Für die Anwendung dieses Teils von ISO 128 gelten die Begriffe nach ISO 10209-1.

4 Linienarten und deren Anwendung

Die in diesem Teil von ISO 128 genannten Grundarten der Linien sind in ISO 128-20 festgelegt. Die Grund- und Anwendungsregeln für die Linienarten in Zeichnungen der mechanischen Technik sind in ISO 128-24 festgelegt.

5 Teilansichten

Wenn die Darstellung eindeutig ist, darf eine Teilansicht anstatt einer Gesamtansicht gezeichnet werden. Teilansichten sollten in der Projektionsmethode 3 dargestellt werden, ohne Berücksichtigung der für die allgemeine Ausführung der Zeichnung angewendeten Anordnung. Teilansichten werden in breiten Volllinien

---

[1] In Vorbereitung

[2] In Vorbereitung (Überarbeitung der ISO 129:1985)

DIN ISO 128-34:2002-05

(Linienart 01.2) gezeichnet und mit der Hauptansicht durch eine schmale Strich-Punktlinie (langer Strich, Linienart 04.1) verbunden. Beispiele sind in den Bildern 1 bis 4 dargestellt.

NATIONALE ANMERKUNG Gegenüber DIN 6-1 wird hier die Projektionsmethode 3 festgelegt.

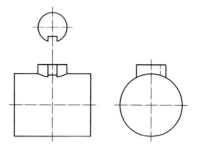

Bild 1 — Teilansicht eines Achszapfens

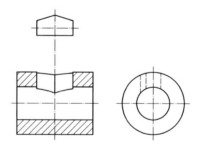

Bild 2 — Teilansicht eines Durchgangsloches

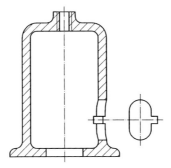

Bild 3 — Teilansicht eines Loches

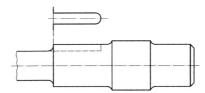

Bild 4 — Teilansicht eines Schlitzes

6 Angrenzende Teile und Umrisse

Wenn die Darstellung von angrenzenden Teilen zu einem Gegenstand nötig ist, müssen sie als schmale Strich-Zweipunktlinie (langer Strich, Linienart 05.1) gezeichnet werden. Das angrenzende Teil darf die Hauptansicht nicht verdecken, darf aber durch diese verdeckt werden (siehe Bild 5 und Bild 6). Angrenzende Teile in Schnittansichten und Schnitten dürfen nicht schraffiert werden.

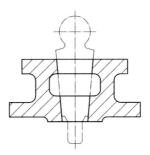

Bild 5 — Eingeschlossenes angrenzendes Teil

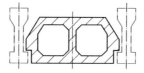

Bild 6 — Angrenzende Teile

Wenn die Umrisse von Einzelheiten nicht endgültig festgelegt werden können oder dürfen, muss deren vermutlicher Umgebungsraum wie in Bild 7 und in Bild 8 durch schmale Strich-Zweipunktlinien (langer Strich, Linienart 05.1) angedeutet werden.

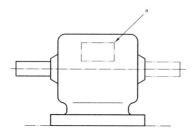

[a] Schild für Information

Bild 7 — Andeuten von Umrissen

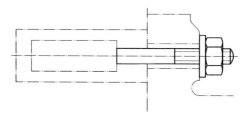

Bild 8 — Andeuten von Umrissen

7 Durchdringungen

Reale geometrische Durchdringungslinien werden mit breiten Volllinien (Linienart 01.2) gezeichnet, wenn sie sichtbar sind, und mit schmalen Strichlinien (Linienart 02.1), wenn sie verdeckt sind (siehe Bild 9).

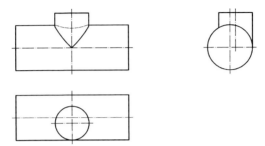

Bild 9 — Reale Durchdringungen

Die vereinfachte Darstellung von realen Durchdringungen darf bei Durchdringungen wie folgt angewendet werden:

— Zwischen zwei Zylindern dürfen die gerundeten Durchdringungslinien durch gerade, breite Volllinien ersetzt werden (siehe Bild 10);

— zwischen einem Zylinder und einem rechteckigen Prisma darf die Verschiebung der geraden Durchdringungslinie (siehe Bild 2) weggelassen werden.

Die vereinfachte Darstellung sollte jedoch vermieden werden, wenn dies die Verständlichkeit der Zeichnung beeinflusst.

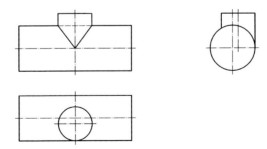

Bild 10 — Vereinfachte Darstellung von Durchdringungen

Gedachte Durchdringungslinien wie Lichtkanten oder gerundete Kanten werden durch schmale Volllinien (Linienart 01.1) dargestellt, die nicht die Umrisse berühren (siehe Bild 11).

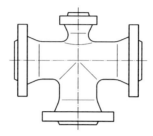

Bild 11 — Gedachte Durchdringungen

8 Quadratische Enden an Wellen

Um das Zeichnen einer zusätzlichen Ansicht oder eines Schnittes zu vermeiden, können quadratische Enden oder Flächen (siehe Bild 12) sowie verjüngte quadratische Enden an Wellen (siehe Bild 13) mit Diagonalen, gezeichnet als schmale Volllinien (Linienart 01.1), gekennzeichnet werden.

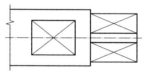

Bild 12 — Quadratische Enden und Flächen

Bild 13 — Verjüngte quadratische Enden

9 Unterbrochene Ansichten

Um Platz zu sparen, ist es zulässig, nur die Teile eines langen Gegenstandes zu zeigen, die zu seiner Definition notwendig sind. Die Begrenzungen oder belassenen Teile müssen als schmale Freihandlinien oder schmale Zickzacklinien gezeichnet werden. Die Teile müssen eng aneinander gezeichnet werden (siehe Bild 14 und Bild 15).

ANMERKUNG   Unterbrochene Ansichten stellen nicht die wirkliche Geometrie dar.

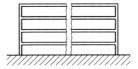

Bild 14 — Unterbrochene Ansicht

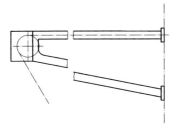

Bild 15 — Unterbrochene Ansicht

10 Wiederkehrende Geometrieelemente

Wenn sich bestimmte gleiche Geometrieelemente regelmäßig wiederholen, dann werden nur ein Geometrieelement und seine Lagen dargestellt. In allen Fällen sind die Anzahl und die Art von wiederkehrenden Geometrieelementen durch die Bemaßung nach ISO 129-1 definiert.

Bei symmetrischen Geometrieelementen wird die Lage nicht dargestellter Geometrieelemente durch schmale Strich-Punktlinien (langer Strich, Linienart 04.1) gekennzeichnet, wie in Bild 16 und in Bild 17 dargestellt.

Bei unsymmetrischen Geometrieelementen wird der Bereich nicht dargestellter Geometrieelemente durch schmale Volllinien (Linienart 01.1) gekennzeichnet, wie in Bild 18 dargestellt.

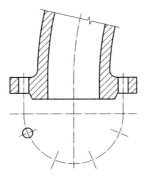

Bild 16 — Symmetrisch sich wiederholende Geometrieelemente

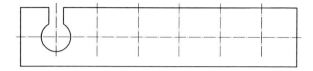

Bild 17 — Symmetrisch sich wiederholende Geometrieelemente

Bild 18 — Unsymmetrisch sich wiederholende Geometrieelemente

11 Bauteile in einem größeren Maßstab

Wenn der Maßstab so klein ist, dass nicht alle Geometrieelemente eindeutig dargestellt und bemaßt werden können, müssen die nicht deutlich dargestellten Geometrieelemente durch eine schmale Volllinie (Linienart 01.1) eingerahmt oder eingekreist und durch einen Großbuchstaben identifiziert werden. Die Geometrieelemente in diesem Bereich müssen dann in einem größeren Maßstab dargestellt und mit dem Kennbuchstaben sowie mit dem Maßstab, der hinter dem Kennbuchstaben in Klammern angegeben wird, bezeichnet werden.

Bild 19 — Bauteile in einem größeren Maßstab

12 Ursprüngliche Umrisse

Wenn es nötig ist, die ursprünglichen Umrisse eines Bauteiles vor dem Verformen darzustellen, ist der ursprüngliche Umriss durch eine schmale Strich-Zweipunktlinie (langer Strich, Linienart 05.1) darzustellen (siehe Bild 20).

Bild 20 — Ursprüngliche Umrisse

13 Biegelinien

Biegelinien in Abwicklungen werden als schmale Volllinien (Linienart 01.1) wie in Bild 21 dargestellt.

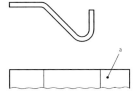

^a Abwicklung

Bild 21 — Biegelinien

14 Geringe Neigungen oder Kurven

Lassen sich geringe Neigungen oder Kurven (an Schrägen, Kegeln, Pyramiden) in der zugehörigen Projektion nicht deutlich zeigen, so darf auf ihre Darstellung verzichtet werden. In diesen Fällen ist nur die Kante durch eine breite Volllinie (Linienart 01.2) zu zeichnen, die der Projektion des kleineren Maßes entspricht. Dies wird in Bild 22 und in Bild 23 durch Projektionslinien angegeben, die nur zur Erläuterung gezeichnet werden.

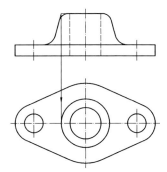

Bild 22 — Geringe Kurve

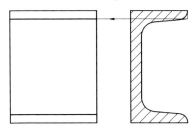

Bild 23 — Geringe Neigung

15 Durchsichtige Gegenstände

Alle Gegenstände, die aus durchsichtigem Material hergestellt werden, sind als nicht durchsichtig zu zeichnen (siehe Bild 24).

In Gruppen- oder Gesamtzeichnungen dürfen Teile, die sich hinter durchsichtigen Elementen befinden, wie sichtbare dargestellt werden (siehe Bild 25).

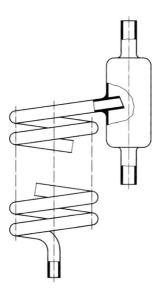

Bild 24 — Durchsichtiger Gegenstand

Bild 25 — Gesamtzeichnung eines durchsichtigen Gegenstandes

16 Bewegliche Teile

In Sammelzeichnungen dürfen Alternativen und Extremlagen beweglicher Teile gezeigt werden. Sie werden als schmale Strich-Zweipunktlinien (langer Strich, Linienart 05.1) wie in Bild 26 gezeichnet.

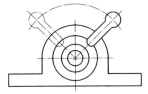

Bild 26 — Bewegliches Teil

17 Fertige Formen und Rohteile

Es ist erlaubt, die Form eines fertigen Teiles in die Zeichnung des Rohteiles oder die Form des Rohteiles in die Zeichnung des fertigen Teiles einzuzeichnen. Diese Teile müssen als schmale Strich-Zweipunktlinien (Linienart 05.1) (siehe Bild 27 und Bild 28) gezeichnet werden.

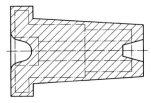

Bild 27 — Fertiges Teil im Rohteil

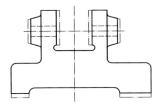

Bild 28 — Rohteil am fertigen Teil

18 Gegenstände aus einzelnen gleichen Elementen

Teile, die aus einzelnen, aber gleichen Elementen bestehen, sollten wie aus einem Stück bestehend dargestellt werden. Die Lage der Elemente darf durch kurze, schmale Volllinien (Linienart 01.1) wie in Bild 29 angegeben werden.

Bild 29 — Einzelne, gleiche Elemente

19 Oberflächenstrukturen

Strukturen wie Prägungen, Riffelungen, Rändel, Ziselierungen müssen vollständig oder teilweise durch breite Volllinien (Linienart 01.2) dargestellt werden (siehe Bild 30).

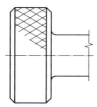

Bild 30 — Oberflächenstrukturen

20 Faser- und Walzrichtungen

Die Faser- und Walzrichtungen werden in der Darstellung eines Teils nicht gezeigt. Wenn nötig, dürfen sie durch kurze Volllinien (Linienart 01.1) mit zwei Pfeilen wie in Bild 31 und in Bild 32 angegeben werden.

Bild 31 — Faserrichtung

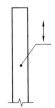

Bild 32 — Walzrichtung

21 Teile mit zwei oder mehreren gleichen Ansichten

Zwei oder mehr gleiche Ansichten eines Teiles dürfen durch die Angabe „Symmetrisches Teil" bestimmt werden (siehe ISO 128-30) oder durch Bezugspfeile und Großbuchstaben oder Zahlen, oder beides, wie in den Bildern 33 und 34.

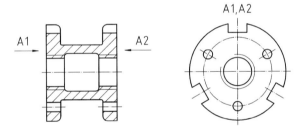

Bild 33 — Zwei gleiche Ansichten

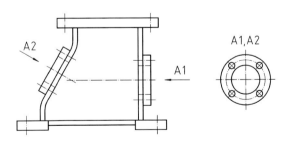

Bild 34 — Zwei gleiche Teilansichten

22 Spiegelbildlich gleiche Teile

Wenn einfache Teile spiegelbildlich gleich sind, muss eine Darstellung für beide Teile genügen, vorausgesetzt, dass keine Fehler bei der Fertigung entstehen können. Eine textliche Erläuterung muss in der Nähe des Schriftfeldes eingetragen werden (siehe Bild 35).

Wenn erforderlich, dürfen vereinfachte Darstellungen beider Teile in verkleinertem Maßstab ohne Bemaßung gezeichnet werden, um die Unterschiede hervorzuheben.

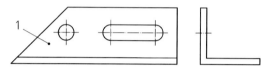

Legende
1   Teil 1

BEISPIEL   (Im Schriftfeld) „Teil 1 wie gezeichnet; Teil 2 Spiegelbildlich gleich"

Bild 35 — Spiegelbildlich gleiche Teile

Mai 2002

DIN ISO 128-40

Technische Zeichnungen
Allgemeine Grundlagen der Darstellung
Teil 40: Grundregeln für Schnittansichten und Schnitte
(ISO 128-40:2001)

ICS 01.100.01

Mit
DIN ISO 128-44:2002-05 und
DIN ISO 128-50:2002-05
Ersatz für
DIN 6-2:1986-12

Technical drawings — General principles of presentation —
Part 40: Basic conventions for cuts and sections (ISO 128-40:2001)

Dessins techniques — Principes généraux de représentation —
Partie 40: Conventions de base pour les coupes et les sections
(ISO 128-40:2001)

Die Internationale Norm ISO 128-40:2001 „Technical drawings – General principles of presentation – Part 40: Basic conventions for cuts and sections" ist unverändert in diese Deutsche Norm übernommen worden.

Nationales Vorwort

Diese Norm wurde im ISO/TC 10 „Technische Zeichnungen, Erzeugnisbeschreibung und dazugehörende Dokumentation", Unterkomitee SC 1 „Allgemeine Grundlagen", unter wesentlicher Beteiligung deutscher Fachleute ausgearbeitet. Auf nationaler Ebene ist der NATG-F.5 „Technisches Zeichnen" für die Bearbeitung verantwortlich.

Für die im Inhalt zitierten Internationalen Normen wird im Folgenden auf die entsprechenden Deutschen Normen hingewiesen:

ISO 128-23	siehe DIN ISO 128-23
ISO 128-24	siehe DIN ISO 128-24
ISO 128-30	siehe DIN ISO 128-30
ISO 128-50	siehe DIN ISO 128-50
ISO 3098-0	siehe DIN EN ISO 3098-0
ISO 5456-2	siehe DIN ISO 5456-2
ISO 6428	siehe DIN ISO 6428
ISO 10209-1	siehe DIN 199-1
ISO 10209-2	siehe DIN ISO 10209-2
ISO 81714-1	siehe DIN EN ISO 81714-1

Fortsetzung Seite 2 bis 11

Normenausschuss Technische Grundlagen (NATG) — Technische Produktdokumentation —
im DIN Deutsches Institut für Normung e.V.

Änderungen

Gegenüber DIN 6-2:1986-12 wurden folgende Änderungen vorgenommen:

ISO 128-40 wurde unverändert in diese Norm übernommen.

Mit der Übernahme der Internationalen Norm ISO 128-40 wurde(n):

— die Begriffe „Schnittfläche", „Horizontalschnitt", „Vertikalschnitt", „Frontalschnitt", „Profilschnitt", „Vollschnitt", „Ausbruch" und „Teilausschnitt" gestrichen;

— die Anordnung und die Kennzeichnung von Schnitten in DIN ISO 128-44 überführt;

— die Grundregeln für Schnittflächen in DIN ISO 128-50 überführt;

— der Begriff „Schnittansicht" aufgenommen;

— die graphischen Symbole für die Darstellung von Schnitten aufgenommen.

Frühere Ausgaben

DIN 36: 1922-10
DIN 6: 1922x-11, 1956-10, 1968-03
DIN 6-2: 1986-12

Nationaler Anhang NA
(informativ)
Literaturhinweise

DIN 199-1, *Technische Produktdokumentation – CAD-Modelle, Zeichnungen und Stücklisten – Teil 1: Begriffe.*

DIN EN ISO 3098-0, *Technische Produktdokumentation – Schriften – Teil 0: Grundregeln (ISO 3098-0:1997); Deutsche Fassung EN ISO 3098-0:1997.*

DIN EN ISO 81714-1, *Gestaltung von graphischen Symbolen für die Anwendung in der technischen Produktdokumentation – Teil 1: Grundregeln (ISO 81714-1:1999); Deutsche Fassung EN ISO 81714-1:1999.*

DIN ISO 128-23, *Technische Zeichnungen – Allgemeine Grundregeln der Darstellung – Teil 23: Linien in Zeichnungen des Bauwesens (ISO 128-23:1999).*

DIN ISO 128-24, *Technische Zeichnungen – Allgemeine Grundlagen der Darstellung – Teil 24: Linien in Zeichnungen der mechanischen Technik (ISO 128-24:1999).*

DIN ISO 128-30, *Technische Zeichnungen – Allgemeine Grundlagen der Darstellung – Teil 30: Grundregeln für Ansichten (ISO 128-30:2001).*

DIN ISO 128-50, *Technische Zeichnungen – Allgemeine Grundlagen der Darstellung – Teil 50: Grundregeln für Flächen in Schnitten und Schnittansichten (ISO 128-50:2001).*

DIN ISO 5456-2, *Technische Zeichnungen – Projektionsmethoden – Teil 2: Orthogonale Darstellungen (ISO 5456-2:1996).*

DIN ISO 6428, *Technische Zeichnungen – Anforderungen für die Mikroverfilmung (ISO 6428:1982).*

DIN ISO 10209-2, *Technische Produktdokumentation – Begriffe – Teil 2: Begriffe für Projektionsmethoden; Identisch mit ISO 10209-2:1993.*

DIN ISO 128-40:2002-05

Deutsche Übersetzung

Technische Zeichnungen
Allgemeine Grundlagen der Darstellung
Teil 40: Grundregeln für Schnittansichten und Schnitte

Vorwort

Die ISO (Internationale Organisation für Normung) ist die weltweite Vereinigung nationaler Normungsinstitute (ISO-Mitgliedskörperschaften). Die Erarbeitung Internationaler Normen obliegt den Technischen Komitees der ISO. Jede Mitgliedskörperschaft, die sich für ein Thema interessiert, für das ein Technisches Komitee eingesetzt wurde, ist berechtigt, in diesem Komitee mitzuarbeiten. Internationale (staatliche und nichtstaatliche) Organisationen, die mit der ISO in Verbindung stehen, sind an den Arbeiten ebenfalls beteiligt. Die ISO arbeitet bei allen Angelegenheiten der elektrotechnischen Normung eng mit der Internationalen Elektrotechnischen Kommission (IEC) zusammen.

Die Internationalen Normen werden nach den Regeln der ISO/IEC-Direktiven, Teil 3, ausgearbeitet.

Die von den Technischen Komitees verabschiedeten internationalen Norm-Entwürfe werden den Mitgliedskörperschaften zur Abstimmung vorgelegt. Die Veröffentlichung als International Norm erfordert Zustimmung von mindestens 75 % der abstimmenden Mitgliedskörperschaften.

Es wird darauf hingewiesen, dass die Möglichkeit besteht, dass einige Elemente dieses Teils von ISO 128 Patentrechte berühren können. ISO ist nicht dafür verantwortlich, einige oder alle diesbezüglichen Patentrechte zu identifizieren.

Die Internationale Norm ISO 128-40 wurde vom Technischen Komitee ISO/TC 10 „Technische Zeichnungen, Erzeugnisbeschreibung und dazugehörende Dokumentation", Unterkomitee SC 1 „Allgemeine Grundlagen", erarbeitet.

Diese erste Ausgabe wurde auf der Grundlage von ISO 128:1982, Abschnitt 2, ausgearbeitet und ersetzt die in diesem Abschnitt enthaltenen Regeln.

ISO 128 besteht aus den folgenden Teilen unter dem Haupttitel „Technische Zeichnungen – Allgemeine Grundlagen der Darstellung":

— Teil 1: Einleitung und Stichwortverzeichnis

— Teil 20: Linien, Grundregeln

— Teil 21: Ausführung von Linien mit CAD-Systemen

— Teil 22: Grund- und Anwendungsregeln für Hinweis- und Bezugslinien

— Teil 23: Linien in Zeichnungen des Bauwesens

— Teil 24: Linien in Zeichnungen der mechanischen Technik

— Teil 25: Linien in Schiffbauzeichnungen

— Teil 30: Grundregeln für Ansichten

— Teil 34: Ansichten in Zeichnungen der mechanischen Technik

— Teil 40: Grundregeln für Schnittansichten und Schnitte

4

— Teil 44: Schnitte in Zeichnungen der mechanischen Technik

— Teil 50: Grundregeln für Flächen in Schnitten und Schnittansichten

Anhang A zu diesem Teil von ISO 128 ist ein normativer Bestandteil dieser Internationalen Norm.

1 Anwendungsbereich

Dieser Teil von ISO 128 legt die allgemeinen Grundsätze für die Darstellung von Schnittansichten und Schnitten in allen Arten von technischen Zeichnungen (mechanische Technik, Elektrotechnik, Architektur, Tiefbau usw.) in Orthogonalprojektion nach ISO 5456-2 fest. Die Darstellung der Schnittflächen erfolgte nach ISO 128-50.

Die Anforderungen an die Reproduktion, einschließlich Mikroverfilmung nach ISO 6428, wurden auch in dieser Norm berücksichtigt.

2 Normative Verweisungen

Die folgenden normativen Dokumente enthalten Festlegungen, die durch Verweisung in diesem Text Bestandteil der vorliegenden Internationalen Norm sind. Zum Zeitpunkt der Veröffentlichung dieser Internationalen Norm waren die angegebenen Ausgaben gültig. Alle normativen Dokumente unterliegen der Überarbeitung. Vertragspartner, deren Vereinbarungen auf dieser Internationalen Norm basieren, werden gebeten, die Möglichkeit zu prüfen, ob die jeweils neuesten Ausgaben der im Folgenden genannten Normen angewendet werden können. Die Mitglieder von IEC und ISO führen Verzeichnisse der gegenwärtig gültigen Internationalen Normen.

ISO 128-23:1999, *Technical drawings — General principles of presentation — Part 23: Lines on construction drawings.*

ISO 128-24:1999, *Technical drawings — General principles of presentation — Part 24: Lines on mechanical engineering drawings.*

ISO 128-30, *Technical drawings — General principles of presentation — Part 30: Basic conventions for views.*

ISO 128-50, *Technical drawings — General principles of presentation — Part 50: Basic conventions for representing areas on cuts and sections.*

ISO 3098-0, *Technical product documentation — Lettering — Teil 0: General requirements.*

ISO 5456-2, *Technical drawings — Projection methods — Part 2: Orthographic representations.*

ISO 6428, *Technical drawings — Requirements for microcopying.*

ISO 10209-1, *Technical product documentation — Vocabulary — Part 1: Terms relating to technical drawings: general and types of drawings.*

ISO 10209-2, *Technical product documentation — Vocabulary — Part 2: Terms relating to projection methods.*

ISO 81714-1, *Design of graphical symbols for use in the technical documentation of products — Part 1: Basic rules.*

3 Begriffe

Für die Anwendung dieses Teils von ISO 128 gelten die Begriffe nach ISO 10209-1 und ISO 10209-2 und die folgenden Begriffe.

3.1
Schnittebene
eine gedachte Ebene, in der der dargestellte Gegenstand durchgeschnitten ist

3.2
Schnittlinie
eine Linie, die die Lage einer Schnittebene oder den Schnittverlauf bei zwei oder mehreren Schnittebenen kennzeichnet

3.3
Schnittansicht
ein Schnitt, der zusätzlich die Umrisse hinter der Schnittebene zeigt

ANMERKUNG   Das ist ein Auszug aus der ISO 10209-1 (Begriff 2.2). Bei der Anwendung der Begriffe „Schnittansicht" und „Schnitt" wird jedoch ein Unterschied zwischen der mechanischen Technik und dem Bauwesen gemacht. Der Begriff „Schnittansicht" wird hauptsächlich im Bauwesen und der Begriff „Schnitt" in der mechanischen Technik benutzt, ohne Berücksichtigung der Definitionen in 3.3 oder 3.4.

3.4
Schnitt
die Darstellung, die nur die Umrisse eines Gegenstandes in einer oder mehreren Schnittebenen zeigt

ANMERKUNG   Das ist ein Auszug aus der ISO 10209-1 (Begriff 2.9). Bei der Anwendung der Begriffe „Schnittansicht" und „Schnitt" wird jedoch ein Unterschied zwischen der mechanischen Technik und dem Bauwesen gemacht. Der Begriff „Schnittansicht" wird hauptsächlich im Bauwesen und der Begriff „Schnitt" in der mechanischen Technik benutzt, ohne Berücksichtigung der Definitionen in 3.3 oder 3.4.

3.5
Halbschnittansicht/Halbschnitt
die Darstellung eines symmetrischen Gegenstandes, der, getrennt durch die Mittellinie, zur Hälfte als Ansicht und zur Hälfte als Schnittansicht oder Schnitt gezeichnet ist

3.6
Teilschnittansicht/Teilschnitt
die Darstellung, bei der nur ein Teil des Gegenstandes im Schnitt gezeichnet ist

4 Allgemeines

Die allgemeinen Regeln für die Anordnung von Ansichten (siehe ISO 128-30) gelten sinngemäß auch für die zeichnerische Darstellung von Schnittansichten und Schnitten.

Jede Schnittansicht oder jeder Schnitt muss deutlich mit zwei gleichen Großbuchstaben gekennzeichnet sein. Jeweils einer dieser Großbuchstaben ist, in der Ausgangsansicht, in der Verlängerung der Schnittlinie anzuordnen. Kurz von den beiden Enden der Schnittlinie sind auch die Bezugspfeile (dargestellt durch eine breite Volllinie, Linienart 01.2.8 nach ISO 128-24:1999 oder Linienart 01.2.8 nach ISO 128-23:1999), die die Betrachtungsrichtung der zugehörenden Schnittansicht und des zugehörenden Schnittes angeben, eingetragen (siehe Anhang A).

Diese Kennzeichnung muss so angeordnet sein, dass sie in Leserichtung der Zeichnung gelesen werden kann. Die Pfeile mit einem Winkel 30° oder 90° für Schnittansichten und Schnitte sowie die Schrifthöhe der Kennzeichnung sind im Anhang A festgelegt.

Die gekennzeichneten Schnittansichten und Schnitte dürfen beliebig zur Ansicht, in der die Schnittebene liegt, angeordnet sein. Die Kennzeichnung der zugehörigen Schnittansichten und Schnitte muss unmittelbar oberhalb der entsprechenden Darstellung angeordnet sein.

Die Darstellung der Schnittflächen für Schnittansichten und Schnitte ist in ISO 128-50 enthalten.

Die Lage der Schnittebene(n) muss mit einer breiten Strich-Punktlinie mit langem Strich (Schnittlinie), Linienart 04.2 nach ISO 128-24:1999 oder Linienart 04.2.1 nach ISO 128-23:1999 gezeichnet werden. Eine gerade Schnittebene muss zur besseren Erkennbarkeit in geeigneter Länge gezeichnet werden (siehe Bild 1).

Ändert die Schnittebene ihre Richtung, sollte die Schnittlinie nur an den Enden der Schnittebene, wo sich die Richtung der Schnittebene ändert, gezeichnet werden (siehe Bild 2).

Die Schnittlinie darf voll durchgezeichnet werden (mit einer schmalen Strich-Punktlinie mit langem Strich, Linienart 04.1 nach ISO 128-24:1999 oder Linienart 04.1 nach ISO 128-23:1999), wenn es zur besseren Erkennbarkeit notwendig ist.

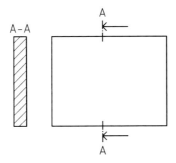

Bild 1 — Beispiel aus dem Bauwesen

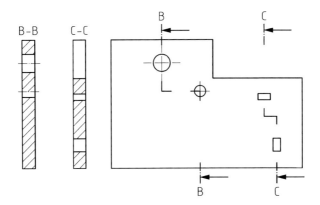

Bild 2 — Beispiel aus der mechanischen Technik

5 In die geeignete Ansicht gedrehter Schnitt

Wenn eindeutig, kann ein Schnitt in eine geeignete Ansicht gedreht werden. In diesem Fall muss der Umriss des Schnittes mit schmalen Volllinien, Linienart 01.1.16 nach ISO 128-24:1999 oder Linienart 01.1.11 nach ISO 128-23:1999 gezeichnet werden, eine weitere Kennzeichnung ist nicht notwendig [siehe Bild 3a) und Bild 3b)].

ANMERKUNG   Die Drehrichtung des Schnittes in die geeignete Ansicht ist freigestellt.

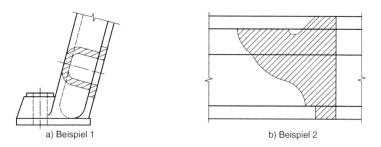

a) Beispiel 1   b) Beispiel 2

Bild 3 — In die geeignete Ansicht gedrehte Schnitte

6 Halbschnittansichten/Halbschnitte symmetrischer Teile

Symmetrische Teile dürfen zur Hälfte als Ansicht und zur Hälfte als Schnittansicht/Schnitt gezeichnet werden (siehe Bild 4).

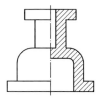

Bild 4 — Halbschnitt symmetrischer Teile

7 Teilschnittansichten/Teilschnitte

Teilschnittansichten/Teilschnitte dürfen gezeichnet werden, wenn Voll- oder Halbschnitte nicht erforderlich sind. Die Bruchlinie muss mit einer schmalen Volllinie als Zickzacklinie oder Freihandlinie der Linienart 01.1.19 oder 01.1.18 nach ISO 128-24:1999 oder Linienart 01.1.14 nach ISO 128-23:1999 gezeichnet werden (siehe Bild 5).

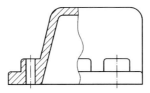

Bild 5 — Teilschnittansicht

Anhang A
(normativ)

Graphische Symbole

A.1 Allgemeines

Um die Größe der in diesem Teil von ISO 128 festgelegten graphischen Symbole mit den Größen anderer Zeichnungsangaben (Maße, Toleranzen für Form und Lage usw.) in Übereinstimmung zu bringen, sind die in ISO 81714-1 festgelegten Regeln zu beachten.

Die Schrifthöhe h der Kennzeichnung der Schnittansicht und des Schnittes muss um den Faktor $\sqrt{2}$ größer sein als die normale Schrift in den technischen Zeichnungen.

In den Bildern A.1 und A.2 ist die Schriftform B, vertikal, nach ISO 3098-0 angewendet. Auch andere Schriftformen sind zugelassen.

A.2 Pfeile für die Darstellung von Schnittansichten und Schnitten

Pfeil mit einem Winkel von 30° für Schnittansichten und Schnitte ist in Bild A.1 dargestellt. Pfeil mit einem Winkel von 90° für Schnittansichten und Schnitte ist in Bild A.2 dargestellt.

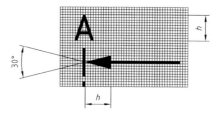

Bild A.1

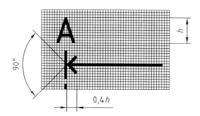

Bild A.2

Literaturhinweise

[1] ISO 128-20, *Technical drawings – General principles of presentation – Part 20: Basic conventions for lines.*

	Technische Zeichnungen **Allgemeine Grundlagen der Darstellung** Teil 44: Schnitte in Zeichnungen der mechanischen Technik (ISO 128-44:2001)	Mai 2002 **DIN** **ISO 128-44**

ICS 01.100.01

Mit
DIN ISO 128-40:2002-05 und
DIN ISO 128-50:2002-05
Ersatz für
DIN 6-2:1986-12

Technical drawings — General principles of presentation —
Part 44: Sections on mechanical engineering drawings (ISO 128-44:2001)

Dessins techniques — Principes généraux de représentation —
Partie 44: Coupes et sections applicables aux dessins industriels
(ISO 128-44:2001)

Die Internationale Norm ISO 128-44:2001 „Technical drawings – General principles of presentation – Part 44: Sections on mechanical engineering drawings" ist unverändert in diese Deutsche Norm übernommen worden.

Nationales Vorwort

Diese Norm wurde im ISO/TC 10 „Technische Zeichnungen, Erzeugnisbeschreibung und dazugehörende Dokumentation", Unterkomitee SC 1 „Allgemeine Grundlagen", unter wesentlicher Beteiligung deutscher Fachleute ausgearbeitet. Auf nationaler Ebene ist der NATG-F.5 „Technisches Zeichnen" für die Bearbeitung verantwortlich.

Für die im Inhalt zitierten Internationalen Normen wird im Folgenden auf die entsprechenden Deutschen Normen hingewiesen:

ISO 128-20	siehe DIN ISO 128-20
ISO 128-24	siehe DIN ISO 128-24
ISO 128-40	siehe DIN ISO 128-40
ISO 5456-2	siehe DIN ISO 5456-2
ISO 6428	siehe DIN ISO 6428
ISO 10209-1	siehe DIN 199-1
ISO 10209-2	siehe DIN ISO 10209-2

Fortsetzung Seite 2 bis 11

Normenausschuss Technische Grundlagen (NATG) — Technische Produktdokumentation —
im DIN Deutsches Institut für Normung e.V.

DIN ISO 128-44:2002-05

Änderungen

Gegenüber DIN 6-2:1986-12 wurden folgende Änderungen vorgenommen:

ISO 128-44 wurde unverändert in diese Norm übernommen.

Mit der Übernahme der Internationalen Norm ISO 128-44 wurde(n):

— der Abschnitt „Schnitte von Gruppen" gestrichen;

— der Abschnitt „Einzelheiten, die vor einer Schnittebene liegen" gestrichen;

— der Abschnitt „Begriffe" in DIN ISO 128-40 überführt;

— die Grundregeln für Schnitte in DIN ISO 128-50 überführt;

— die Grundregeln für Schnittflächen ebenfalls in DIN ISO 128-50 überführt.

Frühere Ausgaben

DIN 36: 1922-10
DIN 6: 1922x-11, 1956-10, 1968-03
DIN 6-2: 1986-12

Nationaler Anhang NA
(informativ)

Literaturhinweise

DIN 199-1, *Technische Produktdokumentation — CAD-Modelle, Zeichnungen und Stücklisten — Teil 1: Begriffe.*

DIN ISO 128-20, *Technische Zeichnungen – Allgemeine Grundlagen der Darstellung – Teil 20: Linien, Grundregeln (ISO 128-20:1996).*

DIN ISO 128-24, *Technische Zeichnungen – Allgemeine Grundlagen der Darstellung – Teil 24: Linien in Zeichnungen der mechanischen Technik (ISO 128-24:1999).*

DIN ISO 128-40, *Technische Zeichnungen – Allgemeine Grundlagen der Darstellung – Teil 40: Grundregeln für Schnittansichten und Schnitte (ISO 128-40:2001).*

DIN ISO 5456-2, *Technische Zeichnungen – Projektionsmethoden – Teil 2: Orthogonale Darstellungen (ISO 5456-2:1996).*

DIN ISO 6428, *Technische Zeichnungen – Anforderungen für die Mikroverfilmung (ISO 6428:1982).*

DIN ISO 10209-2, *Technische Produktdokumentation – Begriffe – Teil 2: Begriffe für Projektionsmethoden; Identisch mit ISO 10209-2:1993.*

Deutsche Übersetzung

Technische Zeichnungen
Allgemeine Grundlagen der Darstellung
Teil 44: Schnitte in Zeichnungen der mechanischen Technik

Vorwort

Die ISO (Internationale Organisation für Normung) ist die weltweite Vereinigung nationaler Normungsinstitute (ISO-Mitgliedskörperschaften). Die Erarbeitung Internationaler Normen obliegt den Technischen Komitees der ISO. Jede Mitgliedskörperschaft, die sich für ein Thema interessiert, für das ein Technisches Komitee eingesetzt wurde, ist berechtigt, in diesem Komitee mitzuarbeiten. Internationale (staatliche und nichtstaatliche) Organisationen, die mit der ISO in Verbindung stehen, sind an den Arbeiten ebenfalls beteiligt. Die ISO arbeitet bei allen Angelegenheiten der elektrotechnischen Normung eng mit der Internationalen Elektrotechnischen Kommission (IEC) zusammen.

Die Internationalen Normen werden nach den Regeln der ISO/IEC-Direktiven, Teil 3, ausgearbeitet.

Die von den Technischen Komitees verabschiedeten internationalen Norm-Entwürfe werden den Mitgliedskörperschaften zur Abstimmung vorgelegt. Die Veröffentlichung als Internationale Norm erfordert Zustimmung von mindestens 75 % der abstimmenden Mitgliedskörperschaften.

Es wird darauf hingewiesen, dass die Möglichkeit besteht, dass einige Elemente dieses Teils von ISO 128 Patentrechte berühren können. ISO ist nicht dafür verantwortlich, einige oder alle diesbezüglichen Patentrechte zu identifizieren.

Die Internationale Norm ISO 128-44 wurde vom Technischen Komitee ISO/TC 10 „Technische Zeichnungen, Erzeugnisbeschreibung und dazugehörende Dokumentation", Unterkomitee SC 1 „Allgemeine Grundlagen", erarbeitet.

Diese erste Ausgabe von ISO 128-44 wurde auf der Grundlage von ISO 128:1982, Abschnitte 4.4 bis 4.9, ausgearbeitet und ersetzt die in diesem Abschnitt enthaltenen Regeln.

ISO 128 besteht aus den folgenden Teilen unter dem Haupttitel „Technische Zeichnungen – Allgemeine Grundlagen der Darstellung":

— Teil 1: Einleitung und Stichwortverzeichnis

— Teil 20: Linien, Grundregeln

— Teil 21: Ausführung von Linien mit CAD-Systemen

— Teil 22: Grund- und Anwendungsregeln für Hinweis- und Bezugslinien

— Teil 23: Linien in Zeichnungen des Bauwesens

— Teil 24: Linien in Zeichnungen der mechanischen Technik

— Teil 25: Linien in Schiffbauzeichnungen

— Teil 30: Grundregeln für Ansichten

— Teil 34: Ansichten in Zeichnungen der mechanischen Technik

— Teil 40: Grundregeln für Schnittansichten und Schnitte

— Teil 44: Schnitte in Zeichnungen der mechanischen Technik

— Teil 50: Grundregeln für Flächen in Schnitten und Schnittansichten

DIN ISO 128-44:2002-05

1 Anwendungsbereich

Dieser Teil von ISO 128 legt die allgemeinen Grundsätze für die Darstellung von Schnitten in Zeichnungen der mechanischen Technik in Orthogonalprojektion nach ISO 5456-2 fest. Die Darstellung der Schnittflächen erfolgte nach ISO 128-50 [1].

Die Anforderungen an die Reproduktion, einschließlich Mikroverfilmung nach ISO 6428, wurden auch in diesem Teil von ISO 128 berücksichtigt.

ANMERKUNG   Die Grundregeln für die Schnitte und Schnittansichten sind in ISO 128-40 festgelegt.

2 Normative Verweisungen

Die folgenden normativen Dokumente enthalten Festlegungen, die durch Verweisung in diesem Text Bestandteil der vorliegenden Internationalen Norm sind. Zum Zeitpunkt der Veröffentlichung dieser Internationalen Norm waren die angegebenen Ausgaben gültig. Alle normativen Dokumente unterliegen der Überarbeitung. Vertragspartner, deren Vereinbarungen auf dieser Internationalen Norm basieren, werden gebeten, die Möglichkeit zu prüfen, ob die jeweils neuesten Ausgaben der im Folgenden genannten Normen angewendet werden können. Die Mitglieder von IEC und ISO führen Verzeichnisse der gegenwärtig gültigen Internationalen Normen.

ISO 128-20, *Technical drawings — General principles of presentation — Part 20: Basic conventions for lines.*

ISO 128-24:1999, *Technical drawings — General principles of presentation — Part 24: Lines on mechanical engineering drawings.*

ISO 128-40, *Technical drawings — General principles of presentation — Part 40: Basic conventions for cuts and sections.*

ISO 5456-2, *Technical drawings — Projection methods — Part 2: Orthographic representations.*

ISO 6428, *Technical drawings — Requirements for microcopying.*

ISO 10209-1, *Technical product documentation — Vocabulary — Part 1: Terms relating to technical drawings: general and types of drawings.*

ISO 10209-2, *Technical product documentation — Vocabulary — Part 2: Terms relating to projection methods.*

3 Begriffe

Für die Anwendung dieses Teils von ISO 128 gelten die Begriffe nach ISO 10209-1 und ISO 10209-2.

4 Allgemeines

Im Regelfall werden Rippen, Befestigungsmittel, Wellen, Radspeiche und ähnliche Teile nicht als Längsschnitte dargestellt.

Ähnliche Ansichten, Schnitte dürfen in einer anderen Lage dargestellt werden als die durch die Pfeile für ihre Betrachtungsrichtung gekennzeichnete Lage.

5 Schnittebenen

Schnitte in einer Ebene sind in Bild 1 und in Bild 2 dargestellt.

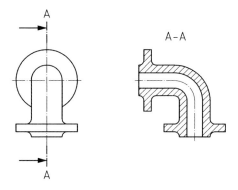

Bild 1 — Schnitt in einer Ebene

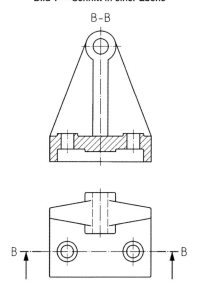

Bild 2 — Schnitt in einer Ebene

Ein Schnitt in zwei parallelen Ebenen ist in Bild 3 dargestellt.

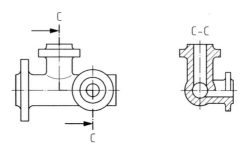

Bild 3 — Schnitt in zwei parallelen Ebenen

Ein Schnitt in drei benachbarten Ebenen ist in Bild 4 dargestellt.

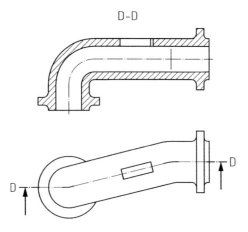

NATIONALE ANMERKUNG   Im Schnitt erscheint der Bereich der schräg liegenden Ebene als Projektion.

Bild 4 — Schnitt in drei benachbarten Ebenen

Ein Schnitt in zwei sich schneidenden Ebenen, eine gedreht in die Projektionsebene, ist in Bild 5 dargestellt.

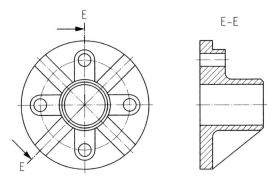

Bild 5 — Schnitt in zwei sich schneidenden Ebenen

Gleichmäßig angeordnete Details von Rotationsteilen, deren Darstellung im Schnitt erforderlich ist, die sich jedoch nicht in der Schnittebene befinden, dürfen zur Eindeutigkeit der Darstellung in die Schnittebene gedreht werden (siehe Bild 6). Eine zusätzliche Kennzeichnung ist nicht erforderlich.

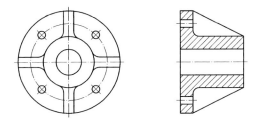

Bild 6 — Schnitt der gleichmäßig angeordneten Details von Rotationsteilen, die sich nicht in der Schnittebene befinden, jedoch in die Schnittebene gedreht

Wenn es in bestimmten Fällen nötig ist, die Schnittebene teilweise außerhalb des Gegenstandes anzuordnen, dann darf die schmale Strich-Punktlinie mit langem Strich, Linienart 04.1 nach ISO 128-24:1999 entfallen (siehe Bild 7).

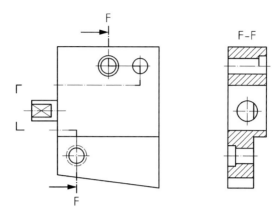

Bild 7 — Schnittebene, angeordnet teilweise außerhalb des Gegenstandes

6 Herausgezogene Schnitte

Werden Schnitte aus einer Ansicht herausgezogen, müssen sie in der Nähe dieser Ansicht angeordnet und durch die schmale Strich-Punktlinie mit langem Strich, Linienart 04.1 nach ISO 128-24:1999 verbunden sein (siehe Bild 8).

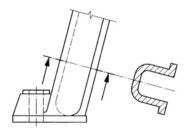

Bild 8 — Aus einer Ansicht herausgezogener Schnitt

7 Andere Schnitte

Für die in eine geeignete Ansicht gedrehten Schnitte sowie für die Schnitte symmetrischer Teile und Teilschnitte siehe ISO 128-40.

8 Anordnung von aufeinander folgenden Schnitten

Aufeinander folgende Schnitte dürfen ähnlich den Bildern 9 bis 11 dargestellt und angeordnet werden.

Umrisse und Kanten hinter der Schnittebene dürfen entfallen, wenn sie nicht zur Verdeutlichung der Zeichnung beitragen.

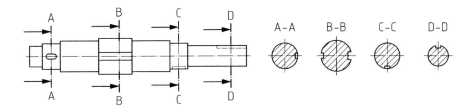

Bild 9 — Aufeinander folgende Schnitte

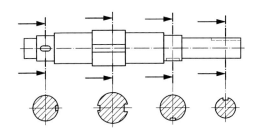

Bild 10 — Aufeinander folgende Schnitte

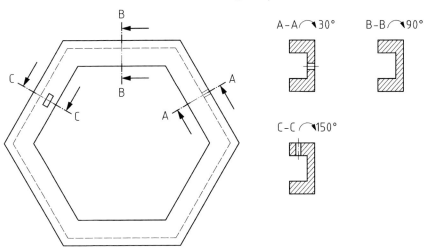

Bild 11 — Aufeinander folgende Schnitte

Literaturhinweise

[1] ISO 128-50, *Technical drawings – General principles of presentation – Part 50: Basic conventions for representing areas on cuts and sections.*

Mai 2002

	Technische Zeichnungen **Allgemeine Grundlagen der Darstellung** Teil 50: Grundregeln für Flächen in Schnitten und Schnittansichten (ISO 128-50:2001)	**DIN** **ISO 128-50**

ICS 01.100.01

Technical drawings — General principles of presentation —
Part 50: Basic conventions for representing areas on cuts and sections
(ISO 128-50:2001)

Dessins techniques — Principes généraux de représentation —
Partie 50: Conventions de base pour la représentation des surfaces sur des coupes et des sections (ISO 128-50:2001)

Mit
DIN ISO 128-40:2002-05 und
DIN ISO 128-44:2002-05
Ersatz für
DIN 6-2:1986-12;
Ersatz für
DIN 201:1990-05
und
DIN ISO 4069:1984-08

Die Internationale Norm ISO 128-50:2001 „Technical drawings – General principles of presentation – Part 50: Basic conventions for representing areas on cuts and sections" ist unverändert in diese Deutsche Norm übernommen worden.

Nationales Vorwort

Diese Norm wurde im ISO/TC 10 „Technische Zeichnungen, Erzeugnisbeschreibung und dazugehörende Dokumentation", Unterkomitee SC 1 „Allgemeine Grundlagen", unter wesentlicher Beteiligung deutscher Fachleute ausgearbeitet. Auf nationaler Ebene ist der NATG-F.5 „Technisches Zeichnen" für die Bearbeitung verantwortlich.

Als informativer nationaler Anhang NB ist das Bild 9 aus der DIN 201 übernommen worden, in dem die Schraffuren sowohl von Schnittflächen als auch zur Kennzeichnung von Stoffen in technischen Zeichnungen aller Fachbereiche zusammenfasst sind.

Um die Einheitlichkeit in der Darstellung von Schraffuren zu erzielen, werden diese weiterhin zur Anwendung empfohlen.

Für die im Inhalt zitierten Internationalen Normen wird im Folgenden auf die entsprechenden Deutschen Normen hingewiesen:

ISO 128-20	siehe DIN ISO 128-20
ISO 128-24	siehe DIN ISO 128-24
ISO 5456-2	siehe DIN ISO 5456-2
ISO 6428	siehe DIN ISO 6428
ISO 10209-1	siehe DIN 199-1
ISO 10209-2	siehe DIN ISO 10209-2

Fortsetzung Seite 2 bis 11

Normenausschuss Technische Grundlagen (NATG) — Technische Produktdokumentation —
im DIN Deutsches Institut für Normung e.V.

DIN ISO 128-50:2002-05

Änderungen

Gegenüber DIN 6-2:1986-12, DIN 201:1990-05 und DIN ISO 4069:1984-08 wurden folgende Änderungen vorgenommen:

ISO 128-50 wurde unverändert in diese Norm übernommen.

Mit der Übernahme der Internationalen Norm ISO 128-50 wurde(n):

— der Abschnitt „Begriffe" in DIN ISO 128-40 überführt;

— die Grundregeln für Schnitte ebenfalls in DIN ISO 128-40 überführt;

— die Anordnung und die Kennzeichnung von Schnitten in DIN ISO 128-44 überführt;

— das Bild 9 von DIN 201 nicht mehr aufgenommen.

Frühere Ausgaben

DIN 6: 1922x-11, 1956-10, 1968-03
DIN 6-2: 1986-12
DIN 36: 1922-10
DIN 201: 1990-05
DIN ISO 4069: 1984-08

Nationaler Anhang NA
(informativ)

Literaturhinweise

DIN 199-1, *Technische Produktdokumentation – CAD-Modelle, Zeichnungen und Stücklisten – Teil 1: Begriffe.*

DIN ISO 128-20, *Technische Zeichnungen – Allgemeine Grundlagen der Darstellung – Teil 20: Linien, Grundregeln (ISO 128-20:1996).*

DIN ISO 128-24, *Technische Zeichnungen – Allgemeine Grundlagen der Darstellung – Teil 24: Linien in Zeichnungen der mechanischen Technik (ISO 128-24:1999).*

DIN ISO 5456-2, *Technische Zeichnungen – Projektionsmethoden – Teil 2: Orthogonale Darstellungen (ISO 5456-2:1996).*

DIN ISO 6428, *Technische Zeichnungen – Anforderungen für die Mikroverfilmung (ISO 6428:1982).*

DIN ISO 10209-2, *Technische Produktdokumentation – Begriffe – Teil 2: Begriffe für Projektionsmethoden; Identisch mit ISO 10209-2:1993.*

Nationaler Anhang NB
(informativ)

Schraffuren für Schnittflächen sowie zur Kennzeichnung von Stoffen

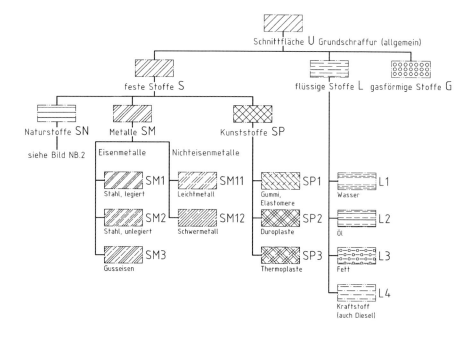

Bild NB.1 — Schraffuren für Schnittflächen und Kennzeichnung von festen, flüssigen sowie gasförmigen Stoffen

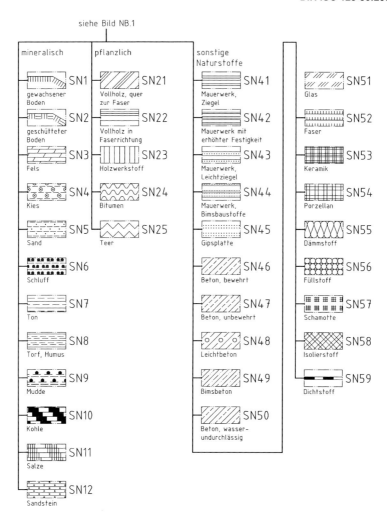

Bild NB.2 — Schraffuren für Schnittflächen und Kennzeichnung von Naturstoffen

Deutsche Übersetzung

Technische Zeichnungen
Allgemeine Grundlagen der Darstellung
Teil 50: Grundregeln für Flächen in Schnitten und Schnittansichten

Vorwort

Die ISO (Internationale Organisation für Normung) ist die weltweite Vereinigung nationaler Normungsinstitute (ISO-Mitgliedskörperschaften). Die Erarbeitung Internationaler Normen obliegt den Technischen Komitees der ISO. Jede Mitgliedskörperschaft, die sich für ein Thema interessiert, für das ein Technisches Komitee eingesetzt wurde, ist berechtigt, in diesem Komitee mitzuarbeiten. Internationale (staatliche und nichtstaatliche) Organisationen, die mit der ISO in Verbindung stehen, sind an den Arbeiten ebenfalls beteiligt. Die ISO arbeitet bei allen Angelegenheiten der elektrotechnischen Normung eng mit der Internationalen Elektrotechnischen Kommission (IEC) zusammen.

Die Internationalen Normen werden nach den Regeln der ISO/IEC-Direktiven, Teil 3, ausgearbeitet.

Die von den Technischen Komitees verabschiedeten internationalen Norm-Entwürfe werden den Mitgliedskörperschaften zur Abstimmung vorgelegt. Die Veröffentlichung als Internationale Norm erfordert Zustimmung von mindestens 75 % der abstimmenden Mitgliedskörperschaften.

Es wird darauf hingewiesen, dass die Möglichkeit besteht, dass einige Elemente dieses Teils von ISO 128 Patentrechte berühren können. ISO ist nicht dafür verantwortlich, einige oder alle diesbezüglichen Patentrechte zu identifizieren.

Die Internationale Norm ISO 128-50 wurde vom Technischen Komitee ISO/TC 10 „Technische Zeichnungen, Erzeugnisbeschreibung und dazugehörende Dokumentation", Unterkomitee SC 1 „Allgemeine Grundlagen", erarbeitet.

Diese erste Ausgabe wurde von ISO 128-50 auf der Grundlage von ISO 128:1982, 4.1 bis 4.3, ausgearbeitet und ersetzt die in diesem Abschnitt enthaltenen Regeln.

ISO 128 besteht aus den folgenden Teilen unter dem Haupttitel „Technische Zeichnungen – Allgemeine Grundlagen der Darstellung":

— Teil 1: Einleitung und Stichwortverzeichnis

— Teil 20: Linien, Grundregeln

— Teil 21: Ausführung von Linien mit CAD-Systemen

— Teil 22: Grund- und Anwendungsregeln für Hinweis- und Bezugslinien

— Teil 23: Linien in Zeichnungen des Bauwesens

— Teil 24: Linien in Zeichnungen der mechanischen Technik

— Teil 25: Linien in Schiffbauzeichnungen

— Teil 30: Grundregeln für Ansichten

— Teil 34: Ansichten in Zeichnungen der mechanischen Technik

— Teil 40: Grundregeln für Schnittansichten und Schnitte

— Teil 44: Schnitte in Zeichnungen der mechanischen Technik

— Teil 50: Grundregeln für Flächen in Schnitten und Schnittansichten

1 Anwendungsbereich

Dieser Teil von ISO 128 legt die allgemeinen Grundsätze für die Darstellung von Flächen in Schnitten und Schnittansichten in technischen Zeichnungen (mechanische Technik, Elektrotechnik, Architektur, Tiefbau usw.) in Orthogonalprojektion nach ISO 5456-2 fest.

Die Anforderungen an die Reproduktion, einschließlich Mikroverfilmung nach ISO 6428, wurden auch in diesem Teil von ISO 128 berücksichtigt.

ANMERKUNG   Die Grundregeln für die Schnitte und Schnittansichten sind in ISO 128-40 [1] festgelegt.

2 Normative Verweisungen

Die folgenden normativen Dokumente enthalten Festlegungen, die durch Verweisung in diesem Text Bestandteil der vorliegenden Internationalen Norm sind. Zum Zeitpunkt der Veröffentlichung dieser Internationalen Norm waren die angegebenen Ausgaben gültig. Alle normativen Dokumente unterliegen der Überarbeitung. Vertragspartner, deren Vereinbarungen auf dieser Internationalen Norm basieren, werden gebeten, die Möglichkeit zu prüfen, ob die jeweils neuesten Ausgaben der im Folgenden genannten Normen angewendet werden können. Die Mitglieder von IEC und ISO führen Verzeichnisse der gegenwärtig gültigen Internationalen Normen.

ISO 128-20, *Technical drawings — General principles of presentation — Part 20: Basic conventions for lines*.

ISO 128-24:1999, *Technical drawings — General principles of presentation — Part 24: Lines on mechanical engineering drawings*.

ISO 5456-2, *Technical drawings — Projection methods — Part 2: Orthographic representations*.

ISO 6428, *Technical drawings — Requirements for microcopying*.

ISO 10209-1, *Technical product documentation — Vocabulary — Part 1: Terms relating to technical drawings: general and types of drawings*.

ISO 10209-2, *Technical product documentation — Vocabulary — Part 2: Terms relating to projection methods*.

3 Begriffe

Für die Anwendung dieses Teils von ISO 128 gelten die Begriffe nach ISO 10209-1 und ISO 10209-2.

4 Allgemeines

Dieser Teil von ISO 128 legt sechs Methoden für die Darstellung von Schnittflächen fest:

— Schraffur (siehe Abschnitt 5),

— Schattierung oder Tönung (siehe Abschnitt 6),

— besonders breiter Umriss (siehe Abschnitt 7),

— schmale Schnittflächen (siehe Abschnitt 8),

— schmale aneinander grenzende Schnittflächen (siehe Abschnitt 9) und

— unterschiedliche Stoffe.

Die anzuwendenden Reproduktionsverfahren nach ISO 6428 sind zu berücksichtigen.

5 Schraffur

Die Schraffur ist als schmale Volllinie, Linienart 01.1.5 nach ISO 128-24:1999 in einem geeigneten Winkel (vorzugsweise 45°) zum Hauptumriss oder zu den Symmetrielinien der Schnittansichten oder der Schnitte (siehe Bild 1) auszuführen.

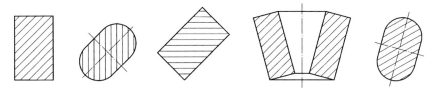

Bild 1 — Schraffur der Schnittflächen von Schnittansichten oder Schnitten — Beispiele

Einzelne Schnittflächen einer Schnittansicht oder eines Schnittes desselben Teils müssen gleichartig schraffiert werden. Die Schraffur von aneinander grenzenden Teilen muss unter Anwendung der festgelegten Linienart in unterschiedlichen Richtungen oder Abständen ausgeführt werden (siehe Bild 2).

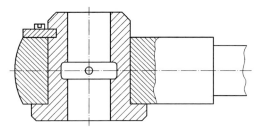

Bild 2 — Schraffuren der Schnittflächen aneinander grenzender Teile

Der Abstand zwischen der Schraffuren sollte den Maßen der Schraffurfläche angepasst sein, vorausgesetzt, dass er die Anforderungen an den Mindestabstand nach ISO 128-20 erfüllt.

Werden parallele Schnittansichten oder Schnitte desselben Teils nebeneinander gezeichnet, muss die Schraffur gleichartig sein (siehe Bild 3), sie darf jedoch zur Verdeutlichung an der Linie, die die Schnittansichten oder Schnitte voneinander trennt, abgesetzt werden.

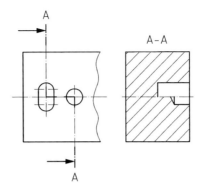

Bild 3 — Schraffur einer Schnittfläche der parallelen Schnittansichten oder Schnitte

Bei großen Flächen darf die Schraffur auf eine Randzone entlang der Umrisslinien der Fläche begrenzt werden (siehe Bild 4).

Bild 4 — Schraffierte Randzone längs der Umrisslinien einer großen Fläche

Für Beschriftungen innerhalb einer Fläche werden Schraffuren unterbrochen (siehe Bild 5).

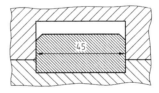

Bild 5 — Schraffur unterbrochen durch Beschriftung

6 Schattierung oder Tönung

Die Schattierung darf ein Punktraster oder eine vollflächige Tönung sein (siehe Bild 6).

Bild 6 — Schattierung durch einen Punktraster oder eine Tönung

Der Abstand zwischen den Punkten sollte der Größe der schattierten Fläche angepasst sein. Bei großen Flächen darf die Schattierung auf eine Randzone längs der Umrisslinie der Fläche beschränkt werden (siehe Bild 4).

Für Beschriftungen innerhalb einer Fläche werden Schattierungen unterbrochen (siehe Bild 5).

7 Besonders breite Umrisse

Schnittflächen und Schnittansichtsflächen dürfen durch sehr breite Volllinien nach ISO 128-20 hervorgehoben werden (siehe Bild 7).

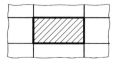

Bild 7 — Besonders breite Volllinien zur Hervorhebung des Umrisses

8 Schmale Schnittflächen

Schmale Schnittflächen dürfen geschwärzt gezeichnet werden (siehe Bild 8).

Dieses Verfahren muss die wirkliche Geometrie darstellen.

Bild 8 — Schmale Schnittflächen

9 Schmale aneinander grenzende Schnittflächen

Aneinander grenzende Schnittflächen dürfen geschwärzt gezeichnet werden. Ein Abstand von mindestens 0,7 mm muss zwischen den aneinander grenzenden Schnittflächen eingehalten werden (siehe Bild 9).

Dieses Verfahren stellt keine wirkliche Geometrie dar.

Bild 9 — Schmale aneinander grenzende Schnittflächen

10 Besondere Darstellung von Stoffen

Stoffe können in Schnittflächen durch eine besondere Darstellung gekennzeichnet werden. Wird diese besondere Darstellung angewendet, ist die Bedeutung deutlich auf der Zeichnung (z. B. durch ein Bild oder durch einen Verweis auf die entsprechenden Normen) zu definieren.

Literaturhinweise

[1] ISO 128-40, *Technical drawings – General principles of presentation – Part 40: Basic conventions for cuts and sections*.

November 1999

	Metrisches ISO-Gewinde allgemeiner Anwendung **Übersicht** (ISO 261 : 1998)	**DIN** **ISO 261**

ICS 21.040.10

ISO general purpose metric screw threads – General plan
(ISO 261 : 1998)

Filetages métriques ISO pour usages généraux – Vue d'ensemble
(ISO 261 : 1998)

Ersatz für
DIN 13-12 : 1988-10
und
DIN 13-12 Bbl : 1975-11

Die Internationale Norm ISO 261 : 1998, "ISO general purpose metric screw threads – General plan", ist unverändert in diese Deutsche Norm übernommen worden.

Nationales Vorwort

Diese Norm wurde vom Fachbereich B "Gewinde" des Normenausschusses Technische Grundlagen (NATG) erarbeitet und folgt dem Beschluß des Fachbereiches, die Normen des ISO/TC 1 "Gewinde" für das Metrische ISO-Gewinde allgemeiner Anwendung in das Deutsche Normenwerk zu übernehmen.

Damit wird rechtzeitig die Möglichkeit berücksichtigt, daß dem Europäischen Komitee für Normung (CEN) erneut ein Antrag zugeleitet wird, der die unveränderte Übernahme der ISO-Normen für Metrisches ISO-Gewinde als Europäische Normen (EN) zum Ziel hat.

Für die im Inhalt zitierten Internationalen Normen wird im folgenden auf die entsprechenden Deutschen Normen hingewiesen:

ISO 68-1 : 1998   siehe DIN ISO 68-1
ISO 262 : 1998   siehe DIN ISO 262
ISO 724 : 1993   siehe DIN ISO 724
ISO 965-1 : 1998   siehe DIN ISO 965-1
ISO 5408 : 1983   siehe DIN 2244

Änderungen

Gegenüber DIN 13-12 : 1988-10 und DIN 13-12 Bbl : 1975-11 wurden folgende Änderungen vorgenommen:

    a) Die Tabellen 1 und 2 von DIN 13-12 : 1988-10 der Auswahl für Durchmesser und Steigung entfallen.

    b) Die Tabelle A.1 in DIN 13-12 : 1988-10 wurde durch die Tabelle 2 ersetzt.

    c) DIN ISO 261 ersetzt DIN 13-12 Bbl : 1975-11.

Frühere Ausgaben

DIN 243-1: 1923-02
DIN 243-2: 1923-02
DIN 243-3: 1923-02
DIN 243: 1943-09
DIN 13-12: 1952-01, 1969-09, 1975-11, 1988-10
DIN 13-12 Bbl: 1968-11, 1975-11

Fortsetzung Seite 2 bis 6

Normenausschuß Technische Grundlagen (NATG) – Gewinde – im DIN Deutsches Institut für Normung e.V.

Seite 2
DIN ISO 261 : 1999-11

Nationaler Anhang NA (informativ)
Literaturhinweise

DIN ISO 68-1
Metrisches ISO-Gewinde allgemeiner Anwendung – Grundprofil – Teil 1: Metrisches Gewinde (ISO 68-1 : 1998)

IN ISO 262
Metrisches ISO-Gewinde allgemeiner Anwendung – Auswahlreihen für Schrauben, Bolzen und Muttern (ISO 262 : 1998)

DIN ISO 724
Metrisches ISO-Gewinde allgemeiner Anwendung – Grundmaße (ISO 724 : 1993)

DIN ISO 965-1
Metrisches ISO-Gewinde allgemeiner Anwendung – Toleranzen – Teil 1: Prinzipien und Grundlagen (ISO 965-1 : 1998)

DIN 2244
Gewinde – Begriffe

Vorwort

Die ISO (Internationale Organisation für Normung) ist eine weltweite Vereinigung nationaler Normungsinstitute (ISO-Mitgliedskörperschaften). Die Erarbeitung Internationaler Normen obliegt den Technischen Komitees der ISO. Jede Mitgliedskörperschaft, die sich für ein Thema interessiert, für das ein Technisches Komitee eingesetzt wurde, ist berechtigt, in diesem Komitee mitzuarbeiten. Internationale (staatliche und nichtstaatliche) Organisationen, die mit der ISO in Verbindung stehen, sind an den Arbeiten ebenfalls beteiligt. Die ISO arbeitet bei allen Angelegenheiten der elektrotechnischen Normung eng mit der Internationalen Elektrotechnischen Kommission (IEC) zusammen.

Die von den Technischen Komitees verabschiedeten Norm-Entwürfe zu Internationalen Normen werden den Mitgliedskörperschaften zur Abstimmung vorgelegt. Die Veröffentlichung als Internationale Norm erfordert Zustimmung von mindestens 75 % der abstimmenden Mitgliedskörperschaften.

Die Internationale Norm ISO 261 wurde vom Technischen Komitee ISO/TC 1 "Gewinde", Unterkomitee SC 1 "Grundlagen", erstellt.

Diese zweite Ausgabe annulliert und ersetzt die erste Ausgabe (ISO 261 : 1973), deren technische Überarbeitung sie darstellt.

1 Anwendungsbereich

Diese Internationale Norm legt die Metrischen ISO-Gewinde allgemeiner Anwendung (M) mit einem Grundprofil nach ISO 68-1 fest. Grundmaße nach ISO 724, Toleranzen nach ISO 965-1.

2 Normative Verweisungen

Die folgenden Normen enthalten Festlegungen, die durch die Verweisung in diesem Text auch für diese Internationale Norm gelten. Zum Zeitpunkt der Veröffentlichung waren die angegebenen Ausgaben gültig. Alle Normen unterliegen der Überarbeitung. Vertragspartner, deren Vereinbarungen auf dieser Internationalen Norm basieren, sind gehalten, nach Möglichkeit die neuesten Ausgaben der nachfolgend aufgeführten Normen anzuwenden. IEC- und ISO-Mitglieder verfügen über Verzeichnisse der gegenwärtig gültigen Internationalen Normen.

ISO 68-1 : 1998
ISO general purpose screw threads – Basic profile – Part 1: Metric screw threads

ISO 262 : 1998
ISO general purpose metric screw threads – Selected sizes for screws, bolts and nuts

ISO 724 : 1993
ISO general purpose metric screw threads – Basic dimensions

ISO 965-1 : 1998
ISO general purpose metric screw threads – Tolerances – Part 1: Principles and basic data

ISO 5408 : 1983
Cylindrical screw threads – Vocabulary

3 Begriffe

Für die Anwendung dieser Internationalen Norm gelten die Begriffe nach ISO 5408.

4 Bezeichnung

Ein Gewinde nach dieser Internationalen Norm muß nach ISO 965-1 bezeichnet werden.

5 Auswahl von Durchmesser und Steigung

5.1 Es sind vorzugsweise die Nenndurchmesser der Reihe 1 der Tabelle 2, erst dann, wenn erforderlich, die der Reihe 2 und dann die der Reihe 3 zu wählen.

Der Durchmesser 35 mm und die Steigung 1,25 mm beim Durchmesser 14 mm dürfen nur für die in den Fußnoten angegebenen Sonderfälle angewendet werden.

Die in Klammern angegebenen Steigungen sind möglichst nicht anzuwenden.

5.2 Die Benennungen "Regelgewinde" und "Feingewinde" entsprechen dem üblichen Sprachgebrauch. Eine Qualitätseinteilung darf mit diesen Benennungen nicht vorgenommen werden.

Regelgewinde sind metrische Gewinde mit den gegenwärtig in der Praxis größten Steigungen bezogen auf den Durchmesser.

5.3 Für den gewählten Durchmesser (oder Durchmesserbereich) ist eine der in der entsprechenden Zeile (oder Zeilen) angegebenen Steigungen zu wählen.

5.4 Wenn Gewinde mit feineren Steigungen als die in Tabelle 2 angegebenen für notwendig erachtet werden, dürfen nur die folgenden Steigungen verwendet werden:

3 mm; 2 mm; 1,5 mm; 1 mm; 0,75 mm; 0,5 mm; 0,35 mm; 0,25 mm; 0,2 mm.

Werden solche Steigungen gewählt, ist zu berücksichtigen, daß es um so schwieriger wird, innerhalb der Toleranzen zu bleiben, je größer der Durchmesser für eine gegebene Steigung wird. Im allgemeinen sollten für die Steigungen nach Tabelle 1 keine größeren Durchmesser als die dort festgelegten verwendet werden.

Tabelle 1: Größter Nenndurchmesser

Maße in Millimeter

Steigung	größter Nenndurchmesser
0,5	22
0,75	33
1	80
1,5	150
2	200
3	300

Tabelle 2: Nenndurchmesser/Steigung

Maße in Millimeter

Nenndurchmesser D, d			Regel-gewinde	Steigung P Feingewinde								
Reihe 1 1. Wahl	Reihe 2 2. Wahl	Reihe 3 3. Wahl		3	2	1,5	1,25	1	0,75	0,5	0,35	0,25	0,2
1			0,25										0,2
	1,1		0,25										0,2
1,2			0,25										0,2
	1,4		0,3										0,2
1,6			0,35										0,2
	1,8		0,35										0,2
2			0,4									0,25	
	2,2		0,45									0,25	
2,5			0,45								0,35		
3			0,5								0,35		
	3,5		0,6								0,35		
4			0,7							0,5			
	4,5		0,75							0,5			
5			0,8							0,5			
		5,5								0,5			
6			1						0,75				
	7		1						0,75				
8			1,25						1	0,75			
		9	1,25						1	0,75			
10			1,5					1,25	1	0,75			
		11	1,5						1	0,75			
12			1,75			1,5	1,25	1					
	14		2			1,5	1,25 [a]	1					
		15				1,5		1					
16			2			1,5		1					
		17				1,5		1					
	18		2,5		2	1,5		1					
20			2,5		2	1,5		1					
	22		2,5		2	1,5		1					
24			3		2	1,5		1					
		25			2	1,5		1					
		26				1,5							
	27		3		2	1,5		1					
		28			2	1,5		1					
30			3,5	(3)	2	1,5		1					
		32			2	1,5							
	33		3,5	(3)	2	1,5							
		35 [b]				1,5							
36			4	3	2	1,5							
		38				1,5							
	39		4	3	2	1,5							

(fortgesetzt)

Tabelle 2 (fortgesetzt)

Nenndurchmesser D, d			Regel-gewinde	Steigung P					
Reihe 1 1. Wahl	Reihe 2 2. Wahl	Reihe 3 3. Wahl		\multicolumn{6}{c}{Feingewinde}
				8	6	4	3	2	1,5
		40					3	2	1,5
42			4,5			4	3	2	1,5
	45		4,5			4	3	2	1,5
48			5			4	3	2	1,5
		50					3	2	1,5
	52		5			4	3	2	1,5
		55				4	3	2	1,5
56			5,5			4	3	2	1,5
		58				4	3	2	1,5
	60		5,5			4	3	2	1,5
		62				4	3	2	1,5
64			6			4	3	2	1,5
		65				4	3	2	1,5
	68		6			4	3	2	1,5
		70			6	4	3	2	1,5
72					6	4	3	2	1,5
		75				4	3	2	1,5
	76				6	4	3	2	1,5
		78						2	
80					6	4	3	2	1,5
		82						2	
	85				6	4	3	2	
90					6	4	3	2	
	95				6	4	3	2	
100					6	4	3	2	
	105				6	4	3	2	
110					6	4	3	2	
	115				6	4	3	2	
	120				6	4	3	2	
125				8	6	4	3	2	
	130			8	6	4	3	2	
		135			6	4	3	2	
140				8	6	4	3	2	
		145			6	4	3	2	
	150			8	6	4	3	2	
		155			6	4	3		
160				8	6	4	3		
		165			6	4	3		
	170			8	6	4	3		
		175			6	4	3		
180				8	6	4	3		
		185			6	4	3		
	190			8	6	4	3		
		195			6	4	3		
200				8	6	4	3		

(fortgesetzt)

Tabelle 2 (abgeschlossen)

Nenndurchmesser D, d			Regel-gewinde	Steigung P					
Reihe 1 1. Wahl	Reihe 2 2. Wahl	Reihe 3 3. Wahl		\multicolumn{6}{c}{Feingewinde}
				8	6	4	3	2	1,5
		205			6	4	3		
	210			8	6	4	3		
		215			6	4	3		
220				8	6	4	3		
		225			6	4	3		
		230		8	6	4	3		
		235			6	4	3		
	240			8	6	4	3		
		245			6	4	3		
250				8	6	4	3		
		255			6	4			
	260			8	6	4			
		265			6	4			
		270		8	6	4			
		275			6	4			
280				8	6	4			
		285			6	4			
		290		8	6	4			
		295			6	4			
	300			8	6	4			

[a] Nur für Zündkerzen von Motoren
[b] Nur für Stellmuttern an Wälzlagern

Beuthlich besser ankommen
Zielgenau werben beim Beuth Verlag

Schalten Sie jetzt:
Online-Werbung auf den Internetseiten von **www.beuth.de**

Unsere Medien – Ihr Erfolg:

- **DIN-Taschenbücher**
  (auch Eintrag im Liefer- und Branchenverzeichnis möglich)

- **Beuth-Kommentare, Referatesammlungen, Beuth-Pockets, DIN-Fachberichte** usw.

- **Loseblattwerke**

- **DIN-Mitteilungen** + elektronorm Zeitschrift für deutsche, europäische und internationale Normung

- **Elektronische Produkte**
  (z. B. CD-ROMs)

Ihre persönlichen Berater:

Anzeigenleiter
Reinhardt Schultz
Telefon: 030 2601-2655
reinhardt.schultz@beuth.de

Online-Anzeigen/E-Marketing
Simone Haustein
Telefon: 030 2601-2271
simone.haustein@beuth.de

Beuth Verlag GmbH
10772 Berlin
Berlin · Wien · Zürich www.beuth.de

DK 621.753.1/.2   November 1990

ISO-System für Grenzmaße und Passungen
Grundlagen für Toleranzen, Abmaße und Passungen
Identisch mit ISO 286-1 : 1988

DIN ISO 286
Teil 1

ISO system of limits and fits; Bases of tolerances, deviations and fits;
Identical with ISO 286-1 : 1988
Système ISO de tolérances et d'ajustements; Base des tolérances,
écarts et ajustements; Identique à ISO 286-1 : 1988

Ersatz für
DIN 7150 T1/06.66,
DIN 7151/11.64,
DIN 7152/07.65 und
teilweise Ersatz für
DIN 7172 T1/03.86,
DIN 7172 T3/03.86 und
DIN 7182 T1/05.86

Die Internationale Norm ISO 286-1, Ausgabe 1988-09-15, „ISO system of limits and fits; Part 1: Bases of tolerances, deviations and fits", ist unverändert in diese Deutsche Norm übernommen worden.

Nationales Vorwort

Das ISO-System für Grenzmaße und Passungen wird seit Jahrzehnten in nahezu allen Ländern der Erde angewendet, und es ist damit zu rechnen, daß die Industrieländer die Folgeausgabe der früheren ISO-Empfehlung ISO/R 286 substantiell unverändert in ihre nationalen Normenwerke übernehmen werden.

Um auch durch die Norm-Nummer zu dokumentieren, daß die DIN-Norm mit der ISO-Norm übereinstimmt, hat der NLG 1 „Toleranzen und Passungen" beschlossen, die ISO-Norm als DIN-ISO-Norm zu veröffentlichen. Nach Abwägung aller Bedenken gegen die Zusammenfassung der bisherigen DIN-Normen unter nur einer DIN-ISO-Norm-Hauptnummer ist es nicht vertretbar, in deutschen Normen über Grundlagen und Begriffe von ISO-Normen abzuweichen.

Die folgende Tabelle zeigt, welche bisherigen DIN-Normen in den neuen DIN-ISO-Normen zusammengefaßt sind.

bisherige DIN-Norm	neue DIN-ISO-Norm
DIN 7150 Teil 1	DIN ISO 286 Teil 1
DIN 7151	DIN ISO 286 Teil 1, Tabelle 1
DIN 7152	DIN ISO 286 Teil 1, Tabellen 2 und 3
DIN 7160	DIN ISO 286 Teil 2, Tabellen 17 bis 32
DIN 7161	DIN ISO 286 Teil 2, Tabellen 2 bis 16
DIN 7172 Teil 1 (bis Nennmaß 3150 mm)	DIN ISO 286 Teil 1, Tabelle 1
DIN 7172 Teil 2 (bis Nennmaß 3150 mm)	DIN ISO 286 Teil 2, Tabellen 3 bis 29
DIN 7172 Teil 3 (bis Nennmaß 3150 mm)	DIN ISO 286 Teil 1
DIN 7182 Teil 1	DIN ISO 286 Teil 1, Abschnitt 4 (teilweise und modifiziert)

Detailunterschiede der Normeninhalte können hier nicht beschrieben werden; es sei jedoch angemerkt, daß in den Tabellen in DIN ISO 286 Teil 2 mehr errechnete Grenzabmaße enthalten sind als in den bisherigen DIN-Normen. Die Berechnungsgrundlagen sind jedoch nicht geändert worden, so daß sich die Umstellung nicht auf die nach bisherigen DIN-Normen erstellten Zeichnungen auswirkt.

Obwohl die Passung als Funktion zweier zu fügender Formelemente Gegenstand dieser Norm ist, wurden in Zeichnungen auch dann die ISO-Kurzzeichen für die Angabe von Toleranzen für Längenmaße angewendet, wenn eine Passung nicht verlangt war. Diese Praxis wird mit der Übernahme von ISO 268-1 ins deutsche Normenwerk berücksichtigt.

Fortsetzung Seite 2 bis 34

Normenausschuß Länge und Gestalt (NLG) im DIN Deutsches Institut für Normung e.V.

Auf einige wesentliche Besonderheiten und Probleme bei der Umstellung auf die DIN-ISO-Normen wird im folgenden eingegangen:

Um beim Fügen von Formelementen auf die wechselseitige Abhängigkeit von Maß und Form hinzuweisen, wird im Abschnitt 5.3.1.2 im Teil 1 dieser Norm festgelegt, daß zusätzlich zu den ISO-Kurzzeichen für die Passung das Kurzzeichen Ⓔ anzugeben ist.

Obwohl in den Normen DIN ISO 286 Teil 1 und Teil 2 der Einfachheit halber hauptsächlich das Fügen von zylindrischen Werkstücken mit kreisförmigem Querschnitt (Bohrung und Welle) behandelt wird, sei hier besonders darauf hingewiesen, daß die in diesen Normen festgelegten Toleranzen und Abmaße auch für Werkstücke mit nicht kreisförmigem Querschnitt gelten.

Für die Grundabmaße und Grundtoleranzen sind nur die Tabellenwerte gültig. Die im Anhang A von DIN ISO 286 Teil 1 enthaltenen Berechnungsgrundlagen dürfen nur dann angewendet werden, wenn für spezielle Fälle Tabellenwerte fehlen.

Gegenüber DIN 7150 Teil 1 und DIN 7182 Teil 1 sind einige Benennungen geändert worden. Hierzu sollten die Abschnitte 4.7 und 5 in DIN ISO 286 Teil 1 aufmerksam gelesen werden. Besonders hervorzuheben sind die geänderten Bedeutungen von Toleranzklasse und Toleranzfeld und die Einführung der Benennung „Grundtoleranzgrad".

Während die in DIN 7182 Teil 1, Ausgabe Mai 1986, für die Benennung „Qualität" eingeführte Toleranzklasse jetzt das Toleranzfeld kennzeichnet, z. B. H6, D13, e7, bleibt die Benennung „Toleranzfeld" nur dessen graphischer Darstellung vorbehalten. Die Toleranzklasse wird mit dem (den) Buchstaben für das Grundabmaß sowie mit der Zahl des Grundtoleranzgrades, dem Toleranzgrad, bezeichnet.

Beispiel:

Toleranzklasse: H7
Grundabmaß
Toleranzgrad
(früher Qualität)

Die ISO-Toleranzreihe IT mit Angabe der Toleranzqualität, z. B. IT18, wird nach DIN ISO 286 Teil 1 jetzt als Grundtoleranzgrad IT18 bezeichnet (siehe Abschnitt 4.7.2).

Für die Grenzabmaße, oberes Abmaß und unteres Abmaß, sind neue Maßbuchstaben festgelegt worden. Obere Abmaße werden mit den Buchstaben „ES" für Innenmaße und „es" für Außenmaße gekennzeichnet. Untere Abmaße werden sinngemäß mit „EI" und „ei" gekennzeichnet.

Das für die Internationale Norm zuständige ISO-Komitee ISO/TC 3 „Limits and fits" hatte beschlossen, die ISO-Empfehlung nur redaktionell zu überarbeiten, weil wegen der weltweiten Anwendung dieses Toleranz- und Passungssystems wesentliche Änderungen zu unüberschaubaren Übergangsschwierigkeiten geführt hätten. Deshalb waren folgende eigentlich wünschenswerte Verbesserungen und Erweiterungen nicht möglich:

— Änderung der berechneten Tabellenwerte der Grundabmaße auf der Basis der Formeln in DIN ISO 286 Teil 1, Tabelle 9, mit dem Ziel, auf das Abspeichern des gesamten Tabellenwerkes zu verzichten. Die unveränderte Beibehaltung der Tabellen war jedoch als wichtiger angesehen worden, weil sie durch Toleranzkurzzeichen verschlüsselt sind, deren Bedeutung nicht geändert werden durfte. Zudem sind bei der heutigen Rechnertechnik Massenspeicher billig und Zugriffszeiten auf gespeicherte Daten kurz.

— Das ISO/TC 3 hat eine Erweiterung des Toleranz- und Passungssystems bis Nennmaß 10000 mm abgelehnt, weil hierzu international nicht genügend Erfahrungen bestehen und diese Erweiterung über den Rahmen einer redaktionellen Überarbeitung hinausgegangen wäre. Nun enthält die ISO-Norm Toleranzen bis 3150 mm; DIN 7172 Teil 1 bis Teil 3 umfassen noch den Nennmaßbereich von 500 bis 10 000 mm, für den der Toleranzfaktor I gilt (siehe hierzu DIN ISO 286 Teil 1, Anhang A.3.3). Da der Status einer DIN-ISO-Norm als höherwertig angesehen wurde als die Beibehaltung der Aufteilung in den bisherigen DIN-Normen, werden DIN 7172 Teil 1 bis Teil 3 gleichzeitig mit der endgültigen Herausgabe der DIN-ISO-Normen im Kurzverfahren überarbeitet, wobei die Nennmaße von 500 bis 3150 mm gestrichen werden, weil sie dann in den DIN-ISO-Normen enthalten sind.

— Übernahme der gegenüber ISO/R 286 : 1962 und DIN 7150 Teil 1, Ausgabe Juni 1966, modifizierten Terminologie aus DIN 7182 Teil 1, Ausgabe 1986. Die Benennungen und deren Definitionen in DIN ISO 286 Teil 1, Abschnitt 4, ersetzen diesen Teil von DIN 7182 Teil 1.

Wegen der grundlegenden Bedeutung für alle Maß-, Form- und Lagetoleranzen wurden in DIN ISO 286 Teil 1, Abschnitt 5.3, die wichtigsten Festlegungen über den Tolerierungsgrundsatz nach ISO 8015 (DIN ISO 8015) und die Hüllbedingung (DIN 7167) erläutert.

Deutsche Übersetzung

ISO-System für Grenzmaße und Passungen
Teil 1: Grundlagen für Toleranzen, Abmaße und Passungen

Vorwort

Die ISO (Internationale Organisation für Normung) ist die weltweite Vereinigung nationaler Normungsinstitute (ISO-Mitgliedskörperschaften). Die Erarbeitung Internationaler Normen obliegt den Technischen Komitees der ISO. Jede Mitgliedskörperschaft, die sich für ein Thema interessiert, für das ein Technisches Komitee eingesetzt wurde, ist berechtigt, in diesem Komitee mitzuarbeiten. Internationale (staatliche und nichtstaatliche) Organisationen, die mit der ISO in Verbindung stehen, sind an den Arbeiten ebenfalls beteiligt.

Die von den Technischen Komitees verabschiedeten Entwürfe zu Internationalen Normen werden den Mitgliedskörperschaften zunächst zur Annahme vorgelegt, bevor sie vom Rat der ISO als Internationale Norm bestätigt werden. Sie werden nach den Verfahrensregeln der ISO angenommen, wenn mindestens 75 % der abstimmenden Mitgliedskörperschaften zugestimmt haben.

Dieser Teil der ISO 286 wurde vom Technischen Komitee ISO/TC 3 „Grenzmaße und Passungen" ausgearbeitet und vervollständigt zusammen mit ISO 286-2 : 1988 die Überarbeitung der ISO/R 286 „ISO-System für Grenzmaße und Passungen". ISO/R 286 wurde erstmals 1962 veröffentlicht und im November 1964 bestätigt; sie basiert auf dem 1940 veröffentlichten ISA Bulletin 25.

Die wesentlichen in diesen Teil der ISO 286 aufgenommenen Änderungen sind folgende:

a) Die Darstellungsform der Informationen wurde geändert, so daß ISO 286 sowohl im Konstruktionsbüro als auch in der Werkstatt direkt angewendet werden kann. Dies wurde erreicht, indem die Elemente, die sich mit den Grundlagen des Systems befassen und die berechneten Werte der Grundtoleranzen und Grundabmaße von den Tabellen mit den darin enthaltenen spezifischen Grenzabmaßen der am häufigsten verwendeten Toleranzen und Abmaße getrennt wurden.

b) Die neuen Kennzeichen js und JS ersetzen die früheren Kurzzeichen j_s und J_S (d.h. s und S werden nicht mehr als Indizes geschrieben), um die Anwendung der Kurzzeichen bei Einrichtungen mit begrenztem Zeichenvorrat, z.B. bei graphischer Datenverarbeitung, zu erleichtern. Die Buchstaben „s" und „S" bedeuten „symmetrische Abweichung".

c) Grundtoleranzen und Grundabmaße wurden für den Nennmaßbereich von 500 bis 3150 mm als Grundanforderungen aufgenommen (diese waren vorher nur auf experimenteller Basis enthalten).

d) Es wurden zusätzlich die Grundtoleranzgrade IT17 und IT18 aufgenommen.

e) Die Grundtoleranzgrade IT01 und IT0 wurden im Hauptteil dieses Teiles der ISO 286 gestrichen; für Anwender, die diese Grade benötigen, sind Informationen im Anhang A enthalten.

f) Die Inch-Werte wurden gestrichen.

g) Grundsätze, Terminologie und Kurzzeichen wurden den derzeitigen Anforderungen angepaßt.

Es wird darauf hingewiesen, daß Internationale Normen von Zeit zu Zeit überarbeitet werden und daß sich jeder Hinweis in dieser Norm auf eine andere Internationale Norm auf die letzte Ausgabe bezieht, falls nicht anders angegeben.

Inhalt

		Seite
0	Einführung	4
1	Zweck	4
2	Anwendungsbereich	4
3	Verweisungen auf andere Normen	4
4	Begriffe	5
5	Kurzzeichen, Bezeichnung und Interpretationen von Toleranzen, Abmaßen und Passungen	8
6	Graphische Darstellung	11
7	Referenztemperatur	12
8	Grundtoleranzen für Nennmaße bis 3150 mm	12
9	Grundabmaße für Nennmaße bis 3150 mm	12
10	Verweisungen auf weitere ISO-Normen	18
Anhang A	Grundlagen des ISO-Systems für Grenzmaße und Passungen	19
Anhang B	Beispiele zur Anwendung von ISO 286 Teil 1	25
Anhang C	Bedeutungsgleiche Benennungen	26

0 Einführung

Die Notwendigkeit, Grenzmaße und Passungen für maschinell gefertigte Werkstücke festzulegen, wurde hauptsächlich durch die arbeitsablaufbedingte Unsicherheit der Fertigungsverfahren zusammen mit der Tatsache verursacht, daß „vollständige Exaktheit" des Maßes für die meisten Werkstücke als unnötig angesehen wurde. Damit die Funktion sichergestellt ist, wurde es als ausreichend betrachtet, ein Werkstück so zu fertigen, daß sein Istmaß innerhalb zweier Grenzmaße, d.h. innerhalb eines Toleranzfeldes, liegt, das die der Fertigung zugestandenen Abweichungen darstellt.

Wenn zwischen zu paarenden Werkstücken ein spezieller Paßcharakter gefordert wird, dann ist es notwendig, dem Nennmaß eine Abweichung zuzuordnen, die entweder positiv oder negativ ist, um das geforderte Spiel oder Übermaß zu erreichen.

Mit der Entwicklung in der Industrie und im internationalen Handel wurde es erforderlich, formelle Systeme für Grenzmaße und Passungen zu entwickeln, zuerst auf firmeninterner, dann auf nationaler und später auf internationaler Ebene.

Diese Internationale Norm beschreibt deshalb das international anerkannte System für Grenzmaße und Passungen.

Die Anhänge A und B enthalten die zur Festlegung des Systems erforderlichen Grundformeln und Regeln; die Anwendungsbeispiele sind Bestandteile der Norm.

Anhang C enthält ein mehrsprachiges alphabetisches Verzeichnis von gleichbedeutenden Benennungen, die in ISO 286 und anderen internationalen Normen über Toleranzen angewendet werden.

1 Zweck

Dieser Teil der ISO 286 legt die Grundlagen des ISO-Systems für Grenzmaße und Passungen mit den berechneten Werten der Grundtoleranzen und Grundabmaße fest. Diese Werte sind für die Anwendung des Systems verbindlich (siehe auch Abschnitt A.1).

Dieser Teil der ISO 286 legt auch Begriffe mit ihren zugehörigen Kurzzeichen fest.

2 Anwendungsbereich

Das ISO-System für Grenzmaße und Passungen gilt für Toleranzen und Abmaße glatter Werkstücke.

Der Einfachheit halber und auch wegen der Bedeutung zylindrischer Werkstücke mit kreisförmigem Querschnitt wird ausdrücklich nur auf diese Bezug genommen. Es ist jedoch zu beachten, daß die in dieser Internationalen Norm festgelegten Toleranzen und Abmaße ebenso für Werkstücke mit nicht kreisförmigem Querschnitt gelten.

Insbesondere gelten die allgemeinen Begriffe „Bohrung" oder „Welle" auch für den Raum, der zwei parallele Paßflächen (oder Berührungsebenen) eines Werkstückes einschließt, wie z.B. die Breite einer Nut oder die Dicke einer Feder.

Das System legt auch Passungen zwischen zu paarenden kreiszylindrischen Formelementen oder Passungen zwischen Werkstücken mit parallelen Paßflächen fest, wie z.B. die Passung zwischen Paßfeder und Paßfedernut usw.

Anmerkung: Es ist zu beachten, daß das System nur Passungen für Werkstücke mit einfachen geometrischen Formen enthält. Im Sinne dieser Internationalen Norm besteht eine einfache geometrische Form aus einer kreiszylindrischen Fläche oder aus zwei parallelen Ebenen.

3 Verweisungen auf andere Normen

Anmerkung: Siehe auch Abschnitt 10.

ISO 1   Bezugstemperatur für industrielle Längenmeßtechnik

ISO 286-2   ISO-System für Grenzmaße und Passungen; Teil 2: Tabellen der Grundtoleranzgrade und Grenzabmaße für Bohrungen und Wellen

ISO/R 1938   ISO-System für Grenzmaße und Passungen; Prüfung von glatten Werkstücken[1]

ISO 8015   Technische Zeichnungen; Tolerierungsgrundsatz

4 Begriffe

In dieser Norm gelten die folgenden Begriffe. Es ist jedoch zu beachten, daß einige Begriffe in eingeschränkterer Bedeutung definiert werden als allgemein üblich.

4.1 Welle

Ein üblicherweise angewendeter Begriff zur Beschreibung eines äußeren Formelementes eines Werkstückes einschließlich nichtzylindrischer Formelemente (siehe auch Abschnitt 2).

4.1.1 Einheitswelle

Eine Welle, die als Grundlage für das Passungssystem Einheitswelle gewählt wurde (siehe auch Abschnitt 4.11.1). In diesem System für Grenzmaße und Passungen hat die Welle das obere Abmaß Null.

4.2 Bohrung

Ein üblicherweise angewendeter Begriff zur Beschreibung eines inneren Formelements eines Werkstückes einschließlich nichtzylindrischer Formelemente (siehe auch Abschnitt 2).

4.2.1 Einheitsbohrung

Eine Bohrung, die als Grundlage für das Passungssystem Einheitsbohrung gewählt wurde (siehe auch Abschnitt 4.11.2). In diesem System für Grenzmaße und Passungen hat die Bohrung das untere Abmaß Null.

4.3 Maß

Eine Zahl, die in einer bestimmten Längeneinheit den Wert eines Längenmaßes ausdrückt.

4.3.1 Nennmaß

Das Maß, von dem die Grenzmaße mit Hilfe der oberen und unteren Abmaße abgeleitet werden (siehe Bild 1).

Anmerkung: Das Nennmaß kann eine ganze Zahl oder eine Dezimalzahl sein, z.B. 32; 15; 8,75; 0,5 usw.

4.3.2 Istmaß

Als Ergebnis von Messungen festgestelltes Maß.

4.3.2.1 Örtliches Istmaß

Jeder beliebige einzelne Abstand in einem beliebigen Querschnitt eines Formelementes; z.B. jedes beliebige zwischen zwei beliebigen gegenüberliegenden Punkten ermittelte Maß.

4.3.3 Grenzmaße

Die beiden extremen zugelassenen Maße eines Formelementes, zwischen denen das Istmaß liegen soll einschließlich der Grenzmaße selbst.

---

[1]) Z.Z. in Überarbeitung

4.3.3.1 Höchstmaß
Größtes zugelassenes Maß eines Formelements (siehe Bild 1).

4.3.3.2 Mindestmaß
Kleinstes zugelassenes Maß eines Formelements (siehe Bild 1).

4.4 System der Grenzmaße
Ein System genormter Toleranzen und Abmaße.

4.5 Nullinie
In einer graphischen Darstellung von Grenzmaßen und Passungen die gerade Linie, die das Nennmaß darstellt, auf das sich die Abmaße und Toleranzen beziehen (siehe Bild 1).

Üblicherweise wird die Nullinie als waagerechte Linie dargestellt, mit positiven Abmaßen oberhalb und negativen Abmaßen unterhalb dieser Linie (siehe Bild 2).

4.6 Abmaß
Algebraische Differenz zwischen einem Maß (Istmaß, Grenzmaß usw.) und dem zugehörigen Nennmaß.

Anmerkung: Abmaße für Wellen werden mit Kleinbuchstaben (es, ei), Abmaße für Bohrungen mit Großbuchstaben (ES, EI) gekennzeichnet (siehe Bild 2).

4.6.1 Grenzabmaße
Oberes Abmaß und unteres Abmaß.

4.6.1.1 Oberes Abmaß (ES, es)
Algebraische Differenz zwischen dem Höchstmaß und dem zugehörigen Nennmaß (siehe Bild 2).

4.6.1.2 Unteres Abmaß (EI, ei)
Algebraische Differenz zwischen dem Mindestmaß und dem zugehörigen Nennmaß (siehe Bild 2).

Nationale Anmerkung: In DIN-Normen waren bisher für das obere Abmaß das Kurzzeichen A_o und für das untere Abmaß das Kurzzeichen A_u eingeführt. Dabei wurde nicht zwischen Außenmaßen (Wellen) und Innenmaßen (Bohrungen) durch die Schreibweise unterschieden.

4.6.2 Grundabmaß
Im ISO-System für Grenzmaße und Passungen das Abmaß, das die Lage des Toleranzfeldes in bezug zur Nullinie festlegt (siehe Bild 2).

Anmerkung: Dies kann entweder das obere oder das untere Abmaß sein; üblicherweise ist es das Abmaß, das der Nullinie am nächsten liegt.

4.7 Maßtoleranz
Die Differenz zwischen dem Höchstmaß und dem Mindestmaß, also auch die Differenz zwischen dem oberen Abmaß und dem unteren Abmaß.

Anmerkung: Die Toleranz ist ein absoluter Wert ohne Vorzeichen.

4.7.1 Grundtoleranz (IT)
In diesem System für Grenzmaße und Passungen jede zum System gehörende Toleranz.

Anmerkung: Die Buchstaben IT bedeuten „Internationale Toleranz".

4.7.2 Grundtoleranzgrade
In dem System für Grenzmaße und Passungen eine Gruppe von Toleranzen (z.B. IT7), die dem gleichen Genauigkeitsniveau für alle Nennmaße zugeordnet werden.

4.7.3 Toleranzfeld
In einer graphischen Darstellung von Toleranzen das Feld zwischen zwei Linien, die das Höchstmaß und das Mindestmaß darstellen. Das Toleranzfeld wird festgelegt durch die Größe der Toleranz und deren Lage zur Nullinie (siehe Bild 2).

4.7.4 Toleranzklasse
Die Benennung einer Kombination eines Grundabmaßes mit einem Toleranzgrad, z.B. h9, D13 usw.

Nationale Anmerkung: Der Toleranzgrad ist die Zahl des Grundtoleranzgrades.

4.7.5 Toleranzfaktor (i, I)
Im ISO-System für Grenzmaße und Passungen ein Faktor, der eine Funktion des Nennmaßes ist und als Basis für die Festlegung der Grundtoleranz des Systems dient.

Anmerkung 1: Der Toleranzfaktor i gilt für Nennmaße ≤ 500 mm.

Anmerkung 2: Der Toleranzfaktor I gilt für Nennmaße > 500 mm.

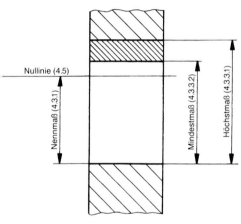

Bild 1. Nennmaß, Höchstmaß und Mindestmaß

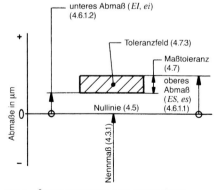

Bild 2. Übliche Darstellung eines Toleranzfeldes

4.8 Spiel

Die positive Differenz zwischen dem Maß der Bohrung und dem Maß der Welle vor dem Fügen, wenn der Durchmesser der Welle kleiner ist als der Durchmesser der Bohrung (siehe Bild 3).

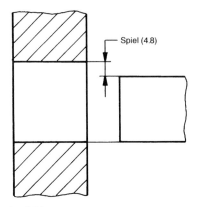

Bild 3. Spiel

4.8.1 Mindestspiel

Bei einer Spielpassung die positive Differenz zwischen dem Mindestmaß der Bohrung und dem Höchstmaß der Welle (siehe Bild 4).

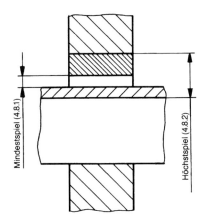

Bild 4. Spielpassung

4.8.2 Höchstspiel

Bei einer Spiel- oder Übergangspassung die positive Differenz zwischen dem Höchstmaß der Bohrung und dem Mindestmaß der Welle (siehe Bilder 4 und 5).

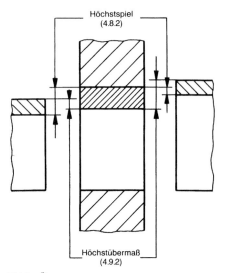

Bild 5. Übergangspassung

4.9 Übermaß

Die negative Differenz zwischen dem Maß der Bohrung und dem Maß der Welle vor dem Fügen, wenn der Durchmesser der Welle größer ist als der Durchmesser der Bohrung (siehe Bild 6).

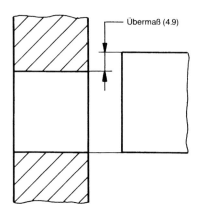

Bild 6. Übermaß

4.9.1 Mindestübermaß

Bei einer Übermaßpassung die negative Differenz zwischen dem Höchstmaß der Bohrung und dem Mindestmaß der Welle vor dem Fügen (siehe Bild 7).

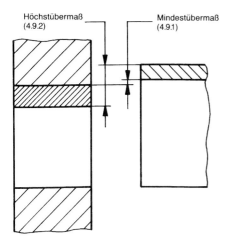

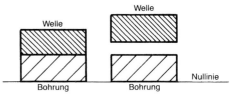

Bild 9. Schematische Darstellung von Übermaßpassungen im Passungssystem Einheitsbohrung

4.10.3 Übergangspassung

Eine Passung, bei der beim Fügen von Bohrung und Welle entweder ein Spiel oder ein Übermaß entsteht, abhängig von den Istmaßen von Bohrung und Welle, d.h. die Toleranzfelder von Bohrung und Welle überdecken sich vollständig oder teilweise (siehe Bild 10).

Bild 7. Übermaßpassung

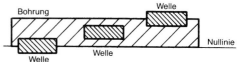

Bild 10. Schematische Darstellung von Übergangspassungen im Passungssystem Einheitsbohrung

4.9.2 Höchstübermaß

Bei einer Übermaß- oder Übergangspassung die negative Differenz zwischen dem Mindestmaß der Bohrung und dem Höchstmaß der Welle vor dem Fügen (siehe Bilder 5 und 7).

4.10 Passung

Die Beziehung, die sich aus der Differenz zwischen den Maßen zweier zu fügender Formelemente (Bohrung und Welle) ergibt.

Anmerkung: Die zwei zu einer Passung gehörenden Paßteile haben dasselbe Nennmaß.

4.10.1 Spielpassung

Eine Passung, bei der beim Fügen von Bohrung und Welle immer ein Spiel entsteht, d. h., das Mindestmaß der Bohrung ist größer oder im Grenzfall gleich dem Höchstmaß der Welle (siehe Bild 8).

4.10.4 Paßtoleranz

Die arithmetische Summe der Toleranzen der beiden Formelemente, die zu einer Passung gehören.

Anmerkung: Die Paßtoleranz ist ein absoluter Wert ohne Vorzeichen.

4.11 Passungssystem

Ein System von Passungen, das die zu einem Grenzmaßsystem gehörenden Wellen und Bohrungen umfaßt.

4.11.1 Passungssystem Einheitswelle

Ein Passungssystem, in dem die geforderten Spiele oder Übermaße dadurch erreicht werden, daß den Bohrungen mit verschiedenen Toleranzklassen Wellen mit einer einzigen Toleranzklasse zugeordnet sind.

Im Passungssystem Einheitswelle ist das Höchstmaß der Welle gleich dem Nennmaß, d. h., das obere Abmaß der Welle ist Null (siehe Bild 11).

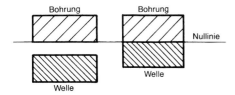

Bild 8. Schematische Darstellung von Spielpassungen im Passungssystem Einheitsbohrung

4.10.2 Übermaßpassung

Eine Passung, bei der beim Fügen von Bohrung und Welle überall ein Übermaß entsteht, d. h., das Höchstmaß der Bohrung ist kleiner oder im Grenzfall gleich dem Mindestmaß der Welle (siehe Bild 9).

4.11.2 Passungssystem Einheitsbohrung

Ein Passungssystem, in dem die geforderten Spiele oder Übermaße dadurch erreicht werden, daß den Wellen mit verschiedenen Toleranzklassen Bohrungen mit einer einzigen Toleranzklasse zugeordnet sind.

Im Passungssystem Einheitsbohrung ist das Mindestmaß der Bohrung gleich dem Nennmaß, d. h., das untere Abmaß der Bohrung ist Null (siehe Bild 12).

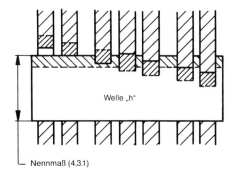

Bild 11. Passungssystem Einheitswelle

Anmerkung 1: Die waagerecht durchgezogene Linie stellt das Grundabmaß für Bohrungen oder Wellen dar.
Anmerkung 2: Die gestrichelten Linien stellen die jeweils anderen Grenzmaße dar und zeigen die Möglichkeit verschiedener Kombinationen von Bohrungen und Wellen in Abhängigkeit von ihren Toleranzgraden (z.B. G7/h4, H6/h4, M5/h4).

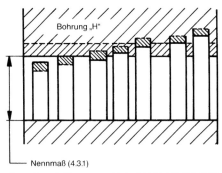

Anmerkung 1: Die waagerecht durchgezogene Linie stellt das Grundabmaß für Bohrungen oder Wellen dar.
Anmerkung 2: Die gestrichelten Linien stellen die jeweils anderen Grenzmaße dar und zeigen die Möglichkeit verschiedener Kombinationen von Bohrungen und Wellen in Abhängigkeit von ihren Toleranzgraden (z.B. H6/h6, H6/js5, H6/p4).

Bild 12. Passungssystem Einheitsbohrung

4.12 Maximum-Material-Grenze (MML)

Dasjenige der beiden Grenzmaße, das dem Maximum-Material-Maß des Formelementes entspricht. Das ist
— bei einem äußeren Formelement (Welle) das Höchstmaß,
— bei einem inneren Formelement (Bohrung) das Mindestmaß.
Anmerkung: Früher „Gutgrenze" genannt.

4.13 Minimum-Material-Grenze (LML)

Dasjenige der beiden Grenzmaße, das dem Minimum-Material-Maß des Formelementes entspricht. Das ist
— bei einem äußeren Formelement (Welle) das Mindestmaß,
— bei einem inneren Formelement (Bohrung) das Höchstmaß.
Anmerkung: Früher „Ausschußgrenze" genannt.

5 Kurzzeichen, Bezeichnung und Interpretationen von Toleranzen, Abmaßen und Passungen

5.1 Kurzzeichen

5.1.1 Grundtoleranzgrade

Die Grundtoleranzgrade sind mit den Buchstaben IT und einer nachfolgenden Zahl, z.B. IT7, gekennzeichnet. Wenn die Toleranzgrade im Zusammenhang mit einem Grundabmaß stehen, um eine Toleranzklasse zu bilden, entfallen die Buchstaben IT; z.B. h7.
Anmerkung: Das ISO-System gibt 20 Grundtoleranzgrade an, von denen die Grade IT1 bis IT18 allgemein gebräuchlich und im Hauptteil der Norm enthalten sind. Die Grade IT0 und IT01, die nicht für die allgemeine Anwendung vorgesehen sind, stehen im Anhang A zur Information.

5.1.2 Abmaße
5.1.2.1 Toleranzfeldlage

Die Lage des Toleranzfeldes zur Nullinie ist eine Funktion des Nennmaßes und wird mit (einem) Großbuchstaben für Bohrungen (A ... ZC) oder mit (einem) Kleinbuchstaben für Wellen (a ... zc) gekennzeichnet (siehe Bilder 13 und 14).
Anmerkung: Um Mißverständnisse zu vermeiden, werden folgende Buchstaben nicht verwendet:
I, i, L, l, O, o, Q, q, W, w.

5.1.2.2 Obere Abmaße
Obere Abmaße werden mit den Buchstaben „ES" für Bohrungen und „es" für Wellen gekennzeichnet.

5.1.2.3 Untere Abmaße
Untere Abmaße werden mit den Buchstaben „EI" für Bohrungen und „ei" für Wellen gekennzeichnet.

5.2 Bezeichnung
5.2.1 Toleranzklasse
Eine Toleranzklasse wird mit dem (den) Buchstaben für das Grundabmaß sowie mit der Zahl des Grundtoleranzgrades bezeichnet.
Beispiele:
H7 (Bohrungen)
h7 (Wellen)

5.2.2 Toleriertes Maß
Ein toleriertes Maß besteht entweder aus dem Nennmaß und dem Kurzzeichen der geforderten Toleranzklasse oder dem Nennmaß und den Abmaßen.
Beispiele:
32H7
80js15
100g6
$100 \, {}^{-0,012}_{-0,034}$

Achtung: Um beim Übertragen von Informationen mit Geräten mit begrenztem Zeichenvorrat, wie z.B. Fernschreibern, zwischen Bohrungen und Wellen zu unterscheiden, sind der Bezeichnung folgende Buchstaben voranzusetzen:
— H oder h für Bohrungen
— S oder s für Wellen
Beispiele:
50H5 wird H50H5 oder h50h5
50h6 wird S50H6 oder s50h6
Diese Schreibweise ist nicht auf Zeichnungen anzuwenden.

DIN ISO 286 Teil 1 Seite 9

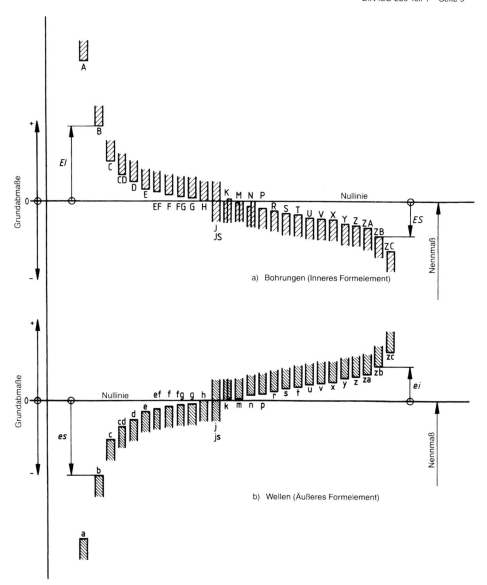

Anmerkung 1: Üblicherweise legt das Grundabmaß das der Nullinie am nächsten gelegene Grenzmaß fest.
Anmerkung 2: Einzelheiten der Grundabmaße für die Toleranzfeldlagen J/j, K/k, M/m und N/n sind in Bild 14 enthalten.

Bild 13. Schematische Darstellung der Lage von Grundabmaßen

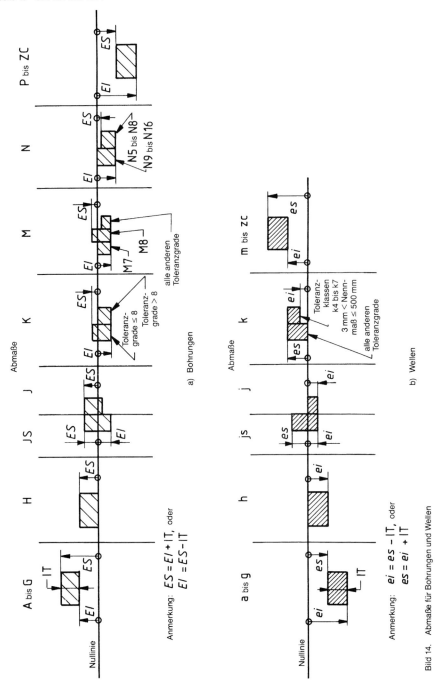

Bild 14. Abmaße für Bohrungen und Wellen

5.2.3 Passung

Eine Passung zwischen zu paarenden Formelementen erfordert die Angaben:
a) das gemeinsame Nennmaß,
b) das Kurzzeichen der Toleranzklasse für die Bohrung und
c) das Kurzzeichen der Toleranzklasse für die Welle.

Beispiele:
52H7/g6 oder 52$\frac{H7}{g6}$

Achtung: Um beim Übertragen von Informationen mit Geräten mit begrenztem Zeichenvorrat, wie z.B. Fernschreibern, zwischen Bohrungen und Wellen zu unterscheiden, sind der Bezeichnung folgende Buchstaben voranzusetzen:
— H oder h für Bohrungen
— S oder s für Wellen und
— das wiederholte Nennmaß

Beispiele:
52H7/g6 wird H52H7/S52G6 oder h52h7/s52g6
Diese Schreibweise ist nicht auf Zeichnungen anzuwenden.

5.3 Interpretation eines tolerierten Maßes

5.3.1 Toleranzangabe unter Zugrundelegung von ISO 8015

Toleranzen für Werkstücke, die nach Zeichnungen mit der Angabe „Tolerierung ISO 8015" gefertigt wurden, sind nach den Abschnitten 5.3.1.1 und 5.3.1.2 zu interpretieren.

5.3.1.1 Maßtoleranz

Eine Maßtoleranz erfaßt nur die örtlichen Istmaße (Zweipunktmessungen) eines Formelementes, nicht aber seine Formabweichungen (z.B. Rundheits- und Geradheitsabweichungen eines zylindrischen Formelementes oder Ebenheitsabweichungen paralleler Flächen). Die geometrische Wechselbeziehung der einzelnen Formelemente wird von den Maßtoleranzen nicht erfaßt. (Näheres siehe ISO/R 1938 und ISO 8015.)

5.3.1.2 Hüllbedingung

Einzelne Formelemente — ob es sich dabei um einen Zylinder handelt oder um Formelemente, die durch zwei parallele Ebenen begrenzt werden und die Funktion einer Passung zwischen zu paarenden Teilen haben — werden in der Zeichnung außer mit Maß und Toleranz mit dem Kurzzeichen Ⓔ gekennzeichnet. Damit wird auf eine wechselseitige Abhängigkeit von Maß und Form hingewiesen, die bedingt, daß die geometrisch ideale Hüllfläche für das Formelement bei Maximum-Material-Maß nicht durchbrochen werden darf. (Näheres siehe ISO/R 1938 und ISO 8015.)

Anmerkung: Einige nationale Normen (auf die in der Zeichnung Bezug genommen werden sollte) legen die Hüllbedingung als Regelfall für einzelne Formelemente fest; sie wird deshalb nicht extra in die Zeichnung eingetragen.

5.3.2 Toleranzangaben ohne Zugrundelegung von ISO 8015

Toleranzen für Werkstücke, die nach Zeichnungen ohne die Angabe „Tolerierung ISO 8015" gefertigt wurden, sind innerhalb des tolerierten Maßes folgendermaßen zu interpretieren:
a) für Innenpaßflächen (Bohrungen)

Der Durchmesser des größten gedachten Kreiszylinders geometrisch idealer Form, der innerhalb der Innenpaßfläche so einbeschrieben werden kann, daß er gerade eben die höchsten Punkte der Oberfläche berührt, sollte nicht kleiner als das Maximum-Material-Maß sein. Der größte Durchmesser darf an keiner Stelle das Minimum-Material-Maß überschreiten.

b) für Außenpaßflächen (Wellen)

Der Durchmesser des kleinsten gedachten Kreiszylinders geometrisch idealer Form, der um die Außenpaßfläche so umschrieben werden kann, daß er gerade eben die höchsten Punkte der Oberfläche berührt, sollte nicht größer als das Maximum-Material-Maß sein. Der kleinste Durchmesser darf an keiner Stelle das Minimum-Material-Maß unterschreiten.

Die unter a) und b) angegebenen Interpretationen besagen, daß ein Werkstück, das überall Maximum-Material-Maß hat, perfekt rund und gerade sein müßte, d.h. es müßte ein Kreiszylinder mit geometrisch idealer Form sein.

Falls nicht anders festgelegt und die obigen Forderungen gelten, dürfen Abweichungen vom Kreiszylinder geometrisch idealer Form den vollen Betrag der festgelegten Durchmessertoleranz erreichen. (Näheres siehe ISO/R 1938.)

Anmerkung: In Sonderfällen können die größten nach a) und b) zugelassenen Formabweichungen zu groß sein, um ein zufriedenstellendes Funktionieren der zu fügenden Teile zu gestatten; in diesen Fällen sollten für die Form besondere Toleranzen angegeben werden, z.B. für die Rundheit und/oder die Geradheit (siehe ISO 1101).

6 Graphische Darstellung

Die wichtigsten Begriffe nach Abschnitt 4 sind in Bild 15 dargestellt. In der Praxis wird der Einfachheit halber ein in Bild 16 gezeigtes schematisches Diagramm verwendet. In diesem Diagramm liegt die Achse des Werkstückes, die im Bild nicht zu sehen ist, normalerweise unterhalb des Diagramms.

Im folgenden Beispiel sind die beiden Grenzabmaße der Bohrung positiv und die der Welle negativ.

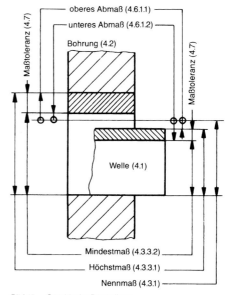

Bild 15. Graphische Darstellung

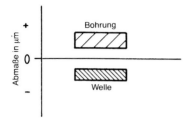

Bild 16. Vereinfachte Darstellung

7 Referenztemperatur

Die Temperatur, die bei der Festlegung der Maße des ISO-Systems für Grenzmaße und Passungen zugrunde gelegt wird, beträgt 20 °C (siehe ISO 1).

8 Grundtoleranzen für Nennmaße bis 3150 mm

8.1 Grundlagen des Systems

Die Grundlagen zur Berechnung der Grundtoleranzen sind im Anhang A enthalten.

8.2 Werte der Grundtoleranzen (IT)

Die Werte der Grundtoleranzen für die Grundtoleranzgrade IT1 bis IT18 sind in Tabelle 1 aufgeführt. Diese Werte sind für die Anwendung des Systems maßgebend.

Anmerkung: Die Werte für die Grundtoleranzgrade IT0 und IT01 sind im Anhang A angegeben.

9 Grundabmaße für Nennmaße bis 3150 mm

9.1 Grundabmaße für Wellen

(außer Abmaß js, siehe Abschnitt 9.3, und j, siehe Abschnitt 9.4)

Die Grundabmaße für Wellen und ihre entsprechenden Vorzeichen (+ oder −) sind in Bild 17 dargestellt. Die Werte für die Grundabmaße sind in Tabelle 2 festgelegt.

Das obere Abmaß (es) und das untere Abmaß (ei) werden durch das Grundabmaß und die Grundtoleranzgrade (IT) festgelegt, wie in Bild 17 dargestellt.

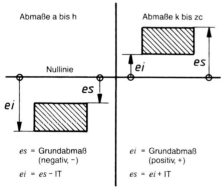

Bild 17. Grenzabmaße für Wellen

9.2 Grundabmaße für Bohrungen

(außer Abmaß JS, siehe Abschnitt 9.3, und J, siehe Abschnitt 9.4)

Die Grundabmaße für Bohrungen und ihre entsprechenden Vorzeichen (+ oder −) sind in Bild 18 dargestellt. Die Werte für die Grundabmaße sind in Tabelle 3 festgelegt.

Das obere Abmaß (ES) und das untere Abmaß (EI) werden durch das Grundabmaß und die Grundtoleranzgrade (IT) festgelegt, wie in Bild 18 dargestellt.

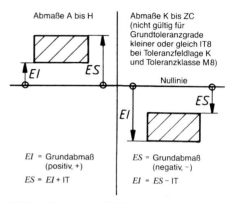

Bild 18. Grenzabmaße für Bohrungen

9.3 Grundabmaße js und JS
(siehe Bild 19)

Die in den Abschnitten 9.1 und 9.2 enthaltenen Angaben gelten nicht für die Grundabmaße js und JS, die eine symmetrische Lage der Grundtoleranzen zur Nullinie darstellen, d. h., für js gilt

$$es = ei = \frac{IT}{2}$$

und für JS gilt

$$ES = EI = \frac{IT}{2}$$

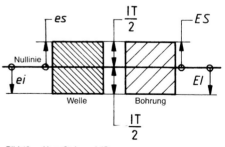

Bild 19. Abmaße js und JS

9.4 Grundabmaße j und J

Die in den Abschnitten 9.1 bis 9.3 enthaltenen Angaben gelten nicht für die Grundabmaße j und J, die meistens asymmetrisch zur Nullinie liegen (siehe Tabellen 8 und 24 in ISO 286-2).

DIN ISO 286 Teil 1   Seite 13

Tabelle 1.   **Zahlenwerte der Grundtoleranzen IT für Nennmaße bis 3150 mm** [1]

Nennmaß in mm		Grundtoleranzgrade																
		IT1[2]	IT2[2]	IT3[2]	IT4[2]	IT5[2]	IT6	IT7	IT8	IT9	IT10	IT11	IT12	IT13	IT14[3]	IT15[3]	IT16[3]	IT17[3]	IT18[3]
über	bis	Grundtoleranzen																
		µm											mm					
–	3[3]	0,8	1,2	2	3	4	6	10	14	25	40	60	0,1	0,14	0,25	0,4	0,6	1	1,4
3	6	1	1,5	2,5	4	5	8	12	18	30	48	75	0,12	0,18	0,3	0,48	0,75	1,2	1,8
6	10	1	1,5	2,5	4	6	9	15	22	36	58	90	0,15	0,22	0,36	0,58	0,9	1,5	2,2
10	18	1,2	2	3	5	8	11	18	27	43	70	110	0,18	0,27	0,43	0,7	1,1	1,8	2,7
18	30	1,5	2,5	4	6	9	13	21	33	52	84	130	0,21	0,33	0,52	0,84	1,3	2,1	3,3
30	50	1,5	2,5	4	7	11	16	25	39	62	100	160	0,25	0,39	0,62	1	1,6	2,5	3,9
50	80	2	3	5	8	13	19	30	46	74	120	190	0,3	0,46	0,74	1,2	1,9	3	4,6
80	120	2,5	4	6	10	15	22	35	54	87	140	220	0,35	0,54	0,87	1,4	2,2	3,5	5,4
120	180	3,5	5	8	12	18	25	40	63	100	160	250	0,4	0,63	1	1,6	2,5	4	6,3
180	250	4,5	7	10	14	20	29	46	72	115	185	290	0,46	0,72	1,15	1,85	2,9	4,6	7,2
250	315	6	8	12	16	23	32	52	81	130	210	320	0,52	0,81	1,3	2,1	3,2	5,2	8,1
315	400	7	9	13	18	25	36	57	89	140	230	360	0,57	0,89	1,4	2,3	3,6	5,7	8,9
400	500	8	10	15	20	27	40	63	97	155	250	400	0,63	0,97	1,55	2,5	4	6,3	9,7
500	630[2]	9	11	16	22	32	44	70	110	175	280	440	0,7	1,1	1,75	2,8	4,4	7	11
630	800[2]	10	13	18	25	36	50	80	125	200	320	500	0,8	1,25	2	3,2	5	8	12,5
800	1000[2]	11	15	21	28	40	56	90	140	230	360	560	0,9	1,4	2,3	3,6	5,6	9	14
1000	1250[2]	13	18	24	33	47	66	105	165	260	420	660	1,05	1,65	2,6	4,2	6,6	10,5	16,5
1250	1600[2]	15	21	29	39	55	78	125	195	310	500	780	1,25	1,95	3,1	5	7,8	12,5	19,5
1600	2000[2]	18	25	35	46	65	92	150	230	370	600	920	1,5	2,3	3,7	6	9,2	15	23
2000	2500[2]	22	30	41	55	78	110	175	280	440	700	1100	1,75	2,8	4,4	7	11	17,5	28
2500	3150[2]	26	36	50	68	96	135	210	330	540	860	1350	2,1	3,3	5,4	8,6	13,5	21	33

[1]) Die Werte für die Grundtoleranzgrade IT01 und IT0 für Nennmaße bis einschließlich 500 mm sind in Tabelle 5 angegeben.
[2]) Die Werte für die Grundtoleranzgrade IT1 bis einschließlich IT5 für Nennmaße über 500 mm sind für experimentelle Zwecke enthalten.
[3]) Die Grundtoleranzgrade IT14 bis einschließlich IT18 sind für Nennmaße bis einschließlich 1 mm nicht anzuwenden.

Tabelle 2. **Zahlenwerte der Grundabmaße von Außenflächen (Wellen)**

Nennmaß in mm		Werte der Grundabmaße oberes Abmaß *es*												
		alle Grundtoleranzgrade										IT5 und IT6	IT7	IT8
über	bis	a[1]	b[1]	c	cd	d	e	ef	f	fg	g	h	js[2]	j		
														j		
−	3[1]	− 270	− 140	− 60	− 34	− 20	− 14	− 10	− 6	− 4	− 2	0		− 2	− 4	− 6
3	6	− 270	− 140	− 70	− 46	− 30	− 20	− 14	− 10	− 6	− 4	0		− 2	− 4	
6	10	− 280	− 150	− 80	− 56	− 40	− 25	− 18	− 13	− 8	− 5	0		− 2	− 5	
10	14	− 290	− 150	− 95		− 50	− 32		− 16		− 6	0		− 3	− 6	
14	18															
18	24	− 300	− 160	− 110		− 65	− 40		− 20		− 7	0		− 4	− 8	
24	30															
30	40	− 310	− 170	− 120		− 80	− 50		− 25		− 9	0		− 5	− 10	
40	50	− 320	− 180	− 130												
50	65	− 340	− 190	− 140		− 100	− 60		− 30		− 10	0		− 7	− 12	
65	80	− 360	− 200	− 150												
80	100	− 380	− 220	− 170		− 120	− 72		− 36		− 12	0		− 9	− 15	
100	120	− 410	− 240	− 180												
120	140	− 460	− 260	− 200		− 145	− 85		− 43		− 14	0	Abmaße = ± IT n / 2, wobei *n* der IT-Zahlenwert ist	− 11	− 18	
140	160	− 520	− 280	− 210												
160	180	− 580	− 310	− 230												
180	200	− 660	− 340	− 240		− 170	− 100		− 50		− 15	0		− 13	− 21	
200	225	− 740	− 380	− 260												
225	250	− 820	− 420	− 280												
250	280	− 920	− 480	− 300		− 190	− 110		− 56		− 17	0		− 16	− 26	
280	315	− 1 050	− 540	− 330												
315	355	− 1 200	− 600	− 360		− 210	− 125		− 62		− 18	0		− 18	− 28	
355	400	− 1 350	− 680	− 400												
400	450	− 1 500	− 760	− 440		− 230	− 135		− 68		− 20	0		− 20	− 32	
450	500	− 1 650	− 840	− 480												
500	560					− 260	− 145		− 76		− 22	0				
560	630															
630	710					− 290	− 160		− 80		− 24	0				
710	800															
800	900					− 320	− 170		− 86		− 26	0				
900	1 000															
1 000	1 120					− 350	− 195		− 98		− 28	0				
1 120	1 250															
1 250	1 400					− 390	− 220		− 110		− 30	0				
1 400	1 600															
1 600	1 800					− 430	− 240		− 120		− 32	0				
1 800	2 000															
2 000	2 240					− 480	− 260		− 130		− 34	0				
2 240	2 500															
2 500	2 800					− 520	− 290		− 145		− 38	0				
2 800	3 150															

[1]) Die Grundabmaße a und b sind nicht für Nennmaße bis einschließlich 1 mm anzuwenden.
[2]) Bei den Toleranzklassen js7 bis js11 kann der IT-Zahlenwert, *n*, falls er aus einer ungeraden Zahl besteht, auf die unmittelbar darunterliegende gerade Zahl gerundet werden, so daß die sich ergebenden Abmaße, d.h. $\pm \frac{IT\,n}{2}$, in ganzen μm ausgedrückt werden können.

DIN ISO 286 Teil 1   Seite 15

Werte der Grundabmaße in μm

IT4 bis IT7	bis IT3 und über IT7	Werte der Grundabmaße unteres Abmaß ei alle Grundtoleranzgrade											
	k	m	n	p	r	s	t	u	v	x	y	z	za	zb	zc
0	0	+ 2	+ 4	+ 6	+ 10	+ 14		+ 18		+ 20		+ 26	+ 32	+ 40	+ 60
+ 1	0	+ 4	+ 8	+ 12	+ 15	+ 19		+ 23		+ 28		+ 35	+ 42	+ 50	+ 80
+ 1	0	+ 6	+ 10	+ 15	+ 19	+ 23		+ 28		+ 34		+ 42	+ 52	+ 67	+ 97
+ 1	0	+ 7	+ 12	+ 18	+ 23	+ 28		+ 33		+ 40		+ 50	+ 64	+ 90	+ 130
									+ 39	+ 45		+ 60	+ 77	+ 108	+ 150
+ 2	0	+ 8	+ 15	+ 22	+ 28	+ 35		+ 41	+ 47	+ 54	+ 63	+ 73	+ 98	+ 136	+ 188
							+ 41	+ 48	+ 55	+ 64	+ 75	+ 88	+ 118	+ 160	+ 218
+ 2	0	+ 9	+ 17	+ 26	+ 34	+ 43	+ 48	+ 60	+ 68	+ 80	+ 94	+ 112	+ 148	+ 200	+ 274
							+ 54	+ 70	+ 81	+ 97	+ 114	+ 136	+ 180	+ 242	+ 325
+ 2	0	+ 11	+ 20	+ 32	+ 41	+ 53	+ 66	+ 87	+ 102	+ 122	+ 144	+ 172	+ 226	+ 300	+ 405
					+ 43	+ 59	+ 75	+ 102	+ 120	+ 146	+ 174	+ 210	+ 274	+ 360	+ 480
+ 3	0	+ 13	+ 23	+ 37	+ 51	+ 71	+ 91	+ 124	+ 146	+ 178	+ 214	+ 258	+ 335	+ 445	+ 585
					+ 54	+ 79	+ 104	+ 144	+ 172	+ 210	+ 254	+ 310	+ 400	+ 525	+ 690
+ 3	0	+ 15	+ 27	+ 43	+ 63	+ 92	+ 122	+ 170	+ 202	+ 248	+ 300	+ 365	+ 470	+ 620	+ 800
					+ 65	+ 100	+ 134	+ 190	+ 228	+ 280	+ 340	+ 415	+ 535	+ 700	+ 900
					+ 68	+ 108	+ 146	+ 210	+ 252	+ 310	+ 380	+ 465	+ 600	+ 780	+ 1 000
+ 4	0	+ 17	+ 31	+ 50	+ 77	+ 122	+ 166	+ 236	+ 284	+ 350	+ 425	+ 520	+ 670	+ 880	+ 1 150
					+ 80	+ 130	+ 180	+ 258	+ 310	+ 385	+ 470	+ 575	+ 740	+ 960	+ 1 250
					+ 84	+ 140	+ 196	+ 284	+ 340	+ 425	+ 520	+ 640	+ 820	+ 1 050	+ 1 350
+ 4	0	+ 20	+ 34	+ 56	+ 94	+ 158	+ 218	+ 315	+ 385	+ 475	+ 580	+ 710	+ 920	+ 1 200	+ 1 550
					+ 98	+ 170	+ 240	+ 350	+ 425	+ 525	+ 650	+ 790	+ 1 000	+ 1 300	+ 1 700
+ 4	0	+ 21	+ 37	+ 62	+ 108	+ 190	+ 268	+ 390	+ 475	+ 590	+ 730	+ 900	+ 1 150	+ 1 500	+ 1 900
					+ 114	+ 208	+ 294	+ 435	+ 530	+ 660	+ 820	+ 1 000	+ 1 300	+ 1 650	+ 2 100
+ 5	0	+ 23	+ 40	+ 68	+ 126	+ 232	+ 330	+ 490	+ 595	+ 740	+ 920	+ 1 100	+ 1 450	+ 1 850	+ 2 400
					+ 132	+ 252	+ 360	+ 540	+ 660	+ 820	+ 1 000	+ 1 250	+ 1 600	+ 2 100	+ 2 600
0	0	+ 26	+ 44	+ 78	+ 150	+ 280	+ 400	+ 600							
					+ 155	+ 310	+ 450	+ 660							
0	0	+ 30	+ 50	+ 88	+ 175	+ 340	+ 500	+ 740							
					+ 185	+ 380	+ 560	+ 840							
0	0	+ 34	+ 56	+ 100	+ 210	+ 430	+ 620	+ 940							
					+ 220	+ 470	+ 680	+ 1 050							
0	0	+ 40	+ 66	+ 120	+ 250	+ 520	+ 780	+ 1 150							
					+ 260	+ 580	+ 840	+ 1 300							
0	0	+ 48	+ 78	+ 140	+ 300	+ 640	+ 960	+ 1 450							
					+ 330	+ 720	+ 1 050	+ 1 600							
0	0	+ 58	+ 92	+ 170	+ 370	+ 820	+ 1 200	+ 1 850							
					+ 400	+ 920	+ 1 350	+ 2 000							
0	0	+ 68	+ 110	+ 195	+ 440	+ 1 000	+ 1 500	+ 2 300							
					+ 460	+ 1 100	+ 1 650	+ 2 500							
0	0	+ 76	+ 135	+ 240	+ 550	+ 1 250	+ 1 900	+ 2 900							
					+ 580	+ 1 400	+ 2 100	+ 3 200							

Seite 16 DIN ISO 286 Teil 1

Tabelle 3. **Zahlenwerte der Grundabmaße von Innenpaßflächen (Bohrungen)**

Nennmaß in mm		Werte der Grundabmaße															
		unteres Abmaß EI															
		alle Grundtoleranzgrade										IT6	IT7	IT8	bis IT8	über IT8	bis IT8	über IT8
über	bis	A[1]	B[1]	C	CD	D	E	EF	F	FG	G	H	JS[2]	J			K[3]		M[3][4]	
—	3[1][5]	+270	+140	+60	+34	+20	+14	+10	+6	+4	+2	0		+2	+4	+6	0	0	−2	−2
3	6	+270	+140	+70	+46	+30	+20	+14	+10	+6	+4	0		+5	+6	+10	−1+Δ		−4+Δ	−4
6	10	+280	+150	+80	+56	+40	+25	+18	+13	+8	+5	0		+5	+8	+12	−1+Δ		−6+Δ	−6
10	14	+290	+150	+95		+50	+32		+16		+6	0		+6	+10	+15	−1+Δ		−7+Δ	−7
14	18																			
18	24	+300	+160	+110		+65	+40		+20		+7	0		+8	+12	+20	−2+Δ		−8+Δ	−8
24	30																			
30	40	+310	+170	+120		+80	+50		+25		+9	0		+10	+14	+24	−2+Δ		−9+Δ	−9
40	50	+320	+180	+130																
50	65	+340	+190	+140		+100	+60		+30		+10	0		+13	+18	+28	−2+Δ		−11+Δ	−11
65	80	+360	+200	+150																
80	100	+380	+220	+170		+120	+72		+36		+12	0		+16	+22	+34	−3+Δ		−13+Δ	−13
100	120	+410	+240	+180																
120	140	+460	+260	+200		+145	+85		+43		+14	0		+18	+26	+41	−3+Δ		−15+Δ	−15
140	160	+520	+280	+210																
160	180	+580	+310	+230																
180	200	+660	+340	+240		+170	+100		+50		+15	0		+22	+30	+47	−4+Δ		−17+Δ	−17
200	225	+740	+380	+260																
225	250	+820	+420	+280																
250	280	+920	+480	+300		+190	+110		+56		+17	0		+25	+36	+55	−4+Δ		−20+Δ	−20
280	315	+1050	+540	+330																
315	355	+1200	+600	+360		+210	+125		+62		+18	0		+29	+39	+60	−4+Δ		−21+Δ	−21
355	400	+1350	+680	+400																
400	450	+1500	+760	+440		+230	+135		+68		+20	0		+33	+43	+66	−5+Δ		−23+Δ	−23
450	500	+1650	+840	+480																
500	560					+260	+145		+76		+22	0					0			−26
560	630																			
630	710					+290	+160		+80		+24	0					0			−30
710	800																			
800	900					+320	+170		+86		+26	0					0			−34
900	1000																			
1000	1120					+350	+195		+98		+28	0					0			−40
1120	1250																			
1250	1400					+390	+220		+110		+30	0					0			−48
1400	1600																			
1600	1800					+430	+240		+120		+32	0					0			−58
1800	2000																			
2000	2240					+480	+260		+130		+34	0					0			−68
2240	2500																			
2500	2800					+520	+290		+145		+38	0					0			−76
2800	3150																			

Abmaße = ± $\dfrac{IT_n}{2}$, wobei n der IT-Zahlenwert ist

[1]) Die Grundabmaße A und B sind nicht für Nennmaße bis einschließlich 1 mm anzuwenden.
[2]) Bei den Toleranzklassen JS7 bis JS11 kann der IT-Zahlenwert, n, falls er aus einer ungeraden Zahl besteht, auf die unmittelbar darunterliegende gerade Zahl gerundet werden, so daß die sich ergebenden Abmaße, d.h. ± $\dfrac{IT_n}{2}$, in ganzen µm ausgedrückt werden können.
[3]) Zur Ermittlung der Werte K, M und N für die Grundtoleranzreihen bis einschließlich IT8, und der Abmaße P bis ZC für die Grundtoleranzgrade bis einschließlich IT7 sind die Δ-Werte aus den rechten Spalten der Tabelle 3 zu entnehmen.
Beispiele:
K7 im Bereich 18 bis 30 mm: Δ = 8 µm, deshalb ist ES = −2 + 8 = +6 µm
S6 im Bereich 18 bis 30 mm: Δ = 4 µm, deshalb ist ES = −35 + 4 = −31 µm

DIN ISO 286 Teil 1 Seite 17

Werte der Grundabmaße in μm

			Werte der Grundabmaße oberes Abmaß ES										Werte für Δ					
bis IT8	über IT8	bis IT7	Grundtoleranzgrade über IT7										Grundtoleranzgrade					
N 3) 5)		P bis ZC 3)	P	R	S	T	U	V	X	Y	Z	ZA	ZB	ZC	IT3	IT4	IT5	IT6	IT7	IT8
−4	−4		−6	−10	−14		−18		−20		−26	−32	−40	−60	0	0	0	0	0	0
−8+Δ	0		−12	−15	−19		−23		−28		−35	−42	−50	−80	1	1,5	1	3	4	6
−10+Δ	0		−15	−19	−23		−28		−34		−42	−52	−67	−97	1	1,5	2	3	6	7
−12+Δ	0		−18	−23	−28		−33		−40		−50	−64	−90	−130	1	2	3	3	7	9
								−39	−45		−60	−77	−108	−150						
−15+Δ	0		−22	−28	−35		−41	−47	−54	−63	−73	−98	−136	−188	1,5	2	3	4	8	12
							−48	−55	−64	−75	−88	−118	−160	−218						
−17+Δ	0		−26	−34	−43		−48	−60	−68	−80	−94	−112	−148	−200	−274	1,5	3	4	5	9	14
							−54	−70	−81	−97	−114	−136	−180	−242	−325						
−20+Δ	0		−32	−41	−53	−66	−87	−102	−122	−144	−172	−226	−300	−405	2	3	5	6	11	16
				−43	−59	−75	−102	−120	−146	−174	−210	−274	−360	−480						
−23+Δ	0		−37	−51	−71	−91	−124	−146	−178	−214	−258	−335	−445	−585	2	4	5	7	13	19
				−54	−79	−104	−144	−172	−210	−254	−310	−400	−525	−690						
−27+Δ	0	erhöht	−43	−63	−92	−122	−170	−202	−248	−300	−365	−470	−620	−800	3	4	6	7	15	23
				−65	−100	−134	−190	−228	−280	−340	−415	−535	−700	−900						
				−68	−108	−146	−210	−252	−310	−380	−465	−600	−780	−1 000						
−31+Δ	0	Δ um	−50	−77	−122	−166	−236	−284	−350	−425	−520	−670	−880	−1 150	3	4	6	9	17	26
		IT7,		−80	−130	−180	−258	−310	−385	−470	−575	−740	−960	−1 250						
		über		−84	−140	−196	−284	−340	−425	−520	−640	−820	−1 050	−1 350						
−34+Δ	0		−56	−94	−158	−218	−315	−385	−475	−580	−710	−920	−1 200	−1 550	4	4	7	9	20	29
				−98	−170	−240	−350	−425	−525	−650	−790	−1 000	−1 300	−1 700						
−37+Δ	0	Grundtoleranzgrade	−62	−108	−190	−268	−390	−475	−590	−730	−900	−1 150	−1 500	−1 900	4	5	7	11	21	32
				−114	−208	−294	−435	−530	−660	−820	−1 000	−1 300	−1 650	−2 100						
−40+Δ	0	für	−68	−126	−232	−330	−490	−595	−740	−920	−1 100	−1 450	−1 850	−2 400	5	5	7	13	23	34
		wie		−132	−252	−360	−540	−660	−820	−1 000	−1 250	−1 600	−2 100	−2 600						
−44		Werte	−78	−150	−280	−400	−600													
				−155	−310	−450	−660													
−50			−88	−175	−340	−500	−740													
				−185	−380	−560	−840													
−56			−100	−210	−430	−620	−940													
				−220	−470	−680	−1 050													
−66			−120	−250	−520	−780	−1 150													
				−260	−580	−840	−1 300													
−78			−140	−300	−640	−960	−1 450													
				−330	−720	−1 050	−1 600													
−92			−170	−370	−820	−1 200	−1 850													
				−400	−920	−1 350	−2 000													
−110			−195	−440	−1 000	−1 500	−2 300													
				−460	−1 100	−1 650	−2 500													
−135			−240	−550	−1 250	−1 900	−2 900													
				−580	−1 400	−2 100	−3 200													

4) Sonderfälle: Für die Toleranzklasse M6 im Bereich 250 bis 315 mm ist $ES = -9$ μm (statt -11 μm).
5) Das Abmaß N für Grundtoleranzgrade über IT8 ist für Nennmaße bis einschließlich 1 mm nicht anzuwenden.

10 Verweisungen auf weitere ISO-Normen

Folgende Internationale Normen für die Tolerierung und für Toleranzsysteme sind bei der Anwendung dieser Internationalen Norm hilfreich:

ISO 406	Technische Zeichnungen; Toleranzen für Längen- und Winkelmaße
ISO 1101	Technische Zeichnungen; Form- und Lagetolerierung; Tolerierung von Form, Richtung, Ort und Lauf; Allgemeines, Begriffe, Symbole, Zeichnungseintragungen
ISO 1829	Toleranzfelderauswahl für allgemeine Anwendung
ISO 1947	Kegeltoleranzsystem für kegelige Werkstücke von C = 1 : 3 bis 1 : 500 mm und Längen von 6 bis 630 mm
ISO 2692	Technische Zeichnungen; Form- und Lagetolerierung, Maximum-Material-Prinzip
ISO 2768-1	Allgemeintoleranzen für Maße ohne Toleranzangabe; Teil 1: Toleranzen für Längen- und Winkelmaße[2])
ISO 5166	Kegelpaßsystem für Kegel von C = 1 : 3 bis 1 : 500 mm, Längen von 6 bis 630 mm und Durchmesser bis 500 mm

---

[2]) Z. Z. Entwurf (teilweise Überarbeitung von ISO 2768 : 1973)

Anhang A
Grundlagen des ISO-Systems für Grenzmaße und Passungen
(Dieser Anhang gehört zum Inhalt der Norm.)

A.1 Allgemeines

Dieser Anhang enthält die Grundlagen des ISO-Systems für Grenzmaße und Passungen. Die Daten sind hauptsächlich deswegen angegeben, damit die Werte für jene Grundabmaße errechnet werden können, die für ganz spezielle Verhältnisse erforderlich und in den Tabellen nicht enthalten sind. Außerdem soll hiermit zu einem besseren Verständnis des Systems beigetragen werden.

Es wird noch einmal betont, daß die Tabellenwerte für Grundtoleranzen und Grundabmaße sowohl in diesem Teil der ISO 286 als auch in ISO 286-2 entscheidend und bei der Anwendung des Systems zu beachten sind.

A.2 Nennmaßbereiche

Zur Vereinfachung sind die Grundtoleranzen und -abmaße nicht extra für jedes einzelne Nennmaß berechnet, sondern für Nennmaßbereiche, wie in Tabelle 4 dargestellt. Diese Nennmaßbereiche sind in Haupt- und Zwischenbereiche eingeteilt. Die Zwischenbereiche werden nur in speziellen Fällen zur Berechnung der Grundtoleranzen und der Grundabmaße a bis c und r bis zc für Wellen sowie A bis C und R bis ZC für Bohrungen verwendet.

Die Werte der Grundtoleranzen und -abmaße für jeden Nennmaßbereich werden aus dem geometrischen

Tabelle 4. Nennmaßbereiche Werte in mm

a) Nennmaße bis 500 mm				b) Nennmaße über 500 bis 3150 mm			
Hauptbereiche		Zwischenbereiche [1])		Hauptbereiche		Zwischenbereiche [2])	
über	bis	über	bis	über	bis	über	bis
—	3	keine Unterteilung		500	630	500 / 560	560 / 630
3	6			630	800	630 / 710	710 / 800
6	10			800	1000	800 / 900	900 / 1000
10	18	10 / 14	14 / 18	1000	1250	1000 / 1120	1120 / 1250
18	30	18 / 24	24 / 30	1250	1600	1250 / 1400	1400 / 1600
30	50	30 / 40	40 / 50	1600	2000	1600 / 1800	1800 / 2000
50	80	50 / 65	65 / 80	2000	2500	2000 / 2240	2240 / 2500
80	120	80 / 100	100 / 120	2500	3150	2500 / 2800	2800 / 3150
120	180	120 / 140 / 160	140 / 160 / 180				
180	250	180 / 200 / 225	200 / 225 / 250				
250	315	250 / 280	280 / 315				
315	400	315 / 355	355 / 400				
400	500	400 / 450	450 / 500				

[1]) In speziellen Fällen für die Abmaße a bis c und r bis zc oder A bis C und R bis ZC (siehe Tabellen 2 und 3)
[2]) Für die Abmaße r bis u und R bis U (siehe Tabellen 2 und 3)

Mittel (D) der Bereichsgrenzen (D_1 und D_2) wie folgt berechnet.

$$D = \sqrt{D_1 \cdot D_2}$$

Für den ersten Nennmaßbereich (bis einschließlich 3 mm) wird das geometrische Mittel D normalerweise zwischen den Maßen 1 und 3 mm genommen; deshalb ist D = 1,732 mm.

A.3 Grundtoleranzgrade
A.3.1 Allgemeines

Das ISO-System für Grenzmaße und Passungen enthält 20 Grundtoleranzgrade mit den Bezeichnungen IT01, IT0 und IT1 bis IT18 für die Nennmaßbereiche 0 bis 500 mm und 18 Grundtoleranzgrade mit den Bezeichnungen IT1 bis IT18 für die Nennmaßbereiche 500 bis 3150 mm.

Wie im Vorwort vermerkt, ist das ISO-System vom ISA Bulletin 25 abgeleitet worden, das lediglich Nennmaße bis 500 mm enthielt; es basierte hauptsächlich auf praktischen Erfahrungen aus der Industrie. Das System wurde nicht auf einer zusammenhängenden mathematischen Grundlage entwickelt; daher weist das System Lücken und unterschiedliche Formeln für die IT-Grade bis 500 mm auf.

Die Werte für die Grundtoleranzen der Nennmaße von 500 bis 3150 mm wurden später für experimentelle Zwecke entwickelt. Da sie sich für die Industrie als akzeptabel erwiesen haben, sind sie nun Teil des ISO-Systems geworden.

Es ist zu beachten, daß die Werte für die Grundtoleranzgrade IT0 und IT01 im Hauptteil der Norm nicht enthalten sind, da sie in der Praxis nur wenig angewendet werden; die Werte sind jedoch in Tabelle 5 enthalten.

Tabelle 5. **Zahlenwerte für die Grundtoleranzgrade IT01 und IT0**

Nennmaße in mm		Grundtoleranzgrade	
		IT01	IT0
über	bis	Grundtoleranzen µm	
—	3	0,3	0,5
3	6	0,4	0,6
6	10	0,4	0,6
10	18	0,5	0,8
18	30	0,6	1
30	50	0,6	1
50	80	0,8	1,2
80	120	1	1,5
120	180	1,2	2
180	250	2	3
250	315	2,5	4
315	400	3	5
400	500	4	6

A.3.2 Berechnung der Grundtoleranzen zu den Grundtoleranzgraden (IT) für Nennmaße bis 500 mm

A.3.2.1 Grundtoleranzgrade IT01 bis IT4

Die Werte der Grundtoleranzen für die Grundtoleranzgrade IT01, IT0 und IT1 sind nach den Formeln der Tabelle 6 berechnet worden. Es ist zu beachten, daß für IT2, IT3 und IT4 keine Formeln vorhanden sind. Die Werte für diese Grundtoleranzgrade sind ungefähr in geometrischer Reihe zwischen den Werten für IT1 und IT5 festgelegt worden.

Tabelle 6. **Formeln für die Grundtoleranzgrade IT01, IT0 und IT1 für Nennmaße bis 500 mm**

Werte in µm

Grundtoleranzgrade	Formel zur Berechnung, wobei D das geometrische Mittel des Nennmaßes in mm ist
IT01 [1])	$0,3 + 0,008\,D$
IT0 [1])	$0,5 + 0,012\,D$
IT1	$0,8 + 0,020\,D$

[1]) Siehe Vorwort und Anhang A.3.1

A.3.2.2 Grundtoleranzgrade IT5 bis IT18

Die Werte der Grundtoleranzen für die Grundtoleranzgrade IT5 bis IT18 für Nennmaße bis 500 mm werden als Funktion des Toleranzfaktors i ermittelt.

Der Toleranzfaktor i in µm wird nach folgender Formel berechnet:

$$i = 0{,}45\,\sqrt[3]{D} + 0{,}001\,D$$

wobei D das geometrische Mittel der Bereichsgrenzen des Nennmaßbereiches in mm ist (siehe Abschnitt A.2).

Diese Formel basiert auf verschiedenen nationalen Erfahrungen. Sie wurde empirisch abgeleitet unter der Voraussetzung, daß für das gleiche Fertigungsverfahren das Verhältnis zwischen der Standardabweichung der Fertigungsabweichungen und dem Nennmaß eine annähernd parabolische Funktion erreicht.

Die Werte der Grundtoleranzen werden mit dem Toleranzfaktor i nach Tabelle 7 berechnet.

Es ist zu beachten, daß ab IT6 die Grundtoleranzen beim jeweils 5. nachfolgenden Grundtoleranzgrad um den Faktor 10 größer sind. Diese Regel gilt für alle Grundtoleranzen und kann zum Extrapolieren der Werte über IT18 hinaus verwendet werden.

Beispiel:
Wert (IT20) = Wert (IT15) · 10 = 640 i · 10 = 6400 i

Anmerkung: Obige Regel gilt nicht für IT6 im Nennmaßbereich 3 bis 6 mm.

A.3.3 Berechnung von Grundtoleranzen (IT) für Nennmaße von 500 bis 3150 mm

Die Werte der Grundtoleranzen für die Grundtoleranzgrade IT1 bis IT18 werden als Funktion des Toleranzfaktors I ermittelt. Der Toleranzfaktor I in µm wird nach folgender Formel berechnet:

$$I = 0{,}004\,D + 2{,}1 \text{ µm}$$

wobei D das geometrische Mittel der Bereichsgrenzen des Nennmaßbereiches in mm ist (siehe Abschnitt A.2).

Die Werte der Grundtoleranzen werden mit dem Toleranzfaktor I nach Tabelle 7 berechnet.

Es ist zu beachten, daß ab IT6 die Grundtoleranzen beim jeweils 5. nachfolgenden Grundtoleranzgrad um den Faktor 10 größer sind. Diese Regel gilt für alle Grundtoleranzen und kann zum Extrapolieren der Werte über IT18 hinaus verwendet werden.

Beispiel:
Wert (IT20) = Wert (IT15) · 10 = 640 I · 10 = 6400 I

Anmerkung 1: Die Formeln für die Grundtoleranzgrade IT1 bis IT5 sind nur auf provisorischer Grundlage angegeben (waren in ISO/R 286 : 1962 nicht enthalten).

Anmerkung 2: Obwohl die Formeln für i und I voneinander abweichen, ist die Kontinuität der Reihe für den Übergangsbereich gesichert.

Tabelle 7. Formeln für die Grundtoleranzen bei den Grundtoleranzgraden IT1 bis IT18

Nennmaß in mm		Grundtoleranzgrade																
über	bis	IT1[1])	IT2[1])	IT3[1])	IT4	IT5	IT6	IT7	IT8	IT9	IT10	IT11	IT12	IT13	IT14	IT15	IT16	IT17	IT18
						Formeln für Grundtoleranzen (Ergebnisse in µm)												
—	500	—	—	—	—	7 i	10 i	16 i	25 i	40 i	64 i	100 i	160 i	250 i	400 i	640 i	1000 i	1600 i	2500 i
500	3150	2 I	2,7 I	3,7 I	5 I	7 I	10 I	16 I	25 I	40 I	64 I	100 I	160 I	250 I	400 I	640 I	1000 I	1600 I	2500 I

[1]) Siehe Abschnitt A.3.2.1

A.3.4 Runden von Werten für Grundtoleranzen

Für jeden Nennmaßbereich werden die aus den Formeln nach A.3.2 und A.3.3 für Grundtoleranzen bis IT11 erhaltenen Werte nach den in Tabelle 8 angegebenen Regeln gerundet.
Die berechneten Werte der Grundtoleranzen für Grundtoleranzgrade über IT11 brauchen nicht gerundet zu werden, wenn sie von denen der Toleranzwerte IT7 bis IT11 abgeleitet werden, die bereits gerundet worden sind.

Tabelle 8. Runden von Werten für IT-Grundtoleranzen bis Grundtoleranzgrad IT11
gerundete Werte in µm

Nach den Formeln in A.3.2 und A.3.3 berechnete Werte		Nennmaße	
		bis 500 mm	über 500 mm bis 3150 mm
über	bis	gerundet auf	
0	60	1	1
60	100	1	2
100	200	5	5
200	500	10	10
500	1 000	—	20
1 000	2 000	—	50
2 000	5 000	—	100
5 000	10 000	—	200
10 000	20 000	—	500
20 000	50 000	—	1000

Anmerkung 1: Insbesondere für kleine Werte war es manchmal erforderlich, von diesen Regeln und in einigen Fällen sogar von der Anwendung der in A.3.2 und A.3.3 angegebenen Formeln abzuweichen, um eine gleichmäßige Stufung zu ermöglichen. Daher sind bei der Anwendung des ISO-Systems die in den Tabellen 1 und 5 angegebenen Werte für die Grundtoleranzen den berechneten Werten vorzuziehen.

Anmerkung 2: Die Werte der Grundtoleranzen für die Grundtoleranzgrade IT1 bis IT18 sind in Tabelle 1 und für IT0 und IT01 in Tabelle 5 angegeben.

A.4 Berechnung von Grundabmaßen

A.4.1 Grundabmaße für Wellen

Die Grundabmaße für Wellen werden nach den in Tabelle 9 angegebenen Formeln errechnet.
Das Grundabmaß nach der Formel in Tabelle 9 ist im Prinzip jenes, das den der Nullinie am nächsten liegenden Grenzen entspricht, das ist jeweils das obere Abmaß für die Wellen der Toleranzfeldlagen a bis h und das untere Abmaß für die Wellen der Toleranzfeldlagen k bis zc.
Ausgenommen die Wellen mit den Toleranzfeldlagen j und js, für die es genaugenommen kein Grundabmaß gibt, ist der Wert des Grundabmaßes unabhängig von dem Grundtoleranzgrad (selbst dann, wenn die Formel das Kurzzeichen „IT n" enthält).

A.4.2 Grundabmaße für Bohrungen

Die Grundabmaße für Bohrungen werden nach den in Tabelle 9 angegebenen Formeln errechnet. Deshalb ist das Grenzabmaß, das dem Grundabmaß für eine Bohrung entspricht, mit Bezug zur Nullinie genau symmetrisch zu dem Grenzabmaß, das dem Grundabmaß für eine Welle mit demselben Buchstaben entspricht.

Diese Regel gilt für alle Grundabmaße außer folgenden:

a) Grundabmaß N für Grundtoleranzgrade IT9 bis IT16 für Nennmaße über 3 mm bis 500 mm; hier ist das Grundabmaß Null.

b) Passungen im System „Einheitswelle" oder „Einheitsbohrung" für Nennmaße über 3 bis 500 mm, bei denen eine Bohrung mit einer festgelegten Grundtoleranz mit einer Welle der nächst feineren Grundtoleranz (z.B. H7/p6 und P7/h6) verbunden ist und wobei die Passungen genau dasselbe Spiel oder Übermaß haben müssen (siehe Bild 20).

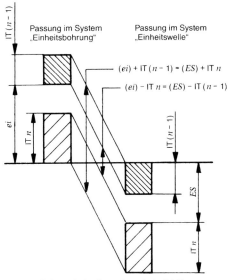

Bild 20. Schematische Darstellung der in A.4.2 b beschriebenen Regel

In diesen Fällen wird das berechnete Grundabmaß durch algebraisches Addieren des Δ-Wertes wie folgt berichtigt:

$ES = ES$ (wie errechnet) $+ \Delta$,

wobei Δ die Differenz IT n – IT (n – 1) zwischen der Grundtoleranz für den Nennmaßbereich in der festgelegten Grundtoleranz und der nächst feineren Grundtoleranz ist.

Beispiel:

Für P7 im Nennmaßbereich von 18 bis 30 mm:

Δ = IT7 – IT6 = 21 – 13 = 8 µm

Anmerkung: Die unter b beschriebene Regel ist nur für Nennmaße über 3 mm für die Grundabmaße K, M und N der Grundtoleranzgrade bis IT8 und für die Grundabmaße P bis ZC der Grundtoleranzgrade bis IT7 anwendbar.

Das Grundabmaß nach der Formel in Tabelle 9 ist im Prinzip jenes, das den der Nullinie am nächsten liegenden Grenzabmaßen entspricht, das ist jeweils das untere Abmaß für die Bohrungen der Toleranzfeldlagen A bis H und das obere Abmaß für die Bohrungen der Toleranzfeldlagen K bis ZC.

Ausgenommen die Bohrungen mit den Toleranzlagen J und JS, für die es genaugenommen kein Grundabmaß gibt, ist der Wert des Abmaßes unabhängig von dem gewählten Toleranzgrad (selbst dann, wenn die Formel das Kurzzeichen „IT n" enthält.)

A.4.3 Runden von Werten für Grundabmaße

Für jeden Nennmaßbereich werden die aus den Formeln nach Tabelle 9 erhaltenen Werte nach den in Tabelle 10 angegebenen Regeln gerundet.

Tabelle 9. **Formeln für Grundabmaße für Wellen und Bohrungen**

Nennmaß in mm		Wellen			Formeln[1]), wobei D das geometrische Mittel der Grenzwerte des jeweiligen Nennmaßbereiches in mm ist	Bohrungen			Nennmaß in mm	
über	bis	Grundabmaß	Vorzeichen (negativ oder positiv)	Bezeichnung		Bezeichnung	Zeichen (negativ) oder positiv	Grundabmaß	über	bis
1	120	a	−	es	$265 + 1,3\,D$	EI	+	A	1	120
120	500				$3,5\,D$				120	500
1	160	b	−	es	$\approx 150 + 0,85\,D$	EI	+	B	1	160
160	500				$\approx 1,8\,D$				160	500
0	40	c	−	es	$52\,D^{0,2}$	EI	+	C	0	40
40	500				$95 + 0,8\,D$				40	500
0	10	cd	−	es	geometrische Mittel der Werte für C, c und D, d	EI	+	CD	0	10
0	3150	d	−	es	$16\,D^{0,44}$	EI	+	D	0	3150
0	3150	e	−	es	$11\,D^{0,41}$	EI	+	E	0	3150
0	10	ef	−	es	geometrische Mittel der Werte für E, e und F, f	EI	+	EF	0	10
0	3150	f	−	es	$5,5\,D^{0,41}$	EI	+	F	0	3150
0	10	fg	−	es	geometrische Mittel der Werte für F, f und G, g	EI	+	FG	0	10
0	3150	g	−	es	$2,5\,D^{0,34}$	EI	+	G	0	3150
0	3150	h	kein Zeichen	es	Abmaß = 0	EI	kein Zeichen	H	0	3150
0	500	j			keine Formel[2])			J	0	500
0	3150	js	+ −	es ei	$0,5\,\text{IT}\,n$	EI ES	+ −	JS	0	3150
0	500[3])	k	+	ei	$0,6\,\sqrt[3]{D}$	ES	kein Zeichen	K[4])	0	500[5])
500	3150		kein Zeichen		Abmaß = 0				500	3150
0	500	m	+	ei	IT7 − IT6	ES	−	M[4])	0	500
500	3150				$0,024\,D + 12,6$				500	3150
0	500	n	+	ei	$5\,D^{0,34}$	ES	−	N[4])	0	500
500	3150				$0,04\,D + 21$				500	3150

[1]) Für Grundabmaße (d.h. Ergebnisse aus Berechnungen mit den Formeln) in μm.
[2]) Die Werte sind nur in den Tabellen 2 und 3 enthalten.
[3]) Die Formel gilt nur für die Grundtoleranzgrade IT4 bis IT7; das Grundabmaß k ist für alle anderen Nennmaße und alle anderen IT-Grade = 0.
[4]) Hierfür gilt eine besondere Regel (siehe Anhang A.4.2 b).
[5]) Diese Formel gilt für Grundtoleranzgrade bis einschließlich IT8; das Grundabmaß K ist für alle anderen Nennmaße und alle anderen IT-Grade = 0.

Seite 24 DIN ISO 286 Teil 1

Tabelle 9. (Fortsetzung)

Nennmaß in mm		Wellen			Formeln[1]), wobei D das geometrische Mittel der Grenzwerte des jeweiligen Nennmaßbereiches in mm ist	Bohrungen			Nennmaß in mm	
über	bis	Grund-abmaß	Vorzeichen (negativ oder positiv)	Bezeich-nung		Bezeich-nung	Zeichen (negativ oder positiv)	Grund-abmaß	über	bis
0	500	p	+	ei	IT7 + 0 bis 5	ES	–	P[4])	0	500
500	3150				0,072 D + 37,8				500	3150
0	3150	r	+	ei	geometrische Mittel der Werte für P, p und S, s	ES	–	R[4])	0	3150
0	50	s	+	ei	IT8 + 1 bis 4	ES	–	S[4])	0	50
50	3150				IT7 + 0,4 D				50	3150
24	3150	t	+	ei	IT7 + 0,63 D	ES	–	T[4])	24	3150
0	3150	u	+	ei	IT7 + D	ES	–	U[4])	0	3150
14	500	v	+	ei	IT7 + 1,25 D	ES	–	V[4])	14	500
0	500	x	+	ei	IT7 + 1,6 D	ES	–	X[4])	0	500
18	500	y	+	ei	IT7 + 2 D	ES	–	Y[4])	18	500
0	500	z	+	ei	IT7 + 2,5 D	ES	–	Z[4])	0	500
0	500	za	+	ei	IT8 + 3,15 D	ES	–	ZA[4])	0	500
0	500	zb	+	ei	IT9 + 4 D	ES	–	ZB[4])	0	500
0	500	zc	+	ei	IT10 + 5 D	ES	–	ZC[4])	0	500

[1]) und [5]) siehe Seite 23.

Tabelle 10. **Runden von Grundabmaßen**   gerundete Werte in μm

Nach den Formeln in Tabelle 9 berechnete Werte μm		Nennmaß			
		bis 500 mm		über 500 mm bis 3150 mm	
		Grundabmaße			
		a bis g A bis G	k bis zc K bis ZC	d bis u D bis U	
über	bis	gerundet auf			
5	45	1	1	1	
45	60	2	1	1	
60	100	5	1	2	
100	200	5	2	5	
200	300	10	2	10	
300	500	10	5	10	
500	560	10	5	20	
560	600	20	5	20	
600	800	20	10	20	
800	1000	20	20	20	
1000	2000	20	20	50	
2000	5000	50	50	100	
...	...		100	...	
20 · 10n	50 · 10n			1 · 10n	
50 · 10n	100 · 10n			2 · 10n	
100 · 10n	200 · 10n			5 · 10n	

Anhang B
Beispiele zur Anwendung von ISO 286 Teil 1
(Dieser Anhang gehört zum Inhalt der Norm.)

B.1 Allgemeines

Dieser Anhang enthält Beispiele für die Anwendung des ISO-Systems für Grenzmaße und Passungen zur Festlegung der Grenzmaße für Wellen und Bohrungen.

Die Zahlenwerte der oberen und unteren Abmaße für die mehr allgemein verwendeten Nennmaßbereiche, Grundabmaße und Grundtoleranzgrade sind in ISO 286-2 berechnet und tabellarisch dargestellt.

In Sonderfällen, die in ISO 286-2 nicht aufgeführt sind, können die entsprechenden oberen und unteren Abmaße und folglich die Grenzmaße nach den Angaben der Tabellen 1 bis 3 und 4 bis 6 im Anhang A dieses Teils der ISO 286 berechnet werden.

B.2 Überblick über besondere Elemente

Nachstehend sind die Elemente und Faktoren wiedergegeben, die bei der Anwendung dieses Teils der ISO 286 zu berücksichtigen sind, um die oberen und unteren Abmaße für Sonderfälle berechnen zu können:

— Die Toleranzfeldlagen für Wellen und Bohrungen a, A, b und B gelten nur für Nennmaße über 1 mm.
— Die Toleranzklasse j8 gilt nur für Nennmaße bis einschließlich 3 mm.
— Die Toleranzfeldlage K bei Bohrungen mit Grundtoleranzgraden höher als IT8 gilt nur für Nennmaße bis einschließlich 3 mm.
— Die Toleranzfeldlagen für Wellen und Bohrungen t, T, v, V, y und Y gelten jeweils nur für Nennmaße über 24, 14 und 18 mm (für kleinere Nennmaße sind die Abmaße praktisch dieselben wie die der angrenzenden Toleranzgrade).
— Die Grundtoleranzgrade IT14 bis IT18 sind nur für Nennmaße über 1 mm angegeben.
— Die Toleranzfeldlage N bei Bohrungen mit Grundtoleranzgraden höher als IT8 gilt nur für Nennmaße über 1 mm.

B.3 Beispiele

B.3.1 Festlegen der Grenzmaße für Wellen mit ⌀ 40g11

Nennmaßbereich: 30 bis 50 mm (nach Tabelle 4)
Grundtoleranz = 160 µm (nach Tabelle 1)
Grundabmaß   = – 9 µm (nach Tabelle 2)
oberes Abmaß = Grundabmaß = – 9 µm
unteres Abmaß = Grundabmaß – Grundtoleranz
            = – 9 – 160 µm = – 169 µm

Grenzmaße:
    Höchstmaß = 40 – 0,009 = 39,991 mm
    Mindestmaß = 40 – 0,169 = 39,831 mm

B.3.2 Festlegen der Grenzmaße für Bohrungen mit ⌀ 130N4

Nennmaßbereich: 120 bis 180 mm (nach Tabelle 4)
Grundtoleranz = 12 µm (nach Tabelle 1)
Grundabmaß   = – 27 + Δ µm (nach Tabelle 3)
Δ-Wert   = 4 µm (nach Tabelle 3)
oberes Abmaß = Grundabmaß
            = – 27 + 4 = – 23 µm
unteres Abmaß = Grundabmaß – Grundtoleranz
            = – 23 – 12 µm = – 35 µm

Grenzmaße:
    Höchstmaß = 130 – 0,023 = 129,977 mm
    Mindestmaß = 130 – 0,035 = 129,965 mm

Anhang C
Bedeutungsgleiche Benennungen
(Dieser Anhang ist kein Bestandteil der Norm.)

C.1 Allgemeines

Dieser Anhang enthält eine Liste der in ISO 286 (und anderen Internationalen Normen für Toleranzen) verwendeten Benennungen.

Anmerkung: Zusätzlich zu den Benennungen in den drei offiziellen ISO-Sprachen (Englisch, Französisch und Russisch) wurden bedeutungsgleiche Benennungen auch in Deutsch, Spanisch, Italienisch, Schwedisch und Japanisch festgelegt. Sie wurden auf Wunsch des Technischen Komitees ISO/TC 3 aufgenommen und werden in Verantwortung der Normenorganisationen Bundesrepublik Deutschland (DIN), Spanien (AENOR), Italien (UNI), Schweden (SIS) und Japan (JISC) veröffentlicht.

C.2 Anmerkungen zur Darstellung

Die Zahlen 01 bis 90 geben nur die alphabetische Reihenfolge für die erste Sprache (d.h. Deutsch) als Bezug an.

Die Spalte „Abschnitt-Nr" bezieht sich auf die Zahl des Abschnittes, in dem die Benennung in diesem Teil der ISO 286 definiert ist (oder auf die wichtigste Stelle).

In Klammern gesetzte Worte bedeuten, daß dieser Teil der Benennung entfallen kann.

Synonyme sind durch ein Semikolon getrennt. Eckige Klammern bedeuten, daß die darin angegebenen Wörter alle oder einige der vorhergehenden Wörter ersetzen können.

Kurze Erklärungen zur Benennung sind als Anmerkung aufgeführt.

C.3 Empfehlungen für den Anwender

Den Anwendern wird empfohlen, der Einfachheit halber das Vokabular alphabetisch in ihrer Muttersprache anzuordnen und entsprechend an der linken Seite der Tabelle zu numerieren.

Nationale Anmerkung: Ein Vergleich mit den lfd. Nrn ISO 286-1 ist durch die zusätzliche Tabellenspalte in ISO 286-1 möglich.

Die folgenden deutschen Benennungen wurden aus ISO 286-1 nicht mehr übernommen:

Lfd. Nr in ISO 286-1	
39	weiteste Grenzpassung
44	Höchstspiel
45	Größtübermaß
46	Größtmaß
52	Kleinstspiel
53	Kleinstübermaß
54	Kleinstmaß
68	Toleranzeinheit
74	engste Grenzpassung
76	Toleranzfeldreihe
80	Toleranzqualität

Die Benennungen „Maximum-Material-Limit (MML)" und „Least-Material-Limit (LML)" werden mit „Maximum- bzw. Minimum-Material-Grenze" statt „Maß" übersetzt.

DIN ISO 286 Teil 1   Seite 27

Lfd. Nr	Deutsch	Englisch	Französisch	Russisch	Spanisch	Italienisch	Schwedisch	Japanisch	Abschnitt Nr	Lfd. Nr ISO 286-1
01	Abmaß	deviation	écart	отклонение	desviación [o diferencial]	scostamento	avmått; avvikelse	寸法差	4.6	12
02	Allgemeintoleranz	general tolerance	tolérance générale	общий допуск	tolerancia general	tolleranza generale	generell tolerans	—	—	25
03	äußeres Paßteil; Außenpaßteil	external [outer] part [component] of fit	élément extérieur [femelle] d'un ajustement	наружная сопрягаемая деталь	elemento [pieza] exterior de un ajuste	pezzo esterno di un accoppiamento	utvändig passningsdel	外側形体	Siehe Nr 64	15
04	Bezugs(Referenz-) temperatur	reference temperature	température de référence	нормальная температура	temperatura de referencia	temperatura di riferimento	referenstemperatur	標準温度	7	61
05	Bohrung	hole	alésage	отверстие	agujero	foro	hål	穴	4.2	26
06	Dorn [= Welle]	plug [= shaft]	tige [= arbre]	калибр-пробка [= вал]	eje	perno [= albero]	dorn [= axel]	—	—	58
07	Formtoleranz	tolerance of form	tolérance de forme	допуск формы	tolerancia de forma	tolleranza di forma	formtolerans	形状公差	5.3.2	79
08	Genauigkeitsgrad	accuracy grade	degré de précision	степень точности	grado de precisión	grado di precisione	noggrannhetsgrad	—	—	01
09	Grenzabmaße	limit deviations	écarts limites	предельные отклонения	desviaciones [diferencias]	scostamenti limiti	gränsavmått; gränsavvikelse	寸法許容差	—	35
10	Grenzabweichungen; zulässige Abweichungen	permissible deviations[3]	écarts permissibles	допустимые отклонения	desviaciones admisibles	scostamenti ammessi [ammissibili]	tillåtna avvikelser	—	—	57
11	Grenzmaße	limits of size	dimension limites	предельные размеры	medidas límites	dimensioni limiti	gränsmått	許容限界寸法	4.3.3	37
12	Grenzpassungen	limits of fit	limites d'ajustement	предельные значения посадки	ajustes límites	accoppiamenti limiti	gränspassningar	—	—	36
13	Grundabmaß	fundamental deviation	écart fondamental	основное отклонение	desviación fundamental	scostamento fondamentale	lägesavmått	基礎となる寸法許容差	4.6.2	23
14	Grundtoleranz	fundamental [standard] tolerance	tolérance fondamentale	допуск системы; стандартный допуск	tolerancia fundamental	tolleranza fondamentale	grundtolerans; grundtoleransvidd	基本公差	4.7.1	24
15	Hilfsmaß	temporary size	dimension auxiliaire	вспомогательный размер	medida auxiliar	dimensione ausiliaria	hjälpmått	—	—	72

[3] Entspricht „limit deviations"

479

Seite 28   DIN ISO 286 Teil 1

Lfd. Nr	Deutsch	Englisch	Französisch	Russisch	Spanisch	Italienisch	Schwedisch	Japanisch	Abschnitt Nr	Lfd. Nr ISO 286-1
16	Höchstmaß	maximum limit of size	dimension maximale	наибольший предельный размер	medida máxima	dimensione massima	övre gränsmått	最大許容寸法	4.3.3.1	46
17	Höchstpassung	loosest extreme of fit	ajustement limite le plus large	наибольшая свободная посадка	ajuste limite con máximo juego	accoppiamento limite il più largo [sciolto]	största passning	—	—	39
18	Höchstspiel	maximum clearance	jeu maximal	наибольший зазор	juego máximo	giuoco massimo	maxspel	最大すきま	4.8.2	44
19	Höchstübermaß	maximum interference	serrage maximal	наибольший натяг	aprieto máximo	interferenza massima	maxgrepp	最大しめしろ	4.9.2	45
20	Hüllbedingung	envelope requirement	exigence de l'enveloppe	требования к покрытию	condición del envolvente	condizione del inviluppamento	enveloppkrav	包絡の条件	5.3.1.2	14
21	Hülse [= Bohrung]	sleeve [= hole]	douille [= alésage]	калибр-кольцо [= отверстие]	casquillo [= agujero]	bossolo [= foro]	hylsa [= hål]	—	—	67
22	Inneres Paßteil; Innenpaßteil	internal [inner] part [component] of fit	élément intérieur [mâle] d'un ajustement	внутренняя сопрягаемая деталь	elemento [pieza] interior de un ajuste	pezzo interno di accoppiamento	invändig passningsdel	内側形体	Siehe Nr 26	29
23	Internationaler Grundtoleranzgrad (IT ...)	international (standard) tolerance grade (IT ...)	degré de tolérance internationale (normalité) (IT ...)	[стандартный] класс международных допусков (IT ...)	grado internaciónal de tolerancia (IT ...)	grado di tolleranza internazionale (IT ...)	internationell toleransgrad; standardtoleransgrad (IT ...)	公差等級	5.1.1 und Tabelle 1	30
24	ISO-Grundtoleranzreihe	ISO fundamental [standard] tolerance series	série de tolérance internationale ISO	ряд основных допусков ИСО	serie de tolerancias fundamentales ISO	serie di tolleranze fondamentali ISO	ISO-grundtoleransserie	—	—	31
25	ISO-Paßsystem „Einheitsbohrung"	ISO "hole-basis" system of fits	système d'ajustements ISO «à alésage normal»	система посадок ИСО „основное отверстие"	sistema de ajustes ISO «agujero único» (o «eje base»)	sistema di accoppiamenti ISO "foro base"	ISO passningssystem »hålet bas»	穴基準 はめあい	4.11.2	32
26	ISO-Paßsystem „Einheitswelle"	ISO "shaft-basis" system of fits	système d'ajustements ISO «à arbre normal»	система посадок ИСО „обычный вал"	sistema de ajustes ISO «e je único» (o «eje base»)	sistema di accoppiamenti ISO «albero base»	ISO passningssystem »axeln bas»	軸基準 はめあい	4.11.1	33
27	Istabmaß	actual deviation	écart effectif	действительное отклонение	desviación efectiva o real	scostamento effettivo	verkligt avmått	—	—	03
28	Istmaß	actual size	dimension effective	действительный размер	medida efectiva o real	dimensione effettiva	verkligt mått	実寸法	4.3.2	05

480

DIN ISO 286 Teil 1 Seite 29

Lfd. Nr	Deutsch	Englisch	Französisch	Russisch	Spanisch	Italienisch	Schwedisch	Japanisch	Abschnitt Nr	Lfd. Nr ISO 286-1
29	Istspiel	actual clearance	jeu effectif	действительный зазор	juego efectivo o real	giuoco effettivo	verkligt spel	—	—	02
30	Istübermaß	actual interference	serrage effectif	действительный натяг	aprieto efectivo o real	interferenza effettiva	verkligt grepp	—	—	04
31	Lagetoleranz	tolerance of position	tolérance de position	допуск расположения	tolerancia de posición	tolleranza di posizione	lägetolerans	—	—	80
32	Linie des AbmaBes Null; Nullinie	line of zero deviation; zero line	ligne d'écart nul; ligne zéro	нулевая линия; линия нулевого отклонения	linea cero; linea de referencia	linea dello zero	nollinje	基準線	4.5 und Bild 13	38
33	Maß	size; dimension	dimension; cote⁴)	размер	medida; dimensión	dimensione	mått; dimension	寸法	4.3	65
34	Maß ohne [direkte] Toleranzangabe; Freimaß	size without (direct) tolerance indication	dimension sans indication (directe) de tolérances	размер без [прямого] указания допуска	medida sin indicación directa de tolerancias	dimensione senza indicazione [diretta] di tolleranza	icke direkt toleranssatta mått	—	—	66
35	Maßtoleranz	dimensional tolerance; size tolerance	tolérance dimensionnelle	допуск размера	tolerancia dimensional	tolleranza dimensionale	dimensionstolerans; måttolerans	寸法公差	4.7	13
36	Maximum-Material-Grenze	maximum material limit (MML)	dimension du maximum de matière (MML)	предел максимума материала (MML)	límite de material máximo	dimensione di massimo materiale	max. materialmått; gägräns	最大実体寸法	4.12	47
37	Mindestmaß	minimum limit of size	dimension minimale	наименьший предельный размер	medida mínima	dimensione minima	undre gränsmått	最小許容寸法	4.3.3.2	54
38	Mindestpassung	tightest extreme fit	limite d'ajustement le plus étroit	наиболее плотная посадка	ajuste límite con mínimo juego	accoppiamento limite il più stretto	min. gränspassning	—	—	74
39	Mindestspiel	minimum clearance	jeu minimal	наименьший зазор	juego mínimo	giuoco minimo	minspel	最小すきま	4.8.1	52
40	Mindestübermaß	minimum interference	serrage minimal	наименьший натяг	aprieto mínimo	interferenza minima	mingrepp	最小しめしろ	4.9.1	53
41	Minimum-Material-Grenze	least material limit (LML)	dimension au minimum de matière (LMC)	предел минимума материала (LML)	medida de mínimo materiale	dimensione di minimo materiale	min. materialgräns; stoppgräns	最小実体寸法	4.13	34

⁴) In Frankreich wird in Zeichnungen der Begriff „Maß" auch „cote" genannt.

481

Lfd. Nr	Deutsch	Englisch	Französisch	Russisch	Spanisch	Italienisch	Schwedisch	Japanisch	Abschnitt Nr	Lfd. Nr ISO 286-1
42	mittleres Grenzmaß; Mittenmaß	mean of the limits of size; mean size	moyenne des dimensions limites; dimension moyenne	среднее значение предельных размеров; средний размер	media de medidas límites; medida media	media delle dimensioni limiti; dimensione media	gränsmåttens mittvärde	—	—	51
43	mittlere Passung; Mittenpassung	mean fit	ajustement moyen	среднее значение посадки	ajuste medio	accoppiamento medio	medelpassning	—	—	49
44	mittleres Spiel; Mittenspiel	mean clearance	jeu moyen	средний зазор	juego medio	giuoco medio	medelspel	—	—	48
45	mittleres Übermaß; Mittenübermaß	mean interference	serrage moyen	средний натяг	aprieto medio	interferenza media	medelgrepp	—	—	50
46	negatives Abmaß	negative deviation	écart négatif	отрицательное отклонение	desviación negativo	scostamento negativo	negativt avmått	負の寸法差	Bild 13	55
47	Nennmaß	basic size; nominal size	dimension nominale	номинальный размер	medida nominal	dimensione nominale	basmått; nominellt mått	基準寸法	4.3.1	07
48	Nennmaß	nominal size; basic size	dimension nominale	номинальный размер	medida nominal	dimensione nominale	nominellt mått; basmått	基準寸法	4.3.1	56
49	Nennmaßbereich	step [range] of basic [nominal] sizes	palier de dimensions nominales	интервал номинальных размеров	grupo de medidas nominales	gruppo di dimensioni nominali	basmåttsområden	基準寸法の区分	A.2	60
50	Nennmaßbereich	step [range] of nominal sizes	palier de dimensions nominales	интервал номинальных размеров	grupo de medidas nominales	gruppo di dimensioni nominali	steg (områden) av nominella mått	基準寸法の区分	A.2	70
51	Nullinie	zero line	ligne zéro	нулевая линия	línea cero; línea de referencia	linea dello zero	nollinje	基準線	4.5	90
52	oberes Abmaß	upper deviation	écart supérieur	верхнее отклонение	desviación superior	scostamento superiore	övre gränsavmått	上の寸法許容差	4.6.1.1	88
53	Paarung	mating	appariement	сопряжение	acoplamiento; apareamiento	connessione	tillpassning	—	—	41
54	Paarungsmaß	mating size	dimension d'appariement	сопрягаемый размер	medida de acoplamiento	dimensione di connessione	passningsmått	—	—	42
55	Paßfläche	fit surface; mating surface	surface d'ajustement	сопрягаемая поверхность	superficie de un ajuste	superficie di accoppiamento	passningsyta	—	—	43
56	Paßfläche	meting surface; fit surface	surface d'ajustement	сопрягаемая поверхность	superficie de un ajuste	superficie di accoppiamento	passningsyta	—	—	18

DIN ISO 286 Teil 1　Seite 31

Lfd. Nr	Deutsch	Englisch	Französisch	Russisch	Spanisch	Italienisch	Schwedisch	Japanisch	Abschnitt Nr	Lfd. Nr ISO 286-1
57	Paßteil	fit component [part]	élément d'un ajustement	сопрягаемая деталь	elemento [pieza] de un ajuste	elemento [pezzo] di un accoppiamento	passningsdel	—	—	17
58	Paßtoleranz	fit tolerance; variation of fit	tolérance d'ajustement	допуск посадки	tolerancia de ajuste	tolleranza d'accoppiamento	passningens toleransvidd; passningsvariation	はめあいの変動量	4.10.4	19
59	Paßtoleranz	tolerance of fit; variation of fit	tolérance d'ajustement; variation de l'ajustement	допуск посадки	tolerancia de ajuste; variación de ajuste	tolleranza di accoppiamento	passningens toleransvidd; passningsvariation	はめあいの変動量	4.10.4	78
60	Paßtoleranz	variation of fit; fit tolerance	tolérance d'ajustement	допуск посадки	tolerancia de ajuste	tolleranza [variazione] di accoppiamento	passningsvariation; passnings toleransens vidd	はめあいの変動量	4.10.4	89
61	Paßtoleranzfeld	fit tolerance zone; variation zone	zone de tolérance d'ajustement	поле допуска посадки	zona de tolerancia de ajuste	zona di tolleranza di accoppiamento	passningens toleransområde	—	—	20
62	Passung	fit	ajustement	посадка	ajuste	accoppiamento	passning	はめあい	4.10	16
63	Passungscharakter	character of fit	caractère d'ajustement	характер посадки	carácter de ajuste	carattere dell'accoppiamento	passningskaraktär	—	—	08
	Anmerkung: In verbalen Beschreibungen	Note — In verbal descriptions	Note — En descriptions verbales	Примечание — Словесное описание	Nota — En descripciones verbales	Nota — In descrizioni verbali	Not — Med verbal beskrivning			
64	Passungssymbol; Passungskurzzeichen	fit symbol	symbole de l'ajustement	условное обозначение посадки	simbolo de ajuste	simbolo di accoppiamento	passningssymbol	はめあいの記号	5.2.3	21
65	Passungssystem; Paßsystem	fit system	système d'ajustement	система посадок	sistema de ajuste	sistema di accoppiamenti	passningssystem	はめあい方式	4.11	22
66	positives Abmaß	positive deviation	écart positif	положительное отклонение	desviación positiva	scostamento positivo	positivt avmått	正の寸法差	Bild 13	59
67	relatives Spiel; bezogenes Spiel (‰)	relative clearance (‰)	jeu relatif (‰)	относительный зазор (‰)	juego relativo (‰)	giuoco relativo (‰)	relativt spel (‰)	—	—	62
68	relatives Übermaß; bezogenes Übermaß (‰)	relative interference (‰)	jeu relatif (‰)	относительный натяг (‰)	aprieto relativo (‰)	interferenza relativa (‰)	relativt grepp (‰)	—	—	63

483

Lfd. Nr	Deutsch	Englisch	Französisch	Russisch	Spanisch	Italienisch	Schwedisch	Japanisch	Abschnitt Nr	Lfd. Nr ISO 286-1
69	Sollmaß	desired size	dimension de consigne	заданный размер	medida teórica	dimensione desiderata	önskat mått	—	—	11
70	Spiel	clearance	jeu	зазор	juego	giuoco	spel	すきま	4.8	09
71	Spielpassung	clearance fit	ajustement avec jeu	посадка с зазором	ajuste con juego	accoppiamento con giuoco	spelpassning	すきまばめ	4.10.1	10
72	statistische Toleranz	statistical tolerance	tolérance statistique	статистический допуск	tolerancia estadística	tolleranza statistica	statistisk tolerans	—	—	69
73	symmetrische Abmaße	symmetrical deviations	écarts symétriques	симметричные отклонения	desviaciones simétricas	scostamenti simmetrici	symmetriska avmått	—	—	71
74	theoretisch genaues Bezugsmaß	theoretically exact reference size	dimension de référence théoriquement exacte	теоретический размер	medida absoluta de referencia	dimensione teoricamente esatto di riferimento	teoretiskt exakt referensmått	—	—	73
75	Toleranz	tolerance	tolérance	допуск	tolerancia	tolleranza	toleransvidd; tolerans	寸法公差	4.7	75
76	Toleranzfaktor (i, I)	standard tolerance factor (i, I)	facteur de tolérance (i, I)	единица допуска (i, I)	unidad de tolerancia (i, I)	unità di tolleranza (i, I)	toleransenhet (i, I)	公差単位	4.7.5	68
77	Toleranzfeld	tolerance zone	zone de tolérance	поле допуска	zona de tolerancia	zona di tolleranza	toleransområde; toleranszon	公差域	4.7.3	85
78	Toleranzfeldlage	tolerance position	position de la tolérance	расположение допусков	posición de tolerancia	posizione di tolleranza	toleransläge	公差域の位置	4.7.3	81
79	Toleranzklasse	tolerance class	classe de tolérance; série de tolérances d'une zone	поле допуска	clase de tolerancias; serie de tolerancias de un campo	classe di tolleranze	tolerans; toleransklass	公差域クラス	4.7.4	76
80	Toleranzgrad	tolerance grade; grade of tolerance	degré de tolérance; qualité de tolérance (ancien)	степень допуска	grado de tolerancia	grado di tolleranza	toleransgrad	公差等級	4.7.2	77
81	Toleranzreihe	tolerance series	série de tolérances	ряд допусков	serie de tolerancias	serie [gamma] di tolleranza	serie av toleransvidder	—	—	82
82	Toleranzsymbol; Toleranzkurzzeichen	tolerance symbol	symbole de tolérances	условное обозначение допусков	símbolo de tolerancias	simbolo di tolleranza	toleranssymbol	寸法公差記号	5.2.2	83

DIN ISO 286 Teil 1 Seite 33

Lfd. Nr	Deutsch	Englisch	Französisch	Russisch	Spanisch	Italienisch	Schwedisch	Japanisch	Abschnitt Nr	Lfd. Nr ISO 286-1
83	Toleranzsystem	tolerance system	système de tolérances	система допусков	sistema de tolerancias	sistema di tolleranze	toleranssystem	公差方式	1 und 2	84
84	toleriertes Maß	toleranced size	dimension tolérancée	размер с допуском	medida con tolerancia	dimensione con tolleranza	toleransbestämt mått		—	86
85	Übermaß	interference	serrage	натяг	aprieto	interferenza	grepp	しめしろ	4.9	27
86	Übergangspassung	transition fit	ajustement incertain	переходная посадка	ajuste indeterminado	accoppiamento incerto	mellanpassning	中間ばめ	4.10.3	87
87	Übermaßpassung	interference fit	ajustement avec serrage	посадка с натягом	ajuste con aprieto	accoppiamento con interferenza	greppassning	しまりばめ	4.10.2	28
88	Ungefährmaß	approximate size	dimension approximative	приблизительный размер	medida aproximada	dimensione approssimativa	ungefärligt mått; cirkamått		—	06
89	unteres Abmaß	lower deviation	écart inférieur	нижнее отклонение	desviación inferior	scostamento inferiore	undre gränsavmått	下の寸法許容差	4.6.1.2	40
90	Welle	shaft	arbre	вал	eje	albero	axel	軸	4.1	64

Ende der deutschen Übersetzung

485

Zitierte Normen

Siehe Abschnitte 3 und 10

Frühere Ausgaben

DIN 7150 Teil 1: 07.38x, 06.66
DIN 7151: 10.36, 11.64
DIN 7152: 05.42, 07.65
DIN 7172 Teil 1: 06.65, 03.86
DIN 7172 Teil 3: 08.66, 03.86
DIN 7182 Teil 1: 09.40, 01.57x, 10.71, 05.86

Änderungen

Gegenüber DIN 7150 T1/06.66, DIN 7151/11.64, DIN 7152/07.65, DIN 7172 T1/03.86, DIN 7172 T3/03.86 und DIN 7182 T1/05.86 wurden folgende Änderungen vorgenommen:

— Durch die Übernahme der Internationalen Norm ISO 286-1 : 1988 wurde der Nennmaßbereich bis auf 3150 mm erweitert.

Internationale Patentklassifikation

G 01 B 3/34
G 01 B 3/52
G 01 B 21/10
G 01 B 21/20

DK 621.753.1/.2 : 621.824 November 1990

| ISO-System für Grenzmaße und Passungen
Tabellen der Grundtoleranzgrade und Grenzabmaße
für Bohrungen und Wellen
Identisch mit ISO 286-2 : 1988 |
DIN
ISO 286
Teil 2 |

ISO system of limits and fits; tables of standard tolerance grades and limit deviations for holes and shafts;
Identical with ISO 286-2 : 1988

Système ISO de tolérances et d'ajustements; tables des degrés de tolérance normalisés et des écarts limites des alésages et des arbres;
Identique à ISO 286-2 : 1988

Ersatz für
DIN 7160/08.65 und
DIN 7161/08.65

Die Internationale Norm ISO 286-2, Ausgabe 1988-06-01, „ISO system of limits and fits; Part 2: Tables of standard tolerance grades and limit deviations for holes and shafts", ist unverändert in diese Deutsche Norm übernommen worden.

Nationales Vorwort

Das ISO-System für Grenzmaße und Passungen wird seit Jahrzehnten in nahezu allen Ländern der Erde angewendet, und es ist damit zu rechnen, daß die Industrieländer die Folgeausgabe der früheren ISO-Empfehlung ISO/R 286 substantiell unverändert in ihre nationalen Normenwerke übernehmen werden.

Um auch durch die Norm-Nummer zu dokumentieren, daß die DIN-Norm mit der ISO-Norm übereinstimmt, hat der NLG 1 „Toleranzen und Passungen" beschlossen, die ISO-Norm als DIN-ISO-Norm zu veröffentlichen. Nach Abwägung aller Bedenken gegen die Zusammenfassung der bisherigen DIN-Normen unter nur einer DIN-ISO-Norm-Hauptnummer ist es nicht vertretbar, in deutschen Normen über Grundlagen und Begriffe von ISO-Normen abzuweichen.

Die folgende Tabelle zeigt, welche bisherigen DIN-Normen in den neuen DIN-ISO-Normen zusammengefaßt sind.

bisherige DIN-Norm	neue DIN-ISO-Norm
DIN 7150 Teil 1	DIN ISO 286 Teil 1
DIN 7151	DIN ISO 286 Teil 1, Tabelle 1
DIN 7152	DIN ISO 286 Teil 1, Tabellen 2 und 3
DIN 7160	DIN ISO 286 Teil 2, Tabellen 17 bis 32
DIN 7161	DIN ISO 286 Teil 2, Tabellen 2 bis 16
DIN 7172 Teil 1 (bis Nennmaß 3150 mm)	DIN ISO 286 Teil 1, Tabelle 1
DIN 7172 Teil 2 (bis Nennmaß 3150 mm)	DIN ISO 286 Teil 2, Tabellen 3 bis 29
DIN 7172 Teil 3 (bis Nennmaß 3150 mm)	DIN ISO 286 Teil 1
DIN 7182 Teil 1	DIN ISO 286 Teil 1, Abschnitt 4 (teilweise und modifiziert)

Detailunterschiede der Normeninhalte können hier nicht beschrieben werden; es sei jedoch angemerkt, daß in den Tabellen in DIN ISO 286 Teil 2 mehr errechnete Grenzabmaße enthalten sind als in den bisherigen DIN-Normen. Die Berechnungsgrundlagen sind jedoch nicht geändert worden, so daß sich die Umstellung nicht auf die nach bisherigen DIN-Normen erstellten Zeichnungen auswirkt.

Obwohl die Passung als Funktion zweier zu fügender Formelemente Gegenstand dieser Norm ist, wurden in Zeichnungen auch dann die ISO-Kurzzeichen für die Angabe von Toleranzen für Längenmaße angewendet, wenn eine Passung nicht verlangt war. Diese Praxis wird mit der Übernahme von ISO 268-1 ins deutsche Normenwerk berücksichtigt.

Auf einige wesentliche Besonderheiten und Probleme bei der Umstellung auf die DIN-ISO-Normen wird im folgenden eingegangen:

Um beim Fügen von Formelementen auf die wechselseitige Abhängigkeit von Maß und Form hinzuweisen, wird im Abschnitt 5.3.1.2 im Teil 1 dieser Norm festgelegt, daß zusätzlich zu den ISO-Kurzzeichen für die Passung das Kurzzeichen Ⓔ anzugeben ist.

Obwohl in den Normen DIN ISO 286 Teil 1 und Teil 2 der Einfachheit halber hauptsächlich das Fügen von zylindrischen Werkstücken mit kreisförmigem Querschnitt (Bohrung und Welle) behandelt wird, sei hier besonders darauf hingewiesen, daß die in diesen Normen festgelegten Toleranzen und Abmaße auch für Werkstücke mit nicht kreisförmigem Querschnitt gelten.

Fortsetzung Seite 2 bis 44

Normenausschuß Länge und Gestalt (NLG) im DIN Deutsches Institut für Normung e.V.

Für die Grundabmaße und Grundtoleranzen sind nur die Tabellenwerte gültig. Die im Anhang A von DIN ISO 286 Teil 1 enthaltenen Berechnungsgrundlagen dürfen nur dann angewendet werden, wenn für spezielle Fälle Tabellenwerte fehlen.
Gegenüber DIN 7150 Teil 1 und DIN 7182 Teil 1 sind einige Benennungen geändert worden. Hierzu sollten die Abschnitte 4.7 und 5 in DIN ISO 286 Teil 1 aufmerksam gelesen werden. Besonders hervorzuheben sind die geänderten Bedeutungen von Toleranzklasse und Toleranzfeld und die Einführung der Benennung „Grundtoleranzgrad".
Während die in DIN 7182 Teil 1, Ausgabe Mai 1986, für die Benennung „Qualität" eingeführte Toleranzklasse jetzt das Toleranzfeld kennzeichnet, z. B. H6, D13, e7, bleibt die Benennung „Toleranzfeld" nur dessen graphischer Darstellung vorbehalten. Die Toleranzklasse wird mit dem (den) Buchstaben für das Grundabmaß sowie mit der Zahl des Grundtoleranzgrades, dem Toleranzgrad, bezeichnet.

Beispiel:

Toleranzklasse: H7
Grundabmaß
Toleranzgrad
(früher Qualität)

Die ISO-Toleranzreihe IT mit Angabe der Toleranzqualität, z. B. IT 18, wird nach DIN ISO 286 Teil 1 jetzt als Grundtoleranzgrad IT 18 bezeichnet (siehe Abschnitt 4.7.2).
Für die Grenzabmaße, oberes Abmaß und unteres Abmaß, sind neue Maßbuchstaben festgelegt worden. Obere Abmaße werden mit den Buchstaben „ES" für Innenmaße und „es" für Außenmaße gekennzeichnet. Untere Abmaße werden sinngemäß mit „EI" und „ei" gekennzeichnet.
Das für die Internationale Norm zuständige ISO-Komitee ISO/TC 3 „Limits and fits" hatte beschlossen, die ISO-Empfehlung nur redaktionell zu überarbeiten, weil wegen der weltweiten Anwendung dieses Toleranz- und Passungssystems wesentliche Änderungen zu unüberschaubaren Übergangsschwierigkeiten geführt hätten. Deshalb waren folgende eigentlich wünschenswerte Verbesserungen und Erweiterungen nicht möglich:

— Änderung der berechneten Tabellenwerte der Grundabmaße auf der Basis der Formeln in DIN ISO 286 Teil 1, Tabelle 9, mit dem Ziel, auf das Abspeichern des gesamten Tabellenwerkes zu verzichten. Die unveränderte Beibehaltung der Tabellen war jedoch als wichtiger angesehen worden, weil sie durch Toleranzkurzzeichen verschlüsselt sind, deren Bedeutung nicht geändert werden durfte. Zudem sind bei der heutigen Rechnertechnik Massenspeicher billig und Zugriffszeiten auf gespeicherte Daten kurz.

— Das ISO/TC 3 hat eine Erweiterung des Toleranz- und Passungssystems bis Nennmaß 10000 mm abgelehnt, weil hierzu international nicht genügend Erfahrungen bestehen und diese Erweiterung über den Rahmen einer redaktionellen Überarbeitung hinausgegangen wäre. Nun enthält die ISO-Norm Toleranzen bis 3150 mm; DIN 7172 Teil 1 bis Teil 3 umfassen noch den Nennmaßbereich von 500 bis 10000 mm, für den der Toleranzfaktor I gilt (siehe hierzu DIN ISO 286 Teil 1, Anhang A.3.3). Da der Status einer DIN-ISO-Norm als höherwertig angesehen wurde als die Beibehaltung der Aufteilung in den bisherigen DIN-Normen, werden DIN 7172 Teil 1 bis Teil 3 gleichzeitig mit der endgültigen Herausgabe der DIN-ISO-Normen im Kurzverfahren überarbeitet, wobei die Nennmaße von 500 bis 3150 mm gestrichen werden, weil sie dann in den DIN-ISO-Normen enthalten sind.

— Übernahme der gegenüber ISO/R 286 : 1962 und DIN 7150 Teil 1, Ausgabe Juni 1966, modifizierten Terminologie aus DIN 7182 Teil 1, Ausgabe 1986. Die Benennungen und deren Definitionen in DIN ISO 286 Teil 1, Abschnitt 4, ersetzen diesen Teil von DIN 7182 Teil 1.

Wegen der grundlegenden Bedeutung für alle Maß-, Form- und Lagetoleranzen wurden in DIN ISO 286 Teil 1, Abschnitt 5.3, die wichtigsten Festlegungen über den Tolerierungsgrundsatz nach ISO 8015 (DIN ISO 8015) und die Hüllbedingung (DIN 7167) erläutert.

Zitierte Normen

Siehe Abschnitt 3

Frühere Ausgaben

DIN 7160 Teil 1 bis Teil 6: 10.36, 04.42
DIN 7160 Teil 7: 04.42
DIN 7160: 08.65
DIN 7161 Teil 1 bis Teil 3: 10.36, 04.42
DIN 7161 Teil 4: 10.36, 04.42, 02.54
DIN 7161 Teil 5 bis Teil 7: 10.36, 04.42
DIN 7161: 08.65

Änderungen

Gegenüber DIN 7160/08.65 und DIN 7161/08.85 wurden folgende Änderungen vorgenommen.
— Durch die Übernahme der Internationalen Norm ISO 286-2 : 1988 wurde der Nennmaßbereich bis auf 3150 mm erweitert.

Internationale Patentklassifikation

G 01 B 3/34   G 01 B 3/52   G 01 B 21/10   G 01 B 21/20

Deutsche Übersetzung

ISO-System für Grenzmaße und Passungen
Teil 2: Tabellen der Grundtoleranzgrade und Grenzabmaße
für Bohrungen und Wellen

Vorwort

Die ISO (Internationale Organisation für Normung) ist die weltweite Vereinigung nationaler Normungsinstitute (ISO-Mitgliedskörperschaften). Die Erarbeitung Internationaler Normen obliegt den Technischen Komitees der ISO. Jede Mitgliedskörperschaft, die sich für ein Thema interessiert, für das ein Technisches Komitee eingesetzt wurde, ist berechtigt, in diesem Komitee mitzuarbeiten.

Internationale (staatliche und nichtstaatliche) Organisationen, die mit der ISO in Verbindung stehen, sind an den Arbeiten ebenfalls beteiligt.

Die von den Technischen Komitees verabschiedeten Entwürfe zu Internationalen Normen werden den Mitgliedskörperschaften zunächst zur Annahme vorgelegt, bevor sie vom Rat der ISO als Internationale Norm bestätigt werden. Sie werden nach den Verfahrensregeln der ISO angenommen, wenn mindestens 75% der abstimmenden Mitgliedskörperschaften zugestimmt haben.

Dieser Teil der ISO 286 wurde vom Technischen Komitee ISO/TC 3 „Grenzmaße und Passungen" ausgearbeitet und vervollständigt zusammen mit ISO 286 Teil 1 die Überarbeitung der ISO/R 286 „ISO-System für Grenzmaße und Passungen". ISO/R 286 wurde erstmals 1962 veröffentlicht und im November 1964 bestätigt; sie basiert auf dem 1940 veröffentlichten ISA Bulletin 25.

Die wesentlichen in diesen Teil der ISO 286 aufgenommenen Änderungen sind folgende:

a) Die Darstellungsform der Informationen wurde geändert, so daß ISO 286 sowohl im Konstruktionsbüro als auch in der Werkstatt direkt angewendet werden kann. Dies wurde erreicht, indem die Elemente, die sich mit den Grundlagen des Systems befassen und die berechneten Werte der Grundtoleranzen und Grundmaße von den Tabellen mit den darin enthaltenen spezifischen Grenzabmaßen der am häufigsten verwendeten Toleranzen und Abmaße getrennt wurden.

b) Die neuen Kennzeichen js und JS ersetzen die früheren Kurzzeichen j_s und J_S (d.h. s und S werden nicht mehr als Indizes geschrieben), um die Anwendung der Kurzzeichen bei Einrichtungen mit begrenztem Zeichenvorrat, z.B. bei graphischer Datenverarbeitung, zu erleichtern. Die Buchstaben „s" und „S" bedeuten „symmetrische Abweichung".

c) Grenzabmaße wurden für den Nennmaßbereich von 500 bis 3150 mm als Grundanforderungen aufgenommen (diese waren vorher nur auf experimenteller Basis enthalten).

d) Die Grenzabmaße wurden für Bohrungen mit Toleranzfeldlagen H und JS und für Wellen mit Toleranzfeldlagen h und js um die Grundtoleranzgrade IT17 und IT18 für alle Nennmaßbereiche erweitert; die Grundtoleranzgrade IT1 bis IT5 wurden lediglich auf experimenteller Basis für Nennmaßbereiche über 500 bis 3150 mm aufgenommen.

e) Die Grenzabmaße wurden um einige in der Feinmechanik und Zeitmessungslehre angewendete Toleranzgrade für den Nennmaßbereich bis 50 mm erweitert.

f) Die Inch-Werte wurden gestrichen.

g) Grundsätze, Terminologie und Kurzzeichen wurden nach den Anforderungen zeitgemäßer Technlogie ausgerichtet.

Es wird darauf hingewiesen, daß Internationale Normen von Zeit zu Zeit überarbeitet werden und daß sich jeder Hinweis in dieser Norm auf eine andere Internationale Norm auf die letzte Ausgabe bezieht, falls nicht anders angegeben.

Inhalt

		Seite
0	Einführung	4
1	Zweck	4
2	Anwendungsbereich	4
3	Verweisungen auf andere Normen	4
4	Grundtoleranzen	5
5	Grenzabmaße für Bohrungen	5
6	Grenzabmaße für Wellen	5
7	Verweisungen auf weitere ISO-Normen	5
Anhang A	Gaphische Übersicht über Toleranzklassen für Bohrungen und Wellen	40

0 Einführung

Die Notwendigkeit, Grenzmaße und Passungen für maschinell gefertigte Werkstücke festzulegen, wurde hauptsächlich durch die arbeitsablaufbedingte Unsicherheit der Fertigungsverfahren zusammen mit der Tatsache verursacht, daß „vollständige Exaktheit" des Maßes für die meisten Werkstücke als unnötig angesehen wurde. Damit die Funktion sichergestellt ist, wurde es als ausreichend betrachtet, ein Werkstück so zu fertigen, daß sein Istmaß innerhalb zweier Grenzmaße, d. h. innerhalb eines Toleranzfeldes liegt, das die der Fertigung zugestandenen Abweichungen darstellt.

Wenn zwischen zu paarenden Werkstücken ein spezieller Paßcharakter gefordert wird ist es notwendig, dem Nennmaß eine Abweichung zuzuordnen, die entweder positiv oder negativ ist, um das geforderte Spiel oder Übermaß zu erreichen.

Mit der Entwicklung in der Industrie und im internationalen Handel wurde es erforderlich, formelle Systeme für Grenzmaße und Passungen zu entwickeln, erst auf firmeninterner, dann auf nationaler und später auf internationaler Ebene.

Diese Internationale Norm beschreibt deshalb das international anerkannte System für Grenzmaße und Passungen.

Eine allgemeine graphische Darstellung der Beziehung zwischen den Toleranzklassen und ihren entsprechenden Grenzabmaßen ist im Anhang A enthalten.

1 Zweck

Dieser Teil der ISO 286 enthält die Werte der Grenzabmaße für allgemein angewandte Toleranzklassen für Bohrungen und Wellen, die nach den Angaben der ISO 286-1 berechnet wurden und die Werte für die oberen Abmaße ES (für Bohrungen) und die oberen Abmaße es (für Wellen) und für die unteren Abmaße EI (für Bohrungen) und die unteren Abmaße ei (für Wellen) (siehe Bild 1).

Anmerkung: In den Tabellen für die Grenzabmaße sind die Werte für das obere Abmaß ES (oder es) über den Werten für das untere Abmaß EI (oder ei) angegeben, ausgenommen für die Toleranzklassen JS und js, die zur Nullinie symmetrisch liegen.

2 Anwendungsbereich

Das ISO-System für Grenzmaße und Passungen gilt für Toleranzen und Grenzabmaße für glatte Werkstücke.

Es sollte beachtet werden, daß sich die in dieser Internationalen Norm verwendeten allgemeinen Benennungen „Bohrung" oder „Welle" auch auf den Raum beziehen, die beiden parallelen Paßflächen (oder Berührungsebenen) eines beliebigen Werkstückes, wie die Breite einer Nut oder die Dicke einer Feder (siehe auch ISO 286-1) einschließt. Gleichermaßen muß der Begriff „allgemein gebräuchliche Bohrungen und Wellen" für eine sehr große Auswahl von Grenzabmaßen interpretiert werden, die für eine breite Palette von Forderungen an die Passung geeignet sind.

Weitere Angaben bezüglich Terminologie, Symbolen, Grundlagen des Systems usw. sind in ISO 286-1 enthalten.

3 Verweisungen auf andere Normen

Anmerkung: Siehe auch Abschnitt 7

ISO 286-1   ISO-System für Grenzmaße und Passungen — Teil 1: Grundlagen für Toleranzen, Abmaße und Passungen

ISO 1829   Toleranzfeldauswahl für allgemeine Anwendung

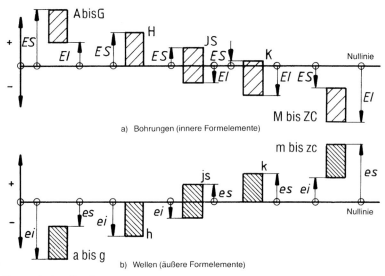

a) Bohrungen (innere Formelemente)

b) Wellen (äußere Formelemente)

Bild 1. Obere und untere Abmaße

4 Grundtoleranzen

Die Werte für die Grundtoleranzgrade IT1 bis einschließlich IT18 sind in Tabelle 1 angegeben.

Angaben bezüglich der Grundlagen des Systems, seiner Anwendung und seiner Grundtoleranzgrade IT0 und IT01 sind in ISO 286-1, Anhang A, Tabelle 5, enthalten.

5 Grenzabmaße für Bohrungen

Eine zusammenfassende Darstellung der in diesem Teil der ISO 286 aufgeführten Toleranzklassen für Bohrungen zeigen die Bilder 2 und 3.

Es ist zu beachten, daß die in den Bildern 2 und 3 dargestellten Toleranzklassen und ihre in den Tabellen 2 bis 16 aufgeführten Grenzabmaße keine detaillierten Richtlinien für die Auswahl von Toleranzklassen für jeden Zweck angeben. Empfehlungen für die Auswahl von Toleranzklassen sind in ISO 1829 enthalten.

Anmerkung: Einige Toleranzklassen sind nur für eine begrenzte Anzahl von Nennmaßbereichen vorgesehen. Weitere Informationen siehe Anmerkung 1, Seite 8.

6 Grenzabmaße für Wellen

Eine umfassende Darstellung der in diesem Teil der ISO 286 aufgeführten Toleranzklassen für Wellen zeigen die Bilder 4 und 5.

Es ist zu beachten, daß die in den Bildern 4 und 5 dargestellten Toleranzklassen und ihre in den Tabellen 17 bis 32 aufgeführten Grenzabmaße keine detaillierten Richtlinien für die Auswahl von Toleranzklassen für jeden Zweck angeben. Empfehlungen für die Auswahl von Toleranzklassen sind in ISO 1829 enthalten.

Anmerkung: Einige Toleranzklassen sind nur für eine begrenzte Anzahl von Nennmaßbereichen vorgesehen. Weitere Informationen siehe Anmerkung 1, Seite 8.

7 Verweisungen auf weitere ISO-Normen

Folgende Internationale Normen für die Tolerierung und für Toleranzsysteme sind bei der Anwendung dieser Internationalen Norm hilfreich:

ISO 406	Technische Zeichnungen; Toleranzen für Längen- und Winkelmaße
ISO 1101	Technische Zeichnungen; Form- und Lagetolerierung; Tolerierung von Form, Richtung, Ort und Lauf; Allgemeines, Begriffe, Symbole, Zeichnungseintragungen
ISO/R 1938-2	ISO-System für Grenzmaße und Passungen — Teil 2: Prüfung glatter Werkstücke[1]
ISO 2692	Technische Zeichnungen; Form- und Lagetolerierung, Maximum-Material-Prinzip
ISO 2768-1	Allgemeintoleranzen für Maße ohne Toleranzangabe — Teil 1: Toleranzen für Längen- und Winkelmaße[2]
ISO 5166	Kegelpaßsystem für Kegel von $C = 1 : 3$ bis 1:500, Längen von 6 bis 630 mm und Durchmesser bis 500 mm
ISO 8015	Technische Zeichnungen; Tolerierungsgrundsatz
ISO 8062	Gußstücke; Toleranzsystem für Längenmaße

---

[1] Z.Z. in Überarbeitung
[2] Z.Z. Entwurf (teilweise Überarbeitung von ISO 2768 : 1973)

Tabelle 1. **Zahlenwerte der Grundtoleranzen IT für Nennmaße bis 3150 mm**[1])

Anmerkung: Um die Auslegung und Anwendung des Systems zu erleichtern, ist die aus ISO 286-1 entnommene Tabelle in diesen Teil der ISO 286 integriert worden.

Nennmaß in mm		Grundtoleranzgrade															
		IT1[2])	IT2[2])	IT3[2])	IT4[2])	IT5[2])	IT6	IT7	IT8	IT9	IT10	IT11	IT12	IT13	IT14[3])	IT15[3])	IT16[3])	IT17[3])	IT18[3])
über	bis	Toleranzen																
		μm											mm					
–	3[3])	0,8	1,2	2	3	4	6	10	14	25	40	60	0,1	0,14	0,25	0,4	0,6	1	1,4
3	6	1	1,5	2,5	4	5	8	12	18	30	48	75	0,12	0,18	0,3	0,48	0,75	1,2	1,8
6	10	1	1,5	2,5	4	6	9	15	22	36	58	90	0,15	0,22	0,36	0,58	0,9	1,5	2,2
10	18	1,2	2	3	5	8	11	18	27	43	70	110	0,18	0,27	0,43	0,7	1,1	1,8	2,7
18	30	1,5	2,5	4	6	9	13	21	33	52	84	130	0,21	0,33	0,52	0,84	1,3	2,1	3,3
30	50	1,5	2,5	4	7	11	16	25	39	62	100	160	0,25	0,39	0,62	1	1,6	2,5	3,9
50	80	2	3	5	8	13	19	30	46	74	120	190	0,3	0,46	0,74	1,2	1,9	3	4,6
80	120	2,5	4	6	10	15	22	35	54	87	140	220	0,35	0,54	0,87	1,4	2,2	3,5	5,4
120	180	3,5	5	8	12	18	25	40	63	100	160	250	0,4	0,63	1	1,6	2,5	4	6,3
180	250	4,5	7	10	14	20	29	46	72	115	185	290	0,46	0,72	1,15	1,85	2,9	4,6	7,2
250	315	6	8	12	16	23	32	52	81	130	210	320	0,52	0,81	1,3	2,1	3,2	5,2	8,1
315	400	7	9	13	18	25	36	57	89	140	230	360	0,57	0,89	1,4	2,3	3,6	5,7	8,9
400	500	8	10	15	20	27	40	63	97	155	250	400	0,63	0,97	1,55	2,5	4	6,3	9,7
500	630[2])	9	11	16	22	32	44	70	110	175	280	440	0,7	1,1	1,75	2,8	4,4	7	11
630	800[2])	10	13	18	25	36	50	80	125	200	320	500	0,8	1,25	2	3,2	5	8	12,5
800	1000[2])	11	15	21	28	40	56	90	140	230	360	560	0,9	1,4	2,3	3,6	5,6	9	14
1000	1250[2])	13	18	24	33	47	66	105	165	260	420	660	1,05	1,65	2,6	4,2	6,6	10,5	16,5
1250	1600[2])	15	21	29	39	55	78	125	195	310	500	780	1,25	1,95	3,1	5	7,8	12,5	19,5
1600	2000[2])	18	25	35	46	65	92	150	230	370	600	920	1,5	2,3	3,7	6	9,2	15	23
2000	2500[2])	22	30	41	55	78	110	175	280	440	700	1100	1,75	2,8	4,4	7	11	17,5	28
2500	3150[2])	26	36	50	68	96	135	210	330	540	860	1350	2,1	3,3	5,4	8,6	13,5	21	33

[1]) Die Werte für die Grundtoleranzgrade IT01 und IT0 für Nennmaße bis einschließlich 500 mm sind in ISO 286-1, Anhang A, Tabelle 5, enthalten.
[2]) Die Werte für die Grundtoleranzgrade IT1 bis IT5 für Nennmaße über 500 mm sind für experimentelle Zwecke angegeben.
[3]) Die Grundtoleranzgrade IT14 bis IT18 sind für Nennmaße bis einschließlich 1 mm nicht anzuwenden.

DIN ISO 286 Teil 2 Seite 7

2	3	4	5	6	7	8	9	10	11	12	13	14	15	16
				H1	JS1									
				H2	JS2									
		EF3 F3	FG3 G3	H3	JS3	K3	M3 N3	P3	R3	S3				
		EF4 F4	FG4 G4	H4	JS4	K4	M4 N4	P4	R4	S4				
	E5	EF5 F5	FG5 G5	H5	JS5	K5	M5 N5	P5	R5	S5	T5 U5	V5 X5		
CD6 D6 E6		EF6 F6	FG6 G6	H6	JS6	J6 K6	M6 N6	P6	R6	S6	T6 U6	V6 X6 Y6	Z6 ZA6	
CD7 D7 E7		EF7 F7	FG7 G7	H7	JS7	J7 K7	M7 N7	P7	R7	S7	T7 U7	V7 X7 Y7	Z7 ZA7	ZB7 ZC7
B8 C8	CD8 D8 E8		EF8 F8	FG8 G8	H8	JS8	J8 K8	M8 N8	P8	R8	S8	T8 U8	V8 X8 Y8	Z8 ZA8	ZB8 ZC8
A9 B9 C9	CD9 D9 E9		EF9 F9	FG9 G9	H9	JS9	K9	M9 N9	P9	R9	S9	U9	X9 Y9	Z9 ZA9	ZB9 ZC9
A10 B10 C10	CD10 D10 E10		EF10 F10	FG10 G10	H10	JS10	K10	M10 N10	P10	R10	S10	U10	X10 Y10	Z10 ZA10	ZB10 ZC10
A11 B11 C11	D11				H11	JS11		N11						Z11 ZA11	ZB11 ZC11
A12 B12 C12	D12				H12	JS12									
A13 B13 C13	D13				H13	JS13									
					H14	JS14									
					H15	JS15									
					H16	JS16									
					H17	JS17									
					H18	JS18									

Tabellen

Bild 2. Übersicht der Toleranzklassen für Bohrungen mit Nennmaßen bis einschließlich 500 mm

3	4	5	6	7	8	9	10	11	12	13
			H1	JS1						
			H2	JS2						
			H3	JS3						
			H4	JS4						
			H5	JS5						
D6 E6	F6	G6	H6	JS6	K6	M6 N6	P6	R6	S6	T6 U6
D7 E7	F7	G7	H7	JS7	K7	M7 N7	P7	R7	S7	T7 U7
D8 E8	F8	G8	H8	JS8	K8	M8 N8	P8	R8	S8	T8 U8
D9 E9	F9		H9	JS9		N9	P9			
D10 E10			H10	JS10						
D11			H11	JS11						
D12			H12	JS12						
D13			H13	JS13						
			H14	JS14						
			H15	JS15						
			H16	JS16						
			H17	JS17						
			H18	JS18						

Tabellen

Anmerkung: Die eingerahmten Toleranzklassen sind für experimentelle Zwecke angegeben.

Bild 3. Übersicht der Toleranzklassen für Bohrungen mit Nennmaßen über 500 mm und bis einschließlich 3150 mm

493

Seite 8 DIN ISO 286 Teil 2

								h1	js1									
								h2	js2									
				ef3	f3 fg3	g3		h3	js3	k3	m3 n3	p3	r3	s3				
				ef4	f4 fg4	g4		h4	js4	k4	m4 n4	p4	r4	s4				
		cd5 d5	e5	ef5	f5 fg5	g5		h5	js5	j5 k5	m5 n5	p5	r5	s5	t5 u5	v5 x5		
		cd6 d6	e6	ef6	f6 fg6	g6		h6	js6	j6 k6	m6 n6	p6	r6	s6	t6 u6	v6 x6 y6	z6 za6	
		cd7 d7	e7	ef7	f7 fg7	g7		h7	js7	j7 k7	m7 n7	p7	r7	s7	t7 u7	v7 x7 y7	z7 za7	zb7 zc7
	c8	cd8 d8	e8	ef8	f8 fg8	g8		h8	js8	j8 k8	m8 n8	p8	r8	s8	t8 u8	v8 x8 y8	z8 za8	zb8 zc8
a9 b9 c9		cd9 d9	e9	ef9	f9 fg9	g9		h9	js9	k9	m9 n9	p9	r9	s9	u9	x9 y9	z9 za9	zb9 zc9
a10 b10 c10		cd10 d10	e10	ef10	f10 fg10	g10		h10	js10	k10		p10	r10	s10		x10 y10	z10 za10	zb10 zc10
a11 b11 c11		d11						h11	js11	k11							z11 za11	zb11 zc11
a12 b12 c12		d12						h12	js12	k12								
a13 b13		d13						h13	js13	k13								
								h14	js14									
								h15	js15									
								h16	js16									
								h17	js17									
								h18	js18									
17	18	19	20	21	22	23	24	25	26	27	28	29	30	31	32

Tabellen

Bild 4. Übersicht der Toleranzklassen für Wellen mit Nennmaßen bis einschließlich 500 mm

					h1	js1							
					h2	js2							
					h3	js3							
					h4	js4							
					h5	js5							
		e6	f6	g6	h6	js6	k6	m6 n6	p6	r6	s6	t6 u6
d7		e7	f7	g7	h7	js7	k7	m7 n7	p7	r7	s7	t7 u7
d8		e8	f8	g8	h8	js8	k8		p8	r8	s8	u8
d9		e9	f9		h9	js9	k9					
d10		e10			h10	js10	k10					
d11					h11	js11	k11					
					h12	js12	k12					
					h13	js13	k13					
					h14	js14						
					h15	js15						
					h16	js16						
					h17	js17						
					h18	js18						
18	19	20	21	22	23	24	25	26	27	28	29

Tabellen

Anmerkung: Die eingerahmten Toleranzklassen sind für experimentelle Zwecke angegeben.

Bild 5. Übersicht der Toleranzklassen für Bohrungen mit Nennmaßen über 500 mm und bis einschließlich 3150 mm

Anmerkung zur Darstellung der Tabellen 2 bis 32

Anmerkung 1: Die in den Tabellen fehlenden Werte für die Grenzabmaße können für die entsprechenden Toleranzfeldlagen und Toleranzgrade nach den in ISO 286-1 enthaltenen Grundlagen berechnet werden.

Anmerkung 2: In den Tabellen wurde zwischen den Werten für Nennmaße bis einschließlich 500 mm und denen über 500 mm ein Zwischenraum eingefügt, weil die Abmaße nach verschiedenen Formeln berechnet wurden.

DIN ISO 286 Teil 2 Seite 9

Tabelle 2. Grenzabmaße für Bohrungen der Toleranzfeldlagen A, B und C[1])
oberes Abmaß = ES
unteres Abmaß = EI

Abmaße in µm

Nennmaß in mm		A[2])					B[2])					C				
über	bis	9	10	11	12	13	8	9	10	11	12	13	8	9	10	11	12	13
—	3[2])	+295 / +270	+310 / +270	+330 / +270	+370 / +270	+410 / +270	+154 / +140	+165 / +140	+180 / +140	+200 / +140	+240 / +140	+280 / +140	+74 / +60	+85 / +60	+100 / +60	+120 / +60	+160 / +60	+200 / +60
3	6	+300 / +270	+318 / +270	+345 / +270	+390 / +270	+450 / +270	+158 / +140	+170 / +140	+188 / +140	+215 / +140	+260 / +140	+320 / +140	+88 / +70	+100 / +70	+118 / +70	+145 / +70	+190 / +70	+250 / +70
6	10	+316 / +280	+338 / +280	+370 / +280	+430 / +280	+500 / +280	+172 / +150	+186 / +150	+208 / +150	+240 / +150	+300 / +150	+370 / +150	+102 / +80	+116 / +80	+138 / +80	+170 / +80	+230 / +80	+300 / +80
10	18	+333 / +290	+360 / +290	+400 / +290	+470 / +290	+560 / +290	+177 / +150	+193 / +150	+220 / +150	+260 / +150	+330 / +150	+420 / +150	+122 / +95	+138 / +95	+165 / +95	+205 / +95	+275 / +95	+365 / +95
18	30	+352 / +300	+384 / +300	+430 / +300	+510 / +300	+630 / +300	+193 / +160	+212 / +160	+244 / +160	+290 / +160	+370 / +160	+490 / +160	+143 / +110	+162 / +110	+194 / +110	+240 / +110	+320 / +110	+440 / +110
30	40	+372 / +310	+410 / +310	+470 / +310	+560 / +310	+700 / +310	+209 / +170	+232 / +170	+270 / +170	+330 / +170	+420 / +170	+560 / +170	+159 / +120	+182 / +120	+220 / +120	+280 / +120	+370 / +120	+510 / +120
40	50	+382 / +320	+420 / +320	+480 / +320	+570 / +320	+710 / +320	+219 / +180	+242 / +180	+280 / +180	+340 / +180	+430 / +180	+570 / +180	+169 / +130	+192 / +130	+230 / +130	+290 / +130	+380 / +130	+520 / +130
50	65	+414 / +340	+460 / +340	+530 / +340	+640 / +340	+800 / +340	+236 / +190	+264 / +190	+310 / +190	+380 / +190	+490 / +190	+650 / +190	+186 / +140	+214 / +140	+260 / +140	+330 / +140	+440 / +140	+600 / +140
65	80	+434 / +360	+480 / +360	+550 / +360	+660 / +360	+820 / +360	+246 / +200	+274 / +200	+320 / +200	+390 / +200	+500 / +200	+660 / +200	+196 / +150	+224 / +150	+270 / +150	+340 / +150	+450 / +150	+610 / +150
80	100	+467 / +380	+520 / +380	+600 / +380	+730 / +380	+920 / +380	+274 / +220	+307 / +220	+360 / +220	+440 / +220	+570 / +220	+760 / +220	+224 / +170	+257 / +170	+310 / +170	+390 / +170	+520 / +170	+710 / +170
100	120	+497 / +410	+550 / +410	+630 / +410	+760 / +410	+950 / +410	+294 / +240	+327 / +240	+380 / +240	+460 / +240	+590 / +240	+780 / +240	+234 / +180	+267 / +180	+320 / +180	+400 / +180	+530 / +180	+720 / +180
120	140	+560 / +460	+620 / +460	+710 / +460	+860 / +460	+1090 / +460	+323 / +260	+360 / +260	+420 / +260	+510 / +260	+660 / +260	+890 / +260	+263 / +200	+300 / +200	+360 / +200	+450 / +200	+600 / +200	+830 / +200
140	160	+620 / +520	+680 / +520	+770 / +520	+920 / +520	+1150 / +520	+343 / +280	+380 / +280	+440 / +280	+530 / +280	+680 / +280	+910 / +280	+273 / +210	+310 / +210	+370 / +210	+460 / +210	+610 / +210	+840 / +210
160	180	+680 / +580	+740 / +580	+830 / +580	+980 / +580	+1210 / +580	+373 / +310	+410 / +310	+470 / +310	+560 / +310	+710 / +310	+940 / +310	+293 / +230	+330 / +230	+390 / +230	+480 / +230	+630 / +230	+860 / +230
180	200	+775 / +660	+845 / +660	+950 / +660	+1120 / +660	+1380 / +660	+412 / +340	+455 / +340	+525 / +340	+630 / +340	+800 / +340	+1060 / +340	+312 / +240	+355 / +240	+425 / +240	+530 / +240	+700 / +240	+960 / +240
200	225	+855 / +740	+925 / +740	+1030 / +740	+1200 / +740	+1460 / +740	+452 / +380	+495 / +380	+565 / +380	+670 / +380	+840 / +380	+1100 / +380	+332 / +260	+375 / +260	+445 / +260	+550 / +260	+720 / +260	+980 / +260
225	250	+935 / +820	+1005 / +820	+1110 / +820	+1280 / +820	+1540 / +820	+492 / +420	+535 / +420	+605 / +420	+710 / +420	+880 / +420	+1140 / +420	+352 / +280	+395 / +280	+465 / +280	+570 / +280	+740 / +280	+1000 / +280
250	280	+1050 / +920	+1130 / +920	+1240 / +920	+1440 / +920	+1730 / +920	+561 / +480	+610 / +480	+690 / +480	+800 / +480	+1000 / +480	+1290 / +480	+381 / +300	+430 / +300	+510 / +300	+620 / +300	+820 / +300	+1110 / +300
280	315	+1180 / +1050	+1260 / +1050	+1370 / +1050	+1570 / +1050	+1860 / +1050	+621 / +540	+670 / +540	+750 / +540	+860 / +540	+1060 / +540	+1350 / +540	+411 / +330	+460 / +330	+540 / +330	+650 / +330	+850 / +330	+1140 / +330
315	355	+1340 / +1200	+1430 / +1200	+1560 / +1200	+1770 / +1200	+2000 / +1200	+689 / +600	+740 / +600	+830 / +600	+960 / +600	+1170 / +600	+1490 / +600	+449 / +360	+500 / +360	+590 / +360	+720 / +360	+930 / +360	+1250 / +360
355	400	+1490 / +1350	+1580 / +1350	+1710 / +1350	+1920 / +1350	+2240 / +1350	+769 / +680	+820 / +680	+910 / +680	+1040 / +680	+1250 / +680	+1570 / +680	+489 / +400	+540 / +400	+630 / +400	+760 / +400	+970 / +400	+1290 / +400
400	450	+1655 / +1500	+1750 / +1500	+1900 / +1500	+2130 / +1500	+2470 / +1500	+857 / +760	+915 / +760	+1010 / +760	+1160 / +760	+1390 / +760	+1730 / +760	+537 / +440	+595 / +440	+690 / +440	+840 / +440	+1070 / +440	+1410 / +440
450	500	+1805 / +1650	+1900 / +1650	+2050 / +1650	+2280 / +1650	+2620 / +1650	+937 / +840	+995 / +840	+1090 / +840	+1240 / +840	+1470 / +840	+1810 / +840	+577 / +480	+635 / +480	+730 / +480	+880 / +480	+1110 / +480	+1450 / +480

[1]) Die Grundabmaße für die Toleranzfeldlagen A, B und C sind für Nennmaße über 500 mm nicht angegeben.
[2]) Die Grundabmaße für die Toleranzfeldlagen A und B sind für Grundtoleranzen für Nennmaße bis einschließlich 1 mm nicht anzuwenden.

Tabelle 3. **Grenzabmaße für Bohrungen der Toleranzfeldlagen CD, D und E**
oberes Abmaß = ES
unteres Abmaß = EI

Abmaße in μm

Nennmaß in mm		CD[1]				D							E				
über	bis	6	7	8	9	10	6	7	8	9	10	11	12	13	5	6	7	8	9	10
–	3	+40 +34	+44 +34	+48 +34	+59 +34	+74 +34	+26 +20	+30 +20	+34 +20	+45 +20	+60 +20	+80 +20	+120 +20	+160 +20	+18 +14	+20 +14	+24 +14	+28 +14	+39 +14	+54 +14
3	6	+54 +46	+58 +46	+64 +46	+76 +46	+94 +46	+38 +30	+42 +30	+48 +30	+60 +30	+78 +30	+105 +30	+150 +30	+210 +30	+25 +20	+28 +20	+32 +20	+38 +20	+50 +20	+68 +20
6	10	+65 +56	+71 +56	+78 +56	+92 +56	+114 +56	+49 +40	+55 +40	+62 +40	+76 +40	+98 +40	+130 +40	+190 +40	+260 +40	+31 +25	+34 +25	+40 +25	+47 +25	+61 +25	+83 +25
10	18						+61 +50	+68 +50	+77 +50	+93 +50	+120 +50	+160 +50	+230 +50	+320 +50	+40 +32	+43 +32	+50 +32	+59 +32	+75 +32	+102 +32
18	30						+78 +65	+86 +65	+98 +65	+117 +65	+149 +65	+195 +65	+275 +65	+395 +65	+49 +40	+53 +40	+61 +40	+73 +40	+92 +40	+124 +40
30	50						+96 +80	+105 +80	+119 +80	+142 +80	+180 +80	+240 +80	+330 +80	+470 +80	+61 +50	+66 +50	+75 +50	+89 +50	+112 +50	+150 +50
50	80						+119 +100	+130 +100	+146 +100	+174 +100	+220 +100	+290 +100	+400 +100	+560 +100	+73 +60	+79 +60	+90 +60	+106 +60	+134 +60	+180 +60
80	120						+142 +120	+155 +120	+174 +120	+207 +120	+260 +120	+340 +120	+470 +120	+660 +120	+87 +72	+94 +72	+107 +72	+125 +72	+159 +72	+212 +72
120	180						+170 +145	+185 +145	+208 +145	+245 +145	+305 +145	+395 +145	+545 +145	+775 +145	+103 +85	+110 +85	+125 +85	+148 +85	+185 +85	+245 +85
180	250						+199 +170	+216 +170	+242 +170	+285 +170	+355 +170	+460 +170	+630 +170	+890 +170	+120 +100	+129 +100	+146 +100	+172 +100	+215 +100	+285 +100
250	315						+222 +190	+242 +190	+271 +190	+320 +190	+400 +190	+510 +190	+710 +190	+1 000 +190	+133 +110	+142 +110	+162 +110	+191 +110	+240 +110	+320 +110
315	400						+246 +210	+267 +210	+299 +210	+350 +210	+440 +210	+570 +210	+780 +210	+1 100 +210	+150 +125	+161 +125	+182 +125	+214 +125	+265 +125	+355 +125
400	500						+270 +230	+293 +230	+327 +230	+385 +230	+480 +230	+630 +230	+860 +230	+1 200 +230	+162 +135	+175 +135	+198 +135	+232 +135	+290 +135	+385 +135
500	630						+304 +260	+330 +260	+370 +260	+435 +260	+540 +260	+700 +260	+960 +260	+1 360 +260		+189 +145	+215 +145	+255 +145	+320 +145	+425 +145
630	800						+340 +290	+370 +290	+415 +290	+490 +290	+610 +290	+790 +290	+1 090 +290	+1 540 +290		+210 +160	+240 +160	+285 +160	+360 +160	+480 +160
800	1 000						+376 +320	+410 +320	+460 +320	+550 +320	+680 +320	+880 +320	+1 220 +320	+1 720 +320		+226 +170	+260 +170	+310 +170	+400 +170	+530 +170
1 000	1 250						+416 +350	+455 +350	+515 +350	+610 +350	+770 +350	+1 010 +350	+1 400 +350	+2 000 +350		+261 +195	+300 +195	+360 +195	+455 +195	+615 +195
1 250	1 600						+468 +390	+515 +390	+585 +390	+700 +390	+890 +390	+1 170 +390	+1 640 +390	+2 340 +390		+298 +220	+345 +220	+415 +220	+530 +220	+720 +220
1 600	2 000						+522 +430	+580 +430	+660 +430	+800 +430	+1 030 +430	+1 350 +430	+1 930 +430	+2 730 +430		+332 +240	+390 +240	+470 +240	+610 +240	+840 +240
2 000	2 500						+590 +480	+655 +480	+760 +480	+920 +480	+1 180 +480	+1 580 +480	+2 230 +480	+3 280 +480		+370 +260	+435 +260	+540 +260	+700 +260	+960 +260
2 500	3 150						+655 +520	+730 +520	+850 +520	+1 060 +520	+1 380 +520	+1 870 +520	+2 620 +520	+3 820 +520		+425 +290	+500 +290	+620 +290	+830 +290	+1 150 +290

[1]) Die besondere Toleranzfeldlage CD ist hauptsächlich für Feinmechanik und Uhrentechnik gedacht. Wenn für diese Toleranzfeldlage und den angegebenen Toleranzklassen Werte in den anderen Nennmaßbereichen bis einschließlich 500 mm erforderlich sind, können sie nach ISO 286-1 berechnet werden.

DIN ISO 286 Teil 2 Seite 11

Tabelle 4. **Grenzabmaße für Bohrungen der Toleranzfeldlagen EF und F**
oberes Abmaß = ES
unteres Abmaß = EI

Abmaße in μm

Nennmaß in mm		EF[1]							F						
über	bis	3	4	5	6	7	8	9	10	3	4	5	6	7	8	9	10
–	3	+12 +10	+13 +10	+14 +10	+16 +10	+20 +10	+24 +10	+35 +10	+50 +10	+8 +6	+9 +6	+10 +6	+12 +6	+16 +6	+20 +6	+31 +6	+46 +6
3	6	+16,5 +14	+18 +14	+19 +14	+22 +14	+26 +14	+32 +14	+44 +14	+62 +14	+12,5 +10	+14 +10	+15 +10	+18 +10	+22 +10	+28 +10	+40 +10	+58 +10
6	10	+20,5 +18	+22 +18	+24 +18	+27 +18	+33 +18	+40 +18	+54 +18	+76 +18	+15,5 +13	+17 +13	+19 +13	+22 +13	+28 +13	+35 +13	+49 +13	+71 +13
10	18									+19 +16	+21 +16	+24 +16	+27 +16	+34 +16	+43 +16	+59 +16	+86 +16
18	30									+24 +20	+26 +20	+29 +20	+33 +20	+41 +20	+53 +20	+72 +20	+104 +20
30	50									+29 +25	+32 +25	+36 +25	+41 +25	+50 +25	+64 +25	+87 +25	+125 +25
50	80											+43 +30	+49 +30	+60 +30	+76 +30	+104 +30	
80	120											+51 +36	+58 +36	+71 +36	+90 +36	+123 +36	
120	180											+61 +43	+68 +43	+83 +43	+106 +43	+143 +43	
180	250											+70 +50	+79 +50	+96 +50	+122 +50	+165 +50	
250	315											+79 +56	+88 +56	+108 +56	+137 +56	+186 +56	
315	400											+87 +62	+98 +62	+119 +62	+151 +62	+202 +62	
400	500											+95 +68	+108 +68	+131 +68	+165 +68	+223 +68	
500	630												+120 +76	+146 +76	+186 +76	+251 +76	
630	800												+130 +80	+160 +80	+205 +80	+280 +80	
800	1 000												+142 +86	+176 +86	+226 +86	+316 +86	
1 000	1 250												+164 +98	+203 +98	+263 +98	+358 +98	
1 250	1 600												+188 +110	+235 +110	+305 +110	+420 +110	
1 600	2 000												+212 +120	+270 +120	+350 +120	+490 +120	
2 000	2 500												+240 +130	+305 +130	+410 +130	+570 +130	
2 500	3 150												+280 +145	+355 +145	+475 +145	+685 +145	

[1] Die besondere Toleranzfeldlage EF ist hauptsächlich für Feinmechanik und Uhrentechnik gedacht. Wenn für diese Toleranzfeldlage und den angegebenen Toleranzklassen Werte in den anderen Nennmaßbereichen bis einschließlich 500 mm erforderlich sind, können sie nach ISO 286-1 berechnet werden.

Tabelle 5. Grenzabmaße für Bohrungen der Toleranzfeldlage FG und G
oberes Abmaß = ES
unteres Abmaß = EI

Abmaße in μm

Nennmaß in mm		FG [1]							G						
über	bis	3	4	5	6	7	8	9	10	3	4	5	6	7	8	9	10
—	3	+6 +4	+7 +4	+8 +4	+10 +4	+14 +4	+18 +4	+29 +4	+44 +4	+4 +2	+5 +2	+6 +2	+8 +2	+12 +2	+16 +2	+27 +2	+42 +2
3	6	+8,5 +6	+10 +6	+11 +6	+14 +6	+18 +6	+24 +6	+36 +6	+54 +6	+6,5 +4	+8 +4	+9 +4	+12 +4	+16 +4	+22 +4	+34 +4	+52 +4
6	10	+10,5 +8	+12 +8	+14 +8	+17 +8	+23 +8	+30 +8	+44 +8	+66 +8	+7,5 +5	+9 +5	+11 +5	+14 +5	+20 +5	+27 +5	+41 +5	+63 +5
10	18									+9 +6	+11 +6	+14 +6	+17 +6	+24 +6	+33 +6	+49 +6	+76 +6
18	30									+11 +7	+13 +7	+16 +7	+20 +7	+28 +7	+40 +7	+59 +7	+91 +7
30	50									+13 +9	+16 +9	+20 +9	+25 +9	+34 +9	+48 +9	+71 +9	+109 +9
50	80											+23 +10	+29 +10	+40 +10	+56 +10		
80	120											+27 +12	+34 +12	+47 +12	+66 +12		
120	180											+32 +14	+39 +14	+54 +14	+77 +14		
180	250											+35 +15	+44 +15	+61 +15	+87 +15		
250	315											+40 +17	+49 +17	+69 +17	+98 +17		
315	400											+43 +18	+54 +18	+75 +18	+107 +18		
400	500											+47 +20	+60 +20	+83 +20	+117 +20		
500	630												+66 +22	+92 +22	+132 +22		
630	800												+74 +24	+104 +24	+149 +24		
800	1 000												+82 +26	+116 +26	+166 +26		
1 000	1 250												+94 +28	+133 +28	+193 +28		
1 250	1 600												+108 +30	+155 +30	+225 +30		
1 600	2 000												+124 +32	+182 +32	+262 +32		
2 000	2 500												+144 +34	+209 +34	+314 +34		
2 500	3 150												+173 +38	+248 +38	+368 +38		

[1] Die besondere Toleranzfeldlage FG ist hauptsächlich für Feinmechanik und Uhrentechnik gedacht. Wenn für diese Toleranzfeldlage und den angegebenen Toleranzklassen Werte in den anderen Nennmaßbereichen bis einschließlich 500 mm erforderlich sind, können sie nach ISO 286-1 berechnet werden.

DIN ISO 286 Teil 2 Seite 13

Tabelle 6. **Grenzabmaße für Bohrungen der Toleranzfeldlage H**
oberes Abmaß = ES
unteres Abmaß = EI

Abmaße in μm

Nennmaß in mm		\multicolumn{18}{c	}{H}
über	bis	1	2	3	4	5	6	7	8	9	10	11	12	13	14[1]	15[1]	16[1]	17[1]	18[1]
		\multicolumn{13}{c	}{Abmaße μm}	\multicolumn{5}{c	}{mm}
–	3[1]	+0,8 / 0	+1,2 / 0	+2 / 0	+3 / 0	+4 / 0	+6 / 0	+10 / 0	+14 / 0	+25 / 0	+40 / 0	+60 / 0	+0,1 / 0	+0,14 / 0	+0,25 / 0	+0,4 / 0	+0,6 / 0		
3	6	+1 / 0	+1,5 / 0	+2,5 / 0	+4 / 0	+5 / 0	+8 / 0	+12 / 0	+18 / 0	+30 / 0	+48 / 0	+75 / 0	+0,12 / 0	+0,18 / 0	+0,3 / 0	+0,48 / 0	+0,75 / 0	+1,2 / 0	+1,8 / 0
6	10	+1 / 0	+1,5 / 0	+2,5 / 0	+4 / 0	+6 / 0	+9 / 0	+15 / 0	+22 / 0	+36 / 0	+58 / 0	+90 / 0	+0,15 / 0	+0,22 / 0	+0,36 / 0	+0,58 / 0	+0,9 / 0	+1,5 / 0	+2,2 / 0
10	18	+1,2 / 0	+2 / 0	+3 / 0	+5 / 0	+8 / 0	+11 / 0	+18 / 0	+27 / 0	+43 / 0	+70 / 0	+110 / 0	+0,18 / 0	+0,27 / 0	+0,43 / 0	+0,7 / 0	+1,1 / 0	+1,8 / 0	+2,7 / 0
18	30	+1,5 / 0	+2,5 / 0	+4 / 0	+6 / 0	+9 / 0	+13 / 0	+21 / 0	+33 / 0	+52 / 0	+84 / 0	+130 / 0	+0,21 / 0	+0,33 / 0	+0,52 / 0	+0,84 / 0	+1,3 / 0	+2,1 / 0	+3,3 / 0
30	50	+1,5 / 0	+2,5 / 0	+4 / 0	+7 / 0	+11 / 0	+16 / 0	+25 / 0	+39 / 0	+62 / 0	+100 / 0	+160 / 0	+0,25 / 0	+0,39 / 0	+0,62 / 0	+1 / 0	+1,6 / 0	+2,5 / 0	+3,9 / 0
50	80	+2 / 0	+3 / 0	+5 / 0	+8 / 0	+13 / 0	+19 / 0	+30 / 0	+46 / 0	+74 / 0	+120 / 0	+190 / 0	+0,3 / 0	+0,46 / 0	+0,74 / 0	+1,2 / 0	+1,9 / 0	+3 / 0	+4,6 / 0
80	120	+2,5 / 0	+4 / 0	+6 / 0	+10 / 0	+15 / 0	+22 / 0	+35 / 0	+54 / 0	+87 / 0	+140 / 0	+220 / 0	+0,35 / 0	+0,54 / 0	+0,87 / 0	+1,4 / 0	+2,2 / 0	+3,5 / 0	+5,4 / 0
120	180	+3,5 / 0	+5 / 0	+8 / 0	+12 / 0	+18 / 0	+25 / 0	+40 / 0	+63 / 0	+100 / 0	+160 / 0	+250 / 0	+0,4 / 0	+0,63 / 0	+1 / 0	+1,6 / 0	+2,5 / 0	+4 / 0	+6,3 / 0
180	250	+4,5 / 0	+7 / 0	+10 / 0	+14 / 0	+20 / 0	+29 / 0	+46 / 0	+72 / 0	+115 / 0	+185 / 0	+290 / 0	+0,46 / 0	+0,72 / 0	+1,15 / 0	+1,85 / 0	+2,9 / 0	+4,6 / 0	+7,2 / 0
250	315	+6 / 0	+8 / 0	+12 / 0	+16 / 0	+23 / 0	+32 / 0	+52 / 0	+81 / 0	+130 / 0	+210 / 0	+320 / 0	+0,52 / 0	+0,81 / 0	+1,3 / 0	+2,1 / 0	+3,2 / 0	+5,2 / 0	+8,1 / 0
315	400	+7 / 0	+9 / 0	+13 / 0	+18 / 0	+25 / 0	+36 / 0	+57 / 0	+89 / 0	+140 / 0	+230 / 0	+360 / 0	+0,57 / 0	+0,89 / 0	+1,4 / 0	+2,3 / 0	+3,6 / 0	+5,7 / 0	+8,9 / 0
400	500	+8 / 0	+10 / 0	+15 / 0	+20 / 0	+27 / 0	+40 / 0	+63 / 0	+97 / 0	+155 / 0	+250 / 0	+400 / 0	+0,63 / 0	+0,97 / 0	+1,55 / 0	+2,5 / 0	+4 / 0	+6,3 / 0	+9,7 / 0
		\multicolumn{18}{c	}{[2]}
500	630	+9 / 0	+11 / 0	+16 / 0	+22 / 0	+32 / 0	+44 / 0	+70 / 0	+110 / 0	+175 / 0	+280 / 0	+440 / 0	+0,7 / 0	+1,1 / 0	+1,75 / 0	+2,8 / 0	+4,4 / 0	+7 / 0	+11 / 0
630	800	+10 / 0	+13 / 0	+18 / 0	+25 / 0	+36 / 0	+50 / 0	+80 / 0	+125 / 0	+200 / 0	+320 / 0	+500 / 0	+0,8 / 0	+1,25 / 0	+2 / 0	+3,2 / 0	+5 / 0	+8 / 0	+12,5 / 0
800	1 000	+11 / 0	+15 / 0	+21 / 0	+28 / 0	+40 / 0	+56 / 0	+90 / 0	+140 / 0	+230 / 0	+360 / 0	+560 / 0	+0,9 / 0	+1,4 / 0	+2,3 / 0	+3,6 / 0	+5,6 / 0	+9 / 0	+14 / 0
1 000	1 250	+13 / 0	+18 / 0	+24 / 0	+33 / 0	+47 / 0	+66 / 0	+105 / 0	+165 / 0	+260 / 0	+420 / 0	+660 / 0	+1,05 / 0	+1,65 / 0	+2,6 / 0	+4,2 / 0	+6,6 / 0	+10,5 / 0	+16,5 / 0
1 250	1 600	+15 / 0	+21 / 0	+29 / 0	+39 / 0	+55 / 0	+78 / 0	+125 / 0	+195 / 0	+310 / 0	+500 / 0	+780 / 0	+1,25 / 0	+1,95 / 0	+3,1 / 0	+5 / 0	+7,8 / 0	+12,5 / 0	+19,5 / 0
1 600	2 000	+18 / 0	+25 / 0	+35 / 0	+46 / 0	+65 / 0	+92 / 0	+150 / 0	+230 / 0	+370 / 0	+600 / 0	+920 / 0	+1,5 / 0	+2,3 / 0	+3,7 / 0	+6 / 0	+9,2 / 0	+15 / 0	+23 / 0
2 000	2 500	+22 / 0	+30 / 0	+41 / 0	+55 / 0	+78 / 0	+110 / 0	+175 / 0	+280 / 0	+440 / 0	+700 / 0	+1 100 / 0	+1,75 / 0	+2,8 / 0	+4,4 / 0	+7 / 0	+11 / 0	+17,5 / 0	+28 / 0
2 500	3 150	+26 / 0	+36 / 0	+50 / 0	+68 / 0	+96 / 0	+135 / 0	+210 / 0	+330 / 0	+540 / 0	+860 / 0	+1 350 / 0	+2,1 / 0	+3,3 / 0	+5,4 / 0	+8,6 / 0	+13,5 / 0	+21 / 0	+33 / 0

[1]) Die Toleranzgrade 14 bis einschließlich 18 sind für Nennmaße bis einschließlich 1 mm nicht anzuwenden.
[2]) Die eingerahmten Werte für die Toleranzgrade 1 bis einschließlich 5 für Nennmaße über 500 mm und bis 3150 mm sind für experimentelle Zwecke angegeben.

Tabelle 7. Grenzabmaße[1]) für Bohrungen der Toleranzfeldlage JS
oberes Abmaß = ES
unteres Abmaß = EI

Nennmaß in mm		\multicolumn{18}{c}{JS Abmaße}																
über	bis	1	2	3	4	5	6	7	8	9	10	11	12	13	14[2])	15[2])	16[2])	17	18
		\multicolumn{11}{c}{µm}	\multicolumn{7}{c}{mm}							
–	3[2])	±0,4	±0,6	±1	±1,5	±2	±3	±5	±7	±12,5	±20	±30	±0,05	±0,07	±0,125	±0,2	±0,3	±0,6	±0,9
3	6	±0,5	±0,75	±1,25	±2	±2,5	±4	±6	±9	±15	±24	±37,5	±0,06	±0,09	±0,15	±0,24	±0,375	±0,75	±1,1
6	10	±0,5	±0,75	±1,25	±2	±3	±4,5	±7,5	±11	±18	±29	±45	±0,075	±0,11	±0,18	±0,29	±0,45	±0,9	±1,35
10	18	±0,6	±1	±1,5	±2,5	±4	±5,5	±9	±13,5	±21,5	±35	±55	±0,09	±0,135	±0,215	±0,35	±0,55	±1,05	±1,65
18	30	±0,75	±1,25	±2	±3	±4,5	±6,5	±10,5	±16,5	±26	±42	±65	±0,105	±0,165	±0,26	±0,42	±0,65	±1,3	±2
30	50	±0,75	±1,25	±2	±3,5	±5,5	±8	±12,5	±19,5	±31	±50	±80	±0,125	±0,195	±0,31	±0,5	±0,8	±1,6	±2,5
50	80	±1	±1,5	±2,5	±4	±6,5	±9,5	±15	±23	±37	±60	±95	±0,15	±0,23	±0,37	±0,6	±0,95	±1,9	±3
80	120	±1,25	±2	±3	±5	±7,5	±11	±17,5	±27	±43,5	±70	±110	±0,175	±0,27	±0,435	±0,7	±1,1	±2,2	±3,5
120	180	±1,75	±2,5	±4	±6	±9	±12,5	±20	±31,5	±50	±80	±125	±0,2	±0,315	±0,5	±0,8	±1,25	±2,5	±4
180	250	±2,25	±3,5	±5	±7	±10	±14,5	±23	±36	±57,5	±92,5	±145	±0,23	±0,36	±0,575	±0,925	±1,45	±2,9	±4,5
250	315	±3	±4	±6	±8	±11,5	±16	±26	±40,5	±65	±105	±160	±0,26	±0,405	±0,65	±1,05	±1,6	±3,2	±5
315	400	±3,5	±4,5	±6,5	±9	±12,5	±18	±28,5	±44,5	±70	±115	±180	±0,285	±0,445	±0,7	±1,15	±1,8	±3,6	±5,6
400	500	±4	±5	±7,5	±10	±13,5	±20	±31,5	±48,5	±77,5	±125	±200	±0,315	±0,485	±0,775	±1,25	±2	±4	±6,3
500	630	±4,5	±5,5	±8	±11	±16	±22	±35	±55	±87,5	±140	±220	±0,35	±0,55	±0,875	±1,4	±2,2	±4,4	±7
630	800	±5	±6,5	±9	±12,5	±18	±25	±40	±62,5	±100	±160	±250	±0,4	±0,625	±1	±1,6	±2,5	±5	±8
800	1 000	±5,5	±7,5	±10,5	±14	±20	±28	±45	±70	±115	±180	±280	±0,45	±0,7	±1,15	±1,8	±2,8	±5,6	±9
1 000	1 250	±6,5	±9	±12	±16,5	±23,5	±33	±52,5	±82,5	±130	±210	±330	±0,525	±0,825	±1,3	±2,1	±3,3	±6,6	±10,5
1 250	1 600	±7,5	±10,5	±14,5	±19,5	±27,5	±39	±62,5	±97,5	±155	±250	±390	±0,625	±0,975	±1,55	±2,5	±3,9	±7,8	±12,5
1 600	2 000	±9	±12,5	±17,5	±23	±32,5	±46	±75	±115	±185	±300	±460	±0,75	±1,15	±1,85	±3	±4,6	±9,2	±15
2 000	2 500	±11	±15	±20,5	±27,5	±39	±55	±87,5	±140	±220	±350	±550	±0,875	±1,4	±2,2	±3,5	±5,5	±11	±17,5
2 500	3 150	±13	±18	±25	±34	±48	±67,5	±105	±165	±270	±430	±675	±1,05	±1,65	±2,7	±4,3	±6,75	±13,5	±21,5

[1]) Um eine Wiederholung gleicher Zahlenwerte zu vermeiden, sind die Werte in der Tabelle mit „±" angegeben; dies ist als $ES = +x$ und $EI = -x$, z. B. $^{+0,23}_{-0,23}$ µm, zu verstehen.
[2]) Die Toleranzgrade 14 bis einschließlich 16 sind für Nennmaße bis einschließlich 1 mm nicht anzuwenden.
[3]) Die eingerahmten Werte für die Toleranzgrade 1 bis einschließlich 5 für Nennmaße über 500 und bis einschließlich 3150 mm sind für experimentelle Zwecke angegeben.

DIN ISO 286 Teil 2 Seite 15

Tabelle 8. **Grenzabmaße für Bohrungen der Toleranzfeldlagen J und K**
oberes Abmaß = ES
unteres Abmaß = EI

Abmaße in µm

Nennmaß in mm		J				K						
über	bis	6	7	8	9[1]	3	4	5	6	7	8	9[2]	10[2]
–	3	+ 2 – 4	+ 4 – 6	+ 6 – 8		0 –2	0 –3	0 – 4	0 – 6	0 – 10	0 – 14	0 –25	0 –40
3	6	+ 5 – 3	± 6[3]	+10 – 8		0 –2,5	+0,5 –3,5	0 – 5	+ 2 – 6	+ 3 – 9	+ 5 – 13		
6	10	+ 5 – 4	+ 8 – 7	+12 – 10		0 –2,5	+0,5 –3,5	+ 1 – 5	+ 2 – 7	+ 5 – 10	+ 6 – 16		
10	18	+ 6 – 5	+10 – 8	+15 – 12		0 –3	+1 –4	+ 2 – 6	+ 2 – 9	+ 6 – 12	+ 8 – 19		
18	30	+ 8 – 5	+12 – 9	+20 – 13		–0,5 –4,5	0 –6	+ 1 – 8	+ 2 – 11	+ 6 – 15	+ 10 – 23		
30	50	+10 – 6	+14 –11	+24 – 15		–0,5 –4,5	+1 –6	+ 2 – 9	+ 3 – 13	+ 7 – 18	+ 12 – 27		
50	80	+13 – 6	+18 –12	+28 – 18				+ 3 – 10	+ 4 – 15	+ 9 – 21	+ 14 – 32		
80	120	+16 – 6	+22 –13	+34 – 20				+ 2 – 13	+ 4 – 18	+ 10 – 25	+ 16 – 38		
120	180	+18 – 7	+26 –14	+41 – 22				+ 3 – 15	+ 4 – 21	+ 12 – 28	+ 20 – 43		
180	250	+22 – 7	+30 –16	+47 – 25				+ 2 – 18	+ 5 – 24	+ 13 – 33	+ 22 – 50		
250	315	+25 – 7	+36 –16	+55 – 26				+ 3 – 20	+ 5 – 27	+ 16 – 36	+ 25 – 56		
315	400	+29 – 7	+39 –18	+60 – 29				+ 3 – 22	+ 7 – 29	+ 17 – 40	+ 28 – 61		
400	500	+33 – 7	+43 –20	+66 – 31				+ 2 – 25	+ 8 – 32	+ 18 – 45	+ 29 – 68		
500	630								0 – 44	0 – 70	0 – 110		
630	800								0 – 50	0 – 80	0 – 125		
800	1 000								0 – 56	0 – 90	0 – 140		
1 000	1 250								0 – 66	0 – 105	0 – 165		
1 250	1 600								0 – 78	0 – 125	0 – 195		
1 600	2 000								0 – 92	0 – 150	0 – 230		
2 000	2 500								0 –110	0 – 175	0 – 280		
2 500	3 150								0 –135	0 – 210	0 – 330		

[1]) Die Grundabmaße der Toleranzfelder J9, J10 usw. liegen symmetrisch zur Nullinie. Diese Werte sind unter JS9, JS10 usw. angegeben.
[2]) Die Abmaße der Toleranzfeldlage K für Toleranzgrade über 8 sind für Nennmaße über 3 mm nicht festgelegt.
[3]) Identisch mit JS7

Tabelle 9. **Grenzabmaße für Bohrungen der Toleranzfeldlagen M und N**
oberes Abmaß = ES
unteres Abmaß = EI

Abmaße in μm

Nennmaß in mm		M							N							
über	bis	3	4	5	6	7	8	9	3	4	5	6	7	8	9[1]	10[1]	11[1]
—	3[1]	− 2 − 4	− 2 − 5	− 2 − 6	− 2 − 8	− 2 − 12	− 2 − 16	− 2 − 27	− 2 − 42	− 4 − 6	− 4 − 7	− 4 − 8	− 4 − 10	− 4 − 14	− 4 − 18	− 4 − 29	− 4 − 44	− 4 − 64
3	6	− 3 − 5,5	− 2,5 − 6,5	− 3 − 8	− 1 − 9	0 − 12	+ 2 − 16	− 4 − 34	− 4 − 52	− 7 − 9,5	− 6,5 − 10,5	− 7 − 12	− 5 − 13	− 4 − 16	− 2 − 20	0 − 30	0 − 48	0 − 75
6	10	− 5 − 7,5	− 4,5 − 8,5	− 4 − 10	− 3 − 12	0 − 15	+ 1 − 21	− 6 − 42	− 6 − 64	− 9 − 11,5	− 8,5 − 12,5	− 8 − 14	− 7 − 16	− 4 − 19	− 3 − 25	0 − 36	0 − 58	0 − 90
10	18	− 6 − 9	− 5 − 10	− 4 − 12	− 4 − 15	0 − 18	+ 2 − 25	− 7 − 50	− 7 − 77	− 11 − 14	− 10 − 15	− 9 − 17	− 9 − 20	− 5 − 23	− 3 − 30	0 − 43	0 − 70	0 − 110
18	30	− 6,5 − 10,5	− 6 − 12	− 5 − 14	− 4 − 17	0 − 21	+ 4 − 29	− 8 − 60	− 8 − 92	− 13,5 − 17,5	− 13 − 19	− 12 − 21	− 11 − 24	− 7 − 28	− 3 − 36	0 − 52	0 − 84	0 − 130
30	50	− 7,5 − 11,5	− 6 − 13	− 5 − 16	− 4 − 20	0 − 25	+ 5 − 34	− 9 − 71	− 9 − 109	− 15,5 − 19,5	− 14 − 21	− 13 − 24	− 12 − 28	− 8 − 33	− 3 − 42	0 − 62	0 − 100	0 − 160
50	80			− 6 − 19	− 5 − 24	0 − 30	+ 5 − 41				− 15 − 28	− 14 − 33	− 9 − 39	− 4 − 50	0 − 74	0 − 120	0 − 190
80	120			− 8 − 23	− 6 − 28	0 − 35	+ 6 − 48				− 18 − 33	− 16 − 38	− 10 − 45	− 4 − 58	0 − 87	0 − 140	0 − 220
120	180			− 9 − 27	− 8 − 33	0 − 40	+ 8 − 55				− 21 − 39	− 20 − 45	− 12 − 52	− 4 − 67	0 − 100	0 − 160	0 − 250
180	250			− 11 − 31	− 8 − 37	0 − 46	+ 9 − 63				− 25 − 45	− 22 − 51	− 14 − 60	− 5 − 77	0 − 115	0 − 185	0 − 290
250	315			− 13 − 36	− 9 − 41	0 − 52	+ 9 − 72				− 27 − 50	− 25 − 57	− 14 − 66	− 5 − 86	0 − 130	0 − 210	0 − 320
315	400			− 14 − 39	− 10 − 46	0 − 57	+ 11 − 78				− 30 − 55	− 26 − 62	− 16 − 73	− 5 − 94	0 − 140	0 − 230	0 − 360
400	500			− 16 − 43	− 10 − 50	0 − 63	+ 11 − 86				− 33 − 60	− 27 − 67	− 17 − 80	− 6 − 103	0 − 155	0 − 250	0 − 400
500	630				− 26 − 70	− 26 − 96	− 26 − 136					− 44 − 88	− 44 − 114	− 44 − 154	− 44 − 219			
630	800				− 30 − 80	− 30 − 110	− 30 − 155					− 50 − 100	− 50 − 130	− 50 − 175	− 50 − 250			
800	1 000				− 34 − 90	− 34 − 124	− 34 − 174					− 56 − 112	− 56 − 146	− 56 − 196	− 56 − 286			
1 000	1 250				− 40 − 106	− 40 − 145	− 40 − 205					− 66 − 132	− 66 − 171	− 66 − 231	− 66 − 326			
1 250	1 600				− 48 − 126	− 48 − 173	− 48 − 243					− 78 − 156	− 78 − 203	− 78 − 273	− 78 − 388			
1 600	2 000				− 58 − 150	− 58 − 208	− 58 − 288					− 92 − 184	− 92 − 242	− 92 − 322	− 92 − 462			
2 000	2 500				− 68 − 178	− 68 − 243	− 68 − 348					− 110 − 220	− 110 − 285	− 110 − 390	− 110 − 550			
2 500	3 150				− 76 − 211	− 76 − 286	− 76 − 406					− 135 − 270	− 135 − 345	− 135 − 465	− 135 − 675			

[1]) Die Toleranzklassen N9, N10 und N11 sind für Nennmaße bis einschließlich 1 mm nicht anzuwenden.

Tabelle 10. **Grenzabmaße für Bohrungen der Toleranzfeldlage P**
oberes Abmaß = ES
unteres Abmaß = EI

Nennmaß in mm		P							
über	bis	3	4	5	6	7	8	9	10
–	3	– 6 – 8	– 6 – 9	– 6 – 10	– 6 – 12	– 6 – 16	– 6 – 20	– 6 – 31	– 6 – 46
3	6	– 11 – 13,5	– 10,5 – 14,5	– 11 – 16	– 9 – 17	– 8 – 20	– 12 – 30	– 12 – 42	– 12 – 60
6	10	– 14 – 16,5	– 13,5 – 17,5	– 13 – 19	– 12 – 21	– 9 – 24	– 15 – 37	– 15 – 51	– 15 – 73
10	18	– 17 – 20	– 16 – 21	– 15 – 23	– 15 – 26	– 11 – 29	– 18 – 45	– 18 – 61	– 18 – 88
18	30	– 20,5 – 24,5	– 20 – 26	– 19 – 28	– 18 – 31	– 14 – 35	– 22 – 55	– 22 – 74	– 22 – 106
30	50	– 24,5 – 28,5	– 23 – 30	– 22 – 33	– 21 – 37	– 17 – 42	– 26 – 65	– 26 – 88	– 26 – 126
50	80				– 27 – 40	– 26 – 45	– 21 – 51	– 32 – 78	– 32 – 106
80	120				– 32 – 47	– 30 – 52	– 24 – 59	– 37 – 91	– 37 – 124
120	180				– 37 – 55	– 36 – 61	– 28 – 68	– 43 – 106	– 43 – 143
180	250				– 44 – 64	– 41 – 70	– 33 – 79	– 50 – 122	– 50 – 165
250	315				– 49 – 72	– 47 – 79	– 36 – 88	– 56 – 137	– 56 – 186
315	400				– 55 – 80	– 51 – 87	– 41 – 98	– 62 – 151	– 62 – 202
400	500				– 61 – 88	– 55 – 95	– 45 – 108	– 68 – 165	– 68 – 223
500	630				– 78 – 122	– 78 – 148	– 78 – 188	– 78 – 253	
630	800				– 88 – 138	– 88 – 168	– 88 – 213	– 88 – 288	
800	1 000				– 100 – 156	– 100 – 190	– 100 – 240	– 100 – 330	
1 000	1 250				– 120 – 186	– 120 – 225	– 120 – 285	– 120 – 380	
1 250	1 600				– 140 – 218	– 140 – 265	– 140 – 335	– 140 – 450	
1 600	2 000				– 170 – 262	– 170 – 320	– 170 – 400	– 170 – 540	
2 000	2 500				– 195 – 305	– 195 – 370	– 195 – 475	– 195 – 635	
2 500	3 150				– 240 – 375	– 240 – 450	– 240 – 570	– 240 – 780	

Tabelle 11. **Grenzabmaße für Bohrungen der Toleranzfeldlage R**
oberes Abmaß = ES
unteres Abmaß = EI

Abmaße in µm

Nennmaß in mm		R							Nennmaß in mm		R		
über	bis	3	4	5	6	7	8	9	10	über	bis	6	7	8
–	3	–10 –12	–10 –13	–10 –14	–10 –16	–10 –20	–10 –24	–10 –35	–10 –50	500	560	–150 –194	–150 –220	–150 –260
3	6	–14 –16,5	–13,5 –17,5	–14 –19	–12 –20	–11 –23	–15 –33	–15 –45	–15 –63	560	630	–155 –199	–155 –225	–155 –265
6	10	–18 –20,5	–17,5 –21,5	–17 –23	–16 –25	–13 –28	–19 –41	–19 –55	–19 –77	630	710	–175 –225	–175 –255	–175 –300
10	18	–22 –25	–21 –26	–20 –28	–20 –31	–16 –34	–23 –50	–23 –66	–23 –93	710	800	–185 –235	–185 –265	–185 –310
18	30	–26,5 –30,5	–26 –32	–25 –34	–24 –37	–20 –41	–28 –61	–28 –80	–10 –112	800	900	–210 –266	–210 –300	–210 –350
30	50	–32,5 –36,5	–31 –38	–30 –41	–29 –45	–25 –50	–34 –73	–34 –96	–34 –134	900	1 000	–220 –276	–220 –310	–220 –360
50	65			–36 –49	–35 –54	–30 –60	–41 –87			1 000	1 120	–250 –316	–250 –355	–250 –415
65	80			–38 –51	–37 –56	–32 –62	–43 –89			1 120	1 250	–260 –326	–260 –365	–260 –425
80	100			–46 –61	–44 –66	–38 –73	–51 –105			1 250	1 400	–300 –378	–300 –425	–300 –495
100	120			–49 –64	–47 –69	–41 –76	–54 –108			1 400	1 600	–330 –408	–330 –455	–330 –525
120	140			–57 –75	–56 –81	–48 –88	–63 –126			1 600	1 800	–370 –462	–370 –520	–370 –600
140	160			–59 –77	–58 –83	–50 –90	–65 –128			1 800	2 000	–400 –492	–400 –550	–400 –630
160	180			–62 –80	–61 –86	–53 –93	–68 –131			2 000	2 240	–440 –550	–440 –615	–440 –720
180	200			–71 –91	–68 –97	–60 –106	–77 –149			2 240	2 500	–460 –570	–460 –635	–460 –740
200	225			–74 –94	–71 –100	–63 –109	–80 –152			2 500	2 800	–550 –685	–550 –760	–550 –880
225	250			–78 –98	–75 –104	–67 –113	–84 –156			2 800	3 150	–580 –715	–580 –790	–580 –910
250	280			–87 –110	–85 –117	–74 –126	–94 –175							
280	315			–91 –114	–89 –121	–78 –130	–98 –179							
315	355			–101 –126	–97 –133	–87 –144	–108 –197							
355	400			–107 –132	–103 –139	–93 –150	–114 –203							
400	450			–119 –146	–113 –153	–103 –166	–126 –223							
450	500			–125 –152	–119 –159	–109 –172	–132 –229							

Tabelle 12. **Grenzabmaße für Bohrungen der Toleranzfeldlage S**
oberes Abmaß = ES
unteres Abmaß = EI

Abmaße in µm

Nennmaß in mm		S						
über	bis	3	4	5	6	7	8	9	10
—	3	−14 / −16	−14 / −17	−14 / −18	−14 / −20	−14 / −24	−14 / −28	−14 / −39	−14 / −54
3	6	−18 / −20,5	−17,5 / −21,5	−18 / −23	−16 / −24	−15 / −27	−19 / −37	−19 / −49	−19 / −67
6	10	−22 / −24,5	−21,5 / −25,5	−21 / −27	−20 / −29	−17 / −32	−23 / −45	−23 / −59	−23 / −81
10	18	−27 / −30	−26 / −31	−25 / −33	−25 / −36	−21 / −39	−28 / −55	−28 / −71	−28 / −98
18	30	−33,5 / −37,5	−33 / −39	−32 / −41	−31 / −44	−27 / −48	−35 / −68	−35 / −87	−35 / −119
30	50	−41,5 / −45,5	−40 / −47	−39 / −50	−38 / −54	−34 / −59	−43 / −82	−43 / −105	−43 / −143
50	65			−48 / −61	−47 / −66	−42 / −72	−53 / −99	−53 / −127	
65	80			−54 / −67	−53 / −72	−48 / −78	−59 / −105	−59 / −133	
80	100			−66 / −81	−64 / −86	−58 / −93	−71 / −125	−71 / −158	
100	120			−74 / −89	−72 / −94	−66 / −101	−79 / −133	−79 / −166	
120	140			−86 / −104	−85 / −110	−77 / −117	−92 / −155	−92 / −192	
140	160			−94 / −112	−93 / −118	−85 / −125	−100 / −163	−100 / −200	
160	180			−102 / −120	−101 / −126	−93 / −133	−108 / −171	−108 / −208	
180	200			−116 / −136	−113 / −142	−105 / −151	−122 / −194	−122 / −237	
200	225			−124 / −144	−121 / −150	−113 / −159	−130 / −202	−130 / −245	
225	250			−134 / −154	−131 / −160	−123 / −169	−140 / −212	−140 / −255	
250	280			−151 / −174	−149 / −181	−138 / −190	−158 / −239	−158 / −288	
280	315			−163 / −186	−161 / −193	−150 / −202	−170 / −251	−170 / −300	
315	355			−183 / −208	−179 / −215	−169 / −226	−190 / −279	−190 / −330	
355	400			−201 / −226	−197 / −233	−187 / −244	−208 / −297	−208 / −348	
400	450			−225 / −252	−219 / −259	−209 / −272	−232 / −329	−232 / −387	
450	500			−245 / −272	−239 / −279	−229 / −292	−252 / −349	−252 / −407	

Nennmaß in mm		S		
über	bis	6	7	8
500	560	−280 / −324	−280 / −350	−280 / −390
560	630	−310 / −354	−310 / −380	−310 / −420
630	710	−340 / −390	−340 / −420	−340 / −465
710	800	−380 / −430	−380 / −460	−380 / −505
800	900	−430 / −486	−430 / −520	−430 / −570
900	1 000	−470 / −526	−470 / −560	−470 / −610
1 000	1 120	−520 / −586	−520 / −625	−520 / −685
1 120	1 250	−580 / −646	−580 / −685	−580 / −745
1 250	1 400	−640 / −718	−640 / −765	−640 / −835
1 400	1 600	−720 / −798	−720 / −845	−720 / −915
1 600	1 800	−820 / −912	−820 / −970	−820 / −1 050
1 800	2 000	−920 / −1 012	−920 / −1 070	−920 / −1 150
2 000	2 240	−1 000 / −1 110	−1 000 / −1 175	−1 000 / −1 280
2 240	2 500	−1 100 / −1 210	−1 100 / −1 275	−1 100 / −1 380
2 500	2 800	−1 250 / −1 385	−1 250 / −1 460	−1 250 / −1 580
2 800	3 150	−1 400 / −1 535	−1 400 / −1 610	−1 400 / −1 730

Tabelle 13. **Grenzabmaße für Bohrungen der Toleranzfeldlagen T und U**
oberes Abmaß = ES
unteres Abmaß = EI

Abmaße in μm

Nennmaß in mm		T[1]				U					Nennmaß in mm		T			U		
über	bis	5	6	7	8	5	6	7	8	9	10	über	bis	6	7	8	6	7	8
—	3					−18 −22	−18 −24	−18 −28	−18 −32	−18 −43	−18 −58	500	560	−400 −444	−400 −470	−400 −510	−600 −644	−600 −670	−600 −710
3	6					−22 −27	−20 −28	−19 −31	−23 −41	−23 −53	−23 −71	560	630	−450 −494	−450 −520	−450 −560	−660 −704	−660 −730	−660 −770
6	10					−26 −32	−25 −34	−22 −37	−28 −50	−28 −64	−28 −86	630	710	−500 −550	−500 −580	−500 −625	−740 −790	−740 −820	−740 −865
10	18					−30 −38	−30 −41	−26 −44	−33 −60	−33 −76	−33 −103	710	800	−560 −610	−560 −640	−560 −685	−840 −890	−840 −920	−840 −965
18	24					−38 −47	−37 −50	−33 −54	−41 −74	−41 −93	−41 −125	800	900	−620 −676	−620 −710	−620 −760	−940 −996	−940 −1030	−940 −1080
24	30	−38 −47	−37 −50	−33 −54	−41 −74	−45 −54	−44 −57	−40 −61	−48 −81	−48 −100	−48 −132	900	1 000	−680 −736	−680 −770	−680 −820	−1 050 −1 106	−1 050 −1 140	−1 050 −1 190
30	40	−44 −55	−43 −59	−39 −64	−48 −87	−56 −67	−55 −71	−51 −76	−60 −99	−60 −122	−60 −160	1 000	1 120	−780 −846	−780 −885	−780 −945	−1 150 −1 216	−1 150 −1 255	−1 150 −1 315
40	50	−50 −61	−49 −65	−45 −70	−54 −93	−66 −77	−65 −81	−61 −86	−70 −109	−70 −132	−70 −170	1 120	1 250	−840 −906	−840 −945	−840 −1 005	−1 300 −1 366	−1 300 −1 405	−1 300 −1 465
50	65	−60 −79	−55 −85	−66 −112		−81 −100	−76 −106	−87 −133	−87 −161	−87 −207		1 250	1 400	−960 −1 038	−960 −1 085	−960 −1 155	−1 450 −1 528	−1 450 −1 575	−1 450 −1 645
65	80	−69 −88	−64 −94	−75 −121		−96 −121	−91 −148	−102 −176	−102 −222			1 400	1 600	−1 050 −1 128	−1 050 −1 175	−1 050 −1 245	−1 600 −1 678	−1 600 −1 725	−1 600 −1 796
80	100	−84 −106	−78 −113	−91 −145		−117 −139	−111 −146	−124 −178	−124 −211	−124 −264		1 600	1 800	−1 200 −1 292	−1 200 −1 350	−1 200 −1 430	−1 850 −1 942	−1 850 −2 000	−1 850 −2 080
100	120	−97 −119	−91 −126	−104 −158		−137 −159	−131 −166	−144 −198	−144 −231	−144 −284		1 800	2 000	−1 350 −1 442	−1 350 −1 500	−1 350 −1 580	−2 000 −2 092	−2 000 −2 150	−2 000 −2 230
120	140	−115 −140	−107 −147	−122 −185		−163 −188	−155 −195	−170 −233	−170 −270	−170 −330		2 000	2 240	−1 500 −1 610	−1 500 −1 675	−1 500 −1 780	−2 300 −2 410	−2 300 −2 475	−2 300 −2 580
140	160	−127 −152	−119 −159	−134 −197		−183 −208	−175 −215	−190 −253	−190 −290	−190 −350		2 240	2 500	−1 650 −1 760	−1 650 −1 825	−1 650 −1 930	−2 500 −2 610	−2 500 −2 675	−2 500 −2 780
160	180	−139 −164	−131 −171	−146 −209		−203 −228	−195 −235	−210 −273	−210 −310	−210 −370		2 500	2 800	−1 900 −2 035	−1 900 −2 110	−1 900 −2 230	−2 900 −3 035	−2 900 −3 110	−2 900 −3 230
180	200	−157 −186	−149 −195	−166 −238		−227 −256	−219 −265	−236 −308	−236 −351	−236 −421		2 800	3 150	−2 100 −2 235	−2 100 −2 310	−2 100 −2 430	−3 200 −3 335	−3 200 −3 410	−3 200 −3 530
200	225	−171 −200	−163 −209	−180 −252		−249 −278	−241 −287	−258 −330	−258 −373	−258 −443									
225	250	−187 −216	−179 −225	−196 −268		−275 −304	−267 −313	−284 −356	−284 −399	−284 −469									
250	280	−209 −241	−198 −250	−218 −299		−306 −338	−295 −347	−315 −396	−315 −445	−315 −525									
280	315	−231 −263	−220 −272	−240 −321		−341 −373	−330 −382	−350 −431	−350 −480	−350 −560									
315	355	−257 −293	−247 −304	−268 −357		−379 −415	−369 −426	−390 −479	−390 −530	−390 −620									
355	400	−283 −319	−273 −330	−294 −383		−424 −460	−414 −471	−435 −524	−435 −575	−435 −665									
400	450	−317 −357	−307 −370	−330 −427		−477 −517	−467 −530	−490 −587	−490 −645	−490 −740									
450	500	−347 −387	−337<)br>−400	−360 −457		−527 −567	−517 −580	−540 −637	−540 −695	−540 −790									

[1]) Die Toleranzklassen T5 bis einschließlich T8 sind für Nennmaße bis einschließlich 24 mm nicht aufgeführt. Statt dessen wird die Anwendung der Toleranzklassen U5 bis einschließlich U8 empfohlen. Falls jedoch ausdrücklich die Toleranzklassen T5 bis einschließlich T8 gefordert werden, so können sie nach den in ISO 286-1 angegebenen Werten berechnet werden.

Tabelle 14. **Grenzabmaße für Bohrungen der Toleranzfeldlagen V, X und Y**[1)]
oberes Abmaß = ES
unteres Abmaß = EI

Abmaße in μm

Nennmaß in mm		V[2)]				X					Y[3)]			
über	bis	5	6	7	8	5	6	7	8	9	10	6	7	8	9	10
–	3					−20 / −24	−20 / −26	−20 / −30	−20 / −34	−20 / −45	−20 / −60					
3	6					−27 / −32	−25 / −33	−24 / −36	−28 / −46	−28 / −58	−28 / −76					
6	10					−32 / −38	−31 / −40	−28 / −43	−34 / −56	−34 / −70	−34 / −92					
10	14					−37 / −45	−37 / −48	−33 / −51	−40 / −67	−40 / −83	−40 / −110					
14	18	−36 / −44	−36 / −47	−32 / −50	−39 / −66	−42 / −50	−42 / −53	−38 / −56	−45 / −72	−45 / −88	−45 / −115					
18	24	−44 / −53	−43 / −56	−39 / −60	−47 / −80	−51 / −60	−50 / −63	−46 / −67	−54 / −87	−54 / −106	−54 / −138	−59 / −72	−55 / −76	−63 / −96	−63 / −115	−63 / −147
24	30	−52 / −61	−51 / −64	−47 / −68	−55 / −88	−61 / −70	−60 / −73	−56 / −77	−64 / −97	−64 / −116	−64 / −148	−71 / −84	−67 / −88	−75 / −108	−75 / −127	−75 / −159
30	40	−64 / −75	−63 / −79	−59 / −84	−68 / −107	−76 / −87	−75 / −91	−71 / −96	−80 / −119	−80 / −142	−80 / −180	−89 / −105	−85 / −110	−94 / −133	−94 / −156	−94 / −194
40	50	−77 / −88	−76 / −92	−72 / −97	−81 / −120	−93 / −104	−92 / −108	−88 / −113	−97 / −136	−97 / −159	−97 / −197	−109 / −125	−105 / −130	−114 / −153	−114 / −176	−114 / −214
50	65	−96 / −115	−91 / −121	−102 / −148		−116 / −135	−111 / −141	−122 / −168	−122 / −196			−138 / −157	−133 / −163	−144 / −190		
65	80	−114 / −133	−109 / −139	−120 / −166		−140 / −159	−135 / −165	−146 / −192	−146 / −220			−168 / −187	−163 / −193	−174 / −220		
80	100	−139 / −161	−133 / −168	−146 / −200		−171 / −193	−165 / −200	−178 / −232	−178 / −265			−207 / −229	−201 / −236	−214 / −268		
100	120	−165 / −187	−159 / −194	−172 / −226		−203 / −225	−197 / −232	−210 / −264	−210 / −297			−247 / −269	−241 / −276	−254 / −308		
120	140	−195 / −220	−187 / −227	−202 / −265		−241 / −266	−233 / −273	−248 / −311	−248 / −348			−293 / −318	−285 / −325	−300 / −363		
140	160	−221 / −246	−213 / −253	−228 / −291		−273 / −298	−265 / −305	−280 / −343	−280 / −380			−333 / −358	−325 / −365	−340 / −403		
160	180	−245 / −270	−237 / −277	−252 / −315		−303 / −328	−295 / −335	−310 / −373	−310 / −410			−373 / −398	−365 / −405	−380 / −443		
180	200	−275 / −304	−267 / −313	−284 / −356		−341 / −370	−333 / −379	−350 / −422	−350 / −465			−416 / −445	−408 / −454	−425 / −497		
200	225	−301 / −330	−293 / −339	−310 / −382		−376 / −405	−368 / −414	−385 / −457	−385 / −500			−461 / −490	−453 / −499	−470 / −542		
225	250	−331 / −360	−323 / −369	−340 / −412		−416 / −445	−408 / −454	−425 / −497	−425 / −540			−511 / −540	−503 / −549	−520 / −592		
250	280	−376 / −408	−365 / −417	−385 / −466		−466 / −498	−455 / −507	−475 / −556	−475 / −605			−571 / −603	−560 / −612	−580 / −661		
280	315	−416 / −448	−405 / −457	−425 / −506		−516 / −548	−505 / −557	−525 / −606	−525 / −655			−641 / −673	−630 / −682	−650 / −731		
315	355	−464 / −500	−454 / −511	−475 / −564		−579 / −615	−569 / −626	−590 / −679	−590 / −730			−719 / −755	−709 / −766	−730 / −819		
355	400	−519 / −555	−509 / −566	−530 / −619		−649 / −685	−639 / −696	−660 / −749	−660 / −800			−809 / −845	−799 / −856	−820 / −909		
400	450	−582 / −622	−572 / −635	−595 / −692		−727 / −767	−717 / −780	−740 / −837	−740 / −895			−907 / −947	−897 / −960	−920 / −1 017		
450	500	−647 / −687	−637 / −700	−660 / −757		−807 / −847	−797 / −860	−820 / −917	−820 / −975			−987 / −1 027	−977 / −1 040	−1 000 / −1 097		

[1)] Die Grundabmaße der Toleranzfeldlagen V, X und Y sind für Nennmaße über 500 mm nicht vorgesehen.
[2)] Die Toleranzklassen V5 bis einschließlich V8 sind für Nennmaße bis einschließlich 14 mm nicht aufgeführt. Statt dessen wird die Anwendung der Toleranzklassen X5 bis einschließlich X8 empfohlen. Falls jedoch ausdrücklich die Toleranzklassen V5 bis einschließlich V8 gefordert werden, so können sie nach den in ISO 286-1 angegebenen Werten berechnet werden.
[3)] Die Toleranzklassen Y6 bis einschließlich Y10 sind für Nennmaße bis einschließlich 18 mm nicht aufgeführt. Statt dessen wird die Anwendung der Toleranzklassen Z6 bis einschließlich Z10 empfohlen. Falls jedoch ausdrücklich die Toleranzklassen Y6 bis einschließlich Y10 gefordert werden, so können sie nach den in ISO 286-1 angegebenen Werten berechnet werden.

Tabelle 15. **Grenzabmaße für Bohrungen der Toleranzfeldlagen Z und ZA**[1)]
oberes Abmaß = ES
unteres Abmaß = EI

Abmaße in μm

Nennmaß in mm		Z						ZA				
über	bis	6	7	8	9	10	11	6	7	8	9	10	11
–	3	−26 / −32	−26 / −36	−26 / −40	−26 / −51	−26 / −66	−26 / −86	−32 / −38	−32 / −42	−32 / −46	−32 / −57	−32 / −72	−32 / −92
3	6	−32 / −40	−31 / −43	−35 / −53	−35 / −65	−35 / −83	−35 / −110	−39 / −47	−38 / −50	−42 / −60	−42 / −72	−42 / −90	−42 / −117
6	10	−39 / −48	−36 / −51	−42 / −64	−42 / −78	−42 / −100	−42 / −132	−49 / −58	−46 / −61	−52 / −74	−52 / −88	−52 / −110	−52 / −142
10	14	−47 / −58	−43 / −61	−50 / −77	−50 / −93	−50 / −120	−50 / −160	−61 / −72	−57 / −75	−64 / −91	−64 / −107	−64 / −134	−64 / −174
14	18	−57 / −68	−53 / −71	−60 / −87	−60 / −103	−60 / −130	−60 / −170	−74 / −85	−70 / −88	−77 / −104	−77 / −120	−77 / −147	−77 / −187
18	24	−69 / −82	−65 / −86	−73 / −106	−73 / −125	−73 / −157	−73 / −203	−94 / −107	−90 / −111	−98 / −131	−98 / −150	−98 / −182	−98 / −228
24	30	−84 / −97	−80 / −101	−88 / −121	−88 / −140	−88 / −172	−88 / −218	−114 / −127	−110 / −131	−118 / −151	−118 / −170	−118 / −202	−118 / −248
30	40	−107 / −123	−103 / −128	−112 / −151	−112 / −174	−112 / −212	−112 / −272	−143 / −159	−139 / −164	−148 / −187	−148 / −210	−148 / −248	−148 / −308
40	50	−131 / −147	−127 / −152	−136 / −175	−136 / −198	−136 / −236	−136 / −296	−175 / −191	−171 / −196	−180 / −219	−180 / −242	−180 / −280	−180 / −340
50	65		−161 / −191	−172 / −218	−172 / −246	−172 / −292	−172 / −362		−215 / −245	−226 / −272	−226 / −300	−226 / −346	−226 / −416
65	80		−199 / −229	−210 / −256	−210 / −284	−210 / −330	−210 / −400		−263 / −293	−274 / −320	−274 / −348	−274 / −394	−274 / −464
80	100		−245 / −280	−258 / −312	−258 / −345	−258 / −398	−258 / −478		−322 / −357	−335 / −389	−335 / −422	−335 / −475	−335 / −555
100	120		−297 / −332	−310 / −364	−310 / −397	−310 / −450	−310 / −530		−387 / −422	−400 / −454	−400 / −487	−400 / −540	−400 / −620
120	140		−350 / −390	−365 / −428	−365 / −465	−365 / −525	−365 / −615		−455 / −495	−470 / −533	−470 / −570	−470 / −630	−470 / −720
140	160		−400 / −440	−415 / −478	−415 / −515	−415 / −575	−415 / −665		−520 / −560	−535 / −598	−535 / −635	−535 / −695	−535 / −785
160	180		−450 / −490	−465 / −528	−465 / −565	−465 / −625	−465 / −715		−585 / −625	−600 / −663	−600 / −700	−600 / −760	−600 / −850
180	200		−503 / −549	−520 / −592	−520 / −635	−520 / −705	−520 / −810		−653 / −699	−670 / −742	−670 / −785	−670 / −855	−670 / −960
200	225		−558 / −604	−575 / −647	−575 / −690	−575 / −760	−575 / −865		−723 / −769	−740 / −812	−740 / −855	−740 / −925	−740 / −1030
225	250		−623 / −669	−640 / −712	−640 / −755	−640 / −825	−640 / −930		−803 / −849	−820 / −892	−820 / −935	−820 / −1005	−820 / −1110
250	280		−690 / −742	−710 / −791	−710 / −840	−710 / −920	−710 / −1030		−900 / −952	−920 / −1001	−920 / −1050	−920 / −1130	−920 / −1240
280	315		−770 / −822	−790 / −871	−790 / −920	−790 / −1000	−790 / −1110		−980 / −1032	−1000 / −1081	−1000 / −1130	−1000 / −1210	−1000 / −1320
315	355		−879 / −936	−900 / −989	−900 / −1040	−900 / −1130	−900 / −1260		−1129 / −1186	−1150 / −1239	−1150 / −1290	−1150 / −1380	−1150 / −1510
355	400		−979 / −1036	−1000 / −1089	−1000 / −1140	−1000 / −1230	−1000 / −1360		−1279 / −1336	−1300 / −1389	−1300 / −1440	−1300 / −1530	−1300 / −1660
400	450		−1077 / −1140	−1100 / −1197	−1100 / −1255	−1100 / −1350	−1100 / −1500		−1427 / −1490	−1450 / −1547	−1450 / −1605	−1450 / −1700	−1450 / −1850
450	500		−1227 / −1290	−1250 / −1347	−1250 / −1405	−1250 / −1500	−1250 / −1650		−1577 / −1640	−1600 / −1697	−1600 / −1755	−1600 / −1850	−1600 / −2000

[1)] Die Grundabmaße für die Toleranzfeldlagen Z und ZA sind für Nennmaße über 500 mm nicht vorgesehen.

Tabelle 16. **Grenzabmaße für Bohrungen der Toleranzfeldlagen ZB und ZC[1])**
oberes Abmaß = ES
unteres Abmaß = EI

Abmaße in µm

Nennmaß in mm		ZB					ZC				
über	bis	7	8	9	10	11	7	8	9	10	11
—	3	−40 / −50	−40 / −54	−40 / −65	−40 / −80	−40 / −100	−60 / −70	−60 / −74	−60 / −85	−60 / −100	−60 / −120
3	6	−46 / −58	−50 / −68	−50 / −80	−50 / −98	−50 / −125	−76 / −88	−80 / −98	−80 / −110	−80 / −128	−80 / −155
6	10	−61 / −76	−67 / −89	−67 / −103	−67 / −125	−67 / −157	−91 / −106	−97 / −119	−97 / −133	−97 / −155	−97 / −187
10	14	−83 / −101	−90 / −117	−90 / −133	−90 / −160	−90 / −200	−123 / −141	−130 / −157	−130 / −173	−130 / −200	−130 / −240
14	18	−101 / −119	−108 / −135	−108 / −151	−108 / −178	−108 / −218	−143 / −161	−150 / −177	−150 / −193	−150 / −220	−150 / −260
18	24	−128 / −149	−136 / −169	−136 / −188	−136 / −220	−136 / −266	−180 / −201	−188 / −221	−188 / −240	−188 / −272	−188 / −318
24	30	−152 / −173	−160 / −193	−160 / −212	−160 / −244	−160 / −290	−210 / −231	−218 / −251	−218 / −270	−218 / −302	−218 / −348
30	40	−191 / −216	−200 / −239	−200 / −262	−200 / −300	−200 / −360	−265 / −290	−274 / −313	−274 / −336	−274 / −374	−274 / −434
40	50	−233 / −258	−242 / −281	−242 / −304	−242 / −342	−242 / −402	−316 / −341	−325 / −364	−325 / −387	−325 / −425	−325 / −485
50	65	−289 / −319	−300 / −346	−300 / −374	−300 / −420	−300 / −490	−394 / −424	−405 / −451	−405 / −479	−405 / −525	−405 / −595
65	80	−349 / −379	−360 / −406	−360 / −434	−360 / −480	−360 / −550	−469 / −499	−480 / −526	−480 / −554	−480 / −600	−480 / −670
80	100	−432 / −467	−445 / −499	−445 / −532	−445 / −585	−445 / −665	−572 / −607	−585 / −639	−585 / −672	−585 / −725	−585 / −805
100	120	−512 / −547	−525 / −579	−525 / −612	−525 / −665	−525 / −745	−677 / −712	−690 / −744	−690 / −777	−690 / −830	−690 / −910
120	140	−605 / −645	−620 / −683	−620 / −720	−620 / −780	−620 / −870	−785 / −825	−800 / −863	−800 / −900	−800 / −960	−800 / −1 050
140	160	−685 / −725	−700 / −763	−700 / −800	−700 / −860	−700 / −950	−885 / −925	−900 / −963	−900 / −1 000	−900 / −1 060	−900 / −1 150
160	180	−765 / −805	−780 / −843	−780 / −880	−780 / −940	−780 / −1 030	−985 / −1 025	−1 000 / −1 063	−1 000 / −1 100	−1 000 / −1 160	−1 000 / −1 250
180	200	−863 / −909	−880 / −952	−880 / −995	−880 / −1 065	−880 / −1 170	−1 133 / −1 179	−1 150 / −1 222	−1 150 / −1 265	−1 150 / −1 335	−1 150 / −1 440
200	225	−943 / −989	−960 / −1 032	−960 / −1 075	−960 / −1 145	−960 / −1 250	−1 233 / −1 279	−1 250 / −1 322	−1 250 / −1 365	−1 250 / −1 435	−1 250 / −1 540
225	250	−1 033 / −1 079	−1 050 / −1 122	−1 050 / −1 165	−1 050 / −1 235	−1 050 / −1 340	−1 333 / −1 379	−1 350 / −1 422	−1 350 / −1 465	−1 350 / −1 535	−1 350 / −1 640
250	280	−1 180 / −1 232	−1 200 / −1 281	−1 200 / −1 330	−1 200 / −1 410	−1 200 / −1 520	−1 530 / −1 582	−1 550 / −1 631	−1 550 / −1 680	−1 550 / −1 760	−1 550 / −1 870
280	315	−1 280 / −1 332	−1 300 / −1 381	−1 300 / −1 430	−1 300 / −1 510	−1 300 / −1 620	−1 680 / −1 732	−1 700 / −1 781	−1 700 / −1 830	−1 700 / −1 910	−1 700 / −2 020
315	355	−1 479 / −1 536	−1 500 / −1 589	−1 500 / −1 640	−1 500 / −1 730	−1 500 / −1 860	−1 879 / −1 936	−1 900 / −1 989	−1 900 / −2 040	−1 900 / −2 130	−1 900 / −2 260
355	400	−1 629 / −1 686	−1 650 / −1 739	−1 650 / −1 790	−1 650 / −1 880	−1 650 / −2 010	−2 079 / −2 136	−2 100 / −2 189	−2 100 / −2 240	−2 100 / −2 330	−2 100 / −2 460
400	450	−1 827 / −1 890	−1 850 / −1 947	−1 850 / −2 005	−1 850 / −2 100	−1 850 / −2 250	−2 377 / −2 440	−2 400 / −2 497	−2 400 / −2 555	−2 400 / −2 650	−2 400 / −2 800
450	500	−2 077 / −2 140	−2 100 / −2 197	−2 100 / −2 255	−2 100 / −2 350	−2 100 / −2 500	−2 577 / −2 640	−2 600 / −2 697	−2 600 / −2 755	−2 600 / −2 850	−2 600 / −3 000

[1]) Die Grundabmaße für die Toleranzfeldlagen ZB und ZC sind für Nennmaße über 500 mm nicht vorgesehen.

Tabelle 17. **Grenzabmaße für Wellen der Toleranzfeldlagen a, b und c** [1]
oberes Abmaß = es
unteres Abmaß = ei

Abmaße in μm

Nennmaß in mm		a [2]					b [2]					c				
über	bis	9	10	11	12	13	8	9	10	11	12	13	8	9	10	11	12
–	3 [2]	−270 / −295	−270 / −310	−270 / −330	−270 / −370	−270 / −410	−140 / −154	−140 / −165	−140 / −180	−140 / −200	−140 / −240	−140 / −280	−60 / −74	−60 / −85	−60 / −100	−60 / −120	−60 / −160
3	6	−270 / −300	−270 / −318	−270 / −345	−270 / −390	−270 / −450	−140 / −158	−140 / −170	−140 / −188	−140 / −215	−140 / −260	−140 / −320	−70 / −88	−70 / −100	−70 / −118	−70 / −145	−70 / −190
6	10	−280 / −316	−280 / −338	−280 / −370	−280 / −430	−280 / −500	−150 / −172	−150 / −186	−150 / −208	−150 / −240	−150 / −300	−150 / −370	−80 / −102	−80 / −116	−80 / −138	−80 / −170	−80 / −230
10	18	−290 / −333	−290 / −360	−290 / −400	−290 / −470	−290 / −560	−150 / −177	−150 / −193	−150 / −220	−150 / −260	−150 / −330	−150 / −420	−95 / −122	−95 / −138	−95 / −165	−95 / −205	−95 / −275
18	30	−300 / −352	−300 / −384	−300 / −430	−300 / −510	−300 / −630	−160 / −193	−160 / −212	−160 / −244	−160 / −290	−160 / −370	−160 / −490	−110 / −143	−110 / −162	−110 / −194	−110 / −240	−110 / −320
30	40	−310 / −372	−310 / −410	−310 / −470	−310 / −560	−310 / −700	−170 / −209	−170 / −232	−170 / −270	−170 / −330	−170 / −420	−170 / −560	−120 / −159	−120 / −182	−120 / −220	−120 / −280	−120 / −370
40	50	−320 / −382	−320 / −420	−320 / −480	−320 / −570	−320 / −710	−180 / −219	−180 / −242	−180 / −280	−180 / −340	−180 / −430	−180 / −570	−130 / −169	−130 / −192	−130 / −230	−130 / −290	−130 / −380
50	65	−340 / −414	−340 / −460	−340 / −530	−340 / −640	−340 / −800	−190 / −236	−190 / −264	−190 / −310	−190 / −380	−190 / −490	−190 / −650	−140 / −186	−140 / −214	−140 / −260	−140 / −330	−140 / −440
65	80	−360 / −434	−360 / −480	−360 / −550	−360 / −660	−360 / −820	−200 / −246	−200 / −274	−200 / −320	−200 / −390	−200 / −500	−200 / −660	−150 / −196	−150 / −224	−150 / −270	−150 / −340	−150 / −450
80	100	−380 / −467	−380 / −520	−380 / −600	−380 / −730	−380 / −920	−220 / −274	−220 / −307	−220 / −360	−220 / −440	−220 / −570	−220 / −760	−170 / −224	−170 / −257	−170 / −310	−170 / −390	−170 / −520
100	120	−410 / −497	−410 / −550	−410 / −630	−410 / −760	−410 / −950	−240 / −294	−240 / −327	−240 / −380	−240 / −460	−240 / −590	−240 / −780	−180 / −234	−180 / −267	−180 / −320	−180 / −400	−180 / −530
120	140	−460 / −560	−460 / −620	−460 / −710	−460 / −860	−460 / −1090	−260 / −323	−260 / −360	−260 / −420	−260 / −510	−260 / −660	−260 / −890	−200 / −263	−200 / −300	−200 / −360	−200 / −450	−200 / −600
140	160	−520 / −620	−520 / −680	−520 / −770	−520 / −920	−520 / −1150	−280 / −343	−280 / −380	−280 / −440	−280 / −530	−280 / −680	−280 / −910	−210 / −273	−210 / −310	−210 / −370	−210 / −460	−210 / −610
160	180	−580 / −680	−580 / −740	−580 / −830	−580 / −980	−580 / −1210	−310 / −373	−310 / −410	−310 / −470	−310 / −560	−310 / −710	−310 / −940	−230 / −293	−230 / −330	−230 / −390	−230 / −480	−230 / −630
180	200	−660 / −775	−660 / −845	−660 / −950	−660 / −1120	−660 / −1380	−340 / −412	−340 / −455	−340 / −525	−340 / −630	−340 / −800	−340 / −1060	−240 / −312	−240 / −355	−240 / −425	−240 / −530	−240 / −700
200	225	−740 / −855	−740 / −925	−740 / −1030	−740 / −1200	−740 / −1460	−380 / −452	−380 / −495	−380 / −565	−380 / −670	−380 / −840	−380 / −1100	−260 / −332	−260 / −375	−260 / −445	−260 / −550	−260 / −720
225	250	−820 / −935	−820 / −1005	−820 / −1110	−820 / −1280	−820 / −1540	−420 / −492	−420 / −535	−420 / −605	−420 / −710	−420 / −880	−420 / −1140	−280 / −352	−280 / −395	−280 / −465	−280 / −570	−280 / −740
250	280	−920 / −1050	−920 / −1130	−920 / −1240	−920 / −1440	−920 / −1730	−480 / −561	−480 / −610	−480 / −690	−480 / −800	−480 / −1000	−480 / −1290	−300 / −381	−300 / −430	−300 / −510	−300 / −620	−300 / −820
280	315	−1050 / −1180	−1050 / −1260	−1050 / −1370	−1050 / −1570	−1050 / −1860	−540 / −621	−540 / −670	−540 / −750	−540 / −860	−540 / −1060	−540 / −1350	−330 / −411	−330 / −460	−330 / −540	−330 / −650	−330 / −850
315	355	−1200 / −1340	−1200 / −1430	−1200 / −1560	−1200 / −1770	−1200 / −2090	−600 / −689	−600 / −740	−600 / −830	−600 / −960	−600 / −1170	−600 / −1490	−360 / −449	−360 / −500	−360 / −590	−360 / −720	−360 / −930
355	400	−1350 / −1490	−1350 / −1580	−1350 / −1710	−1350 / −1920	−1350 / −2240	−680 / −769	−680 / −820	−680 / −910	−680 / −1040	−680 / −1250	−680 / −1570	−400 / −489	−400 / −540	−400 / −630	−400 / −760	−400 / −970
400	450	−1500 / −1655	−1500 / −1750	−1500 / −1900	−1500 / −2130	−1500 / −2470	−760 / −857	−760 / −915	−760 / −1010	−760 / −1160	−760 / −1390	−760 / −1730	−440 / −537	−440 / −595	−440 / −690	−440 / −840	−440 / −1070
450	500	−1650 / −1805	−1650 / −1900	−1650 / −2050	−1650 / −2280	−1650 / −2620	−840 / −937	−840 / −995	−840 / −1090	−840 / −1240	−840 / −1470	−840 / −1810	−480 / −577	−480 / −635	−480 / −730	−480 / −880	−480 / −1110

[1] Die Grundabmaße für die Toleranzfeldlagen a, b und c sind für Nennmaße über 500 mm nicht vorgesehen.
[2] Die Grundabmaße für die Toleranzfeldlagen a und b sind für Grundtoleranzen für Nennmaße bis einschließlich 1 mm nicht anzuwenden.

DIN ISO 286 Teil 2 Seite 25

Tabelle 18. **Grenzabmaße für Wellen der Toleranzfeldlagen cd und d**
oberes Abmaß = es
unteres Abmaß = ei

Abmaße in µm

Nennmaß in mm		cd [1]					d							
über	bis	5	6	7	8	9	10	5	6	7	8	9	10	11	12	13
–	3	−34 −38	−34 −40	−34 −44	−34 −48	−34 −59	−34 −74	−20 −24	−20 −26	−20 −30	−20 −34	−20 −45	−20 −60	−20 −80	−20 −120	−20 −160
3	6	−46 −51	−46 −54	−46 −58	−46 −64	−46 −76	−46 −94	−30 −35	−30 −38	−30 −42	−30 −48	−30 −60	−30 −78	−30 −105	−30 −150	−30 −210
6	10	−56 −62	−56 −65	−56 −71	−56 −78	−56 −92	−56 −114	−40 −46	−40 −49	−40 −55	−40 −62	−40 −76	−40 −98	−40 −130	−40 −190	−40 −260
10	18							−50 −58	−50 −61	−50 −68	−50 −77	−50 −93	−50 −120	−50 −160	−50 −230	−50 −320
18	30							−65 −74	−65 −78	−65 −86	−65 −98	−65 −117	−65 −149	−65 −195	−65 −275	−65 −395
30	50							−80 −91	−80 −96	−80 −105	−80 −119	−80 −142	−80 −180	−80 −240	−80 −330	−80 −470
50	80							−100 −113	−100 −119	−100 −130	−100 −146	−100 −174	−100 −220	−100 −290	−100 −400	−100 −560
80	120							−120 −135	−120 −142	−120 −155	−120 −174	−120 −207	−120 −260	−120 −340	−120 −470	−120 −660
120	180							−145 −163	−145 −170	−145 −185	−145 −208	−145 −245	−145 −305	−145 −395	−145 −545	−145 −775
180	250							−170 −190	−170 −199	−170 −216	−170 −242	−170 −285	−170 −355	−170 −460	−170 −630	−170 −890
250	315							−190 −213	−190 −222	−190 −242	−190 −271	−190 −320	−190 −400	−190 −510	−190 −710	−190 −1 000
315	400							−210 −235	−210 −246	−210 −267	−210 −299	−210 −350	−210 −440	−210 −570	−210 −780	−210 −1 100
400	500							−230 −257	−230 −270	−230 −293	−230 −327	−230 −385	−230 −480	−230 −630	−230 −860	−230 −1 200
500	630							−260 −330	−260 −370	−260 −435	−260 −540	−260 −700				
630	800							−290 −370	−290 −415	−290 −490	−290 −610	−290 −790				
800	1 000							−320 −410	−320 −460	−320 −550	−320 −680	−320 −880				
1 000	1 250							−350 −455	−350 −515	−350 −610	−350 −770	−350 −1 010				
1 250	1 600							−390 −515	−390 −585	−390 −700	−390 −890	−390 −1 170				
1 600	2 000							−430 −580	−430 −660	−430 −800	−430 −1 030	−430 −1 350				
2 000	2 500							−480 −655	−480 −760	−480 −920	−480 −1 180	−480 −1 580				
2 500	3 150							−520 −730	−520 −850	−520 −1 060	−520 −1 380	−520 −1 870				

[1] Die besondere Toleranzfeldlage cd ist hauptsächlich für Feinmechanik und Uhrentechnik gedacht. Wenn für diese Toleranzfeldlage und den angegebenen Toleranzklassen Werte in den anderen Nennmaßbereichen forderlich sind, können sie nach ISO 286-1 berechnet werden.

Tabelle 19. Grenzabmaße für Wellen der Toleranzfeldlagen e und ef
oberes Abmaß = es
unteres Abmaß = ei

Abmaße in μm

Nennmaß in mm		e						ef[1]						
über	bis	5	6	7	8	9	10	3	4	5	6	7	8	9	10
—	3	−14 −18	−14 −20	−14 −24	−14 −28	−14 −39	−14 −54	−10 −12	−10 −13	−10 −14	−10 −16	−10 −20	−10 −24	−10 −35	−10 −50
3	6	−20 −25	−20 −28	−20 −32	−20 −38	−20 −50	−20 −68	−14 −16,5	−14 −18	−14 −19	−14 −22	−14 −26	−14 −32	−14 −44	−14 −62
6	10	−25 −31	−25 −34	−25 −40	−25 −47	−25 −61	−25 −83	−18 −20,5	−18 −22	−18 −24	−18 −27	−18 −33	−18 −40	−18 −54	−18 −76
10	18	−32 −40	−32 −43	−32 −50	−32 −59	−32 −75	−32 −102								
18	30	−40 −49	−40 −53	−40 −61	−40 −73	−40 −92	−40 −124								
30	50	−50 −61	−50 −66	−50 −75	−50 −89	−50 −112	−50 −150								
50	80	−60 −73	−60 −79	−60 −90	−60 −106	−60 −134	−60 −180								
80	120	−72 −87	−72 −94	−72 −107	−72 −126	−72 −159	−72 −212								
120	180	−85 −103	−85 −110	−85 −125	−85 −148	−85 −185	−85 −245								
180	250	−100 −120	−100 −129	−100 −146	−100 −172	−100 −215	−100 −285								
250	315	−110 −133	−110 −142	−110 −162	−110 −191	−110 −240	−110 −320								
315	400	−125 −150	−125 −161	−125 −182	−125 −214	−125 −265	−125 −355								
400	500	−135 −162	−135 −175	−135 −198	−135 −232	−135 −290	−135 −385								
500	630		−145 −189	−145 −215	−145 −255	−145 −320	−145 −425								
630	800		−160 −210	−160 −240	−160 −285	−160 −360	−160 −480								
800	1 000		−170 −226	−170 −260	−170 −310	−170 −400	−170 −530								
1 000	1 250		−195 −261	−195 −300	−195 −360	−195 −455	−195 −615								
1 250	1 600		−220 −298	−220 −345	−220 −415	−220 −530	−220 −720								
1 600	2 000		−240 −332	−240 −390	−240 −470	−240 −610	−240 −840								
2 000	2 500		−260 −370	−260 −435	−260 −540	−260 −700	−260 −960								
2 500	3 150		−290 −425	−290 −500	−290 −620	−290 −830	−290 −1 150								

[1] Die besondere Toleranzfeldlage ef ist hauptsächlich für Feinmechanik und Uhrentechnik gedacht. Wenn für diese Toleranzfeldlage und den angegebenen Toleranzklassen Werte in den anderen Nennmaßbereichen forderlich sind, können sie nach ISO 286-1 berechnet werden.

Tabelle 20. Grenzabmaße für Wellen der Toleranzfeldlagen f und fg
oberes Abmaß = es
unteres Abmaß = ei

Abmaße in μm

Nennmaß in mm		f								fg[1]							
über	bis	3	4	5	6	7	8	9	10	3	4	5	6	7	8	9	10
–	3	–6 / –8	–6 / –10	–6 / –10	–6 / –12	–6 / –16	–6 / –20	–6 / –31	–6 / –46	–4 / –6	–4 / –7	–4 / –8	–4 / –10	–4 / –14	–4 / –18	–4 / –29	–4 / –44
3	6	–10 / –12,5	–10 / –14	–10 / –15	–10 / –18	–10 / –22	–10 / –28	–10 / –40	–10 / –58	–6 / –8,5	–6 / –10	–6 / –11	–6 / –14	–6 / –18	–6 / –24	–6 / –36	–6 / –54
6	10	–13 / –15,5	–13 / –17	–13 / –19	–13 / –22	–13 / –28	–13 / –35	–13 / –49	–13 / –71	–8 / –10,5	–8 / –12	–8 / –14	–8 / –17	–8 / –23	–8 / –30	–8 / –44	–8 / –66
10	18	–16 / –19	–16 / –21	–16 / –24	–16 / –27	–16 / –34	–16 / –43	–16 / –59	–16 / –86								
18	30	–20 / –24	–20 / –26	–20 / –29	–20 / –33	–20 / –41	–20 / –53	–20 / –72	–20 / –104								
30	50	–25 / –29	–25 / –32	–25 / –36	–25 / –41	–25 / –50	–25 / –64	–25 / –87	–25 / –125								
50	80		–30 / –38	–30 / –43	–30 / –49	–30 / –60	–30 / –76	–30 / –104									
80	120		–36 / –46	–36 / –51	–36 / –58	–36 / –71	–36 / –90	–36 / –123									
120	180		–43 / –55	–43 / –61	–43 / –68	–43 / –83	–43 / –106	–43 / –143									
180	250		–50 / –64	–50 / –70	–50 / –79	–50 / –96	–50 / –122	–50 / –165									
250	315		–56 / –72	–56 / –79	–56 / –88	–56 / –108	–56 / –137	–56 / –185									
315	400		–62 / –80	–62 / –87	–62 / –98	–62 / –119	–62 / –151	–62 / –202									
400	500		–68 / –88	–68 / –95	–68 / –108	–68 / –131	–68 / –165	–68 / –223									
500	630				–76 / –120	–76 / –146	–76 / –186	–76 / –251									
630	800				–80 / –130	–80 / –160	–80 / –205	–80 / –280									
800	1 000				–86 / –142	–86 / –176	–86 / –226	–86 / –316									
1 000	1 250				–98 / –164	–98 / –203	–98 / –263	–98 / –358									
1 250	1 600				–110 / –188	–110 / –235	–110 / –305	–110 / –420									
1 600	2 000				–120 / –212	–120 / –270	–120 / –350	–120 / –490									
2 000	2 500				–130 / –240	–130 / –305	–130 / –410	–130 / –570									
2 500	3 150				–145 / –280	–145 / –355	–145 / –475	–145 / –685									

[1] Die besondere Toleranzfeldlage fg ist hauptsächlich für Feinmechanik und Uhrentechnik gedacht. Wenn für diese Toleranzfeldlage und den angegebenen Toleranzklassen Werte in den anderen Nennmaßbereichen forderlich sind, können sie nach ISO 286-1 berechnet werden.

Tabelle 21. **Grenzabmaße für Wellen der Toleranzfeldlage g**
oberes Abmaß = *es*
unteres Abmaß = *ei*

Abmaße in μm

Nennmaß in mm		g							
über	bis	3	4	5	6	7	8	9	10
–	3	– 2 – 4	– 2 – 5	– 2 – 6	– 2 – 8	– 2 – 12	– 2 – 16	– 2 – 27	– 2 – 42
3	6	– 4 – 6,5	– 4 – 8	– 4 – 9	– 4 – 12	– 4 – 16	– 4 – 22	– 4 – 34	– 4 – 52
6	10	– 5 – 7,5	– 5 – 9	– 5 – 11	– 5 – 14	– 5 – 20	– 5 – 27	– 5 – 41	– 5 – 63
10	18	– 6 – 9	– 6 – 11	– 6 – 14	– 6 – 17	– 6 – 24	– 6 – 33	– 6 – 49	– 6 – 76
18	30	– 7 – 11	– 7 – 13	– 7 – 16	– 7 – 20	– 7 – 28	– 7 – 40	– 7 – 59	– 7 – 91
30	50	– 9 – 13	– 9 – 16	– 9 – 20	– 9 – 25	– 9 – 34	– 9 – 48	– 9 – 71	– 9 – 109
50	80		– 10 – 18	– 10 – 23	– 10 – 29	– 10 – 40	– 10 – 56		
80	120		– 12 – 22	– 12 – 27	– 12 – 34	– 12 – 47	– 12 – 66		
120	180		– 14 – 26	– 14 – 32	– 14 – 39	– 14 – 54	– 14 – 77		
180	250		– 15 – 29	– 15 – 35	– 15 – 44	– 15 – 61	– 15 – 87		
250	315		– 17 – 33	– 17 – 40	– 17 – 49	– 17 – 69	– 17 – 98		
315	400		– 18 – 36	– 18 – 43	– 18 – 54	– 18 – 75	– 18 – 107		
400	500		– 20 – 40	– 20 – 47	– 20 – 60	– 20 – 83	– 20 – 117		
500	630				– 22 – 66	– 22 – 92	– 22 – 132		
630	800				– 24 – 74	– 24 – 104	– 24 – 149		
800	1 000				– 26 – 82	– 26 – 116	– 26 – 166		
1 000	1 250				– 28 – 94	– 28 – 133	– 28 – 193		
1 250	1 600				– 30 – 108	– 30 – 155	– 30 – 225		
1 600	2 000				– 32 – 124	– 32 – 182	– 32 – 262		
2 000	2 500				– 34 – 144	– 34 – 209	– 34 – 314		
2 500	3 150				– 38 – 173	– 38 – 248	– 38 – 368		

DIN ISO 286 Teil 2 Seite 29

Tabelle 22. **Grenzabmaße für Wellen der Toleranzfeldlage h**
oberes Abmaß = es
unteres Abmaß = ei

Abmaße in μm

Nennmaß in mm		\multicolumn{18}{c}{h}
über	bis	1	2	3	4	5	6	7	8	9	10	11	12	13	14[1]	15[1]	16[1]	17	18
		\multicolumn{11}{c}{Abmaße μm}	\multicolumn{7}{c}{mm}
–	3[1]	0 −0,8	0 −1,2	0 −2	0 −3	0 −4	0 −6	0 −10	0 −14	0 −25	0 −40	0 −60	0 −0,1	0 −0,14	0 −0,25	0 −0,4	0 −0,6		
3	6	0 −1	0 −1,5	0 −2,5	0 −4	0 −5	0 −8	0 −12	0 −18	0 −30	0 −48	0 −75	0 −0,12	0 −0,18	0 −0,3	0 −0,48	0 −0,75	0 −1,2	0 −1,8
6	10	0 −1	0 −1,5	0 −2,5	0 −4	0 −6	0 −9	0 −15	0 −22	0 −36	0 −58	0 −90	0 −0,15	0 −0,22	0 −0,36	0 −0,58	0 −0,9	0 −1,5	0 −2,2
10	18	0 −1,2	0 −2	0 −3	0 −5	0 −8	0 −11	0 −18	0 −27	0 −43	0 −70	0 −110	0 −0,18	0 −0,27	0 −0,43	0 −0,7	0 −1,1	0 −1,8	0 −2,7
18	30	0 −1,5	0 −2,5	0 −4	0 −6	0 −9	0 −13	0 −21	0 −33	0 −52	0 −84	0 −130	0 −0,21	0 −0,33	0 −0,52	0 −0,84	0 −1,3	0 −2,1	0 −3,3
30	50	0 −1,5	0 −2,5	0 −4	0 −7	0 −11	0 −16	0 −25	0 −39	0 −62	0 −100	0 −160	0 −0,25	0 −0,39	0 −0,62	0 −1	0 −1,6	0 −2,5	0 −3,9
50	80	0 −2	0 −3	0 −5	0 −8	0 −13	0 −19	0 −30	0 −46	0 −74	0 −120	0 −190	0 −0,3	0 −0,46	0 −0,74	0 −1,2	0 −1,9	0 −3	0 −4,6
80	120	0 −2,5	0 −4	0 −6	0 −10	0 −15	0 −22	0 −35	0 −54	0 −87	0 −140	0 −220	0 −0,35	0 −0,54	0 −0,87	0 −1,4	0 −2,2	0 −3,5	0 −5,4
120	180	0 −3,5	0 −5	0 −8	0 −12	0 −18	0 −25	0 −40	0 −63	0 −100	0 −160	0 −250	0 −0,4	0 −0,63	0 −1	0 −1,6	0 −2,5	0 −4	0 −6,3
180	250	0 −4,5	0 −7	0 −10	0 −14	0 −20	0 −29	0 −46	0 −72	0 −115	0 −185	0 −290	0 −0,46	0 −0,72	0 −1,15	0 −1,85	0 −2,9	0 −4,6	0 −7,2
250	315	0 −6	0 −8	0 −12	0 −16	0 −23	0 −32	0 −52	0 −81	0 −130	0 −210	0 −320	0 −0,52	0 −0,81	0 −1,3	0 −2,1	0 −3,2	0 −5,2	0 −8,1
315	400	0 −7	0 −9	0 −13	0 −18	0 −25	0 −36	0 −57	0 −89	0 −140	0 −230	0 −360	0 −0,57	0 −0,89	0 −1,4	0 −2,3	0 −3,6	0 −5,7	0 −8,9
400	500	0 −8	0 −10	0 −15	0 −20	0 −27	0 −40	0 −63	0 −97	0 −155	0 −250	0 −400	0 −0,63	0 −0,97	0 −1,55	0 −2,5	0 −4	0 −6,3	0 −9,7
		\multicolumn{18}{c}{[2]}
500	630	0 −9	0 −11	0 −16	0 −22	0 −32	0 −44	0 −70	0 −110	0 −175	0 −280	0 −440	0 −0,7	0 −1,1	0 −1,75	0 −2,8	0 −4,4	0 −7	0 −11
630	800	0 −10	0 −13	0 −18	0 −25	0 −36	0 −50	0 −80	0 −125	0 −200	0 −320	0 −500	0 −0,8	0 −1,25	0 −2	0 −3,2	0 −5	0 −8	0 −12,5
800	1 000	0 −11	0 −15	0 −21	0 −28	0 −40	0 −56	0 −90	0 −140	0 −230	0 −360	0 −560	0 −0,9	0 −1,4	0 −2,3	0 −3,6	0 −5,6	0 −9	0 −14
1 000	1 250	0 −13	0 −18	0 −24	0 −33	0 −47	0 −66	0 −105	0 −165	0 −260	0 −420	0 −660	0 −1,05	0 −1,65	0 −2,6	0 −4,2	0 −6,6	0 −10,5	0 −16,5
1 250	1 600	0 −15	0 −21	0 −29	0 −39	0 −55	0 −78	0 −125	0 −195	0 −310	0 −500	0 −780	0 −1,25	0 −1,95	0 −3,1	0 −5	0 −7,8	0 −12,5	0 −19,5
1 600	2 000	0 −18	0 −25	0 −35	0 −46	0 −65	0 −92	0 −150	0 −230	0 −370	0 −600	0 −920	0 −1,5	0 −2,3	0 −3,7	0 −6	0 −9,2	0 −15	0 −23
2 000	2 500	0 −22	0 −30	0 −41	0 −55	0 −78	0 −110	0 −175	0 −280	0 −440	0 −700	0 −1 100	0 −1,75	0 −2,8	0 −4,4	0 −7	0 −11	0 −17,5	0 −28
2 500	3 150	0 −26	0 −36	0 −50	0 −68	0 −96	0 −135	0 −210	0 −330	0 −540	0 −860	0 −1 350	0 −2,1	0 −3,3	0 −5,4	0 −8,6	0 −13,5	0 −21	0 −33

[1]) Die Toleranzgrade 14 bis einschließlich 16 sind für Nennmaße bis einschließlich 1 mm nicht anzuwenden.
[2]) Die eingerahmten Werte für die Toleranzgrade 1 bis einschließlich 5 für Nennmaße über 500 mm und bis einschließlich 3150 mm sind für experimentelle Zwecke angegeben.

Tabelle 23. **Grenzabmaße**[1]) **für Wellen der Toleranzfeldlage js**
oberes Abmaß = es
unteres Abmaß = ei

Nennmaß in mm		\multicolumn{18}{c}{js[2])}
über	bis	1	2	3	4	5	6	7	8	9	10	11	12	13	14[3])	15[3])	16[3])	17	18
		\multicolumn{9}{c}{µm}					\multicolumn{6}{c}{mm}
—	3[3])	±0,4	±0,6	±1	±1,5	±2	±3	±5	±7	±12,5	±20	±30	±0,05	±0,07	±0,125	±0,2	±0,3		
3	6	±0,5	±0,75	±1,25	±2	±2,5	±4	±6	±9	±15	±24	±37,5	±0,06	±0,09	±0,15	±0,24	±0,375	±0,6	±0,9
6	10	±0,5	±0,75	±1,25	±2	±3	±4,5	±7,5	±11	±18	±29	±45	±0,075	±0,11	±0,18	±0,29	±0,45	±0,75	±1,1
10	18	±0,6	±1	±1,5	±2,5	±4	±5,5	±9	±13,5	±21,5	±35	±55	±0,09	±0,135	±0,215	±0,35	±0,55	±0,9	±1,35
18	30	±0,75	±1,25	±2	±3	±4,5	±6,5	±10,5	±16,5	±26	±42	±65	±0,105	±0,165	±0,26	±0,42	±0,66	±1,05	±1,65
30	50	±0,75	±1,25	±2	±3,5	±5,5	±8	±12,5	±19,5	±31	±50	±80	±0,125	±0,195	±0,31	±0,5	±0,8	±1,25	±1,95
50	80	±1	±1,5	±2,5	±4	±6,5	±9,5	±15	±23	±37	±60	±95	±0,15	±0,23	±0,37	±0,6	±0,95	±1,5	±2,3
80	120	±1,25	±2	±3	±5	±7,5	±11	±17,5	±27	±43,5	±70	±110	±0,175	±0,27	±0,435	±0,7	±1,1	±1,75	±2,7
120	180	±1,75	±2,5	±4	±6	±9	±12,5	±20	±31,5	±50	±80	±125	±0,2	±0,315	±0,5	±0,8	±1,25	±2	±3,15
180	250	±2,25	±3,5	±5	±7	±10	±14,5	±23	±36	±57,5	±92,5	±145	±0,23	±0,36	±0,575	±0,925	±1,45	±2,3	±3,6
250	315	±3	±4	±6	±8	±11,5	±16	±26	±40,5	±65	±105	±160	±0,26	±0,405	±0,65	±1,05	±1,6	±2,6	±4,05
315	400	±3,5	±4,5	±6,5	±9	±12,5	±18	±28,5	±44,5	±70	±115	±180	±0,285	±0,445	±0,7	±1,15	±1,8	±2,85	±4,45
400	500	±4	±5	±7,5	±10	±13,5	±20	±31,5	±48,5	±77,5	±125	±200	±0,315	±0,485	±0,775	±1,25	±2	±3,15	±4,85
		\multicolumn{18}{c}{[4])}
500	630	±4,5	±5,5	±8	±11	±16	±22	±35	±56	±87,5	±140	±220	±0,35	±0,55	±0,875	±1,4	±2,2	±3,5	±5,5
630	800	±5	±6,5	±9	±12,5	±18	±25	±40	±62,5	±100	±160	±250	±0,4	±0,625	±1	±1,6	±2,5	±4	±6,25
800	1 000	±5,5	±7,5	±10,5	±14	±20	±28	±45	±70	±115	±180	±280	±0,45	±0,7	±1,15	±1,8	±2,8	±4,5	±7
1 000	1 250	±6,5	±9	±12	±16,5	±23,5	±33	±52,5	±82,5	±130	±210	±330	±0,525	±0,825	±1,3	±2,1	±3,3	±5,25	±8,25
1 250	1 600	±7,5	±10,5	±14,5	±19,5	±27,5	±39	±62,5	±97,5	±155	±250	±390	±0,625	±0,975	±1,55	±2,5	±3,9	±6,25	±9,75
1 600	2 000	±9	±12,5	±17,5	±23	±32,5	±46	±75	±115	±185	±300	±460	±0,75	±1,15	±1,85	±3	±4,6	±7,5	±11,5
2 000	2 500	±11	±15	±20,5	±27,5	±39	±55	±87,5	±140	±220	±350	±550	±0,875	±1,4	±2,2	±3,5	±5,5	±8,75	±14
2 500	3 150	±13	±18	±25	±34	±48	±67,5	±105	±165	±270	±430	±675	±1,05	±1,65	±2,7	±4,3	±6,75	±10,5	±16,5

[1]) Um eine Wiederholung gleicher Zahlenwerte zu vermeiden, sind die Werte in der Tabelle mit „±" angegeben; dies ist als es = + x und ei = – x, z.B. $\pm^{+0,23}_{-0,23}$ µm, zu verstehen.
[2]) Die Tabelle enthält die genauer, von $\pm \frac{IT}{2}$ abgeleiteten Werte in µm oder mm. Für die Toleranzklassen js7 bis js11 dürfen die Werte mit Dezimalbrüchen von 0,5 µm in nationalen Normen gerundet werden, indem der genaue Wert gleich darunter durch die ganze Zahl ersetzt wird; z.B. darf ±19,5 auf ±19 µm gerundet werden.
[3]) Die Toleranzgrade 14 bis einschließlich 16 sind für Nennmaße bis einschließlich 1 mm nicht anzuwenden.
[4]) Die eingerahmten Werte für die Toleranzgrade 1 bis einschließlich 5 für Nennmaße über 500 und bis einschließlich 3150 mm sind für experimentelle Zwecke angegeben.

Tabelle 24. **Grenzabmaße für Wellen der Toleranzfeldlagen j und k**
oberes Abmaß = es
unteres Abmaß = ei

Abmaße in μm

Nennmaß in mm		j			k										
über	bis	5[1]	6[1]	7[1]	8	3	4	5	6	7	8	9	10	11	12	13
–	3	± 2	+ 4 / – 2	+ 6 / – 4	+8 / –6	+2 / 0	+ 3 / 0	+ 4 / 0	+ 6 / 0	+ 10 / 0	+ 14 / 0	+ 25 / 0	+ 40 / 0	+ 60 / 0	+ 100 / 0	+ 140 / 0
3	6	+ 3 / – 2	+ 6 / – 2	+ 8 / – 4		+2,5 / 0	+ 5 / + 1	+ 6 / + 1	+ 9 / + 1	+ 13 / + 1	+ 18 / 0	+ 30 / 0	+ 48 / 0	+ 75 / 0	+ 120 / 0	+ 180 / 0
6	10	+ 4 / – 2	+ 7 / – 2	+ 10 / – 5		+2,5 / 0	+ 5 / + 1	+ 7 / + 1	+ 10 / + 1	+ 16 / + 1	+ 22 / 0	+ 36 / 0	+ 58 / 0	+ 90 / 0	+ 150 / 0	+ 220 / 0
10	18	+ 5 / – 3	+ 8 / – 3	+ 12 / – 6		+3 / 0	+ 6 / + 1	+ 9 / + 1	+ 12 / + 1	+ 19 / + 1	+ 27 / 0	+ 43 / 0	+ 70 / 0	+ 110 / 0	+ 180 / 0	+ 270 / 0
18	30	+ 5 / – 4	+ 9 / – 4	+ 13 / – 8		+4 / 0	+ 8 / + 2	+ 11 / + 2	+ 15 / + 2	+ 23 / + 2	+ 33 / 0	+ 52 / 0	+ 84 / 0	+ 130 / 0	+ 210 / 0	+ 330 / 0
30	50	+ 6 / – 5	+ 11 / – 5	+ 15 / – 10		+4 / 0	+ 9 / + 2	+ 13 / + 2	+ 18 / + 2	+ 27 / + 2	+ 39 / 0	+ 62 / 0	+ 100 / 0	+ 160 / 0	+ 250 / 0	+ 390 / 0
50	80	+ 6 / – 7	+ 12 / – 7	+ 18 / – 12			+ 10 / + 2	+ 15 / + 2	+ 21 / + 2	+ 32 / + 2	+ 46 / 0	+ 74 / 0	+ 120 / 0	+ 190 / 0	+ 300 / 0	+ 460 / 0
80	120	+ 6 / – 9	+ 13 / – 9	+ 20 / – 15			+ 13 / + 3	+ 18 / + 3	+ 25 / + 3	+ 38 / + 3	+ 54 / 0	+ 87 / 0	+ 140 / 0	+ 220 / 0	+ 350 / 0	+ 540 / 0
120	180	+ 7 / – 11	+ 14 / – 11	+ 22 / – 18			+ 15 / + 3	+ 21 / + 3	+ 28 / + 3	+ 43 / + 3	+ 63 / 0	+ 100 / 0	+ 160 / 0	+ 250 / 0	+ 400 / 0	+ 630 / 0
180	250	+ 7 / – 13	+ 16 / – 13	+ 25 / – 21			+ 18 / + 4	+ 24 / + 4	+ 33 / + 4	+ 50 / + 4	+ 72 / 0	+ 115 / 0	+ 185 / 0	+ 290 / 0	+ 460 / 0	+ 720 / 0
250	315	+ 7 / – 16	± 16	± 26			+ 20 / + 4	+ 27 / + 4	+ 36 / + 4	+ 56 / + 4	+ 81 / 0	+ 130 / 0	+ 210 / 0	+ 320 / 0	+ 520 / 0	+ 810 / 0
315	400	+ 7 / – 18	± 18	+ 29 / – 28			+ 22 / + 4	+ 29 / + 4	+ 40 / + 4	+ 61 / + 4	+ 89 / 0	+ 140 / 0	+ 230 / 0	+ 360 / 0	+ 570 / 0	+ 890 / 0
400	500	+ 7 / – 20	± 20	+ 31 / – 32			+ 25 / + 5	+ 32 / + 5	+ 45 / + 5	+ 68 / + 5	+ 97 / 0	+ 155 / 0	+ 250 / 0	+ 400 / 0	+ 630 / 0	+ 970 / 0
500	630							+ 44 / 0	+ 70 / 0	+ 110 / 0	+ 175 / 0	+ 280 / 0	+ 440 / 0	+ 700 / 0	+ 1 100 / 0
630	800							+ 50 / 0	+ 80 / 0	+ 125 / 0	+ 200 / 0	+ 320 / 0	+ 500 / 0	+ 800 / 0	+ 1 250 / 0
800	1 000							+ 56 / 0	+ 90 / 0	+ 140 / 0	+ 230 / 0	+ 360 / 0	+ 560 / 0	+ 900 / 0	+ 1 400 / 0
1 000	1 250							+ 66 / 0	+ 105 / 0	+ 165 / 0	+ 260 / 0	+ 420 / 0	+ 660 / 0	+ 1 050 / 0	+ 1 650 / 0
1 250	1 600							+ 78 / 0	+ 125 / 0	+ 195 / 0	+ 310 / 0	+ 500 / 0	+ 780 / 0	+ 1 250 / 0	+ 1 950 / 0
1 600	2 000							+ 92 / 0	+ 150 / 0	+ 230 / 0	+ 370 / 0	+ 600 / 0	+ 920 / 0	+ 1 500 / 0	+ 2 300 / 0
2 000	2 500							+ 110 / 0	+ 175 / 0	+ 280 / 0	+ 440 / 0	+ 700 / 0	+ 1 100 / 0	+ 1 750 / 0	+ 2 800 / 0
2 500	3 150							+ 135 / 0	+ 210 / 0	+ 330 / 0	+ 540 / 0	+ 860 / 0	+ 1 350 / 0	+ 2 100 / 0	+ 3 300 / 0

[1]) Wenn die Werte für j5, j6 und j7 mit „± x" versehen sind, dann sind sie mit den Toleranzklassen js5, js6 oder js7 für diesen Nennmaßbereich identisch.

Tabelle 25. Grenzabmaße für Wellen der Toleranzfeldlagen m und n
oberes Abmaß = es
unteres Abmaß = ei

Abmaße in μm

Nennmaß in mm		m						n					
über	bis	3	4	5	6	7	8	9	3	4	5	6	7	8	9
–	3	+ 4 + 2	+ 5 + 2	+ 6 + 2	+ 8 + 2	+ 12 + 2	+ 16 + 2	+ 27 + 2	+ 6 + 4	+ 7 + 4	+ 8 + 4	+ 10 + 4	+ 14 + 4	+ 18 + 4	+ 29 + 4
3	6	+ 6,5 + 4	+ 8 + 4	+ 9 + 4	+ 12 + 4	+ 16 + 4	+ 22 + 4	+ 34 + 4	+ 10,5 + 8	+ 12 + 8	+ 13 + 8	+ 16 + 8	+ 20 + 8	+ 26 + 8	+ 38 + 8
6	10	+ 8,5 + 6	+ 10 + 6	+ 12 + 6	+ 15 + 6	+ 21 + 6	+ 28 + 6	+ 42 + 6	+ 12,5 + 10	+ 14 + 10	+ 16 + 10	+ 19 + 10	+ 25 + 10	+ 32 + 10	+ 46 + 10
10	18	+ 10 + 7	+ 12 + 7	+ 15 + 7	+ 18 + 7	+ 25 + 7	+ 34 + 7	+ 50 + 7	+ 15 + 12	+ 17 + 12	+ 20 + 12	+ 23 + 12	+ 30 + 12	+ 39 + 12	+ 55 + 12
18	30	+ 12 + 8	+ 14 + 8	+ 17 + 8	+ 21 + 8	+ 29 + 8	+ 41 + 8	+ 60 + 8	+ 19 + 15	+ 21 + 15	+ 24 + 15	+ 28 + 15	+ 36 + 15	+ 48 + 15	+ 67 + 15
30	50	+ 13 + 9	+ 16 + 9	+ 20 + 9	+ 25 + 9	+ 34 + 9	+ 48 + 9	+ 71 + 9	+ 21 + 17	+ 24 + 17	+ 28 + 17	+ 33 + 17	+ 42 + 17	+ 56 + 17	+ 79 + 17
50	80		+ 19 + 11	+ 24 + 11	+ 30 + 11	+ 41 + 11				+ 28 + 20	+ 33 + 20	+ 39 + 20	+ 50 + 20		
80	120		+ 23 + 13	+ 28 + 13	+ 35 + 13	+ 48 + 13				+ 33 + 23	+ 38 + 23	+ 45 + 23	+ 58 + 23		
120	180		+ 27 + 15	+ 33 + 15	+ 40 + 15	+ 55 + 15				+ 39 + 27	+ 45 + 27	+ 52 + 27	+ 67 + 27		
180	250		+ 31 + 17	+ 37 + 17	+ 46 + 17	+ 63 + 17				+ 45 + 31	+ 51 + 31	+ 60 + 31	+ 77 + 31		
250	315		+ 36 + 20	+ 43 + 20	+ 52 + 20	+ 72 + 20				+ 50 + 34	+ 57 + 34	+ 66 + 34	+ 86 + 34		
315	400		+ 39 + 21	+ 46 + 21	+ 57 + 21	+ 78 + 21				+ 55 + 37	+ 62 + 37	+ 73 + 37	+ 94 + 37		
400	500		+ 43 + 23	+ 50 + 23	+ 63 + 23	+ 86 + 23				+ 60 + 40	+ 67 + 40	+ 80 + 40	+ 103 + 40		
500	630				+ 70 + 26	+ 96 + 26						+ 88 + 44	+ 114 + 44		
630	800				+ 80 + 30	+ 110 + 30						+ 100 + 50	+ 130 + 50		
800	1 000				+ 90 + 34	+ 124 + 34						+ 112 + 56	+ 146 + 56		
1 000	1 250				+ 106 + 40	+ 145 + 40						+ 132 + 66	+ 171 + 66		
1 250	1 600				+ 126 + 48	+ 173 + 48						+ 156 + 78	+ 203 + 78		
1 600	2 000				+ 150 + 58	+ 208 + 58						+ 184 + 92	+ 242 + 92		
2 000	2 500				+ 178 + 68	+ 243 + 68						+ 220 + 110	+ 285 + 110		
2 500	3 150				+ 211 + 76	+ 286 + 76						+ 270 + 135	+ 345 + 135		

Tabelle 26. **Grenzabmaße für Wellen der Toleranzfeldlage p**
oberes Abmaß = es
unteres Abmaß = ei

Nennmaß in mm		p							
über	bis	3	4	5	6	7	8	9	10
—	3	+ 8 + 6	+ 9 + 6	+ 10 + 6	+ 12 + 6	+ 16 + 6	+ 20 + 6	+ 31 + 6	+ 46 + 6
3	6	+ 14,5 + 12	+ 16 + 12	+ 17 + 12	+ 20 + 12	+ 24 + 12	+ 30 + 12	+ 42 + 12	+ 60 + 12
6	10	+ 17,5 + 15	+ 19 + 15	+ 21 + 15	+ 24 + 15	+ 30 + 15	+ 37 + 15	+ 51 + 15	+ 73 + 15
10	18	+ 21 + 18	+ 23 + 18	+ 26 + 18	+ 29 + 18	+ 36 + 18	+ 45 + 18	+ 61 + 18	+ 88 + 18
18	30	+ 26 + 22	+ 28 + 22	+ 31 + 22	+ 35 + 22	+ 43 + 22	+ 55 + 22	+ 74 + 22	+ 106 + 22
30	50	+ 30 + 26	+ 33 + 26	+ 37 + 26	+ 42 + 26	+ 51 + 26	+ 65 + 26	+ 88 + 26	+ 126 + 26
50	80		+ 40 + 32	+ 45 + 32	+ 51 + 32	+ 62 + 32	+ 78 + 32		
80	120		+ 47 + 37	+ 52 + 37	+ 59 + 37	+ 72 + 37	+ 91 + 37		
120	180		+ 55 + 43	+ 61 + 43	+ 68 + 43	+ 83 + 43	+ 106 + 43		
180	250		+ 64 + 50	+ 70 + 50	+ 79 + 50	+ 96 + 50	+ 122 + 50		
250	315		+ 72 + 56	+ 79 + 56	+ 88 + 56	+ 108 + 56	+ 137 + 56		
315	400		+ 80 + 62	+ 87 + 62	+ 98 + 62	+ 119 + 62	+ 151 + 62		
400	500		+ 88 + 68	+ 95 + 68	+ 108 + 68	+ 131 + 68	+ 165 + 68		
500	630				+ 122 + 78	+ 148 + 78	+ 188 + 78		
630	800				+ 138 + 88	+ 168 + 88	+ 213 + 88		
800	1 000				+ 156 + 100	+ 190 + 100	+ 240 + 100		
1 000	1 250				+ 186 + 120	+ 225 + 120	+ 285 + 120		
1 250	1 600				+ 218 + 140	+ 265 + 140	+ 335 + 140		
1 600	2 000				+ 262 + 170	+ 320 + 170	+ 400 + 170		
2 000	2 500				+ 305 + 195	+ 370 + 195	+ 475 + 195		
2 500	3 150				+ 375 + 240	+ 450 + 240	+ 570 + 240		

Tabelle 27. **Grenzabmaße für Wellen der Toleranzfeldlage r**
oberes Abmaß = *es*
unteres Abmaß = *ei*

Abmaße in μm

Nennmaß in mm		\multicolumn{7}{c}{r}								Nennmaß in mm		r		
über	bis	3	4	5	6	7	8	9	10	über	bis	6	7	8
–	3	+12 +10	+13 +10	+14 +10	+16 +10	+20 +10	+24 +10	+35 +10	+50 +10	500	560	+194 +150	+220 +150	+260 +150
3	6	+17,5 +15	+19 +15	+20 +15	+23 +15	+27 +15	+33 +15	+45 +15	+63 +15	560	630	+199 +155	+225 +155	+265 +155
6	10	+21,5 +19	+23 +19	+25 +19	+28 +19	+34 +19	+41 +19	+55 +19	+77 +19	630	710	+225 +175	+256 +175	+300 +175
10	18	+26 +23	+28 +23	+31 +23	+34 +23	+41 +23	+50 +23	+66 +23	+93 +23	710	800	+235 +185	+265 +185	+310 +185
18	30	+32 +28	+34 +28	+37 +28	+41 +28	+49 +28	+61 +28	+80 +28	+112 +28	800	900	+266 +210	+300 +210	+350 +210
30	50	+38 +34	+41 +34	+45 +34	+50 +34	+59 +34	+73 +34	+96 +34	+134 +34	900	1 000	+276 +220	+310 +220	+360 +220
50	65		+49 +41	+54 +41	+60 +41	+71 +41	+87 +41			1 000	1 120	+316 +250	+355 +250	+415 +250
65	80		+51 +43	+56 +43	+62 +43	+73 +43	+89 +43			1 120	1 250	+326 +260	+365 +260	+425 +260
80	100		+61 +51	+66 +51	+73 +51	+86 +51	+105 +51			1 250	1 400	+378 +300	+425 +300	+495 +300
100	120		+64 +54	+69 +54	+76 +54	+89 +54	+108 +54			1 400	1 600	+408 +330	+455 +330	+525 +330
120	140		+75 +63	+81 +63	+88 +63	+103 +63	+126 +63			1 600	1 800	+462 +370	+520 +370	+600 +370
140	160		+77 +65	+83 +65	+90 +65	+105 +65	+128 +65			1 800	2 000	+492 +400	+550 +400	+630 +400
160	180		+80 +68	+86 +68	+93 +68	+108 +68	+131 +68			2 000	2 240	+550 +440	+615 +440	+720 +440
180	200		+91 +77	+97 +77	+106 +77	+123 +77	+149 +77			2 240	2 500	+570 +460	+635 +460	+740 +460
200	225		+94 +80	+100 +80	+109 +80	+126 +80	+152 +80			2 500	2 800	+685 +550	+760 +550	+880 +550
225	250		+98 +84	+104 +84	+113 +84	+130 +84	+156 +84			2 800	3 150	+715 +580	+790 +580	+910 +580
250	280		+110 +94	+117 +94	+126 +94	+146 +94	+175 +94							
280	315		+114 +98	+121 +98	+130 +98	+150 +98	+179 +98							
315	355		+126 +108	+133 +108	+144 +108	+165 +108	+197 +108							
355	400		+132 +114	+139 +114	+150 +114	+171 +114	+203 +114							
400	450		+146 +126	+153 +126	+166 +126	+189 +126	+223 +126							
450	500		+152 +132	+159 +132	+172 +132	+195 +132	+229 +132							

Tabelle 28. **Grenzabmaße für Wellen der Toleranzfeldlage s**
oberes Abmaß = es
unteres Abmaß = ei

Abmaße in μm

Nennmaß in mm		\multicolumn{7}{c}{s}						
über	bis	3	4	5	6	7	8	9	10
–	3	+ 16 + 14	+ 17 + 14	+ 18 + 14	+ 20 + 14	+ 24 + 14	+ 28 + 14	+ 39 + 14	+ 54 + 14
3	6	+ 21,5 + 19	+ 23 + 19	+ 24 + 19	+ 27 + 19	+ 31 + 19	+ 37 + 19	+ 49 + 19	+ 67 + 19
6	10	+ 25,5 + 23	+ 27 + 23	+ 29 + 23	+ 32 + 23	+ 38 + 23	+ 45 + 23	+ 59 + 23	+ 81 + 23
10	18	+ 31 + 28	+ 33 + 28	+ 36 + 28	+ 39 + 28	+ 46 + 28	+ 55 + 28	+ 71 + 28	+ 98 + 28
18	30	+ 39 + 35	+ 41 + 35	+ 44 + 35	+ 48 + 35	+ 56 + 35	+ 68 + 35	+ 87 + 35	+ 119 + 35
30	50	+ 47 + 43	+ 50 + 43	+ 54 + 43	+ 59 + 43	+ 68 + 43	+ 82 + 43	+ 105 + 43	+ 143 + 43
50	65		+ 61 + 53	+ 66 + 53	+ 72 + 53	+ 83 + 53	+ 99 + 53	+ 127 + 53	
65	80		+ 67 + 59	+ 72 + 59	+ 78 + 59	+ 89 + 59	+ 105 + 59	+ 133 + 59	
80	100		+ 81 + 71	+ 86 + 71	+ 93 + 71	+ 106 + 71	+ 125 + 71	+ 158 + 71	
100	120		+ 89 + 79	+ 94 + 79	+ 101 + 79	+ 114 + 79	+ 133 + 79	+ 166 + 79	
120	140		+ 104 + 92	+ 110 + 92	+ 117 + 92	+ 132 + 92	+ 155 + 92	+ 192 + 92	
140	160		+ 112 + 100	+ 118 + 100	+ 125 + 100	+ 140 + 100	+ 163 + 100	+ 200 + 100	
160	180		+ 120 + 108	+ 126 + 108	+ 133 + 108	+ 148 + 108	+ 171 + 108	+ 208 + 108	
180	200		+ 136 + 122	+ 142 + 122	+ 151 + 122	+ 168 + 122	+ 194 + 122	+ 237 + 122	
200	225		+ 144 + 130	+ 150 + 130	+ 159 + 130	+ 176 + 130	+ 202 + 130	+ 245 + 130	
225	250		+ 154 + 140	+ 160 + 140	+ 169 + 140	+ 186 + 140	+ 212 + 140	+ 255 + 140	
250	280		+ 174 + 158	+ 181 + 158	+ 190 + 158	+ 210 + 158	+ 239 + 158	+ 288 + 158	
280	315		+ 186 + 170	+ 193 + 170	+ 202 + 170	+ 222 + 170	+ 251 + 170	+ 300 + 170	
315	355		+ 208 + 190	+ 215 + 190	+ 226 + 190	+ 247 + 190	+ 279 + 190	+ 330 + 190	
355	400		+ 226 + 208	+ 233 + 208	+ 244 + 208	+ 265 + 208	+ 297 + 208	+ 348 + 208	
400	450		+ 252 + 232	+ 259 + 232	+ 272 + 232	+ 295 + 232	+ 329 + 232	+ 387 + 232	
450	500		+ 272 + 252	+ 279 + 252	+ 292 + 252	+ 315 + 252	+ 349 + 252	+ 407 + 252	

Nennmaß in mm		s		
über	bis	6	7	8
500	560	+ 324 + 280	+ 350 + 280	+ 390 + 280
560	630	+ 354 + 310	+ 380 + 310	+ 420 + 310
630	710	+ 390 + 340	+ 420 + 340	+ 465 + 340
710	800	+ 430 + 380	+ 460 + 380	+ 505 + 380
800	900	+ 486 + 430	+ 520 + 430	+ 570 + 430
900	1 000	+ 526 + 470	+ 560 + 470	+ 610 + 470
1 000	1 120	+ 586 + 520	+ 625 + 520	+ 685 + 520
1 120	1 250	+ 646 + 580	+ 685 + 580	+ 745 + 580
1 250	1 400	+ 718 + 640	+ 765 + 640	+ 835 + 640
1 400	1 600	+ 798 + 720	+ 845 + 720	+ 915 + 720
1 600	1 800	+ 912 + 820	+ 970 + 820	+ 1 050 + 820
1 800	2 000	+ 1 012 + 920	+ 1 070 + 920	+ 1 150 + 920
2 000	2 240	+ 1 110 + 1 000	+ 1 175 + 1 000	+ 1 280 + 1 000
2 240	2 500	+ 1 210 + 1 100	+ 1 275 + 1 100	+ 1 380 + 1 100
2 500	2 800	+ 1 385 + 1 250	+ 1 460 + 1 250	+ 1 580 + 1 250
2 800	3 150	+ 1 535 + 1 400	+ 1 610 + 1 400	+ 1 730 + 1 400

DIN ISO 286 Teil 2

Tabelle 29. **Grenzabmaße für Wellen der Toleranzfeldlagen t und u**
oberes Abmaß = es
unteres Abmaß = ei

Abmaße in µm

Nennmaß in mm		t [1]				u			
über	bis	5	6	7	8	5	6	7	8	9

über	bis	5	6	7	8	5	6	7	8	9
–	3					+ 22 / + 18	+ 24 / + 18	+ 28 / + 18	+ 32 / + 18	+ 43 / + 18
3	6					+ 28 / + 23	+ 31 / + 23	+ 35 / + 23	+ 41 / + 23	+ 53 / + 23
6	10					+ 34 / + 28	+ 37 / + 28	+ 43 / + 28	+ 50 / + 28	+ 64 / + 28
10	18					+ 41 / + 33	+ 44 / + 33	+ 51 / + 33	+ 60 / + 33	+ 76 / + 33
18	24					+ 50 / + 41	+ 54 / + 41	+ 62 / + 41	+ 74 / + 41	+ 93 / + 41
24	30	+ 50 / + 41	+ 54 / + 41	+ 62 / + 41	+ 74 / + 41	+ 57 / + 48	+ 61 / + 48	+ 69 / + 48	+ 81 / + 48	+ 100 / + 48
30	40	+ 59 / + 48	+ 64 / + 48	+ 73 / + 48	+ 87 / + 48	+ 71 / + 60	+ 76 / + 60	+ 85 / + 60	+ 99 / + 60	+ 122 / + 60
40	50	+ 65 / + 54	+ 70 / + 54	+ 79 / + 54	+ 93 / + 54	+ 81 / + 70	+ 86 / + 70	+ 95 / + 70	+ 109 / + 70	+ 132 / + 70
50	65	+ 79 / + 66	+ 85 / + 66	+ 96 / + 66	+ 112 / + 66	+ 100 / + 87	+ 106 / + 87	+ 117 / + 87	+ 133 / + 87	+ 161 / + 87
65	80	+ 88 / + 75	+ 94 / + 75	+ 105 / + 75	+ 121 / + 75	+ 115 / + 102	+ 121 / + 102	+ 132 / + 102	+ 148 / + 102	+ 176 / + 102
80	100	+ 106 / + 91	+ 113 / + 91	+ 126 / + 91	+ 145 / + 91	+ 139 / + 124	+ 146 / + 124	+ 159 / + 124	+ 178 / + 124	+ 211 / + 124
100	120	+ 119 / + 104	+ 126 / + 104	+ 139 / + 104	+ 158 / + 104	+ 159 / + 144	+ 166 / + 144	+ 179 / + 144	+ 198 / + 144	+ 231 / + 144
120	140	+ 140 / + 122	+ 147 / + 122	+ 162 / + 122	+ 185 / + 122	+ 188 / + 170	+ 195 / + 170	+ 210 / + 170	+ 233 / + 170	+ 270 / + 170
140	160	+ 152 / + 134	+ 159 / + 134	+ 174 / + 134	+ 197 / + 134	+ 208 / + 190	+ 215 / + 190	+ 230 / + 190	+ 253 / + 190	+ 290 / + 190
160	180	+ 164 / + 146	+ 171 / + 146	+ 186 / + 146	+ 209 / + 146	+ 228 / + 210	+ 235 / + 210	+ 250 / + 210	+ 273 / + 210	+ 310 / + 210
180	200	+ 186 / + 166	+ 195 / + 166	+ 212 / + 166	+ 238 / + 166	+ 256 / + 236	+ 265 / + 236	+ 282 / + 236	+ 308 / + 236	+ 351 / + 236
200	225	+ 200 / + 180	+ 209 / + 180	+ 226 / + 180	+ 252 / + 180	+ 278 / + 258	+ 287 / + 258	+ 304 / + 258	+ 330 / + 258	+ 373 / + 258
225	250	+ 216 / + 196	+ 225 / + 196	+ 242 / + 196	+ 268 / + 196	+ 304 / + 284	+ 313 / + 284	+ 330 / + 284	+ 356 / + 284	+ 399 / + 284
250	280	+ 241 / + 218	+ 250 / + 218	+ 270 / + 218	+ 299 / + 218	+ 338 / + 315	+ 347 / + 315	+ 367 / + 315	+ 396 / + 315	+ 445 / + 315
280	315	+ 263 / + 240	+ 272 / + 240	+ 292 / + 240	+ 321 / + 240	+ 373 / + 350	+ 382 / + 350	+ 402 / + 350	+ 431 / + 350	+ 480 / + 350
315	355	+ 293 / + 268	+ 304 / + 268	+ 325 / + 268	+ 357 / + 268	+ 415 / + 390	+ 426 / + 390	+ 447 / + 390	+ 479 / + 390	+ 530 / + 390
355	400	+ 319 / + 294	+ 330 / + 294	+ 351 / + 294	+ 383 / + 294	+ 460 / + 435	+ 471 / + 435	+ 492 / + 435	+ 524 / + 435	+ 575 / + 435
400	450	+ 357 / + 330	+ 370 / + 330	+ 393 / + 330	+ 427 / + 330	+ 517 / + 490	+ 530 / + 490	+ 553 / + 490	+ 587 / + 490	+ 645 / + 490
450	500	+ 387 / + 360	+ 400 / + 360	+ 423 / + 360	+ 457 / + 360	+ 567 / + 540	+ 580 / + 540	+ 603 / + 540	+ 637 / + 540	+ 695 / + 540

Nennmaß in mm		t		u		
über	bis	6	7	6	7	8
500	560	+ 444 / + 400	+ 470 / + 400	+ 644 / + 600	+ 670 / + 600	+ 710 / + 600
560	630	+ 494 / + 450	+ 520 / + 450	+ 704 / + 660	+ 730 / + 660	+ 770 / + 660
630	710	+ 550 / + 500	+ 580 / + 500	+ 790 / + 740	+ 820 / + 740	+ 865 / + 740
710	800	+ 610 / + 560	+ 640 / + 560	+ 890 / + 840	+ 920 / + 840	+ 965 / + 840
800	900	+ 676 / + 620	+ 710 / + 620	+ 996 / + 940	+ 1 030 / + 940	+ 1 080 / + 940
900	1 000	+ 736 / + 680	+ 770 / + 680	+ 1 106 / + 1 050	+ 1 140 / + 1 050	+ 1 190 / + 1 050
1 000	1 120	+ 846 / + 780	+ 885 / + 780	+ 1 216 / + 1 150	+ 1 255 / + 1 150	+ 1 315 / + 1 150
1 120	1 250	+ 906 / + 840	+ 945 / + 840	+ 1 366 / + 1 300	+ 1 405 / + 1 300	+ 1 465 / + 1 300
1 250	1 400	+ 1 038 / + 960	+ 1 085 / + 960	+ 1 528 / + 1 450	+ 1 575 / + 1 450	+ 1 645 / + 1 450
1 400	1 600	+ 1 128 / + 1 050	+ 1 175 / + 1 050	+ 1 678 / + 1 600	+ 1 725 / + 1 600	+ 1 795 / + 1 600
1 600	1 800	+ 1 292 / + 1 200	+ 1 350 / + 1 200	+ 1 942 / + 1 850	+ 2 000 / + 1 850	+ 2 080 / + 1 850
1 800	2 000	+ 1 442 / + 1 350	+ 1 500 / + 1 350	+ 2 092 / + 2 000	+ 2 150 / + 2 000	+ 2 230 / + 2 000
2 000	2 240	+ 1 610 / + 1 500	+ 1 675 / + 1 500	+ 2 410 / + 2 300	+ 2 475 / + 2 300	+ 2 580 / + 2 300
2 240	2 500	+ 1 760 / + 1 650	+ 1 825 / + 1 650	+ 2 610 / + 2 500	+ 2 675 / + 2 500	+ 2 780 / + 2 500
2 500	2 800	+ 2 035 / + 1 900	+ 2 110 / + 1 900	+ 3 035 / + 2 900	+ 3 110 / + 2 900	+ 3 230 / + 2 900
2 800	3 150	+ 2 235 / + 2 100	+ 2 310 / + 2 100	+ 3 335 / + 3 200	+ 3 410 / + 3 200	+ 3 530 / + 3 200

[1]) Die Toleranzklassen t5 bis einschließlich t8 sind für Nennmaße bis einschließlich 24 mm nicht aufgeführt. Statt dessen wird die Anwendung der Toleranzklassen u5 bis einschließlich u8 empfohlen. Falls jedoch ausdrücklich die Toleranzklassen t5 bis einschließlich t8 gefordert werden, so können sie nach den in ISO 286-1 angegebenen Werten berechnet werden.

DIN ISO 286 Teil 2 Seite 37

Tabelle 30. **Grenzabmaße für Wellen der Toleranzfeldlagen v, x und y**[1)]
oberes Abmaß = es
unteres Abmaß = ei

Abmaße in μm

Nennmaß in mm		v[2)]				x						y[3)]				
über	bis	5	6	7	8	5	6	7	8	9	10	6	7	8	9	10
–	3					+ 24 / + 20	+ 26 / + 20	+ 30 / + 20	+ 34 / + 20	+ 45 / + 20	+ 60 / + 20					
3	6					+ 33 / + 28	+ 36 / + 28	+ 40 / + 28	+ 46 / + 28	+ 58 / + 28	+ 76 / + 28					
6	10					+ 40 / + 34	+ 43 / + 34	+ 49 / + 34	+ 56 / + 34	+ 70 / + 34	+ 92 / + 34					
10	14					+ 48 / + 40	+ 51 / + 40	+ 58 / + 40	+ 67 / + 40	+ 83 / + 40	+ 110 / + 40					
14	18	+ 47 / + 39	+ 50 / + 39	+ 57 / + 39	+ 66 / + 39	+ 53 / + 45	+ 56 / + 45	+ 63 / + 45	+ 72 / + 45	+ 88 / + 45	+ 115 / + 45					
18	24	+ 56 / + 47	+ 60 / + 47	+ 68 / + 47	+ 80 / + 47	+ 63 / + 54	+ 67 / + 54	+ 75 / + 54	+ 87 / + 54	+ 106 / + 54	+ 138 / + 54	+ 76 / + 63	+ 84 / + 63	+ 96 / + 63	+ 115 / + 63	+ 147 / + 63
24	30	+ 64 / + 55	+ 68 / + 55	+ 76 / + 55	+ 88 / + 55	+ 73 / + 64	+ 77 / + 64	+ 85 / + 64	+ 97 / + 64	+ 116 / + 64	+ 148 / + 64	+ 88 / + 75	+ 96 / + 75	+ 108 / + 75	+ 127 / + 75	+ 159 / + 75
30	40	+ 79 / + 68	+ 84 / + 68	+ 93 / + 68	+ 107 / + 68	+ 91 / + 80	+ 96 / + 80	+ 105 / + 80	+ 119 / + 80	+ 142 / + 80	+ 180 / + 80	+ 110 / + 94	+ 119 / + 94	+ 133 / + 94	+ 156 / + 94	+ 194 / + 94
40	50	+ 92 / + 81	+ 97 / + 81	+ 106 / + 81	+ 120 / + 81	+ 108 / + 97	+ 113 / + 97	+ 122 / + 97	+ 136 / + 97	+ 159 / + 97	+ 197 / + 97	+ 130 / + 114	+ 139 / + 114	+ 153 / + 114	+ 176 / + 114	+ 214 / + 114
50	65	+ 115 / + 102	+ 121 / + 102	+ 132 / + 102	+ 148 / + 102	+ 135 / + 122	+ 141 / + 122	+ 152 / + 122	+ 168 / + 122	+ 196 / + 122	+ 242 / + 122	+ 163 / + 144	+ 174 / + 144	+ 190 / + 144		
65	80	+ 133 / + 120	+ 139 / + 120	+ 150 / + 120	+ 166 / + 120	+ 159 / + 146	+ 165 / + 146	+ 176 / + 146	+ 192 / + 146	+ 220 / + 146	+ 266 / + 146	+ 193 / + 174	+ 204 / + 174	+ 220 / + 174		
80	100	+ 161 / + 146	+ 168 / + 146	+ 181 / + 146	+ 200 / + 146	+ 193 / + 178	+ 200 / + 178	+ 213 / + 178	+ 232 / + 178	+ 265 / + 178	+ 318 / + 178	+ 236 / + 214	+ 249 / + 214	+ 268 / + 214		
100	120	+ 187 / + 172	+ 194 / + 172	+ 207 / + 172	+ 226 / + 172	+ 225 / + 210	+ 232 / + 210	+ 245 / + 210	+ 264 / + 210	+ 297 / + 210	+ 350 / + 210	+ 276 / + 254	+ 289 / + 254	+ 308 / + 254		
120	140	+ 220 / + 202	+ 227 / + 202	+ 242 / + 202	+ 265 / + 202	+ 266 / + 248	+ 273 / + 248	+ 288 / + 248	+ 311 / + 248	+ 348 / + 248	+ 408 / + 248	+ 325 / + 300	+ 340 / + 300	+ 363 / + 300		
140	160	+ 246 / + 228	+ 253 / + 228	+ 268 / + 228	+ 291 / + 228	+ 298 / + 280	+ 305 / + 280	+ 320 / + 280	+ 343 / + 280	+ 380 / + 280	+ 440 / + 280	+ 365 / + 340	+ 380 / + 340	+ 403 / + 340		
160	180	+ 270 / + 252	+ 277 / + 252	+ 292 / + 252	+ 315 / + 252	+ 328 / + 310	+ 335 / + 310	+ 350 / + 310	+ 373 / + 310	+ 410 / + 310	+ 470 / + 310	+ 405 / + 380	+ 420 / + 380	+ 443 / + 380		
180	200	+ 304 / + 284	+ 313 / + 284	+ 330 / + 284	+ 356 / + 284	+ 370 / + 350	+ 379 / + 350	+ 396 / + 350	+ 422 / + 350	+ 465 / + 350	+ 535 / + 350	+ 454 / + 425	+ 471 / + 425	+ 497 / + 425		
200	225	+ 330 / + 310	+ 339 / + 310	+ 356 / + 310	+ 382 / + 310	+ 405 / + 385	+ 414 / + 385	+ 431 / + 385	+ 457 / + 385	+ 500 / + 385	+ 570 / + 385	+ 499 / + 470	+ 516 / + 470	+ 542 / + 470		
225	250	+ 360 / + 340	+ 369 / + 340	+ 386 / + 340	+ 412 / + 340	+ 445 / + 425	+ 454 / + 425	+ 471 / + 425	+ 497 / + 425	+ 540 / + 425	+ 610 / + 425	+ 549 / + 520	+ 566 / + 520	+ 592 / + 520		
250	280	+ 408 / + 385	+ 417 / + 385	+ 437 / + 385	+ 466 / + 385	+ 498 / + 475	+ 507 / + 475	+ 527 / + 475	+ 556 / + 475	+ 605 / + 475	+ 685 / + 475	+ 612 / + 580	+ 632 / + 580	+ 661 / + 580		
280	315	+ 448 / + 425	+ 457 / + 425	+ 477 / + 425	+ 506 / + 425	+ 548 / + 525	+ 557 / + 525	+ 577 / + 525	+ 606 / + 525	+ 655 / + 525	+ 735 / + 525	+ 682 / + 650	+ 702 / + 650	+ 731 / + 650		
315	355	+ 500 / + 475	+ 511 / + 475	+ 532 / + 475	+ 564 / + 475	+ 615 / + 590	+ 626 / + 590	+ 647 / + 590	+ 679 / + 590	+ 730 / + 590	+ 820 / + 590	+ 766 / + 730	+ 787 / + 730	+ 819 / + 730		
355	400	+ 555 / + 530	+ 566 / + 530	+ 587 / + 530	+ 619 / + 530	+ 685 / + 660	+ 696 / + 660	+ 717 / + 660	+ 749 / + 660	+ 800 / + 660	+ 890 / + 660	+ 856 / + 820	+ 877 / + 820	+ 909 / + 820		
400	450	+ 622 / + 595	+ 635 / + 595	+ 658 / + 595	+ 692 / + 595	+ 767 / + 740	+ 780 / + 740	+ 803 / + 740	+ 837 / + 740	+ 895 / + 740	+ 990 / + 740	+ 960 / + 920	+ 983 / + 920	+ 1 017 / + 920		
450	500	+ 687 / + 660	+ 700 / + 660	+ 723 / + 660	+ 757 / + 660	+ 847 / + 820	+ 860 / + 820	+ 883 / + 820	+ 917 / + 820	+ 975 / + 820	+ 1 070 / + 820	+ 1 040 / + 1 000	+ 1 063 / + 1 000	+ 1 097 / + 1 000		

[1)] Die Grundabmaße für die Toleranzfeldlagen v, x und y sind für Nennmaße über 500 mm nicht vorgesehen.
[2)] Die Toleranzklassen v5 bis einschließlich v8 sind für Nennmaße bis einschließlich 14 mm nicht aufgeführt. Statt dessen wird die Anwendung der Toleranzklassen x5 einschließlich x8 empfohlen. Falls jedoch ausdrücklich die Toleranzklassen v5 bis einschließlich v8 gefordert werden, können sie nach den in ISO 286-1 angegebenen Werten berechnet werden.
[3)] Die Toleranzklassen y6 bis einschließlich y10 sind für Nennmaße bis einschließlich 18 mm nicht aufgeführt. Statt dessen wird die Anwendung der Toleranzklassen z6 einschließlich z10 empfohlen. Falls jedoch ausdrücklich die Toleranzklassen y6 bis einschließlich y10 gefordert werden, können sie nach den in ISO 286-1 angegebenen Werten berechnet werden.

Seite 38   DIN ISO 286 Teil 2

Tabelle 31. **Grenzabmaße für Wellen der Toleranzfeldlagen z und za**[1])
oberes Abmaß = *es*
unteres Abmaß = *ei*

Abmaße in μm

Nennmaß in mm		z						za					
über	bis	6	7	8	9	10	11	6	7	8	9	10	11
–	3	+ 32 + 26	+ 36 + 26	+ 40 + 26	+ 51 + 26	+ 66 + 26	+ 86 + 26	+ 38 + 32	+ 42 + 32	+ 46 + 32	+ 57 + 32	+ 72 + 32	+ 92 + 32
3	6	+ 43 + 35	+ 47 + 35	+ 53 + 35	+ 65 + 35	+ 83 + 35	+ 110 + 35	+ 50 + 42	+ 54 + 42	+ 60 + 42	+ 72 + 42	+ 90 + 42	+ 117 + 42
6	10	+ 51 + 42	+ 57 + 42	+ 64 + 42	+ 78 + 42	+ 100 + 42	+ 132 + 42	+ 61 + 52	+ 67 + 52	+ 74 + 52	+ 88 + 52	+ 110 + 52	+ 142 + 52
10	14	+ 61 + 50	+ 68 + 50	+ 77 + 50	+ 93 + 50	+ 120 + 50	+ 160 + 50	+ 75 + 64	+ 82 + 64	+ 91 + 64	+ 107 + 64	+ 134 + 64	+ 174 + 64
14	18	+ 71 + 60	+ 78 + 60	+ 87 + 60	+ 103 + 60	+ 130 + 60	+ 170 + 60	+ 88 + 77	+ 95 + 77	+ 104 + 77	+ 120 + 77	+ 147 + 77	+ 187 + 77
18	24	+ 86 + 73	+ 94 + 73	+ 106 + 73	+ 125 + 73	+ 157 + 73	+ 203 + 73	+ 111 + 98	+ 119 + 98	+ 131 + 98	+ 150 + 98	+ 182 + 98	+ 228 + 98
24	30	+ 101 + 88	+ 109 + 88	+ 121 + 88	+ 140 + 88	+ 172 + 88	+ 218 + 88	+ 131 + 118	+ 139 + 118	+ 151 + 118	+ 170 + 118	+ 202 + 118	+ 248 + 118
30	40	+ 128 + 112	+ 137 + 112	+ 151 + 112	+ 174 + 112	+ 212 + 112	+ 272 + 112	+ 164 + 148	+ 173 + 148	+ 187 + 148	+ 210 + 148	+ 248 + 148	+ 308 + 148
40	50	+ 152 + 136	+ 161 + 136	+ 175 + 136	+ 198 + 136	+ 236 + 136	+ 296 + 136	+ 196 + 180	+ 205 + 180	+ 219 + 180	+ 242 + 180	+ 280 + 180	+ 340 + 180
50	65	+ 191 + 172	+ 202 + 172	+ 218 + 172	+ 246 + 172	+ 292 + 172	+ 362 + 172	+ 245 + 226	+ 256 + 226	+ 272 + 226	+ 300 + 226	+ 346 + 226	+ 416 + 226
65	80	+ 229 + 210	+ 240 + 210	+ 256 + 210	+ 284 + 210	+ 330 + 210	+ 400 + 210	+ 293 + 274	+ 304 + 274	+ 320 + 274	+ 348 + 274	+ 394 + 274	+ 464 + 274
80	100	+ 280 + 258	+ 293 + 258	+ 312 + 258	+ 345 + 258	+ 398 + 258	+ 478 + 258	+ 357 + 335	+ 370 + 335	+ 389 + 335	+ 422 + 335	+ 475 + 335	+ 555 + 335
100	120	+ 332 + 310	+ 345 + 310	+ 364 + 310	+ 397 + 310	+ 450 + 310	+ 530 + 310	+ 422 + 400	+ 435 + 400	+ 454 + 400	+ 487 + 400	+ 540 + 400	+ 620 + 400
120	140	+ 390 + 365	+ 405 + 365	+ 428 + 365	+ 465 + 365	+ 525 + 365	+ 615 + 365	+ 495 + 470	+ 510 + 470	+ 533 + 470	+ 570 + 470	+ 630 + 470	+ 720 + 470
140	160	+ 440 + 415	+ 455 + 415	+ 478 + 415	+ 515 + 415	+ 575 + 415	+ 665 + 415	+ 560 + 535	+ 575 + 535	+ 598 + 535	+ 635 + 535	+ 695 + 535	+ 785 + 535
160	180	+ 490 + 465	+ 505 + 465	+ 528 + 465	+ 565 + 465	+ 625 + 465	+ 715 + 465	+ 625 + 600	+ 640 + 600	+ 663 + 600	+ 700 + 600	+ 760 + 600	+ 850 + 600
180	200	+ 549 + 520	+ 566 + 520	+ 592 + 520	+ 635 + 520	+ 705 + 520	+ 810 + 520	+ 699 + 670	+ 716 + 670	+ 742 + 670	+ 785 + 670	+ 855 + 670	+ 960 + 670
200	225	+ 604 + 575	+ 621 + 575	+ 647 + 575	+ 690 + 575	+ 760 + 575	+ 865 + 575	+ 769 + 740	+ 786 + 740	+ 812 + 740	+ 855 + 740	+ 925 + 740	+ 1 030 + 740
225	250	+ 669 + 640	+ 686 + 640	+ 712 + 640	+ 755 + 640	+ 825 + 640	+ 930 + 640	+ 849 + 820	+ 866 + 820	+ 892 + 820	+ 935 + 820	+ 1 005 + 820	+ 1 110 + 820
250	280	+ 742 + 710	+ 762 + 710	+ 791 + 710	+ 840 + 710	+ 920 + 710	+ 1 030 + 710	+ 952 + 920	+ 972 + 920	+ 1 001 + 920	+ 1 050 + 920	+ 1 130 + 920	+ 1 240 + 920
280	315	+ 822 + 790	+ 842 + 790	+ 871 + 790	+ 920 + 790	+ 1 000 + 790	+ 1 110 + 790	+ 1 032 + 1 000	+ 1 052 + 1 000	+ 1 081 + 1 000	+ 1 130 + 1 000	+ 1 210 + 1 000	+ 1 320 + 1 000
315	355	+ 936 + 900	+ 957 + 900	+ 989 + 900	+ 1 040 + 900	+ 1 130 + 900	+ 1 260 + 900	+ 1 186 + 1 150	+ 1 207 + 1 150	+ 1 239 + 1 150	+ 1 290 + 1 150	+ 1 380 + 1 150	+ 1 510 + 1 150
355	400	+ 1 057 + 1 000	+ 1 089 + 1 000	+ 1 140 + 1 000	+ 1 230 + 1 000	+ 1 360 + 1 000	+ 1 336 + 1 300	+ 1 357 + 1 300	+ 1 389 + 1 300	+ 1 440 + 1 300	+ 1 530 + 1 300	+ 1 660 + 1 300	
400	450	+ 1 140 + 1 100	+ 1 163 + 1 100	+ 1 197 + 1 100	+ 1 255 + 1 100	+ 1 350 + 1 100	+ 1 500 + 1 100	+ 1 490 + 1 450	+ 1 513 + 1 450	+ 1 547 + 1 450	+ 1 605 + 1 450	+ 1 700 + 1 450	+ 1 850 + 1 450
450	500	+ 1 290 + 1 250	+ 1 313 + 1 250	+ 1 347 + 1 250	+ 1 405 + 1 250	+ 1 500 + 1 250	+ 1 650 + 1 250	+ 1 640 + 1 600	+ 1 663 + 1 600	+ 1 697 + 1 600	+ 1 755 + 1 600	+ 1 850 + 1 600	+ 2 000 + 1 600

[1]) Die Grundabmaße für die Toleranzfeldlagen z und za sind für Nennmaße über 500 mm nicht vorgesehen.

DIN ISO 286 Teil 2 Seite 39

Tabelle 32. **Grenzabmaße für Wellen der Toleranzfeldlagen zb und zc**[1])
oberes Abmaß = es
unteres Abmaß = ei

Abmaße in µm

Nennmaß in mm		zb					zc				
über	bis	7	8	9	10	11	7	8	9	10	11
–	3	+ 50 + 40	+ 54 + 40	+ 65 + 40	+ 80 + 40	+ 100 + 40	+ 70 + 60	+ 74 + 60	+ 85 + 60	+ 100 + 60	+ 120 + 60
3	6	+ 62 + 50	+ 68 + 50	+ 80 + 50	+ 98 + 50	+ 125 + 50	+ 92 + 80	+ 98 + 80	+ 110 + 80	+ 128 + 80	+ 155 + 80
6	10	+ 82 + 67	+ 89 + 67	+ 103 + 67	+ 125 + 67	+ 157 + 67	+ 112 + 97	+ 119 + 97	+ 133 + 97	+ 155 + 97	+ 187 + 97
10	14	+ 108 + 90	+ 117 + 90	+ 133 + 90	+ 160 + 90	+ 200 + 90	+ 148 + 130	+ 157 + 130	+ 173 + 130	+ 200 + 130	+ 240 + 130
14	18	+ 126 + 108	+ 135 + 108	+ 151 + 108	+ 178 + 108	+ 218 + 108	+ 168 + 150	+ 177 + 150	+ 193 + 150	+ 220 + 150	+ 260 + 150
18	24	+ 157 + 136	+ 169 + 136	+ 188 + 136	+ 220 + 136	+ 266 + 136	+ 209 + 188	+ 221 + 188	+ 240 + 188	+ 272 + 188	+ 318 + 188
24	30	+ 181 + 160	+ 193 + 160	+ 212 + 160	+ 244 + 160	+ 290 + 160	+ 239 + 218	+ 251 + 218	+ 270 + 218	+ 302 + 218	+ 348 + 218
30	40	+ 225 + 200	+ 239 + 200	+ 262 + 200	+ 300 + 200	+ 360 + 200	+ 299 + 274	+ 313 + 274	+ 336 + 274	+ 374 + 274	+ 434 + 274
40	50	+ 267 + 242	+ 281 + 242	+ 304 + 242	+ 342 + 242	+ 402 + 242	+ 350 + 325	+ 364 + 325	+ 387 + 325	+ 425 + 325	+ 485 + 325
50	65	+ 330 + 300	+ 346 + 300	+ 374 + 300	+ 420 + 300	+ 490 + 300	+ 435 + 405	+ 451 + 405	+ 479 + 405	+ 525 + 405	+ 595 + 405
65	80	+ 390 + 360	+ 406 + 360	+ 434 + 360	+ 480 + 360	+ 550 + 360	+ 510 + 480	+ 526 + 480	+ 554 + 480	+ 600 + 480	+ 670 + 480
80	100	+ 480 + 445	+ 499 + 445	+ 532 + 445	+ 585 + 445	+ 665 + 445	+ 620 + 585	+ 639 + 585	+ 672 + 585	+ 725 + 585	+ 805 + 585
100	120	+ 560 + 525	+ 579 + 525	+ 612 + 525	+ 665 + 525	+ 745 + 525	+ 725 + 690	+ 744 + 690	+ 777 + 690	+ 830 + 690	+ 910 + 690
120	140	+ 660 + 620	+ 683 + 620	+ 720 + 620	+ 780 + 620	+ 870 + 620	+ 840 + 800	+ 863 + 800	+ 900 + 800	+ 960 + 800	+ 1 050 + 800
140	160	+ 740 + 700	+ 763 + 700	+ 800 + 700	+ 860 + 700	+ 950 + 700	+ 940 + 900	+ 963 + 900	+ 1 000 + 900	+ 1 060 + 900	+ 1 150 + 900
160	180	+ 820 + 780	+ 843 + 780	+ 880 + 780	+ 940 + 780	+ 1 030 + 780	+ 1 040 + 1 000	+ 1 063 + 1 000	+ 1 100 + 1 000	+ 1 160 + 1 000	+ 1 250 + 1 000
180	200	+ 926 + 880	+ 952 + 880	+ 995 + 880	+ 1 065 + 880	+ 1 170 + 880	+ 1 196 + 1 150	+ 1 222 + 1 150	+ 1 265 + 1 150	+ 1 335 + 1 150	+ 1 440 + 1 150
200	225	+ 1 006 + 960	+ 1 032 + 960	+ 1 075 + 960	+ 1 145 + 960	+ 1 250 + 960	+ 1 296 + 1 250	+ 1 322 + 1 250	+ 1 365 + 1 250	+ 1 435 + 1 250	+ 1 540 + 1 250
225	250	+ 1 096 + 1 050	+ 1 122 + 1 050	+ 1 165 + 1 050	+ 1 235 + 1 050	+ 1 340 + 1 050	+ 1 396 + 1 350	+ 1 422 + 1 350	+ 1 465 + 1 350	+ 1 535 + 1 350	+ 1 640 + 1 350
250	280	+ 1 252 + 1 200	+ 1 281 + 1 200	+ 1 330 + 1 200	+ 1 410 + 1 200	+ 1 520 + 1 200	+ 1 602 + 1 550	+ 1 631 + 1 550	+ 1 680 + 1 550	+ 1 760 + 1 550	+ 1 870 + 1 550
280	315	+ 1 352 + 1 300	+ 1 381 + 1 300	+ 1 430 + 1 300	+ 1 510 + 1 300	+ 1 620 + 1 300	+ 1 752 + 1 700	+ 1 781 + 1 700	+ 1 830 + 1 700	+ 1 910 + 1 700	+ 2 020 + 1 700
315	355	+ 1 557 + 1 500	+ 1 589 + 1 500	+ 1 640 + 1 500	+ 1 730 + 1 500	+ 1 860 + 1 500	+ 1 957 + 1 900	+ 1 989 + 1 900	+ 2 040 + 1 900	+ 2 130 + 1 900	+ 2 260 + 1 900
355	400	+ 1 707 + 1 650	+ 1 739 + 1 650	+ 1 790 + 1 650	+ 1 880 + 1 650	+ 2 010 + 1 650	+ 2 157 + 2 100	+ 2 189 + 2 100	+ 2 240 + 2 100	+ 2 330 + 2 100	+ 2 460 + 2 100
400	450	+ 1 913 + 1 850	+ 1 947 + 1 850	+ 2 005 + 1 850	+ 2 100 + 1 850	+ 2 250 + 1 850	+ 2 463 + 2 400	+ 2 497 + 2 400	+ 2 555 + 2 400	+ 2 650 + 2 400	+ 2 800 + 2 400
450	500	+ 2 163 + 2 100	+ 2 197 + 2 100	+ 2 255 + 2 100	+ 2 350 + 2 100	+ 2 500 + 2 100	+ 2 663 + 2 600	+ 2 697 + 2 600	+ 2 755 + 2 600	+ 2 850 + 2 600	+ 3 000 + 2 600

[1]) Die Grundabmaße für die Toleranzfeldlagen zb und zc sind für Nennmaße über 500 mm nicht vorgesehen.

Anhang A*)
Graphische Übersicht über Toleranzfelder für Bohrungen und Wellen

(Dieser Anhang ist kein Bestandteil der Norm.)

A.1 Darstellung der Toleranzfelder für Bohrungen

Die Bilder 6 und 7 stellen eine graphische Übersicht über eine große Anzahl Toleranzklassen für Bohrungen dar. Bild 6 zeigt Toleranzklassen mit den Grundabmaßen für die Toleranzfeldlagen A bis ZC, während Bild 7 die gleichen Angaben für die Grundtoleranzgrade IT5 bis IT11 enthält. In den Bildern 6 und 7 sind nicht alle in diesem Teil der ISO 286 angegebenen Toleranzklassen enthalten, daher sollte hinsichtlich betrachteter Einzelheiten auf die Tabellen Bezug genommen werden.

Für Vergleichszwecke stellen die in den Bildern gezeigten Toleranzklassen die Werte für ES, EI und IT für den Nennmaßbereich 6 bis 10 mm dar. Wenn für diesen Nennmaßbereich keine Tabellenwerte auf geführt sind, d.h. jene Toleranzklassen, die die Grundabmaße der Toleranzfeldlagen T, V und Y enthalten, dann sind wiederum für experimentelle Zwecke die Werte für den Nennmaßbereich 24 bis 30 mm angegeben.

A.2 Darstellung der Toleranzfelder für Wellen

Die Bilder 8 und 9 stellen eine graphische Übersicht über eine große Anzahl Toleranzklassen für Wellen dar. Bild 8 zeigt Toleranzklassen mit den Grundabmaßen für die Toleranzfeldlagen a bis zc, während Bild 9 die gleichen Angaben für die Grundtoleranzgrade IT5 bis IT11 enthält. In den Bildern 8 und 9 sind nicht alle in diesem Teil der ISO 286 angegebenen Toleranzklassen enthalten, daher sollte hinsichtlich bestimmter Einzelheiten auf die Tabellen Bezug genommen werden.

Für Vergleichszwecke stellen die in den Bildern gezeigten Toleranzklassen die Werte für es, ei und IT für den Nennmaßbereich 6 bis 10 mm dar. Wenn für diesen Nennmaßbereich keine Tabellenwerte auf geführt sind, d.h. jene Toleranzklassen, die die Grundabmaße der Toleranzfeldlagen t, v und y enthalten, dann sind wiederum für experimentelle Zwecke die Werte für den Nennmaßbereich 24 bis 30 mm angegeben.

---

*) Nationale Fußnote: Der Kennbuchstabe A wurde in der Originalfassung von ISO 286-2 versehentlich weggelassen.

DIN ISO 286 Teil 2 Seite 41

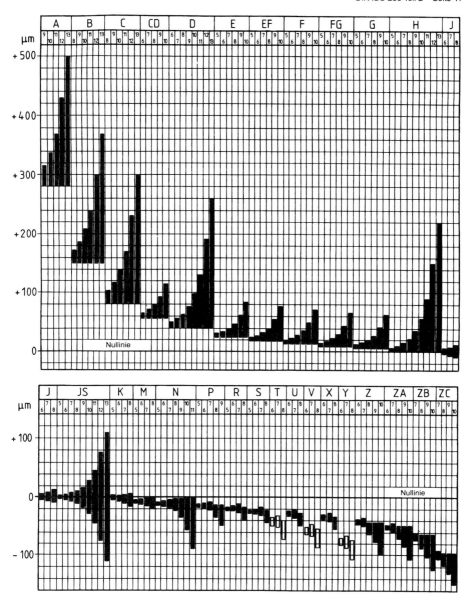

Bild 6. Graphische Übersicht von Toleranzklassen für Bohrungen nach Toleranzfeldlagen geordnet

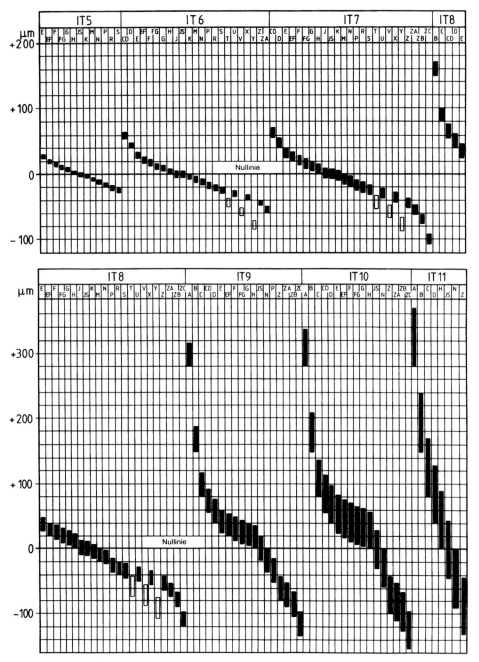

Bild 7. Graphische Übersicht von Toleranzklassen für Bohrungen nach Grundtoleranzgrade geordnet

DIN ISO 286 Teil 2 Seite 43

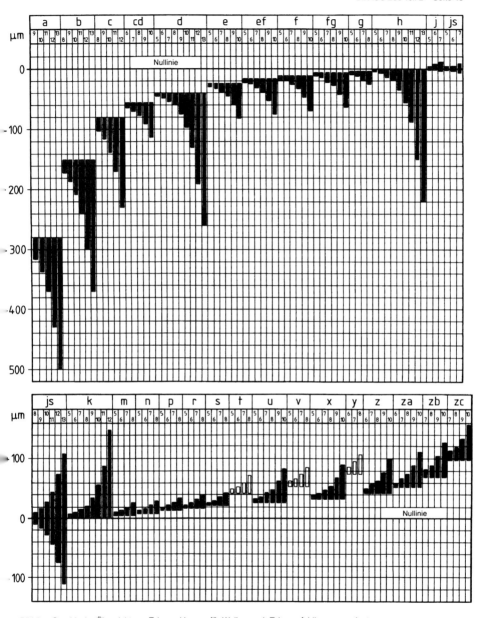

Bild 8. Graphische Übersicht von Toleranzklassen für Wellen nach Toleranzfeldlagen geordnet

Seite 44 DIN ISO 286 Teil 2

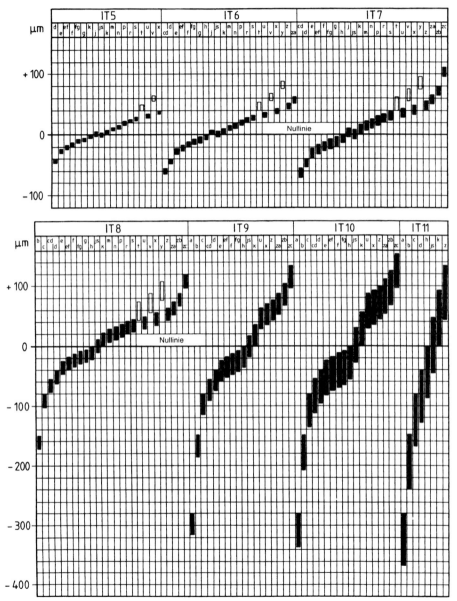

Bild 9. Graphische Übersicht von Toleranzklassen für Wellen nach Grundtoleranzgrade geordnet

Ende der deutschen Übersetzung

November 1999

	Metrisches ISO-Gewinde allgemeiner Anwendung **Toleranzen** Teil 1: Prinzipien und Grundlagen (ISO 965-1 : 1998)	**DIN** **ISO 965-1**

ICS 21.040.10

ISO general purpose metric screw threads – Tolerances –
Part 1: Principles and basic data (ISO 965-1 : 1998)

Filetages métriques ISO pour usages généraux – Tolérances –
Partie 1: Principes et données fondamentales (ISO 965-1 : 1998)

Ersatz für
DIN 13-14 : 1982-08
und
DIN 13-15 : 1982-08

Die Internationale Norm ISO 965-1 : 1998, "ISO general purpose metric screw threads – Tolerances – Part 1: Principles and basic data", ist unverändert in diese Deutsche Norm übernommen worden.

Nationales Vorwort

Diese Norm wurde vom Fachbereich B "Gewinde" des Normenausschusses Technische Grundlagen (NATG) erarbeitet und folgt dem Beschluß des Fachbereiches, die Normen des ISO/TC 1 "Gewinde" für das Metrische ISO-Gewinde allgemeiner Anwendung in das Deutsche Normenwerk zu übernehmen.

Damit wird rechtzeitig die Möglichkeit berücksichtigt, daß dem Europäischen Komitee für Normung (CEN) erneut ein Antrag zugeleitet wird, der die unveränderte Übernahme der ISO-Normen für Metrisches ISO-Gewinde als Europäische Normen (EN) zum Ziel hat.

Für die im Inhalt zitierten Internationalen Normen wird im folgenden auf die entsprechenden Deutschen Normen hingewiesen:

ISO 68-1 : 1998   siehe DIN ISO 68-1
ISO 261 : 1998   siehe DIN ISO 261
ISO 262 : 1998   siehe DIN ISO 262
ISO 724 : 1993   siehe DIN ISO 724
ISO 965-2 : 1998   siehe DIN ISO 965-2
ISO 965-3 : 1998   siehe DIN ISO 965-3
ISO 1502 : 1996   siehe DIN ISO 1502
ISO 5408 : 1983   siehe DIN 2244

Änderungen

Gegenüber DIN 13-14 : 1982-08 und DIN 13-15 : 1982-08 wurden folgende Änderungen vorgenommen:

  a) Die Inhalte beider Normen sind den Festlegungen nach ISO 965-1 angepaßt und zu einer Norm zusammengefaßt worden.

  b) Die Tabelle 6 in DIN 13-14 : 1982-08 ist entfallen.

  c) Die Toleranzfeldlagen a, b, c und d für das Außengewinde sind entfallen.

  d) Bezeichnung für mehrgängiges Metrisches ISO-Gewinde aufgenommen.

  e) Grundabmaße übereinstimmend mit DIN ISO 286-1 als Grenzabmaße benannt.

Frühere Ausgaben

DIN 40404: 1957-11
DIN 13-32: 1960-10, 1962-10, 1964-06, 1965-07
DIN 13-14: 1952-01, 1972-03, 1982-08
DIN 13-15: 1952-01, 1972-03, 1982-08

Fortsetzung Seite 2 bis 20

Normenausschuß Technische Grundlagen (NATG) – Gewinde – im DIN Deutsches Institut für Normung e.V.

Nationaler Anhang NA (informativ)
Literaturhinweise

DIN ISO 68-1
  Metrisches ISO-Gewinde allgemeiner Anwendung – Grundprofil – Teil 1: Metrisches Gewinde (ISO 68-1 : 1998)

DIN ISO 261
  Metrisches ISO-Gewinde allgemeiner Anwendung – Übersicht (ISO 261 : 1998)

DIN ISO 262
  Metrisches ISO-Gewinde allgemeiner Anwendung – Auswahlreihen für Schrauben, Bolzen und Muttern (ISO 262 : 1998)

DIN ISO 724
  Metrisches ISO-Gewinde allgemeiner Anwendung – Grundmaße (ISO 724 : 1993)

DIN ISO 965-2
  Metrisches ISO-Gewinde allgemeiner Anwendung – Toleranzen – Teil 2: Grenzmaße für Außen- und Innengewinde allgemeiner Anwendung; Toleranzklasse mittel (ISO 965-2 : 1998)

DIN ISO 965-3
  Metrisches ISO-Gewinde allgemeiner Anwendung – Toleranzen – Teil 3: Grenzabmaße für Konstruktionsgewinde (ISO 965-3 : 1998)

DIN ISO 1502
  Metrisches ISO-Gewinde allgemeiner Anwendung – Lehren und Lehrung (ISO 1502 : 1996)

DIN 2244
  Gewinde – Begriffe

Nationaler Anhang NB (informativ)
Übersicht über empfohlene ISO-Toleranzklassen für Gewinde mit und ohne Schutzschichten der Einschraubgruppe N

Die nachstehende Tabelle stellt die Festlegungen aus den Abschnitten 6, 10 und 12 von ISO 965-1 über empfohlene Toleranzklassen für Gewinde mit und ohne Schutzschichten bzw. vor der Beschichtung (Einschraubgruppe N) in einer übersichtlichen Form zusammen (für Gewinde mit sehr dicken Schutzschichten siehe Tabelle 6 in DIN 13-14 : 1982-08).

Toleranzklasse		Toleranzklassen für den Oberflächenzustand		
		blank oder phosphatiert	blank, phosphatiert oder für dünne galvanische Schutzschichten	für dicke galvanische Schutzschichten
fein	Innengewinde	4H; 5H		–
	Außengewinde	4h	4g	–
mittel	Innengewinde	5H für Regelgewinde bis M1,4 und Feingewinde mit Steigung 0,25 mm 6H für Regelgewinde ab M1,6 und Feingewinde mit Steigung 0,35 mm bis 8 mm		6G für Regelgewinde ab M1,6 und Feingewinde mit Steigung 0,35 mm bis 8 mm
	Außengewinde	6h	6h für Regelgewinde und Feingewinde bis M1,4 6g für Regelgewinde und Feingewinde ab M1,6	6f bzw. 6e für Regelgewinde ab M1,6 und Feingewinde mit Steigung 0,35 mm bis 8 mm
grob	Innengewinde	–	7H für Regelgewinde ab M3 und Feingewinde mit Steigung 0,5 mm bis 8 mm	7G für Regelgewinde ab M3 und Feingewinde mit Steigung 0,5 mm bis 8 mm
	Außengewinde	–	8g für Regelgewinde ab M3 und Feingewinde mit Steigung 0,5 mm bis 8 mm	8e für Regelgewinde ab M3 und Feingewinde mit Steigung 0,5 mm bis 8 mm
ANMERKUNG: Bei Mindestmaß Innengewinde und Höchstmaß Außengewinde für den Flankendurchmesser ist die mögliche Schichtdicke gleich ¼ des zugehörigen Grenzabmaßes. Gewinde mit h- und H-Toleranzfeldlage lassen eine Beschichtung nur zu, wenn das Toleranzfeld nicht bis zur Nullinie ausgenutzt wird.				

Vorwort

Die ISO (Internationale Organisation für Normung) ist eine weltweite Vereinigung nationaler Normungsinstitute (ISO-Mitgliedskörperschaften). Die Erarbeitung Internationaler Normen obliegt den Technischen Komitees der ISO. Jede Mitgliedskörperschaft, die sich für ein Thema interessiert, für das ein Technisches Komitee eingesetzt wurde, ist berechtigt, in diesem Komitee mitzuarbeiten. Internationale (staatliche und nichtstaatliche) Organisationen, die mit der ISO in Verbindung stehen, sind an den Arbeiten ebenfalls beteiligt. Die ISO arbeitet bei allen Angelegenheiten der elektrotechnischen Normung eng mit der Internationalen Elektrotechnischen Kommission (IEC) zusammen.

Die von den Technischen Komitees verabschiedeten Norm-Entwürfe zu Internationalen Normen werden den Mitgliedskörperschaften zur Abstimmung vorgelegt. Die Veröffentlichung als Internationale Norm erfordert Zustimmung von mindestens 75 % der abstimmenden Mitgliedskörperschaften.

Die Internationale Norm ISO 965-1 wurde vom Technischen Komitee ISO/TC 1 "Gewinde", Unterkomitee SC 2 "Toleranzen", erstellt.

Diese dritte Ausgabe annulliert und ersetzt die zweite Ausgabe (ISO 965-1 : 1980), deren technische Überarbeitung sie darstellt.

ISO 965 umfaßt unter dem Haupttitel "Metrisches ISO-Gewinde allgemeiner Anwendung – Toleranzen" die folgenden Teile:

– Teil 1: Prinzipien und Grundlagen

– Teil 2: Grenzmaße für Außen- und Innengewinde allgemeiner Anwendung – Toleranzklasse mittel

– Teil 3: Grenzabmaße für Konstruktionsgewinde

– Teil 4: Grenzmaße für feuerverzinkte Außengewinde, passend für Innengewinde der Toleranzlagen H oder G nach Aufbringung des Überzuges

– Teil 5: Grenzmaße für feuerverzinkte Innengewinde, passend für Außengewinde mit Höchstmaßen der Toleranzlage h vor Aufbringung des Überzuges

1 Anwendungsbereich

Dieser Teil von ISO 965 legt ein Toleranzsystem für das Metrische ISO-Gewinde allgemeiner Anwendung (M) nach ISO 261 fest.

Das Toleranzsystem bezieht sich auf das Grundprofil nach ISO 68-1.

2 Normative Verweisungen

Die folgenden Normen enthalten Festlegungen, die durch die Verweisung in diesem Text auch für diesen Teil der ISO 965 gelten. Zum Zeitpunkt der Veröffentlichung waren die angegebenen Ausgaben gültig. Alle Normen unterliegen der Überarbeitung. Vertragspartner, deren Vereinbarungen auf dieser Internationalen Norm basieren, sind gehalten, nach Möglichkeit die neuesten Ausgaben der nachfolgend aufgeführten Normen anzuwenden. IEC- und ISO-Mitglieder verfügen über Verzeichnisse der gegenwärtig gültigen Internationalen Normen.

ISO 68-1 : 1998
    ISO general purpose screw threads – Basic profile – Part 1: Metric screw threads

ISO 261 : 1998
    ISO general purpose metric screw threads – General plan

ISO 262 : 1998
    ISO general purpose metric screw threads – Selected sizes for screws, bolts and nuts

ISO 724 : 1993
    ISO general purpose metric screw threads – Basic dimensions

ISO 898-1 : – [1)]
    Mechanical properties of fasteners made of carbon steel and steel alloys – Part 2: Bolts, screws and studs

ISO 965-2 : 1998
    ISO general purpose metric screw threads – Tolerances – Part 2: Limits of sizes for general purpose external and internal screw threads – Medium quality

---

[1)] In Vorbereitung (Revision von ISO 898-1 : 1988)

ISO 965-3 : 1998
    ISO general purpose metric screw threads – Tolerances – Part 3: Deviations for constructional threads

ISO 1502 : 1996
    ISO general purpose metric screw threads – Gauges and gauging

ISO 5408 : 1983
    Cylindrical screw threads – Vocabulary

3 Begriffe und Symbole

3.1 Begriffe

Für die Anwendung dieser Internationalen Norm gelten die Begriffe nach ISO 5408.

3.2 Symbole

Es werden folgende Symbole verwendet:

Symbole	Bedeutung
D	Außendurchmesser des Innengewindes am Grundprofil
D_1	Kerndurchmesser des Innengewindes am Grundprofil
D_2	Flankendurchmesser des Innengewindes am Grundprofil
d	Außendurchmesser des Außengewindes am Grundprofil
d_1	Kerndurchmesser des Außengewindes am Grundprofil
d_2	Flankendurchmesser des Außengewindes am Grundprofil
d_3	Kerndurchmesser des Außengewindes
P	Teilung = Steigung des eingängigen Gewindes
Ph	Steigung
H	Höhe des Ausgangsdreiecks des Gewindeprofils
S	Kurzzeichen für die Einschraubgruppe "kurz"
N	Kurzzeichen für die Einschraubgruppe "normal"
L	Kurzzeichen für die Einschraubgruppe "lang"
T	Toleranz
T_{D1}, T_{D2}, T_d, T_{d2}	Toleranzen für D_1, D_2, d, d_2
ei, EI	unteres Grenzabmaß (siehe Bild 1)
es, ES	oberes Grenzabmaß (siehe Bild 1)
R	Radius am Gewindegrund des Außengewindes
C	Abflachung am Gewindegrund des Außengewindes

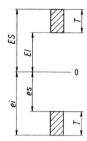

Bild 1: Toleranzfeldlagen unter Berücksichtigung der Nullinie (Nennmaß)

4 Grundlagen des Toleranzsystems

Das System legt Toleranzen fest, die durch Toleranzgrade und Toleranzfeldlagen gegeben sind, und enthält eine Auswahl von Toleranzgraden und Toleranzfeldlagen.

Das System enthält:

a) Eine Reihe von Toleranzgraden für jeden der vier folgenden Gewindedurchmesser:

Toleranzgrade

D_1 4, 5, 6, 7, 8
d 4, 6, 8
D_2 4, 5, 6, 7, 8
d_2 3, 4, 5, 6, 7, 8, 9

Einzelheiten über Toleranzgrade und Kombinationen von Toleranzgraden für Flanken-, Außen- und Kerndurchmesser, zugeordnet den Toleranzklassen und der geforderten Einschraubgruppe mit Anwendungsempfehlung, sind im Abschnitt 12 angegeben.

b) Reihen von Toleranzfeldlagen:

– G und H für Innengewinde

– e, f, g und h für Außengewinde

Diese festgelegten Toleranzfeldlagen entsprechen dem Bedarf der heute gebräuchlichen Überzugsdicken und ermöglichen ein leichteres Verschrauben.

c) Eine Auswahl empfohlener Kombinationen von Toleranzgraden und Toleranzfeldlagen (Toleranzklassen) für die üblicherweise angewandten Toleranzklassen fein, mittel und grob für die drei Einschraubgruppen kurz, normal und lang. Außerdem wird eine "weitere Auswahl von Toleranzklassen" für handelsübliche Innen- und Außengewinde angegeben. Andere Toleranzklassen als die im Abschnitt 12 festgelegten werden nicht empfohlen und dürfen nur in besonderen Fällen angewendet werden.

5 Bezeichnung

5.1 Allgemeines

Die vollständige Bezeichnung für ein Gewinde enthält die Bezeichnung des Gewindesystems und der Gewindegröße sowie eine Bezeichnung für die Toleranzklasse des Gewindes, gefolgt, wenn erforderlich, von weiteren Einzelheiten.

5.2 Allgemeine Bezeichnung von eingängigen Gewinden

Ein Gewinde, das mit den Anforderungen der Internationalen Normen für Metrische ISO-Gewinde allgemeiner Anwendung nach ISO 68-1, ISO 261, ISO 262, ISO 724, ISO 965-2 und ISO 965-3 übereinstimmt, muß mit dem Buchstaben M, gefolgt von dem Wert des Nenndurchmessers und der Steigung in Millimeter, getrennt durch das Zeichen "×", bezeichnet werden.

BEISPIEL: M8 × 1,25

Für Regelgewinde nach ISO 261 darf die Angabe der Steigung entfallen.

BEISPIEL: M8

Die Bezeichnung für die Toleranzklasse enthält eine Angabe für die Toleranzklasse des Flankendurchmessers, gefolgt von einer Toleranzklasse für den Kerndurchmesser des Innengewindes oder Außendurchmessers des Außengewindes.

Jede Angabe einer Toleranzklasse besteht aus

— einer Ziffer für den Toleranzgrad,

— einem Buchstaben für die Toleranzfeldlage, und zwar große Buchstaben für Innengewinde und kleine Buchstaben für Außengewinde.

Sind die beiden Bezeichnungen der Toleranzklassen für Flanken- und Kerndurchmesser des Innengewindes (bzw. für den Außendurchmesser des Außengewindes) gleich, so ist es nicht notwendig, die Kurzzeichen zu wiederholen.

BEISPIELE:

Außengewinde

M10 × 1 — 5g 6g

Feingewinde mit einem Nenndurchmesser von 10 mm und einer Steigung von 1 mm

Toleranzklasse für den Flankendurchmesser

Toleranzklasse für den Außendurchmesser

M10 — 6g

Regelgewinde mit einem Nenndurchmesser von 10 mm
Toleranzklasse für den Flanken- und den Außendurchmesser

Innengewinde

M10 × 1 — 5H 6H

Feingewinde mit einem Nenndurchmesser von 10 mm und einer Steigung von 1 mm

Toleranzklasse für den Flankendurchmesser

Toleranzklasse für den Kerndurchmesser

M10 — 6H

Regelgewinde mit einem Nenndurchmesser von 10 mm
Toleranzklasse für den Flanken- und den Kerndurchmesser

Eine Passung zwischen Gewindeteilen wird durch die Toleranzklasse des Innengewindes mit anschließender Toleranzklasse des Außengewindes bezeichnet, wobei beide Angaben durch einen Schrägstrich getrennt werden.

BEISPIEL: M6 – 6H/6g

M20 × 2 – 6H/5g6g

Fehlt die Bezeichnung der Toleranzklassen, so bedeutet dies, daß die Toleranzklasse "mittel" mit den folgenden Toleranzklassen festgelegt ist:

Innengewinde

— 5H für Gewinde bis M1,4

— 6H für Gewinde M1,6 und größer

Außengewinde

— 6h für Gewinde bis M1,4

— 6g für Gewinde M1,6 und größer

ANMERKUNG: Ausgenommen sind Gewinde mit $P = 0,2$ mm, für die nur der Toleranzgrad 4 festgelegt ist (siehe Tabellen 3 und 5).

Die Kurzzeichen für die Einschraubgruppe "kurz" S und "lang" L sollten, getrennt durch einen Bindestrich, der Bezeichnung der Toleranzklasse hinzugefügt werden.

BEISPIEL: M20 × 2 – 5H – S

              M6 – 7H/7g6g – L

Das Fehlen des Kurzzeichens für die Einschraubgruppe bedeutet, daß die Einschraubgruppe "normal" N festgelegt ist.

5.3 Bezeichnung von mehrgängigen Gewinden

Mehrgängige Gewinde werden mit dem Buchstaben M, gefolgt von dem Wert des Nenndurchmessers, dem Zeichen ×, den Buchstaben Ph und dem Wert der Steigung, dem Buchstaben P und dem Wert der Teilung (Axialabstand zwischen zwei benachbarten, gleichgerichteten Flanken), einem Bindestrich und der Toleranzklasse bezeichnet. Nenndurchmesser, Teilung und Steigung werden in Millimetern angegeben.

BEISPIEL: M16 × Ph3 P1,5 – 6H

Für die besondere Eindeutigkeit darf die Anzahl der Gewindegänge Ph/P in Klammern hinzugefügt werden.

BEISPIEL: M16 × Ph3 P1,5 (zweigängig) – 6H

5.4 Bezeichnung von linksgängigen Gewinden

Wenn linksgängige Gewinde festgelegt werden, müssen die Buchstaben LH, getrennt durch einen Bindestrich, der Gewindebezeichnung hinzugefügt werden.

BEISPIELE: M8 × 1 – LH

              M6 × 1 – 5h6h – S – LH

              M14 × Ph6 P2 – 7H – L – LH

              M14 × Ph6 P2 (dreigängig) – 7H – L – LH

6 Toleranzgrade

Für die zwei zu tolerierenden Durchmesser des Gewindes, den Flankendurchmesser und den Kerndurchmesser des Innengewindes oder den Außendurchmesser des Außengewindes, sind eine Reihe von Toleranzgraden festgelegt. Der Toleranzgrad 6 muß in jedem Falle bei Toleranzklasse mittel und Einschraubgruppe normal angewandt werden. Toleranzgrade unter 6 sind für die Toleranzklasse fein und/oder Einschraubgruppe kurz vorgesehen. Für die Toleranzklasse grob und/oder Einschraubgruppe lang sind die Toleranzgrade über 6 gedacht. Für einige Toleranzgrade werden bestimmte Toleranzwerte für kleine Steigungen gar nicht angegeben, wenn keine ausreichende Flankenüberdeckung vorhanden ist oder wenn die Anforderung, daß die Toleranz des Flankendurchmessers nicht die Toleranz des Kerndurchmessers des Innengewindes oder Außendurchmessers des Außengewindes überschreiten darf, erfüllt ist.

7 Toleranzfeldlagen

Die folgenden Toleranzfeldlagen sind genormt:

    – für Innengewinde: G mit positivem Grundabmaß

                              H mit Grundabmaß 0

    – für Außengewinde: e, f und g mit negativem Grundabmaß

                              h mit Grundabmaß 0

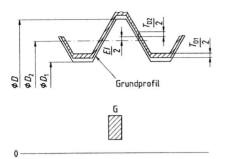

Bild 2: Innengewinde mit Toleranzfeldlage G

Bild 3: Innengewinde mit Toleranzfeldlage H

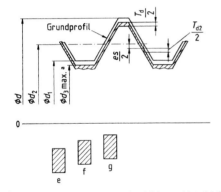

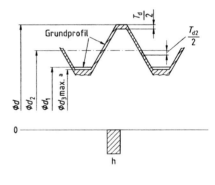

[a] Nur im Zusammenhang mit den Minimum-Material-Grenzen (d_{2min}) anwendbar, siehe Abschnitt 11, Bild 6

Bild 4: Außengewinde mit Toleranzfeldlagen e, f und g

Bild 5: Außengewinde mit Toleranzfeldlage h

Tabelle 1: Grenzabmaße für Innen- und Außengewinde

Steigung P	Grenzabmaße bei Toleranzfeldlage					
	Innengewinde D_2, D_1		Außengewinde d, d_2			
	G	H	e	f	g	h
	EI	EI	es	es	es	es
mm	µm	µm	µm	µm	µm	µm
0,2	+ 18	0	–	–	– 18	0
0,25	+ 18	0	–	–	– 18	0
0,3	+ 18	0	–	–	– 18	0
0,35	+ 19	0	–	– 34	– 19	0
0,4	+ 19	0	–	– 34	– 19	0
0,45	+ 20	0	–	– 35	– 20	0
0,5	+ 20	0	– 50	– 36	– 20	0
0,6	+ 21	0	– 53	– 36	– 21	0
0,7	+ 22	0	– 56	– 38	– 22	0
0,75	+ 22	0	– 56	– 38	– 22	0
0,8	+ 24	0	– 60	– 38	– 24	0
1	+ 26	0	– 60	– 40	– 26	0
1,25	+ 28	0	– 63	– 42	– 28	0
1,5	+ 32	0	– 67	– 45	– 32	0
1,75	+ 34	0	– 71	– 48	– 34	0
2	+ 38	0	– 71	– 52	– 38	0
2,5	+ 42	0	– 80	– 58	– 42	0
3	+ 48	0	– 85	– 63	– 48	0
3,5	+ 53	0	– 90	– 70	– 53	0
4	+ 60	0	– 95	– 75	– 60	0
4,5	+ 63	0	– 100	– 80	– 63	0
5	+ 71	0	– 106	– 85	– 71	0
5,5	+ 75	0	– 112	– 90	– 75	0
6	+ 80	0	– 118	– 95	– 80	0
8	+ 100	0	– 140	– 118	– 100	0

8 Einschraublängen

Die Einschraublänge wird einer der drei Einschraubgruppen S, N oder L nach Tabelle 2 zugeordnet.

Tabelle 2: Einschraublängen

Maße in Millimeter

Außendurchmesser $d = D$		Steigung P	Einschraublängen der Einschraubgruppen			
			S	N		L
über	bis		bis	über	bis	über
0,99	1,4	0,2	0,5	0,5	1,4	1,4
		0,25	0,6	0,6	1,7	1,7
		0,3	0,7	0,7	2	2
1,4	2,8	0,2	0,5	0,5	1,5	1,5
		0,25	0,6	0,6	1,9	1,9
		0,35	0,8	0,8	2,6	2,6
		0,4	1	1	3	3
		0,45	1,3	1,3	3,8	3,8
2,8	5,6	0,35	1	1	3	3
		0,5	1,5	1,5	4,5	4,5
		0,6	1,7	1,7	5	5
		0,7	2	2	6	6
		0,75	2,2	2,2	6,7	6,7
		0,8	2,5	2,5	7,5	7,5
5,6	11,2	0,75	2,4	2,4	7,1	7,1
		1	3	3	9	9
		1,25	4	4	12	12
		1,5	5	5	15	15
11,2	22,4	1	3,8	3,8	11	11
		1,25	4,5	4,5	13	13
		1,5	5,6	5,6	16	16
		1,75	6	6	18	18
		2	8	8	24	24
		2,5	10	10	30	30
22,4	45	1	4	4	12	12
		1,5	6,3	6,3	19	19
		2	8,5	8,5	25	25
		3	12	12	36	36
		3,5	15	15	45	45
		4	18	18	53	53
		4,5	21	21	63	63
45	90	1,5	7,5	7,5	22	22
		2	9,5	9,5	28	28
		3	15	15	45	45
		4	19	19	56	56
		5	24	24	71	71
		5,5	28	28	85	85
		6	32	32	95	95
90	180	2	12	12	36	36
		3	18	18	53	53
		4	24	24	71	71
		6	36	36	106	106
		8	45	45	132	132
180	355	3	20	20	60	60
		4	26	26	80	80
		6	40	40	118	118
		8	50	50	150	150

9 Toleranzen für Kern- und Außendurchmesser

9.1 Toleranzen für den Kerndurchmesser des Innengewindes (T_{D1})

Tabelle 3 legt für die Toleranzen des Kerndurchmessers des Innengewindes (T_{D1}) die fünf Toleranzgrade 4, 5, 6, 7 und 8 fest.

9.2 Toleranzen für den Außendurchmesser des Außengewindes (T_d)

Tabelle 4 legt für die Toleranzen des Außendurchmessers des Außengewindes (T_d) die drei Toleranzgrade 4, 6 und 8 fest.

Für den Außendurchmesser des Außengewindes werden die Toleranzgrade 5 und 7 nicht festgelegt.

Tabelle 3: Toleranzen für den Kerndurchmesser des Innengewindes (T_{D1})

Steigung P	Toleranzgrade				
	4	5	6	7	8
mm	µm	µm	µm	µm	µm
0,2	38	–	–	–	–
0,25	45	56	–	–	–
0,3	53	67	85	–	–
0,35	63	80	100	–	–
0,4	71	90	112	–	–
0,45	80	100	125	–	–
0,5	90	112	140	180	–
0,6	100	125	160	200	–
0,7	112	140	180	224	–
0,75	118	150	190	236	–
0,8	125	160	200	250	315
1	150	190	236	300	375
1,25	170	212	265	335	425
1,5	190	236	300	375	475
1,75	212	265	335	425	530
2	236	300	375	475	600
2,5	280	355	450	560	710
3	315	400	500	630	800
3,5	355	450	560	710	900
4	375	475	600	750	950
4,5	425	530	670	850	1 060
5	450	560	710	900	1 120
5,5	475	600	750	950	1 180
6	500	630	800	1 000	1 250
8	630	800	1 000	1 250	1 600

Tabelle 4: Toleranzen für den Außendurchmesser des Außengewindes (T_d)

Steigung	Toleranzgrade		
P	4	6	8
mm	µm	µm	µm
0,2	36	56	–
0,25	42	67	–
0,3	48	75	–
0,35	53	85	–
0,4	60	95	–
0,45	63	100	–
0,5	67	106	–
0,6	80	125	–
0,7	90	140	–
0,75	90	140	–
0,8	95	150	236
1	112	180	280
1,25	132	212	335
1,5	150	236	375
1,75	170	265	425
2	180	280	450
2,5	212	335	530
3	236	375	600
3,5	265	425	670
4	300	475	750
4,5	315	500	800
5	335	530	850
5,5	355	560	900
6	375	600	950
8	450	710	1 180

10 Toleranzen der Flankendurchmesser

Tabelle 5 legt für die Toleranzen des Flankendurchmessers des Innengewindes (T_{D2}) die fünf Toleranzgrade 4, 5, 6, 7 und 8 fest.

Tabelle 6 legt für die Toleranzen des Flankendurchmessers des Außengewindes (T_{d2}) die sieben Toleranzgrade 3, 4, 5, 6, 7, 8 und 9 fest.

Tabelle 5: Toleranzen für den Flankendurchmesser des Innengewindes (T_{D2})

Außendurchmesser D		Steigung P	Toleranzgrade				
über	bis		4	5	6	7	8
mm	mm	mm	µm	µm	µm	µm	µm
0,99	1,4	0,2	40	–	–	–	–
		0,25	45	56	–	–	–
		0,3	48	60	75	–	–
1,4	2,8	0,2	42	–	–	–	–
		0,25	48	60	–	–	–
		0,35	53	67	85	–	–
		0,4	56	71	90	–	–
		0,45	60	75	95	–	–
2,8	5,6	0,35	56	71	90	–	–
		0,5	63	80	100	125	–
		0,6	71	90	112	140	–
		0,7	75	95	118	150	–
		0,75	75	95	118	150	–
		0,8	80	100	125	160	200
5,6	11,2	0,75	85	106	132	170	–
		1	95	118	150	190	236
		1,25	100	125	160	200	250
		1,5	112	140	180	224	280
11,2	22,4	1	100	125	160	200	250
		1,25	112	140	180	224	280
		1,5	118	150	190	236	300
		1,75	125	160	200	250	315
		2	132	170	212	265	335
		2,5	140	180	224	280	355
22,4	45	1	106	132	170	212	–
		1,5	125	160	200	250	315
		2	140	180	224	280	355
		3	170	212	265	335	425
		3,5	180	224	280	355	450
		4	190	236	300	375	475
		4,5	200	250	315	400	500
45	90	1,5	132	170	212	265	335
		2	150	190	236	300	375
		3	180	224	280	355	450
		4	200	250	315	400	500
		5	212	265	335	425	530
		5,5	224	280	355	450	560
		6	236	300	375	475	600
90	180	2	160	200	250	315	400
		3	190	236	300	375	475
		4	212	265	335	425	530
		6	250	315	400	500	630
		8	280	355	450	560	710
180	355	3	212	265	335	425	530
		4	236	300	375	475	600
		6	265	335	425	530	670
		8	300	375	475	600	750

Tabelle 6: Toleranzen für den Flankendurchmesser des Außengewindes (T_{d2})

Außendurchmesser d		Steigung P	Toleranzgrade						
über	bis		3	4	5	6	7	8	9
mm	mm	mm	µm	µm	µm	µm	µm	µm	µm
0,99	1,4	0,2	24	30	38	48	–	–	–
		0,25	26	34	42	53	–	–	–
		0,3	28	36	45	56	–	–	–
1,4	2,8	0,2	25	32	40	50	–	–	–
		0,25	28	36	45	56	–	–	–
		0,35	32	40	50	63	80	–	–
		0,4	34	42	53	67	85	–	–
		0,45	36	45	56	71	90	–	–
2,8	5,6	0,35	34	42	53	67	85	–	–
		0,5	38	48	60	75	95	–	–
		0,6	42	53	67	85	106	–	–
		0,7	45	56	71	90	112	–	–
		0,75	45	56	71	90	112	–	–
		0,8	48	60	75	95	118	150	190
5,6	11,2	0,75	50	63	80	100	125	–	–
		1	56	71	90	112	140	180	224
		1,25	60	75	95	118	150	190	236
		1,5	67	85	106	132	170	212	265
11,2	22,4	1	60	75	95	118	150	190	236
		1,25	67	85	106	132	170	212	265
		1,5	71	90	112	140	180	224	280
		1,75	75	95	118	150	190	236	300
		2	80	100	125	160	200	250	315
		2,5	85	106	132	170	212	265	335
22,4	45	1	63	80	100	125	160	200	250
		1,5	75	95	118	150	190	236	300
		2	85	106	132	170	212	265	335
		3	100	125	160	200	250	315	400
		3,5	106	132	170	212	265	335	425
		4	112	140	180	224	280	355	450
		4,5	118	150	190	236	300	375	475
45	90	1,5	80	100	125	160	200	250	315
		2	90	112	140	180	224	280	355
		3	106	132	170	212	265	335	425
		4	118	150	190	236	300	375	475
		5	125	160	200	250	315	400	500
		5,5	132	170	212	265	335	425	530
		6	140	180	224	280	355	450	560
90	180	2	95	118	150	190	236	300	375
		3	112	140	180	224	280	355	450
		4	125	160	200	250	315	400	500
		6	150	190	236	300	375	475	600
		8	170	212	265	335	425	530	670
180	355	3	125	160	200	250	315	400	500
		4	140	180	224	280	355	450	560
		6	160	200	250	315	400	500	630
		8	180	224	280	355	450	560	710

11 Kernausrundungen

Das Istprofil der Kernausrundung sowohl des Innen- als auch des Außengewindes darf an keiner Stelle das Grundprofil überschreiten.

Bei Außengewinden für Schrauben der Festigkeitsklasse 8.8 und höher (siehe ISO 898-1) muß die Kernausrundung eine gleichmäßige Kurve aufweisen, deren Teile keinen Radius kleiner $0{,}125 \times P$ haben dürfen (siehe Tabelle 7).

Bei der größtmöglichen Abflachung mit dem größten Kerndurchmesser d_3 verlaufen die beiden Radien von $R_{min} = 0{,}125\,P$ durch die Schnittpunkte zwischen den Maximal-Material-Flanken und dem Kerndurchmesser der Gutlehre nach ISO 1502 und gehen tangential in die Minimum-Material-Flanken über.

Die größte Abflachung C_{max} wird nach der folgenden Gleichung berechnet:

$$C_{max} = \frac{H}{4} - R_{min}\left\{1 - \cos\left[\frac{\pi}{3} - \arccos\left(1 - \frac{T_{d2}}{4 \cdot R_{min}}\right)\right]\right\} + \frac{T_{d2}}{2}$$

Es ist jedoch ratsam, eine $\frac{H}{6}$-Abflachung anzustreben ($R = 0{,}144\,34 \times P$) und für Festigkeitsberechnungen den Kerndurchmesser des Außengewindes d_3 mit einer $\frac{H}{6}$-Abflachung in die Berechnung einzusetzen (entsprechende Werte siehe ISO 965-3).

Die kleinste Abflachung C_{min} wird nach der folgenden Gleichung berechnet:

$$C_{min} = 0{,}125\,P \approx \frac{H}{7} \quad *)$$

Außengewinde von Schrauben mit einer Festigkeitsklasse unter 8.8 sollten vorzugsweise die vorgenannten Anforderungen erfüllen. Dies ist besonders wichtig für Schrauben oder andere Schraubverbindungen, die Verschleiß oder Stößen ausgesetzt sind. Es gibt jedoch grundsätzlich keine anderen Einschränkungen als die, daß der größte Kerndurchmesser des Außengewindes d_{3max} kleiner als der kleinste Kerndurchmesser der Gutlehre nach ISO 1502 sein muß.

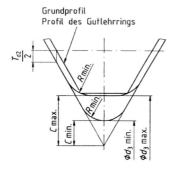
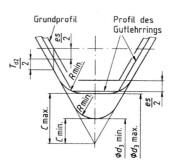

a) Toleranzfeldlage h b) Toleranzfeldlagen e, f und g

Bild 6: Kernausrundung des Außengewindes

---

*) Nationale Anmerkung: Mit C_{min} ergibt sich $d_{3min} = d_2 - |es| - T_{d2} - H + 0{,}25\,P$

Tabelle 7: Mindestradius am Gewindegrund

Steigung P mm	R_{min} µm
0,2	25
0,25	31
0,3	38
0,35	44
0,4	50
0,45	56
0,5	63
0,6	75
0,7	88
0,75	94
0,8	100
1	125
1,25	156
1,5	188
1,75	219
2	250
2,5	313
3	375
3,5	438
4	500
4,5	563
5	625
5,5	688
6	750
8	1 000

12 Empfohlene Toleranzklassen

Um die Anzahl der Lehren und Werkzeuge zu begrenzen, sollten vorzugsweise die Toleranzklassen aus den Tabellen 8 und 9 gewählt werden.

Für die nachstehenden Toleranzklassen fein, mittel und grob gelten im allgemeinen folgende Wahlkriterien:

- fein: Für Präzisionsgewinde, wenn ein enges Paßtoleranzfeld benötigt wird.
- mittel: Für allgemeine Anwendung.
- grob: Für Fälle, bei denen Probleme in der Fertigung auftreten können, z. B. beim Gewindeschneiden an warmgewalzten Stäben und in tiefen Grundlöchern.

Ist die wirkliche Einschraublänge unbekannt (wie bei der Herstellung von genormten Bolzen), wird die Einschraubgruppe N empfohlen.

Die eingerahmten Toleranzklassen werden für handelsübliche Außen- und Innengewinde gewählt.

Die fett gedruckten Toleranzklassen sind erste Wahl.

Die normal gedruckten Toleranzklassen sind zweite Wahl.

Die Toleranzklassen in Klammern sind dritte Wahl.

Jede der empfohlenen Toleranzklassen für Innengewinde kann mit jeder beliebigen empfohlenen Toleranzklasse für Außengewinde kombiniert werden. Um eine genügende Flankenüberdeckung sicherzustellen, sollten die fertigen Komponenten so zusammengestellt werden, daß sie die Passung H/g, H/h oder G/h bilden. Für die Gewindegröße M1,4 und kleiner muß die Kombination 5H/6h, 4H/6h oder feiner gewählt werden.

Bei beschichteten Gewinden gelten die Toleranzen, wenn nicht anders angegeben, für die Teile **vor dem** Beschichten. Nach dem Beschichten darf das Istprofil des Gewindes die Maximum-Material-Grenze für die Toleranzfeldlagen H und h an keinem Punkt überschreiten.

ANMERKUNG: Diese Angaben gelten für dünne Beschichtungen, z. B. für galvanische Schutzschichten.

Tabelle 8: Empfohlene Toleranzklassen für Innengewinde

Toleranzklasse	Toleranzfeldlage G			Toleranzfeldlage H		
	S	N	L	S	N	L
fein	–	–	–	4H	5H	6H
mittel	(5G)	6G	(7G)	5H	**6H**	7H
grob	–	(7G)	(8G)	–	7H	8H

Tabelle 9: Empfohlene Toleranzklassen für Außengewinde

Toleranz-klasse	Toleranzfeldlage e			Toleranzfeldlage f			Toleranzfeldlage g			Toleranzfeldlage h		
	S	N	L	S	N	L	S	N	L	S	N	L
fein	–	–	–	–	–	–	(4g)	(5g4g)	(3h4h)	4h	(5h4h)	
mittel	–	6e	(7e6e)	–	6f	–	(5g6g)	**6g**	(7g6g)	(5h6h)	6h	(7h6h)
grob	–	8e	(9e8e)	–	–	–	–	8g	(9g8g)	–	–	–

13 Gleichungen

Die in diesem Teil von ISO 965 gegebenen Werte sind empirisch ermittelt. Um ein folgerichtiges System zu erhalten, wurden Gleichungen entwickelt.

Die Werte für die Toleranzen der Außen-, Flanken- und Kerndurchmesser und der Grundabmaße wurden mit Hilfe der Gleichungen berechnet und anschließend auf den in der Normzahlenreihe R 40 am nächsten gelegenen Wert gerundet. Wenn jedoch Dezimalen entstanden, wurde der Wert auf die nächste ganze Zahl gerundet.

Um eine regelmäßige Zunahme zu erhalten, wurden die vorstehenden Rundungsregeln nicht immer angewendet.

Der kleinste Radius am Gewindegrund in Tabelle 7 wurde mit 0,125 P festgelegt.

13.1 Grundabmaße

Die Grundabmaße für Innen- und Außengewinde wurden nach folgenden Gleichungen errechnet:

$EI_G = + (15 + 11\ P)$

$EI_H = 0$

$es_e = - (50 + 11\ P)$ [2]

$es_f = - (30 + 11\ P)$ [3]

$es_g = - (15 + 11\ P)$

$es_h = 0$

mit EI und es in µm; P in mm.

13.2 Einschraublängen

Für die Berechnung der Grenzen der Einschraublängen l_N für die Einschraubgruppe N "normal" in Tabelle 2 wurde folgende Regel angewandt:

Für jede Steigung innerhalb eines bestimmten Durchmesserbereiches wurde d dem kleinsten Durchmesser (innerhalb des Bereiches) gleichgesetzt, der in der Übersicht enthalten ist (siehe ISO 261).

---

[2] Ausnahmen sind Werte für Gewinde mit $P \leq 0,45$ mm.
[3] Gilt nicht für $P \leq 0,3$ mm.

$l_{N\ min}$ (Näherungswert) = 2,24 $P\ d^{0,2}$

$l_{N\ max}$ (Näherungswert) = 6,7 $P\ d^{0,2}$

mit l_N, P und d in mm

13.3 Toleranzen für die Durchmesser an den Gewindespitzen

13.3.1 Toleranzen für den Außendurchmesser des Außengewindes (T_d), Toleranzgrad 6

Diese Toleranzen wurden nach folgender Gleichung errechnet:

$$T_d(6) = 180^3 \sqrt{P^2} - \frac{3,15}{\sqrt{P}}$$

mit T_d in µm; P in mm.

T_d-Toleranzen für andere Toleranzgrade ergeben sich aus den $T_d(6)$-Werten (nach Tabelle 4), multipliziert mit den Faktoren der nachstehenden Tabelle.

Toleranzgrade		
4	6	8
0,63 $T_d(6)$	$T_d(6)$	1,6 $T_d(6)$

13.3.2 Toleranzen für den Kerndurchmesser des Innengewindes (T_{D1}), Toleranzgrad 6

Die T_{D1}-Toleranzen für den Toleranzgrad 6 wurden nach folgenden Gleichungen berechnet:

a) Steigungen 0,2 bis 0,8 mm

$$T_{D1}(6) = 433\ P - 190\ P^{1,22}$$

b) Steigung 1 mm und größer

$$T_{D1}(6) = 230\ P^{0,7}$$

mit T_{D1} in µm; P in mm.

Die Toleranzwerte für andere Toleranzgrade ergeben sich aus den $T_{D1}(6)$-Werten (nach Tabelle 3), multipliziert mit den Faktoren der nachstehenden Tabelle.

Toleranzgrade				
4	5	6	7	8
0,63 $T_{D1}(6)$	0,8 $T_{D1}(6)$	$T_{D1}(6)$	1,25 $T_{D1}(6)$	1,6 $T_{D1}(6)$

13.4 Toleranzen für den Flankendurchmesser

13.4.1 Toleranzen für den Flankendurchmesser des Außengewindes (T_{d2})

Die $T_{d2}(6)$-Werte in Tabelle 6 wurden nach folgender Gleichung berechnet (d ist gleich dem geometrischen Mittel des Durchmesserbereiches):

$$T_{d2}(6) = 90\ P^{0,4}\ d^{0,1}$$

mit $T_{d2}(6)$ in µm; P und d in mm.

Die Toleranzwerte für andere Toleranzgrade ergeben sich aus den $T_{d2}(6)$-Werten (nach Tabelle 6), multipliziert mit den Faktoren der nachstehenden Tabelle.

Toleranzgrade						
3	4	5	6	7	8	9
0,5 $T_{d2}(6)$	0,63 $T_{d2}(6)$	0,8 $T_{d2}(6)$	$T_{d2}(6)$	1,25 $T_{d2}(6)$	1,6 $T_{d2}(6)$	2 $T_{d2}(6)$

Es werden in der Tabelle 6 keine T_{d2}-Werte angegeben, wenn die nach der vorgegebenen Gleichung berechneten Werte die Toleranzen T_d des entsprechenden Toleranzgrades, die in den Tabellen für die empfohlenen Toleranzklassen zusammengestellt sind, überschreiten.

13.4.2 Toleranzen für den Flankendurchmesser des Innengewindes (T_{D2})

Die Toleranzwerte für T_{D2} ergeben sich aus den T_{d2} (6)-Werten (nach Tabelle 6), multipliziert mit den Faktoren der nachstehenden Tabelle.

Toleranzgrade				
4	5	6	7	8
0,85 T_{d2} (6)	1,06 T_{d2} (6)	1,32 T_{d2} (6)	1,7 T_{d2} (6)	2,12 T_{d2} (6)

Es werden in der Tabelle 5 dann keine T_{D2}-Werte angegeben, wenn die nach der vorgegebenen Gleichung berechneten Werte 0,25 P überschreiten.

DK 621.753.1 : 744.44 : 001.4 : 003.62   März 1985

Technische Zeichnungen
Form- und Lagetolerierung
Form-, Richtungs-, Orts- und Lauftoleranzen
Allgemeines, Definitionen, Symbole, Zeichnungseintragungen

DIN
ISO 1101

Technical drawings, geometrical tolerancing; tolerances of form, orientation, location and runout; generalities, definitions, symbols on drawings

Dessins techniques, tolérancement géométrique; de forme, orientation, position et battement; généralities, definitions, symboles, indication sur les dessins

Teilweiser Ersatz für
DIN 7184 T 1/05.72

Die Internationale Norm ISO 1101, 1. Ausgabe 1983-12-01, ist in diese Deutsche Norm unverändert übernommen worden.

Nationales Vorwort

Diese Norm wurde im ISO/TC 10/SC 5 — Bemaßung und Tolerierung in Zeichnungen — unter wesentlicher Beteiligung deutscher Fachleute ausgearbeitet.

Der Arbeitsausschuß Toleranzen und Passungen im NLG hat beschlossen, die ISO-Norm als DIN-ISO-Norm herauszugeben, um damit zu verdeutlichen, daß diese internationale Verständigungsnorm unverändert ins Deutsche Normenwerk übernommen wurde.

Gegenüber DIN 7184 Teil 1 (Ausgabe Mai 1972) enthält diese DIN-ISO-Norm folgende wesentliche Änderungen:

a) Die Begriffe „Formtoleranz" und „Lagetoleranz" wurden in der ISO-Norm unter dem neuen Oberbegriff „Geometrical Tolerances" (Geometrische Toleranzen) zusammengefaßt, weil im Englischen für die Begriffe „Lage" und „Position" dasselbe Wort „position" benutzt wird, wodurch Mißverständnisse im Zusammenhang mit Positionstoleranzen auftreten könnten. Der Oberbegriff „Geometrische Toleranzen" ist jedoch im Deutschen mißverständlich, weil auch Maßtoleranzen darunter verstanden werden können. Deshalb wird in der deutschen Übersetzung der ISO-Norm der eingeführte Begriff „Form- und Lagetoleranzen" beibehalten.

b) Die Abschnitte 2.3 und 4.1 in DIN 7184 Teil 1 über die Zusammenhänge zwischen Maß-, Form- und Lagetoleranzen wurden nicht in diese DIN-ISO-Norm, sondern in DIN 7167 — Maß-, Form- und Lagetolerierung; Hüllbedingung ohne Zeichnungseintragung — (z. Z. Entwurf) übernommen. Diese Festlegungen, die besagen, daß, wenn nur Maßtoleranzen angegeben sind, diese auch die Form- und Lageabweichungen begrenzen, waren weder in der Empfehlung ISO/R 1101 — 1969, noch sind sie in der Folgeausgabe ISO 1101 — 1983 enthalten.

c) Einige räumliche Toleranzzonen sind in ISO 1101 in eine Ebene projiziert dargestellt (Bilder 72, 75, 89, 91, 101, 103, 105, 128). Nach Abschnitt 13.3 ist damit gegenüber der räumlichen Darstellung, wie sie früher in DIN 7184 Teil 1 (Ausgabe Mai 1972) gewählt wurde, kein Unterschied in der Aussage verbunden. Obwohl die räumliche Darstellung das Verständnis erleichtert, wurde auf sie zugunsten einer DIN-ISO-Norm verzichtet.

Gegenüber ISO/R 1101 — 1969 und DIN 7184 Teil 1 (Ausgabe Mai 1972) wurden folgende wesentliche Ergänzungen aufgenommen:
— Tabelle 2. Zusätzliche Symbole
— Abschnitt 7.4 und Abschnitt 7.5: Beispiele für gemeinsame Toleranzzonen für Ebenheit
— Abschnitt 11: Projizierte (vorgelagerte) Toleranzzone
— Abschnitt 14.14: Gesamtlauftoleranz

Zusammenhang der im Abschnitt 2 genannten ISO-Normen mit DIN-Normen:

ISO-Normen	DIN-Normen
ISO 128	DIN 6, DIN 15 Teil 1 und Teil 2, DIN 201, DIN 406 Teil 2, DIN 1356 Teil 1, DIN 6774 Teil 1
ISO 129	DIN 406 Teil 1 bis Teil 3
ISO 1660	Beiblatt 3 zu DIN 7184 Teil 1 (DIN-ISO-Norm in Vorbereitung)
ISO 2692	DIN ISO 2692 (z. Z. noch Entwurf)
ISO 5459	DIN ISO 5459
ISO 7083	DIN ISO 7083
ISO 8015	DIN 2300 (DIN-ISO-Norm in Vorbereitung)

Fortsetzung Seite 2 bis 26

Normenausschuß Länge und Gestalt (NLG) im DIN Deutsches Institut für Normung e.V.
Normenausschuß Zeichnungswesen (NZ) im DIN

Deutsche Übersetzung

Technische Zeichnungen

Form- und Lagetolerierung
Form-, Richtungs-, Orts- und Lauftoleranzen
Allgemeines, Definitionen, Symbole, Zeichnungseintragungen

Vorwort

Die ISO (Internationale Organisation für Normung) ist eine weltweite Vereinigung nationaler Normungsinstitute (ISO-Mitgliedskörperschaften). Die Erarbeitung Internationaler Normen wird durch technische Ausschüsse durchgeführt. Jede Mitgliedskörperschaft, die an einem Thema interessiert ist, für das ein technischer Ausschuß eingesetzt wurde, ist berechtigt, im Ausschuß vertreten zu sein. Internationale Organisationen (staatliche und nichtstaatliche), die mit ISO in Verbindung stehen, nehmen ebenfalls an den Arbeiten teil.

Internationale Norm-Entwürfe, die von einem technischen Ausschuß übernommen wurden, werden an die Mitgliedskörperschaften zur Abstimmung verteilt, bevor sie durch den ISO-Rat als Internationale Norm angenommen werden.

Die Internationale Norm ISO 1101 wurde vom Technischen Komitee ISO/TC 10 — Technische Zeichnungen — erarbeitet und im Dezember 1980 an die Migliedskörperschaften verschickt.

Die Mitgliedskörperschaften folgender Länder haben die Norm angenommen:

Australien	Indien	Neuseeland	Sowjetunion
Brasilien	Irak	Niederlande	Spanien
China	Italien	Norwegen	Südafrika
Dänemark	Japan	Österreich	Tschechoslowakei
Deutschland, Bundesrepublik	Kanada	Rumänien	Ungarn
Finnland	Korea, Demokratische Volksrepublik	Schweden	Vereinigte Staaten
Frankreich	Korea, Republik	Schweiz	Vereinigtes Königreich

Die Mitgliedskörperschaften folgenden Landes lehnten dieses Dokument aus technischen Gründen ab:
Belgien

Diese Internationale Norm ersetzt die ISO-Empfehlung ISO/R 1101/1 — 1969, die technisch überarbeitet wurde.

Eine detaillierte zweisprachige Fassung (englisch, französisch) der Tabelle 1 ,,Symbole für tolerierte Eigenschaften" und Tabelle 2 ,,Zusätzliche Symbole" ist auf kunststoffkaschiertem Karton im A4-Format herausgegeben worden. Sie ist als Kurzfassung der Internationalen Norm für den täglichen Werkstattgebrauch gedacht.

Diese Kurzfassung ist einzeln erhältlich.

Nationale Anmerkung:

Diese Kurzfassung ist nicht ins Deutsche übersetzt worden.

Inhalt

	Seite
0 Einführung	3
1 Anwendungsbereich und Zweck	3
2 Verweisungen auf andere Normen	3
3 Allgemeines	3
4 Symbole	5
5 Toleranzrahmen	6
6 Tolerierte Elemente	7
7 Toleranzzonen	7
8 Bezüge	9
9 Einschränkende Festlegungen	10
10 Theoretisch genaue Maße	11
11 Projizierte (vorgelagerte) Toleranzzone	11
12 Maximum-Material-Bedingung	11
13 Definitionen der Toleranzzonen	12

	Seite
14 Detaillierte Definitionen der Toleranzen	13
14.1 Geradheitstoleranz	13
14.2 Ebenheitstoleranz	13
14.3 Rundheitstoleranz	14
14.4 Zylinderformtoleranz	14
14.5 Profilformtoleranz einer beliebigen Linie	14
14.6 Profilformtoleranz einer beliebigen Fläche	14
14.7 Parallelitätstoleranz	15
14.8 Rechtwinkligkeitstoleranz	18
14.9 Neigungstoleranz	19
14.10 Positionstoleranz	20
14.11 Konzentrizitäts- und Koaxialitätstoleranz	22
14.12 Symmetrie	22
14.13 Lauftoleranz (Rundlauf, Planlauf)	23
14.14 Gesamtlauftoleranz (Gesamtrundlauf, Gesamtplanlauf)	25

0 Einführung

Wegen der einheitlichen Darstellung sind in dieser Norm alle Bilder in der Ersten Winkelprojektion gezeichnet. Es hätte jedoch ebenso gut die Dritte Winkelprojektion angewendet werden können, ohne daß dadurch die Bedeutung der festgelegten Grundlagen geändert worden wäre.

Zur eindeutigen Darstellung (Größenverhältnisse und Maße) der Form- und Lagetoleranzsymbole siehe ISO 7083.

1 Anwendungsbereich und Zweck

1.1 Diese Internationale Norm enthält die Grundsätze der symbolischen Darstellung und der Eintragung auf Zeichnungen von Form-, Richtungs-, Orts- und Lauftoleranzen und legt die zugehörigen geometrischen Definitionen fest. Der Begriff „Form- und Lagetoleranzen" in dieser Norm wird als Oberbegriff für diese Toleranzen angewendet.

1.2 Form- und Lagetoleranzen sollen nur dann vorgeschrieben werden, wenn sie erforderlich sind. Inwieweit dies für jeden speziellen Fall zutrifft, kann nur unter dem Gesichtspunkt der funktionellen Anforderungen, der Austauschbarkeit und möglicher Fertigungsumstände entschieden werden.

1.3 Werden Form- und Lagetoleranzen angegeben, so bedeutet dies nicht, daß ein bestimmtes Fertigungs-, Meß- oder Prüfverfahren angewendet werden muß.

2 Verweisungen auf andere Normen

ISO 128	Technische Zeichnungen; Allgemeine Grundlagen für die Darstellung
ISO 129	Maschinenbauzeichnungen; Bemaßung; Allgemeine Grundlagen, Begriffe, Ausführungsverfahren und besondere Angaben [1]
ISO 1660	Technische Zeichnungen; Bemaßung und Tolerierung von Profilen
ISO 2692	Technische Zeichnungen; Form- und Lagetolerierung; Maximum-Material-Prinzip [2]
ISO 5459	Technische Zeichnungen; Form- und Lagetolerierung; Bezüge und Bezugssysteme für Form- und Lagetoleranzen
ISO 7083	Technische Zeichnungen; Symbole für Form- und Lagetolerierung; Größenverhältnisse und Maße
ISO 8015	Technische Zeichnungen; Tolerierungsgrundsatz [3]

3 Allgemeines

3.1 Eine Form- oder Lagetoleranz eines Elementes definiert die Zone, innerhalb der dieses Element (Fläche, Achse oder Mittelebene) liegen muß (siehe Abschnitt 3.7 und Abschnitt 3.8).

---

[1] Z. Z. Entwurf (Überarbeitung von ISO/R 129 – 1959)
[2] Z. Z. Entwurf (Überarbeitung von ISO 1101/2 – 1974)
[3] Z. Z. Entwurf

Seite 4 DIN ISO 1101

3.2 Je nach zu tolerierender Eigenschaft und je nach Art ihrer Bemaßung ist die Toleranzzone eine der folgenden:
- die Fläche innerhalb eines Kreises,
- die Fläche zwischen zwei konzentrischen Kreisen,
- die Fläche zwischen zwei abstandsgleichen Linien oder zwei parallelen geraden Linien,
- der Raum innerhalb eines Zylinders,
- der Raum zwischen zwei koaxialen Zylindern,
- der Raum zwischen zwei abstandsgleichen Flächen oder zwei parallelen Ebenen,
- der Raum innerhalb eines Quaders.

3.3 Das tolerierte Element kann innerhalb dieser Toleranzzone beliebige Form und jede beliebige Richtung haben, es sei denn, es wird eine einschränkende Angabe, z. B. als Wortangabe, gemacht (siehe Bild 8 und Bild 9).

3.4 Wenn nichts anderes nach Abschnitt 9 und Abschnitt 11 angegeben ist, gilt die Toleranz für die gesamte Länge oder Fläche des tolerierten Elementes.

3.5 Das Bezugselement ist ein wirkliches Element eines Teiles, das zum Festlegen der Lage eines Bezugs benutzt wird (siehe ISO 5459).

3.6 Form- und Lagetoleranzen für Elemente, die sich auf ein Bezugselement beziehen, begrenzen nicht die Formabweichungen des Bezugselementes selbst. Ein Bezugselement sollte für seinen Zweck genügend formgenau sein. Es kann deshalb notwendig sein, für die Bezugselemente Formtoleranzen festzulegen.

3.7 Die Geradheit oder Ebenheit eines Einzelelementes wird als einwandfrei angenommen, wenn die Abstände seiner Oberflächenpunkte zu einer anliegenden Linie oder Fläche von geometrisch idealer Form gleich oder kleiner sind als die vorgeschriebene Toleranz. Die Richtung der Linie oder Fläche muß so gelegt werden, daß der größte Abstand zwischen ihr und der Istoberfläche des betreffenden Elementes zu einem Minimum wird.

Beispiel

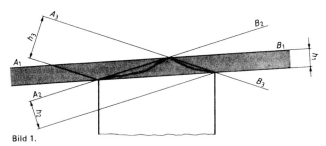

Bild 1.

Mögliche Ausrichtungen der Linie oder Fläche: $A_1 - B_1$ $A_2 - B_2$ $A_3 - B_3$.
Entsprechende Abstände: h_1 h_2 h_3
Im Fall von Bild 1: $h_1 < h_2 < h_3$

Deshalb ist die korrekte Ausrichtung der idealen Linie oder Fläche $A_1 - B_1$. Der Abstand h_1 muß gleich oder kleiner als die festgelegte Toleranz sein.

3.8 Für die Definition der Rundheit oder Zylindrizität muß die Lage der beiden konzentrischen Kreise oder koaxialen Zylinder so gewählt werden, daß ihr radialer Abstand ein Minimum ist:

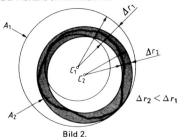

$\Delta r_2 < \Delta r_1$

Bild 2.

Mögliche Lage der Mitten der beiden konzentrischen Kreise oder der Achsen der beiden koaxialen Zylinder und ihre radialen Mindestabstände.

Die Mitte C_1 von A_1 legt zwei konzentrische Kreise oder zwei koaxiale Zylinder örtlich fest.

Die Mitte C_2 von A_2 legt zwei konzentrische Kreise oder zwei koaxiale Zylinder mit kleinstem radialen Abstand fest.

Entsprechender radialer Abstand: Δr_1 Δr_2

Im Falle von Bild 2: $\Delta r_2 < \Delta r_1$

Deshalb ist die korrekte örtliche Festlegung der beiden konzentrischen Kreise oder der beiden koaxialen Zylinder die mit A_2 bezeichnete. Der radiale Abstand Δr_2 muß dann gleich oder kleiner als die festgelegte Toleranz sein.

4 Symbole

Tabelle 1. **Symbole für tolerierte Eigenschaften**

Arten von Elementen und Toleranzen		Tolerierte Eigenschaften	Symbole	Abschnitt
Einzelne Elemente	Formtoleranzen	Geradheit	—	14.1
		Ebenheit	▱	14.2
		Rundheit (Kreisform)	○	14.3
		Zylindrizität	⌭	14.4
Einzelne oder bezogene Elemente		Profil einer beliebigen Linie	⌒	14.5
		Profil einer beliebigen Fläche	⌓	14.6
Bezogene Elemente	Richtungstoleranzen	Parallelität	//	14.7
		Rechtwinkligkeit	⊥	14.8
		Neigung	∠	14.9
	Ortstoleranzen	Position	⊕	14.10
		Konzentrizität und Koaxialität	◎	14.11
		Symmetrie	=	14.12
	Lauftoleranzen	Lauf	↗	14.13
		Gesamtlauf	↗↗	14.14

Tabelle 2. Zusätzliche Symbole

Beschreibung		Symbole	Abschnitt
Kennzeichnung des tolerierten Elements	direkt		6
	mit Buchstabe		7.4
Kennzeichnung des Bezuges	direkt		8
	mit Buchstabe		
Bezugsstelle		⌀2 / A1	ISO 5459
Theoretisch genaues Maß		50	10
Projizierte (vorgelagerte) Toleranzzone		Ⓟ	11
Maximum-Material-Bedingung		Ⓜ	12

5 Toleranzrahmen

5.1 Die Toleranzanforderungen werden in einem rechteckigen Rahmen angegeben, der in zwei oder mehrere Kästchen unterteilt ist. Von links nach rechts enthalten diese Kästchen in folgender Reihenfolge (siehe Bild 3, 4 und 5):
— das Symbol für die zu tolerierende Eigenschaft;
— den Toleranzwert in derselben Einheit wie die der Längenmaße. Diesem Wert wird das Zeichen ⌀ vorangesetzt, wenn die Toleranzzone kreisförmig oder zylinderförmig ist;
— falls zutreffend, den oder die Buchstaben, die den Bezug oder die Bezüge bezeichnen (siehe Bild 4 und Bild 5).

| — | 0,1 |

Bild 3.

| // | 0,1 | A |

Bild 4.

| ⌖ | ⌀ 0,1 | A | C | B |

Bild 5.

5.2 Wortangaben zur Toleranz wie z. B. „6 Löcher", „4 Flächen" oder „6 x" sollen über dem Toleranzrahmen eingetragen werden (siehe Bild 6 und Bild 7).

6 Löcher

| ⌖ | ⌀ 0,1 |

Bild 6.

6 x

| ⌖ | ⌀ 0,1 |

Bild 7.

5.3 Angaben zur Beschreibung weiterer Eigenschaften des Elementes innerhalb der Toleranzzone sollen in die Nähe des Toleranzrahmens geschrieben werden. Sie können mit einer Bezugslinie mit dem Toleranzrahmen verbunden werden (siehe Bild 8 und Bild 9).

Bild 8.

Bild 9.

5.4 Falls es nötig ist, mehr als eine Toleranzeigenschaft für ein Element festzulegen, sollen die Toleranzangaben in Toleranzrahmen untereinander gesetzt werden (siehe Bild 10).

| ○ | 0,01 | |
| // | 0,06 | B |

Bild 10.

6 Tolerierte Elemente

Der Toleranzrahmen wird mit dem tolerierten Element durch eine Bezugslinie mit Bezugspfeil verbunden, und zwar folgendermaßen:

– Der Bezugspfeil wird auf die Konturlinie des Elementes oder eine Maßhilfslinie gesetzt, wenn sich die Toleranz auf die Linie oder Fläche selbst bezieht (siehe Bild 11 und Bild 12); dabei muß der Bezugspfeil deutlich seitlich versetzt von der Maßlinie angebracht werden.

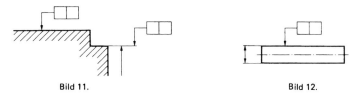

Bild 11.   Bild 12.

– Bezugspfeil und Bezugslinie werden als Verlängerung einer Maßlinie gezeichnet, wenn sich die Toleranz auf die Achse oder Mittelebene des so bemaßten Elementes bezieht (siehe Bild 13 bis Bild 15).

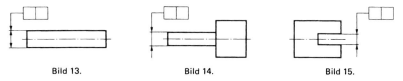

Bild 13.   Bild 14.   Bild 15.

– Bezieht sich die Toleranzangabe auf alle durch die Mittellinie dargestellten Achsen oder Mittelebenen gemeinsam, dann steht der Bezugspfeil auf dieser Mittellinie (siehe Bild 16 bis Bild 18).

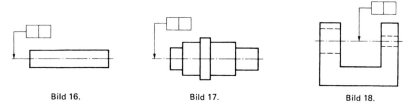

Bild 16.   Bild 17.   Bild 18.

Anmerkung: Ob eine Toleranz auf die Kontur eines zylinderförmigen oder symmetrischen Elementes oder auf seine Achse bzw. Mittelebene bezogen wird, hängt von den funktionellen Anforderungen ab.

7 Toleranzzonen

7.1 Die Weite der Toleranzzone liegt in der Richtung des Pfeiles der Bezugslinie, der den Toleranzrahmen mit dem tolerierten Element verbindet, es sei denn, dem Toleranzwert ist das Zeichen ⌀ vorangestellt (siehe Bild 19 und Bild 20).

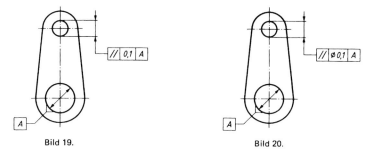

Bild 19.   Bild 20.

7.2 Im allgemeinen ist die Richtung der Weite der Toleranzzone senkrecht zur geometrischen Form des Teiles (siehe Bild 21 und Bild 22).

Bild 21.   Bild 22.

7.3 Wird eine von der Senkrechten abweichende Richtung gefordert, so muß die Richtung der Weite der Toleranzzone festgelegt werden (siehe Bild 23 und Bild 24).

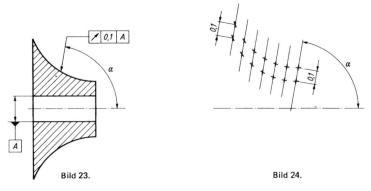

Bild 23.   Bild 24.

7.4 Einzelne Toleranzzonen desselben Wertes, die auf mehrere getrennte Elemente angewendet werden, können wie in Bild 25 und Bild 26 angegeben werden.

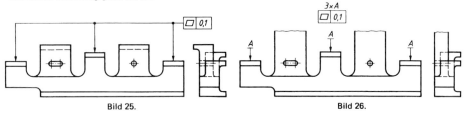

Bild 25.   Bild 26.

7.5 Wird eine gemeinsame Toleranzzone auf mehrere einzelne Elemente angewendet, so wird die Anforderung durch die Wortangabe ,,gemeinsame Toleranzzone" über dem Toleranzrahmen ergänzt (siehe Bild 27 und Bild 28).

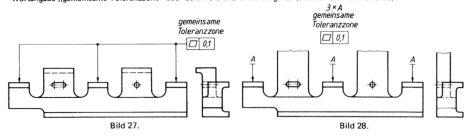

Bild 27.   Bild 28.

8 Bezüge

8.1 Bezieht sich ein toleriertes Element auf einen Bezug, so wird letzterer im allgemeinen durch Bezugsbuchstaben gekennzeichnet. Derselbe Buchstabe, der den Bezug kennzeichnet, wird im Toleranzrahmen wiederholt.

Zur Kennzeichnung des Bezuges wird ein Großbuchstabe in einem Bezugsrahmen angegeben, der mit einem ausgefüllten oder leeren Bezugsdreieck verbunden ist (siehe Bild 29 und Bild 30).

Bild 29.   Bild 30.

8.2 Das Bezugsdreieck mit dem Bezugsbuchstaben steht
- auf der Konturlinie des Elementes oder auf der Maßhilfslinie (aber deutlich seitlich versetzt von der Maßlinie), wenn der Bezug die Linie oder Fläche selbst ist (siehe Bild 31).

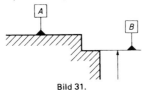

Bild 31.

- als Verlängerung der Maßlinie, wenn der Bezug die Achse oder die Mittelebene ist (siehe Bild 32 bis Bild 34).

Anmerkung: Reicht der Platz für 2 Maßpfeile nicht aus, so kann einer davon durch das Bezugsdreieck ersetzt werden (siehe Bild 33 und Bild 34).

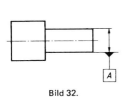 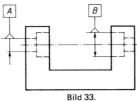 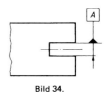

Bild 32.   Bild 33.   Bild 34.

- auf der Achse oder Mittelebene, wenn der Bezug:
  a) die Achse oder Mittelebene eines einzelnen Bezuges ist (z. B. ein Zylinder);
  b) die gemeinsame Achse oder Mittelebene von zwei Elementen ist (siehe Bild 35).

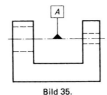

Bild 35.

8.3 Kann der Toleranzrahmen direkt mit dem Bezug durch eine Bezugslinie verbunden werden, so kann der Bezugsbuchstabe entfallen (siehe Bild 36 und Bild 37).

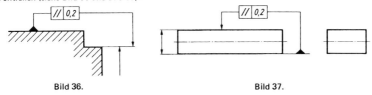

Bild 36.   Bild 37.

Seite 10 DIN ISO 1101

8.4 Ein einzelner Bezug wird durch einen Großbuchstaben gekennzeichnet (siehe Bild 38).
Ein durch zwei Bezüge gebildeter gemeinsamer Bezug wird durch zwei Bezugsbuchstaben gekennzeichnet, die durch einen waagerechten Strich getrennt sind (siehe Bild 39).
Ist die Reihenfolge von zwei oder mehreren Bezügen von Bedeutung, so sollen die Bezugsbuchstaben in verschiedene Kästchen gesetzt werden (siehe Bild 40), wobei die Reihenfolge von links nach rechts die Rangordnung angibt.
Ist die Reihenfolge von zwei oder mehreren Bezügen nicht von Bedeutung, so sollen alle Bezugsbuchstaben in ein Kästchen gesetzt werden (siehe Bild 41).

☐ ☐ A	☐ ☐ A-B	☐ ☐ A B C	☐ ☐ A B
Bild 38.	Bild 39.	Bild 40.	Bild 41.

9 Einschränkende Festlegungen

9.1 Soll die Toleranz auf eine eingeschränkte Länge an jeder möglichen Stelle gelten, so wird der Wert dieser Länge hinsichtlich dem Toleranzwert angegeben und von diesem durch einen Schrägstrich getrennt.
Im Fall einer Fläche wird dieselbe Kennzeichnung angewendet. Dies bedeutet, daß die Toleranz für alle Linien der festgelegten Länge in jeder beliebigen Lage und jeder beliebigen Richtung gilt (siehe Bild 42).

Bild 42.

9.2 Wird eine kleinere und auf eine eingeschränkte Länge geltende Toleranz derselben Art zu einer Toleranz für das gesamte Element hinzugefügt, so wird dies im unteren Kästchen des Toleranzrahmens angegeben (siehe Bild 43).

Bild 43.

9.3 Wird die Toleranz nur auf einen eingeschränkten Teil des Elementes angewendet, so wird dieses wie in Bild 44 bemaßt.

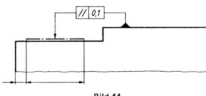

Bild 44.

9.4 Gilt der Bezug nur für einen eingeschränkten Teil des Bezugselementes, so wird dies wie in Bild 45 bemaßt.

Bild 45.

9.5 Einschränkungen der Form des Elementes innerhalb der Toleranzzone sind in Abschnitt 5.3 angegeben.

10 Theoretisch genaue Maße

Sind Positions- oder Profil- oder Neigungstoleranzen für ein Element vorgeschrieben, so dürfen die Maße, die die theoretisch genaue Lage bzw. das theoretisch genaue Profil oder den theoretisch genauen Winkel bestimmen, nicht toleriert werden.
Diese Maße werden in einen rechteckigen Rahmen gesetzt, z. B. $\boxed{30}$. Die entsprechenden Istmaße des Teiles unterliegen nur der im Toleranzrahmen angegebenen Positions-, Profil- oder Neigungstoleranz (siehe Bild 46 und Bild 47).

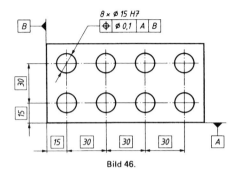

Bild 46.

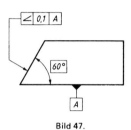

Bild 47.

11 Projizierte (vorgelagerte) Toleranzzone

In manchen Fällen werden Richtungs- und Ortstoleranzen nicht auf das Element selbst angewendet, sondern auf dessen äußere Projektion. Solche projizierte Toleranzzonen sind mit dem Symbol Ⓟ zu kennzeichnen (siehe Bild 48).

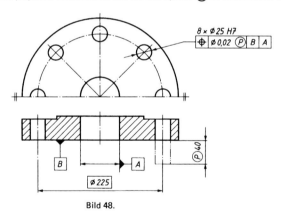

Bild 48.

12 Maximum-Material-Bedingung

Soll für den angegebenen Toleranzwert die Maximum-Material-Bedingung gelten, wird dies durch das Symbol Ⓜ gekennzeichnet und zwar hinter
— dem Toleranzwert (siehe Bild 49);
— dem Bezugsbuchstaben (siehe Bild 50);
— oder beidem (siehe Bild 51);
je nachdem, ob die Maximum-Material-Bedingung für das tolerierte Element, das Bezugselement oder beide gilt.

⊕ ∅ 0,04 Ⓜ A	⊕ ∅ 0,04 A Ⓜ	⊕ ∅ 0,04 Ⓜ A Ⓜ
Bild 49.	Bild 50.	Bild 51.

13 Definitionen der Toleranzzonen

13.1 Auf den folgenden Seiten werden die verschiedenen Form- und Lagetoleranzen mit ihren Toleranzzonen definiert. In allen bildlichen Darstellungen der Definitionen werden nur die Abweichungen gezeigt, die in den Definitionen behandelt werden.

13.2 Wenn aus funktionellen Gründen erforderlich, werden eine oder mehrere Eigenschaften toleriert, um die geometrische Genauigkeit eines Elementes festzulegen. Wird die geometrische Genauigkeit eines Elementes durch eine bestimmte Toleranzart festgelegt, so werden in manchen Fällen andere Abweichungen dieses Elementes durch diese Toleranz begrenzt (z. B. wird die Geradheitsabweichung durch die Parallelitätstoleranz begrenzt). Deshalb ist es nur selten notwendig, solche Abweichungen, die bereits durch die Eintragung einer anderen Toleranz miterfaßt sind, zusätzlich einzuschränken.

Umgekehrt werden andere Abweichungen nicht durch bestimmte andere Toleranzarten beeinflußt (z. B. hat die Geradheitstoleranz keinen Einfluß auf die Parallelitätsabweichung).

13.3 Für einige Toleranzzonen, z. B. für die Geradheit einer Linie oder Achse in einer Richtung, gibt es zwei Möglichkeiten der graphischen Darstellung:
− zwei parallele Ebenen im Abstand „t" voneinander (siehe Bild 52);
− zwei parallele gerade Linien im Abstand „t" voneinander (siehe Bild 53).

Bild 52 zeigt eine räumliche Darstellung, Bild 53 deren Projektion auf eine Ebene.

Bild 52.

Bild 53.

In der Bedeutung dieser beiden Darstellungen gibt es keinen Unterschied (solch eine Toleranz begrenzt nicht die Abweichung in einer beliebigen Richtung senkrecht zum Bezugspfeil); üblicherweise wird in dieser Norm die einfachere Methode, wie in Bild 53, angewendet.

DIN ISO 1101 Seite 13

14 Detaillierte Definitionen der Toleranzen

Symbol	Definition der Toleranzzone	Zeichnungseintragung und Erklärung
	14.1 Geradheitstoleranz	
—	Die in eine Ebene projizierte Toleranzzone wird begrenzt durch zwei parallele gerade Linien vom Abstand t. Bild 54.	Jeder parallel zur Zeichenebene der tolerierten Darstellung liegenden Linie der oberen Fläche muß zwischen zwei parallelen Geraden vom Abstand 0,1 liegen. Bild 55. Jeder Abschnitt von 200 Länge jeder beliebigen Mantellinie der durch den Pfeil bezeichneten zylindrischen Fläche muß zwischen zwei parallelen Geraden vom Abstand 0,1 liegen. Bild 56.
	Wenn die Toleranz in zwei zueinander senkrechten Richtungen angegeben ist, wird die Toleranzzone begrenzt durch einen Quader vom Querschnitt $t_1 \cdot t_2$. Bild 57.	Die Achse des Stabes muß innerhalb eines Quaders von 0,1 Weite in senkrechter Richtung und 0,2 Weite in waagerechter Richtung liegen. Bild 58.
	Wenn vor dem Toleranzwert das Zeichen ⌀ steht, wird die Toleranzzone begrenzt durch einen Zylinder vom Durchmesser t. Bild 59.	Die Achse des mit dem Toleranzrahmen verbundenen Zylinders muß innerhalb einer zylindrischen Toleranzzone vom Durchmesser 0,08 liegen. Bild 60.
	14.2 Ebenheitstoleranz	
⌗	Die Toleranzzone wird begrenzt durch zwei parallele Ebenen vom Abstand t. Bild 61.	Die Fläche muß zwischen zwei parallelen Ebenen vom Abstand 0,08 liegen. Bild 62.

563

Symbol	Definition der Toleranzzone (Fortsetzung)	Zeichnungseintragung und Erklärung (Fortsetzung)
	14.3 Rundheitstoleranz	
○	Die Toleranzzone wird in der betrachteten Ebene begrenzt durch zwei konzentrische Kreise vom Abstand t.	Die Umfangslinie jedes Querschnittes des Außendurchmessers muß zwischen zwei in derselben Ebene liegenden konzentrischen Kreisen vom Abstand 0,03 liegen. Bild 64. Bild 63. Die Umfangslinie jedes Querschnittes muß zwischen zwei in derselben Ebene liegenden konzentrischen Kreisen vom Abstand 0,1 liegen. Bild 65.
	14.4 Zylinderformtoleranz	
⌭	Die Toleranzzone wird begrenzt durch zwei koaxiale Zylinder vom Abstand t.	Die betrachtete Zylindermantelfläche muß zwischen zwei koaxialen Zylindern vom Abstand 0,1 liegen. Bild 66. Bild 67.
	14.5 Profilformtoleranz einer beliebigen Linie	
⌒	Die Toleranzzone wird begrenzt durch zwei Linien, die Kreise vom Durchmesser t einhüllen, deren Mitten auf einer Linie von geometrisch-idealer Form liegen.	In jedem zur Zeichenebene parallelen Schnitt muß das tolerierte Profil zwischen zwei Linien liegen, die Kreise vom Durchmesser 0,04 einhüllen, deren Mitten auf einer Linie von geometrisch-idealer Form liegen. Bild 68. Bild 69.
	14.6 Profilformtoleranz einer beliebigen Fläche	
⌓	Die Toleranzzone wird begrenzt durch zwei Flächen, die Kugeln vom Durchmesser t einhüllen, deren Mitten auf einer Fläche von geometrisch-idealer Form liegen.	Die betrachtete Fläche muß zwischen zwei Flächen liegen, die Kugeln vom Durchmesser 0,02 einhüllen, deren Mitten auf einer Fläche von geometrisch-idealer Form liegen. Bild 70. Bild 71.

DIN ISO 1101 Seite 15

Symbol	Definition der Toleranzzone (Fortsetzung)	Zeichnungseintragung und Erklärung (Fortsetzung)
	14.7 Parallelitätstoleranz	
	14.7.1 Parallelitätstoleranz einer Linie zu einer Bezugslinie	
	Wenn die Toleranzzone nur in einer Richtung angegeben ist, wird die in eine Ebene projizierte Toleranzzone begrenzt durch zwei zur Bezugslinie parallele gerade Linien vom Abstand t.	Die tolerierte Achse muß zwischen zwei geraden Linien vom Abstand 0,1 liegen, die parallel zur Bezugsachse A verlaufen. Die Toleranzzone erstreckt sich in senkrechter Richtung (siehe Bild 73 und Bild 74).
//	Bild 72.	Bild 73. Bild 74.
		Die tolerierte Achse muß zwischen zwei geraden Linien vom Abstand 0,1 liegen, die parallel zur Bezugsachse A verlaufen. Die Toleranzzone erstreckt sich in waagerechter Richtung.
	Bild 75.	Bild 76.

565

Seite 16 DIN ISO 1101

Symbol	Definition der Toleranzzone (Fortsetzung)	Zeichnungseintragung und Erklärung (Fortsetzung)
	14.7.1 Parallelitätstoleranz einer Linie zu einer Bezugslinie	
$\parallel$	Wenn die Toleranz in zwei zueinander senkrechten Ebenen angegeben ist, wird die Toleranzzone begrenzt durch einen zur Bezugsachse parallelen Quader vom Querschnitt $t_1 \cdot t_2$. Bild 77.	Die tolerierte Achse muß innerhalb eines Quaders liegen, der eine Weite von 0,2 in waagerechter Richtung und 0,1 in senkrechter Richtung hat und der parallel zur Bezugsachse A liegt (siehe Bild 78 oder Bild 79). Bild 78. Bild 79.
	Wenn dem Toleranzwert das Zeichen $\emptyset$ vorangestellt ist, wird die Toleranzzone begrenzt durch einen zur Bezugsachse parallelen Zylinder vom Durchmesser t. Bild 80.	Die tolerierte Achse muß innerhalb eines Zylinders vom Durchmesser 0,03 liegen, der parallel zur Bezugsachse A ist. Bild 81.

Symbol	Definition der Toleranzzone (Fortsetzung)	Zeichnungseintragung und Erklärung (Fortsetzung)
//	**14.7.2 Parallelitätstoleranz einer Linie zu einer Bezugsfläche** Die Toleranzzone wird begrenzt durch zwei zur Bezugsfläche parallele Ebenen vom Abstand t. Bild 82.	Die tolerierte Achse des Loches muß zwischen zwei zur Bezugsfläche B parallelen Ebenen vom Abstand 0,01 liegen. Bild 83.
	14.7.3 Parallelitätstoleranz einer Fläche zu einer Bezugslinie Die Toleranzzone wird begrenzt durch zwei zur Bezugslinie parallele Ebenen vom Abstand t. Bild 84.	Die tolerierte Fläche muß zwischen zwei zur Bezugsachse C des Loches parallelen Ebenen vom Abstand 0,1 liegen. Bild 85.
	14.7.4 Parallelitätstoleranz einer Fläche zu einer Bezugsfläche Die Toleranzzone wird begrenzt durch zwei zur Bezugsfläche parallele Ebenen vom Abstand t. Bild 86.	Die tolerierte Fläche muß zwischen zwei zur Bezugsfläche D parallelen Ebenen vom Abstand 0,01 liegen. Bild 87. Auf einer Teillänge von 100 in jeder beliebigen Lage und jeder beliebigen Richtung auf der tolerierten Fläche müssen alle Punkte zwischen zwei zur Bezugsfläche A parallelen Ebenen vom Abstand 0,01 liegen. Bild 88.

Symbol	Definition der Toleranzzone (Fortsetzung)	Zeichnungseintragung und Erklärung (Fortsetzung)
⊥	**14.8 Rechtwinkligkeitstoleranz**	
	14.8.1 Rechtwinkligkeitstoleranz einer Linie zu einer Bezugslinie	
	Die in eine Ebene projizierte Toleranzzone wird begrenzt durch zwei zur Bezugslinie senkrechte parallele gerade Linien vom Abstand *t*. Bild 89.	Die tolerierte Achse des schrägen Loches muß zwischen zwei parallelen und zur Bezugsachse A senkrechten Ebenen vom Abstand 0,06 liegen. Bild 90.
	14.8.2 Rechtwinkligkeitstoleranz einer Linie zu einer Bezugsfläche	
	Wenn die Toleranz nur in einer Richtung angegeben ist, wird die in eine Ebene projizierte Toleranzzone begrenzt durch zwei zur Bezugsfläche senkrechte parallele gerade Linien vom Abstand *t*. Bild 91.	Die tolerierte Achse des Zylinders muß zwischen zwei parallelen, zur Bezugsfläche senkrechten Ebenen vom Abstand 0,1 liegen. Bild 92.
	Wenn die Toleranz in zwei zueinander senkrechten Richtungen angegeben ist, wird die Toleranzzone begrenzt durch einen zur Bezugsfläche senkrechten Quader vom Querschnitt $t_1 \cdot t_2$. Bild 93.	Die tolerierte Achse des Zylinders muß innerhalb eines zur Bezugsfläche senkrechten Quaders vom Querschnitt 0,1 · 0,2 liegen. Bild 94.
	Wenn vor dem Toleranzwert das Zeichen ∅ steht, wird die Toleranzzone begrenzt durch einen zur Bezugsfläche senkrechten Zylinder vom Durchmesser *t*. Bild 95.	Die tolerierte Achse des Zylinders muß innerhalb eines zur Bezugsfläche A senkrechten Zylinders vom Durchmesser 0,01 liegen. Bild 96.

DIN ISO 1101 Seite 19

Symbol	Definition der Toleranzzone (Fortsetzung)	Zeichnungseintragung und Erklärung (Fortsetzung)
⊥	**14.8.3 Rechtwinkligkeitstoleranz einer Fläche zu einer Bezugslinie** Die Toleranzzone wird begrenzt durch zwei parallele und zur Bezugslinie senkrechte Ebenen vom Abstand t. Bild 97. **14.8.4 Rechtwinkligkeitstoleranz einer Fläche zu einer Bezugsfläche** Die Toleranzzone wird begrenzt durch zwei parallele und zur Bezugsfläche senkrechte Ebenen vom Abstand t. Bild 99.	Die tolerierte Planfläche des Werkstückes muß zwischen zwei parallelen und zur Bezugsachse A senkrechten Ebenen vom Abstand 0,08 liegen. Bild 98. Die tolerierte Fläche muß zwischen zwei parallelen und zur Bezugsfläche A senkrechten Ebenen vom Abstand 0,08 liegen. Bild 100.
∠	**14.9 Neigungstoleranz** **14.9.1 Neigungstoleranz einer Linie zu einer Bezugslinie** a) Linie und Bezugslinie liegen in derselben Ebene. Die in eine Ebene projizierte Toleranzzone wird begrenzt durch zwei im vorgeschriebenen Winkel zur Bezugslinie geneigte parallele gerade Linien vom Abstand t. Bild 101. b) Linie und Bezugslinie liegen in verschiedenen Ebenen. Wenn die betrachtete Linie und die Bezugslinie nicht in derselben Ebene liegen, gilt die Toleranzzone für die Projektion der betrachteten Linie in die Ebene, die die Bezugslinie enthält und parallel zur betrachteten Linie liegt. Bild 103.	Die tolerierte Achse des Loches muß zwischen zwei parallelen Linien vom Abstand 0,08 liegen, die im Winkel 60° zur Bezugsachse $A-B$ geneigt sind. Bild 102. Wenn die Achse des Loches in eine Ebene projiziert wird, die die Bezugsachse enthält, muß sie zwischen zwei parallelen geraden Linien vom Abstand 0,08 liegen, die um 60° zur waagerechten Bezugsachse $A-B$ geneigt sind. Bild 104.

Seite 20 DIN ISO 1101

Symbol	Definition der Toleranzzone (Fortsetzung)	Zeichnungseintragung und Erklärung (Fortsetzung)
	14.9.2 Neigungstoleranz einer Linie zu einer Bezugsfläche	
∠	Die in eine Ebene projizierte Toleranzzone wird begrenzt durch zwei im vorgeschriebenen Winkel zur Bezugsfläche geneigte parallele Linien vom Abstand *t*. Bild 105.	Die tolerierte Achse des Loches muß zwischen zwei parallelen Ebenen vom Abstand 0,08 liegen, die um 60° zur Bezugsfläche A geneigt sind. Bild 106.
	14.9.3 Neigungstoleranz einer Fläche zu einer Bezugslinie	
	Die Toleranzzone wird begrenzt durch zwei im vorgeschriebenen Winkel zur Bezugslinie geneigte Ebenen vom Abstand *t*. Bild 107.	Die tolerierte Fläche muß zwischen zwei parallelen Ebenen vom Abstand 0,1 liegen, die um 75° zur Bezugsachse A geneigt sind. Bild 108.
	14.9.4 Neigungstoleranz einer Fläche zu einer Bezugsfläche	
	Die Toleranzzone wird begrenzt durch zwei im vorgeschriebenen Winkel zur Bezugsfläche geneigte Ebenen vom Abstand *t*. Bild 109.	Die tolerierte Fläche muß zwischen zwei parallelen Ebenen vom Abstand 0,08 liegen, die um 40° zur Bezugsfläche A geneigt sind. Bild 110.
	14.10 Positionstoleranz	
	14.10.1 Positionstoleranz eines Punktes	
⊕	Die Toleranzzone wird begrenzt durch einen Kreis vom Durchmesser *t*, dessen Mitte am theoretisch genauen Ort des betrachteten Punktes liegt. Bild 111.	Der tatsächliche Schnittpunkt muß in einem Kreis vom Durchmesser 0,3 liegen, dessen Mitte mit dem theoretisch genauen Ort des betrachteten Punktes übereinstimmt. Bild 112.

DIN ISO 1101 Seite 21

Symbol	Definition der Toleranzzone (Fortsetzung)	Zeichnungseintragung und Erklärung (Fortsetzung)
$\oplus$	**14.10.2 Positionstoleranz einer Linie** Wenn die Toleranz nur in einer Richtung angegeben ist, wird die in eine Ebene projizierte Toleranzzone begrenzt durch zwei parallele gerade Linien vom Abstand t und liegt symmetrisch zum theoretisch genauen Ort der Linie. Bild 113. Wenn die Toleranz in zwei Richtungen senkrecht zueinander vorgeschrieben ist, wird die Toleranzzone begrenzt durch einen Quader vom Querschnitt $t_1 \cdot t_2$, dessen Achse am theoretisch genauen Ort der tolerierten Linie liegt. Bild 115. Wenn dem Toleranzwert das Zeichen ⌀ vorangestellt ist, wird die Toleranzzone begrenzt durch einen Zylinder vom Durchmesser t, dessen Achse am theoretisch genauen Ort der tolerierten Linie liegt. Bild 117. **14.10.3 Positionstoleranz einer ebenen Fläche oder einer Mittelebene** Die Toleranzzone wird begrenzt durch zwei parallele Ebenen vom Abstand t, die symmetrisch zum theoretisch genauen Ort der betrachteten Fläche liegen. Bild 120.	Jede der tolerierten Linien muß zwischen zwei parallelen geraden Linien vom Abstand 0,05 liegen, die in Bezug auf die Fläche A (Bezugsfläche) symmetrisch zum theoretisch genauen Ort liegen. Bild 114. Jede der Achsen der acht Löcher muß innerhalb eines Quaders von 0,05 liegen in waagerechter und 0,2 in senkrechter Richtung liegen. Die Achse des Quaders befindet sich am theoretisch genauen Ort des betrachteten Loches. Bild 116. Die Achse des Loches muß innerhalb eines Zylinders vom Durchmesser 0,08 liegen, dessen Achse sich in Bezug auf die Flächen A und B (Bezugsflächen) am theoretisch genauen Ort befindet. Bild 118. Jede der Achsen der acht Löcher muß innerhalb eines Zylinders vom Durchmesser 0,1 liegen, dessen Achse sich am theoretisch genauen Ort des betrachteten Loches befindet. Bild 119. Die geneigte Fläche muß zwischen zwei parallelen Ebenen vom Abstand 0,05 liegen, die symmetrisch zum theoretisch genauen Ort der tolerierten Fläche, bezogen auf die Bezugsfläche A und die Achse des Bezugszylinders B (Bezugslinie) liegen. Bild 121.

Symbol	Definition der Toleranzzone (Fortsetzung)		Zeichnungseintragung und Erklärung (Fortsetzung)	
	14.11 Konzentrizitäts- und Koaxialitätstoleranz			
	14.11.1 Konzentrizitätstoleranz eines Punktes			
◎	Die Toleranzzone wird begrenzt durch einen Kreis vom Durchmesser t, dessen Mitte mit dem Bezugspunkt übereinstimmt.	Bild 122.	Die Mitte des Kreises, der mit dem Toleranzrahmen verbunden ist, muß innerhalb eines Kreises vom Durchmesser 0,01 liegen, der konzentrisch zur Mitte des Bezugskreises A ist. Bild 123.	
	14.11.2 Koaxialitätstoleranz einer Achse			
	Wenn dem Toleranzwert das Zeichen ⌀ vorangestellt ist, wird die Toleranzzone begrenzt durch einen Zylinder vom Durchmesser t, dessen Achse mit der Bezugsachse übereinstimmt.	Bild 124.	Die Achse des Zylinders, der mit dem Toleranzrahmen verbunden ist, muß innerhalb eines koaxialen Zylinders vom Bezugsachse $A-B$ vom Durchmesser 0,08 liegen. Bild 125.	
	14.12 Symmetrie			
	14.12.1 Symmetrietoleranz einer Mittelebene			
⌯	Die Toleranzzone wird begrenzt durch zwei zur Bezugsachse oder Bezugsebene symmetrisch liegende Ebenen vom Abstand t.	Bild 126.	Die Mittelebene der Nut muß zwischen zwei parallelen Ebenen vom Abstand 0,08 liegen, die symmetrisch zur Mittelebene des Bezugselementes A liegen. Bild 127.	

DIN ISO 1101 Seite 23

Symbol	Definition der Toleranzzone (Fortsetzung)	Zeichnungseintragung und Erklärung (Fortsetzung)
	14.12.2 Symmetrietoleranz einer Linie oder einer Achse	
$\equiv$	Wenn die Toleranz nur in einer Richtung angegeben ist, wird die in eine Ebene projizierte Toleranzzone begrenzt durch zwei zur Bezugsachse (oder Bezugsebene) symmetrisch liegende parallele gerade Linie vom Abstand t. Bild 128. Wenn die Toleranz in zwei zueinander senkrechten Richtungen angegeben ist, wird die Toleranzzone begrenzt durch einen Quader vom Querschnitt $t_1 \cdot t_2$, dessen Achse mit der Bezugsachse übereinstimmt. Bild 130.	Die Achse des Loches muß zwischen zwei parallelen Ebenen vom Abstand 0,08 liegen, die symmetrisch zur gemeinsamen Mittelebene der Bezugsnuten A und B liegen. Bild 129. Die Achse des Loches muß innerhalb eines Quaders von 0,1 in waagerechter und 0,05 in senkrechter Richtung liegen, dessen Achse die Schnittlinie der beiden Bezugsmittelebenen der Bezugsnuten $A-B$ und $C-D$ ist. Bild 131.
	14.13 Lauftoleranz	
	14.13.1 Rundlauftoleranz	
↗	Die Toleranzzone wird in jeder beliebigen Meßebene senkrecht zur Achse von zwei konzentrischen Kreisen vom Abstand t begrenzt, deren Mitte mit der Bezugsachse übereinstimmt. Bild 132. Im allgemeinen gilt die Lauftoleranz für vollständige Umdrehung um die Achse. Sie kann jedoch auch begrenzt werden, daß sie nur für einen Teil des Umfanges gilt.	Bei einer Umdrehung um die Bezugsachse $A-B$ darf die Rundlaufabweichung in jeder Meßebene 0,1 nicht überschreiten. Bild 133. Bei Drehung um die Bezugsachse des Loches A um den tolerierten Teil des Umfanges darf die Rundlaufabweichung in jeder achssenkrechten Ebene nicht größer als 0,2 sein. Bild 134. Bild 135.

573

Symbol	Definition der Toleranzzone (Fortsetzung)	Zeichnungseintragung und Erklärung (Fortsetzung)
	14.13.2 Planlauftoleranz	
	Die Toleranzzone wird in jedem beliebigen radialen Abstand von zwei Kreisen von Abstand t begrenzt, die in einem Meßzylinder liegen, dessen Achse mit der Bezugsachse übereinstimmt. Bild 136.	Bei einer Umdrehung um die Bezugsachse D darf die Planlaufabweichung an jeder beliebigen Meßposition nicht größer als 0,1 sein. Bild 137.
↗	**14.13.3 Lauftoleranz in beliebiger Richtung**	
	Die Toleranzzone wird in jedem beliebigen Meßkegel, dessen Achse mit der Bezugsachse übereinstimmt, von zwei Kreisen vom Abstand t begrenzt. Wenn nicht anders angegeben, ist die Meßrichtung senkrecht zur Fläche. Bild 138.	Bei einer Umdrehung um die Bezugsachse C darf die Laufabweichung in jedem beliebigen Meßkegel nicht größer als 0,1 sein. Bild 139. Bei einer Umdrehung um die Bezugsachse C darf die Laufabweichung in jedem Meßkegel, gemessen in senkrechter Richtung zur Tangente einer gekrümmten Fläche, nicht größer als 0,1 sein. Bild 140.
	14.13.4 Lauftoleranz in vorgeschriebener Richtung	
	Die Toleranzzone wird in jedem beliebigen Meßkegel mit vorgeschriebenem Kegelwinkel, dessen Achse mit der Bezugsachse übereinstimmt, von zwei Kreisen vom Abstand t begrenzt.	Bei einer Umdrehung um die Bezugsachse C darf die Laufabweichung in jedem Meßkegel in der vorgeschriebenen Richtung nicht größer als 0,1 sein. Bild 141.

DIN ISO 1101 Seite 25

Symbol	Definition der Toleranzzone (Fortsetzung)	Zeichnungseintragung und Erklärung (Fortsetzung)
	14.14 Gesamtlauftoleranz	
	14.14.1 Gesamtrundlauftoleranz	
	Die Toleranzzone wird begrenzt von zwei koaxialen Zylindern vom Abstand t, deren Achsen mit den Bezugsachsen übereinstimmen. Bild 142.	Bild 143. Bei mehrmaliger Drehung um die Bezugsachse $A-B$ und bei axialer Verschiebung zwischen Werkstück und Meßgerät müssen alle Punkte der Oberfläche des tolerierten Elementes innerhalb der Gesamt-Rundlauftoleranz von $t = 0,1$ liegen. Bei der Verschiebung muß entweder das Meßgerät oder das Werkstück entlang einer Linie geführt werden, die die theoretisch genaue Form hat und in richtiger Lage zur Bezugsachse ist.
⤨	**14.14.2 Gesamtplanlauftoleranz** Die Toleranzzone wird begrenzt von zwei parallelen Ebenen vom Abstand t, die senkrecht zur Bezugsachse sind. Bild 144.	Bild 145. Bei mehrmaliger Drehung um die Bezugsachse D und bei radialer Verschiebung zwischen Werkstück und Meßgerät müssen alle Punkte der Oberfläche des tolerierten Elementes innerhalb der Gesamt-Planlauftoleranz von $t = 0,1$ liegen. Bei der Verschiebung muß entweder das Meßgerät oder das Werkstück entlang einer Linie geführt werden, die die theoretisch genaue Form hat und in richtiger Lage zur Bezugsachse ist.

Ende der deutschen Übersetzung

DK 621.753.12 : 744.4   Juni 1991

	Allgemeintoleranzen Toleranzen für Längen- und Winkelmaße ohne einzelne Toleranzeintragung Identisch mit ISO 2768-1 : 1989	DIN ISO 2768 Teil 1

General tolerances; Tolerances for linear and angular dimensions without
individual tolerance indications; Identical with ISO 2768-1 : 1989
Tolérances générales; Tolérances pour dimensions linéaires et angulaires
non affectées de tolérances individuelles; Identique à ISO 2768-1 : 1989

Ersatz für
Ausgabe 04.91

Die Internationale Norm ISO 2768-1, 1. Ausgabe, 1989-11-15, „General tolerances — Part 1: Tolerances for linear and angular dimensions without individual tolerance indications", ist unverändert in diese Deutsche Norm übernommen worden.

Nationales Vorwort

Die Normen DIN ISO 2768 Teil 1 und Teil 2 sind sowohl anwendbar, wenn
— DIN ISO 8015 gilt, die Zeichnung also im oder am Zeichnungsschriftfeld einen Hinweis auf ISO 8015 enthält,
als auch, wenn
— DIN 7167 gilt, die Zeichnung also keinen Hinweis auf ISO 8015 trägt.
Näheres hierzu siehe Abschnitt 5

Die Internationale Norm ISO 2768-1 : 1989 ist in der Arbeitsgruppe ISO/TC 3/WG 6 „Allgemeintoleranzen" unter Zugrundelegung von DIN 7168 Teil 1 und wesentlicher Beteiligung deutscher Fachleute ausgearbeitet worden. Es konnten jedoch nicht alle Festlegungen von DIN 7168 Teil 1 für die ISO-Norm durchgesetzt werden.

Die Änderungen einiger Toleranzwerte waren aufgrund von Erfahrungen in anderen Ländern und wegen einer gleichmäßigeren Stufung durchgeführt worden. Da in der ISO-Norm alle Werte etwas größer sind, dürfte es bei der Anwendung dieser Norm keine Schwierigkeiten geben.

Wegen des hohen Verbreitungsgrades der Normen DIN 7168 Teil 1 und Teil 2 und ihrer Gültigkeit in unzähligen Zeichnungen ist eine schnelle Umstellung der Industrie auf DIN ISO 2768 Teil 1 und Teil 2 nicht möglich. Deshalb wurden die Normen DIN 7168 Teil 1 und Teil 2 durch eine zusammenfassende Folgeausgabe DIN 7168 (ohne Teilnummer) mit dem Hinweis „Nicht für Neukonstruktionen" ersetzt.

Zusammenhang der zitierten ISO-Normen mit DIN-Normen:

ISO-Normen	DIN-Normen
ISO 2768-2	DIN ISO 2768 Teil 2
ISO 8015	DIN ISO 8015
ISO 8062	DIN 1680 und folgende

Fortsetzung Seite 2 bis 5

Normenausschuß Länge und Gestalt (NLG) im DIN Deutsches Institut für Normung e.V.

Deutsche Übersetzung

Allgemeintoleranzen
Teil 1: Toleranzen für Längen- und Winkelmaße ohne einzelne Toleranzeintragung

Vorwort

Die ISO (Internationale Organisation für Normung) ist die weltweite Vereinigung nationaler Normungsinstitute (ISO-Mitgliedskörperschaften). Die Erarbeitung Internationaler Normen obliegt den Technischen Komitees der ISO. Jede Mitgliedskörperschaft, die sich für ein Thema interessiert, für das ein Technisches Komitee eingesetzt wurde, ist berechtigt, in diesem Komitee mitzuarbeiten. Internationale (staatliche und nichtstaatliche) Organisationen, die mit der ISO in Verbindung stehen, sind an den Arbeiten ebenfalls beteiligt. Die ISO arbeitet eng mit der Elektrotechnischen Kommission (IEC) auf allen Gebieten elektrotechnischer Normung zusammen.

Die von den Technischen Komitees verabschiedeten Entwürfe zu Internationalen Normen werden den Mitgliedskörperschaften zunächst zur Annahme vorgelegt, bevor sie vom Rat der ISO als Internationale Norm bestätigt werden. Sie werden nach den Verfahrensregeln der ISO angenommen, wenn mindestens 75 % der abstimmenden Mitgliedskörperschaften zugestimmt haben.

Die Internationale Norm ISO 2768-1 wurde vom Technischen Komitee ISO/TC 3 „Grenzmaße und Passungen" ausgearbeitet.

Diese 1. Ausgabe von ISO 2768-1 ersetzt zusammen mit ISO 2768-2 : 1989 die ISO 2768 : 1973.

ISO 2768 umfaßt unter dem Haupttitel „Allgemeintoleranzen" die folgenden Teile:

— Teil 1: Toleranzen für Längen- und Winkelmaße ohne einzelne Toleranzeintragung

— Teil 2: Toleranzen für Form und Lage ohne einzelne Toleranzeintragung

Der Anhang A dieses Teiles dient nur der Information.

Einführung

Formelemente für Bauteile haben immer Maße und eine geometrische Gestalt. Wegen der Maßabweichungen und der Abweichungen von den geometrischen Eigenschaften (Form, Richtung und Lage) sind für die Funktion des Bauteiles Toleranzen erforderlich; werden sie überschritten, dann wird die Funktion beeinträchtigt.

Die Tolerierung sollte in der Zeichnung vollständig sein, um sicherzustellen, daß die Elemente von Maß und Geometrie bei allen Formelementen erfaßt sind; d. h., nichts darf unklar bleiben oder der Beurteilung in Werkstatt oder Prüfung überlassen werden.

Mit der Anwendung der Allgemeintoleranzen für Maß, Form und Lage wird die Aufgabe vereinfacht, diese Vorbedingung zu erfüllen.

1 Zweck

Dieser Teil von ISO 2768 dient der Vereinfachung von Zeichnungen und enthält Allgemeintoleranzen für Längen- und Winkelmaße ohne einzeln eingetragene Toleranzen in vier Toleranzklassen.

Anmerkung 1: Das Konzept zur Allgemeintolerierung von Längen- und Winkelmaßen wird im Anhang A beschrieben.

Er ist für Formelemente anwendbar, die durch Spanen oder Umformen von metallischen Halbzeugen gefertigt wurden.

Anmerkung 2: Diese Toleranzen dürfen auch für nichtmetallische Werkstoffe angewendet werden.

Anmerkung 3: Ähnliche Internationale Normen sind bereits vorhanden, oder sollen noch erarbeitet werden, z. B. ISO 8062[1]) für Gußstücke.

Dieser Teil von ISO 2768 gilt nur für folgende Maße, für die einzeln keine Toleranzangabe eingetragen ist:

a) Längenmaße (z. B. Außen-, Innen-, Absatzmaße, Durchmesser, Radien, Abstandsmaße, Rundungshalbmesser und Fasenhöhen für gebrochene Kanten),

b) Winkelmaße, auch für solche, die üblicherweise nicht eingetragen sind, wie z. B. rechte Winkel (90°), es sei denn, es wird auf ISO 2768 Teil 2 hingewiesen, oder Winkel gleichmäßiger Vielecke.

c) Längen- und Winkelmaße, die durch Bearbeiten gefügter Teile entstehen.

Dieser Teil von ISO 2768 gilt nicht für

a) Längen- und Winkelmaße, die durch andere Normen über Allgemeintoleranzen abgedeckt sind,

b) in Klammern stehende Hilfsmaße,

c) rechteckig eingerahmte theoretische Maße.

2 Allgemeines

Durch die Wahl der Toleranzklasse soll die jeweilige werkstattübliche Genauigkeit berücksichtigt werden. Wenn für ein einzelnes Formelement kleinere Toleranzen erforderlich oder größere zulässig und wirtschaftlicher sind, sollten diese Toleranzen direkt neben dem (den) zugehörigen Nennmaß(en) angegeben werden.

Allgemeintoleranzen für Längen- und Winkelmaße gelten, wenn in Zeichnungen oder zugehörigen Unterlagen entsprechend Abschnitt 5 auf diesen Teil von ISO 2768 hingewiesen wird. Falls in anderen Internationalen Normen Allgemeintoleranzen für andere Verfahren beschrieben werden, ist in Zeichnungen oder zugehörigen Unterlagen auf jene hinzuweisen. Bei einem Maß zwischen einer bearbeiteten und einer unbearbeiteten Fläche, z. B. bei Gußrohteilen oder Schmiederohteilen, für das einzeln keine Toleranz angegeben ist, ist die größere der beiden in Frage kommenden Allgemeintoleranzen anzuwenden, z. B. für Gußstücke (nach ISO 8062[1]).

[1]) ISO 8062 : 1984 Gußstücke — Toleranzsystem für Längenmaße

3 Verweisungen auf andere Normen

Die folgenden Normen enthalten Festlegungen, die durch Bezugnahme zum Bestandteil von ISO 2768 werden. Die angegebenen Ausgaben sind die beim Erscheinen von ISO 2768 gültigen. Da Normen von Zeit zu Zeit überarbeitet werden, wird dem Anwender dieser Norm empfohlen, immer auf die jeweils neueste Fassung der zitierten Norm zurückzugreifen. IEC- und ISO-Mitglieder haben Verzeichnisse der jeweils gültigen Ausgabe der Internationalen Normen.

ISO 2768-2 : 1989 Allgemeintoleranzen — Teil 2: Form- und Lagetoleranzen für Formelemente ohne einzeln eingetragene Toleranzen

ISO 8015 : 1985 Technische Zeichnungen; Tolerierungsgrundsatz

Nationale Anmerkung:

DIN 7167 Zusammenhang zwischen Maß-, Form- und Parallelitätstoleranzen; Hüllbedingung ohne Zeichnungseintragung

4 Allgemeintoleranzen

4.1 Längenmaße

Allgemeintoleranzen für Längenmaße nach den Tabellen 1 und 2.

4.2 Winkelmaße

In Winkeleinheiten festgelegte Allgemeintoleranzen erfassen nur die allgemeine Richtung von Linien oder Linienelementen von Flächen, nicht aber ihre Formabweichungen.

Die allgemeine Richtung der von der Istfläche abgeleiteten Linie (Istlinie) ist die Richtung der Berührungslinie von geometrisch idealer Form. Der größte Abstand zwischen der Berührungslinie und der Istlinie muß den kleinstmöglichen Wert haben (siehe ISO 8015).

Grenzabmaße für Winkelmaße sind in Tabelle 3 angegeben.

Tabelle 1. **Grenzabmaße für Längenmaße außer für gebrochene Kanten**
(Rundungshalbmesser und Fasenhöhen siehe Tabelle 2)   Werte in mm

Toleranzklasse		Grenzabmaße für Nennmaßbereiche							
Kurzzeichen	Benennung	von 0,5[1]) bis 3	über 3 bis 6	über 6 bis 30	über 30 bis 120	über 120 bis 400	über 400 bis 1000	über 1000 bis 2000	über 2000 bis 4000
f	fein	± 0,05	± 0,05	± 0,1	± 0,15	± 0,2	± 0,3	± 0,5	—
m	mittel	± 0,1	± 0,1	± 0,2	± 0,3	± 0,5	± 0,8	± 1,2	± 2
c	grob	± 0,2	± 0,3	± 0,5	± 0,8	± 1,2	± 2	± 3	± 4
v	sehr grob	—	± 0,5	± 1	± 1,5	± 2,5	± 4	± 6	± 8

[1]) Für Nennmaße unter 0,5 mm sind die Grenzabmaße direkt an dem (den) entsprechenden Nennmaß(en) anzugeben.

Tabelle 2. **Grenzabmaße für gebrochene Kanten**
(Rundungshalbmesser und Fasenhöhen)   Werte in mm

Toleranzklasse		Grenzabmaße für Nennmaßbereiche		
Kurzzeichen	Benennung	von 0,5[1]) bis 3	über 3 bis 6	über 6
f	fein	± 0,2	± 0,5	± 1
m	mittel			
c	grob	± 0,4	± 1	± 2
v	sehr grob			

[1]) Für Nennmaße unter 0,5 mm sind die Grenzabmaße direkt an dem (den) entsprechenden Nennmaß(en) anzugeben.

Tabelle 3. **Grenzabmaße für Winkelmaße**

Toleranzklasse		Grenzabmaße für Längenbereiche, in mm, für den kürzeren Schenkel des betreffenden Winkels				
Kurzzeichen	Benennung	bis 10	über 10 bis 50	über 50 bis 120	über 120 bis 400	über 400
f	fein	± 1°	± 0° 30′	± 0° 20′	± 0° 10′	± 0° 5′
m	mittel					
c	grob	± 1° 30′	± 1°	± 0° 30′	± 0° 15′	± 0° 10′
v	sehr grob	± 3°	± 2°	± 1°	± 0° 30′	± 0° 20′

5 Zeichnungseintragungen

Sollen die Allgemeintoleranzen nach diesem Teil von ISO 2768 gelten, dann ist folgende Eintragung in oder neben dem Zeichnungsschriftfeld vorzunehmen:
a) „ISO 2768",
b) die Toleranzklassse nach diesem Teil von ISO 2768.

Beispiel: **ISO 2768 — m**

Nationale Anmerkung: Im Zweifelsfall ist die Benennung „Allgemeintoleranz" voranzustellen.

6 Zurückweisung

Wenn nicht anders festgelegt, dürfen Werkstücke, bei denen die Allgemeintoleranzen nicht eingehalten sind, nicht automatisch zurückgewiesen werden, wenn ihre Funktion nicht beeinträchtigt ist (siehe Anhang A.4).

Nationale Anmerkung: Diese Aussage ist gleichbedeutend mit dem sogenannten Beanstandungsparagraphen § 459 BGB.

Anhang A
(Dieser Anhang dient der Information.)

Konzept zur Allgemeintolerierung von Längen- und Winkelmaßen

A.1 Allgemeintoleranzen sollten entsprechend Abschnitt 5 dieses Teiles der ISO 2768 in die Zeichnung eingetragen werden.

Die Werte der Allgemeintoleranzen entsprechen in ihren Toleranzklassen den werkstattüblichen Genauigkeiten. Die geeignete Toleranzklasse ist auszuwählen und in der Zeichnung anzugeben.

A.2 Oberhalb bestimmter Toleranzwerte ergibt sich durch die Vergrößerung der Toleranz bei der Herstellung meist kein wirtschaftlicher Gewinn. Z.B. könnte ein Formelement mit 35 mm Durchmesser bis zu einem hohen Übereinstimmungsgrad in einer Werkstatt mit einer mittleren „werkstattüblichen Genauigkeit" gefertigt werden. Grenzabmaße von ± 1 mm hätten speziell für diese Werkstatt keine Vorteile, da die Werte der Allgemeintoleranz von ± 0,3 mm völlig ausreichten.

Wenn jedoch aus Funktionsgründen für ein Formelement eine kleinere Toleranz erforderlich ist als die „Allgemeintoleranzen", dann sollte bei diesem Formelement die kleinere Toleranz einzeln neben dem Nennmaß eingetragen werden, das das Maß oder den Winkel festlegt. Diese Toleranz liegt außerhalb des Geltungsbereiches der Allgemeintoleranzen.

Wenn die Funktion eines Formelementes eine Toleranz zuläßt, die gleich oder größer ist als die Werte der Allgemeintoleranzen, dann sollten diese Werte nicht am Nennmaß, sondern, wie im Abschnitt A.1 beschriebene, in die Zeichnung eingetragen werden. Diese Toleranz erlaubt die vollständige Anwendung des Konzeptes der Allgemeintolerierung.

Es gibt „Ausnahmen von der Regel", bei denen die Funktion des Formelementes eine größere Toleranz als die Allgemeintoleranzen zuläßt, und mit der größeren Toleranz bei der Herstellung ein wirtschaftlicher Gewinn erzielt wird. In diesen Sonderfällen sollte die größere Toleranz einzeln neben dem Nennmaß für das betreffende Formelement eingetragen werden; z.B. die Tiefe von Grundlöchern, die beim Zusammenbau gebohrt werden.

A.3 Durch die Anwendung von Allgemeintoleranzen ergeben sich folgende Vorteile:
a) Zeichnungen sind leichter zu lesen und führen zu einer besseren Verständigung mit dem Anwender.
b) Konstrukteure sparen Zeit, weil sie keine detaillierten Toleranzberechnungen vornehmen müssen; es genügt zu wissen, daß die Funktion eine Toleranz zuläßt, die größer oder gleich der Allgemeintoleranz ist.
c) Die Zeichnung gibt schnell Aufschluß darüber, welche Formelemente mit üblichen Fertigungsaufwand hergestellt werden können. Das ermöglicht der Qualitätskontrolle eine Verringerung des Prüfaufwandes.
d) Die übrigen Maße mit einzeln eingetragenen Toleranzen werden vorwiegend jene sein, für deren Funktion relativ kleine Toleranzen erforderlich sind und auf die daher bei der Herstellung besondere Sorgfalt verwendet werden muß. Das ist für die Fertigungsplanung hilfreich und unterstützt die Qualitätskontrolle bei der Analyse der Prüfanforderungen.
e) Einkäufer und Zulieferer können Aufträge schneller abschließen, weil die „werkstattübliche Genauigkeit" vor Vertragsabschluß bekannt ist. Da die Zeichnung in diesem Punkt vollständig ist, werden bei Lieferung auch Auseinandersetzungen zwischen Käufer und Lieferer vermieden.

Deshalb sollte jede Werkstatt
— ihre werkstattübliche Genauigkeit durch Messungen feststellen;
— nur solche Zeichnungen annehmen, deren Allgemeintoleranzen gleich oder größer sind als ihre eigene werkstattübliche Genauigkeit;
— durch Stichproben sicherstellen, daß sich ihre werkstattübliche Genauigkeit nicht verschlechtert.

Mit dem Konzept der Allgemeintoleranzen für Form und Lage ist man nicht mehr länger auf die undefinierte „gute Werkstattarbeit" mit allen ihren Unsicherheiten und Mißverständnissen angewiesen. Die erforderliche Genauigkeit der „guten Werkstattarbeit" wird durch die Allgemeintoleranzen für Form und Lage definiert.

A.4 Oft erlaubt die Funktion eine größere Toleranz als die Allgemeintoleranz. Deshalb wird die Funktion eines Teiles nicht immer beeinträchtigt, wenn die Allgemeintoleranz eines beliebigen Formelementes eines Werkstückes (gelegentlich) nicht eingehalten ist. Das Überschreiten der Grenzen der Allgemeintoleranz soll nur dann zu einer Zurückweisung des Werkstückes führen, wenn die Funktion beeinträchtigt ist.

Ende der deutschen Übersetzung

Zitierte Normen

— in der deutschen Übersetzung
Siehe Abschnitt 3

— in nationalen Zusätzen

DIN 7167	Zusammenhang zwischen Maß-, Form- und Parallelitätstoleranzen; Hüllbedingung ohne Zeichnungseintragung
DIN 7168	Allgemeintoleranzen; Nicht für Neukonstruktionen
DIN ISO 2768 Teil 2	Allgemeintoleranzen für Form und Lage; Identisch mit ISO 2768-2 : 1989
DIN ISO 5459	Technische Zeichnungen; Form- und Lagetolerierung; Bezüge und Bezugssysteme für geometrische Toleranzen
DIN ISO 8015	Technische Zeichnungen; Tolerierungsgrundsatz; Identisch mit ISO 8015 : 1985
ISO 2768-2 : 1989	General tolerances — Part 2: Geometrical tolerances for features without individual tolerance indications
ISO 5459 : 1981	Technical drawings — Geometrical tolerancing — Datums and datum systems for geometrical tolerances
ISO 8015 : 1985	Technical drawings — Fundamental tolerancing principles
ISO 8062 : 1984	Castings — System of dimensional tolerances

Frühere Ausgaben:

DIN ISO 2768 Teil 1 : 04.91

Änderungen

Gegenüber der Ausgabe April 1991 wurden folgende Änderungen vorgenommen:
— Druckfehlerberichtigung: In Tabelle 3, letzte Zeile, wurden die Werte in den beiden letzten Spalten berichtigt.

Internationale Patentklassifikation

G 01 B 21/02
G 01 B 21/22

DK 621.753.14 : 744.4 April 1991

Allgemeintoleranzen
Toleranzen für Form und Lage ohne einzelne Toleranzeintragung
Identisch mit ISO 2768-2 : 1989

DIN ISO 2768
Teil 2

General tolerances; Geometrical tolerances for features without individual tolerances indications;
Identical with ISO 2768-2 : 1989

Tolérances générales; Tolérances géométriques pour éléments non affectés de tolérances individuelles;
Identique à ISO 2768-2 : 1989

Die Internationale Norm ISO 2768-2, 1. Ausgabe, 1989-11-15, „General tolerances — Part 2: Geometrical tolerances for features without individual tolerance indications", ist unverändert in diese Deutsche Norm übernommen worden.

Nationales Vorwort

Die Normen DIN ISO 2768 Teil 1 und Teil 2 sind sowohl anwendbar, wenn
— DIN ISO 8015 gilt, die Zeichnung also im oder am Zeichnungsschriftfeld einen Hinweis auf ISO 8015 enthält,
als auch, wenn
— DIN 7167 gilt, die Zeichnung also keinen Hinweis auf ISO 8015 trägt.
Näheres hierzu siehe Abschnitt 6

Diese Norm ist in der Arbeitsgruppe ISO/TC 3/WG 6 — Allgemeintoleranzen — unter Zugrundelegung von DIN 7168 Teil 2 und unter wesentlicher Beteiligung deutscher Fachleute ausgearbeitet worden.

Untersuchungen über werkstattübliche Genauigkeiten in Industriebetrieben in Australien, Deutschland, England, Japan und der Schweiz haben es ratsam erscheinen lassen, die Allgemeintoleranzen für Geradheit und Ebenheit in Tabelle 1 gegenüber DIN 7168 Teil 2 zu vergrößern. Deshalb sind in dieser Norm andere Kennbuchstaben festgelegt worden.

Die ISO-Norm enthält auch Allgemeintoleranzen für Rechtwinkligkeit (siehe Tabelle 2). Diese waren in DIN 7168 Teil 2 nicht enthalten. Rechtwinkligkeitsabweichungen wurden bislang durch die Tabelle 3 in DIN 7168 Teil 1 begrenzt. Man hatte seinerzeit im zuständigen Unterausschuß „Allgemeintoleranzen" im NLG bewußt auf die Festlegungen von Allgemeintoleranzen für Rechtwinkligkeit und Neigung in DIN 7168 Teil 2 verzichtet, um Fehlinterpretationen und Widersprüche zu DIN 7168 Teil 1 auszuschließen. In der ISO-Arbeitsgruppe war man jedoch mehrheitlich der Meinung, daß Allgemeintoleranzen für Rechtwinkligkeit in dieser Norm erfaßt sein müssen.

Wegen des hohen Verbreitungsgrades der Normen DIN 7168 Teil 1 und Teil 2 und ihrer Gültigkeit in unzähligen Zeichnungen ist eine schnelle Umstellung der Industrie auf DIN ISO 2768 Teil 1 und Teil 2 nicht möglich. Deshalb wurden die Normen DIN 7168 Teil 1 und Teil 2 durch eine zusammenfassende Folgeausgabe DIN 7168 (ohne Teilnummer) mit dem Hinweis „Nicht für Neukonstruktionen" ersetzt.

Zusammenhang der im Abschnitt 4 genannten ISO-Normen mit DIN-Normen:

ISO-Normen	DIN-Normen
ISO 1101	DIN ISO 1101
ISO 2768-1	DIN ISO 2768 Teil 1
ISO 5459	DIN ISO 5459
ISO 8015	DIN ISO 8015

Fortsetzung Seite 2 bis 9

Normenausschuß Länge und Gestalt (NLG) im DIN Deutsches Institut für Normung e.V.

Deutsche Übersetzung
Allgemeintoleranzen
Teil 2: Toleranzen für Form und Lage ohne einzelne Toleranzeintragung

Vorwort

Die ISO (Internationale Organisation für Normung) ist die weltweite Vereinigung nationaler Normungsinstitute (ISO-Mitgliedskörperschaften). Die Erarbeitung Internationaler Normen obliegt den Technischen Komitees der ISO. Jede Mitgliedskörperschaft, die sich für ein Thema interessiert, für das ein Technisches Komitee eingesetzt wurde, ist berechtigt, in diesem Komitee mitzuarbeiten. Internationale (staatliche und nichtstaatliche) Organisationen, die mit der ISO in Verbindung stehen, sind an den Arbeiten ebenfalls beteiligt. Die ISO arbeitet eng mit der Elektrotechnischen Kommission (IEC) auf allen Gebieten elektrotechnischer Normung zusammen.

Die von den Technischen Komitees verabschiedeten Entwürfe zu Internationalen Normen werden den Mitgliedskörperschaften zunächst zur Annahme vorgelegt, bevor sie vom Rat der ISO als Internationale Norm bestätigt werden. Sie werden nach den Verfahrensregeln der ISO angenommen, wenn mindestens 75 % der abstimmenden Mitgliedskörperschaften zugestimmt haben.

Die Internationale Norm ISO 2768-2 wurde vom Technischen Komitee ISO/TC 3 „Grenzmaße und Passungen" ausgearbeitet.

Diese 1. Ausgabe von ISO 2768-2 ersetzt zusammen mit ISO 2768-1 : 1989 die ISO 2768 : 1973.

ISO 2768 umfaßt unter dem Haupttitel „Allgemeintoleranzen" die folgenden Teile:
— Teil 1: Toleranzen für Längen- und Winkelmaße ohne einzelne Toleranzeintragung
— Teil 2: Toleranzen für Form und Lage ohne einzelne Toleranzeintragung
Die Anhänge A und B dieses Teiles dienen nur der Information.

Einführung

Formelemente für Bauteile haben immer Maße und eine geometrische Gestalt. Wegen der Maßabweichungen und der Abweichungen von den geometrischen Eigenschaften (Form, Richtung und Lage) sind für die Funktion des Bauteiles Toleranzen erforderlich; werden sie überschritten, dann wird die Funktion beeinträchtigt.

Die Tolerierung sollte in der Zeichnung vollständig sein, um sicherzustellen, daß die Elemente von Maß und Geometrie bei allen Formelementen erfaßt sind; d. h. nichts darf unklar bleiben oder der Beurteilung in Werkstatt oder Prüfung überlassen werden.

Mit der Anwendung der Allgemeintoleranzen für Maß, Form und Lage wird die Aufgabe vereinfacht, diese Vorbedingung zu erfüllen.

1 Zweck

Dieser Teil von ISO 2768 dient der Vereinfachung von Zeichnungseintragungen und legt Allgemeintoleranzen für Form und Lage fest, um in der Zeichnung jene Formelemente zu erfassen, die nicht mit einzeln eingetragenen Form- und Lagetoleranzen versehen sind. Diese Norm legt Allgemeintoleranzen für Form und Lage in drei Toleranzklassen fest.

Dieser Teil von ISO 2768 ist hauptsächlich für Formelemente anwendbar, die durch Spanen gefertigt wurden. Ihre Anwendung für durch andere Verfahren hergestellte Formelemente ist möglich; sie bedarf jedoch einer gesonderten Untersuchung im Hinblick darauf, ob die werkstattübliche Genauigkeit innerhalb der Allgemeintoleranzen für Form und Lage nach diesem Teil der ISO 2768 liegt.

Allgemeintoleranzen für Form und Lage nach diesem Teil der ISO 2768 gelten, wenn in Zeichnungen oder zugehörigen Unterlagen entsprechend Abschnitt 6 auf diesen Teil der ISO 2768 hingewiesen wird. Sie gelten für Formelemente, bei denen entsprechende Form- und Lagetoleranzen nicht einzeln angegeben sind.

Allgemeintoleranzen für Form und Lage sind für alle zu tolerierenden Eigenschaften der Formelemente anwendbar mit Ausnahme der Eigenschaften Zylinderform, Profil einer beliebigen Linie, Profil einer beliebigen Fläche, Neigung, Koaxialität, Position und Gesamtlauf.

Die Allgemeintoleranzen für Form und Lage nach diesem Teil der ISO 2768 sollten in jedem Fall angewendet werden, wenn der Tolerierungsgrundsatz nach ISO 8015 gilt und in die Zeichnung eingetragen ist (siehe Abschnitt B.1).

2 Allgemeines

Durch die Wahl einer bestimmten Toleranzklasse soll die jeweilige werkstattübliche Genauigkeit berücksichtigt werden. Wenn für ein einzelnes Formelement kleinere Toleranzen für Form und Lage erforderlich oder größere zulässig und wirtschaftlicher sind, sollten diese Toleranzen direkt nach ISO 1101 angegeben werden (siehe Abschnitt A.2).

3 Verweisungen auf andere Normen

Die folgenden Normen enthalten Festlegungen, die durch Bezugnahme zum Bestandteil von ISO 2768 werden. Die angegebenen Ausgaben sind die beim Erscheinen von ISO 2768 gültigen. Da Normen von Zeit zu Zeit überarbeitet werden, wird dem Anwender dieser Norm empfohlen, immer auf die jeweils neueste Fassung der zitierten Norm zurückzugreifen. IEC- und ISO-Mitglieder haben Verzeichnisse der jeweils gültigen Ausgabe der Internationalen Normen.

ISO 1101 Technische Zeichnungen; Form- und Lagetolerierung; Tolerierung von Form, Richtung, Ort und Lauf, Allgemeines, Begriffe, Symbole, Zeichnungseintragungen

ISO 2768-1 Allgemeintoleranzen — Teil 1: Toleranzen für Längen- und Winkelmaße ohne einzeln eingetragene Toleranzen

ISO 5459 Technische Zeichnungen; Bezüge und Bezugssysteme für Form- und Lagetoleranzen

ISO 8015 Technische Zeichnungen; Tolerierungsgrundsatz

Nationale Anmerkung:

DIN 7167 Zusammenhang zwischen Maß-, Form- und Parallelitätstoleranzen; Hüllbedingung ohne Zeichnungseintragung

Anmerkung 1: Die Abweichung von der Zylinderform setzt sich aus den drei Komponenten Rundheits-, Geradheits- und Parallelitätsabweichung gegenüberliegender Mantellinien zusammen. Jede dieser Komponenten wird durch ihre einzeln eingetragenen Toleranzen oder ihre Allgemeintoleranz erfaßt.

Anmerkung 2: Falls die Abweichung von der Zylinderform aus Funktionsgründen kleiner sein muß als die kombinierte Wirkung (siehe Abschnitt B.3) der Allgemeintoleranzen für Rundheit, Geradheit und Parallelität, muß eine Toleranz für die Zylinderform nach ISO 1101 an dem entsprechenden Formelement einzeln angegeben werden.

Oft ist es zweckmäßiger, z. B. bei einer Passung, die Hüllbedingung Ⓔ festzulegen.

Nationale Anmerkung: Wenn DIN 7167 gilt, dann ist die Zylinderformabweichung durch die geometrisch ideale Hülle mit Maximum-Material-Maß begrenzt.

4 Begriffe

Für die Anwendung dieses Teiles der ISO 2768 gelten die in ISO 1101 und ISO 5459 festgelegten Begriffe für Form- und Lagetoleranzen.

5 Allgemeintoleranzen für Form und Lage

(Siehe Abschnitt B.1)

5.1 Toleranzen für einzelne Formelemente

5.1.1 Geradheit und Ebenheit

Die Allgemeintoleranzen für Geradheit und Ebenheit sind in Tabelle 1 angegeben. Zur Auswahl des Tabellenwertes gilt für Geradheitstoleranzen die Länge der betreffenden Linie und für Ebenheitstoleranzen die größere Seitenlänge der Fläche oder der Durchmesser der Kreisfläche.

Tabelle 1. **Allgemeintoleranzen für Geradheit und Ebenheit**

Werte in mm

Toleranzklasse	Allgemeintoleranzen für Geradheit und Ebenheit für Nennmaßbereiche				
	bis 10	über 10 bis 30	über 30 bis 100	über 100 bis 300	über 300 bis 1000	über 1000 bis 3000
H	0,02	0,05	0,1	0,2	0,3	0,4
K	0,05	0,1	0,2	0,4	0,6	0,8
L	0,1	0,2	0,4	0,8	1,2	1,6

5.1.2 Rundheit

Die Allgemeintoleranz für Rundheit ist gleich dem Zahlenwert der Durchmessertoleranz, darf aber keinesfalls größer als der in Tabelle 4 angegebene Wert für die Rundlauftoleranz sein (siehe Beispiele in Anhang B.2).

5.1.3 Zylinderform

Allgemeintoleranzen für die Zylinderform sind nicht festgelegt.

5.2 Toleranzen für bezogene Formelemente

5.2.1 Allgemeines

Die in den Abschnitten 5.2.2 bis 5.2.6 festgelegten Toleranzen gelten für alle Formelemente, die zueinander in Bezug gesetzt werden können und keine einzelnen diesbezüglichen Angaben haben.

5.2.2 Parallelität

Die Allgemeintoleranz für Parallelität ist gleich dem Zahlenwert der Maßtoleranz oder der Ebenheits- bzw. Geradheitstoleranz, je nachdem, welche die größere ist. Das längere der beiden Formelemente gilt als Bezugselement. Wenn die Formelemente gleiches Nennmaß haben, darf jedes als Bezugselement dienen (siehe Abschnitt B.4).

5.2.3 Rechtwinkligkeit

Die Allgemeintoleranzen für Rechtwinkligkeit sind in Tabelle 2 enthalten. Der längere der den rechten Winkel bildenden beiden Schenkel dient als Bezugselement. Wenn die Formelemente gleiches Nennmaß haben, darf jedes als Bezugselement dienen.

Tabelle 2. **Allgemeintoleranzen für Rechtwinkligkeit**

Werte in mm

Toleranzklasse	Rechtwinkligkeitstoleranzen für Nennmaßbereiche für den kürzeren Winkelschenkel			
	bis 100	über 100 bis 300	über 300 bis 1000	über 1000 bis 3000
H	0,2	0,3	0,4	0,5
K	0,4	0,6	0,8	1
L	0,6	1	1,5	2

5.2.4 Symmetrie

Die Allgemeintoleranzen für Symmetrie sind in Tabelle 3 festgelegt. Das längere der beiden Formelemente gilt als Bezugselement. Wenn die Formelemente gleiches Nennmaß haben, darf jedes als Bezugselement dienen.

Anmerkung: Die Allgemeintoleranzen für Symmetrie gelten, wenn
- mindestens eines der beiden Formelemente eine Mittelebene hat oder
- die Achsen der beiden Formelemente im rechten Winkel zueinander liegen.

Beispiele siehe Abschnitt B.5.

Tabelle 3. **Allgemeintoleranzen für Symmetrie**

Werte in mm

Toleranz-klasse	Symmetrietoleranzen für Nennmaßbereiche			
	bis 100	über 100 bis 300	über 300 bis 1000	über 1000 bis 3000
H	0,5			
K	0,6		0,8	1
L	0,6	1	1,5	2

5.2.5 Koaxialität

Allgemeintoleranzen für Koaxialität sind nicht festgelegt.

Anmerkung: Die Koaxialitätsabweichung darf im Extremfall so groß sein wie die in Tabelle 4 angegebenen Werte für den Rundlauf, weil sich die Rundlaufabweichung aus Koaxialitäts- und Rundheitsabweichung zusammensetzt.

5.2.6 Lauf

Die Allgemeintoleranzen für Lauf (Rundlauf, Planlauf und beliebige Rotationsflächen) sind in Tabelle 4 angegeben.

Bei Allgemeintoleranzen für Lauf gelten als Bezugselement die Lagerstellen, wenn diese als solche gekennzeichnet sind. Anderenfalls gilt für Lauf das längere der beiden Formelemente als Bezugselement. Wenn beide Formelemente gleiches Nennmaß haben, darf jedes als Bezugselement dienen.

Tabelle 4. **Allgemeintoleranzen für Lauf**

Werte in mm

Toleranzklasse	Lauftoleranzen
H	0,1
K	0,2
L	0,5

6 Zeichnungseintragungen

6.1 Sollen die Allgemeintoleranzen nach diesem Teil von ISO 2768 in Verbindung mit den Allgemeintoleranzen nach ISO 2768-1 gelten, dann sind folgende Eintragungen in oder neben dem Zeichnungsschriftfeld vorzunehmen:

a) „ISO 2768";
b) die Toleranzklasse nach ISO 2768-1;
c) die Toleranzklasse nach diesem Teil von ISO 2768.

Beispiel: **ISO 2768 — mK**

In diesem Fall gelten die Allgemeintoleranzen für Winkelmaße nach ISO 2768-1 nicht für nicht eingetragene 90°-Winkel, da dieser Teil 2 von ISO 2768 Allgemeintoleranzen für Rechtwinkligkeit festlegt.

6.2 Sollen die Allgemeintoleranzen für Maße (Toleranzklasse m) nicht gelten, entfällt der entsprechende Kennbuchstabe:

Beispiel: **ISO 2768 — K**

6.3 In Fällen, in denen die Hüllbedingung Ⓔ auch für alle einzelnen Maßelemente[1]) gelten soll, wird der Buchstabe E der allgemeinen Bezeichnung nach Abschnitt 6.1 angefügt.

Beispiel: **ISO 2768 — mK — E**

Anmerkung: Die Hüllbedingung Ⓔ kann nicht gelten für Formelemente mit einzeln eingetragenen Geradheitstoleranzen, die größer sind als die Maßtoleranz, z. B. Halbzeuge.

Nationale Anmerkung: Wenn DIN 7167 gilt, darf das E in der Bezeichnung entfallen.

7 Zurückweisung

Wenn nicht anders festgelegt, dürfen Werkstücke bei denen die Allgemeintoleranzen nicht eingehalten sind, nicht automatisch zurückgewiesen werden, wenn ihre Funktion nicht beeinträchtigt ist (siehe Anhang A.4).

Nationale Anmerkung: Diese Aussage ist gleichbedeutend mit dem sogenannten Beanstandungsparagraphen § 459 BGB.

---

[1]) Im Sinne dieses Teiles der ISO 2768 besteht ein einzelnes Maßelement aus einer zylindrischen Fläche oder zwei parallelen ebenen Flächen.

Anhang A

(Dieser Anhang dient der Information.)

Konzept der Allgemeintoleranzen für geometrische Eigenschaften

A.1 Allgemeintoleranzen sollten entsprechend Abschnitt 6 dieses Teiles der ISO 2768 in die Zeichnung eingetragen werden.

Die Werte der Allgemeintoleranzen entsprechen den Toleranzklassen der werkstattüblichen Genauigkeiten. Die geeignete Toleranzklasse ist auszuwählen und in der Zeichnung anzugeben.

A.2 Oberhalb eines bestimmten, der werkstattüblichen Genauigkeit entsprechenden Toleranzwertes ergibt sich durch die Vergrößerung der Toleranz bei der Herstellung meist kein wirtschaftlicher Gewinn. Bei normaler Sorgfalt und üblichen Werkzeugmaschinen werden im Regelfall sowieso keine Formelemente mit größeren Abweichungen gefertigt. Z.B. wird ein Formelement von etwa 80 mm Länge mit einem Durchmesser von 25 mm ± 0,1 mm, das in einer Werkstatt gefertigt wurde, deren werkstattübliche Genauigkeit gleich oder feiner als ISO 2768-mH ist, geometrische Abweichungen aufweisen, die kleiner sind als 0,1 mm für Rundheit, 0,1 mm für Geradheit von Mantellinien und 0,1 mm für Rundlauf. (Die Werte wurden diesem Teil von ISO 2768 entnommen.) Die Angabe größerer Toleranzen hätte speziell für diese Werkstatt keine Vorteile.

Wenn jedoch aus Funktionsgründen für ein Formelement ein kleinerer Toleranzwert erforderlich ist als die „Allgemeintoleranzen", dann sollte die kleinere Toleranz zu dem betreffenden Formelement angegeben werden. Diese Toleranz liegt außerhalb des Geltungsbereiches der Allgemeintoleranzen.

Wenn die Funktion eines Formelementes eine geometrische Toleranz zulassen würde, die gleich oder größer ist als die Werte der Allgemeintoleranzen, dann sollten diese nicht einzeln angegeben, sondern gemäß Abschnitt 6 in der Zeichnung eingetragen werden. Diese Toleranz erlaubt die vollständige Anwendung des Konzepts der Allgemeintolanzen für Form und Lage.

Es gibt „Ausnahmen von der Regel", bei denen die Funktion eine größere Toleranz als die Allgemeintoleranzen zuläßt und mit der größeren Toleranz bei der Herstellung ein wirtschaftlicher Gewinn erzielt wird. In diesen Sonderfällen sollte die größere Form- oder Lagetoleranz einzeln angegeben werden, z.B. die Rundheitstoleranz eines großen, dünnwandigen Ringes.

A.3 Durch die Anwendung von Allgemeintoleranzen für Form und Lage ergeben sich folgende Vorteile:

a) Zeichnungen sind leichter zu lesen und führen zu einer besseren Verständigung mit dem Anwender.

b) Konstrukteure sparen Zeit, weil sie keine detaillierten Toleranzberechnungen vornehmen müssen; es genügt zu wissen, daß die Funktion eine Toleranz zuläßt, die größer oder gleich ist der Allgemeintoleranz ist.

c) Die Zeichnung gibt schnell Aufschluß darüber, welche Formelemente mit üblichem Fertigungsaufwand hergestellt werden können. Das ermöglicht der Qualitätskontrolle eine Verringerung des Prüfaufwandes.

d) Die verbleibenden Formelemente mit einzeln eingetragenen Form- und Lagetoleranzen werden vorwiegend jene sein, bei denen die Funktion relativ kleine Toleranzen fordert und auf die daher bei der Herstellung besondere Sorgfalt verwendet werden muß. Das ist hilfreich für die Fertigungsplanung und unterstützt die Qualitätskontrolle bei der Analyse der Prüfanforderungen.

e) Einkäufer und Zulieferer können Aufträge schneller abschließen, weil die „werkstattübliche Genauigkeit" vor Vertragsabschluß bekannt ist. Da die Zeichnung in diesem Punkt vollständig ist, werden bei Lieferung auch Auseinandersetzungen zwischen Käufer und Lieferer vermieden.

Diese Vorteile werden nur dann voll genutzt, wenn ausreichende Wahrscheinlichkeit vorliegt, daß die Allgemeintoleranzen nicht überschritten werden, d. h. wenn in einer bestimmten Werkstatt die werkstattübliche Genauigkeit gleich oder größer ist als die in der Zeichnung eingetragenen Allgemeintoleranzen.

Deshalb sollte jede Werkstatt

— ihre werkstattübliche Genauigkeit durch Messungen feststellen;

— nur solche Zeichnungen annehmen, deren Allgemeintoleranzen gleich oder größer sind als ihre eigene werkstattübliche Genauigkeit;

— durch Stichproben sicherstellen, daß sich ihre werkstattübliche Genauigkeit nicht verschlechtert.

Mit dem Konzept der Allgemeintoleranzen für Form und Lage ist man nicht mehr länger auf die undefinierte „gute Werkstattarbeit" mit allen ihren Unsicherheiten und Mißverständnissen angewiesen. Die erforderliche Genauigkeit der „guten Werkstattarbeit" wird durch die Allgemeintoleranzen für Form und Lage definiert.

A.4 Oft erlaubt die Funktion eine größere Toleranz als die Allgemeintoleranz. Deshalb wird die Funktion eines Teiles nicht immer beeinträchtigt, wenn die Allgemeintoleranz eines beliebigen Formelementes eines Werkstückes (gelegentlich) nicht eingehalten ist. Das Überschreiten der Grenzen der Allgemeintoleranz soll nur dann zu einer Zurückweisung des Werkstückes führen, wenn die Funktion beeinträchtigt ist.

Anhang B
(Dieser Anhang dient der Information.)

Weitere Angaben

B.1 Allgemeintoleranzen für Form und Lage   (siehe Abschnitt 5)
Nach dem Unabhängigkeitsprinzip (siehe ISO 8015) gelten Allgemeintoleranzen für Form und Lage unabhängig von den Istmaßen der Formelemente des Werkstückes. Danach dürfen Allgemeintoleranzen für Form und Lage sogar dann ausgenutzt werden, wenn Formelemente überall Maximum-Material-Maß haben (siehe Bild B.1).

Wenn die Hüllbedingung Ⓔ einzeln entweder direkt am betreffenden Formelement oder nach Abschnitt 6 dieser Norm allgemein für alle Formelemente eingetragen ist, muß diese Forderung auch beachtet werden.

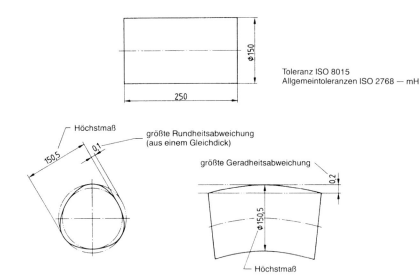

Bild B.1   Unabhängigkeitsprinzip, höchste zugelassene Abweichungen an einem Formelement

B.1 Rundheit   (siehe Abschnitt 5.1.2)
— **Beispiele**

Beispiel 1 (siehe Bild B.2)
Die Grenzabmaße des Durchmessers sind direkt in die Zeichnung eingetragen. Die Allgemeintoleranz für Rundheit ist gleich dem Zahlenwert der Durchmessertoleranz.

Beispiel 2 (siehe Bild B.2)
Die Allgemeintoleranzen entsprechend der Eintragung ISO 2768 — mK sind anwendbar; das sind für einen Durchmesser von 25 mm die Grenzabmaße ± 0,2 mm. Diese Grenzabmaße ergeben den Toleranzwert 0,4, der größer ist als der Wert 0,2 mm in Tabelle 4. Deshalb gilt für die Rundheitstoleranz der Wert 0,2 mm.

B.3 Zylinderform (siehe Anmerkung 2 in 5.1.3)
Die kombinierte Wirkung der Allgemeintoleranzen für Rundheit, Geradheit und Parallelität ist aus geometrischen Gründen kleiner als die Summe der drei Einzeltoleranzen, weil auch durch die Maßtoleranz bestimmte Grenzen gesetzt sind. Zur Vereinfachung der Entscheidung, ob die Hüllbedingung Ⓔ oder eine einzelne Zylinderformtoleranz einzutragen ist, kann jedoch die Summe der drei Einzeltoleranzen in Betracht gezogen werden

DIN ISO 2768 Teil 2 Seite 7

B.4 Parallelität (siehe Abschnitt 5.2.2)

Die Parallelitätsabweichung wird begrenzt vom Zahlenwert der Maßtoleranz (siehe Bild B.3) oder vom Zahlenwert der Geradheits- oder Ebenheitstoleranz (siehe Bild B.4).

Maße in mm

Beispiel	Zeichnungseintragung	Rundheitstoleranzbereich
1	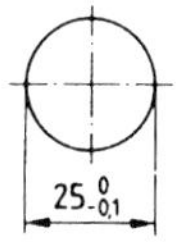 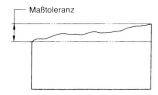	 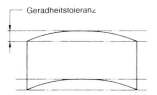
2	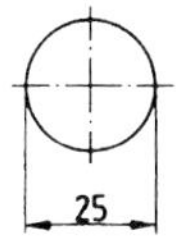	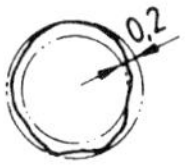

Bild B.2. Beispiele für Allgemeintoleranzen für Rundheit

Bild B.3. Parallelitätsabweichung, gleich dem Zahlenwert der Maßtoleranz

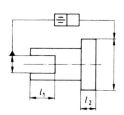

Bild B.4. Parallelitätsabweichung, gleich dem Zahlenwert der Geradheitstoleranz

B.5 Symmetrie (siehe Abschnitt 5.2.4) — **Beispiele**

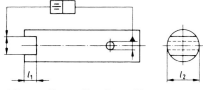

a) Bezug: längeres Formelement (l_2)

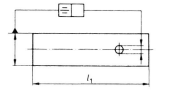

b) Bezug: längeres Formelement (l_1)

c) Bezug: längeres Formelement (l_2)

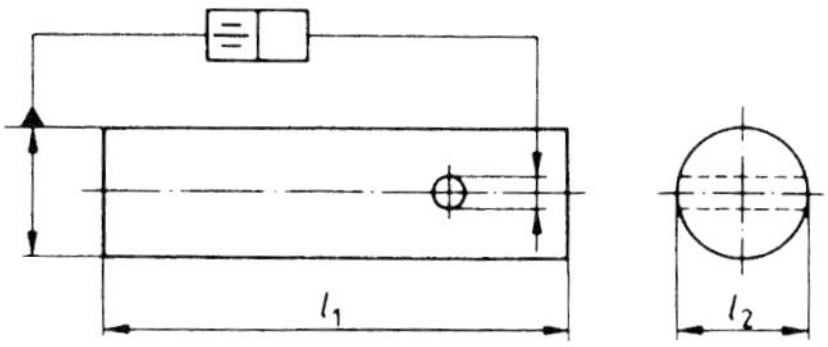

d) Bezug: längeres Formelement (l_1)

Bild B.5. Beispiele für Allgemeintoleranzen für Symmetrie (Bezüge nach Abschnitt 5.2.4)

B.6 Zeichnungsbeispiel

Zeichnungseintragung   Maße in mm

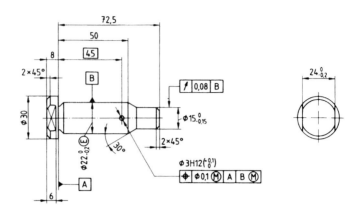

Bedeutung   Tolerierung ISO 8015
                                                              Allgemeintoleranzen ISO 2768 — mH

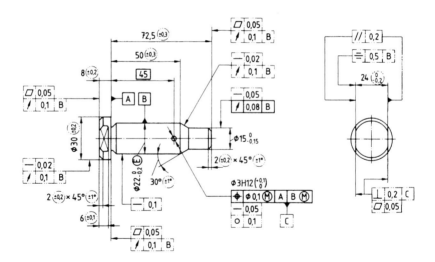

Anmerkung 1: Die in dünnen Strich-Zweipunkt-Linien (rechteckiger und kreisförmiger Rahmen) eingetragenen Toleranzen sind Allgemeintoleranzen. Diese Toleranzwerte würden automatisch durch eine Fertigung mit werkstattüblicher Genauigkeit gleich oder kleiner als ISO 2768 — mH erreicht und brauchten üblicherweise nicht geprüft zu werden.

Anmerkung 2: Da einige Toleranzeigenschaften auch andere Form- und Lageabweichungen desselben Formelementes begrenzen, z. B. begrenzt die Rechtwinkligkeitstoleranz auch die Geradheitsabweichung, sind in Bild B.6 nicht alle Allgemeintoleranzen eingetragen.

Bild B.6.   Beispiele für Zeichnungseintragungen

Ende der deutschen Übersetzung

Zitierte Normen

— in der deutschen Übersetzung:
Siehe Abschnitt 3

— in nationalen Zusätzen:

DIN 7167	Zusammenhang zwischen Maß-, Form- und Parallelitätstoleranzen; Hüllbedingung ohne Zeichnungseintragung
DIN 7168	Allgemeintoleranzen; Nicht für Neukonstruktionen
DIN ISO 1101	Technische Zeichnungen; Form- und Lagetolerierung; Form-, Richtungs-, Orts- und Lauftoleranzen; Allgemeines, Definition, Symbole, Zeichnungseintragungen
DIN ISO 2768 Teil 1	Allgemeintoleranzen für Längen- und Winkelmaße; Identisch mit ISO 2768-1 : 1989
DIN ISO 5459	Technische Zeichnungen; Form- und Lagetolerierung; Bezüge und Bezugssysteme für geometrische Toleranzen
DIN ISO 8015	Technische Zeichnungen; Tolerierungsgrundsatz; Identisch mit ISO 8015 : 1985
ISO 1101 : 1983	Technical drawings — Geometrical tolerancing — Tolerancing of form, orientation, location and run-out — Generalities, definitions, symbols, indications on drawings
ISO 2768-1 : 1989	General tolerances — Part 1: Tolerances for linear and angular dimensions without individual tolerance indications
ISO 5459 : 1981	Technical drawings — Geometrical tolerancing — Datums and datum systems for geometrical tolerances
ISO 8015 : 1985	Technical drawings — Fundamental tolerancing principles

Internationale Patentklassifikation

G 01 B 21/00
G 01 B 21/02
G 01 B 21/10
G 01 B 21/20

April 1998

	Technische Zeichnungen **Projektionsmethoden** Teil 2: Orthogonale Darstellungen (ISO 5456-2 : 1996)	**DIN** **ISO 5456-2**

ICS 01.100.01

Teilweise Ersatz für
DIN 6-1 : 1986-12

Deskriptoren: Technische Zeichnung, Projektionsmethode, orthogonal, Darstellung

Technical drawings – Projections methods – Part 2: Orthographic representations
(ISO 5456-2 : 1996)

Dessins techniques – Méthodes de projection – Partie 2: Représentations orthographiques
(ISO 5456-2 : 1996)

Die Internationale Norm ISO 5456-2 : 1996-06-15 "Technical drawings – Projection methods – Part 2: Orthographic representations" ist unverändert in diese Deutsche Norm übernommen worden.

Nationales Vorwort

Diese Norm wurde vom ISO/TC 10/SC 1 "Basic conventions" unter wesentlicher Beteiligung deutscher Fachleute ausgearbeitet.

Zusammenhang der im Abschnitt 2 genannten ISO-Normen mit DIN-Normen:

ISO-Normen	DIN-Normen
ISO 128	DIN 6-1, DIN 6-2, DIN ISO 128-20, DIN ISO 128-21, DIN 15-2, E DIN ISO 128-24, DIN 201, DIN ISO 10209-2
ISO 129	DIN 406-10, DIN 406-11
ISO 3098-1	DIN 6776-1
ISO 3461-2	E DIN 32830-20
ISO 5456-1	DIN ISO 5456-1
ISO 10209-1	DIN 199-1, DIN 199-2, E DIN ISO 10209-1
ISO 10209-2	DIN ISO 10209-2

Änderungen

Gegenüber DIN 6-1 : 1986-12 wurden folgende Änderungen vorgenommen:

– ISO 5456-2 : 1996 übernommen.

Frühere Ausgaben

DIN 36: 1922-10
DIN 6: 1922-11, 1956-10, 1968-03
DIN 6-1: 1986-12

Fortsetzung Seite 2 bis 8

Normenausschuß Technische Produktdokumentation (NATPD) im DIN Deutsches Institut für Normung e.V.

Deutsche Übersetzung

Technische Zeichnungen
Projektionsmethoden
Teil 2: Orthogonale Darstellungen

Vorwort

Die ISO (Internationale Organisation für Normung) ist die weltweite Vereinigung nationaler Normungsinstitute (ISO-Mitgliedskörperschaften). Die Erarbeitung Internationaler Normen obliegt den Technischen Komitees der ISO. Jede Mitgliedskörperschaft, die sich für ein Thema interessiert, für das ein Technisches Komitee eingesetzt wurde, ist berechtigt, in diesem Komitee mitzuarbeiten. Internationale (staatliche und nichtstaatliche) Organisationen, die mit der ISO in Verbindung stehen, sind an den Arbeiten ebenfalls beteiligt. Die ISO arbeitet eng mit der Internationalen Elektrotechnischen Kommission (IEC) auf allen Gebieten der elektrotechnischen Normung zusammen.

Die von den Technischen Komitees verabschiedeten Entwürfe zu Internationalen Normen werden den Mitgliedskörperschaften zunächst zur Annahme vorgelegt, bevor sie vom Rat der ISO als Internationale Normen bestätigt werden. Sie werden nach den Verfahrensregeln der ISO angenommen, wenn mindestens 75 % der abstimmenden Mitgliedskörperschaften zugestimmt haben.

Die Internationale Norm ISO 5456-2 wurde vom Technischen Komitee ISO/TC 10 "Technische Zeichnungen, Erzeugnisbeschreibung und dazugehörende Dokumentation", Unterkomitee SC 1 "Allgemeine Grundlagen", erarbeitet.

ISO 5456 besteht aus den folgenden Teilen unter dem Haupttitel "Technische Zeichnungen – Projektionsmethoden":

- Teil 1: Übersicht
- Teil 2: Orthogonale Darstellungen
- Teil 3: Axonometrische Darstellungen
- Teil 4: Zentralprojektion

Anhang A ist ein Bestandteil dieses Teils der ISO 5456.

Einleitung

Die orthogonale Projektionsmethode in ihren verschiedenen Ausprägungen ist die am häufigsten angewandte Methode zur Darstellung von technischen Gegenständen in allen Bereichen von technischen Zeichnungen (Mechanik, Elektrotechnik, Bauwesen usw.), so daß sie als die technische Sprache betrachtet wird.

1 Anwendungsbereich

Dieser Teil von ISO 5456 legt die Grundregeln für die Anwendung der orthogonalen Projektionsmethode für alle Arten von technischen Zeichnungen auf allen technischen Gebieten entsprechend den in ISO 128, ISO 129, ISO 3098-1, ISO 3461-2 und ISO 5456-1 festgelegten allgemeinen Regeln fest.

2 Normative Verweisungen

Die folgenden Normen enthalten Festlegungen, die, durch Verweisung in diesem Text, auch für diesen Teil der ISO 5456 gelten. Zum Zeitpunkt der Veröffentlichung dieser Norm waren die angegebenen Ausgaben gültig. Alle Normen unterliegen einer Überarbeitung. Vertragspartner, deren Vereinbarungen auf diesem Teil der ISO 5456 basieren, sind gehalten, nach Möglichkeit die neuesten Ausgaben der nachfolgend aufgeführten Normen anzuwenden. IEC- und ISO-Mitglieder verfügen über Verzeichnisse der gegenwärtig gültigen Internationalen Normen.

ISO 128 : 1982
    Technische Zeichnungen – Allgemeine Grundregeln der Darstellung

ISO 129 : 1985
    Technische Zeichnungen – Maßeintragung – Allgemeine Grundlagen, Definitionen, Ausführungsregeln und besondere Angaben

ISO 3098-1 : 1974
    Technische Zeichnungen – Beschriftung – Teil 1: Laufend angewandte Schriftzeichen

ISO 3461-2 : 1987
    Graphische Symbole – Teil 2: Gestaltungsregeln für graphische Symbole in der technischen Produktdokumentation

ISO 5456-1 : 1996
    Technische Zeichnungen – Projektionsmethoden – Teil 1: Übersicht

ISO 10209-1 : 1992
    Technische Produktdokumentation – Begriffe – Teil 1: Benennungen für technische Zeichnungen: Allgemeines und Arten von Zeichnungen

ISO 10209-2 : 1993
    Technische Produktdokumentation – Begriffe – Teil 2: Benennungen für Projektionsmethoden

3 Begriffe

Für diesen Teil der ISO 5456 gelten die Begriffe aus ISO 5456-1, ISO 10209-1 und ISO 10209-2.

4 Allgemeine Grundregeln

4.1 Allgemeines

Die orthogonale Darstellung wird mit Hilfe von parallelen orthogonalen Projektionen mit ebenen, zweidimensionalen Ansichten erreicht, die einander systematisch zugeordnet sind. Um einen Gegenstand vollständig darzustellen, können je nach Priorität die folgenden sechs Ansichten notwendig sein (siehe Bild 1 und Tabelle 1).

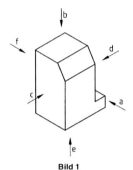

Bild 1

4.2 Bezeichnung der Ansichten
Siehe Tabelle 1

Tabelle 1

Betrachtungsrichtung		Bezeichnung der Ansicht
Ansicht in Richtung	Ansicht von	
a	vorn	A
b	oben	B (E)[1]
c	links	C
d	rechts	D
e	unten	E
f	hinten	F

[1]) Siehe Abschnitt 5.4

Die Ansicht des darzustellenden Gegenstandes, die die meisten Informationen liefert, wird üblicherweise als Hauptansicht gewählt (Vorderansicht). Dies ist die Ansicht A im Hinblick auf die Betrachtungsrichtung a (siehe Bild 1 und Tabelle 1), die im allgemeinen den Gegenstand in der Funktions-, Fertigungs- oder Zusammenbaulage zeigt. Die relative Lage anderer Ansichten in Hinblick auf die Hauptansicht auf der Zeichnung hängt ab von der gewählten Projektionsmethode (Projektionsmethode 1, Projektionsmethode 3, Pfeilmethode). Im Anwendungsfall sind nicht alle sechs Ansichten "A" bis "F" erforderlich. Wenn andere Ansichten (oder Schnitte) als Hauptansicht notwendig sind, werden diese nach den folgenden Kriterien ausgewählt:

– Begrenzung der Anzahl von Ansichten und Schnitten zum absoluten Minimum, das notwendig und ausreichend ist, um den Gegenstand vollständig ohne jede Zweideutigkeit darzustellen;

– Vermeidung unnötiger Wiederholungen von Einzelheiten.

5 Darstellungsmethoden

5.1 Projektionsmethode 1

Die Projektionsmethode 1 ist eine orthogonale Darstellung, bei der der darzustellende Gegenstand (siehe Bild 1) zwischen dem Beobachter und den Koordinatenebenen zu liegen scheint, auf die der Gegenstand rechtwinklig projiziert ist (siehe Bild 2).

Die Lagen der verschiedenen Ansichten in bezug auf die Hauptansicht (Vorderansicht) "A" wird durch Drehung ihrer Projektionsebenen um die Achsen bestimmt, die sich mit den Koordinatenachsen auf der Koordinatenebene (Zeichenebene), auf die Vorderansicht "A" projiziert ist, decken oder dazu parallel liegen (siehe Bild 2).

Deshalb sind in der Zeichnung, mit Hinweis auf die Hauptansicht "A", die anderen Ansichten wie folgt angeordnet (siehe Bild 3):

– Ansicht B: die Draufsicht liegt unterhalb;
– Ansicht E: die Untersicht liegt oberhalb;
– Ansicht C: die Seitenansicht von links liegt rechts;
– Ansicht D: die Seitenansicht von rechts liegt links;
– Ansicht F: die Rückansicht darf rechts oder links liegen.

Das unterscheidende graphische Symbol dieser Methode ist in Bild 4 abgebildet.

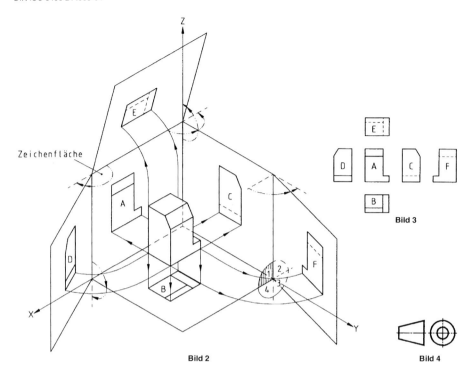

Bild 2   Bild 3   Bild 4

5.2 Projektionsmethode 3

Die Projektionsmethode 3 ist eine orthogonale Darstellung, bei der der darzustellende Gegenstand (siehe Bild 1), vom Betrachter gesehen, hinter den Koordinatenebenen zu liegen scheint, auf die er rechtwinklig projiziert ist (siehe Bild 5). Auf jeder Projektionsebene ist der Gegenstand so dargestellt wie er rechtwinklig vom unendlichen Abstand gesehen werden könnte, wenn die Projektionsebenen durchsichtig wären.

Die Lagen der verschiedenen Ansichten in bezug auf die Hauptansicht (Vorderansicht) "A" werden durch Drehung ihrer Projektionsebenen um die Achsen bestimmt, die sich mit den Koordinatenachsen auf der Koordinatenebene (Zeichenebene), auf die die Vorderansicht "A" projiziert ist, decken oder parallel dazu liegen (siehe Bild 5).

Deshalb sind in der Zeichnung, mit Hinweis auf die Vorderansicht "A", die anderen Ansichten wie folgt angeordnet (siehe Bild 6):

– Ansicht B: die Draufsicht liegt oberhalb;
– Ansicht E: die Untersicht liegt unterhalb;
– Ansicht C: die Seitenansicht von links liegt links;
– Ansicht D: die Seitenansicht von rechts liegt rechts;
– Ansicht F: die Rückansicht darf rechts oder links liegen.

Das unterscheidende graphische Symbol dieser Methode ist in Bild 7 abgebildet.

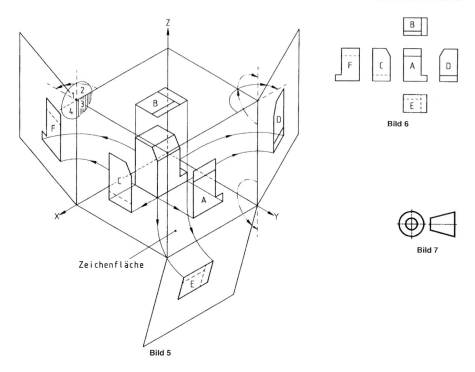

Bild 5

Bild 6

Bild 7

5.3 Pfeilmethode

Wenn es vorteilhaft ist, die Ansichten nicht entsprechend den strengen Mustern der Projektionsmethoden 1 oder 3 zu zeichnen, erlaubt die Anwendung der Pfeilmethode, die unterschiedlichen Ansichten unabhängig anzuordnen.

Mit Ausnahme der Hauptansicht wird jede Ansicht in Übereinstimmung mit Bild 1 durch Buchstaben gekennzeichnet. Ein Kleinbuchstabe gibt in der Hauptansicht die Betrachtungsrichtung der anderen Ansichten an, die durch den entsprechenden Großbuchstaben gekennzeichnet sind, der unmittelbar auf der linken Seite oberhalb der Ansicht eingetragen wird.

Die gekennzeichneten Ansichten dürfen unabhängig von der Hauptansicht angeordnet sein (siehe Bild 8). Unabhängig von der Betrachtungsrichtung werden die Großbuchstaben (siehe ISO 3098-1), die die Ansichten kennzeichnen, immer so eingetragen, daß sie in der üblichen Leserichtung der Zeichnung gelesen werden.

Ein graphisches Symbol für die Angabe dieser Methode in der Zeichnung ist nicht erforderlich.

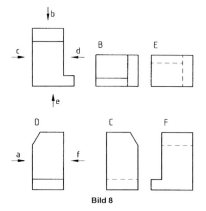

Bild 8

5.4 Gespiegelte orthogonale Darstellung

Die gespiegelte orthogonale Darstellung [1]) ist eine orthogonale Darstellung, bei der der darzustellende Gegenstand (siehe Bild 1) die Projektion des Bildes in einem Spiegel ist (nach oben), der parallel zur horizontalen Ebene dieses Gegenstandes liegt (siehe Bild 9).

Die Ansicht, die das Ergebnis einer gespiegelten orthogonalen Darstellung ist, kann mit einem Großbuchstaben, der die Ansicht kennzeichnet, angegeben werden (z. B. "E", siehe Abschnitt 4.2).

Das unterscheidende graphische Symbol dieser Methode wird in Bild 10 dargestellt.

---

[1]) Diese Methode wird vorzugsweise im Bauwesen angewendet.

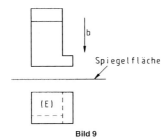

Bild 9

Bild 10

Anhang A (normativ)
Verhältnisse und Maße von graphischen Symbolen

A.1 Allgemeine Anforderungen

Um die Größen der in diesem Teil von ISO 5456 angegebenen Symbole mit denen der anderen Zeichnungseintragungen (Maße, Toleranzen usw.) abzustimmen, sind die Regeln in ISO 3461-2 anzuwenden.

A.2 Verhältnisse

Die graphischen Symbole sind in Übereinstimmung mit den Bildern A.1, A.2 und A.3 zu zeichnen.

Zur Vereinfachung dürfen die Mittellinien weggelassen werden.

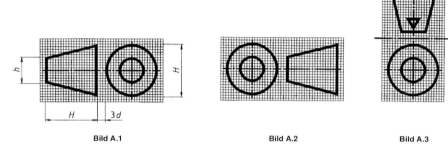

Bild A.1   Bild A.2   Bild A.3

A.3 Maße

Die Größenreihe, die für die graphischen Symbole anzuwenden ist, sowie zusätzliche Angaben müssen denen in Tabelle A.1 entsprechen.

Tabelle A.1

Höhe der Ziffern und Großbuchstaben (und/oder Kleinbuchstaben) und Durchmesser des schmaleren Endes des Kegels, h	3,5	5	7	10	14	20
Linienbreite für graphische Symbole, d	0,35	0,5	0,7	1	1,4	2
Linienbreite für Beschriftung, d						
Länge und Durchmesser des breiteren Endes des Kegels, H	7	10	14	20	28	40

Ende der deutschen Übersetzung

Nationaler Anhang NA (informativ)
Literaturhinweise

DIN 6-1
    Technische Zeichnungen – Darstellungen in Normalprojektion – Teil 1: Ansichten und besondere Darstellungen

DIN 6-2
    Technische Zeichnungen – Darstellungen in Normalprojektion – Teil 2: Schnitte

DIN 15-2
    Technische Zeichnungen – Linien – Teil 2: Allgemeine Anwendung

DIN 199-1
    Begriffe im Zeichnungs- und Stücklistenwesen – Teil 1: Zeichnungen

DIN 199-2
    Begriffe im Zeichnungs- und Stücklistenwesen – Teil 2: Stücklisten

DIN 201
    Technische Zeichnungen – Schraffuren – Darstellung von Schnittflächen und Stoffen

DIN 406-10
    Technische Zeichnungen – Maßeintragung – Teil 10: Allgemeine Grundlagen

DIN 406-11
    Technische Zeichnungen – Maßeintragung – Teil 11: Grundlagen der Anwendung

DIN 1356-1
    Bauzeichnungen – Teil 1: Arten, Inhalte und Grundregeln der Darstellung

DIN 6776-1
    Technische Zeichnungen – Beschriftung – Teil 1: Schriftzeichen

DIN 32830-20
    Grundregeln für die Gestaltung von graphischen Symbolen – Teil 20: Graphische Symbole für die Anwendung in der technischen Produktdokumentation; Identisch mit ISO/DIS 3461-2 : 1994 und IEC 3(CO)563A : 1994

DIN ISO 128-20
    Technische Zeichnungen – Allgemeine Grundlagen der Darstellung – Teil 20: Linien, Grundregeln

DIN ISO 128-21
    Technische Zeichnungen – Allgemeine Grundlagen der Darstellung – Teil 21: Ausführung von Linien mit CAD-Systemen

E DIN ISO 128-24
    Technische Zeichnungen – Allgemeine Grundlagen der Darstellung – Teil 24: Linien in Zeichnungen der mechanischen Technik

DIN ISO 5456-1
    Technische Zeichnungen – Projektionsmethoden – Teil 1: Übersicht; Identisch mit ISO 5456-1 : 1996

DIN ISO 10209-1
    (z. Z. Entwurf) Technische Produktdokumentation – Begriffe – Teil 1: Allgemeine Begriffe und Zeichnungsarten; Identisch mit ISO/DIS 10209-1 : 1990

DIN ISO 10209-2
    Technische Produktdokumentation – Begriffe – Teil 2: Begriffe für Projektionsmethoden; Identisch mit ISO 10209-2 : 1993

April 1998

Technische Zeichnungen
Projektionsmethoden
Teil 3: Axonometrische Darstellungen
(ISO 5456-3 : 1996)

DIN ISO 5456-3

ICS 01.100.01

Ersatz für DIN 5-1 : 1970-12
und DIN 5-2 : 1970-12

Deskriptoren: Technische Zeichnung, Projektionsmethode, Axonometrisch, Darstellung

Technical drawings — Projections methods —
Part 3: Axonometric representations
(ISO 5456-3 : 1996)
Dessins techniques — Méthodes de projection —
Partie 3: Représentations axonométriques
(ISO 5456-3 : 1996)

Die Internationale Norm ISO 5456-3 : 1996-06-15, "Technical drawings — Projection methods — Part 3: Axonometric representations", ist unverändert in diese Deutsche Norm übernommen worden.

Nationales Vorwort

Diese Norm wurde vom ISO/TC 10/SC 1 "Basic conventions" unter wesentlicher Beteiligung deutscher Fachleute ausgearbeitet.

Zusammenhang der im Abschnitt 2 und Anhang A genannten ISO-Normen mit DIN-Normen:

ISO-Normen	DIN-Normen
ISO 128	DIN 6-1, DIN 6-2, ISO 128-20, DIN 15-2, E DIN ISO 128-24, DIN 201, DIN ISO 10209-2
ISO 129	DIN 406-10, DIN 406-11
ISO 3098-1	DIN 6776-1
ISO 5456-1	DIN ISO 5456-1
ISO 6412-2	DIN ISO 6412-2
ISO 10209-1	DIN 199-1, E DIN ISO 10209-1
ISO 10209-2	DIN ISO 10209-2

Fortsetzung Seite 2 bis 8

Normenausschuß Technische Produktdokumentation (NATPD) im DIN Deutsches Institut für Normung e.V.

Anmerkung zu Abschnitt 5.1:
Bei isometrischen Darstellungen wirkt der dargestellte Gegenstand optisch größer, als er in Wirklichkeit ist. In der isometrischen Projektion wird auf allen Achsen ein Verkürzungsfaktor von 0,82 (gerundet; der genaue Wert ist 0,816) berücksichtigt.

In den jeweiligen Flächen liegende Kreise erscheinen in der isometrischen Projektion als gleichgroße Ellipsen, deren großer Durchmesser dem Nenndurchmesser des Kreises entspricht. Der kleine Durchmesser ist vom Neigungswinkel der Kreisebene zur Blickrichtung des Betrachters abhängig. Daraus ergeben sich die Verhältnisse

$$\frac{a_1}{s} = 1{,}22 = \frac{1}{0{,}82}$$

und

$$\frac{a_1}{b_1} = 1{,}718$$

Anmerkung zu Abschnitt 5.2:
In dimetrischen Projektionen sind die Hauptachsen (Koordinatenachsen X, Y und Z) unter Winkeln von 42° (genauer Wert: 41°25'), 7° (genauer Wert: 7°10') und 90° zu einer waagerechten Bezugslinie angeordnet. In der dimetrischen Projektion wird der Verkürzungsfaktor von 0,5 nur auf der X-Achse berücksichtigt.

In den jeweiligen Flächen liegende Kreise erscheinen als Ellipsen, deren großer Durchmesser dem wirklichen Durchmesser der Kreise entspricht. Der kleine Durchmesser wird
— in der Ansicht von vorn unverändert gezeichnet;
— in den anderen (sichtbaren) Ansichten um dem Verkürzungsfaktor 0,5 verkleinert gezeichnet.

Zu beachten ist, daß bei Anwendung von CAD-Systemen nicht immer die genormten Winkel von 42° und 7° zugrunde gelegt werden, sondern mit unterschiedlich gerundeten Genauwerten gerechnet wird.

Änderungen
Gegenüber DIN 5-1 : 1970-12 und DIN 5-2 : 1970-12 wurden folgende Änderungen vorgenommen:
— ISO 5456-3 : 1996 übernommen.

Frühere Ausgaben
DIN 5:   1919-12, 1929-04, 1948-10
DIN 5-1: 1970-12
DIN 5-2: 1970-12

Seite 3
DIN ISO 5456-3 : 1998-04

Deutsche Übersetzung

Vorwort

Die ISO (Internationale Organisation für Normung) ist die weltweite Vereinigung nationaler Normungsinstitute (ISO-Mitgliedskörperschaften). Die Erarbeitung Internationaler Normen obliegt den Technischen Komitees der ISO. Jede Mitgliedskörperschaft, die sich für ein Thema interessiert, für das ein Technisches Komitee eingesetzt wurde, ist berechtigt, in diesem Komitee mitzuarbeiten. Internationale (staatliche und nichtstaatliche) Organisationen, die mit der ISO in Verbindung stehen, sind an den Arbeiten ebenfalls beteiligt. Die ISO arbeitet eng mit der Internationalen Elektrotechnischen Kommission (IEC) auf allen Gebieten der elektrotechnischen Normung zusammen.

Die von den Technischen Komitees verabschiedeten Entwürfe zu Internationalen Normen werden den Mitgliedskörperschaften zunächst zur Annahme vorgelegt, bevor sie vom Rat der ISO als Internationale Normen bestätigt werden. Sie werden nach den Verfahrensregeln der ISO angenommen, wenn mindestens 75 % der abstimmenden Mitgliedskörperschaften zugestimmt haben.

Die Internationale Norm ISO 5456-3 wurde vom Technischen Komitee ISO/TC 10 "Technische Zeichnungen, Erzeugnisbeschreibung und dazugehörende Dokumentation", Unterkomitee SC 1 "Allgemeine Grundlagen" erarbeitet.

ISO 5456 besteht aus den folgenden Teilen unter dem Haupttitel "Technische Zeichnungen — Projektionsmethoden":

— Teil 1: Übersicht
— Teil 2: Orthogonale Darstellungen
— Teil 3: Axonometrische Darstellungen
— Teil 4: Zentralprojektion

Anhang A dieses Teils der ISO 5456 dient lediglich der Information.

Einleitung

Axonometrische Darstellungen sind einfache bildliche Darstellungen, die durch Projizieren des darzustellenden Gegenstands von einem im Unendlichen liegenden Punkt (Projektionszentrum) auf eine einzelne Projektionsebene (im Regelfall die Zeichenfläche) entstehen. Diese Art der parallelen Projektion ergibt eine angemessene Annäherung für Ansichten, bezogen auf den jeweiligen Betrachtungspunkt.

Die entstehende Darstellung hängt ab von der Form des Gegenstands und von der relativen Lage des Projektionszentrums, der Projektionsebene und des Gegenstandes selbst.

Unter den vielen Möglichkeiten der axonometrischen Darstellung werden nur einige für Zeichnungen in allen Gebieten der Technik empfohlen (Mechanik, Elektrotechnik, Bauwesen usw.).

Axonometrische Darstellungen werden in technischen Zeichnungen nicht so häufig angewendet wie orthogonale Darstellungen.

Technische Zeichnungen — Projektionsmethoden — Teil 3: Axonometrische Darstellungen

1 Anwendungsbereich

Dieser Teil von ISO 5456 legt die Grundregeln für die Anwendung von empfohlenen axonometrischen Darstellungen für alle Arten von technischen Zeichnungen fest.

2 Normative Verweisungen

Die folgenden Normen enthalten Festlegungen, die, durch Verweisung in diesem Text, auch für diesen Teil der ISO 5456 gelten. Zum Zeitpunkt der Veröffentlichung dieser Norm waren die angegebenen Ausgaben gültig. Alle Normen unterliegen einer Überarbeitung. Vertragspartner, deren Vereinbarungen auf diesem Teil der ISO 5456 basieren, sind gehalten, nach Möglichkeit die neuesten Ausgaben der nachfolgend aufgeführten Normen anzuwenden. IEC- und ISO-Mitglieder verfügen über Verzeichnisse der gegenwärtig gültigen Internationalen Normen.

ISO 128 : 1982
  Technische Zeichnungen — Allgemeine Grundlagen der Darstellung

ISO 129 : 1985
  Technische Zeichnungen — Maßeintragung — Allgemeine Grundlagen, Definitionen, Ausführungsregeln und besondere Angaben

ISO 3098-1 : 1974
  Technische Zeichnungen — Beschriftung — Teil 1: Laufend angewandte Schriftzeichen

ISO 5456-1 : 1996
  Technische Zeichnungen — Projektionsmethoden — Teil 1: Übersicht

ISO 10209-1 : 1992
  Technische Produktdokumentation — Begriffe — Teil 1: Technische Zeichnungen, allgemein und Zeichnungsarten

ISO 10209-2 : 1993
  Technische Produktdokumentation — Begriffe — Teil 2: Begriffe für Projektionsmethoden

3 Begriffe

Für diesen Teil der ISO 5456 gelten die Begriffe aus ISO 5456-1, ISO 10209-1 und ISO 10209-2.

4 Allgemeines

Es sind die allgemeinen Grundregeln der Darstellung in ISO 128 anzuwenden.

4.1 Lage des Koordinatensystems

Die Lage der Koordinatenachsen ist nach Vereinbarung auszuwählen, so daß eine der Koordinatenachsen (die Z-Achse) vertikal ist.

600

4.2 Lage des Gegenstandes

Der darzustellende Gegenstand wird mit seinen Hauptansichten, Achsen und Kanten parallel zu den Koordinatenebenen gezeichnet. Die Lage des Gegenstandes ist so zu wählen, daß die Hauptansicht und die anderen Ansichten, die vorzugsweise bei der Darstellung desselben Gegenstandes in orthogonalen Projektionen ausgewählt werden würden, deutlich erkennbar sind.

4.3 Symmetrieachsen

Achsen sowie der Verlauf von Symmetrieebenen des Gegenstandes sind nur zu zeichnen, wenn es unerläßlich ist.

4.4 Verdeckte Umrisse und Kanten

Verdeckte Umrisse und Kanten sind vorzugsweise nicht darzustellen.

4.5 Schraffur

Eine Schraffur zum Hervorheben eines Schnittes ist vorzugsweise mit einem Winkel von 45° zu den Achsen und Umrissen des Schnittes zu zeichnen (siehe Bild 1).

Eine Schraffur zum Hervorheben von Ebenen, die parallel zu den Koordinatenebenen liegen, ist vorzugsweise parallel zur projizierten Koordinatenachse zu zeichnen (siehe Bild 2).

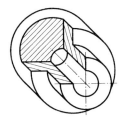

Bild 1

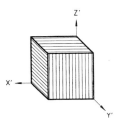

Bild 2

4.6 Maßeintragung

Die Maßeintragung von axonometrischen Darstellungen wird im Regelfall vermieden. Wenn eine Maßeintragung aus besonderen Gründen für notwendig gehalten wird, sind dieselben Regeln wie für orthogonale Projektionen (ISO 129 und ISO 3098-1) anzuwenden (siehe Bilder 6 und 12).

5 Empfohlene Axonometrien

Empfohlene Axonometrien für technische Zeichnungen sind:
- isometrische Projektion (siehe 5.1),
- dimetrische Projektion (siehe 5.2),
- schiefwinklige Projektion (siehe 5.3).

Die Koordinatenachsen X, Y, Z sind mit Großbuchstaben anzugeben. Für alle weiteren Angaben (z. B. Maße) in einer Tabelle oder einer Zeichnung sind zur besseren Unterscheidung Kleinbuchstaben (x, y, z) anzuwenden (siehe Beispiele in ISO 6412-2).

5.1 Isometrische Projektion

Die isometrische Projektion ist die rechtwinklige Axonometrie, bei der die Projektionsebene drei gleiche Winkel mit den drei Koordinatenachsen X, Y und Z[1]) bildet.

Drei einheitliche Längensegmente u_x, u_y und u_z auf den drei Koordinatenachsen X, Y und Z werden orthogonal auf die Projektionsebene in drei gleichen Segmenten $u_{x'}$, $u_{y'}$ und $u_{z'}$ auf die projizierten X'-, Y'- und Z'-Achsen projiziert, deren Länge

$$u_{x'} = u_{y'} = u_{z'} = (2/3)^{1/2} = 0{,}816$$

beträgt.

Die Projektion X', Y' und Z' der drei Koordinatenachsen X, Y und Z auf die Projektionsebene (Zeichenfläche) ist in Bild 3 angegeben.

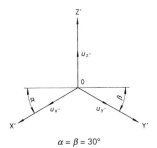

$\alpha = \beta = 30°$

Bild 3

In der Zeichenpraxis werden die projizierten einheitlichen Längensegmente auf die X'-, Y'- und Z'-Achsen als $u_{x''} = u_{y''} = u_{z''} = 1$ verstanden, und dies entspricht einer graphischen vergrößerten Darstellung des Gegenstandes durch einen Faktor $(3/2)^{1/2} = 1{,}225$.

Die isometrische Projektion eines Würfels mit Kreisen, die auf den sichtbaren Seiten gezeichnet sind, ist in Bild 4 dargestellt.

---

[1]) Diese Darstellung entspricht der Darstellung, die durch die orthogonale Projektion der Hauptansicht eines rechtwinkligen Würfels steht, bei der alle sichtbaren Seiten unter gleichen Winkeln zur Projektionsebene geneigt sind.

Nationale Anmerkung zu Abschnitt 5.1: siehe Nationales Vorwort

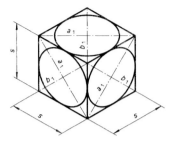

Länge der Ellipsenachsen

$$a_1 = \sqrt{\frac{3}{2}}\, s \approx 1{,}22\, s$$

$$b_1 = \sqrt{\frac{1}{2}}\, s \approx 0{,}71\, s$$

Bild 4

Die isometrische Axonometrie gibt allen drei Flächen des Würfels dieselbe visuelle Bedeutung und ist deshalb geeignet, ihn auf einem Raster mit gleichseitigen Dreiecken zu zeichnen (siehe Bild 5).
Ein Beispiel für eine Maßeintragung für eine isometrische Projektion ist in Bild 6 dargestellt.

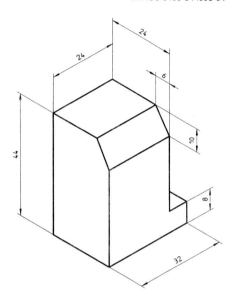

Bild 6

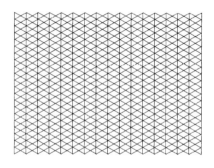

Bild 5

5.2 Dimetrische Projektion

Die dimetrische Projektion wird angewendet, wenn eine Ansicht des darzustellenden Gegenstandes besonders wichtig ist. Die Projektion der drei Koordinatenachsen ist in Bild 7 angegeben. Das Verhältnis der drei Maßstäbe ist $u_{x'} : u_{y'} : u_{z'} = 1/2 : 1 : 1$.

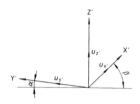

Bild 7

Die dimetrische Projektion eines Würfels mit Kreisen, die auf den sichtbaren Seiten gezeichnet sind, ist in Bild 8 dargestellt.

Nationale Anmerkung zu Abschnitt 5.2: siehe Nationales Vorwort

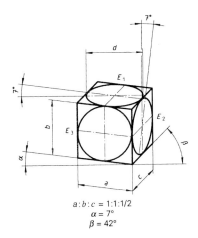

$a:b:c = 1:1:1/2$
$\alpha = 7°$
$\beta = 42°$

Bild 8

5.3 Schiefwinklige Axonometrie

In einer schiefwinkligen Axonometrie verläuft die Projektionsebene parallel zu einer Koordinatenebene und zur Hauptansicht des darzustellenden Gegenstandes, dessen Projektion denselben Maßstab behält. Zwei projizierte Koordinatenachsen liegen rechtwinklig zueinander. Die Richtung der dritten projizierten Koordinatenachse und deren Maßstab sind willkürlich. Verschiedene Arten von schiefwinkliger Axonometrie werden in Hinblick auf eine Erleichterung des Zeichnens angewendet.

5.3.1 Kavalier-Projektion

Bei dieser schiefwinkligen Axonometrie verläuft die Projektionsebene im Regelfall senkrecht zu den Hauptprojektionsachsen; die Projektion der dritten Koordinatenachse verläuft vereinbarungsgemäß unter 45°, die Maßstäbe auf allen drei Koordinatenachsen sind gleich: $u_{x'} = u_{y'} = u_{z'} = 1$ (siehe Bild 9).
Die vier möglichen Kavalier-Projektionen eines Würfels sind in Bild 10 angegeben.
Die Kavalier-Projektion ist sehr einfach zu zeichnen und ermöglicht die Maßeintragung in der Zeichnung; sie ergibt jedoch eine starke Verzerrung in den Proportionen entlang der dritten Koordinatenachse.

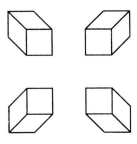

Bild 10

5.3.2 Kabinett-Projektion

Die Kabinett-Projektion ist der Kavalier-Projektion ähnlich, wobei der einzige Unterschied darin besteht, daß auf der dritten projizierten Achse der Maßstab um den Faktor 2 reduziert ist. Dies ergibt bessere Zeichnungsproportionen. Eine Kabinett-Projektion eines Würfels mit Kreisen auf seinen sichtbaren Seiten ist in Bild 11 dargestellt.

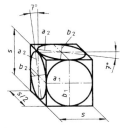

$a_1 = b_1 = s$

Länge der Ellipsenachsen:
$a_2 = 1,06\,s$
$b_2 = 0,33\,s$

Bild 11

Ein Beispiel für eine Maßeintragung ist in Bild 12 dargestellt.

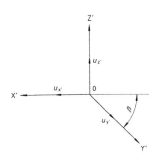

Bild 9

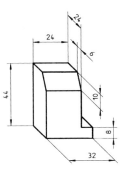

Bild 12

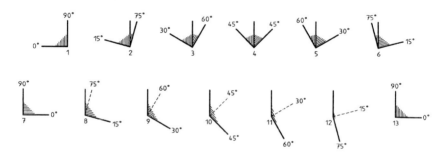

Bild 13

5.3.3 Planometrische Projektion

Die Projektionsebene liegt parallel zur horizontalen Koordinatenebene. Projektionen mit den Winkeln $\alpha = 0°$, $90°$, $180°$ sollen vermieden werden, damit alle notwendigen Informationen dargestellt werden können (siehe Bild 13).

5.3.3.1 Normale planometrische Projektion

Die möglichen Projektionen der Koordinatenachsen, deren Maßstäbe im Verhältnis 1 : 1 : 1 gewählt werden, sind in Bild 14 dargestellt.

Ein Würfel mit einer Maßeintragung ist in Bild 15 dargestellt.

Diese Art der schiefwinkligen Axonometrie eignet sich besonders für Zeichnungen der Stadtplanung.

5.3.3.2 Verkürzte planometrische Projektion

Die möglichen Projektionen der Koordinatenachsen, deren Maßstäbe im Verhältnis 1 : 1 : 2/3 gewählt werden, sind in Bild 14 dargestellt.

Ein Würfel mit einer Maßeintragung ist in Bild 16 dargestellt.

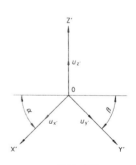

$\alpha = 0°$ bis $180°$
$\beta = 90° - \alpha$

Bild 14

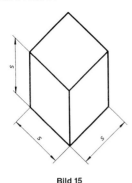

Bild 15

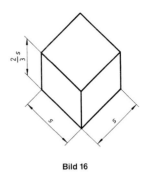

Bild 16

Anhang A (informativ)
Literaturverzeichnis
[1] ISO 6412-2 : 1989
Technische Zeichnungen — Vereinfachte Darstellung von Rohrleitungen — Teil 2: Isometrische Projektion

Ende der deutschen Übersetzung

Nationaler Anhang NA (informativ)
Literaturhinweise

DIN 6-1
Technische Zeichnungen — Darstellungen in Normalprojektion — Teil 1: Ansichten und besondere Darstellungen
DIN 6-2
Technische Zeichnungen — Darstellungen in Normalprojektion — Teil 2: Schnitte
DIN 15-2
Technische Zeichnungen — Linien — Teil 2: Allgemeine Anwendung
DIN 199-1
Begriffe im Zeichnungs- und Stücklistenwesen — Teil 1: Zeichnungen
DIN 199-2
Begriffe im Zeichnungs- und Stücklistenwesen — Teil 2: Stücklisten
DIN 201
Technische Zeichnungen — Schraffuren — Darstellung von Schnittflächen und Stoffen
DIN 406-10
Technische Zeichnungen — Maßeintragung — Teil 10: Begriffe, Allgemeine Grundlagen
DIN 406-11
Technische Zeichnungen — Maßeintragung — Teil 11: Grundlagen der Anwendung
DIN 1356-1
Bauzeichnungen — Teil 1: Arten, Inhalte und Grundregeln der Darstellung
DIN 6776-1
Technische Zeichnungen — Beschriftung — Teil 1: Schriftzeichen
DIN ISO 128-20
Technische Zeichnungen — Allgemeine Grundlagen der Darstellung — Teil 20: Linien, Grundregeln (ISO 128-20 : 1996)
E DIN ISO 128-24
Technische Zeichnungen — Allgemeine Grundlagen der Darstellung — Teil 24: Linien in Zeichnungen der mechanischen Technik (ISO/DIS 128-24)
DIN ISO 5456-1
Technische Zeichnungen — Projektionsmethoden — Teil 1: Übersicht; Identisch mit ISO 5456-1 : 1996
DIN ISO 6412-2
Technische Zeichnungen — Vereinfachte Darstellung von Rohrleitungen — Teil 2: Isometrische Darstellung;
Identisch mit ISO 6412-2 : 1989
DIN ISO 10209-1
(z. Z. Entwurf) Technische Produktdokumentation — Begriffe — Teil 1: Allgemeine Begriffe und Zeichnungsarten;
Identisch mit ISO/DIS 10209-1 : 1990
DIN ISO 10209-2
Technische Produktdokumentation — Begriffe — Teil 2: Begriffe für Projektionsmethoden;
Identisch mit ISO 10209-2 : 1993

DK 744.4:621.753.1   Juni 1986

Technische Zeichnungen
Tolerierungsgrundsatz
Identisch mit ISO 8015 Ausgabe 1985

DIN ISO 8015

Technical drawings; Fundamental tolerancing principle; Identical with ISO 8015 edition 1985
Dessins techiques; Principe de tolérancement de base; Identique à ISO 8015 édition 1985

Ersatz für die
im Januar 1986
zurückgezogene Norm
DIN 2300/11.80

Die Internationale Norm ISO 8015, 1. Ausgabe, 1985-12-15, „Technical drawings – Fundamental tolerancing principle" ist unverändert in diese Deutsche Norm übernommen worden.

Nationales Vorwort

Diese Norm wurde im ISO/TC 10/SC 5 – Bemaßung und Tolerierung in Zeichnungen – unter wesentlicher Beteiligung deutscher Fachleute ausgearbeitet.

Der Arbeitsausschuß Toleranzen und Passungen (NLG 1) im NLG hat beschlossen, die ISO-Norm als DIN-ISO-Norm herauszugeben, um damit zu verdeutlichen, daß diese internationale Verständigungsnorm unverändert ins Deutsche Normenwerk übernommen wurde.

ISO 8015 regelt den Zusammenhang zwischen Maßtoleranzen und Form- und Lagetoleranzen. Sie definiert im Abschnitt 6.1 die Hüllbedingung, die nach wie vor in den verschiedenen Ländern und Branchen unterschiedlich gehandhabt wird. Im Rahmen des Unabhängigkeitsprinzips nach dieser Norm werden einzelne Formelemente, die der Hüllbedingung genügen müssen, mit Ⓔ gekennzeichnet. Soll die Hüllbedingung grundsätzlich für alle einzelnen Formelemente gelten, kann auf eine Eintragung am Formelement und im Zeichnungsschriftfeld verzichtet werden. Dies ist die bisher übliche Praxis, die in DIN 7167 (z. Z. Entwurf) beschrieben ist.

Zusammenhang der im Abschnitt 3 genannten ISO-Normen mit DIN-Normen:

ISO-Normen	DIN-Normen
ISO 286/1	DIN 7150 Teil 1, DIN 7151, DIN 7152
ISO 1101	DIN ISO 1101
ISO 2692	DIN ISO 2692 (z. Z. Entwurf)

Fortsetzung Seite 2 bis 5

Normenausschuß Länge und Gestalt (NLG) im DIN Deutsches Institut für Normung e. V.
Normenausschuß Zeichnungswesen (NZ) im DIN

Deutsche Übersetzung

Technische Zeichnungen

Tolerierungsgrundsatz

Vorwort

Die ISO (Internationale Organisation für Normung) ist die weltweite Vereinigung nationaler Normungsinstitute (ISO-Mitgliedskörperschaften). Die Erarbeitung Internationaler Normen obliegt den Technischen Komitees der ISO. Jede Mitgliedskörperschaft, die sich für ein Thema interessiert, für das ein Technisches Komitee eingesetzt wurde, ist berechtigt, in diesem Komitee mitzuarbeiten. Internationale (staatliche und nichtstaatliche) Organisationen, die mit der ISO in Verbindung stehen, sind an den Arbeiten ebenfalls beteiligt.

Die von den Technischen Komitees verabschiedeten Entwürfe zu Internationalen Normen werden den Mitgliedskörperschaften zunächst zur Annahme vorgelegt, bevor sie vom Rat der ISO als Internationale Norm bestätigt werden. Sie werden nach den Verfahrensregeln der ISO angenommen, wenn mindestens 75% der abstimmenden Mitgliedskörperschaften zugestimmt haben.

Die Internationale Norm ISO 8015 wurde vom Technischen Komitee ISO/TC 10 „Technische Zeichnungen" ausgearbeitet.

Es wird darauf hingewiesen, daß Internationale Normen von Zeit zu Zeit überarbeitet werden und daß sich jeder Hinweis in dieser Norm auf eine andere Internationale Norm auf die letzte Ausgabe bezieht, falls nicht anders angegeben.

1 Zweck

Diese Internationale Norm legt den Grundsatz über den Zusammenhang zwischen Maßtoleranzen (Längen- und Winkelmaße) und Form- und Lagetoleranzen fest.

2 Anwendungsbereich

Der festgelegte Grundsatz soll in technischen Zeichnungen und zugehörigen technischen Dokumenten für
- Längenmaße und ihre Toleranzen,
- Winkelmaße und ihre Toleranzen,
- Form- und Lagetoleranzen

angewendet werden, um die folgenden vier geometrischen Merkmale eines jeden Formelementes eines Teiles festzulegen:
- Maß,
- Form,
- Richtung,
- Ort.

3 Verweisungen auf andere Normen

ISO 286/1   ISO-Toleranz- und Paßsystem – Teil 1: Grundlagen für Toleranzen, Abmaße und Passungen[1])

ISO 1101   Technische Zeichnungen; Form- und Lagetolerierung, Tolerierung von Form, Richtung, Ort und Lauf, Allgemeines, Begriffe, Symbole, Zeichnungseintragungen

ISO 2692   Technische Zeichnungen; Form- und Lagetoleriecrung, Maximum-Material-Prinzip[2])

4 Unabhängigkeitsprinzip

Jede in einer Zeichnung angegebene Anforderung für Maß-, Form- und Lagetoleranzen muß unabhängig voneinander eingehalten werden, falls nicht eine besondere Beziehung angegeben ist.

Wird keine Beziehung angegeben, so gelten die Form- und Lagetoleranzen unabhängig vom Istmaß des Formelementes. Maß-, Form- und Lagetoleranzen haben dann keine gegenseitige Beziehung.

---

[1]) Z.Z. Entwurf (Überarbeitung von ISO/R 286 – 1962)
[2]) Z.Z. Entwurf (Überarbeitung von ISO/R 1101/2 – 1974)

Wird also eine Beziehung von
- Maß und Form, oder
- Maß und Richtung, oder
- Maß und Ort

gefordert, so muß dies in der Zeichnung eingetragen werden (siehe Abschnitt 6).

5 Toleranzen

5.1 Maßtoleranzen

5.1.1 Längenmaßtoleranzen

Durch eine Längenmaßtoleranz werden nur die örtlichen Istmaße (Zweipunktmessungen) eines Formelementes begrenzt, aber nicht seine Formabweichungen, z.B. Rundheits- und Geradheitsabweichungen eines zylindrischen Formelementes oder Ebenheitsabweichungen bei parallelen Flächen (siehe ISO 286/1).

Formabweichungen sind jedoch durch folgende Möglichkeiten der Zeichnungseintragung zu begrenzen:
- einzeln eingetragene Formtoleranzen,
- Allgemeintoleranzen für Form,
- Hüllbedingung.

Anmerkung: Einzelne Formelemente im Sinne dieser Norm sind Zylindermantelflächen oder zwei parallele ebene Flächen.

Der geometrische Zusammenhang zwischen den einzelnen Formelementen wird durch die Maßtoleranzen nicht erfaßt. Zum Beispiel wird die Rechtwinkligkeitsabweichung der Seitenflächen eines Würfels nicht durch die Maßtoleranz begrenzt. Deshalb muß eine Rechtwinkligkeitstoleranz in der Zeichnung angegeben werden.

5.1.2 Winkelmaßtoleranzen

Eine in Winkeleinheiten festgelegte Winkelmaßtoleranz erfaßt nur die allgemeine Richtung von Linien oder Linienelementen von Flächen, nicht aber ihre Formabweichungen (siehe Bild 1).

Die allgemeine Richtung der von der Istfläche abgeleiteten Linie (Istlinie) ist die Richtung der Berührungslinie von geometrisch idealer Form (siehe Bild 1). Der größte Abstand zwischen der Berührungslinie und der Istlinie muß den kleinstmöglichen Wert haben.

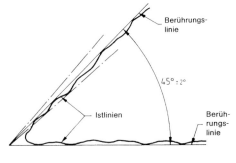

Bild 1.

Formabweichungen sind jedoch durch folgende Möglichkeiten der Zeichnungseintragung zu begrenzen:
- einzeln eingetragene Formtoleranzen,
- Allgemeintoleranzen für Form.

5.2 Form- und Lagetoleranzen

Form- und Lagetoleranzen begrenzen die Abweichung des Formelementes von dessen theoretisch genauer
- Form, oder
- Richtung, oder
- Ort

unabhängig vom Istmaß des Formelementes.

Deshalb gelten die Form- und Lagetoleranzen unabhängig von den örtlichen Istmaßen der einzelnen Formelemente (siehe Abschnitt 4). Die Form- und Lageabweichungen dürfen ihren Größtwert erreichen, unabhängig davon, ob die Querschnitte der entsprechenden Formelemente Maximum-Material-Maß haben oder nicht.

Z. B. darf eine Welle mit Maximum-Material-Maß in jedem beliebigen Querschnitt eine Formabweichung als Gleichdick innerhalb der Rundheitstoleranz aufweisen, und sie darf auch um den Betrag der Geradheitstoleranz gebogen sein (siehe Bilder 2a und 2b).

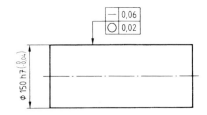

Bild 2a. Zeichnungseintragung

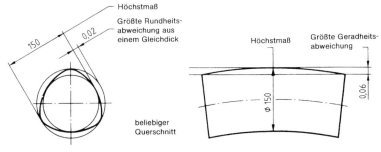

Bild 2b. Bedeutung

6 Gegenseitige Abhängigkeit von Maß, Form und Lage

Die gegenseitige Abhängigkeit von Maß, Form und Lage kann angegeben werden durch
- die Hüllbedingung (siehe Abschnitt 6.1),
- das Maximum-Material-Prinzip (siehe Abschnitt 6.2).

6.1 Hüllbedingung

Für ein einzelnes Formelement, also einen Zylinder oder zwei parallele ebene Flächen, kann die Hüllbedingung gelten. Sie fordert, daß das Formelement die geometrisch ideale Hülle von Maximum-Material-Maß nicht durchbricht.

Die Hüllbedingung kann eingetragen werden
- mit dem Symbol Ⓔ hinter der Maßtoleranz (siehe Bild 3 a),
- durch Bezug auf eine Norm, in der festgelegt ist, daß die Hüllbedingung ohne zusätzliche Zeichnungseintragung gilt.

Beispiel: Hüllbedingung für ein zylindrisches Formelement.
a) Zeichnungseintragung

Bild 3 a.

b) Funktionsanforderungen:
- Die Zylindermantelfläche darf die geometrisch ideale Hülle von Maximum-Material-Maß ⌀ 150 nicht durchbrechen.
- Kein örtliches Istmaß darf kleiner als ⌀ 149,96 sein.

Das Teil muß folgende Anforderungen erfüllen:
- Jeder örtliche Istdurchmesser der Welle muß innerhalb der Maßtoleranz von 0,04 und damit zwischen ⌀ 150 und ⌀ 149,96 liegen (siehe Bild 3 b).

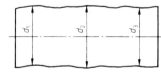

d_1, d_2, d_3: Örtliche Istdurchmesser von ⌀ 149,96 bis 150 mm
Bild 3 b.
- Die Welle muß innerhalb der Grenzen der geometrisch idealen zylindrischen Hülle von ⌀ 150 liegen (siehe Bilder 3 c und 3 d).

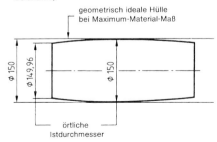

Bild 3 c.

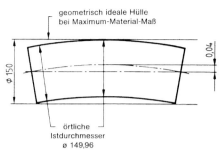

Bild 3 d.

Folglich muß die Welle genau zylindrisch sein, wenn alle örtlichen Istdurchmesser Maximum-Material-Maß von ⌀ 150 aufweisen (siehe Bild 3 e).

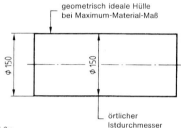

Bild 3 e.

6.2 Maximum-Material-Prinzip

Wird aus funktionellen und wirtschaftlichen Gründen eine gegenseitige Abhängigkeit von Maß, Form und Lage des (der) Formelement(e)s gefordert, dann kann das Maximum-Material-Prinzip Ⓜ angewendet werden (siehe ISO 2692).

7 Anwendung in Zeichnungen

7.1 Vollständigkeit der Zeichnungen

Die Zeichnung muß die für eine funktionell vollständige Beschreibung des Teiles erforderlichen Maß-, Form- und Lagetoleranzen enthalten.

7.2 Zeichnungseintragung

Zeichnungen, in denen das Unabhängigkeitsprinzip angewendet wird, erhalten in oder nahe am Zeichnungsschriftfeld folgenden Hinweis:

TOLERIERUNG ISO 8015

Diese Eintragung soll durch einen Hinweis auf eine Norm über Allgemeintoleranzen für Form und Lage oder auf andere entsprechende Unterlagen ergänzt werden.

In einigen nationalen Normen (die in Zeichnungen zitiert werden sollen) ist festgelegt, daß die Hüllbedingung für einzelne Formelemente der Regelfall ist und deshalb auf Zeichnungen nicht einzeln angegeben zu werden braucht.

Nationale Anmerkung: Siehe DIN 7167 (z. Z. Entwurf).

Ende der deutschen Übersetzung

Zitierte Normen

– in der deutschen Übersetzung:
  Siehe Abschnitt 2

ISO/R 286 – 1962   E: ISO System of limits and fits – Part 1: General, tolerances and deviations
                        D: ISO-Toleranz- und Paßsystem – Teil 1: Grundlagen, Toleranzen und Abmaße

ISO 1101/2 – 1974   E: Technical drawings – Tolerances of form and of position – Part 2: Maximum material principle
                        D: Technische Zeichnungen; Form- und Lagetoleranzen, Teil 2: Maximum-Material-Prinzip

– in nationalen Zusätzen:

DIN 7167   (z. Z. Entwurf)   Maß-, Form- und Lagetolerierung; Hüllbedingung ohne Zeichnungseintragung

Weitere Normen

DIN 7150 Teil 1   ISO-Toleranzen und ISO-Passungen für Längenmaße von 1 bis 500 mm; Einführung
DIN 7151   ISO-Grundtoleranzen für Längenmaße von 1 bis 500 mm Nennmaß
DIN 7152   Bildung von Toleranzfeldern aus den ISO-Grundabmaßen für Nennmaße von 1 bis 500 mm
DIN ISO 1101   Technische Zeichnungen; Form- und Lagetolerierung; Form-, Richtungs-, Orts- und Lauftoleranzen,
                          Allgemeines, Definitionen, Symbole, Zeichnungseintragungen
DIN ISO 2692   (z. Z. Entwurf)   Technische Zeichnungen; Form- und Lagetolerierung; Maximum-Material-Prinzip

Frühere Ausgaben

DIN 2300: 11.80

Änderungen

Gegenüber der im Januar 1986 zurückgezogenen Norm DIN 2300/11.80 wurden folgende Änderungen vorgenommen:
DIN 2300 wurde auf der Basis der ISO-Norm überarbeitet und erweitert. Dabei wurde insbesondere der Abschnitt 6 über die gegenseitige Abhängigkeit von Maß, Form und Lage neu aufgenommen und die Gültigkeit der Hüllbedingung für einzelne Formelemente ohne besondere Zeichnungseintragung durch Hinweise auf eine entsprechende Norm ermöglicht. Diese Änderung wird auch im Abschnitt 7.2 „Zeichnungseintragung" berücksichtigt.

Internationale Patentklassifikation

B 42 D 15/00
B 43 L 13/00
G 01 B

Verzeichnis der im DIN-Taschenbuch 3 (12. Aufl., 2003) abgedruckten Normen

(nach Sachgebieten geordnet)

Dokument	Ausgabe	Titel	Seite
		Mechanische Verbindungselemente	
DIN 128	1994-10	Federringe, gewölbt	1
DIN 660	1993-05	Halbrundniete; Nenndurchmesser 1 mm bis 8 mm	36
DIN 661	1993-05	Senkniete; Nenndurchmesser 1 mm bis 8 mm	41
DIN 913	1980-12	Gewindestifte mit Innensechskant und Kegelkuppe, ISO 4026 modifiziert	76
DIN 962	2001-11	Schrauben und Muttern – Bezeichnungsangaben, Formen und Ausführungen	80
DIN 34803	2001-11	Splintlöcher und Drahtlöcher für Schrauben	235
DIN EN ISO 1207	1994-10	Zylinderschrauben mit Schlitz – Produktklasse A (ISO 1207:1992); Deutsche Fassung EN ISO 1207:1994	465
DIN EN ISO 1234	1998-02	Splinte (ISO 1234:1997); Deutsche Fassung EN ISO 1234:1997	473
DIN EN ISO 2009	1994-10	Senkschrauben mit Schlitz (Einheitskopf) – Produktklasse A (ISO 2009:1994); Deutsche Fassung EN ISO 2009:1994	481
DIN EN ISO 4014	2001-03	Sechskantschrauben mit Schaft – Produktklassen A und B (ISO 4014:1999); Deutsche Fassung EN ISO 4014:2000	489
DIN EN ISO 4017	2001-03	Sechskantschrauben mit Gewinde bis Kopf – Produktklassen A und B (ISO 4017:1999); Deutsche Fassung EN ISO 4017:2000	508
DIN EN ISO 4032	2001-03	Sechskantmuttern, Typ 1 – Produktklassen A und B (ISO 4032:1999); Deutsche Fassung EN ISO 4032:2000	523
DIN EN ISO 4762	1998-02	Zylinderschrauben mit Innensechskant (ISO 4762:1997); Deutsche Fassung EN ISO 4762:1997	534
DIN EN ISO 7042	1998-02	Sechskantmuttern mit Klemmteil (Ganzmetallmuttern), Typ 2 – Festigkeitsklassen 5, 8, 10 und 12 (ISO 7042:1997); Deutsche Fassung EN ISO 7042:1997	548
DIN EN ISO 7089	2000-11	Flache Scheiben – Normale Reihe, Produktklasse A (ISO 7089:2000); Deutsche Fassung EN ISO 7089:2000	555
DIN EN ISO 7090	2000-11	Flache Scheiben mit Fase – Normale Reihe, Produktklasse A (ISO 7090:2000); Deutsche Fassung EN ISO 7090:2000	563
DIN EN ISO 8734	1998-03	Zylinderstifte aus gehärtetem Stahl und martensitischem nichtrostendem Stahl (ISO 8734:1997); Deutsche Fassung EN ISO 8734:1997	571

Dokument	Ausgabe	Titel	Seite
DIN EN ISO 8752	1998-03	Spannstifte (-hülsen) – Geschlitzt, schwere Ausführung (ISO 8752:1997); Deutsche Fassung EN ISO 8752:1997	576
DIN EN ISO 13337	1998-02	Spannstifte (-hülsen), geschlitzt, leichte Ausführung (ISO 13337:1997); Deutsche Fassung EN ISO 13337:1997	584

Wälzlager, Gleitlager

Dokument	Ausgabe	Titel	Seite
DIN 611	1990-10	Wälzlager; Übersicht	28
DIN 5418	1993-02	Wälzlager; Maße für den Einbau	175
DIN 5425-1	1984-11	Wälzlager; Toleranzen für den Einbau; Allgemeine Richtlinien	195
DIN 8221	1973-07	Antriebselemente; Buchsen für Gleitlager nach DIN 502, DIN 503 und DIN 504	231
DIN 31698	1979-04	Gleitlager; Passungen	233
DIN ISO 4379	1995-10	Gleitlager – Buchsen aus Kupferlegierungen; Identisch mit ISO 4379:1993	608

Wellen-Naben-Verbindungen, Sicherungsringe und -scheiben, Dichtringe, Kupplungen

Dokument	Ausgabe	Titel	Seite
DIN 471	1981-09	Sicherungsringe (Halteringe) für Wellen; Regelausführung und schwere Ausführung	4
DIN 472	1981-09	Sicherungsringe (Halteringe) für Bohrungen; Regelausführung und schwere Ausführung	16
DIN 740-1	1986-08	Antriebstechnik; Nachgiebige Wellenkupplungen; Anforderungen, Technische Lieferbedingungen	46
DIN 740-2	1986-08	Antriebstechnik; Nachgiebige Wellenkupplungen; Begriffe und Berechnungsgrundlagen	61
DIN 748-1	1970-01	Zylindrische Wellenenden; Abmessungen, Nenndrehmomente	73
DIN 1448-1	1970-01	Kegelige Wellenenden mit Außengewinde; Abmessungen	92
DIN 1449	1970-01	Kegelige Wellenenden mit Innengewinde; Abmessungen	95
DIN 3760	1996-09	Radial-Wellendichtringe	157
DIN 3771-1	1984-12	Fluidtechnik; O-Ringe; Maße nach ISO 3601/1	169
DIN 3771-3	1984-12	Fluidtechnik; O-Ringe; Werkstoffe, Einsatzbereich	172
DIN 6799	1981-09	Sicherungsscheiben (Haltescheiben) für Wellen	200
DIN 6885-1	1968-08	Mitnehmerverbindungen ohne Anzug; Passfedern, Nuten, hohe Form	206a
DIN 6885-2	1967-12	Mitnehmerverbindungen ohne Anzug; Passfedern, Nuten, hohe Form für Werkzeugmaschinen, Abmessungen und Anwendung	206c

Dokument	Ausgabe	Titel	Seite
DIN 6888	1956-08	Mitnehmerverbindungen ohne Anzug; Scheibenfedern, Abmessungen und Anwendung	207
DIN ISO 14	1986-12	Keilwellen-Verbindungen mit geraden Flanken und Innenzentrierung; Maße, Toleranzen, Prüfung; Identisch mit ISO 14, Ausgabe 1982	593

Federn

Dokument	Ausgabe	Titel	Seite
DIN 2093	1992-01	Tellerfedern; Maße, Qualitätsanforderungen	100
DIN 2095	1973-05	Zylindrische Schraubenfedern aus runden Drähten; Gütevorschriften für kaltgeformte Druckfedern	111
DIN 2096-1	1981-11	Zylindrische Schraubendruckfedern aus runden Drähten und Stäben; Güteanforderungen bei warmgeformten Druckfedern	118
DIN 2097	1973-05	Zylindrische Schraubenfedern aus runden Drähten; Gütevorschriften für kaltgeformte Zugfedern	125

Keilriemen und -scheiben, Kettentriebe

Dokument	Ausgabe	Titel	Seite
DIN 2211-1	1984-03	Antriebselemente; Schmalkeilriemenscheiben; Maße, Werkstoff	135
DIN 2211-3	1986-01	Antriebselemente; Schmalkeilriemenscheiben; Zuordnung zu elektrischen Motoren	145
DIN 7753-1	1988-01	Endlose Schmalkeilriemen für den Maschinenbau; Maße	209
DIN 8187-1	1996-03	Rollenketten – Europäische Bauart – Teil 1: Einfach-, Zweifach-, Dreifach-Rollenketten	214
DIN 8187-2	1998-08	Rollenketten – Europäische Bauart – Teil 2: Einfach-Rollenketten mit Befestigungslaschen; Anschlussmaße	223
DIN 8188-1	1996-03	Rollenketten – Amerikanische Bauart – Teil 1: Einfach-, Zweifach-, Dreifach-Rollenketten	225
DIN ISO 10823	2001-06	Hinweise zur Auswahl von Rollenkettentrieben (ISO 10823:1996)	614

Flansche

Dokument	Ausgabe	Titel	Seite
DIN 2500	1966-08	Flansche; Allgemeine Angaben, Übersicht	149
DIN 2501-1	1972-02	Flansche; Anschlussmaße	155

Schweißtechnik

Dokument	Ausgabe	Titel	Seite
DIN EN 29692	1994-04	Lichtbogenhandschweißen, Schutzgasschweißen und Gasschweißen, Schweißnahtvorbereitung für Stahl (ISO 9692:1992); Deutsche Fassung EN 29692:1994	451

Halbzeuge, Werkstoffe

Dokument	Ausgabe	Titel	Seite
DIN 1681	1985-06	Stahlguss für allgemeine Verwendungszwecke; Technische Lieferbedingungen	97

Dokument	Ausgabe	Titel	Seite
DIN 59370	1978-07	Blanker, gleichschenkliger, scharfkantiger Winkelstahl; Maße, zulässige Abweichungen, Gewichte	239
DIN EN 573-4	1994-12	Aluminium und Aluminiumlegierungen – Chemische Zusammensetzung und Form von Halbzeug – Teil 4: Erzeugnisformen; Deutsche Fassung EN 573-4:1994	242
DIN EN 1561	1997-08	Gießereiwesen – Gusseisen mit Lamellengraphit; Deutsche Fassung EN 1561:1997	255
DIN EN 1563	2003-02	Gießereiwesen – Gusseisen mit Kugelgraphit (enthält Änderung A1:2002); Deutsche Fassung EN 1563:1997 + A1:2002	271
DIN EN 10025	1994-03	Warmgewalzte Erzeugnisse aus unlegierten Baustählen; Technische Lieferbedingungen (enthält Änderung A1:1993) Deutsche Fassung EN 10025:1990	302
DIN EN 10083-1	1996-10	Vergütungsstähle – Teil 1: Technische Lieferbedingungen für Edelstähle (enthält Änderung A1:1996); Deutsche Fassung EN 10083-1:1991 + A1:1996	328
DIN EN 10083-2	1996-10	Vergütungsstähle – Teil 2: Technische Lieferbedingungen für unlegierte Qualitätsstähle (enthält Änderung A1:1996); Deutsche Fassung EN 10083-2:1991 + A1:1996	366
DIN EN 10140	1996-10	Kaltband – Grenzabmaße und Formtoleranzen; Deutsche Fassung EN 10140:1996	384
DIN EN 10278	1999-12	Maße und Grenzabmaße von Blankstahlerzeugnissen; Deutsche Fassung EN 10278:1999	391
DIN EN 10305-1	2003-02	Präzisionsstahlrohre – Technische Lieferbedingungen – Teil 1: Nahtlose kaltgezogene Rohre; Deutsche Fassung EN 10305-1:2002	400
DIN EN 10305-2	2003-02	Präzisionsstahlrohre – Technische Lieferbedingungen – Teil 2: Geschweißte kaltgezogene Rohre; Deutsche Fassung EN 10305-2:2002	428

Verzeichnis der DIN-Taschenbücher mit Grundnormen und Fachnormen der mechanischen Technik

Antriebstechnik

DIN-Taschenbuch 106	Verzahnungsterminologie. Normen (Antriebstechnik 1)
DIN-Taschenbuch 123	Zahnradfertigung. Normen (Antriebstechnik 2)
DIN-Taschenbuch 173	Zahnradkonstruktion. Normen (Antriebstechnik 3)
DIN-Taschenbuch 204	Antriebselemente. Normen (Antriebstechnik 5)

Gewinde

DIN-Taschenbuch 45	Gewinde.

Gleitlager

DIN-Taschenbuch 126	Gleitlager 1. Maße, Toleranzen, Qualitätssicherung, Lagerschäden. Normen
DIN-Taschenbuch 198	Gleitlager 2. Werkstoffe, Prüfung, Berechnung, Begriffe, Normen

Länge und Gestalt

DIN-Taschenbuch 11	Längenprüftechnik 3. Messgeräte, Messverfahren
DIN-Taschenbuch 197	Längenprüftechnik 2. Lehren.
DIN-Taschenbuch 303	Längenprüftechnik 1. Grundnormen

Maschinenbau

DIN-Taschenbuch 1	Mechanische Technik. Grundnormen
DIN-Taschenbuch 3	Maschinenbau. Normen für Studium und Praxis
DIN-Taschenbuch 241	Genormte Begriffe Maschinenbau
DIN-Taschenbuch 44	Krane und Hebezeuge 1. DIN 536-1 bis DIN 15030
DIN-Taschenbuch 185	Krane und Hebezeuge 2. Ab DIN 15049
DIN-Taschenbuch 255	Instandhaltung Gebäudetechnik

Mechanische Verbindungselemente

DIN-Taschenbuch 10*)	Mechanische Verbindungselemente 1. Schrauben.
DIN-Taschenbuch 43*)	Mechanische Verbindungselemente 2. Bolzen, Stifte, Niete, Keile, Stellringe, Sicherungsringe.
DIN-Taschenbuch 55	Mechanische Verbindungselemente 3. Technische Lieferbedingungen für Schrauben und Muttern und Unterlegscheiben
DIN-Taschenbuch 140*)	Mechanische Verbindungselemente 4. Muttern, Zubehörteile für Schraubenverbindungen.
DIN-Taschenbuch 193	Mechanische Verbindungselemente 5. Grundnormen

---

*) Dieses DIN-Taschenbuch ist auch in einer gebundenen englischen Fassung erhältlich

Schweißtechnik

DIN-DVS-Taschenbuch 8*)
Schweißtechnik 1
Schweißzusätze, Zerstörende Prüfung von Schweißverbindungen.
Normen, Merkblätter

DIN-DVS-Taschenbuch 65
Schweißtechnik 2
Autogenverfahren, Thermisches Schneiden und Thermisches Spritzen.
Normen

DIN-DVS-Taschenbuch 145
Schweißtechnik 3
Begriffe, Zeichnerische Darstellung.
Normen

DIN-DVS-Taschenbuch 191*)
Schweißtechnik 4
Auswahl von Normen für die Ausbildung des schweißtechnischen Personals.

DIN-DVS-Taschenbuch 196
Schweißtechnik 5
Löten
Hartlöten, Weichlöten, Gedruckte Schaltungen.
Normen

DIN-DVS-Taschenbuch 215
Schweißtechnik in Luft- und Raumfahrt.
Normen, Richtlinien, Merkblätter

DIN-DVS-Taschenbuch 283
Schweißtechnik 6
Strahlschweißen, Reibschweißen, Bolzenschweißen.
Normen, Merkblätter

DIN-DVS-Taschenbuch 284
Schweißtechnik 7
Schweißtechnische Fertigung, Schweißverbindungen.
Normen, Merkblätter

DIN-DVS-Taschenbuch 290
Schweißtechnik 8
Europäische Normung
Schweißtechnisches Personal, Verfahrensprüfung, Qualitätsanforderungen.
Normen, Richtlinien, Merkblätter

Außerdem liegen weitere Publikationen vor, die diesen Bereich berühren:

Loseblattsammlung I
Qualitätssicherung in der Schweißtechnik – Schmelzschweißen.

Loseblattsammlung II
Qualitätssicherung in der Schweißtechnik – Pressschweißen, thermisches Spritzen, thermisches Schneiden, Arbeits- und Gesundheitsschutz.

Beuth-Kommentar
Verbindungselement Schweißnaht.

Beuth-Kommentar
Sicherung der Güte von Schweißarbeiten.

DIN-Term
Begriffe aus DIN-Normen.
Schweißtechnik

---

*) Dieses DIN-Taschenbuch ist auch in gebundener englischer Fassung erhältlich.

Wälzlager

DIN-Taschenbuch 24	Wälzlager 1; Grundnormen
DIN-Taschenbuch 264	Wälzlager 2; Produktnormen

Werkzeuge und Spannzeuge

DIN-Taschenbuch 6	Bohrer, Senker, Reibahlen, Gewindebohrer, Gewindeschneideisen.
DIN-Taschenbuch 14	Werkzeugspanner.
DIN-Taschenbuch 40	Drehwerkzeuge.
DIN-Taschenbuch 41	Schraubwerkzeuge.
DIN-Taschenbuch 42	Hand-Werkzeuge.
DIN-Taschenbuch 46	Stanzwerkzeuge.
DIN-Taschenbuch 151	Werkstückspanner und Vorrichtungen.
DIN-Taschenbuch 167	Fräswerkzeuge.
DIN-Taschenbuch 262	Press-, Spritzgieß- und Druckgießwerkzeuge

Zeichnungswesen

DIN-Taschenbuch 2	Technisches Zeichnen 1. Grundnormen
DIN-Taschenbuch 148	Technisches Zeichnen 2. Mechanische Technik
DIN-Taschenbuch 304	Technische Produktspezifikation. Erstellung von Zeichnungen für optische Elemente.

Druckfehlerberichtigung

Folgende Druckfehlerberichtigung wurde in den DIN-Mitteilungen + elektronorm zu der in diesem DIN-Taschenbuch enthaltenen Norm veröffentlicht.

Die abgedruckte Norm entspricht der Originalfassung und wurde nicht korrigiert. In Folgeausgaben wird der aufgeführte Druckfehler berichtigt.

DIN ISO 965-1

Im Abschnitt 13.3.1 „Toleranzen für den Außendurchmesser des Außengewindes (T_d), Toleranzgrad 6" muss die Gleichung für die Berechnung der Toleranzen für den Außendurchmesser wie folgt richtig lauten:

$$T_d(6) = 180\sqrt[3]{P^2} - \frac{3{,}15}{\sqrt{P}}$$

Stichwortverzeichnis

Die hinter den Stichwörtern stehenden Nummern sind die DIN-Nummern (ohne die Buchstaben DIN) der abgedruckten Normen.

Allgemeintoleranz, Längenmaß, Toleranz, Winkelmaß   ISO 2768-1
Allgemeintoleranz, Toleranz, Zeichnungsangabe   ISO 2768-2

Begriffe, Druck   1314
Begriffe, Formelgröße, Physik   1305
Begriffe, Gestaltung, Oberfläche   4760
Begriffe, Messgerät   1319-2
Begriffe, Messmittel, Messtechnik   1319-2
Begriffe, Messtechnik   1319-1
Begriffe, Zahnrad   868, 3998-1
Bezeichnung, Wälzlager   623-1
Bezugsprofil, Stirnrad   867
Bezugstemperatur, geometrische Produktspezifikation   EN ISO 1

Darstellung, Grundlage, technische Zeichnung, Zeichnung   ISO 128-30, ISO 128-34, ISO 128-40, ISO 128-44, ISO 128-50
Darstellung, Projektion, technische Zeichnung   ISO 5456-2, ISO 5456-3
Druck, Begriffe   1314

Einheit, Name, SI-Einheit, Zeichen   1301-1

Filter, Messgerät, Oberfläche   EN ISO 11562
Format, Papier   476-2, EN ISO 216
Formelgröße, Physik, Begriffe   1305
Formtoleranz, Lagetoleranz, technische Zeichnung   ISO 1101

Geometrische Produktspezifikation, Bezugstemperatur   EN ISO 1
geometrische Produktspezifikation, Kegel, Werkstück   254
geometrische Produktspezifikation, Kegel, Winkel   EN ISO 1119

geometrische Produktspezifikation, Oberflächenbeschaffenheit, Produktdokumentation, technische Zeichnung   EN ISO 1302
Gestaltung, Oberfläche, Begriffe   4760
Gewinde, ISO-Gewinde, metrisches Gewinde   13-19
Gewinde, ISO-Gewinde, metrisches Gewinde, Toleranz   ISO 965-1
Gewinde, ISO-Gewinde, metrisches ISO-Gewinde, Übersicht   ISO 261
Gewinde, metrisches Gewinde, metrisches ISO-Gewinde, Profil   ISO 68-1
Gewinde, metrisches Gewinde, metrisches ISO-Gewinde, Regelgewinde   13-1
Gewinde, Profil, Rundgewinde   405-1
Gewinde, Rundgewinde, Toleranz   405-2
Gewinde, Übersicht   202
Gewindeprofil, Trapezgewinde   103-1, 103-4
Gewindereihe, Trapezgewinde   103-2
Grundlage, technische Zeichnung, Zeichnung, Darstellung   ISO 128-30, ISO 128-34, ISO 128-40, ISO 128-44, ISO 128-50
Größe, Normzahl, Stufung   323-1

ISO-Gewinde, metrisches Gewinde, Gewinde   13-19
ISO-Gewinde, metrisches Gewinde, Toleranz, Gewinde   ISO 965-1
ISO-Gewinde, metrisches ISO-Gewinde, Übersicht, Gewinde   ISO 261
ISO-Passung, ISO-Toleranz   ISO 286-1, ISO 286-2
ISO-Toleranz, ISO-Passung   ISO 286-1, ISO 286-2

Kegel, Werkstück, geometrische Produktspezifikation   254
Kegel, Winkel, geometrische Produktspezifikation   EN ISO 1119

Lagetoleranz, technische Zeichnung,
  Formtoleranz   ISO 1101
Längenmaß, Toleranz, Winkelmaß,
  Allgemeintoleranz   ISO 2768-1
Lötnaht, Schweißnaht, Zeichnung
  EN 22553

Maschinenbau, Zentrierbohrung   332-1
Maßeintragung, technische Zeichnung
  406-10, 406-11, 406-12
Messgerät, Begriffe   1319-2
Messgerät, Messverfahren, Oberflächenrauheit   EN ISO 4288
Messgerät, Oberfläche, Filter
  EN ISO 11562
Messmittel, Messtechnik, Begriffe
  1319-2
Messtechnik, Begriffe   1319-1
Messtechnik, Begriffe, Messmittel
  1319-2
Messtechnik, Messunsicherheit   1319-3
Messunsicherheit, Messtechnik   1319-3
Messverfahren, Oberflächenrauheit,
  Messgerät   EN ISO 4288
metrisches Gewinde, Gewinde, ISO-Gewinde   13-19
metrisches Gewinde, metrisches ISO-Gewinde, Profil, Gewinde   ISO 68-1
metrisches Gewinde, metrisches ISO-Gewinde, Regelgewinde, Gewinde
  13-1
metrisches Gewinde, Toleranz, Gewinde,
  ISO-Gewinde   ISO 965-1
metrisches ISO-Gewinde, Profil, Gewinde, metrisches Gewinde   ISO 68-1
metrisches ISO-Gewinde, Regelgewinde, Gewinde, metrisches Gewinde   13-1
metrisches ISO-Gewinde, Übersicht,
  Gewinde, ISO-Gewinde   ISO 261
Modul   780-2
Modul, Stirnrad   780-1

Name, SI-Einheit, Zeichen, Einheit
  1301-1
Normzahl, Stufung, Größe   323-1

Oberfläche, Begriffe, Gestaltung   4760
Oberfläche, Filter, Messgerät
  EN ISO 11562
Oberflächenbeschaffenheit, Produktdokumentation, technische Zeichnung,
  geometrische Produktspezifikation
  EN ISO 1302
Oberflächenrauheit, Messgerät, Messverfahren   EN ISO 4288

Papier, Format   476-2, EN ISO 216
Physik, Begriffe, Formelgröße   1305
Produktdokumentation, technische
  Zeichnung, geometrische Produktspezifikation, Oberflächenbeschaffenheit   EN ISO 1302
Profil, Gewinde, metrisches Gewinde,
  metrisches ISO-Gewinde   ISO 68-1
Profil, Rundgewinde, Gewinde   405-1
Projektion, technische Zeichnung,
  Darstellung   ISO 5456-2, ISO 5456-3

Regelgewinde, Gewinde, metrisches
  Gewinde, metrisches ISO-Gewinde
  13-1
Rundgewinde, Gewinde, Profil   405-1
Rundgewinde, Toleranz, Gewinde   405-2

Schlüsselweite, Verbindungselement
  475-1
Schraube, Senkschraube   74
Schweißnaht, Zeichnung, Lötnaht
  EN 22553
Senkschraube, Schraube   74
SI-Einheit, Zeichen, Einheit, Name
  1301-1
Stirnrad, Bezugsprofil   867
Stirnrad, Modul   780-1
Stufung, Größe, Normzahl   323-1

technische Zeichnung, Darstellung,
  Projektion   ISO 5456-2, ISO 5456-3
technische Zeichnung, Formtoleranz,
  Lagetoleranz   ISO 1101

technische Zeichnung, geometrische
  Produktspezifikation, Oberflächen-
  beschaffenheit, Produktdokumentation
  EN ISO 1302
technische Zeichnung, Maßeintragung
  406-10, 406-11, 406-12
technische Zeichnung, Toleranz
  ISO 8015
technische Zeichnung, Zeichnung,
  Darstellung, Grundlage   ISO 128-30,
  ISO 128-34, ISO 128-40, ISO 128-44,
  ISO 128-50
Toleranz, Gewinde, ISO-Gewinde,
  metrisches Gewinde   ISO 965-1
Toleranz, Gewinde, Rundgewinde   405-2
Toleranz, technische Zeichnung
  ISO 8015
Toleranz, Winkelmaß, Allgemeintoleranz,
  Längenmaß   ISO 2768-1
Toleranz, Zeichnungsangabe, Allgemein-
  toleranz   ISO 2768-2
Trapezgewinde, Gewindeprofil   103-1,
  103-4
Trapezgewinde, Gewindereihe   103-2

Übersicht, Gewinde   202
Verbindungselement, Schlüsselweite
  475-1
Werkstück, geometrische Produkt-
  spezifikation, Kegel   254
Winkel, geometrische Produkt-
  spezifikation, Kegel   EN ISO 1119
Winkelmaß, Allgemeintoleranz, Längen-
  maß, Toleranz   ISO 2768-1
Wälzlager, Bezeichnung   623-1
Zahnrad, Begriffe   868, 3998-1
Zeichen, Einheit, Name, SI-Einheit
  1301-1
Zeichnung, Darstellung, Grundlage,
  technische Zeichnung   ISO 128-30,
  ISO 128-34, ISO 128-40, ISO 128-44,
  ISO 128-50
Zeichnung, Lötnaht, Schweißnaht
  EN 22553
Zeichnungsangabe, Allgemeintoleranz,
  Toleranz   ISO 2768-2
Zentrierbohrung, Maschinenbau   332-1